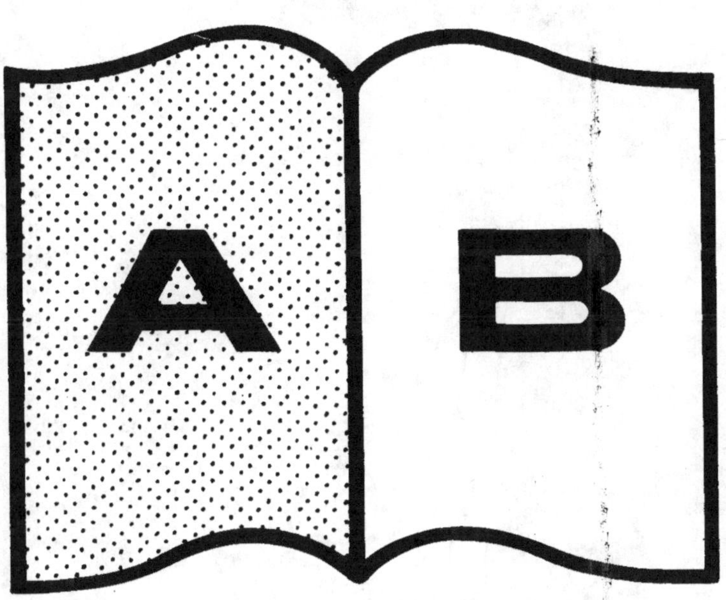

Contraste insuffisant

NF Z 43-120-14

DICTIONNAIRE·
UNIVERSEL
DE MATHEMATIQUE
ET
DE PHYSIQUE,

OÙ L'ON TRAITE DE L'ORIGINE, DU PROGRÈS de ces deux Sciences & des Arts qui en dépendent, & des diverses révolutions qui leur font arrivées jufqu'à notre tems; avec l'expofition de leurs Principes, & l'analyfe des fentimens des plus célèbres Auteurs fur chaque matiere.

Par Monfieur SAVERIEN, de la Société Royale de Lyon, &c.

Hæc infpicere, hæc difcere, his incumbere, nonne tranfilire eft mortalitatem fuam, & in meliorem tranfcribi fortem? SENEC.

TOME SECOND.

V. 850.
A 2.

A PARIS,

Chez { JACQUES ROLLIN, Quai des Auguftins, à Saint Athanafe & au Palmier.
CHARLES-ANTOINE JOMBERT, Libraire du Roi pour l'Artillerie & le Génie, rue Dauphine, à l'Image Notre-Dame.

M. DCC LIII.
AVEC APPROBATION ET PRIVILEGE DU ROI.

APPROBATION.

J'AI lû par ordre de Monseigneur le Chancelier un Manuscrit intitulé : *Dictionnaire universel de Mathématique & de Physique* par M. Saverien ; & je crois que l'impression en sera utile au Public. A Paris ce 19 Avril 1750.

CLAIRAUT.

PRIVILEGE DU ROI.

LOUIS, par la grace de Dieu, Roi de France & de Navarre : A nos amés & féaux Conseillers, les gens tenant nos Cours de Parlement, Maître des Requêtes ordinaires de notre Hôtel, grand Conseil, Prévôt de Paris, Baillifs, Sénéchaux, leurs Lieutenans Civils, & autres nos Justiciers qu'il appartiendra, SALUT : Notre amé Charles-Antoine Jombert, Libraire à Paris, Nous a fait exposer qu'il desireroit faire imprimer & donner au Public des Ouvrages qui ont pour titre : *l'Art de Charpenterie par Mathurin Jousse. Traité méthodique pour apprendre la Géographie. Dictionnaire universel de Mathématique & de Physique. Histoire des Révolutions de Perse* ; s'il Nous plaisoit lui accorder nos Lettres de Privilege pour ce nécessaires. A CES CAUSES, voulant favorablement traiter l'Exposant, Nous lui avons permis & permettons par ces Présentes de faire imprimer lesdits Ouvrages en un ou plusieurs Volumes, & autant de fois que bon lui semblera, & de les vendre, faire vendre & débiter par tout notre Royaume pendant le tems de neuf années consécutives, à compter du jour de la datte des Présentes. Faisons défenses à tous Imprimeurs, Libraires & autres personnes de quelque qualité & condition qu'elles soient d'en introduire d'impression étrangére dans aucun lieu de notre obéissance ; comme aussi d'imprimer ou faire imprimer, vendre, faire vendre, débiter ni contrefaire lesdits Ouvrages, ni d'en faire aucuns extraits, sous quelque prétexte que ce soit, d'augmentation, correction, changement, ou autres, sans la permission expresse & par écrit dudit Exposant, ou de ceux qui auront droit de lui, à peine de confiscation des exemplaires contrefaits, de trois mille livres d'amende contre chacun des contrevenans, dont un tiers à Nous, un tiers à l'Hôtel-Dieu de Paris, & l'autre tiers audit Exposant, ou à celui qui aura droit de lui, & de tous dépens, dommages & intérêts : à la charge que ces Présentes seront enregistrées tout au long sur le Registre de la Communauté des Imprimeurs & Libraires de Paris dans trois mois de la date d'icelles ; que l'impression desdits Ouvrages sera faite dans notre Royaume, & non ailleurs, en bon papier & beaux caracteres, conformément à la feuille imprimée attachée pour modéle sous le contre-Scel des Présentes ; que l'Impetrant se conformera en tout aux Réglemens de la Librairie, & notamment à celui du 10 Avril 1725 ; qu'avant de les exposer en vente les Manuscrits qui auront servi de copie à l'impression desdits Ouvrages, seront remis dans le même état où l'Approbation y aura été donnée ès mains de notre très-cher & féal Chevalier le Sieur DAGUESSEAU, Chancelier de France, Commandeur de nos Ordres, & qu'il en sera ensuite remis deux exemplaires de chacun dans notre Bibliotheque publique, un dans celle de notre Château du Louvre, & un dans celle de notre très-cher & féal Chevalier le Sieur DAGUESSEAU, Chancelier de France ; le tout à peine de nullité des Présentes : du contenu desquelles vous mandons & enjoignons de faire jouir ledit Exposant & ses ayans-cause pleinement & paisiblement, sans souffrir qu'il leur soit fait aucun trouble ou empêchement. Voulons que la copie des Présentes qui sera imprimée tout au long au commencement ou à la fin desdits Ouvrages, soit tenue pour düement signifiée, & qu'aux copies collationnées par l'un de nos amés féaux Conseillers & Séctetaires foi soit ajoutée comme à l'original. Commandons au premier notre

Huissier ou Sergent sur ce requis, de faire pour l'exécution d'icelles tous Actes requis & nécessaires, sans demander aucune permission, & nonobstant Clameur de Haro, Charte Normande & Lettres à ce contraires : CAR tel est notre plaisir. Donné à Paris le troisiéme jour du mois de Juin, l'an de grace mil sept cens cinquante, & de notre Regne le trente-cinquiéme. Par le Roi en son Conseil.

SAINSON.

Registré sur le Registre XII. de la Chambre Royale des Libraires & Imprimeurs de Paris, N°. 467 fol. 340 conformément aux anciens Réglemens, confirmés par celui du 28 Février 1723. A Paris, ce 3 Septembre 1750.

Signé, LE GRAS, Syndic.

DICTIONNAIRE

DE

MATHÉMATIQUE

ET

DE PHYSIQUE.

HA

ABITATION DE LA LUNE. Nom que les Aftrologûes donnent à certaines parties du Zodiaque, dans lesquelles la Lune adopte les mauvaifes qualités des étoiles dont elle approche.

HAL

HALO. Les anciens appelloient ainfi le méteore que nous nommons aujourd'hui Couronne. (*Voïez* COURONNE.) *Ariftote* eft le premier qui a voulu rendre raifon des effets du *Halo*.

HAM

HAMLE. Nom du onziéme mois de l'année Ethyopienne. Il commence le 25 Juin du calendrier Julieu.

Tome II.

HAR

HARMONIE. Réfultat de l'union de plufieurs fons entendus tous enfemble , qui fait une impreffion agréable à l'oreille. M. *Rameau* définit l'*Harmonie* l'art de plaire à l'oreille en uniffant les fons. Cet art confifte à varier les fept notes ou fons de la Mufique, autant qu'ils doivent l'être les uns relativement aux autres , pour produire cet effet par de bons accords. La fcience des accords eft donc la la fcience de l'*Harmonie* (*Voïez* ACCORD.) Quand on fait bien la théorie des rapports des fons graves & des fons aigus, on fait, ou peu s'en faut, celle de l'*Harmonie*. Pour réduire cette connoiffance en pratique, quelques Muficiens établiffent d'abord le deffus, & travaillent fur cette partie. D'au-

A

tres au contraire composent d'abord la basse. Chacun a ses raisons particulieres (*Voïez* BASSE,) & dans la conduite de la composition chacun a ses regles aussi, qui lui sont propres & qu'il est en droit de croire meilleures que celles des autres, parce qu'elles sont dictées par son goût. D'où il suit, qu'un Compositeur forme une *Harmonie* d'autant plus belle, que ce goût est meilleur. Jusqu'ici il a guidé le Musicien, & l'art d'unir agréablement les sons y a été entierement subordonné. Il est vrai qu'on a publié différens systêmes, (*Voïez* CHROMATIQUE, DIATONIQUE, ENHARMONIQUE, MUSIQUE,) dans le dessein de soulager l'imagination du Compositeur, de l'aider & de le rectifier ; mais il ne paroît pas que le principe de l'*Harmonie* en soit mieux connu. M. *Rameau* est, je pense, le premier qui a cherché à connoître ce principe. Un raisonnement suivi, fondé sur des expériences, a donné l'être à un systême théorique & pratique sur l'*Harmonie*, où cet art paroît saisi par ses propres racines. On en jugera par l'exposé suivant.

J'ai dit que M. *Rameau* se fonde sur des expériences. Ces expériences ont pour objet la connoissance intime du son. Lorsqu'on fait raisonner un corps sonore, on entend un son principal & deux autres sons très-aigus, dont l'un est la douziéme de celuici, c'est-à-dire, l'octave de sa quinte, l'autre la dix-septiéme majeure au dessus du même son, ou autrement l'octave de sa tierce majeure en montant. Voilà la premiere expérience ; & voici la seconde. Si après avoir accordé avec ce corps quatre autres corps, dont le premier soit à sa douziéme au-dessus ; le second, à sa dix-septiéme majeure au-dessus ; le troisiéme, à sa douziéme au-dessous ; & le quatriéme, à sa dix-septiéme majeure au-dessous, on fait raisonner ce corps, je veux dire celui de la premiere expérience, on voit fremir dans leur totalité le premier & le second des deux corps ; mais le troisiéme & le quatriéme se divisent en fremissant par une espece d'ondulation, l'un en trois, l'autre en cinq parties.

Ces expériences établies, M. *Rameau* tend une corde qui rend le son du premier corps sur lequel les quatre autres ont été accordés. Appellant cette corde 1, il est connu que la corde, qui rend la douziéme au-dessus, est $\frac{1}{3}$ de la corde, & que celle qui rend la dix-septiéme en est le $\frac{1}{5}$. On peut donc désigner le son principal, & les deux aigus qui l'accompagnent par ces nombres 1, $\frac{1}{3}$, $\frac{1}{5}$ ce qui forme la proportion harmonique. Comme un son quelconque se

confond avec son octave, il est évident qu'à un son quelconque on peut toujours substituer son octave, simple, double ou triple en montant ou en descendant. Or deux cordes qui sont l'octave l'une de l'autre, sont entre elles comme 1 à 2. Donc les trois sons 1, $\frac{1}{3}$, $\frac{1}{5}$ étant rapprochés l'un de l'autre, le plus qu'il est possible, par le moïen de leurs octaves, on a la nouvelle proportion harmonique, $\frac{1}{4}$, $\frac{1}{3}$, $\frac{1}{5}$, à la place de la premiere. Là-dessus M. *Rameau* remarque que les deux premiers termes $\frac{1}{4}$, $\frac{1}{3}$ forment une tierce majeure, representée par le chant *ut*, *mi*, *sol*, & en y joignant l'octave on a *ut*, *mi*, *sol*, *ut*. Tel est le premier chant que donne la nature. Ainsi l'accord formé de la douziéme & de la dix-septiéme majeure unies avec le son fondamental, doit être très-agréable. Tout le soin du Compositeur consiste donc à proportionner ensemble les voix & les instrumens, d'une maniere propre à donner à cet accord tout son effet, & le plaisir qu'on aura à entendre cet accord sera d'autant plus grand, que l'oreille sera plus ou moins affectée de ces sons.

M. *Rameau* passe ensuite à la seconde expérience. Il observe d'abord que le son fondamental étant 1, sa douziéme & sa dix-septiéme majeure en descendant sont représentées par 3 & par 5. Du frémissement de cette douziéme & de cette dix-septiéme, produit par le son principal, il en résulte la proportion arithmétique 1, 3, 5, sons qui rapprochés par le moïen de leur octave, donnent celle-ci, 6, 5, 4. Ces nombres répondent aux sons *fa*, *la*, *ut* ; & cette proportion, où la tierce mineure 6, 5 se trouve la premiere, la tierce majeure 5, 4 la seconde, est contraire à la proportion $\frac{1}{4}$, $\frac{1}{3}$, $\frac{1}{5}$ donnée par la premiere expérience, puisqu'ici la tierce majeure est la premiere, & la tierce mineure la seconde. C'est dans la différence de cet arrangement des tierces, que réside celle des deux genres ou modes, que l'on appelle l'un majeur & l'autre mineur. Aïant combiné ces deux proportions, l'Auteur trouve d'autres proportions, desquelles il tire des conséquences qui le conduisent à la base fondamentale. Enfin après avoir développé les différens genres de Musique, savoir le Diatonique, le Chromatique, & l'Enharmonique comme on vient de voir ; aïant reconnu les deux modes majeurs & mineurs, il soumet l'*Harmonie* à des regles invariables, & la rend une science geometrique qui ne se ressent point de la sécheresse des Mathématiques pures. (*Voïez* la *Démonstration du prin-*

cipe de l'Harmonie 1750, par M. *Rameau.*)

2. C'est une grande question de savoir si les Anciens ont connu l'*Harmonie*. Ceux qui soutiennent la négative disent qu'ils ont défini la Musique, l'art d'apprendre à bien chanter, à composer un beau chant, & non l'art d'unir les sons. S'ils parlent d'*Harmonie*, ils n'entendent que l'ordre de plusieurs sons qui se suivent. Par la division qu'ils font de la Musique, on juge que le simple chant étoit le seul objet de leur art. Ces divisions forment six genres qui sont la *Rythme* qui contenoit les préceptes pour regler le mouvement de la danse; la *Métrique*, pour la cadence de la récitation; l'*Organique* qui regloit le jeu des instrumens; la *Poetique* qui prescrivoit le nombre & la grandeur des pieds des vers; l'*Hypocritique* qui donnoit la regle des gestes des Pantomines, & l'*Harmonique* qui donnoit les regles du chant. La Musique *harmonique* avoit sept parties, savoir : les sons, les intervalles, les genres, les tons, les muances, les systêmes & le chant. Par *sons* ils entendoient un bruit raisonnant; par *intervalle*, ce qui étoit contenu entre deux sons voisins; par *genres*, le diatonique, le chromatique, & l'enharmonique. Dans le genre diatonique, le premier intervalle étoit d'un demi ton, & les deux derniers d'un ton chacun. Dans le chromatique les deux premiers intervalles étoient d'un demi-ton, & les deux derniers d'un ton & demi qui étoient appellé *Trihemitonium*, ou tierce mineure. Et dans l'enharmonique, les deux intervalles n'étoient chacun que d'un dieze ou quart de ton, & le troisiéme de deux tons entiers appellé *Ditonum* ou tierce majeure. A l'égard des quatre autres parties de la Musique, les *tons* étoient certains lieux marqués dans tout le grand systême, qui étoit de deux octaves; leurs *muances*, les changemens qui se font dans le chant; & les *systêmes*, les intervalles qui ne sont pas entre deux sons voisins. Ainsi l'intervalle qui fait le systême *mi sol*, étoit composée des intervalles *mi fa*, & *fa sol*, qui sont voisins. Les Anciens distinguoient deux systêmes; un discordant, comme la seconde, la tierce, la sixiéme & la septiéme, & un concordant, comme la quarte, la quinte, l'octave & leurs redoublemens.

A cet exposé, il ne paroît pas que les Anciens aïent connu l'*Harmonie* (je renvoïe pour le chant à l'article de MELODIE.) Ceux qui soutiennent le contraire disent que non-seulement l'*Harmonie* leur étoit familiere; mais encore qu'ils l'avoient tellement dépouillée, qu'il étoit défendu par leurs loix, de rendre la Musique trop agréable, de crainte qu'en amollissant les esprits elle ne corrompît les mœurs. *Plutarque* ajoute, que si la Musique des Anciens étoit si simple & si nue, ce n'étoit que par des vûes de politique & non par ignorance. D'ailleurs, comment n'auroit-on pas possedé l'*Harmonie*, puisque la Musique apprivoisoit alors les animaux les plus farouches, les attiroit des forêts, & qu'elle procuroit de si grands soulagemens aux malades? Abandonnons cette discussion qui nous meneroit trop loin, & qui ne nous éclaireroit pas beaucoup. Et disons que *Platon* a distingué le premier le chant simple du composé; que ce chant étoit formé de trois genres, & qu'*Euclide* nous apprend qu'on ajouta un quatriéme genre, ce genre étoit un mêlange des trois autres, je veux dire du diatonique, du chromatique, & de l'enharmonique.

Voilà ce qu'il y a de plus connu sur l'origine de l'*Harmonie*. Ses progrès n'ont été que confusion : Nul principe ne guidoit les Musiciens; & cette bizarrerie a toujours mis en défaut ceux qui ont voulu suivre le fil de l'histoire de la Musique. (*Voïez* MUSIQUE.) *Zarlin*, *Kirker*, *Wallis*, *Mersenne*, *Hughens*, *Euler* en dernier lieu, sont les seuls Auteurs qui aïent recherché la théorie de l'*Harmonie* par des regles géometriques, que M. *Rameau* a soumises à l'*Harmonie* prise dans l'art musical, cet art fondé sur les impression de l'organe de l'ouie. (M. *Burette* a publié différens Mémoires curieux, dans ceux de l'*Académie des Inscriptions*, sur l'*Harmonie des Anciens.*)

HARMONIE DU MONDE. Quelques Astronomes expriment par ce terme la concordance du mouvement des Planetes & de leurs distances du soleil avec les tons & les intervalles de la Musique. *Ptolomée* est peut-être le premier qui a traité de l'*Harmonie* de la Musique, (dans ses *Harmoniques*, *L. III. Ch.* 8.) & *Kepler* celui qui a recherché celle du systême du monde, & des mouvemens qui s'y font, dans son *Harmonica Mundi*, *L. V.* Il a paru peu de Livres où l'esprit humain ait montré tant de profondeur que dans celui-ci. *Horove* en est si convaincu qu'il le regarde comme une production divine. (*Voïez Prolegom. Astronomiæ Keplerianæ defensæ*, *pag.* 9.) Et *Gregori* reconnoît plus de genie à *Kepler* qu'à tous ceux qui ont écrit avant lui sur l'Astronomie & sur la Physique (*Voïez Elementa Astronom. Geometr. L. I. Propos.* 70.) Cependant quoique tout ce travail demande beaucoup d'application & un genie supérieur, on n'en voit pas trop l'utilité. Pour les Curieux, *Riccioli* a exposé dans son *Almagest. nov.*

L. IX. Sect. 5. les idées de *Ptolomée* & de *Kepler.*

HARMONIQUE. *Proportion Harmonique. Voïez* PROPORTION.

HAU

HAUTE-MARE'E. Augmentation du flux ou de la marée, après la *morte eau.* Elle commence environ trois jours avant la pleine lune ; mais son plus grand dégré d'élevation n'arrive que trois jours après la pleine lune. C'est alors que l'eau de la mer, ou la marée, monte à son plus haut point dans le flux, & descend à son plus bas dans le reflux. Alors la marée est plus forte, plus rapide, que dans les eaux basses. La raison de tout cela est développée à l'article de FLUX & REFLUX.

HAUTEUR. C'est en Géometrie la distance la plus courte d'un point au-dessus de l'horison, & par conséquent une ligne perpendiculaire tirée du sommet d'une figure ou de la surface extrème d'un corps sur la ligne horisontale, ou sur la base de la figure ou du corps. On entend donc par la *Hauteur d'une figure,* la ligne perpendiculaire tirée du sommet sur la base, & par la *Hauteur d'un corps* la ligne abaissée de la surface superieure sur sa base. La connoissance de ces *Hauteurs* est nécessaire pour trouver les surfaces des figures, & la solidité des corps, (*V.* PLANIMETRIE & STEREOMETRIE.)

2. On appelle encore *Hauteur* la ligne perpendiculaire abbaissée du sommet des montagnes, des tours, &c. sur une ligne horisontale. L'art de trouver cette *Hauteur,* (*Voïez* ALTIMETRIE.) est un des principaux objets de la Géometrie pratique. Aussi l'appelle-t-on *Hauteur géometrique.*

3. Les Astronomes ne définissent point la *Hauteur* comme les Géometres. Ils appellent ainsi le nombre de dégrés dans un cercle vertical, à compter depuis l'horison jusques au centre du corps. Par conséquent la *Hauteur méridienne* est un arc du méridien compris entre l'horison & un point donné dans le même méridien. Les *Hauteurs méridiennes* du soleil & des étoiles sont d'un grand usage dans l'Astronomie ; & elles font l'objet le plus important des Observateurs, parce que ces *Hauteurs* connues, on connoît aussi leur distance de l'équateur, l'heure du jour & de la nuit. (*Voïez* HEURE.)

4. La *Hauteur astronomique* se divise en *apparente* & en *véritable.* La *Hauteur véritable* du soleil & d'une étoile est sa distance de l'horison, vûe du centre de la terre ; & la *Hauteur apparente* sa distance vûe de la surface. Ce n'est que par rapport à la lune que la *Hauteur apparente* differe sensiblement de la *véritable* ; car à l'égard du soleil & des étoiles, il est indifferent que leur *Hauteur* soit mesurée du centre de la terre, ou de sa surface.

HAW

HAW-RAUMER. M. *Léopold* indique par ce terme une machine qui sert à tirer le sable & le limon des ports de Mer. Il en désigne quatre especes. La première est de *Bonajuti Lorini,* qui l'a décrite dans sa *Fortification, L. V. Ch.* 17 ; la seconde, celle de Genes, dont on trouve la description dans les *Recreations Mathématiques & Physiques* de *Schwenter, Part. XIII. Probl.* 15 ; la troisiéme celle de Hollande, que *L. C. Sturm* a développée dans sa *Dissertatio de arte Flumina reddendi navigabilia,* & la quatriéme de *Léopold.* Ce docte Mécanicien préfere celle-ci aux autres & il a raison. En effet, sa machine a cette supériorité par-dessus les précédentes, qu'elle réunit les points principaux qui caractérisent sa perfection. Ces points sont 1°, que la machine soit toujours proportionnée à la profondeur ; 2°, que les peles s'ouvrent & se ferment aisément ; 3°, que toute la machine soit bien en équilibre, ensorte qu'on puisse, lorsqu'elle n'est pas chargée, la diriger avec beaucoup de facilité, & la mettre en œuvre avec quatre ou huit Ouvriers. Il est aisé de juger par ces conditions de la construction du *Haw-Raumer.* C'est une roue armée de peles qui se remplissent de limon lorsque la roue tourne, & qui se déchargent dans un bateau disposé à le recevoir. Il faut pour cela les ouvrir, & c'est l'occupation d'un Ouvrier. Les autres ramenent le bateau sous les peles pleines quand elles sont montées, & quelques-uns sont occupés à faire mouvoir la machine. (Voïez *Theatrum machinarum Hydrotechnicarum, Ch.* 20.)

HAY

HAYZ. Terme dont les Astrologues font usage, pour marquer un accroissement de vertu & d'honneur, qui arrive à une planete quand elle est dans un signe qui est de son même sexe, & qu'elle est en même-tems conditionnaire ; par exemple, lorsqu'une planete masculine & diurne regne sur la terre dans un signe masculin, ou encore lorsqu'une planete feminine & nocturne regne pendant la nuit dans un signe feminin.

HAZ

HAZIRAN. Nom du neuviéme mois de l'année Syrienne : il a 30 jours.

HEB

HEBELEITER. Machine qui sert à lever de grands poids. Elle est construite de deux pieces de bois A, qui reposent sur un pied B, de 3 pouces d'épaisseur (Planche XLII. Figure 310.) d'un pied ½ de largeur & de 4 pieds de hauteur. A chaque piece il y a 12, 18 trous, ou plus, suivant la hauteur de la Machine. On met dans ces trous alternativement deux chevilles C d'un pouce d'épaisseur. Ils servent outre cela de point d'appui au lévier de fer D, qui est entre les deux pieces.

Quoique plusieurs Mécaniciens se soient appliqués à perfectionner cette machine, (*Voïez* le *Theatrum Machinarum* de *Leopold*, & les *Mémoires de l'Académie des Sciences* de 1717.) cependant on n'a pû la délivrer de l'incommodité qu'elle a dans son usage, savoir d'étaïer toujours de nouveau & aussi souvent qu'on avance, le point d'appui d'un trou plus élevé.

HEC

HECATOMBŒON. Nom que les Atticiens donnoient au premier mois de l'année.

HEG

HEGIRE. Terme de Chronologie. Epoque des Arabes & des Mahométans, d'où ils commencent à compter leurs années. Le mot d'*Hegire* signifie *fuite*. Les Mahométans en ont désigné leur époque parce que *Mahomet* fut obligé alors de s'enfuir de la Mecque : ce qui arriva l'an de JESUS-CHRIST 622, le 16 Juillet, sous le regne de l'Empereur *Heraclius*.

HEL

HELIAQUE. Epithete dont les Astronomes caractérisent le lever & le coucher d'une planete, ou d'une étoile, qui ont certaines conditions. Le lever est *Heliaque* quand une étoile, aïant été sous les raïons du soleil, s'en dégage & reparoit. Lorsqu'une planete devient invisible par le trop grand voisinage du soleil, son coucher est *Heliaque*. Celui de la lune est tel, lorsqu'elle n'est éloignée du soleil que d'environ 17 dégrés. Pour les étoiles elles doivent en être distantes de tout un signe.

HELICE. C'est la même chose que spirale. (*Voïez* SPIRALE.)

HELICOIDE. Ligne courbe qui se forme en fléchissant l'axe d'une parabole dans un cercle, & en donnant par-là de la divergence aux demi-ordonnées. C'est une spirale parabolique. M. *Jacques Bernoulli* a démontré les propriétés de cette ligne dans les *Actes de Leipsic*, de l'année 1691, page 14. (*Voïez* SPIRALE.)

HELICOSOPHIE. L'art de tracer sur un plan toutes sortes de lignes spirales (*Voïez* SPIRALE.)

HELIOCENTRIQUE. *Lieu Heliocentrique* d'une planete. Point de l'écliptique auquel on rapporte une planete vûe du soleil. C'est la longitude de la planete vûe du soleil.

HELIOSCOPES. Sortes de telescopes construits de maniere qu'on peut regarder le soleil sans se blesser les yeux. Il ne faut pour cela que colorer également l'objectif & l'oculaire d'un telescope ; & l'*Helioscope* est construit. (Voïez *Rosa Ursina* du P. *Scheiner*, & la *Selenographiæ Prolegom.* page 23.) M. *Hughens* au lieu de colorer le verre, le noircit d'un côté à la flamme d'une chandelle & le place entre l'oculaire & l'œil : ce qui fait très-bien la fonction d'un verre coloré.

HELISPHERIQUE. On nomme ainsi dans le Pilotage une ligne de rhumb ; parce sur le globe elle tourne spiralement autour du pole, & s'en approche continuellement de plus en plus. *Voïez* LOXODROMIE.

HEM

HEMICYCLE. Terme Grec, dont on fait usage pour exprimer un demi-cercle.

HEMICYCLE. Espece singuliere de cadran solaire, qui a la forme d'un demi-cercle. *Berose* Chaldéen en est l'inventeur ; suivant *Vitruve*, *L. IX. Ch. 9*; & on prétend que *Jacques Ziegler* a écrit un Traité particulier sur ces sortes de cadrans.

HEMICYLINDRE. Nom Grec d'un demi cilindre.

HEMICYLINDRE. Instrument inventé par *Architas* pour trouver une moïenne proportionnelle. On ignore comment cet instrument étoit construit. *Vitruve* (*Architecture*, *L. IX. Ch. III.*) en parle & ne le décrit pas.

HEMISPHERE. Nom Grec qu'on donne à la moitié d'une sphere, divisée par le centre dans le plan de l'un des grands cercles. On démontre en Géometrie, que le centre de gravité d'une *Hémisphere* est éloigné du sommet d'une quantité égale aux cinq huitiémes du raïon. On prouve, en Optique, qu'un *He-*

misphere réunit les raïons paralleles à une distance du pole du verre égale au diametre plus un tiers du diametre de cet *Hemisphere.*

Les Astronomes regardant la terre comme une sphere, ont fait du mot *Hemisphere* un terme d'Astronomie. L'équateur divise la terre en *Hemisphere* septentrional & méridional. L'équateur du Firmament divise aussi la sphere céleste en deux *Hemispheres.* L'horison forme encore deux *Hemispheres,* l'un éclairé, & l'autre obscurci, selon que le soleil est au-dessus ou au-dessous de ce cercle. Toutes ces considérations fournissent les distinctions suivantes :

HEMISPHERE ASCENDANT. Moitié de la sphere du monde, dont la base est le méridien, & dont le pole est à l'Orient. C'est l'*Hemisphere oriental.*

HEMISPHERE DESCENDANT, ou *Hemisphere occidental.* Moitié de la sphere du monde coupée par le méridien qui a le pole à l'Occident.

HEMISPHERE MERIDIONAL. Cet *Hemisphere* a l'équateur pour base & le pole au Sud.

HEMISPHERE SEPTENTRIONAL OU BOREAL. *Hemisphere* dont le pole est au Nord, & qui a l'équateur pour base.

HEMISPHERE SUPERIEUR. Partie du Ciel qui est au-dessus de notre horison & que nous découvrons lorsque rien ne borne notre vûe.

HEMISPHERE INFERIEUR. C'est la partie du ciel qui est au-dessous de notre horison, & qui nous est invisible.

HEMISPHERES DE MAGDEBOURG. Les Physiciens donnent ce nom à deux grandes demi-spheres concaves de cuivre ou de laiton, A B (Planche XXVII. Figure 2.) qu'on joint par leurs rebords, & qu'on peut fermer avec un robinet *h*, après en avoir pompé l'air. Les *Hemispheres* s'appliquent à la machine pneumatique avec laquelle on les vuide d'air. Alors elles se trouvent unies si fortement l'une contre l'autre, qu'elles soutiennent des poids d'autant plus considérables, que leur diametre est plus grand. M. *Otto-Guerik,* Bourguemestre de Magdebourg, est le premier qui a fait construire ces *Hemispheres,* pour démontrer la force de la pression de l'air. Celles dont il fit usage, avoient une aune de diametre, & elles ne pouvoient être séparées que par l'effort commun de 24 chevaux, (Voïez *Experimenta Magdeburgica, L. III. Ch. 24.*) Afin que les deux *Hemispheres* se joignent mieux réciproquement, on entoure les bords de l'une d'un cuir mouillé, & sur ce bord on applique celui de l'autre. On calcule l'effort de l'air sur la surface des *Hemispheres* quand on les a vuidées d'air, comme celui de l'at-

mosphere sur les autres corps (*Voïez* ATMOSPHERE), en aïant égard à leur convexité, ce qui donne une pression de 10 ou 12 livres sur une surface d'un pouce de diametre.

HEN

HENIOCHUS. Constellation Septentrionale, appellé autrement Cocher. (*Voïez* CONSTELLATION.)

HER

HERCULE. Constellation Septentrionale informe proche celle de Bootes. Quelques-uns y comptent 64 étoiles. (*Voïez* CONSTELLATION.) *Hevelius* a donné la figure de l'*Hercule* dans son *Firmamentum Sobiescianum* Fig. II, de même que *Bayer* dans son *Uranometrie* Planche G. *Schiller* l'appelle les trois Rois, ou les Sages de l'Orient; *Schickard, Samson* & *Weigel* le Cavalier avec le sabre, tiré des armes de Pologne. On nomme encore cette constellation *Alcides, Algiethi, Aper, Cetheus, Genuflectens, Imago laboranti similis, Incurvatus in genu, Ingeniculus, Iscion, Nessus, Nisus, Nixus Orpheus, Prociduus in genua, Prometheus, Rasaben, Saltator, Thancyras, Theseus.*

HERISSON, Terme d'Artillerie. Poutre armée d'un grand nombre de pointes de fer, qui tourne sur un pivot, & qui sert de barriere pour fermer des passages. On place les *Herissons* devant les grandes portes des Villes, & plus particulierement aux guichets des Villes, des Forteresses, pour mettre en sureté ces sortes de passages, que l'on est obligé d'ouvrir & de fermer fort souvent.

Pour tirer de cette machine de guerre un autre avantage, on la remplit intérieurement de poudre, dans laquelle on mêle des grenades & des éclats, & on y met le feu par une traînée de poudre quand on veut blesser l'ennemi qui s'en approche. (*Voïez* l'*Artillerie de Simienowiks, Part. I. Ch. 4. §. 224,* celle de *Buchner, Part. II. page 83,* & les *Mémoires d'Artillerie de Saint-Remi, Tom. II.*

HERMETIQUEMENT, Terme de Physique, par lequel on exprime la maniere de boucher les vaisseaux de verre si exactement que rien ne puisse s'exhaler, pas même les esprits les plus volatils. Cette maniere est de fermer le Vaisseau avec sa matiere propre, en la faisant fondre au feu d'une lampe, animée par un chalumeau.

HERMITAN. C'est le nom d'un vent sec Nord-Nord-Est, qui souffle ordinairement en Afrique sur les Côtes de Guinée ; mais qui vient quelquefois des autres points de l'horifon.

HET

HETERODROME. Nom du lévier, dont le point d'appui eft placé entre la puiffance & le poids, & dans lequel le poids s'éleve par la defcente de la puiffance, & s'abbaiffe par fon élevation.

HETEROGENE. Epithete qu'on donne à des nombres mixtes compofées d'entiers & de fractions. Les nombres fourds *Heterogenes* font ceux qui ont differens fignes radicaux comme $\sqrt[3]{aa}$, $\sqrt[5]{bb}$, $\sqrt[3]{9}$, $\sqrt[7]{10}$, &c. On réduit ces nombres à un même figne radical; 1°, en divifant les expofans des puiffances des irrationnels *Heterogenes* par leur plus grand commun divifeur; 2°, en multipliant en croix les expofans l'un par le quotient de l'autre; 3°, en mettant devant les produits le figne radical commun $\sqrt{}$ avec fon expofant propre; & 4°, enfin en élevant alternativement les racines données à la puiffance marquée par le quotient, qui multiplie l'expofant du radical.

† Ainfi pour réduire les deux radicaux $\sqrt[2]{aa}$ & $\sqrt[4]{bb}$; divifez premierement, les expofans 2, 4, des puiffances, par leur plus grand commun divifeur 2 : vous aurez 1, 2. Multipliez enfuite l'expofant 2 de $\sqrt[2]{aa}$ par 2, & élevez en même-tems fa puiffance *aa* au dégré marqué par l'expofant 2 : vous aurez $\sqrt[4]{aaaa}$. De même multipliez l'expofant 4 de $\sqrt[4]{bb}$ par 1, & élevez fa puiffance *bb* au dégré marqué par l'expofant 1. Ce radical deviendra alors $\sqrt[4]{bb}$, qui a un figne radical commun avec le radical $\sqrt[4]{aaaa}$. (Cette méthode eft de M. *Stone* : voïez fon *New-Dictionn. Mathem.*

2. *Heterogene* eft encore un terme de Phyfique. On dit que deux corps font *Heterogenes* lorfqu'à volume égal ils different en poids. On dit auffi que des particules font *Heterogenes*, lorfqu'elles font d'efpece, de qualité & de nature differente de celle dont les corps font généralement compofés. Et M. *Newton* appelle lumiere *Heterogene* celle qui eft compofée de raïons de différens dégrés de refrangibilité. La lumiere commune du foleil à travers les nuages eft *Heterogene*, étant un mêlange de toutes fortes de raïons.

HETEROSCIENS. Terme de Sphere. Nom des Habitans de la terre qui ont toujours leur ombre à midi du même côté. Tels font ceux qui vivent entre les tropiques & les cercles polaires ; car dans la latitude feptentrionale, leur ombre à midi eft toujours du côté du Nord, & dans la latitude méridionale du côté du Sud. (*Varenii Geographia generalis*, *L. II. Ch.* 27.)

HEU

HEURE. Partie du jour qui en eft ordinairement la 24e & quelquefois la douziéme. Celles de la premiere efpece font appellées communément *Heures égales* ; les autres *Heures compofées*. On divife les premieres en 60 parties égales qu'on appelle *minutes* ; les minutes en 60 *fecondes*, les fecondes en 60 *tierces*. Celles-ci font en ufage parmi la plupart des peuples. (*Voïez* HEURES EUROPÉENNES.) Pour faire connoître les autres, je les expliquerai fuivant leur dénomination particuliere, en fuivant l'ordre alphabetique : mais je crois devoir auparavant donner la maniere de trouver l'*Heure* en tout tems.

2. Je fuppofe qu'on connoiffe l'élevation] du pole ou la latitude du lieu où l'on eft, (*Voïez* pour cela ELEVATION DU POLE.) La déclinaifon du foleil (*Voïez* DECLINAISON), & qu'on ait obfervé la hauteur de cet aftre. On aura ainfi trois chofes connues. Si de ces trois chofes nous pouvons former un triangle dans lequel foit renfermé la diftance du foleil au méridien, il eft certain qu'on refoudra aifément le problême dont il s'agit par le calcul de la Trigonometrie. Or, pour former ce triangle, foit FBE (Planche XVII. Figure 18.) le méridien ; B le zenith ; E le pole, A D la hauteur du foleil fur l'horifon FG, A B fon complement, A E la diftance du foleil au pole, qui eft le complement de fa déclinaifon, B E le complement de l'élevation du pole. Il s'agit maintenant de réfoudre le triangle A B E, afin d'avoir l'éloignement du foleil au méridien, Cela dépend de l'angle A E B, qu'il eft aifé de déterminer en refolvant le triangle fphérique BAE, dont les trois côtés font connus (*Voïez* TRIGONOMETRIE SPHERIQUE), & en réduifant en tems les dégrés de cet angle. Quinze de ces dégrés font une *Heure*, & ainfi à proportion.

Lorfqu'on veut favoir l'*Heure* la nuit, on prend la hauteur d'une étoile. Ajoutant l'afcenfion droite de la même étoile à celle du foleil, ou en l'ôtant l'une de l'autre, on trouve l'*Heure*.

On lit dans la *Connoiffance des Tems* un autre moïen pour trouver l'*Heure* pendant la nuit par les étoiles, que je trouve moins simple que celui que je viens d'indiquer. Je serois même fâché de distraire le Lecteur de celui-ci, qui est bien général, & qui peut servir à l'égard du soleil, pour avoir la hauteur de cet astre dans toutes les *Heures* du jour : avantage d'une grande utilité dans différentes opérations de l'Astronomie & sur tout de la Gnomonique. De ces hauteurs on forme une table pour l'élévation du pole du lieu où l'on est, qu'on dispose dans la forme suivante, calculée pour celle de 49 dégrés d'élevation.

TABLE DES HAUTEURS DU SOLEIL DANS TOUTES LES HEURES
DU JOUR, POUR LA LATITUDE DE 49 DEGRÉS ET DE 10 EN 10 DEGRÉS DE CHAQUE SIGNE.

	HEURES.								
	XII.	XI. I.	X. II.	IX. III.	VIII. IV.	VII. V.	VI. VI.	V. VII.	
Signes.	D. M.	D. M.	D. M.	D. M.	D. M.	D. M.	D. M.	D. M.	Signes.
♋	64. 30	61. 56	55. 19	46. 34	37. 1	27. 10	17. 30	8. 21	♋
10	64. 9	61. 33	55. 1	46. 18	36. 42	26. 54	17. 10	8. 4	20
20	63. 2	60. 31	54. 4	45. 28	35. 5	26. 6	16. 20	7. 12	10
♌	61. 12	58. 49	52. 34	44. 7	34. 39	24. 50	15. 6	5. 50	♊
10	58. 48	56. 30	50. 29	42. 14	32. 53	23. 6	13. 20	3. 57	20
20	55. 52	53. 42	47. 57	39. 55	30. 41	20. 57	11. 11	1. 40	10
♍	52. 30	50. 30	45. 1	37. 14	28. 10	18. 28	8. 40	. .	♉
10	48. 51	46. 48	41. 44	34. 13	25. 19	15. 43	5. 54	. .	20
20	44. 58	43. 12	38. 15	31. 0	22. 18	12. 48	2. 59	. .	10
♎	41. 0	39. 20	34. 37	27. 38	19. 9	9. 47	. .	. .	♈
10	37. 2	35. 26	30. 58	24. 15	15. 58	6. 42	. .	. .	20
20	33. 9	31. 40	27. 24	20. 55	12. 51	3. 44	. .	. .	10
♏	29. 30	28. 4	23. 58	17. 42	9. 50	0. 54	. .	. .	♓
10	26. 8	24. 46	20. 51	14. 45	7. 6	. .	. .	. .	20
20	23. 12	21. 52	18. 5	12. 12	4. 43	. .	. .	. .	10
♐	20. 48	19. 30	15. 48	10. 3	2. 42	. .	. .	. .	♒
10	18. 48	17. 44	14. 6	8. 27	1. 13	. .	. .	. .	20
20	17. 52	16. 38	13. 3	7. 27	0. 19	. .	. .	. .	10
30	17. 30	15. 15	12. 42	7. 8	. .	. .	. .	. .	♑

HEURES ASTRONOMIQUES. Vingt-quatriéme partie du jour, qu'on compte depuis 1 jusques à 24, au lieu d'une *Heure* après minuit jusques à midi, & depuis midi jusques à minuit, comme on le pratique dans l'usage ordinaire. *Pline* (*Hist. nat. L. II. Ch.* 17.) & *Censorin* (*De die natali*, *Ch.* 23.) rapportent que les Arabes & les anciens Umbres ont commencé leur année comme les Astronomes. Les *Heures astronomiques* d'après midi conviennent avec les Européennes, & la différence d'avant midi n'est que de 12 *Heures* ; puisque les *Heures astronomiques* appartiennent au jour précédent. Ainsi on convertit celles-ci en celles-là, en ajoutant 12 à l'*Heure* Européenne donnée pour avoir l'*Heure astronomique* du jour précedent, & en soustraïant 12 de l'*Heure astronomique* donnée pour l'*Heure* Européenne du jour suivant.

HEURES BABYLONIQUES. Heures du jour qu'on commence à compter depuis le lever du soleil, & qu'on continue jusques à 24, à la façon des *Heures* astronomiques. On trace les *Heures Babyloniques* sur les cadrans solaires, & on prend pour cela le lever du soleil le jour que cet astre est dans l'équateur. Alors il se leve à 6 *Heures*. La ligne de sept *Heures* est donc la premiere *Heure Babylonique*, celle de 8 *Heures* la seconde, celle de 9 la troisiéme, &c.

HEURES EUROPÉENNES. *Heures* en usage dans toute l'Europe, que l'on compte depuis minuit par grandeurs égales, jusques à 12 *Heures* de midi ; & de-là jusques à 12 *Heures* de minuit. *Pline* (*L. II. Ch.* 17.) & *Censorin*

Cenforin (*De die natali ; Ch. 23.*) rapportent que les anciens Egyptiens & les Romains ont compté les *Heures* de cette maniere. Les *Heures Européennes* s'accordent après midi avec les *Heures* aſtronomiques. Auſſi eſt-il aiſé de les changer les unes pour les autres (*Voïez* HEURES ASTRONOMIQUES.)

HEURES ITALIQUES. Heures qu'on compte du coucher du ſoleil en continuant juſques à 24; car les Italiens (ainſi que les Chinois) font commencer le jour au coucher du ſoleil. Les Atheniens faiſoient autrefois de même. Comme dans les équinoxes le ſoleil ſe couche à 6 *Heures*, la premiere *Heure Italique* ſe marque ſur les cadrans ſolaires à 7 *Heures*. D'où il ſuit, que la ligne de 7 *Heures* du matin eſt la 12e des Italiens; la 8e la 13e, &c. Cela demande cependant quelque attention, quand on veut en venir à l'opération, & on ne peut ſe paſſer de conſulter à cette fin les regles qu'on trouve dans tous les Traités de Gnomonique.

HEURES JUDAÏQUES, appellées auſſi HEURES PLANETAIRES, HEURES ANCIENNES. Douziéme partie d'un jour naturel, & la douziéme d'une pareille nuit. Les Juifs commencerent le jour au coucher du ſoleil, & diviſerent autrefois chaque jour en douze *Heures*, ſoit qu'il fût long ou qu'il fût court. Ils faiſoient de même de la nuit. Par conſéquent rien de plus varié que ces *Heures*. Dans les grands jours elles ſont longues & courtes dans les petits.

On change ainſi les *Heures Judaïques* en *Heures* Européennes. On cherche la longueur d'un jour donné & on la diviſe en 12 parties égales, pour avoir la valeur de l'*Heure Judaïque*. En multipliant cette valeur connue par le nombre des *Heures Judaïques* données, & en ajoutant le produit au lever du ſoleil de ce jour, la ſomme donne l'*Heure* Européenne. Soient, par exemple, 14 *Heures* Européennes la longueur du jour. Alors la valeur d'une *Heure Judaïque* ſera 1 *Heure* 10 minutes. Et comme le ſoleil ſe leve à 5 *Heures*, la ſixiéme *Heure Judaïque* eſt en ce tems, la douziéme ſelon l'*Heure* Européenne.

2. Les Aſtrologues diviſent les *Heures* du jour & de la nuit de la même maniere, en attribuant à chaque Planete un regne ſur la terre à chaque *Heure*. Ils marquent les planetes dans cet ordre ♄, ♃, ♂, ☉, ♀, ☿, ☽. Voilà pourquoi on appelle les *Heures Judaïques*, *Heures Planétaires*; & de là vient l'uſage que l'on a de marquer les jours avec le caractere des planetes. On donne au jour le nom de la planete qui regne dans la premiere *Heure*.

HEURES DE NUREMBERG. Ce ſont des *Heures* égales, qu'on compte tant du lever du ſoleil que de ſon coucher. Cependant la longueur du jour n'eſt pas calculée ſelon la vérité Aſtronomique, mais elle eſt déterminée par ordre du Magiſtrat; ſavoir, avant l'an 1700:

Le jour le plus court étoit de	8 heures	le 16 Novembre.
le 7 Janvier	9	26 Octobre.
28 Janvier	10	8 Octobre.
14 Fevrier	11	22 Septembre.
3 Mars	12	5 Septembre.
19 Mars	13	20 Août.
5 Avril	14	2 Août.
23 Avril	15	11 Juillet.
15 Mai	16	le jour le plus long.

Depuis l'an 1700, ſuivant l'ordre du Magiſtrat de Nuremberg

Le jour le plus court eſt de	8 heures	le 25 Novembre.
le 17 Janvier	9	4 Novembre.
7 Fevrier	10	18 Octobre
24 Février	11	1 Octobre.
12 Mars	12	14 Septembre.
29 Mars	13	29 Août.
14 Avril	14	11 Août.
2 Mai	15	10 Juillet.
24 Mai	16	le jour le plus long.

HEURE PLANETAIRE. *Voïez* HEURE JUDAÏQUE.

HEURES. On ſe ſert de ce terme dans la Géometrie ſouterraine pour deſigner les diviſions de certains inſtrumens, ſoit des compas de mines, ou des diſques horaires. Les cercles de ces inſtrumens ſont diviſés en deux fois 12 parties égales, qu'on appelle *Heures*, ſans doute parce que cette diviſion convient avec celle que nous faiſons d'un jour aſtronomique, On leur donne encore des noms différens, ſelon les quatre parties du monde; & on les tranſporte ſur l'inſtrument de

la maniere ſuivante. A la partie ſeptentrionale on marque 6 *Heures* & autant à la méridionale, ſavoir depuis 3 juſques à 6, &
depuis 6 juſques à 9. Les premieres ſont nommées *Orientales*, & les autres *Occidentales*.
Elles ſervent à connoître la direction des
veines ; car marquer les *Heures* en terme de
Géometrie ſouterraine, c'eſt marquer au jour
la direction d'une veine.

HEX

HEXACHORDE. Intervalle de Muſique qui
comprend ſix dégrés & qu'on nomme ſixte.
On diſtingue l'*Hexacorde majeur* & l'*Hexacorde mineur*. L'*Hexacorde majeur* eſt compoſé de deux tons majeurs, de deux tons
mineurs, & d'un demi-ton majeur, qui font
5 intervalles. L'*Hexacorde mineur* n'a que
deux tons majeurs, un ton mineur & deux
demi-tons majeurs. La proportion du premier en nombres, eſt comme 3 à 5, & celle
du ſecond comme 5 à 8.

HEXAEDRE. *Voïez* EXAEDRE.

HEXAGONE. Figure de Géometrie, qui a 6
angles & 6 côtés égaux entr'eux. Ainſi chaque angle de l'*Hexagone* eſt de 60 dégrés.
D'où il ſuit que pour décrire cette figure
un côté étant donné, il ſuffit de former ſur
ce côté un triangle équilateral, dont le ſommet eſt le centre de l'*Hexagone*, & de porter par conſéquent le même côté ſur la circonference de ce cercle. On décrit encore ce
poligone en portant 6 fois le raïon d'un
cercle ſur la circonference, car il eſt évident que ce raïon ſera le côté d'un triangle
équilateral, & que tous cés raïons le ſeront
de 6 triangles, qui pris enſemble doivent
occuper toute la circonference, puiſque le
produit de 60 par 6 eſt 360, nombre des
dégrés de la circonference d'un cercle.

HIP

HIPPEUS. Nom d'une comete qui a, ſelon
un petit nombre d'Aſtronomes, quelque
reſſemblance à un cheval. La forme de cette
comete varie. Elle eſt quelquefois ovale ; &
quelquefois elle approche d'un rhomboïde.
Tantôt ſa queue s'étend en devant & tantôt
par derriere. C'eſt pourquoi on la diſtingue
par ces differens noms ; *Equinus-Barbatus*,
Equinus quadrangularis, & *Equinus ellip-
ticus*.

HIS

HISTODROMIE. Quelques Savans appellent
ainſi la ſcience du Pilote. (*Voïez* PILOTA-
GE.)

HOE

HŒDI-CAPELLÆ AGNI. Nom de deux petites étoiles de la quatriéme grandeur ſur
l'épaule du Chartier. *Hevelius* a marqué la
longitude de ces étoiles, ainſi que leur latitude. (*Prodrom. Aſtronom. pag.* 274.)

HOL

HOLOMEDRE. M. *Wolf* donne ce nom à un
inſtrument pour prendre toute ſorte de meſures ; & ajoute que *Abel Tullo* en eſt l'inventeur, & qu'il l'a décrit dans un Traité
particulier publié à Veniſe l'an 1564. Il eſt
fâcheux que M. *Wolf* ait omis le titre de ce
Traité, car par le nom ſeul de ſon Auteur,
il ne m'a pas été poſſible de le découvrir.

HOM

HOMOCENTRIQUE. C'eſt la même choſe
que concentrique. (*Voïez* CONCENTRI-
QUE.)

HOMODROME. Nom d'un lévier, dont le
poids eſt entre la puiſſance & le point d'appui, ou qui a la puiſſance entre le poids &
le point d'appui. *Voïez* LEVIER.

HOMOGENE. On caractériſe ainſi en Phyſique des corps de même eſpece, qui ſous un
même volume ſont également péſans. Les
particules *Homogenes* ſont toutes de même
eſpece & de même nature, & ont les mêmes
propriétés, comme ſont les parties de l'eau
pure, de terre pure, ou des métaux les plus
affinés tels que l'or, l'argent, &c. M. *Newton* appelle lumiere *Homogene* celle dont les
raïons ſont tous d'une même couleur, & de
même dégré de refrangibilité, ſans aucun
mélange d'autres raïons.

2. Juſqu'ici *Homogene* eſt un terme propre
de Phyſique. Les Géometres en font auſſi
un terme de leur ſcience. Ils appellent
nombres *Homogenes* des nombres ſourds de
même nature & de même eſpece. Les nombres ſourds ou irrationnels ſont auſſi dit
Homogenes, lorſqu'ils ont un ſigne radical
commun, tel que $\sqrt[2]{a}$, $\sqrt[2]{b}$.

M. *Viete* ſe ſert du mot *Homogene* dans
l'Algebre, en y ajoutant le mot comparaiſon. Il appelle *Homogene de comparaiſon* le
nombre abſolu d'une équation quarrée ou
cubique. Ce nombre occupe toujours le
côté de l'équation, & il eſt le produit des
racines multipliées l'une par l'autre. Quelques Géometres n'entendent pas cela par le
mot *Homogene de comparaiſon*. Ils veulent
qu'il exprime dans une équation le terme

qui n'est composé que de quantités connues. Par exemple, cette équation étant donnée $x^2 - a x = a b$, le nombre $a b$ est selon eux *Homogene de comparaison*.

HOMOLOGUE. Epithete dont on caractérise les quantités qui ont même raison entre elles. On lit dans les *Elemens de Géometrie* de M. *Wolf* une autre définition de ce terme. Ce Savant entend par *Homologue* la même chose que équinome, en comprenant dans deux figures les angles & les côtés qui se suivent tous deux dans un même ordre. L'une & l'autre signification peut avoir lieu, selon qu'on la considere suivant son étimologie, ou du mot λόγος *raison*, ou du mot λέγειν *nommer*.

Dans des figures semblables, les côtés qui sont également ou semblablement situés, sont appellés *Homologues*.

HOR

HORAIRES. On sous-entend CERCLES. Ce sont de grands cercles qui se rencontrent aux poles du monde, qui coupent l'équateur à angles droits, & qui déterminent le mouvement de la terre dans une heure, par son mouvement d'Orient en Occident en un jour. Les Astronomes en font passer par tous les 15e dégrés de l'équateur; & font servir le méridien pour tous les *cercles Horaires*; parce qu'on y fait passer successivement les dégrés de l'équateur.

HORISON. L'un des grands cercles immobiles de la sphere, qui est éloigné dans tous les points de sa circonference de 90° du zenith & du nadir. C'est ce cercle qui divise la terre & les cieux en deux parties ou hemispheres, dont l'un est supérieur & l'autre inférieur. On distingue l'*Horison* en *sensible* ou apparent, & en *rationel* ou *vrai*.

L'*Horison sensible* est ce cercle qui termine notre vue. On peut le concevoir formé par quelque grand plan qui touche la surface de la terre, & qui la divise ainsi que le firmament, en deux parties inégales, l'une illuminée & l'autre dans les ténébres. Cet *Horison* détermine le lever & le coucher du soleil, de la lune ou des étoiles, en quelque latitude que ce soit. On dit qu'un astre se leve quand il commence à paroître à la partie orientale de l'*Horison sensible*, & qu'il se couche lorsqu'il commence à disparoître à sa partie occidentale. C'est de cet *Horison* que l'on compte la hauteur des astres. En Astronomie on suppose qu'à l'égard de la distance du soleil, & encore plus à l'égard de celle des étoiles, l'*Horison sensible* est le même que l'*Horison* vrai, parce que cette

distance est si grande, que la différence de ces deux *Horisons* n'est pas sensible.

HORISON VRAI. Cercle qui divise la terre & les cieux en deux parties égales, & dont le centre est le même que celui de la sphere du monde. C'est l'*Horison* proprement dit, tel qu'on l'a vû à la définition pure & simple de ce terme. L'*Horison* des globes ou des spheres, qui est un large cercle de bois (*Voïez* GLOBE & SPHERE,) par lequel ils sont divisés en deux également, représente l'*Horison vrai*.

L'HORISON est appelé DROIT, OBLIQUE ou PARALLELE, selon qu'il coupe perpendiculairement ou obliquement l'équateur, ou qu'il lui est parallele. Cela dépend de la situation de la sphere à l'égard des différens Peuples. (*Voïez* SPHERE.) *Macrobe* nomme l'*Horison*, *Terminus cœli*, *circulus Hemisphærii*, & Maurle *Gyrus terrestris*.

HORISONTAL. Ce qui est parallele à l'horison. Une ligne est *Horisontale* quand elle est tracée sur un plan parallele à l'horison. Un cadran est horisontal si son plan est parallele à l'horison du lieu, &c. En Perspective la ligne horisontale est celle où est dans un tableau le point de vûe, auquel toutes les lignes des côtés doivent aboutir, pour mettre l'objet en perspective.

HORLOGE. Machine qui sert à regler & à diviser exactement le tems, ou autrement à marquer les heures & ses parties. On a inventé plusieurs de ces machines. Et d'abord ont paru des *Horloges* d'eau; ensuite des *Horloges* de sables, en troisiéme lieu des *Horloges* proprement dites, composées de roues, d'un ressort & d'un balancier; après ces *Horloges*, des *Horloges hydrauliques*, & enfin des *Horloges élémentaires*. Afin de faire connoître ces *Horloges*, je les développerai séparément dans des articles particuliers en suivant l'ordre de leur invention.

HORLOGE D'EAU. *Horloge* dirigée par le moïen de l'eau, qui par sa chute indique les heures écrites à des distances proportionnelles à son mouvement. On connoît ces *Horloges* sous le nom de Clepsidres, & j'en ai fait mention à cet article (*Voïez* CLEPSIDRE.) Il s'agit-là des *Horloges* d'eau des Anciens, depuis leur origine jusques à l'invention des *Horloges à ressort & à poids*. Quoique l'invention de ces *Horloges* ait fait négliger les autres, cependant des Physiciens ont perfectionné malgré cela les *Horloges d'eau*, & ont donné l'être à une machine ingénieuse, qui dépouillée du nom de Clepsidre par la différence qu'elle a avec les *Horloges d'eau* antiques, doit être ici & représentée & décrite.

Un tambour d'argent ou d'étain fin, divisé en cinq parties avec des cloisons qui communiquent les unes aux autres par un petit trou, & suspendu sur une verge de fer quarrée hors de son centre de gravité, est la principale piece de cette *Horloge d'eau.* Aussi s'attache-t-on à la bien construire. A cette fin, après avoir déterminé le diametre du tambour ; 1°, on le divise en 5 parties (& , si l'on veut rendre son mouvement plus lent, en 7) A, B, C, D, E (Planche XXXVIII. Figure 3.) & on le perce quarrément à son centre V. 2°. On éleve sur chaque côté du quarré que ce trou forme, des languettes d'étain, ou d'argent, si le tambour est d'argent, à la hauteur de l'épaisseur qu'on doit donner à ce tambour. Cette hauteur est arbitraire, quoique quelques Physiciens l'aïent déterminée à 2 pouces d'épaisseur. 3°. On place sur chaque point de division des languettes AG, EL, DK, CI, BF, inclinées toutes également sur la circonférence & percées-là d'un fort petit trou. Ces languettes, qui doivent se joindre à quelque distance du trou quarré, forment cinq cloisons égales. Il ne s'agit plus que de remplir à moitié, plus ou moins, une cloison d'eau-de-vie bien rectifiée, (on prefere l'eau-de-vie à tout autre liqueur, parce qu'elle ne gele pas & qu'elle n'est pas corrosive) fermer le tambour & le suspendre avec une verge quarrée qui passe justement dans son trou. Cela fait, l'*Horloge* est construite, ou du moins la figure 4 (Planche XXXVIII.) peut suppléer au reste de sa description.

Comme le tambour est suspendu sur ses fils de soïe S A, S B, qui entourent son aissieu A B, il est évident qu'il doit descendre pour chercher un équilibre à cette inégalité de pésanteur. L'eau alors se vuide dans les cloisons & modere sa chute. On examine avec une bonne pendule le tems qu'il emploïe à parcourir ainsi un espace, & on marque ainsi les heures à chaque heure du pendule, sur les montans de bois M S, N S dans lesquels le tambour est enchassé.

Quand on veut rendre cette *Horloge* plus agréable on cache le tambour, & on communique son mouvement à une aiguille qui marque les heures sur un cadran. Il suffit pour cela d'entortiller un bout de la soie autour d'un cilindre *i* mobile & qui porte l'aiguille.

On ajoute encore un reveil en ajustant une détente *t* qui tient un poids. Cette détente qui glisse dans une verge de haut en bas du montant, pour qu'on la puisse placer à l'heure que l'on veut, est ajustée de façon que l'aissieu du tambour en descendant la touche & qu'il la fait quitter prise. Alors le poids tombe, & fait tourner une roue dentée R. Aux dents de cette roue répond un petit marteau mobile dans un aissieu. Ainsi cette roue en tournant fait faire des vibrations frequentes à ce marteau, que reçoit le timpan ou la cloche T : ce qui cause un bruit assez grand pour interrompre le plus profond sommeil.

Censorin croit que c'est *P. Corneille Nasica* qui a inventé les *Horloges à l'eau.* En général *Pline* l'attribue à *Scipion Nasica* le Censeur. Mais celle que je viens de décrire est due aux Italiens, & ils en ont fait long-tems un grand secret. Le P. *Dominique Martinelli* est le premier qui ait rendu ce secret public dans un Traité intitulé : *Des Horloges élémentaires,* imprimé à Venise en 1663, & traduit en François par M. *Ozanam* dans ses *Recréations Mathématiques, Tome III.*

Horloge anaphorique. *Vitruve* donne ce nom à une *Horloge* d'eau ainsi construite. On place les heures sur des filets de cuivre, selon la description de l'analemme tout autour d'un centre, qui est aussi entouré de cercles disposés selon les mois. Derriere ces filets est une roue sur laquelle le ciel est peint & le zodiaque, avec les douze signes, selon leurs espaces inégaux, qui sont définis par des lignes qui partent du centre. Cette roue est attachée par derriere à son essieu, autour duquel une petite chaîne de cuivre est entortillée. A cette chaîne pend d'un côté le liege ou tympan qui est soutenu par l'eau, & de l'autre un sac plein de sable du même poids que le liege. Le sac que son poids tire en bas, fait tourner l'essieu & par conséquent la roue : ce qui est cause que tantôt une plus grande partie du zodiaque tantôt une moindre marque en passant la différence des heures, selon les tems. Car dans le signe de chaque mois, on fait justement autant de trous qu'il y a de jours, & dans l'un de ces trous on met comme un clou à tête, qui represente le soleil & qui marque les heures. Ce clou étant changé d'un trou dans un autre, fait le cours d'un mois ; & de même que le soleil, en parcourant les espaces & signes fait les jours plus grands ou plus petits. Ainsi le clou dans ces *Horloges* allant de trou en trou par une progression contraire à celle de la roue, lorsqu'il est changé tous les jours, passe en certain tems par des espaces plus larges, & en d'autres par de plus étroits, & représente fort bien la longueur différente que les heures & les jours ont en divers mois (*Voïez* l'Architecture de *Vitruve*, page 290 & suiv.)

HORLOGE DE SABLE. Des clepsidres des Anciens, l'*Horloge de sable* est la seule qui nous soit utile. On s'en sert pour mesurer le tems sur mer, où les *Horloges* à eau, ainsi que celles à ressort & à poids, ne peuvent servir. Il est vrai que celle dont les Marins font usage est bien différente de celle des Anciens; mais c'est beaucoup qu'ils nous en aïent donné l'idée, & ce present, quel qu'il soit, mérite qu'on le reconnoisse. La seule attention qu'on doit avoir c'est de bien choisir & de bien préparer le sable. Car de sa qualité dépend la justesse de ces sortes d'*Horloges*. Il faut que ce sable ne soit ni poudreux ni gras, & ses grains doivent être égaux. Cette derniere condition demande l'art du Physicien; les autres soins consistent dans le choix du sable. Le sable rouge commun appellé *sable d'Etampes* est bon pour les grandes *Horloges*. Rien de mieux pour les petites que la poudre des coquilles d'œufs bien sechées. On prépare l'une & l'autre en les tamisant d'abord par un tamis de soïe fin, pour les dégager des parties trop subtiles, qui se ressentiroient aisément de l'humidité, obstacle à l'écoulement du sable, qu'on doit écarter autant qu'il est possible. Et afin de n'avoir du sable que des grains à peu près égaux, on le passe à travers un tamis de feuille de talc, percé également avec une aiguille à coudre.

On remplit de cette poudre une phiole B (Planche XXXVIII. Figure 5.) & après avoir couvert cette phiole avec une plaque de cuivre percée au milieu, on l'ajuste sur la phiole A, qui lui est égale. Cette opération demande une attention : c'est de faire chauffer les phioles le plus qu'il est possible afin d'en chasser l'air, qui s'opposeroit à l'écoulement du sable dont on les remplit. Aïant ensuite tourné les phioles, on remarque le tems que le sable emploïe à se vuider d'une phiole dans l'autre; & ce tems est celui de la durée d'une *Horloge*. Si ce tems ne s'accorde pas avec la durée qu'on veut donner à l'écoulement, on vuide du sable quand cette durée est trop grande, & on choisit des phioles de plus de capacité, lorsqu'elle a un défaut contraire.

M. *Ozanam* enseigne dans le troisiéme tome de ses *Recréations Mathématiques*, d'après le P. *Martinelli*, la maniere de faire des *Horloges de sable* avec des tambours à peu près comme des *Horloges* à l'eau. Ce sont des machines purement curieuses. Aussi doit-on ne les trouver que dans des Re-

créations Mathématiques. Je me suis attaché à faire connoître la précedente, parce qu'elle est utile aux Marins pour regler leur tems; c'est ce qu'on appelle *faire le quart*. (*Voïez* le *Dictionnaire de Marine*.) En conséquence de cette utilité, j'ajouterai que les Vénitiens font grand cas, pour les *Horloges de sable*, de la poudre d'étain. Voici comment ils la préparent. Ils font fondre de l'étain fin dans lequel ils mêlent un peu de plomb. Lorsqu'il est fondu, ils y plongent un petit bâton traversé de plusieurs autres, & ils le tournent à peu près comme on fait le chocolat. Ce mouvement calcine parfaitement l'étain. Il en résulte une poudre pésante qui compose une bonne *Horloge de sable*.

Je ne parlerai pas ici de l'*Horloge de sable* pour mesurer sur mer le sillage du vaisseau. Ceci regarde l'art du sillage. C'est donc à cet article qu'il faut recourir (*Voïez* SILLAGE.) Une chose que je m'étois proposée de faire, c'étoit de décrire ici l'espece d'*Horloge* imaginée pour cela par M. *Amontons*, comme je l'ai annoncé à l'article de CLEPSIDRE. J'avois fait exécuter cette *Horloge* pour en parler avec plus de connoissance; & cette exécution m'a fait désister de mon projet. J'ai trouvé cet instrument encore trop imparfait pour avoir place ici, où je tâche de ne mettre que des inventions approuvées. Les autres, à moins qu'elles n'aïent pour fin un objet nouveau & d'une utilité indispensable, je les abandonne à la recherche des Physiciens, en me contentant d'indiquer les Ouvrages dans lesquels elles sont proposées. C'est dans cette vûe que je me borne à renvoïer aux *Remarques & expériences Physiques sur la construction d'une nouvelle Clepsidre* de M. *Amontons*. On doit l'idée des *Horloges de sable* aux clepsidres des Anciens; mais on ignore l'Auteur de leur perfection. (*Voïez* CLEPSIDRE.)

HORLOGES à POIDS & à RESSORT. Je place cette *Horloge* après les *Horloges* de sable, parce que les Historiens conviennent que dans la maniere de diviser le tems en parties égales, celle-là suivit l'autre. Je dis donc qu'une *Horloge* à poids est une machine composée de plusieurs roues arrangées ensemble, de façon qu'elles se communiquent leur mouvement par un ressort. Ces roues sont enfermées dans une platine soutenue par des piliers, le tout appellé *cage*, en terme d'Horlogerie; & elles y sont arrangées de façon qu'elles peuvent agir commodément les unes sur les autres. Le mobile de ces roues est un poids dans les grandes *Horloges* & un ressort dans les petites. Celles-ci sont appellées *Montres*. M'étant proposé de décrire ces

Horloges portatives sous le nom particulier par lequel elles sont connues, je renvoïe à l'article de MONTRE pour la théorie générale des *Horloges*, & à l'article de PENDULE pour leur perfection.

2. Le premier ouvrage d'Horlogerie est la sphere mouvante d'*Archimede* qui imitoit, à ce qu'on dit, (*Voïez* SPHERE MOUVANTE) le mouvement des cieux. Mais outre que cet Automate n'a point de rapport avec la division du tems; c'est que sa construction n'est nullement connue. *Ciceron* parle d'une autre sphere mouvante dont les mouvemens répondoient à ceux du soleil, de la lune & des cinq planetes, tels qu'ils se font tous les jours & toutes les nuits aux cieux. M. *Derham* après avoir examiné la chose, ne peut douter que cette seconde sphere mouvante (inventée 80 ans avant la naissance de J. C.) ne fût une sorte d'*Horloge* : mais M. *Derham* avoue qu'on n'avoit pas encore appliqué ces automates à la mesure ou à la division du tems.

Severe Boetius est le premier qui a mis une *Horloge* au jour l'an 510. Ce n'est là cependant qu'une conjecture fort vague. Ce qu'il y a de certain, c'est qu'elles étoient inventées vers la fin du quatorziéme siécle, du tems de *Regiomontan*; puisque *Cardan*, qui vivoit il y a près de 200 ans, en parle dans ses Ouvrages comme d'une chose fort commune, & qui étoit en usage depuis longtems. Avec tout cela, on n'est pas plus instruit & de la forme & de la construction de ces *Horloges*. La plus ancienne qu'on voit aujourd'hui est celle qui est au Palais de Hamptoncourt, Elle fut faite l'an 1540 du tems d'*Henri VIII.* par un nommé N. O. M. *Derham* a représenté dans son *Traité d'Horlogerie* le plan de cette machine, sans l'expliquer. Le même Auteur rapporte qu'il a vû une montre appartenant à *Henri VIII.* & dont le mouvement duroit une semaine entiere. Il est surprenant que cet Auteur se soit contenté d'apprendre qu'il avoit vû ces anciennes *Horloges* sans instruire du détail de leur construction. Il est vrai qu'il ne regarde ces machines que comme des inventions curieuses, & voilà la raison sans doute qui l'a déterminé de les passer sous silence. Quoiqu'il en soit, on peut conclure que les *Horloges* dont il parle étoient de pures curiosités par le peu de cas qu'il paroît en faire. Il s'attache avec plus de soin à faire connoître la fameuse *Horloge* de la Cathédrale de *Lunden* en Suede. On y voit sur le cadran l'année, le mois, la semaine, le jour & l'heure de chaque jour pour toute l'année avec les fêtes mobiles & les fixes; le mouvement du soleil & de la lune & leur passage par chaque dégré de l'écliptique. L'*Horloge* est si artistement composée que lorsqu'elle sonne les heures, deux Cavaliers se rencontrent & se donnent l'un à l'autre autant de coups que l'*Horloge* va sonner d'heures. Alors une porte s'ouvre, & découvre un théâtre où paroît une Vierge assise sur un trône tenant *Jesus-Christ* entre ses bras, accompagnée de trois Mages avec leur cavalcade qui marche en ordre. Les Rois se prosternent & présentent chacun leur présent, tandis que deux trompettes se font entendre pendant toute la cérémonie, pour en solemniser la pompe. (Cette description est du Docteur *Heylin*, voïez le *Traité d'Horlogerie*, &c. par M. *Derham*, page 166.)

Le P. *Daniel* dans l'édition de 1712 de son *Histoire de France*, *Tome I.* page 488, décrit une *Horloge* aussi admirable que celle-ci, & que je croirois plus ancienne. C'est un présent que les Ambassadeurs du Roi de Perse firent à l'Empereur *Charlemagne*, parmi plusieurs autres beaucoup plus riches, & cependant bien moins précieux. L'*Horloge* étoit à ressort. Elle marquoit & sonnoit les heures. La sonnerie se faisoit par le moïen de petites boules d'airain, dont un certain nombre déterminé tomboit à toutes les heures, suivant le nombre de ces heures, tomboit, dis-je, sur un tambour de même métal, placé au fond de l'*Horloge*. Douze petites portes faisoient l'office de cadran: l'une s'ouvroit à chaque heure qui sonnoit, De maniere qu'une porte s'ouvroit à une heure; à deux heures, il s'en ouvroit une seconde; à trois heures une troisiéme, & ainsi de suite jusques à la douziéme. Quand douze heures étoient sonnées, il sortoit par ces douze portes autant de petits cavaliers, qui en sortant fermoient chacun la leur, Ensuite une nouvelle révolution commençoit. Le P. *Daniel* s'arrête là. Seulement il ajoute que divers autres petits jeux ou artifices semblables paroissoient fort admirables à nos François, qui n'avoient encore rien vû de pareil en ce genre. (Nous avons encore à Lyon & à Strasbourg des *Horloges* de cette espece.)

Toutes ces pieces d'Horlogerie donnent bien une grande idée du génie de leur Auteur pour l'invention, mais nullement pour la perfection des *Horloges*. Ces machines ont même été assez imparfaites jusques à la découverte des pendules; & on peut fixer là l'époque de leur restauration pour les grandes *Horloges*, comme à la découverte du ressort spiral pour les petites (*Voïez* PEN-

DULE & MONTRE.)

HORLOGES HYDRAULIQUES. *Horloges* dont le mobile est un courant d'eau. Elles sont composées des mêmes pieces que les *Horloges* ordinaires. Ainsi ce mobile connu, rien de particulier sur leur construction. Or ce mobile consiste en général dans le mouvement d'une roue à vannes, qui en tournant par le choc de l'eau fait mouvoir des pompes. On ajoute ordinairement aux *Horloges hydrauliques*, outre la sonnerie, un carillon qui précede l'heure. Cette addition, qu'on peut faire à toutes les *Horloges* est très-curieuse, & c'est ici le lieu de la développer.

La piece principale du carillon est un tambour divisé par des lignes qui le croisent, & percé d'un certain nombre de trous. On met dans ces trous des chevilles placées à des distances proportionnelles à l'air qu'on veut carillonner. A cet effet, on emploie les notes de la musique dont l'air est composé, en procédant ainsi.

D'abord il faut remarquer l'étendue de l'air, ou le nombre de notes & de tons qu'il y a de la note la plus basse jusques à la plus haute. On divise le tambour suivant cette étendue. Si celle de l'air est de 8 notes on doit diviser le tambour en 8 parties. Ces divisions sont marquées autour du tambour; & les queues des marteaux, disposés pour carillonner sur differens timbres & accordés suivant la proportion des notes de la Musique, doivent répondre vis-à-vis les divisions. Le nombre des divisions ne détermine pas pour cela celui des marteaux. Lorsque dans le même air il se rencontre deux notes d'un même ton, plus précipitées l'une que l'autre, l'on met deux marteaux à ce timbre qui répond à cette note. On en mettroit trois, s'il y avoit trois notes d'inégale tenue dans un air.

La seconde opération demande qu'on divise le tambour en autant de parties qu'il y a dans l'air de mesures musicales, composées de rondes, de blanches, &c. Ainsi pour un menuet à trois tems composé de 24 mesures, le tambour doit être divisé suivant cette proportion. Chaque division du tambour aura la place de trois noires. Pour suivre le reste de la division, il faut avoir le menuet noté. Les distances d'entre deux sont pour les notes précipitées. Un tiers de la division, par exemple, est une noire, & la moitié d'une division une blanche. De-là il suit, que dans le menuet les deux premieres notes étant des croches, ne sont distantes les unes des autres & de la troisiéme cheville que du demi-tiers d'une des divisions. Mais si les deux chevilles qui suivent

sont des croches, on les éloigne d'autant de tiers d'une division. Enfin lorsque la cheville suivante est une blanche, elle doit être éloignée de la cheville suivante de deux tiers d'une division.

Tout ce travail se fait plus commodément sur un grand papier étendu sur une table, que sur le tambour. On colle ce papier sur le tambour & les points de division marquent la place des chevilles. C'est à ces chevilles que les queues des marteaux doivent répondre.

Le tambour ainsi préparé, on l'ajuste dans l'*Horloge*, de maniere que le mouvement que le rouage doit lui communiquer à chaque heure, soit assez lent pour que sa rotation ne s'acheve qu'à la fin de l'air, dont on connoît l'étendue ou la durée. Cela fait, & les timbres étant accordés en sorte qu'ils rendent les vrais sons de la musique; l'un, par exemple, celui d'*ut*; le second, celui de *ré*; le troisiéme, celui de *mi*, &c. l'*Horloge* carillonne à toutes les heures & à toutes les demi-heures; si à tous ces intervalles une roue vient le mettre en mouvement. En notant sur ce tambour un autre air, on a un carillon différent.

L'*Horloge* de la Samaritaine à Paris, celle de la Bourse à Londres sont exécutées suivant ces principes. Un coup d'œil de ces machines aideroit infiniment quelqu'un qui, sur mon exposé, seroit curieux d'en venir à l'exécution. M. *Belidor* a représenté pour ceux qui ne sont point à Paris, l'*Horloge* de la Samaritaine, qui est très-propre à suppléer à l'examen particulier de cette machine. *Voïez* son *Architecture hydraulique*, *Tome II.*

HORLOGE ÉLEMENTAIRE. *Horloge*, dont le mouvement dépend de l'un des quatre Elemens tel que le Feu, l'Air, l'Eau & la Terre. Les *Horloges de feu* & celles d'air sont de pures curiosités qui n'ont d'une *Horloge* que le nom. Le P. *Martinelli* est peut-être le seul qui se soit avisé de vouloir soumettre ces élemens si inconstans à une machine qui demande tant d'uniformité. Qui est-ce qui pourra jamais mitiger le feu & l'air? Il n'en est pas de même des *Horloges à l'eau* & des *Horloges de terre* ou *de sable*. L'eau & la terre sont des corps entierement soumis au pouvoir des hommes. Aussi en a-t-on tiré avantage; & les deux *Horloges*, formées par ces deux élemens, sont des *Horloges* véritablement utiles. *Voïez* CLEPSIDRE, HORLOGE A L'EAU & HORLOGE DE SABLE.

HORLOGERIE. L'art de faire des *Horloges*, *Voïez* HORLOGE. Le premier qui a écrit sur l'*Horlogerie* est M. *Ougtrehd*. Le second est anonyme. Le titre de son Ouvrage est *Horological Disquisitions.* Suivent M. *Hughens,* (*De Horologio Oscillatorio*) l'Abbé *Hautefeuille, Henri Sully* (*Regle artificielle du tems*), *Derham* (*Traité d'Horlogerie*) le P. *Alexandre* (*Trait. gén. des Horloges*) & *Thiout* (*Traité d'Horlogerie, &c.* 2 vol. in-4°.

HORLOGIOGRAPHIE. L'art de faire des Horloges, soit solaires, clepsidres, ou horloges à poids & à ressort & autres instrumens qui fassent connoître l'heure du jour. *Voïez* CLEPSIDRES, GNOMONIQUE, CADRAN, & HORLOGE.

HOROMETRIE. L'art de déterminer les heures & de les diviser. *Voïez* HEURE.

HOROPTERE. Terme d'Optique. Ligne droite tirée par le point où les axes optiques des deux yeux concourent, & qui est parallele à la ligne tirée du centre d'un œil au centre de l'autre. Soient, par exemple, A C & B C (Planche XXXIV, Figure 6.) les axes optiques de deux yeux A & B, qui concourent dans le point C. Qu'on tire par le point C une ligne D E parallele à A B, D E est l'*Horoptere.* On donne ce nom à cette ligne, parce que c'est dans elle qu'on voit l'objet distinctement. Les objets paroissent doubles lorsqu'ils sont hors de l'*Horoptere.* Cela se prouve par l'expérience. On tient une plume à écrire, un craïon, &c. devant les yeux à la distance d'un pied, & on tâche de voir distinctement les objets plus éloignés. Alors on voit la plume, le craïon, &c. doubles. Cette expérience demande beaucoup d'attention.

HOROSCOPE. C'est la premiere maison céleste par laquelle les Astrologues prédisent quelqu'évenement qui a rapport à la fortune, à la conduite, aux malheurs de quelque personne. (*Voïez Ranzovii Tractatus Astrolog. page* 25.)

H Y A

HYADES. Nom des sept étoiles du front du Taureau qui forment la figure d'un V. *Hevelius* a déterminé la longitude & la latitude de ces étoiles dans son *Prodromus Astron.* page 303. *Weigel* en forme la couronne gauche de l'aigle Romaine à deux têtes. Quelques Astronomes les nomment *Sunulæ,* mais le nom d'*Hyades* l'emporte. Ce mot est grec *ὑάδες* dérivé du verbe *ὕειν* qui signifie pleuvoir, parce qu'il pleut ordinairement lors du lever, soit cosmique, soit achronique de ces étoiles. Leur lever cosmique est au printems, & l'achronique en automne.

HYALOIDE. Humeur vitrée de l'œil contenue entre la rétine & l'uvée. C'en est la troisiéme tunique appellée autrement *vitrée,* parce qu'elle enferme de toutes parts l'humeur vitrée, qui est dans le fond de l'œil.

H Y D

HYDAR. Nom du troisiéme mois de l'année Ethyopienne. Il commence le 28 Octobre du Calendrier Julien.

HYDATOIDE. Humeur aqueuse de l'œil, contenue entre la cornée & les processus ciliaires.

HYDRAULIQUE. Science du mouvement des eaux, soit que ce mouvement se fasse selon une direction perpendiculaire, ou oblique. Ce qui forme deux parties, toutes deux également vastes, pénibles à approfondir, & d'une grande utilité. Malgré cette étendue on peut les resserrer dans leurs véritables principes, & laisser le grand nombre de corollaires qu'elles fournissent & qu'on peut en déduire. C'est ainsi que M. *Bernoulli* a réduit l'*Hydraulique* à la solution de ces problêmes : Déterminer 1°, le mouvement des eaux qui coulent & qui se vuident dans & hors des vases cilindriques, ou prismatiques, soit simples ou composés ; 2°, soit réguliers ou irréguliers, ausquels on a ajouté des canaux & des tubes. (*Bernoulli Opera, Tome IV. Hydraulica.*) Il faut avouer que c'est là le fondement de toute la théorie de la science du mouvement des eaux. Cependant pour la mettre plus à découvert, je vais la sous-diviser en deux parties. La premiere regarde l'écoulement de l'eau renfermée dans des vases ou tubes de différentes formes & de diverses ouvertures ; la seconde, les loix de leur mouvement dans des canaux, laissant néanmoins toutes les démonstrations, & me contentant d'exposer le résultat d'une maniere intelligible.

1. 1°. L'eau qui s'écoule par des tubes qui ont des hauteurs & des ouvertures égales, s'écoule en même quantité & en tems égaux. Si les ouvertures seulement sont inégales, les dépenses de l'eau seront comme les ouvertures, de sorte que si ces ouvertures sont circulaires, ces dépenses seront comme le quarré des ouvertures. (*Voïez* AJUTAGE, JET & FONTAINE.)

2°. Les dépenses d'eau, (en tems égaux) par des vases cilindriques & prismatiques, décroissent selon l'ordre renversé des nombres impairs 1, 3, 5, 7, &c.

3°. La vitesse d'un fluide qui s'échappe par un trou fait au fond d'un vase, est la même que celle qu'elle auroit en tombant de la hauteur de la surface de l'eau au-dessus du trou.

4°. La

4°. La vitesse de chaque tranche d'un fluide s'écoulant d'un vase de figure quelconque est en raison inverse de sa largeur.

Arrêtons-nous ici. La question du mouvement des fluides dans un vase est encore un de ces problèmes dont la solution n'a pas été rigoureusement démontrée. Je rends compte, à l'article CATARACTE, de la façon dont M. *Newton* consideroit & déterminoit ce mouvement. M. *Maclaurin*, zélé disciple de ce grand Homme, a étendu sa théorie. A cette fin, il prétend que pendant que l'eau sort de l'ouverture faite au vase, celle qui reste dans le même vase s'abbaisse dans le même-tems, & que quoique les particules d'eau descendent avec des vitesses inégales, on peut cependant considerer la chute de la vitesse de la surface comme leur vitesse mitoïenne. Or cette vitesse commence évidemment par zero, comme celle de tout corps pésant. Pendant qu'elle s'accelere elle est toujours à la vitesse avec laquelle elle sort comme la largeur de l'ouverture est à la surface. Or l'effet continuel de la pésanteur sur toute la masse d'eau est triple ; car 1°, il accelere pendant quelque tems au moins le mouvement par lequel l'eau descend dans le vase ; 2°, il produit l'excès du mouvement de l'ouverture sur le mouvement qu'elle auroit en commun avec le reste de l'eau ; 3°, il agit sur le fond du vase dans le même tems. Cela posé, M. *Maclaurin* détermine la premiere de ces forces qui engendre dans un petit espace de tems une certaine vitesse qu'il détermine, & il trouve par le principe général des forces accéleratrices, une équation intégrable par logarithmes, qu'il construit par le moïen de l'hyperbole ; ce qui fait connoître la vitesse de l'eau qui sort à chaque instant. (*Traité des Fluxions* , *L. I. Sec. I. Ch.* 12. *Tome II.*) Ceci n'est qu'une annonce de la théorie de M. *Maclaurin*. Il faut la voir en détail dans son Livre. Mais en voilà assez pour en faire connoître le principe, d'autant mieux que cette théorie est susceptible de plusieurs difficultés. Quand il n'y auroit que celle où cet Auteur suppose que la force qui accelere l'eau à la sortie du vase est toujours en raison constante avec celle qui presse le fond, il y en auroit trop. M. *D'Alembert* en a fait voir encore un grand nombre (*Voïez* son *Traité des Fluides*, page 152).

M. *Bernoulli*, pour resoudre le même problème, substitue à la somme des poids de toutes les couches, une seule force qui n'agit qu'à la surface du fluide ; met aussi à la place de la somme des forces motrices

des particules du fluide une seule force qui n'agit qu'à la surface, & fait ces deux forces égales entre elles. C'est par-là qu'il parvient à déterminer la force qui produit l'accéleration du fluide, & par conséquent la vitesse de ce fluide. Mais pour aprétier cette théorie, il faut la suivre dans les différens cas ausquels M. *Bernoulli* l'applique. On en trouve un précis dans le *Traité des Fluides* ci-devant cité, page 155, & des remarques là-dessus page 158 & suiv. qui ne sont point du tout favorables aux hypotheses admises par M. *Bernoulli*. Tout ce détail mérite d'être lû dans le Livre de M. *D'Alembert*. J'ai dit à l'article CATARACTE, comment on pouvoit envisager ce problème.

En voici un autre très-curieux & que je n'ai vû nulle part. Il m'a été communiqué M. *Montucla*, & il mérite bien d'être placé à la suite de l'autre. On verra ici une application des logarithmes au calcul intégral ; application très-rare quoique d'une grande utilité.

Un réservoir cilindrique ou prismatique reçoit l'eau par un ajutage dont la dépense est connue & constamment la même. Ce même réservoir est percé à son fond d'une ouverture qui lui sert de décharge & dont la dépense croît par conséquent à mesure que l'eau est plus élevée. On suppose cette dépense connue lorsque l'eau est à une certaine hauteur. Le bassin étant vuide, l'eau commençant à y tomber par l'ajutage, & à s'échapper en même-tems par la décharge ; on demande de déterminer quel tems il faudra afin que l'eau y monte à une hauteur donnée.

On voit d'abord que l'eau ne sauroit monter à une plus grande hauteur que celle qui donneroit une dépense par le trou de décharge égale à celle que fournit l'ajutage. Ainsi supposant que la dépense du trou de décharge soit c pendant le tems b, l'eau étant à la hauteur d, & que celle de l'ajuge pendant le même tems soit a, la plus grande hauteur à laquelle l'eau puisse parvenir sera $\dfrac{aad}{cc}$. Mais ce qu'il y a ici de remarquable, c'est qu'elle n'y montera qu'après un tems infini : ce qu'il est aisé de démontrer de plusieurs manieres ; en voici une.

Si l'abscisse d'une courbe représente le tems, & l'ordonnée la hauteur à laquelle l'eau sera parvenue après ce tems, il est visible que l'abscisse croissant toujours, l'ordonnée ne sauroit devenir invariable. Cela arriveroit si l'eau atteignoit sa plus grande hauteur après un tems fini, car aïant pris une abscisse finie pour représenter ce tems, l'ordonnée correfpondante feroit cette plus grande hauteur, & après ce terme, avant lequel à des abfciffes plus grandes répondoient auffi des ordonnées plus grandes; après ce terme, dis-je, quelques abfciffes que l'on pût prendre de plus en plus grandes jufques à l'infini, elles auroient toutes la même ordonnée; de forte que la courbe après avoir parcouru un efpace fini, dégéneteroit en une ligne parallele à l'axe, ce qui feroit, fi l'on peut fe fervir de ce terme, un monftre en Géometrie. On doit donc conclure que cette ligne parallele à l'axe n'eft qu'affymptote de la courbe, & que l'ordonnée ne l'atteindra qu'après un tems infini.

Maintenant que x foit le tems écoulé, & y la hauteur à laquelle l'eau eft parvenue dans ce tems. Nous avons déja fuppofé la dépenfe de l'ajutage $= a$ pendant le tems b. Donc pendant le tems quelconque dx, elle fera $\frac{adx}{b}$.

Les dépenfes des orifices égaux pendant un même tems font comme les racines des hauteurs; donc c étant celle du trou de décharge à la hauteur d pendant le tems b, elle fera pendant le même tems à la hauteur y, égale à $\frac{c\sqrt{y}}{\sqrt{d}}$, & pendant le tems dx $\frac{cdx\sqrt{y}}{b\sqrt{d}}$.

Mais la hauteur dont l'eau augmente pendant le tems dx, eft égale à la dépenfe de l'ajutage moins celle du trou de décharge, le tout divifé par la bafe du réfervoir ff. On aura donc $dy = \frac{adx}{bff} - \frac{cdx\sqrt{y}}{bff\sqrt{d}}$, d'où l'on tire (en faifant $bff\sqrt{d} = $ H & $a\sqrt{d} = $ G pour abreger) $dx = \frac{Hdy}{G-c\sqrt{y}}$, dont l'intégrale dépend de la quadrature de l'hyperbole, ou ce qui revient au même, de l'invention d'un certain logarithme que nous allons déterminer de la maniere fuivante.

Faifant $vv = y$ la différentielle ci-deffus fe convertit en $\frac{2Hvdv}{G-cv}$, & le numérateur de cette fraction étant divifé par fon dénominateur retourné de cette maniere — $cv +$ G, donne $-\frac{2Hdv}{c} + \frac{2HGdv}{c\times G-cv}$, dont l'intégrale eft $-\frac{2Hv}{c}$ moins $\frac{2HG}{cc}$ par le logarithme de $\frac{G-cv}{G}$ au module

HYD

l'unité, c'eft-à-dire, tel qu'il foit au logarithme ordinaire de la même grandeur pris dans les Tables de *Brigg*, *Ulacq*, &c. (dans lefquelles le logarithme de 10 eft 1, ou 1 000000, & le module 0, 43429448,) comme 1 à 0, 43429448. (Il faut remarquer que quoique cette intégrale entiere paroiffe être négative, elle eft cependant réellement pofitive, parce que le logarithme de $\frac{G-cv}{G}$ étant négatif & pris négativement, il devient affirmatif; l'intégrale entiere fe réduira donc à $\frac{2HG}{cc}$ par le logarithme de $\frac{G-cv}{G}$ au module l'unité, pris affirmativement, moins $\frac{2Hv}{c}$. Il n'y a aucune quantité conftante à ajouter à cette intégrale, parce que lorfque $v = $ o de même x doit être égal à o). Or, étant donné la hauteur y on aura $v = \sqrt{y}$, & par conféquent on connoîtra le logarithme de $\frac{G-cv}{G}$. On parviendra donc à la connoiffance de x.

Exemple. Soit la bafe du baffin $ff = $ 14400 pouces quarrés, ou 100 pieds quarrés, la dépenfe de l'ajutage a par minute $=$ 1728 pouces cubes, & celle du trou de décharge c, dans le même tems, $=$ 1296. Lorfque l'eau eft élevée de 18 pouces (ou d) fur fon orifice, la plus grande hauteur à laquelle l'eau parviendra, fe trouvera par la regle indiquée au commencement $=$ 32 pouces. On demande le tems néceffaire pour que l'eau aille à 25 pouces de hauteur $= y$ ou vv.

On a d'abord $v = 5$, $b = 1$ minute; $\sqrt{d} = 4\frac{1}{4}$, $H = bff\sqrt{d} = 61200$; $G = a\sqrt{d} = 7344$, $cv = 6480$, $G - cv = 864$; $\frac{G-cv}{G} = \frac{864}{7344}$, dont le logarithme dans les tables ordinaires eft — 0,9294190 que nous prendrons comme pofitif, par les raifons ci-deffus; mais ce logarithme n'eft pas celui de $\frac{G-cv}{G}$ au module l'unité, mais au module de 0,4342944. Il faut donc faire cette regle : Comme 0,4342944 à l'unité, ainfi le logarithme ci-deffus trouvé à un quatriéme terme 2, 1400661 qui fera celui qu'on cherche; & qu'il faudra multiplier par $\frac{2HG}{cc}$ ou 534 $\frac{86}{100}$, ce qui donnera 1134', $\frac{635}{1000}$, d'où il faudra ôter $\frac{2Hv}{c}$ ou 479', $\frac{938}{1000}$. Ainfi on a 654', $\frac{622}{1000}$

c'est-à-dire, 10 heures 54 minutes & 41 secon-des environ. C'est le tems que l'eau demeu-rera à monter à la hauteur de 25 pouces.

2. Je renvoie pour la seconde partie de l'*Hydraulique*, je veux dire, l'examen des loix du mouvement des fluides dans les canaux, à l'article FLUIDE.

Les Auteurs sur l'*Hydraulique* sont *Heron d'Alexandrie*, *Jean-Baptiste Baliani*, *Salomon de Caux*, *Schot*, *Dominique Guglielmini*, *Jules Fontin*, *Mersenne*, *Jean Poleni*, *Mariotte*, *Picart*, *de la Hire*, *Varignon*, *Sturmius*, *Herman*, *Daniel Bernoulli*, *Jean Bernoulli*, & *D'Alembert*. L'Ouvrage de ce ce dernier Auteur est fait sur le débris, en quelque sorte, de l'*Hydraulique* de M. *Jean Bernoulli*, comme celui-ci avoit établi le sien sur l'insuffisance du principe que M. *Daniel Bernoulli* avoit emploïé, qui est celui de la conservation des forces vives, dont à la vérité il abuse quelquefois. On a vû ci-devant l'idée de M. *Jean Bernoulli*. M. *D'Alembert* l'a trouvée défectueuse à plusieurs égards. Cela a fait voir que le principe de M. *Daniel Bernoulli* pouvoit être emploïé & devoit l'être, en le resserrant dans ses justes bornes. C'est la fin que s'est proposée M. *D'Alembert* dans son *Traité des Fluides*. M. *Belidor* a composé sur l'*Hydraulique* un grand Ouvrage. (*Voïez* Architecture Hydraulique.) ·

HYDRE. C'est le nom d'une longue constellation australe, située au-dessus du Navire d'Argos, & au-dessous du Sextant, de la Coupe, & du Corbeau. Elle n'est pas visible dans notre hemisphere. *Hevelius* a déterminé la longitude & la latitude des étoiles, (*Voïez* son *Prodromus Astronomiæ*, pages, 289 & 315,) dont elle est composée, & en a donné la figure dans son *Firmamentum Sobiescianum* Figure T *t*. On la trouve aussi dans l'*Uranometrie de Bayer* Planche V *u*. *Schiller* donne à cette constellation le nom de *Jourdain*. On l'appelle encore *Anguis*, *Asina*, *Ascia*, *Coluber*, *Hydrus aquaticus*.

HYDRODYNAMIQUE. M. *Daniel Bernoulli* entend par-là la science du mouvement & de l'équilibre des eaux, c'est-à-dire, l'hydraulique & l'hydrostatique. C'est ainsi qu'il a réuni ces deux parties en un même Ouvrage intitulé: *Hydrodynamica, sive de viribus & motibus fluidorum*.

HYDROGRAPHIE. Suivant son étimologie ce mot signifie l'art de connoître les mers & de les décrire. Ceci est purement géographique. Pour le ramener aux usages en quelque sorte de la mer, quelques Auteurs ont entendu par *Hydrographie* la science de la mer en tant qu'elle est navigable. C'est pour cette raison que le P. *Fournier* a intitulé *Hydrographie*, un Ouvrage dans lequel il traite de la théorie & de la pratique de la Navigation. Cependant c'est abuser du terme. Le mot de Navigation ne peut pas faire une alternative avec celui d'*Hydrographie*. Ce sont deux sciences tout-à-fait différentes. L'une appartenant au Géographe pour la connoissance des mers; ce qui dépend d'un grand nombre d'observations, qu'à la vérité les Pilotes sont seuls à portée de faire. Mais ce sont toujours des observations qui demandent des soins, de l'intelligence, & point de regles. L'autre est assujettie au contraire aux loix mathématiques. On y apprend à conduire surement & facilement un vaisseau sur mer (*Voïez* donc NAVIGATION.)

HYDROSTATIQUE. C'est la science de l'équilibre des fluides & de l'action sur la pésanteur des corps. On voit par-là que cette science a deux parties assez distinguées par cette définition. Voici les principes de l'une & de l'autre.

1°. Une liqueur versée dans un tuïau recourbé ou siphon (*Voïez* SIPHON,) se met de niveau dans les deux branches, soit que ces deux branches soient égales ou inégales, & qu'elles soient perpendiculaires ou obliques.

2°. L'élevation de deux liqueurs de différente pésanteur, contenues dans les branches d'un siphon, sont entre elles dans la raison réciproque de leur pésanteur spécifique. Exemple, si l'on met de l'eau dans la branche A B du tuïau recourbé A B C (Planche XLVI. Figure 220.) dont les branches sont égales, & du mercure dans la branche B C, l'élevation de l'eau dans la branche A B, sera à celle du mercure dans la branche B C, comme la pésanteur de l'eau à celle du mercure, qui est ici comme 14 à 1. On peut par ce moïen connoître le rapport des pésanteurs spécifiques en mesurant exactement leur élevation.

3°. Les fonds des vases égaux placés verticalement, sont pressés par un fluide homogene en raison de son élevation dans ces vases. Lorsque les fonds sont inégaux, cette pression est en raison composée des hauteurs & des fonds.

4°. La pression d'un fluide sur le fond d'un vase incliné est la même que celle d'un vase perpendiculaire de même base & de même hauteur.

2. La seconde partie de l'*Hydrostatique* a pour objet l'action des fluides sur les corps qui y sont plongés. Et telles sont les loix de la nature à ce sujet reconnues par les Physiciens.

1°. Un corps dur mis dans un fluide, & plus leger que le fluide dans lequel on le plonge, y surnage : s'il est de même pésanteur spécifique, il y demeure entierement plongé à quelque hauteur qu'il se trouve, & il va au fond lorsqu'il est plus pésant. Dans ces deux derniers cas il perd le même poids que la partie du fluide dont il occupe la place.

2°. Un corps plongé dans un liquide déplace un volume d'eau égal à son poids. D'où il suit que pour connoître la pésanteur d'un corps, il suffit de connoître le volume d'eau qu'il déplace lorsqu'il y est plongé. C'est ainsi qu'on parvient à déterminer celle d'un vaisseau. (*Voiez* JAUGEAGE.)

3°. La force qui retient un corps plongé, est au poids du corps, comme la différence de la gravité spécifique, & du corps & du fluide, est à la gravité spécifique du corps.

3. On doit l'*Hydrostatique* à *Archimede*. Voici ce qui donna lieu à cette découverte. *Hyeron*, Roi de Syracuse, aïant voué aux Dieux une couronne d'or, en actions de grace d'un grand évenement, fit construire cette couronne pour laquelle il donna l'or au poids à l'Ouvrier qui fut chargé de ce travail. Celui-ci l'exécuta selon les intentions du Roi ; & dans la balance la couronne pesa le même poids que la quantité d'or qui lui avoit été fournie. Mais en éprouvant l'or par la pierre de touche, on reconnut que l'Ouvrier avoit ôté une partie de l'or & qu'il y avoit substitué de l'argent. Piqué de cette friponnerie, *Hyeron* invita *Archimede* de trouver un moïen par lequel il pût convaincre l'Ouvrier du vol qu'il avoit fait. Le hasard fournit à *Archimede* l'idée de la solution de ce problême. Un jour qu'il y rêvoit en se mettant au bain, il s'apperçut qu'à mesure qu'il s'enfonçoit dans l'eau elle montoit pardessus les bords. Cette observation fut suffisante pour *Archimede*. Une simple lueur dans la nature est un grand jour pour un génie inventif. Aussi dès ce moment *Archimede* trouva la solution du problême d'*Hyeron*. Transporté de joïe par cette découverte il sortit du bain, & sans faire attention à l'état où il étoit, il se leva & s'en alla tout nu à sa maison, en criant dans les rues par où il passoit *Eureka*, *eureka*, c'est-à-dire, *Je l'ai trouvé*, *je l'ai trouvé*. En effet, il fit faire deux masses du même poids de la couronne, l'une d'or, l'autre d'argent, & il plongea dans un vase plein d'eau la masse d'argent, qui fit sortir un volume d'eau proportionnel à son volume. L'aïant ensuite ôtée, il remit dans le vase la même quantité d'eau qui en étoit sortie. Il connut par ce moïen la quantité d'eau qui ré-

pond à une masse d'argent d'un certain poids. *Archimede* fit la même chose avec de l'or. L'eau, que ce métal déplaça, se trouva moindre que celle qu'avoit fait sortir l'argent, proportionnellement au volume de l'or inférieur à celui de l'argent quoique de même poids. Après cela ce grand Mathématicien remplit encore le vase d'eau, & y plongea la couronne d'*Hyeron*. Celle-ci fit sortir plus d'eau que la masse d'or qui étoit de même poids n'en avoit déplacé. D'où il conclud, que le volume de cette couronne étoit plus grand que celui d'une quantité d'or du même poids. Enfin, pour connoître la quantité d'argent mêlé avec de l'or, *Archimede* composa de ces deux métaux un volume égal à celui de la couronne, & démontra ainsi la friponnerie de l'Ouvrier qui l'avoit faite. (*Voiez* l'*Architecture de Vitruve*, L. IX. Ch. III.)

La solution de ce problême se réduit aux trois opérations suivantes. 1°. Cherchez le poids de l'eau qui répond aux trois corps donnés, je veux dire au corps mêlé & aux deux qui ont formé le mêlange. 2°. Prenez la différence des deux poids de ces derniers corps ; & celle du plus pésant avec le corps mêlé. 3°. Faites cette regle de trois : comme une de ces différences est au poids total du corps mêlé, ainsi l'autre différence est à un quatriéme terme qui exprimera la quantité des deux corps mêlés. Un exemple mettra au clair cette regle.

Supposons que la couronne d'*Hyeron* pese 4 livres ; que cette couronne perde $\frac{1}{2}$ de livre étant plongée dans l'eau ; que la même quantité d'or en perde $\frac{1}{2}$ & la même quantité d'argent 1. Je prends la différence de 1 & $\frac{1}{2}$, qui est $1 - \frac{1}{2} = \frac{1}{2}$, & celle de $\frac{2}{3}$ & $\frac{1}{2}$ est $\frac{1}{6}$. Ces différences connues, je fais cette regle : $\frac{1}{2}$ est à 4 livres poids de la couronne, comme $\frac{1}{6}$ est à un quatriéme terme qui est 1 & $\frac{1}{3}$, pour la quantité d'argent mêlé. Par conséquent 2 & $\frac{2}{3}$ est celle de l'or, puisque 1 & $\frac{1}{3} + 2$ & $\frac{2}{3} = 4$.

Pour revenir à *Archimede*, ce Géometre mettant cette connoissance à profit, composa un Traité sur les corps plongés dans les fluides, qu'il intitula : *De insidentibus humido*, que *Martin Getaldi* a étendu dans son Ouvrage d'*Archimedes promotus*. Cette science a été aussi perfectionnée par *Galilée*, *Toricelli*, *Boyle*, *Pascal*, *Benedetto Castelli*, *François de Lanis*, *Jésuite*, *Guglielmini*, *Mariotte*, *Varignon*, *Bernard Lami*, & *Herman*.

HYE

HYETOMETRE. Instrument qui sert à déter

miner combien il tombe de pluïe par an. En Angleterre on trouve cette quantité d'eau par le poids, parce qu'on prétend qu'il est plus aifé de déterminer le poids que le volume. Il faut fuppofer dans cette évaluation que toute l'eau eft d'une même péfanteur. On doit cette méthode à M. *Townlay*. (V. *les Tranfactions Philofophiques*, *vol. II.* *page* 43.) A l'Académie Roïale des Sciences de Paris, on procede tout autrement, & l'*Hyetometre* eft un *fimple* vafe expofé à la pluïe. *Voïez* CITERNE.

HYG

HYGROMETRE. Inftrument qui indique l'humidité & la féchereffe de l'air, ou pour mieux dire de l'atmofphere. Depuis que les Phyficiens ont penfé à examiner ces deux variations de l'air, on a inventé des *Hygrometres* de plufieurs fortes. Ce qui d'abord y donna lieu fut les remarques qu'ils firent fur l'humidité des marbres & des pierres; fur les relâchemens des tambours, des chaffis de papier, fur le renflement des bois des portes, des fenêtres, &c. On jugea par-là que l'état de l'atmofphere changeoit d'une maniere bien fenfible; & on penfa qu'un inftrument qui tiendroit compte de ces changemens feroit utile. On prétend que les premiers *Hygrometres* furent de chanvre. Si l'hiftoire qu'on rapporte de *Fontana* eft vraie, (*Voïez* EAU) il eft poffible d'affigner une origine aux *Hygrometres*; puifque la propriété que les cordes ont de s'allonger à la féchereffe & de fe raccourcir à l'humidité étoit alors ignorée. Mais fi, comme le veut M. *Defaguliers* (*Cours de Phyfique Expérimentale*, *Tome II.* *page* 338.) cet effet étoit connu des Phyficiens, je ne vois plus d'époques ni d'inventeurs pour les *Hygrometres*. Il paroît que les plus anciens de ces inftrumens étoient compofés d'une corde de chanvre; qu'on fubftitua au chanvre un boïau ou parchemin, &c. qu'enfuite parurent des *Hygrometres* faits avec des ais, & qu'on en conftruifit en même-tems avec des fels, de la laine, des éponges, & d'autres matieres fufceptibles de l'humidité de l'air. Je vais développer fuivant cet ordre les meilleurs *Hygrometres* qu'on a inventés dans ces trois genres.

HYGROMETRES A CORDE. Le plus fimple de ces inftrumens eft fait d'une corde de chanvre compofée de deux ficelles peu torfes. On attache cette corde le long de quelque mur expofé au grand air, fans qu'elle foit à la pluïe, & on la fait paffer dans une chambre par un trou où l'on met deux poulies,

l'une en haut au dehors du trou, l'autre en bas du même trou en dedans de la chambre. C'eft fur ces poulies que la corde doit couler. Un poids d'environ deux livres étant attaché à l'extrèmité de la corde, on marque fur la muraille ou fur une planche placée exprès derriere la corde, on marque, dis je, le point où ce poids aboutit; & on fait des divifions de haut en bas de ce point. Ainfi on voit combien la corde s'allonge dans les tems fecs, & fe raccourcit dans les tems humides.

M. l'Abbé *Nollet* fimplifie davantage la conftruction de l'*Hygrometre à corde*. Il prend une corde de 10 ou 12 pieds. Il la tend foiblement dans une fituation horifontale, & dans un endroit à couvert de la pluïe, quoiqu'expofé à l'air libre. Au milieu de la corde, il attache un fil de laiton, au bout duquel pend un petit poids qui fert d'index, & qui marque fur une échelle divifée en pouces & en lignes les dégrés d'humidité en montant, & ceux de féchereffe en defcendant. (*Voïez* la Planche XXVI. Figure 6.)

Dans le tems qu'on cherchoit à perfectionner les *Hygrometres à corde*, le P. *Magnan* trouva le fecret de faire un *Hygrometre* avec un feul brin d'épi d'avoine fauvage, parfaitement mur, fur lequel il mit un ftile ou index. Pour l'ajufter, il planta cet épi dans le fond d'une petite boete femblable à celle des bouffoles; divifa la circonférence de cette boete en 60 dégrés, & attacha fur la pointe du brin d'épi un ftile qui touchoit fur la divifion des dégrés. Alors ce brin en fe tordant ou détordant, foit par la féchereffe ou par l'humidité de l'air, marquoit fur le bord de la boete fes dégrés de féchereffe & d'humidité.

Cet *Hygrometre* fit en fon tems beaucoup de bruit, parce qu'il eft d'une grande fenfibilité. En l'approchant du feu de trois ou quatre pieds, il tourne fi vifiblement, que ce mouvement forme une forte de fpectacle qui fait plaifir. Auffi M. *De Monconys* raconte dans fes Voïages, que *Toricelli* lui aïant donné quelques pailles d'avoine, il mit ce préfent au rang d'une grande faveur. Tant il eft vrai que tout eft précieux à un Philofophe. Malgré cette eftime & le cas fi louable que fait M. *De Monconys* de cet *Hygrometre*, on l'a totalement abandonné; parce qu'on a reconnu que cette propriété de l'avoine ne fubfiftoit qu'autant que l'épi étoit verd. Cette découverte donna cependant lieu à une autre plus folide.

M. *Sturmius* aïant obfervé que le mouvement de l'épi dépendoit de la contorfion qui se fait dans les fibres de cette plante à la présence du sec ou de l'humide, chercha dans l'art ce que la nature avoit offert jusques-là. Il prit une corde de luth, qu'il crut fort susceptible des impressions de l'air; l'attacha au fond d'une boete par une extrêmité, & colla à la partie de cette corde qui sortoit du fond de la boete, une petite image de papier entre les mains de laquelle il la fit passer. Cette corde aboutissoit sur le bord de la boete, comme on le voit par par la figure 7 Planche XXVI.

L'*Hygrometre* ainsi construit, on connoît l'humidité & la sécheresse par le mouvement de la figure ou de l'extrêmité de la corde autour de la boete, & ce mouvement est très-sensible. C'est une expérience curieuse à faire que celle de descendre cette machine dans une cave ou dans un autre lieu humide, & de la rapporter dans un autre lieu sec. Le tour que fait la petite figure est si grand & si prompt, qu'on a de la peine à se persuader que cet effet provienne de l'humidité ou de la sécheresse. Aussi *Sturmius* prefere cet *Hygrometre* à tous les autres, & par sa sensibilité & par la qualité qu'il a de la conserver.

Sans tant de façons on fait un *Hygrometre* avec un boïau, une corde à violon, par exemple, en tendant cette corde à l'unisson d'un ton de la Musique pris sur une flute ou sur un flajolet, qui sont des instrumens peu sujets aux changemens de l'air. Si la corde n'est plus à l'unisson quelque tems après, c'est une preuve que le tems a changé. L'air est-il plus sec, comme on dit? Le ton baisse. L'effet contraire arrive quand il est humide. M. de *Vallemont*, dans sa *Physique occulte*, page 230. prétend que le son sera plus aigu quand l'air sera plus sec & *vice versâ*; & M. *D'Alencé* (*Traité des Barometres, Thermometres*, &c. page 94.) est de son sentiment. Ils se trompent tous deux. Il est vrai que les matieres animales telles que les boïaux, les parchemins, &c. s'allongent par l'humidité & se raccourcissent dans la sécheresse: mais il faut pour cela qu'elles ne soient pas tortillées. Toute matiere tortillée fait le même effet que la corde de chanvre. *Voïez* le *Cours de Physique experimentale*, par *Desaguliers*, *Tome II. page 337.*

Hygrometre à eponge. Une balance extrêmement subtile, autrement dite trébuchet, à l'un des bras de laquelle est suspendu un paquet de coton, ou une éponge qui aura trempé dans de l'eau où l'on aura dissous du sel armoniac, & à l'autre bras un poids, forme cet *Hygrometre*. Quand l'air est humide, le coton ou l'éponge, qui s'en empreignent deviennent par-là plus pesants. Alors l'éponge, ci-devant en équilibre avec le poids, l'emporte sur ce poids. Au contraire, le poids tire la balance dans les tems secs. Pour être témoin de ces variations, on ajuste à la chappe du fleau de la balance un quart de cercle divisé, comme on le voit en la Figure 8. Planche XXVI. qui en tient compte. MM. *Hales & Desaguliers*, ont perfectionné cet *Hygrometre* en rendant l'effet de la balance plus sensible. (*Cours de Physique expérimentale. Tom, II. pag. 336*).

Au lieu de coton ou d'éponge, on peut se servir du sel de tartre, ou d'autres sels, ou même de la cendre dont on fait le savon, en les mettant dans le bassin d'une balance. Ces matiéres deviennent plus pesantes en attirant l'humidité de l'air, & plus legeres par l'évaporation.

Hygrometre à planche. Je donne ce nom à un *Hygrometre* qui a été inventé en Angleterre, composé de petites planches, & dont on trouve & la description & la figure dans le *Journal des Savans*, ann. 1677. Il est composé de deux petits ais de sapin fort minces, qui se meuvent dans deux coulisses suivant que par la sécheresse ou l'humidité de l'air, elles s'enflent ou se retirent. Le mouvement fait tourner une aiguille qui est au milieu d'un des ais, & cette aiguille marque l'humidité ou la sécheresse de l'air.

Voilà les principaux *Hygrometres*, qu'on croit également bons, & que bien des Physiciens trouvent également inutiles, pour l'usage auquel on les destine; parce que ces instrumens n'ont pas de point fixe qui les rende universels, je veux dire comparables. Sans cela, on saura seulement, s'il y a plus ou moins d'humidité dans l'air par comparaison au jour précédent : avantage, dit-on, de peu de conséquence. Il faut avouer que les *Hygrometres* si on les rendoit tels qu'on pût connoître combien l'humidité ou la sécheresse augmente ou diminue d'un tems à l'autre, seroient bien d'un autre prix, & que leur perfection dépend de là. Mais cela n'empêche pas qu'ils ne soient estimables pour les observations météreologiques. C'est le sentiment du Docteur *Desaguliers*. Lorsqu'on veut connoitre la raréfaction de l'air qui est produite par de grands dégrés de chaleur, on doit connoître, dit-il, le dégré d'humidité qu'il contient. Autrement on attribue à l'air ce qui ne vient réellement que de la rarefaction des vapeurs. Des Physiciens ont cru par exemple, que la chaleur de l'eau bouillante rarefioit l'air dix fois; d'autres huit fois, d'autres trois, d'autres deux, quoique véritablement elle ne le rarefie qu'$\frac{1}{7}$. Cette connoissance a donné lieu à cette conséquence qui peut contribuer à perfectionner les *Hygrometres* : c'est que quand la chaleur de l'eau bouillante ne raréfie l'air qu'$\frac{1}{5}$ & que la chaleur d'une retorte rougie au feu ne le raréfie que trois fois, on est certain qu'il n'y a point d'humité dans l'air. On peut donc alors marquer sur les *Hygrometres* le point *très-sec*. (*Cours de Physique Experimentale, Tom. II. Leç. X. pag.* 339).

Je ne connois point de Physiciens qui ait écrit *ex professo*, sur les *Hygrometres*. On trouve la description de ces instrumens dans presque tous les Traités de Physique générale, mais particuliérement dans le *Traité des Barometres, Thermometres & Notiometres* par M. D*** (*Dalencé.*) *Acta éruditorum. An.* 1687. *pag.* 76 & 1686. *pag.* 180. (par M. *Teuber & Lichtscheid*). (Je donne la construction de l'instrument de ce premier Mathématicien à l'article Aiguille Hygrometrique. *Transact. Philosoph.* N° 162 *page* 1032. par M. *Molineux*) & l'abrégé des Transactions Philosophiques, Tom. II. par *Lowthorp.*

Quelques Savans donnent aux *Hygrometres* le nom de *Notiometres*.

HYGROSCOPE. C'est la même chose qu'Hygrometre. *Voïez* HYGROMETRE.

H Y L

HYLECH ou HYLEG. Les Astrologues appellent ainsi la planete & le lieu dans le ciel qui regne sur la vie de l'homme, précisément dans sa naissance.

H Y P

HYPAUGE. Nom qu'on donne à une planete, lorsqu'elle est cachée sous les rayons du soleil, c'est-à dire lorsqu'elle n'en est éloignée que de 17 dégrés.

HYPERBOLE. Ligne courbe qui naît de la section d'un cone par un plan, faite de telle maniere qu'elle concoure avec le côté du cone prolongé au-delà de son sommet. Aidons l'imagination par une figure. Soit un cone droit ABC (Planche III. Figure 18.) qu'on a coupé pour un plan parallele à l'axe BQ : la courbe FHDKG sera une *Hyperbole*, c'est-à-dire, une courbe dont *le rectangle des parties de l'axe prolongé* P D *&* D I *est au quarré de l'ordonnée* i K, *comme le quarré du grand axe* P D, *c'est-à-dire* P D² *est au quarré de son axe conjugué* O B. Je crois devoir démontrer la formation de cette courbe, par la section du cone.

A cette fin, supposons que le cone seulement soit donné. Prolongeons le côté C B

jusques en P, ensorte que B P = B D. La ligne P D sera le premier axe de l'*Hyperbole* ; du point N, milieu de la ligne P D, aïant élevé la perpendiculaire N B, cette ligne sera le second axe de l'*Hyperbole* ; de façon que faisant N O = N B, O B sera le second axe. Nommant les données N P ou N D, *a* ; N O ou N B, *b*, les indéterminées *x*, I K ; *y*, D I sera $x - a$, & P I $x + a$. Il faut donc démontrer que dans la section du cone avec la condition dont j'ai parlé ci-dessus, on formera une courbe telle que P I × D I $(xx - aa) : IK^2 (yy) :: PD^2 (4aa) : OB^2 (4bb)$.

La construction entiere de la figure 18 offre quatre triangles P N B, P I M, D N B, qui sont semblables. Ce qui donne d'abord P N (a) : N B (b), comme D I $(x - a)$: I M $\dfrac{(bx - ba)}{a}$; & en second lieu D N (a) : N B :: D I $(x - a)$: I L $\dfrac{(bx - ba)}{a}$. Qu'on multiplie les valeurs de I M & I L l'une par l'autre, le produit sera égal à I K² par la propriété du cercle (*Voïez* CERCLE.) On aura donc cette équation I M × I L $= IK^2$, c'est-à-dire, $\dfrac{bbxx - bbaa}{aa} = yy$. Dégageant cette équation de sa fraction par la multiplication, on $abbxx - bbaa = yyaa$. D'où l'on tire $xx - aa : yy :: aa : bb$, ou encore $xx - aa : yy :: 4aa : 4bb$, qui est P I × D I : I K² :: P D² : O B². Ce qu'il falloit démontrer.

La génération de l'*Hyperbole* étant ainsi connue, je crois devoir exposer la maniere de la décrire, avant que de détailler ses propriétés.

2. 1°. Si l'on attache une extrêmité d'une longue regle *f* M O (Planche I I I. Figure 200.) au point *f*, pris sur un plan, de façon qu'elle puisse tourner librement autour de ce point fixe comme centre, & qu'à l'autre extrêmité O de la regle, on attache un bout de fil dont la longueur soit moindre que ladite regle, & que l'autre extrêmité du fil soit attachée au point *f* sur le même plan, alors en faisant tourner la regle. F M O autour du point fixe F, & tenant en mêmetems le fil toùjours dans une égale tension, aïant attention que sa partie M O soit exactement couchée le long du côté de la regle par le moïen du stile M, la ligne courbe A X, décrite par le mouvement de ce stile, donne une portion d'*Hyperbole*. Le mouvement de la regle de l'autre côté du point fixe F, décrit de la même maniere l'au-

tre portion A Z de l'*Hyperbole.*

Mais si l'on attache au point F l'extrémité de la regle & celle du fil en *f* (la regle & le fil aïant la même longueur que ci-deffus), on décrira de la même maniere une autre courbe *z o x*, oppofée à X A Z, qui fera une *Hyperbole* égale & femblable à la premiere.

3. Si l'on donne les deux foïers C F d'une *Hyperbole* (Fig. 201.) avec le fommet E, & que l'on propofe de décrire une *Hyperbole* qui ait ces foïers & ce fommet ; voici comment on pourra réfoudre ce problême.

1°. Faites K F $=$ C E, de maniere que (Planche III. Figure 202.) E K foit l'axe tranfverfe. 2°. Prenez trois regles C D, D G, G F, telles que C D $=$ G F $=$ E K, & D G $=$ C F ; qu'elles aïent des couliffes de la largeur du ftile qui doit fervir à décrire l'*Hyperbole.* Il faut encore que ces regles aïent des trous aux points C, F , afin de les attacher aux foïers C, F, au moïen de quelque pointe ou ftile. Cela préparé, 3°, uniffez deux de ces regles aux points D, G, par la regle D G. 4°. Mettez un ftile dans les couliffes à la commune interfeĉtion des regles C D, C F. 5°. Faites mouvoir le ftile autour de ces regles, en les faifant tourner autour des foïers C, F, Ce ftile décrira une portion E *e* d'*Hyperbole.* Développons cette courbe par une defcription moins mécaninique & qui en annonce les propriétés.

4. Soient donc menées deux lignes inégales A B, D E, (Planche III. Figure 201.) qui fe coupent à angles droits par leur milieu. Qu'on éleve la perpendiculaire B S à l'extrémité B, La ligne A B étant prolongée vers O & P, on prend dans la ligne B O une quantité de parties égales telles que B G, G L & du point C, comme centre, on décrit les demi-cercles G Q I, L R K. On cherche après cela aux lignes A B, D E, B N, une quatriéme proportionnelle G H, qu'on éleve perpendiculairement fur le point G ; & aux lignes A B, D E, B N, on cherche encore une quatriéme proportionnelle L M, qu'on éleve perpendiculairement fur le point L. Si l'on continue de même à trouver une quantité de points tels que H, M, &c. la courbe qu'on fait paffer par ces points, eft une *Hyperbole.*

Dans cette figure la ligne A B eft nommée *premier axe* ; la ligne D E *fecond axe* ; les deux axes A B, D E font appellés *conjugués*, & ils le font l'un à l'autre. Le point C, où fe coupent les deux axes à angles droits, eft nommé *centre.* Toutes les lignes G H, L M, &c, perpendiculaires au premier axe prolongé A B, font appellées *ordonnées* au pre-

mier axe A B ; & toute ligne comme T V eft nommée *ordonnée* au fecond axe. La troifiéme proportionnelle aux deux axes eft nommée *parametre.* François *Schooten* dans fon Traité *De Organica fectionum conicarum*, imprimé à la fin de fes *Exercitationes Mathematicæ*, donne plufieurs manieres de décrire une *Hyperbole.* Et M. *De Witts* apprend à la décrire par un mouvement continu dans fes *Elementa linearum curvarum.*

Voici les principales propriétés de cette courbe :

2. 1°. *La fomme du grand axe & d'une abfciffe multipliée par cette abfciffe, eft au quarré d: fa demi-ordonnée, comme la fomme du grand axe & d'une autre abfciffe multipliée par cette abfciffe, eft au quarré de fa demi-ordonnée.*

2°. *Si des foïers de l'Hyperbole on mene deux lignes droites qui fe rencontrent mutuellement dans un point de la courbe hyperbolique, la différence de ces lignes fera égale au grand diametre.*

3°. *Si l'on mene une ligne droite parallele au fecond axe de deux Hyperboles oppofées, en forte qu'elle coupe une des Hyperboles & qu'elle foit terminée par les affymptotes, le produit de la partie comprife entre l'affymptote & la courbe par l'autre partie de cette ligne, qui eft terminée par l'affymptote oppofée, eft égal au quarré de la moitié du fecond axe.*

4°. Si d'un point quelconque M d'une *Hyperbole* (Planche III. Figure 203.) on tire une ligne droite M G parallele à l'affymptote C N ; & la ligne droite O M parallele à l'autre affymptote C S, le *rectangle* de O M par O C *fera toujours égal au quarré de la ligne R A tirée du point A, où l'axe C P coupe la courbe parallelement à l'affymptote C S, & terminée à l'autre affymptote C N.*

5°. Si Q F A eft un fecteur (Planche III. Figure 204.) compris entre deux lignes droites qui fe rencontrent au centre Q ; que F A foit une courbe conique & le point A l'extrêmité de l'axe. De plus, fi une tangente en F, rencontre la tangente en A, au point T, qu'on faffe A T $=$ *t* & que le rectangle par la moitié du côté droit (*latus rectum*) par la moitié du côté tranfverfe, (*latus tranfverfum*) $=$ 1, alors le fecteur de l'*Hyperbole* du cercle ou de l'ellipfe, divifé par la moitié du côté tranfverfe

$$= \frac{t}{1} + \frac{t^3}{3} + \frac{t^5}{5} + \frac{t^7}{7}, \&c. \text{ Le dou-}$$

ble figne $+$ fait voir que cette équation ne convient pas feulement à l'*Hyperbole*, mais encore au cercle & à l'ellipfe, c'eft-à-dire, qu'il qu'il faut prendre le figne $+$ pour l'*Hyperbole* & le figne $-$ pour le cercle & l'ellipfe. D'où il fuit que fi le quarré circonfcrit au cercle $= 1$, on aura la ferie fuivante $\frac{1}{3} + \frac{1}{8} + \frac{1}{15} + \frac{1}{24} + \frac{1}{35} + \frac{1}{48} + \frac{1}{63} + \frac{1}{80} + \frac{1}{99} + \frac{1}{120}$. Dans cette ferie, $\frac{1}{3} + \frac{1}{35} + \frac{1}{99}$, &c. exprime l'aire du cercle A B C D (Planche III. Figure 204.) ; Et $\frac{1}{8} + \frac{1}{48} + \frac{1}{120}$, &c. exprime l'aire de l'*Hyperbole équilaterale* B C F E, quand B C eft double de E F, & que le quarré infcrit $= \frac{1}{4}$, les nombres 3 , 8, 15, 24, étant des quarrés diminués de l'unité.

6°. *Tout parallelograme décrit entre deux* Hyperboles *conjuguées, de maniere que les quatre points de contaɔt puiffent être joints par deux diametres, qui feront par conféquent des diametres conjugués, eft égal au parallelograme décrit autour des deux axes.* Ainfi tous les parallelograines tracés de la même maniere font égaux entr'eux.

7°. Toutes les propriétés des diametres, des tangentes, des foïers, &c. de l'*Hyperbole* font les mêmes que celles de l'ellipfe, excepté qu'il faut fe fervir des différences au lieu des fommes. Par exemple, le quarré du demi-axe conjugué, ou du fecond axe B C (Planche III. Figure 205.) eft au quarré de l'ordonnée K i, comme le quarré de l'axe principal P N eft au rectangle fous N i & P i. De plus la différence des deux lignes tirées des foïers à la courbe, eft toujours égale à l'axe principal. De même la différence des quarrés de deux diametres conjugués, eft toujours égale à la différence des quarrés des axes conjugués. (*Voïez* ELLIPSE.)

8°. Deux autres propriétés particulieres de l'*Hyperbole*, c'eft qu'on peut conftruire par elle des problèmes géometriques, comme l'a fait voir *Slufius* dans fon *Mefolabum*, & que des miroirs ardens qui ont cette figure font, felon *Defcartes*, les meilleurs. On trouve les autres propriétés de cette courbe dans tous les Traités des fections coniques, tels que ceux d'*Apollone* de Perge , *Claude Mydorge, Gregoire de Saint Vincent , De la Hire* , & le Marquis *De l'Hôpital*.

HYPERBOLE ÉQUILATERE. *Hyperbole* dont l'axe déterminé & le parametre font égaux.

HYPERBOLE SCALENE. Sorte d'*Hyperbole*, dont l'axe déterminé & le parametre font de grandeur différente.

HYPERBOLES OPPOSÉES. Ce font deux *Hyperboles* égales décrites autour d'un même axe, de façon que leurs fommets font éloignés l'un de l'autre de la diftance de l'axe déterminé. Ainfi ces *Hyperboles* font oppofées par leur fommet.

HYPERBOLIQUE. Solide produit par la ré-

volution de l'aire infinie , contenue entre la courbe & l'affymptote de l'*Hyperbole*, à laquelle on fait faire une révolution autour de cette affymptote. *Toricelli* a démontré que ce folide, qui eft infiniment long, eft égal à un folide fini.

De ce folide M. *Chr. Wren* prend occafion d'en former un autre engendré par la circonvolution de deux hyperboles oppofées ; & voici comment. On fuppofe deux hyperboles oppofées, jointes par l'axe tranfverfe, & qu'une ligne droite paffe par le centre , tirée perpendiculairement fur cet axe. Alors , on fait faire une circonvolution à ces hyperboles. Ce mouvement produit un corps, auquel M. *Wren* donne le nom de *Cilindroïde Hyperbolique*. Les bafes, & toutes les fections paralleles à ces bafes, font des cercles. (*Tranfaɔt. Ph.* N° 48.) Dans les *Tranf. Philof.* N° 53. l'Auteur de ce folide en fait ufage pour polir des verres *Hyperboliques*, ou pour leur donner la forme qui leur convient ; & il ajoûte, qu'il vaut mieux ne point travailler les verres, fi on ne fuit pas fa méthode. C'eft aux perfonnes, qui s'appliquent à polir les verres , à juger de la folidité de l'invention de M. *Wren*.

HYPERBOLOIDES. Les Géometres donnent ce nom à ces hyperboles qui fe définiffent par des équations , dans lefquelles les termes de l'équation de l'hyperbole font élevés à des dignités fupérieures. Pour en donner un exemple , foit nommé b le parametre , a l'axe indéterminé, y la demi-ordonnée x. Alors l'équation $a y^2 = a b x - b x^2$. En mettant $a y^3 = b x^2 (a + x)$; on aura l'équation de l'hyperbole du fecond genre. Les hyperboles fe repréfentent par cette équation générale , $a y^m +^n = \dfrac{b x^m}{a + x^n}$. Lorfque m eft plus grand que n, l'efpace hyperbolique eft quarrable : autrement il ne l'eft pas.

HYPOBIBASME. On exprime ainfi en Algébre la réduction d'une équation à un dégré inférieur par la divifion. Cette équation $x^3 + a^2 = b x^2$ étant donnée, on la reduit à cette équation quarrée $x + a^2 = b x$ en la divifant par x. C'eft cette réduction, qu'on appelle *Hypobibafme*. *Viéte* & *Ozanam* font les feuls Auteurs qui font ufage de ce terme.

HYPOCHE'E. Nom que donnent les Aftrologues à la quatrieme maifon célefte, par laquelle ils forment des prédictions de nativité, fur des biens immobiles, comme des maifons, des terres, des prairies ; fur des grands thréfors à trouver ; des profits, des mines, des héritages, & en général pour favoir fi un homme mourra riche ou pauvre.

HYPOCIRIUS, HYPOTHRASCIAS. Ce sont des noms du vent Nord-Ouest. Il est éloigné de 45° 15' de l'Ouest au Nord.

HYPOLIBONOTUS. C'est le vent Sud-Ouest qui décline du Sud à l'Ouest d'11° 15'. On l'appelle encore *Alfanus*.

HYPOMOCLION. Mot grec dont on se sert en mécanique, pour exprimer le point fixe sur lequel les machines simples reposent, & autour duquel elles font leur mouvement. (*Voïez* APUI.)

HYPOPHŒNIX. Vent distant de 56 15' du Sud à l'Est. C'est le Sud-Est-Sud.

HYPOTENUSE. C'est le côté du triangle rectangle opposé à l'angle droit. Dans tout triangle rectangle, la figure décrite sur l'*Hypotenuse* est égale à la somme des deux figures semblables à cette première, qui sont décrites sur les deux autres côtés de ce triangle. (*Voïez* TRIANGLE RECTANGLE.)

HYPOTHESE. Proposition probable qui a un plus grand, ou un moindre dégré de certitude selon qu'elle satisfait à un nombre plus ou moins grand de circonstances qui accompagnent le phénomene qu'on se propose d'expliquer par son moïen. Lorsque la probalité augmente à un tel point qu'on puisse les faire passer des Hypotheses à une certitude morale, elles deviennent des vérités. De cette sorte est l'*Hypothese* fameuse de M. *Hughens*, sur l'anneau de Saturne : on peut y joindre celle du système de *Copernic*. (*Voïez* SYSTEME DU MONDE.) Au contraire une *Hypothese* devient improbable, lorsqu'elle ne rend point raison des circonstances qui s'y rencontrent. Telle est l'*Hypothese* du mouvement du soleil autour de la Terre par *Ptolomée*. (*Voïez* le système de *Ptolomée* à l'article du SYSTEME DU MONDE.)

On fait des *Hypotheses* en Physique pour rendre raison de ce qu'on observe, & pour en tirer des conséquences, qui donnent lieu à de nouvelles observations, par lesquelles on reconnoît la vérité ou la fausseté de l'*Hypothese*. On voit par-là combien sont utiles ces suppositions, puisqu'elles servent à connoître des phénomenes, dont on n'est point en état de découvrir la cause, ni par l'expérience ni par le raisonnement. C'est ainsi qu'on a découvert en Astronomie le véritable orbite des planetes. A cette fin, la premiere *Hypothese* qu'on imagina, est qu'elles faisoient leurs révolutions dans un cercle dont le soleil occupoit le centre. Partant de-là, aïant observé la variation de leur vîtesse, & leur diametre apparent, on les trouva contradictoires à cette premiere supposition : d'où l'on conclut qu'elle étoit fausse. Cette

Hypothese fut donc rejettée : mais elle ne fut pas sans utilité, puisqu'elle fit connoître un certain rapport dans la vitesse des Planetes, & leur diametre. On conjectura ensuite qu'elles se mouvoient dans des cercles excentriques au soleil. On gagna quelque choses à cette nouvelle *Hypothese* : c'est qu'on satisfit assez bien aux mouvemens de la terre. Mais les observations qu'on faisoit sur la planete de Mars n'y quadroient nullement. En procédant ainsi, *Kepler* parvint, d'*Hypothese* en *Hypothese*, à découvrir que l'orbite des planetes étoit un ellipse dont le soleil occupe un des foïers ; & cette importante découverte enfanta les regles de la proportionalité des aires & des tems, & celle des tems & des distances, connues sous le nom d'*Analogies de Kepler*. (*Voïez* PLANETE & ATTRACTION.)

On doit encore aux *Hypotheses* la découverte de l'anneau de Saturne, comme je l'ai déja dit. Et voici comment. Avant M. *Hughens*, on observoit plusieurs phases de Saturne, dont on ignoroit entièrement la cause. Ce fameux Astronome après avoir observé ces phases, en compara les changemens successifs, & chercha une *Hypothese* qui pût y satisfaire, c'est-à-dire, par laquelle il pût rendre raison de ces différentes apparences. Celles d'un anneau convint si bien, que non-seulement il fut aisé par son moyen de rendre raison de ces apparences ; mais encore que l'on prédit avec précision les phases de cet anneau.

En voila assez pour prouver l'utilité des *Hypotheses* dans la Physique. L'Auteur des *Institutions de Physique* les compare à des échaffauts, sans lesquels on ne sauroit bâtir ; & cette comparaison me paroît d'autant plus juste, qu'elle fait connoître toute l'étendue des *Hypotheses* dont il seroit très-dangereux d'abuser.

HYPOTRACHELE. Quelques Architectes appellent ainsi, le haut, le col ou la partie la plus déliée d'une colonne qui touche au chapiteau. D'autres entendent par ce mot, cette partie qui est entre l'échine & l'astragale dans les chapiteaux Toscan & Dorique. On la nomme autrement le *colet*, la gorge, ou la force du chapiteau.

H Y V

HYVER. Tems de l'année où le soleil est le plus éloigné à midi du zenith. *Varenius* a déterminé ce tems pour chaque lieu de la terre. (*Geographia generalis.* Sect. 6. Ch. 26. Part. I.)

I.

JAC

ACATIT. Nom du sixiéme mois de l'année Ethyopienne. Il commence le 26 Janvier du Calendrier Julien.

JAM

JAMBES. On appelle ainsi en Géometrie les deux côtés qui s'élevent sur la base d'un triangle. Les *Jambes* ne sont point déterminées dans un triangle, parce qu'il est libre de prendre pour base d'un triangle rectangle, le côté que l'on veut. On doit excepter cependant le triangle isoscele dont les *Jambes* sont toujours les côtés égaux.

JAN

JANTES. Terme d'Artillerie. Ce sont six pieces de bois, dont chacune forme un arc de cercle, de maniere que réunies toutes ensemble elles composent la roue d'un affut. Leur épaisseur doit avoir le diametre du boulet du canon auquel elles doivent servir, & leur largeur doit être un peu plus grande.

JANVIER. Nom du premier mois de l'année, & le moïen des trois mois d'hyver. Il avoit 29 jours chez les Romains : il en a 31 aujourd'hui. Le soleil entre le 20 de ce mois dans le signe du Verseau.

IAP

IAPYX. Nom que *Riccioli* donne au vent qui souffle à 22° 30' de l'Ouest au Nord, & qui est connu sous celui d'*Ouest-Nord-Ouest*. Il l'appelle aussi *Caurus* ou *Corus* indifféremment, quoique selon *Vitruve* (L. I. Ch. 6.) le premier souffle à 45° de l'Ouest au Nord & le second à 60.

JAU

JAUGE. Instrument avec lequel on trouve la capacité des vaisseaux propres à contenir des liqueurs, tels que des tonneaux, des cuvettes. On a tant varié la forme & la figure de cet instrument, qu'il n'est pas possible d'en donner une construction générale. Quelque parfaite même que fût cette construction, elle ne seroit pas encore du goût de tout le monde. Elle seroit approuvée par les uns & improuvée par les autres. Dans cette perplexité, le parti le plus sage à prendre, c'est d'exposer les meilleures *Jauges*, & d'en laisser le choix à ceux qui peuvent les apprécier pour celles qu'on jugera la meilleure, me réservant la liberté de dire ce que j'en pense.

La *Jauge* qui est la plus universellement estimée des Jaugeurs, est celle-ci. 1.° Divisez une régle longue de 3, 4 ou 5 pieds, en dix parties égales. 2.° Subdivisés chacune de ces parties en 10. Et la *Jauge* sera construite. Voici sur quoi elle est fondée.

Comme la figure d'un tonneau est une figure irréguliere, on est obligé pour avoir une *Jauge* qui convienne à toutes sortes de tonneaux, de rapporter sa forme a la figure géometrique qui en approche d'avantage. Les Jaugeurs croient que cette figure est celle d'un cilindre qui a la hauteur égale à la longueur intérieure du tonneau & la base égale au cercle, dont le diametre est moïen proportionnel arithmetique entre les diametres des fonds & celui du milieu sous le bondon : ce qu'on croit d'autant plus exact dans la pratique, que la différence entre les cercles des fonds & celui du milieu du tonneau, est peu considérable. Cela posé, aïant trouvé par le calcul qu'un cilindre qui a 3 pieds, 3 pouces, 6 lignes (longueur qu'on donne à la *Jauge* de Paris) de diametre, & autant pour sa hauteur, contient mille pintes de Paris, chacune des premieres parties est le diametre. Mais la hauteur du cilindre contenant une pinte, parce que les solides semblables sont entr'eux comme le cube de leurs côtés homologues, chacune des parties qui sousdivisent celles-ci, sera la hauteur & le diametre d'un cilindre solide contenant la millieme partie d'une pinte. Tel est l'usage de cet instrument.

On paſſe la *Jauge* d'un fond à l'autre du tonneau propoſé, & par le bondon de ce vaiſſeau
on prend avec cet inſtrument le diametre
des fonds. Si les diametres ſont égaux, on
compare l'un d'eux avec le diametre de la
coupe du milieu à l'endroit du bondon. Le
milieu d'entre les deux s'appelle *le diametre
égalé du tonneau*. Ces diametres ſont - ils
inégaux ? On les ajoûte enſemble, & on
prend la moitié de leur ſomme. On donne
à cette moitié le nom de *diametre égalé des
fonds*. Comparant enſuite le diametre égalé
avec le diametre du milieu au - deſſus du
bondon, on les ajoûte enſemble, & on
prend la moitié de leur ſomme, pour avoir
le diametre égalé du tonneau ; car c'eſt dans
la meſure de ce diametre que conſiſte tout
l'art de la pratique de cette *Jauge*.

Il ne reſte plus qu'à multiplier ce diametre trouvé, par lui-même, c'eſt-à-dire, à le
quarrer, & à multiplier ſon produit par
ſa longueur. Ce dernier produit donne le
nombre de milliemes de pintes contenues
dans le tonneau. Retranchant, pour derniere
opération, les trois dernieres figures vers
la droite, les reſtantes montrent combien
le tonneau contient de pintes.

Cette *Jauge* peut ſervir à tous les vaiſſeaux auſquels la figure géometrique qu'on
ſuppoſe peut convenir. On la rend univerſelle, en la réduiſant aux pintes de tout
autre païs ; ce qui eſt fort aiſé. Comme on
ſait que la pinte d'eau douce de Paris peſe
31 onces ; on fait peſer dans le païs où
l'on veut en faire uſage, la meſure d'eau,
& par une regle de proportion, on trouve ce qu'on cherche. On fait cette regle
en diſant, *a*, expreſſion d'une meſure en général eſt à 31 : : *b* (expreſſion du contenu
d'un tonneau quelconque ſelon la meſure
de Paris) : *x*, c'eſt-à-dire à un quatriéme
terme.

Tout cela eſt merveilleux pour l'exécution. S'il y a à ſe plaindre, c'eſt ſur la juſteſſe du réſultat de cet inſtrument. Les Jaugeurs ſavent déja que lorſque la différence
entre les fonds d'un tonneau eſt conſidérable, la meſure pêche par défaut. Ils prétendent lever cette objection en diviſant en
ſept la différence qui fait l'excès du diametre du milieu, & en ajoûtant 4 au diametre
égalé des fonds ; à la bonne heure. Mais où
ſont les garans de ces régles & de cette ſuppoſition que le tonneau eſt égal à un cilindre formé ſur le cercle moïen proportionnel entre les diametres des fonds & celui
du milieu au bondon ? Quòiqu'on ſoit
forcé de ſe contenter ici d'un à-peu-près,
cependant on doit, autant qu'on peut,

chercher la figure la plus approchante, per-
ſuadé que celle qu'on ſuppoſe n'eſt pas
celle qu'on doit choiſir. Je ne parlerai pas
de la *Jauge* de M. *Sauveur* de l'Académie
Roïale des Sciences qui l'admet, quoique ſa
Jauge ſoit ſupérieure à la précédente. (*V.* le
*Traité de la conſtruction & uſages des inſtru-
mens de Mathématique*. Par M. *Bion, Liv.
VII. Chap. 2.*)

2. Feu M. *De Gamaches* aïant reconnu que
cette maniere de jauger étoit très - défectueuſe, étant fondée ſur des principes arbi-
traires, préſenta en 1726 à l'Académie Roïale des Sciences, une Méthode générale &
Géometrique, par laquelle il prétend déterminer d'une maniere également ſimple &
facile la juſte continence des tonneaux de
quelque façon qu'ils ſoient conſtruits. Cette
Méthode établie ſur des vérités géometriques, M. *De Gamaches* donne pour réſultat
qu'aïant l'équation qui répond à la forme
d'un tonneau quelconque, il ſuffit pour
jauger de prendre le diametre de ſon grand
cercle & celui de ſes fonds, & de déterminer par ces diametres les valeurs exprimées
par ſes deux membres de l'équation. Uniſ-
ſant enſuite ces valeurs, il les multiplie
par la longueur réelle du tonneau : ce qui
donne ſa capacité en quantités déterminées.
Cette équation, M. *De Gamaches* la trouve
dans celle du conoïde parabolique, parce
qu'elle fournit la réſolution des ſolides géometriques auſquels ſe rapportent non-ſeulement les tonneaux ordinaires, mais encore
ceux qui n'ont aucune courbure. Ce Géometre prend donc l'équation de ce conoïde
pour le fondement de toutes les réſolutions
qui doivent ſervir de principe au jaugeage.
Et de la comparaiſon qu'il fait de cette
équation avec celle du conoïde elliptique
& du cone tronqué, il en tire d'autres qui
ſervent à la réſolution de tous les conoïdes intermediaires. C'eſt une belle choſe à
voir que cette déduction. Suppoſons-là véritable, & examinons la *Jauge* de cet Auteur.

D'abord M. *De Gamaches* propoſe pour
Jauge univerſelle une échelle formée de
maniere qu'en prenant par ſon moïen le
diametre d'un cercle, le nombre qui ſur
l'échelle répond à l'extrêmité de ce diametre, donne en parties de 12 pouces quarrés
chacune la moitié de la ſurface du cercle.
Ainſi aïant démontré que le tonneau parabolique eſt égal à un cilindre de même longueur & dont la baſe vaut la moitié de la
ſurface du cercle à la bonde, plus la moitié
de la ſurface du cercle des fonds, il eſt évident qu'en prenant avec cette échelle les

diametres du grand & du petit cercle du tonneau (que M. *De Gamaches* suppose parabolique), la somme des parties trouvées pour l'un & pour l'autre diametre, donnera en parties de douze pouces quarrés chacune, la base du cilindre auquel le tonneau se réduit.

Egalement satisfait de la simplcité de cette *Jauge* universelle & de la solidité des principes par lesquels elle est construite, M. *De Gamaches* n'y trouve à redire que dans la pratique qu'il ne croit pas assez dépouillée pour le commun des Jaugeurs ; & il préfére une *Jauge* particuliere de sa façon propre à déterminer en septiers la capacité des tonneaux. Deux baguettes, une pour la longueur des tonneaux, l'autre pour le diametre de ses cercles, la premiere aïant 6 faces & la seconde 7, forment sa *Jauge*. Si je décrivois ces baguettes, il faudroit que je transcrivisse près de la moitié d'un petit *Traité du Jaugeage* que M. *De Gamaches* a composé à cette fin. C'est assez d'avoir fait connoître sa méthode générale. Voilà le seul engagement que j'ai pris & que j'ai cru devoir prendre avec le Public pour son avantage. J'ai cité le Livre de M. *De Gamaches* auquel on doit recourir.

3. La difficulté qu'il y a à trouver une regle universelle ou réguliere pour mesurer un vaisseau irrégulier a déterminé M. *Wolf* à envisager la *Jauge* d'une façon plus dépendante de la figure propre du tonneau. Pour y parvenir, il a imaginé des échelles *Pithométriques*, qu'il construit & divise ainsi.

1° Il remplit d'eau un tonneau, dont il connoît la capacité, & le divise, par exemple, en 100 mesures égales. 2° Il tire du tonneau une de ces mesures & marque sur une échelle la hauteur du segment vuide. 3° Il tire successivement les autres mesures, & des hauteurs correspondantes de tous ces segmens il forme son échelle. A côté de ces différens points, M. *Wolf* marque le nombre des mesures, qu'il a tirées du tonneau. Et son échelle Pithométrique, ou sa *Jauge* est finie.

Pour s'en servir, cet Auteur la plonge dans un tonneau, & elle marque, par la hauteur du segment vuide, le nombre des mesures ou des centiémes qui manquent à ce tonneau. Ceci suppose que le tonneau qu'on jauge est égal au tonneau d'expérience. En le supposant semblable, comme M. *Wolf* croit qu'on doive faire pour toutes sortes de tonneaux, il prescrit des regles quand ils sont de grandeur différente. Lorsque le diametre du tonneau qu'on veut jauger est

double de celui d'expérience, la *Jauge* de M. *Volf* ne marque le nombre des mesures que par la demi-hauteur du segment vuide. Le diametre est-il triple ? il faut prendre le tiers de la hauteur : ainsi des autres à proportion. *Elementa Matheseos. Elem. Géom.*

Cette expérience est très difficile à faire. M. *Wolf* suppose outre cela tous les tonneaux semblables. Cependant, il faut convenir que quand on la fait avec attention sur plusieurs tonneaux de différentes espéces, on parvient à construire différentes échelles pithometriques, qui sont autant de *Jauges* aussi exactes qu'on peut l'éxiger. Car enfin aucune figure géometrique n'approchera jamais de la figure d'un vaisseau quelconque qu'un vaisseau même. Rien ne ressemble plus à un tonneau qu'un autre tonneau.

Cette méthode a paru si belle au R. P. *Pezenas*, de la Société Roïale de Lyon, qu'il n'a pas hésité d'avancer que ces sortes d'échelles formoient la meilleure *Jauge*. Un seul point lui a fait ombrage : c'est l'embarras des expériences qu'elles demandent. Pour l'éviter, ce Géometre a cru devoir chercher la valeur des segmens de tous les différens conoïdes où l'on peut réduire les tonneaux. Ce travail est considérable & mérite bien de l'attention ; qu'on ajoute, de la reconnoissance, de la part des Jaugeurs. Un savant Traité du Jaugeage en est résultat. On y trouve la maniere de jauger de différens païs. Celle de Lyon, à laquelle le R. P. *Grégoire Marchand*, de la Société Roïale de cette Ville, a travaillé, est sur-tout discutée avec soin, parce que ce docte Religieux a rendu cette *Jauge* universelle, & qu'il l'a soumise aux loix de la Géometrie. M. *Camus*, de l'Académie Roïale des Sciences, a publié dans les *Mémoires de l'Académie* de 1741, plusieurs réflexions sur la figure Géometrique la plus approchante de celle du tonneau. Je renvoie à l'article du JAUGEAGE une question qui y tient plus particuliérement qu'à celui de la *Jauge*. C'est la maniere de jauger le segment d'un tonneau coupé parallelement à son axe.

JAUGE POUR LE PARTAGE DES EAUX. C'est un vase accommodé de façon qu'il sert à connoître la quantité d'eau que fournit une source. Sa forme est celle d'un parallelepipede rectangle A D (Planche XLVI. Figure 107.) de cuivre bien soudé, & d'environ un pied de long, plus ou moins, suivant la quantité d'eau qu'on veut mesurer. Il est percé de plusieurs trous très-exactement circulaires, dont les uns ont un pouce de diametre, les autres un demi-pouce & des troifiémes, un quart. Ce nombre des trous n'eft pas déterminé. Le befoin peut feul le faire connoître. Ces trous fe férment avec de petites plaques de cuivre quarrées & ajuftées dans des couliffes. On ouvre l'un ou l'autre, quand on veut fe fervir de cette *Jauge*. Pour finir fa conftruction, on met une bande de cuivre mince qui traverfe le vaiffeau A D, arrêtée à environ un pouce du fond & percée à différens endroits, afin que l'eau y paffe plus librement. Comme la *Jauge* dont je parle, eft deftinée à mefurer l'écoulement de l'eau d'une fource, elle empêche ainfi le choc de l'eau qui tombe de la fource, les bouillonnemens, & les trepidations, qui altereroient l'écoulement de l'eau par les ouvertures.

Lorfqu'on veut fe fervir de cette *Jauge*, on la place bien horifontalement fous la fource, à laquelle on a adapté un ajutage, comme on le voit par la figure ci-devant indiquée. La *Jauge* étant pleine à une ligne près, on tire la plaque, d'une couliffe de l'un des trous que l'on veut, celui d'un pouce, par exemple. Si l'eau, quoiqu'elle fe vuide, refte toujours à la même hauteur, c'eft une preuve que la fource fournit autant d'eau qu'il en fort, c'eft-à-dire, qu'elle en fournit un pouce. L'eau augmente-t'elle dans la *Jauge* ? On tire autant de plaques qu'il eft néceffaire pour maintenir toujours l'eau à la hauteur dont j'ai parlé. Dans ce cas, le nombre des trous ouverts donne la quantité d'eau que la fource rend. Refte à favoir dans quel tems.

Le petit vaiffeau M N dont on connoît la jufte capacité eft deftiné pour cela. On compte fur une bonne pendule bien reglée le nombre de minutes & de fecondes qu'il emploïe à fe remplir. Et on fait par ce moïen combien elle fournit d'eau par heure.

M. *Mariotte*, à qui l'on doit la *Jauge du partage des eaux*, a reconnu qu'une fource, qui donnoit 1 pouce d'eau, fourniffoit en une minute 14 pintes du poids de deux livres chacune.

JAUGEAGE. L'art de trouver la capacité ou le contenu des vaiffeaux en général, & celle des tonneaux & des navires en particulier. Pour les vaiffeaux irréguliers, le *Jaugeage* ne fournit point de regles. A l'égard des autres, nulle difficulté. On les jauge de la même maniere qu'on en trouve la folidité fuivant leurs dimenfions. Je me bornerai donc ici au *Jaugeage* des tonneaux & des navires. Simplifiant encore plus les chofes, je renverrai à l'article de JAUGE, ce qui concerne les tonneaux. Une feule queftion me paroît avoir place ici fur ces vaiffeaux ; c'eft le

Jaugeage de leur fegmens coupés parallelement à fon axe.

Kepler eft le premier qui a fongé à ce problême. Il l'a propofé dans un livre intitulé *Stereometria doliorum*, imprimé en 1615, & il invite *Snellius*, l'un des plus grands Géometres de fon fiécle à en chercher la folution. Lui-même n'a pas laiffé que d'y travailler. *Bayer*, *Dougharty*, qui écrivirent après cet homme célebre, ont donné des méthodes pour le *Jaugeage* de ces fegmens. Cependant M. *Wolf*, qui les a examinées, avance qu'elles ne fontrien moins qu'exactes. Auffi ne fait-il pas difficulté d'ajouter qu'on n'a point trouvé une maniere de jauger les fegmens d'un tonneau coupé parallelement à fon axe, qui foit géometrique & praticable, *rigori geometrico*, dit il, *fatisfaciens & praxi refpondens*. (*Elem. Math. univerf. Tom. I. Elem. Geom. De Stereometria doliorum.*) Il fait ufage, pour la folution de ce problême, d'échelles pythométriques, qui fuppofent les tonneaux femblables, *Voiez* JAUGE.

Les chofes en étoient là lorfque le R. P. *Pezenas*, confiderant toute l'importance de ce problême, entreprit en 1740 d'en donner une folution auffi complete qu'on pût la défirer. Il falloit pour y parvenir, foutenir les raifonnemens géometriques par des expériences faites avec foin. C'eft à quoi s'attacha le P. *Pezenas*. Un Géometre habile, M. *Juliani* de Corfe, fuivit ces expériences, & quoique je fuffe très-jeune dans ce tems-là, j'en fus témoin. De tout ce travail il en a refulté une maniere nouvelle de jauger les fegmens dont il s'agit ici. Je me borne à donner la pratique de la méthode de ce Jéfuite ; & je renvoïe pour la demonftration à fon Livre publié en 1742, intitulé ; *Nouvelle Méthode pour le Jaugeage des fegmens des tonneaux*, &c, & à fon *Traité du Jaugeage* imprimé en 1749.

D'abord, la Méthode que le P. *Pezenas* imagina, étoit génerale & dépendante directement de la théorie. Cette liaifon intime lui fit bien-tôt craindre qu'elle ne fût trop compliquée pour le commun des Jaugeurs. Un inftrument, d'un ufage facile, prévint cette difficulté. En voici la defcription, & la façon de s'en fervir.

1°, Sur une platine circulaire d'un pied de diametre on décrit plufieurs cercles concentriques à diftances égales, dont le nombre dépend des parties aliquotes de la capacité du tonneau, dans lefquelles on veut avoir celles du fegment vuide. Je veux dire, qu'on décrira 100 cercles, fi l'on veut avoir la valeur du fegment vuide en centiémes parties de ce que le tonneau contiendroit s'il étoit plein. Le dernier de ces cercles eſt diviſé en 50 parties, le 90ᵉ en 45, le 80ᵉ en 40, & ainſi des autres à proportion.

2°. On décrit 6 autres cercles concentriques, dont les diviſions expriment les centiémes & fractions de centiémes de la capacité du tonneau, qui répondent aux diviſions des autres cercles. Chacun de ces cercles a ſa diviſion particuliere. Le plus extérieur eſt pour un tonneau, dont la figure ſeroit cilindrique ; le ſecond pour un tonneau dont les diametres ſont entr'eux comme 100 à 80, & ainſi des autres. En joignant les nombres correſpondans à chaque échelle par une courbe, on a les proportions intermédiaires, comme de 100 à 85, &c.

Tel eſt l'uſage de cet inſtrument. 1°. On jauge d'abord le tonneau, comme s'il étoit plein, & l'on prend la proportion de ſes diametres & la hauteur du ſegment vuide. 2°. On cherche le cercle, dont le quantiéme, à compter du centre, exprime le nombre de parties que contient le grand diametre du tonneau, ſur la regle qui a ſervi à meſurer ce diametre & la hauteur du ſegment vuide. 3°. On cherche ſur ce cercle le nombre des parties de la hauteur du ſegment vuide, & on tend un fil qu'on attache au centre de l'inſtrument, ſur le point où eſt ce nombre. Cela fait, le même fil indique ſur celui des 6 cercles de l'inſtrument, dont je viens de parler, & qui convient à la proportion du tonneau ; indique, dis-je, le nombre des centiémes ou parties de centiéme de ſa capacité, que contient le ſegment vuide.

On réduit en pintes cette quantité exprimée en centiémes de la capacité du tonneau en faiſant cette regle de trois : Comme 100 eſt au nombre de pintes qu'il contient ; ainſi le nombre marqué ſur l'échelle par le fil, eſt à un quatriéme terme. Ce quatriéme terme eſt le nombre de pintes que contient le ſegment vuide.

Dans le tems que le P. Pezenas travailloit à Marſeille à réſoudre le problême de Keplér ſur le cas dont il s'agit ici, M. Jean Ward étoit occupé à Londres au même ſujet. Aïant découvert deux Méthodes pour meſurer les ſegmens, il les publia en 1740. La premiere eſt pour les tonneaux dont l'axe eſt perpendiculaire à l'horiſon, qu'on peut rapporter au conoïde elliptique. Cette Méthode n'exige dans la pratique que cette ſeule regle de trois : Comme le quarré de la demi-longueur des tonneaux eſt à la différence entre les aires du cercle à la bonde & du cercle des fonds, ainſi le quarré de la diſ-

tance d'un cercle quelconque à celui du bondon, eſt à la différence entre l'aire du cercle à la bonde & l'aire de ce dernier cercle. On a ainſi la ſurface de la liqueur.

Après cela, l'Auteur veut qu'on ôte du cercle à la bonde le tiers de la différence trouvée, & qu'on multiplie le reſte par la diſtance du grand cercle à la ſurface de la liqueur. Le produit donne la quantité de liqueur contenue au-deſſous du vuide juſques au milieu.

La ſeconde Méthode de M. Jean Ward eſt pour le cas ordinaire, lorſque l'axe du tonneau eſt parallele à l'horiſon. La voici.

Premierement, il prend un diametre moïen entre le grand & le petit diametre, tel qu'il convient de le prendre, pour réduire le tonneau à un cilindre convenable. Cela ſe fait en multipliant la différence entre les deux diametres par les nombres décimaux 0. 7, ou 0. 65, ou 0. 6, ou 0. 55, ſelon que les douves ont plus ou moins de courbure. Ce produit étant ajouté au grand diametre, la ſomme eſt le diametre moïen qui ſert à trouver la capacité totale du tonneau réduit à un cilindre.

En ſecond lieu, il ôte le diametre moïen du diametre du cercle à la bonde, & prend la moitié du reſte.

De la hauteur du vuide ôtant cette différence, M. Ward fait cette regle de proportion : comme le diametre moïen eſt à 100, ainſi ce dernier reſte eſt à la hauteur du vuide. Pour la table des ſegmens cilindriques, il ne reſte qu'à prendre dans la table le ſegment qui répond à ce quatriéme terme, & à le multiplier par la capacité totale ; & on a le ſegment vuide en coupant les deux dernieres figures.

On voit bien qu'avec cette table le Jaugeage des ſegmens d'un tonneau eſt très-ſimple ; j'ajoute ſi exacte, que je ſuis fâché qu'elle ſoit un peu longue. Je l'aurois volontiers inſerée ici ſans ce défaut néceſſaire. Une ſeule choſe peut me conſoler, c'eſt qu'on la trouve dans la pratique du Jaugeage de M. Jean Ward, inſerée à la fin de ſon Guide des jeunes Mathématiciens, ou dans le Traité du Jaugeage du P. Pezenas.

2. La ſeconde partie du Jaugeage regarde la meſure des ſegmens des Navires, ou du volume d'eau qu'ils occupent. Cet art a été juſqu'ici, & il l'eſt encore, livré à la routine des Marins. Quoique la routine dans la Marine ſoit aſſez tolerée, le Conſeil de Marine craignit qu'elle ne devînt d'une extrême conſéquence pour les droits du Roi. Aïant évalué la charge d'un bâtiment de mer à peu près la capacité intérieure, c'eſt-à-dire, aïant

fuppofé que la capacité intérieure d'un bâtiment étoit à la charge qu'il pouvoit porter
comme 3 à 2, il fixa le tonneau de mer à
42 pieds cubes. Cette eftimation n'eft pas
cependant un à peu près. Suivant M. *De
Mairan* l'opinion la plus générale fur la
charge des Navires eft qu'ils peuvent porter
un poids égal à celui de la moitié de l'eau
qui rempliroit leur capacité. Mais cette évaluation n'eft encore qu'une conjecture vague
à laquelle il ne feroit pas fage de fe fier. Il
femble que les Marins ont voulu y avoir
égard en jaugeant les Navires de cette maniere.

Ils prennent 1°. la longueur depuis l'é-
tambot jufques à l'étrave du vaiffeau, au
milieu de la profondeur de l'un & de l'autre, pour avoir une longueur réduite. 2°. La
largeur du Navire à 8 pieds de l'étambot
d'un bout, & de l'étrave de l'autre, & pareillement au milieu de la profondeur,
pour avoir la largeur réduite. Et de ces trois
largeurs ils en font une commune.

Ils prennent enfuite 3° la hauteur du
Navire au milieu vers le mât, & à chaque
bout depuis la carlingue jufques fous le
bau, & au-deffus dans les entre-deux ponts.
De ces trois hauteurs les Marins en font une
commune.

Enfin, 4° ils multiplient la longueur par
la largeur réduite, le produit par la profondeur & divifent le tout par 42 pieds. Le
quotient donne le nombre des tonneaux qui
font la charge du Navire.

Une bonne raifon m'empêche de donner
un exemple de cette méthode, qu'on lit
dans le *Dictionnaire de Commerce* de M.
Savari : c'eft qu'elle eft évidemment fauffe
quoiqu'elle foit très-travaillée.

A Marfeille, les Marins jaugent les Vaiffeaux par une méthode plus courte, &,
comme l'on verra par la fuite de cet article,
plus fure. Aïant fuppofé que 10 pans cubes
font un quintal poids de marc, & que 100
livres poids de marc valent 120 livres poids
de table ou poids de Marfeille, ils établiffent
que chaque tonneau pefe 20 quintaux poids
de marc, ou 25 quintaux poids de table.
Ces mefures ainfi déterminées, ils mefurent
la longueur de la quille du bâtiment, la
largeur & la hauteur, & ils multiplient ces
trois nombres. Coupant la derniere figure
du produit, & la multipliant par 10, ils
ont les quintaux qu'ils divifent par 20. Ou
autrement, ils coupent la derniere figure &
prennent la moitié du reftant : ce que donne
cette opération eft le nombre des tonneaux
ou le port dudit bâtiment.

Suivant la méthode du commun des Marins, cette maniere de jauger les tonneaux
eft, ainfi que l'autre, fondée fur des regles ar-
bitraires, & purement de routine, ou du
moins les Marfeillois ne la connoiffent & ne
la pratiquent que comme telle. Après la mort
de *Louis* le Grand, M. le Régent s'étant fait
rendre compte de tout le détail pratique du
Jaugeage des Vaiffeaux, voulut qu'on fou-
mît cet art à des loix autant qu'il pouvoit
l'être. En conféquence le Comte de Touloufe, Amiral de France, Chef du Confeil
de Marine, demanda en 1720 à l'Académie
Roïale des Sciences de Paris, qu'elle déterminât une méthode, parmi celles qui étoient
connues pour le *Jaugeage* des Navires, la
plus fure & la plus utile. Il lui fit communiquer à cette fin plufieurs Mémoires & plufieurs pieces inftructives, avec les méthodes
pratiquées dans les différens Ports du Roïaume & même chez les Etrangers. Ces pieces
reçues, l'Académie nomma pour cet examen deux Commiffaires, MM. *Varignon* &
De Mairan. Le premier inventa une Méthode : le fecond en perfectionna une déja
inventée.

M. *Varignon* fuppofe que la courbe AGDG
(Planche XL. Figure 226.) de la proue
du Navire eft elliptique, & conféquemment
il veut 1°, qu'on multiplie la demi-largeur
du Navire par la demi-longueur au point
du milieu ; 2°, qu'on divife par toute la
profondeur D M la différence des quarrés
des profondeurs E M & R M ; 3°, qu'on
divife de même par le triple quarré de la
profondeur D M la différence des cubes des
profondeurs E M & R M ; & 4° enfin,
qu'on multiplie le premier produit par la
différence de ces deux quotiens. Par cette
derniere opération, M. *Varignon* a la charge
des Navires en tonneaux. (*Mémoires de l'A-
cadémie Roïale des Sciences*, année 1721.)

Cette méthode eft très belle & très-géome-
trique, & peut-être trop. Dans la Marine il
faut fe prêter ; & les confidérations Mathématiques font bien fouvent fubordonnées
à des intérêts particuliers. Ces réflexions
murement pefées, M. *De Mairan* jugea que
ces intérêts devoient entrer dans la maniere
de jauger les Vaiffeaux. Il remarque à ce
fujet deux inconvéniens qu'il ne croit pas
poffible d'éviter. Le premier eft la multiplicité de pratiques & de procédés, que paroît
exiger le *Jaugeage* des Vaiffeaux de différente efpece & de différent gabari. L'autre eft l'erreur qui doit réfulter d'une pratique uniforme pour toute forte de Vaiffeaux
de quelque nature & conftruction qu'ils
foient. Là-deffus, M. *De Mairan* croit que
ce qu'il y a de mieux à faire c'eft de prendre
un

un milieu entre tous ces inconvéniens; de
choifir une bonne méthode, ou la moins défectueufe qu'il eft poffible, en aïant égard
à toutes les circonftances, c'eft-à-dire, à la
facilité de la mettre en pratique, à l'expédition, & à fa convenance avec un plus grand
nombre de Vaiffeaux de différente efpece
& de différent ufage; de fixer les variations
aufquelles cette méthode peut devenir fujette en différens cas, & (ce qui eft très-
effentiel) de donner de bons ordres pour
la faire exécuter inviolablement dans tous
les ports de Mer du Roïaume. Après ces obfervations fi judicieufes, M. *De Mairan*
chercha & dans la Marine & dans la Géometrie une méthode qui y fatisfît. Dans la Marine il trouva une maniere fort expéditive,
de jauger les Vaiffeaux, par M. *Hocquart*,
& dans la Géometrie la démonftration de
cette maniere, qui a été foutenue par des
expériences faites avec fuccès dans differens
Ports du Roïaume. La voici telle qu'on la
lit dans les *Mémoires de l'Académie* de 1724.

» Il faut réduire les deux coupes ou fur-
» faces en pieds quarrés, les ajouter, & mul-
» tiplier la moitié de leur fomme par la
» perpendiculaire comprife entre elles & qui
» détermine leur diftance «.

» Le produit qui en viendra fera égal à
» la quantité de pieds cubes d'eau que con-
» tient le folide qu'on cherche, lequel étant
» multiplié par 72 donnera le nombre de
» livres qui font la charge du Navire «.

Le dernier Auteur fur le *Jaugeage* des Navires eft le P. *Pezenas*, déja cité pour celui
des tonneaux. Ce Jéfuite penfe qu'une méthode ne fuffit pas pour le *Jaugeage* des
Vaiffeaux: il en veut deux; l'une, qui foit
fuffifamment exacte pour la perception des
droits que les Souverains levent fur les mar-
chandifes qui font la charge du Navire; &
cette méthode doit être, felon lui, très-
expéditive, praticable par des perfonnes peu
verfées dans la Géometrie, & uniforme
pour tous les bâtimens & dans tous les Ports
du Roïaume; parce qu'on eft obligé, dit-il,
de faire jauger tous les jours & en tout tems,
par toute forte de perfonnes, un grand nombre de bâtimens qui fortent des Ports, &
qui ont des droits à païer relativement à
leur charge. Pour l'autre méthode le P.
Pezenas penfe que celle de Marfeille, fur
laquelle on a toujours reglé les droits du
Roi, eft inconteftablement la plus facile &
la plus courte de toutes les méthodes. Il la
croit également facile, parce qu'elle eft appuïée fur le même principe que celle de M.
Varignon, (*Traité du Jaugeage. Pratique du
Jaugeage*, II. *Partie*, pag. 51 & fuiv.)

Tome II.

ICHNOGRAPHIE. On appelle ainfi en Perfpective la vûe d'un objet quelconque coupé
par un plan parallele à l'horifon, & précifément à fa bafe ou à fon pied. Les Architectes entendent par ce terme le plan géometral
ou la plate-forme d'un édifice, ou encore
plus particulierement le plan d'une maifon
tracé fur le papier, dans lequel on a deffiné
la forme des différens apparremens, des chambres, des fenêtres, des cheminées, &c.
Dans l'Architecture Militaire, *Ichnographie*
eft le plan ou la repréfentation de la longueur & de la largeur d'une place forte,
dont les parties principales font marquées fur
le terrain même ou fur le papier.

ICOSAEDRE. Corps régulier renfermé en
20 triangles égaux & équilateraux. On le
conçoit compofé de vingt pyramides triangulaires, dont les fommets fe rencontre-
roient au centre d'une fphere qui lui feroit
circonfcrite. Ces pyramides ont par conféquent des hauteurs & des bafes égales. Ainfi
en multipliant par 20 la folidité de l'une de
ces pyramides on a celle de l'*Icofaëdre*.
Platon, qui a fait un parallele des 5 corps réguliers avec les corps fimples du monde,
compare celui-ci à l'eau.

IDES. C'eft le nom que les Romains donnoient
aux jours qui fuivoient les Nones. Dans les
mois de Mars, de Mai, de Juillet & d'Octobre, les *Ides* commençoient au huitiéme
jour du mois: mais dans les autres elles commençoient le fixiéme, c'eft-à-dire, que dans
Mars, Mai, Juillet, Octobre les *Ides* tomboient au quinziéme jour du mois, & dans
les autres au treiziéme. Les chofes ainfi re-
glées, les Romains appelloient le premier
jour de chaque mois calendes. (*Voïez* CA-
LENDES.) Suivoient dans ces quatre mois
6 Nones, & dans les autres 4. Enfuite on
compte les 8 *Ides*, & puis les calendes du
mois fuivant.

JET-D'EAU. Terme d'Hydraulique. Filet d'eau
qui jaillit avec violence du milieu d'un
baffin, par l'ouverture d'un tuïau. C'eft ici
l'effet d'une chute d'eau. Et comme, fuivant
les loix de la chute des corps, un corps qui
tombe perpendiculairement acquiert à la

E

fin de fa chute une viteffe avec laquelle il peut remonter à la même hauteur, d'où il eft tombé, il fuit que pour former un *Jet-d'eau*, il fuffit de laiffer tomber de l'eau dans un tuïau recourbé. L'eau en fortant jaillira prefque à la même hauteur de fa chûte. Ceci eft dit en général pour donner une idée des *Jets-d'eau*. Examinons la chofe de plus près. Détaillons les regles que prefcrivent les Phyficiens quand ils veulent rendre un *Jet-d'eau* auffi beau qu'il peut l'être.

1°. Lorfque l'ouverture, par laquelle l'eau doit s'écouler, eft auffi large que le tuïau même dans lequel elle tombe, l'eau ne s'éleve pas à fa plus grande hauteur.

2°. Quand le diametre de l'ouverture eft plus petit que celui du tuïau, le *Jet* eft beaucoup plus élevé que dans le cas précedent. Les Newtoniens attribuent cette différence à l'attraction du verre, à la vertu attractive de l'eau, qui s'attache fortement dans le premier cas contre les parois du tuïau : ce qui l'empêche de s'élever jufques à la hauteur à laquelle il devoit monter. Dans le fecond au contraire, l'eau ne fe trouve pas dans la néceffité de defcendre fi fubitement, & par conféquent fes parties ne font pas fujettes à un fi grand frottement contre les parois du tuïau.

Il faut avouer que cette explication eft un peu forcée. N'eft-il pas plus fimple de dire que l'eau monte plus haut quand le diametre de l'ouverture eft plus petit que celui du tuïau, parce qu'alors ne pouvant fortir en même quantité qu'elle tombe, elle laiffe le tems à l'eau qui ne ceffe de couler de s'accumuler. Ainfi elle pefe & choque celle-ci, & par conféquent augmente la viteffe avec laquelle elle fort. Elle doit donc monter plus haut. C'eft ici à peu près le même effet qui arrive lorfqu'on bouche pendant quelque tems l'ouverture du tuïau, par laquelle le *Jet* doit fortir. L'aïant débouchée, l'eau qui s'étoit accumulée fait un plus grand effort fur celle qui eft la plus proche de l'ouverture, ce qui la fait fortir avec plus de viteffe. Maintenant pourquoi le *Jet* dont l'ouverture eft égale au tuïau, ne monte-t-il pas à la même hauteur de fa chute ? Il y a ici plufieurs caufes qui concourent. La premiere eft le frottement de l'eau contre les parois du tuïau dans tout le trajet du tuïau : elle ne defcend pas par confequent avec toute la viteffe requife. Venant donc à s'élancer hors du tuïau avec moins de rapidité, elle ne peut s'élever à une hauteur égale à celle de fa chute. La feconde eft la chute de l'eau d'un *Jet* perpendiculaire fur l'eau même qui fort. En effet, lorfque l'eau s'eft élancée auffi haut

qu'il eft poffible, cette eau, qui tombe perpendiculairement, rencontre le *Jet* qui monte ; le comprime, & l'empêche par fa preffion de monter & de s'élever à la hauteur de la chute. Auffi *Toricelli* a-t-il remarqué, & c'eft à lui qu'on doit cette remarque, qu'un *Jet* monte plus haut lorfqu'il eft dirigé obliquement à l'horifon, que quand il lui eft perpendiculaire. Qu'on ajoute à ces raifons la refiftance de l'air, refiftance fi confidérable, que le diametre du *Jet* s'élargit au point, à mefure qu'il monte, de devenir 5 ou 6 fois plus grand que celui de l'ouverture. En voilà bien affez pour diminuer la hauteur phyfique des *Jets-d'eau*, & dans ce dernier cas & dans le précedent. Avant que d'expofer la table qu'on a calculée pour connoître la hauteur à laquelle ils montent, relativement à celle de la chute ou du refervoir, je crois devoir fuivre les regles de ces *Jets* qu'une table défuniroit trop, & qui gagneront à être proches les unes des autres.

3°. Plus le canal, par lequel l'eau coule, eft large par rapport à l'ouverture, plus le *Jet d'eau* s'éleve. C'eft un corollaire des deux regles précedentes

4°. La hauteur d'un *Jet-deau* diminue de celle de fa chute, felon la raifon des hauteurs où il s'éleve.

5°. Si la conduite de l'eau dans un tuïau large fe fous-divife en plufieurs branches ou conduites, pour être diftribuée en différens *Jets*, le quarré du diametre du tuïau principal, doit être proportionné à la fomme de toutes les dépenfes de ces branches. Et fi le réfervoir eft haut de 52 pieds, & que le diametre de l'ajutage foit d'un pouce, celui du tuïau doit être de 3.

Cette regle, qu'on lit dans le *Traité du mouvement des eaux* de M. *Mariotte*, a été très-bien dépouillée par le Docteur *Defaguliers*. Suppofons qu'on veuille avoir fix *Jets-d'eau* de $\frac{1}{4}$ d'un pouce de diametre, qui jouent continuellement (bien entendu qu'on a affez d'eau pour cela) il faut chercher quel doit être le diametre d'un ajutage qui donne autant d'eau que tous les fix à la fois. Voici la regle que prefcrit le Phyficien.

1°. Multipliés le quarré de $\frac{1}{4}$, c'eft-à-dire $\frac{2}{4}$, par 6. 2°. Du produit 54 extraïez la racine quarrée vous aurez $7\frac{4}{4}$, ou prefque un pouce & $\frac{7}{8}$, pour le diametre d'un ajutage qui donne autant que les fix ajutages de $\frac{1}{4}$ d'un pouce chacun.

3°. Prenez pour la conduite un tuïau de fept fois le diametre de l'ajutage, qui fera de 13 pouces. Enfin 4°, pour la partager en fix tuïaux dans les différens *Jets d'eau*, faites ces tuïaux chacun de fix pouces, afin de mieux éviter les frottemens.

L'application que M. *Desaguliers* fait de cette regle à la pratique, eft une chofe utile à voir. En général tout ce qu'on lit dans les Notes fur la VIIe Leçon de fon *Cours de Phyfique expérimentale, Tome II.* eft nouveau. Auffi je crois devoir recommander la lecture de cette Leçon à ceux qui voudront approfondir & la théorie & la pratique des *Jets-d'eau.* Je me contenterai d'avertir que ce Savant a inventé une machine pour éprouver la beauté des *Jets-d'eau* de differens calibres, à travers les differentes épaiffeurs de ces calibres. Et j'ajouterai pour ne rien omettre d'effentiel, qu'un *Jet* s'éleve beaucoup plus haut lorfqu'il paffe par le trou d'une lame placée fur l'ajutage, que quand il fort par un petit tube. Selon les expériences de M. *Mariotte,* un *Jet* qui part d'un petit tube fait en maniere de cone, ne s'éleve que jufques à la hauteur de 12 pieds. Part-il du trou d'une petite lame ? il s'éleve jufques à la hauteur de 15 pieds. Outre cela, ce dernier *Jet* eft plus uni, plus tranfparent, plus égal que le précedent.

Il me refte à donner la Table de la hauteur des *Jets* fuivant la hauteur des réfervoirs ou de la chute. La voici,

TABLE des differentes hauteurs des Jets d'eau *fuivant les differentes hauteurs des réfervoirs.*

Hauteurs des *Jets-deau.*	Hauteurs des Réfervoirs.	
Pieds.	Pieds.	Pouces.
5	5	1
10	10	4
15	15	9
20	21	4
25	27	1
30	33	0
35	39	1
40	45	4
45	51	9
50	58	4
55	65	1
60	72	0
65	79	1
70	86	4
75	93	9
80	101	4
85	109	1
90	111	0
95	125	1
100	133	4

JEU

JEUX DE HAZARD. Les Mathématiciens ont tant travaillé fur ces fortes de *Jeux*, que j'aurois cru priver le public d'un article important dans la Géometrie en paffant leurs travaux fous filence. D'ailleurs l'art de jouer étant malheureufement très-exercé dans le monde, le plus grand nombre des Lecteurs verra fans doute avec plaifir dans un Dictionnaire, fait autant pour eux que pour les Géometres, le réfultat de leurs travaux, qu'ils auroient vrai-femblablement été peu en état de démêler dans leurs Ouvrages. On verra ce qu'on doit penfer des *Jeux,* & combien il eft tout à la fois dangereux, injufte & ridicule d'attribuer la perte qu'on peut faire aux perfonnes avec lefquelles on joue, ou à d'autres circonftances, nullement liées avec les évenemens du *Jeu.* Par exemple, n'eft-ce pas une chofe honteufe, & qui deshonore l'humanité que le préjugé de certaines perfonnes fur le choix des cartes avec lefquelles on a gagné, parce qu'on penfe qu'un certain bonheur leur eft attaché; que celui d'autres Joueurs de ne prendre que des cartes perdantes, fe perfuadant qu'aïant plufieurs fois perdu, il eft moins vrai-femblable qu'elles perdront encore; & enfin que cette fureur d'affecter certaines places & certains jours, de refufer de mêler les cartes, fi ce n'eft d'une certaine fituation, &c. Loin d'ici de pareilles fuperftitions. Le hazard a des regles; & quiconque en doutera,

qu'il en fasse le calcul en voici la méthode.
Je choisis ces trois Joueurs pour exemple.

Pierre, *Paul* & *Jacques* jouent ensemble avec 12 jettons, dont 8 sont noirs & 4 blancs. Ils établissent que le premier qui aura tiré un jetton blanc gagnera. *Pierre* tire le premier, *Paul* le second, & *Jacques* le troisiéme : Ensuite le même tour recommence, jusques à ce quelqu'un d'eux ait gagné. On demande combien chacun des Joueurs doit mettre au jeu.

J'ai vû jouer un jeu à peu près semblable où les Joueurs avoient une égale mise. Pour le rang suivant lequel ils devoient commencer, cela leur étoit fort indifférent. Seulement ils jettoient au fort à qui tireroit le premier ; & avec cette précaution chacun étoit content. J'ai vû aussi que le dernier qui tiroit, perdoit le plus souvent, en se plaignant amerement de sa mauvaise fortune. Si ce Joueur eût été Géometre, il auroit compris que la fortune n'avoit pas tort, & n'auroit pas été dupe. La primauté à un pareil *Jeu* est un grand avantage. Par la raison contraire, celui qui joue le dernier est le plus mal partagé. Pour rendre la partie égale, les Joueurs ne doivent pas avoir au *Jeu* une même mise. Cette mise doit être proportionnée à l'avantage de la primauté ; & ce n'est point ici une bagatelle qu'on doive décider au hazard, en donnant le choix du noir ou du blanc. Déterminer cet avantage pour regler ces mises, voilà le problème qu'il faut résoudre.

A cette fin, la premiere chose qui se présente, c'est que le nombre des jettons étant composé de 8 noirs & 4 blancs, le premier qui parie de tirer un jetton blanc, a un contre deux, puisque le nombre 4 des jettons blancs est la moitié de celui (8) des jettons noirs. En faisant attention & à cette condition, & au nombre des Joueurs, on trouve qu'il y a trois cas à examiner dans le sort de *Jacques*. Pour les exprimer, nommons S le sort de ce Joueur, lorsque *Pierre* va tirer, x quand c'est à *Paul* à tirer, & y lorsqu'il va tirer lui-même. Cela posé, on aura pour exprimer son sort ; 1°, $S = \frac{2}{3} x$; 2°, $x = \frac{2}{3} y$; 3°, $y = \frac{1}{3} S$ plus un tiers de l'argent, que nous nommons A. Ainsi somme totale le sort de *Jacques* sera exprimé par $\frac{4}{19}$ A. Voilà le hazard de *Jacques* déterminé par la partie de l'argent qu'il doit avoir au *Jeu*. Il ne s'agit plus que de donner une valeur à A, pour rendre la solution sensible. Si l'on est convenu, par exemple, de 19 écus pour la somme qui est au *Jeu*, on aura 4 écus pour la mise de *Jacques*, c'est-à-dire, 12 livres, au lieu de 19, comme il auroit donné si les trois Joueurs avoient fourni également.

Pour fixer de même le sort de *Pierre*, & savoir par-là combien il doit mettre au *Jeu*, nommons z son sort lorsqu'il tire son jetton, u son sort lorsque *Paul* tire le sien, & t son sort quand c'est à *Jacques* à tirer. Ces trois sorts forment ces trois équations : $z = \frac{1}{3} A + \frac{2}{3} u$, $u = \frac{2}{3} t$, $t = \frac{2}{3} z$. Donc $z = \frac{9}{19}$ A. Cela veut dire, que la mise de *Pierre* doit être de 9 écus. Moïennant ces deux, la mise de *Paul* est toute trouvée : c'est ce qui reste de ces deux sommes pour aller à 18. La mise est par conséquent A $- \frac{4}{19}$ A $- \frac{9}{19}$ A $= \frac{6}{19}$ A $= 6$ écus.

Cette solution est la même que celle qu'a donné M. *De Montmort* sur ce *Jeu*. Il y auroit bien des choses à dire encore là-dessus, & sans faire tort à cette solution, qui est très-vraie dans le sens que M. *De Montmort* l'a renduë, & que je l'ai envisagée moi-même, il semble qu'on pourroit faire bien des difficultés. Le sujet est trop sérieux pour être traité à la legere. Quelque profonde que soit l'attention que j'ai donnée à la solution du Savant dont je parle, je n'oserois en risquer le résultat, qui me meneroit outre cela trop loin. Je me contente d'avertir que la condition du *Jeu* n'est point assez déterminée, & qu'on pourroit trouver un sort different à *Pierre*, à *Paul*, & à *Jacques*, sans sortir de l'énoncé : sujet d'examen pour le Lecteur.

Je crois cet exemple suffisant pour faire connoître combien les *Jeux de hazard* sont du ressort de la Géometrie. Pour le dire en deux mots, tout l'art de déterminer ces sortes de *Jeux* consiste à trouver le nombre de cas où une telle ou telle chose peut arriver. C'est à quoi l'on parvient par les combinaisons & par la résolution des égalités que présentent la condition des hazards. Moïennant cela, en prenant bien l'esprit du *Jeu* qu'on propose, tout Algébriste déterminera aisément le sort des Joueurs. La science des combinaisons, & celle des équations font tous les fruits de cette analyse, (*Voïez* COMBINAISON & EQUATION.) Je passe à l'histoire de l'analyse des *Jeux des hazards*.

2. M. *Pascal* est le premier qui se soit exercé sur les *Jeux de hazard*. Ce fut à l'occasion de ces deux problèmes qu'il y travailla. 1°. Il manque à deux Joueurs un certain nombre de points : on demande leur sort. 2°. On demande en combien de coups on peut amener *sonnez* avec deux dez. La solution du premier problème, telle que la trouva M. *Pascal* n'est point connue. On sait que pour le second, il découvrit qu'il y avoit de l'avanta-

ge à entreprendre de faire fonnez en 25 coups, & du défavantage en 24. Un bel efprit (M. le Chevalier de *Meré*) s'avifa de contredire M. *Pafcal*; mais c'étoit une contradiction d'un bel efprit, & M. *Pafcal* ne faifoit attention qu'aux contradictions Géometriques. Il en fit part cependant à M. *Fermat*, Confeiller au Parlement de Touloufe, & grand Mathématicien. Pour l'engager à examiner plus férieufement fes folutions, M. *Pafcal* lui propofa un problême difficile en ce genre. Il fit la même propofition à M. *Roberval*. Celui-ci l'accepta & n'y fatisfit point. M. *De Fermat* plus Géometre en vint à bout par les combinaifons. Tout en jouant, il réfulta de ces *Jeux* de très-beaux théorêmes fur les combinaifons que les PP. *Preftet*, *Taquet* & *Wallis* approfondirent.

Pendant ce tems-là, le grand *Hughens*, qui avoit entendu parlé des problêmes des *Jeux de hazard*, y travailloit avec tant d'ardeur, qu'il en forma un Traité intitulé : *Ratiocinia de ludo aleæ*. Mais tout cela ne piquoit la curiofité que d'un petit nombre de Géometres. En 1685 M. *Jacques Bernoulli* voulut les réveiller. Il propofa dans un *Journal des Savans* ces deux problêmes : *Deux Joueurs A & B jouent à qui amenera un certain point. A joue d'abord un coup; B un coup; enfuite A en joue deux, & B deux; enfuite A en joue trois & ainfi de fuite alternativement : ou bien A joue d'abord un coup & B en joue deux; enfuite A en joue trois & B en joue quatre, & ainfi de fuite jufques à ce qu'un des Joueurs ait gagné. On demande leur fort.* M. *Bernoulli* eut la douleur de voir expirer cinq années fans que perfonne publiât la folution de ces problêmes. Il fit imprimer la fienne en 1690 dans les Actes de Leipfic de cette année, mois de Mai, mais fans analyfe & fans démonftration. M. *Leibnitz* fut pourtant piqué de cette omiffion. Laiffant-là le problême, & uniquement occupé à lui rendre la pareille, M. *Leibnitz* lui donna à deviner la maniere dont il découvrit le fondement de l'analyfe de la courbe *defcenfus æquabilis*, que M. *Bernoulli* avoit publiée dans un de ces Actes.

On voit par-là que M. *Leibnitz* ne vouloit pas toucher aux *Jeux de hazard*, & qu'ils ne flattoient pas les Géometres. Un Anglois (M. *Craige*) envifageant cette matiere d'un autre côté, pouffa la théorie de ces *Jeux* dans la connoiffance de l'avenir. Il voulut déterminer la probabilité d'un évenement. (*Voïez* CALCUL DE PROBABILITÉ.)

Mais M. *Sauveur* s'en tenant à l'analyfe des *Jeux de hazard*, chercha, les hazards du *Jeu* de la Baffette, fort à la mode lorf-

qu'il vivoit, c'eft-à-dire en 1679. Enfin, M. *De Montmort* approfondiffant la matiere publia un Traité qui mit les *Jeux de hazard* en réputation. Il l'intitula : *Analyfe des Jeux de hazard*. Ce livre étoit trop beau, pour ne pas piquer la curiofité des Géometres. Il fut applaudi en France, jugé en Suiffe, & critiqué en Angleterre. M. *Jean Bernoulli* fit quelques objections fondées à M. *De Montmort* dont celui-ci convint. M. *De Moivre* publia un Livre très favant intitulé : *De Menfura fortis*, où il attaqua l'*Analyfe* du Géometre François. Celui-ci lui répondit, & on peut voir fa réponfe dans la derniere édition de fon Ouvrage, à la fin duquel on trouve la Lettre de M. *Jean Bernoulli*, & quelques Lettres de M. *Nicolas Bernoulli* fon neveu, avec les reponfes. C'eft une chofe digne d'être tranfmife à la poftérité, pour fervir d'exemple aux Géometres préfens & à venir, que la juftice que rend M. *De Montmort* à la Lettre un peu feche de M. *Jean Bernoulli*. » Il n'eft pas » befoin, dit-il, que je faffe l'éloge de ces » Lettres, (M. *De Montmort* comprend auffi » celles de M. *N. Bernoulli*). On verra que » l'on ne peut rien de plus fort en ce genre. » J'efpere que les Géometres me fauront » gré d'avoir facrifié, en inferant ces Let-» tres dans ce Livre, la vanité d'Auteur à » l'amour que j'ai pour le public & pour la » perfection des Sciences «.

Après cet Ouvrage, le dernier qui a paru fur les *Jeux de hazard*, eft le Livre de M. *Jacques Bernoulli*, dont le titre eft : *De arte conjeclandi*. (On lit dans l'avertiffement de fon Livre que *Caramuel* a compofé un Traité fur le *Calcul des hazards* intitulé : *Kifbeia*, rempli, à ce qu'il dit de paralogifmes : & ou peut s'en rapporter lui).

I L L

ILLUMINATIF. On caractérife ainfi en Chronologie l'efpace de tems entre deux conjonctions qui fe fuivent immédiatement, & pendant lequel la lune eft vifible; & on appelle cet efpace, *mois Illuminatif*.

I M A

IMAGE. Terme d'Optique. C'eft l'apparence d'un objet par reflexion ou par refraction. Dans tous les miroirs plans, l'*Image* paroît de la même grandeur que l'objet, & auffi diftant derriere le miroir, que l'objet en eft éloigné par devant. Dans les miroirs convexes, l'*Image* eft plus éloignée du centre de la convexité que du point de reflexion, &

l'*Image* paroît plus petite que l'objet. (*Voïez* CATOPTRIQUE).

IMAGES CELESTES. Ce font les figures qu'on a données à un affemblage des étoiles du firmament pour les pouvoir difcerner.

I M M

IMMERSION. Ce terme, dont le fens eft de fignifier l'action de plonger une chofe fous l'eau, eft en ufage en Aftronomie, pour exprimer le tems où une planete commence à entrer dans l'ombre de l'autre. Dans les éclipfes, par exemple, lorfque l'ombre du corps éclipfant commence à tomber fur le corps éclipfé, il y a *Immerfion*, & lorfque ce même corps fe dégage de l'ombre, on appelle ce moment le tems de l'émerfion. (*Voïez* EMERSION).

I M P

IMPENETRABILITE'. Terme de Phyfique. C'eft la propriété qu'ont les corps de ne pouvoir être enfemble & en même-tems, précifément dans la même place; de forte qu'un corps mis à une place, a dû nécefsairement en chaffer celui qui y étoit.

IMPERIALE. On fous-entend TABLE. M. *Stone* dit dans fon *Dictionnaire de Mathématique*, que cette Table eft un inftrument de cuivre avec une bouffole & un pied, dont on fe fert pour arpenter, Si ce n'eft pas un Graphometre dont M. *Stone* veut parler, on ne le connoît point en France.

IMPOSTE. Terme d'Architecture civile. Plinte ou petite corniche qui couronne un pied droit ou un jambage, & qui porte le couffinet d'une voute ou d'une arcade.

IMPROPRES. Epithete qu'on donne à des fractions, dont les numérateurs égalent ou furpaffent les dénominateurs, comme $\frac{6}{6}$, $\frac{18}{12}$, &c. Ainfi ces fractions font bien moins des nombres rompus que des nombres mixtes. On leur donne la forme de fractions afin de pouvoir dans un calcul de nombres rompus les ajouter, les fouftraire, les multiplier, les divifer, &c. plus commodément.

I N C

INCIDENCE. *Point d'Incidence.* C'eft en Optique le point où l'on fuppofe que tombe un raïon de lumiere fur un verre ou fur un miroir.

INCLINAISON. Les Mathématiciens font très-fouvent ufage de ce mot, qui fignifie l'approximation ou la tendance de deux lignes, l'une vers l'autre, de maniere qu'elles faf-

fent un angle. L'*Inclinaifon* d'une ligne droite à un plan, eft l'angle aigu que cette ligne droite fait avec une autre ligne droite, tirée dans ce plan, par le point où une perpendiculaire, tirée d'un point quelconque de la ligne inclinée, le coupe. Ainfi la ligne C D *incline* fur le plan A B, (Planche I. Figure 9.) & cette *Inclinaifon* eft mefurée par l'angle E D C, formé par la ligne inclinée C D & par la ligne E D, tirée dans le plan, du point D par le point E où tombe une perpendiculaire d'un point quelconque F, pris dans la ligne inclinée fur le plan.

L'*Inclinaifon* de deux plans eft l'angle formé par deux lignes tirées dans chaque plan, perpendiculairement à la commune fection de ces plans. En Gnomonique l'*Inclinaifon* des méridiens eft l'angle que fait avec le méridien la ligne horaire du globe, qui eft perpendiculaire au plan du cadran. Quand il s'agit de l'*Inclinaifon* d'un plan fur lequel on veut tracer un cadran, alors on définit ce terme l'arc d'un cercle vertical, compris entre ce plan & celui de l'horifon, aufquels il eft perpendiculaire.

Les planetes ont auffi une *Inclinaifon*: c'eft l'angle fous lequel la diftance de la planete à l'écliptique eft vûe du foleil. Ou autrement c'eft l'arc compris entre l'écliptique & le lieu d'une planete dans fon orbite. On a déterminé par obfervation l'*Inclinaifon* du plan de l'orbite des planetes. L'orbite de Saturne fait un angle de deux degrés 30 minutes; celui de Jupiter d'un degré 20 minutes; celui de Mars un peu moins que deux dégrés; celui de Venus de trois dégrés 20 minutes, & celui de Mercure prefque de fept dégrés. M. *Bernoulli* explique la caufe de l'*Inclinaifon* des orbites des planetes, de la même maniere qu'il rend raifon de la dérive des vaiffeaux (*Voïez* DERIVE).

En Optique l'*Inclinaifon* d'un raïon eft l'angle que ce raïon fait avec l'axe d'incidence dans le milieu au point où il rencontre le fecond milieu.

INCOMMENSURABLES. Nom qu'on donne en Arithmétique à des nombres qui n'ont point de commun divifeur tels que 3 & 5, & à des racines que l'on ne peut exprimer par aucun nombre entier ou rompu, & dont on ne connoît pas le rapport qu'elles ont entre elles. Telles font les $\sqrt{10}$, $\sqrt{12}$, (*Voïez* RACINE SOURDE).

2. En Géometrie on appelle *Incommenfurables* des quantités qui n'ont point de parties aliquotes ou aucune mefure commune. Soit, par exemple, deux lignes A E, & E C, (Planche I. Figure 10.); comme un nombre

à un autre nombre non ſemblable, tels que 1 & 2. En prenant une ligne E B moïenne proportionnelle entre ces deux lignes; en ſorte que A E : E B : : E B : E C, cette ligne E B eſt *Incommenſurable* aux deux lignes A E & E C. Cela ſe démontre ainſi. A E & E C étant comme 1 & 2, c'eſt-à-dire, comme nombres non ſemblables auſſi bien que leurs équimultiples quelconques (on démontre en Géometrie que les équimultiples des nombres non ſemblables ſont toujours non ſemblables. *Voïez* les *Elemens de Géometrie du P. Pardies, Leç. VII.*) Il ne ſera jamais poſſible de trouver un nombre moïen proportionnel entre A E & E C, parce qu'il n'y a point de nombre moïen proportionnel entre deux nombres non ſemblables. D'où il ſuit, que E B ne ſera pas à A E ou à E C comme nombre à nombre. Donc cette ligne eſt *Incommenſurable* aux deux autres.

C'eſt ainſi qu'on démontre que la diagonale d'un quarré eſt *Incommenſurable* avec ſon côté. Dans le quarré A E B C, (Planche I. Figure 11.) dont A B eſt la diagonale & A C le côté, ce côté eſt *Incommenſurable* avec la diagonale A B. Pour le prouver, ſoit prolongé A C en D, en ſorte que C D = A C; & des points B & D ſoit menée la ligne B D. Le triangle A B D ſera ſemblable au triangle A B C; parce que C D étant égal à C B, l'angle C D B eſt égal à l'angle C D B (c'eſt la propriété du triangle iſoſcele. (*Voïez* TRIANGLE ISOSCELE) Donc l'angle B D A de 45 dégrés, eſt égal à l'angle B A C, qui eſt de même valeur. L'angle B A D eſt commun aux deux triangles. D'où il eſt aiſé de conclure que les trois angles de ces deux triangles ſont égaux, & par conſéquent que ces triangles ſont ſemblables. Cela poſé, A C : A B : : A B : A D. Ainſi A B eſt moïenne proportionnelle entre A C 1 & A D 2, & par conſéquent par la propoſition précedente *Incommenſurable*; mais cette ligne ne l'eſt point en puiſſance. Ceci demande une explication.

Quand on dit que la ligne A B n'eſt pas *Incommenſurable en puiſſance*, cela ſignifie que le quarré de cette ligne eſt *commenſurable* au quarré de la ligne A C, celui-ci étant la moitié de celui là, comme on peut le démontrer aiſément par la figure 11 (Planche I.) Il y a cependant des lignes *Incommenſurables en puiſſance*. Si l'on prend par exemple, une ligne A B, (Plan. I. Fig. 11. N° 2.) moïenne proportionnelle entre les lignes C D, E F (la ligne C D étant diagonale du quarré dont E F eſt le côté); le quarré de la ligne A B ſera *Incommenſurable* au quarré de la ligne C D

ou E F. En effet, le quarré A B eſt au quarré C D en raiſon doublée de A B à C D; parce qu'il eſt démontré que les figures ſemblables ſont en raiſon doublée de leurs côtés homologues. Or C D eſt *Incommenſurable* à E F, la diagonale d'un quarré étant *Incommenſurable* avec ſon côté. Donc le quarré de E F eſt *Incommenſurable* au quarré de A B.

Il eſt aiſé de pouſſer ce raiſonnement aux cubes, & de prouver qu'un cube eſt *Incommenſurable* à un autre cube.

<h3 style="text-align:center">IND</h3>

INDETERMINE'. Les Géometres donnent cette épithete à un problême ſuſceptible d'une infinité de ſolutions. Tels ſont ceux-ci.

Trouver deux nombres, dont la ſomme jointe à leur produit ſoit égale à un nombre donné.

Faire un rhomboïde tel que le rectangle des côtés ſoit égal à un quarré donné. Ces deux problêmes peuvent être reſolus de différentes manieres.

INDICTION. Terme de Chronologie. Cycle de 15 années, dont on feint que le commencement a précédé de 3 ans la naiſſance JESUS-CHRIST, parce que l'*Indiction* de la premiere année eſt 4. Ce cycle commence par 1 juſques à 15, & retourne par une circulation perpétuelle de 15 à 1. En ſorte que ſi une année a 1 d'*Indiction*, la ſeconde en a deux, la troiſiéme 3, &c. Ainſi pour trouver l'*Indiction*, il ſuffit de diviſer le nombre des années propoſées par 15. Le quotient marque le nombre des révolutions ou des *Indictions* depuis ou avant la naiſſance de JESUS-CHRIST. Au reſte de la diviſion on ajoute 3, ſi l'année eſt après N. S.

Exemple. Trouver l'*Indiction* de 1750. Ce nombre étant diviſé par 15 donne au quotient 116 révolutions, & il reſte 10, auquel ajoutant 3 on a 13 pour l'*Indiction* de cette année. On ajoute 3 parce que le commencement de l'*Indiction* a précédé de 3 ans la naiſſance de JESUS-CHRIST.

Quelques Chronologiſtes attribuent l'*Indiction* à *Jules Céſar*; d'autres à *Auguſte*: mais les uns ne ſont pas plus fondés que les autres. Le ſentiment le plus accrédité en rapporte le commencement aux années qui s'étoient écoulées entre les Quinquennales & les Vicennales, & qui furent tenues à Nicomedie par le grand *Conſtantin*, lors de la célebration du Concile de Nicée. De-là on préſume que les Chrétiens, pour conſerver avec plus d'autorité la mémoire de ce Concile, avoient retenu dans la ſuite cette maniere de compter par *Indictions*. Voilà tout ce qu'on fait. M. *Blondel* qui a écrit l'hiſtoire du Calendrier, ajoute que l'*In-diction* de *Victorius*, précede de trois années celle du Calendrier de *Denis le Petit*, & que c'eſt celle de ce dernier que l'on ſuit.

INDIEN. Conſtellation méridionale près du Paon & du Sagittaire. Les étoiles dont elle eſt compoſée, (*Voïez* pour leur nombre CONSTELLATION), ne ſont point viſibles dans notre hémiſphere. *Hevelius* a rangé ces étoiles d'après les obſervations de M. *Halley* dans ſon *Prodrom. aſtronom.* page 318, & il en a repreſenté la figure dans ſon *Firmamentum Sobieſcianum*, figure F ƒ. Cette conſtellation a été encore obſervée depuis par le P. *Noel* (*Voïez* les *Obſervations Mathématique & Phyſique*, page 55).

INDISCERNABLES. On ſous-entend PRINCIPES DES. C'eſt en effet un principe établi par M. *Leibnitz*, pour bannir de l'Univers toute matiere ſimilaire. Ce Phyſicien célèbre prétend que toutes les parties de la matiere ſont *indiſcernables*, c'eſt à-dire, qu'il n'y a point dans la matiere deux parties abſolument ſemblables. Par abſolument ſemblables, on entend ici, que ces deux parties ſeroient telles, qu'on ne pourroit mettre l'une à la place de l'autre, ſans qu'il arrivât le moindre changement. S'il y avoit de telles parties, il n'y auroit point de raiſon ſuffiſante qui dé terminât la poſition de ces parties plutôt ſur la terre que ſur une planete, ou en tout autre endroit, à la place l'une de l'autre; puiſqu'en les changeant, toutes choſes demeureroient de même. Or ſuivant le ſyſtême philoſophique de M. *Leibnitz*, chaque particule eſt déterminée à faire l'effet qu'elle produit : elle doit donc être néceſſairement où elle eſt, D'où l'on conclud, que toutes les particules de la matiere ſont diſſemblables. L'hiſtoire rapporte que M. *Leibnitz* eut le plaiſir de voir confirmer ce principe de ſes propres yeux par des Grands, qui quoiqu'avides d'inſtructions, refuſoient de l'admettre. Etant à la promenade dans le Jardin d'Heureuhauſen avec l'Electrice d'Hanower, ce Savant dit qu'on ne trouveroit jamais de feuilles entierement ſemblables dans la quantité preſqu'innombrable de celles qui les entouroient. Cette propoſition eut des contradicteurs. Pour la mettre en défaut, pluſieurs Courtiſans de l'Electrice chercherent des feuilles ſemblables, & paſſerent dans cette recherche une partie de la journée. Les feuilles les plus ſemblables avoient des différences ſenſibles même à l'œil.

INDIVISIBLES. On appelle ainſi en Géometrie les élemens ou les principes dans leſquels une figure peut ſe réſoudre. On ſuppoſe dans chaque figure particuliere que ces élémens ou ces *Indiviſibles* ſont infiniment petits, c'eſt-à-dire, qu'on doit les compter pour rien les uns à l'égard des autres. Après cela, il eſt évident qu'une ligne peut être regardée comme étant compoſée de points; qu'une ſurface eſt le réſultat de lignes paralleles miſes à côté les unes des autres, & qu'un ſolide eſt compoſé de ſurfaces paralleles & ſemblables. Parce qu'on ſuppoſe que chacun de ces élemens eſt *Indiviſible*, ſi dans une figure quelconque on tire une ligne qui traverſe perpendiculairement ces élemens, le nombre des points de cette ligne marquera auſſi le nombre de ſes élemens.

De là il ſuit, qu'un parallelograme, un priſme, ou un cilindre, peut ſe réſoudre en élemens ou *Indiviſibles* tous égaux l'un à l'autre, paralleles & ſemblables à la baſe; qu'un triangle peut ſe réſoudre de même en lignes paralleles à la baſe, mais qui décroiſſent en proportion arithmetique. Tels ſont auſſi les cercles qui conſtituent le conoïde parabolique, & ceux qui conſtituent le plan d'un cercle ou la ſurface d'un cone iſoſcele. Le cilindre peut être auſſi reſolu en ſurfaces courbes cilindriques toutes de même épaiſſeur, & décroiſſantes continuellement juſques à l'axe du cilindre, ainſi que ſont les cercles de la baſe ſur leſquels ces ſurfaces s'appuient.

Voilà toute la théorie des *Indiviſibles* que je ne crois pas devoir pouſſer plus loin. Cette théorie n'étant plus en uſage, & la découverte du Calcul des infiniment petits en aïant entierement fait oublier la pratique. (*Voïez* CALCUL DES INFINIMENT PETITS). Si l'on a lu l'article d'EXHAUSTION, on voit bien que la méthode des *Indiviſibles* n'eſt que celle d'exhauſtion un peu déguiſée & un peu moins longue. *Cavalerius* en eſt l'inventeur. Il la communiqua au Public en 1635 dans un Ouvrage intitulé : *Géometria indiviſibilium*. Le célebre *Toricelli* eſt le premier qui en a fait uſage, comme il paroît par ſes Ouvrages imprimés en 1644. Et *Cavalerius* l'emploïa une ſeconde fois dans un autre Traité publié en 1647.

I N F

INFINI. Nom qu'*Euclide* donne à une quantité qu'on peut ſuppoſer auſſi grande qu'on veut. Ainſi lorſqu'il dit, *qu'on tire une ligne infinie*, il entend qu'on tire une ligne auſſi longue qu'on voudra.

INFINIMENT PETIT. Les nouveaux Calculateurs, je veux dire, ceux qui pratiquent le calcul des infiniment petits, appellent ainſi

ainsi une quantité si petite, qu'elle n'est rien en comparaison d'une quantité infinie quelconque, ou autrement une quantité moindre que toute quantité assignable. Les quantités de cette espece sont telles :

1°. Toute quantité infinie ne sauroit croître ou diminuer par l'addition ou la soustraction d'une quantité infinie. Pareillement une quantité infinie ne peut devenir plus grande ou plus petite par l'addition ou la soustraction d'une quantité *infiniment petite*.

2°. Si l'on a quatre quantités proportionnelles, & que la premiere soit *infiniment* plus grande que la seconde, alors la troisiéme sera *infiniment* plus grande que la quatriéme.

3°. Si une quantité finie est divisée par une quantité *infiniment petite*, le quotient sera un *infiniment* grand. Si l'on multiplie un quantité finie par un *infiniment petit*, le produit sera un *infiniment petit*; mais si c'est par un *infiniment* grand, le produit sera une quantité finie. Il en est de même du produit d'une quantité *infiniment petite*, multipliée par une quantité *infiniment* grande. (*Voïez* CALCUL DES INFINIMENT PETITS).

INFINITESIMAL. Epithete qu'on donne au calcul des infiniment petits. Ainsi lorsqu'on dit le *Calcul infinitesimal*, on entend le calcul des infiniment petits. (*Voïez* CALCUL DES INFINIMENT PETITS).

INFLEXION. Terme d'Optique. C'est une réfraction multipliée de raïons de lumiere, causée par l'inégale densité d'un milieu quelconque, qui empêche que le mouvement ou la propagation ne se fasse en ligne droite, mais qui oblige ce raïon à se flechir en une courbe. Ainsi s'exprime M. *Hook* page 217 de sa *Micrographie* en définissant ce terme, qui annonce une propriété de la lumiere dûe à cet ingénieux Auteur. L'*Inflexion* differe de la réflexion & de la refraction, qui se font à la surface du corps reflechissant ou refringent, en ce que la courbure du raïon, dont il s'agit ici, se fait au dedans même des milieux que la lumiere traverse.

M. *Newton* a découvert aussi cette *Inflexion* des raïons de lumiere par l'approche d'un prisme, (*Voïez* son *Optique*). Et M. *De la Hire* assure avoir trouvé que les raïons des étoiles, observées dans une profonde vallée, sont toujours, en passant proche le sommet d'une montagne, plus refractés que s'il n'y avoit pas de montagne, ou que si les observations se faisoient sur le haut de la montagne même; de maniere que les raïons de lumiere se plioient dans une

courbe en passant proche la surface de la montagne.

2. *Inflexion* n'est pas seulement un terme d'Optique. Les Géometres en font aussi usage. Il est vrai qu'il n'est pas consacré à la Géometrie comme il l'est à l'Optique. On sous entend même *Point*, quand on en parle. Par rapport à cette espece de subordination, j'ai crû devoir expliquer ce qui regarde ce terme en Géométrie, après l'avoir fait connoître comme terme d'Optique.

Ordinairement dans mes articles, les termes qui ont plusieurs significations, sont rangés suivant l'ordre des Mathématiques. D'abord c'est un terme d'Arithmetique, ensuite un d'Algebre, en troisiéme lieu un de Géometrie; ainsi de suite en montant du simple au composé. Je suis inviolablement cet ordre, & quand je m'en écarte, j'en dis la raison. C'est ce qui a donné lieu à cet éclaircissement, avant que d'expliquer le mot d'*Inflexion* comme terme de Géometrie.

J'ai dit qu'en parlant d'*Inflexion* on sousentend *Point*. En effet, on donne ce nom au point d'une courbe, où elle commence à se plier d'un autre côté. Quand une ligne courbe telle que A F K (Planche IV. Figure 12.) est en partie convexe, en partie concave, vers la ligne droite A B ou vers un point fixe, alors le point F, qui divise la partie concave de la partie convexe, & qui est par conséquent à la fin de l'une & au commencement de l'autre, s'appelle le *Point d'Inflexion* tant que la courbe, continuée vers F, conserve toujours son même cours. Mais lorsque la courbe commence à revenir vers le côté où elle a pris son origine, le point qui est ici marqué K, s'appelle *Point de rebroussement*.

1°. Si par le point F on tire l'ordonnée E F, ainsi que la tangente F L, & que d'un point quelconque tel que M, l'on tire encore du même côté la courbe A F, l'ordonnée M P, & la tangente M T, alors dans les courbes qui ont un point d'*Inflexion*, l'absciße A P croît continuellement, & la partie A T comprise entre le sommet & la tangente M T, augmente jusqu'à ce que le point P tombe en E, après quoi cette partie A T recommence à diminuer. D'où il suit, que la ligne M T doit être un *maximum* A L, quand le point P tombe au point E.

2°. Dans les courbes qui ont un point de rebroussement, la partie A T croît continuellement; mais l'absciße n'augmente que jusqu'à ce que le point T tombe en L. Après cela, l'absciße recommence à diminuer. Ainsi A P doit devenir un *maximum* quand le point T tombe en L.

Or en nommant A E (x), E F (y), on aura A L (comme étant un *maximum*) $\frac{y\,dx}{dy} - x$, dont la difference est (en prenant dx pour constante) $\frac{dy^2\,dx - y\,dx\,ddy}{dy^2} - dx$. Divisant ensuite par dx, multipliant par dy^2, & divisant une seconde fois par $-y$, on a $ddy = 0$. Ce qui est une formule générale pour trouver le point F d'*Inflexion* ou de rebrouffement dans les courbes où les ordonnées font paralleles l'une à l'autre. Car la nature de la courbe A F K étant donnée, on peut trouver la valeur de dy en dx, & prenant la difference de cette valeur, en fuppofant dx conftante, on aura la valeur de ddy en x. Cette valeur étant égalée à zero ou à l'infini, fert dans l'une ou dans l'autre de ces fuppofitions à trouver une valeur de A E, telle que l'ordonnée E F coupera la courbe F K en F, qui fera le point d'*Inflexion* ou de rebrouffement.

Dans les courbes dont les demi-ordonnées C M, cm (Plan. IV. Figure 13 & 14.) font tirées du point fixe C, on détermine le point d'*Inflexion* ou de rebrouffement en tirant C M infiniment proche de cm, en faifant $mH = mM$, & en fuppofant que T m touche la courbe en M. Alors les angles C m T, C M m font égaux. Ainfi l'angle C m H décroit, lorfque les demi-ordonnées croiffent, quand la courbe eft concave vers le centre C (Figure 13); & cet angle augmente, fi la convexité de la courbe eft tournée vers ce centre C (Figure 14.) D'où il fuit que cet angle, ou ce qui eft la même chofe, que fa mefure fera un *minimum* ou un *maximum*.

Si la courbe a un point d'*Inflexion* ou de rebrouffement, on peut donc trouver ce point en faifant l'arc T H, qui eft la différence de C M m & C m H. A cette fin, 1° Tirez m L de maniere que l'angle T m L foit égal à m C L. Maintenant fi C $m = y$, $mr = dx$, $mT = dt$, on aura $y : dx :: dt : \frac{dt\,dx}{y} = TI$. 2°. Tracez l'arc H O avec le raïon C H. En ce cas, les petites lignes droites mr, oH font paralleles. Les triangles oL H, mL r font donc femblables. Mais comme H I eft auffi perpendiculaire à m L, les triangles L H I, m L r font auffi femblables ; ce qui donne $dt : dx :: ddy : \frac{dx\,ddy}{dt}$. C'eft-à-dire, que TI + IH = $dt^2\,dx + y\,dx\,ddy$, qui doit être $= 0$.

Mais H L eft une quantité négative, parce que quand l'ordonnée C M croît, la difference r H décroît. Donc mettant au lieu de dx^2 fes égales $dx^2 + dy^2$, on aura $dx^2 + dy^2 - y\,ddy = 0$; équation génerale pour trouver le *Point d'inflexion* ou de rebrouffement.

INFORMES. Epithete dont on caractérife les étoiles fixes qui ne font rangées fous aucune forme. *Voïez* SPORADES.

INFORTUNE. Nom que les Aftrologues donnent aux deux mauvaifes planetes, Saturne & Mars. Ils appellent en particulier Saturne *Infortuna major* & Mars *Infortuna minor*. Les autres planetes font encore des *Infortunes* quand elles font portées à une mauvaife influence par les deux planetes nommées.

I N H

INHARMONIQUE. *Relation inharmonique.* C'eft un terme de Mufique. *Voïez* RELATION.

I N S

INSCRIT. On dit en Géometrie, qu'une figure eft *Infcrite* dans une autre, quand les angles de la figure *Infcrite* touchent les côtés ou les plans de l'autre figure. On *Infcrit* des figures dans toutes les figures rectilignes & curvilignes ; mais principalement dans le cercle. Dans la planimetrie, en calculant l'aire d'un plan, quelqu'irrégulier qu'il puiffe être, on fe fert de l'avantage d'*Infcrire* un parallelogramme felon que le demandent les circonftances, & de divifer le refte de l'aire en trapezes & en triangles. (*Voïez* encore fur cet article FIGURE INSCRIPTIBLE). Là-deffus il n'y a point de difficultés, & cette définition du mot *Infcrit* fuffit. Elle n'eft pas tout-à-fait exacte, pour les fections coniques. L'hyperbole, pour ne citer que cette courbe, eft *Infcrite* lorfqu'elle eft toute entiere dans l'angle de fes affymptotes, comme l'hyperbole conique.

INSTANT. Terme de Mathématique. Partie infiniment petite du tems. C'eft cette partie du tems, où l'efprit n'apperçoit aucune fucceffion. Il n'y a aucun effet naturel, qui puiffe être produit en un *Inftant*. Je croirois volontiers que par cette raifon plus le mouvement d'un corps eft rapide, moins les traces qu'il laiffe après lui font fenfibles, & que plus on gliffe rapidement fur la glace, moins elle eft fujette à fe plier & à caffer. Ceci n'eft qu'une idée qui fera méditée à fon lieu. (*Voïez* MOUVEMENT.)

INSTRUMENT GONIOMETRIQUE. C'eſt un inſtrument avec lequel on meſure les angles ſur terre.

INTACTES. *Intactæ.* On donne ce nom en Géometrie à des lignes droites, qui approchent continuellement des courbes, ſans jamais les rencontrer. Ce ſont des aſſymptotes. (*Voïez* ASSYMPTOTES).

INTENSITE'. Ce mot ſignifie en Phyſique l'augmentation de la puiſſance ou de l'énergie d'une qualité quelconque comme la chaleur, le froid, &c. car toutes les qualités ſont capables d'augmentation & de diminution. L'*Intenſité* de toutes les qualités croît d'autant plus que les quarrés des diſtances au centre de la qualité raïonnante deviennent plus petits. Quelques Phyſiciens l'appellent *Intenſion.*

INTERCALAIRE. On rappelle *Jour Intercalaire*, le jour que l'on ajoute dans les années biſſextiles.

INTERCEPTE'. L'*Axe Intercepté* d'une courbe. C'eſt l'abſciſſe. (*Voïez* ABSCISSE).

INTERET. Terme d'Arithmétique. C'eſt la ſomme d'argent qu'on païe pour l'uſage qu'on a fait d'un capital. Ce capital eſt le fond qui produit cet *Intérêt.* Lorſqu'on païe l'*Intérêt* pour le capital dans un certain tems, ſans qu'on ajoûte l'*Intérêt* au capital, pour en payer de même l'*Intérêt*, cet *Intérêt* eſt *ſimple.* Mais ſi ce qu'on païe pour le capital dans un certain tems, eſt ajoûté à ce capital, l'*Intérêt* qu'on païe de la ſomme eſt alors l'*Intérêt de* l'*Intérêt.* Ces deux cas forment deux problèmes à réſoudre, connus ſous le nom de *Régle d'Intérêt ſimple,* pour le premier, & *Régle d'Intérêt compoſée* pour le ſecond. Le premier n'a point de difficultés. Une régle de trois en fait l'affaire en diſant : ſi un tel capital a porté tant d'*Intérêt* pendant un certain tems, que portera le même fond pour un autre tems quelconque. Le quatriéme terme réſout la queſtion. Sans autre diſcuſſion, je paſſe à la régle d'*Intérêt compoſée.* Voici à quoi ſe réduit ce problême.

Trouver le fond qu'a produit, après un nombre d'années propoſé, une ſomme quelconque miſe à profit auſſi bien que ſes *Intérêts* par chaque année, à un *Intérêt* ou denier tel qu'il ſoit.

La ſolution de cette queſtion dépend d'abord de cette analogie : Si la puiſſance de l'*Intérêt* ou denier, marquée par le nombre des années écoulées, donne une pareille puiſſance du même *Intérêt* ou denier augmenté de l'unité, que donnera le premier fond propoſé ?

Suppoſons que ce fond ſoit de 300 livres, que le tems où il a porté *Intérêt* ſoit de quatre années, & que l'*Intérêt* ſoit au denier cinq. On fera donc cette régle : la quatriéme puiſſance de 5 qui eſt 625 : 6 : : 300 ; eſt à un quatriéme terme.

A l'égard des *Intérêts d'Intérêts*, on obſerve que le nombre 5, qu'on appelle l'*Intérêt* ou le denier, repréſente toujours le capital, & l'1 qu'on ajoute, le premier *Intérêt*, ou la cinquième partie de ce capital. Ainſi en ajoutant l'unité au denier 5, on a 6 qui marque le fond pour un an dans la proportion de 5 à 6. L'année échue, ce fond eſt rémis à profit, & ſon *Intérêt* à la la fin de la ſeconde année eſt encore à raiſon de 5 à 6 de même que la premiere : ainſi de ſuite pour chaque année. Donc tous les fonds en y comprenant le capital, & continuant juſques à la fin des années propoſées, compoſeront une progreſſion géometrique de 5 termes pour quatre années dans le rapport de 5 à 6.

Toutes ces opérations ſont longues, & à moins de faire uſage des logarithmes, difficilement on en vient à bout. M. *Leibnitz* a traité de cette regle dans les *Acta eruditorum*, ann. 1683 page 425, ſous ce titre : *De interuſurio ſimplici.* Le Livre de M. *Jonas*, intitulé : *Synopſis palmariorum matheſeos*, ch. 10, renferme bien des particularités utiles ſur tout ſon calcul. Mais l'Ouvrage où elle me paroît mieux approfondie, c'eſt le *Traité d'Arithmetique théorie-pratique*, &c. par M. *Parent.* On trouve differens problèmes ſur les *Interêts* dans les Œuvres de *Jacques Bernoulli*, & à la fin de ſon *Ars conjectandi.* M. *Newton* en propoſe un dans ſon *Arithmetica univerſalis*, d'une autre eſpece & qui mene auſſi bien loin. Il s'agit de déterminer à quel *Intérêt* on achete une ſomme, dont on fait une penſion annuelle pendant cinq ans. Cela forme une équation du cinquiéme dégré, dont la réſolution demande bien du travail : elle ſort même de la regle génerale des *Interêts.* En voici une qui y tient davantage & qui eſt ſuſceptible de quelques difficultés.

Un homme place une ſomme a chez un Banquier au denier n, & il veut au bout du nombre d'années m, avoir mangé capital & *Interêts*, & avoir chaque année même ſomme à recevoir. On demande combien il devra recevoir chaque année.

Solution. Soit x la recette annuelle qu'on cherche à la fin de la premiere année. L'*In-*

terêt dû fera $\frac{a}{n}$ & par conféquent le capital & l'interêt enfemble feront $a + \frac{a}{n}$ ou $\frac{na + a}{n}$; dont ôtant la fomme x, le reftant fera $\frac{na + a - nx}{n}$. A la fin de la feconde année l'*Interêt* de cette fomme fera $\frac{na + a - nx}{nn}$; & la fomme de cet *Interêt* & du capital qui l'a produit pendant la feconde année fera $\frac{na + a - nx}{n} + \frac{na + a - nx}{nn}$. De cette expreffion ôtant x & réduifant le tout à même dénomination on aura $\frac{nna + 2na + a - 2nnx - nx}{nn}$; ce qui exprime la fomme qui refte entre les mains du Banquier pendant la troifiéme année. En réiterant la même opération, c'eft-à-dire, prenant l'*Interêt* de cette fomme, l'ajoutant à fon capital & retranchant le païement x fait à la fin de la troifiéme année, on trouvera le refte $= n^3 a + 3 nna + 3 na + a - 3 n^3 x - 3 n^2 x - nx$, le tout divifé par n^3.

On trouvera par un femblable procedé qu'au bout de la quatriéme année la fomme qui reftera entre les mains du Banquier après fon quatriéme païement fait, fera $n^4 a + 4 n^3 a + 6 n^2 a + 4 na + a - 4 n^4 x - 6 n^3 x - 4 n^2 x - nx$; le tout divifé par n^4; & à la fin de la cinquiéme on aura $n^5 a + 5 n^4 a + 10 n^3 a + 10 n^2 a + 5 na + a - 5 n^5 x - 10 n^4 x - 10 n^3 x - 5 n^2 x - nx$; le tout divifé par n^5. Afin de refoudre le problême avec géneralité, il s'agit de trouver une regle pour déterminer quel fera le capital reftant après un nombre d'années n, & le païement fait à la fin de cette année. Or pour cela je remarque que le premier des termes affectés de a, a pour coefficient le denier n élevé à la puiffance dont m eft l'expofant; car lorfque m eft 3 il eft n^3; lorfqu'il eft 4 il eft n^4. Tous les autres termes ont pour coefficiens certains nombres que nous déterminerons, & les puiffances fuivantes de n; de forte que le premier étant n^m, le fecond fera n^{m-1} &c. jufques à ce que l'expofant de cette puiffance de n étant $= 0$, elle devienne l'unité; ce qui rend le dernier terme où fe trouve $a = a$. Il ne nous refte plus qu'à déterminer les nombres des co-

efficiens. Or on trouve que le fecond a toujours un nombre égal à celui qui exprime le nombre des années écoulées; & que le coefficient du 3e eft toujours la fomme des coefficiens numeriques qui affectoient les 2e & 3e termes de l'expreffion qui convenoit à l'année précedente. Par exemple, 10, coefficient numerique du 3e terme de l'expreffion pour la 5e année, eft la fomme de 4 & de 6, qui étoient ceux du 2e & 3e, de l'expreffion qui convenoit à la 4e année. De même le coefficient du 4e terme eft la fomme des deux coefficiens du 3e & du 4e de l'année précedente, & ainfi de fuite jufques au dernier terme qui eft toujours a, & qui l'eft ainfi par une conféquence néceffaire de cette loi. Voilà pour les coefficiens des termes où fe trouve a. Pour ceux, où fe trouve x, on voit d'abord qu'ils ont tous fucceffivement n^m, n^{m-1} &c. & que le dernier eft toujours nx. On s'apperçoit auffi aifément que le coefficient numerique du premier où eft n à la plus haute puiffance eft le même que le nombre des années écoulées; que le coefficient du 2e eft la fomme des coefficiens numeriques du premier & du fecond de l'expreffion pour l'année précedente; que le coefficient du 3e eft la fomme de ceux du 2e & 3e de cette même expreffion précedente, & ainfi jufqu'au dernier terme qui vient néceffairement nx; enfin, tous les termes affectés de a ont le figne $+$, & ceux de x ont $-$.

Il n'eft pas abfolument néceffaire pour avoir l'expreffion d'une année d'avoir celle de l'année précedente. Un peu d'attention fuffit pour faire remarquer; 1°, que le nombre des termes affectés de a eft toujours plus grand de l'unité que celui des années écoulées; & que par conféquent lorfque le nombre des années eft pair, le nombre des termes eft impair: & il y en aura un également éloigné des deux extrêmes. Dans le fecond cas il y en a deux également éloignés des mêmes extrêmes. 2°. Les coefficiens numeriques des termes, également éloignés des extrêmes font toujours les mêmes. Celui du premier & du dernier eft l'unité, en obfervant cependant que le premier a de plus n élevé à la puiffance défignée par le nombre des années écoulées. 3°. Les coefficiens numeriques du fecond & de l'avant-dernier, font un des nombres de la progreffion naturelle 1, 2, 3, &c. favoir, 1 pour la premiere année, 2 pour la feconde, &c.

4°. Les coefficiens numeriques des troifiéme & antepénultiéme termes, font un des nombres de la fuite des triangulaires 1, 3, 6, 10, 15, 21, 28, 36, 45, &c. favoir, le premier des triangulaires pour la 2e année, le 2e pour la 3e, le 3e pour la 4e, de-sorte que si le nombre des années est 10, il faudra prendre le 9e de la suite des triangulaires.

5°. Les coefficiens numeriques du 4e & de celui qui précede l'antepénultiéme est un des nombres de la progr. des triangulo-triangulaires premiers, 1, 4, 10, 20, 35, 56, 84, en observant de ne la commencer qu'au 4e terme 20 qui servira pour la 6e année, le suivant 35 pour la 7e, &c.

6°. Enfin, ceux du 5e terme & du second avant l'antepénultiéme, sont de la suite des triangulo-triangulaires seconds, 1, 5, 15, 35, 70, 126, en ne la commençant qu'au 5e terme 70 qui servira pour la 8e année, en suivant 126 pour la 9e, &c. De même le coefficient du 6e terme sera de la suite des triangulo-triangulaires troisiémes 1, 6, 21, 56, 126, 252, 362, &c. en ne la commençant qu'au 6e, & ainsi de tous les autres termes affectés de a.

Quant à ceux qui sont affectés de x, on voit qu'ils sont les mêmes que ceux des 2e, 3e, 4e, &c. de ceux qui sont affectés de a & que le dernier est toujours $n x$. Cela étant on peut déterminer l'expression convenable pour une année quelconque. Exemple, pour la 10e elle sera $n^{10} x + 10 n^9 a + 45 n^8 a + 120 n^7 a + 210 n^6 a + 252 n^5 a + 210 n^4 a + 120 n^3 a + 45 n^2 a + 10 n a + a - 10 n^{10} x - 45 n^9 x - 120 n^8 x - 210 n^7 x - 252 n^6 x - 210 n^5 x - 120 n^4 x - 45 n^3 x - 10 n^2 x - n x$; le tout divisé par n^{10}.

Mais par la supposition, au bout du nombre d'années n, il ne doit rien rester au Banquier, il faudra donc égaler à zero, l'expression qui conviendra au nombre d'années n; & l'on trouvera $x = n^m \times a + A n^9 a + B n^8 a + C n^7 a + $ &c. divisé par $A n^{10} + B n^9 + C n^8$, &c.

Les valeurs de A, B, C, &c. sont celles des coefficiens numeriques à déterminer par le nombre des années données que l'on auroit pû déterminer immédiatement en valeur de n, mais l'on a preferé cette seconde maniere pour éviter l'embarras de la formule, & dans les cas particuliers on déterminera A, B, C, de la maniere que l'on a enseigné ci-dessus.

Appliquant cette solution générale à quelque exemple, supposons qu'on veuille savoir ce que le banquier devra païer chaque année, afin que la somme entiere, capital & *Interêt*, soit épuisée au bout de 5 ans. On aura $m = 5$. Que l'*Interêt* soit 5 pour 100, c'est-à-dire, le denier $n = 20$, la somme

a 10000. La valeur de x se trouve, lorsque m vaut 5, égale à $n^5 a + 5 n^4 a + 10 n^3 a + 10 n^2 a + 5 n a + a$, le tout divisé par $5 n^5 + 10 n^4 + 10 n^3 + 5 n^2 + n$; donnant donc à n & ses puissances sa valeur, on trouvera pour le numerateur de la fraction précedente 181682020000, & pour diviseur 17682020. La division faite on trouve $x = 4619$, & $\dfrac{8.76962}{17.68202}$, & en général a étant un capital quelconque, lorsque m vaudra 5 & n 20; x sera $= 18168202 : 17682020$ de a.

Si on vouloit trouver quelle seroit la somme à recevoir, le même denier subsistant, mais afin que le capital & *Interêt* fussent épuisés au bout de 10 ans, alors m vaudra 10, & on aura $x = n^{10} a + 10 n^9 a + 45 n^8 a + 120 n^7 a + 210 n^6 a + 252 n^5 a + 210 n^4 a + 120 n^3 a + 45 n^2 a + 10 n a + a$; le tout divisé par 10, $n^{10} + 45 n^9 + 120 n^8 + 210 n^7 + 252 n^6 + 210 n^5 + 120 n^4 + 45 n^3 + 10 n^2 + n$, & donnant à $n^{10} + 10 n^9 + 45 n^8$ &c. leur valeur, on aura pour numerateur de la fraction qui égale x, 1667, 98809, 78201, a, & pour le dénominateur 12879, 76195, 64020. De sorte que dans ce cas x sera les $\dfrac{1667,98809,78201}{12879,76195,64020}$ de a. C'est-à-dire, que si a est, par exemple, 20000 liv. x sera $2590\ \dfrac{5.89245820410}{64.439880976201}$. (Cette solution est de M. *Montucla* de la Société Roïale de Lyon.)

INTERLUNIUM. Mot latin qui signifie en terme d'Astronomie, que la lune est cachée sous les raïons du soleil, & que nous ne la voïons pas. On dit alors : *Luna silet*.

INTERNES. *Angles internes*. (*Voiez* ANGLE.)

INTERRUPTION. Quelques Géometres emploïent ce terme au lieu de celui de disjonction, pour exprimer le caractere : : qu'on met entre deux termes égaux. (*Voiez* CARACTERE).

INTERSECTION. On se sert en Géometrie de ce terme quand une ligne ou un plan en coupent un autre. Ainsi l'on dit l'*Intersection* mutuelle de deux plans est une ligne droite.

INTERSTELLAIRE. Ce mot exprime en Physique les espaces de l'univers, qui sont au-delà de notre systême solaire, & que l'on regarde comme autant de systêmes planétaires se mouvant chacun autour de quelqu'étoile fixe, centre de leur mouvement, ainsi que le soleil est le centre de notre système. Or s'il est vrai, comme il y a assez d'apparence, que chaque étoile fixe soit un soleil autour duquel se meuvent des orbites habitées ou habitables, le monde *Interstellaire* est une partie de l'univers infiniment grande.

INTERVALLE. Terme de Musique. C'est la distance ou la différence qu'il y a d'un son grave à un son aigu, & d'un son aigu à un son grave. On fait plusieurs divisions de l'*Intervalle*. Il y a des *Intervalles simples* & des *Intervalles composés*. Les premiers sont l'octave & tout ce qui y est renfermé, comme secondes, tierces, quartes, quintes, sixtes, & septièmes, avec toutes les variétés. Les *Intervalles composés* sont plus grands qu'une octave. Tels sont les neuviémes, les dixiémes, les onziémes, &c. avec toutes leurs variétés.

Un *Intervalle* se divise encore en *vrais* & en *faux*. Tous ceux, dont je viens de parler, avec leurs variétés, sont *vrais*, soit majeurs, soit mineurs. Les diminutifs ou les superflus, sont tous des *Intervalles faux*. On divise encore l'*Intervalle* en consonance & en dissonance. (*Voïez* CONSONANCE & DISSONANCE).

2. Moins improprement *Intervalle* est aussi un terme nouveau de Physique. *Newton* donne ce nom à des *accès de facile réflexion & de facile transmission*, c'est-à-dire, l'espace qui se trouve entre chaque retour & le retour suivant. Dans son Optique, *Newton* enseigne la manière de déduire ces *Intervalles* & à déterminer par-là, si les raïons seront réfléchis ou transmis, lorsqu'ils tomberont immédiatement après sur un milieu transparent quelconque.

INTESTIN. C'est l'épithete que l'on donne en Physique aux parties des fluides. Lorsque les corpuscules attirans d'un fluide quelconque sont élastiques, ils produisent un mouvement *Intestin* plus grand ou plus petit, suivant le dégré de leur élasticité & de leurs forces attractives. Deux particules élastiques après s'être rencontrées, s'écartent ensuite l'une de l'autre (abstraction faite de la résistance du milieu) avec le même dégré de vitesse qui les a portées à se rencontrer. Mais si rejaillissant ainsi l'une de l'autre, elles approchent d'autres particules, leur vitesse en sera augmentée.

INTRAVERSABLE. Les Physiciens disent que des corps sont *Intraversables* par d'autres corps quand il n'est pas possible que les raïons de lumiere, ou que les écoulemens, les vapeurs, les exhalaisons des autres corps les pénétrent ou les traversent.

INVERSE. Epithete qu'on donne en Arithmétique à une raison où le conséquent d'un rapport est à la place de l'antécedent. Aïant cette proportion $A : B :: C : D$, on aura en raison *Inverse* $B : A :: D : C$.

INVERSE. Terme du calcul des Fluxions. *Newton* appelle *Méthode inverse des Fluxions* l'art de trouver la fluente d'une fluxion. C'est ce que *Leibnitz* appelle calcul intégral. Les regles de cet art sont :

1°. D'ajouter 1 à l'exposant de la quantité fluente ; 2°, de diviser ensuite la somme tant par la lettre fluxionnaire que par le nouvel exposant. Le quotient sera la quantité fluente de cette fluxion. Exemple. La fluxion $m x^{m-1} \dot{x}$ étant donnée, trouver sa fluente. 1°. Ajoutez 1 à l'exposant $m-1$ de la fluente x. On aura $m x^{m-1+1} \dot{x} = m x^m \dot{x}$. 2°. Divisez ce résultat par la lettre fluxionnaire $\dot{x}$, & par le nouvel exposant m, c'est-à-dire, par $m \dot{x}$. L'on aura x^m pour la fluente cherchée.

INVERSE est encore un terme de Géometrie. On donne le nom de méthode *Inverse* des tangentes à l'art de trouver l'équation d'une courbe & sa construction, lorsqu'on a l'expression particuliere de sa tangente ou de sa soutangente. (*Voïez* TANGENTE).

IONIQUE. On sous entend ORDRE. Terme d'Architecture civile. *Voïez* ORDRE.

JOUR. C'est la durée de la révolution entiere du soleil autour de la terre, selon *Ptolomée*, ou de la terre autour du soleil, suivant *Copernic*. Cette durée est de 24 heures. On divise le *Jour* en naturel & artificiel.

Le *Jour naturel* est l'espace de tems déterminé par le mouvement que fait le soleil autour de la terre en 24 heures, & qui commence à minuit. Le *Jour artificiel* est le tems écoulé depuis le lever du soleil jusques à son coucher. La longueur de ce *Jour* varie suivant les differens endroits de la terre ; car sous l'équateur, les *Jours artificiels* ne sont que de 12 heures, & sous les poles ils sont de 6 mois. Quand on a la latitude d'un lieu & la déclinaison du soleil, on détermine la plus grande durée ainsi que la moindre de ce *Jour*. 1°. Cherchez la différence afcenſionnelle lorſque le ſoleil eſt dans un tropique (*Voïez* ASCENSIONNELLE), & convertiſſez-la en heures, en faiſant valoir 15 dégrés pour une heure. 2°. Ajoûtez là au tems où l'arc de l'équateur qui répond à cette heure paſſe par le méridien, ſi le ſoleil eſt dans un ſigne boréal, & ſouſtraïez-la s'il eſt dans un ſigne auſtral. Dans l'un & l'autre cas on aura le tems ſemi-diurne, c'eſt-à-dire, le demi *Jour* le plus long.

On trouve la longueur du *Jour* dans tout autre tems en aïant égard à la déclinaiſon du ſoleil quelle qu'elle ſoit. Cette connoiſſance de la longueur du *Jour* n'eſt pas purement curieuſe. On s'en ſert utilement pour trouver la latitude d'un lieu. Il ſuffit de réſoudre pour cela un triangle rectangle ſphérique qu'on forme ainſi. Aïant ſouſtrait 6 heures de la moitié de la plus grande longueur du *Jour* ; & aïant converti le reſte en dégrés de l'équateur, on a la valeur de l'arc de la différence aſcenſionnelle. Cet arc forme un côté du triangle. Celui de la plus grande déclinaiſon de l'écliptique forme l'autre ; & ces deux côtés ſont perpendiculaires. On a donc deux côtés, & l'angle compris, connus. On aura donc l'angle de l'élevation du pole, qui eſt un angle aigu de ce triangle, (*Voïez* les *Elementa Mathem. univ.* de M. *Wolf, Tome IV. page* 29).

JOUR ASTRONOMIQUE. *Jour* qui eſt compoſé de 24 heures plus du tems néceſſaire pour revenir au méridien. Ces *Jours* ſont parfaitement égaux, car les *Jours* naturels ne le ſont pas. Quand un point de l'équateur auquel le ſoleil répondoit, eſt revenu au méridien, ce qui fait 24 heures, le ſoleil n'y eſt pas encore revenu, parce que ſon mouvement propre l'a fait avancer d'un dégré ou environ, (ce que je dis du ſoleil, on doit l'entendre de la terre). Il faut donc ajouter le tems dont le ſoleil a beſoin pour revenir au méridien, afin que les *Jours* ſoient égaux. Le tems que le ſoleil emploïe de plus que les 24 heures eſt cela même. Premierement, parce que ſon mouvement propre eſt plus lent dans l'apogée que dans le perigée : d'où il ſuit, qu'il parcourt tantôt un plus grand, tantôt un plus petit arc de l'écliptique. En ſecond lieu, l'obliquité de l'écliptique, à l'égard de l'équateur, eſt cauſe qu'à des arcs égaux de l'écliptique, pris à des diſtances inégales de l'équateur, il ne répond pas des arcs égaux de l'équateur. Or comme c'eſt ſur les arcs de l'équateur que ſe font les diviſions du tems, le ſoleil (ou la terre) en parcourant même des arcs égaux de l'écliptique, peut fort bien ne les pas parcourir en tems égaux ; & c'eſt ce qui arrive.

2. L'origine des *Jours* tient à celle du monde. La premiere choſe capable de ſurprendre l'homme, ce fut ſans doute, dit M. *Blondel*, cette différence ſi notable qui ſe preſente inceſſamment à nos yeux par la viciſſitude conſtante & perpétuelle des tenebres & de la lumiere. (*Hiſt. du Cal.* page 2). Les *Jours* furent donc la premiere diviſion du tems. Aïant enſuite diviſé le tems en mois, (*Voïez* MOIS) les Hebreux, les Caldéens & les autres Peuples Orientaux diſtinguerent les mois en ſemaines, & chaque ſemaine en 7 *Jours*, nombre déterminé par celui des planetes qui en porterent le nom. (*Voïez* SEMAINE).

JOURS ALCYONIENS. On appelle ainſi les ſept *Jours* qui précedent ou qui ſuivent les ſolſtices d'hyver, pendant leſquels on prétend que la mer eſt calme, afin que les alcyons puiſſent bâtir leurs nids ſur ſes bords.

JOURS CANICULAIRES. Ce ſont les *Jours* extrêmement chauds, qui durent depuis le 24 Juillet juſques au 24 Août. On les appelle *Caniculaires*, parce que la canicule, étoile qui eſt à la gueule du grand chien, ſe leve & ſe couche avec le ſoleil pendant ce tems-là.

JOUR CIVIL. C'eſt le *Jour* diſtribué chez les Nations ſuivant leur volonté. Les Babyloniens commençoient à compter leur *Jour* du lever du ſoleil. Les Juifs & les Athéniens le comptoient depuis le coucher de cet aſtre : ce qui eſt obſervé encore aujourd'hui par les Italiens, dont la premiere heure commence au coucher du ſoleil. Les Aſtronomes le commencent à midi, & les Catholiques Romains à minuit.

JOURS COMITIAUX. Les Romains appelloient ainſi certains *Jours* dans leſquels le Peuple s'aſſembloit au champ de Mars pour l'élection des Magiſtrats, ou pour y traiter des plus importantes affaires de la République. Le nom de *Comitiaux*, dont on caractériſe ces *Jours*, vient de *comitia*, nom qu'ils donnoient à leurs aſſemblées.

JOURNAL. Terme de Pilotage. Regiſtre contenant tout ce qui arrive ſur un vaiſſeau jour par jour & d'heure en heure. Il eſt diviſé par colonnes dans leſquelles on écrit ; 1°, le rumb de vent de ſa route ; 2°, celui qu'il ſuit chaque jour ; 3°, la latitude obſervée ; 4°, la latitude donnée par le pointage de la carte ; 5°, la viteſſe ou la quantité du ſillage du Vaiſſeau dans chaque quart ; 6°, la longitude eſtimée telle qu'on la trouve en pointant la carte ; 7°, la force & la qualité des vents ; 8°, la variation de l'aiguille aimantée ; 9°, la dérive ; & enfin ce qui eſt arrivé de remarquable dans le cours de la navigation, comme la rencontre de quelque Vaisseau, la vûe de la terre, les tempêtes. Tout ceci est l'ouvrage du Pilote, car c'est lui qui tient le *Journal*. On en trouve des modeles dans presque tous les Traités du Pilotage ; mais particuliérement dans la *Pratique du Pilotage* du R. P. *Pezenas*. A ces remarques il seroit à souhaiter qu'on joignît des observations sur les fonds & sur la surface de la mer. Je me suis déja expliqué à cet égard, & j'ai donné un nouveau *Journal*, que je croirois très-utile, s'il étoit exécuté. On peut en voir le plan, la distribution & la fin dans l'*Art du sillage*, *Section IV.*

JOURNALIER. *Mouvement Journalier.* Voïez MOUVEMENT DIURNE.

I R I

IRIS. *Voïez* ARC-EN-CIEL.

IRIS. On appelle ainsi en Optique un cercle de differentes couleurs qui est autour de la prunelle de l'œil (*Voïez* UVE'E). On lui a donnée ce nom à cause de sa ressemblance à l'arc-en-ciel, que l'on nomme *Iris* en latin. C'est encore pour cette même raison, qu'on appelle *Iris* ces couleurs changeantes qui paroissent quelquefois dans les glaces des telescopes, des microscopes, &c.

IRRATIONNEL. *Nombres irrationnels.* (Voïez RACINE SOURDE,) *Quantités irrationnelles* (*Voïez* RATIONNEL),

IRREGULIER. Epithete qu'on donne en Mathématique à une quantité dont les parties ne sont pas égales. Par exemple, lorsque dans une figure les côtés & les angles qui la forment, ne sont pas égaux ; ou lorsque dans un corps ces côtés ne sont pas égaux, ou d'une même espece, ces figures & ces corps sont *Irréguliers*.

Quelques Géometres donnent le nom de *ligne irrationnelle* à une courbe qui a un point d'inflexion, c'est-à-dire, qui ne tourne pas constamment sa concavité vers l'axe, mais qui se retourne pour opposer à l'axe sa convexité. (*Voïez* INFLEXION).

I S A

ISAGONE. On se sert quelquefois de ce mot en Géometrie pour exprimer une figure dont tous les angles sont égaux. Tel est un triangle équilateral. Un *triangle Isagone* est donc un triangle équilatéral, parce que les trois angles de ce triangle sont égaux.

I S O

ISOCHRONE. Les Mathématiciens caracterisent par ce mot ce qui arrive dans un tems égal. Les vibrations d'un pendule sont *Isochrones* quand elles se font précisément dans le même tems, soit qu'elles se fassent dans de grands ou dans de petits arcs. Car quand le pendule décrit un plus petit arc, il se meut à proportion plus lentement ; mais il va plus vite s'il décrit un plus grand arc. On démontre que les vibrations, qui se font dans la cycloïde sont *Isochrones* (*Voïez* CYCLOIDE), & on appelle cette propriété l'*Isochronisme de la cycloïde*.

Le terme d'*Isochrone* a encore une signification. On appelle *ligne Isochrone* une ligne dans laquelle on suppose qu'un corps pesant descend sans aucune accélération. On doit l'idée de cette ligne à M. *Leibnitz* & elle est digne de lui. Dans un discours à ce sujet imprimé dans les Actes de Leipsic année 1689, il fait voir qu'un corps pesant avec un degré de vitesse acquise en descendant d'une hauteur quelconque, peut descendre du même point par un nombre infini de courbes *Isochrones*, qui sont toutes de même espece & qui ne different l'une de l'autre que par la grandeur de leur parametre. Telles sont toutes les paraboloïdes quadrato-cubiques, toujours semblables entre elles. M. *Leibnitz* y enseigne aussi la maniere de trouver une ligne dans laquelle un corps pesant, qui descend, s'écartera ou s'approchera uniformément d'un point donné.

ISOMÆRINOS. Nom que quelques Astronomes donnent à l'équateur. (*Voïez* EQUATEUR).

ISOMERIE. Terme d'Algebre. L'art de dégager une équation des fractions dont elle est affectée ; ce qui se fait par la multiplication. Soit par exemple, $\frac{1}{3} x^3 \longrightarrow 5 x = 15$, En multipliant l'équation par 3, on a $x^3 \longrightarrow 15 x = 45$. (*Voïez* EQUATION).

ISOPERIMETRES. On appelle ainsi en Géometrie les figures qui ont des perimetres égaux, ou des circonferences égales. De toutes les figures *Isoperimetres* régulieres, la plus grande est celle qui contient un plus grand nombre de côtés, ou un plus grand nombre d'angles. Ainsi le cercle est la plus grande de toutes les figures qui ont même circuit que lui. C'est ce que *Pappus* a démontré dans ses *Collectiones Mathematicæ*, *L. V.* On démontre encore 1°. Que deux triangles *Isoperimetres* aïant même base, & dont l'un a deux côtés égaux & l'autre deux côtés inégaux, le plus grand est celui dont les côtés sont égaux.

2°. Que de toutes les figures *Isoperimetres* qui ont un même nombre de côtés, la plus grande

grande est celle qui est équilaterale & équiangle. De là on déduit le problême si commun de faire un enclos qui contienne plus de terrein que tout autre, quoique le circuit de ce dernier soit égal à celui du premier. En voici la solution.

Supposons que a représente le nombre d'arpens renfermés dans un parallelograme; que b exprime le nombre d'arpens que contient un quarré, dont le circuit est égal à celui du parallelograme, & soit nommé x un des côtés du parallelograme. Son autre côté sera $= \frac{a}{x}$. La valeur de son circuit sera donc $\frac{2a}{x} + 2x = \frac{2a + 2xx}{x}$. A l'égard du quarré, son côté sera $\sqrt{b}$; & par conséquent son circuit sera $= 4\sqrt{b}$. Cela posé, on trouve aisément la valeur de x. On peut même faire un nombre infini de quarrés & de parallelogrames, qui auront le même circuit & cependant des aires fort differentes. Telle est la solution de ce problême qu'ont donné plusieurs Géometres.

Soit $\sqrt{b} = d$. Puisque les circuits des deux figures proposées doivent être égaux on aura :

$$\frac{2a + 2xx}{x} = 4d$$
$$a + xx = 2d$$
$$a + 2xx = 2dx$$
$$xx - 2dx = -a$$
$$xx - 2dx + dd = dd - a$$
$$x - d = \pm\sqrt{dd - a}$$
$$x = d \pm \sqrt{dd\,a}.$$

Exemple. Le côté du quarré $= 10$, & celui du parallelograme $= 19$, l'autre étant $= 1$. Les circuits de ces deux figures sont égaux, étant chacun 40, cependant l'aire du quarré $= 100$, & celle du parallelograme ne vaut que 19.

2. Jusques-là les *Isoperimetres* n'ont rien de transcendant ; parce qu'il ne s'agit ici que de l'état où ces figures étoient avant la Géometrie sublime. Comme cette Géometrie repandit dès sa naissance même un grand jour sur les Mathématiques en général, elle donna lieu à de nouvelles recherches sur les figures dont je parle. M. *Jacques Bernoulli* invité plusieurs fois par M. *Jean Bernoulli*, son frere, à résoudre differens problêmes, que celui-ci lui proposoit, lui adressa celui des *Isoperimetres* conçu en ces termes : *Quæritur ex omnibus Isoperimetris, super communi basi* B N (Planche IV. Figure 15.) *constitutis, illa* B F N, *quæ non maximum comprehendat*

---

spatium, sed faciat ut aliud curva B Z N *comprehensum sit maximum, cujus applicata* P Z *ponitur esse in ratione quavis multiplicata, vel submultiplicata rectæ* P F, *vel arcus* B F, *hoc est quæ sit quotacunque proportionalis ad datam* A *&* rectam P F *curvamve* B F. C'est-à-dire : *D'entre toutes les courbes Isoperimetres constituées sur un axe déterminé* B N, *on demande celle comme* B F N *qui ne comprenne pas elle-même le plus grand espace ; mais qui fasse qu'un autre compris par la courbe* B Z N *soit le plus grand, de sorte que* P Z *soit en raison quelconque, multipliée ou sous-multipliée de l'appliquée* P F *ou de l'arc* B F, *ou encore qu'elle soit la tantième proportionnelle que l'on voudra d'une donnée* A, *& de l'appliquée* P F *ou de l'arc* B F. M. *Jean Bernoulli* rend ainsi le sens de cette question.

Déterminer la courbe B F N *entre une infinité d'autres de même longueur qu'elle, dont les appliquées* P F *ou les arcs* B F *élevés à une puissance donnée & exprimés par d'autres appliquées* P Z, *fassent le plus grand espace* B Z N.

A la gloire attachée à la solution de ce problême, M. *Jacques Bernoulli* joignit une récompense de 50 Imperiales valant 100 écus ; & il donna trois mois de tems pour mériter l'une & l'autre. M. *Jacques Bernoulli* jugeoit comme on voit la solution de ce problême fort difficile. M. *Bernoulli* son frere n'en fit pas le même cas. Il écrivit à M. *De Basnage* Auteur de l'*Histoire des Ouvrages des Savans* (mois de Juin 1697) que quelque difficile que ce problême parût, au lieu de trois mois qu'on lui avoit donné *pour sonder le gué*, il n'avoit emploïé en tout que trois minutes de tems *pour tenter, commencer & achever d'approndir tout le mystere*. Il promit outre cela de donner des solutions mille fois plus génerales, & ajouta : *J'aurois honte de prendre de l'argent pour une chose qui m'a donné si peu de peine & qui ne m'a point fait perdre de tems, si ce n'est ce que j'emploïe à écrire ceci.*

Si ce discours n'eût point été de M. *Jean Bernoulli* on l'auroit fort mal reçu dans le Public. Quelle vraisemblance qu'un problême apprecié fort haut par un homme tel que M. *Jacques Bernoulli*, fût une bagatelle qui ne demandoit qu'une simple entrevûe ! La chose étoit d'autant plus étonnante qu'à ce problême M. *Bernoulli* en avoit joint un autre non moins difficile. C'étoit de déterminer la cycloïde, qui entre toutes celles qu'on peut décrire d'une même origine & sur une même ligne horisontale, ait cet avantage que sa portion comprise entre l'origine & une verticale donnée soit parcourue dans le moindre tems possible, c'est-à-dire, en moins de tems que toute autre portion des autres cycloïdes, pareillement comprise entre l'origine & la verticale donnée. Aussi M. *Jacques Bernoulli* fut très-piqué de ces expressions qui déprisoient extrêmement son problème. Il examina le résultat de la solution de son frere, (ce résultat est, qu'en faisant P Z comme les quarrés de P F, la courbe B F N demandée étoit celle que représente un linge pressé d'une liqueur, & que si P Z est en raison soudoublée de P F, alors B F N est une cycloïde), & il crut que cette solution n'étoit point conforme à la vérité. Charmé de trouver une occasion où il put se venger de la façon cavaliere avec laquelle M. *Jean Bernoulli* avoit traité son problème, il fit imprimer dans le *Journal des Savans* du mois de Février 1698, un avis qui renfermoit trois propositions capables de faire paroli à la raillerie du Professeur de Groningue (M. *JeanBernoulli*), car il s'engageoit à trois choses.

1°. A deviner au juste l'analyse qui avoit conduit son frere à la solution publiée.

2°. A y faire voir des paralogismes, quelle que fût cette analyse.

3°. A donner la véritable solution du problème dans toutes ses parties.

M. *Jacques Bernoulli* ajouta que s'il se trouvoit quelqu'un qui s'interessât assez à l'avancement des Sciences pour mettre un prix à chacun de ces articles, il s'engageoit encore à perdre autant s'il ne s'acquittoit pas du premier; à perdre le double s'il ne réussissoit pas au second, & le triple s'il manquoit au troisiéme.

Il paroît qu'un avis si hardi étonna M. *Jean Bernoulli*, du moins on voit par sa réponse qu'il ne traita pas la chose avec la même legereté. Il convint que des fautes pouvoient s'être glissées dans sa solution, mais qu'elles ne dépendoient que de l'étendue qu'il avoit donné au problème des *Isoperimetres*, rejettant le tout sur la précipitation avec laquelle il avoit publié cette solution. Cependant il persista à soutenir que le problème étoit entierement résolu suivant les conditions que son frere avoit exigées. Sur ce que M. *Jacques Bernoulli* avoit promis de *deviner au juste l'analyse qui avoit conduit son frere à la solution de ce problême sur les Isopérimetres* ; M. *Jean Bernoulli* répondit qu'il avoit aussi deviné sa pensée, & il lui conseilla fraternellement de retracter sa gageure proposée dans le premier article de son avis, parce qu'il perdroit infail-

liblement. Pour satisfaire au troisiéme, il déclara qu'il s'engageoit à perdre le quatruple de sa promesse, si avant la fin de l'année son frere lui donnoit la solution d'un nouveau problème qu'il proposoit.

M. *Jacques Bernoulli* ne tarda pas à publier ce qu'il pensoit sur cet article. Il fit imprimer, dans le *Journal des Savans* du mois de Mai 1698, un second avis par lequel il prioit son frere de repasser de nouveau sa solution, en lui déclarant qu'après qu'il auroit donné la sienne, les prétextes de précipitation ne seroient plus écoutés. Celui-ci méprisa cet avis. Il ajouta qu'apparemment son frere craignoit de perdre ce qu'il lui avoit proposé de parier pour la solution de son nouveau problème puisqu'il n'en faisoit pas mention, & le provoqua à accepter son défi, sous peine de passer pour lâche. Afin de couper court à la dispute, M. *Jacques Bernoulli* crut qu'il n'y avoit plus de ménagement à garder, & qu'il étoit tems de mettre sous les yeux des Savans, & le principe d'après lequel son frere étoit parti pour la solution du problème, l'analyse qui l'y avoient conduit, & les erreurs de cette analyse. De tout cela, il s'enfuivoit que l'analyse de M. *Jean Bernoulli* étoit fausse. Le Professeur de Bâle (M. *Jacques Bernoulli*) se contenta de cet éclaircissement. Comme il croïoit avoir deviné la solution, il proposa à son tour la sienne à deviner à son frere & l'enveloppa sous deux anagrammes. Cela n'empêcha pas qu'il ne parût un troisiéme avis, où il reprochoit à son frere sa crainte de publier son analyse ; déclarant tout de suite, que bien loin de refuser tout ce different dans l'arbitrage de M. *Leibnitz*, il l'acceptoit de bon cœur, de même que celui de MM. le Marquis de *l'Hôpital* & *Newton*. L'avis étoit terminé par une réponse fort courte au problème proposé par son frere : c'est qu'il voïoit bien que son frere tâchoit de faire diversion dans l'esprit de ses Lecteurs afin qu'on ne s'apperçût pas de ses paralogismes. Au reste il promettoit de donner un jour la solution qu'il demandoit.

Enfin, après un écrit vigoureux (imprimé dans le *Journal des Savans* du mois de Décembre ann. 1698), contre ce dernier avis, on fit savoir au Public par la voïe du *Journal des Savans* de l'année 1701 mois de Février, que M. *Bernoulli* Professeur de Groningue (c'est *Jean*), se soumettant au jugement de l'Académie Roïale des Sciences de Paris, venoit de remettre ses méthodes pour les problèmes des *Isoperimetres* entre les mains du Secrétaire de cetteAcadémie, dans un paquet cacheté, les mêmes dont il avoit fait part à M. *Leibnitz* qui les avoit approuvées. Ainsi on invitoit l'Auteur de ces problêmes de faire paroître sa méthode promise depuis si long-tems. Des difficultés qui survinrent retardoient le jugement définitif de ce differend ; lorsqu'on perdit M. *Jacques Bernoulli* le 16 Août 1705. La douleur que répandit dans tous les cœurs des Savans une perte si considerable, suspendit entierement la fin de cette affaire ; & le paquet ne fut ouvert par le Secretaire de l'Académie que le 17 Avril 1706. On y trouva une solution de ce problême pris dans le sens le plus étendu, fondé sur le principe qu'avoit conjecturé feu M. *Bernoulli*, & par conséquent susceptible de ses difficultés. Cette solution est imprimée dans le premier Tome des Œuvres de M. *Jean Bernoulli. (Bern. Opera, Tom. I. pag.* 424.)

ISOSCELE. Epithéte qu'on donne en Géometrie à un triangle dont les côtés sont égaux. *Voïez* TRIANGLE ISOSCELLE.

J U I

JUILLET. Nom du septiéme mois des années Julienne & Grégoriene. Il a 31 jours. Les Romains l'appelloient *Quintile*, parce qu'il étoit le cinquiéme mois, à compter du mois de Mars. Lorsque le calendrier Julien fut introduit dans la chronologie, ce mois eut le nom de *Jules César*, par la raison que cet empereur étoit né dans ce mois. Le 23 de ce mois le soleil entre dans le signe du Lion, & la canicule commence.

JUIN. Nom du sixiéme mois & de l'année Julienne & de l'année Grégoriene. Ce mois a 30 jours. On croit qu'il a tiré son nom de *Junius Brutus*, premier Bourguemestre de Rome, après qu'il en eut chassé les Rois. *Juin* est remarquable dans nos climats, parce que le soleil entre le 22 de ce mois dans le signe de l'Ecrevisse, qu'il atteint par conséquent le plus haut point du méridien, & que par-là il nous donne le plus long jour & la plus courte nuit. Le jour auquel cela arrive, est appellé le commencement de l'Eté, ou le *Solstice d'été*.

J U L

JULIENNE. *Periode Julienne.* (*Voïez* PERIODE).

J U P

JUPITER. L'une des planetes principales qui tournent au tour du soleil. C'est la plus grosse & en même-tems le plus bel astre du firmament, sur-tout quand elle atteint le méridien à minuit. Elle est accompagnée de 4 Satellites. (*Voïez* SATELLITES). Sa plus grande distance de la terre est de 142919 raïons ou demi-diametres de cette planete. Sa moïenne est de 115000, & sa plus petite de 87081. Le diametre de cette planete est de 27 des mêmes demi-diametres. Son globe est 2460 fois plus gros que celui de la terre. Pour rendre ces dimensions plus sensibles, je vais les réduire en lieues. Le raïon de la terre est de 1432 lieues. (*V.* TERRE). En réduisant tous ces diametres par la multiplication, on trouve 204640008 lieues pour la plus grande distance ; 164580000 lieues, pour sa moïenne, & 124699992 pour sa plus petite. Les Astronomes connoissent tout cela fort aisément, quelque surprenante que puisse être cette connoissance, & voici comment.

On observe d'abord le tems qu'un des satellites de *Jupiter* emploie à faire sa révolution. Cette observation faite, on a le tems qu'emploie ce satellite à décrire un cercle C. (Planche XV. Figure 251). En second lieu, on remarque le moment précis où le satellite *s* est caché à la vûe par le corps de *Jupiter*, c'est-à-dire, où les points T I *s* sont dans une même ligne droite, & le moment où ce même satellite avançant de *s* en D, est éclipsé en entrant dans l'ombre de cette planete, ensorte que les points D I S soient dans une même ligne. Pendant ce mouvement du satellite, on tient compte, avec une bonne pendule, du tems que ce satellite a emploïé à aller de *s* en D ; & on a par ce moïen la grandeur de l'arc *s* D, en réduisant le tems en degrés de cette façon. Supposons que le satellite qu'on a observé soit le premier. La révolution est d'un jour, 18 heures, 29 minutes, c'est-à-dire, de 42 heures 29 minutes. Le tems emploïé par le satellite à parcourir l'arc *s* D étant de 30 minutes, il aura parcouru la 21e partie de son orbe. L'arc *s* D sera donc la 21e partie de 360, c'est-à-dire de 17° 10'.

Cet angle ainsi déterminé, l'angle S I T, qui lui est opposé par la pointe, lui étant égal, l'est aussi. Aïant mesuré avec un instrument l'angle I T S, & connoissant le côté T S qui est la distance de la terre au soleil, (*Voïez* SOLEIL), on a dans le triangle deux angles & un coté de connu : on aura donc le côté T I, (par les régles de la Trigonometrie, (*Voïez* TRIGONOMETRIE) qui est la distance de *Jupiter* à la terre, & le côté I S, qui est celle de cette même planete au soleil. M. *Hughens* a prouvé qu'un boulet de canon emploiroit 125 ans pour aller du soleil à *Jupiter*.

L'excentricité de cette planete est de 2503 l'inclinaison de son orbite d'un dégré 20' ; &

selon *Kepler*, sa période autour du soleil, est de 11 ans, 317 jours, 14 heures, 49', 31", 56"', c'est-à-dire à-peu-près de 12 ans. Elle parcourt donc dans un jour 4', 58", 26"', ou si l'on en croit M. *De la Hire*, 4', 59". Ce mouvement n'est pas cependant le même dans tous les tems, parce que les planetes parcourent des arcs égaux du Zodiaque dans des tems inégaux. Il y a des endroits de l'orbite, où le mouvement est plus lent, & d'autres, où il est plus rapide ; & ces endroits sont éloignés les uns des autres de 180°. Lorsque *Jupiter* est proche du soleil, il se meut plus rapidement que quand il en est éloigné. A la distance de 180°, il devient rétrograde, & avant de le devenir & de cesser de l'être, il est stationnaire, je veux dire que son mouvement est droit. Il est tel pendant 4 jours & retrograde pendant 119.

2. *Galilée* est le premier qui a observé *Jupiter* avec de grandes lunettes. Il y découvrit d'abord les satellites (*Voïez* SATELLITE). Il apperçut ensuite plusieurs barres obscures à-peu-près paralleles entr'elles & suivant la direction de la route que cette planete décrit par son mouvement. En 1664 *Campani* observa par le moïen d'un excellent telescope certaines protubérances, saillies, ou inégalités dans la surface de cette planete. Il remarqua aussi l'ombre de ses satellites & tint toujours l'œil sur eux, jusques à ce qu'ils quittassent le disque de cette planete. Le neuviéme Mai de la même année, deux heures après midi, M. *Hook* aidé d'un telescope de 12 pieds, observa une petite tache dans le plus grand des trois baudriers de *Jupiter*. A quatre heures il trouva que cette planete s'étoit mue d'Orient en Occident de plus de la moitié de la longueur du diametre de cette planete.

Vers le même tems, M. *Cassini* observa aussi une tache permanente dans le disque de *Jupiter*, par le moïen de laquelle il reconnut que non-seulement cette planete tournoit sur son axe ; il détermina encore le tems de cette révolution qui est, selon ce savant Astronome, de 9 heures 56 minutes : ce qui a été confirmé depuis par des observations beaucoup plus exactes, d'une tache qu'on découvrit en 1691. Le même Astronome, M. *De Cassini*, a observé différentes taches en différens tems, & il a vû sur le corps de *Jupiter* se former différentes bandes dans l'espace d'une ou deux

heures. Souvent il n'en paroît qu'une : d'autres fois trois, ou même d'avantage ; mais réguliérement on en remarque deux qui changent quelquefois de place. *Hevelius*, dans sa *Selenographia*, & dans sa *Cometographia*, & *Riccioli* dans son *Almagestum nov. Lib. VII.* ont rapporté les observations qui ont été faites sur ces bandes.

3. L'observation la plus ancienne de *Jupiter*, qu'on connoisse, est celle qui est rapportée par *Ptolomée* (*Almagest. L. II. Ch. 3.*) Elle fut faite l'an 83 de la mort d'*Alexandre*, le 18 du mois Egyptien nommé *Epiphi*, au matin, par laquelle on s'apperçut que cette planete cachoit une étoile de l'Ecrevisse, appellé l'*Ane austral*. Quand on a voulu déterminer le mouvement de *Jupiter*, on a cru devoir partir d'après cette observation. Mais on a reconnu peu de tems après qu'on ne devoit pas l'emploïer. Remontant plus haut, on a eu recours aux observations de cette planete qui ont été faites à Alexandrie, par *Ptolomée*, près de ses oppositions avec le soleil. Il en rapporte trois (*Voïez* son *Almagest. Ch. I. L. 11.*) sur lesquelles les Astronomes se fondent pour calculer le mouvement de cette planete. On trouvera toutes les observations faites depuis ce tems, jusques à l'année 1736, par les plus célébres Astronomes, dans les *Elemens d'Astronomie* de M. *De Cassini*, ainsi que leur usage dans l'Astronomie.

Cet Auteur apprend la maniere d'en faire usage pour déterminer les mouvemens de *Jupiter*, son aphelie, son perihelie, sa plus grande équation, l'excentricité de son orbe, le mouvement de ses nœuds, &c. Sans ces observations, il n'est pas possible d'acquérir toutes ces connoissances ; car dans l'Astronomie ce n'est qu'en consultant les observations antérieures qu'on peut établir quelque régle, ou suivre quelque mouvement. M. *Newton*, dit que le diametre de l'équateur de *Jupiter* est à celui de son axe, comme $40\frac{3}{7}$ est à $39\frac{2}{7}$.

M. *Wolf* prétend avoir prouvé que *Jupiter* est un corps qui ressemble en tout à celui de la terre. D'après cela, il détermine par le calcul la grandeur des habitans de cette planete. Et il trouve que leur taille est à-peu-près de 14 pieds ou de 13 pieds $\frac{819}{1440}$; taille assez approchante de celle d'*Og*, Roi de Basan.

K.

K A L

ALENDES. *Voïez* CALEN-
DES.

K E B

KEBIÆ. Nom qu'on donne
dans le Calendrier Judaïque,
aux jours de la semaine dont les Juifs peuvent commencer leur nouvelle année. Tels
sont le lundi, le mardi, le jeudi & le
samedi.

K I L

KILIADES. Table de Logarithmes, ainsi appellée, à cause qu'elles furent d'abord divisées en milliers. M. *Briggs* publia en 1624
une Table de Logarithmes pour 20 *Kiliades* de nombres absolus. Il les augmenta
ensuite de 10, & quelque-tems après il en
ajoûta une : ce qui forma en tout 31 *Kiliades*.

En 1628 *Adrien Wlacq* publia ces mêmes Tables avec un Supplément de *Kiliades* qui avoient été omises par M. *Briggs*. Ainsi on a des Tables de 101 *Kiliades*. Pour
un plus grand éclaircissement sur cet article
Voïez LOGARITHME.

KILIOGONE. Nom qu'on donne en Géometrie à une figure qui a mille côtés & mille
angles.

L.

L A C

ACOTOMUS. Nom que *Vitruve* donne à une ligne droite soutendue sous la portion du méridien, qui est située entre les deux tropiques. (*Architecture*, *L. IX. Ch. 8*).

L A M

LAMBEL. Sorte d'alidade. C'est une regle de cuivre longue & mince, aïant une petite pinnule à un bout, & à l'autre un trou qui sert de centre. Cette regle, conjointement avec une ligne de tangentes, sur le bord d'une circonference, sert à prendre les hauteurs, les distances, &c.

LAMPADIAS. Espece de comete barbue, de différentes formes & qui a quelque ressemblance à une lampe brulante. Quelquefois sa flamme est pointue comme une épée, & quelquefois aussi elle est doublement ou triplement pointue.

L A N

LANCE A FEU. Terme d'Artillerie. Feu d'artifice qui a la forme d'un tuïau (Planche XLIX. Figure 16.) rempli de goudron, de de balles à feu & d'éclats, dont on se servoit anciennement à la contrescarpe dans l'irruption des ennemis. (*Voïez* l'*Artillerie de Rietch* & celle de *Simienowitz*. *Part. I*, celle de *Buchner*, *Part. I*. & le *Traité des Feux d'Artifice* de M. *Frezier*).

LANTERNE. Terme de Mécanique. Espece de pignon où les fuseaux sont placés entre deux disques. Il a la forme d'un cilindre à jour, tel que le représente la Figure 17. (Planche XXXIX.) On trouvera le calcul de cette piéce de Mécanique à l'article ROUES DENTÉES.

LANTERNE-MAGIQUE. Machine dioptrique, qui sert à faire paroître dans un endroit bien obscur, sur une muraille blanche, & à une certaine distance, des figures très-petites, en forme gigantesque, par le secours d'un miroir concave & de deux verres convexes.

C'est une curiosité d'optique de laquelle presque tous les Physiciens ont parlé, & qui est bien digne d'être circonstanciée. En voici la description.

1°. Dans une boëte d'environ 1 pied ½ de long sur quatorze pouces de large & de hauteur, on place un miroir concave S, (Planche XXXII. Figure 19). dont le diametre de la sphère est d'un demi-pied. Ce verre est attaché à un support, ensorte qu'il peut avancer ou reculer dans la longueur de la boëte.

2°. Une lampe L, composée de 4 méches qui forment une flamme quarrée, est placée dans cette boëte à une telle distance que le centre de la flamme répond au centre de la surface du miroir. Au-dessus de sa flamme, est un chapiteau couvert qui reçoit la fumée & la conduit jusqu'au dehors. Ce chapiteau glisse dans une ouverture O O oblongue, faite au-dessus de la boëte, de même que la lampe, dans des coulisses M M.

3°. Le côté de la boëte opposé au miroir, est percé d'un trou V rond, de 5 pouces de diametre, dans lequel est un verre convexe des deux côtés, fait d'une portion de sphere d'un pied de diametre.

4°. Ce trou doit être disposé à une telle hauteur que le centre du miroir, & celui de la flamme soient dans la même ligne. On ferme le trou par une coulisse.

5°. Au-dehors de la boëte, répond à ce trou un tuïau T d'environ 6 pouces de diametre & de longueur. A son extremité est un anneau qui reçoit un second tuyau *t* d'environ 4 pouces de diametre & de 5 ou 6 pouces de long.

6°. Dans le petit tuïau sont ajustées deux lentilles. La première, placée à l'extrémité, qui entre dans le tuïau T, est de la même convexité que le verre V, & a trois pouces ½ de diametre. La seconde, qui est éloignée de trois pouces de la premiere, est plus plane, Elle est formée de portions d'une sphere de 4 pieds de diametre.

7°. Entre ces deux lentilles, à un pouce de diametre de la seconde, est un anneau de de bois dans le tuïau, qui ne laisse qu'une ouverture circulaire d'un pouce ¼ de diametre.

8°. Enfin, on peint les objets qu'on veut repréfenter, fur un verre plan mince que l'on fait mouvoir hors de la boëte entre le verre V & le tuïau T, en renverfant les figures. Les figures ne doivent occuper de ce verre qu'un efpace égal à la grandeur du verre convexe V. Ordinairement, & c'eft le mieux, on peint ces figures fur des verres longs S S que l'on encadre dans des chaffis. Ces chaffis paffent dans des couliffes R P, qui font derriere le quarré M N auquel eft joint le tuïau T. Ces verres fe peignent ainfi.

9°. De toutes les manieres de peindre fur les verres, je choifirai la plus fimple, celle qui demande moins de connoiffance & de pratique du deffein ; perfuadé que ceux qui favent peindre fe pafferoient de mes avis. On choifit un verre très-blanc, fur un côté duquel on applique un vernis auffi fort blanc & le moins épais qu'il eft poffible. (Au deffaut de vernis, on peut fe fervir de térebentine de Venife). Enfuite on prend une belle eftampe de la grandeur du verre, qu'on humecte. Lorfque le vernis eft à demi-fec, qu'il peut faire l'office de mordant, on applique l'eftampe fur le verre du côté de l'impreffion, le plus jufte & le plus uniment qu'il eft poffible, & on laiffe fécher le tout entiérement. Après cela on ôte l'eftampe en humectant le papier & le détachant peu à peu avec un gros pinceau. Quoique le papier foit enlevé, les traits de l'impreffion reftent cependant fur le verre, où ils font retenus par le vernis. On a donc un deffein tout fait fur le verre. Il ne s'agit plus que de le colorer. A cette fin, on fe fert de couleurs détrempées dans du vernis fait de la thérebentine fine diffoute dans de l'efprit de vin, ou de bonne eau-de-vie. (Dans l'*Art de la Verrerie* par M. *Haudiquer de Blancourt*, *Tome I I. Chap. CCXII.* on trouve une autre maniere de peindre le verre, à laquelle on peut recourir).

2. Pour voir l'effet de la *Lanterne-Magique* ainfi conftruite, on la place à une certaine diftance de quelque plan, fur lequel eft étendu une carte blanche ou un drap fin. Aïant allumé la lampe, on ferme la boete ; & les figures qu'on a peintes fur le verre paroiffent peintes fur le plan, beaucoup plus grandes qu'elles ne font. Lorfque la repréfentation n'eft pas diftincte, on tire, ou on pouffe le tuïau qui porte les deux lentilles jufques à ce que les figures foient vûes avec tout leur éclat. La Planche XXXII. Fi-

gure 15, offre l'effet de la *Lanterne-Magique*.

Pour rendre le fpectacle plus brillant ou plus agréable, *Ehrenberger* a imaginé de repréfenter ces figures en mouvement dans fa Differtation *de Laterna Magica*, & M. *Mufchenbroeck* a mis cette idée à execution avec beaucoup de facilité. Il ne faut pour cela que féparer les parties des figures qu'on veut mouvoir, & les mouvoir en effet, lorfqu'elles paroiffent fur le plan. Par exemple, pour repréfenter un moulin qui tourne, on peint le corps du moulin feulement fur un verre qu'on enchaffe dans les chaffis dont j'ai parlé. Aïant peint les aîles fur un autre verre, on l'attache à celui-là par le moïen d'une poulie mobile enchaffée dans un autre chaffis foutenu par le premier de maniere que le centre des aîles répond où elles doivent être. Une corde qui paffe dans cette poulie, eft arrêtée à une manivelle. Ainfi en tournant la manivelle, la poulie tourne & les aîles tournent auffi. On voit par la figure comment tout cela doit être ajufté pour produire cet effet. (Plan. XXXII. Figure 20).

Le fecond exemple, que je propofe, eft un homme qui ôte fon chapeau, falue la compagnie & fe recouvre. L'homme eft peint fur un verre fixe. La main qui tient le chapeau eft tracée fur un autre verre rond, qui fe meut librement fur le premier. A cette fin on enchaffe ce verre dans un petit chaffis rond de cuivre, & on l'arrête par deux tourniquets, entre lefquels il peut faire un demi-tour, lorfqu'on tire à foi le manche de cuivre (Planche XXXII. Figure 21). Par ce moïen, la figure paroît mettre fon chapeau & l'oter. On pourroit lui faire tirer la jambe en même tems, afin que le falut fut plus complet.

Pour troifiéme mécanique, j'offre dans la Figure 22. Sancho Panfa berné. La couverture avec ceux qui la tiennent eft tracée fur un petit verre fixe. Sur un autre verre de figure rectangulaire eft peint Sancho qui peut avancer à l'aide d'un lifteau de cuivre F. Le verre fe meut librement de haut en bas dans une rainure, de forte qu'on fait fauter le pauvre Sancho tout comme on veut. M. *Mufchenbroeck* repréfente un homme fur la corde par le même principe.

Ayant peint la tête d'une femme toute nue, fur un verre fixe, un chapeau fur un morceau de verre qui tient à une regle de cuivre D, & un panier de fleurs fur un autre morceau de cuivre E, on leve le panier & le chapeau de cette femme, & on

les cache dans la cavité de la petite planche. On recouvre cette femme, & on la
charge de son panier, en baissant les régles
D & E. (Planche XXXII. Figures 23).

Enfin on fera danser un Pantin, en peignant les bras & les jambes d'une figure (Planche XXXII. Figure 24.) sur un verre séparé du corps, & en tournant les uns & les
autres par la même mécanique de l'homme
qui salue.

3. Au deffaut de lampe on peut faire une
Lanterne-Magique, en éclairant les figures
peintes par les raïons du soleil. Il suffit pour
cela d'ajuster à la fenêtre un quarré de bois
où une toile, percé en rond à son milieu, &
d'y adapter le tuïau T de la *Lanterne* (Planche XXXII. Figure 19), de maniere que la
boete soit entierement supprimée, par conséquent le miroir & la lampe. Lorsque les
raïons du soleil tombent sur le papier huilé, les figures sont vivement éclairées &
elles paroissent avec tout leur éclat sur le
plan qu'on a exposé vis-à-vis la fenêtre, &
bien plus belles qu'avec la lampe. Il est peut-
être nécessaire d'avertir que sans le papier huilé, les raïons seuls du soleil ne feroient point
cet effet ; parce que les réfractions que souffrent les raïons, en traversant ce papier, les
rend en quelque façon paralleles & les dis-
perse également & en quantité sur les verres
peints.

4. Jouir d'un spectacle sans en connoître les
principes, les ressorts, en un mot, ce qui
le produit, c'est avoir du plaisir sans satisfaction. Tout esprit, je ne dis pas vif,
mais judicieux, est autant occupé de la cause
d'un effet que de l'effet même ; & l'ame partagée entre ces deux objets n'admire qu'a-
vec une forte attention. Livrons-là au
plaisir du spectacle, en la déchargeant du
soin d'en découvrir le mécanisme. La Figure
26. Planche XXXII. dévoile tout l'artifice de
la *Lanterne-Magique*, en dévoilant son interieur. On a, 1°. Le miroir M M. 2°. La
lampe L. 3°. La lentille D D. 4°. L'objet
ou le verre peint O O. 5°. La petite lentille G G. 6°. L'anneau F F dont l'ouverture
est P P. 7°. Enfin un verre H H. Les choses ainsi disposées, il est évident que les
raïons de lumiere qui partent de la lampe
tomberoient divergens sur l'objet O O, c'est-
à-dire, suivroient les lignes L O, L O. La
lentille D D empêche cette divergence & en
les rompant les rends convergens, tels que
O G, O G. D'un autre côté le miroir spherique concave M M reçoit les raïons L M,
L M, les reflechit sur la lentille D D qui
les rompt, & celle-ci les porte dans les lignes D S, D S. Cet effet se fait avec quel-

que condition : c'est lorsque la flamme est
placée plus loin du verre D D que le foïer
des raïons paralleles n'en est distant ; que
le miroir M M est situé de telle façon que
le verre soit représenté sur le verre D D
de la grandeur de D D, & que laissant la
lampe à cet endroit, on a approché le miroir jusques à ce qu'il tombe sur le verre
D D un cercle éclairé, mais obscur &
plus grand que D D.

Par cet arrangement, le point O de l'objet peint sur le verre est, à cause de la proximité de celui du verre D, le même que
D. Par conséquent, ce point O de la figure
reçoit la lumiere de tous les raïons possibles. Ainsi l'illumination entiere d'un seul
point avance dans l'espace O G S, puisque
les raïons M D, M D, reflechis par le miroir, sont portés dans la direction D S, ou
O s, après avoir été rompus par la lentille
D D.

Tout cela conçu, suivons les raïons qui
quittent la lentille G G. Au sortir de là ils
tombent sur l'annneau F F, placé ordinairement à un pouce ½ derriere le verre,
dont l'ouverture est d'un pouce, & qui
est de telle grandeur qu'il transmet tous les
raïons qui partent des points extérieurs
O O. Cet anneau empêche qu'il ne vienne
de raïons éclairés des points du milieu de
la figure, tandis qu'ils tombent en plus
grande quantité sur le verre G G. Il arrête
encore de faux raïons qui tombant trop
obliquement ne se romproient pas assez pour
pouvoir se réunir en un point avec les autres raïons à l'aide du verre H H. Par ce
moïen l'image peinte sur la muraille paroît
distincte & également éclairée par-tout.
Avant que d'y paroître, les raïons qui la
transmettent, se rompent sur le verre convexe H H, de façon que ceux qui viennent
d'un point de la figure se réunissent aussi
en un point. Cette réunion fait paroître
l'image fort grande sur le plan, très-distincte
& également éclairée par-tout, mais renversée. Ainsi on doit placer les objets ren-
versés dans la *Lanterne* pour les voir droits
sur le plan. Reste à déterminer le foïer de
de ces verres, & à faire connoître en quoi
consiste la perfection de cette machine.

Les régles générales à cet égard sont que
les deux verres D D & G G soient beaucoup convexes, tellement que leur foïer
ait 5 pouces. Le verre H H doit avoir moins
de convexité. On fixe son foïer à 2 pouces.
Sur cela, il faut prendre garde que l'anneau soit exactement dans l'intersection des
raïons.

Une *Lanterne-Magique* est parfaite, 1°,
Lorsque

lorfque la figure eft le mieux éclairée qu'il eft poffible. 2°. Lorfqu'elle eft également éclairée dans tous les points. 3°. Lorfque toute la lumiere qui éclaire la figure parvient au plan en paffant par les lentilles, & fert à former la repréfentation. 4°. Lorfqu'il n'y a que cette lumiere qui fort de la boete, afin que toute autre clarté ne diminue pas la vivacité de la repréfentation.

4. M. *Mufchenbroeck* attribue l'invention de la *Lanterne-Magique* au P. *Kirker*, & plufieurs Phyficiens font de cet avis. Cependant avant le P. *Kirker* cette machine étoit connue. On conjecture même que *Salomon* en a eu connoiffance; mais on affure qu'on le doit à *Roger Bacon*, Moine Anglois, & l'on ajoute que *Schewenter* eft le premier qui en a enfeigné la conftruction dans un Livre intitulé, *Deliciæ Mathematicæ Part. 6. Prop. 31.* Tout cela n'eft pas encore bien certain. Le P. *Dechalles* donne la Defcription de la *Lanterne-Magique* dans fon *Mundus Mathemat. Tome III. L. II. Prop. 20.* & il dit l'avoir vûe pour la premiere fois l'an 1665, entre les mains d'un Savant de Dannemarck qui paffoit par Lyon. D'un autre côté *Gafpart Schot*, Auteur de la *Magia univerfalis naturæ & artis* publié en l'an 1667, n'en fait pas mention dans fa *Magia Dioptrica*, quoiqu'il fe foit attaché à y décrire une *Lanterne* d'une autre efpece, avec laquelle on peut porter une forte lumiere à une grande diftance. Et il eft à préfumer qu'il n'auroit point négligé la *Lanterne-Magique*, fi elle eût été connue. *Zahn* a donné la conftruction & l'ufage de cette machine dans fon *Oculus Artificialis*. Après lui s'*Gravezande* (*Elem. de Phyfique*). & *Mufchenbroeck* (*Effai de Phyfique Tome II*). l'ont expliquée & développée avec beaucoup de foin. *Sturmius* l'appelle *Megalographique*, par ce qu'elle repréfente en grand des figures très petites.

LAR

LARGEUR. L'une des trois dimenfions des corps. Elle s'exprime par une ligne droite qui indique par fon étendue l'éloignement d'un point donné d'une autre ligne droite, repréfentant la longueur de la furface. En s'imaginant qu'une furface eft formée par plufieurs lignes paralleles entr'elles & avec fa longueur, à-peu-près comme les fils fe joignent dans une étoffe, la *Largeur* fera la ligne tirée perpendiculairement de la derniere parallele à l'autre. Comme la *Largeur* concourt toujours à former une furface & qu'elle n'eft elle même qu'une fuite perpendiculaire de points, par lefquelles les pa-

ralleles de la longueur paffent, la mefure de cette dimenfion eft une ligne droite.

LARME BATAVIQUE. Les Phyficiens appellent ainfi une *Larme* de verre, dont les effets font très-furprenans. Cette *Larme* fe fe forme en laiffant tomber un peu de la matiere fondue, qui eft celle du verre, dans de l'eau froide. Comme cette matiere eft fort gluante, il s'en fait un long filet, pendant qu'elle eft rouge, par lequel on foutient la *Larme* dans le milieu de l'eau. Elle y demeure rouge pendant quelque tems, & quelquefois elle s'y brife. Mais on fepare ordinairement le filet qui eft hors de l'eau fans que le refte fe rompe : ce qui donne une *Larme* de verre telle que la repréfente la Figure 220. (Planche XXVII). En voici les effets.

L'extrémité la plus groffe de cette *Larme* fouffre plufieurs coups de marteau fans être caffée. Au contraire quand on rompt une partie de la queue, elle fe brife avec bruit, & devient femblable à du verre broïé. On apperçoit dans l'obfcurité pendant cette rupture une petite fente qui commence à la partie brifée & qui finit vers la tête. Cet effet arrive auffi fous le récipient de la machine pneumatique, dont l'air groffier eft pompé. Pour le voir, on ajufte un reffort de maniere qu'il foit tendu par un fil affez fort, & on brule ce fil avec un verre ardent. Alors le reffort tombant fur la pointe de la *Larme*, retenue fixement, la rompt, & la *Larme* eft réduite en pouffiere. Cette *Larme* fe brife encore dans l'eau, dans le vif-argent, & le gobelet qui contient ces fluides eft ordinairement brifé en morceaux.

2. La découverte de cette *Larme* a été faite par hazard. On la doit à un Ouvrier en verre, de Hollande, qui en fit d'abord un fecret. M. *Rohault* eft le premier qui a dévoilé le myftere, & qui a taché de donner la caufe de fes effets. Il prétend que la *Larme* toute rouge reçoit en tombant dans l'eau un faififfement, qui refferre tellement les pores de fa furface, que fa partie intérieure eft encore toute rouge lorfque cette furface eft refroidie. Il fe forme donc un vuide au milieu de la *Larme* : ce qu'on apperçoit par des bulles d'air qu'on y découvre. Les pores ainfi refferrés, à caufe de la figure de la *Larme*, fe terminent en pointe vers la furface extérieure, femblables à des entonnoirs, dont la plus grande ouverture eft vers l'intérieur de la *Larme*. Maintenant quand on en caffe l'extrêmité pointue, la matiere, plus fubtile que l'air que nous refpirons, & plus groffiere que celle qui eft dans l'intérieur de la *Larme*, ou que celle

H

qui eſt ſans ceſſe refractée , entre avec impétuoſité par l'ouverture qu'on a faite , y étant pouſſée par celle qui l'environne , & diviſant, pour paſſer, toutes les parties de la *Larme*, la réduit en pouſſiere. (*Voïez* le *Traité de Phyſique* de *Rohault. Tome I. Partie I.* & les *Expériences de Phyſique* de *Poliniere. Tome I. Exp. XVII.* ʒ *Edition*). Il n'eſt pas ſurprenant que cette *Larme* réſiſte aux coups de marteau. Outre ſa figure fort propre à ſoutenir un choc, elle eſt aſſez maſſive pour cela; & des grains de verre de pareille groſſeur reſiſteroient bien de même.

M. *Mariotte*, peu content de toute cette explication, prétend, que quand on ploïe le bout mince de la *Larme*, toutes ſes parties qui ont été miſes en reſſort par cet effort, retournant avec une très-grande viteſſe en leur premiere diſpoſition, font une eſpece de fremiſſement qui fait en très - peu de tems pluſieurs vibrations. Par ce moïen, ce qui n'étoit que contigu ou peu lié ſe ſépare & ſe déſunit. Dans ce tems, l'air du dehors trouvant quelques ouvertures par la ſéparation de quelques parties du verre, s'inſinue avec violence pour remplir les petits vuides des bulles, & fait écarter par cet effort toutes les parties de la *Larme*. Il appuïe ſon explication par l'effet qui ſe manifeſte à un verre quarré, lorſqu'on le vuide d'air. (*Œuvres de Mariotte, Ed. de 1740. Page 158*). Peut - être que cette raiſon n'eſt pas encore bien claire. Cet effet n'arriveroit-il pas parce que le verre, aïant été en quelque ſorte trempé, en eſt devenu plus caſſant, de façon qu'à la moindre rupture, la vertu élaſtique, qu'il a acquiſe, ſe déploie & le réduit en pouſſiere par ſes commotions ſeules? je le crois.

LARMIER. Terme d'Architecture civile. Membre quarré au haut d'un entablement, qui avance toujours beaucoup & qui met à l'abri de la pluie tous les autres membres. On donne 6 à 10 minutes de module à la hauteur du *Larmier*, c'eſt-à-dire, $\frac{1}{10}$ du module. (*Voïez* les *Edifices Antiques de Rome* de *Degodetz. Pag.* 115, 129, 133, & le *Cours d'Architecture* de *Daviler*.

L A T

LATERALE. On caractériſe ainſi en Algebre une équation ſimple qui n'a qu'une racine, & que l'on peut conſtruire par des lignes droites ſeulement.

LATERONES. C'eſt ainſi qu'on nommoit en Latin deux étoiles imaginaires, qu'on croïoit autrefois avoir été découvertes, aux deux côtés de Saturne, avec des teleſcopes imparfaits. M. *Hughens* a fait voir dans ſon *Syſtema*

Saturninum, que c'étoit de l'anneau de cette planete qu'on avoit formé mal-à-propos ces deux étoiles.

LATITUDE Diſtance du zenith à l'équateur. Elle eſt meſurée par l'arc du méridien compris entre ce point & ce cercle. Soit C Q (Planche XV, Figure 27), l'équateur ou la ligne équinoxiale ; N le pole Septentrional ; N O T S le méridien ; O le zenith ou le point qui répond à un lieu ſur la terre : l'arc O T eſt la *Latitude* de ce point. Lorſqu'il eſt dans la partie Septentrionale de la terre, la *Latitude* eſt dite *Septentrionale*; & on l'appelle *Latitude Meridionale*, quand il eſt de l'autre côté de l'équateur.

Avant que de donner la maniere de trouver la *Latitude* d'un lieu, je dois faire remarquer qu'elle eſt toujours égale à l'élevation du pole de ce lieu : ce qui eſt fort aiſé à concevoir. On fait par la diviſion de la ſphere des Cieux (*Voïez* SPHERE), que l'équateur eſt diſtant du pole de 90 dégrés ; & que le méridien eſt de 180 dégrés. La diſtance du zenith à l'horizon eſt donc de 90°. Les Peuples qui habitent ſous l'équateur, n'ont point de *Latitude*, & ont les deux poles à l'horizon. En s'éloignant de ce cercle, on voit autant le pole s'élever ſur l'horizon, qu'on s'écarte de l'équateur ; parce que la diſtance du zenith à l'horizon étant de 90°, on gagne de l'autre côté du pole, ce qu'on perd par la diſtance de l'équateur. En effet, ſi la *Latitude* eſt de 40 dégrés, la diſtance du zenith au pole ſera de 50°, l'une étant complement de l'autre, mais la diſtance du zenith à l'horizon eſt de 90°, donc l'élevation du pole qui eſt le complement du zenith à ce point, ſera de 40, égal à la *Latitude*. De là il ſuit qu'en connoiſſant l'élevation du pole, on a la *Latitude*. Déterminons maintenant cette diſtance à l'équateur.

La *Latitude* ſe meſure, comme je l'ai dit, par la diſtance du zenith à l'équateur, ou ſur la terre, par la diſtance d'un païs à la ligne équinoxiale, c'eſt-à-dire, l'équateur. Lorſque le ſoleil eſt dans ce cercle & dans le méridien d'un lieu, ſa diſtance au zenith eſt la *Latitude* de ce lieu. Quand il l'a quitté, c'eſt-à-dire, quand il décline, il ne s'agit que de connoître cette déclinaiſon, & de la ſouſtraire ou l'ajouter à la diſtance du zenith, ſuivant que cette déclinaiſon eſt Méridionale ou Septentrionale. Le tout ſe réduit donc à trois opérations. 1°. A connoître la déclinaiſon du ſoleil ſoit Méridionale, ſoit Septentrionale. 2°. A ſavoir le tems de ſon paſſage par le méridien. 3°. A meſurer alors ſa diſtance au zenith.

A l'article DECLINAISON, je satisfais à cette premiere partie ; on a la seconde par l'usage des gnomons & des méridiennes. (*Voiez* GNOMON & MERIDIENNE). A l'égard de la troisiéme, elle demande une observation, c'est-à-dire l'usage des instrumens Astronomiques. (*Voiez* QUART-DE-CERCLE & QUARTIER ANGLOIS). Ces trois connoissances acquises, on trouve la *Latitude* de cette maniere. Si la distance Méridienne au zenith & la déclinaison du soleil sont de même espece, c'est-à-dire toutes deux Nord, ou toutes deux Sud, on ajoute la distance du soleil au zenith, & la somme est la *Latitude* du lieu. On soustrait la déclinaison de la distance quand elles sont de différentes especes, c'est-à-dire, quand l'une est Nord & l'autre Sud. Supposons qu'on ait pris la hauteur du soleil dans le solstice d'Eté ; qu'on soit dans la Zone temperée Nord, & qu'on ait trouvé 40 dégrés de distance du soleil au zenith. Dans le solstice d'Eté, la déclinaison du soleil, c'est-à-dire son éloignement de l'équateur est de 23°, ½. Ajoutons 40 à 23 ½. La somme 63° ½ sera la *Latitude*. Si au contraire le soleil eût été dans le tropique du Capricorne, je veux dire à 23 ½ de l'autre côté de l'équateur, alors il auroit fallu soustraire 23 ½ de 40. Le reste 16°, 30′ est la *Latitude*.

Pour connoître la *Latitude* par le bien des étoiles, il faut savoir le tems de leur passage par le méridien. On connoit ce passage par leur ascension droite ; en prenant la différence de l'ascension droite du soleil à celle de l'étoile. Cette différence est l'éloignement de l'étoile au soleil, c'est-à-dire l'espace de tems compris entre le passage du soleil & celui de l'étoile par le méridien. Si l'ascension droite du soleil est plus grande que celle de l'étoile, elle passera par le méridien avant le soleil ; si elle est plus petite, elle passera après cet astre. Sans calcul il est aisé de connoître, si une étoile est prête à passer par le méridien, en suspendant un fil à plomb, & en le disposant de maniere qu'il cache à l'œil l'étoile polaire. Toutes les étoiles qui paroissent à l'Est peu éloignées de ce fil en allant de l'Ouest à l'Est au dessous de l'étoile du Nord, s'approchent du meridien. Alors on observe plusieurs fois la hauteur de celle dont on veut connoître le passage, jusques à ce qu'elle commence à monter, si elle est au-dessous du pole, ou jusqu'à ce qu'elle commence à descendre si elle est au-dessus.

Quand on est assuré de la hauteur méridienne d'une étoile, on prend sa hauteur méridienne superieure ; ensuite soustraïant le complement de sa déclinaison, ou ajoutant ce même complement à la hauteur inférieure, on a la *Latitude*.

Dans cette opération, il faut être muni d'une table de la déclinaison des étoiles. Il en est une autre où l'on peut s'en passer : c'est d'observer d'abord leur hauteur méridienne supérieure, & environ 12 heures après leur hauteur méridienne inférieure. On ajoute ensuite leur hauteur dont on prend la moitié de la somme. Cette moitié est la hauteur du pole.

Comme la hauteur du pole est toujours égale à la *Latitude*, il est certain que le parti le plus expéditif c'est de prendre cette hauteur. Les Marins trouvent cette méthode si commode, qu'ils s'en servent tant qu'ils peuvent. Il ne faut pour cela que reconnoître ce pole & déterminer son élevation sur l'horizon. A cette fin, on se sert utilement de l'étoile polaire qui n'est éloignée du pole que de 2°, 5′. (*Voiez* ETOILE POLAIRE), & dont on peut prendre plusieurs fois la hauteur pendant la nuit. Ainsi en prenant la hauteur de cette étoile sur l'horizon, lorsqu'elle est dans le méridien, on a la hauteur du pole à 2°, 5′ près qu'on ajoute à cette hauteur, si elle est sous le pole & qu'on soustrait, si elle est au-dessus. Elle ne s'y trouve jamais que le fil dont j'ai parlé ne cache avec cette étoile celle qui est à la jointure de la Cassiopée, ou bien la premiere de celles qui forment la queue de la grande Ourse. Si l'étoile du Nord ou polaire est au méridien au-dessus du pole, la grande Ourse est au-dessus : elle est au-dessous, si cette constellation est inférieure au pole. Sur mer, pour operer avec plus de certitude, on considere si la Claire des gardes est au Nord ou au Sud, à l'Est ou à l'Ouest de l'étoile polaire. Lorsqu'elle est au Nord, on soustrait 2°, 5′ de la hauteur de l'étoile polaire ; ce qui donne la hauteur du pole. Est-elle au Sud, on ajoute à la hauteur de l'étoile polaire cette même quantité. Quand la Claire des gardes est à l'Est, on ajoute 1°, 10′ à la hauteur de l'étoile polaire ; & on retranche de cette hauteur la même quantité quand elle est à l'Ouest ; au moïen de quoi on a la hauteur du pole. Les Marins connoissent si l'étoile est au Nord ou au Sud de l'étoile polaire, en faisant usage d'un fil à plomb qui paroît les couper toutes les deux en même-tems. La Claire des gardes est au Nord lorsqu'elle est au-dessous de l'étoile polaire, & au Sud lorsqu'elle est au-dessus. En imaginant une ligne Est-Ouest qui coupe les deux étoiles, & qui est perpendiculaire au fil , ou parallele à l'horifon , on juge de la fituation Eſt ou Oueſt de la Claire des gardes , à l'égard de l'étoile polaire. A main droite elle eſt à l'Eſt , & à l'Oueſt à main gauche. D'ailleurs ces deux étoiles font placées Eſt-Oueſt quand elles font à la même hauteur.

LATITUDE DES ASTRES. Diſtance d'un! aſtre à l'écliptique. Cette diſtance ſe meſure par l'arc d'un cercle intercepté par l'aſtre & le pole de l'écliptique. Soit (Planche XV. Figure 28). E L l'écliptique ; P ſon pole , S l'aſtre : l'arc D S eſt la *Latitude* de cet aſtre. Comme il y a pluſieurs fortes d'aſtres , je vais étendre cette définition à chaque eſpece d'aſtre en particulier.

LATITUDE D'UNE ETOILE. Arc de cercle compris entre l'écliptique & le centre de l'étoile. Il faut connoître la déclinaiſon d'une étoile , ſon aſcenſion droite & l'obliquité de l'écliptique, pour en déterminer la *Latitude*. Et quand ces trois choſes font connues , il ne s'agit que de réſoudre un triangle ſpherique par les regles de la Trigonometrie ſpherique. La *Latitude* des étoiles eſt invariable : c'eſt aujourd'hui un ſentiment reçu. Cependant il y a des Aſtronomes qui ont foutenu le contraire. (*Voïez* l'*Almageſtum novum de Riccioli*).

LATITUDE DES PLANETES. La définition de la *Latitude* d'un planete eſt la même que celle d'une étoile : mais ſon calcul eſt différent. Les Aſtronomes ont trois manieres de déterminer cette *Latitude*. La premiere ſuppoſe qu'on connoît l'angle d'inclinaiſon d'élongation & de commutation de la planete. La feconde demande un calcul long fondé ſur des connoiſſances étendues d'Aſtronomie. Et on trouve la troiſiéme par obſervation plus aiſément que par le calcul; mais auſſi avec plus de foin & d'attention. On diſtingue la *Latitude* en vraie & en apparente. La *Latitude vraie* eſt l'arc du cercle de *Latitude* & le lieu véritable d'une planete (ou d'une étoile) c'eſt-à-dire , où elle eſt vûe du centre de la terre. La *Latitude apparente* eſt l'arc du cercle de *Latitude* entre l'écliptique & le lieu apparent de l'aſtre , je veux dire , où elle eſt vûe de la ſurface de la terre. Le demi-diametre n'étant que comme un point en comparaiſon de l'éloignement des étoiles fixes , il n'y a pas de différence ſenſible en tre la *Latitude vraie* & la *Latitude apparente* des étoiles. Il n'en eſt pas de même des planetes. Cette difference eſt très-conſidérable, ſur-tout par rapport à la lune. On la trouve en ôtant la parallaxe de la *Latitude* de ſa *Latitude* boréale , & en l'ajoutant quand cette *Latitude* eſt auſtrale. Voulant

fixer plus particulierement cette *Latitude,* les Aſtronomes donnent le nom de *Latitude de mois* (*Latitudo menſtrua*) à l'arc intercepté entre le vrai lieu de la lune & un plan quelconque, formant avec la ligne des nœuds & le plan conſtant de l'écliptique, un angle conſtant de 5 dégrés , étant perpendiculaire en même-tems ſur ce plan.

La *Latitude* d'un aſtre eſt Septentrionale lorſque ſa diſtance de l'écliptique eſt du côté du pole ſeptentrional de l'écliptique. Elle eſt dite méridionale , quand cette diſtance eſt du côté du pole méridional. Quelques Aſtronomes ne diſtinguent point ces deux *Latitudes* de l'amplitude Orientale & Occidentale.

On dit encore la *Latitude aſcendante*. C'eſt la *Latitude* d'une planete quand elle monte , foit du nœud aſcendant au-deſſus de l'écliptique , juſques à ſon terme méridional ou du terme méridional juſques au nœud aſcendant. Dans la Planche XV. Figure 29. E C L I eſt l'écliptique ; E N L S l'orbite de la Planete , N le terme ſeptentrional & S le terme méridional. Tandis que la planete avance de S vers N , ſa *Latitude* eſt *aſcendante*. Au contraire elle eſt *deſcendante* quand la planete avance du terme ſeptentrional vers le nœud deſcendant , & qu'elle deſcend de-là vers le méridional , c'eſt-à-dire , tandis qu'elle avance de N vers S.

LATUS RECTUM. *Apollonius* aïant appellé ainſi ce que nous entendons par parametre dans les ſections coniques , quelques Géometres ont conſervé ce nom en parlant de ce dernier terme (*Voïez* PARAMETRE), & en ont fait encore uſage en ſubſtituant au mot *rectum* d'autres épithetes , c'eſt-à-dire, les deux ſuivantes.

LATUS TRANSVERSUM. Ligne droite interceptée entre les ſommets de deux hyperboles oppoſées. Ou bien , c'eſt cette partie de l'axe commun qui eſt entre les ſommets de la ſection ſupérieure & inférieure. Telle eſt la ligne E D (Plan. III. Fig. 30).

LATUS PRIMARIUM. Les Géometres qui ſuivent *Apollonius* , nomment ainſi une ligne tirée par le ſommet d'une ſection conique , au-dedans du cône auquel elle appartient, comme la ligne D F ou E G (Planche III. Figure 30).

LEG

LEGERETE'. Terme de Phyſique. C'eſt la diminution ou le défaut de poids dans un corps quelconque, quand on le compare à un autre corps plus péſant ou moins leger. En ce ſens la *Legereté* eſt ppoſée à la pésanteur, (*Voïez* PESANTEUR).

L E M

LEMME. Proposition qui n'appartient pas proprement à la chose à laquelle on la rapporte,
mais qu'on y joint pour en démontrer la
vérité. C'est une proposition préparatoire,
afin que l'on conçoive plus aisément la démonstration de quelque théorème, ou la construction de quelque problème. Voulant
démontrer, par exemple, que la demi-
sphere inscrite dans un cilindre est égale
aux tiers du cilindre, on établit auparavant
ce *Lemme. La ligne qui est moyenne proportionnelle entre les parties du diametre d'une
couronne, en y comprenant le cercle qu'elle
renferme, est le raïon du cercle égal à la couronne.*

L E N

LENTILLE. On appelle ainsi en Dioptrique
tout verre qui n'est pas plan des deux côtés.
Une *Lentille* est donc 1°, ou un verre plan
d'un côté & convexe de l'autre ; 2°, ou un
verre convexe des deux côtés ; 3°, ou un
verre concave d'un côté & plan de l'autre ;
4°, ou concave des deux côtés ; 5°, ou enfin
convexe d'un côté & concave de l'autre.
Pour distinguer ces *Lentilles* suivant leur
espece, on appelle une *Lentille* dans le premier cas *plano-convexe*, *convexe* dans le
second ; *plano-concave* dans le troisiéme ;
concave dans le quatriéme, & *ménisque* dans
le dernier. L'axe d'une *Lentille* est une ligne perpendiculaire aux deux surfaces. On
démontre en Optique que les *Lentilles* convexes ont les propriétés suivantes.

1°. Les raïons de lumiere qui passent par
des *Lentilles convexes*, se courbent les uns
vers les autres, & cela d'autant plus que la
convexité est plus grande.

2°. Les raïons paralleles, en passant par
une *Lentille* convexe, se rassemblent au foïer.

3°. Les raïons divergens, ou le font
moins ou deviennent paralleles, ou enfin
deviennent convergens. Dans ce cas les
raïons s'écartant, le foïer approche. Il en est
de même du contraire. Et celui ci se rencontre lorsque le point raïonnant est plus éloigné de la *Lentille* que le foïer des raïons
paralleles (*Phys. Elem. Math. L. V.*)

4°. La lumiere s'accroît au foïer des
Lentilles, soit convexes, soit plano-convexes,
soit convexe-convexes.

De toutes les formes qu'on peut donner
aux *Lentilles*, *Descartes* préfere celles dont le
plan convexe est construit d'après une hyperbole

& une ellipse, à toutes les autres, pour l'u-
sage des microscopes & des telescopes.
(*Voïez* sa *Dioptrique*, *Chap. 9. §. 45*).
Si l'on en croit *Newton* & le P. *Deschalles*
(*Mundus Mathem. Tom. III. Liv. II. Prop.
69*), les verres convexes formés selon le plan
d'un cone valent mieux que les elliptiques
& les hyperboliques, (*Phil. natur. Princip.
Math. L. II. Prop.* 98 de la derniere édition). Cependant il paroît aujourd'hui par
les nouveaux microscopes de Dom *Noel*, que
ces Savans s'étoient trompés. On voit là
un effet des *Lentilles elliptiques* fort supérieur à celui des coniques ; & le sentiment
de *Descartes* bien triomphant.

2. Les propriétés des *Lentilles concaves* font
telles :

1°. Elles écartent les raïons les uns des
autres, & d'autant plus que cette concavité
est grande.

2°. Les raïons parallels deviennent divergens en passant par une *Lentille concave*.

3°. Ceux qui sont divergens le deviennent davantage.

4°. Les raïons convergens le deviennent
quelquefois moins.

5°. La lumiere refractée par une *Lentille
concave* s'affoiblit.

M. *S'Gravesande*, qui a démontré particulierement ces propriétés dans ses *Physices
Elem. L. V.* ajoute une maniere génerale
de découvrir le mouvement des raïons,
soit droits, divergens, ou convergens qui
tombent sur une *Lentille*, fondée sur une
simple regle de proportion. La voici : *Comme
la distance, entre le point auquel appartiennent les raïons incidens & le point des raïons
paralleles qui partent du côté opposé, est à
la distance entre le premier de ces points &
le verre même, ainsi cette derniere distance est
à la distance des raïons incidens & le point
cherché des raïons rompus.* On entend ici
que le point des raïons rompus est toujours
par rapport au point des raïons incidens,
du même côté que le point des raïons paralleles par rapport au même point des incidens. Je renvoie à l'article MENISQUE, ce
que j'ai à dire sur les *Lentilles* convexes d'un
côté & concaves de l'autre.

L E T

LETTRE DOMINICALE. Terme de Chronologie. Lettre qui indique le Dimanche pour
toute l'année. Dans le Calendrier Julien &
Grégorien on écrit depuis le premier Janvier les lettres suivantes A, B, C, D, E,
F, G, toujours dans le même ordre,
qu'on recommence toujours, aussi souvent

qu'on les finit. La *Lettre Dominicale* étant A, tous les jours de l'année où se trouve la *Lettre* A, sont des Dimanches, Cependant le commencement de l'année avance d'un jour, & celui de l'année bissextile de deux jours dans la semaine. Par exemple, une année commune commençant par un Dimanche, le commencement de l'année suivante tombera dans un Lundi. De même une année bissextile commençant un Lundi, le commencement de l'autre année sera un Mercredi. Or puisque l'année commence par une même *Lettre*, la *Lettre Dominicale* d'une année commune recule d'une *Lettre*, & de deux dans une année bissextile. Dépouillons cette suite de *Lettres*, dont la connoissance est importante dans la Chronologie Ecclesiastique.

L'année commune est de 365 jours, qui font 52 semaines & 1 jour. La *Lettre* A, qui est au premier de Janvier, marque non-seulement le commencement de chacune des 52 semaines de l'année; mais encore celui de la 53e, & se trouve par conséquent au dernier Dimanche de Décembre. D'où il arrive que dans l'année où le premier de Janvier est Dimanche sous la *Lettre* A, le dernier Décembre est aussi un Dimanche. Ainsi le premier Janvier de la seconde année est Lundi sous la même *Lettre* A, & le Dimanche suivant vient au septiéme du même mois, où est la *Lettre* G, qui par ce moïen est la *Lettre Dominicale* de cette seconde année. Maintenant comme cette même *Lettre* se trouve aussi au trentiéme de Décembre, il est évident que le trentiéme sera aussi Dimanche, le trente-uniéme Lundi, & que le premier de la troisiéme année sera Mardi, sous la lettre A. Selon cet ordre, le Dimanche suivant sera le sixiéme de Janvier où est la *Lettre* F, qui sera la dominicale de cette troisiéme année. Et le 29e Décembre, où la même *Lettre* se rencontre, sera aussi Dimanche, puis lundi le trentiéme & mardi le trente-uniéme. Enfin, il suit de-là que le premier Janvier de la 4e année sera Mercredi sous la *Lettre* A, & que le Dimanche suivant sera le cinquiéme du même mois où est la *Lettre* E, qui sera par ce moïen la *Lettre Dominicale*. Cette *Lettre* servira pendant l'année entiere. Voilà pour l'année commune.

La quatriéme année est une année bissextile, c'est-à-dire de 366 jours. Ce jour d'excès doit apporter du changement dans la période des *Lettres* en la continuant, Pour venir au-devant de ce désordre, la *Lettre* F, qui est au 24 de Février, se repete le jour suivant 25. Ainsi la *Lettre Dominicale* du

commencement de l'année étant E, comme on vient de voir, le 23e où elle se rencontre, sera Dimanche; le 24e sous F sera Lundi; le 25e sous la deuxiéme F sera le Mardi; le le 26e sous G le Mercredi; le 27e sous A Jeudi; le 28e sous B Vendredi; le 29e sous la *Lettre* C Samedi: & par conséquent le premier de Mars sera Dimanche sous la *Lettre* D, qui devient par ce moïen la *Lettre Dominicale* du reste de la même année, Cela fait voir; 1°, que chacune de ces *Lettres* sert par un ordre retrograde à faire voir les jours de Dimanche d'année en année; 2°, qu'une seule les marque dans tout le cours d'une année commune; & 3°, qu'il en faut deux à l'intercalaire, dont la derniere, dans l'ordre naturel, sert depuis le commencement jusques au jour de bissexte qui est le 24 Février, la premiere depuis ce jour jusques à la fin. Si les deux *Lettres* font E F, la derniere F est pour le commencement de de l'année, & la premiere E pour la fin.

Tous ces changemens de 4 en 4 ans dérangent la révolution des *Lettres Dominicales*, qui auroit dû s'achever dans sept années. Comme leur ordre naturel change 4 fois c'est-à-dire, une à chaque révolution, cet ordre n'est rétabli qu'au bout de 28 ans, C'est ce qui forme le cycle solaire, (*Voïez* CYCLE SOLAIRE).

On trouve la *Lettre Dominicale* en cherchant quel jour de la semaine commence une année proposée, par cette regle,

1°, Otez un jour de l'année proposée. 2°, Ajoutez au reste son quart pour le nombre des bissextes. 3°. Divisez par 7 la somme entiere (si l'année est avant la correction Gregorienne), ou la même somme après en avoir ôté le nombre des jours retranchés par la correction Gregorienne, si elle est après cette correction; (suivant cette correction on ôte 10 pour le siécle 1600, 11 pour celui de 1700, 12 pour 1800, &c). Le reste de la division, ou le diviseur même, quand il n'y a point de reste, indique par quel jour de la semaine commence l'année proposée, Ce jour connu, il est aisé de connoître la *Lettre Dominicale*. Il suffit pour cela de faire attention au reste. Lorsqu'il reste 1, le premier jour de cette année est un Dimanche, par consequent la *Lettre* A immuablement attachée au premier jour de Janvier est la *Lettre Dominicale*. Reste-t-il 2? Le premier jour de l'année sera un Lundi, & en comptant de ce jour la *Lettre* A, on trouvera que la *Lettre* G est alors la *Lettre Dominicale*, Mais si après la division faite, il ne reste rien, le diviseur 7 marque que le premier jour de l'année eſt un Samedi ſous la *Lettre* A, & le lendemain Dimanche ſous la *Lettre* B.

Les *Lettres Dominicales* doivent leur origine aux *Lettres* qui ſervoient aux Romains pour marquer les Nones & qu'ils appelloient *Nundinales*, (*Voïez* l'*Hiſtoire du Calendrier* par M. *Blondel*).

LETTRES ARDENTES. Nom qu'on donne dans les feux d'artifice à des *Lettres* préparées d'une matiere qui brûle lentement, & qui s'enflamme par-tout en même-tems, en ſorte que la flamme repreſente les *Lettres*. (*Voïez* FUSE'E A ECRITURE).

LEU

LEUCONOTUS. On appelle ainſi le vent qui décline de l'Eſt au Sud de 67°, 30', & qu'on appelle autrement Sud Sud-Eſt, ou *Gangeticus, Phœnicias, Phœnix*.

LEVER, on ajoute d'un ASTRE. C'eſt l'inſtant où un aſtre commence à paroître ſur l'horiſon.

LEVIER. C'eſt dans la Mécanique une barre inflexible conſiderée ſans péſanteur, ſur laquelle trois puiſſances ſont appliquées en trois points différens; enſorte que l'action de deux puiſſances eſt directement oppoſée à celle des deux qui leur réſiſte. Le point où agit cette puiſſance réſiſtante ſe nomme point d'appui, (*Voïez* APPUI).

On diſtingue les *Leviers* ſelon les différentes ſituations du point d'appui. On appelle *Levier du premier genre* celui où le point d'appui (A) (Planche XXXIX. Figure 31.) eſt placé entre la puiſſance (P) & le poids (C). *Levier du ſecond genre*, celui où le poids (C) (Plan. XXXIX. Figure 32), eſt entre la puiſſance (P) & le point d'appui (A);& *Levier du troiſiéme genre*, celui dont la puiſſance (P) (Planche XXXIX. Figure 33), eſt entre le point d'appui (A) & le poids (C).

Dans ces trois *Leviers*, il y a équilibre lorſque les poids & les diſtances du point d'appui ſont en raiſon réciproque, c'eſt-à-dire, que les produits des poids (on prend ici la puiſſance pour le poids, leur effet étant le même), par leur diſtance à ce point, ſont égaux. Sans cette condition, le plus grand produit l'emportera ſur le plus foible, & l'équilibre ſera rompu en raiſon de ce dernier produit ſur l'autre. Il eſt aiſé de déterminer la force néceſſaire pour vaincre une réſiſtance appliquée à un *Levier* quelconque, cette réſiſtance & ſon éloignement au point d'appui étant connus. Suppoſons, par exemple, que deux perſonnes pórtent un poids & qu'on demande ce que chacune en

porte en particulier. Si le poids eſt au milieu du *Levier*, il eſt clair, par les principes établis, qu'elles en portent autant l'une que l'autre. Au contraire, le poids partage t-il le *Levier* en deux parties inégales ? La charge, que chaque perſonne ſoutiendra, ſera en raiſon réciproque de leur diſtance au point d'appui. Ainſi cette diſtance étant double par rapport à la premiere perſonne, celle ci ne ſupportera que la moitié du poids, ſi elle eſt triple, le tiers, &c.

On voit bien par-là que la puiſſance peut avoir un avantage conſidérable ſur le poids, en lui donnant un long bras de *Levier*, & qu'il n'eſt point de fardeau qu'on ne puiſſe élever lorſqu'on aura une longue barre inflexible & un point d'appui. C'étoit tout ce qu'*Archimede* demandoit pour ſoulever le monde : *Dic ubi conſiſtam, cœlum terraſque movebo*. Il faudroit un *Levier* extrêmement long, à en juger par celui qui ſeroit néceſſaire pour ſoulever la terre. On verra, je penſe, avec plaiſir cette étendue déterminée.

La force d'un homme qui preſſe ſur un corps eſt eſtimée 200 livres, & le poids de la terre 39978470011807446478975O. Plaçons ce poids au bout d'un *Lévier* à la diſtance de 2000 lieues du point d'appui. Il faudra que la perſonne ou la puiſſance ſoit éloignée du point d'appui de 3997847001180744647897500 lieues pour ſoulever la terre. En l'élevant d'un mille la puiſſance parcourt l'eſpace de 6663078335301074413 16 lieues & $\frac{1}{4}$. Déterminons par curioſité la place de cette perſonne dans le monde. La planete la plus éloignée de la terre eſt Saturne. Sa diſtance du ſoleil eſt évaluée de 256770000 lieues. Qu'on diviſe 3997847001180744647897500, par ce nombre, le quot. 15569745951035731 eſt le nombre qui exprime autant de fois la diſtance à la terre, de laquelle la perſonne doit être éloignée du point d'appui pour ſoulever la terre.

2. J'ai conſideré juſqu'ici la puiſſance comme agiſſant ſur le *Lévier* par la preſſion, abſtraction faite de toute direction. Suppoſant une puiſſance, un poids & un point d'appui, les Mécaniciens établiſſent une regle génerale pour connoître leur rapport. Et cette regle eſt celle-ci.

Deux puiſſances P & F ſont en équilibre (Planche XXXIX. Fig. 34.) avec la puiſſance reſiſtante R, ſi elles ſont en raiſon réciproque des perpendiculaires C E, C G, abbaiſſées du point d'appui ſur les directions A L, A F des puiſſances P & F, c'eſt-à-dire, que P : F : : C G : C E. Car

P : F : : D A : B A; ou : : A B : B C. Mais
A B : B C : : le finus de l'angle A C B : au
finus de l'angle B A C ou de fon égal A C D.
Donc en prenant A C pour raïon, P : F : :
A G : A E, qui font les finus des angles
A C G, A C E.

Si le point A du parallelograme B A C D
étoit infiniment éloigné du point C, c'est-
dire, fi les directions P A, F A, C A des
trois puiffances étoient paralleles, la démonftration fubfifteroit toujours & l'on auroit P : F : : A G : A E.

Mais fi le point d'appui eft placé à l'une
des extrêmités L du *Lévier* (Plan. XXXIX.
Figure 35.) & que de ces deux puiffances
P & F appliquées aux points C & M du
Lévier, l'une tire felon la direction C F
& l'autre fuivant une direction contraire
M P, ces deux puiffances feront en équilibre lorfqu'elles feront en raifon réciproque
des perpendiculaires L E, L I, abbaiffées
du point d'appui L fur les directions C A
& A D. Le parallelograme B D étant achevé,
on aura P : F : : A D : A C : : B C : A C : :
le finus L I de l'angle B A C : au finus L E
de l'angle C B A ou B A E, en prenant
L A pour raïon. Et quand même le point
A s'éloigneroit à l'infini du point C on auroit
toujours P : F : : L I : L E.

Dans tous ces cas on nomme *Bras de
Levier* les perpendiculaires L I, L E abbaiffées du point d'appui fur la direction
des deux puiffances qui lui font oppofées,
& on confidere le point d'appui comme une
puiffance, puifqu'il refifte aux deux autres.

De quelque figure que foit un *Levier*, il
a toujours les mêmes propriétés qu'un *Levier droit*, c'eft-à-dire, que les puiffances
P & F font entre elles (Planche XXXIX.
Figure 36.) en raifon réciproque des perpendiculaires abbaiffées du point d'appui C,
fur leurs directions. Ce point doit toujours
fe trouver dans le plan de la direction des
deux puiffances, fans quoi il feroit impoffible de former un parallelograme de ces
trois directions. Ainfi fi dans le *Levier* horifontal L M Planche X X X I X. Figure
37). Il y a deux puiffances en P & F, il faut
mener une ligne P C F, pour avoir le point
d'appui en C, qui eft le feul point du *Levier* L M, qui fe trouve dans le plan
vertical des directions de ces deux points
P & F. Si le poids P étoit en A, le point
d'appui feroit en B, & les bras du *Levier*
feroient B A & B F. Enfin lorfque L P &
M F font perpendiculaires à L M, on peur
les prendre pour les bras du *Levier*; car L P :
M F : : L C : C M, à caufe des triangles
femblables.

Voilà toute la théorie des *Leviers* fimples.
Voici celle des *Leviers compofés.*

3. Lorfqu'un *Levier* P L M F (Plan. XXXIX.
Figure 38) eft compofé de plufieurs branches
P L, L M, M F, A R, & qu'il y a trois
puiffances aux points P, F, R, on détermine le point d'appui B autour duquel elles
font en équilibre, en menant les lignes P F,
P R qui donnent les points C & D, dont
le premier C fera le point d'appui du *Levier* P L M F, & le fecond D celui du *Levier* P L A R. Or comme le point B doit
foutenir feul les puiffances P, R, F, & que
D & L foutiennent chacun l'effort de P &
R, P & F, il faut faire cette analogie
P + R : P + F : : C B : B D, ou *componendo* 2 P + R, + F : P + F : : D C : B D.

Quand le *Levier* eft compofé de plufieurs
branches verticales & qu'il y a plufieurs
puiffances horifontales, ou même faifant
un angle quelconque par leurs directions
avec l'horifon, on trouve le point d'appui
de la même maniere, pourvu que la direction P, par où on mene les lignes P R,
P F, foit oppofée aux directions des puiffances R & F.

4. Tout cela pofé on calcule ainfi la force
de plufieurs *Leviers droits* ou *coudés*, qu'on
appelle alors *Leviers contigus.*

Soient donc les *Leviers contigus* (Planche XXXIX. Figure 39). A B C, C D E,
E G H, qui ont leur appui aux points
B, D, G, & qui étant placés dans un plan
vertical agiffent perpendiculairement les uns
fur les autres felon les directions I G K E.
Suppofons le poids P en équilibre avec la
force F, qui agit perpendiculairement fur
le *Levier* G H ou fur G I, qui feroit le bras
du *Levier*, fi G H n'étoit pas perpendiculaire à la direction F H. Par les principes
établis, la force F eft à la force E comme
G E eft à G H; E : C : : C D : D E; & C :
P : : A B : B C. Donc en multipliant les
trois proportions on aura F : P : : G E ×
C D × A B : G I × D E × B C. C'eft-à-dire,
qu'il y aura même raifon de la force F au
poids P, que du produit des bras A B, C D,
G E, qui font du côté du poids, au produit G I, D E, B C, qui font du côté de
la puiffance.

Ceci s'applique aux roues dentées. Lorfqu'on veut élever un poids par le moïen de
plufieurs roues dentées, qui s'engrainent
dans des pignons ou lanternes, on doit
prendre les raïons des roues pour les bras
du *Levier*, qui font du côté de la puiffance
& les raïons qui font du côté du poids, ou
de la réfiftance. Alors dans l'état d'équilibre la puiffance eft au poids comme le produit

duit des raïons des pignons est à celui des raïons des roues.

Appliquons ceci à un exemple. A B est un arbre horisontal ; C D (Pl. XXXIX. Fig. 50.) un *Levier* ou le raïon d'une roue ; E F le raïon d'un pignon ; I K un arbre vertical ; G H le raïon d'une roue qui engraine dans F E ; L M le raïon d'un pignon ou d'une autre roue. La puissance P faisant effort pour faire tourner C D & F E autour de A B, fait aussi effort pour faire tourner G H & L M en un sens contraire autour de I K. Et l'arbre I K tourneroit effectivement autour de son axe, si la puissance résistante R ne s'y opposoit par une direction R M, perpendiculaire à L M, comme la direction P D l'est à C D perpendiculaire à A B. Or dans l'état d'équilibre P : L : : le produit des bras L M, F E, qui sont du côté de la résistance, est au produit des bras A B, G H, qui dans chaque *Levier* sont du côté de la puissance.

Borelli a fait un bel usage de la théorie du *Levier* dans la Mécanique des corps, soit des animaux ou des hommes. Il explique par les loix de cette machine la marche des hommes & des animaux, le vol des oiseaux, la natation des poissons, &c. & en calcule les forces, (*Voïez* le Traité de cet Auteur intitulé : *De motu animalium*, &c. & le *Cours de Physique experimentale, Tome II.* par le Docteur *Defaguliers*).

L E Z

LEZAR. Constellation nouvelle située entre le Cigne, Cephée, Cassiopée & Pegase. *Hevelius* est le premier qui en a fait mention dans son *Firmamentum Sobiescianum* figure M, & il a déterminé les longitudes & les latitudes des étoiles dont elle est composée dans son *Prodromus Astronomiæ*, pag. 290.

L I B

LIBERALITE'. Les Astrologues se servent de ce terme pour exprimer qu'une planete est dans la maison d'une autre, & qu'elle en tire quelqu'avantage dans son influence.

LIBONOTUS. Nom du vent qui souffle à 22°, 30' du Sud à l'Ouest. C'est le Sud Sud-Ouest, appellé aussi *Austro-Africus* ou *Noto-Lybicus.*

LIBRATION. Terme d'Astronomie. Mouvement particulier qu'on observe à la lune, moïennant lequel elle semble tourner autour de son axe, mais dont elle revient d'abord, aïant à peine commencé son mouvement. On doit la découverte de la *Libration* à *Galilée.* Ce savant homme, dans ses Dia-

logues *De systemate mundi*, prétend que ce n'est qu'une illusion causée par le soleil, par la distance de la lune & par la parallaxe de la terre. *Hevelius* est peut-être le premier Astronome qui a recherché avec soin la nature de ce mouvement ; mais il n'a pas cru ce mouvement réel, quoiqu'il y ait compris le mouvement de la lune en longitude & en latitude. (Voïez *Selenographia, pag.* 136. *Astronomia reformata, L. III. Ch. 12* d'*Hevelius*, & *l'Almagestum nov. L. IV. Ch. 9 de Riccioli*). De façon que tout cela forme un sentiment qu'il n'est pas trop aisé de démêler. Aujourd'hui la *Libration* est mieux connue. Pour la dépouiller on la décompose en trois especes.

2. La premiere espece de *Libration* qu'on remarque dans la lune est en longitude. Elle vient du plan de ce méridien de la lune, presque toujours tourné de notre côté, & dont la direction ne tend point à la terre, mais vers l'autre foïer de l'orbite elliptique de la lune. C'est pourquoi elle paroît se balancer à un spectateur sur la surface de la terre. Cette *Libration en longitude*, ou selon l'ordre des signes du zodiaque, est nulle deux fois dans chaque mois périodique, savoir quand la lune est dans son apogée & dans son perigée ; car dans ces deux cas le plan de son méridien est également dirigé aux deux foïers.

3. La *Libration* en latitude dépend de son axe, qui n'étant point perpendiculaire au plan de son orbite, mais incliné à ce plan, tantôt l'un & tantôt l'autre de ses poles, s'incline & se balance un peu vers la terre, ainsi que cela arrive aux poles de la terre vers le soleil. La lune doit donc paroître se balancer & montrer quelquefois un plus grand nombre de ses taches, & quelquefois moins, vers chaque pole.

On appelle cette *Libration* la *Libration en latitude*, parce qu'elle est causée par la situation de la lune par rapport aux nœuds de son orbite avec l'écliptique. (L'axe de cette planette étant presque perpendiculaire au plan de l'écliptique). Elle s'acheve dans l'espace d'un mois périodique de la lune, ou plutôt lorsque la lune revient à la même situation par rapport à ses nœuds.

4. La troisiéme *Libration* est un mouvement qu'on distingue par ces phenomenes, Quoiqu'une partie de la lune ne soit pas réellement tournée vers la terre, comme il le paroît par la premiere *Libration*, cependant on en voit une portion qui est éclairée par le soleil. Car puisque son axe est presque perpendiculaire au plan de l'écliptique quand la lune est dans son plus grand éloignement

I

de l'écliptique vers le Midi, le soleil éclaire le pole boréal de la lune, ainsi que quelques parties qui sont au delà du pole du globe lunaire, tandis qu'au contraire son pole méridional est dans les ténebres. Si donc il arrive que le soleil soit dans la même ligne que la limite méridionale de la lune, alors cette planete s'en allant avec le soleil du point de sa conjonction vers son nœud ascendant, doit paroître un peu enfoncer ses parties polaires septentrionales dans l'hemisphere qui n'est point éclairé, & faire entrer dans la lumiere une pareille portion de ses parties polaires méridionales. Le contraire arrivera 15 jours après, lorsque la nouvelle lune descendra de sa limite septentrionale, parce qu'alors ses parties polaires septentrionales paroîtront sortir de l'obscurité & ses parties méridionales s'y plonger. Ainsi cette *Libration* apparente, qui est l'effet de la premiere *Libration*, s'achevera dans l'espace d'un mois synodique.

LIBS, Nom du vent qui souffle à 67°, 30', du Sud à l'Ouést. C'est le vent Ouest Sud-Ouest.

LIE

LIEU. Terme de Physique. Partie de l'espace que tout corps occupe. Le *Lieu* d'un être est sa maniere déterminée de co-exister avec les autres êtres. M. *Lock* observe que le *Lieu* relativement à l'espace est absolu ou relatif. Le *Lieu absolu* est celui qui convient à un être en considerant seulement sa maniere d'exister à l'égard de l'Univers entier, & le *Lieu relatif* est la position apparente ou sensible d'un corps quelconque relativement aux autres corps contigus ou adjacens. Quelquefois le *Lieu* est pris pour cette position de l'espace infini que le monde matériel occupe, & qui par-là est distingué du reste de l'étendue.

Les premiers Physiciens divisoient le *Lieu* en *Lieu interne* & en *Lieu externe*. Par le premier ils entendoient cette partie de l'espace que tout corps occupe ou remplit. *Aristote* détermine le *Lieu* externe par la surface ou le voisinage des corps adjacens ou environnans. Mais ces distinctions sont abandonnées aujourd'hui, & on n'en connoît pas d'autres du mot de *Lieu* que celle d'absolu & de relatif.

LIEU. Terme d'Astronomie. C'est le signe, le dégré, la minute & la seconde de l'écliptique ou du zodiaque, où le soleil & une planete se trouvent. Autrement *Lieu d'un astre* est ce degré de l'écliptique du commencement du bélier, qui est coupé par le cercle de longitude des planetes ou des étoi-

les. On trouve le *Lieu* du soleil lorsqu'on sait sa déclinaison, sa hauteur méridienne & l'obliquité de l'écliptique. Cela connu, en formant un triangle spherique, on résout le problême par les loix de la Trigonométrie spherique. Il en est de même des planetes.

LIEU GEOMETRIQUE. On donne ce nom en Géometrie à une ligne droite par laquelle on résoud un problême indéterminé. On propose, par exemple, de trouver à deux lignes proportioneles deux autres lignes. En composant les deux lignes données A P & P M (Planche VI. Figure 40), sous quelqu'angle que l'on voudra, & en tirant par A & M la ligne droite A D, elle sera le *Lieu géometrique*, c'est-à-dire, le *Lieu* de tous les points desquels on peut tirer les lignes P *m* paralleles à P M, qui ensemble, avec les lignes A P, satisfont au problême proposé. C'est ce qu'on appelle un *Lieu à la ligne droite*, parce que le problême indéterminé peut être résolu par une ligne droite. Cependant la ligne A B n'est pas toujours une ligne droite. Elle peut être une ligne courbe, un cercle par exemple, une parabole, une ellipse ou une hyperbole, & le *Lieu* est nommé alors *Lieu au cercle*, *Lieu à la parabole*, *Lieu à l'ellipse*, *Lieu à l'hyperbole*, suivant que le problême indéterminé est résolu ou par un cercle, ou par une parabole, ou par une ellipse, ou par une hyperbole. Tout cela signifie que le *Lieu* de tous les points desquels se tirent les lignes droites pour la résolution du problême est ou dans une ligne droite, ou dans la circonference d'un cercle, ou de la parabole, ou de l'ellipse, ou de l'hyperbole. Le point duquel on commence à compter une des lignes indéterminées qui satisfait avec l'autre au problême proposé, est appellée *Origine* ou *Point fixe du lieu*.

Soit par exemple, (Planche VI. Figure 40.) un *Lieu* à une ligne droite A D, A P, A *p* &c. P M une des lignes indéterminées, & P *m* l'autre. Alors le point A est l'origine du *Lieu*; parce que les lignes co-ordonnées, comptées depuis ce point, servent à résoudre le problême. Il ne faudroit pas conclure de-là que l'origine est toujours la même avec le point où le *Lieu* coupe une des lignes indéterminées. Elle peut être souvent, cette origine, plus en dedans, ou plus haut, ou plus bas.

Le point duquel on tire la ligne qui satisfait au problême, se trouve quelquefois en dedans d'une surface, & le *Lieu* est d'un autre genre. On le nomme alors *Lieu à la surface*. On fait usage de ce *Lieu* lorsqu'il s'agit de trouver en dedans d'un parallelograme A B D E, (Planche VI. Figure 41.) le point C par lequel les lignes H I, K L, paralleles aux côtés du parallelograme donnent d'autres parallelogrames A L C H, K D I C, H C K E & C I B L, qui font proportionnels entre eux ; car on fatisfait au problême de quelque côté qu'on prenne ce point.

Voilà toutes les définitions & les diftinctions du mot *Lieu*. En voici la théorie.

2. Suppofons deux lignes droites A P, P M (Planche VI. Figure 42.) inconnues & indeterminées, qui faffent l'une avec l'autre un angle quelconque A P M. Appellons x le commencement A P de l'une de ces lignes, dont le point A eft fixe, & que la ligne A P s'étende indéfiniment le long d'une ligne droite donnée de pofition. Appellons y l'autre ligne P M, que nous fuppoferons changer continuellement de pofition étant toujours parallele à elle-même. En ce cas, fi l'on a une équation, dans laquelle les deux inconnues x, y, qui expriment le rapport de la ligne A P (x) à fa correfpondante P M (y) foient mêlées avec des quantités connues, cette ligne, qui paffe par les extrêmités de toutes les valeurs de y, c'eft-à-dire, par les points M, s'appelle en géneral un *Lieu géometrique*, & en particulier *Lieu de l'équation propofée*. Rendons ceci plus fenfible par un exemple.

Que l'équation $y = \dfrac{bx}{a}$ exprime toujours le rapport de A P (x) à P M (y), qui font l'un avec l'autre un angle quelconque. Dans la ligne A P prenons A B $= a$ & du point B tirons B E $= b$ parallelement à P M, & du même côté. Cela fait, la ligne indéfinie A E s'appelle en géneral un *Lieu géometrique*, & en particulier le *Lieu de l'équation* $y = \dfrac{bx}{a}$. Car fi l'on tire la ligne droite M P parallele à B E, les triangles femblables A B E, A P M donneront toujours cette proportion : A B (a) : B E (b) : : A P (x) : P M (y) $= \dfrac{bx}{a}$. C'eft pourquoi la ligne droite A E eft le *Lieu* de tous les points M.

Si $yy = aa - xx$ exprime le rapport de A P à P M (Planche VI. Figure 43.) & que l'angle A P M foit droit, alors la circonference d'un cercle, dont le raïon eft la ligne droite A B $= a$, prife dans la ligne A P, eft appellée en géneral un *Lieu géometrique*, & en particulier *Lieu de l'équa-*

tion $yy = aa - xx$. Pour le prouver, on abbaiffe la perpendiculaire M P $= y$, & on a par la nature du cercle P M² (yy) $=$ D P × P B ($aa - xx$), en fuppofant que B D eft le diametre du cercle. D'où l'on conclud, que la circonference d'un cercle eft le *Lieu* de tous les points M.

3. Après avoir fuppofé que toutes les lignes P M, qui tendent du côté Q font pofitives ; fuppofons qu'elles aillent du côté oppofé à ce point, elles deviendront alors négatives. Ainfi l'on aura P M $= - y$. Pareillement, fi l'on fuppofe que le point P eft pris en allant de A vers B, & qu'on le prenne enfuite en fens contraire en allant de A vers D, tous les points pris du côté de D feront négatifs. On aura donc A P $= - x$. Or comme un *Lieu géometrique* doit paffer par les extrêmités de toutes les valeurs, & pofitives & négatives, de l'une des inconnues y, qui répondent aux valeurs tant pofitives que négatives de l'autre inconnue x, la ligne droite Q A G étant parallele à P M, on trouvera un *Lieu géometrique* dans les quatre angles, ou feulement dans quelques-uns de ces angles, comme dans la figure 43. Cela fe démontre ainfi.

Que A P $= x$; P M $= y$ & que le point M foit pris dans le quart de cercle Q B. Si l'on prend enfuite ce même point M dans le quart de cercle G B, on aura A P $= + x$, & P M $= - y$. Eft-il pris fur D G ? on aura A P $= x$ & P M $= - y$. Enfin, fi l'on prend ce point M fur le quart D Q, A P fera égal $- x$ & P M $= y$. Dans tous ces cas, l'on aura toujours par la nature du cercle, la même équation $yy = aa - xx$. La raifon de cela eft que les quarrés $+ y$ & $+ x$ font les mêmes dans tous les cas, c'eft-à-dire, qu'ils donnent toujours yy & xx.

De plus fi l'on fait dans la figure 42 A P $= x$, P M $= y$, & que l'on prolonge A E de l'autre côté de A, dans l'angle G A D, l'on aura A P $= - x$ & P M $= - y$. Mais puifque les triangles A B E, A P M font femblables, on aura la proportion fuivante A B (a) : B E (b) : : A P : ($- x$) : P M ($- y$). Ainfi $- y = - \dfrac{bx}{a}$.

Donc $y = \dfrac{bx}{a}$ qui eft la même équation qu'on auroit trouvée d'abord en fuppofant que le point M tombe dans l'angle B A Q.

4. On diftingue les *Lieux* en differens dégrés. Sous le premier, on comprend tous les *Lieux* où les quantités inconnues x y n'ont

qu'une dimension ; sous le second, tous ceux où les inconnues n'en ont que deux, & ainsi de suite. Sur quoi il faut observer qu'il ne doit point y avoir dans les équations qui les expriment, de rectangle ou de produit des quantités inconnues xy, & que dans les équations des *Lieux* du second dégré les quantités xy ne doivent pas former un produit de plus de deux dimensions.

5. On dit que les termes de l'équation d'un *Lieu* sont differens quand l'une des équations xy ou toutes les deux ont des dimensions differentes. Ainsi dans le premier dégré, si l'on suppose cette équation $y - \dfrac{bx}{a} + c = 0$, les termes y, $-\dfrac{bx}{a}$, & c seront differens. De plus, si l'on suppose dans le second dégré $yy + \dfrac{2bxy}{a} - 2cy - \dfrac{fxx}{a} + gx + hx + ll = 0$, alors les termes yy, $\dfrac{2bxy}{a}$, $- 2cy$, $- \dfrac{fxx}{a}$, gx, $+ hx - hh$, $+ ll$ seront tous des termes differens.

6. Quand les quantités inconnues x, y n'ont qu'une dimension dans une équation donnée, & que leur produit xy ne s'y trouve pas, alors le *Lieu* de cette équation sera toujours une ligne droite. & on peut la réduire à quelqu'une des formules suivantes ; 1. $y = \dfrac{bx}{a}$; 2. $y = \dfrac{bx}{a} + c$; 3. $y = \dfrac{bx}{a} - c$; 4. $y = c - \dfrac{bx}{a}$.

7. Quand une équation de deux dimensions est donnée, & que l'on veut connoître celle des sections qui en est le *Lieu*, il faut mettre d'un seul côté tous les termes de l'équation ; de maniere que l'autre membre $= 0$. Alors il peut arriver deux cas.

I. Cas. Lorsque le plan xy n'est pas dans l'équation donnée. 1°. S'il n'y a qu'un des quarrés yy, ou xx, le *Lieu* sera une parabole. 2°. Si les deux quarrés xx, yy, s'y trouvent avec les mêmes signes le *Lieu* sera une ellipse ou un cercle. 3° Les deux mêmes quarrés ont-ils différents signes ? Le *Lieu* sera une hyperbole ou les hyperboles opposées rapportées à leur diametre.

II. Cas. Le plan xy se trouve dans une équation donnée. 1°. S'il y a une équation dans quelqu'un des quarrés yy, xx, ou s'il n'y en a qu'une, le *Lieu* est une hyperbole entre ses assymptotes. 2°. Si les quarrés xx, yy, y sont avec différens signes, le *Lieu* est une hyperbole rapportée à ses diametres. 3°. Si ces deux quarrés ont les mêmes signes, on délivre des fractions le quarré yy ; & pour lors le *Lieu* est une parabole, lorsque le quarré de la fraction qui multiplie xy, est égal à la fraction qui multiplie xx. C'est une ellipse ou un cercle quand il est moindre, & enfin une hyperbole ou deux hyperboles opposées, rapportées à ses diametres, lorsqu'il est plus grand.

8. On dit qu'un *Lieu* est *ad lineam*, quand le point qui résout le Problème se trouve dans une ligne droite ou courbe, & cela à cause du défaut d'une condition qui rendroit le Problème déterminé.

On a un *Lieu* appellé *Lieu ad solidum*, quand il manque trois conditions pour déterminer le point cherché : ce qui fait qu'on est obligé de le chercher dans un solide. Ce *Lieu* peut se trouver dans une surface plane, courbe ou mixte, déterminée ou indéfiniment étendue. Enfin on nomme un *Lieu ad superficiem*, lorsqu'il manque deux conditions pour déterminer un point quelconque qui satisfait à un problême. Et ce point peut être pris dans l'étendue de quelque surface plane ou courbe.

9. La doctrine des *Lieux géometrique* a été inventée par les Géometres Grecs. On lit dans le septieme Livre des Collections Mathématiques de *Pappus*, que M. *Halley* a fait imprimer à la tête des deux Livres d'*Appollone Pergée*, *De sectione rationis*, on lit, dis je, qu'*Euclide*, *Appollone*, *Pergée* & *Aristée* s'étoient fort attachés à cette matiere, & que leur but étoit de préparer par-là aux solutions des problêmes géometriques, ceux qui avoient appris la Géometrie commune par les Elémens d'*Euclide*. Ces Géometres divisoient les *Lieux géometriques* en *Lieux plans*, qui étoient des lignes décrites sur des surfaces planes ; sçavoir la ligne droite & le cercle, & en *Lieux solides* qui étoient des lignes qu'ils imaginoient se former par la section d'un corps ; sçavoir, les trois sections coniques, la parabole, l'ellipse & l'hyperbole. A ces *Lieux* ils y ajoutoient les *Lieux lineaires*. C'étoient des lignes courbes différentes du cercle & des sections coniques, comme la conchoïde de *Nicomede*, la cissoïde de *Diocles*. Dans la Géometrie les *Lieux plans* étoient admis ; mais on en bannissoit les *Lineaires*.

Appollone de Perge a décrit les *Lieux plans* ; *Aristée* les solides, & *Euclide* ceux à la furface. Mais nous ne poſſédons de tous ces Ecrits que ce que *Pappus* en rapporte dans ſes *Collectiones Mathematicæ*. Parmi les Géometres modernes *Fermat* a taché de rétablir les Ouvrages d'*Appollone* ; *Viviani* ceux d'*Ariſtée*, & le grand *Deſcartes* a répandu un jour nouveau dans cette doctrine des *Lieux géometriques*. Il a commencé à définir les lignes courbes par des équations algébriques, & à les diſtribuer en certains genres. Auſſi ſelon ſa méthode, les *Lieux géometriques* ſont rangés plus commodement en différens ordres, ſuivant les différentes équations qui les définiſſent. Ainſi le *Lieu du premier ordre* eſt une ligne droite qui peut être définie par une équation ſimple, c'eſt-à-dire, par la ligne droite. Le *Lieu du ſecond ordre* eſt une ligne qui peut être définie par une équation quarrée, comme par le cercle, la parabole, l'ellipſe & l'hyperbole. Le *Lieu du troiſiéme ordre* eſt une ligne du ſecond genre, définie par une équation cubique (*Géometr. de Deſcartes. Liv. II*).

Les *Lieux* du premier & du ſecond ordre ont été traités par *Jean Craige*, dans ſon Traité *De figurarum curvilinearum quadraturis & locis Geometricis*, par le Marquis de l'Hopital (*Traité analytique des ſections coniques*), par l'Abbé *Deidier* (*Arithmetique des Géometres*) & par *Bartholomé Intieri* (*Aditus ad nova arcana Geometrica detegenda*). Ce dernier avoit entrepris de traiter des *Lieux des ordres ſupérieurs*. Par malheur il n'a publié qu'un commencement de ſon travail.

Lieu BRISÉ. Le *Lieu* de la ſphere du monde où l'on voit une étoile, moïennant des raïons rompus dans notre atmoſphere. (*Voïez* ATMOSPHERE).

Lieu EXCENTRIQUE DANS L'ECLIPTIQUE. Point de l'écliptique auquel on rapporteroit une planete, ſi on la regardoit du ſoleil.

Lieu EXCENTRIQUE. C'eſt le *Lieu* d'une planete, où elle eſt vue du ſoleil.

Lieu GÉOCENTRIQUE. Point de l'Ecliptique, auquel on aſſigne une planete, étant vue de la terre.

Lieu MOÏEN. Point de la ſphere du monde, où le centre du ſoleil ou d'une planete ſeroit vû, ſi nous étions dans un lieu où ces Aſtres paroiſſent ſe mouvoir avec une viteſſe uniforme de leur apogée ou aphelie. Soit par exemple, (Planche XV. Figure 44). R E N l'orbite du ſoleil, ſon centre C vû en O. Alors le point O eſt appellé *Lieu du moïen mouvement*.

Lieu DE RADIATION. C'eſt dans l'optique tout l'eſpace par lequel ſont diſperſés les raïons de lumiere qui ſortent d'un point.

Lieu DE L'IMAGE. Terme de Catoptrique. C'eſt le *Lieu* où l'on voit un objet par les raïons reflechis du miroir. Les anciens, ſuivant ce que nous en pouvons juger par la Catoptrique d'*Euclide*, & par les Traités d'*Alhaſen* & de *Vitellio*, établirent comme un axiome, que chaque point d'un objet raïonnant ſur un miroir, étoit vû dans l'endroit où le raïon reflechi concourt avec le cathete d'incidence. Cependant *Kepler* a fait voir dans ſes *Paralipomena in Vitellionem. Prop. 18*, que cela n'étoit point généralement vrai à l'égard des miroirs ſperiques. Et M. *Wolf* prétend que dans les miroirs plans, le *Lieu de l'image* eſt toujours dans l'endroit où le raïon reflechi coupe le cathete d'incidence, en exceptant pourtant les miroirs convexes, lorſque les deux yeux ſont dans un même plan de reflexion : ce qui n'arrive que lorſque les raïons ſont reflechis fort obliquement dans l'œil ; de façon qu'on ne ſçauroit preſque rien voir diſtinctement. A l'égard des miroirs concaves, M. *Wolf* prouve qu'on y voit l'image hors de la cathete d'incidence, lorſque l'objet eſt éloigné du miroir au-de-la de ſon centre, & que l'œil en eſt tout-à-fait près. Quant aux cilindriques & aux coniques, nous voïons par l'expérience que l'image n'eſt pas bien éloignée du plan. Avec tout cela, on n'a pas encore démontré de quelle eſpece ſont des lignes qui s'entre-coupent au *Lieu de l'image*, & par conſéquent le problème de déterminer géometriquement le *Lieu de l'image* dans ces ſortes de miroirs, & dans d'autres, n'eſt pas encore reſolu.

LIEVRE. Conſtellation méridionale à la jambe d'Orion, dans laquelle on compte communément 13 étoiles ; ſçavoir, 4 de la IIIe, IVe & Ve grandeur & 1 de la ſixiéme. *Hevelius* a rangé cette conſtellation dans ſon *Prodom. Aſtronom.* & ſa figure eſt repréſentée dans ſon *Firmamentum Sobieſcianum*, Figure z, & dans l'*Uranometrie de Bayer*, Planche N n : *Schiller* prétend que cette conſtellation eſt la peau que *Gedeon* a étalée. On l'appelle encore *Apertis oculis dormiens, Elamet* & *Levipes*.

L I G

LIGNE. Etendue dont on conſidere la longueur. Les perſonnes qui commencent à apprendre la Géometrie, ont ordinairement de la peine à comprendre comment il y peut y avoir des *Lignes*, & en général des quantités, avec une ſeule dimenſion. Comme les corps auſquels on applique la Géometrie, ont toujours une longueur, une largeur & une hauteur, difficilement ſe perſuade t'on qu'on puiſſe en détacher quelque dimension. Cependant, quand on fait attention à ce qui doit constituer la *Ligne*, on trouve qu'il est aussi absurde de lui concevoir deux dimensions, qu'il paroît malaisé à la premiere vue de la débarrasser d'une. En effet, la *Ligne* est ce qui détermine la distance de deux points. Or, je le demande : dans cette distance voit-on autre chose qu'une longueur ? Quand on dit qu'il y a quatre lieues de Paris à Versailles, entend-on parler de la largeur du chemin sur lequel on fait ces quatre lieues ? La longueur est une, & cette longueur est la *Ligne*. De même quand on considere la hauteur d'une tour, la largeur & la longueur n'y sont pour rien ; & cette hauteur est déterminée par une *Ligne* : c'est une *Ligne* elle-même. D'où il est aisé de conclure, que la *Ligne* ne peut être susceptible que d'une seule dimension, qui est la longueur.

On distingue deux sortes de *Lignes*. La *Ligne droite* & la *Ligne courbe*. La *Ligne droite* est celle dont les parties ressemblent au tout, ou dans laquelle tous les points sont situés dans la même direction. *Platon* prétendoit que la *Ligne droite* consiste en ce que les ombres de ses extrêmités couvrent tout le milieu (*Quod ejus extrema obumbrent omnia media.*) *Euclide* veut que la *Ligne droite* soit celle où toutes les parties sont situées en égalité derriere leurs extrémités. Mais il ne définit point par-là le caractere qui fait qu'on connoît que toutes les parties sont situées également les unes derriere les autres ; & par conséquent sa définition n'est gueres plus claire que le défini. Il semble qu'*Euclide* l'a connu, car il n'a pas sçû se servir de sa définition dans aucune partie de ses Elémens. Aussi a-t-il été obligé d'admettre sans démonstration que les *Lignes droites* ne se coupent que dans un seul point, & qu'elles ne sçauroient avoir aucune partie commune. *Archimede* définissoit la *Ligne droite*, la *Ligne* la plus courte qu'on puisse mener d'un point à un autre, & cette définition a été adoptée par de grands Géometres. Elle n'a lieu que lorsqu'on suppose deux points sur un plan droit. Mais pour décrire un plan droit, il faut supposer la *Ligne droite* connue. Il est donc évident que dans cette définition, on commet une faute appellée par les Logiciens *Cercle vicieux*, en définissant l'un par l'autre, comme ici la *Ligne droite* par un plan droit, & le plan droit par une *Ligne droite*. Par où l'on voit que la définition que j'ai donnée de la *Ligne droite*, est la seule qui lui convienne ; car on peut démontrer aisément cet axiome d'*Euclide*, que deux *Lignes droites* qui se coupent,

ne sçauroient avoir aucune partie commune. Au reste, on se représente fort bien une *Ligne* par un fil tendu librement en l'air.

Ligne. Terme de Mesurage. C'est la douziéme partie d'un pouce.

Ligne horisontale. *Ligne* qui forme un angle droit avec la *Ligne* de direction d'un corps grave. Tous les fluides en général ont cette propriété, que leur surface fait toujours un angle droit avec leur *Ligne* de direction. En Cosmographie, on appelle *Ligne horisontale*, une *Ligne* qui dans tous ses points est éloignée à une égale distance du centre de la Terre, & qui par conséquent n'est pas une *Ligne droite*, mais plutôt la portion d'un cercle. Malgré cette vérité, comme un cercle peut être divisé en 21600 petites parties qu'on appelle minutes, & que par conséquent une portion de cercle de quelques minutes ne differe pas sensiblement d'une *Ligne* droite ; on suppose une *Ligne* droite qui touche le cercle dans le point duquel on s'imagine que la *Ligne* droite est tirée. C'est de là que naît la difference entre la *Ligne horisontale vraie*, & la *Ligne horisontale apparente*. C'est cette différence qu'on observe avec tant de soin dans le nivellement, où l'on examine la chute des eaux, & où elle est sensible dans de grandes distances. (*Voiez* NIVELLEMENT).

2. Dans la Gnomonique on appelle *Ligne horisontale* la *Ligne* dans laquelle le plan du cadran solaire coupe le plan qui est parallele à l'horison.

3. On appelle encore en perspective une *Ligne horisontale* la *Ligne* droite tirée sur le tableau parallele à l'horison par le point principal, ou la *Ligne* tirée parallelement à l'horison sur le tableau par le point principal.

Ligne a plomb. C'est une *Ligne* perpendiculaire, c'est-à-dire, une *Ligne* qui fait un angle droit avec la *Ligne* horisontale. On donne encore le même nom à une *Ligne* droite formée par le fil à plomb, qui tend toujours vers le centre de la terre, en vertu de sa pesanteur. On s'en sert dans les instrumens de Mathématiques pour les placer horisontalement ou verticalement.

Lignes concentriques. Portions de cercle, qu'on décrit d'un centre commun avec différens raïons.

Ligne conique. *Ligne* courbe qui se forme par la section d'un cone. (*Voiez* SECTIONS CONIQUES.)

Lignes convergentes. Ce sont des *Lignes* qui étant continuées, concourent dans un point. Telles sont les *Lignes* A *a* & B *b*, qui étant continuées concourent en C. (Planche I. Figure 45). On n'a pas encore examiné la propriété de ces *Lignes*, que quelques Géometres connoissent sous le nom de *Lignes inclinées*. M. *Wolf* est peut-être le seul qui ait développé quelques-unes de de ses propriétés, (*Voïez* les *Elem. Math. univ. Tom. I. Elem. Geom.*) & il seroit à souhaiter qu'on aprofondît leur théorie. Comme on s'en sert fréquemment dans l'Optique, dans la Dioptrique & dans la Catoptrique, on démontreroit alors plusieurs questions sur ces Sciences d'une maniere beaucoup plus aisée qu'on ne sçauroit le faire à présent.

LIGNE CUBIQUE. C'est dans le mesurage Géometrique, un cube dont la longueur, la largeur & la hauteur font une *Ligne*, c'est-à-dire, la 1000 partie d'un pouce cubique.

LIGNE D'ARAIGNÉE. Espece particuliere de *Ligne* composée de *Lignes* droites & courbes, qui ressemble à une toile d'araignée. Cette *Ligne* n'est gueres connue que des Allemands & j'en ignore l'utilité. Seulement je sais qu'*Albert Durer* en fait mention dans un Livre intitulé : *Institutions pour les mesures avec le compas & la regle*, & qu'il y décrit un instrument qui sert à tracer de cette figure. *Scheventer* en donne aussi la construction dans sa *Géometrie, Liv. III. Prob.* 15.

LIGNE DIRECTRICE. *Ligne* qui détermine le mouvement d'une autre *Ligne*, ou d'un plan, par lequel un plan ou un corps se forme. En supposant, par exemple, qu'une *Ligne* droite A B se meuve (Planche I. Figure 46) en descendant le long d'une autre A D, ensorte qu'elle reste toujours parallele, elle décrit un parallelograme, & la *Ligne* A D, qui régle le mouvement de l'autre A B, s'appelle la *Ligne directrice*.

C'est par cette raison qu'on appelle de même, *Ligne Directrice* de la conchoïde, la *Ligne* qui dans la description de cette courbe porte d'ailleurs le nom de régle de la conchoïde. (*Voïez* CONCHOIDE).

LIGNES DIVERGENTES. *Lignes* qui s'éloignent toujours de plus en plus, à mesure qu'on les continue. Telles sont les *Lignes* A a B b Planche I. Figure 45). qui s'éloignent vers E & vers D. Les propriétés de ces *Lignes* n'ont pas encore été examinées dans la Géometrie. L'usage fréquent qu'on en fait dans l'optique, dans la catoptrique & dans la dioptrique demanderoit ce semble qu'on travaillât à leur théorie, dont la connoissance seroit si utile dans ces sciences.

LIGNE OBLIQUE. *Ligne* qui forme avec une autre un angle, ou aigu, ou obtus, oblique en un mot. *Euclide* n'a rien dit de particulier touchant les *Lignes obliques* : mais le P. *Lami* & M. *le Duc de Bourgogne* ne les ont pas oublié. (*Voïez* leurs *Elemens de Géometrie*).

LIGNES PARALLELES. (*Voïez* PARALLELES).

LIGNES ANTI-PARALLELES. M. *Leibnitz* appelle ainsi des *Lignes* qui coupent des *Lignes* paralleles, de façon que l'angle extérieur forme un angle droit avec l'intérieur opposé. On trouve la description de ces *Lignes* dans les *Acta eruditorum. An.* 1698. *Pag.* 279 ; mais personne n'a recherché leurs propriétés.

LIGNES PROPORTIONNELLES. *Lignes* qui sont dans une certaine raison les unes aux autres, dont la premiere est à la seconde, comme la seconde est à la troisiéme, ou comme la troisiéme est à la quatriéme. (*Voïez* PROPORTIONNELLES).

LIGNES DES SECANTES. Nom que M. *Wolf*, dans ses *Element. Analysis finit.* (*Elem. Math. univ. Tom. I.*) donne à une *Ligne* courbe qui se forme par les secantes d'un quart de cercle de la maniere suivante.

1°. Divisez le quart de cercle B D (Planche IV. Figure 47.) en deux parties égales en B G. 2°. Divisez de même en deux parties égales les arcs B G & G D en E F, &c. 3°. Tirez du centre C par tous les points de divisions, les secantes C L, C M, C N, &c. 4°. Prolongez C B arbitrairement en A, & divisez A C en autant de parties égales que vous en aurez données au quart de cercle B D. 5°. Elevez perpendiculairement de ces points *h, i, k, l, m* les secantes C L, C M, C N, C O, &c. Alors *e g f* &c. sera la *Ligne des secantes*. M. *Wolf* fait voir que les abscisses de cette *Ligne* sont en raison des arcs, & les demi-ordonnées comme leurs tangentes. Au reste les propriétés de cette courbe n'ont point été encore découvertes.

LIGNE DES SINUS. M. *Leibnitz* appelle ainsi une *Ligne* courbe qui se forme de la même maniere par les sinus, que la courbe des secantes par les sécantes. Ce même Savant a découvert les propriétés de cette *Ligne* dans différens volumes des *Acta eruditorum*, &c.

LIGNE DES TANGENTES. *Ligne* courbe, qui se forme par les tangentes, comme les *Lignes* des sinus & des sécantes par les sinus & par les secantes. M. *Wolf* remarque dans ses *Element. Analys. finit.* que ses abscisses sont en raison de ses demi-ordonnées & ses demi-ordonnées en raison des tangentes. Personne que je sache, n'a encore recherché les propriétés de cette *Ligne*.

LIGNE DE STATION. C'est dans l'arpentage une *Ligne* des deux extrémités de laquelle on mesure ou une hauteur , ou une largeur , ou d'où l'on éleve le plan d'une figure. En déterminant cette *Ligne*, on doit avoir soin qu'elle ne soit pas trop courte ; car plus elle est longue, plus les *Lignes* se coupent exactement ; & c'est ce qui donne la précision à l'opération même.

LIGNE SOUS-NORMALE. Partie de l'axe située entre la demi-ordonnée & la *Ligne normale*. Soit A X l'axe (Planche IV. Figure 261). N O la *Ligne* normale, S O la demi-ordonnée. Dans ce cas S N est la *Ligne sous-normale*.

LIGNE TRANSCENDANTE. C'est le nom que M. *Leibnitz* donne à toutes les *Lignes* courbes qui ne peuvent être définies par une équation algébrique. Telle est la cycloide , la logarithmique & la quadratrice , &c. (*Voïez* COURBE).

LIGNES RÉCIPROQUES. Ce sont deux *Lignes* extrêmes proportionelles à l'égard de leur moïenne proportionnelle, de même que leur moïenne à l'égard des deux extrêmes. Ces *Lignes* sont utiles pour former les équations quarrées, ou du second dégré.

Jusqu'ici je n'ai consideré des *Lignes* que celles qui appartiennent à la Géometrie. Voici celles qu'on considere dans l'Astronomie , la Gnomonique, l'Optique, la Mécanique & l'Architecture militaire.

LIGNE. Terme de Cosmographie , ou d'Astronomie. Nom qu'on donne au cercle de la terre qui la divise en deux également. C'est l'équateur. (*Voïez* EQUATEUR). Sur le globe terrestre, cet équateur est aussi le cercle équinoxial. Le mot de *Ligne* est sur-tout en usage dans la Marine. Les Marins la passent avec beaucoup de pompe. Ils chantent le *Te Deum* accompagné de trompettes & de tymbales, & d'une décharge de tous les canons du Vaisseau. On plonge dans l'eau ceux qui passent la *Ligne* pour la premiere fois : c'est ce qu'on appelle le *Baptême*. On leur fait encore prêter le serment qu'ils observeront ce même usage avec d'autres toutes les fois qu'ils repasseront la *Ligne*. Comme tout le monde n'aime pas à être *baptisé* de la sorte, les Marins vendent le *baptême* à ceux qui veulent le païer. (*Voïez Dictionnaire de Marine* à l'article Baptême.)

LIGNE DES APSIDES. *Ligne* droite tirée de l'aphelie d'une planete à son perihelie. Depuis qu'on sait que les planetes tournent dans des orbites elliptiques, la *Ligne des apsides* est le grand axe de l'ellipse. (*Voïez* APSIDES). M. *Wolf* fait voir dans ses Element. Astronom. (*Elem. Math. univ. Tom. III.*) que la *Ligne des apsides* de l'orbite terrestre étant divisée en 100000 parties , cette

même *Ligne* en auroit dans l'orbite de Saturne 951000 ; dans celle de Jupiter 519650 ; dans celle de Mars 152350 ; dans celle de Venus 72400 , & dans celle de Mercure 38806.

La distance moïenne du soleil à la terre étant connue (M. *Cassini* la met à 22000 demi-diametres de la terre) le double de cette distance fera la *Ligne des apsides* pour le soleil ou plutôt pour la terre ; & on trouvera alors aisément par une regle de trois, les trois autres *Lignes des apsides* en demi-diametres de la terre. En réduisant ces nombres en mille, ou en tout autre nombre , le produit donnera la *Ligne des apsides* en tout autre nombre. C'est ainsi que M. *Wolf* a trouvé la longueur de la *Ligne des apsides* exprimée en milles d'Allemagne.

TABLE DE LA LIGNE DES APSIDES DES PLANETES.

Nom des Planetes.	*Longueur de la Ligne des Apsides, en milles.*
SATURNE	3598548000
JUPITER	1966355600
MARS	576492400
VENUS	27196600
MERCURE	146841904

Dans l'ancienne Astronomie la *Ligne des apsides* est une ligne qui passe par le centre du monde & de l'excentrique. L'une de ses extrêmités est l'apogée, l'autre le perigée ; & l'on nomme *Excentricité* la partie de cette *Ligne* interceptée entre le centre du monde & celui de l'excentrique.

LIGNE DES NOEUDS D'UNE PLANETE. *Ligne* droite tirée de la planete au soleil. C'est la commune intersection du plan de l'orbite de la planete, & du plan de l'écliptique.

LIGNE SYNODIQUE. *Ligne* droite considerée par rapport à quelques théories de la lune, que l'on suppose tirée par le centre de la terre & du soleil. Quand on prolonge cette *Ligne* jusques aux orbites de ces astres , on l'appelle la *Ligne des vraies sizygies*.

La *Ligne des moïennes sizygies* est une *Ligne* droite que l'on imagine passer par le centre de la terre & par le lieu moïen du soleil.

LIGNE DE LA PLUS GRANDE OU DE LA PLUS PETITE LONGITUDE D'UNE PLANETE. C'est la partie de la ligne des apsides , qui va du centre du monde à l'apogée ou au périgée de la planete.

LIGNE DE MOÏENNE LONGITUDE. *Ligne* droite tirée par le centre du monde perpendiculairement à la *Ligne des apsides*. Elle sert comme

comme de diametre à l'excentrique ou au déferent ; & ce font les extrèmités de cette *Ligne* qu'on appelle *moïenne longitude*.

LIGNE DU MOUVEMENT MOÏEN DU SOLEIL. C'eft dans l'ancienne Aftronomie une *Ligne* droite tirée du centre du monde jufques au zodiaque du premier mobile. Elle eft parallele à une *Ligne* droite tirée du centre de l'excentrique au centre du foleil. On appelle auffi cette derniere *Ligne* la *Ligne du mouvement moïen du foleil dans l'excentrique*, pour la diftinguer de la premiere qui eft la *Ligne du mouvement moïen* dans le zodiaque du premier mobile.

LIGNE DU MOUVEMENT VRAI DU SOLEIL. *Ligne* tirée du centre du monde au centre du foleil, & prolongée jufqu'au zodiaque du premier mobile.

LIGNE DE L'ANOMALIE D'UNE PLANETE. C'eft dans le fyftême de *Ptolomée* une *Ligne* droite tirée du centre de l'excentrique au centre de la planete.

LIGNE DE L'APOGÉE D'UNE PLANETE. *Ligne* droite tirée du centre du monde par le point de l'apogée jufques au zodiaque du premier mobile.

LIGNE DU LIEU VRAI D'UNE PLANETE. *Ligne* tirée du centre de la terre par le corps de la planete, & continuée jufques aux étoiles fixes.

LIGNE DU LIEU APPARENT D'UNE PLANETE. *Ligne* droite tirée de l'œil du fpectateur à la planete, & prolongée pareillement jufques aux étoiles fixes.

LIGNE DES MESURES. C'eft, dans la projection ftéreographique de la fphere fur un plan, cette *Ligne* dans laquelle le plan d'un grand cercle perpendiculaire au plan de projection, eft entrecoupé dans ce plan de projection par le cercle oblique qui eft projetté.

LIGNE DE DIRECTION DE L'AXE DE LA TERRE. C'eft dans le fyftême Aftronomique de *Pythagore* la *Ligne* qui joint les deux poles de l'écliptique & de l'équateur, quand les poles font projettés fur le plan du premier.

LIGNE ÉQUINOXIALE. Terme de Gnomonique. *Ligne* de commune interfection du zodiaque & du plan du cadran.

LIGNE HORAIRE. C'eft la *Ligne* que l'ombre du ftile d'un cadran doit atteindre à une certaine heure. La juftefse des cadrans dépend d'une pofition exacte des *Lignes horaires*.

LIGNE SOUSTILAIRE. *Ligne* fur laquelle on éleve le ftile d'un cadran. Dans les cadrans équinoxiaux, polaires, horifontaux, & verticaux, c'eft la *Ligne* de la douzième heure, ou la *Ligne* dans laquelle le méridien coupe

Tome II.

le plan du cadran. Dans les cadrans orientaux & occidentaux, la *Ligne fouftilaire* eft la *Ligne* de la fixiéme heure dans laquelle le premier vertical coupe le plan du cadran. Cette *Ligne* reprefente le cercle horaire perpendiculaire au plan du cadran.

LIGNES DIOPTRIQUES. Terme d'Optique. *Defcartes* donne ce nom à certaines *Lignes* ovales ou elliptiques, qu'il a le premier découvertes pour l'ufage de la Catoptrique & de la Dioptrique. Il les a décrites dans fa *Géométrie, L. II.* fans les faire trop connoître. Auffi M. *Newton* aima mieux les chercher que de les deviner, & les publia dans fes *Principes de la Philofophie naturelle, Liv. I. Prop.* 97 & 98. M. *Leibnitz* y travailla auffi avec le même fuccès. (*Acta eruditorum,* ann. 1689, page 37). On nomme encore ces lignes, *Lignes optiques*. Ce font celles qui donnent la figure la plus convenable aux corps qui doivent avoir la propriété de reflechir ou de rompre les raïons de lumiee.

LIGNE DE REFLEXION. C'eft dans la catoptrique le raïon reflechi du miroir, lorfqu'on le confidere comme une *Ligne* droite.

LIGNE REFLECHISSANTE. *Ligne* dans laquelle le plan de reflexion coupe le miroir, & dans laquelle eft par conféquent le point de réflexion. On tire cette *Ligne* en Catoptrique pour démontrer la maniere dont les raïons de lumiere font réflechis par le miroir.

LIGNE DE DISTANCE. C'eft dans la Perfpective une *Ligne* droite, tirée de l'œil dans le point principal ou point de l'œil ; c'eft-à-dire, que c'eft la diftance de l'œil au tableau. Soit T L le tableau (Plan. XXXIV. Figure 24.) fitué entre l'objet & l'œil A, par lequel paffent les raïons dans l'œil ; P le point principal ou de l'œil, duquel la *Ligne* A P eft perpendiculaire au tableau. La *Ligne* A P eft la *Ligne de diftance*. Dans les deffeins on tranfporte cette *Ligne* de P en D, & fouvent encore vers d, & on nomme ces points, *Points de diftance*, parce qu'ils déterminent la grandeur de la *Ligne de diftance*.

LIGNE DE FOI. *Ligne* droite qui dans un inftrument divife les pinnules de l'alidade en deux également, en paffant par le centre de l'inftrument.

LIGNE GÉOMETRALE. *Ligne* droite où fe coupent le plan géometral & celui du tableau.

LIGNE DE FRONT. C'eft une *Ligne* droite qui eft la commune fection du plan vertical & du tableau.

LIGNE OBJECTIVE. *Ligne* d'un objet dont on cherche la repréfentation.

LIGNE DE STATION. Commune fection du plan vertical & du plan géometral. Le P. Lami définit autrement la *Ligne de station*. Selon lui la *Ligne de station* est la hauteur perpendiculaire de l'œil au-deſſus du plan géometral. Et il y a des Peintres qui entendent par cette expreſſion une *Ligne* ſur le plan géometral, perpendiculaire à la *Ligne* qui exprime la hauteur de l'œil.

LIGNE DE TERRE. *Ligne* droite où ſe coupent le plan géometral & celui du tableau.

LIGNE DE DIRECTION. Terme de Mécanique. *Ligne* droite ſelon laquelle ſe mouvroient la puiſſance & le poids, ſi rien n'empêchoit le mouvement. La connoiſſance de cette *Ligne* eſt importante dans la Statique & dans la Mécanique. Car ſuivant qu'elle aboutit ou dans la baſe d'un corps ou hors d'elle, ce corps eſt plus ou moins ſujet à tomber. De même lorſque la *Ligne de direction* de la puiſſance fait un angle droit avec la machine où elle eſt appliquée, la puiſſance eſt dans ſa plus grande force; parce qu'elle eſt alors dans ſa plus grande viteſſe, étant dans ſa plus grande diſtance.

LIGNE DE GRAVITATION. *Ligne* dans laquelle un corps ſe meut, ou autrement la *Ligne* qui dirige ou détermine ſon mouvement.

LIGNE DE PROJECTION. *Ligne* que les corps graves décrivent dans l'air, ſoit qu'ils ſoient jettés horiſontalement ou dans une direction oblique. *Galilée* a démontré le premier dans ſes dialogues *De Motu*, que cette *Ligne* eſt une parabole. (*Voïez* BOMBE).

LIGNE. Terme d'Architecture Militaire. C'eſt un foſſé avec un parapet, qui ſert à joindre enſemble pluſieurs redoutes & toutes ſortes de forts de campagne pour couvrir un terrain, & pour l'aſſurer contre l'irruption des ennemis.

LIGNE CAPITALE. *Voïez* CAPITALE.

LIGNE DE COMMUNICATION. Foſſé avec un parapet qui va d'une approche à une autre, & par laquelle on peut approcher en ſureté de l'une à l'autre. La *Ligne de communication* ſert encore à joindre des ouvrages fortifiés.

LIGNE DE CIRCONVALLATION. *Voïez* CIRCONVALLATION.

LIGNE DE CONTREVALLATION. *Voïez* CONTREVALLATION.

LIGNE D'APPROCHE. On donne ce nom à l'Ouvrage que fait l'aſſiégeant pour s'approcher à couvert du foſſé & du corps de la place. (*Voïez* SAPPE & TRANCHE'E).

LIGNE DE BASE. *Ligne* droite qui ſe termine au ſommet des deux baſtions voiſins. On l'appelle autrement *côté du polygone*.

LIGNE DE DÉFENSE. *Ligne* tirée des angles du flanc aux angles flanqués des baſtions. Lorſqu'elles ſuivent le prolongement des faces, & qu'elles vont directement aux angles du flanc ce ſont des *Lignes de défenſe raſante*. Mais quand le prolongement des faces du baſtion donne ſur la courtine, alors les *Lignes de défenſe* ſont nommées *Lignes de défenſe fichante*. Les *Lignes de défenſe* ne doivent avoir gueres plus de 800 pieds : ce qui eſt environ la portée du mouſquet, à laquelle il peut encore faire un bon effet.

Dans la fortification Hollandoiſe on a deux ſortes de *Lignes de défenſe*. La premiere eſt la grande *Ligne de défenſe fichante*, qui eſt tirée de la pointe du baſtion juſques à l'angle oppoſé formé par le flanc & par la courtine. L'autre eſt la petite *Ligne de défenſe flanquante* ou *raʒante*, formée par la face prolongée & par le ſecond flanc.

LIM

LIMBE. C'eſt le bord extérieur ou le bord gradué d'un aſtrolabe, d'un quart de cercle, ou de tout autre ſemblable inſtrument de Mathématique. Ou autrement, *Limbe* eſt la circonference de l'arc primitif dans une projection quelconque de la ſphere ſur un plan.

On donne encore en Aſtronomie le nom de *Limbe*, dans une éclipſe de ſoleil ou de lune, au bord le plus extérieur du diſque de ces aſtres.

LIMITES. Terme d'Aſtronomie. Points où une planete a la plus grande latitude, c'eſt-à-dire, où elle s'écarte le plus de l'écliptique. Ces *Limites* ſont méridionales quand la planete eſt éloignée de l'écliptique vers le pole méridional autant qu'elle peut l'être, & ſeptentrionales quand la choſe arrive de l'autre côté vers le pole nord.

LIMITES D'UNE ÉQUATION. Terme d'Algébre. On nomme ainſi deux quantités, dont l'une eſt plus grande & l'autre plus petite que la racine de l'équation; mais qui ne different pas ſenſiblement l'une de l'autre. *Eraſme Bartholin*, autrefois Profeſſeur à Coppenhague, a fait ſur ces *Limites* un Traité entier. Il eſt imprimé dans les *Commentaires de la Géometrie de Deſcartes* de l'édition de *François Schoten*. Mais depuis *Bartholin* on a découvert d'autres méthodes qu'on trouve dans l'*Analyſe démontrée du* P. *Reinau*, L. *VI. Sect.* 2.

LIN

LINX. Conſtellation nouvelle entre le Chartier & la grande Ourſe, au-deſſus des Gemeaux, & introduite par *Hevelius* dans ſon *Firmamentum Sobieſcianum*, fig. Y y. Cet Aſtronome a déterminé la longitude & la latitude des étoiles qui la compoſent dans

Son Prodrom. Aftronom. pag. 293.

LIO

LION. Cinquiéme Conftellation du Zodiaque, dans laquelle le foleil entre dans le mois de Juillet. Pour les nombres des étoiles dont elle eft compofée *Voïez* CONSTELLATION. *Hevelius* qui en compte 44, les a rangées dans fon *Prodrom. Aftron.* page 391, & il en a donné la figure dans fon *Firmamentum Sobiefcianum*, fig. F ƒ, (On la trouve auſſi dans l'*Uranometrie de Bayer* plan. B *b*.)

Les Poetes s'imaginent que cette conftellation eft le Lion qu'*Hercule* a tué avec ſa maffue. *Schiller* donne à cette conftellation le nom de *St Thomas* l'Apôtre; *Schikard* celui du Lion de la Tribu de *Juda*; *Weigel* en fait les armes du Roïaume d'Eſpagne, favoir les trois Châteaux avec la Toifon d'or. On l'appelle encore *Alafia*, *Alafit*, *Alezet*, *Afid* ou *Afit-Eleonæus*, *Herculeius*, *Numeæus*.

LION LE PETIT. Nouvelle conftellation qu'*Hevelius* a introduit le premier dans fon *Firmamentum Sobiefcianum*, figure Z. Il range les étoiles qu'il y compte dans fon *Prodrom. Aftronom. pag. 292.*

LOC

LOCAL. Epithete qu'on donne en Géometrie à un problême fuſceptible d'une infinité de folutions. De maniere que le point qui doit fervir à refoudre le problème, doit être pris à liberté dans une certaine étendue, en le fuppofant par-tout où l'on voudra fur une certaine ligne, (ou fur une figure plane déterminée) appellée *lieu géometrique* (*Voïez* LIEU GEOM.). Le problème *Local* ou indéterminé peut être *fimple*, quand le point cherché eft dans une ligne droite; *plan* quand il eft dans la circonférence d'un cercle; *folide*, quand il eft dans la circonference d'une feétion conique; & *furfolide* lorfque que ce point eft dans le perimetre d'une ligne d'un genre plus élevé.

LOG

LOGARITHME. Suite de nombres artificiels en proportion arithmétique, correfpondans à d'autres nombres en proportion géometrique. Ainfi un *Logarithme* eft le nombre d'une progreſſion arithmétique qui commence par 0, & dont les membres ont une relation à une progreſſion géometrique. Soit par exemple:

La progreſſion arithmétique 0 1 2 3 4 5 6 7 8 9

La progreſſion géometrique 1, 2, 4, 8, 16, 32, 64, 128, 256, 512

Alors le *Logarithme* de 1 eft 0, de 2, 1, de 4, 2, &c.

Comme dans la proportion arithmétique, la fomme des extrêmes eft égale à celle des moïens, & que dans la proportion géometrique le produit des extrêmes eft égal à celui des moïens, il fuit que ce que font la multiplication & la divifion dans la proportion géometrique, s'opere par la fimple addition & fouftraétion dans la proportion arithmétique. Ces dernieres opérations étant beaucoup plus faciles que les premieres, les Géometres ont cherché à fe fervir de celles-çi à la place des autres. C'eft pourquoi on a imaginé deux progreſſions, l'une arithmétique, l'autre géometrique; celle-ci audeffus, celle-là deffous, comme on vient de voir, en forte que tous leurs mêmes termes fe répondiffent dans le même ordre, chacun à chacun.

Ces deux progreſſions fe répondant ainfi, les termes de la progreſſion arithmetique font appellés *Expofans* ou *Logarithmes* de ceux de la progreſſion géometrique. Cela étant quand on veut trouver un quatriéme proportionnel, compris dans cette progreſſion géometrique, au lieu de multiplier felon la regle de trois les deux moïens qui font donnés, & de divifer ce produit par le premier extrême donné, il fuffit de chercher dans la progreſſion arithmetique les *Logarithmes* des deux moïens géométriques & de les mettre enfemble. Otant de cette fomme le *Logarithme* du premier extrême géometrique, le refte eft le *Logarithme* du quatriéme terme proportionnel, & au deffous de ce *Logarithme* fe trouve ce quatriéme terme. De ce que les deux termes que l'on a à multiplier & à divifer l'un par l'autre, entrent dans une proportion géometrique, dont l'unité eft le premier terme, & le troifiéme quand on veut divifer, il fuit que toute multiplication & toute divifion de deux termes compris dans une progreſſion géometrique, qui commence par 1, fe doit faire par la feule addition ou fouftraétion des *Logarithmes* de ces termes. On a de même le quarré ou le cube d'un terme d'une progreſſion géometrique, en doublant ou en triplant, &c. & l'extraétion d'une racine quarrée ou cubique en prenant la moitié ou le tiers du *Logarithme*.

Tout ceci ne s'étend que fur les nombres compris dans la progreſſion géometrique. Pour les autres c'eft bien un autre travail. Il faut conftruire des tables des *Logarithmes* pour tous les nombres. Et voilà précifément le grand ouvrage de cette fuite de nombres qui demande beaucoup de peine. D'abord on prend la progreſſion géometrique d'1 à 10, 100, &c. & la progreſſion arithmetique de 00000000, ou de plus de zeros encore, ſi l'on veut, a 10000000, 20000000, &c. De maniere que zero eſt le *Logarithme* de l'unité; 10000000, celui de 10, &c. On a donc par ce moïen les *Logarithmes* de tous les nombres de la proportion géometrique décuple. Reſte à trouver les *Logarithmes* des nombres interpoſés & telle eſt à cette fin l'opération.

Prenons, par exemple, le *Logarithme* de 2. Puiſqu'on a déja les *Logarithmes* de 1 & de 10, ſi 2 étoit moïen proportionnel entre 1 & 10, il ſeroit bien aiſé de trouver ſon *Logarithme*; car ce ſeroit la moitié du *Logarithme* entre 1 & 10. Mais comme ni 2, ni aucun autre nombre n'eſt moïen proportionnel entre 1 & 10, on multiplie 1 & 10 par un auſſi grand nombre de zeros qu'on a donné au *Logarithme* de 10, & à ces deux nombres ainſi multipliés, on cherche un moïen proportionnel. Si ce moïen proportionnel étoit trouvé 20000000, il eſt évident que ſon *Logarithme* ſeroit celui de 2, les nombres 1, 2, & 10, aïant toujours la même proportion étant multipliés par un nombre égal de zeros. Par malheur le nombre qui vient eſt plus grand que 20000000. Il faut donc chercher encore entre ce dernier nombre & 1, un moïen proportionnel qui approche plus de 20000000 que le premier qu'on a trouvé. Et comme 20000000 ne ſe trouve pas tout-à-fait, & que le nombre trouvé vient plus approchant qu'à la premiere opération, on procede à une troiſiéme, pour approcher davantage, à une quatriéme, à une cinquiéme, &c. juſques à ce qu'enfin 20000000 vienne un moïen proportionnel entre deux nombres qui ſoient entre 1 & 10 multipliés par 7 zeros. D'où l'on voit que ce n'eſt point ici un petit travail. Il n'eſt pas cependant entierement perdu. A chaque fois qu'on a eu un nouveau moïen proportionnel, on a trouvé un *Logarithme* par la méthode que j'ai expliquée ci-devant, & les deux nombres entre leſquels 20000000 eſt moïen proportionnel, aïant été auſſi moïen proportionnel dans d'autres opérations, on a eu leurs *Logarithmes* qui donnent auſſi-tôt celui de 20000000 qui eſt auſſi le *Logarithme* de 2.

C'eſt ainſi qu'on trouve le *Logarithme* de 3. Après quoi il eſt très-facile d'avoir celui des autres nombres. Car le *Logarithme* de 4 n'eſt que le *Logarithme* de 2 doublé; celui de 5 le *Logarithme* de 10, dont on ôte celui

de 2. Le *Logarithme* de 6 eſt formé de ceux de 2 & de 3 ajoutés enſemble; celui de 8 de ceux de 2 & de 4, ou de celui de 2 triplé, & celui de 9 eſt celui de 3 doublé. Entre 1 & 10 il ne reſte donc plus que le *Logarithme* du nombre 7 à trouver par la voie longue & penible des moïens proportionnels. Les nombres 1, 3, 7 ſont ainſi les ſeuls dont il faille chercher les *Logarithmes*, puiſque les *Logarithmes* de tous les nombres compoſés ſe forment par l'addition des *Logarithmes* des nombres dont ils ſont le produit.

Voilà comment on conſtruit des *Tables des Logarithmes* de tous les nombres, ſelon leur ſuite naturelle 1, 2, 3, &c. & l'on pouſſe ces tables auſſi loin que l'on veut. Elles ſervent à faire des multiplications, & des diviſions pour quelques nombres que ce ſoit par des additions & des ſouſtractions. On opere à cette fin ſur les *Logarithmes* au lieu d'operer ſur les nombres mêmes, & les *Logarithmes* qui viennent donnent dans la table le nombre dont on a beſoin.

Les *Logarithmes* ſont toujours de grands nombres, pour deux raiſons. La premiere, parce qu'on peut négliger par ce moïen les fractions qui ſe préſentent ſouvent quand on prend la moitié, ou le tiers, &c. des *Logarithmes*. La ſeconde raiſon, eſt qu'on approche de plus près par de grands nombres d'une infinité de racines ſourdes qu'on trouve en conſtruiſant les tables, & qui doivent être rationelles.

2. Juſques-là toutes les opérations des *Logarithmes* ſont bien longues & bien pénibles, & d'autant plus ennuieuſes qu'on n'a aucun terme, aucune regle fixe qui les dirige, les Géometres, qui ne reçoivent jamais qu'avec peine de pareilles voies, ont cherché longtems une formule générale propre à faire évanouir cette routine; & cette formule eſt celle-ci.

On a vû que les *Logarithmes* ſont des nombres en proportion arithmétique, tellement appropriés aux nombres naturels, que ſi deux nombres naturels quelconques ſont multipliés ou diviſés l'un par l'autre, les *Logarithmes* de ces nombres naturels étant ajoutés ou ſouſtraits, donnent dans leur ſomme ou leur différence le *Logarithme* du produit ou du quotient de ces deux nombres naturels. Maintenant appellons y la différence entre l'unité & un nombre quelconque plus grand que l'unité; alors le *Logarithme* du nombre $1 + y$ ſera $= y - \frac{1}{2}y^2 + \frac{1}{3}y^3 - \frac{1}{4}y^4 + \frac{1}{5}y^5$ &c. Et ſi y eſt un nombre plus petit que l'unité, le *Logarithme* de $1 - y$, nombre moindre que l'unité sera $= -y - \frac{1}{2}y - \frac{1}{3}y^3 - \frac{1}{4}y^4 - \frac{1}{5}y^5$ &c. jusques à l'infini. Cette proportion de *Logarithme* est due à *Nicolas Mercator* (*Transact. Philos.* N° 38 pag. 760). On trouve aisément par cette suite le *Logarithme* de 2 : on met $y = 1$. Mais pour le trouver d'une maniere plus expeditive, on peut faire usage de cette suite

$$\frac{3}{4} - \frac{1A}{4:3} + \frac{2B}{4:5} - \frac{3C}{4:7} + \frac{4D}{4:9} - \frac{5E}{4:11} \quad \&c.$$

(*Methodus different. Newtoniana, illustrata, Authore J. Stirling*) suivant la maniere de M. *Newton.* A signifie le premier terme, B le second, C le troisiéme, &c. pourvû qu'on laisse les signes contraires, comme ils se trouvent dans la formule, c'est-à-dire alternativement $+$ & $-$. Ainsi le *Logarithme* de 2 sera 0, 69314718055994483. Si l'on cherche le *Logarithme* de $\frac{1}{10}$, la seconde formule étant $1 - y = \frac{1}{10}$, ou $y = \frac{9}{10}$, la valeur de la suite est 2, 302585092994045684. En changeant les signes on a le *Logarithme* de 10. C'est le nombre dont on sert dans les *Logarithmes* de *Neper.*

Mais ces *Logarithmes* ont une forme différente de ceux de *Brigge* dont on fait communément usage. Cependant un de ces *Logarithmes* est à un *Logarithme* correspondant de *Brigge*, comme 2. 302585092994 est à 1000000000000.

Si le raïon $= 1$ & le co-sinus d'un arc quelconque $= x$, alors le sinus sera $\sqrt{1 - xx}$. En ce cas le *Logarithme* de $1 + x = 1 - \frac{1}{2}x + \frac{1}{3}x^3 - \frac{1}{5}x^5 - \frac{1}{6}x^6$ &c; celui de $\sqrt{1 - xx} = \frac{1}{2}x^2 - \frac{1}{4}x^4 - \frac{1}{6}x^6$ &c.

Et si le raïon ou la tangente de 45 dégrés $= 1$, la tangente d'un arc plus grand que 45° $= 1 + x$, & une tangente plus petite $= 1 - x$. Le *Logarithme* de la tangente dans le premier cas sera $x - \frac{1}{2}x^2 + \frac{1}{3}x^3 - \frac{1}{4}x^4 + \frac{1}{5}x^5$, &c, & dans le dernier $- x - \frac{1}{2}x^2 - \frac{1}{3}x^3 - \frac{1}{4}x^4 - \frac{1}{5}x^5$, &c.

3. On attribue communément l'invention des *Logarithmes* à *Jean Neper*, Baron Ecossois, & on lit tous les jours des actions de graces qu'on donne fort liberalement à cet Auteur. Cependant, on ne doit à *Neper* que l'application des *Logarithmes* aux sinus & aux tangentes qu'il publia à Edimbourg, l'an 1614, sous ce titre : *Canon Mirificus Logarithmorum.* Long-tems avant lui cette suite des nombres artificiels étoit connue. On trouve dans l'*Arithmetica integra* de *Stifel. Liv. I. Chap. IV. Pag.* 35, & *Liv.*

III. Chap. V. Pag. 249, leurs propriétés & leur usage. *Kepler* remarque encore dans ses Tables *Rudolphines*, *Chap. III. Pag.* 2. que *Juste Byrge* possédoit les *Logarithmes* depuis long-tems, lorsqu'il les publia, & que celui-ci ne les gardoit que pour son propre usage. C'est ce qui a donné lieu au reproche que lui fait *Kepler* d'homme indécis, qui garde ses secrets, & qui abandonne ses découvertes dans leur naissance, sans les élever à l'utilité publique, *Homo cunctator & secretorum suorum custos, qui fœtum in partu destituit & non ad usus publicos educavit.*

Neper appelle 0 le sinus entier, de sorte que les *Logarithmes* vont en décroissant, pendant que les sinus vont en croissant, & qu'ils deviennent par-là négatifs, c'est-à-dire moins que rien, pendant que les tangentes deviennent plus grandes que le raïon, c'est-à-dire qu'elles vont au dessus de 45 dégrés. Ainsi ces Logarithmes sont tous différens de ceux dont nous nous servons aujourd'hui. *Kepler* a gardé cette espece de *Logarithmes* dans ses Tables Rudolphiennes, dont il a facilité l'usage par la construction de nouvelles Tables, ausquelles il a travaillé avec *Jacques Bartsch*, & qu'il a publié sous ce titre *Tabulæ manuales Logarithmicæ.* M. *Eisenschneids* a donné en 1700 une nouvelle édition de ces Tables.

Les Tables des *Logarithmes* n'étoient encore calculées que par minutes. *Benjamin Ursin* est le premier qui a fait attention aux secondes. Persuadé qu'on devoit y avoir égard, il a publié à la fin de sa Trigonometrie un *Canon Logarithmorum*, où les *Logarithmes* sont calculés de 10 en 10 secondes. Avec tout cela, les *Logarithmes* étant beaucoup plus commodes, en mettant 0 pour celui de 1, 1 pour celui de 10, 2 pour celui de 100, &c. *Henri Brigge*, Professeur de Géometrie à Oxfort, de concert avec *Kepler*, calcula les *Logarithmes* des nombres communs depuis 1 jusques à 20000 & depuis 90000 jusqu'à 100000, comme nous les avons aujourd'hui dans son *Arithmetica Logarithmitica*, publiée en 1624. *Ulacq* y a ajouté en 1628 les *Logarithmes* depuis 20000 jusqu'à 90000, & il a aussi calculé les *Logrithmes* des sinus & des tangentes de 10 en 10 secondes. Un habile homme plus patient (M. *DeLoser*) les avoit calculées pour chaque seconde. La mort prématurée a privé le public du fruit de son travail.

On ne s'est servi jusqu'ici des *Logarithmes* que dans le cas où il y a eu des nombres à multiplier & à diviser. Mais M. *Wolf* a trouvé une régle facile, par laquelle on peut additionner & soustraire des nombres, soit rationels, soit irrationnels, entiers ou fractions. Cette régle est sur-tout utile lorsqu'il s'agit d'additionner les dignités des nombres ou de les soustraire les uns des autres. Je ne parle point ici d'autres cas, où elle peut être appliquée avec fruit parce qu'il est tems de terminer cet article. Je me contente donc de renvoïer les curieux aux *Actes de Leipsic* Année 1715.

LOGARITHMIQUE. Ligne courbe, dont les abscisses sont en raison des ordonnées, & les demi ordonées en raison des raïons qui y répondent. On la construit ainsi. Supposons que la ligne droite A X soit divisée en un nombre (Planche IV. Figure 51.) quelconque de parties égales, & que des points de division A, P, p, &c. on éleve des perpendiculaires A N, P M, $p\,m$ &c. continuellement proportionnelles. Les points N M, m sont dans la *Logarithmique*, c'est-à-dire qu'en faisant passer par ces points une courbe, on aura cette courbe. De là il suit que les abscisses A P, A p sont les logarithmes des demi-ordonnées P M, $p\,m$, &c. Ainsi si A P $= x$, A p $= u$, P M $= y$, $p\,m = z$, le logarithme de $y = l\,y$; celui de $z = l\,z$. Donc $x : u :: l\,y : l\,z$. Cela signifie que les rapports de A M à P M & de A M à $p\,m$ sont l'un à l'autre comme les abscisses A P, A p. On voit par-là qu'on peut imaginer des courbes *Logarithmiques* d'une infinité de genre, en faisant $x^m : u^m :: l\,y : l\,z$, puisque les demi-ordonnées $p\,m$ décroissent continuellement, tandis que le rapport de A M à $p\,m$ croît continuellement avec l'abscisse, la *Logarithmique* s'approche continuellement de l'axe A X, mais elle ne le rencontrera jamais. La ligne A X est par conséquent une assymptote à cette courbe.

On démontre que la *Logarithmique* est rectifiable, qu'elle est quarrable, c'est-à-dire que son espace indéterminé A N X y est égal au rectangle formé par P M × P p, qui est la soutangente.

2. Le P. *Pardies* a taché dans ses *Elemens de Géometrie. Liv. VIII.* de rendre l'idée des logarithmes plus facile & de les trouver plus aisément par cette ligne que par le calcul. M. *Hughens* en a découvert plusieurs propriétés dans son *Discours sur la cause de la pesanteur. pag.* 176; mais sans en donner aucune démonstration. *Guido Grandi* a suppléé à ce défaut, & les a publiées sous ce titre: *Demonstratio Theorematum Hughenianorum circa Logisticam seu Logarithmicam lineam.* M. *Bernoulli* a fait voir l'usage de cette ligne dans la construction des lignes exponentielles, dans les *Actes de Leipsic. ann.* 1696, *p.* 261.

LOGARITHMIQUE SPIRALE. Ligne courbe qui se forme en divisant un quart de cercle en autant de parties égales que l'on veu, & en coupant les raïons de façon qu'ils soient proportionels. Supposons que le quart de cercle A N B (Planche IV. Figure 52.) soit divisé en un nombre quelconque de parties égales aux points M, N, n, &c. & que des raïons C M, C N, C P, &c. on retranche les parties M N: $m\,n$, $m\,n$, &c. continuellement proportionelles, les points M, m, m, &c. seront dans une courbe appellée *Logarithmique spirale*. D'où il suit, que les arcs A N, N n &c. sont les logarithmes des ordonnées P M, $p\,m$, &c. Ainsi on peut imaginer des *Logarithmiques spirales*, d'une infinité d'especes. Toutes ces sortes de courbes sont rectifiables & quarrables : mais il faut voir ces sortes de propriétés dans les Traités sur le calcul intégral tels que le second Tome de l'*Analyse démontrée* du P. *Reyneau*, le *Calcul intégral* de M. *Stone*, l'analyse des Infiniment petits de M. *Wolf,* (*Elem. Math. univ. Tom. I.*) *Guido Grandi* a démontré plusieurs autres propriétés de cette courbe (*Demonstratio Theorematum Hughenianorum*) & M. *Jacques Bernoulli* en a recherché la quadrature (*Acta eruditorum. Année* 1691. *page* 281).

LOGISTIQUE. Nom que donnent quelque Géometres à l'Arithmétique en général, ou aux especes qu'elle comprend, prises ensemble. C'est en ce sens qu'on appelle *Logistique décimale*, l'Arithmétique où l'on se sert de fractions décimales ; *Logistique sexagésimale,* la doctrine des fractions sexagésimales ; *Logistique nombreuse* l'Arithmetique, & *Logistique specieuse* l'Algébre.

La *Logistique* n'étoit dans son origine que l'arithmétique des fractions sexagésimales, dont les Astronomes faisoient usage dans leurs calculs. On croit qu'elle reçut ce nom à l'occasion d'un Traité composée en Grec par *Monœtius Barlaumus*, intitulé : *Logistice*, & où l'Auteur développe la doctrine des fractions sexagésimales. *Vossius* dit dans son Livre *De Scientiis Mathematicis* que cet Auteur vivoit vers l'an 1350.

Shakerly a donné dans les *Tables de la Grande Bretagne*, une Table des logarithmes appropriés aux fractions sexagésimales. Il donne à ces logarithmes le nom de *Logarithmes Logistiques* & il appelle *Logistique Arithmétique* les logarithmes qui servent à éviter le calcul ennuïeux de la multiplication & de la division. Cependant il est des Géometres qui entendent par le mot *Logistique* les premieres régles générales de l'Al-

gèbre ; je veux dire l'addition, la fouftraction , la multiplication & la divifion Algébriques.

Ligne LOGISTIQUE. C'eft la Logarithmique , où les ordonnées appliquées fur l'axe
à des diftances égales , font en proportion
Géometrique.

LOGISTIQUE SPIRALE. *Voïez* LOGARITHMIQUE
SPIRALE.

LON

LONGIMETRIE. Quelques Géometres &
principalement les anciens, appellent ainfi
l'Art de mefurer les longueurs , c'eft-à-dire ,
la premiere partie de la Géometrie-pratique,
dans laquelle on traite de la mefure des
lignes droites. On comprend ici & l'Altimetrie & le Nivellement. Comme je dépouille les chofes autant qu'il m'eft poffible ,
j'ai divifé la *Longimetrie* en trois parties. La
premiere eft l'Art de mefurer les hauteurs.
(*Voïez* ALTIMETRIE). La feconde que je
dois expofer ici , celui de mefurer les diftances , c'eft-à-dire les lignes horifontales. Et
la troifiéme, celui de connoître l'inclinaifon
des lignes, qui eft le Nivellement (*Voïez* NI-
VELLEMENT).

Toute la *Longimetrie* proprement dite ,
telle que je l'ai définie , confifte à la folution de trois problêmes. 1°. Mefurer une ligne
acceffible de deux côtés. 2°. Mefurer une ligne acceffible d'un côté. 3°. Mefurer une ligne
qui n'eft acceffible d'aucun côté. Je vais réfoudre en peu de mots ces trois problêmes.

1. Soit la ligne A B acceffible aux extrêmités
A & B (Planche XIV. Figure 54). & inacceffible à fon milieu , de façon qu'on ne
puiffe pas la parcourir : on demande la longueur de cette ligne. 1°. Aïant choifi un
point quelconque C , menez des points A
& B , les lignes A C, B C. 2°. Prolongez
ces lignes enforte que C D foit égal à C B,
& C E égal à A C. 3°. Des points D &
E menez la ligne D E. Elle fera égale à la
ligne A B ; par ce que les deux triangles
D C E, A C B font égaux, aïant deux côtés & l'angle compris égaux. (*Elem. d'Eucl.
Prop. I.*)

2. La ligne A B , (Planche XIV. Figure 55).
n'eft acceffible que d'un côté A , & il faut
en déterminer l'étendue. 1°. Elevez fur le
point A une perpendiculaire A C. 2°. Pro-
longez-la jufqu'à ce que vous découvriez ,
en bornoïant avec un bâton planté fur cette
ligne à un point quelconque C, le point
B fous l'angle de 45°, c'eft-à-dire , que
l'angle A C B foit alors de 45°. La ligne A B
fera égale à la ligne A C; le triangle rectangle formé par le côté A C, par le raion
vifuel C B, & par la ligne A B, étant ifof-

cele, & les côtés d'un triangle ifofcele
étant égaux. (*Voïez* TRIANGLE ISOSCELE)·
Ce problême fe refout plus promptement
par les regles de la Trigonometrie. (*Voïez*
TRIGONOMETRIE).

3. Il s'agit de mefurer ici une ligne inacceffible. Or une ligne peut être telle de trois
façons. Dans la premiere , la ligne eft donnée aboutiffant au pied d'un château, d'une
tour , d'un mur , &c. au haut duquel on fe
trouve. En fecond lieu, elle eft inacceffible au
pied de ce château ; & enfin la ligne eft inacceffible horifontalement au fpectateur.

Du haut d'une tour T , (Planche XIV. Figure 56.) mefurer une ligne B A qui aboutit au bas de la tour. 1°, Par le moïen d'un
inftrument déterminez l'angle vifuel B C A.
2°. Mefurez la hauteur C A de la tour
avec une corde chargée d'un plomb. On
aura ainfi un triangle B A C, rectangle en A,
dont on connoîtra un côté A C & deux angles, le droit B A C & le vifuel B C A. Il
fera donc aifé de connoître le côté B A par
les regles de la Trigonometrie. (*Voïez* TRI-
GONOMETRIE).

Dans le fecond cas, la ligne A B (Planche
XIV. Fig. 57.) n'eft point acceffible du pied
de la tour , & il faut en déterminer la longueur. A cette fin, mefurez l'angle vifuel
B C D , pris fur l'extrêmité B de la ligne
A B. 2°. Mefurez la hauteur C D de la
tour comme ci-devant. 3°. Refolvez le
triangle C D B dont on connoîtra un côté
C D & deux angles, l'angle D étant droit, &
l'angle C étant connu. Par cette réfolution le
côté C B fera connu. 4°. Prenez l'angle vifuel
B C A. 5°. De l'angle D B C, complement
de l'angle D C B, & fupplement de l'angle C B A, (*Voïez* COMPLEMENT &
SUPPLEMENT) ôtez 180 degrés. Le refte
fera la valeur de l'angle B A C. On aura
ainfi dans le triangle B A un côté B C connu,
& deux angles B C A & A B C : il fera
donc aifé de connoître , par les regles de la
Trigonometrie, la ligne B A. C. Q. F. T.

Enfin, le troifiéme cas confifte à déterminer la longueur d'une ligne inacceffible
tandis qu'on eft à peu près fur le même
plan de cette ligne. Voici la façon la plus expéditive pour réfoudre ce problême. La ligne
A B (Fig. 55 N° 2) défignée au-delà d'une riviere. 1°. Cherchez un point commode tel
que D , & d'où vous puiffiez appercevoir
les deux extrêmités A & B de la ligne.
2°. Plantez un piquet à ce point. 3°. Bor-
noïez avec ces deux points & prolongez ces raïons vifuels A G, B G en
des points quelconques C & D. 4°. Mefu-
rez les lignes G D, G C. 5°. Déterminez

avec un demi-cercle, du point G, l'angle viſuel A G B, & du point C, l'angle A C B. Ces opérations feront connoître les triangles A G C, G D B. Car le côté G D du triangle G B D eſt connu, & les angles G D B, B G D (qu'on peut meſurer) ſont connus. Dans le triangle A G C on connoît de même le côté G C & les angles A C G, C G A. La réſolution de ces deux triangles donnera donc le côté G B, & la réſolution de l'autre, le côté A G. Par conſéquent dans ce triangle A G B, on aura deux côtés A G, G B déterminés, & l'angle A G B compris. Par les regles de la Trigonometrie la ligne A B eſt donc déterminée, meſurée, ou connue. C. Q. F. T.

LONGITUDE. On donne ce nom en Coſmographie à la diſtance du méridien d'un lieu au premier méridien. Cette diſtance eſt meſurée par l'arc intercepté entre le méridien de ce lieu & le premier méridien. Ou autrement, *Longitude* eſt la difference orientale ou occidentale qu'il y a entre deux méridiens quelconques, laquelle ſe compte ſur l'équateur. Il n'y a point de problêmes qui ait tant exercé les Aſtronomes que celui-ci, parce qu'il n'y en a point de plus important. On lit dans la *Geographia reformata* de *Riccioli*, *L. III. Part. VII. pag.* 114, dans la *Geographia generalis* de *Varenius*, & dans l'*Hydrographie* du P. *Fournier*, *L. XII. Ch. XXXV.* les differentes manieres qu'on a imaginées pour cela. Quoiqu'elles ſoient en très-grand nombre, elles ſe réduiſent cependant aux ſuivantes. 1°. Par les éclipſes; 2°. par les étoiles; 3° par l'occultation des étoiles par la lune; 4° par les horloges; 5° par le mouvement de la lune; 6° par la variation de la bouſſole; 7°. par une nouvelle méthode de M M. *Wiſton* & *Ditton*. L'ordre que j'obſerve ici eſt l'ordre chronologique de ces inventions autant qu'il eſt connu.

1. Le P. *Fournier* prétend que les éclipſes de lune furent le premier moïen dont on ſe ſervit pour déterminer les *Longitudes*. Si cela eſt, il faut rapporter l'origine de cette derniere connoiſſance à la découverte des éclipſes. (*Voïez* ECLIPSE). Quoiqu'il en ſoit, cette méthode conſiſte à obſerver le moment de l'éclipſe dans les païs dont on veut connoître la *Longitude*. La difference du tems de ce moment ou de l'occultation donne la difference des méridiens. Cette méthode, qui fut d'abord eſtimée, n'eſt cependant point entierement exacte. Outre que les éclipſes ſont rares, c'eſt qu'il eſt difficile de bien déterminer le vrai moment de l'immerſion ou de l'émerſion, tant du corps entier de la lune que de ſes differentes taches. Il y a apparence que ce défaut donna lieu à d'autres inventions. Mais avant que d'en rendre compte, je crois devoir expoſer comment celle-ci a été perfectionnée.

Lorſque *Galilée* eut découvert les ſatellites de Jupiter, les Aſtronomes s'empreſſerent à retirer le fruit de cette découverte qui ne fut point tardif. Comme l'on s'apperçut que ces ſatellites, en tournant autour de Jupiter, entroient dans ſon ombre tous les 24 heures, on n'héſita pas à profiter de éclipſe journaliere, pour en connoître les *Longitudes*. En effet, aïant obſervé le moment auquel un de ces ſatellites entre ou ſort de l'ombre de Jupiter, & ſachant par de bonnes Tables, (comme celles de M. *De Caſſini*, ou celles qu'on trouve dans la *Connoiſſance des Tems*), que cette immerſion ou émerſion arrive à telle heure à un tel lieu plutôt qu'à tel autre, on conclud que ce lieu eſt plus oriental de 15°. que l'autre. Cette maniere de connoître les *Longitudes* eſt la plus exacte qu'on ait encore découvert, & ſur terre elle ne laiſſe rien à deſirer.

2. L'occultation des étoiles fixes eſt la ſeconde méthode. C'eſt ici une éclipſe d'étoile par quelque planete. Obſervant le moment ou la fin de la conjonction d'une planete avec une étoile en un lieu, & ſachant par des Tables en quel tems cette conjonction arrive en un autre dont la *Longitude* eſt connue, on conclud celle de ce lieu comme on le fait par les éclipſes. Mais cette obſervation eſt très-difficile & demande bien de la circonſpection. Cependant l'erreur dans lequel peut jetter la moindre inexactitude, eſt preſque auſſi conſiderable que celle qui provient des éclipſes. Cela peut ſe juſtifier en conſultant le *Traité complet de l'Aberration*, par M. *Fontaine des Crutes*, où cette méthode eſt miſe dans tout ſon jour.

3. Les deux manieres précedentes de déterminer les *Longitudes* peuvent être utiles ſur terre. En mer aucune n'eſt pratiquable; parce que dans toutes ces obſervations il eſt impoſſible, quelque précaution que l'on prenne, de ne pas ſe tromper de deux ou trois minutes de tems. Or 3 minutes de tems valent 45 minutes de degrés. Afin de la connoître ſur cet élément, on propoſa de ſe ſervir d'horloges; car comme tout le ſecret des *Longitudes* conſiſte à ſavoir à tous momens la difference des degrés & des minutes du lieu où l'on eſt au premier méridien, & que la difference des heures fait

la

la difference des méridiens , il eſt évident que ſi l'on ſavoit l'heure préciſe à cet endroit , & qu'on la comparât à l'heure du premier méridien , on en auroit la *Longitude.* Convaincu de cette vérité, on s'eſt attaché de tout tems à conſtruire une bonne horloge. Mais on n'eſt point encore venu à bout de faire de Mouvement, & il n'eſt pas même poſſible d'en faire, qui puiſſe aller juſte dans tous les climats, ſur tout dans quelques-uns des païs méridionaux, où les roſées ſont ſi abondantes , qu'elles rouillent les parties d'une horloge & retardent par conſéquent leur mouvement, ſi elles ne l'arrêtent pas tout-à-fait. Cet obſtacle n'eſt encore rien en comparaiſon d'un autre qui eſt aſſez connu : c'eſt qu'en differentes latitudes les heures que montre l'horloge doivent être differentes, même pour ceux au méridien deſquels elle eſt montée. Une horloge reglée pour Paris, par exemple, ira plus lentement, étant portée ſous l'équateur, de trois ou quatre minutes. Et l'on ne connoît point exactement la loi ſuivant laquelle retarde le mouvement de l'horloge, à meſure que l'on avance vers l'équateur. Voilà pourquoi on ne peut pas trouver les *Longitudes* en emploïant des machines à reſſort. Appuïons ces reflexions par une déclaration que fait à ce ſujet M. *Sulli*, bien capable de connoître l'étendue & l'application de ces machines. »› Puiſque le pendule même »› a manqué, dit-il, de réuſſir pour donner »› avec certitude la connoiſſance des *Lon-* »› *gitudes* en mer, & cela ſeulement à cauſe »› des changemens auſquels les métaux ſont »› ſujets par la chaleur, le froid , & autres »› cauſes phyſiques, par l'inégalité de la force »› élaſtique, par l'inégalité de l'action de la »› péſanteur des corps , & par les mouve-»› mens violens des vaiſſeaux ſur la mer ; »› Quelle apparence y a-t-il qu'on trouve »› jamais de remede à tous ces inconvé-»› niens ? Peut-on changer la nature des »› corps ? Ou peut-on empêcher que les »› loix génerales établies dans l'Univers ne »› produiſent leurs effets accoutumés ? Où »› trouvera-t-on donc un mouvement arti-»› ficiel aſſez égal pour ſervir d'une juſte »› meſure du tems en mer & en differens »› climats « ? (*Deſcription abregée d'une horloge d'une nouvelle invention pour la juſte meſure du tems ſur mer , &c. pag. 268.*)

4. S'il eſt un moïen de déterminer ſur mer les *Longitudes*, on doit l'attendre du mouvement de la lune, quoiqu'on ſe recrie ſur la lenteur de ce mouvement. On ſait qu'elle avance de 13 degrés par jour. En obſervant donc ſa diſtance d'une étoile à une telle

Tome II.

heure , & ſachant ſon éloignement à un païs dont la *Longitude* ſeroit connue à cette même heure , on auroit aiſément par cette difference la difference des méridiens de ce païs à l'endroit où l'on eſt. Il manque pour mettre cette idée à exécution des Tables exactes du mouvement de la lune ; & c'eſt à quoi viſent tous les Aſtronomes qui travaillent actuellement.

Le premier qui a cru que la lune pouvoit donner les *Longitudes* ſur mer, eſt inconnu. On lit dans le *Raïon Aſtronomique* de *Gemma Friſius*, qu'*Oronce*, à qui on l'attribuoit ; n'en eſt pas l'Auteur. Cette méthode eſt expliquée dans les Ouvrages de *Vernerus, Nonius, Kepler, Regiomontan, Metius, Ulacq & Morin.* Celui-ci ſur-tout l'a ſi bien dépouillée qu'il ſe l'eſt rendu propre , & en a fait le ſujet d'un Livre fort curieux.

On trouve dans l'*Hydrographie* du P. *Fournier, Liv. XII. Ch. XXI.* le détail de la Méthode des anciens Aſtronomes.

5. On doit à *Guillaume Nautonnier* la cinquiéme méthode. Elle conſiſte à déterminer les *Longitudes* par la variation de l'aiguille aimantée. L'aiman a deux poles , dit-il , ſitués dans le 67e paralleie tant du Nord que du Sud , c'eſt-à-dire, diſtans des poles du monde de 23°. Un méridien paſſe par ces poles , & les poles du monde ſous ce méridien. Là il n'y a aucune variation ; & de ce grand cercle juſques à 90 degrés à l'Eſt, l'aiguille varie de 90 degrés vers le Nord-Eſt, & de là diminuant toujours du Nord-Eſt , retourne & demeure fixe au même méridien. D'où il prétend que connoiſſant la latitude de chaque lieu & la variation horiſontale de l'aiman, la *Longitude* de tout lieu eſt donnée. Mais cette prétention eſt fondée ſur des idées chimeriques qui font compaſſion. C'eſt aſſez d'avoir fait connoître cette premiere idée pour remplir l'hiſtorique de cet article. *Emmanuel Figuereido*, Auteur Portugais, a enchéri ſur cette idée , ſans lui donner plus de ſolidité.

Ces penſées n'aïant point été heureuſes, elles ont reſté long-tems dans l'oubli. Une Carte que publia M. *Halley* ſur la variation de la bouſſole , dans laquelle ſont tracées les courbes qui paſſent par les lieux où la déclinaiſon de l'aiguille eſt égale, a fait renouveller depuis cette premiere idée, priſe dans un ſens plus raiſonnable. Puiſqu'on peut connoître, a-t-on dit, la direction de l'aiguille aimantée dans le lieu où l'on eſt, on peut donc avoir par cette Carte les *Longitudes*. Cette conſéquence ſi hazardée ne s'eſt pas ſoutenue long-tems. On a d'abord

L

objecté qu'on ne connoît point assez exactement la déclinaison de l'aiguille, pour
établir quelques regles; & en second lieu,
que le changement de déclinaison est trop
petit par rapport à la difference des *Longitudes*, dans les lieux mêmes où ce changement est le plus considerable, pour adopter
cette voie.

6. MM. *Wiston* & *Ditton* sont les Auteurs
du dernier moïen. Voici en quoi il consiste. On demande qu'on fixe sur mer des
vaisseaux de 200 en 200 lieues, & cela par
le moïen des ancres & des poids lorsque
la mer est trop profonde. Cela fait, on ordonne que ceux qui seront dans ces vaisseaux, fassent partir à minuit précise une
bombe, selon une direction perpendiculaire, qui aille crever à la hauteur de 6440
pieds, & cela en ménageant la fusée de la
bombe. Or on présume qu'il n'est point de
vaisseaux, qui dans l'espace de 8 jours n'entendit crever une bombe. Comme la décharge se fait précisément à minuit & qu'on
sait le nombre de secondes qu'il faut à la
bombe pour monter, on saura le moment
où elle creve. Il ne reste plus qu'à ajouter
ce tems à minuit & à comparer l'heure actuelle à celle qu'il est dans le vaisseau qui
navigue. Aïant la difference des heures, on
aura donc la difference des méridiens. (*A
New Method for disconvering the Longitude
both at sea lan humbly proposed to the consideration of the Public*).

J'ai déja fait sur cette invention les réflexions qu'elle suggere. (*Voïez* l'*Art de
mesurer sur mer le sillage du vaisseau, &c.*
page xxj). Je me contenterai de dire
ici qu'elle est redevable de sa célébrité aux noms de MM. *Wiston* & *Ditton*,
si estimés. En leur conderation, sans doute,
M. *Newton* fut commis à son examen; &
on nomma en Angleterre des Commissaires
pour savoir si la recompense promise pour
la solution de ce problème étoit meritée.
M. *Ditton* flatté par cet appareil, fit annoncer dans le *Journal Litteraire* de Hollande (mois de Juillet, Tom. IV. II. Part.)
pour sa réputation & les interêts de sa famille, qu'il étoit le premier inventeur.

7. La recompense qu'ont promis les François, les Anglois, & les Hollandois est
50000 florins. Pour la rendre plus autentique, le Parlement d'Angleterre a passé un
acte qui renferme les conditions qu'on exige
dans la solution du fameux problème dont
il s'agit ici, & les récompenses particulieres
pour ceux qui donneront quelque ouverture sur cette solution, & à qui on doit
s'adresser pour les obtenir. On verra, je

pense, avec plaisir, la traduction de cet
Acte.

TRADUCTION
DE L'ACTE DU PARLEMENT
D'ANGLETERRE

CONCERNANT LES LONGITUDES,

De la douziéme année de la Reine Anne
1713.

*Acte du Parlement pour recompenser publique-
ment quiconque découvrira les Longitudes
en Mer.*

[D'Autant qu'il est bien connu à tous ceux
qui entendent la Navigation, que rien n'y
manque tant, ni n'est autant desiré sur
Mer que la découverte de la *Longitude*, pour
la sureté & pour l'expédition des voïages,
& pour la conservation des vaisseaux & la
vie des hommes; & d'autant que suivant le
jugement d'habiles Mathématiciens & Navigateurs, plusieurs Méthodes ont été déja
découvertes, vraïes dans la théorie, quoique difficiles dans la pratique, dont il y en
a quelques-unes, lesquelles (il y a raison de
l'esperer) pourront être perfectionnées, &
quelques autres peut-être déja découvertes
qui pourront être proposées au Public; &
d'autant qu'une telle découverte seroit d'un
avantage particulier au Commerce de la
Grande-Bretagne, & feroit honneur à ce
Roïaume : mais qu'outre la grande difficulté
de la chose en elle-même, soit faute de
quelque récompense publique proposée pour
un Ouvrage si utile & si avantageux, soit
faute d'argent pour faire les épreuves & les
experiences nécessaires, que les inventions
jusqu'ici proposées, n'ont pas été encore
assez perfectionnées;

POUR CES CAUSES, SOIT ORDONNÉ PAR
L'AUTORITÉ DE LA REINE, & de l'avis des
SEIGNEURS SPIRITUELS ET TEMPORELS DES
COMMUNES ASSEMBLÉES EN PARLEMENT,
que les personnes ci-après nommées soient
constituées Commissaires perpétuels pour
examiner, essaïer & juger de toute invention ou proposition qui leur pourra être
faite pour la découverte des *Longitudes* en
Mer.

SAVOIR.

1° Le Grand-Amiral de la Grande-Bretagne, ou le premier Commissaire de l'Ami-
rauté.

2°. L'Orateur de la Chambre des Communes.

3°. Le premier Commiſſaire de Commerce.

4°. 5°. 6°. Les trois Amiraux des Eſcadres Rouge, Blanche & Bleue.

7°. Le Directeur de la Maiſon nommée de la Trinité.

8°. Le Préſident de la Société Roïale.

9°. L'Aſtronome Roïal de l'Obſervatoire de Greenwich.

10°. 11°. & 12°. Les trois Profeſſeurs de Mathématiques, Savilien, Lucaſien & Plumien, d'Oxford & de Cambridge.

13°. Le Comte de Pembroc & de Montgomerie.

14°. Philippe Lord Evèque de Hereford.

15°. George Lord Evèque de Briſtol.

16°. Thomas Lord Trevor.

17°. Le Chevalier Thomas Hanmer, Baronet.

18°. François Robers, Ecuïer.

19°. Jacques Stanhope, Ecuïer.

20°. Guillaume Clayton, Ecuïer.

21°. Guillaume Lowndes, Ecuïer.

Soit ordonné par l'autorité ſuſdite, qu'un nombre de ces Commiſſaires, qui ne ſera pas moindre que de cinq, aura plein pouvoir d'ouïr & recevoir toute propoſition qui leur ſera faite pour la découverte des *Longitudes* en mer.

Et lorſque leſdits Commiſſaires ſeront autant ſatisfaits d'une telle découverte, que de juger qu'elle ſoit digne qu'on en faſſe l'expérience, ils le certifieront ſous leurs ſignatures aux Commiſſaires de la Marine, avec le nom de l'Auteur, & la ſomme qu'ils jugent devoir être avancée pour faire les expériences propoſées, laquelle ſomme, pourvû qu'elle n'excede pas 2000 livres ſterling; le Tréſorier de la Marine eſt requis par l'autorité de ce preſent Acte de païer à vûe de pareil certificat, ratifié par les Commiſſaires de la Marine, ce qui leur eſt enjoint de faire par l'autorité ſuſdite.

Il eſt de plus ordonné par la même autorité, qu'après telles expériences faites, les Commiſſaires nommés par cet Acte, ou la pluralité d'eux, déclareront & détermineront juſqu'où la choſe experimentée s'eſt trouvée praticable, & juſqu'à quel dégré de juſteſſe.

Il eſt de plus ordonné par la même autorité, que pour ſuffiſamment encourager ceux qui pourront tenter utilement la découverte des *Longitudes*, la perſonne qui aura réuſſi, ou ſes aïans cauſe, auront titre aux récompenſes ſuivantes,

A la ſomme de 10000 livres ſterling, ſi la méthode trouvée ſert pour déterminer la *Longitude* à un dégré près du grand cercle, ou à 60 milles géographiques près.

A la ſomme de 15000 livres ſterling, ſi la méthode trouvée ſert pour déterminer la *Longitude* à deux tiers de diſtance, ou à 40 milles géographiques près.

Et à la ſomme de 20000 livres ſterling, ſi la méthode trouvée ſert pour déterminer la *Longitude* pour la moitié de la diſtance, ou à 30 milles géographiques près.

La moitié de chacune de ces ſommes reſpectives ſera païée auſſi-tôt que les Commiſſaires ci-deſſus, ou la pluralité d'eux, conviendront que la méthode trouvée s'étend à la ſureté des Vaiſſeaux, à la diſtance même de 80 milles géographiques près des Côtes, qui ſont les lieux où il y a le plus grand danger, & l'autre moitié ſera païée lorſqu'un Vaiſſeau aura, par l'ordre des Commiſſaires, fait un voïage ſur l'Océan, depuis quelque port de la grande-Bretagne juſqu'à quelque autre Port de l'Amérique, au choix deſdits Commiſſaires, ſans s'être par ladite méthode, écarté de la *Longitude* au-delà des limites ci-deſſus preſcrites. Et ces ſommes ſeront païées ſur le certificat deſdits Commiſſaires.

Il eſt de plus ordonné par la même autorité, que ſi l'invention ou méthode propoſée ne répond point dans l'expérience aux conditions ci-deſſus, & qu'elle ſe trouve pourtant dans le jugement des Commiſſaires de quelque utilité conſiderable au Public, que même en ce cas l'Auteur de telle invention ou méthode, aura titre à telle moindre ſomme que celles ci-deſſus, qui lui ſera adjugée par leſdits Commiſſaires, ſuivant le mérite ou l'utilité de ſon invention, laquelle ſomme lui ſera païée de la maniere ſuſdite.]

En attendant qu'on apprenne que quelqu'un ait obtenu ces récompenſes, je crois que le meilleur parti ſeroit d'envoïer des Aſtronomes, munis de bons inſtrumens, qui déterminaſſent la *Longitude* de tous les Caps, de tous les Promontoires, &c. connus : ce qui aideroit à ſe reconnoître dans des voïages de long cours & à corriger l'eſtime. Les Marins ſuppléent à la connoiſſance des *Longitudes* par celle de la viteſſe de leur vaiſſeau. (*Voïez* SILLAGE).

LONGITUDE DES ASTRES. Diſtance du lieu d'un aſtre à l'écliptique au premier point du Belier. Elle ſe détermine par un arc de grand cercle, qui paſſe par le centre de l'aſtre & qui tombe perpendiculairement ſur l'éclip-tique. C'eſt-à-dire, que la *Longitude* d'un aſtre eſt la portion de l'écliptique, compriſe entre le commencement du Belier & le cercle de latitude de cet aſtre. Lorſqu'une planete eſt dans ſon lieu moïen, ſa *Longitude* eſt ap-pellée *Longitude moienne*, & elle eſt dite *vraie*, quand la planete eſt dans ſon vrai lieu; le lieu eſt-il apparent la *Longitude* eſt dite *ap-parente*. A l'égard des étoiles fixes, & même à l'égard du ſoleil & des planetes ſupérieures, la *Longitude* apparente n'eſt gueres diffe-rente de la véritable; parce que le globe de la terre n'eſt qu'un point à comparer ſa diſ-tance des étoiles fixes du ſoleil & de ces pla-netes. Mais elle eſt très-ſenſible à l'égard de la lune; & c'eſt ce qui rend le calcul des éclipſes du ſoleil extrêmement difficile.

Pour déterminer la *Longitude* d'une étoile il faut d'abord connoître ſa déclinaiſon, ſon aſcenſion droite, l'obliquité de l'éclipti-que, & reſoudre par les regles de la Trigono-metrie ſphérique le triangle rectangle qui ſe forme de tout cela. Ce calcul eſt un peu long: on le trouve dans tous les élemens d'Aſtronomie, auquel je crois devoir ren-voïer. Je me contenterai de citer ici d'après *Hévelius*, les plus célebres Aſtronomes qui ſe ſont diſtingués dans ce travail. *Hypparque, Ptolomée, Ulucq-Beigh, Guillaume Land-grave de Heſſe, Tycho-Brahé, Riccioli, Halley*, (*Hevelius, Prodromus Aſtronom. pag.* 144.) Le P. *Noel*, & *Flamſteed.*

2.　Dès les premiers progrès de l'Aſtronomie on a reconnu que la *Longitude* des étoiles alloit toujours en croiſſant. *Ptolomée* rap-porte dans le Livre VII. Ch. 2. de ſon *Almageſte*, qu'*Hypparque* a le premier ſoup-çonné ce mouvement, en comparant ſes obſervations avec celles d'*Ariſtylle* & de *Thymocaride*. *Ptolomée*, venu 300 ans après *Hypparque*, profitant des obſervations qu'on avoit faites depuis ce dernier Aſtronome, le démontra d'une maniere inconteſtable, (Ch. 2 & 3 de ſon *Almageſt.*) & trouva même que les étoiles fixes avançoient d'un degré en 100 ans, avancement qu'on a dé-terminé depuis avec plus de préciſion. *Al-bat gnius* dans ſon Traité *De Scientia ſtel-larum*, *Ch.* 52, met 1 degré pour 66 ans. *Ulucq-Beigh*, dans la Préface de ſes *Tables Aſtronomiques*, l'évalue de 70 ans; *Tycho* l'eſtime dans 100 ans de 1°, 25'; *Copernic* de 1°, 23', 40", 12'''; *Bouilleau* de 1°, 24', 54"; *Flamſteed* & *Riccioli* de 1°, 23', 20", & *Hevelius* de 1°, 24', 46", 50'''. On comp-te donc communément 50" pour un an & par conſéquent 1 degré pour 70 ans.

La connoiſſance de la *Longitude* des étoi-les eſt néceſſaire pour obſerver le lieu des planetes, des cometes & des autres phéno-menes. Elle eſt encore abſolument néceſ-ſaire pour la conſtruction des globes céleſtes.

LONGUEUR. C'eſt dans la Géometrie une ligne droite conſiderée à l'égard d'une autre qu'on établit, pour la largeur d'un paral-lelograme. Que la ligne A B (Planche I. Figure 46). ſoit priſe pour la largeur. Qu'on s'imagine cette ligne tirée une infi-nité de fois parallele le long de la ligne A D, & en auſſi grand nombre qu'on peut concevoir de points infinis dans la ligne A D. Alors les termes de la ligne établie pour la largeur de cette figure, détermine-ront en même-tems ſa *Longueur*. Pour la largeur c'eſt la *Longueur* qui la termine, & c'eſt ici la queſtion priſe dans le ſens de cette largeur.

L O U

LOUP. Conſtellation méridionale près du Centaure, au-deſſous du Scorpion, qui ne ſe leve jamais dans ce climat. *Hevelius* la com-poſe de 21 étoiles, (*Voïez* pour ce nombre le catalogue des conſtellations à cet article) dont il a déterminé les longitudes d'après les obſervations de M. *Halley* dans ſon *Pro-drom. Aſtronom. pag.* 316. Ces étoiles ont été obſervées de nouveau par le P. *Noel*, (*Obſervations faites aux Indes & à la Chine, page* 57), & on trouve la figure de la con-ſtellation dont il s'agit ici, dans le *Fir-mamentum Sobieſcianum*, figure Y y, & dans l'*Uranometrie* de *Bayer* plan. W w. *Schiller* donne à cette conſtellation le nom du Pa-triarche *Jacob*. On l'appelle *Aſida, Bridenif, Equus maſculus, Fera beſtia, Hoſtia Panthera, Quadrupes.*

LOUPE. Verre ſpherique compoſée des ſeg-mens d'une petite ſphere, & qui groſſit les objets qu'on regarde au travers.

LOUS. Nom du dixiéme mois dans l'ancienne année Macédonienne, & le ſeptiéme dans la nouvelle.

L O X

LOXODROMIE. Ligne que le Vaiſſeau décrit ſur mer en formant un même angle aigu avec tous les méridiens qu'il coupe dans ſa route. Un vaiſſeau fait cette route ou décrit cette ligne quand il ne navigue ni directement ſous l'équateur, ni directement ſous un même méridien, mais obliquement, ou en ſuivant tout autre rumb de vent. La *Loxodromie* n'eſt pas un cercle, parce que tout cercle dans la ſphere coupe du moins un des mé-ridiens, & que cette ligne eſt inclinée à tous. Soit, par exemple, (Planche VI. Figure

250.) P le pôle de la terre, A G F H, une partie de l'équateur ou d'un parallele à l'équateur ; P A , P p les méridiens representés par des lignes droites. Qu'un navire parte du point A & que sa route fasse toujours le même angle aigu P A B, P B E, &c. avec tous les méridiens. La ligne courbe A B D E se nomme *Loxodromie*.

Il suit de cette définition que lorsqu'un vaisseau sille sur le rhumb d'Est ou Ouest, il décrit un arc de cercle terrestre qui est un grand arc si le vaisseau est sous l'équateur, & un petit s'il fait voile d'un lieu qui soit hors de l'équateur. Quand un vaisseau suit les rhumbs Nord ou Sud, il décrit un grand cercle, savoir un méridien. Ces cas exceptés la *Loxodromie* est toujours une ligne spirale décrite sur la surface du globe terrestre & fort analogue à la logarithmique spirale, qui ne differe réellement de la *Loxodromie*, que parce que cette derniere est décrite sur la surface d'un globe & la premiere sur une surface plane. C'est par une raison semblable à celle qui fait que la logarithmique spirale ne rencontre jamais le centre, que la *Loxodromie* ne concourt jamais avec le pole.

Il y a sur la *Loxodromie* plusieurs problèmes, dont on peut déterminer le nombre en faisant attention qu'il y a quatre choses qui font varier ces problèmes ; 1° la différence de latitude des lieux du départ & de l'arrivée ; 2°. leur distance sur la ligne *Loxodromique* ; 3° la difference en longitude des lieux ; 4° l'angle *Loxodromique*. Deux quelconques étant données on peut demander les autres : ce qui forme 12 combinaisons ou 12 problèmes différens de quelques-uns desquels je vais donner la solution.

Pour resoudre les problèmes *Loxodromiques*, on conçoit la *Loxodromie* A E (Planche VI. Figure 250.) divisée en un nombre infini de parties égales, ou du moins telles que chacune de ces parties puisse passer pour sensiblement droite ; & l'on conçoit autant de méridiens P A, P B, P C, &c. & autant de parallèles à l'équateur A Q, B R, &c. qu'il y a de divisions dans la *Loxodromie* : alors on a tous les triangles A B Q, B C R, semblables par la nature de la *Loxodromie*, qui fait tous les angles Q A B, R B C &c. égaux. Par conséquent comme le côté A Q est à A B, ainsi R B est à B C, ainsi des autres ; & en composant, A Q est à A B, comme la somme de tous les côtés A Q, B R, C S, &c. qui font la difference de latitude réduites en milles, à la somme des côtés A B, B C, C D, &c. qui est la longueur de la *Loxodromie* en même mesure. Mais A Q : A B, comme le sinus total à la

secante de l'angle *Loxodromique* Q A B, ou comme le co-sinus de cet angle au sinus total : donc il y a même raison de la difference en latitude réduite en lieues, en milles, comme l'on voudra, à la distance des lieux du départ & de l'arrivée, ou la longueur de la *Loxodromie*, que du co-sinus de l'angle *Loxodromique* au sinus total.

C'est pourquoi la difference en latitude des deux lieux étant donnée, ensemble l'angle que fait la *Loxodromie* ou le rhumb de vent avec le méridien, on peut aisément, par la proposition susdite, trouver la longueur de la *Loxodromie*.

Le problème inverse à celui-ci est celui où étant donnée la longueur de la *Loxodromie* & l'angle *Loxodromique*, on demande la difference en latitude. On le résoud avec la même facilité. Car le raisonnement précedent fait voir que le sinus total est au co-sinus de l'angle *Loxodromique*, comme la longueur de la *Loxodromie* à la difference en latitude. Aïant donc les trois premiers termes de cette proportion on trouvera le quatriéme.

La même proportion donne encore la résolution du problème où il s'agiroit de trouver l'angle *Loxodromique*, étant donnée la difference en latitude & la longueur de la *Loxodromie*. En effet, dans la proposition précedente on a le premier, le 3, & le 4e termes. On trouvera donc aisément le second qui est le sinus du complement de l'angle de la *Loxodromie*.

Avant que de passer à des problèmes plus composés, je crois devoir donner un exemple de ces premiers.

1° On propose deux lieux A E, dont la difference en latitude est de 60 degrés ; le degré est de 20 lieues marines. Leur difference en latitude sera donc de 1200 lieues. L'angle *Loxodromique* P A E est de 60°. On demande la longeur de A E. La réponse à cette question est renfermée dans cette regle : *le co-sinus de l'angle Loxodromique* 5. 0000 *est au sinus total* 10. 0000 *comme* 1200, *à un* 4e *terme* 2400, qui est la longueur de la *Loxodromie* passant par les lieux A E & faisant avec le méridien un angle de 60°.

2°. La distance *Loxodromique* de deux lieux étant de 500 lieues, & l'angle *Loxodromique* de 45°, on trouvera la difference en latitude par l'analogie suivante : *comme le sinus total* 100000 *au co-sinus de* 45°, 70710 ; *ainsi* 500 *à* 353. 55 *centiémes*, qui font la difference de latitude en lieues. Ces 353 lieues réduites en dégrés, & parties de degré d'un grand cercle donnent 17°, 39' qui sont la difference en latitude cherchée.

3°. Soit enfin la difference en latitude de 40° ou 800 lieues, & la longueur de la *Loxodromie* de 950. On demande l'angle *Loxodromique*. Faites cette regle : *Comme la longueur de la Loxodromie 950, est à 800, difference en latitude.* Ainsi *le sinus total* 10. 0000 à 84210 qui est le sinus d'un angle de 57, 27', dont le complement 32, 33' est l'angle *Loxodromique* cherché.

2. Dans chacun des trois problêmes que nous venons de resoudre, on peut encore chercher la longitude, ou plutôt la difference de longitude de deux endroits. A cette fin, si ces deux choses ne sont pas du nombre des données, voici la maniere dont la plupart des Auteurs de Navigation enseignent à résoudre le problême.

Ils divisent la latitude en un grand nombre de parties égales ; par exemple, en dégrés. Ensuite, à l'aide de l'angle *Loxodromique* donné, ils trouvent la longueur en lieues ou en milles de la portion du parallele Q B (Planche VI. Figure 251.) qui est égal à R C, S D, &c. Mais comme ces longueurs égales ne donnent pas des differences de longitude égales, parce que chacune de ces petites portions des paralleles est inégalement distante du pole, il faut trouver combien de degrés ou parties de degrés de chacun de ces paralleles, fait de longueur en lieues ou en milles qu'on a trouvé pour chacune de ces portions Q B, R C, &c. Ajoutant tous ces degrés on a la difference de longitude. L'on voit par là qu'il faut faire attention à la position respective des lieux d'arrivée & de départ, pour connoître la latitude des points Q, A, S, T, &c.

3. M. *Leibnitz* (Actes de Leipsick 1691,) & après lui *Wolf*, ont donné une solution de ce problême qui ne demande que l'usage d'une table de logarithmes hyperboliques. M. *Leibnitz* a démontré que si le sinus de la latitude de l'un des lieux A est e, la tangente de l'angle *Loxodromique* b, e, la difference de longitude de cet endroit & du point de l'équateur, où la *Loxodromie* le couperoit sera $b \int \dfrac{d\,e}{1-e\,e}$ & $\int \dfrac{d\,e}{1-e\,e}$ est le logarithme hyperbolique de la fraction $\dfrac{1+e}{1-e}$. Ainsi le sinus de la latitude du lieu A étant donné, la difference en longitude du lieu A & du point où la *Loxodromie*, dont la tangente est b, couperoit l'équateur, est au logarithme de la raison $\dfrac{1+e}{1-e}$ comme la tangente b est au sinus total. Et si l'on

cherche la difference de longitude entre deux lieux A, B, & que le sinus de la latitude du lieu B soit E, la difference de longitude entre les lieux A, B, sera à la difference des logarithmes des fractions $\dfrac{1+e}{1-e}$ & $\dfrac{1+E}{1-E}$, si A, B sont dans un même hemisphere ; & à la somme de ces mêmes logarithmes, s'ils sont dans des hemispheres differens, comme la tangente de l'angle *Loxodromique* au sinus total. *Acta eruditor,* 1691, & *Elementa Matheseos univ,* Tom. *IV.*

LUI

LUISANTE. Nom qu'on donne aux étoiles des constellations de la couronne septentrionale, de l'Hydre, & de la Lyre. La *Luisante de la couronne* est une étoile de la deuxiéme grandeur. Celle de l'Hydre est le cœur de cette constellation. (*Voiez* Cœur de l'Hydre). Et la *Luisante de la Lyre* est une étoile de la troisiéme grandeur dans la Lyre.

LUM

LUMIERE. C'est cette substance, ce fluide, ou cette espece de feu qui nous rend les objets visibles en entrant dans nos yeux en lignes droites ; car en communiquant ainsi son mouvement aux fibres du fond de l'œil, il fait naître la sensation de la *Lumiere*. Tous les Physiciens ne définissent pas de même la *Lumiere* ; & il est peu de sujet en Physique où l'on soit si partagé. Aussi M. *Rohault* pense que » si nous devons jamais être soigneux de bien prendre garde » à l'exacte signification des mots, afin de » ne nous pas laisser surprendre par quelque » équivoque, c'est principalement à l'égard » de la *Lumiere* (*Traité de Physique* de » *Rohault*, Tome I. Ch. *XXVII.*) Cela étant ainsi, on verra avec plaisir ce qu'ont entendu par ce mot les plus célebres Auteurs, afin de savoir ce qu'on doit en entendre soi-même.

1. *Aristote*, qui le premier a examiné la *Lumiere* la définit, *l'acte du transparent en tant que transparent.* Quoiqu'*Aristote* eût plus que du sens commun, il croïoit cependant de bonne foi avoir donné une idée satisfaisante de la *Lumiere*. Malgré les efforts redoublés des Interprétes & des Sectateurs de ce Physicien, la pensée d'*Aristote* n'a rien perdu de son ridicule. Jusques à *Descartes* on a balbutié là-dessus ; & les raisonnemens qu'on a faits sont indignes de notre attention. *Descartes* a donc dit que la *Lumiere* est une matiere assez subtile pour

pénétrer même le verre, assez puissante pour ébranler les petits filets qui sont au fond de nos yeux, & être mise en mouvement par les corps lumineux. Mais quelle est cette matiere, & de quelle façon est - elle mue ? *Descartes* répond que c'est la matiere céleste, ou les globules du second élement composées de parties spheriques ou rondes, & qu'elle se reflechit à angles égaux d'incidence & de reflexion. A l'égard de son mouvement, il est produit par un certain mouvement des parties du corps lumineux, qui pousse cette matiere à la ronde. Ce système est soutenu par les preuves les plus ingénieuses. Il n'est pas pour cela mieux gouté. Le P. *Malebranche* qui adopte la matiere de *Descartes* l'improuve hautement. Celui que ce docte Méthaphysicien embrasse est tout-à-fait digne de lui. Il est formé sur le modele du système du Son. J'ai dit dans cet Ouvrage que le son est produit par des vibrations des parties du corps sonore, (*Voïez* SON) & que les vibrations plus grandes ou plus petites, qui se font sensiblement en tems égaux, produisent des sons qui ne different entr'eux que par leur force ou leur foiblesse. De même, selon le P. *Malebranche*, toutes les parties d'un corps lumineux sont dans un mouvement très-rapide, qui d'instant en instant comprime par des secousses très-promptes toute la matiere subtile qui va jusques à l'œil, & lui cause des vibrations de pression. Plus les vibrations sont lentes, plus le corps paroît lumineux ou éclairé. Il est de telle ou telle couleur, selon qu'elles sont plus promptes ou plus lentes. Aussi le dégré de la *Lumiere* ne change point l'espece de couleur : elles paroissent les mêmes à un plus grand ou un plus petit jour, mais seulement plus ou moins éclatantes.

Laissant là tous ces globules, toute cette matiere subtile, *Newton* veut que la *Lumiere* soit une sensation produite par la présence du corps lumineux, duquel il émane un écoulement continuel d'une infinité de parties insensibles, comme elle se fait dans les corps odoriferans ; le musc, par exemple, &c. (*Voïez* DIVISIBILITE'). Si ce système est celui de la nature, il viendra un tems, disent les Cartésiens, où l'on n'y verra pas du tout. En effet, il n'est pas possible de concevoir qu'il se fasse une si prodigieuse dissipation de parties dans un corps lumineux sans qu'il se dissipe un jour entierement, ou du moins sans qu'il diminue sensiblement dans une longue révolution de de siécles. A cette objection les Newtoniens répondent, 1°. Que la matiere lumineuse

est si subtile & si rare, que son effusion ne sauroit diminuer sensiblement la grosseur des astres qu'après plusieurs milliers de siécles. ; 2°. Que la nature peut réparer la dissipation continuelle que les astres font de cette matiere.

On prouve ainsi la premiere partie de de cette reponse. M. *Keil* & plusieurs Physiciens on démontré, qu'*étant donnée une quantité de matiere, quelque petite qu'elle puisse être, par exemple, celle d'un grain de sable, & étant de même donné un espace infini quelque grand qu'il puisse être ; par exemple, le cube circonscrit de l'orbe de Saturne, c'est-à-dire, toute la capacité du ciel de Saturne & au-delà, il est possible que la matiere de ce grain de sable soit répandue par-tout cet espace, de telle sorte que cet espace en soit tout rempli, sans qu'il s'y trouve des pores dont le diametre soit plus grand qu'une ligne donnée quelque courte qu'on la suppose.* Cela posé, quelle impossibilité y a-t-il que le soleil, qui est au moins un million de fois plus gros que la terre remplisse de *Lumiere* des espaces presqu'immenses pendant plusieurs siécles sans s'affoiblir & sans diminuer sensiblement de grosseur ?

En second lieu, le soleil peut recouvrer sans cesse une nouvelle matiere lumineuse ou simplement une matiere, qui étant mêlée & confondue dans celle dont il est composé, y reçoive la figure, les mouvemens, le dégré de subtilité & toutes les préparations nécessaires pour devenir *Lumiere*. Et d'abord le soleil peut recouvrer de nouvelles parties lumineuses déja toutes formées des autres astres, qui en renvoïent vers lui comme il en pousse vers eux. La matiere étherée dès couches les plus proches de la surface du soleil, peut s'y introduire pour remplacer l'effusion des corpuscules lumineux, & après y avoir fait plusieurs circulations acquerir toutes les qualités essentielles à la *Lumiere*. Pour rendre cette circulation sensible, M. *De Mairan* imagine le soleil comme un globe d'une matiere très-subtile & très-agitée, lequel par des bouillonnemens & des palpitations très-promptes, repousse à chaque instant les compressions & les secousses de l'éther qui se meut circulairement autour de lui, & qui en ce sens se meut plus vite que lui. Ce mouvement de vibration résulte, selon M. *De Mairan*, de la contraction & de la dilatation alternative des parties qui le composent. C'est dans leur contraction ou dans leur resserrement qu'il lance la *Lumiere* : c'est dans la dilatation qu'il se remplit de la matiere des couches voisines, laquelle va occuper la place que les corpuscules lumineux ont quittée. Ainsi ce Physicien célebre regarde le soleil au milieu de son tourbillon à peu près comme le cœur au centre de l'animal. Il a son systole & son diastole: il excite la chaleur & le mouvement dans les parties les plus éloignées, & repand par tout le corps un principe de vie. (*Dissertation sur les Phosphores & les Noctiluques, page 19*).

Malgré des preuves si sensibles, si naturelles & si vrai-semblables, le P. *Regnault*, qui n'est rien moins que Newtonien, refuse d'adopter le sentiment de M. *Newton*. Il croit que la *Lumiere* est un mouvement de la matiere éthérée, prompt, droit, alternatif; & il prouve ces trois qualités du mouvement dans ses *Entretiens Physiques, Tom. II. V. Entretien.* Pour couper court à toutes les définitions, M. *Muschenbroeck* donne le nom de *Lumiere* à tout ce qui produit dans notre ame la perception d'un objet à l'aide de nos yeux. Quoiqu'il en soit, si l'on ignore la nature de la *Lumiere*, on connoît du moins ses effets & son mouvement. Arrêtons-nous à ces deux connoissances.

2. La premiere chose qu'on observe dans la *Lumiere*, est que son mouvement se fait en lignes droites, & qu'elle part comme du centre d'une sphere vers toutes les parties de sa surface. En second lieu, la *Lumiere* augmente ou diminue à des differentes distances comme le quarré de ces distances; en sorte qu'une *Lumiere* qui aura éclairé avec une certaine force un objet, l'éclairera 9 fois moins dans une distance trois fois plus grande, & que celle qui en sera trois fois plus proche, l'éclairera 9 fois davantage. On sait encore que le verre & l'eau diminuent beaucoup la clarté de la *Lumiere*, Suivant les expériences ingénieuses de M. *Selsius*, & celles de M. *Bouguer*, (*Essai d'Optique sur la gradation de la Lumiere*), 16 carreaux de vitres exposés à la *Lumiere* d'un flambeau, rendent la *Lumiere* 240 fois ¼ plus foible. La même expérience a été repetée sur la *Lumiere* de la lune, mais M. *Muschenbroeck* n'en approuve pas le résultat. (*Essai de Physique*, *Tome II. page* 525). Ainsi on trouve que la force de deux *Lumieres*, dont l'une est refractée par l'eau de la mer, & l'autre exposée en plein air, la force de celle-là est la force de celle-ci, comme 5 à 14. Enfin il est démontré, qu'à des distances égales l'intensité des raïons de *Lumiere* que reçoit un corps, est comme le sinus de l'angle d'incidence des raïons de *Lumiere* sur ce corps. Et de ce qu'à des distances inégales &

même angle d'incidence, l'intensité de l'illumination est en raison inverse du quarré de la distance, il suit que dans le cas où les distances & l'angle d'incidence varieront, l'intensité de la *Lumiere* sera en raison composée du sinus de l'angle d'incidence & du quarré de la distance inverse.

L'observation de ces regles a donné lieu à un problême curieux, & qu'un Géometre intelligent, (M. *Montucla*) à qui je l'avois proposé, a résolu de la maniere suivante. Un objet A (Planche XXXV. Figure 252.) étant placé sur la ligne A B; & sur le point B aïant élevé une perpendiculaire B C, qui passe par l'axe de la *Lumiere* placée à ce point, déterminer la hauteur de la chandelle F, en sorte que sa *Lumiere* C éclaire l'objet A le plus qu'il est possible, c'est-à-dire, plus qu'elle ne feroit en tout autre point de la ligne B C. Nommons B C x, A B a, A C sera $= \sqrt{aa+xx}$. En faisant la proportion suivante A C ou

$$\sqrt{aa+xx} : BC\ (x) :: a : \frac{ax}{\sqrt{aa+xx}}.$$

Ce dernier terme exprime le sinus de l'angle d'incidence au raïon a, la tangente B C étant $= x$.

Que 1 exprime aussi la *Lumiere* que reçoit le corps A éclairé perpendiculairement à la distance A B (a). En faisant cette analogie

$$a : \frac{ax}{\sqrt{aa+xx}} :: 1 : \frac{ax}{\sqrt{aa+xx}},$$

ce dernier terme represente la force de la *Lumiere* que recevra le corps A à la distance A B (a) sous un angle dont le sinus est $\frac{ax}{\sqrt{aa+xx}}$. Mais à des distances égales & sous des angles égaux, l'illumination est en raison inverse des quarrés des distances. Donc faisant

$$AC\ \text{ou}\ aa+xx : aa :: \frac{ax}{\sqrt{aa+xx}} : \frac{a^3 x}{aa+xx\sqrt{aa+xx}},$$

on a par ce dernier terme la valeur de l'intensité de l'illumination au point C de la perpendiculaire B D. Or cette expression doit être un *minimum*. Donc sa difference étant égalée à zero, vient cette équation,

$$\frac{a^3\,dx \times \overline{aa+xx}^{\frac{1}{2}} - 3x\,dx \times \overline{aa+xx}^{\frac{1}{2}}}{\overline{aa+xx}^{3}}$$

$$\times a^3\,x = 0.\ \text{On a par conséquent}\ \frac{}{a^3 \times \overline{aa+xx}^{3}}$$

$$ \overline{a^3 \times aa + xx}^{\frac{3}{2}} - 3a^3 x^2 \times \overline{aa + xx}^{\frac{1}{2}} = 0. $$

Et $\overline{aa + xx}^{\frac{3}{2}} = 3x^2 \times \overline{aa + xx}^{\frac{1}{2}}$, ou $aa + xx = 3x^2$. Donc $x = \dfrac{\sqrt{a^2}}{2}$. C'est-à-dire, que B C (x) est à A B (a) comme le côté d'un quarré à sa diagonale.

3. Le second examen que nous devons faire sur la *Lumiere* pour la connoître, autant qu'elle peut être connue, regarde son mouvement. Or M M. *Caffini* & *Romer* ont découvert que ce mouvement est progreffif. Voici cette curieufe découverte, tirée des éclipfes du premier fatellite de Jupiter.

Quand la terre eft tellement fituée dans fon orbite, que le foleil eft en conjonction avec Jupiter, & qu'on voit fortir le fatellite de fon ombre, on doit l'appercevoir 42 heures ½ après l'émerfion du même fatellite, dans le même point de l'orbite de la terre. Ainfi fi la terre étoit immobile, on verroit dans l'efpace de trente fois 42 ½ ce fatellite fortir 30 fois de fon ombre. Mais pendant ce tems la terre parvient à la partie oppofée de fon orbite en s'éloignant de Jupiter ; de forte que cette planete paroît être alors en conjonction avec le foleil. D'où il fuit, que fi la *Lumiere* emploie un certain tems dans le trajet qu'elle fait, l'émerfion de ce fatellite paroîtra plus tard. Il faudra donc pour déterminer le tems de cette émerfion ajouter aux 42 ½ × 30 heures, celui que la *Lumiere* emploie à parcourir la corde de l'orbite de la terre qui détermine les deux fituations de cette planete. C'eft pourquoi les éclipfes du fatellite doivent arriver plutôt depuis les conjonctions de Jupiter avec le foleil jufques aux oppofitions. Au contraire elles doivent être retardées depuis les oppofitions de Jupiter avec le foleil jufques aux conjonctions. Pour favoir donc le chemin qu'a fait la *Lumiere*, il ne refte qu'à déterminer le tems entre les éclipfes de ce fatellite dans les deux fituations de la terre. Or M M. *Caffini*, *Romer*, & *Halley*, difent que cette difference eft de 14 minutes. Donc la *Lumiere* emploie 7 minutes à parcourir la moitié de l'orbite de la terre, c'eft-à-dire, pour venir du foleil à la terre, & l'émerfion du fatellite paroît 7 minutes plus tard qu'elle ne paroîtroit fi le mouvement de la *Lumiere* étoit continu. M. *Halley* l'eftime de 8', 13".

M. *Caffini*, qui a partagé avec M. *Romer* la gloire de cette découverte, s'en eft defifté, & a prétendu que les conclufions qu'on tiroit de ce phénomene n'étoient pas juftes, parce que tous les phénomenes ne s'accordoient pas entre eux. Mais M. *Romer*

l'a défendue. & fe l'eft en quelque façon par là appropriée. M. *Halley* s'eft joint à M. *Romer* ; il a levé les difficultés faites par M. *Caffini*. La propagation de la *Lumiere* a donc confervé toute fa force.

C'eft une chofe curieufe & qui fe préfente naturellement, que d'exprimer la viteffe de la *Lumiere*, pour venir du foleil à nous. Tel en eft la calcul.

Le foleil eft éloigné de la terre de 24000 demi-diametres. Un demi-diametre de la terre eft eftimé de 19615782 pieds. La diftance du foleil à la terre eft donc de 470788768000 pieds. La *Lumiere* parcourt cet efpace en 8 minutes, & elle parcourt par conféquent dans le tems d'une feconde 980809933 ⅓ pieds. Si l'on compare cette viteffe avec celle d'un boulet de canon qui parcourt 600 toifes par feconde, on trouvera que la rapidité avec laquelle la *Lumiere* fe meut eft à celle d'un boulet de canon, comme 1634683 eft à 1 ; ou à peu près. M. *Mufchenbroeck* conclud de-là que la *Lumiere* eft fans péfanteur ; car fi elle pefoit la $\dfrac{1}{34794121}$ elle auroit la même force qu'un boulet ; & on connoît les effets d'un boulet de canon.

La découverte de l'aberration des étoiles fixes par M. *Bradley*, prouve encore le mouvement progreffif de la *Lumiere*. A l'article d'ABERRATION j'ai fait l'hiftoire de cette découverte en m'attachant aux faits principaux. Cependant quelques Anglois aïant vû cet article dans le premier Volume de cet Ouvrage, ont trouvé que je n'y ai pas donné affez d'étendue, & que j'avois oublié de faire mention de M. *Molineux*. Pour réparer cette omiffion, j'ai inféré dans cet article le fait fuivant.

En 1725 M. *Molineux* cherchant à déterminer la parallaxe des étoiles fixes, commença à obferver l'étoile brillante du Dragon marquée *Y* par *Bayer*, lorfqu'elle paffoit près du zenith. M. *Bradley* l'obferva auffi avec lui. Par plufieurs obfervations faites avec beaucoup de foin, on trouva que l'étoile étoit plus Nord de 39 fecondes d'un dégré en Septembre qu'en Mars, tout au contraire de ce qu'elle auroit dû être par la parallaxe annuelle des étoiles fixes. Cette apparence fi étrange embarraffa les Obfervateurs, & les chofes en étoient là lorfque M. *Molineux* mourut. Le refte de l'hiftoire eft rapporté à l'article que j'ai cité. J'ajouterai une omiffion plus grave : c'eft qu'on doit à M. *Clairaut* les formules utiles de l'aberration des étoiles fixes, qu'on trouve dans les *Mémoires de l'Académie* de 1732, & à la fin des *Inſtitutions aſtronomiques de Keil*. Par M. *Le Monnier*.

4. Je crois devoir terminer cet article par les queſtions ſuivantes que propoſe M. *Newton* dans ſon Optique.

1°. Les corps d'un grand volume ne conſervent-ils pas plus long-tems leur chaleur, parce que leurs parties s'échauffent réciproquement ? 2°. Un corps vaſte denſe & fixe étant une fois échauffé au-delà d'un certain dégré ne peut-il pas jetter de la *Lumiere* en telle abondance, que par l'émiſſion & la réaction de la *Lumiere*, par les réflexions & les réfractions de ſes raïons au-dedans de ſes pores, il devienne toujours plus chaud, juſques à ce qu'il parvienne à un certain dégré de chaleur, qui égale celle du ſoleil ? 3°. Le ſoleil & les étoiles fixes ne ſont-ils pas de vaſtes terres violemment échauffées, dont la chaleur ſe conſerve par la groſſeur de ces corps, par l'action & par la réaction réciproque entre eux & la *Lumiere* qu'ils jettent, leurs parties étant d'ailleurs empêchées de s'évaporer en fumée, non-ſeulement par leur fixité, mais encore par le vaſte poids & la grande denſité des atmoſpheres, qui peſants de tous côtés, les compriment très-fortement & condenſent les vapeurs & les exhalaiſons que rendent ces corps-là ? Car ſi après avoir chauffé modérément de l'eau dans un vaſe tranſparent, l'on tire l'air de ce vaſe tranſparent, l'eau y bouillira dans le vuide, avec autant de violence qu'elle feroit en plein air dans un vaſe qu'on mettroit ſur le feu, & qui lui donneroit actuellement un dégré de chaleur beaucoup plus grande. En plein air, le poids de l'atmoſphere, qui peſe deſſus, déprime les vapeurs & empêche que l'eau ne bouille avant que d'être devenue beaucoup plus chaude qu'il n'eſt néceſſaire, pour qu'elle bouille actuellement dans le vuide. De même un mêlange d'étain & de plomb, répandu ſur un fer rouge dans le vuide, jette de la fumée & de la flamme ; mais en plein air ce même mêlange ne jette aucune fumée viſible, à cauſe de l'atmoſphere qui peſe immédiatement deſſus. C'eſt ainſi que le grand poids de l'atmoſphere, dont le globe du ſoleil eſt environné, peut empêcher que des corps ne s'élevent & ne s'échappent du ſoleil en vapeurs & en fumées, ſi ce n'eſt par le moïen d'une chaleur beaucoup plus grande que celle qui, ſur la ſurface de notre terre, les reduiroit facilement en vapeurs & en fumées. Ce même poids peut auſſi condenſer les vapeurs & les exhalaiſons, qui s'échappent du corps du ſoleil, dès qu'elles commencent à s'élever ; les faire retomber auſſi-tôt dans le ſoleil, & augmenter par-là ſa chaleur, à peu près de la même maniere que, ſur notre terre, augmente le feu de nos cheminées. Enfin le même poids peut empêcher que le globe du ſoleil ne diminue, ſi ce n'eſt par l'émiſſion de la *Lumiere*, & d'une très petite quantité de vapeurs & d'exhalaiſons.

4°. Les raïons de *Lumiere* de différente eſpece ne produiſent ils pas des vibrations de différentes grandeurs, leſquelles vibrations expriment ſuivant leurs grandeurs les ſenſations de différentes couleurs, de même que les vibrations de l'air cauſent, ſelon leurs différentes grandeurs, des ſenſations de différens ſons ?

5°. Les raïons les plus refrangibles ne produiſent-ils pas les plus courtes vibrations pour exciter la ſenſation d'un violet foncé ; les moins réfrangibles, les vibrations les plus étendues, pour cauſer la ſenſation d'un rouge foncé, & les différentes eſpeces de raïons intermédiaires, les vibrations de différentes grandeurs intermédiaires, pour exciter les ſenſations des différentes couleurs intermédiaires ?

6°. L'harmonie & la diſcordance des couleurs ne pourroient-elles pas venir des vibrations des raïons de *Lumiere* propagées dans le cerveau par les fibres des nerfs optiques, comme la diſſonance des ſons vient des proportions des vibrations de l'air ?

M. *Hughens* a fait un Traité ſur la *Lumiere*.

LUMIERE PREMIERE DE LA LUNE. On donne ce nom en Aſtronomie à la *Lumiere* que reçoit la lune immédiatement du ſoleil, & dont elle nous éclaire pendant la nuit. Que la lune tire effectivement ſa *Lumiere* du ſoleil, c'eſt une conjecture qui a bien les caracteres d'une vérité ; puiſqu'elle en eſt privée lorſqu'elle entre dans l'ombre de la terre, tournant d'ailleurs ſon côté éclairé du côté du ſoleil. On n'a point reconnu de chaleur à cette *Lumiere*, quoiqu'on ait expoſé au foïer d'un verre ardent un thermometre. *Kepler*, dans ſon *Epitome Aſtronomiæ*, Lib. VI. pag. 827, rend raiſon de ſon accroiſſement & de ſon décroiſſement avec beaucoup d'étendue. *Hevelius* (*Selenographie*, Ch. 7.) & *Riccioli* (*Almageſt. L. IV. pag.* 5,) en ont auſſi écrit.

LUMIERE SECONDAIRE DE LA LUNE. *Lumiere* foible que nous obſervons dans la partie retournée de la lune, juſques au premier quartier, & après le dernier quartier juſques à la nouvelle lune. *Hevelius* conſidere cette *Lumiere* ſous pluſieurs circonſtances différentes dans ſa *Selenographie Ch.* 12, page 288, & *Ch.* 13 page 304. *Riccioli* à rassemblé plusieurs sentimens des Astronomes sur cette *Lumiere* dans son *Almagest. nov. L. IV. Ch. 6.* J'avois d'abord pensé de faire l'analyse de ces sentimens : mais le Lecteur n'y auroit rien gagné. D'ailleurs comme cet article n'est point absolument essentiel, qu'il est même surabondant, je me suis désisté de mon dessein, en me contentant de citer l'Ouvrage de *Riccioli*, auquel on peut recourir. J'ajouterai seulement que *Moestelin* est le premier, selon *Kepler*, (*Astronomia optica*, §. 254), qui ait découvert que cette *Lumiere* tire son origne de la terre, puisque la terre éclaire la lune, de même qu'elle en est éclairée & même 14 fois plus.

On nomme encore *Lumiere secondaire* celle que la lune a dans les éclipses, & qui par les différentes couleurs, donne occasion aux superstitieux de faire toutes sortes de prédictions, à l'égard de la signification de ces éclipses. On trouve de bonnes observations sur ce sujet dans l'*Histoire de l'Académie Roïale des Sciences* de 1704. *Kepler* (*Astronomia optica*, *pag.* 178,) a découvert & démontré que ces couleurs se forment par la réfraction des raïons du soleil qui se fait dans notre atmosphere, & qui se mêlent avec l'ombre de la terre. *Riccioli* en traite de même d'après *Kepler* dans son *Almagest. nov. L. V. Ch. 4*, page 304 & 305.

LUMIERE ZODIACALE. Clarté ou blancheur semblable à celle de la voie lactée qu'on apperçoit dans le ciel en certain tems de l'année après le coucher du soleil ou avant son lever. Elle paroît en forme de lance ou de pyramide le long du zodiaque, où elle est toujours renfermée par sa pointe & par son axe, appuïée obliquement sur l'horison du côté de sa base. Cette *Lumiere* a été découverte par M. *De Cassini*. Ses premieres observations furent faites au printems de l'année 1683, & elles furent rapportées dans le *Journal des Savans* du 10 Mai de la même année. M. *Fatio de Duillier*, qui se trouvoit alors à Paris, en fut témoin. Etant passé peu de tems après à Geneve, il observa avec soin le même phenomene pendant les années 1684, 1685 jusques vers le milieu de 1686, tems où il informa M. *De Cassini* de son travail, qui en parle avec éloge dans son Traité intitulé : *Découverte de la Lumiere celeste qui paroît dans le Zodiaque.* Il fait aussi mention dans les *Miscellanea naturæ curiosorum*, *ann.* 1688, 1689, 1691, 1693, 1694, de plusieurs observations de cette *Lumiere*, faites en Allemagne par MM. *Kirch* & *Eimmarh*.

On croiroit volontiers après ce détail,

que la *Lumiere zodiacale* est un phenomene tout moderne. Cela seroit étonnant. Mais M. *De Cassini* ne doute pas qu'elle n'ait été connue autrefois. Il pense même que ce phenomene est du nombre de ceux que les Anciens ont appellé *Trabes* ou *Poutres*, dont il seroit à souhaiter qu'ils eussent fait & l'histoire & la description. M. *De Mairan* est de cet avis à une chose près : c'est le nom de *Trabes*. Celui de *Cone de Lumiere* & de *Pyramide* lui paroît avoir été emploïé expressément par les Anciens pour désigner la *Lumiere zodiacale*. Quoiqu'il en soit, M. *De Cassini* ajoute, que *Descartes* parle de ce phénomene comme s'il eût vû le nôtre, ou qu'il en eût entendu parler. Cependant ceci n'est qu'historique, & tout ce que nous savons à ce sujet de l'antiquité n'a nullement contribué aux recherches de M. *De Cassini* ni à la découverte de ce phénomene. Suivant donc les observations de ce grand Astronome, on sait qu'afin que la *Lumiere zodiacale* paroisse, il faut qu'elle ait une étendue ou une longueur suffisante sur le zodiaque. Cette longueur varie quelquefois réellement & quelquefois seulement en apparence. Elle peut donc être fort étendue, & le paroître peu par des circonstances antérieures & passageres ; mais elle ne sauroit paroître fort étendue sans l'être véritablement ; aucune illusion optique ne pouvant produire cet effet.

S'étant bien assuré de l'apparence de cette *Lumiere*, on a cherché à en deviner la cause. M. *De Cassini* croit qu'elle est formée par l'atmosphere solaire, qui est un fluide ou une matiere rare & lumineuse par elle-même ou seulement éclairée par les raïons du soleil, laquelle environne le globe de cet astre, mais qui est en plus grande abondance & plus étendue autour de son équateur que par tout ailleurs. Cette *Lumiere* est plus ou moins visible selon que les circonstances nécessaires pour son apparition sont plus ou moins favorables. Quand ces circonstances manquent jusques à un certain point, la *Lumiere zodiacale* ne paroît pas du tout. M. *De Cassini* en la faisant dépendre de l'atmosphere du soleil, veut qu'elle soit formée par une espece de fumée ou de brouillard qui s'éleve de cette atmosphere, mais si délié, qu'on voit au travers les petites étoiles. M. *Derham* a apperçu une couleur rougeâtre dans cette *Lumiere* (*Transact. Philosoph.* N°. 310.) M. *De Mairan* y a distingué des couleurs tirant sur le jaune ou le rouge dans sa partie qui borde l'horison. M. *De Cassini* y a vû petiller comme de petites étincelles, & M. *De Mairan* s'est assuré de ce petillement avec une lunette de 18 pieds, une de 7 & quelquefois sans lunette. Ce Physicien pense que c'est la *Lumiere zodiacale* qui produit l'aurore boréale. (*Traité de Physique & historique de l'Aurore boréale. Par M. De Mairan.*) (*Voïez* AURORE BOREALE).

L U N

LUNA GIBBOSA. Nom qu'on donne à la Lune, lorsque sa face tournée vers nous est éclairée de plus de la moitié.

LUNAISON. Espace de tems qu'il y a entre deux nouvelles lunes qui se suivent immédiatement. Une *Lunaison* surpasse le mois périodique de deux jours & 5 heures. Et on lui donne le nom de *Mois synodique*, qui consiste en 29 jours, 12 heures & 45 minutes.

LUNE. Planete secondaire qui accompagne la terre. La *Lune* n'a point de lumiere d'elle-même, elle l'emprunte du soleil. (*Voïez* LUMIERE PREMIERE & LUMIERE SECONDAIRE DE LA LUNE). Comme elle n'est éclairée que de la moitié de son corps, elle offre à un spectateur tantôt plus ou moins de cette moitié, suivant sa position à son égard. C'est ce qui produit les différentes phases qu'on y remarque. (*Voïez* PHASES). La révolution de cette planete autour de la terre est de 27 jours, 7 heures, 43 minutes, & par une correspondance assez singuliere, elle emploïe ce même tems à tourner autour de son axe : moïennant quoi l'un de ses mouvemens la tourne vers la terre à mesure que l'autre l'en détourne, la *Lune* montre toujours le même côté de son disque. Son mouvement moïen horaire par rapport aux étoiles fixes, est de 32 minutes, 56 secondes, 23 tierces, 12 quartes $\frac{1}{2}$. Et sa distance de la terre est de 59 demi-diametres de la terre, selon la plupart des Astronomes, de 60 suivant *Vindeline*; de 60 $\frac{1}{3}$ suivant *Copernic*; 60 $\frac{1}{2}$ selon *Kirker*, & suivant *Tycho* de 56 $\frac{1}{2}$. Tout cela est fort vague. Dans les syzygies, la *Lune* est plus proche de la terre que dans sa quadrature d'environ $\frac{1}{69}$ partie de sa distance. Il est donc à propos de distinguer sa distance par rapport à ces deux situations. Aussi M. *De Cassini* distingue trois sortes de distances, une grande, une moïenne & une petite. La grande est, si on l'en croit, de 61 demi-diametres de la terre; la moïenne de 56, & la plus petite de 52. M. *Newton* considerant cette distance en général, l'évalue à environ 61 demi-diametres de la terre. Et il fixe la moïenne à 60. Ce grand homme établit que la puissance de la *Lune* par rapport au flux

& au reflux de la mer, est à celle du soleil comme 6 $\frac{1}{3}$ est à 1. M. *Auzout* assure que le diametre de cette planete ne lui a jamais paru au-dessus de 33 minutes, & jamais moindre que 24 minutes 45 secondes. M. *Newton* estime son moïen diametre de 32 minutes, 12 secondes, & celui du soleil de 31 minutes 27 secondes. D'où il conclud, que sa densité est à celle de la terre environ comme 9 est à 5, & que la masse ou la quantité de matiere de la *Lune* est à celle de la terre, environ comme 1 est à 26. Enfin on trouve que le plan de l'orbite de la *Lune* est incliné à celui de l'écliptique, & fait avec lui un angle d'environ 5 dégrés; que sa déclinaison varie & qu'elle est aussi grande qu'elle peut être, quand elle est dans les quadratures, & la moindre quand elle est dans les syzygies.

Quoique la révolution de la *Lune* autour de la terre se fasse en 27 jours, 7 heures & 45 minutes, (ce qui fait le mois périodique,) cependant comme dans l'espace d'un mois périodique, la terre accompagnée de la *Lune*, son satellite, parcourt presque un signe entier, il suit, que le point de l'orbite de cette planete, dans la derniere conjonction ou nouvelle *Lune*, sera trop avancé vers l'Occident. La *Lune* ne parviendra donc à une nouvelle conjonction avec le soleil que 2 jours 5 heures plus tard. On ne peut par conséquent avoir une lunaison entierement révolue, ni voir toutes les phases de la *Lune*, qu'après que ces 2 jours, 5 heures se feront encore écoulés. Ainsi en les ajoutant au mois périodique, on aura le mois synodique qui consiste en 29 jours, 12 heures & 45 minutes.

2. Il n'est point de planetes dont le mouvement soit si inégal que celui de la *Lune*. Cette inégalité est causée, à ce qu'on croit, par l'action du soleil, qui trouble le mouvement des planetes secondaires. La *Lune* se meut plus vite, & décrit avec un raïon tiré de son corps à la terre, une plus grande aire à proportion du tems : moïennant quoi elle s'approche plus près de la terre dans les syzygies ou conjonctions que dans ses quadratures, à moins que le mouvement de son excentricité ne l'en empêche. Cette excentricité est la plus grande quand son apogée arrive dans sa conjonction, & la plus petite, lorsque l'apogée arrive aux quadratures. Son mouvement est aussi plus vite dans l'aphelie que dans son périhelie. L'apogée s'avance aussi plus promptement dans la conjonction, & va plus lentement dans les quadratures : mais ses nœuds sont immobiles dans les conjonctions, & s'écartent avec le plus de vi-

teffe dans les quadratures. (Pour déterminer ces nœuds, *Voïez* NŒUD). La *Lune* change aussi perpétuellement la figure de son orbite, ou l'espece d'ellipse dans laquelle elle se meut.

Ce ne sont pas là encore les seules inégalités dans le mouvement de la *Lune*. On en connoît encore qu'il est difficile de réduire à certaines regles. Quant aux vitesses ou mouvemens horaires de l'apogée & des nœuds ; à leurs équations ; à la différence entre la plus grande excentricité dans les conjonctions & la plus petite dans les quadratures, & enfin à cette inégalité que l'on appelle la *variation de la Lune*, tous ces effets croissent & décroissent annuellement en raison triplée du diametre apparent du soleil. Et cette variation augmente & diminue en raison doublée du tems qui est entre les quadratures, ainsi que M. *Newton* le prouve dans plusieurs endroits de ses *Principes de Philosophie naturelle*. Ce grand Géometre a trouvé aussi que dans les syzygies de la *Lune*, l'apogée de cet astre s'avance tous les jours de 23 minutes par rapport aux étoiles fixes, & rétrograde chaque jour de 16 minutes & ½ dans les quadratures. C'est pourquoi il évalue à 40 dégrés le mouvement moïen annuel de l'apogée.

Le même Auteur (M. *Newton*) a recherché la figure de la *Lune*. Supposant que dans sa premiere origine elle a été un fluide semblable à notre terre, il trouve, par le calcul, que l'attraction de notre terre éleveroit l'eau de la *Lune* presque à la hauteur de 90 pieds ; de même que l'attraction de la *Lune* éleve l'eau de notre terre à la hauteur de 12 pieds. D'où il suit, que la figure de cette planete est un spheroïde, dont le plus grand diametre prolongé passeroit par le centre de notre terre, & qui est plus long de 180 pieds que l'autre diametre qui lui est perpendiculaire. Voilà pourquoi nous voïons toujours la même face de la *Lune* ; car dans quelque situation qu'elle soit, elle tend toujours à se conformer à cette situation. (*Philos. natur. Princ. Math. L. III. Prop.* 38). Développons la théorie de cette planete, suivant le systême du savant Anglois.

3. 1°. La *Lune* trouble ou dérange le mouvement de la terre, & le centre commun de gravité de ces deux corps décrit autour du soleil cet orbite, que jusqu'ici nous avons fait décrire à la terre, parce que nous faisions abstraction de l'action de la *Lune*. Pour la terre, elle décrit une courbe irréguliere.

2°. La *Lune* gravite vers la terre & cette gravitation est augmentée par l'action du soleil, quand la *Lune* est dans les quadratures : ce qui fait une augmentation ou une addition à la gravitation de la terre vers le soleil.

3°. La distance de la terre au soleil restant la même, cette addition de gravitation augmente & diminue dans le rapport de la distance de la *Lune* à la terre.

4°. Supposant toujours que la distance de la terre au soleil ne change point, la gravitation de la *Lune* vers la terre decroît plus lentement dans les quadratures que suivant la raison inverse du quarré de la distance au centre de la terre.

5°. La force qui diminue la gravitation de la *Lune* dans les syzygies, est double de celle qui l'augmente dans les quadratures.

6°. Dans les syzygies, la force de la *Lune* qui trouble le mouvement de la terre, est directement comme la distance de cette planete à la terre, & réciproquement comme le cube de la distance de la terre au soleil.

7°. Aux syzygies, la gravitation de la *Lune* vers la terre qui s'écarte de son centre, est plus diminuée que dans la raison inverse du quarré de la distance à ce centre.

8°. Dans le mouvement de la *Lune* depuis les quadratures jusqu'aux syzygies, la gravitation de cet astre est continuellement augmentée, & la *Lune* est continuellement retardée dans son mouvement. Mais depuis les quadratures jusques aux syzygies, à chaque moment la gravitation de la *Lune* est diminuée, & son mouvement dans son orbite est accéleré.

9°. Le raïon est au sinus & demi du double de la distance de la *Lune* aux syzygies comme l'addition de gravitation dans les quadratures, est à la diminution ou à l'augmentation de la gravitation dans cette situation de la *Lune*, pour laquelle on fait actuellement des calculs.

10°. La *Lune* est moins éloignée de la terre aux syzygies, & elle l'est plus aux quadratures. Dans les quadratures ainsi que dans les syzygies, la *Lune* décrit, par des lignes tirées au centre de la terre, des aires proportionnelles au tems. Et les aires décrites par des lignes tirées au centre de la terre, ne sont pas toujours proportionnelles aux tems.

11°. Les apsides de la *Lune* vont en avant quand cette planete est dans les syzygies. Elles retrogradent dans les quadratures, c'est-à-dire, quand elles se meuvent *in antecedentia*. Tout étant égal d'ailleurs, en considerant une révolution entiere de la *Lune*, le mouvement des apsides *in consequentia* surpasse leur mouvement *in antecedentia*. Mais quand la ligne des apsides est dans les nœuds, c'est alors que dans une même révolution de la *Lune*, les apsides vont le plus vite *in consequentia*, & le plus lentement *in antecedentia*. La ligne des apsides est-elle dans les quadratures ? Dans les syzygies les apsides se meuvent le plus lentement *in consequentia*, & le plus vite *in antecedentia* dans les quadratures. En ce cas, pendant une révolution entiere de la *Lune*, le mouvement *in antecedentia* surpasse le mouvement *in consequentia*.

Enfin, comme à chaque révolution l'excentricité de l'orbite subit différens changemens, cette excentricité est la plus grande quand la ligne des apsides est dans les syzygies; & cette orbite est la moins excentrique lorsque la ligne des apsides est dans les quadratures.

12°. Le rapport, entre l'addition de gravitation dans les quadratures & la force qui écarte la *Lune* de son orbite, est la raison du cube du raïon à trois fois le produit des sinus de la distance de la *Lune* aux quadratures, & de la distance du nœud aux syzygies. Cette force s'augmente à mesure que la *Lune* s'approche de la syzygie & que les nœuds s'en éloignent. Le reste supposé égal, si l'on considere une révolution entiere de la *Lune*, les nœuds se meuvent plus vite *in antecedentia* quand cette planete est dans les syzygies, & diminuent peu à peu leur vitesse, jusques à ce qu'enfin ils soient sans mouvement, lorsque la *Lune* est dans les quadratures.

13. La ligne des nœuds acquiert successivement toutes les situations possibles à l'égard du soleil; & tous les ans elle passe deux fois par les syzygies, deux fois par les quadratures. Si l'on considere plusieurs révolutions de la planete qui nous occupe, la ligne des nœuds étant dans les quadratures, ces nœuds iront fort vite *in antecedentia* dans une révolution totale, & diminueront ensuite de cette vitesse au point qu'ils seront sans mouvement quand la ligne des nœuds sera dans les syzygies. La même force qui fait mouvoir les nœuds change l'inclinaison de l'orbite. Cette inclinaison croît à mesure que la *Lune* s'éloigne du nœud & diminue à mesure qu'elle s'en approche. Quand les nœuds sont arrivés aux syzygies, l'inclinaison du plan de l'orbite est la plus petite de toutes. Car dans le mouvement des nœuds depuis les syzygies jusques aux quadratures, & dans une révolution totale de la *Lune*, la force qui augmente l'inclinaison est plus grande que celle qui la diminue, C'est pourquoi l'inclinaison augmente & devient la plus grande de toutes, quand les nœuds sont dans les quadratures.

14°. Toutes les erreurs ou les irrégularités du mouvement de la *Lune*, sont un peu plus grandes dans la conjonction que dans l'opposition.

15°. Toutes les forces qui troublent la loi de la gravitation, sont réciproquement comme le cube de la distance du soleil à la terre. En prenant ensemble toutes ces forces, la diminution de gravitation l'emporte.

16°. Enfin, considerant en général le mouvement de la *Lune*, sa gravitation vers la terre diminue en s'approchant du soleil; le tems périodique est le plus grand, & la distance de la *Lune* est aussi la plus grande; tout le reste étant supposé égal d'ailleurs quand la terre est dans le perihelie.

Voilà toute la théorie Astronomique & Physique de la *Lune*. Voici son histoire.

4. *Galilée* en observant la *Lune* avec des telescopes vers le commencement du siécle précédent, y découvrit le premier des montagnes, & les ombres de ces montagnes. Il publia sa découverte en 1610 dans un ouvrage intitulé : *Nuncius Sidereus*, où il donne le calcul (page 13) de la hauteur de ces montagnes. D'après lui, plusieurs Astronomes, & principalement le grand *Cassini*, se sont attachés à considerer la *Lune* avec des telescopes & à dessiner sa figure. D'abord *Scheinerus* la publia (*Disquisitiones Mathematicæ*). Vinrent ensuite *François Fontana*, (*Figuræ Lunæ Tubospicillis observatæ*,) & *Antoine-Marie Schirlacus de Rheita*, (*Oculus Enochi & Eliæ*), Cependant tous ces Ouvrages n'étoient encore que des essais imparfaits, *Michel-Florent Langrenus*, Cosmographe du Roi d'Espagne, mit au jour en 1645 une description plus exacte. Mais celle qu'ont publiée *Hevelius* (en 1647 *Voiez* sa *Selenographie*,) & M *De Cassini* (*Voiez* TACHE) est plus exacte que celles là.

Langrenus avoit d'abord donné aux montagnes de la *Lune* des noms des Mathématiciens célébres, & d'autres personnes illustres de son tems. *Hevelius* au contraire a appellé ces montagnes, comme les parties principales de la terre, & parce qu'il trouve beaucoup de vrai-semblance entre les deux globes, & parce qu'il avoit craint qu'on ne le taxât d'avoir voulu fixer par-là le mérite de chaque Savant, En 1649 *Eustache de Divinis* publia le 28 Mars la figure de la pleine *Lune*, & *Jerôme Sirsalis* en 1650 le 13 Juillet. Tous les deux l'avoient observée avec un telescope de 24 pieds. Après ces Astronomes, *Riccioli* & son associé pour les observations le P. *Grimaldi*, reprirent ce travail en faisant usage d'un telescope de 15 pieds à double objec-

tif, conſtruit par un Bavarois Opticien.
Aïant comparé exactement ce qu'ils avoient
vû avec les figures publiées par *Langrenus*
& *Hevelius*, *Riccioli* a enfin formé ou copié
la figure de la *Lune*, qu'il a publiée dans
ſon *Almageſt. nov. L. IV. pag.* 204, en con-
ſervant les noms qu'avoit donné *Langrenus*
aux montagnes ou aux taches qu'il avoit lui-
même apperçues. (*Voiez* TACHE). Par
cette figure, qu'on adopte aujourd'hui, on
diſtingue toutes les parties de la *Lune* par
leurs noms particuliers ; on obſerve exactement les éclipſes lunaires & les occultations
des étoiles par cette planete, & on juge avec
plus de certitude de ſon mouvement.

5. Les Aſtronomes ſe contentent de reconnoître ces taches, & d'en tirer avantage. Les
Phyſiciens plus curieux cherchent à deviner
ce qu'elles peuvent être. Comme la *Lune* ne
paroît pas également éclairée & qu'on y
voit du haut & du bas, ils conjecturent
que les parties les plus élevées ſont des montagnes, & les plus baſſes des vallées. De plus,
remarquant deux ſortes de places ſombres,
les unes variables aïant toutes les propriétés
de l'ombre, les autres reflechiſſant moins de
lumiere, & préſentant outre cela une ſurface plane & unie, ces Phyſiciens veulent
que celles-là ſoient des ombres des montagnes & des rochers, & que celles-ci ſoient
une maſſe d'eau : & voici pourquoi. Les
fluides ont des ſurfaces planes & unies, &
ils reflechiſſent moins de lumiere que la
terre, parce qu'ils ſont tranſparens & qu'ils
laiſſent paſſer au travers une partie des
raïons de lumiere. Il faut donc que les eſpaces conſtans de la *Lune* ſoient des eaux ;
parce qu'ils n'ont point de couleur & qu'ils
reſtent toujours les mêmes. Voilà donc de
l'eau dans la *Lune*. On y trouve auſſi une
atmoſphere & de l'air comme les nôtres ;
& bien tôt des plantes, des hommes,
&c. Suivons cette ſinguliere conjecture.

Lorſque la lumiere du ſoleil eſt entierement interceptée par l'interpoſition de la
Lune, comme il eſt arrivé ſur tout en 1706,
on remarque autour une lueur claire & large
entierement parallele à ſa ſuperficie. Or
cette lueur ne peut être l'effet que d'un
fluide qui s'accomode à ſa figure, & qui peut
rompre & reflechir les raïons de lumiere
qui y tombent. Néceſſairement ce fluide
doit être plus denſe en bas & plus rarefié
en haut ; parce que cette lueur ſe trouve plus
forte à la marge de la *Lune* que vers ſon
extrêmité, où elle diminue de plus en plus.
Et quel autre fluide que l'air peut produire

cet effet, lui, qui a cette même propriété,
& qui à cauſe de ſa péſanteur & de ſa vertu
élaſtique, eſt plus denſe en bas & plus rarefié en haut ? Il y a donc autour de la *Lune*
un air qui eſt péſant & élaſtique tout comme
le nôtre. Comptons nos découvertes, 1° des
montagnes ; 2° des vallées ; 3° des mers,
des iſles, des rochers, des promontoires,
&c ; 4° un atmoſphere péſant & élaſtique,
& ſur-tout cela des raïons de ſoleil qui
agiſſent. En faut-il davantage pour y avoir
des exhalaiſons, des vapeurs, de la pluie,
de la neige, &c ? Or cette pluie ne doit pas
tomber inutilement. Afin qu'elle ne ſoit pas
à pure perte, il faut donc ſuppoſer des
plantes & des arbres. S'il y a des plantes,
elles ne doivent pas y être pour nul uſage.
On eſt donc forcé d'y ſuppoſer des êtres, à
qui ces plantes ſoient utiles. Oſons ſonder
les vûes infiniment juſtes du Créateur. Dieu
aïant tout créé pour manifeſter ſa majeſté,
& nous aïant placés hors de la portée d'admirer les merveilles, dont il a orné la *Lune*, ſa ſageſſe veut qu'il y ait de même mis
des créatures raiſonnables en état de les
contempler, & qui par conſéquent aïent
une ame & un corps, c'eſt à-dire des hommes. La *Lune* eſt donc habitée : c'eſt ma
concluſion qui n'eſt pas neuve. On lit dans
un Livre intitulé : *De facie in orbe Lunæ*,
par *Plutarque*, que les Anciens penſoient
ainſi. C'eſt auſſi le ſentiment de *Kepler*
(*Somnium de Aſtronomia lunari*) ; celui
d'*Hevelius* (*Selenographia*) ; de M. *Hughens*
(*Coſmothoreos*) ; de *Jean-Bapt. Du Hamel*
(*Aſtr. Phyſ.*), & d'un bel eſprit M. de *Fontenel-
le* (la *Pluralité des Mondes.*) (*V.* SELENITES.)

6. La *Lune* recevant ſa lumiere du ſoleil à
proportion de ſa diſtance & ſelon ſa poſition, elle ſe preſente à nous ſous une figure qui varie continuellement. Tantôt elle
eſt *cornue*, tantôt *boſſue*, tantôt *croiſſante*,
tantôt *décroiſſante*, tantôt dans le *premier
quartier*, puis *pleine Lune*, enfin *dernier
quartier*. J'ai déja inſinué cela au commencement de cet article, & j'ai renvoïé pour
en rendre raiſon à PHASES DE LA LUNE.
J'ajoute ici qu'*Hevelius* a repréſenté par des
figures exactes tous les aſpects dela *Lune* à l'é-
gard du ſoleil de 10 en 10 degrés, (*Selenographia pag.* 276); que cet Aſtronome y compte
36 phaſes, dont 18 de la *Lune* croiſſante &
autant de la décroiſſante, & qu'il donne
aux premieres les noms ſuivans ; 1 *Luna
prima noviſſima* ; 2 *Corniculata* ; 3 *Falcata* ;
4 *Cornigera* ; 5 *Curvata, Cornata vel Con-
cava* ; 6 *Lunata* ; 7 *Pluſquam Lunata* ;
8 *Adoleſcens* ; 9 *Juvenis* ; 10 *Prima qua-*

dratura ; 11 *Plufquam biffecta*, feu à *quadratura recens* ; 12 *Gibbofa* ; 13 *In orbem infinuata* ; 14 *Incurvata* ; 15 *Gibberofa* ; 16 *Adulta* ; 17 *Ad oppofitionem vergens* ; 18 *Plenilunium*. Les noms qu'il donne à la *Lune* décroiffante font : 1 *Luna ab oppofitione recens* ; 2 *Decrefcens* ; 3 *Gibberofa* ; 4 *Incurvata* ; 5 *In orbem infinuata* ; 6 *Gibbofa* ; 7 *Gibba* ; 8 *Ad quadraturam properans* ; 9 *Ultima quadratura* ; 10 *Quadratura recens* ; 11 *Plufquam Lunata* ; 12 *Lunata* ; 13 *Senefcens* five *curvata* ; 14 *Cornigera* ; 15 *Falcata* ; 16 *Corniculata* ; 17 *Senex in conjunctionem propendens* ; 18 *Novilunium* five *interlunium*.

La lumiere que la *Lune* reflechit dans ces phafes, eft appellée *Lumiere principale de la Lune*, pour la diftinguer de fa *lumiere fecondaire*, qui n'eft qu'une lumiere plus foible qu'on obferve, lorfqu'on y prend garde, dans la partie de la *Lune* détournée du foleil, depuis la nouvelle *Lune* jufques au premier quartier, & depuis le dernier quartier jufques à la pleine *Lune*. (*Voïez* ces articles de Lumiere.)

LUNE CORNUE. Nom qu'on donne à la *Lune* quand elle eft moins éclairée que de la moitié, ou quand elle eft environ dans le premier ou dans le dernier quartier. Dans le premier cas elle tourne fes cornes vers l'Orient, & vers l'Occident dans le dernier.

LUNE CROISSANTE. La *Lune* eft dite telle lorfque fa lumiere croît de plus en plus. Elle tourne alors fes cornes vers l'Occident.

LUNE DECROISSANTE. On appelle ainfi la *Lune* quand elle décroît peu à peu : ce qu'on connoît parce qu'elle tourne fon côté vers l'Orient.

LUNE NOUVELLE. C'eft lorfqu'elle eft en conjonction avec le foleil.

LUNETTE. Inftrument d'Optique compofé de deux ou plufieurs verres ou lentilles, par le moïen duquel on voit diftinctement des objets fort éloignés. Les *Lunettes* les plus anciennes & les plus fimples, ont un tuïau fort petit, dont l'objectif eft un verre convexe, & l'oculaire une verre concave. Elles

ont ordinairement depuis 3 jufques à 6 pouces. Hors de-là elles font incommodes & défavantageufes, parce qu'elles ne découvrent qu'un très-petit champ, c'eft-à-dire, qu'elles ne découvrent que peu d'objets à la fois. Je renvoie aux articles de DIOPTRIQUE, de FOYER, & de LENTILLE pour la théorie des *Lunettes*. Comme je fuis forcé d'être économe dans les matieres que je traite, & que je dois les diftribuer également, afin de ne rien oublier d'effentiel, je m'attacherai ici à la mécanique fimple des *Lunettes*, & à l'hiftoire de ces inftrumens.

2. On connoît combien les *Lunettes* à deux verres rapprochent de fois, en divifant la longueur du foïer par le diametre de la fphere fur laquelle le verre concave a été travaillé. Le nombre de fois que l'un eft contenu dans l'autre, eft le nombre de fois qu'elle rapproche l'objet. Une *Lunette*, par exemple, dont le verre concave fait partie d'une fphere de 6 lignes de diametre, & dont l'objectif eft de 4 pouces, doit rapprocher 8 fois les objets, parce que 6 lignes de diametre, ou un demi pouce eft la 8e partie de 4 pouces.

La regle générale pour l'objectif eft de lui donner autant d'ouverture qu'il peut en fouffrir fans colorer. Et lorfque la *Lunette* n'eft pas affez claire, on met un verre concave plus grand que celui qui convient à cet objectif. Du foïer des deux verres dépend leur diftance. On place le verre concave plus près de l'objectif que fon foïer. De forte que fi le foïer eft de 3 pouces, la diftance des deux verres eft environ de 2 pouces ½. Le tout conformément à la théorie des articles aufquels j'ai renvoïé. Avant que d'expofer la conftruction des grandes *Lunettes*, je vais donner une Table de la multiplication des objets de différens objectifs, & ajuftés avec les oculaires qui leur conviennent, que j'ai calculés d'après la méthode précédente.

TABLE

TABLE DES OCULAIRES, DES OUVERTURES, DES OBJECTIFS,
ET DE L'AUGMENTATION DES IMAGES DANS L'OEIL, SELON LA GRANDEUR DE L'OBJECTIF.

Longueur de l'Objectif.	Oculaires.		Ouverture de l'Objectif.		Augmentation de l'image dans l'œil, en diametres.
Pieds.	Pouces.	Lignes.	Pouces.	Lignes.	
1	0	11	0	$3\frac{1}{2}$	13 fois.
2	1	2	0	$5\frac{1}{2}$	20 $\frac{1}{2}$
3	1	3	0	$7\frac{1}{2}$	27
4	1	4	0	$8\frac{3}{4}$	32 $\frac{1}{2}$
5	1	5	0	10	38
6	1	6	1	0	43
7	1	8	1	0	47 $\frac{1}{2}$
8	1	10	1	3	52
9	1	11	1	4	55 $\frac{1}{2}$
10	2	0	1	5	60
11	2	1	1	6	64
12	2	$1\frac{1}{2}$	1	7	68
13	2	2	1	8	72
14	2	$2\frac{1}{2}$	1	9	75
15	2	3	1	10	79
16	2	$3\frac{1}{2}$	1	11	82
17	2	4	2	0	86
18	2	$4\frac{1}{2}$	2	$0\frac{1}{2}$	89
19	2	5	2	1	92
20	2	$5\frac{1}{2}$	2	2	95 $\frac{1}{2}$
21	2	6	2	3	99
22	2	$6\frac{1}{2}$	2	4	102
23	2	7	2	5	105
24	2	$7\frac{1}{4}$	2	6	108
25	2	$7\frac{1}{2}$	2	7	111
26	2	$7\frac{3}{4}$	2	8	114
27	2	8	2	8	117
28	2	$8\frac{1}{2}$	2	9	120

2. Les *Lunettes* à deux verres n'ont pas une grande étendue. Afin que leur champ soit plus vaste, on les compose de quatre verres convexes. Un objectif & un oculaire convexe renversent les objets; mais les objets sont redressés en ajoutant à cet oculaire deux autres. Voici comment tout cela s'ajuste.

1°. Faites un tuïau E B, (Planche XXIII. Figure 255.) de carton ou de tout autre matiere. 2°. Emboitez dans ce tuïau un autre tuïau D E, & dans celui-ci un autre C D. Tous ces tuïaux ainsi ajustés entrent les uns dans les autres, & la *Lunette* en devient très-portative. 3°. A l'extrêmité B placez un verre lenticulaire convexe des deux côtés ou convexe plan, & à l'extrêmité A un verre concave. De ces verres le pre-

mier s'appelle *Objectif*, le second *Oculaire*. Suivant l'usage auquel on destine la *Lunette* on proportionne les verres. Pour les *Lunettes* ordinaires qui ont environ 1 pied 8 pouces de longueur, l'objectif, quand il n'est convexe que d'un côté, est de 2 pieds de diametre, (en convexité) & quand il est convexe de deux côtés, on lui donne 4 pieds. L'oculaire de ces sortes de *Lunettes*, qui est concave de deux côtés, est ordinairement de 4 pouces $\frac{1}{2}$. Ces dimensions varient dans les grandes *Lunettes* dont on se sert pour observer les astres, & qui ont ordinairement 10 pieds de longueur. L'objectif est ici d'environ 12 pieds de sphere, & l'oculaire de 5 pouces $\frac{1}{2}$.

Tout le monde sait l'usage des *Lunettes*. Suivant les vûes on pousse ou l'on tire les tuïaux qui s'emboîtent jusques à ce que les objets qu'on regarde, paroissent distincts. Or voici comment elles rapprochent & grossissent ces objets. Les raïons qui partent de l'objet B (Planche XXIII. Figure 256.) rencontrant le verre convexe D E se brisent & s'approchent l'un de l'autre pour se réünir au foïer (*Voïez* FOIER & LENTILLE). Mais avant qu'ils se soient rassemblés à ce point, ils rencontrent le verre concave E F qui les écarte, & qui les transmet ainsi sur l'œil où les humeurs en les refractant les réünissent sur la retine. L'objet est porté & rapproché de cette façon suivant le raisonnement & la table qui précédent.

On compose encore des *Lunettes* de 4 verres qu'on range de cette maniere. Le second verre H I (Planche XXIII. Figure 257) doit être éloigné de D E, en sorte que le foïer postérieur du verre D E convienne avec le foïer antérieur du verre H I, qui est à peu près de la sphere d'un convexe oculaire convenable à l'objectif D E. Le troisiéme verre L K, à peu près de la même sphere que le précédent, se place de façon que son foïer antérieur joint le foïer postérieur du verre H I. Enfin le quatriéme verre O P, de même sphere à peu près que le verre H I est éloigné de L K, comme L K l'est de H I, & cela afin que le foïer antérieur du verre O P se joigne avec le postérieur du verre L K.

La figure fait voir la route que prennent les raïons de lumiere de l'objet pour être transmis renversé sur la retine, afin qu'ils paroissent droits. Je renvoïe à l'article TELESCOPE pour un plus grand détail & pour la perfection des *Lunettes*.

3. L'origine des *Lunettes* est fort obscure. Si l'on en croit *Molineux* (*Voïez* sa *Dioptrique, pag.* 11. *Ch.* 6). *Bacon*, mort à Oxfort l'an 1292, a fait voir assez clairement dans sa Perspective, qu'il avoit inventé les *Lunettes*. Voici les paroles de *Bacon*, *Part. III. pag.* 167, de sa *Perspective*. *De visione refracta majora sunt ; nam de facili patet per canones supra dictos, maxima posse apparere minima*, &c. c'est-à-dire, *la vision rompue est plus importante ; car il est évident par les regles données ci-dessus, que les plus petits objets peuvent se représenter comme les plus grands, & que de même les plus éloignés seront vûs comme s'ils étoient les plus proches, & au contraire. C'est de cette façon même que nous pouvons faire descendre ici bas en apparence le soleil & la lune* (*Sic etiam faceremus solem & lunam descendere, secundum apparentiam, hic inferius*). Cependant, quand on se souvient

que dans ces tems-là on étoit accoutumé d'exposer les plus petits objets avec les mots les plus pompeux ; on a de la peine à se persuader que *Bacon* ait voulu parler ici des *Lunettes* ou des microscopes. Il y a plus. Comme ce Savant fait entendre qu'il est question d'une chose fort aisée, n'auroit-il point eu eu vûe les boules remplies d'eau, dont les phénomenes occupoient beaucoup les anciens ? N'avançons rien à la legére. On ne trouve point dans toute la perspective de *Bacon* les moindres vestiges de verres travaillés, ni de leur composition. Les regles qu'il cite, (*Ch. III. pag.* 155.) ne regardent que les corps transparens, au travers desquels on voit les objets ou plus grands ou plus petits. Quoiqu'il en soit, je ne prétends point ravir l'honneur que peut avoir *Bacon* à l'invention des *Lunettes*. Je disserte, je rapproche les moïens ; mais je suis historien & non juge. En cette premiere qualité, j'observerai que *Jean-Baptiste Porta* s'explique plus clairement sur les *Lunettes* dans sa *Magia naturalis*, publié en 1589. *L. XVII. Ch.* 10. *Si utramque* (*Lentem concavam & convexam*) *recte componere noveris, & longinqua & propinqua majora & clara videbis*. C'est-à-dire, *sachant combiner comme il faut une lentille concave avec une convexe, vous verrez les objets, soit éloignés ou proches, plus grands & plus clairs*. Malgré tout cela, il est certain que les *Lunettes* n'ont été mises en usage qu'en 1609. On en attribue communément la premiere découverte à *Jean Lippersheim*, faiseur d'instrumens d'Optique à Middelbourg. C'est le sentiment de *Sirturus*. (*Voïez* son *Telescope*). *Adrien Metius*, célèbre Professeur à Francker, veut au contraire que les *Lunettes* soient dûes à *Jacques Metius*, son Frere. Il est encore des Savans qui en font honneur à *Galilée*, nonobstant l'aveu que fait ce grand homme dans son *Nuntius sidereus*, qu'il avoit suivi dans sa construction celle qu'un Allemand lui avoit en quelque façon donnée d'un instrument avec lequel on peut voir les objets éloignés, comme s'ils eussent été proches. Enfin *Pierre Borelli*, dans son Traité *De vero Telescopii inventore*, *Ch.* 12, soûtient fermement que *Jacharie Johnson*, faiseur d'instrumens d'Optique, avoit découvert les *Lunettes* par hasard, l'an 1590, ayant tenu un verre convexe & un verre concave, l'un derriere l'autre, & ayant regardé à travers. Il fut imité, selon *Borelli*, par *Lippersheim* cité ci-devant ; & celui-ci l'apprit ensuite à *Metius*. Quoiqu'il en soit, *Galilée* est le premier qui a appliqué l'usage des *Lunettes* à l'observation des astres.

J'ai dit que les meilleures *Lunettes* ont un objectif & trois oculaires, & j'ai infinué que celles qui n'ont que deux oculaires, colorent les objets & le rendent trop fombre. C'eſt à Rome qu'on s'eſt ſervi de ces dernieres pour la premiere fois : mais l'inventeur n'en eſt pas connu. Il me reſte à parler d'une ſorte de *Lunette* appellée *Binocle*. Sa conſtruction eſt telle qu'on y voit l'objet des deux yeux, ſans pourtant le voir double. *Rheita* (*Oculus Enochi atque Eliæ*) Le P. *Cherubin* (*Dioptrique oculaire*,) *Zahn* (*Oculus artificialis*,) & *Hertel* (l'*Art de former les verres*,) ont décrit le binocle avec beaucoup d'exactitude. Je ne m'y arrêterai pas pour deux bonnes raiſons : C'eſt 1°, qu'ils ſont très-difficiles à conſtruire ; 2°, qu'ils ſont très-incommodes dans l'uſage. D'où je conclus qu'ils ſont plus curieux qu'utiles. En voila aſſez pour me diſpenſer de les faire connoître plus particuliérement.

LUNETTE. Ouvrage de fortification qui couvre la demi-lune, & qui lui ſert en quelque façon de contre-garde. Il y a deux ſortes de *Lunettes*, de grandes & de petites. Les grandes couvrent entiérement les faces de la demi-lune, & les petites n'en couvrent qu'une partie. Il ſuffira de donner ici la conſtruction des premieres.

1°. Prolongés les faces de la demi-lune au de-là de la contreſcarpe. 2°. Donnez 30 toiſes aux lignes D C, E F, (Planche XLIX. Figure 58.) 3°. Aïant tiré une ligne de l'angle formé par la contreſcarpe du grand foſſé & par celui de la demi-lune, portez 15 toiſes de M en N & tirez les lignes E M, F N. La *Lunette* ainſi conſtruite, on y fait un retranchement PO parallele à la face E F. Le rempart & le parapet ſe font de même qu'à la demi-lune, en les tenant plus bas de 3 ou 4 pieds ; & le foſſé eſt de la même grandeur que celui de cet ouvrage.

On ajoute ordinairement devant ces contre-gardes une petite *Lunette* S dont les demi-gorges peuvent avoir 10 toiſes & les faces 12 : le foſſé de cette *Lunette* eſt d'environ 6 toiſes.

Plus communément les *Lunettes* ſont appellées *Tenailles*. Cependant, toutes les tenailles ne ſont point *Lunettes*. Les *Lunettes* ſont auſſi des eſpeces de petites demi-lunes que l'on conſtruit quelquefois vis-à-vis les angles rentrans du glacis, lorſqu'il y a un avant-foſſé.

LUNULE. Terme de Géometrie. C'eſt une figure renfermée entre deux lignes courbes ou deux arcs de cercles. Soient, par exemples, (Planche I. Figure 59). A B E, & A D E deux lignes courbes ou deux arcs de cercles, l'eſpace A B D E, qu'elles renferment, eſt appellé *Lunule*. Les *Lunules* reçoivent leur nom des courbes dont elles ſont formées. On appelle donc *Lunules ſpheriques*, celles qui ſont renfermées ſur le plan d'une ſphere par deux arcs de cercles, & *Lunules cycloparaboliques*, celles qu'un arc de cercle & un de parabole forment. M. *Leibnitz* a traité de la quadrature des premieres dans les *Actes de Leipſic*, année 1692, *pag.* 277. M. *Wolf* enſeigne la maniere de décrire les ſecondes, qui ſoient l'une à l'autre en une raiſon donnée, dans les même Actes de l'année 1715, *pag.* 213.

LUNULES D'HYPOCRATE. Je diſtingue ces *Lunules* des autres à cauſe de leur célébrité, & de la ſingularité de la quadrature qu'on doit à *Hypocrate* de Scio. Voici ce que c'eſt. On décrit trois demi-cercles A C B, A F C, B E C, (Planche I. Figure 60,) ſur les côtés AB, AC, CB, & on démontre que les *Lunules*, C E B, A F C, ſont égales au triangle A B C. Car le demi-cercle A C B eſt égal aux deux demi-cercles A F C, C E B, par la propriété du triangle rectangle. (Cette propriété eſt que de trois figures, qui ſont décrites ſur les côtés d'un triangle rectangle, la plus grande eſt égale aux deux autres. *Voïez* TRIANGLE RECTANGLE). Si l'on ſouſtrait d'une de ces trois figures les ſegmens A H C, C I B, qui ſont communs aux trois demi-cercle, reſteront les deux *Lunules* A F C H, C E B I égales au triangle A C B. C. Q. F. D.

L Y R

LYRE. Conſtellation ſeptentrionale au-deſſous du Dragon, entre Hercule & le Cygne. *Hevelius* y compte 17 étoiles (*Voïez* CONSTELLATION,) dont il indique les lieux dans ſon *Prodromus Aſtronom*, & la figure de la conſtellation dans ſon *Firmamentum Sobieſcianum*, figure 1. *Bayer* la donne de même dans ſon *Uranometria* figure H. *Schiller* appelle cette conſtellation la *Créche de J. C. Harſdorſſer*, la nomme la *Harpe de David* ; & *Weigel*, la *Harpe des armes de la Grande-Bretagne*. On lui donne encore les noms ſuivans : *Albegata, Alchore, Aquila marina, Aſangue, Brineck, Canticum, Cythara, Deferens pſalterium, Fides, Fidicen, Fidicula, Lyra Apollinis, Meſunguo, Nablon, Neſius ſakal, Orphica, Teſtudo, Teſtudo lutaria vel marina, Valtercudens.*

M.

M A C

ACHINE. On appelle ainſi en mécanique tout ce qui a une force ſuffiſante, ſoit pour élever, ſoit pour arrêter le mouvement d'un corps. On diſtingue les *machines* en *machines ſimples*, & en *machines compoſées*. Les premieres, qui forment les autres, ſont la *Balance*, le *Levier*, la *Poulie*, la *Roue*, le *Coin*, la *Vis* & le *Plan incliné*. Tous les Mécaniciens ne mettent pas le plan incliné au nombre des *Machines ſimples*. Mais comme on peut élever par ce plan des corps qu'on remueroit bien difficilement de toute autre maniere, & que d'ailleurs la théorie du plan incliné eſt fort bien établie, il me paroît qu'on ne peut gueres l'en détacher. Je renvoie pour ces *Machines* à leur article particulier. (*Voïez* BALANCE, LEVIER, POULIE, &c.)

A l'égard des *Machines compoſées*, elles réſultent des *Machines* ſimples; car ces *Machines* ne peuvent être formée que de pluſieurs *Machines* ſimples jointes enſemble. Auſſi *dans toute Machine compoſée, le rapport de l'effort de la puiſſance à la réſiſtance avec laquelle elle eſt en équilibre, eſt compoſé de tous les rapports qui auroient lieu ſeparément dans chaque Machine.* On trouve ce rapport en comparant les eſpaces parcourus dans le même tems par la puiſſance & le poids dans un même mouvement des *Machines.* Ces eſpaces ſont en raiſon inverſe comme la puiſſance eſt au poids. Pour faire l'application de cette regle à une *Machine compoſée*, il faut y conſiderer quatre quantités. 1°. La puiſſance ou la force motrice qui meut la *Machine*. (Cette force peut être, ou des hommes, ou des animaux, ou des poids, ou un courant d'eau). 2°. La viteſſe ou le chemin du poids dans un tems donné. 3°. La force de réſiſtance ou du poids mû par la *Machine*. 4°. La viteſſe ou le chemin de ce poids dans le même tems donné. Deux de ces quantités étant conſidérées par rapport aux autres, le rapport des deux premieres eſt aux deux dernieres en raiſon réciproque; les produits de l'une étant égaux au produit des autres, & ces produits étant les quantités de mouvement. Or, ſelon le principe fondamental de la Mécanique,

dans toutes les *Machines* les quantités de mouvement ſont toujours égales. C'eſt de cette égalité de rapport qu'ont les produits de ces deux quantités de mouvement, qu'on détermine, par des regles ſimples & ſures, le plus grand effet qu'on attend d'une *Machine*; car trois de ces quantités étant connues ou données, on trouve la quatriéme. Par exemple, ſi la force & le chemin de la puiſſance ſont donnés & le chemin de la reſiſtance, alors la premiere, la ſeconde, & la quatriéme quantités ſont connues. D'où l'on trouve la troiſiéme ou la force de la réſiſtance en diviſant le produit des deux premieres par la quatriéme. Le produit donne la force de la réſiſtance ou la valeur du poids mu par la *Machine*.

M. *Pitot* a fait une belle application de ces principes à une *Machine* qu'on annonçoit pour toute autre qu'elle ne pouvoit être. Cette application ſervira de modele à ceux qui en auront beſoin, en faiſant uſage de ces regles. On la trouvera dans les *Mémoires de l'Académie* de 1717. J'avertis que pour connoître tout l'effet des *Machines*, il faut toujours les conſiderer dans l'état de mouvement, comme je vais le faire en peu de mots.

2. Dès que la force appliquée à une *Machine* eſt ſupérieure à la réſiſtance du poids ou de la puiſſance contraire, elle doit mettre ce poids en mouvement; alors *la viteſſe du poids eſt à celle de la force comme la force eſt au poids.*

Exemple. Soit A B un lévier horiſontal; (Plan. XXXVIII. Figure 258.) C le point d'appui. Si les poids appliqués en A & B ſont en équilibre, & qu'on augmente le poids D pour élever le poids E & conduire le lévier à la ſituation F G; la verticale F I exprimera la viteſſe ou le chemin du poids D, & la verticale G H la viteſſe du poids E. Or les triangles G H C, F I C ſont ſemblables; on aura donc C F: C G:: I F: G H. C'eſt-à-dire que le poids E eſt au poids D comme la viteſſe du poids D eſt à celle du poids E. Ceci doit s'entendre de la viteſſe ou du chemin des deux puiſſances, ſelon la direction qui leur eſt propre, & en vertu de laquelle elles réſiſtent l'une à l'autre. Car ſi une puiſſance animée fait monter le poids P (Plan. XXXVIII. Figure 259.) ſur un plan incliné de C en B, la viteſſe de la puiſſance ſera C B. En ce cas le poids n'agit que ſelon la hauteur verticale B D.

Suppoſons maintenant qu'une puiſſance de 10 livres, par exemple, ſoit emploïée à élever un poids de 1000 livres par le moïen d'une *Machine*. Si le poids ne fait qu'un pied de viteſſe pendant le tems que la puiſſance en fera 100, le produit du poids par la viteſſe ne peut pas être plus grand que celui de la force mouvante par ſa viteſſe, quelque *Machine* que l'on emploïe. Et quand il ſemble qu'une puiſſance de 10 livres ſe multiplie, pour faire mouvoir un poids de 1000 livres, c'eſt une illuſion qui diſparoît quand on fait attention que 100 dégrés de viteſſe qu'elle doit avoir, pendant que le poids n'en aura qu'un ſeul eſt une force auſſi réelle que celle de la peſanteur. Ajoutons à ceci quelques connoiſſances ſur les puiſſances qu'on emploïe dans les *Machines*.

1°. La force de l'homme ſe réduit à 25 livres ſeulement pour pouſſer horiſontalement avec les bras, ou pour tirer une corde en marchant, le corps incliné au-devant & la corde attachée vers les épaules ou au milieu du corps. Pour en juger, il faut attacher une poulie au deſſus d'un puits à la hauteur des épaules d'un homme, & accrocher un poids de 27 livres au bout de la corde, qui eſt dans le puits. Alors un homme tirant l'autre bout de la corde horiſontalement, ne pourra l'élever qu'avec beaucoup de peine, par un travail moderé d'une ou de deux heures de ſuite, & par une viteſſe qui ne peut guéres s'étendre au-delà de 1000 toiſes par heure.

2°. Lorſqu'un homme agit par la péſanteur de ſon corps, comme dans les poulies fixes, ſa force eſt eſtimée 140 livres; parce qu'un homme d'une taille médiocre & d'une force ordinaire peſe environ 140 livres.

3°. La force d'un cheval pour tirer horiſontalement, ſe réduit à celle de ſept hommes, c'eſt-à-dire à 175 livres. On a trouvé en effet qu'un cheval tiroit d'un puits un poids d'environ 175 livres avec une viteſſe de 1800 toiſes par heure où de 3 pieds par ſeconde. Ainſi l'on peut aſſurer, que quelque *Machine* qu'on puiſſe inventer, mue par un cheval, ſon effet ſera toujours moindre que le produit de 175 livres pour 3 pieds de viteſſe chaque ſeconde.

Machine a feu. *Machine* qui a ſon mouvement par la force du feu, & qui éleve l'eau par ce moïen à des hauteurs conſiderables. Tout le fondement d'une *Machine à feu* conſiſte dans ces deux propriétés de l'air, qui font

qu'il ſe dilate conſidérablement par la chaleur & ſe comprime par le froid. MM. *Papin* & *Savery* ſont les premiers qui ont penſé à ſe ſervir du feu pour mobile d'une *Machine* : mais il ſemble que M. *Papin* a la primauté de cette invention à l'égard de la publication. Dans un Ouvrage de cet Auteur intitulé : *Nouvelle maniere d'élever l'eau par la force du feu*, (*Voïez* auſſi *Acta eruditorum, an.* 1686,) on lit qu'en 1698 il avoit déja fait un grand nombre d'expériences par ordre de S. A. S. *Charles Landgrave de Heſſe*, pour eſſaïer d'élever l'eau par la force du feu; qu'il en avoit fait part à pluſieurs Savans & particulierement à M. *Leibnitz*, qui lui répondit avoir eu la même idée. Tandis que M. *Papin* travailloit là-deſſus en Allemagne, M. *Savery* exécutoit une pareille *Machine* à Londres, & M. *Amontons* en France étoit occupé du même objet. Ainſi ces trois Nations, qui dans toutes les grandes découvertes, ont preſque toujours travaillés à l'envi les uns des autres, étoient occupés d'une *Machine à feu*. Il parut donc trois *Machines*, parmi leſquelles on diſtingua celle de M. *Savery*. La *Machine* de M. *Papin* a beſoin des bras de pluſieurs hommes, & eſt ſujette à bien des inconvéniens. Celle de M. *Amontons* eſt un *Moulin à feu*, c'eſt-à-dire, un moulin dont la roue ſeroit mue par l'action du feu. Mais la *Machine* de M. *Savery* eſt une véritable *Machine à feu*. On n'a peut-être jamais imaginé en *Machine* rien de ſi ingénieux ni de ſi beau. Mon deſſein n'eſt pas de donner ici ni la deſcription ni la figure de cette *Machine*. On trouve l'une & l'autre dans les *Tranſact. Philoſophiques, an.* 1694 mois de Juin : & dans les Ouvrages de MM. *Weidler* (*De diff. Math.* en latin), *Belidor*, (*Archit. hydraulique, T. II.*) & *Deſaguliers* (*Cours de Phyſique experimentale, Tome II.*) Seulement je me contenterai d'en développer la théorie & d'en faire ſentir tout le mécaniſme.

3. La *Machine à feu* de M. *Savery* eſt compoſée d'un fourneau ſur lequel eſt une chaudiere pleine d'eau & couverte d'un chapiteau. A ce chapiteau eſt un trou fermé par un couvercle ou diaphragme qu'on tourne & qu'on nomme *Regulateur*. Le cilindre communique à ce trou, & le tout eſt tellement fermé que l'air extérieur ne peut s'y introduire. Un piſton entre dans ce cilindre ou corps de pompe, & il eſt attaché au bras d'un balancier, je veux dire d'un gros lévier horiſontal, à l'autre bras duquel ſont ſuſpendus des piſtons de pluſieurs pompes qui trempent dans l'eau. J'oubliois de dire, que dans le chapiteau paſſe un tuïau appellé

tuïau d'injection, duquel fort de l'eau qui réjaillit quand il eft tems contre le piſton. Le tout ainſi difpofé on allume le feu du fourneau. Alors l'eau s'échauffe & exhale ſa vapeur. Lorſque le chapiteau en contient autant qu'il en peut contenir, une ſoupape nommée la *Reniflante* avertit d'ouvrir le régulateur pour laiſſer paſſer la vapeur dans le cilindre qui pouſſe le piſton, & le releve aidé par le poids des piſtons des pompes. A peine cette vapeur eſt montée, qu'on ouvre le tuïau d'injection. L'eau qui en fort réjaillit contre le piſton, & en tombant en pluie précipite par ſa froideur toute la vapeur dans la chaudiere. Il ſe forme donc un vuide. A l'inſtant l'atmoſphere preſſe ſur le piſton; celui-ci en ſe baiſſant fait deſcendre le bras du balancier, tandis que l'autre, où les piſtons des autres pompes ſont attachés, ſe releve. La *Machine* ainſi en mouvement marche enſuite toute ſeule. Le piſton, en ſe baiſſant, ouvre le régulateur & le tuïau d'injection en remontant. De maniere qu'elle donne 15 impulſions en une minute. La forme de la *Machine* de M. *Savery*, qu'on a exécutée à Freſnes, à 40 lieues de Paris, eſt telle, qu'elle épuiſe une colonne d'eau de 15 toiſes de hauteur ſur 7 pouces de diametre, qui vaut 155 muids d'eau par heure, dont environ 25 pintes montent à chaque impulſion. Avant que cette *Machine* fût conſtruite à Freſnes, il y en avoit une autre qui agiſſoit jour & nuit ſans diſcontinuer, & pour laquelle il falloit entretenir 20 hommes & 50 chevaux; au lieu qu'avec la *Machine* de M. *Savery*, on épuiſe en 48 heures toute l'eau que les ſources peuvent fournir dans le courant de la ſemaine, & que deux hommes ſuffiſent pour veiller tour à tour au gouvernement de la *Machine*.

Depuis la découverte de M. *Savery*, on a tenté de faire de nouvelles *Machines à feu* moins diſpendieuſes que la ſienne. On en voit une plus ſimple à *Konisberg* en Hongrie qui éleve 24000 ſceaux d'eau en 24 heures, en ne conſumant que trois voïes de bois, & qui agit avec tant de force & de viteſſe, que 100 chevaux ſuffiroient à peine pour faire donner le même produit. M. *Potter* en eſt l'Auteur. On en trouve une deſcription raiſonnée & accompagnée de remarques dans le *Theatrum Hydraulicum* de *Léopold*, Tom. II. pag. 87, & dans ſon *Theatrum Machinarum generale*. pag. 153. M. de *Boffrand*, Architecte du Roi, a inventé une autre *Machine à feu* preſque portative. M. *Weidler* l'a décrite dans ſon Ouvrage ci-devant cité, de même que M. l'Abbé *Nollet* dans le IV Tome de ſes *Leçons de Phyſi-*

MACHINE HYDRAULIQUE. On donne ce nom en général à toute *Machine* qui ſert à élever l'eau d'une profondeur. Ainſi les pompes, les vis ſans fin, les chapelets, les roues même ſont des *Machines hydrauliques*; à plus forte raiſon celles qui ſont compoſées de celles-ci qu'on pourroit appeller *Machines hydrauliques ſimples*. C'eſt preſque là que ſe réduit le grand nombre de *Machines hydrauliques* qu'on a imaginées. Celle de Marly, qui eſt une des plus conſidérables, n'eſt formée que de 14 roues, toutes ſemblables, emploïées à faire agir des pompes qui forcent l'eau de monter juſques au haut d'une tour où elle ſe réunit, à la ſortie de pluſieurs tuïaux, pour couler ſur un aqueduc. Tout le fond de cette *Machine* ne conſiſte que dans le mécaniſme d'une de ces roues. Il faut convenir que l'application en eſt très-ingénieuſe, & d'autant plus ſurprenante, qu'un homme par la force ſeule de ſon génie, & très-peu verſé dans les Mécaniques l'exécuta. C'eſt à un nommé *Rahnequin* de Liege, qu'on eſt redevable de cette *Machine*, que MM. *Weidler* & *Belidor*, (*Architecture hydraulique*, Tome II.) *Deſaguliers*, (*Cours de Phyſique expérimentale*, Tome II.) ont décrite.

On doit les *Machines hydrauliques* à *Cteſibius*, qui a auſſi inventé les clepſidres. *Heron*, (*Libri ſpiritalium*); *Deſchales*, (*Mundus Mathemat. Tom. III. De Machinis hydraulicis*); *Gaſpard Schot*, (*Mecanica hydraulico-pneumatica*); *De Lanis*, (*Magiſterium naturæ & artis*); *Salomon de Caux*, (*Les Forces mouvantes*); *Léopold*, (*Theatrum Machinar. hydraulic.*) & *Belidor*, (*Architecture hydraulique*, II. Vol.). ont écrit particulierement ſur les *Machines hydrauliques*.

MACHINE HYDROMANTIQUE. Sorte de vaſe conſtruit de façon qu'on rend par ſon moïen un objet viſible & inviſible à volonté, ſans le couvrir & ſans qu'il change de place. Le ſecret de la conſtruction de ce vaſe conſiſte à faire venir de l'eau en tirant un piſton, ou autrement, ſur l'objet placé au fond du vaſe lorſqu'on veut le rendre viſible, & à la retirer quand on veut le faire diſparoître. C'eſt ici un effet de la refraction. (*Voïez* REFRACTION.) *Zahn* eſt l'inventeur de cet artifice. Il le décrit dans ſon *Oculus artific. fundam. III. Syntagm. 5*, de même que M. *Wolf* dans ſes *Elementa Dioptricæ*, (*Elem. Matheſeos univerſ. Tom. III.) §. 86.*

MACHINE PNEUMATIQUE. *Machine* de Phyſique avec laquelle on peut tirer l'air des vaſes & l'y comprimer. Elle ſert à faire les expériences par leſquelles on découvre les propriétés & les effets de l'air. On en distingue de deux sortes, de simples & de composées, qui ont chacune leur avantage particulier, comme je le ferai voir. Par cette raison, il me paroît convenable de donner ici la description de ces deux *Machines*, dont l'usage est si étendue dans la Physique. Cette description sera suivie de la théorie de ces *Machines*. J'exposerai après cela les plus belles expériences qu'on peut faire avec elles, & l'article sera terminé par l'histoire de la *Machine*.

MACHINE PNEUMATIQUE SIMPLE. La piece principale de cette *Machine* est un corps de pompe P P (Planche XXVI. Fig. 254.) attaché dans un plateau L M qu'elle traverse. Ce plateau est soutenu par trois pieds K, R, S, qui sont maintenus solidement par un anneau A.

Dans ce corps de pompe entre un piston Q fait de plusieurs rondelles de cuir mêlées de feutre, & pressées fortement ensemble. Il est attaché à une branche ou tige de fer Q X, à l'extrêmité de laquelle est un étrier servant à passer le pied, pour faire descendre le piston dans le tems de l'aspiration.

A la tête du corps de la pompe est un robinet V fermé par une clef Y. Cette clef est percée au travers. Et à égale distance des deux extrêmités du trou sur la surface de la clef, d'un côté seulement est une rainure ou fente d'une demi-ligne de largeur sur une de profondeur. Ce robinet entre dans un petit tuïau T, qui communique avec le corps de pompe, & dont le robinet sert à fermer la communication. Un second plateau Z M, parallele au premier L M, est enchassé dans ce tuïau, & soutenu sur le corps de pompe par des tiges de fer O, O, O. Enfin on applique sur ce plateau ou cette tablette un morceau de cuir mouillé, sur lequel on pose une cloche de verre C, qu'on appelle *Recipient*. Et la *Machine* est construite. Pour en faire usage, on baisse avec l'étrier le piston, que je suppose être à la tête du corps de pompe, aïant auparavant ouvert le robinet, de façon que le petit tuïau qui entre dans le récipient communique avec le corps de pompe. Alors l'air qui étoit dans le récipient, trouvant du vuide dans le corps de pompe y entre; de façon que l'air du récipient se trouve d'autant plus dilaté que le corps de pompe est grand. Quand le piston est tout-à-fait en bas, on tourne la clef du robinet pour fermer la communication de l'air qui est dans le corps de pompe, avec le récipient. Sur le

champ l'air extérieur se trouvant plus condensé que celui du corps de pompe agit sur le piston & le fait monter. Poussant le piston pour le faire rémonter tout-à-fait, l'air devient plus comprimé que celui du dehors, & sort par la petite fente qui est à la clef. Ainsi on peut donner un second coup de piston comme auparavant.

MACHINE PNEUMATIQUE COMPOSÉE. La figure 255 (Planche XXVI.) représente cette *Machine*. A A sont deux cilindres de bronze ou deux corps de pompe, dans lesquels entrent deux pistons C, C, dont le manche est armé d'une crémaillere. Une roue à couteau engraine dans ces crémailleres, & cette roue se meut quand on tourne la manivelle B, ce qui fait l'effet d'un cric. (*Voïez* CRIC). Ces corps de pompe entrent dans une caisse D D exactement fermée de tous côtés. Le tout est soutenu par le pied dont on voit assez la construction par la figure. Du dessus de ce pied s'élevent deux piliers de bois G, G, aïant à leur sommet des vis sur lesquelles s'ajustent des noix E, E, qui pressent sur la piece F F, au sommet des corps de pompe, pour les tenir stable en haut & en bas. A la caisse D D communique par un côté le tuïau de bronze H H, en forme de col de cigne, & à la piece N par l'autre. Cette piece N a une ouverture qui aboutit à la cavité du récipient O, O. Il y a là un robinet qui communique aussi avec le récipient & qui en exclud ou y fait entrer l'air, selon qu'on le juge à propos. La plaque de cuivre sur laquelle repose le récipient, & les pistons sont ajustés de même que dans la *Machine* simple. Les pistons sont pourtant construits ici differemment. Ils ne ferment exactement que quand ils montent; de façon que l'air s'échappe quand on baisse le piston. Quelques Physiciens pour évacuer l'air, mettent une soupape dans le piston, qui s'ouvre quand on le baisse; mais la construction du piston, telle que je viens de le dire, est préférable.

Ici est terminée la description de la *Machine pneumatique composée*, & ce qu'on voit dans la figure n'est qu'un accessoire, une addition ingénieuse pour en connoître l'effet.

C'est une jauge L L formée par un barometre avec son bassin plein de mercure & son index de buis, divisé par pouces, jusques à la hauteur de 28 pouces & au-dessus par dixiémes de pouce. L'index est appliqué sur un morceau de liege qui flote sur la surface du mercure, afin de monter & descendre avec lui, & de mesurer par ce moïen bien exactement la hauteur du mercure dans le tube , au-deſſus de la ſurface de celui qui eſt dans le baſſin, Car ce baromeṭre eſt ouvert au ſommet & communique avec le récipient. Ainſi on juge & on voit le plus ou le mois d'air qui ſe trouve dans le récipient par la hauteur plus ou moins grande du mercure dans le tube. Je ne parle pas de l'attirail qu'on voit encore ſur cette figure. Ce ſont des piliers qui ſervent à ſoutenir le récipient. Après ce que j'ai dit de la *Machine pneumatique ſimple* , il eſt aiſé de juger de la maniere de ſe ſervir de la *compoſée.* On voit bien que le cric ſert à ſoulever avec une grande facilité les piſtons dans les corps de pompe , & qu'il les ſouleve alternativement. De ſorte que quand un monte l'autre baiſſe. Ces corps de pompe aſpirent l'air de la caiſſe D D , ſur leſquels ils ſont appuïés , & de-là par la communication du tuiau H H , l'air du récipient eſt évacué lorſque le robinet , dont j'ai parlé , eſt ouvert.

2. La ſeconde diviſion de cet article regarde la théorie de ces *Machines.* A cet égard j'avertis que je vais analyſer , extraire, inſerer en un mot , celle qu'a donné M. *s'Graveſande* dans le *Journal Littéraire* de 1714, *Tome IV. premiere Partie* , & qui étant là comme iſolée dans un Ouvrage preſque tout de Littérature , méritoit bien d'être placée dans un Ouvrage de Phyſique , à la ſuite de la deſcription de la fameuſe *Machine* qui nous occupe. D'abord M. *s'Graveſande* prépare ſa théorie par la ſolution de quelques problèmes importans. Et c'eſt véritablement ici que commence la diſſertation de M. *s'Graveſande.*

Problème I. *Etant donnée la grandeur du corps de pompe , celle du récipient & le nombre des coups de piſton , trouver le degré de rarefaction de l'air dans le récipient.*

Avant que procéder à la ſolution de ce problème, il eſt bon d'obſerver que quand on éleve le piſton , l'air du récipient entre dans le corps de pompe , & il reſte également répandu dans le récipient & dans le corps de pompe. La quantité d'air qui reſte alors dans le récipient, eſt à celle qui y étoit avant qu'on élevât le piſton , comme la grandeur ou ſolidité du récipient , jointe à celle du corps de pompe , eſt à celle du récipient ſeul. Cela poſé , il eſt aiſé de réſoudre le problème ci-deſſus énoncé.

Si on nomme p la ſolidité du corps de pompe, r celle du récipient , & a l'air contenu dans le récipient , avant qu'on en ait rien tiré , on aura , par ce que je viens de dire : $p + r : r :: a : \dfrac{ar}{p+r}$ égal à l'air

qui reſte après le premier coup de piſton.

Par la même raiſon $p + r : r :: \dfrac{ar}{p+r}$ eſt à la quantité d'air qui reſte après le ſecond coup de piſton. Cette quantité eſt donc $\dfrac{ar^2}{p+r}$. Après les trois coups elle eſt $\dfrac{ar^3}{p+r}$; & ainſi de ſuite. De ſorte que ſi 1 deſigne la denſité de l'air dans ſon état naturel , le degré de rarefaction , après un nombre indéterminé de coups de piſton que je nomme n , ſera exprimé par $\dfrac{r^n}{p+r^n}$. *Ce qu'il falloit trouver.*

Problème II. *Les mêmes choſes étant données , trouver le nombre des coups de pompe qu'il faut pour réduire l'air à un dégré donné de rarefaction.*

Soit z le nombre cherché , & b le dégré déterminé de rarefaction. Par ce qu'on vient de démontrer $\dfrac{r^z}{p+r^z} = b$; prenant les logarithmes des deux membres de cette équation, on a $\log. r \times z - \log. \overline{p+r} \times z = l.b$ d'où l'on tire $z = \dfrac{-l.b}{l.\overline{p+r} - lr}$. Si on prend $r =$ 1 on aura $= \dfrac{-l.b}{l.p+1}$ *C. Q. F. T.*

Théorème. *De toutes les pompes de même diametre , (ſi on n'a pas égard au tems qu'il faut pour tourner le robinet après chaque coup) les plus courtes réduiſent l'air dans le moins de tems à un dégré déterminé de rarefaction.*

Démonſtration. On ne conſidere ici que le tems qu'il faut pour faire monter & pour repouſſer le piſton ; ce qui fait voir que dans les pompes de différentes longueurs , les tems ſont entre eux en raiſon compoſée de ces longueurs & du nombre des coups de chacune de ces pompes. Ainſi dans le calcul précédent $z\,p = \dfrac{-l.b \times p}{l.p+1}$ exprime le tems qu'on a dû mettre pour reduire l'air au dégré de rarefaction b. Car quoique p ait été pris pour la ſolidité de la pompe , comme dans les pompes de même diametre la longueur eſt proportionnelle à la ſolidité , p peut donc auſſi dénoter cette longueur.

Pour la démonſtration, prenons $p\,n - 1$ pour la longueur de la pompe ; n marque une quantité

quantité indéterminée. On trouve le tems qu'il faut pour reduire l'air au dégré de rarefaction b, en substituant $pn-1$ à p dans l'expression précédente, & on a

$$\frac{-\mathrm{l}.\,b \times \overline{pn-1}}{\mathrm{l}.\,pn}.$$

Quand on augmente ou quand on diminue n, ce tems suit la proportion de $\dfrac{\overline{pn-1}}{\mathrm{l}.\,pn}$ parce que $-\mathrm{l}.\,b$ est une grandeur constante. Mais lorsque n croit, $\dfrac{\overline{pn-1}}{\mathrm{l}.\,pn}$ devient aussi plus grand, car on augmente le numérateur de cette fraction beaucoup plus que le dénominateur, comme il est évident par la nature des logarithmes. Le contraire arrive quand n diminue. Par conséquent en augmentant la pompe, le tems s'augmente aussi, & en la racourcissant il diminue. *C. Q. F. D.*

Je n'ai pas fait entrer dans cette démonstration le tems qu'il faut pour tourner le robinet après chaque coup, ce qui change la chose, car ce tems augmente par la diminution de la pompe; le nombre des coups devenant plus grand. Ce tems néanmoins n'est pas assez considérable pour rendre les pompes longues les meilleures; mais il y a une longueur moïenne qui donne le tems le plus court pour tirer l'air, & cette longueur est différente, suivant la différente grandeur du récipient.

Problême III. Etant donnés la capacité du récipient, le diametre de la pompe, le tems qu'il faut pour tourner le robinet, trouver la longueur qu'on doit donner à la pompe, pour reduire l'air dans le moins de tems, à un dégré déterminé de rarefaction.

Soit x cette longueur cherchée; comme on connoît le diametre de la pompe, x peut aussi servir à en marquer la solidité. Le récipient est 1, & c est le tems qu'il faut pour tourner le robinet après chaque coup; z exprime le nombre des coups qu'il faut pour reduire l'air au dégré déterminé de rarefaction b.

Par ce qui a été démontré $z = \dfrac{-\mathrm{l}.\,b}{\mathrm{l}.\,\overline{1+x}}$,

le tems que l'on met à faire monter & à repousser le piston est $2zx$. Celui qu'on met à tourner le robinet après chaque mouvement du piston est égal à $2c$ multiplié par le nombre des coups, c'est-à dire que c'est $2cz$. Il faut ajouter ensemble ces deux quantités pour avoir le tems entier que l'on met à reduire

Tome II.

l'air au dégré de rarefaction b. Par conséquent c'est $2zx + 2zc$ que je suppose égal à $2t$, qui est un *moindre*: on a donc

$$zx+zc = \frac{-\mathrm{l}.\,b \times \overline{x+c}}{\mathrm{l}.\,\overline{1+x}}$$

en substituant à z sa valeur $\dfrac{-\mathrm{l}.\,b}{\mathrm{l}.\,\overline{1+x}}$.

L'équation $zx + zc = t$ donne $z = \dfrac{t}{x+c}$. Comparant cette valeur de z à sa valeur déja trouvée, on a $\dfrac{t}{x+c} = \dfrac{-\mathrm{l}.\,b}{\mathrm{l}.\,\overline{1+x}}$ ou bien $t \times \mathrm{l}.\,\overline{1+x} = -\mathrm{l}.\,b - \overline{c+x}$. Il faut prendre la difference de cette égalité en supposant $dt = 0$, à cause que t est un *moindre*, & on trouve $\dfrac{t\,dx}{1+x} = -\mathrm{l}.\,b \times dx$. Ce qui donne $t = -\mathrm{l}.\,b \times \overline{1+x}$ qu'il faut comparer avec la valeur déja trouvée de t. On a donc $-\mathrm{l}.\,b \times \overline{1+x} = \dfrac{-\mathrm{l}.\,b \times \overline{x+c}}{\mathrm{l}.\,\overline{1+x}}$ d'où l'on déduit $\dfrac{x+c}{1+x} = \mathrm{l}.\,\overline{1+x}$. Par le calcul des *suites* on trouve

$$\mathrm{l}.\,\overline{1+x} = x - \tfrac{1}{2}x^2 + \tfrac{1}{3}x^3 - \tfrac{1}{4}x^4 + \tfrac{1}{5}x^5 * \ \&\mathrm{c},$$

on a donc

$$\frac{x+c}{1+x} = x - \tfrac{1}{2}x^2 + \tfrac{1}{3}x^3 - \tfrac{1}{4}x^4 + \tfrac{1}{5}x^5$$

&c. ce qui donne

$$c = \tfrac{1}{2}x^2 - \frac{1}{2\times 3}x^3 + \frac{1}{3\times 4}x^4 - \frac{1}{4\times 5}x^5 \ \&\mathrm{c}.$$

Et par la méthode du retour des *suites* on trouve

$$x = 2c^{\frac{1}{2}} + \frac{1}{3}c^{\frac{2}{2}} - \frac{1}{72}\,2c^{\frac{3}{2}} + \frac{2}{135}c^{\frac{4}{2}} - \frac{23}{17280}c^{\frac{5}{2}} \ \&\mathrm{c}.$$

Mais comme $\dfrac{1}{72}2c^{\frac{3}{2}}$ avec tout le reste de cette suite, est très-petit par rapport à ce qui précede, on peut le rejetter dans la pratique & n'emploier que $x = 2c^{\frac{1}{2}} + \dfrac{1}{3}c$ qui sera la longueur cherchée.

Si au lieu de prendre le récipient égal à 1 on le nomme r, il faut faire entrer r dans l'égalité, qui donne la valeur de x. Mais il ne

---

* *Cette suite est de Mercator. Voyez l'Algèbre de Wallis, chap. 99, ou l'Analyse démontrée du P. Reyneau p. 710.*

faut le faire entrer que dans les termes qui
font multipliés par l'unité pour en augmenter
les dimenfions. L'égalité $x = \overline{2c}^{\frac{1}{2}} + \frac{1}{3}c$
n'a tous ces termes lineaires que lorfqu'on
fuppofe $x = \overline{2c \times}^{\frac{1}{2}} + \frac{1}{3}c$. On voit par là
que r ne doit entrer que dans le terme $\overline{2c}^{\frac{1}{2}}$
ce qui donne $x = \overline{2cr}^{\frac{1}{2}} + \frac{1}{3}c$.

Pour appliquer ceci à la pompe, il faut remarquer que dans le tems c on peut faire, avancer le pifton de la pompe d'une certaine quantité, & c'eft proprement cette quantité que c
defigne dans l'équation précedente. Au lieu
de r il faut y faire entrer la longueur qu'auroit la pompe, fi en folidité elle étoit égale
au récipient, & alors on connoîtra la longueur cherchée x.

Exemple. Soit donnée une pompe de trois
pouces de diametre. Suppofons le tems pour
fermer ou pour ouvrir le robinet égal à celui
qu'il faut pour faire avancer le pifton d'un
quart ou 0. 25." de pouce, ce qui s'accorde
affez bien avec l'expérience. Prenons un récipient de fept pouces de diametre & d'autant de hauteur, c'eft-à-dire qui ait 343 pouces cilindriques de folidité. Il faut divifer ce
nombre par neuf & on aura 38. 11" pour la
longueur d'une pompe de trois pouces de
diametre & égale en folidité au récipient. Ap-
pliquons ceci à l'équation $x = \overline{2cr}^{\frac{1}{2}} + \frac{1}{3}c$,
on aura $x = \overline{19. 05"}^{\frac{1}{2}} + 0. 08"$. ou $x =$
4. 37" + 0. 08" = 4. 45", c'eft-à-dire, que
la longueur de la pompe n'eft pas de quatre
pouces & demi. Il ne s'agit ici, comme je
l'ai déja dit,, que de l'efpace que le pifton
doit laiffer vuide; & il faut y ajouter l'épaiffeur du pifton pour avoir la longueur de toute
la pompe.

Pour déterminer la longueur d'une pompe
il faut choifir un récipient qui puiffe fervir
au plus grand nombre d'expériences, fans
avoir égard à quelques-unes qui pourroient
demander des récipiens beaucoup plus grands.
Nous verrons dans la fuite encore une autre
raifon pourquoi on doit prendre une longueur
fixe pour tous les récipiens. Si néanmoins
on veut voir d'un coup d'œil, la difference
longueur qu'à la rigueur mathématique il
faut donner à une pompe fuivant les diffe-
rens récipiens; il faut dans l'égalité $x = \overline{2cr}^{\frac{1}{2}} + \frac{1}{3}c$ regarder r comme changeante
& c comme conftante. Cette égalité devient

alors un lieu à la parabole, qu'il s'agit de
conftruire pour avoir ce qu'on cherche.

Si au contraire, dans cette même équation
on regarde r comme conftante, & c comme
changeante, elle devient un autre lieu à la
parabole, dans lequel r defigne la folidité du
récipient, & c l'efpace que le pifton laiffe
vuide dans un intervalle de tems égal à celui
qu'il faut pour ouvrir ou pour fermer le
robinet. On ne peut pas confiderer ici r & c
comme on l'a fait dans l'exemple qu'on vient
de voir, parce qu'alors r ne pourroit pas
être une grandeur conftante; mais cela revient à la même chofe. La conftruction de ce
lieu donne la folidité des differentes pompes
pour un même récipient; & il eft alors aifé
de trouver les longueurs de ces pompes,
puifqu'on en doit connoître les diametres,
pour déterminer la quantité que c doit défi-
gner. Je ne remarque ceci qu'en paffant. J'ai
déja dit que cela n'eft pas d'une fort grande
utilité pour la pratique.

Ce qu'on vient de voir touchant le tems
peut auffi fe rapporter au *travail* qu'il faut
faire, pour réduire l'air à un degré déterminé
de rarefaction. Le travail eft égal à l'effort
qu'on fait, multiplié par le tems que cet
effort dure. Celui qui pendant deux heures
fait un certain effort, fait le même travail que
celui qui pendant une heure feroit un effort
double.

Dans toutes les pompes le travail qui regarde le robinet eft le même. Celui qu'on
fait pour tirer le pifton eft égal à l'effort
qu'on fait, multiplié par la longueur de la
pompe; car cette longueur eft proportionnelle au tems, quand l'effort ne change point.
Cet effort doit furmonter deux chofes; la
refiftance de l'air & le frottement du pifton.
La refiftance de l'air eft proportionnelle à la
capacité de la pompe, comme on le voit
aifément; c'eft-à-dire, qu'en augmentant la
capacité de la pompe, cette réfiftance croît
en raifon des quarrés des diametres. Le frottement des piftons dont il s'agit ici garde la
même proportion. Il y faut confiderer deux
chofes; la grandeur de la fuperficie qui frotte, & la force avec laquelle elle eft preffée
contre la pompe. Cette preffion dans toutes
les pompes eft la même, étant caufée par le
poids de l'atmofphere; & ainfi le frottement eft proportionnel à la fuperficie qui
frotte, & cette fuperficie doit fuivre la proportion de la capacité de la pompe.

On voit par-là, que dans toutes les pompes le travail eft proportionnel à la capacité
de la pompe, c'eft-à-dire, à la grandeur du
vuide qu'on fait; ce qui prouve que dans
deux pompes quelconques, on fait le même

vuide avec le même travail, & que par conféquent il eſt indifferent à cet égard de
quelle pompe on ſe ſerve : c'eſt donc principalement le tems qu'on doit regarder dans
le choix qu'on fait d'une pompe, & ce ſont
les occaſions dans leſquelles on s'en ſert qui
le reglent. Dans les Univerſités & dans les
Académies où l'on fait des expériences en
public, on doit ſe ſervir de grands récipiens,
outre qu'on y eſt borné pour le tems. Ainſi
on y a beſoin de grandes pompes, & on ne
doit pas prendre garde à l'effort qui eſt plus
grand. Ce n'eſt pas la même choſe pour les
curieux qui font les expériences dans leur
cabinet : ils doivent moins conſiderer le tems
qu'ils emploïent, que la peine qu'ils ſe donnent en faiſant des expériences. De plus ils
n'ont pas beſoin de ſe ſervir de ſi grands récipiens, ce qui diminue aſſez le tems. Ils
doivent donc prendre de petites pompes.

Si en enviſageant la choſe uniquement du
côté du travail, on vouloit connoître la ſolidité de la pompe pour tirer l'air avec le moins
de travail, (par ce qu'on vient de dire, cette ſolidité eſt la même pour toutes le pompes)
il faudroit ſe ſervir encore de l'égalité $x =$

$$\overline{2cr}^{\frac{1}{2}} + \frac{1}{3}\,c.$$

Pour c il faut mettre le vuide
qu'on fait en tirant le piſton par un travail
égal à celui qu'il faut pour tourner le robinet : r deſigne la ſolidité du récipient &
alors x eſt la ſolidité cherchée de la pompe.
Mais il eſt fort inutile d'enviſager la choſe
de ce côté là, à cauſe de l'inégalité entre l'effort qu'on fait pour tourner le robinet & celui qu'on fait pour faire avancer le piſton.
On fait mieux de déterminer la longueur de
la pompe par la conſideration du tems, ſans
faire attention au travail & on doit avoir
égard à l'un & à l'autre quand on veut faire
choix d'une pompe.

Le tems pour tourner le robinet eſt le même dans toutes les pompes. C'eſt un tems
fixe qui ſert à comparer enſemble les pompes
de differens diametres, & cela tant à l'égard
de leurs longueurs que par rapport au tems
dans lequel on réduit l'air par differentes
pompes à un même dégré de rarefaction,
dans des récipiens ſoit égaux, ſoit inégaux.
Ce même tems fixe ſert encore à comparer
enſemble les tems que deux pompes de même
diametre, mais de differentes longueurs,

demandent pour la même expérience.

Pour faire tous ces calculs, il faut examiner combien dans chaque pompe le piſton
peut avancer, dans le tems qu'on tourne le
robinet. Pour cet effet il faut faire deux ſup-
poſitions qui doivent néanmoins avoir leur
fondement dans l'expérience. Je poſe en premier lieu, que dans une pompe d'un pouce
de diametre, on peut faire avancer le piſton
d'un pouce dans le tems qu'on peut faire faire au robinet un quart de tour, qui eſt le
mouvement qu'on lui donne pour l'ouvrir ou
pour le fermer. La ſeconde ſuppoſition regarde les pompes de differente capacité. Soient
deux pompes. La capacité de la premiere eſt
d'un pouce circulaire, c'eſt-à-dire, qu'elle a
un pouce de diametre; la capacité de la ſeconde eſt de trois pouces circulaires, c'eſt-à-
dire, que le diametre en eſt de 3 pouc. Il
eſt aiſé de voir que la reſiſtance étant triple
dans la grande pompe, je puis dans une même eſpace de tems faire avancer davantage le
piſton de la petite pompe que celui de la grande. Je ne puis pourtant pas le faire avancer
du triple, car il faudroit, avec un effort égal
pour les deux pompes, un mouvement trois
fois plus rapide dans la petite pompe : il faut
donc prendre un nombre moïen. C'eſt pourquoi je poſe que dans une pompe dont la capacité eſt le tiers de celle d'une autre, le mouvement du piſton eſt du double plus rapide. Si
on applique ceci aux problêmes qu'on a vû
ci-devant il ſera aiſé de comparer enſemble
les differentes pompes, tant à l'égard de leur
longueur, & du tems que durent les experiences, que par rapport à l'effort pour tirer le
piſton. Ce n'eſt que par de tels calculs qu'on
peut ſe déterminer dans le choix qu'on fait
d'une pompe & qu'on peut ſavoir les dimenſions qu'on doit lui donner.

La Table ſuivante fait voir d'un coup
d'œil, tous les differens rapports dont nous
venons de parler, & cela pour ſix pompes
differentes, dont la premiere eſt d'un pouce,
& la derniere de trois pouces de diametre.
Il eſt tout-à-fait inutile d'en faire de plus
grandes que la derniere, & de plus petites
que la premiere. On a donné dans cette Table un plus grand recipient aux grandes
pompes qu'aux petites : on en a vû la raiſon
ci-devant.

TABLE POUR LES MACHINES PNÈUMATIQUES.

	Diametre de la pompe.	Capacité de la pompe.	Mouvement du piston pendant qu'on ouvre le robinet.	Proport. de l'effort pour tirer le piston.	Diametre du récipient.	Hauteur du recipient.	Solidité du récipient.	Longueur de la pompe.	Proportion du tems.	Longueur réduite de la pompe.	Proportion du tems pour la longueur réduite.
	Pouces. 0. 00″	Po. circul. 0 00″	Pouces. 0. 00″	* * *	Pouces.	Pouces.	Pouces cilindriq.	Pouces. 0. 00″	* * *	Pouces.	* * *
Petites pompes.	1. 00	1. 00	1. 00	100	5	6	150	17. 65	100	5	110
	1. 25	1. 56	0. 75	117	5	6	150	12. 29	87	5	90
	1. 50	2. 25	0. 60	135	5	6	150	9. 14	76	5	77
Grandes pompes.	2. 00	4. 00	0. 42	168	7	7	343	8. 60	132	4	138
	2. 50	6. 25	0. 32	200	7	7	343	6. 00	114	4	115
	3. 00	9. 00	0. 25	225	7	7	343	4. 45	102	4	102

Aprés ce qu'on a vû jufques ici il n'eſt pas néceſſaire que je m'arrête à expliquer la maniere dont cette Table a été calculée. Je dirai ſeulement à l'égard de la troiſiéme colonne qu'elle eſt calculée ſur ce qu'on a vû, que dans une pompe de triple capacité d'une autre, le mouvement du piſton y eſt de la moitié plus lent. D'où il s'enſuit que dans deux pompes, dont l'une a *neuf* & l'autre *un* de capacité, le mouvement du piſton de la derniere ſeroit quatre fois plus rapide que celui de la premiere. C'eſt pourquoi dans la Table le mouvement du piſton de la pompe 9. 00. eſt de 0. 25, pendant que celui du piſton de la pompe 1. 00, eſt 1. 00. Le calcul qu'on a fait pour trouver le mouvement du piſton dans les autres pompes, par exemple dans celle dont la capacité eſt de 6. 25, eſt fondé ſur cette reflexion; que 6. 25 eſt une certaine moïenne proportionnelle entre 1. 00 & 9. 00, & que le nombre qui exprime le mouvement cherché du piſton eſt une ſemblable moïenne proportionnelle entre 1. 00. & entre 0. 25 elle eſt 0. 32. C'eſt la même choſe pour les autres nombres de la troiſiéme colonne. Les nombres de la quatriéme colonne expriment l'effort qu'on fait dans chaque pompe pour tirer le piſton. Le travail étant égal dans toutes les pompes, comme nous l'avons vû, cet effort ſuit la proportion du vuide qu'on fait dans un même tems dans les pompes différentes. Prenons le tems pour tourner le robinet, & on voit alors que pour avoir ces vuides pour les pompes différentes, & par conſéquent des nombres qui expriment la proportion de l'effort pour tirer les piſtons, il faut multiplier chaque nombre de la ſeconde colonne de la Table par ceux qui leur répondent dans la troiſiéme colonne. Ce ſont ces produits dont on a retranché les deux derniers chifres qui forment la quatriéme colonne.

En comparant la derniere colomne de la Table avec la neuviéme, on voit combien peu on perd de tems, lorſqu'on réduit tôutes les petites pompes à cinq pouces de longueur, & les grandes à quatre pouces. Ce qui prouve qu'il eſt entierement inutile de ſe lier à l'exactitude mathématique pour la longueur des pompes; mais il ne faut point négliger cette exactitude pour faire les pompes plus longues qu'il n'eſt néceſſaire, défaut ſi ordinaire aux Ouvriers; principalement pour les grandes pompes: ce qui ne ſert qu'à les rendre moins juſtes & de plus grand prix. C'eſt tout le contraire quand on néglige l'exactitude Mathématique pour faire la pompe plus courte. La petite perte de tems eſt bien regagnée, ou du moins recompenſée, par le plus de juſteſſe de la pompe; car quelque adreſſe qu'ait un Ouvrier, l'inégale dureté des parties du cuivre, ſans parler du reſte, l'empêcheront toujours de faire un tuïau long auſſi exact qu'un plus court du même diametre.

Tout ce qu'on vient de voir eſt une preuve ſuffiſante de ce que j'ai avancé d'abord ſur la longueur des pompes. Il ſuffit de faire les grandes de quatre pouces, & on peut en donner cinq aux petites. Mais pour mettre cette vérité dans un plus grand jour, il faut examiner ici une objection qu'on peut propoſer contre les petites pompes. Quand, après avoir fermé le robinet, on fait rentrer le piſton, l'air ſort de la pompe, mais il en reſte toujours dans la communication de la pompe au robinet; & cet air y reſte dans ſon état naturel. Quand enſuite on tire le piſton, & qu'on ouvre le robinet, cet air ſe mêle à celui qui étoit reſté dans le récipient: comme cela arrive à tous les coups de pompe, c'est autant de nouvel air qui rentre à chaque fois. Dans les petites pompes le nombre des coups étant plus grand, il y entre aussi plus de nouvel air, & celui qui y entre à chaque coup, n'est pas si fort diminué par les coups suivans qu'il l'est dans une grande pompe.

J'accorde toute l'objection, & je répons que tout l'air qui peut rentrer par-là est si peu de chose, même pour les plus petites pompes, qu'il est inutile d'y faire la moindre attention, dans les expériences qui demandent le plus d'exactitude. Dans une pompe d'un pouce de diametre sur cinq pouces de longueur, tout l'air rentré n'ira jamais à un quatre milliéme de l'air dans son état naturel que peut contenir le récipient ; & quoique cette erreur puisse être entierement négligée, elle est beaucoup moindre pour peu que la pompe ait plus de diametre. Voici la preuve de ce que j'avance.

L'air qui rentre à chaque coup est diminué par tous les coups suivans, & cela dans la même proportion que l'est l'air du récipient. Ainsi pour avoir la quantité d'air rentrée en tout il faut après l'expérience prendre la somme de ce qui reste de l'air rentré à chaque coup, & pour trouver exactement cette somme il faut savoir le nombre des coups de pompe. A moins que de supposer le nombre le plus grand qu'il est possible, c'est-à-dire infini, c'est le seul moïen de donner une démonstration générale, & c'est accorder à ceux qui pourroient faire cette objection tout ce qu'ils peuvent demander.

Soit a la quantité d'air qui rentre à chaque coup, p la pompe, r le récipient. Il est clair que ce qui reste de l'air rentré avant le dernier coup est $\dfrac{a r}{p+r}$; ce qui reste de l'air rentré au coup précédent est $\dfrac{a r^2}{p+r^2}$; le coup d'avant ce dernier ne laisse que $\dfrac{a r^3}{p+r^3}$, & ainsi de suite à l'infini. Toutes ces quantités forment une progression géometrique, dont la somme donne la quantité cherchée de l'air rentré pendant toute l'expérience. La somme de cette progression continuée à l'infini est $\dfrac{a r}{p}$; ce qui donne cette proportion $p, r :: a$, à la quantité de l'air rentré. Si dans cette proportion a designe l'espace que l'air qui entre à chaque coup occupe dans son état naturel, le dernier terme donnera aussi l'espace qu'occuperoit dans son état naturel l'air ren-

tré pendant l'expérience, & on voit alors que la solidité de la pompe est à ce premier espace, comme la solidité du récipient est au dernier. De sorte qu'il ne reste plus qu'à démontrer que le petit espace qui fait la communication de la pompe au robinet, n'est pas dans les petites pompes dont nous parlons ici, un quatre milliéme de leur solidité. Cette communication peut être la même pour toutes les pompes, & comme elle ne sert de passage qu'à l'air, & tout au plus à l'eau, il est inutile de lui donner plus d'une ligne de diametre, & on peut approcher assez le robinet & le fond de la pompe pour que cet espace n'ait pas plus de deux lignes de longueur : il n'aura donc en solidité que deux lignes cilindriques. Une pompe d'un pouce de diametre & de cinq pouces de longueur a en solidité 8640 lignes cilindriques ; par conséquent cette pompe est 4320 fois plus grande que la communication dont nous venons de parler. C. Q. F. D.

Des pompes doubles.

On a vû au commencement de cet article la description d'une *Machine* aïant deux corps de pompe : on doit les joindre de maniere qu'on mette en mouvement les deux pistons par un seul pignon & une seule manivelle, & qu'on fasse rentrer un des pistons quand on tire l'autre. Cette construction de pompe a plusieurs avantages sur les pompes simples. Avec le même mouvement du pignon & de la manivelle qui sert pour un coup de pompe dans ces dernieres, on en fait deux dans celles dont il s'agit ici, & le travail n'est pas à beaucoup près augmenté dans la même proportion. Dans les pompes simples il faut surmonter tout le poids de l'atmosphere pour tirer le piston. Quand le piston rentre, l'air le repousse avec plus de force qu'il n'est nécessaire, parce que le piston ne frotte presque point dans ce tems-là. Dans les pompes doubles cet effort est mis à profit. L'air qui pousse le piston qui rentre, contrebalance l'effort de l'air qu'il faut surmonter pour faire sortir l'autre piston : ce qui diminue si fort le travail que quand l'expérience est un peu avancée, on ne trouve presque plus de resistance que celle qui vient du frottement d'un seul piston. Le contraire arrive dans les pompes simples : la difficulté augmente à mesure qu'on tire davantage d'air.

Du tuïau pour mesurer la rarefaction de l'air.

La derniere chose que j'examinerai ici, & qui regarde les pompes en général, c'est l'avantage qu'on tire d'un tuïau de verre, d'une ou de deux lignes de diametre, qu'on n'ajoute à la pompe. Il eſt indifférent de quelle maniere on y joigne ce tuïau. Il ſuffit qu'un de ſes bouts ait communication au récipient, & que l'autre trempe dans du mercure expoſé à tout l'atmoſphere, comme dans les barometres. Avec cela ce tuïau doit avoir aſſez de hauteur pour que le mercure y puiſſe monter auſſi haut que dans le barometre. Il ſert à faire voir d'un coup d'œil, dans tous les momens le dégré de rarefaction de l'air dans le récipient. Pour cet effet on compare enſemble la hauteur du mercure dans ce tuïau, & ſa hauteur dans le barometre, & alors la différence de ces deux hauteurs eſt à la premiere, comme la quantité d'air qui reſte dans le récipient eſt à celle qu'on en a tiré. Ou bien, cette même différence eſt à la hauteur du mercure dans le barometre, comme l'air tiré du récipient eſt à celui qui y étoit avant l'expérience. Ceci eſt clair. Car l'air qui reſte dans le récipient empêchant le mercure de monter auſſi haut dans le tuïau de la pompe, qu'il eſt monté dans le barometre, contrebalance par conſéquent une colonne de mercure égale à la différence de ces deux hauteurs; & l'air dans ſon état naturel contrebalançant toute la colonne de mercure du barometre, il s'enſuit, que ces deux colonnes de mercure expriment le rapport de l'air qui reſte dans le récipient, avec l'air naturel.

Le tuïau, dont nous parlons ici, peut ſervir même ſans qu'on ait de barometre, & il a encore pluſieurs autres uſages qu'on verra dans les problèmes ſuivans. Il eſt vrai qu'il rend la *Machine pneumatique* d'un plus difficile tranſport, la longueur du tuïau demandant une table exprès, Outre cela ce tuïau eſt toujours en danger d'être caſſé, parce qu'il doit être entierement expoſé à la vûe. C'eſt ce qui fait voir combien il ſeroit important de trouver un autre moïen de meſurer la rarefaction de l'air dans le récipient. M. *s'Gravesande*, qui a toujours parlé juſqu'ici, promet dans cet écrit de donner la deſcription d'un nouvel inſtrument qui a tous les avantages du tuïau dont nous parlons, & qui n'en a point les inconvéniens, mais je ne ſache pas qu'il ait exécuté ſa promeſſe.

Problème IV. *Par deux coups de pompe, trouver la hauteur du mercure dans le barometre.*

Il faut ici faire attention à deux choſes, 1°. Que ce que le mercure monte par un coup de pompe, eſt la colonne de mercure que l'air tiré par ce coup contrebalance, par conſéquent cette quantité d'air eſt proportionnelle à ce que monte le mercure. 2°. Que l'air tiré par un coup de pompe, & tout l'air qui étoit dans le récipient avant ce coup, ſont toujours en même raiſon pendant toute l'expérience.

Soit maintenant c la hauteur du mercure dans le tuïau de la pompe après le premier coup, $c + e$ ſa hauteur après le ſecond coup, h la hauteur cherchée du mercure dans le barometre. Il eſt clair par ce qu'on vient de dire, que $c : h :: e : h - c$ cette proportion ſe réduit à celle-ci

$$c - e : c :: c : h$$

qui donne la valeur de $h = \dfrac{cc}{c - e}$ C. Q. F. T.

Problème V. *La hauteur du barometre étant donnée, après un coup de pompe, trouver le nombre des coups qu'il faut pour réduire l'air à un dégré donné de rarefaction, ſans connoître la grandeur du recipient.*

Soit h la hauteur donnée du barometre, c la hauteur du mercure dans le tuïau de la pompe après le premier coup, b le dégré donné de rarefaction de l'air, z le nombre cherché des coups de pompe.

Il eſt clair que h eſt à $h - c$ comme $h - c$ eſt à h moins la hauteur du mercure dans le tuïau de la pompe après le ſecond coup. Et $h - c$ eſt à cette derniere quantité, comme cette même quantité eſt à h moins la hauteur du mercure dans le tuïau après le troiſiéme coup, & ainſi de ſuite: de maniere que toutes ces quantités, qui ſont les differences de la hauteur du barometre avec la hauteur du mercure dans le tuïau de la pompe après chaque coup, forment une progreſſion géometrique, dont l'expoſant de la raiſon eſt $\dfrac{h - c}{h}$,

En ſuppoſant que cette progreſſion ſoit continuée, juſques au nombre de coups z, on trouve $\dfrac{\overline{h - c}^{\,z}}{h^{z - 1}}$ pour la difference de la hauteur du mercure dans le barometre & dans le tuïau. En diviſant par h cette difference de hauteur du mercure, on trouve le dégré de rarefaction de l'air après le nombre des coups z. Mais ce dégré de rarefaction par l'hypotheſe eſt b; ainſi on a cette égalité $\dfrac{\overline{h - c}^{\,z}}{h^{z}} = b$.

Les logarithmes des deux membres de cette équation ſont, $l. \overline{h - c} \times z - l. h \times z = l. b$; d'où l'on tire $z = \dfrac{- l. b}{l. h - l. \overline{h - c}}$

Problème VI. *Après deux coups de pompe, ſans ſavoir la hauteur du barometre, trouver le même nombre que dans le problême précédent.*

Prenons les mêmes lettres que dans les deux problêmes précédens. La ſeule choſe qu'il faut faire pour reſoudre ce problême c'eſt de faire entrer dans l'égalité $z =$

$$\frac{-\text{l.}\,h}{\text{l.}\,h - \text{l.}\,h - c} \text{ au lieu de } h, \text{ ſa valeur } \frac{c\,c}{c - e}$$

qui donne $z = \dfrac{-\text{l.}\,b}{\text{l.}\,c - \text{l.}\,e}$ C. Q. F. T.

Problême VII. *Sachant la hauteur du ba-*
rometre , & la ſolidité de la pompe étant don-
née , trouver celle du récipient , par un ſeul
coup de pompe.

Soit h la hauteur du barometre , c la hauteur du mercure dans le tuïau de la pompe ,
p la pompe , & x le récipient. La hauteur du
mercure dans le tuïau de la pompe après le
premier coup , étant proportionnelle à la
quantité d'air qui eſt ſortie du récipient , eſt
à la hauteur du mercure dans le barometre ,
comme la pompe eſt au récipient joint à la
pompe.

$$c : h : : p : p + x$$

ce qui donne $x = \dfrac{p\,h - p\,c}{c}$ C. Q. F. T.

Problême VIII. *Trouver la grandeur du ré-*
cipient , par deux coups de pompe , ſans ſavoir
la hauteur du barometre.

Pour reſoudre ce problême il faut faire

entrer dans l'égalité $x = \dfrac{p\,h - p\,c}{c}$,

la valeur $\dfrac{c\,c}{c - e}$ de h & on trouve $x = \dfrac{p\,c}{c - e}$
C. Q. F. T.

3. Il s'agit maintenant d'expliquer les plus
belles expériences qu'on peut faire avec la
Machine pneumatique. C'eſt ce que je vais
faire avec le plus de ſoin qu'il me ſera poſſible.

Expérience I. Mettez un animal tel qu'un
chat ou un lapin ſous un récipient aſſez
grand , pour qu'il ait la liberté de ſe tourner facilement. Si c'eſt un chat après un coup
de pompe on le voit ſe mouvoir & faire les
mêmes grimaces que s'il crioit , quoiqu'on
ne l'entende pas. Il grimpe contre le verre ; baille , & après pluſieurs convulſions , il
paroît ſans mouvement. Les mêmes ſimptô-
mes arrivent au lapin. Il cherche l'air ; il
enfle ; ſes yeux ſortent de ſa tête ; il rend
ſes excrémens , enfin il a des défaillances ,
des convulſions ; tombe ſur le côté & meurt ſi
l'on ne lui donne pas de l'air. A peine cet air
ſe communique au chat que nous avons laiſſé
ſans mouvement , qu'il ſe leve ſur ſes pieds ,
& qu'il crie , & dehors le récipient s'en-
fuit. Renfermé une ſeconde fois , il s'enfle ,
écume , pleure , & creve.

La même choſe arrive aux rats , aux ſou-
ris , aux oiſeaux. Les oiſeaux cependant ré-

ſiſtent davantage. Ils ne meurent qu'après
qu'on a pompé $\frac{2}{3}$ de l'air du récipient. Lorſqu'on met de petits poiſſons ſous le récipient , ces animaux après quelques coups de
piſton , s'élevent ſur la ſurface de l'eau dans
laquelle ils nagent , ſans pouvoir ſe plonger
au fond du vaſe. Rarefie-t-on l'air davantage ? Les poiſſons inquiets , agités de differens
mouvemens , tombent enfin au fond de l'eau
comme une pierre. Ils rampent ſans pouvoir s'élever. Il y a cependant des poiſſons
qui vivent aſſez long-tems dans le vuide.
Telles ſont les anguilles. La plupart s'enflent ; tombent ſur le dos ; les yeux leur
ſortent de la tête , & viennent enfin flotter
ſur l'eau. Mais dès qu'on fait rentrer l'air
ils tombent au fond de l'eau. Les inſectes
vivent encore long-tems ſans air. Quelques-
uns meurent , d'autres ſemblent reſſuſciter
lorſqu'on fait rentrer l'air. De tout cela , on
conclud que l'air eſt néceſſaire pour la reſ-
piration. Les animaux qui vivent plus long-
tems dans un air rarefié , reſiſtent plus long-
tems au défaut de l'air.

Expérience II. Mettez des plantes & des
ſemences ſous le récipient. L'air étant pompé , on remarque que les plantes qu'on
laiſſe ainſi dans le vuide ne croiſſent preſque plus. D'où l'on conclud que l'air eſt néceſſaire à la végétation des plantes. C'eſt le
but de cette expérience.

Expérience III. J'avertis qu'on veut faire
voir par cette expérience , que le ſon ne ſauroit ſe propager dans le vuide. Or voici
comment on ajuſte à cette fin le récipient.
On éleve ſur un pied A (Planche XXVI.
Figure 256.) qu'on fait ordinairement de
plomb deux piliers qui ſoutiennent une petite cloche C , à l'aide d'une corde. Ce plomb
eſt poſé ſous le récipient entre deux petits
couſſins remplis de laine. Le récipient qui
doit couvrir le tout eſt ouvert par le haut
& fermé avec le couvercle D. Sur ce couvercle on ajuſte une petite boete H , remplie
de quelques petits morceaux de cuir huilés ,
à travers deſquels paſſe un fil de laiton E ,
qui devient par-là mobile , mais cependant
de façon que l'air ne ſauroit s'échapper à
travers les cuirs le long de ce fil. A la partie inférieure du fil E , eſt un petit bras G ,
par le moïen duquel en tournant le fil E ,
on peut mouvoir le bras recourbé I , & faire
ſonner la petite cloche. H eſt une piece de
cuivre qu'on peut hauſſer , baiſſer & arrêter
Elle ſert à empêcher que l'air qui comprime
le fil E ne le faſſe enfoncer entierement
lorſqu'on pompe , & à retenir ce fil à telle
hauteur qu'on veut lorſqu'on le tourne.

Avant que de commencer à pomper on

secoue la cloche, & on l'entend sonner. On pompe ensuite l'air bien exactement & on n'entend aucun son.

Expérience IV. Sur le feu. Mettez une chandelle allumée sous le récipient. Pompez l'air. La chandelle s'éteint sur le champ ; & la fumée reste suspendue au haut du récipient. Quand le récipient est entierement vuide, la fumée tombe, parce qu'elle devient plus pesante que l'air qui reste dans le récipient.

Les méches allumées, la toile, le linge brûlé, des charbons ardens, &c. s'éteignent alors dans le récipient. Mais le phosphore d'urine est toujours lumineux.

Le vuide n'est pas tellement ennemi du feu qu'on ne puisse y en faire. Une demie dragme d'esprit de nitre de Glauber, mêlé avec autant d'huile de carvi, s'enflamme dans le vuide & met en pieces la phiole qui contenoit ce mêlange. Cependant le fusil n'y donne point d'étincelle. Cette expérience est assez particuliere pour devoir être séparée.

Expérience V. 1°. Arrêtez sur la platine de la *Machine pneumatique* un fusil, ou une platine de fusil. 2°. Au-dessous de la gachete du chien, ajustez un petit fer X (Pl. XXVI. Fig. 257.) & un fil d'archal *d*, dont le bout soit formé en anneau. Lorsqu'on leve ce fil, après avoir bandé le chien, le chien part, frappe la batterie, & produit l'effet qu'on en attend. 3°. Aïant mis de la poudre dans le bassinet, bandez le chien, & couvrez le bout du récipient préparé, comme on l'a vû pour l'expérience précédente. 4°. Tournez la piece E, ensorte que son extrêmité I entre dans la piece *d*, & arrêtez là avec la petite piece H à la hauteur où elle doit être.

Cela préparé, on pompe l'air, & on fait tomber le chien. Cette chute ne produit rien, c'est à-dire nulle étincelle. La poudre par conséquent ne s'enflamme pas.

Par une autre mécanique, qu'il est aisé d'imaginer après ce qu'on vient de voir, M. *Muschenbroeck* laisse tomber quelques grains de poudre sur un fer ardent placé dans le récipient, la poudre fond & ne s'enflamme pas. Tous les Physiciens ne conviennent pas de ce point. Quelques-uns assurent y avoir mis le feu avec un miroir ardent. Cela forme une sorte de controverse, qu'on peut voir dans les expériences de la *Machine pneumatique*, imprimées à la fin du second volume de l'*Essai de Physique* de M. *Muschenbroeck*, page 52. Ce qu'il y a de certain, c'est que ni aucune huile, ni l'esprit de vin ne peuvent s'allumer étant versé dans le vuide sur un fer ardent. De ces liqueurs, les unes font

élever le mercure qui est ajusté dans la *Machine pneumatique composée*; les autres le font baisser.

Expérience VI. Renfermez sous le récipient un verre plein d'eau forte & un peu de nitre fixe. Après avoir versé du nitre dans l'eau-forte, il paroît sur le champ une fermentation ; & une quantité de bulles d'air s'exhale de ce mêlange. Des raisins secs & pilés avec de l'eau commune, étant mis sous le récipient produisent le même effet. Il se manifeste à-peu de chose près dans des pommes crues. Les pois verds & les cerises s'enflent jusques à crever.

Expérience VII. Mettez une pomme ridée sous le récipient. Pompez l'air. La pomme se gonflera & deviendra aussi unie & aussi pleine que si elle venoit d'être cueillie. Faites rentrer l'air : la pomme reparoîtra comme elle étoit auparavant.

Expér. VIII. Mettez sous le récipient une bouteille de verre fort mince & dont les bords soient plats. Fermez en l'ouverture hermétiquement, si cela se peut, ou avec du ciment. Pompez l'air. Celui qui est renfermé dans la bouteille se dilate avec tant de force que ce verre se brise en pieces.

Expérience IX. D'un œuf de poule du jour, retranchez-en environ la troisiéme partie par le bout le plus mince. Renversez-le & jetez-en le jaune. Vous appercevrez une petite bulle d'air entre la coquille & la peau. Mettez l'œuf sur un petit verre creux A (Planche XXVI. Figure 258.) & couvrez-le du récipient. Lorsqu'on pompe l'air, cette petite bulle s'étend contre la coquille & enfle tellement la peau, qu'elle remplit toute la coquille & paroît comme un œuf entier.

Expérience X. Faites un petit trou à la pointe d'un œuf. Renversez-le. Mettez-le dans le petit verre précédent A (Pl. XXVI. Figure 259.) L'air étant évacué du récipient, fait sortir tout le blanc & le jaune par ce petit trou. Quand on a laissé entrer l'air, l'œuf se trouve pressé sous A contre la platine, sur laquelle repose le récipient ; & tout le blanc & le jaune, qui s'étoient écoulés, rentrent dans l'œuf.

Expérience XI. Mettez une boussole sous le récipient. Pompez-en l'air. Presentez par dehors un aiman au verre. Cet aiman attire la boussole & agit sur elle comme en plein air. La même chose arrive lorsqu'on renferme l'aiman sous le récipient & qu'on tient la boussole en dehors ; ce qui fait voir que l'action de l'aiman dépend d'un fluide plus subtil que l'air.

Expérience XII. Au haut d'un long récipient

cipient A (Planche XXVI. Figure 260.) ajustez à un couvercle la petite boete F, & attachez à l'autre côté du couvercle un ressort de cuivre D. Passez dans la boete la petite verge E, jusques à ce qu'elle pénétre dans l'intérieur du ressort D. Attachez y alors une petite platine ovale C. Enfin, passez entre le ressort D une piece de plomb & une petite plume. L'air étant pompé, on tourne la verge E. Dans l'instant le plus long diametre de la platine ovale écarte les deux branches du ressort. La plume & le plomb se dégagent; tombent ensemble & parviennent en même-tems au fond du récipient.

4. L'inventeur de la *Machine pneumatique* est *Otto-Guerick*, Bourguemaître de Magdebourg, Conseiller de l'Electeur de Brandebourg & député à la Diete de Ratisbonne, où il fit plusieurs expériences avec cette *Machine* en presence de l'Empereur & de quelque Députés. Le P. *Gaspar Schot*, Professeur de Mathématique à Warzbourg, aïant entendu parler de ces expériences dans le tems qu'il étoit sur le point de mettre au jour son *Ars Mechanica Hydraulico-pneumatica*, consulta l'inventeur de cette *Machine*, & celui-ci lui en envoïa la description. Le P. *Schot* l'ajouta comme un supplément à son Ouvrage, qu'il fit imprimer en 1657. C'est dans cette année que cette belle invention fut publiée pour la premiere fois. Le célebre *Boile* chercha à perfectionner cette *Machine*, & il y parvint. Ce fut *Robert Hook*, grand Mécanicien & grand Physicien qui l'exécuta. (*Experimenta de vi aeris elastica*) Enfin, M. *Hauksbée* y aïant encore remarqué quelques défauts, l'a réduite en la forme sous laquelle est décrite la *Machine pneumatique composée*, qui est de lui.

MACMACTERION. Nom que les Peuples Attiques donnoient au quatriéme mois de l'année.

M A G

MAGABIT. C'est dans l'année Ethiopienne le septiéme mois. Il commence le 25 Février, selon le Calendrier Julien.

MAGAZIA. Nom du huitiéme mois de l'année des Ethiopiens. Dans le Calendrier Julien ce mois commence le 27 Mars.

MAGIE. *Vitalis*, dans son *Lexicon Mathematicum*, rapporte d'après *Philon*, qu'on donnoit autrefois ce nom à l'Astronomie & à l'Astrologie. Celui-ci dit dans son Livre intitulé : *De specialibus legibus* ; *Veram magiam, hoc est perspectivam, scientiam per quam naturæ opera cernuntur clarius ut honestam expetendamque non plebeii solum sectantur sed etiam Reges regum maximi,*

Tome II.

&c. c'est-à-dire : *Ce ne sont pas seulement les gens du commun, qui étudient la véritable magie, c'est-à-dire, la perspective qui nous représente les ouvrages de la nature avec beaucoup de clarté. Les plus grands Rois même & principalement ceux de Perse, sont si amateurs de ces arts, qu'ils croient indignes de regner ceux qui ne se sont point familiarisés avec les Mages.* (*Magis versato familiariter*).

MAGNIFIER. Les Physiciens font usage de ce terme pour exprimer la propriété qu'ont les microscopes de grossir les objets. (*Voïez* MICROSCOPE.)

M A I

MAI. Nom du cinquiéme mois de l'année. Il a 31 jours. Le soleil entre dans le signe des Gemeaux le 21 de ce mois. On prétend qu'il tire son nom de *Maya*, Déesse de la terre, parce qu'on célebroit à Rome sa fête en ce mois dans un Temple qui lui étoit dédié.

MAISON CELESTE. On appelle ainsi en Astrologie la douzieme partie du plan de la sphere celeste renfermée dans deux demicercles, qui passent par les deux points où l'horison & le méridien s'entre-coupent. Chaque *Maison celeste* comprend un arc de l'équateur de 30°, & a sa signification & sa propriété singuliere. La premiere est appellée *Horoscopos* ; la seconde *Anaphora* ; la troisiéme *Thea* ; la quatriéme *Hypocheum* ; la cinquiéme *Agathitichi* ; la sixiéme *Kakitichi* ; la septiéme *Dysis* ; la huitiéme *Epicataphora* ; la neuviéme *Theos* ; la dixiéme *Mesorania* ; l'onziéme *Agathodæmon* ; & la douziéme *Kakathodæmon*. La premiere *Maison* se compte de l'horison de l'Orient vers le bas du méridien. On doit cette façon de compter à *Regiomontan*, car avant on avoit établi un ordre tout different ; & cet ordre avec ses dépendances étoit si ridiculement beau, que je ne crois pas le devoir rapporter. Tout l'art de deviner par les astres, est fondé sur cette distribution du ciel. Rien de plus humiliant pour l'esprit humain que ce qu'en rapporte *Ranzou* dans son *Tract. Astrolog. Part. II.* Craignons de développer des choses aussi embrouillées & aussi pitoïables. Respectons l'homme dans ses plus grands égaremens ; & contentonsnous d'avertir que *Wing* a déterminé par les calculs les points par lesquels passe le sommet de chaque *Maison.* (*Voïez* son *Astronomia Britannica*, *Liv. III. Prop. 21*).

MAISON DES ENNEMIS. (*Cacodæmon*, *Kakathodæmon*, *Malus genius*). Douziéme *Maison* celeste, par laquelle les Astrolo-

gues forment leurs prédictions fur les ennemis, les malheurs, les autres accidens fu-
neftes, &c. (*Voïez Ranzovii Tractatus Aftrolog. pag. 31,*) & *Schoneri Opufcul.
Aftrolog.*

MAL

MALFAISANTES. C'eft ainfi que les Aftrologues nomment les planetes de Mars &
de Saturne, parce qu'ils les croient très-
nuifibles au genre humain. Jupiter & Venus font au contraire *Bienfaifantes* parce
qu'elles lui font favorables. Ces qualités
dépendent abfolument de la fantaifie des
Aftrologues.

MAN

MANIVELLE. Sorte de levier auquel on
donne un mouvement de rotation. Ce levier peut être droit (Planche XLII. Figure 62) ou courbe (Planche XLII. Figure 63). L'un & l'autre ont la même
puiffance ; & une *Manivelle* courbe eft
toujours confiderée comme droite. En effet, dans cette efpece de machine fimple, la quantité de fa force dépend de
fa diftance au centre, quelle que foit fa
figure. La puiffance augmente d'autant
plus & en même proportion que la ligne
abbaiffée du centre perpendiculairement fur
la direction du poids. D'où il fuit que dans
le mouvement de la *Manivelle* fa fituation
la plus avantageufe eft l'horifontale ; parce
qu'alors cette ligne eft plus longue qu'en
toute autre fituation. Au refte, la force
doit être appliquée fort inégalement, en
faifant tourner la *Manivelle* où elle n'agit
que pendant la moitié de la rotation. Dans
les petites machines aufquels on donne le
mouvement avec le pied, telles que font
les rouets & les meules, on remedie à cette
inégalité par le branle de la roue. Ce remede n'eft pas fans inconvéniens dans de grandes machines. Le feul moyen qu'on puiffe
emploïer pour avoir un mouvement égal
avec la *Manivelle*, c'eft l'ufage d'une roue
de branle. Cette roue à cet avantage, que
le poids étant dans la ligne de repos, devient
une augmentation de force à la roue de branle qui lui fert lorfque le poids fe trouve
éloigné ou à fa plus grande diftance. On a
encore un mouvement égal par la *Manivelle
double*, *triple* ou *multiple* (Planche XLII.
Figure 64.) qui empêche la roue de fe tourner à faux par le demi-cercle. C'eft pourquoi on préfére aux *Manivelles fimples*, les
Manivelles multiples avec lefquelles les puiffances agiffent fucceffivement, & dont les
unes travaillent pendant que les autres font

en repos. Enfin, on corrige l'inégalité de
la force de la *Manivelle* par le fecours d'un
difque ovale & fpiral. Pour cela on fait
tourner du bras de la *Manivelle* une chaîne
ou corde fur un tambour fpiral ou difque
ovale ; enforte que le poids étant le plus
éloigné du centre de repos qu'il puiffe être,
la chaîne foit fur la plus grande peripherie,
& fur la plus petite lorfque le poids eft près
du point d'appui.

Malgré cette inégalité de force dans le
mouvement de la *Manivelle*, elle eft cependant d'une grande utilité dans les machines, dans les ouvrages hydrauliques, &
principalement dans les pompes afpirantes
& refoulantes. Il faut convenir toutesfois
qu'ici elles n'y font point fans inconvénient.
La *Manivelle* ne pouffe le pifton dans le
cilindre que tantôt d'un côté, tantôt d'un autre. On juge bien que cette efpece de vibration ruine abfolument & le pifton & le cilindre, & nuit à la puiffance par le frottement
confiderable qui fe fait alors. Je fais que
M. *Léopold* dans fon *Theatrum Machinarum
hydraulicarum, Tom. II. Ch. 5*, a propofé différentes méthodes pour remédier
à ce défaut. Mais je ne trouve pas dans
le *I. Tome de l'Architecture hydraulique* de
M. *Bélidor*, où il eft parlé fort au long des
Manivelles, je ne trouve pas, dis-je, qu'on
ait réduit aucune de ces méthodes en pratique.

MANŒUVRE. L'Art de foumettre les mouvemens du Vaiffeau à des loix, pour les diriger felon le befoin, le plus avantageufement qu'il eft poffible. Cet Art n'a été établi que de nos jours. Dans fon origine, la
Manœuvre n'étoit fondée que fur une pratique développée à tatons & dirigée par la
routine. L'hiftoire apprend que les Pilotes
du Roi *Salomon* acquirent les premiers des
connoiffances particulieres dans la pratique
de la *Manœuvre*. Sous ces conducteurs ex-
périmentés, les flottes de ce Prince arrivoient toujours à bon port ; les voïages
étoient heureux, & les vents les plus im-
pétueux fembloient obéir à l'habileté & à
l'adreffe. Cela parut alors fi furprenant que les
peuples s'imaginerent qu'on ne pouvoit en-
attribuer la caufe qu'à un pouvoir abfolu
que *Salomon* avoit fur les flots ; & fes
Sujets prévenus de cette puiffance imaginaire, ajouterent à fon titre de Roi celui
de Souverain des vents. On dit encore que
l'Empereur *Probus*, auffi imperit que *Salomon* fur ce que pouvoit operer une bonne *Manœuvre*, avoit laiffé en Orient les
François qu'il avoit fait prifonniers ; &
qu'il fe flatoit de les tenir long - tems

dans la captivité; mais que quelques-uns d'entr'eux qui avoient un peu de pratique dans la *Manœuvre*, perfuaderent aux autres de tenter leur fuite. Ils fe faififfent de deux ou trois vieux Navires qui étoient dans le Port & s'abandonnent à la merci des vagues & des vents. Peu à peu la routine & l'expérience les ayant rendus plus habiles, ils radoubent leurs vaiffeaux, ravagent toutes les côtes de la Thrace, du Bofphore, de la Grece, de la Libie, de la Syrie ; prennent & pillent *Syracufe*, & portent par-tout la terreur, la défolation & le dégât.

C'eft ainfi que fe développoit la *Manœuvre* dans les tems les plus reculés. Le hafard foutenu par des effais & des tatonnemens donnoit lieu à de foibles découvertes, qui faifoient pourtant connoître l'excellence de cet Art. De ces découvertes, aucune n'a tranfpiré ; parce qu'aucune ne méritoit gueres ce nom. L'illuftre Genois André *Doria*, qui fous *François I*. commandoit les Galeres de France, fixa la naiffance de la *Manœuvre*, par une pratique toute nouvelle & qui lui acquit d'autant plus de gloire, qu'elle étoit plus furprenante. Il connut le premier qu'on pouvoit aller fur Mer par un vent prefque oppofé à la route. En dirigeant la proue de fon Vaiffeau vers un air de vent, voifin de celui qui lui étoit contraire, il dépaffoit plufieurs Navires qui bien loin d'avancer ne pouvoient que rétrograder. Cette *Manœuvre* jetta les Marins dans fi grand étonnement, qu'il l'attribuerent à quelque chofe de furnaturel. Moins effraïés & plus clair-voïans que ces gens-là MM. *du Guai-Trouin*, le Chevalier de *Tourville*, *Jean Bart*, *Du Quefne*, pouffèrent la pratique de la *Manœuvre* à un point de perfection, dont on ne l'auroit pas cru fufceptible. Leur capacité dans cette partie de l'Art de naviger n'étoit cependant fondée que fur beaucoup de conduite, & fur une grande connoiffance de la Mer; le tout foutenu par une intrépidité peu commune. A force de tatonnemens, ces habiles Marins s'étoient fait une routine, une pratique de *Manœuvre* d'autant plus furprenante qu'ils ne la devoient qu'à leur génie. Nulle régle, nuls principes proprement dits ne les dirigeoit, & la *Manœuvre* n'étoit rien moins qu'un Art.

Le Pere *Pardies* eft le premier qui ait effaïé de la foumettre à des loix. Cet effai fut adopté par le Chevalier *Rénau*. Aidé d'une longue pratique de la Mer, ce

Chevalier établit fur les fondemens du P. *Pardies* un théorie très-belle & très-féduifante. Elle fut imprimée par ordre de Louis le Grand, & reçue du Public avec un applaudiffement général. Si les principes de P. *Pardies*, fur lefquels M. *Rénau* avoit fait fonds, avoient été folides, il n'eft pas douteux que la Marine n'eût retiré de grands avantages de cette théorie. M. *Hughens* y trouva à redire, & forma des objections très-férieufes qui furent repouffées avec force par le Chevalier *Rénau*. M. *Bernoulli* prit part à cette difpute, & l'erreur de ce Chevalier fut démontrée. (*Voïez* DERIVE).

Les Marins favans virent avec douleur tomber par ce moïen une théorie, qu'ils fe préparoient à réduire en pratique. M. *Bernoulli* en fut touché. Il effaïa d'en établir une nouvelle déduite de principes évidens & immuables. Chemin faifant, ce grand Homme reconnut dans le fentiment de M. *Hughens* quelques méprifes, dont il fut fe garantir. Enfin, après un mûr examen, il publia en 1714 un Livre intitulé : *Effai d'une nouvelle théorie d² la Manœuvre des Vaiffeaux.* En peu de mots M. *Bernoulli* y donna la clef véritable de cet Art. Auffi cet Ouvrage fut reçu à bras ouvert par les Savans. Les Marins n'en eurent pas tant de joie. Le Livre étoit trop profond, & les calculs analytiques, dont il étoit chargé, le rendoit d'un accès trop difficile aux Pilotes. Outre cela on le trouvoit trop précis, & M. *Bernoulli* avoit reconnu lui-même que ces principes demandoient une plus grande étendue dans leur application ; mais il avouoit qu'il n'avoit pas le courage de les dépouiller. M. *Pitot*, membre illuftre de l'Académie Roïale des Sciences, qui joint à des connoiffances relevées un grand zéle pour la perfection des Arts, eut la générofité de *travailler* les principes de M. *Bernoulli*, & de calculer des tables qui pouvoient en faciliter la pratique. Quoique fon Livre contînt des chofes neuves à bien des égards, ce Savant n'y donna cependant que ce titre modefte : *La Théorie de la Manœuvre des Vaiffeaux réduite en pratique.*

Tel étoit en 1743 la théorie de la *Manœuvre* des Vaiffeaux lorfqu'animé du defir de me rendre utile à ma Patrie, je fis un étude férieufe des principes de cet Art. Frappé de la beauté des ouvrages aufquels ils avoient donné lieu, j'admirai avec une forte d'inquiétude. Le livre même de M. *Pitot*, tout élémentaire qu'il étoit, partoit d'une main trop savante pour qu'il ne se ressentît pas de l'érudition de son Auteur. J'y remarquois souvent des calculs fort beaux pour démonstrations des vérités les plus satisfaisantes. Mais c'étoient des calculs algébriques peu familiers aux Pilotes. Je crus donc que si l'on pouvoit leur présenter le résultat du travail de M. *Pitot*, éclairé par la Géometrie la plus simple, on leur rendroit un grand service. Confirmé tous les jours de plus en plus dans cette pensée, je publiai en 1744 un préambule historique sur mon Projet intitulé : *Discours sur la Manœuvre des Vaisseaux* in-4°, imprimé chez *Dhouri*, dans lequel après avoir exposé l'histoire & les avantages de la *Manœuvre*, j'osai avancer que je croïois qu'on pouvoit la *développer dans son étendue, sans supposer des connoissances qui fussent au-dessus de la portée des Pilotes.* Le Public parut faire quelque attention à ce Projet. Ce petit succès m'encouragea. J'examinai avec plus de soin les principes de la théorie de la *Manœuvre* dans les Ecrits de MM. *Rénau, Hughens, Bernoulli, Parent, Guinée*, (ces deux derniers Auteurs n'ont donné que des pieces détachées), & *Pitot*, & je remarquai deux suppositions qui m'inquieterent. C'est 1°, celle de la vitesse du vent infinie eu égard à celle du Vaisseau ; 2°, celle que la carene d'un Vaisseau est un segment de cercle. Je sentois bien que ces suppositions, & sur-tout la derniere étoient nécessaires pour démontrer géometriquement la théorie de la *Manœuvre* : mais je pensai que cette rigueur géometrique devoit être sacrifiée à l'avantage d'une pratique moins sure à la vérité, mais plus utile. Conciliant enfin le tout avec la justesse, je publiai en 1745 une *Nouvelle théorie à la portée des Pilotes.* J'attribue au titre seul les critiques dont MM. *Bouguer* & de *Gensane* l'ont honoré. (*Voiez* le *Traité du Navire* not. 1. le *Mercure de France* du mois de Juillet 1746; celui de Novembre de la même année ; celui de Janvier de l'année 1747, & la *Réponse aux réflexions critiques* de M. *Boüguer sur la Manœuvre des Vaisseaux*, imprimée à la fin de la *Mature discutée & soumise à de nouvelles loix.*) Et comme il s'agit ici d'une discussion qui me regarde, je sacrifierai la satisfaction que j'aurois de développer toute cette querelle, au respect que je dois à mon Lecteur, qui m'oblige de ne l'entretenir que passagerement de ce qui m'est personnel.

Je terminerai donc ici la partie historique de la *Manœuvre*. A l'égard de la théorie elle se réduit à deux points. Le premier est de faire siller le vaisseau le plus avantageusement qu'il est possible ; & le second de le faire *virer* suivant les occasions le plus prestement. Celui ci dépend de la situation la plus avantageuse du gouvernail, & celui-là de la situation la plus avantageuse de la voile. Jusqu'ici les Mathématiciens ont examiné ces deux situations absolument par rapport à elles-mêmes. Et c'est sur elles que roule toute la théorie de la *Manœuvre* qu'ils ont publiée. La situation relative du gouvernail & de la voile a toujours été négligée, quoiqu'elle forme le fond principal de qu'on appelle proprement *Manœuvre*. J'en ai déja averti les Géometres, (*Voiez La Mâture discutée & soumise à de nouvelles loix*), j'ai même essaïé d'établir des principes dont elle dépend, & je les ai rendu publics sous le titre de *Manege du Navire ou de l'art de faire mouvoir le Vaisseau en tous sens.* Quelle que soit cette *Manœuvre*, n'anticipons pas sur un ouvrage qui est encore à naître. Bornons-nous à faire connoître la théorie de la *Manœuvre* telle qu'on la connoît. A cette fin, je renvoïe à l'article de GOUVERNAIL, quant au premier point, ou à la première partie dont j'ai parlé. Il ne me reste plus qu'à exposer la seconde, je veux dire, la maniere de déterminer la situation la plus avantageuse de la voile.

2. La voile sert dans un Vaisseau à recevoir l'impulsion du vent pour la transmettre au mât auquel elle est attachée & de là au Vaisseau même. Ainsi pour qu'elle soit située le plus avantageusement qu'il est possible, il faut qu'elle soit choquée sous le plus grand angle, & qu'elle agisse sur le Vaisseau par le côté qui oppose le moins de résistance. Car plus l'angle est grand, plus considerable est l'impulsion du vent, cette impulsion étant en raison doublée des sinus des angles d'incidence. D'un autre côté moindre est la résistance qu'oppose le côté que présente le Navire, plus grand est l'effet de la voile sur le Vaisseau. Il faut donc que la situation de la voile soit telle que l'impulsion du vent soit aussi forte qu'elle peut l'être, & au contraire, que l'impulsion de l'eau sur le côté du Vaisseau par lequel il sille, c'est-à-dire, que l'angle de la dérive, soit le moindre. Or il arrive que plus l'action du vent est grande, plus la ligne par la-

quelle le vent agit sur le Vaisseau, ligne appellée par M. *Bernoulli*, *Ligne de la force mouvante*, plus cette ligne, dis je, approche d'une plus grande résistance. Ceci se concevra plus aisément par le secours d'une figure.

La ligne du vent est A B (Planche XL. Figure 61.) Comme la voile C D divise toujours l'angle de la ligne & de la route en deux parties, plus l'angle A B D sera grand, plus l'angle D B S sera petit. Mais plus l'angle D B S diminue, plus l'angle E B S augmente, ces angles étant toujours complemens l'un de l'autre. Donc la ligne B E de la force mouvante trouve alors une plus grande résistance. Il y a là deux inconvéniens. Si l'angle du vent & de la voile est grand, l'action du vent est grande; mais la résistance que le Vaisseau trouve à fendre l'eau l'est aussi. Si l'on diminue l'angle de la ligne de la force mouvante pour gagner sur une moindre résistance, on diminue l'angle du vent sur les voiles. Ce qu'on perd d'un côté, on le gagne de l'autre. A cet embarras se joint une grande difficulté: c'est qu'on ignore si la résistance que le Vaisseau trouve à fendre l'eau par son côté, diminue en même raison que l'angle de la ligne de la force mouvante & de la quille. Or cette résistance est ce qui forme précisément le nœud de la difficulté. On trouvera à l'article de DERIVE le sentiment & les erreurs de différens Savans, pour connoître le rapport de cette résistance. Je me con tenterai de faire sentir comment on résoud le problême de la situation la plus avantageuse de la voile.

Je l'ai dit: La situation de la voile doit être telle que l'effort du vent sur le Vaisseau soit le plus grand qu'il soit possible. Arrêtons-nous là. Il s'agit de faire faire à la voile un angle avec la ligne du vent, qui donne le plus grand effort que puisse faire la ligne de la force mouvante sur le Vaisseau. A cette fin on décompose cette ligne suivant deux directions, l'une latérale & l'autre perpendiculaire. Et comme le Vaisseau ne sauroit se mouvoir selon la perpendiculaire, la force laterale agit donc toute seule. Or cette force latérale est d'autant plus grande par rapport à la perpendiculaire, que l'angle du vent sur les voiles est aigu. D'autre part, la force absolue du vent diminue de même que l'angle du vent sur les voiles. Il y a donc un milieu à prendre qui compense tout. Ce milieu se trouve en prenant le *maximum* de la force latérale: ce qui se trouve aisément par la méthode du calcul differentiel. *Voiez* là-dessus la *Théorie de la Manœuvre réduite*

en pratique, par M. *Pitot*, *Sect. III. page* 12, & les *Mémoires de l'Académie de* 1727.

Les autres avantages qu'on retire de la *théorie de la Manœuvre*, consistent à déterminer la vitesse du Vaisseau; 1° par rapport aux differens airs de vent; 2°, par rapport aux differentes dérives; 3°, selon les differentes surfaces des voiles; & 4°, suivant leur differentes voilures, &c. J'ai résolu tous ces problêmes dans ma *Nouvelle théorie de la Manœuvre à la porté de Pilotes*, d'une façon élémentaire & nouvelle à bien des égards. J'avoue aussi qu'il s'est glissé dans le Chapitre VIII. quelques erreurs de calcul, où l'on a mis 300 au lieu de 30 pour la racine de 900.

3. Par tout cela on voit bien que la *Manœuvre* est une partie essentielle de la Navigation. En effet, c'est par elle qu'un Amiral, un Chef d'Escadre, un Capitaine, apprennent à s'opposer à l'ennemi, à le couper, à lui donner la chasse, à le forcer au combat, à l'éviter même lorsque la trop grande inégalité de force ne lui permet pas de le risquer. C'est par la science de la *Manœuvre* qu'on sait disposer & ranger avec avantage une flote en bataille, prendre le dessus du vent, faire avec adresse & célérité une évolution nécessaire, donner les bordées à propos & les rendre plus meurtrieres; en un mot, c'est elle qui décide ordinairement du sort d'un combat naval, qui donne la victoire ou cause la défaite. La bataille du Texel, une des plus célebres & des plus sanglantes qui ait jamais été, peut servir de preuve à ce que j'avance. Je crois devoir rapporter ici la description de cette bataille, & je demande la permission de la donner telle que l'ai déja publiée dans un Ouvrage où j'ai développé plus en grand les avantages de la *Manœuvre*.

» Deux armées étoient déja en présence,
» l'une Hollandoise commandée par l'A-
» miral *Tromp*, composée de cent cinquante
» voiles; l'autre Angloise occupoit une li-
» gne de plus de quatre lieues de long.
» Les deux armées se disposent au combat.
» Les Anglois qui avoient le dessus du vent,
» essaient de le gagner: mais l'habileté de
» l'Amiral *Tromp* dans la *Manœuvre* l'em-
» porte sur celle des Anglois. Il conserve
» l'avantage que lui donne le dessus du
» vent; & après s'être rangé sur une ligne
» parallele à celle des Anglois il commence
» le combat.

» A peine le premier coup de canon se
» fait entendre que mille coups redoublés
» se confondent & n'en forment plus qu'un
» seul. Le premier choc est si violent, qu'on
voit bien-tôt un nombre de Vaisseaux

» démâtés, plusieurs coulés à fond, d'au-
» tres réduits en cendre. Un feu épouvan-
» table couvre le ciel d'une fumée épaisse.
» Le soleil perd sa clarté. L'air se confond
» avec l'eau. Les deux armées disparoissent
» ensevelies dans les ondes, dans la flam-
» me, dans la fumée. On ne juge plus de
» la fureur du combat que par les terribles
» coups de canon, dont les airs retentissent,
» que par des montagnes de feu qui sortent
» d'un noir tourbillon, & par un fracas
» horrible, qui marque assez que des Vais-
» seaux entiers sautent en l'air.
»   L'Amiral *Tromp* au milieu de la flam-
» me ne s'effraie point. Fier de ses avanta-
» ges, il n'est pas moins attentif à se con-
» server celui du vent qu'à s'en procurer
» d'autres. S'appercevant que trois Vais-
» seaux Anglois s'étoient accostés, par un
» de ces mouvemens prompts d'une adroite
» *Manœuvre*, il envoie sur eux un brûlot
» si à propos, qu'ils sautent tous les trois
» en même tems, avec un bruit capable
» de jetter l'épouvante dans les cœurs les
» plus intrepides. Enfin, la *Manœuvre* étoit
» conduite avec tant d'art de la part des
» Hollandois, qu'aucun coup de canon
» n'étoit tiré qu'avec succès. Les Anglois
» succombant à la violence des coups, re-
» nonçoient déja à la victoire, lorsque
» l'Amiral *Tromp* est tué d'un coup de mous-
» quet.
»   Grand Dieu, quel affreux revers ! Quel
» étrange changement ! Cette perte jette la
» consternation parmi les Hollandois. L'é-
» pouvante les saisit & se fortifie par l'i-
» gnorance de celui qui succede au com-
» mandement. Ils perdent leurs avantages ;
» les Anglois gagnent le vent & obligent
» leurs ennemis à faire retraite.
»   Le combat cesse. La fumée se dissipe.
» Et ces deux formidables armées n'offrent
» plus que des Vaisseaux démâtés, des voi-
» les déralinguées & défoncées, des proues
» & des poupes fracassées, des carcasses
» de Navires, qui brûlent ou qui fument
» encore. C'est au travers de ces marques
» d'horreur, que les Hollandois s'ouvrent
» une route, pour échapper aux Anglois
» leurs ennemis qui les poursuivoient &
» qui les aïant joints au Tessel, remportent
» sur eux cette victoire mémorable, qui
» couta si cher aux Vainqueurs & aux Vain-
» cus «. (*Discours sur la Manœuvre des
Vaisseaux*, page 10 & suiv.).

Le P. *Pardies*, le Chevalier *Renaud*, le
P. *Hoste*, MM. *Hughens*, *Guinée*, *Parent*,
& *Bernoulli*, ont écrit sur la *Manœuvre* des
Vaisseaux. Le Chevalier de *Tourville* a com-

posé un Ouvrage intitulé : *Exercice de la
Manœuvre*, où la *Manœuvre-pratique* de la
mer est réduite en exercice, ou en com-
mandemens, comme la *Manœuvre-pratique de
terre*, je veux dire les évolutions des Troupes.

MANOMETRE. Instrument de Physique qui
mesure la variation de la grossiereté de l'air.
On le compose ordinairement avec un tube
à l'extrémité duquel est soufflée une bouteille.
Ce tube est rempli d'eau jusques environ à
la moitié. En cet état il est plongé dans
un vase qui contient aussi de l'eau. L'aïant
divisé en des parties égales, on connoît
ainsi la densité de l'air. Lorsque l'air extérieur est rarefié, l'air enfermé dans le tube,
presse l'eau & l'oblige de descendre. Est-il
condensé ? celui-là presse l'eau & fait monter celle qui est dans le tube. Ainsi l'eau
monte quand il fait froid, & descend
quand il fait chaud. Pourquoi ? C'est que
quand il fait chaud l'air se rarefie ; déploie
son ressort & cherche à en occuper un plus
grand. Il presse par conséquent l'eau & l'o-
blige à descendre. Au contraire, l'air intérieur étant condensé par le froid, il se
resserre & laisse un vuide. Alors l'air extérieur agit & l'eau va remplir ce vuide : ainsi
elle monte. Dans tout cela, je ne vois en
cette machine que le principe d'un Thermometre ; & le nom de *Manometre* est fort
superflu. Plusieurs Mathématiciens ont confondu le *Manometre* avec le manoscope.
M. *Wolf* seul les a distingués, & a décrit
sous le nom de *Manometre* l'instrument précédent. Voulant dépouiller les choses autant qu'il est possible, j'ai cru devoir imiter
M. *Wolf*, sauf au Lecteur à recourir au
manoscope, si par-là il entend le *Manometre*.

MANOSCOPE. Instrument de Physique qui
indique la variation de la densité de l'air. Il
consiste en une balance, à l'un des bras de
laquelle est suspendu un globe de cuivre
vuide d'air, & à l'autre un poids qui fait
équilibre avec celui du globe. Au milieu de
cette balance est un arc de cercle sur lequel
se meut un index, le tout ajusté de la
même maniere que l'hygrometre à éponge.
(*Voiez* HYGROMETRE.) Le *Manoscope*
étant ainsi construit, quand l'air intérieur
est rarefié il supporte moins le globe. Celui-ci tire alors le poids. Le contraire arrive
lorsqu'il est condensé. On connoît donc par
cet instrument, en remarquant les dégrés
que parcourt le stile sur l'arc de cercle ;
on connoît, dis-je, par cet instrument, la
condensation & la rarefaction de l'air. Je
ne conseillerois cependant pas de se fier à
cette connoissance, si elle intéressoit dans

quelque obfervation. M. *Wolf* penfe pourtant que la moindre variation eft fenfible, & que *Otto-Guerick* l'a éprouvé pendant 5 jours: à la bonne heure. Refte à favoir fi cet inftrument indique la variation de la denfité de l'air. Cette demande étonna celui qui l'a inventée & ceux qui l'ont voulu perfectionner. Ecoutons parler l'un & les autres.

2. On doit le *Manofcope* à M. *Otto-Guerick*. Il en fit part par une Lettre à *Gafpar Schot*, & celui-ci le publia dans fon *Technica curiofa*, Liv. I. Ch. 21. *Otto-Guerick* le communiqua auffi au Public dans fes *Experimenta nova Magdeburgica, de vacuo fpatio*, Liv. III. Ch. 31. Enfin M. *Boile* en a fait mention dans fon *Hiftoria frigoris, Tit.* 17. Le Public bien inftruit de la conftruction du *Manofcope* fut étonné de n'en pas favoir l'ufage. Aucun de ces Auteurs ne connoiffoit la nature de cet inftrument. Ils croïoient que le *Manofcope* n'étoit qu'un barometre. Dans cette penfée M. *Boile* appelloit le fien *Barometre ftatique*. On penfoit alors & on l'a cru pendant long-tems, que l'air étoit plus ou moins denfe ou dilaté à proportion de la péfanteur de l'air fuperieur qui preffe l'air inferieur. De la péfanteur on concluoit donc la denfité. Cette conféquence n'étoit rien moins que légitime. Les Académiciens de Paris, prouverent par l'expérience, que la denfité de l'air ne répondoit pas exactement, ni toujours à la péfanteur de l'air fuperieur. Cette découverte donna lieu à un autre *Manofcope*. M. *Varignon* en publia un nouveau dans les *Mémoires de l'Académie* de 1705, (*Voiez* auffi les *Acta eruditorum; an.* 1707), mais fufceptible de trop de difficultés, pour tenir une place parmi les inftrumens meteorologiques. C'eft la raifon qui m'oblige de terminer ici l'article de *Manofcope*.

M A R

MARCAB. Etoile de la feconde grandeur dans l'aîle de Pegafe. *Hevelius* a déterminé pour l'année 1700 la longitude & la latitude de cette étoile dans fon *Prodromus Aftronomia*, page 265.

MARE'E. Les Marins appellent ainfi le tems que la mer met à monter & à retourner, c'eft-à-dire, le flux & le reflux de la mer.

Ils appellent *haute Marée* ou *haute eau* le plus grand accroiffement de la *Marée*, & donnent le nom de *baffe eau* à fa plus grande diminution. Quand la mer a monté à fa plus grande hauteur, ils difent qu'il eft *flot* : elle eft dite *jufan* quand elle fe retire. J'ai dit à l'article de FLUX & REFLUX, que les *Marées* n'arrivent pas chaque jour à la même heure dans tous les Havres; qu'elles fuivent le mouvement de la lune; qu'elles retardent par jour généralement dans chaque Havre d'environ 48 minutes; qu'elles font toujours plus grandes au tems des nouvelles & pleines lunes, qu'au tems des quadratures. (Dans les premiers cas les *Marées* font appellés *vives eaux* & *mortes eaux* dans le fecond), & enfin que les plus grandes *Marées* arrivent toujours au tems des nouvelles & pleines lunes les plus proches des équinoxes. Sur tout cela j'ai expofé les raifons & la théorie des *Marées* à l'article que je viens de citer. Il s'agit ici de la pratique en quelque façon des *Marées*, je veux dire de connoître leur retardement & leur établiffement dans tous les Ports.

Pour trouver le retardement des *Marées* faites cette regle. 1°. Multipliez les jours de la lune par 4. 2°. Divifez le produit par 5. Le quotient donnera les heures du retardement. Multipliant le refte de la divifion par 12, on a les minutes. Suppofons que la lune eût 6 jours, ce nombre étant multiplié par 4 le quotient eft 24, qui étant divifé par 4 donne 5 au quotient Refte 4 qui valent 48 minutes. Ainfi le retardement des *Marées* eft de 4 heures 48 minutes. On trouve par le calcul, que 15 jours de lune donnent 12 heures de retardement, & qu'au tems de la pleine lune midi du foleil répond à minuit de la lune. De là il fuit, que quand l'âge de la lune furpaffe 15, on en retranche le nombre qui eft le réfultat de l'opération. Au refte le retardement des *Marées* eft le même que celui de la lune, & on peut appeller retardement de la lune ce que j'ai nommé ici retardement des *Marées*. La théorie de ce retardement, développée à l'article de FLUX & REFLUX de la mer, eft par conféquent le fondement de la regle ci-deffus établie. Afin d'éviter la peine du calcul, je crois devoir rapporter une Table de ce retardement qui en facilitera en même tems l'intelligence.

TABLE DU RETARDEMENT DES MARE'ES.

Jours depuis la nouvelle Lune jusques à la pleine Lune.	Jours.	Heures.	Min.	Jours depuis la nouvelle Lune jusques à la pleine Lune.	Jours.	Heures.	Min.
	1	0	48		16	0	48
	2	1	36		17	1	36
	3	2	24		18	2	24
	4	3	12		19	3	12
	5	4	0		20	4	0
	6	4	48		21	4	48
	7	5	36		22	5	36
	8	6	24		23	6	24
	9	7	12		24	7	12
	10	8	0		25	8	0
	11	8	48		26	8	48
	12	9	36		27	9	36
	13	10	24		28	10	24
	14	11	12		29	11	12
	15	12	0		30	12	0

Le second problème que j'ai à résoudre est de trouver l'établissement d'un Havre; j'entends par-là de trouver l'heure de la lune, à laquelle la pleine mer arrive dans un Port le jour de la nouvelle & pleine lune. Ceci demande l'observation de l'heure d'une pleine mer dans un lieu. Quand on fait cette observation dans le tems de la nouvelle ou pleine lune, l'heure marquée répond à l'heure de la lune. En tout autre tems, il faut savoir 1°, l'âge de la lune pour avoir l'heure de son retardement, comme on vient de voir; 2°. la souftraire de l'heure de la pleine mer; & 3° observer d'ajouter 12 à l'heure de la pleine mer, si elle est moindre que l'heure du retardement de la lune. Le reste marque l'heure de la pleine mer le jour de la nouvelle ou pleine lune. Exemple. On a observé dans un Port la pleine mer à 8 heures le 16 Mars 1701. On demande à quelle heure elle arrivera à ce Port aux jours de la nouvelle & pleine lune. Le 16 Mars l'âge de la lune est de 7 jours, qui donnent 5 heures 36 minutes de retardement. Ce tems étant souftrait de 8 heures, reste 2 heures 24 minutes, heure que la pleine mer arrive en ce Port aux jours de la nouvelle & pleine lune.

Pour ne rien laisser en arriere, toutes ces connoissances acquises, on trouve ainsi l'heure à laquelle arrive la pleine mer dans un Port, sachant celle où elle arrive les jours de la nouvelle & pleine lune. 1°. Cherchez l'âge de la lune (*Voïez* AGE DE LA LUNE) pour le jour proposé, 2°. Réduisez-le en heures, s'il est au-dessous de 15, & ne réduisez que l'excès, si cet âge est au-dessus de ce nombre. On aura par ce moïen l'heure du retardement des *Marées*. 3°. Ajoutez cette heure à celle du Port. Le produit donnera l'heure de la pleine mer au jour proposé, en observant néanmoins d'ôter 12 heures, lorsque ce produit passera 12 heures. Il est une seconde remarque à faire; c'est que depuis la nouvelle lune jusques à la pleine lune suivante, l'heure du retardement de *Marée* étant ajoutée à l'heure du Port, donne l'heure de la pleine mer le jour proposé après midi; s'il est moins de 12 heures. L'heure est celle du matin lorsqu'il est plus. Alors le reste marque l'heure de la pleine mer pour le jour suivant après minuit. Et en ôtant 12 heures 24 minutes on a l'heure de la pleine mer au jour proposé.

Exemple. Savoir à quelle heure il étoit pleine mer le 12 Septembre à Saint-Malo, où elle arrive à 6 heures les jours de la nouvelle lune. Le 12 Septembre l'âge de la lune est de 11 jours, qui donne 8 heures 48 minutes de retardement. Aïant ajouté ce tems à l'heure du Port, le produit est 14 heures 48 minutes. Il faut ôter 12 heures & vient 2 heures 48 minutes, tems où la pleine mer arrive à Saint-Malo le 13 Septembre, le matin ou après minuit. Pour avoir ce tems le 12, j'ai dit qu'il falloit ôter 12 heures 24 minutes : ce qui donne 2 heures 24 minutes pour l'heure de la pleine mer le jour proposé 12 Septembre le soir. On trouve dans le

Traité

Traité de la Navigation, page 216 & suiv. de M. *Berthelot*, plusieurs autres exemples si celui-ci ne suffit pas, afin de rendre l'usage de l'établissement des *Marées* assez familier. Comme je ne perds point de vûe dans ce Dictionnaire les observations precieuses & toujours utiles, je terminerai cet article par un catalogue des Ports & Côtes où est marquée l'heure que la pleine mer y arrive, le jour de la nouvelle & pleine lune.

CATALOGUE

Des Côtes & Ports où l'heure de la pleine Mer arrive, le jour de la nouvelle & de la pleine Lune.

FRANCE.

	Heur.	Min.
A Saint-Jean de Luz, à Bayonne, à	3	30
A la Côte de Gascogne & de Guienne, à l'embouchure de la riviere de Bourdeaux,	3	0

Côtes de Xaintonge & d'Aunis.

	Heur.	Min.
A Royan, à Brouage, à la Rochelle, à l'embouchure de la Charante & de la Seure,	3	45
A l'Isle de Ré, & dans les passages du Pertuis Breton & du Pertuis d'Antioche,	3	

Côtes de Poitou.

	Heur.	Min.
Dans toute la Côte de Poitou,	3	
A Ollone,	3	15
A l'Isle-Dieu,	3	0

Côtes de Bretagne.

	Heur.	Min.
A l'embouchure de la Loire, à la bonne Ance,	3	15
A Pembœuf,	5	15
A Morbian, Port-Louis, Cancarnau, & le long de toute la Côte du Sud de Bretagne,	3	0
A Venne, à Aurray,	3	45
A la Roche-Bernard,	4	30
A Belle Isle,	1	30
A Penmark, Audierne, & dans le Ras de Fontenay,	2	15
A la Rade de Brest,	3	15
A la Rade de Bertaume,	3	0
Entre Ouessant & Terre-ferme, & dans le passage de l'Iroise,	3	45
Au Couquet,	2	15
A Abbreverak,	3	30
A l'Isle de Bas,	5	15
A Saint-Pol de Léon, & à l'em-		

Tome II.

	Heur.	Min.
bouchure de la riviere de Morlaix,	4	0
A Port Blanc,	4	15
Aux sept Isles & à l'Isle de Brelent,	5	0
A Saint-Malo & à Cancale,	6	0

Côtes de Normandie.

	Heur.	Min.
A Grandville,	6	45
A l'Ance de Vauville,	6	30
A l'Ance de Saint-Martin,	6	45
A Cherbourg,	7	30
A la Hougue,	8	15
A Honfleur, à l'embouchure de la Seine. Au Havre-de-Grace, & dans toute la Côte, depuis la Hougue jusques au Cap de Caux,	9	0
A Fescamp, à Saint-Valeri en Caux,	9	45
A Dieppe & à Tréport,	10	30

Côtes de Picardie.

	Heur.	Min.
Dans toute la Côte, depuis Tréport jusques à Ambleteuse,	11	0
A Calais,	11	30
Dans le Pas de Calais,	3	45
A Dunkerque, à Nieuport, à Ostende,	12	0

En Flandres.

	Heur.	Min.
Dans le Canal entre l'Angleterre & la Flandre,	5	0

EN HOLLANDE.

	Heur.	Min.
A l'Ecluse, & à Flessingue,	2	30
Dans les Isles de Zelande,	1	0
A l'embouchure de la Meuse, à la Brille & à Bergue,	1	30
En dedans du Texel, dans la Rade des Vaisseaux Marchands,	7	30
Hors le Texel, à la Côte,	6	0
A Amsterdam, à Roterdam, à Dordrecht,	3	0

EN ANGLETERRE.

	Heur.	Min.
Aux Isles Sorlingues, & à la pointe Occidentale d'Angleterre,	4	30
A l'entrée de la Manche d'Angleterre,	3	0
A Monsbay ou à Saint-Michel,	5	0
A Hilfort, & à la Côte près le Cap Lezard,	7	0
A Falmouth,	5	30
A la Côte de Falmouth,	6	13
A Fauvre, à Plimouth, à Darmouth, ou Dartenuie,	5	45

	Heur.	Min.
A la Côte, près le Cap de Gou-stard,	7	0
A Torbaye & à Exmouth,	5	15
A Portland & à Vaymouth,	8	30
Le long de la Côte depuis Portland jusques à l'Isle de Wicht,	9	0
Aux Aiguilles de l'Isle de Wicht,	9	15
Dans la Rade de Sainte-Helene, au Nord de l'Isle de Wicht,	10	30
A Portsmouth, à Hamton,	11	0
Dans toute la Côte depuis l'Isle de Wicht jusques à Douvres,	11	30
A Douvres,	12	0
Dans la Rade des Dunes,	11	0
A l'embouchure de la Tamise,	12	0
Depuis la Tamise jusques à Yarmouth, le long de la Côte,	10	0

Dans la Manche de Bristol.

	Heur.	Min.
A Saint-Yves, à Padstou, & tout le long de la Côte depuis le Cap Cornouaille, jusques à la pointe de Harteland,	4	30
A l'Isle Londey,	6	0
A Betfort,	4	30
A Hiltercombe,	5	30
Dans la Rade de Bristol, & dans celle de Cardief,	6	15
A l'Isle de Cardief & dans le Havre de Camartin,	6	0
A Milfort, & dans la Baye qui est entre l'Isle Scaline & la pointe de S. David,	5	45

En Irlande.

	Heur.	Min.
Dans toute la Côte d'Ouest,	4	0
Aux Isles Blaques,	3	0
A Dingle,	3	30
Dans la Baye de Bantry,	4	30
A Baltimore, à Castelhaven, à Rosse, à Kinsale,	5	15
A Kork,	5	15
A Wateford, & le long de la Côte, jusques au Cap Carnarot,	6	30
A Viclo,	7	30
A Dublin,	9	0
A la Côte du Nord d'Irlande,	6	30

EN ESPAGNE.

	Heur.	Min.
A Cadix, & par toute la Côte jusques au Cap Sainte-Marie,	1	30

EN PORTUGAL.

	Heur.	Min.
Dans la Rade de Pharas,	2	30
A Lagos,	3	0
A Saituval,	4	15
Dans la Rivière de Lisbonne,	3	30

	Heur.	Min.
Dans tout le reste de la Côte de Portugal, depuis la Riviere de Lisbonne, jusques à la Riviere de Camina,	3	0

Galice & Biscaye.

	Heur.	Min.
Par toute la Côte de Galice, depuis Camina jusques à Ribadeos,	3	45
Depuis Ribadeos jusques à Fontarabie,	3	0

MARS. L'une des planetes dont la révolution se fait autour du soleil, dans un orbite située entre l'orbite de la terre & celui de Jupiter. C'est la premiere des trois planetes superieures, c'est-à-dire, celle qui dans le systême de *Ptolomée* & de *Tycho-Brahé*, est placée immédiatement au-delà du soleil; & dans le systême de *Copernic*, entre l'orbe de la terre & celui de Jupiter, plus éloignée du soleil que la terre, mais plus proche du soleil que Jupiter & Saturne. La lumiere de *Mars*, & son diametre apparent observé de la terre, lorsqu'il en est le plus proche, est de 30 secondes. Il est de 11 quand sa distance est égale à la moïenne de la terre du soleil. A l'égard de son globe, on le croit semblable à celui de la terre, & on pense que la grandeur de *Mars* est à celle de la terre comme 216 à 243.

Cette planete, comme toutes les autres, emprunte sa lumiere du soleil. Elle a ainsi que la lune une augmentation & une diminution de lumiere. On la voit presque coupée en deux parties égales, quand elle est dans ses quadratures avec le soleil ou dans son perigée, mais elle ne montre jamais de cornes, de même que les autres planetes inférieures. Tels sont les caracteres de cette planete. Voici tout le résultat de sa théorie.

2. La moïenne distance de *Mars* au soleil est de 1524; son excentricité de 141; l'inclinaison de son orbite de 1°, $52'$; sa révolution autour de son axe de 24 heures 40 minutes, & son mouvement propre autour du soleil de 686 jours 23 minutes. Ce dernier mouvement n'est pas uniforme. *Mars* parcourt des arcs égaux du zodiaque en des tems inégaux. Dans un endroit de son orbite son mouvement est le plus rapide & dans un autre il est le plus lent.

Tous ces mouvemens ont causé autrefois beaucoup d'embarras aux Astronomes; & il en a couté la vie à *G. J. Rheticus*. Celui-ci ne pouvant l'assujettir à ses regles, en devint si furieux, qu'il se donna un coup violent à la tête contre la muraille, dont il mourut. (*Voïez* la Preface du *Commentarius de motu stellæ Martis* de *Kepler*.) Cette histoire a fourni aux imaginations des Poetes le canevas d'une fable. Cette fable eſt que *Rheticus* implora le ſecours du Diable pour apprendre le mouvement de cette planète, & que ce mauvais eſprit le lui montra aux dépens de ſa tête, qu'il caſſa contre la muraille, en lui diſant : *Tel eſt le mouvement de Mars.* C'eſt à *Kepler* qu'on doit la découverte des loix du mouvement de cette planete.

3. M. *Hughens* obſerva à *Mars* en 1656, une zone obſcure & large, qui paroiſſoit au travers du milieu de la planete, & dont la largeur occupoit preſque un tiers de ſon diametre.

En 1665 le 10 Mars, M. *Hook* obſerva *Mars* avec un tube de 36 pieds, & ſon corps lui parut preſque auſſi large que celui d'une pleine lune. Il y remarqua pluſieurs taches, une tache triangulaire. Par le mouvement de cette tache, cet Aſtronome jugea que *Mars* tournoit autour de ſon centre.

En 1666 le 6 Février au matin, M. *Caſſini* obſerva avec un teleſcope de 16 pieds deux taches obſcures ſur la premiere face de *Mars*, qui eurent un mouvement depuis onze heures du ſoir juſques à la pointe du jour. Le 24 Février après midi, M. *Caſſini* vit deux autres taches ſur la ſeconde face de cette planete, ſemblables à celle de la premiere ; mais beaucoup plus groſſes. En continuant ſes obſervations, ce grand Aſtronome trouva que les taches de ces deux faces tournoient peu à peu de l'Orient à l'Occident, & qu'après 24 heures 40′, elles revenoient à la premiere ſituation dans laquelle elles avoient été d'abord obſervées. M. *Caſſini* tira de-là une conſéquence : c'eſt que la révolution de *Mars* autour de ſon axe ſe faiſoit en 24 heures 40′ ou environ.

4. On croit que *Mars* a un atmoſphere ſemblable au nôtre. Cette croïance eſt fondée ſur les phénomenes des étoiles fixes qui paroiſſent obſcurcies, & pour ainſi dire éteintes, quand on les voit préciſément à côté du corps de cette planete. Si cela eſt, un ſpectateur en *Mars* doit avoir bien de la peine à voir Mercure, à moins qu'il ne le voie dans le ſoleil comme une tache, lorſque cette planete paſſe ſur le diſque de cet aſtre, ainſi que nous l'appercevons quelquefois de deſſus la terre.

MARS, Terme de Chronologie. Nom du troiſiéme mois de l'année. Il a 31 jours. C'eſt dans ce mois que l'hyver finit & que le printems commence, le ſoleil entrant dans le ſigne du Bélier : ce qui arrive le 21 dans les années communes, & le 20 dans les biſſextiles. On prétend que ce mois a tiré

ſon nom de *Mars*, Pere de *Romulus* qui a jetté les fondemens de la Ville de Rome, & qui a donné à ce mois le nom de ſon pere, parce que les anciens Romains commençoient l'année par lui.

MAS

MASCAAN. Nom du mois par lequel l'année des Ethiopiens commence. C'eſt le 29 Août ſelon le Calendrier Julien.

MASSE. On appelle ainſi, dans la Mécanique, cette matiere propre qui ſe meut & qui peſe enſemble avec le corps. M. *Newton* a prouvé le premier, par des expériences faites avec des pendules, qu'il ne ſe meut avec un corps que la *Maſſe* qui peſe enſemble avec lui. (*Philoſoph. natur. Princip. Mathem. Liv. II. Prop.* 24. *Corol.* 27).

MAT

MATHÉMATIQUE. Originairement ce mot ſignifioit ſcience, connoiſſance, (*Matheſis*): mais on entend aujourd'hui par *Mathématique* la ſcience des quantités & des proportions de tout ce qui eſt capable d'être compté ou meſuré. Or toutes les choſes finies ſont menſurables avec tout ce qui eſt fini en elles, c'eſt-à-dire, avec tout ce qu'elles ſont : il n'y a donc rien au monde qui ne ſoit l'objet de la *Mathématique*. Et comme il n'y a point de connoiſſance plus parfaite que celle qui meſure les propriétés des choſes, il eſt évident que la *Mathématique* nous dévoile tout l'Univers, & nous met en état d'emploïer les forces de la nature à notre uſage au dégré que nous voulons. Nous voilà donc en poſſeſſion par la *Mathématique* d'une eſpece de domination ſur la nature. Cette définition de la *Mathématique* fait aſſez ſentir qu'elle ne conſiſte proprement que dans l'Arithmétique, dans la Géometrie, dans la Trigonometrie & dans l'Algébre : ce qu'on appelle *Mathématique pure* ou *ſimple* ; puiſqu'on n'y conſidere les quantités que comme telles, une ligne droite comme une ligne droite ; le nombre 7 comme 7, &c. Cela étant, les autres parties des *Mathématiques* ſont des parties priſes des autres ſciences & perfectionnées par la *Mathématique*. C'eſt ainſi qu'on a tiré de la Phyſique, la Mécanique ; de la Statique, la Dynamique ; de l'Hydraulique, l'Hydroſtatique ; de l'Optique, la Catoptrique ; de la Dioptrique, la Perſpective ; de l'Acouſtique, la Muſique ; de l'Aréometrie, la Pyrotechnie ; de la Géographie, l'Hydrographie ; de la Métaphyſique, ou plutôt de l'Ontologie, la

Chronologie & la Gnomonique ; de la Politique, l'Architecture civile & militaire. Toutes ces Sciences réunies forment ce qu'on appelle les *Mathématiques*. De quelle étendue est donc cette Science ! Qui est-ce qui pourra jamais en donner une idée en la définissant? Aussi *Wallis*, un des plus grands Mathématiciens du siécle passé, s'écrie : *De rebus autem Mathematicis & nominatim Geometriâ, cum verba sim facturus, hæret aliquandiu suspensus animus, nescius unde vel exordium sumam, vel ubi finem ponam. Amplissimum siquidem campum video ; ubi spatiari, quantum libet, licet ; tôtum percurrere non licet. Si enim Matheseos originem, variosque progressus & incrementa ; si quàm utilis dicerem & necessaria ; non solum ad disciplinas reliquas commode perquirendas, verum etiam ad insignes rerum humanarum usus innumeros & prope modum ; si quanta perspicuitate demonstrationes instituat, quanta sagacitate veritatem investiget, quanta certitudine inventam probet & quanta denique voluptate invenientis animum afficiat, vellem delineare : non solum oratio unica, sed multa potius volumina componenda. (Wallis Opera, Tom. I, page 4).*

2. On divise la *Mathématique* en théorique & pratique. La *Mathématique théorique* est la connoissance des choses qui en sont l'objet sans aucune application. Ainsi la Géometrie théorique, par exemple, enseigne la propriété des triangles & des autres figures. Et la Géometrie pratique fait voir l'utilité de ces connoissances, soit en mesurant avec des triangles semblables les distances & les hauteurs, soit en levant des plans, &c. Quoique la *Mathématique théorique* ne soit pas tellement liée avec la *Mathématique pratique*, qu'on ne puisse savoir absolument cette derniere en ignorant l'autre ; cependant rien de plus incertain & de plus hazardé que celle-ci sans celle-là. La pratique doit aussi suivre la théorie ; car la premiere est souvent d'un grand secours pour perfectionner la seconde. On trouve dans le *Traité du Nivellement* de M. *Picard* un exemple frappant de cette vérité, par la difference considérable entre la maniere commune de niveller, dont on se servoit autrefois, & celle que les Académiciens de Paris ont établi par ordre du Roi. On voit là comment ils ont d'abord tâché d'inventer des instrumens convenables à leur but ; comment ensuite ils ont découvert les erreurs cachées, que les autres avoient commises, & comment ils ont établi des regles pour les éviter.

C'est ainsi que les *Mathématiques* en nous apprenant l'usage de la raison, nous condui-

sent à des découvertes utiles. Elles disposent notre esprit aux méditations ; elles nous rendent infatigables dans les recherches, & elles nous inspirent insensiblement l'amour des connoissances solides. Aussi M. *Wolf* invite dans sa Préface qu'on lit à la tète du premier volume de ses *Elementa Matheseos universæ*, invite, dis-je, ceux qui veulent connoître & les forces de l'esprit humain & leur usage, à cultiver les *Mathématiques*. L'Algébre, dit-il, & la Géometrie sublime leur apprendra qu'il n'est rien de si caché qu'on ne puisse découvrir ; l'Astronomie, la Géographie & l'Hydrographie, qu'aucun lieu ne peut être si éloigné, qu'on ne vienne à bout de le connoître & de le mesurer ; l'Astronomie, avec quelle certitude on prédit les phénomenes célestes, & comment on peut découvrir la cause & le mouvement des astres. L'Optique rendra sensibles & palpables les objets les plus éloignés & les plus imperceptibles. La Mécanique & l'Hydraulique rendront capables des plus grandes entreprises, pour les besoins & les commodités les plus urgentes de la vie. L'Arithmétique, la Trigonometrie & l'Analyse donneront des regles générales pour conduire l'entendement dans les découvertes & pour soulager l'imagination dans l'invention. Enfin, la méthode *Mathématique* dévoilera le véritable usage de la raison. Tant & de si grands avantages font encore foiblement l'éloge des *Mathématiques*. Et la satisfaction qu'un Mathématicien ressent dans cette étude est peut-être encore au-dessus de toutes ces utilités. Craignons de toucher à un article trop intime ou trop métaphysique pour être rendu avec les traits qui le caractérisent. Contentons-nous de citer ce qu'on a vû dans mon *Prospectus*, je veux dire ces paroles de *Socrate*, par lesquelles il exprime si naïvement ce qu'il pensoit des Mathématiciens & des *Mathématiques* : *Animadvertisti eos, qui natura Mathematici sunt, ad omne fere genus disciplinas acutiores apparere, qui autem ingenio hebetiore sunt, si in hac erudiantur ; etiamsi nihil amplius utilitatis assequantur, se ipsis tamen ingeniosiores effici solere.*

3. Après l'exposition que je viens de faire, & un pareil témoignage, la *Mathématique* est sans doute la science la plus digne de l'esprit humain, pour ne dire que cela. Cependant parmi un certain nombre de gens de Lettres, cette science bien loin d'être utile est pernicieuse. On se plaint tous les jours que les *Mathématiques font obstacle à la belle Littérature*, (*Voïez l'Apologie des Traductions, par M. l'Abbé Gedoin*) ; comme

fi la *Belle Littérature* devoit l'emporter fur la belle Géometrie. La plus grande partie de ce Public, qui eft ennemi d'une étude férieufe; qui baille à l'ouverture d'un livre de fcience, & qui court à ces Ouvrages galans, plus propres à corrompre le cœur qu'à éclairer l'efprit, faifit avec avidité tout ce qui peut appuïer ces belles maximes, tant pour autorifer fon imperitie, que pour avoir le droit de méprifer ce qu'il ne peut comprendre. Ces idées & ces réflexions, qu'on ne manque pas de faire paffer dans le grand monde, n'annoncent le Mathematicien que comme un homme ennemi du vrai beau, un fage Stoïcien, qui s'abandonne à une étude fterile, où l'efprit ne trouve rien que des fpéculations vaines & frivoles, plus capables de l'éblouir & de l'occuper, que de l'inftruire véritablement & de le fatisfaire. Une forte de gens, qui ont à cœur de foutenir ces jolis fentimens, ne manquent pas de mettre à profit les converfations peu réjouiffantes des Géometres, la dureté & la froideur de leur ftile, & d'en inférer qu'ils ne gagnent par leurs travaux & leurs méditations, qu'un certain goût de mifantropie à charge à la Société.

Ce n'eft pas affez pour quelques beaux efprits d'appeller des Géometres des Mifantropes. Ils font encore, felon eux, des génies médiocres, même ceux qui y excellent, car on n'en excepte aucun. *Ciceron* l'a dit, autrefois, (*Voïez* Ciceron *Oratio de Oratore*), & *Ciceron* étoit un grand Orateur. Après cela, il n'y a plus rien à dire. Cet homme célebre convient d'abord que les *Mathématiques* font un amas de connoiffances abftraites. Néanmoins il fe perfuade, qu'il n'eft point d'hommes qui ne puiffe y faire de grands progrès. C'eft une vérité d'expérience, fi on l'en croit, que tous ceux qui fe font appliqués aux *Mathématiques* y ont parfaitement réuffi.

Voilà fans doute une autorité d'un grand poids contre les Mathématiciens. Mais *Ciceron* pouvoit-il juger des *Mathématiques* par les regles de l'éloquence? Cet Orateur n'avoit-il aucune vûe en parlant ainfi, ni aucun interêt à ménager? *Ciceron* vouloit prouver que l'art de l'éloquence étoit celui de tous les arts le plus difficile. Les *Mathématiques*, quoiqu'alors dans le berceau, étoient cependant en vénération; & il falloit pour faire goûter cette propofition les déprimer. L'art de l'éloquence, difoit-il, ne s'acquiert point par l'étude. Il faut être né Orateur pour l'être; avoir de l'efprit, du feu, de l'imagination. Pour être Géometre, il ne s'agit que de faifir (fuivant *Ciceron*) une vérité, puis

une autre; atteindre à celle-ci; parvenir à celle-là, & acquerir ainfi par dégré, à force d'étude & de travail, tout ce que les *Mathématiques* renferment. En vérité, *Ciceron* avoit une idée bien imparfaite du véritable Géometre. Il n'y a qu'un génie créateur, pénétrant, judicieux, qui ait droit à cette qualité; & celui là s'abufe, qui s'imagine qu'on puiffe à coup de livres en former un. Le vrai Mathématicien penfe, raifonne, imagine, invente tout feul, & n'appelle les *Mathématiques* au fecours que pour étaïer l'élevation d'une théorie, ou la perfection d'une découverte. Ainfi ce qu'on dit d'un Orateur doit s'entendre d'un Mathématicien. Je ne fais pas même, s'il eft plus difficile d'inftruire, de toucher & de plaire, que de découvrir dans un chemin étroit & épineux une vérité prête à nous échapper; à fuivre les replis tortueux de la nature, la prendre fur le fait, la dévoiler, pour rendre fes bienfaits & plus riches & plus abondans. Sans partialité & fans vouloir dégrader l'éloquence, je ne le crois pas; & je penfe même que *Ciceron* favoit bien qu'il déguifoit la vérité, en foutenant le contraire, parce qu'il avoit trop de jugement pour ne pas le fentir. Mais *Ciceron* étoit vain. Il ne trouvoit beau que ce qu'il faifoit, & fe glorifioit fans façon lui-même. Ses Lettres étoient felon lui très-belles, (*Valde bella eft*, dit-il, dans fa Lettre à *Atticus* (*Epift. VI. Liv. IV. Ad Attic.*) Le defir qu'il avoit d'être loué, le faifoit defcendre aux follicitations les plus baffes & les plus urgentes, jufqu'à fe donner lui-même des louanges avec une mâle effronterie. Il l'avoue de la meilleure foi du monde en écrivant à *Luceius*, à qui il demandoit des louanges dans une hiftoire que celui-ci faifoit, & dont *Ciceron* avoit une haute opinion. C'eft ainfi qu'il s'exprime en écrivant à cet Hiftorien *Neque tamen ignoro quàm impudenter faciam, qui primum tibi tantum oneris imponam (poteft enim mihi denegare occupatio tua) deinde etiam ut ornes me poftulem. Quid fi illa tibi non tantoperè videtur ornanda? Sed tamen qui femel verecundiæ fines tranfierit, eum bene & naviter opportet effe impudentem. Itaque te planè etiam atque etiam rogo, ut ornes ea vehementius etiam quam fortaffe fentis & in eo leges hiftoriæ negligas..... amori quoque noftro, plufculum etiam quam concedit veritas largiare. (Epift. ad familiares, Liv. V. Ep. 12.)* C'eft-à-dire : » Je n'ignore pas » combien j'agis effrontément, non-feule- » ment en vous engageant à prendre une » peine que vos occupations vous mettent

» en droit de rejetter ; mais encore en
» exigeant de vous d'embellir mes actions,
» qui peut-être ne vous en paroiffent pas
» dignes. Cependant quand on a une fois
» paffé les bornes de la modeftie, on
» ne craint point de fe montrer impudent
» de la bonne forte. Je vous prie donc très-
» inftamment de donner à mes actions des
» louanges beaucoup plus fortes que celles
» que vous pourrez peut-être croire qu'el-
» les méritent. Négligez les loix de l'hif-
» toire, & donnez à notre amitié un peu
» plus que la vérité ne le permet «.

Eft-ce là un orgueil étoffé? La chofe n'eft
pas croïable. Pour la rendre telle, voici la
raifon qu'en donne un homme d'efprit :
J'aurois peine à comprendre, dit-il, que
Ciceron, qui étoit fans contredit un homme
de très-grand efprit, eût eu la foibleffe de
témoigner fi ouvertement & fi groffierement
fa vanité, fi je ne favois qu'il étoit Orateur même des plus applaudis. Cet avantage produit ordinairement en ceux qui en
jouiffent, une fi grande intempérance d'a-
mour propre, qu'il eft très-difficile de lui
donner des bornes. Il femble que les ap-
plaudiffemens qu'on reçoit, ou ceux qu'on
croit mériter, foient une fumée d'encens
qui enyvre ceux qui en hument ou qui en
ont humé plus qu'il n'en faut. Elle les rend
incapables de fuivre les regles de la modeftie, dans lefquelles les plus grands Hommes, les Hommes du mérite le plus fupé-
rieur doivent fe contenir avec le plus de
précaution pour en donner aux autres le
bon exemple.

Ciceron n'eft pas le feul homme d'efprit
qui ait déprifé les *Mathématiques. Sextus
Empiricus* (*Adverfus Mathematicos, L. III.*)
& *Lucien* (*Dialogues des Philofophes à
l'encan*) les ont tourné en ridicule. Le
premier leur a porté un fophifme qu'on veut
bien appeller un fyllogifme, auquel il n'y a
point de réponfe. Il s'agit des demandes des
Mathématiciens, c'eft-à-dire, d'une permif-
fion de faire une telle ou telle chofe, de tirer
une ligne droite d'un point à un autre, de
concevoir une quantité quelconque qui foit
quatriéme proportionnelle à trois autres
données. Or là-deffus *Sextus Empiricus* forme ce bel argument contre les Mathématiciens. » Ce que vous exigez de nous, dit-il,
» eft ou poffible ou impoffible. S'il eft
» poffible, pourquoi voulez - vous devoir
» notre confentement à vos prieres, plu-
» tôt qu'à la force de vos raifons ? Si la
» chofe eft impoffible, pourquoi voulez-
» vous que nous accordions ce qui n'eft ni
» en votre difpofition ni en notre pouvoir ? «

Après cet effort de genie, *Sextus Empiricus*
s'applaudit de tout fon cœur de fa découverte qu'il croit naïvement être à l'abri de
toute atteinte. A fon dilemme on répond
que la chofe eft poffible, & qu'on ne prétend pas obtenir le confentement à des prieres. Une demande eft un fait dont on prévient l'Auditeur. Quand on demande qu'il
foit permis de tirer une ligne droite d'un
point à un autre, on n'exige point qu'on
donne fon confentement pour cela. Seulement on prévient que pour démontrer la
propofition qu'on avance, on va tirer une
ligne de ce point à cet autre. De même
quand on dit de concevoir une quatriéme
proportionnelle à trois autres données, on
s'embarraffe peu qu'on y donne fon confentement. C'eft encore un avertiffement que
la démonftration eft fondée fur une vérité,
fur une chofe exiftante dont on ne fait que
rappeller le fouvenir. La demande des Mathématiciens eft encore moins demande que
le dilemme de *Sextus Empiricus*, lorfqu'il
dit : *Ce que vous exigez de nous eft poffible ou
impoffible.* Il feroit auffi ridicule de refufer
une demande d'un Géometre, que de répondre à cela qu'on n'en fait rien.

Quelque pitoïables que foient les raifonnemens de cet Auteur contre les *Mathématiques*, cependant un bel efprit qui les
a trouvé admirables a formé fur eux le fond
d'une differtation étaïée de preuves curieufes ramaffées de differens Auteurs, dans
laquelle il prétend prouver & l'inutilité
des *Mathématiques*, & la fupériorité des
Belles Lettres fur cette fcience. En peu de
mots, je vais analyfer cet écrit, fi beau aux
yeux des Auteurs du *Journal Littéraire*,
qu'ils refuferent d'inferer dans leur Journal
la réponfe qu'on lui avoit faite.

L'Auteur dans l'écrit, dont il eft queftion,
après avoir expofé les avantages de la *Mathématique* avec beaucoup de legereté, prétend
que pour peu qu'on veuille confulter la raifon on refutera aifément tout cela. En
effet, *qui pourra jamais fe perfuader*, s'écrie-
t-il avec force, *que d'un amas confus de petites
lignes, de croix, & de chifres, &c. dont leurs Livres font remplis* (les Livres des Mathématiciens,) *& qui peut-être font mis au hazard,
car* QUE SAIT-ON ? *que de là, dis-je, on puiffe
déduire des inventions utiles à l'homme &
avantageufes à la fociété. Non, je ne le
croirai jamais, & qu'a la nature à démêler
avec cet impertinent barraguoin ?* Eft-ce là rai-
fonner ? Il me femble que je vois un aveugle qui veut me foutenir que le foleil eft
couché, parce qu'il ne le voit pas. Si cet
homme formidable ne connoît rien ni au

langage ni aux expreſſions des Mathématiciens, pourquoi décider que l'un & l'autre
ſont ridicules ?

Aïant attribué les plus belles découvertes
des Mathématiciens au hazard, l'Auteur
prépare ſon Lecteur à cet argument, qui
anéantit abſolument les *Mathématiques*.
» Une ſcience fondée ſur des définitions
» abſolument fauſſes & ſur des axiomes
» conteſtés, & des demandes inutiles ne peut
» être certaine Or les *Mathématiques* n'ont
» d'autre fondement que celui-là. Donc, &c.
La majeure de cet argument eſt vraie. Il s'a-
git de prouver la mineure : c'eſt à quoi
l'Auteur s'attache. Et d'abord il obſerve que
les définitions ſont fauſſes. Car où trouver
des lignes ſans largeur & des points ſans
étendue ? S'il n'y a rien de tout cela, les
ſens peuvent-ils nous en offrir les images.
Nous ne pouvons donc en avoir aucune idée.
L'Auteur ſoutient cette conſéquence par une
belle maxime d'*Ariſtote*, qui eſt : *Nihil eſt
in intellectu quod non prius fuerit in ſenſu.*
Ainſi toutes les *Mathématiques* fondées ſur
ces *définitions imaginaires* ſont réduites à
un être de raiſon. A quiconque s'aviſeroit
d'expliquer la maxime d'*Ariſtote*, ce terrible homme le traiteroit de ſéditieux,
de mutin, de vouloir contredire l'*Oracle
de la Nature*, le divin *Ariſtote*. Sur cette autorité, qui tient lieu de preuve, notre eſprit doit ſe tranquilliſer & ſe roidir contre
les objections. Quand le *Prince des Philoſophes* a prononcé, tout eſt dit. Plus que ſa-
tisfait d'avoir porté un coup ſi mortel aux
Mathématiques, dont cet anonyme, n'a,
comme il le dit fort bien, aucune idée ;
(*Voïez* LIGNE & POINT) il attaque *per-
fricta fronte* les axiomes des Mathématiciens,
en niant que le tout ſoit *plus grand que ſa
partie*. Enfin, après avoir maltraité la méthode des Géometres, par des raiſonnemens
auſſi forts que ceux qu'on vient de voir,
cet Auteur leur décoche quelques vers aſſez
bien frappés & dont il s'applaudit. Par grace
ſpéciale il finit en accordant que le ſeul
avantage qu'on peut retirer des *Mathématiques*, qui eſt la production de quelques machines aſſez *droles*, merite peu d'être expoſé à l'envie.

Tel eſt le fond de cette méchante critique auquel je ne me ſuis arrêté, que parce
qu'on en a fait cas dans le tems, qu'elle eſt
bien écrite, & que l'Auteur y montre de
l'eſprit. Je ne parlerai point du parallele
que l'Auteur fait des Belles Lettres avec
les *Mathématiques*. J'avertirai ſeulement que
l'Auteur en conclud une ſupériorité mon-
ſtrueuſe ſur les *Mathématiques*. Pour donner

un échantillon de ſes preuves en ce genre,
en voici une remarquable, & qui fait bien
voir qu'un homme peut avoir de l'imagination ſans jugement. » Un Cordonnier par
» une étude ſérieuſe rappelleroit la due pro-
» portion & la véritable forme du cothurne
» & des brodequins, & par-là ſe rendroit
» utile à nos théâtres «. *Journal Littéraires,
Tom. II.* 1713, mois de Septembre & Oc-
bre). Voilà des avantages réels. Après de
pareils traits, on pourroit croire que j'ai
choiſi à deſſein cette diſſertation pour faire
voir avec combien peu de raiſon on attaque
les *Mathématiques*. Mais il faut que l'on
ſache que c'eſt là où ſe réduiſent les criail-
ries qui font tant d'impreſſion ſur des perſonnes non inſtruites.

Je terminerois ici cette diſcuſſion ſi je
croïois pouvoir me diſpenſer, après les enga-
gemens que j'ai pris envers le Public dans le
Proſpectus de ce Dictionnaire, me diſpenſer,
dis-je, de faire mention d'une attaque contre les Mathématiciens, & plus ſérieuſe &
plus importante. Juſqu'ici on n'avoit déſigné perſonne. Maintenant on leve le maſ-
que ; on nomme, on deſigne. Les *Deſcartes*,
les *Gaſſendi*, les *Newton*, les *Leibnitz*, les
s'Graveſande ſont traités fort cavalierement,
& ſi j'oſois trancher le mot, avec une ſorte
de mépris. Un Auteur eſtimable, & qui eſt
eſtimé, ſavant, bel-eſprit, Philoſophe même
quoiqu'il faſſe peu de cas de ces Philoſophes,
a publié depuis peu un Ouvrage (*Le Spectacle de la Nature, Tome VII.*) qui eſt entre les mains de tout le monde, dans lequel
aucun de ces gens là n'eſt à l'abri du blâme.
La grande raiſon ſur laquelle célèbre
Ecrivain ſe fonde, eſt, que les Philoſophes
éblouiſſent quelquefois par leurs maximes
qu'ils dégoutent ſouvent par la multitude
de leurs penſées, & qu'ils étourdiſſent par
un babil qui n'intereſſe pas le cœur. Il
ajoute que les Philoſophes (on entend ici
les Mathématiciens) ſont inutiles à la Société. Et que comme le dégré de ſcience ne
ſe meſure que par l'utilité qu'elle lui procure, la plupart des Mathématiciens qui
penſent & qui raiſonnent bien, ne ſont
cependant rien moins que ſavans. Le Laboureur, l'Artiſan, le *Faiſeur même d'allu-
mettes* en ſavent, ſelon lui, plus qu'eux.
M. *Pluche* me permettra de lui dire, ſans
vouloir le moins du monde entrer en diſpute avec lui : c'eſt pouſſer trop loin le parallele. Ne ſommes-nous donc dans ce monde
que pour manger & pour boire ? N'exiſtons-
nous que pour vivre ? Eſt-ce que l'art de méditer, de reflechir, de raiſonner, de ſe connoître ſoi-même & de connoître les autres,

n'eſt pas le premier de tous les arts, puiſque c'eſt le ſeul qui puiſſe former le véritable honnête homme & le bon citoïen? Indépendamment de cet avantage qu'on tire des *Mathématiques*, cette ſcience ne contribue-t-elle pas plus à l'utilité, telle qu'on l'entend ici, que toute l'adreſſe du plus ingénieux Artiſan, & toute la force du plus robuſte Laboureur?

Dans toutes ces querelles, j'ai toujours obſervé une choſe que je ſerois fâché de taire : c'eſt qu'aucun de ceux qui ont mépriſé les *Mathématiques* n'a voulu ſe rendre juge compétent. Je crois même impoſſible qu'on puiſſe mépriſer la Géometrie après avoir goûté les attraits & les charmes de cette belle ſcience, à laquelle l'homme le plus barbare ne ſauroit refuſer la tendreſſe la plus vive.

Quelle peut être la cauſe de cette mauvaiſe humeur contre les Mathématiciens, gens aſſurément bien paiſibles, détachés de toute vaine gloire, de tout amour propre, de toute vanité? C'eſt que le plus grand nombre n'aime à s'occuper qu'avec lui-même, méditer, réflechir tout ſeul. On convient que les genies de cette eſpéce ſont rares, que les perſonnes du bel air ne ſont jamais en ſi mauvaiſe compagnie qu'alors, & que celle d'un ſinge ou d'un perroquet leur eſt ſouvent plus agréable. Mais on ſouhaiteroit qu'on fît main baſſe ſur ces ſpéculations ſublimes, qu'on croit occuper le Géometre en pure perte. Une autre raiſon dégoûte encore des *Mathématiques*; c'eſt la ſéchereſſe du ſtile des Géometres, qui ne préſente ſouvent que des contre-ſens ou des phraſes louches. Un homme, qui a le goût délicat, ne peut pas plus ſupporter de pareilles lectures qu'un bon Muſicien des tons faux. On convient qu'il n'eſt pas poſſible qu'un homme accoutumé à méditer puiſſe répandre de l'élégance dans ſon ſtile. L'eſprit humain eſt un océan, comme le dit fort judicieuſement le célebre *Pope*, il ne gagnera jamais d'un côté qu'il ne perde de l'autre. (*Eſſai ſur la Critique.*) Cependant il ſemble que la premiere ſcience après avoir bien penſé eſt de ſavoir s'exprimer. Il n'y a pas grand art à conſtruire une phraſe, & cette conſtruction outre qu'elle rend les choſes qu'on diſcute plus claires, plus faciles à comprendre, c'eſt que la lecture des Ouvrages des Mathématiciens deviendroit plus agréable.

Terminons cette réponſe aux adverſaires des *Mathématiques* par ces belles & ſages paroles de M. *Wolf : Neque enim defendimus quod eâdem operâ, quâ quis Mathe-*

mata ſibi familiaria reddit, cæterarum quoque rerum cognitione animum imbuat & criminationis loco habemus, ſi qui per malitiam affirment, quod Mathematici glorientur, penes ſe ſolos eſſe principia veritatis, ut alias diſciplinas facilius, rectius & profundius percipere poſſis, ubi ad eas induſtriam atque aſſiduitatem attuleris, id vero eſt quod aſſeveramus. Neſcio vero quâ fronte, qui inexperta loquuntur, majorem ſibi fidem haberi velint, quam iis, qui niſi experta non confitentur. Utinam tandem, qui Eccleſiæ ac Reipublicæ præſunt, caverent ne ad cætera ſtudia tractanda animum appellerent, niſi mathematicâ cognitione imbuti, neque ullius dubito fore, ut aliam Eccleſiæ, aliam Reipublicæ faciem contueremur. (Ch. Wolf Elem. Math. univerſæ, Tom. I. Præfat. page xiij).

4. L'origine des *Mathématiques* eſt fort obſcure; on croit que l'Aſtronomie & la Géometrie ont été d'abord cultivées. C'eſt ce qu'on conjecture de la tradition de *Joſeph.* (*Voïez* ASTRONOMIE & GEOMETRIE.) Après le Déluge cette ſcience fleurit chez les Caldéens & enſuite chez les Egyptiens. Les premiers s'attacherent à l'Aſtronomie, & les ſeconds à la Géometrie. De-là les *Mathématiques* furent tranſmiſes dans la Grece & dans l'Italie. Elles furent négligées peu à près en Egypte, juſques à oublier les premieres notions de la Géometrie, enſorte qu'ils furent obligés de l'inventer en quelque ſorte pour meſurer leurs terres dans les débordemens du Nil. (*Voïez* GEOMETRIE.) Les Phœniciens développoient cependant l'Arithmétique; & toutes ces connoiſſances paſſerent en dernier lieu dans la Grece par les ſoins de *Thalès* de Milet. C'eſt là qu'elle commencerent à fleurir. Pluſieurs Ecoles furent établies à cette fin; l'Ecole de *Pythagore*, l'Académie de *Platon*, le Licée d'*Ariſtote*. Bien tôt on vit des Mathématiciens former un rang. *Hyppocrate* de Chio, *Archytas* de *Tarente*, *Léon*, *Thales*, *Eudoxes*, *Euclide*, *Eraſtothene*, *Archimede*, *Hypparque*, *Appollonius Pergeus*, *Cteſibius*, *Heron*, *Geminus Soſigenes*, *Ptolomeus*, *Pappus*, *Diophante*, *Serenus*, *Proclus*, *Theon*, &c. ſe ſignalerent d'une façon éclatante dans les *Mathématiques*, & par les nouvelles découvertes que chacun d'eux y fit, elles changerent entierement de face. Je rends compte de ces découvertes à des articles particuliers auſquelles elles doivent être rapportées. Auſſi comme les *Mathématiques* renferment l'Arithmétique, l'Algégébre, l'Aſtronomie, la Phyſique, &c. c'eſt à ces articles, qu'il faut recourir, pour connoître l'hiſtoire de cette ſcience. Je dirai ſeulement

feulement qu'elle fut négligée à Rome ; qu'elle paſſa enſuite aux Arabes, & qu'elle revint enfin en Europe, où elle a acquis la perfection où on la voit aujourd'hui.

On trouve dans le Traité de *Gerh. Jo. Voſſius* intitulé : *De Matheſeos natura & conſtitutione*, beaucoup de choſes ſur l'hiſtoire des *Mathématiques*, de même que dans les Œuvres de *Wallis*, l'*Almàgeſte de Riccioli*, les *Collections Mathématiques de Pappus*, la *Philoſophie Mathématique de Erhard Weigel*, & les *Elemens de Phyſique de Muys. Deſchalles* (*Monde Mathématique*, Tom. I.). *Elbroner* a compoſé une hiſtoire des *Mathématiques* imprimée ſous ce titre : *Elbroneri hiſtoria Matheſeos univerſæ à mundo condito uſque ad ann.* 1690.

Il me reſte à faire connoître les Auteurs ſur les *Mathématiques*. Comme le nombre en eſt immenſe, en choiſiſſant même les plus célébres, & que d'ailleurs je les cite aux articles des parties de *Mathématiques*, ſur leſquelles ils ont écrit, je crois devoir me contenter de nommer ceux qui ont publié des *Cours de Mathématique*, & de donner le titre de ces Cours. Le premier qui ait paru (en 1644) eſt d'*Herigone*. Il eſt intitulé : *Curſus Mathématicus*, & traduit en François ſous le titre de *Cours de Mathématique d'Herigone* en 6 volumes in-8ᵘ. En 1661 *Gaſpard Schot* Jéſuite, publia un Cours de *Mathématique* in-folio. Les Auteurs qui ſuivirent ceux-ci ſont, *Jone Moore* (*A New ſyſteme of the Mathematicks*, 2 volumes ;) *Sturmius* (*Matheſis Juvenilis*, 2 volumes in-8°.) *Claudę-Millet-Deſchalles*, (*Curſus ſeu mundus Mathematicus* 1674, IV Tomes ;) *Wilhemus Leyborn* (*Mathéſical Sciences* 1690, in-fol.) *Abraham de Graaf* Hollandois, (*De Gehecle Matheſis of Wiskonſt ;*) *Ozanam* (*Cours de Mathématique*, 5 vol. in-8° 1697 ;) *Jacq. Taylor.* (*Treaſury of the Mathematiks ;*) *Leonard. Chriſt. Sturmius* (*Kurtzer Begriff, &c. Matheſis*), c'eſt-à-dire, *Compendium Matheſeos ;*) le *P. Preſtet, Elémens de Mathématique*, 2. vol. in-4° ;) *Belidor* (*Cours de Mathématique*, in-4° ;) *Herſteinſtein* (*Nouveau cours de Mathématique* contenant pluſieurs Traités compoſés pour l'inſtruction des *Officiers d'Artillerie, &c.* 2. vol. in-4° ;) *Wolf* (*Elementa Matheſeos univerſæ*, 5 vol in-4° ;) *Weidler* (*Inſtitutiones Mathematicæ* 1 vol. in-8°.) l'Abbé *Deidier* (*Elemens géneraux des Mathématiques.*) (Il a compoſé outre cela un Cours en pluſieurs vol. in-4° avec des titres particuliers.) Je citerai encore quatre Ouvrages pour l'étude des *Mathématiques*, & pour la rendre plus

Tome II.

recommandable aux Profeſſeurs des Claſſes où on les enſeigne & où il ſeroit aſſez à ſouhaiter qu'elles fuſſent traitées avec ſoin. Pour le premier article on a le Livre de M. *Tſchirnhauſen*, intitulé : *Medicina mentis*, Part. II. & le V Tome des *Elémens de Mathématique* en latin de M. *Wolf.* Cet Auteur conſeille encore un Livre de M. *Tschirnhauſen* écrit en allemand que je ne connois pas. Son titre eſt : *Introduction ſolide aux Sciences utiles, & ſur-tout à la Mathématique & à la Phyſique.* Les Ouvrages où il s'agit du ſecond article, ſont *Eſſai ſur l'entendement humain*, par M. *Lock*, page 30, &c. & *Récherche de la vérité du P. Malebranche, Liv. VI. Ch. 4. & 5.*

MATHÉMATIQUE UNIVERSELLE. Il ſemble qu'on doit entendre par là toutes les parties réunies en un corps. S'il ne s'agiſſoit que de cette *Mathématique*, je n'en aurois pas fait un article particulier. Mais les Mathématiciens ne définiſſent pas ainſi la *Mathématique univerſelle. Bartholin* donne ce nom à l'Algébre ; *Wallis* à une eſpece d'Arithmétique mêlée de chifres & de lettres. D'autres entendent par *Mathématique univerſelle* une regle dans laquelle on enſeigne non-ſeulement le calcul des lettres, mais encore dans laquelle on démontre moïennant ces lettres les propriétés générales des quantités. Enfin M. *Leibnitz* appelle *Mathématique univerſelle*, une ſcience qui renferme des regles générales pour meſurer tout ce qui eſt menſurable. (*Acta eruditor. an.* 1691 pag. 446.) Sur ce pied là, la *Mathématique univerſelle* n'eſt encore qu'ébauchée.

MATIERE. Subſtance impénétrable, diviſible, paſſive, étendue en longueur, largeur & épaiſſeur ou profondeur. La *Matiere* étant conſiderée en général, eſt toujours la même dans les differens mouvemens, configurations & changemens, étant ſuſceptible de toutes ſortes de forme ; de ſe mouvoir dans toutes ſortes de directions & ſelon tous les dégrés de viteſſe quelconque. La quantité de *Matiere* contenue dans un corps s'eſtime par ſon volume & ſa denſité. Un corps deux fois plus denſe & qui occupe un eſpace deux fois plus grand que celui d'un autre corps, a quatre fois plus de *Matiere* que le dernier. Cette quantité de *Matiere* ſe découvre beaucoup mieux par le poids que par tout autre moïen ; car cette quantité eſt toujours proportionnelle au poids, ainſi que *Newton* l'a démontré par un grand nombre d'obſervations exactes ſur les pendules. Le mot de *Matiere* étant aujourd'hui ſynonyme à celui de corps, je renvoïe à l'article de CORPS pour ſavoir en

R

quoi confifte l'effence de la *Matiere*. On trouvera là le détail que peut ou doit comporter la connoiffance de cette fubftance.

MATIERE SUBTILE. *Ariftote* entendoit par ce terme une matiere éthérée, un feu répandu dans l'air. *Defcartes* appelle ainfi des globules durs & imperceptibles dont il remplit tout l'univers. Et *Newton* entend par-là un fluide actif, infiniment fubtil, c'eft-à-dire l'éther répandu dans les cieux & fur la terre par fon élafticité, & traverfant librement les pores de tous les corps. C'eft la définition qu'adoptent aujourd'hui les Phyficiens. En effet, il eft difficile de rejetter la *Matiere fubtile* dans ce fens. Elle fe manifefte avec trop d'évidence. La lumiere en eft bien une, je veux dire que c'eft une *Matiere* beaucoup plus déliée que l'air, puifque nous voïons qu'elle pénetre le verre & le criftal, le diamant, &c. là où l'air ne peut paffer. Auffi les Phyficiens en font un grand ufage, pour rendre raifon de la plûpart des phénomenes. Les uns lui attribuent la congelation, (*Voïez* CONGELATION) les autres la caufe de l'élafticité des corps. (*Voïez* ELASTICITE'.) Ceux-ci en font dépendre la caufe de la péfanteur, (*Voïez* PESANTEUR) & ceux-là celle des effets de l'électricité. (*Voïez* ELECTRICITE'.) Enfin, la *Matiere fubtile* entre dans l'explication de prefque tous les phénomenes de la nature; & il eft bien difficile de la dépouiller de ce glorieux avantage.

MATURE. L'art de mâter les Vaiffeaux. C'eft la définition que comporte le défini. Cependant depuis que la théorie de la *Mâture* a été développée par les Mathématiciens, cet art emporte avec lui l'arrimage & la connoiffance générale des mouvemens verticaux du Navire. Pour ne pas anticiper fur le progrès de la *Mâture*, tenons-nous en à cette définition; & examinons ce qui fait l'objet de cet art, tel qu'on l'a d'abord confideré & tel que nous l'avons défini. De cette façon, l'art de mâter fe réduit à la folution de deux problèmes. Le premier eft la pofition des mâts fur le Vaiffeau. Le fecond confifte à déterminer la hauteur de ces mâts. Ces problèmes feront le fujet de deux articles.

2. Déterminer la pofition du mât fur le Vaiffeau, c'eft limiter le point où les impulfions de l'eau fur fa furface font en équilibre dans toutes les routes, c'eft-à-dire dans toutes les dérives. Par ce moïen la réfiftance de l'eau eft toujours en équilibre fur le mât placé à ce point, & le fillage n'eft pas altéré. Dans toute autre fituation la refiftance de l'eau plus grande d'un côté que de l'autre, feroit piroueter le Vaiffeau autour de la ligne de l'effort du vent par la direction du mât. Il eft vrai qu'on peut rétablir l'équilibre par le gouvernail, l'effort de l'eau contre cet aviron contrebalançant la réfiftance trop grande, foit du côté de la proue ou de celui de la poupe. Mais il eft vrai auffi que ce fecours eft nuifible au fillage du Navire. Car la force du vent aïant à vaincre la réfiftance du gouvernail, ne fera pas emploïée toute entiere à faire avancer le Vaiffeau. Le mât doit donc être planté dans l'axe de la refiftance moïenne de l'eau contre le Navire. Il faut par conféquent connoître cet axe, & la chofe n'eft guéres poffible; la figure du Vaiffeau étant entierement mécanique. Auffi dans la pratique on fuppofe que cet axe fe trouve à peu près au milieu du Navire & on y éleve le mât. Afin de faciliter cette pratique, M. *Bernoulli* aïant fuppofé la courbe du Vaiffeau connue, a déterminé géometriquement l'axe de la réfiftance moïenne. Pour moi qui ai toujours penfé que la connoiffance de l'axe de la réfiftance moïenne, qui dépend de celle des efforts de l'eau fur la carene du Vaiffeau, étoit abfolument effentielle, non-feulement pour la *Mâture*, mais encore pour la théorie générale du mouvement du Navire, j'ai propofé autrefois un moïen pour la déterminer, quelque irréguliere que foit la carene. Ma méthode eft fondée fur plufieurs expériences que je voudrois qu'on fît fur le Vaiffeau même. S'il ne s'agiffoit point ici d'une invention qui m'appartient; je la ferois connoître dans cet Ouvrage en faveur des grands avantages dont je la crois fufceptible. Mais ce n'eft point à moi à apprétier mes découvertes, déja foumifes au tribunal du Public, pour les lui préfenter dans un plus grand jour. Je dois me borner à citer le Traité où on la trouve, *Nouvelle théorie de la Manœuvre des Vaiffeaux à la portée des Pilotes*, *Ch. VI*.

3. Le fecond problème de la *Mâture* a pour objet la hauteur des mârs. Il a exercé & les anciens & les nouveaux Mathématiciens. Pour le réfoudre, il faut d'abord fixer le point d'appui du mât. Cela connu, fa hauteur eft trouvée. Auffi s'eft-on attaché depuis long-tems à déterminer ce point d'appui. *Ariftote*, c'eft-à-dire, le premier qui y a fait attention, le place au pied du mât. Selon *Baldus*, *Ariftote* fe trompe. Si le pied du mât eft l'hypomoclion de ce lévier; le mât doit caffer, dit-il à cet endroit, ou le Navire doit faire capot. Cela paroît bien fondé. Le mât ne tendant qu'à décrire un

arc & à faire incliner le Vaisseau ; il est certain que ou il inclinera, tant que le vent fera effort sur les voiles, ou le mât se rompra : il n'y a point de milieu. Cette vérité reconnue, *Baldus* pense que le mât forme un lévier angulaire avec la contre-quille, dont le point d'appui est dans l'angle. De façon que la force du mât n'augmente que proportionnellement à l'excès de la longueur du mât sur la demi-longueur de la contre-quille, & non en raison de sa hauteur.

Ceux qui sont venus après *Baldus*, ont prétendu que le mât ne devoit point être regardé comme un lévier, par la raison qu'en tout lévier le point d'appui doit être fixe, & que dans le mât il ne peut y avoir de tel point, puisque tout se meut. Ce sentiment ne conduisoit à rien. Il restoit à expliquer l'effet de la hauteur du mât sur le mouvement du Vaisseau. Quelques-uns croïoient que son sillage ne s'acceleroit point lorsqu'on donnoit plus de hauteur à la vergue ou au mât, quelle que fût la longueur du bras de lévier par lequel le vent agit. On voit ici des gens qui tâchent de se sauver d'une difficulté sans vouloir y toucher. Pour faire voir la futilité de cette solution, on répondit que le mouvement du mât étant circulaire, ne pouvoit rien produire sur le sillage du Navire, & que son action n'avoit des droits que sur son tangage & sa tourmente. Le P. *Fournier* a confirmé cette vérité par une expérience : c'est qu'on tire plus aisément des barques le long d'une riviere, lorsque la corde, par laquelle on fait effort, est attachée au pied du mât, que lorsqu'elle l'est à un point plus élevé. Laissant la difficulté du point d'appui, il se contente de rendre raison de l'action du vent sur le mât. Le mât, dit-il, lorsque le vent agit, ne peut incliner étant attaché fortement au Navire, & il ne tend qu'à le soulever & à l'entraîner après lui. Par-là le sillage du Vaisseau augmente ou diminue selon que le mât est plus ou moins attaché, & que le vent est plus ou moins rapide.

Après toutes ces recherches, qui n'étoient que des tentatives pour déterminer la hauteur des mâts, un Membre célebre de l'Académie Roïale des Sciences (M. *Bouguer*), a remanié de nouveau cette question, qu'il a considerée sous un point de vûe tout different. Aïant distingué deux états dans le mouvement du Vaisseau, l'un horisontal l'autre vertical, il a admis dans le premier le centre de la terre comme l'hypomoclion du mât, le fardeau & la puissance étant sensiblement à un même point ; & le centre de gravité du Vaisseau le devient dans le second, je veux

dire, dans le cas du tangage & du roulis. (On appelle *Tangage* le balancement de proue à poupe, selon la longueur du vaisseau, & *Roulis* son balancement suivant la largeur,) parce qu'une puissance tend d'autant plus à faire incliner un corps qu'elle est plus éloignée, selon M. *Bouguer*, de son centre de gravité. Pendant donc que le vent travaille à faire plonger la proue du Navire par le mât dont le point d'appui est actuellement le centre de gravité, l'impulsion de de l'eau sur la proue s'oppose à cet effort, & elle le contrebalance. Ainsi elle travaille à soulever le Navire, tandis que le vent tend à le faire caler. Ces deux forces se décomposent en une, & c'est à cette troisiéme effet des deux autres, que le Vaisseau est en proïe.

Or suivant que celle-ci agit sur le Navire cette masse doit prendre differentes situations. Lorsque sa vitesse est uniforme, cette force agit constamment, & si elle est mal dirigée par la disposition de la *Mâture*, il est certain que la hauteur des mâts est mal déterminée. Pour concevoir comment la force composée agit sur le Vaisseau, il faut faire attention que la direction de la force du vent est parallele à la quille, & que celle de la resistance de l'eau est perpendiculaire à la proue. Ces deux directions, étant prolongées, se rencontrent & se décomposent. La force qui resulte de cette décomposition, tombe en quelque façon du côté de la proue ou du côté de la poupe, suivant que la décomposition se fait à tel ou tel point. Ce point dépend de la hauteur de la direction du vent. Ainsi il est question de déterminer cette hauteur à un tel point que la force composée souleve le Vaisseau de la façon la moins désavantageuse. C'est là en quoi consiste l'art de découvrir quelle doit être la hauteur des mâts. Mais la façon la moins désavantageuse de soulever un corps, est de le prendre par son centre de gravité, afin qu'il ne perde pas son parallelisme. Une bonne *Mâture* doit donc faire soulever le Vaisseau par son centre de gravité, sans cela il inclineroit ou du côté de la proue, ou du côté de la poupe : ce qui seroit très-dangereux.

Telle est la substance de la théorie de la *Mâture* de M. *Bouguer*, qu'on trouve dans son *Traité de la Mâture*, qui a remporté le Prix de l'Académie Roïale des Sciences en 1727, & que j'ai dépouillé dans un de mes Ouvrages intitulé : *La Mâture discutée & soumise à de nouvelles loix.* Quelques réflexions que j'ai faites sur cette théorie, ont donné l'être à une nouvelle, dont les principes ont été expofés dans l'ouvrage que je viens de citer. Je vais en donner une idée fans entrer en aucune façon dans la difcuffion polemique qu'elle a occafionnée.

Pour en connoître le détail il faut lire 1° la page 174 & fuivantes de ma *Nouvelle Théorie de la Manœuvre des Vaiffeaux à la portée des Pilotes*. 2°. Les deux Notes de M. *Bouguer* à ce fujet, dans fon *Traité du Navire*; 3° la *Lettre* de M. *De Genfane* inferée dans le *Mercure de Juillet* 1746; 4° ma *Réponfe* à cette Lettre dans le *Mercure de Novembre*; 5° la feconde *Réponfe* de M. *Bouguer fur la Mâture*, &c. dans le *Mercure* de Janvier 1747. 6° Ma *Mâture difcutée & foumife à de nouvelles loix*.

On a vû ci-devant que la hauteur des mâts dépendoit de la connoiffance du point d'appui. Selon moi, ce point eft un centre de rotation & un centre *fpontané*, c'eft-à-dire libre, qui varie fuivant les differentes circonftances, & qu'il n'eft point en notre pouvoir de fixer. Cette vérité paroît dans tout fon jour, quand on fait attention que le mât ne peut faire incliner le Vaiffeau fans le foulever, & que plus il réfifte à ce foulevement moins l'inclinaifon eft grande. En même-tems que le mât décrit un arc en avant, le Navire en décrit un en fens contraire. Ces deux arcs ont pour raïon un centre commun, & ce centre doit être effentiellement fixe. Pour déterminer le centre de rotation, il faudroit connoître la grandeur de ces arcs & mener de leur extrêmité une ligne qui couperoit le mât au point d'appui. M. *Bernoulli* démontre dans un cas femblable, que le point d'appui d'un fyftême de plufieurs corps eft un centre fpontané de rotation. Et voici le raifonnement de ce grand homme. Ou la force motrice paffe par le centre de gravité du fyftême, ou elle n'y paffe pas. Si elle paffe par ce centre, il eft évident que le fyftême fera mû felon une direction parallele à celle de la force motrice; parce qu'elle ne lui oppofe d'autre réfiftance que celle qu'il peut faire par fa maffe. Le cas eft different fi elle n'y paffe pas.

Afin de développer ce fecond cas, M. *Bernoulli* fuppofe que la puiffance, qui doit faire mouvoir le fyftême felon une direction oblique, agit fur un lévier perpendiculaire à un plan horifontal qu'on imagine divifer en deux le fyftême par le centre de gravité. Il applique enfuite la puiffance à l'extrêmité du lévier, & la prend pour l'hypomoclion à l'égard de quelqu'autre qui doit agir à un autre endroit du lévier. Or il eft clair que fi le fyftême incline, l'autre puif-

fance ne peut pas paffer par le centre de gravité, par le premier principe ci-devant pofé. Donc elle doit être appliquée à un autre point hors de ce centre. Donc le point d'appui d'un lévier par lequel on fait incliner un fyftême de plufieurs corps, n'eft point au centre de gravité de ce fyftême; mais à un centre fpontané de rotation. C'eft cette théorie que j'applique au tangage du Navire. Celui-ci repréfente & eft véritablement un fyftême de plufieurs corps, & le mât eft le lévier. Le Public eft inftruit que M. *Bernoulli* a approuvé cette application & qu'il étoit de mon fentiment. J'ai publié dans la *Mâture difcutée*, &c. la Lettre que ce grand homme me fit l'honneur de m'écrire fans le faire connoître. (M. *Bouguer* a répondu en quelque façon à cette Lettre dans les *Mémoires de l'Académie* de 1745.)

Je démontre cette vérité d'une autre façon. A cette fin, je divife la maffe du Navire en de petites parties M, N, P, Q, R, S, &c. & j'exprime par D, E, F, G, H, I, K, &c. leur diftance particuliere au centre de gravité. L'énergie de ces parties, ou l'effort avec lequel elles perfiftent dans leur état de parallelifme, fera donc (en nommant S la fomme de tous les corps) $S(M \times D, + N \times E, + P \times F, + Q \times G$, &c.) Cela pofé, je nomme f la puiffance qui agit pour mettre le corps en mouvement; a le bras du lévier par lequel elle exerce fon effort; x la diftance du centre de gravité au centre du mouvement qui fera égale à o, s'il n'y en a point, & égale à quelque chofe s'il y en a une. Puifque la réfiftance qu'oppofe la maffe eft $S(M \times D, + N \times E, + P \times F, + Q \times G, + $&c.$)$ $= S \times x$. On aura donc dans l'état d'équili-

bre $fa = S \times x, = \dfrac{fa}{S} = x$. Ce qui fait

voir que x bien loin d'être $= $ o égale l'effort de la puiffance divifée par la fomme des corps. Et fi $S = f$, on aura $x = a$.

Aïant démontré que le point d'appui du mât dans le cas du tangage, eft un centre fpontané de rotation, je fais voir que ce centre eft le même que celui d'ofcillation, comme M. *Bernoulli* l'a démontré dans le IV Tome de fes Œuvres. (*Bernoulli Opera*, *Tom. IV.* pag. 270. Voïez auffi *La Mâture difcutée & foumife à de nouvelles loix*, page 52.) En effet, la rotation eft une demi ofcillation; & pour l'achever, il n'eft pas néceffaire que le centre change. De ces vérités, je déduis toute ma théorie de la *Mâture*.

1°. Les ofcillations du Navire font en raifon des racines du vent (en fuppofant que le centre de rotation ne change point) ; 2°. comme celle des longueurs ; 3°. en raison inverse des masses. Et enfin lorsque toutes ces choses varieront, le nombre des oscillations sera en raison composée de la raison directe des racines des longueurs, de l'inverse des masses & de celle des racines du vent. Jusqu'ici le centre de rotation est supposé fixe. Quand le vent augmente, cet accroissement de force imprime à chaque petite masse du Navire un dégré de vitesse ; & par conséquent leur distance au centre de mouvement, qui est toujours proportionnelle à ces vitesses, doit être plus grande. Donc le centre de rotation est plus élevé & le pendule est plus court. Mais puisqu'il est plus court, & que cette diminution croît en même raison que l'augmentation du vent, il est évident que le nombre des oscillations augmentera en raison des racines des deux longueurs, c'est-à-dire, dans ce cas, en raison des racines des efforts du vent, ces longueurs étant ici en raison de la force du vent. Toute cette théorie étant appliquée à la disposition de la charge du Navire, fournit à cet égard plusieurs connoissances utiles, dont voici un échantillon qui terminera cette analyse.

1°. *Plus un Navire est long, plus il est pesant de voiles.* (En supposant la charge toujours également distribuée).

2°. *Plus le centre de gravité du Vaisseau est élevé, plus il plie sous les voiles. Moins il est élevé, plus il tourmente.*

3°. *Plus un Navire est chargé, plus il est pesant de voiles, en raison des racines des masses.*

4°. *Plus le vent est violent, plus le Vaisseau plie sous les voiles, en raison des racines de la force du vent..... &c.* (Voïez *La Mâture discutée & soumise à de nouvelles loix*).

Avant que d'exposer ma théorie, j'aurois dû faire mention de deux Ouvrages sur la *Mâture*, dont l'un est intitulé : *Meditationes super problemate nautico de implantatione Malorum* & l'autre, *De la Mâture des Vaisseaux ;* mais comme il ne s'agit ici que de la solution du problème pur & simple de la *Mâture,* je n'ai pas cru devoir m'y arrêter. Dans le premier, qui renferme de très-belles choses, l'Auteur s'est borné à resoudre les deux questions de la position du mât sur le Vaisseau & de sa hauteur. Dans ce dernier cas, il prétend que plus le mât est long plus le Navire incline ; & il n'est attentif qu'à mettre en équilibre l'effort du vent sur les voiles & la poussée verticale de l'eau, afin d'éviter une inclinaison funeste. L'Auteur du second Traité a observé que plus le mât

est long plus il peut porter de voiles, & que par conséquent plus grand est son effort. Sans s'arrêter à la longueur du mât, il ne considère que la surface des voiles qu'il peut donner & l'effort du vent sur elles. Ainsi il examine l'effort absolu du vent par rapport à l'inclinaison du Navire. Voilà quel est le point de vûe général des Auteurs anonymes des Ouvrages ci-devant cités, & qui ont eu un *accessit* pour le prix de l'Académie de 1727. A l'égard des regles que les Constructeurs suivent mécaniquement pour la hauteurs des mâts, *Aubin* en a rendu compte dans son *Dictionnaire de Marine,* & je les ai exposées dans mon *Idée de l'état d'armement des Vaisseaux,* imprimée à la fin de *l'Art de mesurer sur mer le sillage du Vaisseau.*

MAX

MAXIMUM & MINIMUM. Les Géométres appellent ainsi l'art de trouver dans la Géometrie sublime, la plus grande quantité & la moindre quantité, c'est-à-dire, l'art de trouver la plus grande & la moindre ordonnée d'une courbe qui peut représenter telle quantité qu'on veut. Une quantité est la plus grande, ou en langage de Géometre, est un *Maximum,* lorsqu'elle est parvenue en croissant au point au-delà duquel elle commence à décroître ou à diminuer. Au contraire elle est un *Minimum,* lorsqu'en décroissant elle est parvenue à un point où elle commence à croître. Pour rendre cela sensible exprimons une quantité par l'ordonnée A C du demi-cercle B D E, (Planche I V. Figure 65.) & faisons croître cette ordonnée jusques au point D, où elle deviendra raïon : il est évident qu'elle ne pourra passer ce point sans décroître. Elle sera donc un plus grand, ou un *Maximum,* au point D.

Pour avoir un *Minimum* il faut que la courbe ait sa convexité tournée du côté de sa tangente N C (Planche IV. Figure 66.) Si l'on fait décroître l'ordonnée A C jusques au point D, point de la tangente de la courbe, elle sera alors un *Minimum,* c'est-à-dire, la moindre qu'elle puisse être ; car elle croîtroit passé ce point.

Enfin on distingue les plus grandes & les plus petites ordonnées, en observant si la difference de l'ordonnée A C est positive (figure 65.) avant que le point A arrive en D, & si elle devient négative après avoir passé le point. Dans ce cas c'est un *Maximum.* Mais lorsque la difference est d'abord négative & qu'elle devient positive, en confidérant l'ordonnée comme pofitive, c'eft un *Minimum*.

Ces vérités clairement conçues, les Géometres cherchent à déterminer ces ordonnées dans ces deux cas. Et voilà ce qu'ils appellent une queftion de *Maximis* & *Minimis*. A cette fin, ils confiderent qu'une quantité qui croît ou diminue continuellement, ne peut de pofitive devenir négative, ou de négative devenir pofitive, fans paffer ou par zero ou par l'infini : par zero en diminuant, & par l'infini en augmentant. Donc la difference d'une quantité qui exprime un *Maximum* ou un *Minimum* doit être égalée à zero ou à l'infini. Il ne s'agit donc plus pour réfoudre le problême des *Maximis* & *Minimis*, que d'exprimer la relation des ordonnées aux abfciffes; d'en prendre la difference, & d'égaler cette difference à zero. Ce qui revient de cette opération étant réduit par les regles ordinaires de l'Algébre, c'eft-à-dire, l'équation finale ou derniere étant dégagée, le *Maximum* ou le *Minimum* eft connu. Mais comment trouver la relation de l'ordonnée à l'abfciffe? Ceci fuppofe la connoiffance de la nature de la courbe. Et quand la courbe n'eft pas connue, & que le problême eft général ou généralement exprimé, on forme de fes conditions une équation qu'on fuppofe être la nature d'une courbe quelconque, & on réfout le problême comme fi cette courbe étoit véritablement connue. Un exemple général achevera de rendre fenfible toute la théorie des *Maximis* & *Minimis*.

2. *Problême de Maximis*. Divifer une ligne A B (Planche IV. Figure 67.) en deux parties A C, C B, telle que le produit du quarré de l'une des parties A C par l'autre C B, foit un *Maximum*. Nommons la ligne A B, a; & une de ces parties A C, x; la partie C B fera $a - x$. Or felon le problême le quarré de A C (xx) multiplié par C B ($a - x$) doit être un *Maximum*. Le produit de ces deux quantités eft $axx - x^3$; & afin qu'il foit tel qu'on le demande, il faut fuivant la regle le differencier & égaler cette difference à zero. La difference de $axx - x^3$ eft $2axdx - 3x^2dx$ (*Voïez* là-deffus Calcul differentiel à l'article de CALCUL), qui étant égalée à zero, donne $2axdx - 3x^2dx = 0$. Et pour que cette égalité y foit, on efface les dx par tout où ils fe trouvent; ce qui donne $2ax - 3xx = 0$. Faifant paffer $2a$ à la place de zero, & réduifant l'équation par les regles ordinaires

de l'équation, on a $x = \frac{2a}{3}, = \frac{2}{3}a$.

Pour fe conduire dans ce calcul, on imagine une courbe B D E (Planche IV. Figure 65.) telle que la relation de l'abfciffe B C (qu'on nommera y) à l'ordonnée A C (x), foit exprimée par l'équation $y = \frac{axx - x^3}{aa}$. Ainfi il ne s'agit que de chercher un point D où l'ordonnée A C parvienne, & qu'elle y foit dans fon plus grand accroiffement. Cela fe trouve par le calcul précédent. Cette courbe fert à diftinguer la queftion dans les cas d'un *Maximum* ou d'un *Minimum*. Elle feroit un *Minimum* fi la relation de l'ordonnée à l'abfciffe, ou fi la nature de la courbe étoit telle que l'ordonnée augmentant devînt infinie, c'eft-à-dire, que M D devînt N E. Or cela arrivera dans le cas fuivant.

3. Problême de *Minimis*. Aïant une ligne A B (Planche IV. Figure 68.) partagée en trois parties A C, C D, D B, divifer la partie C D du milieu, de maniere que le rapport du produit C E par E D foit un *Minimum*.

Nommons les parties A C, a; C D, b; D B, c; & l'inconnue C E x. Ainfi A E $= a + x$; E B $= c - x$; E D $= b - x$. Le rapport de A E ($a + x$) × E B ($c - x$), c'eft-à-dire, $ac + cx - ax - xx$, à C E × E D ($bx - xx$) fera donc

$$\frac{ac + cx - ax - xx}{bx - xx},$$ qui doit être un *Minimum*.

C'eft pourquoi on prendra la difference de ce rapport qu'on égalera à zero. Cette difference eft $acbx - xx + bcxdx - xx + baxdx - xx + bx2xdx - xx - acbdx - x2dx - bcxdx - x^2dx - abxdx - x2dx - bdx - xx - x^3dx$, le tout divifé par le quarré de $bx - xx$, c'eft-à-dire, par $b2x^2 + 2bx^3 + a^4$. On a donc cette expreffion,

$$\frac{acbx - xx + bcxdx - xx + baxdx - xx + bx2xdx - xx - acbdx - x^2dx - bcxdx - x^2 - bxdxx - 2xdx}{b^2x^2 + 2bx^3 + x^4}$$

qu'il faut égaler à zero, Aïant divifé le tout par adx on a $cxx - axx - bxx + 2acx - acb = 0$, dont l'une des racines réfout la queftion. Si l'on fait $ac = a + b$, on aura $x = \frac{1}{2}b$. C'eft la conclufion qu'en a tiré M. le Marquis de l'*Hôpital* dans cette fuppofition, comme il en aura déduit une différente dans toute autre. La chofe ainfi réfolue ou expofée, voïons comment cette opération a donné un *Minimum* & non un *Maximum*.

On a vû que dans toutes ces queſtions, il falloit imaginer une courbe dont la nature fût exprimée par l'équation du problême, ou autrement dont l'ordonnée (qu'on nomme ordinairement y) à l'abſciſſe, fût exprimée par cette équation. Il s'agit donc d'imaginer une courbe E D (Planche IV. Figure 65.) telle que la relation de l'ordonnée E N à l'abſciſſe N M, ſoit exprimée par l'équation

$$y = \frac{aac + acx - aax - axx}{bx - xx},$$

& de trouver pour l'abſciſſe une valeur N M, telle que l'ordonnée M D ſoit la moindre qu'il ſoit poſſible. C'eſt ce qu'a déterminé le calcul précédent. Par où l'on voit qu'ici l'abſciſſe croît tandis que l'ordonnée diminue, au lieu que dans le *Maximum* & l'abſciſſe & l'ordonnée croiſſent en même-tems. C'eſt là ce qui diſtingue d'une façon bien palpable le *Maximum* du *Minimum*.

Malgré mes éclairciſſemens & mes efforts, je ſens qu'il reſte encore une objection à réſoudre : c'eſt celle qu'on peut faire ſur cette liberté de faire tourner tantôt la concavité, tantôt la convexité d'une courbe vers ſes abſciſſes, ſans qu'aucune regle paroiſſe l'autoriſer. Pour lever cette difficulté, je vais expoſer la réponſe de M. l'Abbé *Deidier* que je crois ſatisfaiſante.

Lorſqu'en cherchant un *Maximum*, dit-il, la ſuppoſition de $dy = $ o ne donne rien à connoître, il faut ſuppoſer $dy = \infty$ (l'infini). Car alors la courbe, dont on imagine que y eſt la plus grande ordonnée, a ſa convexité tournée vers la ligne des abſciſſes, ou ſa concavité. Si ſa concavité eſt tournée vers la ligne des abſciſſes B E, le rapport des dx aux dy augmente de B en O, & diminue enſuite de O en E. Donc les dy diminuent de B en O & augmentent enſuite. D'où l'on conclud que le dy correſpondant à la plus grande ordonnée eſt égal à zero. Si au contraire la courbe a ſa convexité tournée vers la ligne A C (Planche VII. Figure 69.) des abſciſſes, le rapport des dx aux dy diminue de A en P & augmente de P en C. Donc les dy augmentent de A en P, & diminuent de P en C; & le dy correſpondant à la plus grande ordonnée eſt égal à l'infini par rapport à dx. Or comme il n'eſt pas néceſſaire de décrire la courbe, dont on ſuppoſe que la plus grande quantité y qu'on cherche eſt une ordonnée, & qu'on ne ſait pas ſi elle a ſa concavité tournée vers la ligne des abſciſſes, ou ſa convexité, on ſuppoſe $dy = \infty$, lorſque $dy = $ o ne fait rien connoître.

De même lorſqu'en cherchant un *Mini-* *mum*, la ſuppoſition de $dy = \infty$ ne fait rien connoître, il faut ſuppoſer $dy = $ o ; car la courbe, dont on imagine que y eſt une ordonnée, a ſa convexité ou ſa concavité vers la ligne des abſciſſes. Si elle a ſa concavité tournée vers la ligne des abſciſſes R T, le rapport des dx aux dy diminue de R en S, & augmente de S en T. Par conſéquent les dy augmentent de R en S, & diminuent de S en T. Donc le dy correſpondant à la moindre ordonnée B S eſt $dy = \infty$. Mais ſi la courbe a ſa convexité tournée vers la ligne des abſciſſes N C, (Planche IV. Figure 66.) le rapport des dx aux dy augmente de N en M, & diminue de M en C. Donc les dy diminuent de N en M, & augmentent de M en C, & le dy correſpondant à la moindre ordonnée M D eſt $dy = $ o. Ainſi lorſque la courbe dont on ſuppoſe que y eſt la moindre ordonnée, n'eſt pas connue, ſi la ſuppoſition de $dy = \infty$ ne donne rien, il faut ſuppoſer $dy = $ o. (*Voïez* le *Calcul differentiel & integral*, &c. par M. l'Abbé *Deidier*).

On doit à M. *Fermat* la Méthode des *Maximis & Minimis*. Cette Méthode a été enſuite examinée & publiée par M. *Leibnitz* dans les *Acta eruditorum, an.* 1684. page 467. MM. *Bernoulli*, freres, l'aïant enfin perfectionnée (*Voïez* les *Actes de Leipſic* de differentes années, ſur-tout l'année 1697), M. le Marquis de l'*Hôpital* l'a développée très clairement dans ſon *Analyſe des infiniment petits*, Sect. III.

Les Géometres qui ont écrit ſur le calcul differentiel, ont traité la queſtion des *Maximis & Minimis.* Si l'on veut connoître les Auteurs ſur cette queſtion, c'eſt à l'article CALCUL DIFFERENTIEL qu'il faut recourir. Je préviens ſeulement qu'on trouve dans le *Traité des Fluxions* de M. *Maclaurin*, une belle expoſition & une théorie bien profonde de cette méthode. (*Voïez* les deux Tomes.)

M E C

MECANIQUE. C'eſt la Science qui apprend par quels moïens on peut augmenter l'effort d'une puiſſance. Elle enſeigne donc les loix du mouvement, les effets des puiſſances ou des forces mouvantes, en tant qu'elles ſont appliquées à des machines. On appelle *Puiſſance* ou *Force mouvante* l'action d'une cauſe qui tend à mouvoir un corps. Quoique cette ſcience, ſoit, comme on voit, très-étendue, & que ſa théorie dépende de celle du mouvement des machines ſimples telles que le lévier, le coin, la vis, le plan incliné, &c. cependant voici à quoi elle se réduit , & quels en sont les principes généraux.

1. Si deux puissances exprimées par des lignes B C , D C (Planche XL. Figure 70.) agissent ensemble sur un corps C, pour le pousser dans leur direction B C E, D C F, elles lui feront parcourir la diagonale C G d'un parallelograme E F, dont les côtés C E, C F seront proportionnels aux forces B C, D C, & qui seront dans leur direction B C E, D C F: Car les effets étant proportionnels à leurs causes, si la force B C agissoit toute seule sur le corps C, elle lui feroit parcourir dans un certain tems la ligne C E; & la force D C agissant seule sur le même corps C dans la direction D C F, elle lui feroit parcourir dans le même tems une ligne, qui seroit à C E, comme D C est à B C. Donc ces deux forces agissant ensemble sur le corps C, pour le pousser dans leur direction, elles lui feront parcourir en même tems, s'il est possible, les côtés C F, C E du parallelograme E F. Mais le corps C, en parcourant la diagonale C G, a le même mouvement qu'il auroit, si étant porté vers F, la ligne C F étoit en même tems portée vers E G. Dans ce cas le corps parcourroit la diagonale C G du parallelograme E F; puisque se trouvant au point F à la fin de son mouvement, ce point se trouveroit en même-tems au point G, par le mouvement de la ligne C F. Donc par l'effort des deux puissances B C, D C, le corps C parcourt la diagonale C G. De là on tire ces corollaires,

1°. Que si les lignes C E, C F expriment les forces mouvantes B C, D C, la diagonale C G du parallelograme E F exprimera l'effort composé des deux forces B C, D C, & qu'une autre exprimée par la ligne G C doit nécessairement empêcher l'effet des forces B C, D C, qui agissent ensemble dans les directions B C E, D C F, puisque la ligne G C est également & directement contraire à l'effort C G, composé des deux forces B C, D C. Donc une force G C, qui seroit à B C & D C, comme C G est à C E & C F, & qui repousseroit le corps C dans la direction de la diagonale G C, détruiroit nécessairement l'effort de ces deux puissances, ou le rendroit inutile, & le corps C demeureroit dans un parfait repos. Cette égalité de forces, c'est ce qu'on appelle *Equilibre*.

2°. On peut toujours substituer deux forces à la place d'une seule, puisque la force C G équivaut aux forces C E & C F, & la force opposée G C aux deux forces G E & G F, ou F C & E C.

3°. Le troisiéme corollaire est que si trois puissances sont en équilibre, elles doivent être proportionnelles aux deux côtés contigus E F, C F d'un parallelograme, & à la diagonale G C, pourvû que ces trois lignes soient dans leur direction. Mais la puissance qui resiste seule aux deux autres, doit avoir sa direction dans la diagonale de ce parallelograme.

4°. Enfin, il est évident que si trois puissances P, R, F, sont appliquées à des cordes (Planches XL, Figure 71.) pour tirer le corps C dans les directions C P, C F, C R, ces trois puissances seront en équilibre, lorsque la puissance resistante R sera exprimée par la diagonale A C du parallelograme A B C D. Et lorsque les deux puissances P & F seront exprimées par les côtés D C, B C du même parallelograme, le corps C restera en repos.

2. Les puissances P & F (même Figure) dans l'état d'équilibre, sont en raison réciproque des perpendiculaires A E, A G abbaissées de l'un des points de la direction R A de la puissance resistante R, sur les directions P C, F C des puissances P & F, Cela veut dire, que P : F :: A G : A E; car P : F :: D C : B C ou :: A B : B C. Mais A B : B C comme le sinus de l'angle A C B est au sinus de l'angle B A C, ou de son égal A C E. Donc en prenant A C pour raïon P : F :: A G : A E, qui sont les sinus des angles A C G, A C E.

Par la même raison les puissances R & F sont en raison réciproque des perpendiculaires D E, D G (Planche XL, Figure 72.) abbaissées de l'un des points de la direction C D de la troisiéme puissance P sur les directions C A, C B des puissances R & F; car R : F :: A C : B C ou A D. Mais A C : A D :: le sinus D G de l'angle A D C ou de son supplément C D H (en prenant C D pour raïon) est au sinus D E de l'angle D C E.

3. Si des points D & B l'on abbaisse les perpendiculaires (Planche XL. Figure 73.) D E, B I sur la direction A C d'un poids R, qui est en équilibre avec les puissances P & F & qu'on acheve les rectangles E G I H, les côtés D G, D E representeront deux forces équivalentes à la force D C. De même les côtés B H, B I representeront deux forces équivalentes à B C. Mais D E & B I sont deux forces horisontales qui ne soutiennent aucune partie du poids R, puisqu'elles ne sont aucunement opposées au mouvement qui les porte à descendre. Donc la ligne B H exprimera la partie du poids que la puissance F soutient; D G exprimera celle

celle qui eſt ſoutenue par la puiſſance P.
Donc les parties du poids R , que les puiſſances P & F ſoutiennent , ſont entr'elles
comme D G eſt à B H ou comme E C eſt
à I C.

4. La *Mécanique* eſt une ſcience toute moderne. La connoiſſance des Anciens ſur cette
partie des Mathématiques , étoit trop limi-
tée pour mériter le nom de *Mécanique*. Elle
ſe reduiſoit à la ſeule pratique des machines ſimples. *Herigone* , dans le Tome VI de
ſon *Cours de Mathématique* , confirme après
Vitruve & pluſieurs Auteurs anciens qu'*Architas* de Tarente eſt l'inventeur des *Mécaniques* , & qu'il fut repris par *Platon*. Il
ajoute , qu'il fit un pigeon de bois qui
voloit. Selon toutes les apparences *Architas*
étoit un Machiniſte & non un Mécanicien,
c'eſt-à-dire , un Homme adroit , livré à ſon
ſeul génie , ſans aucun principe & aucune
regle du mouvement.

Après lui *Archimede* rechercha la théorie
du centre de gravité & de l'équilibre , & la
publia ſous ce titre : *De Æquipondéranti-
bus. Pappus* a enſuite démontré celle du
lévier , de la roue dans ſon eſſieu , de la
poulie , de la vis & du coin. Et la *Mécanique* a été pouſſée au point où elle eſt aujour-
d'hui par les découvertes qu'on a faites enſuite des loix du mouvement & de la dé-
compoſition des forces , à quoi cette ſcience
ſe réduit comme on vient de voir. Les Mathématiciens qui ont écrit ſur la *Mécanique*
ſont ; *Ariſtote , Archimede ; Oughtred , Wallis , de la Hire , Varignon & Deidier.*

MECHEIR ou MECHIR. Terme de Chronologie. C'eſt le ſixiéme mois de l'année Egyptienne. Il commence le 26 Janvier dans le
Calendrier Julien.

MED

MEDIATION DU CIEL. Les Aſtronomes
appellent ainſi le point de l'écliptique qui
arrive avec une étoile ſous le méridien , ou
qui s'y trouve dans un tems donné.

MEDIETE'. Proportion continue , dont le ſecond terme prend en même-tems la place
du troiſiéme. Il y a par conſéquent trois
ſortes de *Médietés* , c'eſt-à-dire , autant que
de proportions d'Arithmétique , de Géométrique & d'Harmonique , avec cette difference cependant , que la *Médieté* ne conſiſte
qu'en trois termes , au lieu que la proportion en a quatre. (*Voïez* PROPORTION.)
Tacquet , en a écrit dans ſon *Arithmet.*

MEDIETE' DE L'ÉPICYCLE. C'eſt dans l'ancienne Aſtronomie le demi-cercle dans lequel
ſe meut la planete , pendant que ſon centre
avance dans la peripherie de l'excentrique.

La *Médieté* eſt inférieure ou ſupérieure ; *inférieure* lorſque ſon perigée eſt dans ſon
milieu , & *ſupérieure* , quand on y découvre
l'aphelie. On appelle *Médieté Orientale*
la moitié de cet épicycle , qui eſt vers l'O-
rient entre ſon apogée & ſon perigée , &
Médieté Occidentale , celle qui eſt vers l'Occident entre ces deux points.

MEDIOCRE. On caractériſe ainſi une planete
lorſque ſon mouvement véritable eſt égal à
ſon mouvement moïen.

MEL

MELODIE. L'art de faire ſucceder des ſons
d'une façon agréable à l'oreille. C'eſt l'art
de compoſer un chant. On croiroit volontiers que cet art eſt entierement ſubordonné
au goût ; car il en faut abſolument pour
faire un beau chant , un bel air. Cependant
le goût tout ſeul ne va pas loin , ſi l'on ne
connoît point que telle ou telle ſucceſſion
doit être compoſée de tels ou tels ſons plutôt que de tous autres. Il y a plus : un ſon
étant donné , celui qui doit lui ſucceder eſt
déterminé. Voici les regles générales qu'on
ſuit à cet égard.

1°. Il faut faire attention au genre de mo-
dulation dans lequel on commence un chant,
c'eſt-à-dire , dans quel genre il ſe trouve ,
ſoit dans le Diatonique, dans le Chromatique,
ou dans l'Enharmonique , afin de l'y conſerver , & qu'il ne ſorte pas ſans raiſon des
limites ou des cordes du mode.

Cette regle premiere apprend à bien pour-
ſuivre un chant. Ainſi un air en *G re ſol*,
doit toujours continuer ſur le même ton ;
un autre en *E ſi, mi,* ſur ce ton *E ſi, mi,* &c.

2°. La ſeconde regle regarde la ſituation
que les ſons doivent avoir les uns à l'égard
des autres , pour former un beau chant ou
une agréable *Mélodie.* Sur quoi il y a trois
obſervations à faire. La premiere , eſt que
les ſons ſe ſuivent immédiatement les uns
après les autres , ſoit qu'ils montent du
grave à l'aigu , ou qu'ils deſcendent de l'aigu
au grave , ou ſoit qu'après avoir paſſé en
montant par les notes diatoniques naturelles , ou béquarres , on deſcende auſſi tôt par
les mêmes dégrés ; ou enfin ſoit qu'on monte
par bémol , & qu'on deſcende enſuite par
béquarre *& vice verſâ.* On appelle cette mo-
dulation , *proceder par degrés conjoints.*

La deuxième obſervation eſt une ſorte
d'agrément , qui conſiſte à ne pas prendre
le ſon immédiatement lorſqu'on paſſe d'un
ſon à un autre tant en montant qu'en deſcendant , mais à en omettre un ou deux ou
davantage. Les Italiens appellent cette mo-

dulation *Disalto*, & les François *proceder par degrés disjoints*.

Il s'agit dans la troisiéme observation de la force des sons relativement les uns aux autres pour exciter en nous certains mouvemens intérieurs qu'on appelle *affections* ou *passions*. Car parmi les sons il y en a qui de leur nature sont plus propres à exciter certaines passions que d'autres, qui d'un autre côté produisent d'autres effets. C'est ainsi que les sons aigus excitent par leur éclat la joie, la gaïeté, le courage, tandis que les sons graves produisent la tristesse. Les chants, qui procedent par béquarre, sont ordinairement gais & enjoués ; ceux qui procedent par bémol, sont tendres, doux, affectueux, &c. Tout cela a lieu, soit que la combinaison des sons les uns avec les autres, ou ces passages que l'on fait alternarivement de l'aigu au grave, ou du grave à l'aigu, se fasse par dégrés conjoints ou par dégrés disjoints.

Enfin, si ces sons sont modulés par differens tems, ou selon differens mouvemens, ils produisent encore differens effets, & perfectionnent la *Mélodie*. Voilà les principes généraux de cet art. On peut juger de sa fécondité. *Aristides* & *Euclide* en ont écrit particulierement ; & les Anciens en général le possédoient assez. Qu'il seroit à souhaiter que les Musiciens modernes suivissent leurs vûes! M. *Brossard* avoit promis un écrit ou Traité là-dessus dans son *Dictionnaire de Musique*. Je ne crois pas que ce Traité ait jamais paru ; mais cela fait voir que le sujet en merite un, & si j'osois le dire, il y auroit là plus d'art que dans un Traité d'Harmonie.

M E M

MEMBRES. On donne ce nom en général dans l'Architecture civile à toutes les petites parties, & tous les ornemens qui forment les ordres. Quoique cette définition soit adoptée de tous les Architectes, cependant quelques-uns d'entre eux n'appellent *Membres* que les parties qui peuvent être dessinées à la regle & au compas. Ainsi ils ne reconnoissent que deux sortes de *Membres*, des *Membres plats* & des *Membres courbes*, qui ne peuvent souffrir de changement qu'en grandeur ou en petitesse. Les Ouvrages d'Architecture font un effet d'autant plus agréables, que les *Membres plats* & les *Membres courbes* sont artistement entrelassés ou contrastés ; ce qui dépend du goût.

M E N

MENISQUE. On appelle ainsi en Optique un verre convexe d'un côté & concave de l'autre. Lorsque le diametre du côté convexe est égal à celui du côté concave, les raïons de lumiere sont rompus comme dans un verre plan. Quand le diametre du côté concave est plus grand que celui du côté convexe, les raïons se rompent comme dans un verre convexe. Enfin le diametre convexe excede-t-il le diametre concave ? La réfraction est la même que celle des verres concaves. Ainsi l'on peut se servir des *Ménisques* à la place de tous les autres verres. Le P. *Cherubin* ne les approuve pas, par la difficulté qu'il y a à les polir.

Descartes prétend qu'on doit donner aux *Ménisques* une figure elliptique ou hyperbolique. (*Voïez* la *Dioptrique Ch. VIII.*) *Newton* veut au contraire que la figure sphérique soit préférable pour les instrumens d'optique ; tant, parce que, dit-il, on peut les former & les polir plus exactement, que parce qu'ils rompent plus précisément les raïons qui tombent dans leur axe que les autres verres. Le P. *Deschalles* prétend avoir confirmé ce sentiment par l'expérience dans son *Mundus Mathematicus, Tom. III. Dioptr. L. II. Prop. 69.* M. *De Varincourt* lui aïant donné un verre à peu près-hyperbolique, qu'il avoit lui-même travaillé, le P. *Deschalles* l'appliqua à un telescope de 8 pieds, & trouva que les parties des objets situées dans l'axe étoient très-distinctes, & que les autres paroissoient informes. En mettant dans le même tuïau, à la place de cette lentille un verre sphérique, il distingua également & les parties situées dans l'axe & celles qui étoient à côté. J'ai déja annoncé qu'on croïoit le sentiment de M. *Newton* mal fondé, depuis qu'on est venu à bout de former des lentilles elliptiques. (*Voïez* LENTILLE.) Je ne m'arrêterai donc point à cette expérience. Pour finir cet article de *Ménisque*, il me reste à en déterminer le foïer. Ce qui se trouve par cette regle générale. *La difference des demi-diametres de la convexité & de la concavité, est au demi-diametre de la concavité, comme le diametre de la convexité est à la distance du foïer.*

MENSULE. Instrument de Géometrie pratique. C'est une petite table quarrée qui sert à mesurer les distances & les hauteurs, & à lever toute sorte de plans. *Daniel Schewenter* a donné dans sa *Géometrie-pratique, Trait. III. pag.* 637, une description fort exacte de cet Instrument & de son usage. Il en attribue l'invention à *Prætorius*, Professeur de Mathématiques à Altorp. On le connoît mieux aujourd'hui sous le nom de planchette , ou du moins il peut se rapporter là. (*Voïez* PLANCHETTE.)

MENSURABILITE'. C'est l'aptitude d'un corps à être appliqué à une certaine mesure.

MER

MERCURE. Nom d'une des planetes qui tournent autour du soleil. C'est la plus proche de cet astre dont elle n'est éloignée que de 28 dégrés. Elle est petite , mais sa lumiere est fort vive. On ne l'apperçoit qu'au lever ou au coucher du soleil. *Gassendi* est le premier qui la vit passer par le soleil l'an 1631, comme *Kepler* l'avoit prédit. Il a publié les observations qu'il a faites à ce sujet en forme de Lettres à *Schickard*.

La moïenne distance de *Mercure* au soleil est de 387; son excentricité de 80 , & l'inclinaison de son orbite de 6°, 52'. Cette Planete fait sa révolution autour du soleil en 87 jours, 23 heures. Sa plus grande élongation est d'environ 12 dégrés. Sa figure est spherique. *Gassendi* estime son diametre apparent la centiéme partie de celui du soleil. M. *Gallet* croit que ce diametre est 118 ou 119 fois plus petit que celui du soleil; M. *Hevelius* 120. En 1736 il a été trouvé de 9", 50''', celui du soleil étant de 32', 30". Alors la distance de la terre à *Mercure* étoit à la distance de la terre au soleil , comme 685 à 1000. D'où l'on conclud, que le diametre véritable de *Mercure* est de 6", 40''', & qu'il est à celui du soleil à peu près comme 1 à 300. Sa grandeur est à celle de la terre comme 216 est à 343.

On n'a pas encore observé de taches dans *Mercure* & on ne sait pas s'il tourne sur son axe : mais cette rotation est fort probable. Dans les années 1756, 1769, 1776, 1782, 1789, au mois d'Octobre, on verra cette planete dans le soleil proche le nœud ascendant. Et dans les années 1753, 1786, 1799, elle paroîtra encore dans le soleil au mois d'Avril , près de l'autre nœud.

Tel est tout le résultat de la théorie de *Mercure*, fruit de plusieurs observations qu'on doit aux Astronomes en général & en particulier à *Gassendi* , *Gallet* , *Hevelius*, *Cassini* , *Maraldi* & *Cassini* fils & petit-fils. C'est donc aux Ouvrages de ces Savans sur l'Astronomie, qu'il faut recourir si l'on veut connoître tout le fond de cette theorie.

MERCURE DE JUPITER. Nom du premier satellite de Jupiter, qui est le plus proche de lui.

MERES, Etoile de la troisiéme grandeur dans la ceinture de Bootes. *Hévelius* a déterminé la longitude & la latitude de cette Etoile.

(*Prodrom. Astronomiæ* , *pag.* 274.) On l'appelle aussi *Cingulum Bootis* , *Mezer* , *Mirach*.

MÉRIDIEN. C'est le nom d'un grand cercle qui passe par les poles du monde , par le zenith & par le nadir. Il coupe l'équateur à angles droits & divise la sphere en deux parties égales , l'une orientale & l'autre occidentale. Les poles de ce cercle sont les points du vrai orient & du vrai occident dans l'horison. On l'appelle *Méridien* à cause que le soleil arrivant à la partie de ce cercle, qui regarde le Sud, il est alors midi. Lorsque cet astre y est parvenu , il est à sa plus grande élevation. Sur le globe le *Méridien* est representé par un cercle , dans lequel le globe est suspendu , & dans lequel il tourne. Là ce cercle est divisé en quatre fois 90 ou en 360 dégrés divisés en quatre parties , en commençant par l'équateur. On compte sur lui, aux globes célestes , de chaque côté de l'équateur , la déclinaison méridionale & septentrionale du soleil & des étoiles , & au globe terrestre la latitude des lieux. Celui-ci a ordinairement 36 *Méridiens* qui passent par chaque dixiéme dégré de longitude. On détermine le *Méridien* en déterminant la ligne méridienne. (*Voïez* MERIDIENNE.) Chaque lieu a son *Méridien* particulier. Cependant les Anciens ont gardé un même *Méridien* pour les lieux compris dans la distance de 400 stades, c'est-à-dire , entre 50000 pas géographiques , en lui donnant le nom de *Méridien sensible* , pour le distinguer du premier qu'ils appelloient *Méridien rationel.* Celui-ci doit être fixe, afin qu'on puisse compter la longitude des lieux : je veux dire la difference des *Méridiens* des lieux à celui ci. Il seroit à souhaiter qu'on eût établi un premier *Méridien* , que toutes les Nations eussent reconnu pour tel. On ne verroit pas tant de diversité dans la longitude des lieux , & dans les Ecrits & dans les Cartes Géographiques. Mais telle est la façon générale de penser des hommes , que la vanité de regler une chose soi-même l'emporte sur les avantages qu'il en resulteroit , en adoptant celle qui est déja déterminée. *Ptolomée* fait passer le premier *Méridien* par les Isles Fortunées , quelques-uns par celle de St Nicolas ; *Hondius* par l'Isle de St Jacques ; ceux-ci par celle de Cerfu. Ceux-là par celle de Teneriffe ; d'autres par celle de la Floride, & des derniers par celle de Palma. Les François ont pris pendant long-tems pour premier *Méridien* celui de l'Isle de Fer, & aujourd'hui ils prennent celui de Paris à l'Observatoire. J'ai abregé ici tous ces sentimens , parce que cet article étendu eſt trop dépendant de la Géographie. On trouvera la choſe détaillée dans la *Geographia reformata*, *Liv. IX. Ch. 2*. M. *De la Martiniere* dans ſon *Dictionnaire de Géographie* a rendu ſon article de *Méridien* aſſez intereſſant, pour ſe paſſer du Livre de *Riccioli*, ſi l'on veut abreger les recherches.

MERIDIENNE. Ligne droite dans laquelle le méridien & l'horiſon, ou chaque plan horiſontal, s'entre-coupent. Ainſi en tirant une ligne droite d'un point du plan terreſtre par ſon méridien, & parallele au diametre de l'horiſon, on a une *Méridienne*. Mais comment tirer cette ligne ? Cela forme un problême dont on a donné pluſieurs ſolutions. Je vais faire un choix entre les meilleures & les plus faciles ; & je penſe qu'on verra avec d'autant plus de plaiſir une diſcuſſion à ce ſujet, que la *Méridienne* eſt d'une utilité indiſpenſable dans l'Aſtronomie & d'un uſage aſſez recherché dans la vie civile.

Premiere Méthode. 1°. Sur un plan horiſontal décrivez pluſieurs cercles concentriques AB, CD, &c. (Planche XV. Figure 74.) Sur le centre de ces cercles, élevez un ſtile courbe E F portant une plaque F, percée d'un petit trou. 2°. Vers le tems des ſolſtices, avant midi, depuis 9 heures juſques à 11, & après midi depuis une heure ou environ juſques à 3, marquez les points où la lumiere échappée par le trou de l'index, coupe ces circonférences & le matin & l'après midi. La ligne qui diviſera ces arcs en deux parties égales, ſera la *Méridienne*.

Il eſt aiſé de voir que par cette méthode on prend des hauteurs égales avant & après midi. La ligne, qui partage également ces deux hauteurs, doit donc être la *Méridienne*. Cela ſeroit fort exact, ſi le ſoleil avoit un mouvement ſemblable à celui des étoiles fixes. Comme cet aſtre a un mouvement propre de même que les planetes, il doit y avoir une petite erreur dans cette façon de tracer une *Méridienne*. Cette erreur ſe corrige ainſi. Puiſque le ſoleil en une minute d'heure fait autant de chemin par ſon mouvement journalier, qu'il en perd en 6 heures par ſon mouvement propre, il faut ajouter au chemin que fait le point de lumiere dans les derniers points marqués, il faut ajouter, dis-je, l'eſpace de chemin que ce point de lumiere parcourt en une minute : de ſorte qu'on ne prendra pas les derniers points préciſément dans les cercles, mais un peu en dehors.

Seconde Méthode. 1°. Plantez un ſtile A E perpendiculaire ſur un plan horiſontal (Planche XV. Figure 75.) & marquez dans un même jour trois ombres A B, A C, A D. 2°. Remarquez la longueur de ces ombres. En les ſuppoſant égales, la ligne tirée du point A perpendiculairement à la ligne qui joint les deux extrêmités ſera la *Méridienne*. Si cette ſuppoſition n'a pas lieu, faiſons-en une autre. Que A C, par exemple, ſoit l'ombre la plus courte.

Dans ce cas, 1°. Elevez au point A les lignes A F, A G, A H, perpendiculaires aux lignes A B, A C, A D, & égales à A E. 2°. Joignez F B, G C, H D. 3°. De F B, H D retranchez F I, H K égales à G C. 4°. Des points I, K, tirez les lignes droites I L, K M, perpendiculaires aux lignes A B, A D. 5°. Des points L, M, abbaiſſez les deux perpendiculaires L N, M O, ſur la ligne qui joint les points L, M, & qui ſoient égales aux lignes L I, M K.

Suppoſons maintenant que P ſoit l'interſection des lignes qui joignent les points L, M & O, N. Alors ſi l'on tire une ligne droite par les points P, C, & ſi l'on abbaiſſe une perpendiculaire du point A à cette ligne P C, cette perpendiculaire ſera la *Méridienne*. On trouve la démonſtration de cette méthode dans les *Exercitationes Geometricæ* de *Van Schoutens*, à qui on la doit.

Troiſiéme Méthode. 1°. Sur un plan horiſontal aïant élevé un ſtile M B, (Fig. 76) marquez-y le centre de l'ovale de la lumiere qui paſſe par le trou du ſtile, ou de la plaque adaptée à ce ſtile. 2°. Menez de ce point, qui ſera en D, par exemple, menez, dis-je, de ce point au pied du ſtile, la ligne A D. Cette ligne ſera la commune ſection du vertical du ſoleil avec le plan horiſontal. 3°. Meſurez cette ligne & la hauteur du ſtile, qui doit être perpendiculaire à la ligne A P comme l'eſt A C, & faites cette regle : Le nombre des parties de la ligne A D eſt au raïon, comme le nombre des parties de la hauteur perpendiculaire du ſtile, eſt à la tangente de l'angle C A D.

Cet angle eſt celui de la hauteur du ſoleil ſur l'horiſon. Aïant connu cette hauteur on connoît l'angle fait par le vertical du ſoleil & le méridien, qui a pour meſure l'arc compris entre ce vertical & le méridien. Il faut auparavant ſavoir la latitude du lieu & la déclinaiſon du ſoleil. (*Voïez* LATITUDE & DECLINAISON,) afin de former de ces trois choſes un triangle ſpherique qui donne la quatriéme.

Or les côtés de ce triangle ſont ; 1° la portion du méridien compriſe entre le pole & le zenith, qui eſt le complement de la latitude ; 2° la diſtance du ſoleil au zenith, complement de l'élévation du ſoleil ſur l'høriſon ; 3° la diſtance du ſoleil au pole qui eſt élevé ſur l'horiſon. La ſolution de ce triangle par les regles de la Trigonometrie (*Voïez* Trigonometrie spherique.) donne l'angle formé par le vertical du ſoleil & le méridien.

Tout cela fait, 1°. Menez par le pied du ſtile une ligne A P, qui faſſe avec la ligne P D un angle A P D égal à l'angle formé par le vertical du ſoleil & le méridien. Cette ligne ſera la *Méridienne*. On pourra la vérifier en la cherchant de nouveau , & par la même méthode par pluſieurs points d'ombre.

Quatriéme Méthode par les étoiles. Diſpoſez une ficelle blanche horiſontalement au-deſſus du plan où l'on veut tracer la *Méridienne*, de façon qu'elle ſoit mobile par un de ſes bouts ; ſuſpendez à cette ficelle deux plombs avec de la ſoïe la plus fine, & après les avoir éloignés entre eux le plus qu'il ſera poſſible, plongez-les dans des vaſes pleins d'eau, afin de pouvoir les fixer. Enfin, aïez attention que la ficelle qui porte ces plombs ſoit tellement ſituée que les ſoïes cachent toutes deux à la fois l'étoile polaire. Si cette étoile eſt dans le méridien lors de l'opération les deux ſoïes y ſeront auſſi. Or l'étoile eſt dans le plan du méridien lorſque la grande Ourſe eſt ſous l'étoile polaire. Alors les ſoies en cachant l'étoile polaire laiſſent à droite, c'eſt-à-dire, à l'Orient le quadrilatere de la grande Ourſe, & à l'Occident les trois de la queue. Dans cet inſtant la premiere de celles-ci eſt prête à paſſer par le méridien ou derriere la ſoïe. On connoît encore que l'étoile polaire eſt dans le plan du méridien quand des cinq étoiles principales de Caſſiopée une eſt à l'Orient & les quatre à l'Occident. Une de ces dernieres eſt ſur le point de paſſer & toute la conſtellation eſt ſous l'étoile polaire.

Cette obſervation faite, & les ſoïes cachant, comme j'ai dit, l'étoile polaire, menez une ligne ſur la ſurface, qui eſt au-deſſous des plombs, dans le même plan que les deux ſoïes. Cette ligne ſera la *Méridienne*.

Cinquiéme Méthode. Cette méthode, qui eſt de feu M. *De Gamaches*, & qui n'a point été publiée, a pour objet la *Méridienne*, & ſur un plan horiſontal, & ſur un plan vertical. Elle dépend de la ſolution de trois problèmes. Voici la ſolution de ces problèmes & leur application.

Problême I. *Trouver la hauteur du ſoleil ſur un plan horiſontal.*

Solution. 1°. Élevez un ſtile A S (Planche XV. Figure 77.) perpendiculairement au point A ſur le plan horiſontal. 2°. Marquez un point d'ombre O. 3°. Meſurez les lignes A O, A S. 4°. Faites cette reglé A O eſt à A S comme le ſinus total à un quatriéme terme, qui ſera la tangente de la hauteur apparente de la hauteur du ſoleil ſur l'horiſon, au moment où le point d'ombre a été marqué. En retranchant de cette hauteur la refraction, on a la hauteur véritable.

Problème II. *Trouver la hauteur du ſoleil ſur un plan vertical.*

Solution. 1°. Elevez perpendiculairement à un point quelconque A un ſtile A S (Planche XV. Figure 78.) 2°. Marquez un point d'ombre O. 3°. Menez par le pied du ſtile une ligne horiſontale M N, & du point O la verticale ou la perpendiculaire O R. 4°. Aïant meſuré les lignes S R & R O, faites cette proportion : S R eſt à R O, comme le ſinus total à un quatriéme terme, qui ſera la tangente de la hauteur apparente du ſoleil ſur l'horiſon, pour le moment où le point d'ombre a été marqué.

Problème III. *La hauteur du pole, la déclinaiſon du ſoleil, & ſa hauteur ſur l'horiſon étant connues, trouver l'angle que fait le cercle vertical avec le méridien.*

Que le cercle P Z M (Planche XV. Figure 79.) repréſente le méridien, P le pole, Z le zenith. Aïant formé le triangle ſphérique P Z Q, dans lequel P Z ſera le complement de la hauteur du pole, Z Q le complement de la hauteur du ſoleil ſur l'horiſon, ſi cette déclinaiſon eſt boréale, & qui égalera la déclinaiſon plus 90 degrés, ſi elle eſt auſtrale. Cherchez enſuite par les regles ordinaires de la Trigonometrie ſphérique l'angle P Z Q. Cet angle trouvé, on aura ſon ſupplément Q Z M, ou l'angle que fait le cercle vertical avec le méridien : ce qu'il falloit trouver.

Moïennant la ſolution de ces trois problèmes, il eſt aiſé de tracer une *Méridienne* ſur un plan quelconque. Enonçons cette maniere ſous la forme de problème, pour conſerver une uniformité dans cette méthode.

Tracer la Méridienne *ſur un plan horiſontal.*

1°. Du pied du ſtile A (Planche XV. Figure 77.) comme centre, décrivez un arc de cercle qui paſſera par un point quelconque K de la ligne A O. 2°. Aïant pris du point K un arc K T égal à l'angle que fait le vertical avec le méridien, menez la ligne T A que l'on prolongera de part & d'autre à

difcretion. Cette ligne eft la *Méridienne*
cherchée.

Tracer la Méridienne *fur un plan vertical.*
1°. Décrivez du point S, comme centre
(Pl. XV. Fig. 78.) un cercle qui paffera par un
point quelconque K de la ligne S R. 2°. Prenez du point K un arc K T, égal à l'angle
que fait le cercle vertical avec le méridien.
3°. Menez la ligne S T. Cette ligne étant
prolongée coupera l'horifontale à un point
M, & fera la *Méridienne.* C. Q. F. T.

Cette ligne tracée fert à déterminer ainfi
la déclinaifon du plan.

Les mêmes chofes que ci-devant étant fup-
pofées, puifque les trois côtés du triangle
S A R (Planche XV. Figure 78.) font connus, on connoîtra l'angle A S R. Donc fi
de l'angle M S R, que fait le cercle vertical
avec le méridien, on retranche l'angle A S R,
on aura l'angle A S M, qui fera celui de la
déclinaifon du plan.

Mais fi le point S fe trouvoit entre A
& R de l'angle A S R, il faudroit retrancher l'angle que fait le cercle vertical avec
le méridien. Le refte donneroit alors l'angle de la déclinaifon du plan.

Voilà les plus belles & les plus faciles
Méthodes qu'on ait découvert pour tracer
une *Méridienne.* Les autres qu'on décrit par
réfraction avec une pendule, font de pures
curiofités. On les trouve dans les Traités
ordinaires de Gnomonique, & particulierement dans celui de M. *Deparcieux*,
imprimé à la fin de fon *Traité de Trigonometrie rectiligne & fphérique.* Parmi ces
Méridiennes une a fixé mon attention ; c'eft
la *Méridienne* du tems moïen, ligne peu
connue & qui mérite de l'être. Voici comment M. *Deparcieux* la définit : » C'eft une
» ligne courbe faite à peu près comme un
» huit de chifre fort allongé, ferpentant
» autour de la *Méridienne* du tems vrai.
» Cette *Méridienne* eft telle, que fi l'on
» a une pendule à fecondes reglée fur le
» moïen mouvement du foleil, & qu'on
» lui faffe marquer midi lorfque le trou de
» la plaque paffe par cette courbe, à l'en-
» droit convenable marqué par les noms
» des mois qui doivent être autour, la
» pendule marquera toute l'année midi,
» lorfque le foleil fera dans cette courbe «.
La maniere de tracer cette *Méridienne* eft
affez compliquée, & demande plufieurs opérations aifées, mais longues. M. *Deparcieux*
les a détaillées dans fon Ouvrage ci-devant
cité, page 94, art. 425. J'y renvoïe donc le
Lecteur.

2. La *Méridienne* eft d'un grand ufage dans
l'Aftronomie, parce que l'obfervation des

hauteurs *Méridiennes* eft le principal objet
de cette fcience. Auffi y fixe-t-on un quart de
cercle pour toutes fes opérations. On lit
dans l'hiftoire célefte (*Hiftoria cœleftis. Prolegomena* F. 113.) que *Tycho-Brahé* en avoit
attaché un fort grand dans le plan du *Méridien* avec lequel il faifoit de pareilles obfervations. M. *De la Hire* en faifoit ufage, & a donné la conftruction d'un quart
de cercle particulier. (*Voïez* QUART-AS-
TRONOMIQUE.) La *Meridienne* fait connoître outre cela les quatre points cardinaux, & fert par conféquent à rectifier la
variation de la bouffole, & eft le fondement
des cadrans. (*Voïez* CADRAN.) La plus
célebre *Méridienne* qu'on ait aujourd'hui
eft celle de M. *Caffini* tracée dans l'Eglife St
Petrone à Bologne. M. *Picard* a prétendu
en 1671 que cette ligne varioit, & quelques Aftronomes ne font point raffurés là-
deffus. Cependant il femble que ce doute
n'eft pas fondé. Comme ceci revient à la
queftion de l'obliquité de l'écliptique *Voïez*
ECLIPTIQUE. On ignore l'Auteur de la
Méridienne, & en géneral on l'attribue aux
Egyptiens, parce qu'on croit qu'ils avoient
fitués des pyramides felon les quatre points
cardinaux.

MERKEDONIUS. Nom du mois embolifmi-
que de l'année Numienne, dont on faifoit
l'intercalation tous les deux ans, entre le
23 & le 24 Février, & qui avoit tantôt 22
jours, tantôt 13. Cette confufion, introduite
à Rome par les Grands-Prêtres, occafionna
la réformation Julienne du calendrier.

MERLON. Terme d'Architecture Militaire.
C'eft la partie du parapet qui eft entre deux
embrafures. Sa longueur eft de 8 à 9 pieds
du côté des canons, & de 6 du côté de la
campagne. Sa hauteur eft de 6 pieds, &
fon épaiffeur de 18.

M E S

MESARGESTES. L'un des noms du vent qui
décline de 33° à 45 de l'Oueft au Nord,
qu'on appelle autrement *Mefocorus & Nord-
Oueft.*

MESEURUS. Nom du vent qui décline de
33°, 45' de l'Eft au Sud, & qu'on appelle
communément *Sud-Eft à l'Eft.*

MESOBOREAS. Nom du vent qui décline de
33°, 45' du Nord à l'Oueft, & qu'on appelle auffi *Mefaquilo, Supernus, Nord-Oueft-
Nord.*

MESŒCIAS. C'eft le vent Eft-Nord qui fouffle de 78°, 45' de l'Eft au Nord. On lui
donne encore le nom de *Carbas.*

MESOLABE. Inftrument inventé par *Erafto-*

tenes, pour trouver deux moïennes proportionnelles entre deux lignes données. *Pappus* a donné la description de cet instrument. Ce sont des triangles qui entrent les uns dans les autres, avec lesquels *Erastotenes* résolvoit le problème de la duplication du cube. (*Voïez* CUBE.) Mais cette solution se trouve plus aisément sans cet instrument. En effet, soient proposés de trouver deux nombres moïens proportionnels aux deux donnés 2 & 16. 1°. Multipliez le quarré du moindre (4) par le plus grand (16). 2°. Du produit 64 extraïez la racine cubique qui est 4. Vous aurez le premier nombre moïen proportionnel. Pour le second, 1°. Multipliez 4 par le dernier (16.) 2°. Extraïez du produit (64) la racine quarrée. Vous aurez l'autre moïen proportionnel; car 2 : 4 : : 8 : 16.

Comme *Erastotenes* a beaucoup travaillé à ce problème, on donne le nom de *Mesolabe* aux Ouvrages dans lesquels il est résolu. C'est ainsi que *Slusius* a intitulé un Livre, où il en donne differentes solutions par les sections coniques.

MESOLIBONOTUS. Nom du vent qui décline de 33°, 45′ du Sud à l'Ouest, & qu'on appelle *Sud-Ouest à l'Ouest.*

MESOLIBS. Vent de l'Ouest au Sud, qui souffle de 78°, 45′ du Sud à l'Ouest. On l'appelle encore *Mesozephyrus.*

MESOLOGARITHME. *Kepler* appelle ainsi le logarithme de la tangente.

MESOPHŒNIX. C'est le vent du Sud à l'Est déclinant de 78°, 45′ du Sud à l'Est.

MESORANIE. Les Astrologues appellent ainsi la derniere maison céleste par laquelle ils font leurs prédictions, en dressant les nativités sur l'état & la maniere de vivre d'un homme; à quel genre d'étude il s'appliquera; quelles charges il exercera, &c.

MESORI. Nom du dernier mois de l'année des Egyptiens. Il commence le 26 Juillet du Calendrier Julien.

MESURE. On donne ce nom à une quantité qu'on établit pour déterminer une autre de même espece & pour en prononcer le contenu, c'est-à-dire, pour savoir combien de fois la quantité établie pour *Mesure* est contenue dans la quantité donnée. De-là il suit, que la quantité qu'on veut emploïer pour déterminer une quantité, doit convenir surtout en propriétés avec cette même quantité. Ainsi les *Mesures* sont differentes suivant les quantités differentes dont il s'agit. La *Mesure linéaire* ou des longueurs est une ligne droite. La *Mesure plane* ou des surfaces est un quarré; celle des solides est un cube. La *Mesure plane* & la *Mesure solide*

tirant leur origine de la *Mesure linéaire*, on est convenu d'établir une ligne qui a son nom particulier qui est celui de *Perche.* Les Géometres la divisent en 10 parties égales, en appellant chacune de ces parties un pied géometrique, qu'ils divisent chacun en 10 pouces, & chaque pouce en 10 lignes. Au reste toute *Mesure* se divise en *grande Mesure*, composée de perches, de toises, de pieds & de pouces, avec laquelle on mesure réellement; & en *Mesure géometrique*, on prend une ligne sur le papier pour une perche, un pied, un pouce, une ligne, &c. Ce qui s'appelle former une échelle, (*Voïez* ECHELLE.) Comme la connoissance de la *grande Mesure* est importante dans la Géométrie-pratique, je vais donner ici une Table des *Mesures* de France.

TABLE DES MESURES
differentes dont on se sert dans toutes les Provinces de la France.

Isle de France, & Champagne.

L'*Arpent* contient 100 perches. La perche est de 18 pieds; la toise de 6; le pied de 12 pouces; le pouce de 12 lignes.

Bourgogne.

Les Terres se mesurent ici au *Journal* à raison de 300 perches le journal. La perche est de 9 pieds ½ & la toise de 7 pieds ½.

Normandie.

Les Terres se mesurent par *Acre*, composée de 4 vergées. La *Vergée* est de 40 perches; & la perche de 22 pieds.

Dauphiné.

La *Mesure*, dont on se sert dans ce Pais est la Sesterée de 900 *Cannes* quarrées. Une sesterée est de 4 cartelées; la *Cartelée* de 4 *Civadiers*, & le civadier de 4 picotins. La *Canne* est de 5 pieds 10 pouces.

Provence.

On mesure ici à *Saumée* de 1500 cannes quarrées. La *Canne* est de 5 pieds 10 pouces; la saumée de 2 cartelées; la *Cartelée* de 4 civadiers, & le *Civadier* de 4 picotins.

Languedoc.

La saumée est de 1600 cannes quarrées. La *Canne* est de 8 pans; le *Pan* de 8 pouces 9 lignes. Il y a encore la *Canne réduite* qui est de 5 pieds 10 pouces, & le pied de 12 pouces.

Bretagne.

Les Terres se mesurent au Journal. Le *Journal* est de 22 Seillons entiers, le *Seillon* de 6 Rayes; la *Raye* de 2 Gaulles & $\frac{1}{2}$; la *Gaulle* de 12 pieds; le pied de 12 pouces.

Touraine.

On se sert de l'Arpent qui est de 100 *Chemes* ou Perches. La *Perche* est de 25 pieds, & le pied de 12 pouces.

Lorraine.

La *Mesure* de cette Province est le *Journal* de 150 toises quarrées. La toise est de 10 pieds, le pied de 10 pouces.

Orleans.

L'*Arpent* est de 100 perches quarrées. La *Perche* est de 20 pieds, le pied de 12 pouces.

Mesures roïales par toute la France.

Tous les bois du Roïaume se mesurent à l'arpent. Chaque arpent est de 100 perches; la *Perche* est de 22 pieds; le *Pied* de 12 pouces, & le pouce de 12 lignes, suivant l'Ordonnance du Roi du mois d'Avril 1669.

Aïant ainsi fait connoître les *Mesures*, & ce qu'on entend proprement par ce terme, je dois expliquer l'usage que les Géometres en font. C'est le sujet des articles suivans.

MESURE D'UN NOMBRE. On donne ce nom en Arithmétique à un nombre par lequel un autre peut être mesuré. Par exemple, 9 est la *Mesure* de 81, 2 une *Mesure* du nombre 4, parce qu'en comparant 9 neuf fois, & 2 quatre fois, on peut mesurer par là exactement le nombre 81 & celui de 4.

La *Mesure d'un nombre* est dite *Mesure* commune, lorsqu'elle est commune à plusieurs nombres. Le nombre 4 est *Mesure commune* des nombres 8, 12, 16, 20, 24, parce qu'il les mesure exactement sans reste. Le nombre 4 est ici en même-tems à l'égard des autres nombres ce qu'on appelle la plus *grande Mesure commune*. Car quoique 8 & les autres puissent être mesurés par 2; 12 par 2, 3 & 6; 16 par 2 & 8; 20 par 2, 10, & 5; toutes ces *Mesures* ne font que des *Mesures* particulieres. Et le nombre 3, par exemple, qui est la *Mesure* de 12 & de 24 ne résoud pas les autres. Mais les nombres 2 & 4 font tous deux les *Mesures communes* desdits nombres 8, 12, &c. Par conséquent 4 est *la plus grande Mesure commune*.

MESURE. Terme de Musique. C'est ce qui regle le tems qu'on doit rester sur chaque note. Ce tems se partage en *Frappez* & *Levez*, qui se font ordinairement avec la main : ce qui s'appelle *Battre la Mesure*. Il y a deux sortes de *Mesure*, la *Binaire* qui se fait en deux tems égaux, & la *Ternaire* qui se fait en trois tems égaux. La premiere se marque par un C simple ou par un C barré, ou même par un 2. Le C qui s'appelle *à quatre tems* demande plus de lenteur : c'est pourquoi on partage la *Mesure en quatre tems*. Le C barré va plus vite, & le 2 qui marque deux tems, encore plus. C'est sur cette derniere *Mesure*, je veux dire la *Mesure binaire*, que la valeur des notes se regle. La ronde vaut une *Mesure*, la blanche une demi-*Mesure*, la noire un quart de *Mesure*, la croche la moitié de la noire, la double croche le quart de la noire, & le point qu'on met à côté de la note, vaut la moitié de la note précédente qui s'appelle *Note pointée*.

La *Mesure ternaire* ou *triple* se marque par un 3 simple ou par $\frac{3}{4}$; ce qui veut dire, que trois noires font une *Mesure*. Quand il y a $\frac{3}{2}$, $\frac{3}{8}$, ou $\frac{9}{8}$, cela signifie que trois blanches ou trois croches ou neuf croches font une *Mesure*. Toutes ces sortes de *Mesures* se battent à trois tems, excepté le $\frac{6}{4}$ qui se bat à deux & le $\frac{12}{4}$ ou $\frac{12}{8}$ à quatre.

MESURE D'UN RAPPORT. C'est son logarithme.

MESURE D'UN ANGLE C'est l'arc de cercle décrit de la pointe de l'angle compris & terminé entre ses côtés. (*Voïez* ANGLE.)

MESURER, C'est en Géometrie rechercher & définir la grandeur d'une chose selon une mesure établie, qui répond aux propriétés de la chose même. On se sert particuliérement de ce terme, lorsque la grandeur à déterminer est une ligne. Car lorsqu'il s'agit des figures on dit trouver l'aire ou la quadrature, & trouver la solidité, quand il est question d'un corps. On mesure des quantités ou sur la terre, ou sur le papier. Sur la terre, on fait usage d'une chaîne ou d'une corde (*Voïez* ECHAINE,) & d'un bâton ou d'une perche qui contiennent certaines mesures. Sur le papier, on mesure les lignes droites avec une échelle, & les lignes courbes suivant leurs abscisses & leurs ordonnées. A l'égard des angles, *Voïez* ANGLE.

MESURER. En terme de Géometrie souterraine, on entend par-là lever le plan d'une portion de mine qui appartient à une Société; déterminer leurs confins, & les marquer au jour avec des pierres. Cette opération se fait de deux manieres & *dans les regles*, & à *toise perdue*. Pour *Mesurer* dans les regles on examine avec attention les souterrains

terrains on en fait le plan, en suivant la direction de la veine, & on transporte le tout au jour. C'est sur ces mesures qu'on accorde aux Interessés un droit héréditaire sur tant de terrain que la Société doit posseder. On mesure à *toise perdue* lorsqu'on ne mesure le terrain que pour sa propre information, c'est-à-dire, lorsque le Maître de la mine, aïant pris la veine dans la mine ou marqué sa direction avec des bâtons, indique les mines trouvées, par la toise, tant qu'elle porte sur les inégalités de la montagne. On trouve tout ce détail dans la *Géometrie souterraine de Voigtel*, page 142.

MÉTEORES. On donne ce nom en Physique à tous les corps qui sont suspendus dans notre atmosphere, qui y nagent, & qui s'y meuvent. Il y a trois sortes de *Méteores* ; les *Méteores aqueux*, les *Méteores lumineux*, & les *Méteores secs*. Les premiers sont les brouillards, les nuées, la rosée, la pluïe, les frimats, la gréle, la neige, l'arc-en-ciel, les couronnes, & les parhelies. Le *Brouillard* est composé de vapeurs qui s'élevent de la terre, ou qui tombent lentement de la région de l'air, en sorte qu'elles y paroissent comme suspendues. S'il tombe avant que d'être parvenu à cette hauteur, dont je viens de parler, on l'appelle *Rosée*. Et il est nommé *Nue* quand il monte fort haut, & & qu'il se soutient au-dessus de la région de l'air. Ces nuées sont d'abord fort rares, je veux dire peu denses. Quand les particules d'eau qui les composent, se rapprochent, elles se joignent, & de plusieurs goutes d'eau il s'en forment une seule. Celle-ci, étant plus pesante que l'air, tombe ; & la quantité de ces goutes forme ce qu'on appelle la *Pluie*. Cette pluïe est transformée en *Grele* quand elle se gele en passant à travers l'air. Elle devient *Neige* si ses vapeurs se changent dans leur chute en longs filamens, qui forment des flocons arrangés de differentes manieres les uns sur les autres. Enfin le dernier *Méteore aqueux* est le *Frimat*. C'est une espece de glace qui s'attache partout aux plantes sur la surface de la terre, &c. Elle est formée & par la rosée qui transpire à travers les plantes pendant la nuit, & par les vapeurs qui s'attachent sur la surface de la terre, ou qui tombent d'une petite hauteur.

Je renvoïe aux articles ARC-EN-CIEL, COURONNE & PARHELIES, les autres *Méteores aqueux*.

La seconde espece des *Méteores dits lumineux*, sont la lumiere Zodiacale, l'Aurore boréale, les Etoiles tombantes, les Feux folets,

les Eclairs, la Foudre & le Tonnerre. (*Voïez* LUMIERE ZODIACALE, AURORE BOREALE, ETOILE TOMBANTE, &c)

Et les *Méteores secs* sont l'air & le vent. (*Voïez* AIR & VENT.)

MÉTHODE. Les Mathématiciens entendent par ce terme, l'art de joindre & de disposer les pensées qu'on veut développer. C'est l'ordre du développement d'un sujet. D'abord on définit exactement les termes ; ensuite on établit des axiomes, c'est-à-dire, des propositions évidentes par elles-mêmes. De-là on vient aux théorêmes, qui sont des propositions où l'on démontre une vérité fondée sur les axiomes établis ; & cette vérité reconnue on l'applique aux arts : c'est ce qu'on appelle *Problême*. Enfin on dépouille toutes les connoissances qui suivent du même principe dans des corollaires, & les restes moins immédiats à ce principe sont exposés dans des propositions nommées *Scholies*. Par cet arrangement, un sujet est analysé jusques à ses moindres parties, & on est en état d'en retirer tous les avantages dont il est susceptible. Il est même évident que c'est celui des idées, & par conséquent de la Logique, quoiqu'on n'y emploie point les termes de théorême, problême, &c. M. *Tschirnausen* a prouvé l'utilité de cette *Méthode* dans sa *Médicina mentis*, *Part. II.* & tout son art d'inventer n'est autre chose que la *Méthode* Mathématique. *Barrow* (*Lectiones Geometricæ*, pag. 10.) a fait voir de quelle maniere on doit déduire des théorêmes des définitions réelles, & les regles qu'il donne pour resoudre les problêmes s'accordent avec celles dont on se sert en Algébre. (*Voïez* aussi le *Tom. I.* & *V.* des *Elem. Math. univ.* de M. *Wolf.*)

Voilà ce qu'on entend en général par *Méthode*. Les Mathématiciens font encore usage de ce terme pour expliquer des regles particulieres ; ce qui a donné lieu à l'introduire pour des parties des Mathématiques. Afin d'en donner une idée, voici les plus célèbres.

MÉTHODE DE GULDIN. C'est la regle qu'a donné *Guldin* pour trouver la solidité d'une figure par son centre de gravité. (*De Centro gravitatis*, *L. II. & III.*) *Pappus* fait mention de cette *Méthode* dans la Préface du *L. VII.* de ses *Collectiones Mathematicæ.* Depuis on en a fait usage pour les figures qui se forment par la rotation d'une ligne autour d'un plan, ou d'un plan autour d'une ligne. Enfin M. *Herman* a donné la démonstration de cette *Méthode* par le calcul differentiel. (*Phoronomia*, §. 47.) Ensorte qu'on trouve aujourd'hui le centre de gravité d'une figure par ce calcul. (*Voïez*

T

Centre de gravité.

Methode de Maximis et de Minimis. L'art de trouver la plus grande & la plus petite quantité de celles qui croiffent dans une certaine fuite, & qui décroiffent de même. (*Voïez* MAXIMUM & MINIMUM.)

Methode des Fluxions. *Newton* appelle ainfi le calcul des fluxions. *Voïez* FLUXIONS.

Methode des tangentes. Regle génerale pour trouver les propriétés données d'une courbe. *Defcartes* a donné cette *Méthode* dans fa *Géometrie*, L. II ; & elle a été perfectionnée par MM. *Leibnitz* & *Newton*. (*Voïez* TANGENTES.)

MÉTOCHE. C'eft l'efpace qui eft entre les denticules dans l'ordre Dorique.

MÉTOPE. Terme d'Architecture civile. C'eft l'intervalle ou quarré qu'on laiffe entre les triglyphes de la frife de l'ordre Dorique. Les Anciens avoient coutume de les orner de têtes d'animaux, de baffins, de vafes, & d'autres uftenciles qui fervoient aux facrifices.

Un *demi-Métope* eft une portion de *Métope*, c'eft-à-dire, un efpace un peu moindre que la moitié d'un *Métope*, à l'encoignure de la frife Dorique.

MÉTROLOGIE. C'eft ainfi que quelques Geometres appellent la Géométrie élementaire, parce qu'on y traite de toutes fortes de mefures.

MIC

MICAR. Etoile de la feconde grandeur qu'on découvre au milieu de la queue de la grande Ourfe. *Hevelius* a déterminé la longitude & la latitude de cette étoile pour 1700. On la nomme *Mirach*, *Mizar*. Par le mot *Micar*, *Bayer* entend la derniere étoile de la queue, qu'on appelle autrement *Alajath*.

MICROCOUSTIQUE. L'art d'augmenter les fons. *Voïez* OREILLE, PORTE-VOIX, &c.

MICROMEGUE. Inftrument de Géometrie, dont on fe fert dans l'Arpentage pour mefurer les petites diftances. Il ne comprend que la fixiéme partie du quart de cercle, c'eft-à-dire, 15 degrés. On exécute toutes fes opérations avec le graphometre. (*Voïez* GRAPHOMETRE.)

MICROMETRE. Inftrument d'Aftronomie qu'on ajufte au foïer d'un verre objectif, & qui fert à mefurer les diametres apparens des corps céleftes & les petites diftances qui n'excedent pas un dégré ou un dégré & demi. Quoique le *Micrometre* foit une invention moderne, on en a publié déja de plufieurs fortes, qu'on peut diftinguer en fimples & en compofés.

On connoît deux fortes de *Micrometres* fimples. Le premier inventé par M. *Kirch* en 1677, confifte en un anneau de cuivre ou d'acier, percé diametralement en vis. Dans fes trous paffent deux vis, au moïen defquelles on renferme le diametre d'une planete. Ainfi l'efpace compris entre ces deux vis en eft le diametre apparent. Maintenant pour favoir la valeur de cet efpace en minutes, il faut diriger la lunette garnie du *Micrometre*, vers deux étoiles dont la latitude en minutes eft connue, & on remarque combien il y a de pas de vis dans cet intervalle par minutes. La valeur des pas de vis étant déterminée, on a donc par cet inftrument, le diametre apparent des planetes. Ceci fuppofe une conftruction bien délicate de l'anneau, de l'écrou, & des vis, c'eft-à-dire de tout l'inftrument.

Il eft aifé de voir qu'avec ce *Micrometre* on peut trouver la diftance de deux lieux peu diftans. MM. *Wolf* (*Element. Mathefeos univ. Tom. III. pag.* 440.) & *Weidler* (*Inftitutiones Mathematicæ, pag.* 247.) ont donné la defcription & l'ufage de ce *Micrometre*.

Le fecond *Micrometre* fimple confifte en une platine ou face femblable à celle d'une montre avec un *index*, qui, tournant en rond, fait mouvoir deux plaques de cuivre gliffantes. Ces plaques portent deux crains ou deux cheveux paralleles. Et les tours de l'*index*, marquent fur la platine les révolutions des vis, qui meuvent les plaques de cuivre.

L'ufage de ce *Micrometre* eft tel que les diametres apparens, pour les diftances des objets moindres qu'un dégré ou qu'un dégré & demi, qui font contenus entre les deux cheveux paralleles de cet inftrument (placé au foïer du verre objectif d'un telefcope) font proportionnels à la quantité de révolutions de l'*index*, néceffaires pour écarter les cheveux, jufques à ce qu'ils rencontrent exactement ces diametres ou ces diftances.

2. On s'eft plus exercé fur les *Micrometres* compofés que fur les fimples, fi l'on peut appeller tels ceux que je viens de décrire & compofés ceux qu'on va voir. Une chofe qui paroîtra même étonnante, c'eft que le premier qui a paru étoit du genre de ces derniers. Ce fut M. *Auzout* François, qui l'inventa & qui le publia en 1693. Cet inftrument fut examiné par *Hevelius* (*Acta eruditorum* 1708, pag. 125.) & perfectionné par M. *De la Hire*. On le trouve décrit dans fes *Tables Aftronomiques* (en latin) pag. 66. & dans le *Traité de la conftruction & ufage des inftrumens de Mathématique*,

page 207, troifiéme édition. Il confifte en deux cadres de bois rectangles, un grand & un petit. Le grand porte des fils paralleles, & le petit en porte un feul. Celui-ci eft enchaffé dans le grand. Au moïen d'une vis il coule fur l'autre, de maniere que fon fil ou fa foïe, étant toujours parallele aux foïes de l'autre, les parcourt tous fucceffivement. La progreffion de cet avancement fe connoît par les pas de vis qui paffent dans le grand cadre, à mefure qu'on tourne. Un index tient compte de ces pas.

Aïant placé ce *Micrometre* au foïer de l'objectif d'une lunette, on dirige cette lunette vers la planete. Par le mouvement du petit chaffis, on difpofe les fils paralleles de telle forte qu'ils embraffent le diametre de la planete. Et l'on a la grandeur de ce diametre par la diftance connue entre les fils du *Micrometre* qui le renferment. Refte à déterminer en minutes & en fecondes les révolutions de la vis. Or ceci demande la conftruction d'une table qu'on trouvera & dans les Tables de M. de la *Hire*, & dans l'Ouvrage de M. *Bion* ci-devant cité. On lit là la defcription d'un autre *Micrometre* inventé par M. *Le Camus*. C'eft un parallelograme de cuivre, garni de fils, & mobile fur fes quatre angles. Cette facilité de fe mouvoir eft telle qu'on difpofe comme on veut les fils auffi proches les uns des autres que l'on veut, fans qu'ils perdent leur parallelifme. C'eft ici le même mécanifme des regles paralleles, c'eft-à-dire, que les fils s'allongent fans fe déranger. Au moïen de quoi il eft aifé d'embraffer le diametre apparent d'une planete. M. le *Camus* marque l'avancement de ces fils en doigts qu'il divife en 15, comme on peut le voir dans le Traité de M. *Bion*, page 215, Planche XXIV.

Avant ce *Micrometre*, il en avoit paru un à peu près femblable. Les Auteurs des Actes de Leipfic en ont donné la figure & la conftruction (*Acta eruditorum* 1710.) Il eft formé par quatre lames ou regles de cuivre, mobiles fur quatre pivots; dont deux font divifés par douze fils paralleles entre eux. Ces regles fe difpofent en forte qu'elles comprennent exactement le diametre des planetes. Cette difpofition ne nuit pas, par la conftruction de l'inftrument, au parallelifme des fils. Ce *Micrometre* eft d'un ufage très borné. Il ne peut déterminer que la quantité des doigts éclipfés du foleil & de la lune; & on fait cette obfervation en diverfes autres manieres. Un bon *Micrometre* doit être univerfel, c'eft-à-dire, propre à mefurer le diametre de toutes les planetes,

& les diftances qui n'excedent point l'ouverture de la lunette dans laquelle ils font placés. On doit l'invention de cet inftrument fi defiré des Aftronomes à M. *De Caffini*. Cet avantage mérite bien notre attention, & de pareils inftrumens ne doivent pas manquer d'être annoncés dans un Ouvrage de choix tel que celui-ci. En voici donc la defcription.

1°. Sur une plaque de cuivre M A C B d'une feule piece (Pl. XVIII. Figure 79.) aïant la figure d'un quart de cercle de 3 pouces de raïon, divifés en dégrés depuis le point B jufques au point C, eft une regle A M de 3 ou 4 pouces de longueur, & de 6 lignes de largeur.

2°. Cette regle eft percée par deux trous cilindriques A, E, dont l'un eft vers l'extrêmité en E, & l'autre dans le centre du quart de cercle en A. Ils font tellement difpofés, que la ligne E A C, qui paffe par le centre de ces deux trous, fe termine au point C de 90 degrés de la divifion.

Une feconde regle de cuivre, à peu près femblable à la regle A E, lui eft parallele, & elle eft percée auffi de deux trous cilindriques D, F, éloignés l'un de l'autre de la diftance D F, précifément égale à la diftance A E de la regle A E.

Deux autres regles G A B, IH préparées avec les mêmes conditions que les deux précédentes font ajuftées fur celles-ci. De forte que ces quatre regles forment un parallelograme mobile fur des pivots cilindriques placés dans les quatre trous A, D, F, E.

Les regles G A & I H font armées de 12 pointes de chaque côté qui divifent le parallelograme en 12 parties égales. A ces pointes font attachés 12 fils de foïes: moïennant quoi le *Micrometre univerfel* eft conftruit. Par cette conftruction il eft aifé de voir qu'en faifant tourner la regle G A B, actuellement alidade autour du centre A, on fait approcher les regles & on forme un parallelograme long, de la même maniere que le font les regles difpofées pour décrire des lignes paralleles. Dans le même tems les fils s'approchent l'un de l'autre; confervent leur parallelifme & fe trouvent toûjours à égale diftance entre eux. Or la quantité de cette approche, ou de cette diminution de diftance, eft marquée fur le quart de cercle, comme l'on verra ci-après.

Pour faire ufage de ce *Micrometre*, on fait entrer fa partie G H I L dans une fente pratiquée dans le tuïau de la lunette, juftement au foïer du verre objectif. Là on l'arrête par le moïen de deux pieces de cuivre à rainure, attachées fixement fur le tuïau, & de deux écrous qui entrent dans ces rai-

nures & dans la regle A M. Dans cet état
on difpofe la regle G A B de maniere qu'elle
réponde exactement fur le commencement
B de la divifion du quart de cercle. On
mefure enfuite la diftance O P entre les
fils extrêmes du *Micrometre*, & la diftance
entre les fils & le tiers de l'épaiffeur du
verre objectif du côté de l'oculaire. Enfin
on remarque le nombre de degrés que cet
intervalle O P, ou Q R occupe dans le
ciel.

Cet intervalle connu, on mefure les autres intervalles qu'occupent les diametres
des aftres qui font plus petits; & cela en
faifant tourner l'alidade, c'eft-à-dire la regle G A B, jufques à ce que les fils extrêmes
comprennent exactement le diametre de
l'aftre. Remarquant alors le degré où répond l'alidade fur le quart de cercle, on a
la grandeur de ce diametre. Car M. *De Caffini* démontre que cette grandeur eft aux minutes & fecondes que l'intervalle O P oc-
pe dans le ciel, comme le finus du complement des degrés marqués eft au finus total.

Ce *Micrometre* a encore un avantage;
c'eft que fans remuer l'alidade, & fans aucune regle les douze reticules ou fils marquent les doigts éclipfés lorfqu'on s'en fert
dans une éclipfe. (*Mémoires de l'Académie
Roïale des Sciences*, année 1724 *page* 347.)

3. Le *Micrometre* eft une invention toute
nouvelle. On en doit la premiere idée à
M. *Hughens*. Ce favant Aftronome a déterminé le diametre apparent des planetes, ce qui
comprend en quelque forte cet inftrument,
(*Voïez* fon *Syftema Saturninum* dans fes
Œuvres pofthumes, Tom. II. (en latin.)
Mais le premier *Micrometre* qui a paru eft
de M. *Auzout*, Mathématicien François. Il
fut imprimé en 1667, & publié par ordre
de l'*Académie Roïale des Sciences en* 1693
dans les *divers Ouvrages de Mathématique
& de Phyfique*, *in-folio*, à Paris 1693. C'eft
le même qu'a décrit M. *De la Hire* dans fes
Tables Aftronomiques, & que j'ai fait connoître à l'article des *Micrometres compofés*.
Comme cette invention eft très-ingenieufe,
& fait honneur aux François, *Richard
Townley* leur a voulu ravir cette gloire. Ses
raifons font, qu'il avoit trouvé parmi les
papiers d'un Anglois, nommé *Gafcoigne*, un
inftrument de cette efpece, dont il s'étoit
fervi avec fuccès pour des obfervations aftronomiques, (*Voïez* les *Tranfactions Philofophiques*, N° 25 page 457) & que *Robert Hook*
a même décrit bien-tôt après dans les *Tranfactions Philofophiques*, N° 19 pag. 542. Je
n'ofe décider fi M. *Townley* eft mal fondé.
Je vais mettre fous les yeux du Lecteur des

pieces qui peuvent fervir à la connoiffance
de ce procès, dont le jugement lui eft ré-
fervé. Ces pieces font une Lettre que M.
Auzout écrivit à M. *Oldembourg*, Secretaire
de la Société Roïale de Londres, lors de fa
découverte; un précis de la réponfe de M.
Oldembourg & la réplique de M. *Auzout*.

*EXTRAIT D'UNE LETTRE
de* M. Auzout *du* 28 *Décembre* 1666 *à*
M. Oldembourg, *Secretaire de la Société
Roïale de Londres.*

» Je me fuis appliqué cet Eté à prendre les
» diametres du foleil & de la lune & des au-
» tres planetes, par une méthode que M.
» *Picard* & moi croïons la meilleure que
» toutes celles qui ont été pratiquées juf-
» ques à prefent, puifque nous pouvons
» prendre les diametres jufques aux fecon-
» des; & nous divifons un pied en 24000
» ou 30000 parties, fans qu'à peine on
» puiffe fe tromper d'une feule partie; en
» forte que nous fommes prefque affurés
» de ne pouvoir pas nous tromper de trois
» ou de quatre fecondes. Je ne puis main-
» tenant vous envoïer mes obfervations,
» mais je crois pouvoir vous affurer que le
» diametre du foleil n'a été gueres plus
» petit dans fon apogée que 31 minutes,
» 37 ou 38 fecondes, & que certainement
» il n'a pas été moindre de 35, & qu'à
» préfent dans fon perigée il ne paffe pas
» 31', 45", & je le crois plus petit d'une
» feconde ou deux. Ce qui donne prefen-
» tement de l'embarras vient de ce que le
» diametre vertical, qui eft le plus facile à
» prendre, eft quelquefois diminué même
» à midi de 7 ou 8 fecondes par les ré-
» fractions qui font beaucoup plus grandes
» en hyver qu'en été, à la même hauteur,
» & plus grandes même un jour que l'autre;
» & que le diametre horifontal eft difficile
» à prendre à caufe du mouvement jour-
» nalier.

» Pour la lune, je n'ai point encore trou-
» vé fon diametre moindre que 29', 40" ou
» du moins 35", & je ne l'ai pas beaucoup
» vû paffer 33 minutes, ou ç'a été de peu
» de fecondes : il eft vrai que je ne l'ai
» pas encore pris dans toutes les fortes de
» fituations de fes apogées & de fes peri-
» gées, quand ils fe rencontrent avec les
» conjonctions & les quadratures.

» Je ne marquerai pas tout ce qui peut
» être déduit de ceci, mais fi vous avez à
» Londres quelqu'un qui obferve ces dia-
» metres, nous nous pourrons entretenir
» une autrefois plus amplement de cette

» matiere. Je vous dirai feulement que
» j'ai trouvé le moïen de favoir la diftance
» par l'obfervation de fon diametre vers
» l'horifon , & enfuite vers le midi , avec
» les hauteurs qu'elle a fur l'horifon au
» tems des obfervations en quelque jour
» qu'elle eft dans fon apogée ou dans fon
» périgée , dans les fignes les plus boréaux ;
» car fi l'obfervation des diametres eft
» exacte, comme en ces rencontres , la lune
» ne change point fenfiblement en 6 ou 7
» heures fa diftance du centre de la terre ,
» la difference des diametres fera connoître
» la raifon de fa diftance avec le demi-
» diametre de la terre. Je ne m'explique pas
» davantage, car fi-tôt qu'on a cette idée ,
» tout le refte eft facile. On peut faire en-
» core mieux la même chofe dans les lieux
» où la lune paffe vers le zenith qu'en ces
» païs ici, car d'autant plus que la diffe-
» rence des hauteurs eft grande , d'autant
» plus celle des diametres eft grande. Je ne
» m'arrêterai pas à remarquer , parce que
» cela eft évident , que fi on étoit en deux
» differens lieux fous le même méridien ,
» ou fous le même azimuth , & qu'on prît
» en même-tems le diametre de la lune
» avec une hauteur on peut faire la même
» chofe ".

M. *Oldembourg* répondit à M. *Auzout* par
un problème , dont il lui demandoit la folution , ne doutant pas qu'après les découvertes qu'il avoit faites, il ne vînt à bout
de le réfoudre. Ce problème étoit une remarque du célebre *Hevelius*. Ce grand Aftronome en obfervant l'éclipfe du foleil du
mois de Juillet 1666 , avoit jugé le diametre
de la lune plus grand vers la fin de l'éclipfe
que vers le commencement de 8 ou 9 fecondes, fans en favoir (du moins à ce qu'é-
crivoit M. *Oldembourg*) la raifon. M. *Auzout* la donna aifément , puifqu'elle n'étoit
qu'un corollaire des connoiffances qu'il avoit
acquifes avec fon *Micrometre*. Tel eft l'extrait de la réponfe qu'il fit à M. *Oldembourg*.

» De ce que je vous mandai la derniere
» fois, on peut tirer la raifon de l'obferva-
» tion que M. *Hevelius* a faite dans la der-
» niere éclipfe de foleil touchant le dia-
» metre de la lune vers la fin de l'éclipfe.
» Je fuis ravi qu'une perfonne, qui appa-
» remment n'en favoit pas la caufe , ait fait
» cette obfervation. Cependant il eft affez
» étrange que jufques à prefent aucun Af-
» tronome, ancien ni nouveau, n'ait prévu
» que cela devoit arriver, ni donné des
» préceptes pour le changement des diame-
» tres de la lune , dans les éclipfes du fo-
» leil , fuivant les lieux où elles fe doivent

» faire, & fuivant l'heure & la hauteur
» que la lune doit avoir fur les horifons ;
» car ce qui eft arrivé à cette éclipfe tou-
» chant l'augmentation feroit arrivé au con-
» traire, fi elle avoit été vers le foir ; car
» la lune a dû paroître plus grande dans
» cette éclipfe, qui commença le matin,
» parce qu'elle devint plus haute vers la
» fin de l'éclipfe qu'au commencement , &
» que par conféquent elle étoit plus pro-
» che de nous : mais fi l'éclipfe fût arrivée
» le foir , comme elle eût été plus baffe
» vers la fin qu'au commencement , elle eût
» été plus éloignée de nous , & eut par
» conféquent paru plus petite. Par la même
» raifon en deux differens lieux, où l'un
» doit avoir l'éclipfe le matin & l'autre
» à midi : elle doit de même paroître plus
» grande à ceux qui ont une moindre éle-
» vation de pole fous le même méridien ,
» parce la lune eft plus près d'eux, & gé-
» néralement à ceux fur l'horifon defquels
» la lune eft plus élevée au tems de l'ob-
» fervation &c. « Du 4 Janvier 1667.

Par ces deux lettres on peut juger de la
capacité de M. *Auzout* dans le genre dont
il s'agit ici. Auffi M. *Oldembourg* les trouva
fi belles & fi curieufes qu'il les fit imprimer
dans le *Journal d'Angleterre* du mois de Janvier 1692 , & affura peut-être par-là l'honneur de l'invention du *Micrometre* à l'Aftronome François. Ajoutons que M. *Hevelius*
admira fon inftrument aftronomique, qu'il
y fit quelques additions, & qu'on l'annonça
aux Savans après fa mort dans les *Acta
eruditorum* de l'année 1708. Et n'oublions
pas d'avertir que M. *De la Hire* attribue
l'invention du *Micrometre* au Marquis de
Malvafia (*Voïez* les *Mémoires de l'Academie
des Sciences* 1717, & les *Journaux de Trevoux*
de l'année 1723).

Theodore Balthafar a compofé un Livre
entier fur les *Micrometres*, leur conftruction,
& leur ufage, intitulé : *Micrometria*. Il en
donne là un de fon invention ; & il remarque dans fon dernier chapitre qu'on
peut appliquer les *Micrometres* aux microfcopes à deux verres, comme on les applique aux telefcopes. C'eft auffi le fentiment
de *Hertel*, qui apprend à mettre ce projet
à exécution, après l'avoir effaïé lui-même
fur un microfcope à trois verres. (*Voïez fon
Art de fabriquer les verres, page* 150 (il eft
en Allemand).

MICROSCOPE. Inftrument de Dioptrique
qui multiplie extraordinairement la grandeur
des objets, par le moïen d'une ou de plufieurs
lentilles combinées enfemble, & fait diftinguer à la vûe les plus imperceptibles d'une

maniere très-diftinéte. Ainfi on découvre par le *Microfcope* les merveilles les plus cachées de la nature en les rendant fenfibles. Le Phyficien peut porter fes regards jufques dans fes démarches les plus fubtiles. Depuis la découverte de cet inftrument, la Phyfique a changé de face. Un nouveau jour a paru. Les entrailles des plus petits infectes, le mécanifme des végétaux ont été dévoilés. Que de richeffes dans ce point de vûe! Ne craignons point de les prefenter en grand, pourvû que ce foit avec ordre. Réuniffons ce tréfor ou ce dépôt de tant de connoiffances, & parcourons ce qu'on a fait & ce qui refte à faire. Pour fatisfaire la curiofité du Lecteur, fans le fatiguer, je le préviens que je diviferai cet article en fix parties. La premiere eft deftinée aux développemens des plus beaux *Microfcopes fimples*. Je décris dans la feconde les *Microfcopes compofés & par reflexion*. Un troifiéme eft deftiné à la conftruction du *Microfcope folaire*. La théorie des *Microfcopes* fait le fujet de la quatriéme partie. Je rends compte des obfervations qu'on a faites avec ces inftrumens dans la cinquiéme, & la fixiéme renferme leur hiftoire.

MICROSCOPES SIMPLES. On appelle ainfi des *Microfcopes* formés d'une feule lentille. Le meilleur de ces inftrumens & en même tems le plus fimple c'eft celui de M. *Léwenhoek*. Il eft compofé d'une lentille placée entre deux plaques d'argent percées d'un petit trou. Au devant de ces plaques eft une épingle mobile pour y placer l'objet & pour l'appliquer à l'œil du fpectateur. Et voilà toute la conftruction du fameux *Microfcope* de *Lewenhoek*, avec lequel il a fait de fi belles découvertes, comme on le verra dans la fuite. Quelques Auteurs ont reprefenté les verres dont M. *Lewenhoek* s'eft fervi dans fes *Microfcopes* comme de petits globules ou fpheres de glace. Ils fe font trompés. Tels n'ont jamais été les verres de ce fameux Phyficien. M. *Henri Baker*, Membre diftingué de la Société Roïale de Londres, nous apprend que fes *Microfcopes* font garnis de lentilles convexes des deux côtés, & non de globules ou de fpheres.

Le fecond *Microfcope fimple*, & qui a de la célébrité, eft celui de M. *Wilfon*. On l'appelle auffi *Microfcope de poche*, parce qu'il peut fe tranfporter aifément dans la poche.

Le corps entier de cet inftrument eft reprefenté par la figure A A, B B (Planche XXX. Figure 80.) Ses parties font:

1°. Une longue vis C C, dont les pas font très-petits & qui tourne dans le corps du *Microfcope*.

2°. Un verre convexe au bout de cette vis.

3°. Deux pieces rondes & concaves de cuivre fort mince, avec des trous de differens diametres au milieu, pour couvrir ce verre, afin de diminuer l'ouverture lorfqu'on emploïe de fortes lentilles.

4°. Trois pieces E E de cuivre en dedans du corps du *Microfcope*, dont l'une eft bandée en demi-cercle au milieu, en forte qu'elle forme une petite voute, pour foutenir un tuïau de verre. Les deux autres pieces font planes. Elles reçoivent & ferrent les gliffoirs qui y font placés.

5°. Une piece de bois ou d'yvoire F, creufée de la même maniere que la piece circulaire & fixée au *Microfcope*.

6°. La lettre G indique ce bout du *Microfcope*, où l'on applique un écrou pour y mettre differentes lentilles.

7°. La feptiéme piece eft un reffort fpiral H d'acier, entre l'extrémité G & les pieces de cuivre. L'ufage de ce reffort eft de tenir ces pieces droites & d'agir contre la longue vis C C.

8°. Et la derniere I un petit manche fait au Tour, pour mieux tenir l'inftrument. Il entre à vis dans le corps du *Microfcope*, afin de pouvoir le démonter quand on le juge à propos.

Voilà tout le corps du *Microfcope*. Voici les pieces qui l'accompagnent, je veux dire, qui font néceffaires dans fon ufage.

D'abord ce font 6 lentilles 1, 2, 3, 4, 5, 6, enchaffées dans de l'argent, du cuivre, ou de l'yvoire de differentes forces. Enfuite c'eft une lentille L (Planche XXX. Figure 81.) montée dans un petit cilindre qu'on tient à la main quand on veut examiner les objets un peu grands. En troifiéme lieu Z eft une plaque d'yvoire appellée *gliffoir*, qui a quatre trous ronds pour y placer les objets entre deux verres ou deux tales, comme on voit en *d, d, d, d*, (Planche XXX. Figure 82.) Le refte de l'affortiment eft une pincette N (Figure 83.) pour prendre les objets qu'on veut appliquer aux verres; un petit pinceau O afin d'ôter la pouffiere qui s'attache aux verres, ou afin de prendre une goute de liqueur deftinée à un examen *Microfcopique*; & un tuïau P (Figure 84.) de verre, où l'on met les objets vivans, comme grenouilles, poiffons, &c. Tout cela eft renfermé dans une boete bien propre, en forte qu'on peut le porter commodément dans la poche.

L'ufage de ce *Microfcope* eft tel. Lorfqu'on

veut voir un objet, on tire le gliſſoir où cet objet ſe trouve placé, & on le met entre deux plaques de cuivre E E, (Fig. 80) en obſervant de placer toujours le côté du gliſſoir où il y a de petits anneaux de cuivre le plus loin des yeux. Après cela, on place la lentille dont on veut ſe ſervir à l'extrêmité G de cet inſtrument, en la faiſant tourner avec la vis. Regardant l'objet à travers cette lentille contre la lumiere du jour, on tourne la longue vis C C juſques à ce que l'objet paroiſſe clair & diſtinct. Afin d'y mieux réuſſir, on emploïe d'abord une lentille foible, qui découvre l'objet tout entier d'un ſeul coup d'œil, & on en conſidere les parties les unes après les autres avec de plus fortes lentilles.

M. *Henri Baker* qui a donné la conſtruction de ce *Microſcope ſimple*, le transforme ſans beaucoup d'apprêt en *Microſcope double*. A cette fin, il le fait entrer à vis dans un tuïau qui a un oculaire à ſon extrêmité, & le rend par ce moïen auſſi utile qu'un bon *Microſcope double*.

On pourroit deviner par l'inſpection ſeule de la figure 86 (Planche XXX.) la façon d'ajuſter ce *Microſcope*. Au haut d'une conſole A de cuivre, fixée perpendiculairement ſur un piedeſtal circulaire de bois, où elle eſt bien affermie, eſt une vis de cuivre qui paſſe par un trou au haut de la conſole. Un miroir concave élevé ſur ce piedeſtal qui tourne comme ſur un pivot, eſt ſuſpendu dans le demi-cercle G par le moïen de deux petites vis *f f* qui entrent dans les deux côtés oppoſés de la boete. Avec ces deux mouvemens auſquels le miroir eſt en proïe, quand on veut on l'ajuſte de façon qu'il reflechiſſe la lumiere du jour ou du ſoleil, ou d'une chandelle, directement en haut à travers le *Microſcope*, fixé au haut de la conſole perpendiculairement ſur le pied autour duquel tourne le miroir.

Ce *Microſcope* ainſi monté, eſt auſſi propre aux obſervations les plus curieuſes des plus petits inſectes, des ſels qui ſont dans les fluides, des pouſſieres dans les végetaux, de la circulation du ſang des plus petits animaux, &c. en un mot, auſſi propre à faire les plus grandes découvertes dans les objets les plus imperceptibles, que le meilleur *Microſcope* (*Voïez* le *Microſcope à la portée de tout le monde*, par *Henri Baker*, & traduit de l'Anglois par le P. *Pezenas*. Ch. IV.)

Après un examen reflechi de cet inſtrument, je m'étois propoſé de paſſer tout de ſuite aux *Microſcopes compoſés*. Mais parmi les *Microſcopes ſimples*, un a fixé mon

attention, parce qu'il a un avantage particulier que je ne vois pas aux autres : c'eſt le *Microſcope à canon*, qu'on appelle le *Tombeau* ou le *Cimetiere des animaux*, dans lequel on peut conſerver des animaux & des plantes pendant pluſieurs jours.

Cet inſtrument eſt compoſé d'un canon de verre ou mieux de criſtal monté entre un pied E E (Planche XXX. Figure 85.) & un couronnement C C de trois pieces. Dans la derniere piece B B eſt une lentille, dont le foïer a la longueur du canon. Cette lentille y eſt arrêtée entre le couronnement & une partie B B du couronnement qui ſe monte en vis. Ce couronnement ſe démonte & s'ôte pour mettre dans le canon les objets qu'on veut obſerver.

Quoique ce *Microſcope* ſoit bien inférieur en force aux précédens, il mérite la plus grande attention par l'utilité dont il eſt. Premierement, pour obſerver la croiſſance des germes des petites graines, pour voir les poux des ſerins, des chardonnerets, les œufs de ces poux, &c. la génération des inſectes, leur manœuvre, leur antipathie ou ſympathie réciproque, leur transformation ou métamorphoſe.

Les chenilles examinées quelque tems dans ce *Microſcope* & à diverſes repriſes, paroiſſent toutes velues & couvertes de longs poils brillans de couleurs variées & diſperſées avec un art infini. Cinq ou ſix ſemaines après on les voit quitter un charmant ſurtout, qui conſerve très long-tems l'éclat des couleurs qu'on y avoit vûes. Elles ſe montrent enſuite ſous la forme de pluſieurs coques, à peu près ſemblables à celles des vers à ſoïe, mais ſans mouvement. Ce n'eſt que quelque tems après qu'on les voit ſortir de ces priſons qu'on jugeoit bien fermées, changées en papillons aîlés.

De toutes ces métamorphoſes, je n'en connoît pas de ſi belles que celle dont M. *Joblot* fait mention dans ſa *Deſcription & uſage des nouveaux Microſcopes*. Je n'ai rien vu de ſi étonnant, & j'avoue même que le ſpectacle dont M. *Joblot* a joui avec le *Microſcope à canon*, m'a rendu cet inſtrument précieux. Comme j'ai à cœur ſa perfection, je vais faire part au Lecteur des curieuſes obſervations du Phyſicien à qui on le doit. Le ſujet eſt un petit ver qu'il trouva dans ſon cabinet en 1692 le 10 Juin, & qu'il enferma dans un *Microſcope à canon*. Ecoutons M. *Joblot* lui-même rendre compte de ſon obſervation.

[Ce petit ver, dit-il, me parut d'abord de couleur brune, tirant ſur celle d'un caffé qui n'eſt pas encore torréfié. Son corps qui avoit 6 lignes de longueur & une demie de diametre, étoit presque rond dans toute cette dimension.

Il paroissoit composé de onze anneaux, sans y comprendre la tête, ornée d'une espece de coqueluchon arrondi par le bas.

Le dernier des anneaux qui terminoit son corps, finissoit par deux aiguillons courts & obtus qui representoient une queue fourchue. Tous ces anneaux beaux & luisans étoient attachés à une membrane très-fine & blanchâtre, que ses contractions & ses extensions alternatives pouvoient approcher & écarter les uns des autres, en rendant cet animal tantôt plus court & plus gros, tantôt plus long & plus mince.

On remarquoit trois petites pattes de chaque côté de son corps, & une seule griffe au bout de chacune, laquelle étoit d'une couleur d'ambre bien foncée. Celle des deux pattes les plus proches de sa tête lui servoient de main, pour prendre sa nourriture & pour la porter à la bouche.

Sa tête étoit ornée de deux yeux bien noirs, placés des deux côtés, au-devant desquels étoient plantées deux petites cornes, composées de plusieurs articles.

Les premiers jours que je considerai ce petit animal, il étoit d'une vivacité merveilleuse, faisant des sauts qui marquoient beaucoup de force & de souplesse dans le sujet qui les exécutoit.

† Depuis le 10 Juillet jusques au 10 Septembre, cet insecte en produisit dix autres très minces qui lui ressembloient tous, & qui dès le premier moment de leur naissance marchoient d'une vitesse surprenante. J'en gardai un en vie durant dix jours sans lui donner aucune nourriture, ce qui ne paroîtra pas trop extraordinaire, lorsqu'on saura que sa mere pendant une année ou environ, n'en consuma pas plus que de la grosseur d'environ un pois.

Cet insecte, après avoir fait ses petits, quitta entierement sa peau durant vingt-quatre heures, après quoi il parut d'une blancheur vive & plus gros qu'auparavant, marquant même plus de force & de mouvement, qu'il n'en avoit montré depuis plusieurs jours.

On peut dire que cette peau lui tenoit lieu de sur-tout pour envelopper toutes les parties extérieures de son corps; puisqu'on remarquoit dans ce surtout jusques au moule des yeux, des jambes & des griffes de cet animal.

Dès le soir même du jour que ce ver eut quitté son surtout, sa couleur me parut changée. Car de blanc qu'il étoit, en deux jours il redevint aussi brun qu'il avoit été; & je lui vis passer tout l'hyver en cet état. Il fut assez en repos durant tout ce tems-là, ne remuant qu'insensiblement, ne mangeant point, ni ne rendant aucun excrément visible : mais étant survenu quelques beaux jours de soleil, & l'y aïant exposé, il commença à s'y mouvoir un peu plus qu'il ne faisoit auparavant; & même il mangea quelque peu d'un carton qui servoit de fond au *Microscope* dans lequel je le conservois.

Sur la fin du mois d'Avril je ne lui remarquai pendant neuf jours, qu'il demeura couché sur le dos, aucun signe de vie, après lequel tems, je fus surpris de voir qu'il travailloit fortement à quitter un second surtout, qu'il poussoit tout le long de son corps de la tête vers la queue, où il en resta jusques au sixième Juin, durant lequel tems je le crus mort. Cependant le même jour au soir, je m'apperçus qu'il avoit entierement quitté cette derniere peau, & qu'il paroissoit sous une forme nouvelle qui ne differoit pas moins de la précedente qu'un ver differe d'une mouche. En effet, le sixiéme Juin à sept heures du matin, il s'étoit métamorphosé en une mouche fort singuliere, aïant environ cinq lignes de longueur & une ligne un quart de largeur par le milieu de son corps.

En observant cette mouche, je remarquai qu'entre la tête & son corps, il y avoit une autre partie en forme d'anneau mobile; que la couleur étoit differente en divers endroits du corps; le dessus de la tête & cette partie en forme d'anneaux, étant d'un rouge brun, & le reste aïant une blancheur tirant sur le roux; mais cette couleur blanchâtre se dissipa en peu de tems; car deux heures après le tout parut d'un rouge brun.

A la place des onze anneaux qui se distinguoient dans la longueur du ver, on voïoit alors tout son corps long de huit lignes couvert de deux aîles fermes & dures.

Au lieu de six pattes courtes, dont j'ai parlé, on en voïoit dix autres, chacune desqu'elles avoit pour le moins quatre fois la longueur des premieres, & étoit composée de trois articles; étant terminée par deux griffes assez foibles, au lieu d'une seule un peu forte.

Les cornes qu'il avoit au-devant des yeux, étoient extrêmement courtes, & celles d'après très-longues; en sorte qu'on y remarquoit onze articulations en chacune, dont il y en avoit huit qui ressembloient à des grains de chapelet un peu ovales.

Le huitiéme Juin au matin, il me parut
d'une

d'une couleur brune, femblable à celle des feves de caffé bien torrefiées. Le neuviéme, cette couleur devint noire, & les pattes de cet animal fe firent voir d'un rouge brun.

Enfin le treiziéme, il fit paroître quelques excrémens d'un jaune pâle, au lieu que ceux du ver étoient fort bruns. (*Defcriptions & ufages de plufieurs nouveaux Microfcopes*, pages 54 & *fuiv.*) M. *Joblot* ne dit pas comment cet animal finit. Mais on voit par la fuite de cette obfervation de quelle utilité font les *Microfcopes à canon* : c'eft ce que je voulois prouver en en rendant compte.

MICROSCOPE COMPOSÉ. J'ai déja dit que les *Microfcopes compofés* avoient plufieurs lentilles ; j'ajoute qu'ils en ont deux ou trois. Pour conftruire le premier, on fait un tuïau de 4 pouces de longueur qui entre dans un autre de 5. A l'extrémité fupérieure de celui-là on attache un cercle d'ébene préparé pour recevoir un verre oculaire d'un pouce & demi de foïer, de 16 lignes de diametre, & ouvert d'un pouce. Ce verre s'arrête avec une piece d'ébene qui fe monte à vis par-deffus, & qui eft creufé en dedans en entonnoir, aïant par dehors une ouverture de 3 lignes. Au foïer de ce verre on met un diaphragme.

Ce tuïau ainfi préparé entre dans l'autre tuïau long de 5 pouces au bout duquel eft attachée une piece d'ébene faite en cul-de-lampe. Cette piece contient une lentille de trois lignes de foïer ou plus, felon le befoin & l'ufage qu'on en doit faire.

Le corps du *Microfcope compofé* à trois verres eft le même que celui à deux. Les dimenfions font feulement un peu differentes. Le tuïau le plus mince eft long de 5 pouces ½. A l'extrêmité inférieure eft un cercle d'ébene fur lequel fe monte à vis une virole qui retient un verre de trois pouces ½ de foïer, de 20 lignes de diametre, & de 15 lignes d'ouverture. De l'autre côté du tuïau, c'eft-à-dire à fon extrémité fupérieure, on ajufte un autre cercle qui porte un verre d'un pouce ½ de foïer, de 14 lignes de diametre & de 10 lignes d'ouverture. Il eft retenu là par une piece d'ébene qui fe monte à vis par deffus, de 10 lignes de hauteur ; creufé du côté du verre en forme d'entonnoir, & dont l'ouverture extérieure eft de trois lignes. En dehors, cette piece a environ 15 lignes de diametre, & eft creufée de maniere que l'œil puiffe y être placé à l'abri de la lumiere extérieure.

Au foïer du verre oculaire on place un diaphragme de 6 lignes d'ouverture. Et depuis un verre jufques à l'autre, on met 4

pouces ½ de diftance. L'ouverture fe ferme avec un petit couvercle, afin de garantir le le verre de la pouffiere.

Ce tuïau, muni de deux verres, entre dans un tuïau de 7 pouces de longueur, femblable à celui du *Microfcope compofé* à deux verres, portant une petite lentille de 3 lignes de foïer, couverte d'une feuille de plomb de même grandeur qui eft percée d'une groffe aiguille. Une petite calotte montée à vis par deffus retient le verre. Elle a une ouverture d'une ligne de diametre.

Ces *Microfcopes* fe montent de la même maniere, & on les ajufte tout comme on veut. La figure 87 (Planche XXXI.) reprefente de quelle façon on les monte à Paris.

A eft le corps du *Microfcope* tel que je viens de le décrire. Au milieu font deux pas de vis qui fe montent dans une ouverture proportionnée à la piece de cuivre qui la foutient, & qui eft attachée à une barre quarrée C de même métal.

Une feconde barre B quarrée, dont le bout inferieur eft attaché à la barre de cuivre, eft arrêtée par des vis fur une boëte d'ébene quarrée, contenant un tiroir dans lequel eft renfermé l'affortiment du *Microfcope*.

La premiere barre C, femblable à la barre B, mais plus courte, fe leve & s'abaiffe avec le corps du *Microfcope*. Les deux barres entrent dans le corps de la confole X quand on demonte l'inftrument. Elles font entourées par une piece de cuivre quarrée D, qui gliffe deffus en hauffant ou en baiffant. Il y a fur un côté une vis à oreille pour arrêter cette piece fur la barre B, & empêcher que la barre B ne defcende quand le *Microfcope* eft placé à peu près à la hauteur qu'on fouhaite, en mettant le bord de la ceinture vis-à-vis le chifre qui repond à celui de la lentille dont on fe fert, (car on doit en avoir au moins 6, de differentes forces qu'on marque 1, 2, 3, 4, 5, 6.)

Par le moïen d'une vis fixe E, aïant à fon extrêmité fupérieure un bouton qu'on tourne à droite ou à gauche, on place, par un mouvement bien doux & infenfible, & avec la derniere précifion, l'objet dans le véritable foïer de la lentille.

Une piece de cuivre platé & pofée horifontalement, eft attachée à la barre D X. C'eft fur cette plaque qu'on place les objets qu'on veut examiner.

Au trou de cette plaque fait à fon milieu, eft ajuftée un cône de cuivre R pour exclure les raïons obliques & reflechis par un miroir concave G enchaffé dans une boëte de

cuivre, & attaché au pied de la même maniere que celle du *Microscope* précédent de
M. *Wilson*.

Dans la plaque F, appellée *Porte-objet*, est arrêtée, comme on le voit par la figure, un
verre convexe, mobile sur deux pivots verticalement & horifontalement sur son axe.

Voilà toute la construction du *Microscope composé*, où pour mieux dire toute sa
monture. N'oublions pas une piece essentielle pour observer des objets opaques. C'est
un cilindre creux I (Planche XXXI. Figure
92.) & ouvert de chaque côté, à l'extrêmité
inférieure duquel est monté à vis un miroir d'argent concave percé au milieu. On
monte ce cilindre sur le bout inférieur du
Microscope, & on le met à la hauteur du
chifre qui marque la longueur du foïer de la
lentille dont on veut faire usage. Par ce
moïen le foïer de ce miroir peut s'accorder
avec le foïer de chaque lentille séparément,
en sorte que les objets opaques se trouvent
placés en même-tems dans le foïer de chaque lentille, & dans le foïer du miroir,
qui éclaire ces objets d'une maniere surprenante.

J'ai déja fait connoître les pieces ordinaires d'assortiment aux *Microscopes*. Mais
je ne dois pas omettre celles qui les accompagnent particulierement & qui sont nécessaires
pour differentes observations. Ainsi sans parler
des glissoirs, de la pincette & du pinceau,
&c. je détaillerai seulement les suivantes.

M plaque de cuivre un peu concave sur
laquelle on arrête legerement avec une bande de toile étroite & mouillée, un tétard,
un éperlan, un goujon ou tout autre
poisson, dont la queue soit bien mince &
transparente pour y voir la circulation du
sang. On place la queue sur l'extrêmité la
plus étroite de cette piece où est une ouverture. Pour la placer au porte-objet du *Microscope*, on fait entrer le bouton qui est
dessous dans la petite ouverture faite au
coin du porte-objet. Un ressort situé sous
cette piece, sert à l'avancer ou à la reculer plus
facilement, jusques à ce qu'elle soit dans
la situation convenable à l'objet qu'on veut
voir. Si le poisson n'est pas assez tranquille,
on passe un fil à travers les petits trous de
la plaque par dessus sa queue afin de l'arrêter.

Le tuïau de verre de la Pl. XXX. sert aussi
à observer la circulation du sang dans la
queue d'un tétard, ou dans la membrane qui joint les doigts de la patte de derriere d'une petite grenouille. On étend l'a-
nimal dans le tuïau, & on glisse ce tuïau
par dessous le porte-objet, où sont deux

ressorts pour le soutenir, afin que l'objet
soit placé sous la lentille. On doit avoir des
tuïaux de differentes grosseurs pour en choisir
un qui soit proportionné à l'animal.

P petit cilindre blanc d'un côté & noir
de l'autre. On met dans ce cilindre de
petits objets de couleurs opposées, tels que
des sables, des sels, des moisisures &c.
en les éclairant sur le porte objet où l'on
place ce cilindre, par la lumiere reflechie du
miroir d'argent.

S (Planche XXXI. Figure 90.) boete ronde
qui sert à enfermer de petits animaux vivans entre deux verres, dont l'un est concave & l'autre plat.

T (Figure 91.) verre concave dans lequel
on place une goutte de liqueur qu'on veut
observer, & qu'on couvre quand on veut
l'observer long tems.

Après avoir expliqué l'usage du *Microscope simple*, je me crois dispensé de donner
celui du *Microscope composé*, qui revient à
celui-là, & dont on a pû juger par le détail
de la construction & des pieces d'assortiment. Je passe donc au *Microscope solaire*.

MICROSCOPE SOLAIRE. *Microscope* où les objets
sont vûs en grand comme dans une chambre
obscure. Je ne sais pas si cette définition donne
une idée bien claire de cet instrument : on en
jugera par son développement. Je dirai ici
pour aider à la lettre, qu'au lieu de voir les
objets dans le *Microscope* même, on les voit
peints sur un écran ou un drap blanc exposé
à une distance convenable de l'oculaire de
cet instrument ; de même qu'au lieu de
regarder un objet par le trou d'une fenêtre,
on l'examine dans une chambre obscure sur
un drap opposé au trou de cette fenêtre.
En un mot, un *Microscope solaire* est un
Microscope ouvert du côté de l'oculaire, &
placé de l'autre où est la lentille, au trou
de la fenêtre d'une chambre obscure, ensorte que l'objet placé dans le *Microscope*
est representé sur un écran de la même grandeur qu'on l'y auroit vû.

J'avoue qu'il y a peu d'invention en Physique qui m'ait tant flaté que celle-ci. Comment contempler à loisir & sans se fatiguer
un petit insecte peint sur un papier jusques
à 1000 fois au moins plus gros qu'il n'est ;
(l'image d'un pou paroît de 5 ou 6 pouces,
& même plus) cela est admirable ! Aussi je
vais tâcher d'en détailler la construction de
façon que tout homme puisse aisément jouir
de ce plaisir, & avec d'autant plus de zele
que ce *Microscope* n'est gueres connu en
France, ou du moins qu'il n'y est point en
usage.

Pour ne pas fatiguer l'esprit du Lecteur

par des dépouillemens souvent embarraffans, & toujours fuperflus dans les chofes fimples, j'offre dans la Pl. XXXI. Fig. 94. un *Microfcope folaire* tout monté & en action, fi l'on peut parler ainfi. A eft une piece quarrée de bois ou de cuivre traverfée par deux longues vis I, I , au moïen defquelles elle eft attachée à la fenêtre de la chambre obfcure O O.

Cette piece eft percée au milieu d'un trou bordé extérieurement d'un cercle B à rainure. Dans cette rainure paffe une corde de boïau 3, 2, qui aïant fait le tour de cette piece circulaire , fe croife fur une poulie 4 de cuivre. Cette poulie a un manche 5 qui traverfe la piece quarrée. Cela fert à tourner la piece circulaire B avec tout ce qui y eft attaché.

A cette piece B eft attaché par une double charniere K , un miroir rectangulaire placé dans une boete de même figure. Il tourne donc avec cette piece quand on fait mouvoir la manivelle 5. Ce miroir eft foutenu par un manche 6 de cuivre & faifi par un long clou H à vis. Il eft arrêté dans ce clou qui paffe à travers la piece circulaire ; de maniere que l'obfervateur en le tirant avec un anneau de cuivre fixé à fon extrêmité , peut hauffer ou baiffer le miroir à volonté. La piece eft percée circulairement.

A ce trou 5 eft une lentille convexe d'environ deux pouces de diametre , deftinée à ramaffer les raïons du foleil & à les faire tomber avec plus de force fur l'objet.

Voilà toute la partie de l'inftrument qui eft hors la fenêtre expofée au foleil. Voici l'explication des pieces qui font dans la chambre. Au milieu de la piece circulaire eft adapté derriere la planche un tuïau de cuivre C couvert ordinairement de chagrin. Ce tuïau entre à vis dans cette piece. Il fert d'étui à un tuïau de cuivre D , qui n'eft pas couvert & qui peut s'enfoncer dans cet étui , ou fe retirer plus ou moins felon le befoin.

E eft un autre tuïau de cuivre de la longueur d'environ un pouce , fixé au bout du plus grand tuïau D. Sur celui-ci gliffe un autre tuïau F qui porte le *Microfcope* M, cet inftrument y étant viffé pour pouvoir le défaire quand on a fait l'obfervation.

Un écran Z placé au foïer , en quelque façon, d'un verre concave 5 reçoit la lumiere que réunit ce verre. C'eft dans ce cercle de lumiere qu'eft reprefenté l'objet placé dans le *Microfcope*. Et voici comment.

Ufage du Microfcope folaire. La chambre étant bien fermée , & les chofes étant difpofées en l'état où la figure les reprefente,

& fuivant ce que je viens de dire , on fait tourner le miroir C felon l'élevation & la fituation du foleil, avec la manivelle de la poulie de cuivre 4 , & on l'éleve ou on le baiffe avec l'anneau 8 , jufques à ce qu'il reflechiffe directement les raïons du foleil à travers la lentille 5 fur l'écran de papier & qu'il y forme un cercle exactement rond. Alors on arrête le miroir. La lumiere paffe à travers la lentille du *Microfcope* après avoir éclairé l'objet multiplié par la lentille , & cet objet ainfi augmenté fe trouve peint fur l'écran comme dans une chambre obfcure , tel qu'on le voit dans la figure 94. Quand à la place des objets , lorfqu'ils ne font pas vivans, on doit les placer à un pouce de diftance (ou environ) en dedans du foïer de la lentille convexe 5 ; mais cette diftance doit être moindre pour les objets vivans , fans quoi ils feroient bien tôt morts.

Il faut avouer que ce *Microfcope* eft très-curieux , très-amufant & infiniment propre à faire des découvertes dans les objets qui ne font pas trop opaques. Premierement, parce qu'il reprefente les objets beaucoup plus grands qu'on ne peut les avoir par toute autre voie. En fecond lieu, parce qu'il ne fatigue pas la vûe même la plus foible ; 3.º parce que plufieurs perfonnes peuvent voir en même-tems, examiner les parties d'un objet & indiquer aifément les conjectures ou les découvertes qu'elles y font ; & enfin parce qu'on peut deffiner l'objet à fon aife avec la derniere jufteffe ; le calquer même, c'eft-à-dire , le deffiner fans favoir le deffein. Pour cela , il faut que l'écran foit d'un papier mince. L'objet fe peint à travers quand cela eft. Attachant donc là un papier on fuit exactement les traits , fans craindre que l'ombre de la main n'y mette obftacle.

On doit ce merveilleux *Microfcope* au Docteur *Liberkhun* , qui le communiqua à la Société Roïale de Londres environ l'an 1740. Dans ce tems il étoit fans miroir, & cette utile addition eft due aux Anglois. M. *Henri Baker* eft le feul Phyficien qui ait décrit cet inftrument dans fon *The Microfcope made eafy* , &c. qui a été traduit par le P. *Pezenas*. Cet Auteur (*Baker*) dit qu'en général les lentilles les plus propres au *Microfcope folaire* font la 4.ᵉ, la 5.ᵉ, ou la 6.ᵉ.

4. Après avoir décrit les plus beaux *Microfcopes* & leur ufage, je dois expofer leur théorie, c'eft-à-dire, rendre raifon de leur effet avant que de rendre compte de ces mêmes effets. Par ce moïen, inftruit de la caufe, on ne fera plus attentif qu'à ce qu'elle produit ; & l'imagination raffurée là-deffus, jouira du fpectacle des obfervations fans

inquiétude. Il s'agit donc ici 1° de faire voir comment deux ou trois verres peuvent si fort augmenter les objets ; 2° de quelle maniere on dissipe l'illusion optique qu'on pourroit soupçonner de cette apparence, je veux dire de quelle maniere on juge & on mesure cette augmentation ; & 3° de développer les consequences les plus intimes & les plus curieuses de cette théorie.

1°. Quoique l'effet du *Microscope* soit fort surprenant, il est cependant peu de causes si simples. La lentille produit cette merveille. Etant extrêmement petite & fort convexe, elle cause de grandes réfractions. Ces réfractions rapprochent les raïons rompus & les rendent très-convergens. Ainsi réunis, ils vont faire impression sur la retine. Mais ce n'est point par la direction courbe des raïons que l'œil juge des objets. Il ne les voit jamais qu'en lignes droites. D'où il suit, que plus grande est cette courbure des raïons, plus aussi est grand l'angle sous lequel l'objet est vû. Peignons cette vérité aux yeux.

Un œil O (Planche XXXI. Figure 93.) voit un objet M à travers la lentille L. Les raïons de lumiere qui partent de l'objet vont tomber sur cette lentille, & convergent par sa convexité en *l a*, *l b*, &c. Or l'œil ne voit ces objets que suivant des lignes droites tirées par les points *a*, *b*, aux points *l*, *l*, &c. prolongées en E D. L'objet M doit donc être vû sous l'angle E O D, & par conséquent être considérablement augmenté. C'est ce que je devois faire voir. Mesurons maintenant cette augmentation ou cet effet de la lentille.

Par ce raisonnement, il est aisé de conclure que l'apparence d'un objet, quand à sa grandeur, vient de l'angle sous lequel il est vû : ou, ce qui est la même chose, vient de la proximité à laquelle on peut le distinguer. Un objet paroît d'autant plus grand qu'il est plus proche de l'œil. La vûe simple ne peut pas distinguer un objet trop proche. (*Voiez* VUE.) Mais à travers une lentille elle le voit très-distinctement, quelque proche que soit le foïer de cette lentille. Or plus une lentille est petite, plus proche est son foïer. Donc une lentille doit augmenter un objet à proportion de sa petitesse. Il ne s'agit plus que de trouver la force de cette lentille, & cela est relatif à la proportion de son foïer, à la distance à laquelle la vûe peut distinguer clairement un objet. Cette distance est estimée de 8 pouces

dans les vûes ordinaires. Si cette vûe est aidée d'une lentille d'un pouce de foïer, c'est-à-dire, qui fasse distinguer l'objet huit fois plus proche, l'objet paroîtra 8 fois plus grand, en ne le considerant que par une dimension. Mais comme l'objet est augmenté & en longueur, & en largeur & en épaisseur, il faut quarrer 8 qui est son diametre, pour avoir sa surface qui sera 64 ; & cuber ce même nombre pour sa solidité. Ainsi on trouvera qu'une lentille d'un pouce de foïer grossit un objet 512 fois.

On voit par-là combien doit grossir une lentille convexe, dont le foïer n'est éloigné que de la vingtiéme partie d'un pouce. Pour en faire le calcul, considerons ce que 8 pouces de distance commune à la vûe simple contiennent de ces vingtiémes parties. Ce contenu est 160. Donc la longueur & la largeur d'un objet vû à travers cette lentille seront augmentées 160 fois. En quarrant ce nombre, on trouve que l'objet doit paroître vingt-cinq mille six cens fois aussi grand qu'il étoit.

Cette connoissance si belle & si curieuse en fournit une autre importante : c'est de pouvoir connoître la force d'une lentille dans un *Microscope* simple. A cette fin, on approche la lentille de son vrai foïer, en cherchant le point où un objet paroît parfaitement distinct & bien terminé. En mesurant alors avec un compas aussi exactement qu'il est possible, la distance entre le centre du verre & l'objet, on a celle du foïer de ce verre. Cette distance se détermine ainsi. On a une échelle où le pouce est divisé en dixiémes & centiémes par des diagonales ; & on porte sur cette échelle le compas, pour savoir combien cette distance contient de parties d'un pouce. Reste après cela à chercher combien de fois ces parties sont contenues dans 8 pouces (distance de la vûe simple), & on a le nombre de fois dont le diametre de l'objet est grossi. Ce nombre étant quarré donne la surface de cet objet, & son cube sa solidité. C'est par cette méthode que M. *Baker* a calculé une table où est exprimée en nombres la force des verres convexe, dont on se sert ordinairement dans les *Microscopes* simples. Comme cette Table est très commode pour connoître tout d'un coup, combien une lentille grossit un objet, en mesurant exactement la distance entre le verre & le point où l'objet paroît clairement, je dois la rapporter ici.

TABLE DE LA FORCE DES VERRES CONVEXES
DONT ON FAIT USAGE DANS LES MICROSCOPES SIMPLES,
SELON LA DISTANCE DE LEUR FOÏER,

Calculée sur une échelle d'un pouce divisé en 100 parties.

Où l'on voit combien de fois le diametre, la surface, le cube, sont grossis à travers ces verres par rapport aux yeux, dont la vûe simple est de 8 pouces, ou de huit cent centièmes d'un poucè.

Foïer du verre ou de la lentille. (Centièmes d'un pouce.)	Augmentation du diametre de l'objet.	Augmentation de la surface de l'objet.	Augmentation du cube de l'objet.
$\frac{1}{2}$. ou . 50	16 fois.	256 fois	4, 096 fois.
$\frac{4}{10}$. ou . 40	20	400	8, 000
$\frac{3}{10}$. ou . 30	26	676	17, 576
$\frac{1}{5}$. ou . 20	40	1, 600	64, 000
15	53	2, 809	148, 877
14	57	3, 249	185, 193
13	61	3, 721	226, 981
12	66	4, 356	287, 496
11	72	5, 184	373, 248
$\frac{1}{10}$. ou . 10	80	6, 400	512, 000
9	88	7, 744	681, 472
8	100	10, 000	1, 000, 000
7	114	12, 996	1, 481, 544
6	133	17, 689	2, 352, 637
$\frac{1}{20}$. ou . 5	160	25, 600	4, 096, 000
4	200	40, 000	8, 000, 000
3	266	70, 756	18, 821, 096
$\frac{1}{50}$. ou . 2	400	160, 000	64, 000, 000
1	800	640, 000	512, 000, 000

Toutes ces regles & cette Table apprennent bien à connoître la force des lentilles des *Microscopes*; mais elles ne font pas favoir quelle est la grandeur réelle des objets qu'on examine, sur-tout si ces objets sont extrêmement petits. Car quoiqu'on soit certain qu'un objet est grossi d'un certain nombre de fois, on ignore encore la grandeur actuelle de l'objet, parce qu'on ne peut le mesurer (étant petit) que quand le *Microscope* l'a rendu assez sensible pour cela. C'est donc alors & dans cet accroissement qu'il faut juger de sa grosseur.

Le premier qui a fait cette recherche, le fameux *Leewenhoek*, auquel on doit de si belles découvertes par le *Microscope*, s'imagina de comparer les petits objets avec un grain de sable. Il observoit avec un *Microscope* un grain de sable simple, & observoit ensuite l'objet, tel qu'un petit animal qui nageoit ou qui rouloit dessus, ou qui en étoit proche. Or il trouvoit que la grandeur de cet animal (le diametre de ceux qu'on apperçoit dans l'eau de riviere) lui paroissoit la douziéme partie du diametre du grain de sable. Par conséquent la surface de ce grain étoit 144 fois, & sa solidité ou sa grosseur 1728 fois plus grande qu'un grain de sable. (*Leewen. Experim. Contempl. Tom. IV. pag.* 23, & le *Microscope à la portée de tout le monde*, d'*Henri Baker*, *Ch. X.*)

M. *Hook*, qui a autant préconisé le *Microscope* composé par les découvertes étonnantes qu'il a faites avec cet instrument, que *Leewenhoek* a fait valoir le *Microscope* simple par les siennes, M. *Hook*, dis-je, avoit une méthode differente de celle de ce dernier Physicien. Après avoir rectifié le *Microscope* pour y voir distinctement l'objet, M. *Hook* dans le même instant regardoit d'un œil (à travers le verre) cet objet.

V iij

Il regardoit après cela d'autres objets à la même distance. Une regle étant divisée en pouces & en petites parties, & étant placée au pied du *Microscope*, il voïoit combien l'objet contenoit de parties de cette regle. Par ce moïen il étoit en état de mesurer exactement le diametre de cette apparence, qui comparée avec le diametre de l'objet estimé à la vûe simple, lui donnoit la quantité de son aggrandissement. (*Voïez* sa *Micrographie*.)

Le Docteur *Jurin* a donné dans ses *Dissert. Physico-Mathemat. p. 45.* une autre méthode. Il entoure une aiguille avec un fil d'argent très-délié, de maniere que les tours de ce fil se touchent exactement; ce qu'il vérifie au *Microscope*. Muni d'un bon compas, il mesure l'intervalle compris entre les révolutions extrêmes du fil d'argent, afin de savoir quelle est la longueur de l'aiguille. Aïant appliqué cette ouverture de compas divisée en pouces, dixiémes & centiémes de pouce, il sait combien elle contient de ces parties. La troisiéme chose à faire est de compter le nombre des tours du fil d'argent compris dans cette longueur, & par la division on connoît l'épaisseur véritable du fil. Ce diametre connu, le Docteur *Jurin* coupe ce fil en plusieurs petits morceaux, qu'il jette sur l'objet qu'il veut examiner quand cet objet est opaque, & dessous lorsqu'il est transparent. Il ne reste plus qu'à comparer à l'œil les parties de l'objet avec l'épaisseur connue de ces brins de fil.

C'est ainsi que M. *Jurin* trouva que quatre globules du corps humain couvroient ordinairement la largeur d'un brin qu'il avoit estimé $\frac{1}{485}$ d'un pouce. Ainsi le diametre de chaque globule étoit de $\frac{1}{1920}$ partie d'un pouce (*Transact. Philosoph.* N° 377.)

De toutes ces méthodes la meilleure & la plus sure est d'appliquer un micrometre au *Microscope*. J'ai déja dit que *Théodore Balthasar* avoit eu le premier cette idée (*Voïez* MICROMETRE) & je le repete, parce que M. *Martin* (dans son *Optique*,) & M. *Smith* (dans son *Optique*) paroissent un peu trop se l'attribuer, quoique leur maniere soit bien supérieure à celle de *Théodore Balthasar*.

Le premier (M. *Martin*) pour construire son micrometre, trace avec la pointe fine d'un diamant sur un morceau circulaire de verre, un nombre de lignes paralleles éloignées les unes des autres de la quarantiéme partie d'un pouce. Plaçant ce verre au foïer de l'ombre du *Microscope*, l'image de l'objet paroît sur ces lignes, & on en compare les parties avec l'intervalle des lignes tracées sur le verre.

L'invention de M. *Smith* tient plus au micrometre. Ce Savant fait un petit treillis de petits fils d'argent qui forment de petits quarrés. Ce treillis se place comme le verre de M. *Martin* au foïer de l'oculaire, & on distingue la grandeur des parties par l'espace ou par le nombre des quarrés qu'elles occupent de ce treillis.

Ces inventions n'étoient point connues en France en 1749. Un Seigneur distingué (M. le Duc de *Chaulnes*) qui non content de protéger les Savans, daigne contribuer aussi par ses lumieres à la perfection des Sciences, voulant mesurer les objets en eux-mêmes, & en même-tems connoître combien ils étoient augmentés par le *Microscope*, introduisit un micrometre au *Microscope* ainsi construit. Son micrometre a 8 pouces de long. Une vis faisant trois tours & demi par ligne, & portant une aiguille sur un cadran divisé en 100 parties, fait avancer ou reculer une piece assez longue où est une pince, pour tenir les lames de glace ou d'ébene, sur lesquelles on place les objets. Cette pince est mobile à droite & à gauche par une vis sans fin. Sur la plaque inferieure est une division qui marque les tours de la vis, (M. *Passemant* construit à Paris ces micrometres qu'il a réduit, & auxquels il travailloit, quand M. le Duc de *Chaulnes* en fit la découverte.)

Comme ce micrometre est une invention toute nouvelle, & que je ne l'ai pas encore vû, je n'ose en dire davantage. M. *Needam*, de la Société Roïale de Londres, vient de publier des *Observations Microscopiques*, où cet usage est développé, & on peut y recourir. (*Voïez* l'addition à l'Ouvrage de cet Auteur, page 16.)

L'article que je remplis ici, est si important que je crois devoir résumer toute la théorie du *Microscope*, & y joindre les connoissances qui la regardent.

1°. Si l'on place un objet AB (Planche XXXV. Figure 95.) au foïer F d'un petit verre spherique & que l'on mette l'œil au foïer G, l'objet paroîtra distinct dans une situation droite, & augmenté quand au diametre dans le rapport des $\frac{1}{4}$ du diametre EI à la distance de 8 pouces. Si le diametre est de $\frac{12}{10}$ de pouce; alors CE $= \frac{1}{20}$, FE $= \frac{1}{40}$, & par conséquent FC $= \frac{3}{40}$, D'où il suit, que le diametre de l'objet est au diametre apparent à peu près comme 1 est à 103.

2°. Les *Microscopes* faits de petites boules de verre grossissent les objets davantage que ceux qui sont composés de lentilles, parce qu'on peut faire des globules de verre beaucoup plus petits que des lentilles. Si le diametre d'une sphere est égal à $\frac{1}{18}$ de pouce, il aggrandira l'objet dans le rapport de 1 à 170 ou environ ; sa surface, dans celui de 1 à 28900, & sa solidité, dans celui de 1 à 4913000.

3°. Plus un objet est grossi par un *Microscope*, plus est petite la partie que l'œil embrasse d'une seule vûe.

4°. L'apparence d'un objet, formée par un ou plusieurs verres combinés, devient obscure à proportion que sa grandeur augmente.

5°. Les apparences égales d'un même objet formées par differentes combinaisons, deviennent obscures à proportion que le nombre des raïons, qui constitue chaque pinceau, décroît, c'est-à-dire, à proportion de la petitesse du verre objectif. D'où il suit, que si le diametre du verre objectif surpasse le diametre de la prunelle autant de fois que le diametre de l'apparence excede le diametre de l'objet, l'apparence de l'objet sera aussi claire, aussi brillante que l'objet même.

6°. On ne peut augmenter le diametre du verre objectif, sans augmenter en même-tems les distances de foïer de tous les autres verres, & par conséquent la longueur du *Microscope*. Autrement les raïons tomberoient trop obliquement sur le verre objectif, & l'apparence seroit & confuse & irréguliere.

7°. Suivant *Newton* (*Traité d'Optique* , *Liv. II. Part. 3*) si les *Microscopes* sont ou peuvent être perfectionnés jusques à représenter assez distinctement les objets, à un pied de distance, cinq ou six cens fois plus gros qu'on ne les voit à la simple vûe, on pourra découvrir quelques-unes des plus grosses particules des corps. Et peut-être que par le moïen d'un *Microscope* qui grossiroit trois ou quatre mille fois, on pourroit découvrir toutes celles qui produisent le noir. Ce grand homme (M. *Newton*) pense aussi, que si l'on pouvoit parvenir par le secours des verres, à découvrir les particules qui constituent les corps, la vûe seroit portée à son plus haut dégré de clarté. Car il est impossible de découvrir dans ces corpuscules mêmes ce qu'il y a de plus sûr & de plus exquis dans les ouvrages de la nature, à cause de la transparence de ces corpuscules.

8°. Le même M. *Newton*, par la difference qu'il a trouvée entre les couleurs simples & les couleurs composées, a communiqué au Public dans les *Transactions Philosophiques*, N° 88, une méthode de per-

fectionner les *Microscopes* par réfraction, & de voir en éclairant l'objet dans un lieu obscur avec une lumiere d'une couleur convenable, qui ne soit pas trop composée. Moïennant quoi on pourra voir plus loin avec les *Microscopes* ; ils seront susceptibles d'une grande ouverture, & feront appercevoir l'objet aussi distinctement.

9°. Enfin, il dit (*Transact. Philosoph.* N°. 80.) qu'il a quelquefois eu envie de faire un *Microscope*, qui, au lieu d'un verre objectif, auroit une piece de métal réfléchissante.

5. *Observations Microscopiques.* Le *Microscope* a enrichi la Physique de tant de découvertes, qu'il seroit difficile de les faire connoître, même en se contentant seulement de les indiquer. C'est un nouveau monde de petits êtres, dont les limites sont immenses. Pour en donner la Carte, je vais la réduire sous une espece de Mappemonde, où l'on verra le genre des découvertes, comme on distingue en Géographie sur cette Carte les quatre parties du monde. Cette division est même celle des especes des découvertes actuelles. Car je reconnois trois sortes d'*observations Microscopiques*. La premiere a pour objet les solides ; la seconde les liquides & ce qu'ils contiennent ; la troisiéme & la quatriéme, les insectes.

Observations Microscopiques sur les solides. La pointe d'une aiguille très-fine paroît au *Microscope* inégale, irréguliere, obtuse, large de trois lignes ; le tranchant d'un rasoir paroît épais de plus de trois lignes. Les fils d'une toile sont aussi gros que des cordes ordinaires. La glace d'un miroir est polie & sillonnée, & composée d'une infinité de corps inégaux qui reflechissent une lumiere de differentes couleurs. M. *Leewenhoek* aïant rompu un petit diamant en plaça les morceaux à son *Microscope* à la lumiere du soleil, & il vit qu'il en sortoit plusieurs étincelles de flammes, qui brilloient continuellement, & qui dans quelques-uns ressembloient à un éclair un peu foible. Les mêmes morceaux de diamant, considerés à l'ombre, chacune de leurs particules jettoient une petite flamme qui leur étoit particuliere. Plusieurs d'entre elles étoient de couleur de feu ; d'autres verres aïant peu d'éclat, mais ressemblant à des éclairs à une certaine distance. Des unes & des autres s'élançoit une multitude d'étincelles. Enfin dans certains morceaux du diamant, M. *Leewenhoek* distingua les petites lames dont il est composé.

M. *Hook* a examiné le premier les étincelles qui partent d'une pierre ou de l'acier, par la collision de ce métal avec cette pierre, c'eſt-à-dire, en battant le fuſil. Une de ces étincelles étant reçûe ſur un papier blanc & expoſée au *Microſcope*, parut comme une bale d'acier poli, qui reflechiſſoit beaucoup de lumiere.

La moiſiſſure qu'on voit à travers un *Microſcope* paroît un petit parterre orné de plantes, qui portent des feuilles, des fleurs & des ſemences, & qui croiſſent d'une maniere preſque incroïable. Dans peu d'heures ces ſemences bourgeonnent, ſe développent, arrivent à parfaite maturité, & produiſent elles-mêmes d'autres ſemences; en ſorte qu'en un ſeul jour il ſe fait pluſieurs générations.

La feuille de ſauge paroît comme une couverture velue, ou comme une peluche pleine de nœuds bordés d'argent, & embellie de de criſtaux fins & ronds ou de pendans attachés par de petites tiges. Le dos de la feuille d'un roſier, & ſur-tout celle de l'églantier odorant, eſt (ſuivant le témoignage du *Microſcope*) toute ouvrée d'argent; & les feuilles de la *Rue* ſont pleines de trous comme des raïons de miel, &c. De toutes ces obſervations ſur ces feuilles & ſur pluſieurs autres, j'en choiſirai ici une qui a droit d'intereſſer le Lecteur particulierement. C'eſt celle qu'on fait ſur des feuilles d'ortie. On ſait que ces feuilles ſont toutes couvertes de piquans aigus, qui pénetrent la chair lorſqu'on les touche; qui cauſent de la douleur de la chaleur & des enflures. Mais peu de gens ſavent comment ces piquures ſont ſi mauvaiſes. Pendant long-tems on a cru que les pointes de la feuille reſtoient dans les plaïes qu'elles avoient faites; erreur. Par le *Microſcope* on apprend que ces pointes ſont formées & agiſſent de la même maniere que les aiguillons des animaux vivans; cela veut dire que ſes feuilles ſe crevent en piquant & diſtillent une liqueur, qui épanchée dans le ſang, produit les ébullitions dont on reſſent les effets.

Il y a une infinité d'autres obſervations ſur les ſels, les grains de ſable, &c. auſquelles je ne m'arrêterai pas, parce qu'étant obligé de ne preſenter dans tout cela que l'eſſentiel des choſes, je ne puis faire mention de celles qui lui ſont acceſſoires. Mais il eſt une découverte importante que je ſerois fâché d'omettre; c'eſt ſur les particules du ſang. On voit avec le *Microſcope* que le ſang humain eſt compoſé de globules (que je regarde comme ſolides), rouges & ronds, qui flotent dans une eau tranſparente qu'on appelle *ſeroſité*. Chaque globule eſt compoſé

de ſix autres plus petits & plus tranſparens; & chacun de ces petits globules eſt compoſé de ſix globules plus petits & ſans couleur. Enſorte que chaque globule rouge eſt compoſé au moins de trente-ſix globules plus petits, & peut-être plus. (*Leewenhoek Arc. nat. Tom. IV.*) Ces globules ont un diametre de mille neuf cent quarantiémes de la partie d'un pouce. M. *Leewenhoek* a obſervé que quand il étoit bien malade, les globules de ſon ſang paroiſſoient durs, & qu'ils devenoient plus plians lorſque la ſanté lui revenoit. D'où il conclud, que dans un corps ſain, ces globules doivent être mous & flexibles, afin qu'ils paſſent par les veines & arteres capillaires, en changeant aiſément de figures, c'eſt-à-dire, devenant tantôt ovales, tantôt ſphériques, ſelon qu'ils coulent dans des tuïaux plus ou moins étroits. Cette conjecture eſt confirmée par la facilité avec laquelle toute la maſſe du ſang peut être corrompue. On ſait que la morſure de la vipere, du ſcorpion, de la tarentule, &c. eſt très-dangereuſe. Pourquoi? c'eſt que la liqueur qu'elles diſtillent dans les veines altere la ſolidité, la figure, la grandeur ou le mouvement des globules qui compoſent la maſſe du ſang. Les Anglois, murement attentifs à cette conſéquence, ont penſé que dans les maladies où cette précieuſe liqueur eſt principalement affectée, il ne s'agiſſoit pour en guérir, que de rétablir ces globules dans leur état naturel. A cette fin, ils ont fait pluſieurs expériences, dont voici (en faveur de l'importance de la matiere) les plus remarquables.

Un Soldat étoit attaqué d'un mal vénérien, tellement inveteré, qu'il s'étoit formé des nœuds & des os ſur ſon bras. Les remedes ordinaires avoient eu peu de ſuccès. Le Docteur *Fabricius* s'aviſa d'injecter dans la veine médiane du bras droit, environ deux dragmes d'un certain purgatif. Deux heures après, il commença à operer & produiſit une ample évacuation. Par une ſimple injection les protuberances diſparurent peu à peu, & le malade fut entierement guéri.

Le même Médecin injecta dans la veine cave d'une femme mariée, âgée de 35 ans, & attaquée d'épilepſie, injecta, dis-je, une petite quantité de réſine purgative diſſoute dans un eſprit antiepileptique Ce remede occaſionna quelques douces évacuations; après leſquelles les accès devinrent moins fréquens, & en peu de tems la malade guérit. (*Tranſact. Philoſoph.* N° 30.)

Le Docteur *Smith*, aïant fait des injections de quelques alterants dans la veine de trois malades, dont l'un étoit eſtropié

par

par la goute ; l'autre excessivement apoplec-
tique , & le troisiéme affligé d'une maladie
étrange , appellée par les Médecins *Plica
polonica* , il les guérit entierement. (*Transf.
Philosoph.* N°. 39.)

*Observations Microscopiques sur les liqui-
des.* On observe dans presque tous les liquides des animaux. M M. *Leewenhoek* &
Joblot ont en quelque maniere épuisé ces observations. Le dernier sur-tout s'y est attaché
d'une façon particuliere. Il a examiné l'eau
de pluïe, des infusions de poivre noir, blanc,
& long , du séné , des œillets , des bar-
beaux , du thé, de l'épine-vinete, du fe-
nouil , de la sauge , de la fleur de souci, du
verjus, du melon , du foin vieux & nouveau,
de la rhubarbe , des champignons, du basi-
lic , des fleurs de citron , &c. & dans cha-
chune de ces infusions, il a vû des animaux de differentes especes. En gardant ces
infusions, il y paroît des animaux d'autre
forte & en differens tems. M. *Joblot* a
donné la description & la figure de ces animaux dans son *Traité du Microscope* ci-devant cité. Parmi ces figures , on en distingue
une remarquable ; c'est celle de l'infusion
d'anemone. Elle offre un animal qui a sur
le dos la figure humaine. Mais de toutes ces
observations celle qu'on a faite *in semine mas-
culino* a été plus suivie. M. *Leewenhoek* est le
premier qui a cru y voir des petits animaux, ausquels il rapportoit la cause de la
génération ; & la chose a parue si merveilleuse, que M. *Hartzoeker* a prétendu avoir
seul part à cette découverte. Ces animaux
ont une queue & sont d'une figure assez semblable à celle d'un tétard. Ils sont d'abord
dans un grand mouvement qui se rallentit
bien-tôt ; & à mesure que la liqueur se re-
froidit ou s'évapore, il en perit. Déposés
dans l'endroit de leur destination, ils meurent tous , excepté celui qui doit (suivant
ce systême) devenir un homme. On prétend
que cet animal s'attache dans la matrice de
la femme par des filets qui forment le *Placenta.* Uni ainsi au corps de la mere , il
reçoit la nourriture qui lui est nécessaire,
pour son accroissement & pour sa métamorphose. La conjecture qu'on fait sur cette
métamorphose est singuliere. Quand il est
parvenu, dit-on, à un certain accroissement
sous cette forme il en prend une nouvelle.
De ver qu'il étoit, il devient un corps assez
semblable à une feve, mais sans mouvement. Il accroît dans cette enveloppe ; &
quand le tems où il doit sortir de sa prison
est venu , il la déchire , & se montre sous la
figure humaine.

Ceux à qui cette métamorphose ne plaît

Tome II.

pas , & qui admettent des œufs pour principe de la génération , soutiennent que l'a-
nimal spermatique déposé dans la matrice ,
nageant & rampant dans les fluides qui s'y
trouvent dans l'acte de la copulation , parvient à la partie de la trompe qui le conduit
jusques à l'ovaire. Là trouvant un œuf propre à le recevoir, il le perce, s'y loge & y
reçoit les premiers degrés de son accroissement. L'œuf piqué se détache de l'ovaire ;
tombe par la trompe dans la matrice , où
l'animal s'attache par les vaisseaux qui forment le *placenta.*

Telles sont les conséquences qu'on tire
de la découverte des animaux spermatiques.
Si l'on en croit M. *De Buffon* , ces animaux
sont une pure chimere. Ce qu'on apperçoit
au *Microscope* n'est autre chose que des parties de la liqueur seminale, qui sont dans
une espece de fermentation , & dont le
mouvement n'est nullement spontané. (*Voïez*
l'*Histoire naturelle* , &c. avec la *Description
du Cabinet du Roi* , par MM. *De Buffon* &
D'Aubenton.)

Observations Microscopiques sur les insectes.
Comme cet article me paroît long , & que
je crains qu'il ne prenne trop sur les autres
matieres que j'ai à traiter, quelque curieux
& important qu'il soit, je me contenterai
de nommer les insectes propres aux observations , & en m'arrêtant seulement sur la
particularité d'un, dont le merveilleux ne
sauroit être assez divulgué. Ces insectes
sont la mouche , la puce , le pou , la four-
mi , les mites , le tétard , les grénouilles,
l'éperlan , le bernacle , &c. Sur ces observations on peut consulter *Leewenhoek* (*Arc.
nat. Det.*) *Swammerdam* (*Histoire générale des
insectes* ,) le Docteur *Power* (*Observ. Micr.*)
Néedam (*Observations Microscopiques* ,) &
sur-tout *Baker* (le *Microscope à la portée de
tout le monde*), qui a recueilli avec autant
de soin que d'intelligence les plus belles observations en ce genre. L'insecte auquel je
dois m'arrêter, est le polype. C'est un animal
qui a plusieurs pieds, découvert par M.
Leewenhoek ; examiné par M. *Benting* , &
dont la nature a été entierement développée.
Je ne m'arrêterai pas aux observations particulieres qu'on a faites sur cet animal avec
le *Microscope.* Le point où j'en veux venir,
est ce qui le constitue. Il a plusieurs cornes
qui lui servent de pates ; & à l'extrêmité ,
d'où elles partent, il y a une bouche ou un
passage pour l'estomach. Cet estomach s'é-
tendant tout le long de l'animal, forme un
corps semblable à une pipe, ou à un tuïau
ouvert des deux côtés. Leur longueur, lorsqu'ils s'étendent est d'un pouce ½. Ce sont

X

les plus gros; car l'on n'en trouve gueres qui aïent plus de 9 ou 10 lignes; ceux-ci se resserrent à une ligne. Cet animal se trouve ordinairement à la lentille de marais. Quand on en coupe un en deux parties par le travers, la partie de devant, qui contient la tête, la bouche, & les bras, s'allonge d'elle même; se traîne & mange le même jour. La partie où est la queue produit une tête, une bouche, avec des bras dans l'endroit coupé; & cela selon que la chaleur est favorable. En esté ils sortent dans vingt-quatre heures, & la tête est parfaite en peu de jours. En coupant le polype en travers, en plusieurs parties, on forme de chaque partie tout autant de polypes. Comme cet animal est petit, on laisse grossir les parties pour avoir le plaisir de le multiplier un plus grand nombre de fois. Cet animal coupé selon sa longueur devient deux polypes en moins d'une heure, qui devorent des vers aussi long qu'eux. Si l'on joint les parties coupées elles se réunissent. Voici quelque chose de plus extraordinaire. Le corps du polype est un espece de boïau ou de tube percé. Or en retournant ce tube comme on retourne un bas, on forme un polype, dont l'intérieur devient l'extérieur, qui mange, qui grossit, comme dans son premier état.

M. De Réaumur dans la Préface du sixiéme volume de son Histoire naturelle des insectes, M. Lionnet, & M. Trembley, ont fait connoître toutes les merveilles de cet animal.

6. Le Microscope est une invention moderne. Il étoit encore inconnu en 1618, comme on en peut juger par le Livre que Hieronymus Serbirus publia cette année sur l'origine & la construction du telescope. Selon M. Hughens, dont le témoignage est d'un grand poids, (Voïez sa Dioptrique), Corneille Drebbel l'inventa en 1621. Cette découverte étoit trop belle pour ne pas s'attirer de concurrent: François Fontana dans un Ouvrage intitulé : Observationes cælestium terrestriumque rerum, publié l'an 1648, a essaïé de se l'attribuer, en soutenant qu'il avoit connu le Microscope composé en 1618. C'est s'y prendre un peu tard. Aussi la prétention de Fontana n'a pas fait fortune; & les Savans ont reconnu Drebbel pour Auteur du Microscope. Mais qui est-ce qui a inventé le Microscope simple? les Physiciens. Le plus simple est dû à Etienne Gray. Il est composé d'une petite goute d'eau qui forme la lentille. On en trouve la description dans les Transactions Philosophiques, N° 221 & 223. Hertel en a composé d'après cette idée avec des bouteilles remplies d'esprit de vin. A l'égard des autres Microscopes simples on les doit aux Physiciens que j'ai fait connoître dans cet article; en commençant par Leewenhoek. Afin de dire quelque chose de plus précis à cet égard, nous ajouterons qu'on savoit long tems avant l'invention des telescopes, que les objets se presentent plus grands étant vûs au travers d'un corps transparent. C'est une conséquence qu'on tire de ce que Roger Bacon apprend dans sa Perspective, Part. III. Distinct. 2 pag. 155 & 176. Porta a aussi décrit la propriété de cés lentilles dans son Traité : De Refractione, Liv. IX. publié à Naples en 1593. Quant à la théorie des Microscopes, M. Hughens est le premier qui l'a approfondie (Voïez sa Dioptr.) Zahn s'est aussi fort étendu sur la composition de ces instrumens dans son Oculus artificialis. Cet Ouvrage est recommandable par cet endroit, & particulierement par l'invention du Binocle qu'on doit à cet Auteur. Le binocle est une sorte de Microscope où l'on voit avec les deux yeux. Comme cet instrument est purement curieux, je me contente de citer l'endroit où il est décrit : c'est au Fundament. Part. III. Synt. 5. On trouve dans les Acta eruditorum, ann. 1704, page 358, la description du Microscope de Muschenbroek; dans les Transactions Philosophiques, N° 281, celui de Wilston; & dans les mêmes Transactions Phil. N° 80, celui de Newton. Ce dernier est un Microscope à reflexion. Il est composé d'un miroir concave & d'un verre convexe. Pour les observations Microscopiques, outre les Ouvrages que j'ai cités ci-devant, voïez Francisci Fontanæ, Observationes cælestium terrestriumque rerum; la Micrographie de Robert Hook; l'Anatomie des plantes de Malpighi, & quelques autres Traités du même Auteur, tels que De Bombyce ; De Ovo incubato ; De viscerum structura ; les Arcana naturæ detecta de Leewenhoek, la Micrographia curiosa de Bonnani.

MID

MIDI. Terme d'Astronomie. C'est le tems où le centre du soleil se trouve dans le méridien. On connoît ce tems par le passage de cet astre au méridien. (Voïez MERIDIENNE.) C'est par-là que les Astronomes commencent à compter le jour.

MIL

MILIEU. Les Physiciens entendent par ce mot la constitution particuliere d'un certain espace ou d'une certaine région à travers laquelle un corps fe meut. C'eft dans ce fens que quelques-uns fuppofent que l'éther eft un *Milieu*, dans lequel les planetes & les corps céleftes fe meuvent. L'air eft le *Milieu* où les météores s'engendrent, & où la lumiere fe brife. (*Voïez* ATMOSPHERE & REFRACTION.) L'eau eft le *Milieu* où les poiffons vivent & nagent. Le verre eft eft auffi un *Milieu*. En général tout ce qui eft diaphane eft *Milieu*. On démontre en Dioptrique que la lumiere s'approche de la perpendiculaire quand elle paffe d'un Mi-

lieu plus rare dans un *Milieu* plus denfe. (*Voïez* REFRACTION.)

MILLE. Terme d'Arithmétique. C'eft 10 fois cent.

MILLE. C'eft la mefure la plus ordinaire avec laquelle on détermine la diftance des lieux fur la terre. *Riccioli* a donné la differente grandeur des *Milles* de plufieurs Peuples. (*Voïez* fa *Geographia reformata*, Liv. II. Ch. 8.) Voici celle des principaux endroits de l'Europe.

Noms des Païs.	Pas Géometriques.
Mille de Ruffie	750
Mille d'Italie	1000
Mille d'Angleterre	1250
Mille d'Ecoffe & d'Irlande	1500
Ancienne lieue de France	1500
Petite lieue de France	2000
Moïenne lieue de France	2500
Grande lieue de France	3000
Mille de Pologne	3000
Mille d'Efpagne	3428
Mille d'Allemagne	4000
Mille de Suede	5000
Mille de Dannemarck	5000
Mille de Hongrie	6000

De ces pas géometriques, 60000 font un dégré de l'équateur. [J'ai compris dans cette lifte les lieues de France, parce que s'agiffant de diftances exprimées ici par lieues & ailleurs par *Milles*, je n'ai pas cru devoir renvoïer à un autre article la mefure de ce Roïaume.]

MILLION. Nombre qui confifte en mille fois mille unités. Mille fois *Millions* font ce qu'on appelle *Billion*. Mille fois mille *Millions* font un *Trillion*, &c. Ces termes ont été introduits dans l'Arithmétique par les Mathématiciens modernes, afin qu'on puiffe prononcer & comprendre diftinctement les grands nombres.

MIN

MINE. Terme de Fortification. C'eft une gallerie fouterraine que l'on pratique fous les ouvrages qu'on veut faire fauter, au bout de laquelle eft une ou plufieurs chambres qu'on remplit de poudre pour détruire, en y mettant le feu, les ouvrages qui font au-deffus. C'eft ici la définition générale d'une *Mine*. Il y en a de differentes efpeces; la directe ou *Mine fimple*, la *Mine double* & la *Mine triple* ou *treflée*. La premiere (Planche XLIX. Figure 96.) eft compofée d'une chambre, d'une gallerie, & fe termine à la racine

des contre-forts. La *Mine double*, après après avoir percé l'épaiffeur du revêtement fe fépare en deux rameaux (Planche XLIX. Figure 97.) qui s'étendent derriere le revêtement; & la troifiéme, outre les deux fourneaux féparés, en a encore un troifiéme qui va derriere les contre-forts (Planche XLIX. Figure 98.) Elle en embraffe ordinairement trois, & procure un grand éboulement de terre & une profonde excavation. On fait ces fourneaux à égale diftance autant qu'on peut; mais on a grand foin de tenir celle des porte-feux néceffairement égale. Le chemin qui mene aux chambres, ou pour mieux dire, la gallerie a environ 2 pieds $\frac{1}{2}$ de large & 3 $\frac{1}{2}$ de hauteur. La grandeur de la chambre eft proportionnée au poids du terrain qu'on veut faire fauter; & c'eft à ce même poids qu'on proportionne la charge de la *Mine*. Si on la charge trop, elle ne fait qu'un petit trou, dont le diametre n'excede pas celui de la chambre; & fi on la charge trop peu, elle ne caufe qu'un petit tremblement du côté le plus foible. Chargée dans fes juftes proportions, elle fait fauter tout ce qui eft aux environs de la chambre. Il eft donc important de favoir prendre un jufte milieu. La chofe n'eft pas aifée. Car cela demande beaucoup de connoiffances. D'abord il faut connoître la quantité de poudre nécessaire pour enlever un pied cube de terre; & il y a des terres de differentes sortes, les unes lourdes, les autres legeres; celles-ci sont tenaces, celles-là mouvantes. En second lieu on doit savoir quel est le solide de terre que la poudre enleve, & toiser sa solidité. Les Mineurs nomment ce solide de terre *Excavation de la Mine*, & le trou d'où il a été enlevé, *Entonnoir de la Mine*. Développons ces deux cas bien dépendans, comme l'on voit, des Mathématiques.

Il y a quatre sortes de terrains, suivant les plus célebres Auteurs sur les *Mines*. Le premier est un sable appellé aussi tuf. Le second est l'argile ou terre de Potier, dont on se sert pour faire les tuiles. Le troisiéme, le terrain remué ou sable maigre; & le quatriéme, la vieille ou nouvelle maçonnerie.

Le pied cube de tuf pese 124 livres; celui d'argile 135, & celui de sable ou terre remuée 95. On n'a point encore évalué le pied cube de maçonnerie, parce qu'il n'est gueres possible de le connoître, à cause de la quantité des differentes pierres qui y sont emploïées.

Nous en tenant là, l'expérience apprend qu'il faut onze livres de poudre pour enlever une toise cube de tuf; 15 pour une toise cube d'argile; & 9 pour une toise cube de terre remuée. Enfin, pour une toise cube de maçonnerie 20 à 25 liv. de poudre, quand elle est hors de terre, & 35 à 40 livres quand elle est de fondation.

Ces connoissances acquises, il ne s'agit plus que de trouver le solide que la poudre doit enlever. M. *De Vauban* croïoit que c'étoit un cone renversé, dont le sommet étoit au milieu de la chambre de la *Mine*. M. *De Vauban* se trompoit. On l'a pris en-

suite pour un cone tronqué. Mais le célebre M. *De Valliere*, à qui l'Artillerie doit tant, aïant examiné ce solide avec plus d'attention, a trouvé que c'étoit un paraboloïde. Ce sentiment est reçu aujourd'hui. Ainsi pour connoître la grandeur de la chambre, c'est-à-dire, la quantité de poudre qu'elle doit contenir; il n'y a qu'à trouver la solidité d'un paraboloïde formé par telle terre qu'on jugera à propos, ou qu'on estimera être au-dessus de la *Mine*. A cette fin *Voïez* PARABOLOIDE.

Cela connu, ainsi que la ligne perpendiculaire au-dessus du fourneau, qui exprime la hauteur des terres à enlever (M. *De Valliere* a nommée cette ligne *Ligne de moindre résistance*), & qu'on a trouvée par plusieurs expériences être égale au raïon du cercle de la partie extérieure de l'excavation, c'est-à-dire, de celui de l'ouverture de l'entonnoir; ces deux choses connues, dis-je, on a la quantité de toises cubes, que contient chacun de ces corps, & par conséquent la quantité de la poudre nécessaire pour l'enlever. Supposant, par exemple, que pour enlever une toise cube de terre il faille 11 livres de poudre, on multiplie les toises de l'excavation par le nombre de livres de poudre nécessaires pour enlever chaque toise.

Par cette connoissance on détermine la grandeur de la chambre de la *Mine*, qui doit être un tiers plus grande que l'espace que doit occuper la poudre. On donne ce tiers, parce que l'intérieur de la chambre est tapissé de sacs à terre, de planches, de paille, &c. pour que la poudre ne contracte point d'humidité dans le fourneau.

C'est par cette méthode que M. *De Valliere* a calculé la Table ci-jointe.

TABLE POUR LA CHARGE DES MINES.

Longueur des lignes de moindre résistance.	Quantité de poudre dont les Mines doivent être chargées.	
Pieds.	Livres.	Onces.
1	0	2
2	0	12
3	2	8
4	6	0
5	11	11
6	20	4
7	32	2
8	48	0
9	68	5
10	93	12
11	124	12
12	162	0
13	205	15
14	257	4
15	316	4
16	374	0
17	460	9
18	546	12
19	643	0
20	750	0
21	869	3
22	998	4
23	1140	10
24	1296	0
25	1558	9
26	1647	12
27	1815	4
28	2058	0
29	2286	7
30	2530	4
31	2792	4
32	3072	0
33	3369	1
34	3680	12
35	4019	8
36	4374	0
37	4748	11
38	5144	4
39	5561	2
40	6000	0

Afin que la *Mine* ne fasse pas son effet du côté de la gallerie, on en remplit une partie de pierres, de terre, de fumier & de fascines, & on arrête le tout ensemble par des pieces de bois placées en sautoir. On met le feu à la *Mine* au moïen d'un tuïau de cuir plein de poudre, dont une extrêmité est dans la chambre & l'autre hors la gallerie. Ce tuïau de cuir se nomme *Saucisson*.

Et afin que la poudre ne se ressente pas de l'humidité dans le tuïau, ce *saucisson* est emboité dans un tuïau de bois qu'on nomme *Auget*.

On fait aussi sauter des *Mines* dans la campagne, & alors elles sont dites *Fougasses*, ou *Fougades* (*V*. FOUGADES.) Comme une *Mine* seroit exposée à être découverte par l'ennemi, si on la poussoit trop loin, on doit être extrêmement attentif à éviter cet excès. On peut consulter sur tout ce détail des *Mines* les *Mémoires d'Artillerie* de M. *Surirey de St Remy*, Tome I. l'*Attaque & la défense des Places* de M. *De Vauban* ; la *Théorie nouvelle sur le mécanisme de l'Artillerie*, par M. *Dulacq*, & le *Traité d'Artillerie* de M. *Le Blond*. On détruit les *Mines* par les contre-mines, & c'est à cet article qu'on trouvera leur origine. (*Voïez* CONTRE-MINE.)

MINIME. Terme de Musique. C'est une note vuide dans le milieu, & qu'on nomme ordinairement *Blanche*.

MINUCIES. Quelques Géometres appellent ainsi les fractions. (*Voïez* FRACTIONS.)

MINUENDUS. Ce qui doit être diminué. C'est le nombre dont on doit soustraire un autre nombre. Ainsi voulant soustraire 3 de 11, ce dernier nombre 11 est *Minuendus*.

MINUTE. On désigne ainsi en Mathématique la 60e partie d'un tout. Dans la Géometrie c'est la 60e partie d'un dégré ; dans la Chronologie la 60e partie d'une heure, & dans l'Architecture civile la 30e partie d'un module. Selon *Goldman*, la *Minute* n'est ici que la trois cens soixantiéme partie,

M I O

MIOPE. On nomme ainsi en Optique une vûe courte, dont l'objet est plus sensible de près que de loin. L'humeur cristalline d'un œil *Miope* est beaucoup plus convexe qu'à l'ordinaire. Elle peut être telle par un défaut naturel, & elle peut le devenir lorsqu'on lit beaucoup, parce que la situation courbée où l'on est alors, dispose insensiblement à cette figure trop convexe. Dans les yeux *Miopes* les raïons des objets peuvent atteindre la retine en se joignant derriere l'humeur cristalline, & y former une image distincte de l'objet ; au lieu que les raïons qui viennent de loin étant trop foibles pour pénétrer jusques à la retine, se joignent avant que d'y arriver, & ne peuvent par-là que former une vûe confuse. (*Voïez* la *Dissertation* de L. C. *De Præsbitis & Myopibus*, publiée en 1693, & celle de M. *Hamberger De Opticis oculorum vitiis*, inserée dans son *Fasciculus dissertationum Academicorum*,) *Voïez* plus au long sur les *Miopes* l'article VUE.

M I R

MIRACH. Etoile de la seconde grandeur dans la ceinture d'*Andromede*. On la connoît encore sous les noms suivans : *Cingulum Andromedæ*, *Lucida Cinguli*, *Mizar* & *Ventrale*.

Hevelius a déterminé la longitude & la latitude de cette étoile pour l'année 1700, dans son *Prodromus Astronomicus*, *pag.* 270,

MIROIR. On donne ce nom en Catoptrique à un corps dont la surface est assez polie pour refléchir la lumiere régulierement. De cette définition il suit qu'il peut y avoir plusieurs sortes de *Miroirs* selon la figure de ce corps. Si sa surface est plane, elle formera un *Miroir plan* ; un *Miroir concave* si elle a une concavité, *convexe* s'il est tel ; & généralement un *Miroir* aura le nom & les propriétés qui lui conviennent, suivant sa figure. Examinons ces *Miroirs* dans des articles séparés, en allant du simple au composé.

MIROIR PLAN. L'épithete qui accompagne ce *Miroir* le caractérise assez. C'est un *Miroir* qui a une surface plane. Ce *Miroir* représente les objets tels qu'ils sont. C'est là une propriété générale. Mais sa propriété particuliere, celle qui attire l'attention des Physiciens, est que les objets y sont représentés dans leur véritable figure, également distans en apparence dans le *Miroir* qu'ils en sont éloignés. Suivant qu'ils sont situés, ces *Miroirs* multiplient les objets, *Voïez* là-dessus CATOPTRIQUE. (*Voïez Magia Catoptrica* de *Schot*, *Liv. VI. Syntagm.* 4.)

MIROIR CONCAVE. C'est un *Miroir* qui est formé de la portion concave d'une sphere. Ses principales propriétés sont qu'il refléchit en un seul point tous les raïons qui tombent sur son plan, & qu'il brûle ce qui s'y trouve. (*Voïez* MIROIR ARDENT.) On nomme ce point *Foïer*. (*Voïez* FOIER.) Lorsqu'on place au foïer d'un *Miroir concave* une lumiere, ces raïons sont reflechis en lignes paralleles. Ainsi on peut, par ce *Miroir*, éclairer un endroit à une distance considerable. Un objet placé dans le foïer de ce *Miroir* n'y peut être vû ? Est-il au-delà du foïer ? il se présente retourné & en l'air, entre le *Miroir* & son centre. Enfin lorsque l'objet se trouve entre le foïer & le plan du *Miroir*, à une distance moindre du quart du diametre, il paroît augmenté, extraordinairement grossi, & droit dans le *Miroir*, (*Voïez* CATOPTRIQUE.)

MIROIR CONVEXE. Le plan de ce *Miroir* s'écarte d'une surface plane & s'éleve de différentes manieres. La propriété de ce *Miroir* est de diminuer les objets qui y sont exposés (*Voïez* CATOPTRIQUE,)

MIROIR SPHERIQUE. Portion de sphere polie. La sphere aïant deux plans différens, un concave, l'autre convexe, fournit deux especes de *Miroir sphérique*, l'un concave & l'autre convexe. *Voïez* MIROIR CONCAVE

& **Miroir convexe.**

Miroir cilindrique. *Miroir* qui a la figure d'un cilindre. On peut prendre le plan de ce *Miroir* ou extérieurement ou intérieurement au cilindre : ce qui fait deux especes de *Miroirs cilindriques* qui different confidérablement. Le premier eft appellé *Miroir cilindrique concave*, & le fecond *Miroir cilindrique convexe.*

Miroir cilindrique concave. Le plan de ce *Miroir* eft la furface concave d'un cilindre. Il a cette propriété finguli re qu'il repréfente l'image d'un objet en l'air comme le *Miroir* concave, avec cette difference que l'objet peut être caché : ce qui ne fauroit fe pratiquer par rapport à ce dernier *Miroir*. *Schot* rapporte dans fa *Magia Catoptrica*, page 250, que *Kirker* avoit repréfenté avec le *Miroir cilindrique concave* l'Afcenfion de *Jefus-Chrift*, & cela fi diftinctement que toutes les figures paroiffoient fufpendues en l'air. Pour rendre le fpectacle plus furprenant, le P. *Kirker* préfentoit une chandelle dans la flamme de laquelle il paroiffoit qu'il avoit le doigt. Les autres propriétés de ce *Miroir* font communes avec celles du *Miroir* convexe. *Vitellio* eft le premier qui en a parlé dans fon *Optique*, *Liv. IX.*

Le *Miroir cilindrique convexe* eft formé de la furface convexe d'un cilindre. Ce *Miroir* change confidérablement les objets. Quand on fe regarde dans ce *Miroir* de telle forte que fon axe foit parallele à la longueur du vifage, le vifage devient étroit & long. Au contraire, il paroît large & plat lorfque l'axe eft parallele à la largeur du vifage. La propriété effentielle de ce *Miroir* eft de redreffer des objets déformés. (*Voïez* ANAMORPHOSE & CRATICULE.)

Miroir conique. *Miroir* dont le plan eft un cone. Il eft ordinairement de métal. Selon fa longueur ce *Miroir* a la propriété d'un *Miroir* plan, & fuivant fa largeur celle d'un *Miroir* fphérique. Or les *Miroirs* plans repréfentent les objets dans leur grandeur naturelle, & les *Miroirs* fphériques les rendent d'autant plus petits que leur diametre eft moindre. D'où il fuit, qu'un *Miroir conique* ne peut que rendre très-difforme les objets, felon qu'on les prefente. Ainfi en y regardant de façon que l'axe du *Miroir* foit parallele à la longueur du vifage, on aura la tête pointue & le front étroit, au lieu qu'aux environs de la bouche le vifage refte dans fa largeur naturelle. Y regarde-t-on de maniere que l'axe foit parallele à la largeur du vifage ? alors le vifage refte large & s'applatit. On deffine des figures difformes, qui paroiffent dans leur jufte propor-

tion, vûes du fommet d'un *Miroir conique.* (*Voïez* ANAMORPHOSE & CRATICULE.)

Miroir elliptique. Ce *Miroir* a la figure d'un fphéroïde elliptique. La conftruction de ce *Miroir* eft très difficile. J'en ferai connoître un jour la difficulté. Sa propriété eft de reflechir les raïons de lumiere d'un foïer à l'autre. On n'a pas encore fait beaucoup d'attention à ce *Miroir* qui en eft digne.

Miroir hyperbolique. C'eft un *Miroir* dont le plan eft celui d'un conoïde hyberbolique. Ce *Miroir* a cette propriété, qu'il reflechit les raïons de lumiere paralleles à fon axe, felon la propriété de ce *Miroir*. (*Voïez* HYPERBOLE.) Voilà tout ce qu'on connoît jufques à prefent de ce *Miroir.*

Miroir parabolique. Il n'y a rien de particulier fur ce *Miroir*, dont le plan eft celui d'un conoïde parabolique, fi ce n'eft qu'il a la même propriété du *Miroir* ardent. (*Voïez* MIROIR ARDENT.)

MIROIR ARDENT. *Miroir* ou généralement verre qui réunit tellement les raïons du foleil à fon foïer qu'il brûle ce qui s'y trouve. Les *Miroirs* & les verres concaves ont cette propriété. D'où il fuit qu'on peut former un *Miroir ardent* d'un verre concave & d'un verre convexe d'un côté, & plan de l'autre; en couvrant le côté convexe d'une feuille de papier. On en fait auffi de verre, de métal, de papier, de plâtre, de bois, de feuille, & ce qui eft encore plus extraordinaire de glace (*Voïez* CONGELLATION); mais on n'a pas encore pû en faire de marbre. M. *Boile* a tenté à cet égard toute forte de moïens fans en venir à bout. On ignore le tems où cette propriété des corps concaves a été connue. Il y a donc deux fortes de *Miroirs ardens*. Les uns de métal agiffent par reflexion, & les autres de verre brûlent par réfraction. Il femble que les Anciens en faifoient ufage. Dans la premiere fcene du fecond Acte de la Comédie des nuées d'*Ariftophane*, *Strepifiade*, l'un des Acteurs dit à *Socrate* qu'il a trouvé une pierre qui le difpenfera déformais de païer fes dettes. Quand on me prefentera mon obligation, dit-il, je prefenterai cette pierre au foleil fur mon billet, & je fondrai la cire fur laquelle eft l'empreinte de ma dette. Seroit-ce un *Miroir ardent* que cette pierre ? Il y a tout lieu de le penfer; car on ne connoît point d'autre maniere de fondre la cire au foleil avec tant de promptitude. Quoiqu'il en foit, le plus ancien *Miroir ardent* dont il foit fait mention dans l'hiftoire eft celui d'*Archimede*. Et fi ce *Miroir* eft tel qu'on le dit, ce n'étoit fans doute pas là le premier qui eut paru. En effet, un coup d'eſſai qui paſſe encore nos connoiſſances, quelque tentative qu'on ait faite, eſt hors de toute vraiſemblance. On prétend qu'avec ce *Miroir Archimede* mit le feu à la flotte de *Marcellus* au ſiege de Syracuſe, comme *Proclus* a brûlé, dit-on avec le ſien, la flotte de *Vitellien* au ſiege de Conſtantinople. Pour ſavoir ſi c'eſt ici une fable ou une vérité, examinons les plus beaux *Miroirs ardens*, & les tentatives qu'on a faites pour découvrir le ſecret d'*Archimede*. Commençons par les *Miroirs ardens par reflexion*, qui paroiſſent avoir précedé les autres que nous examinerons enſuite.

2. *Miroir ardent par reflexion*. Le premier *Miroir ardent*, dont les effets ont été merveilleux, a été fait par M. *Villete*. Le diametre de ce *Miroir* n'eſt gueres que de 30 pouces. Il fond le fer en 40 ſecondes; l'argent en 24; le cuivre en 42; un carreau de chambre s'y vitrifie en 45 ſecondes, & un morceau de reſſort de montre eſt fondu en 9 ſecondes. (*Tranſact. Philoſoph.* N° 6 *pag.* 418, & le *Journal des Savans de* 1679.) Le même M. *Villete* fit un autre *Miroir ardent* de 44 pouces de diametre, qui fondoit toute ſortes de métaux de l'épaiſſeur d'un écu de trois livres, & cela en moins d'une minute. Il vitrifia la brique dans le même tems. (*Tranſact. Philoſoph.* N° 49. *Journal Littéraire, Tom. VII. Part. I. Art.* 4. & *Deſcription du grand Miroir ardent fait par M. Villete.* 1715 *in-8°.*)

. On lit dans les *Tranſactions Philoſophique* N° 188. & dans les *Actes des Savans* (*Act. erud. ann.* 1687 *pag.* 52) la deſcription d'un *Miroir* concave de cuivre, fait à Luſace en Allemagne, qui a environ trois aunes de Leipſic de diametre. Son foïer eſt de deux aunes; ſon épaiſſeur 8 lignes à peu près, & ſa force eſt incroïable. Un morceau de bois mis à ſon foïer s'enflamme dans l'inſtant avec une telle vivacité, qu'un vent aſſez fort a de la peine à l'éteindre. En trois minutes de tems un morceau de plomb ou d'étaim s'y fond entierement. Un morceau de fer ou d'acier y rougit ſur le champ, & peu après on le trouve percé. Le cuivre, l'argent, le fer, &c. s'y fondent en 5 ou 6 minutes. A peu près dans le même-tems l'ardoiſe s'y transforme en verre noir; les tuiles & les taiſſons des pots caſſés s'y vitrifient; les os s'y transforment en verre noir, une mote de terre en verre de couleur verdâtre.

Il eſt parlé dans l'*Oculus Artific. Fund. III.* d'un *Miroir ardent*, fait en 1699, de

papier bien tendu, ſur lequel on avoit colé de la paille. Et dans le Livre de *Zacharie Traber* intitulé: *De Nervo optico, L. II. Ch.* 12 *Prop.* 5. *Cor.* 2. il eſt dit, qu'on peut faire de grands *Miroirs ardens* avec 30, 40 ou même un plus grand nombre de *Miroirs* concaves ou de morceaux de glace de figure quarrée, placés d'une maniere convenable dans un grand plat ou baſſin de bois tourné, & qu'ils auront autant d'effet que ſi leur ſurface étoit contigue.

Rencheriſſant ſur cette idée, le grand *Newton* preſenta à la Société Roïale de Londres un *Miroir ardent* compoſé de 7 *Miroirs* concaves tellement diſpoſés, que tous les foïers ſe réuniſſent à un ſeul point. Chaque *Miroir* eſt d'environ 11 pouces $\frac{1}{2}$ de diametre. Il y en a ſix placés autour du ſeptiéme, auquel ils ſont tous contigus. Cet aſſemblage compoſe un ſegment de ſphere, dont la ſoutendante eſt d'environ 34 pouces $\frac{1}{2}$. Le *Miroir* central eſt d'un pouce: il eſt plus reculé que les autres. Le foïer commun eſt d'environ 22 pouces & demi. Ce *Miroir* vitrifie la brique dans le moment, & il fond l'or dans l'eſpace de 30 ſecondes. (*Voïez* l'*Aſtro-Théologie, L. VII. Ch.* 3 de *Derham.*)

On a porté depuis ces inventions le foïer des *Miroirs ardens* beaucoup plus loin. Avec un *Miroir* plan d'un pied quarré, qui renvoïe les raïons du ſoleil ſur un *Miroir* concave de 16 pouces de diametre, on met le feu à un corps éloigné de 600 pas (*Mémoires de l'Académie* 1726, *page* 172.) Sur cela le P. *Regnault* s'écrie dans ſa *Phyſique Tom. III.* X*e* Entretien: quel effet ne produiroient donc pas pluſieurs *Miroirs* plans dirigés vers le même endroit & diſpoſés en forme de pyramide? Plus la pyramide aura d'angles ou de côtés, plus elle y réunira de raïons. Un cone creux & tronqué fera tomber, dit-il, ſur le même point une infinité de raïons. A quelle diſtance ce *Miroir* ainſi conſtruit n'agira-t-il pas? Encore quelque pas & voilà le ſecret d'*Archimede* découvert ou juſtifié. (M. *De Buffon* a lû à l'Aſſemblée publique de l'Académie de 1747 la deſcription d'un nouveau *Miroir ardent* compoſé de pluſieurs *Miroirs* plans, dont le foïer a une grande étendue. Ce nouveau *Miroir* n'a pas encore été publié.)

Ce ſont là les plus célebres *Miroirs ardens par réflexion*, qui ont la propriété de réunir les raïons de lumiere à un point qu'on nomme *Foïer* (*Voïez* FOIER.) La figure 99 (Planche XXIV.) fait voir de quelle maniere ces ſortes de *Miroirs ardens* agiſſent.

Miroirs ardens par réfraction. J'ai déja défini

défini ce *Miroir ardent.* Un verre concave réunit les raïons de lumiere à fon foïer. (*Voïez* DIOPTRIQUE & FOIER.) Un corps C (Planche XXIV. Figure 100.) placé là reffent les effets de cette réunion, comme dans celle des *Miroirs ardens* par reflexion. Un verre convexe eft donc un *Miroir ardent.* N'allons pas plus loin , & expofons le *Miroir ardent* le plus fameux en ce genre. C'eft celui de M. *Tfchirnaufen*, confervé à Paris dans le Palais Roïal. En voici les dimenfions & les effets.

Ce *Miroir* eft compofé d'un verre convexe de trois pieds de diametre. Son foïer eft de 12 pieds. Il eft monté dans un chaffis A B (Planche XXIV. Figure 101.) élevé fur une efpece de chariot, pour être tranfporté commodément. Le même chariot porte un autre chaffis C D diftant de 8 pieds du précédent, où eft enchaffé un verre convexe d'un pied de diametre , & dont le foïer a deux pieds de diftance. Ce fecond verre fert à faire converger davantage les raïons du premier, de maniere que de douze pieds de foïer qu'il avoit auparavant, il eft réduit à 9. Par ce moïen fon foïer fe trouve retréci jufques à n'avoir que 8 lignes. Il n'en faut pas davantage pour augmenter le concours & la force des raïons. Cette force devient fi grande , que les matieres les plus combuftibles, qui fe foutenoient au grand foïer , ne refiftent pas un inftant à celui-ci.

L'or fin expofé à l'ardeur de ce *Miroir ardent* fume d'abord, fe vitrifie enfuite & faute en petits grains. A une certaine diftance du foïer, ce métal s'évapore en fumée ; Un peu plus proche, il fe change en partie en verre violet foncé. Au point précis du foïer, l'or petille & jette à 7 ou 8 pouces de diftance de petites goutes qui paroiffent au microfcope des boules d'or, dont la quantité fait une véritable poudre d'or. Il fond toute forte de métal ; diffout le foufre, la poix & toutes fortes de raifines fous l'eau. Il vitrifie à l'inftant les tuiles, les ardoifes, les pierres ponces, &c. du métal quelconque placé fur un morceau de vaiffelle de la Chine. Quand cette piece de vaiffelle eft affez mince pour ne pas donner prife aux raïons du foleil, l'or en s'y vitrifiant reçoit une couleur de pourpre. (*Voïez* les *Mémoires de l'Académie* de 1699, de 1702, de 1705, & les *Acta eruditorum* de 1687, page 52.) On affure qu'un Ouvrier de Drefde a fait de grands *Miroirs* de bois, dont les effets n'étoient guères inferieurs à ceux du *Miroir ardent* de *Tfchirnaufen.*

MIROIR MÉTAMORPHOTIQUE. C'eft un *Miroir* qui rend les objets difformes, c'eft-à-dire,

qui les prefente tout autrement qu'ils font en effet. Tels font les *Miroirs* cilindriques & coniques. (*V.* MIROIRS CILINDRIQUES & MIROIRS CONIQUES.) Les *Miroirs métamorphotiques* défigurent tellement les objets, qu'une jeune perfonne paroît avoir le vifage vieux & ridé, aïant le mufeau d'un cochon , le cou allongé comme celui d'une grue, plufieurs yeux , &c. Il y a même de ces *Miroirs* qui changent la couleur des objets. Un homme frais & bien portant fe voit avec la couleur d'un cadavre exhumé. Le P. *Schot* a beaucoup écrit fur ces fortes de *Miroirs* (*Voïez* fa *Magia Catoptrica*, *pag.* 353.)

M I X

MIXTE. Epithete qui devient un terme propre de Mathématique par le grand ufage qu'on en fait. On dit un *nombre Mixte* pour exprimer un nombre compofé d'entiers & de fractions, comme $4\frac{2}{5}$, ou $10\frac{1}{2}$, ou $6\frac{1}{4}$, &c. On appelle encore une *Raifon Mixte* celle où la fomme de l'antécedent & du conféquent eft comparée avec la difference qu'il y a entre l'antécedent & le conféquent. Aïant $a\,(3) : b\,(4) :: c\,(12) : d\,(16)$, la *Raifon Mixte* eft $a + b\,(7) : a - b\,(-1) :: c + d\,(28) : c - d\,(-4)$.

Enfin, une figure eft *Mixte* quand elle eft compofée partie de lignes droites, partie de lignes courbes.

M O B

MOBILE. On fous-entend PREMIER, & on dit *Premier Mobile* pour exprimer un terme d'ancienne Aftronomie. C'eft la fphere concave fuperieure qui renferme tout le monde. Les Anciens compofoient le monde de neuf fpheres concaves, dont fept appartenoient aux planetes ; la huitiéme aux étoiles fixes, & la neuviéme étoit fans étoiles. (*Voïez* SYSTEME DU MONDE.) Aujourd'hui on n'admet point toutes ces fpheres criftallines ; mais on fe fert du terme de *Premier Mobile*, en parlant du mouvement apparent du ciel en 24 heures.

M O D

MODE. C'eft le nom qu'on donne en Mufique à certaines proportions de tems ou mefures de notes. On diftinguoit anciennement ces mefures de notes en quatre *Modes*, ainfi appellés & ainfi expliqués.

Mode I. Mode majeur parfait. C'étoit celui dans lequel la maxime valoit autant que trois longues, ou une longue trois breves, ou une breve trois demi breves, ou enfin une demi-breve trois minimes.

Mode II. Mode mineur parfait. La maxime valoit ici deux longues ; Une longue deux breves, ou une breve trois demi-breves, ou une demi-breve deux minimes.

Mode III. Mode majeur imparfait. Ce *Mode* marquoit que la maxime ne valoit que deux longues, ou une longue deux breves, ou une breve deux demi-breves, ou une demi-breve trois minimes.

Mode IV. Mode mineur imparfait. On connoît aujourd'hui ce *Mode* sous le nom de *Mode commun*, à cela près qu'on ne compte que deux minimes dans une demi-breve, & qu'anciennement ce *Mode* en comprenoit trois. Nous en tenant à notre façon au *Mode commun* substitué au *Mode mineur*, deux longues font une maxime ; deux breves une longue ; deux demi-breves une breve, &c. Si l'on procede toujours de même jusques à la plus petite note, on trouvera qu'une maxime vaut deux longues, quatre breves, huit demi-breves, seize minimes, trente-deux croches, ou soixante-quatre demi-croches, &c.

2. Outre ces *Modes* de tems, cinq autres étoient admis qui avoient rapport au ton. Les anciens Grecs en faisoient usage ; & les Latins les appelloient *Tons*. Par ces *Modes* les uns & les autres se proposoient de montrer sur quelle clef étoit un chant, & le rapport que les differentes clefs avoient l'une à l'autre.

On distinguoit ces *Modes* par les noms des differentes Provinces de la Grece, où ils furent inventés, comme le *Dorique*, le *Lydien*, l'*Ionique*, le *Phrygien* & l'*Eolien*.

Le *Mode Dorique* consistoit en notes qui se chantoient lentement. Il étoit destiné à exciter les personnes voraces & peu dévotes à la sobriété & à la piété.

Le *Mode Lydien* étoit d'usage dans la Musique grave & solemnelle. Les tons en étoient lents ; & c'étoit dans ce *Mode* que l'on chantoit les Hymnes sacrées & les Antiennes.

Le *Mode Ionique* convenoit à une Musique plus legere & plus molle, comme à des chansons tendres, amoureuses, ou gaïes, à des sarabandes, à des courantes, à des gigues, &c.

Le *Mode Phrygien* étoit une espece de Musique martiale, propre aux trompettes, aux haut-bois & aux autres instrumens semblables, capables d'inspirer le goût des entreprises périlleuses ou des exercices militaires.

Le *Mode Eolien* étoit doux, enjoué & délicieux. Il moderoit l'importunité des passions par la variété de ses sons gracieux, & par son harmonie mélodieuse.

Ces *Modes* se distinguoient en *plagaux* & en *autentiques* par rapport à la division de l'octave en sa quinte & en sa quarte. Quand on fait entendre souvent dans un chant le son qui est une quinte au-dessus de la plus basse corde du *Mode*, divisée harmoniquement, le *Mode* est un *Mode autentique*. Et quand on bat le son qui n'en est éloigné que d'une quarte, c'est un *Mode plagal*.

MODELE. C'est la representation d'une figure ou d'un problème géometrique ou astronomique par des lignes sensibles, ou autrement par une échelle. On dit *Faire des Modeles* quand on imite en figures géometriques tous les corps donnés suivant leur parties extérieures. Cet espece d'art est utile à ceux qui veulent apprendre les Mathématiques. On leur en donne des principes avec les cinq corps réguliers platoniques : on tire de là des conséquences pour faire des *Modeles* de differentes especes qu'on veut appliquer aux arts.

MODILLONS. Terme d'Architecture civile. Ce sont de petites consoles renversées sous les plafonds des corniches Ionique, Corinthienne & Composite, qui répondent au milieu des colonnes. Les *Modillons* sont toujours affectés à l'ordre Corinthien, où ils sont toujours enrichis de sculpture. L'ordre Ionique & Composite en a : mais ils y sont simples, sans ornemens, aïant tout au plus une feuille par-dessus. (*Voïez* ORDRE.)

Il est des Architectes qui veulent qu'on en fasse usage dans tous les Ordres. *Vitruve* & *Goldman*, sans s'arrêter sur cette prétention, ne veulent point qu'on en mette dans les frontons. La raison qu'ils en donnent est, que les *Modillons* representant les bouts des chevrons, ils ne peuvent être vus à l'endroit des frontons, où les chevrons paroissent de côté.

MODULE. On entend par ce mot en Architecture civile une mesure d'une grandeur arbitraire, qui sert à donner les dimensions convenables aux parties d'un bâtiment. Cette mesure est ordinairement déterminée par le diametre inférieur des colonnes ou des pilastres. Les Architectes s'accordent presque tous sur ce point, mais ils sont très-partagés sur la grandeur de cette mesure. *Vitruve* prend régulierement pour *Module* le diametre de la colonne dont l'épaisseur est égale dans tous les ordres, excepté le Dorique, où le *Module* est le raïon de la colonne. (Arch. Liv. IV. Ch. 13.) *Palladio* &

Serlio fuivent *Vitruve. Scamozzi* , M. *De Chambrai* & *Defgodetz* , font le *Module* égal au raïon de la colonne & le divifent en 30 parties. *Vignole* & la plupart des Architectes modernes reçoivent ce *Module* , mais ils le divifent en 12 parties pour les Ordres Tofcan & Dorique, & en 18 pour les autres Ordres. Dans cette divifion on tâche d'éviter les fractions : mais la divifion n'eft pas affez grande pour divifer aifément le nombre qui l'exprime fans le rompre. Auffi *Goldman* fouhaite qu'on partage le *Module* en 360 parties. Une difficulté empêche les Ouvriers de fe conformer à cette divifion : c'eft qu'elle eft, dit-on, trop difficile ; & que d'ailleurs les fractions ne tombant que fur les faillies, il n'y a aucun inconvénient fenfible à les omettre. De plus on trouve que la hauteur des membres eft eft plus aifée à retenir étant exprimée en petit nombre. Cette raifon due à la négligence de l'Ouvrier , prévaut fur le confeil utile de *Goldman.* Ainfi on s'en tient aujourd'hui à la divifion de 30 minutes. C'eft d'après cette mefure qu'on proportionne non - feulement la hauteur de la colonne même, mais encore celle de toutes fes parties. On donne 5 *Modules* au piedeftal, 1 au plinthe & 4 à l'entablement. Dans les Ordres Tofcan , Dorique & Ionique, on donne à la colonne 16 *Modules*, & 20 dans le Corinthien & le Compofite. La hauteur étant donc donnée de l'endroit où l'on doit appliquer un Ordre , on trouve le *Module* & par là la groffeur de la colonne, en divifant cette hauteur par 30, fi l'on y doit mettre un des Ordres avec fon piedeftal & fa plinthe , & par 26 quand c'eft un Ordre bas. Au refte lorfqu'on doit mettre deux ou plufieurs Ordres l'un fur l'autre , ou même deux ou plufieurs fois le même Ordre, le *Module* des colonnes de deffus doit être plus petit que celui de deffous , fuivant que la hauteur de tout le bâtiment ou des étages en particulier , & la délicateffe des Ordres le demandent. Il y a outre cela des differences à obferver. Lorfque les colonnes font ifolées ou adoffées, *Vitruve* donne ¼ aux *Modules* de deffus ; *Palladio* ⅐ ; *Scamozzi* ⅐ ; & *Serlio* ½. *Goldman* voulant imiter l'Architecture facrée leur donne ⅐. Toutes ces divifions & ces mefures ne font pas des regles aufquelles il faille abfolument s'affujettir. On voit bien que c'eft ici une affaire de goût que l'œil doit diriger. Auffi M. *Blondel* pour raffurer les Architectes, & pour donner carriere à leur imagination, remarque fort judicieufement dans fon *Cours d'Architecture* , *Part. II. Ch.* 7,

qu'il eft inutile de fe gener, à l'égard de ces proportions. Les colonnes fupérieures du *Colliſée* à Rome , font même plus hautes que celles qui font au-deffous, parce qu'elles paroiffent plus petites de loin.

MOI

MOIEN. Les Mathématiciens caractérifent ainfi une quantité qui tient un milieu entre deux ou plufieurs autres.

Le *Moïen Arithmétique* eft un nombre qui differe autant d'un fecond , qu'un troifiéme du premier. Par exemple , 6 eft *Moïen arithmétique* entre 4 & 8 ; car la difference entre 8 & 6 eft 2 , & la difference entre 6 & 4 eft auffi 2. On trouve le *Moïen arithmétique* entre deux nombres donnés , en partageant leur fomme en deux.

Moïen proportionnel. C'eft une quantité qui occupe le milieu d'une proportion. Ainfi 6 eft *Moïen proportionnel* entre 4 & 9 ; parce que 4 eft à 6 comme 6 eft à 9. Le quarré d'un *Moïen proportionnel* eft égal au produit des deux extrêmes.

MOIENNE. Ce terme ne va jamais feul. On dit *Moïenne proportionnelle* pour exprimer une quantité qui eft *Moïenne* entre deux autres (*Voïez* MOIEN.) *Moïenne & extrême raifon*, pour indiquer la divifion d'une ligne en deux parties , telles que la ligne entiere eft à la plus grande de ces parties, comme cette plus grande eft à la plus petite.

En Aftronomie, on dit *Moïenne conjonction*, quand le lieu moïen du foleil eft le même que le lieu moïen de la lune dans l'écliptique : & *Moïenne oppofition*, lorfque le premier lieu eft oppofé au dernier. On appelle auffi *Moïenne diftance* d'une planete au foleil la ligne droite tirée du foleil au point de l'extrêmité de l'axe conjugué de l'ellipfe dans laquelle la planete fe meut. Cette ligne eft égale à la moitié de l'axe tranfverfe ou du grand axe. On l'appelle ainfi parce qu'elle eft *Moïenne* arithmétique entre la plus grande & la plus petite diftance de la planete au foleil.

MOINEAU. Quelques Auteurs fur la Fortification appellent ainfi un baftion plat que l'on conftruit au milieu d'une courtine lorfqu'elle eft trop longue , & que les deux baftions qui font à fes extrêmités, étant hors de la portée du moufquet, ne peuvent fe défendre l'un l'autre. Quelquefois le *Moineau* tient à la courtine , & quelquefois il en eft fepacé.

Ce baftion, compofé de deux flancs joints par une face, n'eft plus en ufage , parce qu'il n'eft utile que dans le cas où une forterefse eft fituée le long d'une grande riviere. Il reſſemble aſſez du côté de ſa figure & de ſes avantages à la demi-lune, qui eſt une ſorte de baſtion de deux faces ſitué devant une courtine, quand les baſtions qui ſont à ſes exrrêmités, ne peuvent ſe défendre mutuellement.

MOINS. C'eſt dans le calcul la diminution d'une quantité d'une autre homogene. Le caractere eſt —. Ainſi pour marquer qu'on a ôté de 24 le nombre 6., & de la quantité *a* la quantité *b*, on écrit 24 — 6, & *a* — *b*. On ſe ſert de ce ſigne dans la ſouſtraction, où la plus petite quantité eſt toujours rapportée à la plus grande, dont elle eſt ſouſtraite. (*Voïez* SOUSTRACTION.)

MOIS. Terme de Chronologie. C'eſt le tems qui s'écoule pendant que le ſoleil parcourt la douziéme partie du zodiaque, ou que la lune le parcourt tout. La premiere eſpece de *Mois* eſt appellé *Mois ſolaire*, & la ſeconde *Mois lunaire*. Les *Mois*, dont notre année eſt compoſée, ſont des *Mois ſolaires*. Ces *Mois* ne commencent point par l'entrée du ſoleil dans les ſignes céleſtes, & le tems emploïé par le ſoleil à parcourir un ſigne céleſte, ne conſiſte pas en jours entiers : il y a toujours un excès d'heures, de minutes, &c. C'eſt pour cela qu'on donne aux *Mois* tantôt 28 jours, tantôt 29, tantôt 30 & tantôt 31, pour faire entrer cette différence dans l'année. De-là vient cette diſtinction entre les *Mois aſtronomiques* & les *Mois civils*. Les premiers ſont ceux dont la grandeur eſt calculée très-exactement par heures, minutes, ſecondes, tierces, &c. Les ſeconds ſont des *Mois* ſolaires & lunaires, qui ne conſiſtent qu'en jours entiers.

Schot, dans ſon *Organum Mathématicum*, & le P. *Pezenas* dans ſa *Pratique de Pilotage*, donnent une méthode de connoître par les doigts de la main gauche combien chaque *Mois* a de jours. À cette fin, on éleve le pouce, le doigt du milieu & le petit, & on abbaiſſe les autres. Les doigts élevés valent 31 jours, & les doigts baiſſés 30, excepté l'index qui vaut pour le *Mois* de Février 28 ou 29. On commence par compter le *Mois* de Mars au pouce & de-là aux ſuivans, dans l'ordre des doigts. Le nombre aſſigné à chaque doigt eſt celui qui lui répond.

On connoît aſſez le nom des *Mois* de notre année. Ces noms ne ſont pas ceux dont on fait uſage chez tous les Peuples. Chaque Nation leur donne d'autres noms, & même d'autres valeurs. (*Voïez* ANNE'E.) M. *Jean-Albert Fabrice*, qui a écrit un Traité particulier ſur les *Mois* ſous le titre de *Menologium*, rapporte les noms des *Mois*

d'environ cent Peuples differens & les compare aux nôtres. C'eſt un détail long & curieux dans lequel je n'entrerai pas, parce qu'on pourra aiſément ſe procurer cette ſatisfaction pour les principales Nations du monde, en conſultant l'article que je viens de citer : je veux dire ANNE'E. Mais je ne puis me diſpenſer de faire connoître les *Mois* particuliers que les Aſtronomes admettent. Je vais les définir ſelon l'ordre alphabetique.

MOIS ANOMALISTIQUE. C'eſt le tems que la lune emploïe à ſortir de ſon apogée & qu'elle s'en retourne. *Riccioli* dans ſon *Almageſt. nov. Liv. IV. Ch. 9 , pag. 241 ,* donne à ce *Mois* 27 jours, 13 heures, 18 minutes & 34 ſecondes.

MOIS CAVE. *Mois* lunaire qui a 29 jours.

MOIS DRAGONISTIQUE. Tems que la lune emploïe à quitter la tête du dragon ou ſon nœud aſcendant ; & qu'elle y retourne. *Riccioli* donne à ce *Mois* 27 jours, 5 heures & 36 minutes.

MOIS EMBOLISMIQUE. C'eſt dans l'année lunaire le 13e *Mois* dont on fait l'intercalation au-deſſus du nombre ordinaire pour conſerver le commencement de l'année toujours dans une même ſaiſon.

MOIS D'ILLUMINATION. Tems qui s'écoule depuis la premiere apparition de la lune après la nouvelle lune, juſques à la premiere apparition après la nouvelle lune ſuivante. La durée de ce *Mois* n'eſt pas conſtante. Elle eſt tantôt de 27 jours $\frac{1}{2}$, tantôt de 25 $\frac{1}{2}$ & tantôt, quoique rarement, de 23 $\frac{1}{2}$.

MOIS PERIODIQUE. Tems que la lune emploïe à parcourir le zodiaque. La meſure de ce tems eſt 27 jours, 7 heures, 43′, 8″. On le diſtingue en *Mois périodique vrai* & *Mois périodique apparent*, ſelon qu'on le conſidere dans le mouvement moïen ou véritable de la lune.

MOIS SYNODIQUE. C'eſt le tems qui s'écoule depuis une pleine lune juſqu'à la ſuivante, c'eſt-à-dire, le tems que la lune emploïe pour rejoindre le ſoleil après l'avoir quitté. Ce *Mois* eſt plus grand que le *Mois* périodique. Car lorſque la lune s'éloigne du ſoleil, & qu'après le décours d'un *Mois* périodique, elle revient à l'endroit où le ſoleil étoit auparavant, cet aſtre a déja avancé preſque d'un ſigne entier. Il faut donc que la lune parcoure ce ſigne avant que de rejoindre le ſoleil. La grandeur de ce *Mois* eſt de 29 jours, 12 heures, 44′, 3″, 11‴. On le diviſe en *Mois ſynodique vrai* & en *Mois ſynodique moïen*, ſuivant qu'il s'agit du mouvement vrai ou moïen de la lune.

2. On ignore l'origine des *Mois*. M. *Blondel*,

qui a fait de grandes recherches fur l'hiſtoire du Calendrier, le penſe ainſi. Il conjecture qu'après que les hommes eurent remarqué les changemens journaliers des ténébres & de la lumiere, c'eſt-à-dire des jours, ils firent attention au mouvement de la lune, mouvement manifeſte, puiſqu'on la voïoit paroître grande & lumineuſe, & diſparoître enſuite. Et comme elle fait tous ſes changemens dans un tems déterminé, & qu'il y a des regles auſſi palpables que certaines des retours de ſes différentes apparitions, on appella *Mois* cet eſpace de tems qu'elle emploïe à parcourir la période entiere de la diverſité de ſes phaſes; mot qui eſt en latin *Menſis* & Μὴν en grec, deux termes qui viennent du mot *Man*, dont les Orientaux ſe ſervent pour nommer la lune. (*Hiſtoire du Calendrier* par M. *Blondel* page 5.)

Quoiqu'il en ſoit de cette origine ou de cette conjecture, il eſt certain que la plupart des anciennes Nations comptoient le tems par le *Mois* lunaire périodique, ainſi que le pratiquoient les Juifs, les Grecs & les Romains juſques au tems de *Jules-Céſar*, comme le font encore les Mahométans. Mais parce que ces *Mois* ne contiennent pas un nombre exact de jours pour les annexer au comput civil, elles faiſoient alternativement leur *Mois* de 30 & de 31 jours. Moïennant quoi deux de leurs *Mois* valoient deux *Mois* lunaires de 29 jours ½. Enfin, elles arrangeoient tellement les choſes, que la nouvelle lune, après le cours de quelques années, ne s'écartoit gueres du premier jour du *Mois* civil. Voilà ce que l'hiſtoire apprend. Elle dit encore que les Egyptiens comptoient par des *Mois* ſolaires de 30 jours, & que pour completer leur année, après 12 *Mois* revolus, ils ajoutoient 5 jours formés par les heures que l'on avoit négligées à chaque *Mois*.

M O L

MOLAD TOHU. C'eſt ainſi que les Juifs appellent dans leur Chronologie la nouvelle lune qui ſeroit arrivée un an avant la création du monde; ſavoir le 7 Octobre l'an 953 de la période Julienne à 5 heures, & 204 Helakim. C'eſt là-deſſus qu'eſt fondé tout le calcul de leur Calendrier.

Les Juifs donnent auſſi le nom de *Molad* à la nouvelle lune.

MOLES. Nom qu'on donne à l'eſpace qu'un corps remplit en longueur, largeur & profondeur.

MOMENT. Terme de Mécanique. C'eſt le produit formé par la multiplication de la péſanteur d'un corps ou d'un poids par la diſtance du centre de gravité, ou ce qui revient au même, par la viteſſe avec laquelle le corps ſe mouvroit, ſi on lui faiſoit perdre l'équilibre. M. *Leibnitz* prend le *Moment* pour la force du corps en mouvement. Ainſi les *Momens*, par rapport aux loix du mouvement, ſignifient des quantités de mouvement dans des corps quelconques. Suivant qu'on enviſage les *Momens*, ils n'expriment que le ſimple mouvement. C'eſt ce qu'on entend par les mots latins *vis inſita*, c'eſt-à-dire, une force, une puiſſance dans les corps par laquelle ils changent continuellement de place. Or de tout cela il réſulte.

1°. Que dans la comparaiſon des mouvemens des corps, le rapport de leur *Moment* eſt toujours compoſé de la viteſſe du corps en mouvement & de ſa quantité de matiere. De façon que le *Moment* d'un corps quelconque en mouvement peut être conſideré comme un rectangle formé de la quantité de matiere de ce corps & de ſa viteſſe. Et de ce qu'il eſt démontré que tous les rectangles égaux ont leur côté réciproquement proportionnels; il ſuit, que ſi les *Momens* de deux mobiles quelconques ſont égaux, la quantité de matiere de l'un ſera à la quantité de matiere de l'autre, réciproquement comme la viteſſe du ſecond à la viteſſe du premier. *Et vice verſâ.*

2°. Que les *Momens* d'un corps en mouvement peuvent être conſiderés comme la ſomme de tous les *Momens* des parties de ce corps. C'eſt pourquoi ſi les grandeurs & le nombre de certaines particules ſont égaux, & que ces particules ſoient mues avec la même viteſſe, les *Momens* ſeront égaux par tout.

MOMENS. M. *Newton* entend par ce mot dans le calcul des fluxions des parties indéterminées qu'on ſuppoſe couler perpétuellement, c'eſt-à-dire, croître ou décroître continuellement. Quand elles croiſſent on les nomme *Momens affirmatifs*, & *Momens négatifs* lorſqu'elles décroiſſent. Dans cet état d'accroiſſement ou de diminution, on les ſuppoſe infiniment petites; car auſſi-tôt qu'elles commencent à être d'une grandeur finie, elles ceſſent d'être des *Momens*. On ne doit donc point les prendre comme des principes généraux d'une grandeur finie, mais ſimplement comme les commencemens de ſes principes. (*Voïez* FLUXION.)

M O N

MONADES. Quelques Géometres appellent ainſi les nombres compris depuis 1 juſques à 9. On les appelle autrement *Unités*.

MONADES. Terme de Phyſique, ou plus généralement de Mathématique. C'eſt ainſi que M. *Leibnitz* appelle des êtres ſimples, c'eſt-à-dire, des parties non étendues, dont il ſuppoſe que les corps ſont compoſés. Exiſte-t-il de telles parties? Et ces parties ſont-elles néceſſaires pour former un corps? Voilà les deux points ſur quoi ſont fondées les *Monades*, & ce qui leur a donné l'être. Développons cette queſtion. Quoique Métaphyſique en apparence, elle tient trop à la Phyſique, puiſqu'elle rend raiſon de l'étendue de la matiere, pour la négliger. D'ailleurs on a tant écrit ſur les *Monades*, le ſyſtême de M. *Leibnitz* a tant fait de bruit, & le ſujet par lui-même eſt ſi délicat & ſi important, que je vais faire une ſorte de débauche Phyſique, en l'analyſant avec toute l'attention dont je ſuis capable.

2. Tous les corps ſont étendus en longueur, largeur & profondeur. Pourquoi? Cette demande ne doit point ſurprendre. Suivant M. *Leibnitz*, rien n'exiſte ſans une raiſon ſuffiſante, c'eſt-à-dire, ſans une raiſon qui détermine ſon exiſtence. L'étendue dans les corps a donc ſa raiſon ſuffiſante par laquelle on peut comprendre comment & pourquoi elle eſt poſſible. Or la queſtion eſt de trouver cette raiſon. Avant *Leibnitz* on diſoit que le corps avoit de l'étendue, parce qu'il étoit compoſé de petites parties étendues. En admettant la raiſon ſuffiſante, cette raiſon n'en eſt pas une, & dans le fond elle ne dit autre choſe, ſi ce n'eſt qu'un grand corps eſt compoſé d'autres petits corps. Car ces *petites parties étendues* ſont de véritables corps. Et pourquoi ſont-ils étendus? Dira-t-on que ces petits corps ſont compoſés de petits corps? La queſtion revient toujours & réellement la réponſe eſt ridicule. Quelle eſt donc la raiſon ſuffiſante de l'étendue d'un corps, & en quoi conſiſte ſon étendue? C'eſt, répond M. *Leibnitz*, un être non étendu, ſans parties, en un mot, un être ſimple qu'il appelle *Monade*. Les corps ou les êtres compoſés, exiſtent, parce qu'il y a des êtres ſimples, non étendus, des *Monades*. Comme l'imagination a de la peine à ſe repreſenter un corps compoſé d'êtres ſimples, qui n'ont point d'étendue & dont on ne peut ſe former par conſéquent aucune idée, les Partiſans des *Monades* tâ

chent de la raſſurer par une comparaiſon que je ne dois pas paſſer ſous ſilence. Ils ſuppoſent que quelqu'un demande pourquoi il y a des montres, & ils font ſentir combien peu ſatisfaiſante eſt cette réponſe, *C'eſt parce qu'il y a des montres*. Le ſeul moïen, ſelon eux, de donner la raiſon ſuffiſante de la poſſibilité d'une montre, c'eſt de faire voir qu'il y a des choſes qui ne ſont point montres, & que ces choſes qui ſont le reſſort, les roues, les pignons, la chaine, &c. étant combinées, arrangées d'une telle maniere, compoſent une montre. Donc, concluent-ils, pour trouver la raiſon ſuffiſante d'un être étendu, il faut remonter à des êtres non étendus, à des êtres ſimples, de même que la raiſon ſuffiſante d'un nombre compoſé ne peut ſe trouver que dans un nombre non compoſé qui eſt l'unité. Voilà donc les *Monades* démontrées, & d'une néceſſité abſolue.

Arrêtons-nous ici un moment. Péſons & les raiſons & les preuves de M. *Leibnitz*. Un corps n'eſt étendu que parce qu'il eſt compoſé d'êtres non étendus. Mais qu'eſt-ce qu'un être non étendu? Eſt-ce une matiere? Obſervons avant que de ſatisfaire à ces queſtions, que M. *Leibnitz* refuſe les atomes ou les parties inſécables de la matiere pour des êtres ſimples, parce que ces parties, quoique phyſiquement inſécables ſont étendues. Qu'eſt-ce donc encore une fois un être non étendu? Sans répondre directement à cela, M. *Leibnitz* explique ainſi les êtres ſimples.

Puiſque ces êtres n'ont point de parties, aucune des propriétés qui naiſſent de la compoſition ne ſauroient leur convenir. Donc premierement n'étant point étendus, ils ſont indiviſibles. En ſecond lieu, ils n'ont point de figures, car la figure eſt la limite de l'étendue. Donc un être ſimple qui n'a point d'étendue n'a auſſi point de figure. Pour la même raiſon, les êtres ſimples ou les *Monades*, n'ont point de grandeur. Ils ne rempliſſent point d'eſpace, & n'ont point de mouvement intime; parce que toutes ces propriétés conviennent au compoſé, au corps, à ce qui a de l'étendue. Quelle difference entre les êtres compoſés & les êtres ſimples? Ceux-ci ne peuvent être ni vus, ni touchés, ni être ſenſibles à l'imagination par aucune image. Il y a plus, & la ſurpriſe n'eſt point encore à ſon terme. Un être ſimple ne peut être produit par un être compoſé. La raiſon de cela eſt bien claire. Tout ce qui peut provenir d'un compoſé naît ou d'une nouvelle *aſſociation*, ou d'une nouvelle *diſſociation* de ſes parties. Aucun de ces cas n'eſt poſſible ici. L'aſſociation ne peut produire qu'un être compoſé, & de la diſſociation pouſſée à ſon dernier période, il ne reſultera jamais que des êtres ſimples qui exiſtoient déja dans le compoſé. Donc ils n'ont pas été produits par cette diſſociation. Par conſéquent un être ſimple ne peut venir d'un être compoſé. Où eſt donc la raiſon ſuffiſante de ces êtres des *Monades*? Dans Dieu, répond M. *Leibnitz*. Le Tout-Puiſſant n'a pû créer l'étendue, ſans créer auparavant les êtres ſimples; car il faut que les parties compoſantes exiſtent avant le compoſé. Et comme ces parties ne ſont plus réſolubles dans d'autres, leur raiſon premiere doit ſe trouver dans le Créateur.

Telle eſt la derniere concluſion qui termine le grand ſyſtème des *Monades*. Qu'en réſulte-t-il de ce ſyſtème? En connoiſſons-nous mieux les élemens des corps? Un être étendu eſt compoſé d'êtres non étendus. Je l'ai déja demandé. Qu'eſt-ce qu'un être non étendu, qui n'a ni grandeur, ni figure, ni ſenſibilité, & dont, ſuivant M. *Leibnitz*, on ne peut ſe former aucune idée? Ce n'eſt point un corps. Eſt-ce un eſprit? Mais un eſprit, & pluſieurs eſprits joints enſemble, de quelque façon qu'on conſidere l'eſprit, tel qu'on le dépeint, ne formeront jamais une matiere. Qu'eſt-ce donc? On n'en ſait rien. Quoi! ſeroit-ce ici un pur jeu de Méthaphyſique? Gardons-nous de manquer d'égards pour les idées d'un grand homme. Examinons les preuves de la néceſſité de ces êtres, & hazardons un ſentiment à cet égard.

3. Il s'agit de ſavoir comment & pourquoi un corps eſt étendu, ou pour mieux dire, la raiſon ſuffiſante de ſon étendue; je m'explique plus vulgairement. Il s'agit de connoître les élemens de la matiere. Suivant *Leibnitz* ces élemens ſont des êtres ſimples ou non étendus, & il ne peut pas y en avoir d'autres. J'oſe m'inſcrire en faux contre ce ſentiment. Comment! eſt-ce que les élemens des corps ne peuvent pas être matiere, ſans être corps eux-mêmes en quelque façon. Je veux dire: un corps ne peut-il pas être compoſé de parties ou de matiere tellement déliée, que leur étendue, c'eſt-à-dire leur longueur, leur largeur, & leur profondeur coincident & ne forment plus qu'une ſeule étendue compoſée de trois autres? La longueur de ces élemens, leur largeur & leur profondeur ſeront réunies en un point. Le milieu d'un élement formera en même-tems ſa longueur, ſa largeur & ſa profondeur, & joindra ou atteindra aux limites de ces trois étendues. De façon qu'on ne

pourra toucher à aucune des extrêmités de ce corps, ſans toucher ſon centre, ſans le prendre lui-même. Ce corps ſera indiviſible, parce qu'il n'aura point de milieu, le milieu étant tout à la fois & lui-même & les extrêmités. Separer le corps, c'eſt l'anéantir. Plus on fera attention à ces parties des corps & mieux on s'appercevra qu'elles en ſont les élemens. Mais diront les Leibnitiens pour avoir une raiſon ſuffiſante de l'étendue d'un corps, il faut remonter à des êtres qui ne ſoient pas corps. Ou comme le mot de corps pourroit faire ici quelque équivoque, expliquons la choſe d'une maniere plus générale. Pour avoir l'élement de la matiere, il faut remonter à un être qui ne ſoit pas matiere. Or mes petits êtres ſont une matiere. Donc ils ne peuvent être les élemens de la matiere. Ce ſont ici des eſpeces d'atomes qui ne ſatisfont pas plus à la queſtion que ceux d'*Epicure*, comme on a vû ci-devant. Ceci roule, à le bien prendre, ſur une queſtion de mots. Pour ne pas nous écarter, entendons (avec M. *Leibnitz*) par matiere ce qui eſt large, puis long, enſuite profond; car c'eſt l'étendue multipliée par la force d'inertie. Mais mes élemens ne ſont point cela ſucceſſivement. Ces trois étendues ſont contigues, & c'eſt en cette contiguité que conſiſte leur eſſence. Deux de ces élemens font un corps, parce qu'ils compoſent alors trois dimenſions, formant deux extrêmités de quelque façon qu'on les conſidere étant unis, dont le point de jonction ou d'union eſt le milieu.

En général tout ce qui a un milieu véritable a trois dimenſions. Mais ne ſont-ce pas ici les atomes de *Moſchus* ou de *Platon*? Non ſans doute. Ces Philoſophes admettoient une étendue dans leurs élemens des corps, c'eſt-à-dire, dans leurs atomes. Ainſi les élemens des corps étoient des corps même, pris ſuivant toute la ſignification de ce terme, avec cette difference que les atomes étoient indiviſibles. Ici les élemens des corps n'ont qu'une dimenſion au lieu que les corps en ont trois. Et voilà toute la difference qu'il y a entre les atomes, les corps & mes *élemens de la matiere*. Mais enfin ces élemens ſont matiere, & pour avoir ceux de la matiere, il faut remonter à quelque choſe qui ne ſoit point matiere; de même que pour rendre raiſon de la poſſibilité d'une montre, il faut remonter à quelque choſe qui ne ſoit pas montre. Je me ſuis déja expliqué ſur ce mot de matiere, & j'ai fait voir que mes élemens n'en ſont pas en quelque ſorte, ſi l'on entend par matiere tout ce qui a trois dimenſions ſéparées, comme M. *Leibnitz* l'entend lui-même. A l'égard de la comparaison de la montre qu'on croit juste, elle n'eſt pas faiſable. Pour que cela fût, il faudroit que les parties de la montre nous fuſſent cachées, & que nous ne connuſſions de cet automate que le nom. On ſait qu'une montre eſt compoſée de reſſort, d'une chaîne, de roues, de pignons, &c. & on dit que pour faire voir la raiſon ſuffiſante de la poſſibilité d'une montre, il faut remonter à des choſes qui ne ſoient pas montres. C'eſt deviner après coup. Suppoſé que des reſſorts ſeuls compoſaſſent par leur aſſemblage une machine qui fût un reſſort, & qu'on demandât la raiſon ſuffiſante de la poſſibilité de ce reſſort ; dans ce cas il faudroit remonter à des reſſorts, c'eſt-à-dire, à des parties qui ſeroient reſſorts elles-mêmes. Ainſi les élemens de ce reſſort ſeroient des reſſorts, petits, foibles, & qui compoſeroient un reſſort fort.

Quoiqu'il en ſoit, de mes conjectures dans cette queſtion, comme dans pluſieurs autres qui tiennent à la Métaphyſique, on pouſſe les choſes trop loin. L'eſprit ou l'imagination ne ſe reſſerrent pas aſſez, & pour vouloir approfondir un ſujet on en quitte les limites. On trouve le ſyſtême des *Monades* fort bien développé dans les *Inſtitutions de Phyſique* de Madame la Marquiſe du *Châtelet*, *Ch. VII.* dans le *Traité des ſyſtêmes* de M. l'Abbé *De C*, dans les *Recherches ſur les Elemens de la matiere*, & dans le Recueil des Pieces qui ont remporté ou couccouru pour le prix de l'Académie de Berlin ſur cette matiere. On y voit des ſentimens pour & contre les *Monades* ; & l'un des principaux adverſaires de ces Elemens de la matiere eſt le célebre M. *Euler*, qui leur ſubſtitue la force d'inertie. (*Voiez* Force d'inertie,)

MONOCEROS. Conſtellation nouvelle dans la partie méridionale du ciel, entre le grand & le petit Chien près de l'Orion. On y compte 23 étoiles, dont 2 de la troiſiéme grandeur, 10 de la quatriéme, 4 de la cinquiéme, & 7 de la ſixiéme. C'eſt M. *Bartſch* qui a introduit cette conſtellation, ou pour mieux dire qui l'a formée. (*Voiez* ſon *Globus quadrupedalis.*) *Hevelius* a marqué la longitude & la latitude de ces étoiles pour l'année 1700 dans ſon *Prodrom. Aſtronom. pag,* 294, & il donne la figure de toute la conſtellation dans ſon *Firmamentum Sobieſcian.* Fig. R r.

MONOCHORDE. Inſtrument de Muſique inventé par *Pythagore*, pour meſurer par des lignes, ou géometriquement, la proportion des ſons. Il étoit compoſé d'une ſeule corde,

& une ligne au-deſſous, diviſée en pluſieurs parties égales ſur leſquelles on appliquoit un eſpece de chevalet, appellé *chagas*, qui ſoutenoit la corde, & qui la partageoit ſuivant qu'on le plaçoit ſur telle ou telle diviſion. Selon que la corde étoit coupée par le chevalet, elle rendoit un ſon plus grave ou plus aigu. Ainſi on déterminoit facilement le rapport des ſons l'un à l'autre. Quand la corde étoit diviſée en deux parties égales, de maniere que les termes étoient comme 1 à 1, on les appelloit des *uniſſons*. Lorſqu'ils étoient comme 2 à 1 c'étoit des octaves ou *diapaſons* ; comme 3 à 4 c'étoient des quintes ou des *diapentes* ; comme 4 à 3, des quartes ou *diateſſarons* ; comme 5 à 4 c'étoit un *diton* ou tierce majeure ; comme 6 à 5 un *demi-diton* ou tierce mineure. Enfin, ſi les termes étoient comme 24 eſt à 25, c'étoit un demi-diton ou un dieze.

Le *Monochorde* ainſi diviſé, formoit un ſyſtême de Muſique chez les Anciens, & ſuivant les différentes diviſions du *Monochorde*, on avoit des ſyſtêmes differens,

MONOME. Terme d'Algébre. Quantité ſimple, qui ne conſiſte que dans un terme, comme a, ab, $a^3 c$, &c. ou en nombres 6, 9, 15, &c. Il y a deux ſortes de *Monomes*, des *Monomes rationels* & des *Monomes irrationnels*. Les premiers ne conſiſtent que dans un terme qui n'a point de ſigne radical. Les *Monomes irrationnels* ſont au contraire affectés d'une racine comme $\sqrt{a}$, $\sqrt{ab}$, ou en nombres comme $\sqrt{20}$, $\sqrt{7}$, &c.

Les *Monomes* ſe diviſent encore en commenſurables & incommenſurables. Les *Monomes commenſurables* ſont les *Monomes irrationnels*, dont la raiſon peut être aſſignée en nombres rationels, comme $\sqrt{2}$ & $\sqrt{8}$, qui ſont entre elles comme 1 à 2. Les *Monomes incommenſurables* ſont ceux dont la raiſon ne peut s'exprimer en nombres rationels tels que $\sqrt{3}$ & $\sqrt{7}$.

MONOTRIGLYPHE. Terme d'Architecture civile. Nom que *Vitruve* donne à une colonnade dotique, où l'on ne met entre deux colonnes de côté que deux triglyphes, quoiqu'il y en ait trois entre les deux colonnes du milieu. (*Architecture* de *Vitruve*, *L. IV. Ch. 3.*)

MONTRE. Petite machine portative, qui marque les heures & les parties d'heure. Elle eſt compoſée d'une force motrice qui eſt un reſſort, de roues, & de pignons qui rallentiſſent ſon effet, & d'un balancier qui regle le mouvement des roues de telle ſorte qu'une aiguille parcourt un cercle diviſé en 12 parties, en 12 heures de tems. Ceci

Ceci est le point de vûe général d'une *Montre*. Entrons dans le détail & examinons cette petite machine si utile, si fort en usage, & que peu de gens connoissent bien. Afin de proceder ici avec ordre, je vais 1°. décrire une *Montre* & en donner la théorie. J'exposerai en second lieu les moïens pour juger de la bonté d'une *Montre*, & pour la regler, & je finirai par l'histoire de cet automate.

1. Une *Montre* ordinaire, qui marque les heures & les minutes, est composée de 13 pieces ; 1°. d'un barillet ; 2°. d'une fusée ; 3°. d'une roue à longue tige ; 4°. d'une petite roue moïenne ; 5°. d'une roue appellée *roue de champ* ; 6°. d'une roue verticale nommée *roue de rencontre* ; 7°. d'un balancier ; 8°. d'une chaîne, & 9°. de 5 pignons attachés aux arbres de chaque roue. Ces pieces se placent sur une plaque ronde, de la maniere que les Figures 102, & 103 (Plan. XLIV.) les representent. Dans la figure 102 les pieces sont vûes horisontalement, c'est-à-dire à vûe d'oiseau ; & elles sont de profil dans la figure 103. Celle ci represente une *Montre* ouverte, dont on a ôté la platine supérieure, c'est-à-dire, cette partie de la cage dans laquelle elles se meuvent. A est le barillet, (*Voïez* les figures 102 & 103 où la même lettre indique la même piece.) B la roue de la fusée ; G la roue à longue tige, (celle-ci est au centre de la plaque) C la petite roue moïenne ; D la roue de champ ; E la roue de rencontre, & I la chaîne.

Le barillet est une espece de tambour dans lequel on enferme un ressort K (Fig. 104. Planche XLIV.) en spirale, contraint autour d'un axe en fermé dans cette piece. Au barillet est attachée une extrémité de la chaîne. Elle y est entortillée quand la *Montre* n'est point en mouvement. L'autre extrêmité de la chaîne tient à la fusée qui est une piece massive dont la forme est conique, & qui est armée de 48 dents. Ces dents engrainent dans le pignon de la roue G qui occupe le centre, appellée *Roue à longue tige*. La Figure 105 Planche XLIV. represente ce profil du rouage & les lettres qui marquent les pieces des figures précedentes, les indiquent ici de même.

J'ai joint, à l'exemple de M. *Thiout*, le plan des roues rappellées par des points au profil auquel elles appartiennent, désignant ces roues & ces pieces avec de petites lettres semblables aux grandes de leur profil. Le premier pignon P a 12 dents. Il fait fait tourner la *roue à longue tige* G, appellée aussi *roue des minutes*, qui a 54 dents.

Tome II.

De celle-ci le mouvement se communique à la roue moïenne C par l'engrainage qu'elle fait dans un pignon de 6, fixé à l'arbre de cette roue. Cette petite roue a 48 dents, & elle engraine dans un pignon de 6 de la roue de champ D, qui a 48 dents. Dans son mouvement elle engraine dans un pignon de 6 de la roue de rencontre E, & cette roue heurte, s'engage, s'échappe dans les palettes de l'échappement ; d'où vient la régularité du mouvement par les vibrations du balancier. (*Voïez* ECHAPPEMENT & BALANCIER.)

Telle est toute la disposition du mouvement d'une *Montre*. Mais pourquoi toutes ces roues, tous ces pignons ? C'est pour ralentir l'effort de la puissance qui est le ressort, & pour moderer la rotation de la roue à longue tige, afin qu'elle ne fasse son tour qu'en une heure. Ce tour là n'a lieu que quand les autres roues ont fait le leur, & qu'elles ont fait faire un certain nombre de vibrations au balancier. Déterminons ce nombre & calculons le mouvement de ces roues suivant leur pignon.

La roue à longue tige ou des minutes a 54 dents ; elle fait ou doit faire un tour par heure & elle engraine dans un pignon de 6 de la seconde roue, qui est la moïenne. Cette roue fait donc autant de tours que la roue des minutes en fait faire au pignon, c'est-à-dire 9, parce que 6 est 9 fois dans 54. Comme elle a 48 dents & qu'elle engraine dans un pignon de 6 appartenant à la roue de champ, celle-ci fait donc 8 tours quand l'autre en fait un, le quotient de 48 par 6 étant 8. Mais la roue moïenne a déja tourné 9 fois quand la roue à minutes a fait un seul tour : la roue de champ aura donc fait 72 tours pour un de cette derniere roue. Calculant ainsi le mouvement de la roue de rencontre produit par celui de la roue de de champ de 48 dents, qui y engraine dans un pignon de 6, on aura d'abord 8 tours pour un de la roue de champ ; & comme celle-ci en a 72 pour un de la roue des minutes on aura 576. Les dents de la roue de rencontre sont au nombre de 15. On double le nombre, parce que l'oscillation du balancier forme deux vibrations. Multipliant enfin 576 par 30, vient au produit 17280, nombre absolu de tours & de vibrations que fait l'engrainage dans une heure.

Sans quitter cet examen, voïons combien la puissance est alterée par le tems que demande un si grand nombre de mouvemens.

J'ai dit que dans le barillet ou tambour

Z

est enfermé un ressort plié autour d'un arbre, & attaché par un bout à une chaîne qui est entortillée autour de la fusée. Ce ressort en se débandant tire la chaîne, fait tourner la fusée, & de-là, comme on a vû, toutes les autres roues. Cette traction est même forte lorsque le ressort commence à agir, mais elle diminue; cette diminution est justement compensée par la figure de la fusée. (*Voïez* FUSÉE.) Ainsi nous pouvons la regarder comme constante. Cela posé, le ressort qu'on emploïe dans les roues ordinaires tire 25 onces, c'est-à-dire 14400 grains. Cette force est d'abord réduite à la moitié par la forme de la fusée. Elle est telle, cette forme, qu'elle ne donne que la moitié de la force que donneroit la roue où elle est attachée; & cela dépend de son diametre. Il ne reste plus que 7200 grains pour la force du ressort. La roue de la fusée faisant quatre tours par heure, aïant 48 dents & engrainant dans un pignon de 12, ne peut communiquer à la roue des minutes que $\frac{1}{4}$ de sa force, parce que 12 est le $\frac{1}{4}$ de 48 : autant de diminué sur le ressort qui n'a plus que 1800 de force de 7200 qu'il en avoit tout à l'heure. Par la même raison cette roue des minutes ne communique à son tour que le neuviéme de la force qu'elle a, aïant 54 dents & engrainant dans un pignon de 6. Voilà donc un neuviéme qu'il faut rabattre de 1800. Ce nombre divisé par 9 donne 200 au quotient, valeur de la force communiquée à la roue moïenne. Celle-ci aïant 48 dents & un pignon de 6, ne donne que la huitiéme partie de celle qu'elle a reçue : vient donc 25 pour la roue de champ. Enfin cette derniere roue qui a 48 dents & un pignon de 6 ne communique encore que le $\frac{1}{8}$ de sa force à la roue de rencontre. Le 8e de 25 est 3 & une fraction. Il n'y a donc de force communiquée au balancier que la valeur de 3 grains. Cette force est bien peu considerable. Aussi un simple cheveu, une legere ordure peut faire arrêter le mouvement d'une *Montre*. C'est par cette raison que M. *Sulli* recommande de n'ouvrir jamais les *Montres* que dans des cas nécessaires.

Après cet examen, on comprend comment une *Montre* peut marquer les minutes, pourvû qu'on modere tellement l'effort du ressort, qu'il fasse faire le nombre des vibrations que nous avons déterminé ci-devant. On appelle cette modération *regler la Montre*, & nous verrons comment cela se fait. Voïons auparavant de quelle maniere on fait usage de cette mécanique pour marquer les heures. Si jusqu'ici nous n'avons parlé que des minutes, c'est qu'elles font le fondement des heures, qui n'est qu'une pure addition. Justifions notre conduite, dans laquelle nous avons toujours eu en vûe le soulagement du Lecteur.

La figure 107 (Planche XLIV.) represente le cadran d'une *Montre* avec l'aiguille des heures & celle des minutes; & la figure 106 est le revers du cadran avec les roues & pignons nécessaires pour faire mouvoir ces aiguilles. A cette fin on place à frottement sur la tige de la roue des minutes, un canon qui porte l'aiguille des minutes. Ce canon étant par ce moïen attaché à cette roue, fait son tour en une heure. Il porte un pignon de 12 dents qui occupe le centre de la platine, & il engraine dans une roue C appellée *Roue de renvoi*, garnie de 36 dents. Comme 3 fois 12 font 36, elle fait son tour en trois heures. Au centre de cette roue est placé fixement un pignon de 10. Celui ci engraine dans la roue DD, dont le centre est le même que celui du pignon P. Cette roue a 40 dents. Moïennant quoi elle fait son tour en une heure, parce que la roue de renvoi faisant un tour en 3 heures, par conséquent 4 en 12 heures, la roue DD, qu'on nomme *Roue de cadran* fera le sien en une heure, le produit de 4 par 10 étant 40, nombre des dents de cette roue. Et voilà comment la *Montre* marche, & marque les heures & les minutes. Voici de quelle façon on regle le ressort pour exécuter tout cela.

Il s'agit de développer ici les parties de la platine inférieure, celles qui se presentent quand une *Montre* est ouverte. On voit dans les deux figures 108 & 109 (Planche XLV.) le dessus & le revers. La figure 108 est le revers, c'est-à-dire, ce côté qui est en dedans de la *Montre*, & qui soutient les roues. La roue de rencontre y paroît. Elle est portée par la potence dont on voit le plan. C'est un espece de cocq posé perpendiculairement sur cette platine, & qui soutient la verge du balancier pour former l'échappement. Cette potence est composée d'une coulisse, (c'est cette coulisse qui porte la roue de rencontre) disposée de maniere qu'elle agit en ligne droite au moïen d'une vis, placée à côté. Une assiete, qui entre dans un cran fait à la coulisse, joint sur la platine où elle est arrêtée avec une vis.

Cette platine offre encore une piece L, qui a la forme d'un petit lévier sans en avoir l'usage. Il est retenu éloigné de la platine par le ressort R. L'usage de cette piece nommée *arrêt de la fusée* ou *garde chaîne*, est d'empêcher qu'on ne casse la chaîne en montant la *Montre*, quand on est venu au dernier tour. Lorſqu'on eſt là, la chaîne porte deſſus cette piece & la fait baiſſer. Cela eſt cauſe que le crochet, qui tient à la fuſée, arboute contre ce lévier, & fait charniere dans un piton fixé à la platine.

La partie ſuperieure de la platine dont nous parlons (Planche XLV. Figure 109.) porte le grand cocq C & le petit *c*, qui ſoutiennent & couvrent le balancier. Ce dernier eſt arrêté ſur le grand, & entre les deux eſt une piece de cuivre de même forme, dans laquelle roule & paſſe le pivot. A côté eſt un petit cadran aïant un arbre & une aiguille ; on le nomme *Roſette*. Cette roſette couvre une roue dentée D (Planche XLV. Figure 110.) qui engraine dans un rateau R enchaſſé dans une rainure aſſez profonde de cette couliſſe. Dans une entaille faite au bras du rateau entre librement un petit reſſort K, appellé *reſſort reglant*, attaché par une extrêmité ſur la platine. Tout cet aſſemblage ſert à regler la *Montre*, parce qu'en tournant l'aiguille on allonge où on raccourcit le reſſort. On l'allonge quand on tourne de gauche à droite ; on le raccourcit lorſqu'on fait le contraire. Nous reviendrons à ceci dans la ſeconde partie de cet article.

Ces deux platines avec les roues ainſi déterminées ſont ſoutenues par des pilliers qui forment la cage C de la *Montre*, (Planche XLV. Figure 111.) & les roues étant enfermées dans cette cage compoſent toute la machine; je veux dire la *Montre* entiere. C'eſt ce que repreſente la Figure 112 (Planche XLV.)

Le Lecteur n'attend pas que j'explique les additions qu'on peut faire & qu'on fait aux *Montres* pour qu'elles marquent les ſecondes ; qu'elles ſonnent les heures comme les horloges ou les pendules ; qu'elles ne les ſonnent que quand on y touche exprès en pouſſant un bouton, & qu'elles les frappent ſur le doigt au lieu de les ſonner. (Les *Montres* de la premiere eſpece s'appellent *Montres à répetition*, les ſecondes, *Montres à ſourdine*). Ces agrémens ou ces rafinemens ſont ſurnuméraires au mouvement des *Montres*. On peut même les varier ſuivant ſon goût & ſon génie ; & quand on a compris le principe de ces automates, un Lecteur intelligent s'y exerce agréablement. Ce principe développé j'ai rempli ma tâche. Tout ce que je puis faire c'eſt de citer un Ouvrage où ſont décrites ces ſortes de *Montres* ainſi enjolivées, ſi l'on peut s'exprimer de la ſorte. C'eſt le *Traité d'Horlogerie* de M. *Thiout*. Je paſſe donc à la ſeconde partie de cet article.

2. Preſque tout le monde eſt dans ce préjugé de croire que pour juger de la bonté d'une *Montre*, il ſuffit de l'obſerver un certain tems. On prend une *Montre* à l'eſſai, c'eſtà-dire, on l'achete à l'épreuve, & cette épreuve conſiſte à la garder quelques jours, quelques ſemaines & même quelques mois, & à voir ſi pendant tout ce tems elle va regulierement. Quand cela eſt on penſe que la *Montre* eſt bonne. Un tems plus conſiderable étant écoulé & la *Montre* achetée, on eſt ſouvent fort étonné d'avoir fait une mauvaiſe emplette. Pourquoi ? C'eſt que rien n'eſt plus ſuſpect que cette façon d'eſſaïer une *Montre*. Il eſt des ſituations où ſon mouvement eſt régulier, quoiqu'elle ſoit très-irréguliere en elle-même, & cela parce qu'il eſt des défauts tels que ceux d'une mauvaiſe fuſée, où la chaîne ſe croiſe, au lieu de s'entortiller ; ceux d'un mauvais échappement ; (*Voïez* ECHAPPEMENT.) il eſt des défauts, dis-je, qui n'ont pas lieu dans de certaines poſitions, mais qui ſe manifeſtent furieuſement dans d'autres. Ainſi une *Montre* ira bien pendant un mois dans le gouſſet, qui placée un jour ſeulement ſur une table ira très-mal. Outre cela, les irrégularités de cette *Montre* ſe corrigeront par leur irrégularité même; de ſorte qu'elle ſe trouvera juſte par hazard avec une pendule au bout de ce tems. En troiſiéme lieu on aura gardé cette machine quelquefois dans un état de repos, ou dans celui d'un mouvement lent, qui dans un mouvement un peu bruſque, ſouffrira de grandes ſecouſſes de la part du balancier, des frottemens conſiderables, d'où les vibrations ſe trouveront alterées. Tout cela fait voir combien peu ſure eſt cette méthode, & combien dans le fond il eſt difficile de connoître ſi une *Montre* eſt bonne. Après être convenu de ce point, M. *Sulli* qui a fait beaucoup de reflexions judicieuſes à ce ſujet (dans ſa *Regle artificielle du Tems*, Ch. *VIII. IX. & X.*) a trouvé que le meilleur moïen de s'aſſurer de la bonté d'une *Montre*, étoit de faire les opérations ſuivantes.

On monte la *Montre*, on la met juſte avec une bonne pendule & on la ſuſpend. De 4 en 4 heures on remarque l'heure, & ſur la pendule & ſur la *Montre*, & on écrit la différence de l'heure, minute, demi-minute, de celle-ci à celle-là. Au bout de 24 heures on fait une ſomme des obſervations, & on laiſſe aller la *Montre* ainſi ſuſpendue encore 3 ou 4 heures. Si elle va régulierement avec la pendule, c'eſt déja un premier indice qu'elle n'eſt pas mauvaiſe, ou du moins que ſa fuſée n'eſt pas défectueuſe : ce qui eſt eſſentiel.

Aïant ainsi observé le mouvement de la *Montre* dans une situation verticale, on doit la remonter & la remettre sur l'heure de la pendule. Ensuite on la pose horisontalement sur une table ; & on la laisse aller pendant 24 heures seulement, sans se donner la peine de l'observer de 4 en 4 heures comme auparavant. Les 24 heures expirées, on compare sa variation à l'égard de la pendule avec celle du jour précedent, tems ou la *Montre* étoit suspendue. Si la difference de ces deux variations n'est que d'environ une minute ; cela ne mérite pas d'attention, & la *Montre* est bonne. Mais si cette variation est de 4 à 6 minutes c'est un grand défaut, & on est fondé à assurer que la *Montre* ne vaut rien.

C'est peu d'avoir une bonne *Montre* si on ne la sait point regler. Je me suis déja expliqué sur ce mot de *regler*. On entend par là moderer ou accélerer comme il faut les vibrations du balancier, pour qu'il n'en fasse que le nombre suffisant pour diviser le tems en heures. Dans la décomposition de la *Montre* on a vû les pieces nécessaires pour cela. En voici l'usage.

Dans un bras du rateau est un petit ressort spiral appellé *ressort reglant*, (*Voïez* la Planche XLV. Figure 110.) attaché à la verge proche le centre du balancier par une extrêmité, & par l'autre à une partie fixe de la platine de la *Montre* ; de sorte que le bout de dehors étant immobile, pendant que l'extrémité du dedans est continuellement en mouvement par les vibrations du balancier, ce petit ressort se serre & s'ouvre alternativement, suivant chaque vibration du balancier. Par sa vertu élastique, il sert à regler les vibrations du balancier qui le fait mouvoir. D'où il suit, qu'à proportion que cette vertu s'exerce plus ou moins sur le balancier, les vibrations sont plus ou moins frequentes. Or comme c'est du nombre de ces vibrations que dépend la justesse du mouvement de la *Montre*, il est aisé de juger que pour la regler il ne faut qu'allonger ou raccourcir ce ressort ; parce qu'on le rend par ce moïen ou plus fort ou plus foible, & par conséquent plus en état d'exercer son action sur le balancier. En le raccourcissant, on le rend plus fort, & il retarde alors le mouvement du balancier, en lui donnant moins de liberté pour faire ses vibrations. Le contraire arrive quand on l'allonge. C'est donc dans la moderation de ce ressort que consiste tout l'art de regler la *Montre*. Pour le gouverner à volonté, on a imaginé la coulisse, le rateau & la plaque d'argent, &c. que j'ai expliqués ci-devant. (*Voïez* la Plan-

che XLV. Figure 109.) Quand on tourne la plaque, on fait tourner une roue qui engraine dans le rateau, & on serre ou on lâche le ressort suivant le sens du mouvement qu'on lui donne. En général pour *avancer* une *Montre*, on doit tourner l'indice de la petite plaque à droite, & à gauche pour la reculer. Mais ceci est général, parce que les Horlogers disposent la plaque de façon que cette méthode n'est pas la leur. Pour ne pas se tromper, il est une regle infaillible qu'on doit suivre.

Les plaques des *Montres* sont ordinairement de ces trois façons côtées, par ces nombres 1, 2, 3, 4, 5, 6, ou 4, 8, 12, 16, 20, 24, ou enfin 5, 10, 15, 20, 25, 30. Entre ces nombres sont gravées cinq ou six divisions. Ces chifres servent à faire connoître de quelle façon ou doit tourner la plaque. Si c'est pour *avancer* la *Montre*, on tourne la plaque de maniere qu'on fait approcher le plus grand nombre de l'indice qui est sur la plaque ; & au contraire le plus petit nombre vers l'indice pour la reculer. Reste à savoir quelles sont les divisions qu'on doit faire parcourir à l'indice pour retarder une *Montre* de tant ou tant de minutes ; & cette connoissance est sans doute importante. Ne l'oublions pas.

Supposons qu'une *Montre* retarde de deux minutes en 24 heures, & qu'on veuille la regler. De combien de divisions faudra-t-il faire avancer la plaque ? D'abord d'une. Ensuite remettant la *Montre* au juste sur la même pendule avec laquelle elle devoit s'accorder, on observe au bout de 24 heures si la *Montre* marque la même heure que la pendule, & on trouve qu'elle avance de 4 minutes. Une division de la plaque fait donc avancer la *Montre* de 6 minutes. Ainsi on dira si une division fait avancer de 6 minutes, combien faudra t-il de parties de cette division pour qu'elle n'avance que de 2 minutes ? On trouvera un tiers de division. Pour avancer donc cette *Montre* de deux minutes, il faudra faire parcourir à la plaque ⅓ de la division dans le sens que j'ai dit. Et comme la *Montre* avance actuellement de 6 minutes, & qu'un tiers donne 6 minutes de rétard, (en tournant la plaque comme j'en ai averti,) on tournera la plaque en sens contraire d'un tiers d'une division. D'où il suit, que pour retarder ou avancer d'une minute, il faudra avec cette *Montre* faire parcourir à la plaque ⅙ de la division. Je dis *avec cette Montre*, parce que cette regle, faite sur cette *Montre*, ne pourra convenir à une autre, & que chacune demande une regle particuliere fondée sur une nouvelle expérience semblable à celle qu'on vient de voir.

3. L'origine des *Montres* est inconnue. On en doit la perfection à M. *Hook*, suivant les Anglois & suivant les Hollandois à M. *Hughens*. Telle est l'histoire & les prétentions de ces deux Savans sur la découverte des *Montres*. Le premier automate de cette espece qui parut en Angleterre, étoit une sorte de petite horloge sans ressort. Elle avoit deux balanciers, & les verges de chaque balancier n'avoient qu'une palette chacune, placée environ au milieu de la verge. La roue de rencontre étoit renversée dans l'endroit & à la place de la roue de champ. Ses dents étoient taillées comme celles de cette roue, c'est-à-dire, penchant en haut & très-écartées ; de sorte que les palettes qui étoient étroites & longues de la dixiéme partie d'un pouce, pouvoient jouer entre les dents. On voïoit les verges des deux balanciers élevées à chaque côté de la roue de rencontre : ce qui donnoit la liberté nécessaire aux palettes. Lorsque la roue de rencontre, en faisant son tour, s'étoit dégagée d'une palette, l'autre palette du côté opposé étoit attirée pour faire ses coups par le moïen du mouvement qu'elle avoit reçu de l'autre balancier. Ainsi les deux balanciers se mouvoient alternativement. M. *Derham* dit que les dents du balancier n'étoient autre chose qu'une petite roue, placée sur chaque balancier, & proportionnée à la roue de rencontre.

La seconde *Montre* qu'imagina M. *Hook* avoit un ressort spiral à chaque balancier qui servoit à les gouverner, & ces balanciers se communiquoient leur mouvement comme dans l'autre *Montre*. Mais il n'y avoit ici qu'une verge de balancier qui eût des palettes, moïennant laquelle quand l'un des balanciers faisoit sa vibration, il donnoit le mouvement à l'autre. On prétend que ces *Montres* avoient cet avantage qu'en les secouant de côté & d'autre on ne les dérangeoit pas, au lieu que les *Montres* ordinaires souffrent beaucoup d'un pareil mouvement.

Ce fut en 1658 que ces inventions parurent, du moins à en juger par cette inscription, *Robert Hook invenit 1658, Tompion fecit 1675*, gravé sur le balancier d'une de ces *Montres* qui fut présentée au Roi d'Angleterre *Charles II*. Mais elles ne furent connues qu'en 1675, tems de la datte de l'exécution. On attribue la cause de ce retard à des manœuvres sourdes de quelques ennemis qui empêcherent que le privilege demandé en 1660, n'eût son plein effet avant 1675.

Pendant que M. *Hook* perfectionnoit ses *Montres* en Angleterre, M. *Hughens* en contestation avec M. l'Abbé *Hautefeuill* y emploïoit un ressort spiral. Celles-ci nommées *Montres à pirouettes* differoient en ceci. 1°. La verge du balancier avoit un pignon au lieu de palettes, dans lequel une roue de champ s'engrainoit & le faisoit aller plus d'un tour. 2°. Les palettes étoient sur l'arbre de la roue de champ. 3°. Suivoit la roue de rencontre, &c. 4°. Le balancier au lieu de faire à peine un tour, comme à celle de M. *Hook*, faisoit dans la *Montre* de M. *Hughens* plusieurs tours à chaque vibration.

On a contesté à M. *Hughens* l'invention de tout cela par deux raisons. La premiere est que ce grand Homme ne connoissoit point ces choses en 1673, puisqu'il n'en parle pas dans son Ouvrage *De Horologio oscil.* où il traite principalement de l'Horlogerie. Et la seconde, c'est qu'en ce tems M. *Hook* aïant déja exposé les siennes aux Membres de la Société Roïale d'Angleterre, il est à présumer que ces Messieurs avec lesquels M. *Hughens* étoit en correspondance, lui avoient fait part de la découverte de M. *Hook*. Ceci n'est qu'un soupçon, & selon l'aveu même de M. *Oldembourg*, Sécretaire de la Société, très-peu fondé. Il faut lire là-dessus les justifications de ce Savant dans les *Transactions Philosophiques*, N° 118 & 129, & la vie de M. *Wallers*, écrite par M. *Hook*, pag. 4.

MM. *Sulli*, (*Regle artificielle du Tems ;*) *Derham*, (*Traité d'Horlogerie pour les Montres & les pendules ;*) M. *Julien le Roi*, (*Mémoires sur l'Horlogerie*, imprimés à la suite de la regle artificielle *du Tems* de M. *Sulli ;*) M. *Thiout*, (*Traité d'Horlogerie mécanique & pratique ;*) le P. *Alexandre*, (*Traité général des Horloges*) ont écrit *ex professo* sur les *Montres*. (On trouve dans les *Transactions Philosophiques*, dans les *Mémoires de l'Académie des Sciences*, & dans les *Machines approuvées par cette Académie*, & publiées par M. *Gallon*, divers écrits concernant ces automates.)

MOR

MORCEAU. Les Géometres se servent de ce mot pour exprimer la piece séparée d'un corps quelconque. Ainsi un *Morceau* de pyramide ou d'un cone, est une partie ou une piece séparée de ces corps par un plan qui est ordinairement parallele à la base. L'objet de la Géometrie est de déterminer la solidité de ces *Morceaux*. Et elle trouve celle d'une pyramide à base quarrée, en ajoutant les aires des bases supérieures & inférieures, à une moïenne proportionnelle entre ces aires, & multipliant enfuite cette fomme par la troifiéme partie de la hauteur du *Morceau*. De plus 14 eft à 11 comme la folidité d'un *Morceau* de pyramide quarrée eft à la folidité d'un *Morceau* de cone de même hauteur, & dont les diametres des circonferences fuperieures & inferieures font égaux aux côtés des bafes fuperieure & inferieure. A l'égard de la folidité d'un *Morceau* de fphere, *Voïez* SECTEUR.

MORTIER. Piece d'Artillerie qui fert à jetter des bombes, des boules à feu & autres corps femblables. On en fait de métal, de fer & même quelquefois de bois. L'ame ou le creux du *Mortier* eft large & court, fa chambre eft beaucoup plus petite, parce qu'elle ne contient que la poudre qui doit chaffer la bombe. La partie fuperieure du *Mortier*, qui eft également large, eft appellée la volée, & l'inferieure la culaffe. Le *Mortier* eft foutenu par des morceaux de bois fur lefquels il eft mobile & qu'on nomme *affut*. Comme je n'ai pas deffein de donner la figure d'un *Mortier*, & que je ne dois toucher dans cet article que ce qui regarde les Mathématiques, je n'entrerai point dans un plus grand détail. Encore moins parlerai-je des differentes efpeces de *Mortiers*. Ce n'eft point dans un Ouvrage tel que celui-ci qu'on doit chercher ces connoiffances mécaniques que j'écarte toujours avec foin pour ne pas fortir de mon fujet. Je renvoïe donc aux Traités d'Artillerie en général, & particulierement aux *Mémoires d'Artillerie* de M. *Surirey De Saint Remi*, *Tom. II*, & au *Traité d'Artillerie* de M. *Le Blond*.

Mais ce qui doit ici fixer notre attention, c'eft la figure de la chambre qui contient la poudre, car il eft important de favoir la déterminer, & afin que la poudre s'y enflamme entierement avant qu'elle ait fait un effort fenfible fur la bombe, & pour qu'elle ne tourmente pas trop le *Mortier* fur fon affut.

2. La premiere forme qu'on donna à la chambre d'un *Mortier* fut cilindrique. Cette chambre avoit un avantage & un grand défaut; l'avantage eft que l'explofion de la poudre fe fait fans contrainte, & par conféquent fans ébranler le *Mortier* fur fon affut, rien ne faifant obftacle à cette explofion. Le défaut confifte en ce qu'il n'y a qu'une partie de la poudre qui prend feu, celle du fond de la chambre. L'autre partie n'a pas encore eu le tems de s'enflammer que la bombe part. Convaincus par l'experience de la défectuofité de cette chambre, on en fit une autre fphérique. Par-là on évita l'inconvénient de la chambre cilindrique, mais on donna furieufement prife à l'ex-

plofion de la poudre ainfi renfermée dans une fphere. L'inflammation étoit bien prompte. Cette contrainte où la poudre fe trouve, ne lui laiffant pas la liberté de s'échapper fuivant la direction de fon explofion, c'eft-à-dire, du centre à la circonference, elle tourmente fi fort le *Mortier* fur fon affut, qu'elle lui fait perdre l'inclinaifon qu'on lui avoit donnée pour qu'il chafsât la bombe à tel ou tel endroit. (*Voïez* là-deffus BOMBE.)

Dans la vûe d'éviter ces deux extrêmes, on a imaginé deux fortes de chambres, l'une qui a la forme d'une poire, & le fond celle à peu près d'une demi-fphere, dont le diametre du grand cercle détermine celui de la chambre. De cette façon les parois vont à l'entrée en adouciffant. La flamme gliffe en quelque façon contre ces parois; elle s'échappe aifément, & ne tourmente point ou peu l'affut.

La feconde chambre, qui eft une invention moderne, eft un cone tronqué. Cette forme eft favorable pour une prompte inflammation de la poudre. Elle facilite auffi la dilatation qui n'agit par ce moïen que fur la bombe. Cependant la chambre à poire eft préferable pour l'effet. Mais celle-là a un avantage qui l'emporte fur l'autre : c'eft que la figure du *Mortier*, qui a une pareille chambre, eft plus commode que toutes les autres, pour être appuïé folidement contre les coins de mire quand on veut le pointer fous quelqu'angle que ce foit, à caufe que le métal eft plus uni. M. *Belidor*, qui a fait plufieurs épreuves avec des *Mortiers* de differentes chambres, a trouvé qu'il n'a jamais tiré fi jufte avec les autres *Mortiers* qu'avec celui-ci, & cela mérite attention, (*Voïez* fon *Bombardier François*.)

Voilà donc des chambres avantageufes qu'on eft obligé d'abandonner. N'y auroit-il pas moïen de donner une forme extérieure au *Mortier* pour que la figure de la chambre ne nuisît point à la folidité de fon appui? C'eft aux Fondeurs à réfoudre ce problême. En le fuppofant réfolu, la forme des chambres à poire eft-elle la plus avantageufe? Ne pourroit-on pas déterminer une figure avec plus d'exactitude? Il y a ici trop de circonftances pour y emploïer une méthode géometrique. Quand les effets d'une caufe tels que ceux de l'action de la poudre font peu connus, c'eft à l'experience à décider.

3. M. *Blondel* dans fon *Art de jetter les bombes*, fixe l'origine des *Mortiers* à celle des canons, (*Voïez* CANON & ARTILLERIE.) Il croit que les premiers ne fervoient qu'à jetter des pierres & des boulets rouge, & il fou-

tient que les bombes ne furent inventées qu'en 1588 au siege de Wachtendonck. (*Voïez* BOMBE.) On doit aux Anglois & aux Hollandois l'invention d'un *Mortier* fort commode appellé *Obus*, & qui se tire horisontalement comme un canon, aïant un affut à roues de même que cette piece d'artillerie. On s'en sert pour tirer des bombes dans les terres d'un bastion ou au milieu d'une armée. Les premiers qu'on vit en France furent pris à la bataille de Nerwinde, que M. le Maréchal de Luxembourg gagna sur les Alliés en 1693.

M O U

MOUCHE. Petite constellation de 4 étoiles, dont 1 de la troisiéme grandeur, 2 de la quatriéme & 1 de la sixiéme. Elle est près du petit triangle entre la tête de Meduse, le Bélier & les Pleiades. *Hevelius* a representé la figure de cette constellation dans son *Firmamentum Sobiescianum* fig. A *a*.

MOUFFLE. Machine composée à l'aide de laquelle on surmonte un grand poids avec peu de force. C'est un assemblage de poulies enfermées dans des écharpes, telles que les representes la figure 113 (Planches XLI.) On les fixe dans de longues pieces de bois comme on les voit dans la figure 114 (même Planche.) Et on démontre en Mécanique que si une puissance soutient un poids à l'aide de plusieurs poulies, de quelque façon qu'elles soient jointes, annexées ensemble, *Moufflées* en un mot; *la puissance est au poids, comme l'unité est au double des poulies mobiles.* Et voici comment.

Afin que le poids P (Figures 113 & 114 Planche XLI.) soit élevé par la puissance Q d'un pied, par exemple, il faut que la corde qui soutient le poids considerée comme divisée en autant de parties qu'il y a de poulies, se raccourcisse d'un pied, & qu'ainsi la puissance descende d'autant de pieds qu'il y a de poulies. Mais il y a deux fois autant de parties de corde qu'il y a de poulies mobiles, chaque poulie divisant une partie en deux. Donc la vitesse du poids est à celle de la puissance, comme l'unité est au nombre du double des poulies d'en-bas. La *Mouffle* de la figure 113 doublera la force de la puissance, & celle de la figure 114 la rendra 8 fois plus grande. Une puissance de 100 relevera donc 600 avec la premiere *Mouffle*, & 800 avec la seconde.

M. *Muschenbroeck* en *moufflant* les poulies, comme elles le sont dans la figure 115 (Planche XLI.) augmente la puissance 16 fois en n'emploïant que quatre poulies. En effet, par cette disposition, chaque poulie

soutient la moitié du poids. Si le poids P pese 16 livres, la corde A C en soutiendra huit; & la corde B 8, huit autres, comme dans les poulies fixes. (*Voïez* POULIE.) Par la même raison la seconde poulie D 4 dans la poulie D E n'en soutiendra que la moitié de 8, c'est-à-dire 4; celle de la poulie G H, 2, & par conséquent la corde L I, où la puissance est appliquée & qui passe sur la poulie L M, n'en soutiendra qu'un. Ainsi une puissance d'une livre sera en équilibre avec un poids de 16.

De-là il suit, qu'on peut augmenter autant qu'on veut l'effort d'une puissance par le moïen des *Mouffles*. Plus les poulies seront grandes & plus leurs axes seront déliés, plus cette force augmentera. (*Voïez* POULIE.) Cependant comme avec les *Mouffles*, de même qu'avec toutes les machines, on perd autant en tems qu'on gagne en force, il n'est pas souvent bien avantageux de les multiplier, le tems étant quelquefois precieux dans une action, & l'espace étroit. Or il faut faire attention que pour élever un poids avec quatre poulies *moufflées* à la hauteur d'un pied, il faut que la puissance en parcoure 8, ce qui est considerable.

Il n'est point d'Auteurs sur la Mécanique qui n'ait écrit sur les *Mouffles*. C'est donc l'article de *Mécanique*, qu'il faut consulter, si l'on veut connoître ces Auteurs.

MOULINET. Terme de Mécanique. Rouleau ou tour traversé de deux léviers qui s'appliquent aux grues, aux cabestans, aux engins & autres machines semblables. (*Voïez* CABESTAN, ENGIN & GRUE.)

MOULURE. On comprend sous ce nom en Architecture civile, toutes les saillies audelà du *nud* d'un mur, d'une colonne, &c. qui ne servent que d'ornemens à un édifice, quelque forme qu'elles aïent, soit quarrée, ronde, droite, ou courbe. Quoique les *Moulures* puissent être en grand nombre, on en distingue cependant de sept sortes reconnues principalement par les Architectes. Ils les nomment ainsi: la *Doucine*, le *Talon*, l'*Ove* ou *quart de rond*, le *plinthe*, l'*Astragale*, la *Denticule*, & le *Cavet* (*Voïez* les articles compris sous ces mots.)

MOUTON. Machine dont on se sert pour enfoncer des pilotis. Suivant les Mécaniciens on n'entend par *Mouton* qu'un gros billot tel que A (Planche XLI. Figure 116.) qu'on laisse tomber sur un pilotis, & ils appellent *Sonnette* l'attirail nécessaire pour relever ce billot, attirail qu'on voit en la figure 116. Cependant *Vitruve*, qui nous a donné l'idée de cette machine, d'après les Anciens, a compris sous le nom de *Mouton*, tout ce qui est nécessaire dans sa manœuvre. Et *Vitruve* a été suivi par *Philander*, *Baldus*, *Perrault*. (*Voïez* l'*Architecture de Vitruve*, *pag.* 65.) L'attention scrupuleuse que j'observe à ne pas défigurer les machines en les expliquant sous les noms qu'elles ont reçû dans leur naissance, m'oblige à développer la sonnette sous l'article du *Mouton*, qui est ici du moins la partie essentielle de la sonnette, qui sans lui, consideré même comme billot, n'est plus qu'un assemblage de quelques pieces de bois, fort étranger à la Mécanique & de nulle utilité. D'ailleurs comment développer l'usage & la manœuvre du *Mouton*, ainsi que l'appellent ces Auteurs modernes, dont je parle, si l'on ne décrit en même-tems la sonnette ? Je dis tout ceci pour justifier & mon procédé, dans le dessein que j'ai de faire connoître la sonnette sous l'article de *Mouton*, & ma définition de ce mot par machine.

Je dis donc qu'un *Mouton* est une machine composée d'une piece de bois P Q sur laquelle sont élevées & fixées trois autres P R, V T, Q S, formant un angle P T Q. Dans le milieu de la piece de bois P Q, entre une piece de bois V X, sur laquelle s'éleve une autre piece X T, qui vient se réunir à ce point. Par cet arrangement ces pieces se tiennent ferme l'une & l'autre, & l'assemblage forme un tout solide. Une poulie G est attachée à la barre V T du milieu, & c'est sur elle que passe la corde C T A. Elle soutient le billot A par une extrêmité, & l'autre, qui se divise en plusieurs autres, est livrée aux hommes emploïés à élever ce billot.

Le *Mouton* ainsi construit, l'usage s'explique de lui-même. Ces hommes relevent le billot & le laissent tomber. Comme le pilotis est placé dessous, le coup qu'il lui donne par sa chûte l'enfonce. Afin que le *Mouton* ait son plein effet, il faut que les hommes qui le font agir soient attentifs à lâcher la corde dans le même instant ; autrement on retarderoit sa vitesse, & par conséquent sa force ; or cela ne laisse pas que d'être un inconvénient. J'ai vû un *Mouton* exécuté en petit, qui outre ce défaut, dont il étoit exempt, avoit encore l'avantage d'augmenter la force de la puissance, & par-là d'être manœuvré par un homme. On en verra avec plaisir le dessein qu'il sera aisé de mettre en pratique.

Entre deux montans A B, C D (Planche XLI. Figure 117.) élevés ferme sur un pied & qui forment une espece de cage, est une roue R avec une manivelle M, par le moïen de laquelle un homme fait tourner la roue.

Cette roue en tournant fait entortiller une corde autour de son essieu L C Q, qui passe sur deux poulies C, Q. A cette corde est une espece de grosse tenaille, qui est fermée, étant attachée comme par son propre poids. Le billot B est soutenu par les branches 1, 2 de cette sorte de tenaille.

Pour faire agir ce *Mouton*, un homme tourne la roue & fait monter le billot. Parvenu presque vers la poulie Q, la tenaille rencontre une pointe de fer, qui entrant dans les branches 3 & 4 ouvre les branches 1, 2 & fait quitter prise, alors le billot B tombe. Cela fait, la roue au lieu de tenir la corde se souleve par le mouvement seul de rotation & laisse la corde en liberté ; de maniere que la tenaille T n'étant plus arrêtée, tombe par son propre poids sur le *Mouton* assis sur le billot. Là elle s'ouvre par le coup qu'elle donne & reprend le billot. Ainsi la roue remise dans son premier état, par le seul mouvement de rotation, continue de tirer la corde, & par conséquent de relever & la tenaille & le billot.

Quelqu'ingénieux que soit ce *Mouton*, il faut convenir qu'il est moins simple que l'autre, & que son exécution est délicate. Celui que j'ai vû en petit presentoit cette manœuvre avec une justesse qui faisoit plaisir.

2. En supposant homogene la terre dans laquelle le pilotis entre, ensorte qu'elle résiste toujours également, on trouve aisément l'enfoncement du pilotis à chaque coup quand on connoît le premier enfoncement. Supposons que la hauteur de laquelle le billot tombe soit de 3 pieds, en comptant ces 3 pieds de la partie inferieure du billot, & que le pilotis se soit enfoncé de 13 pouces au premier coup, il est évident que le second coup du billot devra produire un plus grand enfoncement, parce que sa chute sera de 13 pouces de plus. Pour comparer la premiere force avec la seconde, il n'y a qu'à former un produit qui exprime les deux forces dans ces deux cas. Or la force d'un corps est le produit de la masse par la vitesse (ou par le quarré, si l'on admet les forces vives, ce qui ne fait rien au fond du calcul, *Voïez* là-dessus FORCE) & la vitesse d'un corps qui tombe à differentes hauteurs, s'exprime par la racine quarrée des espaces parcourus. Donc la force du billot sera à chaque enfoncement comme le produit de sa masse par la racine de sa hauteur. Ainsi l'enfoncement du pilotis au premier coup, sera à l'enfoncement du second comme la racine quarrée de l'espace parcouru par le billot au premier coup, sera à la racine

racine quarrée de l'efpace parcouru au fecond. Dans la fuppofition que nous avons
faite, la racine de l'efpace de 3 pieds ou
36 pouces parcouru dans le premier coup
eft 6, & celle de l'efpace parcouru dans le
fecond qui eft 49 (fomme de 36 & de 13
pouces d'enfoncement) eft 7. On dira donc :
*Si la viteffe 6 donne 13 pour l'enfoncement
du premier coup que donnera la viteffe, pour
l'enfoncement du fecond?* Le quatriéme terme eft 15. Ce qui fait voir que l'enfoncement du fecond coup eft de 15 pouces. En
cherchant le troifiéme, puis le quatriéme,
&c. on trouve que les racines quarrées des
efpaces parcourus par le billot du *Mouton*
font en progreffion arithmétique, de même
que les enfoncemens du pilotis à chaque
coup. De cette connoiffance M. *Belidor* a
tiré quelques corollaires utiles dans la pratique. (*Voiez* fon *Cours de Mathématique*, &
fon *Archit. Hydraul. II. Part. Tom. I.*

J'ai dit que *Vitruve* parle du *Mouton*
comme d'une machine connue des Anciens.
Et c'eft tout ce que nous favons touchant
fon origine.

MOUVEMENT. Changement de lieu qui eft
continuel ou fucceffif, ou autrement, c'eft
le paffage d'un corps d'un lieu où il étoit à
un autre. Il y a fept fortes de *Mouvemens*,
le *Mouvement abfolu*, le *Mouvement relatif*,
le *Mouvement uniforme*, le *Mouvement acceleré*, le *Mouvement retardé*, le *Mouvement compofé*, & le *Mouvement de projection*.
Je vais examiner ces *Mouvemens* dans des
articles féparés.

MOUVEMENT ABSOLU. Changement de lieu
abfolu d'un corps. Expliquons-nous : Le
Mouvement abfolu eft le rapport fucceffif
d'un corps à differens corps confiderés comme immobiles. C'eft pourquoi la viteffe de
ce corps eft mefurée par la quantité de l'efpace abfolu que le mobile a parcouru. Cela
n'a pas befoin d'un plus grand éclairciffe-
ment.

MOUVEMENT RELATIF. Changement de lieu
relatif d'un corps quelconque, dont la viteffe s'eftime par conféquent par la quantité
de l'efpace relatif parcouru par ce mobile.
Ce changement de lieu peut être de deux
fortes. Un corps peut être en repos par rapport aux corps qui l'entourent, & en *Mouvement* relativement à d'autres corps que
l'on confidere comme immobiles. Ici le
lieu abfolu du corps change, tandis que
le lieu relatif refte le même. Un homme
qui eft tranquille dans un Vaiffeau eft en repos par rapport au Vaiffeau, & dans un
Mouvement relatif eu égard au rivage. Ce
Mouvement relatif s'appelle *Mouvement re-*

latif commun, parce qu'il eft commun au
corps qui eft en un pareil *Mouvement.*

Mais fi cet homme, qui eft dans ce Vaiffeau, au lieu de fe tenir en repos dans le
Vaiffeau, s'y promenoit, on comprend bien
que ce *Mouvement* feroit different de l'autre ; puifque cet homme changeroit fa relation avec les autres corps qui font dans
le Vaiffeau, tandis que le Vaiffeau lui-même
la changeroit avec les corps qui font fur le
rivage. On diftingue celui-ci de l'autre par
le nom de *Mouvement relatif propre.* Or de
la confideration de ces deux *Mouvemens*, il
naît une chofe bien finguliere : c'eft qu'un
corps dans un *Mouvement relatif propre*
peut n'avoir point de *Mouvement abfolu.* Et
voici comment. Qu'un homme qui eft dans
un Vaiffeau fe promene de la poupe à la
proue, tandis que le Vaiffeau cingle, &
qu'il parcoure cet efpace avec la même viteffe que le Vaiffeau eft emporté, c'eft-à-dire,
dans le même tems que le Vaiffeau en parcourt un femblable. Dans ce cas, il eft certain que le *Mouvement* abfolu de cet homme n'eft qu'apparent, puifqu'il répond
toujours au même point du rivage. Ainfi
quelqu'un qui du rivage regarderoit cet
homme, jugeroit qu'il eft véritablement en
repos & tout-à-fait immobile, quoiqu'il fût dans un grand *Mouvement.* Si au
contraire cet homme fe promenoit de la
poupe à la proue dans le même fens que
le Vaiffeau fille & avec la même viteffe,
cet homme auroit deux *Mouvemens*, un
Mouvement relatif commun avec le Vaiffeau, & un *Mouvement relatif propre* ; car
il changeroit à tout moment fa fituation avec
les parties de ce vaiffeau, & avec les parties
du rivage. Dans le fiftême de *Copernic* tous
les corps qui roulent fur la terre éprouvant ce *Mouvement.* (Madame la Marquife
du *Châtelet* a rapporté dans fes *Inftitutions
de Phyfique*, d'autres exemples fur les deux
derniers *Mouvemens* dont je parle.)

MOUVEMENT UNIFORME. C'eft le *Mouvement*
auquel un corps eft en proie, lorfqu'il parcourt des efpaces égaux en tems égaux. Ainfi
la viteffe d'un corps mû uniformément, eft
comme l'efpace divifé par le tems emploïé à
le parcourir. D'où il fuit ; 1° que fi deux
corps qui ont un *Mouvement uniforme* ont
des viteffes inégales, les efpaces qu'ils par-
courront en tems inégaux, feront l'un à
l'autre en raifon compofée de celle des viteffes & de celle des tems ; 2° que pour
qu'un corps foit mû uniformément, aucune
caufe étrangere ne doit agir fur lui, ou fi
des caufes agiffent, elles doivent agir en
même-tems, également de part & d'autre,

A a

ou en sens contraire, les unes pour accélerer, & les autres pour retarder; toujours avec la même force. C'est ainsi que l'action du vent & de l'eau sur le corps d'un navire lui font prendre une vitesse uniforme; parce que la résistance de l'eau sur la partie submergée du vaisseau, détruit l'accélération acquise par la pésanteur du navire que meut actuellement l'impulsion du vent sur les voiles. (*Voïez* MATURE.)

On prouve de différentes manieres que les espaces parcourus par un *Mouvement uniforme* sont dans une ligne droite. Et M. *D'Alembert* le démontre avec autant de facilité que de vérité. Supposant que deux parties quelconques A B, A C (*Planche* XLI. *Figure* 118.) d'une ligne indéfinie A O representent deux portions de tems écoulé depuis le commencement du *Mouvement*, & les lignes B D, C E les espaces parcourus durant ces tems par un corps dont le *Mouvement est uniforme*. Les points D, E, seront dans une ligne droite A D E. *Démonstration*. Un corps qui se meut uniformément parcourt des espaces égaux en tems égaux. Les points D, E doivent donc être dans une ligne telle que si l'on prend A B, B C égales entre elles, on aura toujours B D = F E. Or cette propriété n'appartient qu'à la ligne droite. &c. Donc C. Q. F. D.

Galilée est le premier qui a examiné les loix du *Mouvement uniforme* dans son *Dialog. de motu*.

MOUVEMENT ACCELERÉ. C'est un *Mouvement* qui accroit à chaque instant. Un vaisseau poussé par le vent accelere son *Mouvement* jusques à ce que sa vitesse soit uniforme. Le *Mouvement* d'un corps qu'on laisse tomber accelere son *Mouvement*, c'est-à-dire qu'à chaque instant il devient plus grand. Et on démontre qu'il augmente en nombres impairs, qui forment une progression arithmétique. (*Voïez* CHUTE DES CORPS GRAVES.) De ce que les élemens d'un triangle en commençant depuis le sommet, composent une progression arithmétique infinie, dont la moitié de la base ou du plus grand terme est égale au terme moïen, il suit, que les vitesses qu'un corps acquiert en tombant depuis le repos, croissant dans le même ordre que les élemens du triangle, la vitesse moïenne est égale à la moitié de la vitesse acquise à la fin du tems total. Donc l'espace qu'un corps parcourt par un *Mouvement accéléré* depuis son repos dans un tems déterminé, est la moitié de l'espace que parcourt ce corps dans le même tems d'un *Mouvement* uniforme avec la vitesse acquise à la fin du dernier instant de sa

chute. De-là on tire une regle où je voulois venir, & qui forme tout le fond du *Mouvement accéléré* : c'est pour reduire ce *Mouvement* en un *Mouvement* uniforme : 1°. *Prenez la vitesse du* Mouvement accéléré, & *concevez-la comme demeurant uniforme.* 2°. *Si vous prenez le même tems, doublez l'espace parcouru d'un* Mouvement accéléré & *regardez cet espace double comme aïant été parcouru d'un* Mouvement *uniforme avec la derniere vitesse acquise.* (*Voïez* L'*Architecture Hydraulique* de M. *Belidor*, *Tom. I. page* 51. & *suivantes*, où cette théorie du *Mouvement accéléré* est fort bien établie.) Au reste le *Mouvement accéléré* est uniforme dans son accélération, quand il augmente également & en tems égaux. Dans ce cas, on l'appelle *Mouvement uniformément accéléré*.

MOUVEMENT RETARDÉ. *Mouvement* qui diminue à chaque instant. Un corps qui se meut toujours plus lentement a un *Mouvement retardé*. Quand la vitesse diminue également & en tems égaux, le *Mouvement est uniformément retardé*. On fait mouvoir un corps avec un pareil *Mouvement* lorsqu'on le jette verticalement à l'horison. (*Voïez* BALLISTIQUE.) M. *Varignon* a donné un Mémoire sur ce *Mouvement* imprimé parmi ceux de l'Académie Roïale des Sciences, année 1707. Et M. *D'Alembert*, après avoir fait voir que le caractere en quelque sorte du *Mouvement* uniforme est une ligne droite, a démontré que celui du *Mouvement retardé* est une ligne courbe. C'est-à-dire, que si les lignes, représentant les espaces parcourus pendant des tems déterminés & exprimés par des lignes, sont dans une courbe, alors le *Mouvement* est accéléré ou rétardé. Il est l'un ou l'autre selon que la courbe est convexe ou concave. (*Voïez* le *Traité de Dynamique*, *page* 13.)

MOUVEMENT COMPOSÉ. *Mouvement composé* de deux autres. Un corps, en proïe à deux puissances qui travaillent à le faire mouvoir suivant leur direction particuliere, s'échappe par une direction commune aux deux, & suit cette direction avec une *Mouvement composé*. Je démontre la loi de ce *Mouvement* à l'article MECANIQUE, où je développe sa théorie, & en quelque sorte son application dans cette science. Je ne m'y arrêterai donc pas ici. Seulement je crois devoir avertir que M. l'Abbé *Nollet* décrit une machine dans ses *Leçons de Physique*, *Tome I.* par laquelle on voit que la direction & la mesure du *Mouvement composé* est la diagonale d'un parallelograme. Et pour donner une idée familiere de ce *Mouvement*, je dis que c'eſt celui que ſuit un bateau expoſé au courant d'une riviere & tiré par des hommes qui marchent le long du rivage ; que c'eſt le même qui fait élever ces jouets des enfans qu'ils appellent *cerfs-volans*, & qu'on voit s'élever, quand le vent eſt frais, à une hauteur aſſez conſidérable. Pour que cela arrive, l'enfant jette le cerf-volant & tire la corde à laquelle il eſt attaché, & cela contre la direction du vent. Cette traction eſt oblique à la terre. L'action du vent eſt au contraire perpendiculaire à la ſurface du cerf-volant, c'eſt-à-dire preſque verticale. Voilà donc deux forces, l'une qui pouſſe cette machine de papier, je veux dire le cerf-volant, vers le firmament, & qui tend à l'élever ; l'autre au contraire, qui travaille à lui faire ſuivre une route horiſontale. Donc il doit réſulter un *Mouvement compoſé*, ſuivant une direction oblique. C'eſt par cette direction que le cerf-volant s'éleve avec d'autant plus d'ardeur & plus haut que l'attraction eſt plus forte & moins oblique, parce que le vent y fait un plus grand effort, & que la diagonale de ces deux forces eſt plus verticale.

MOUVEMENT DE PROJECTION. C'eſt le *Mouvement* qu'acquierent les corps lorſque par l'impulſion qu'ils ont reçue, ils ſe meuvent à travers l'air, ou tout autre fluide, & dans le vuide même. Une bombe chaſſée hors du mortier par l'effet de la poudre enflammée, a un *Mouvement de projection*, & les planetes ſont en proïe dans leur orbite à un pareil *Mouvement*. (*Voïez* BALLISTIQUE, FORCES CENTRALES, & SYSTEME.) *Galilée* eſt le premier qui a découvert la nature du *Mouvement des projectiles* (*Dial. de motu.*) Ses recherches ont été ſuivies par *Toricelli* (*Opera geometrica,*) & appliquées à la pratique du jet des bombes par M. *Blondel.* (*Voïez* BOMBE.) On peut conſulter ſur ce *Mouvement* les *Princip. Philoſoph. natural.* de M. *Newton*, & la *Phoronomie* de M. *Herman.*

2.   Voilà bien des *Mouvemens*. Mais y en a-t-il ? Et s'il exiſte comment exiſte-t-il, ou comment ſe communique-t-il au corps en repos ? La premiere queſtion eſt extravagante : la ſeconde eſt ſenſée. Je vais tâcher de ſatisfaire à l'une & à l'autre,

Demander s'il y a du *Mouvement*, c'eſt demander s'il y a du repos, puiſque l'un eſt la négation de l'autre. Et ſi l'on ignore ces deux états, je ne ſai dans lequel un corps eſt, ou dans quel état je ſuis moi-même. Il ſemble que de pareilles queſtions ne devroient être réſolues que par le mépris de ceux qui les font. Mais comme des hommes d'un mé-

rite reconnu ont ſoutenu la négation du *Mouvement*, & ont pouſſé le pyrrhoniſme juſques à oſer contredire les choſes les plus évidentes, la queſtion devient plus ſérieuſe. On entend même retentir parmi les Scholaſtiques de grandes diſputes à ce ſujet, & ſous prétexte que ces ſortes de diſcuſſions font paroître l'eſprit & l'exercent, on ne craint pas de gâter ſa raiſon & de perdre le ſens commun. Voici donc les ſophiſmes contre l'exiſtence du *Mouvement*, & la réponſe à ces ſophiſmes.

S'il y a du *Mouvement*, il eſt, (dit-on) ou dans la cauſe qui le produit, ou dans le corps mobile. Or il ne peut être ni dans l'un ni dans l'autre. Car il n'eſt point dans la cauſe qui l'excite, puiſque ce n'eſt point cette cauſe qui eſt actuellement en *Mouvement*, mais le corps ſur lequel elle agit. On ne peut pas non plus établir le *Mouvement* dans ce corps, le *Mouvement* étant l'effet de la cauſe qui agit, & cette cauſe aïant ceſſé d'agir dès lors. Le *Mouvement* n'étant donc ni dans la cauſe qui l'excite, ni dans le corps mobile, n'exiſte point. On répond à cela que dans un certain tems le *Mouvement* reſide dans la cauſe qui le produit, & dans un autre dans le corps mobile. Puiſque c'eſt une cauſe, ſuivant les Auteurs de ce brillant ſophiſme, elle produit un effet : ſans cela, elle ceſſeroit d'être cauſe. Or je le demande à ces habiles gens : aſſignez-moi l'effet ? Si le corps ſur lequel elle agit eſt toujours dans le même état, cette cauſe n'en eſt plus une, puiſqu'elle eſt ſans effet. Si le corps change d'état, ce changement eſt ce qu'on appelle *Mouvement*. Ainſi le *Mouvement* eſt véritablement dans le corps mu, effet de la cauſe qui a agi ſur lui.

Autre ſophiſme. Ou le corps eſt mu dans la place où il eſt, ou dans celle où il n'eſt pas. L'un & l'autre cas eſt impoſſible. En effet, s'il étoit mu dans la place où il eſt, il n'en ſortiroit jamais. Il n'eſt pas mu encore moins dans la place où il n'eſt pas. Donc il n'y a point de *Mouvement*. Avant que de répondre à ce bel argument, avertiſſons qu'il eſt de *Diodore Cronus* ; car je dois être attentif à faire honneur à chacun de ſes découvertes ; & celle-ci eſt trop ſinguliere pour en taire l'Auteur. M. *Muſchenbroeck* anéantit cet argument par la définition ſeule du *Mouvement*. En effet, le *Mouvement* étant le tranſport d'un corps du lieu qu'il occupe dans un autre qu'il va occuper, il ſuit que le corps n'eſt pas mu tandis qu'il reſte dans la place où il eſt, mais lorſqu'il paſſe ſans s'arrêter dans celle qui la touche immédiatement,

A ces sophismes *Zenon* en ajouta un qui a eu de la célébrité, quoiqu'il paroisse sortir de la question. Il suppose que quelqu'un, qu'il désigne par le nom d'*Achille*, à cause de la conformité qu'il trouve entre la force de son argument avec celle d'*Achille*, il suppose, dis-je, que cet homme coure après une tortue, & qu'il aille dix fois plus vite qu'elle. Il donne une lieue d'avance à la tortue, & il raisonne ainsi : Tandis qu'*Achille* parcourt la lieue que la tortue a d'avance sur lui, celle ci parcourt un dixiéme de lieue. Pendant qu'*Achille* parcourt le dixiéme, la tortue parcourt la centiéme partie d'une lieue. Ainsi de dixiéme en dixiéme, la tortue devancera toujours *Achille*, qui ne pourra jamais l'atteindre.

Ceci ne fait rien contre la réalité du *Mouvement*, puisqu'*Achille* & la tortue se meuvent. A l'égard de la difficulté qu'il renferme, savoir qu'une tortue qui a une lieue d'avance, & moins encore si l'on veut, ne sera jamais atteinte par *Achille*, elle est fondée sur un fort mauvais raisonnement, dont *Gregoire de Saint Vincent* a fait voir la fausseté. Car c'est ici une progression géométrique dont le dernier terme est $\frac{1}{99}$. C'est-à-dire, qu'*Achille* atteindra la tortue lorsqu'il aura fait une lieue & $\frac{1}{9}$e de lieue. (*Voïez* PROGRESSION.)

La derniere objection contre l'existence du *Mouvement* est de M. *Berkeley* Evêque de Cloine, toujours attaché à soutenir des paradoxes, & à avancer des sentimens nouveaux. (*Voïez* CHALEUR & CORPS.) Voici son raisonnement. Si le *Mouvement* est dans les corps, il ne peut pas être en même-tems rapide & lent. Mais le *Mouvement* est rapide à proportion du tems qu'il met à parcourir un espace donné. Le tems est mesuré par la succession de nos idées dans notre esprit ; & ces idées peuvent se succeder plus vite dans un esprit que dans un autre. Donc le *Mouvement* n'étant point dans le corps n'existe pas. Il est fâcheux pour M. *Berkeley*, que dans ce raisonnement il fasse voir qu'il ne sait pas ce que c'est que le tems ni sa mesure. Qui a jamais oui dire que le tems est mesuré par la succession de nos idées dans notre esprit ? *V.* CHRONOLOGIE. Laissons-là tous ces jeux d'esprit, qui ne doivent plaire qu'à des gens frivoles pour lesquels je n'ai pas composé ce Dictionnaire. S'il se trouve encore quelque nouveau Sophiste qui vienne chicanner sur l'existence du *Mouvement*, répondons lui comme fit *Diogene* à de pareilles gens sur la même question : il se promena devant eux & leur demanda ce qu'il faisoit. Et cette maniere de répondre coupe court à toutes les subtilités.

3. Quoiqu'on ait beaucoup écrit sur le *Mouvement*, il n'est cependant rien de moins connu que sa communication. Comment le *Mouvement* passe-t-il d'un corps à un autre ? La réponse générale est qu'un corps persistant dans l'état où il est, lorsqu'on le tire de l'état de repos pour le mettre en *Mouvement*, il doit rester dans ce second état, jusques à ce qu'il rencontre un obstacle, ou plusieurs obstacles qui détruisent ce *Mouvement*. C'est ici la loi de la force d'inertie. (*Voïez* FORCE D'INERTIE.) Je ne vois pas qu'on réponde par là directement. Cela peut bien prouver que le corps doit conserver son état de *Mouvement* d'abord qu'il l'a reçu. Mais comment l'a-t-il reçu ? Comment le transmet-il ? On n'en sait rien. Et quiconque aura quelque nouvelle idée à proposer à cet égard, sera certainement bien reçu des Physiciens. Dans cette vûe, j'ose hazarder une conjecture que j'exposerai en peu de mots.

Un corps, une boule, par exemple, est en repos. Un homme, un joueur de mail vient lui donner un coup de mail, & par ce coup lui communique un *Mouvement* fort rapide. Pourquoi cela ? Telle est ma conjecture. Lorsqu'un corps est en repos, il est en équilibre autour de son axe de gravité. Dès que cet équilibre est rompu, le voilà en *Mouvement* jusques à ce que l'équilibre soit retabli ; ou si le mot *Mouvement* fait peine, le voilà dans un état different de celui dans lequel il étoit lors de son équilibre. Cela posé, la boule étoit en repos avant que le Joueur de mail la frappât. Elle étoit donc en équilibre autour de son diametre (que je suppose être son axe de gravité) & elle pressoit la surface sur laquelle elle étoit posée avec une force proportionnelle à sa masse. Ainsi elle persistoit dans cet état avec cette force ; de maniere qu'en ôtant ce qui la soutenoit, elle seroit tombée avec une vitesse proportionnelle à l'effort de sa pression, à sa masse en un mot. Tout le monde convient de ces vérités, parce qu'elles sont sensibles à tout le monde. Mais qu'est-ce qu'on fait quand on frappe cette boule ? On ajoute une force, une masse à celle de la boule dans une direction differente de celle de sa propre masse. On détruit donc l'équilibre en faisant peser, pour ainsi dire, la boule, chargée de matiere plus d'un côté que de l'autre. Aidons-nous ici d'une figure.

La boule B (Planche XLI. Figure 119.) repose sur la terre qu'elle presse selon la direction B D avec une force proportionnelle à sa masse, & elle est en équilibre autour de cette direction, qui passe par son axe.

Les choses en cet état, un Joueur I vient la frapper en E avec une force que je suppose de 100 livres. Voilà donc la boule chargée d'un poids en E, qui gravite suivant la direction E G, enforte que s'il y avoit un obstacle en G, elle feroit un effort contre cet obstacle de 100 livres, moins la force avec laquelle elle pese ou presse la terre que je suppose de deux livres. Ce n'est donc plus autour de la direction B D que la boule est en équilibre, mais autour de la direction E C. Et comme elle ne rencontre point là d'obstacle elle doit suivre cette direction, jusques à ce que par le frottement & par la résistance qu'elle éprouve cette augmentation de force, disons mieux de gravité du côté de E, soit détruite peu à peu au point que la masse de la boule, selon la direction horisontale, l'emporte sur celle de la direction verticale. En un mot, la boule au lieu de tomber suivant B D, tombe suivant E C, parce que sa masse est en équilibre autour de cette direction. Ainsi mettre un corps en *Mouvement*, ce n'est que changer sa ligne de chute, en augmentant sa pesanteur suivant toute autre direction que celle du centre où il gravite dans son repos. Peut-être on demandera qu'est-ce que la pesanteur? Si l'on en vient à cette question ma conjecture y gagnera ; & la communication du *Mouvement* pourra bien être dévoilée. Pour ne pas sortir de cet article, je renvoïe à l'article de PESANTEUR, la reponse à ce qu'on demande. Il me reste à établir les regles générales du *Mouvement*.

4.   1°. De soi tout *Mouvement* est rectiligne, c'est-à-dire, que tout *Mouvement* se fait par des lignes droites & avec une vitesse constante & uniforme, s'il n'y a pas de cause extérieure qui en altere la direction.

2°. Les *Mouvemens* de tous les corps sont comme les produits des vitesses par les masses ou quantités de matiere.

3°. Suivant les Mécaniciens tout corps persevere naturellement dans son état de repos ou de *Mouvement* uniforme en ligne droite, à moins que quelque cause étrangere ne l'oblige à changer d'état. (*Voiez* FORCE D'INERTIE.)

4°. Le changement de *Mouvement* est proportionnel à la force mouvante, & se fait toujours suivant la direction de cette ligne droite dans laquelle la force est imprimée.

5°. La quantité du *Mouvement* se détermine en considerant la masse & la vitesse du mobile : car le *Mouvement* d'un tout est la somme des *Mouvemens* de toutes ses parties.

6°. L'action des corps l'un sur l'autre, ne change point la quantité de *Mouvement* que l'on trouve en prenant la somme des *Mouvemens* qui se font dans le même sens, ou la difference de ceux qui se font en sens contraire.

7°. Dans toutes sortes de *Mouvemens* quelconques, uniformes, accélerés ou retardés, rectilignes ou curvilignes, &c. la somme des forces qui produisent le *Mouvement* de toutes les parties de sa durée est toujours porportionnelle à la somme des espaces parcourus par tous les points du mobile.

8°. Le produit de la durée de tous les *Mouvemens* uniformes, multiplié par la force d'où le *Mouvement* a commencé, est toujours proportionnel au produit de l'espace ou de la ligne de *Mouvement* par la masse du mobile.

MOUVEMENT. Terme d'Astronomie. C'est la translocation ou changement de place des corps célestes, qui constituent les mutations continuelles du système du monde. Comme cette translocation est de differentes especes, on distingue plusieurs sortes de *Mouvemens astronomiques* que je vais définir dans des articles séparés, afin d'éviter la confusion.

Mouvement premier, *diurne*, *commun* ou *premier mobile*. *Mouvement* par lequel le ciel avec les étoiles, le soleil & les planetes tournent en 24 heures autour de la terre depuis l'Orient jusques à l'Occident. Ce *Mouvement* n'est qu'apparent. Il sert à déterminer le lever & le coucher du soleil & des étoiles ; la longueur du jour & de la nuit ; la durée de l'apparition des étoiles sur l'horison ; le crepuscule du matin, & la durée de celui du soir. On resoud ces problêmes par la Trigonometrie sphérique, & plus facilement par les usages des globes céleste & terrestre. (*Voiez* GLOBE CELESTE & GLOBE TERRESTRE.)

Mouvement second ou *propre*. On peut ajouter des *planetes*. En effet, ce *Mouvement* est celui de la planete, d'Occident vers l'Orient avec une vitesse inégale.

Mouvement moïen. C'est le *Mouvement* par lequel on suppose qu'une planete, un point ou une ligne quelconque est portée uniformément dans son orbite ; de maniere que les espaces parcourus sont proportionnels aux tems emploïés à les parcourir. Suivant *Newton*, tels sont les *Mouvemens moiens* du soleil & de la lune, depuis l'équinoxe du printems au méridien de Gréenwich :

Le dernier jour de Décembre 1680 (vieux stile,) à midi, le *Mouvement moïen* du soleil étoit de 9 signes, 20°, 34′, 46″, ; celui de l'apogée du soleil de 3 signes, 7°, 23′, 30″ ;

celui de la lune 6 fignes, 1°, 45', 45"; celui de l'apogée de la lune de 8 fignes, 4°, 28', 5"; celui du nœud afcendant de l'orbite de la lune 5 fignes, 24°, 14', 35". Et le dernier jour de Décembre de l'année 1700 (vieux ftile) à midi, le *Mouvement moïen* du foleil fut de 9 fignes, 20°, 43' 50"; celui de l'apogée du foleil 3 fignes, 7°, 44', 30"; le *Mouvement moïen* de la lune 10 fignes, 15°, 19', 50"; celui de l'apogée de la lune 11 fignes, 8°, 18', 20"; celui de fon nœud afcendant 4 fignes 27°, 24', 20", Car en vingt années Juliennes, ou en 7305 jours, le foleil fait 20 révolutions, 9', 4"; le *Mouvement* de l'apogée du foleil 21'; le *Mouvement* de la lune 267 ré volutions, 4 fignes, 13°, 34', 5"; le *Mouvement* de l'apogée de la lune 2 révolutions, 3 fignes, 3°, 50', 15"; celui de fon nœud 1 révolution, 26°, 50', 15".

Tous les *Mouvemens moïens* fe rapportent au point de l'équinoxe du printems. Si l'on en fouftrait la préceffion ou le *Mouvement* retrograde du point même de l'équinoxe qui reduit en tems moïen, étoit alors *in antecedentia* de 16', 40", le *Mouvement moïen* du foleil en 20 années Juliennes, par rapport aux étoiles fixes, eft de 19 ré volutions 11 fignes, 29°, 52', 24"; celui de l'apogée 4', 20"; celui de la lune 247 révolutions 4 fignes, 13°, 17', 25"; celui de l'apogée de cette planete 2 révolutions 3 fignes 3°, 33', 35", & celui du nœud de la lune une révolution, 27°, 6', 55".

Mouvement apparent, C'eft le *Mouvement* d'une planete tel que nous en jugeons, c'eft-à-dire, vû de la furface de la terre & qui ne differe du *Mouvement* vrai qu'à l'égard de la lune, le diametre de la terre n'étant point un objet affez confidérable relativement à la diftance des autres planetes.

Mouvement véritable. C'eft le *Mouvement* qui paroîtroit fi l'œil étoit placé au centre de la terre.

Mouvement de l'anomalie. Mouvement par lequel une planete s'éloigne de fon apogée & de fon aphelie. Si l'apogée & l'aphelie étoient des points immobiles, le *Mouvement de l'a nomalie* feroit le même que le *Mouvement* propre de la planete. Mais comme ces points avancent toujours un peu, il arrive qu'il eft un peu moindre. Par exemple, le *Mou vement* moïen de la lune dans un jour eft de 13°, 10', 35". Le *Mouvement* de l'apogée eft de 6', 45". Et par conféquent le *Mou vement de l'anomalie* eft de 13°, 3', 54".

Mouvement horaire. C'eft le *Mouvement* d'une planete dans une heure.

Mouvement de rotation. C'eft le *Mouve ment* des corps céleftes autour de leur axe. On a reconnu ce *Mouvement* par les taches qu'on a découvertes dans le foleil & dans les planetes, avec le fecours des téléfcopes. *Scheiner*, & après lui plufieurs Aftronomes ont trouvé le *Mouvement de rotation* du foleil d'environ 27 jours. A l'égard des pla netes, M. *De Caffini* a obfervé que Jupiter tourne autour de fon axe dans 9 heures 56'; Mars dans 24 heures 40'; Venus dans 24 heures à peu près. On n'a pas encore pû découvrir des taches dans Saturne ni dans Mercure; & on ne fait pas par conféquent en combien de tems ces planetes tournent autour de leur axe. La terre fait ce *Mou vement* en 24 heures, d'où dérive l'alterna tion du jour & de la nuit, de même que plufieurs autres phénomenes. La découverte de ce *Mouvement* forme une forte d'hif toire que je ne crois pas devoir renvoïer à un autre article. Si l'on en croit *Ciceron* (*Queft. Tufc. L. II.*) c'eft *Nicete* de Syra cufe, qui a le premier reconnu que la terre tourne autour de fon axe. Ce *Mouvement* a été depuis établi par ceux qui ont admis le *Mouvement* annuel de la terre au moïen du quel elle tourne autour du foleil d'Occident en Orient, C'eft à caufe de ce même *Mou vement* qu'il nous paroît que le foleil par court l'écliptique dans un an. *Plutarque* (*De Placitis Philofophorum, Ch.* 11 & 13), & *Diogene de Laerce* (*Liv. VIII. Ch.* 85), difent qu'on en doit la connoiffance à *Phi lolaé. Ariftarque* de Samos fit attention à cette vérité & la mit dans un plus grand jour : mais il fut mal recompenfé de fa pei ne. Des genies bornés par une fauffe déli cateffe de confcience, regarderent ce fenti ment comme contraire à la Religion. Et de leur pleine autorité, ils eurent la témerité de déclarer impie, un homme digne de toute autre qualification, (*Voïez l'Opufculum de Facie in orbe lunæ* de *Plutarque.*) Plus judicieux que ces gens là, le Cardinal *Cu fa* examina l'opinion d'*Ariftarque*, ou pour mieux dire de *Philolaé*, telle qu'*Ariftarque* l'avoit tranfmife, & fe déclara en fa faveur. Enfin, *Nicolas Copernic* a démontré ce *Mou vement* d'une maniere fi évidente, qu'il fatis fait tous les Aftronomes, & fait taire les frénetiques.

Outre ces *Mouvemens aftronomiques*, il en eft encore deux qui regardent la lune, parce qu'ils font particuliers à cette planete. J'ai cru devoir les placer ici après les *Mou vemens* généraux des corps céleftes. On dit donc :

Mouvement de la longitude de la lune. C'eft le *Mouvement* par lequel la lune s'é loigne du soleil dans un tems donné. Il est nécessaire de connoître ce *Mouvement* pour calculer les éclipses, ou plutôt pour le calcul de la nouvelle & de la pleine lune. On estime ce *Mouvement* par un arc de l'écliptique, compris entre le lieu moïen du soleil & le lieu moïen de la lune.

Mouvement de latitude de la lune. Mouvement avec lequel la lune s'éloigne de la tête du dragon, & en général du nœud ascendant. On doit connoître ce *Mouvement* pour la latitude de cette planete.

Mouvement. Terme d'Horlogerie. Assemblage de toutes les parties d'une montre, d'une horloge, ou de toute autre machine en *Mouvement*, qui repond au but de la construction d'un automate.

MOUVEMENT PERPETUEL. Problême de Mécanique qu'on énonce ainsi : *Trouver une machine tellement composée qu'une fois qu'elle a été en mouvement elle y persevere toujours, jusques à ce que la matiere dont elle est construite se consume, ou que sa structure soit alterée.* La construction de cette machine demande donc qu'il n'y ait rien d'extérieur ni d'étranger qui contribue au *Mouvement* de la machine : mais qu'elle contienne en elle-même les raisons de son *Mouvement*, & que ce *Mouvement* se continue tant que dure la machine. Par conséquent il faut que ce qui constitue la force mouvante, soit d'une nature à ne pouvoir être changé aisément. Les conditions du problème ainsi exposées, quiconque a du genie, beaucoup de tems à perdre & de l'argent de reste, peut en tenter la solution. Ceci est pour les Mécaniciens, ce qu'est la quadrature du cercle, la trisection de l'angle & la duplication du cube pour les Géometres ; les longitudes pour les Marins ; la pierre philosophale pour les Chimistes & la Médecine universelle pour les Médecins. De cette comparaison on juge aisément quelle gloire est attachée à la découverte du *Mouvement perpétuel*, sans parler des récompenses réelles. Aussi un grand nombre de Mathématiciens & de Non-mathématiciens, se sont donnés de tout tems des peines infinies, & ont fait des dépenses considérables dans sa recherche. *Gaspar Schot*, dans sa *Technica curiosa*, *Liv. X. Part. pag.* 732, donne la description de plusieurs inventions à ce sujet, dont la plupart sont extravagantes. On en trouve encore un grand nombre dans le *Magisterium naturæ & artis* de *François de Lanis*. Je ne crois pas devoir m'arrêter sur toutes ces vaines machines, dont le détail est aussi peu amusant qu'instructif. Seulement je donnerai une idée de

la maniere ingénieuse dont *Simon Stevin* & *Jean Bernoulli* avoient conçu le *Mouvement perpétuel*. Le premier, après avoir prouvé l'équilibre de deux poids sur un plan incliné, en supposant par forme de postulé, que le *Mouvement perpétuel* est impossible, démontre que la chose étant toute autre que la démonstration qu'on a donnée de ce théorème, ce *Mouvement* si desiré seroit possible. Cela veut dire, que *Simon Stevin* se sert ici de la combinaison d'une proposition avec le *Mouvement perpétuel* de la même maniere que les Géometres se servent de la combinaison d'une proposition avec quelque chose d'impossible ou avec une absurdité. Et ce *Mouvement* est selon lui dans la Mécanique autant qu'une partie qui est égale au tout dans la Géometrie. (*Voïez* les *Elementa static. L. I. Prop.* 19.)

M. *Bernoulli* s'explique plus clairement sur le *Mouvement perpétuel.* Il procede même à sa découverte ; & en lui donnant ce qu'il demande il y parvient. Ces demandes sont deux liqueurs de differente pésanteur qui puissent se mêler ; 2° un filtre qui ne transmette que la plus legere ; & 3° un vase cilindrique & un tube dont les hauteurs soient en raison du poids respectif des liqueurs. Cela posé, il place le tube dans le vase cilindrique & y verse les deux liqueurs. Or par la construction la liqueur la plus légere, qui seule peut être filtrée, montera dans ce tube, & comme plus legere, elle s'élevera au-dessus du niveau de la somme des liqueurs, afin de se mettre en équilibre avec la plus pesante. Elle sortira par ce moïen du tube, & viendra se mêler de nouveau avec l'autre liqueur. Comme l'équilibre ne pourra jamais subsister, le tube étant trop court pour que la liqueur monte assez haut, cet écoulement sera continuel. Et voilà le *Mouvement perpétuel* découvert. (*Bernoulli Opera*, *Tom. I. pag.* 40.)

M. *Jacques Bernoulli* prétend que le *Mouvement perpétuel* est impossible. M. *Leibnitz* ne s'éloigne pas de cette pensée. Il est vrai que si l'impossibilité de ce *Mouvement* n'est pas démontrée géométriquement, elle l'est bien physiquement. En effet, pour l'exécuter, il faut trouver un corps exempt de frottement, doué d'une force infinie qui lui fît surmonter les résistances qu'elle éprouve & repetées à chaque instant, & que ces resistances ne l'épuisassent jamais. Si cependant malgré tous ces obstacles quelqu'un vouloit s'obstiner à courir après le hazard de cette découverte, il doit être en état de faire le calcul de la machine qu'il médite, & d'examiner les distances des forces emploïées à l'égard du *Mouvement* & du repos. De plus, il doit éviter le frottement des parties, sans parler du tems de reste que ce quelqu'un doit avoir & d'un bon superflu de nécessaire.

M U H

MUHARRAM. Terme de Chronologie. Nom du premier mois de l'année Arabienne. Il a 30 jours.

M U L

MULTILATERE ou POLIGONE. On appelle ainsi en Géometrie des figures qui ont plus de quatre côtés. *Voïez* POLIGONE.

MULTINOME. Racine *Multinome*. *Voïez* POLINOME.

MULTIPLE D'UN NOMBRE. C'est un nombre qui contient un nombre plus petit plusieurs fois sans reste. Exemple, 32 est un *Multiple*, parce qu'il contient le nombre 8 quatre fois, ou le nombre 4 huit fois.

MULTIPLE D'UN RAPPORT. C'est une raison dont l'antécedent étant divisé par le conséquent, il en résulte un quotient plus grand que l'unité. La raison de cette dénomination vient de ce que le conséquent doit être multiplié par l'exposant du rapport pour devenir égal à l'antécedent. Ainsi 12 est à 4 en raison *Multiple*, car en le divisant par 4 on a le quotient 3, qui est l'exposant du rapport : & le quotient 3, multiplié par 4 produit l'antécedent 12. C'est pourquoi 3 est sousmultiple de 12.

Quand un nombre contient un autre nombre plus petit une seule fois, & de plus une des parties précisément de ce petit nombre, ainsi qu'est 3 par rapport à 2, cette raison est appellée *Multiple surparticuliere*.

Mais lorsqu'un plus grand terme contient une fois le plus petit, & de plus 2 ou 3, ou 4, &c. des parties qui composent le plus petit, comme est 5, par rapport à 3, cette raison est appellée *Multiple surpatiente*.

MULTIPLICANDE. On apelle ainsi en Arithmetique, le nombre qui doit être multiplié, ce nombre qui doit être ajouté une ou plusieurs fois à lui-même. Exemple, 6 devant être multiplié par 4, c'est-à-dire, devant être ajouté 4 fois à lui même, est appellé *Multiplicande*. (*Voïez* MULTIPLICATION.)

MULTIPLICATEUR. C'est le nombre par lequel on en multiplie un autre, ou autrement qui marque par ses unités combien de fois on doit ajouter à lui-même un autre nombre. Le nombre 6 étant donné à multiplier par 4, alors 4 s'appelle *Multiplicateur*.

MULTIPLICATION. L'art de trouver un nombre dans lequel un des nombres donné est contenu aussi souvent que l'autre contient d'unités. Le nombre que l'on multiplie s'appelle *Multiplicande*; celui qui multiplie *Multiplicateur*, & le résultat de l'opération le *Produit*. En multipliant 8 par 3 le produit est 24. Donc 8 est compris autant de fois dans 24 que 1 dans 3. On voit par-là que *multiplier* n'est autre chose qu'ajouter un nombre à lui-même aussi souvent que l'autre nombre contient d'unités. De cette vérité M. *Ludof* en a tiré une méthode de *multiplier* sans livret; & M. *Ludof* a été suivi par plusieurs Mathématiciens. Mais sans nous y arrêter & la regardant comme une pure curiosité arithmétique, examinons les regles de la *Multiplication*.

2.   Quand la *Multiplication* est composée d'un multiplicande composé & d'un *Multiplicateur* simple, l'opération est bien-tôt faite. On place le *Multiplicateur* sous le premier chifre du multiplicande à gauche, & on commence à *multiplier* le premier nombre à droite, en portant la dixaine pour le nombre suivant. L'excès sur cette dixaine s'écrit sous ce chifre. On vient ensuite au second chifre qu'on multiplie de même, en y ajoutant les dixaines retenues du premier; ainsi de suite jusques au dernier chifre, étant toujours attentif d'avancer les nombres qui expriment les dixaines.

Exemple.

Multiplicande	86873
Multiplicateur	2
Produit	173746

Pour faire cette opération on a multiplié 2 par 3, dont le produit est 6, qu'on a mis sous le 3. Le second nombre à *multiplier* est 7; & 2 fois 7 font 14, c'est-à-dire une dixaine, plus 4. On pose donc 4 sous le 7, & on porte la dixaine pour le chifre 8. 2 fois 8 font 16, & la dixaine qu'on retient font 17. On écrit donc 7 sous le 8 & on passe de même aux chifres 6 & 8, en avançant la dixaine qui reste du produit de 2 par 8, y compris l'addition d'une dixaine portée du nombre 6. En un mot, on écrit tout le produit, puisqu'il n'y a plus rien à porter, moïennant quoi la *Multiplication* est faite.

La même regle a lieu dans les *Multiplications* dont le multiplicateur est composé de plusieurs figures. Elle exige seulement deux attentions. La première, de placer exactement le multiplicateur sous le multiplicande; de sorte que les premiers chifres de l'un soient sous le premier chifre de l'autre;

les

les unités sous les unités , les dixaines sous les dixaines, les centaines sous les centaines , &c. La seconde de multiplier d'abord par le premier chifre le nombre à multiplier ; ensuite par le second ; ainsi des autres, en reculant le produit de chacune de ces *Multiplications* particulieres ou partiales, d'une figure. L'exemple suivant met sous les yeux cette maniere de proceder , & après ce qu'on vient de voir , il n'en faut pas davantage pour faire ces dernieres *Multiplications*.

Exemple.

Multiplicande	438625
Multiplicateur	4321

Produits particuliers.	438625
	877250
	1315875
	1754500
Produit.	1895298625

4. Dans cette troisiéme sorte de *Multiplication* le multiplicande est composé d'entiers & de fractions, ou de parties d'entiers , & le multiplicateur d'entiers seulement. On a , par exemple , 24 livres 10 sols 8 deniers à *multiplier* par 8. De toutes les regles qu'on a imaginées pour faire cette *Multiplication*, celle-ci est la plus simple : c'est de multiplier le tout par 8 & de réduire chaque espece, je veux dire le produit des deniers, en sols, en le divisant par 12; & celui des sols par 20. Aïant rapporté chaque quotient à l'espece qui lui convient , les deniers réduits en sols , les sols en livres , &c. l'opération est faite.

Exemple.

Multiplicande	24l.	10f.	8d.
Multiplicateur	8		
Produit général	192	80	64
Réduction		80 ⟩ 4 20 ⟩	64 ⟩ 5 12 ⟩
		5	4
Produit véritable.	196l.	5f.	4d.

5. Enfin , la *Multiplication* la plus compliquée est celle dont le multiplicande & le multiplicateur sont composés d'entiers & de parties. La méthode la plus aisée , & en même-tems la plus simple , c'est de faire l'opération par parties aliquotes ; je m'explique , de multiplier par l'entier du multiplicateur toutes les parties du multiplicande, & de diviser ce multiplicande proportionnellement aux parties du multiplicateur. Un exemple développé éclairera mieux que les

Tome II.

préceptes les plus généraux. On a cette *Mu'tiplication* à faire.

Multiplicande	24l.	6f.	9d.
Multiplicateur	2 toises	3 pieds	4 pouces.
Premier produit par l'entier.	48	13	6
Produit dès parties	8 4 1	2 1 7	3 1 ½ ½
Produit véritable	62 l.	3 f.	11 d.

Je multiplie d'abord 24 l. 6 f. 9 d. par 2 , le produit est 48 , 13 , 6. Pour le pied je fais attention qu'une toise auroit produit 24, 6, 9, & parce que 3 pieds sont la moitié d'une toise, je prens la moitié de 24, 6, 9. Ou comme j'aurai besoin pour les pouces de savoir ce que donne un pied , je considere les trois pieds sous deux nombres 2 & 1 , dont le premier est le tiers de la toise , & le second la sixiéme partie ou la moitié du tiers. Prenant donc le tiers de 24, 6, 9, vient 8, 2, 3, & la moitié de ce tiers pour le pied restant est 4, 1, 1. Reste à *multiplier* les pouces. Or 4 pouces donnés par la regle, sont le tiers d'un pied , & le produit d'un pied est ici 4, 1, 1. Il n'y a donc qu'à prendre le tiers de ces nombres qui est 1 , 7, ½. L'addition de ces quatre produits , ou la somme de ces quatre *Multiplications* particulieres, est le produit ou le résultat de toute la regle. La fin de cette regle est de savoir combien auroient coûté 2 toises , 3 pieds , 4 pouces d'ouvrage à 24 l. 6 f. 9 deniers la toise. Il est facile d'appliquer cette regle à tout autre exemple. Ceci est une regle générale , un modele, une formule à laquelle il n'y a que des valeurs à substituer.

MULTIPLICATION ALGEBRIQUE. La définition de cette *Multiplication* est la même que celle de la *Multiplication* numérique. On entend donc ici par *multiplier* une quantité par un autre , l'ajouter ou la retrancher autánt de fois que l'autre renferme d'unités. Toutela difference qu'il y a entre la premiere *Multiplication* & celle-ci, c'est que celle-là a pour objet des nombres, c'est-à-dire des quantités déterminées, & cette derniere des quantités générales qu'on peut appliquer à tel nombre, à tel objet que l'on veut, qu'on représente par les lettres de l'alphabet *a* , *b* , *c* , &c. Par ce moïen on *multiplie* des quantités de differentes especes *a* par *b* ; & on exprime leur produit en écrivant les deux lettres l'une à côté de l'autre , sans aucun signe ou avec une croix × qui est le signe de la *Multiplication*. Ainsi *a b* ou *b a* , ou *a* × *b* exprime le produit de *a* par *b*. Si le produit de plusieurs quantités est exprimé par

B b

la même lettre comme $a\,a\,a$, on abrege cette expreſſion (qu'on doit à *Deſcartes*, *Voïez* ALGEBRE) en écrivant a^3 ; ce qui eſt bien different de $3\,a$, car $3\,a$ ſignifie $a + a + a$, & a^3 ſignifie $a\,a\,a$.

La *Multiplication algébrique* n'eſt ſouvent qu'une addition ou qu'une ſouſtraction. Elle eſt une addition lorſque le multiplicateur eſt poſitif, & une ſouſtraction quand il eſt négatif, & cela conformément à la définition de la *Multiplication*. Cette difference qui dépend des ſignes, forme tout l'embarras de cette regle ; embarras qué levent les regles ſuivantes.

Regle premiere. Le produit des ſignes contraires $+$ par $-$ ou $-$ par $+$ eſt toujours négatif, & celui des mêmes ſignes $+$ par $+$ eſt toujours poſitif.

Démonſtration. Le produit par $+$ eſt une addition, & celui par $-$ eſt une ſouſtraction. Or la ſomme des quantités poſitives eſt poſitive ; celle des quantités négatives eſt négative ; & la ſouſtraction des quantités poſitives eſt négative ; celle des quantités poſitives eſt poſitive. Donc le produit de $-$ par $+$, qui eſt une addition, eſt une ſomme poſitive ; celui de $+$ par $+$ étant auſſi une addition, eſt une ſomme poſitive. Au contraire, celui de $+$ par $-$ qui eſt une ſouſtraction, eſt négative. Enfin, le produit de $-$ par $-$ qui eſt auſſi une ſouſtraction eſt poſitif, ſuivant la regle de la ſouſtraction, où l'on démontre que la ſouſtraction des quantités négatives eſt une addition. (*Voïez* SOUSTRACTION.) En effet, multiplier $-a$ par -3, c'eſt ſouſtraire $-a - a - a$, c'eſt-à-dire, ajouter $+a + a + a$, ce qui donne $3\,a$.

Regle deuxiéme. Si l'on *multiplie* pluſieurs quantités $a + b + c$ par une autre m, le produit ſera égal à la ſomme de tous les produits de chaque quantité par le multiplicateur. Dans cet exemple, le produit ſera donc $m\,a + m\,b + m\,c$.

Démonſtration. Pour faire cette *Multi-*

plication, il ne ſuffit pas d'ajouter a autant de fois qu'il y a d'unités dans le multiplicateur m, il faut encore ajouter b & c de la même maniere. Donc le produit de $a + b + c$ par m eſt $m\,a + m\,b + m\,c$.

Regle troiſiéme. Si l'on multiplie pluſieurs quantités $a + b + c$ par pluſieurs autres $m + n$, le produit ſera égal à la ſomme de tous les produits faits par chaque partie du multiplicateur ; c'eſt-à-dire, qu'il faudra *multiplier* $a + b + c$ par m, pour avoir $m\,a + m\,b + m\,c$; & enſuite par n pour avoir $n\,a + n\,b + n\,c$, ainſi de ſuite ; & ajouter après cela tous les produits enſemble, dont la ſomme donnera le produit total & abſolu $m\,a + m\,b + m\,c + n\,a + n\,b + n\,c$.

Démonſtration. Suivant la définition de la *Multiplication*, on doit ajouter $a + b + c$ autant de fois qu'il y a d'unités dans les parties m du multiplicateur, & de même que n en contient. Donc, pour faire une *Multiplication* dont le multiplicateur eſt compoſé de deux quantités, il faut multiplier ces quantités chacune ſéparément. Ainſi dans cet exemple on doit multiplier $a + b + c$ par m & enſuite par n.

Regle quatriéme. Les ſignes dont les quantités ſont affectées ne changent rien aux deux regles précédentes, puiſqu'on peut dire de la *Multiplication* qui ſe fait par ſouſtraction, tout ce qu'on a dit de celle qui ſe fait par addition.

Regle cinquiéme. Pour abreger les *Multiplications* compoſées de pluſieurs quantités on peut les exprimer en cette maniere $\overline{a + b + c} \times \overline{m + n}$: ce qui ſignifie que chacune des quantités qui ſont au-deſſus du ſigne, doit être multipliée (ou $a + b +$ le multiplicande) par celles qui ſont ſous le ſigne.

Regle ſixiéme. Lorſqu'on fait des *Multiplications* un peu longues, on doit ranger le multiplicande, le multiplicateur & les differens produits, comme on le voit dans cet exemple.

Exemple général.

Multiplicande	$2\,a + 3\,b + 4\,c - 5\,d$
Multiplicateur	$m + n - p$

$$2\,a\,m + 3\,b\,m + 4\,c\,m - 5\,d\,m$$
Produits
$$2\,a\,n + 3\,b\,n + 4\,c\,n - 5\,d\,n$$
$$- 2\,a\,p - 3\,b\,p - 4\,c\,p + 5\,d\,p.$$

M U S

MUSIQUE. Science du ſon où l'on recherche ſes propriétés pour en rendre agréables les impreſſions ſur l'organe de l'ouie, ſoit qu'ils les produiſent ſéparément ou réunis enſemble par les accords. Anciennement cette ſcience faiſoit la quatriéme partie des Mathématiques, qu'on partageoit en quatre parties, ſavoir, Arithmétique, Géometrie, Aſtronomie & Muſique. Les parties fondamentales de la *Muſique* ſont la Mélodie & l'Harmo nie; l'une de goût, & l'autre d'art. (*Voïez* MELODIE, HARMONIE & ACCORD.) On la divise en théorie & en pratique. La premiere a pour objet les propriétés des consonances & des dissonances, (*V.* CONSONANCE & DISSONANCE) d'où dérivent les trois genres, c'est-à-dire, les trois manieres de parcourir les degrés ou les sons & les intervalles sensibles qui composent l'étendue de l'octave. (*Voïez* CHROMATIQUE, DIATONIQUE, ENHARMONIQUE.) Ce qu'on appelle la Pratique comprend la composition & l'art de chanter & de jouer des instrumens de *Musique*. La composition est du ressort des Mathématiques. L'art de chanter est une pure affaire du goût, & des dispositions que ni les regles ni les préceptes ne donnent. J'ai rendu compte à l'article de COMPOSITION de la premiere partie de la *Pratique*, qui est ce qu'on entend proprement par *Musique*. Je dois exposer maintenant la méthode qu'on suivoit autrefois dans l'exercice de cette *Pratique*.

Les personnes qui sont exercées à chanter ou à jouer de quelque instrument, & dont la mémoire est pleine de plusieurs mélodies, se contentent de mettre par écrit ou de noter tout le dessus, selon que leur idée le leur fournit, & pour lequel elles trouvent ensuite la base & les autres parties en tâtonnant sur leurs instrumens (pour l'intelligence de ceci *V.* NOTE, MELODIE & BASSE.) Mais cette méthode est mécanique. Aussi n'est-ce pas celle que suivent les Musiciens habiles. Celle dont ils font usage ordinairement est développée aux articles où je viens de renvoïer. Voici comment on procédoit anciennement. On tiroit des lignes par chaque partie, & on marquoit soit au-dessus ou plutôt à la basse avec des points mis à certains intervalles, par quels points la voix doit passer dans la mélodie la plus simple. On désignoit ensuite au-dessus les autres parties, de façon qu'elles fussent en intervalles toujours variés, & néanmoins bien proportionnés à la basse. On déterminoit les points de la basse *chronométriquement*, (*Voïez* CHRONOMETRE & SONOMETRE) c'est-à-dire, on déterminoit la tenue de chaque partie en chantant ou en jouant. Enfin, on divisoit le tout en mesures entieres, (*Voïez* MESURE) & on tiroit par ces points de division des lignes qui traversoient toutes les parties. Cette maniere de composer est appellée le *contre-point simple*, pour la distinguer du *contre-point figuré*, autre méthode plus étendue. Dans cette derniere, à la place d'un seul point on en met trois ou plusieurs, tantôt

dans une partie, tantôt dans une autre, & ces points sont joués dans le même tems, tandis qu'un seul point est joué dans un autre sans perdre la bonne harmonie. C'est de-là qu'on distribue la composition pour les quatre voix, suivant leur échelle par pauses & notes; ce qu'on appelle *réduire en partition*, moïennant quoi le Maître de *Musique* dirige toutes les parties, pour lesquelles on fait des copies particulieres.

Si cette méthode a vieilli, elle n'est pas moins propre à faire connoître l'art de la *Composition* ou la *Musique* pratique. Aussi est ce dans cette vûe que je m'y suis arrêté. Après les renvois que j'ai fait pour la théorie de la *Musique*, il ne me reste rien à dire à cet égard. Je passe donc à l'histoire de cette science des sons.

2. On lit dans la Genese, Ch. IV. que *Jubal* fils de *Lamech*, inventa la *Musique* vocale & instrumentale l'an 250 de la création du du monde, & qu'*Enos* chanta le premier les louanges de Dieu. *Josephe* ajoute à cela que *Jubal* inventa aussi le psalterion & la harpe (Tome. I. Ch. 9.) Mais qu'est-ce que c'étoit que cette *Musique* ? un art ? une science ? c'est ce que l'Ecriture sainte ne dit pas. Ainsi son témoignage ne nous instruit pas de l'origine de la *Musique*. Elle nous apprend seulement qu'elle étoit en usage chez les Hebreux dans le tems de *Jacob*; puisque *Laban* son beau-pere lui reprocha que s'il l'avoit averti de son départ pour s'en aller dans son païs natal, il l'auroit fait conduire en chantant & au son des instrumens. Nous lisons encore dans ce livre saint, que la *Musique* produisit un miracle en faveur de ces peuples : c'est d'avoir fait tomber les murailles de Jerico au seul son des trompettes, & cela pour en faciliter la prise. Il y avoit même des Musiciens dans ces tems reculés. On sait qu'on recevoit spécialement les enfans mâles de la famille de *Levi*, qui avoient de la voix. On prétend même qu'on connoissoit les notes & les points, dont on attribue l'invention aux Mosorébes. Le Roi *David* passoit pour aussi bon Musicien que grand joueur de harpe, sur laquelle il chantoit les Cantiques & les Pseaumes qu'il composoit en vers. C'étoit avec cet instrument qu'il appaisoit les fureurs de *Saul*. Cet effet seul suppose une connoissance plus que mécanique de la *Musique*, & surtout un grand goût pour ce bel art. Il semble même que *David* a connu l'harmonie, ou du moins une sorte d'harmonie, l'agrément des accords. Ce Monarque ordonna que dans les Temples il y auroit six rangs de chantres de chaque côté, par rap-

port aux 6 tons de la *Musique* des Hebreux. *Hasaph* en fut le premier *Maître de Musique*. Si l'on en croit *Polidore - Virgile*, *David* inventa une espece d'orgue dont il jouoit avec un archet. Mais ce qui décele bien les lumieres de ce grand Roi dans cet art, c'est le don qu'il fit en mourant à son fils *Salomon*. Il lui laissa 2400 millions en or, 600 millions d'écus en argent monnoié, pour la construction du fameux Temple de Jerusalem, qui étoit une des sept merveilles du monde. La fin de *David* dans la construction de ce Temple étoit d'y établir une *Musique* magnifique, en y disposant des souterrains & des places convenables pour cela. *Salomon* remplit les vûes de son pere. Suivant la description qu'il nous reste de son Temple, il y avoit quatre chambres souterraines qui servoient aux concerts des Lévites, dont le nombre pour le service du Temple, étoit de vingt-quatre mille. Dans ces souterrains on avoit mis cent mille crochets pour suspendre les instrumens qui y restoient toujours crainte que la chaleur ne les gâtât. On y trouvoit jusques à quarante mille harpes, autant de citres d'or à vingt carats, deux cent mille trompettes d'argent, & quantité d'autres instrumens de *Musique*. Deux Surintendans avoit soin de ces instrumens. Enfin, combien de relations n'avons-nous pas de la *Musique* des premiers Peuples du monde ? Ne lit-on pas encore que les Prophétes avoient besoin de bons Joueurs d'instrumens pour les exciter à l'entousiasme prophétique ? Il falloit même à *Elisée* un grand Joueur de luth pour faire quelque prophétie ; & c'est un fait qu'il ne put rien opérer devant *Asael*, Roi de Syrie, qu'après qu'il eut joué du psalterion.

Toutes ces histoires ne nous instruisent pas sur l'espece de *Musique* que connoissoient ces gens-là. Quelques Auteurs célèbres prétendent avoir vû des fragmens de *Musique* notés de ce tems, & qu'on assure très-harmonieux. Malgré la célébrité de ces Auteurs, d'ailleurs respectables, cette prétention est une pure chimere. Pour savoir donc quels ont été les premiers principes du grand art dont je fais l'histoire, il faut en rapprocher l'origine.

Tous les Musiciens conviennent unanimement qu'on doit aux Grecs les regles de la *Musique* ; & ceux-ci en font honneur à Mercure, un homme que les Mythologistes ont bien voulu transformer en Dieu, fils de Jupiter & de Maya, l'une des sept pleyades. Il inventa la lyre à quatre cordes, tendues sur l'écaille d'une tortue, dont les accords de la plus basse repondoient

à la note *mi*, & les trois autres à celles de *fa*, *sol*, *la*, qui marquent les quatre tons ou modes principaux de la voix. Ces modes sont les premiers fondemens de la *Musique*. Suivant *Diodore* de Sicile, ces quatre cordes avoient rapport aux quatre saisons de l'année. Cet Auteur ajoute que *Mercure* fit present de cette lyre à *Apollon*, dans le tems qu'il étoit Pasteur des troupeaux du Roi *Admete* ; que celui-ci la donna à *Orphée*, qui augmenta les premiers principes de la *Musique*, comme fit aussi *Amphion*, par les doux accords de sa voix & de son luth.

Cette origine paroît fabuleuse, parce que ce sont ici les héros de la fable. Mais est-ce la faute de ces Musiciens, s'il a plu à des hommes d'en faire des Dieux, des êtres imaginaires ? Le P. *Pezron* a prouvé que le fond ou le cannevas de la Fable est une histoire qu'on a falsifiée, & l'Auteur de l'*Histoire de la Musique* fait bien voir la vérité de cette origine. Quoiqu'il en soit, telle fut la *Musique* des Grecs, & tel fut le premier système de cet art. Il parut l'an du monde 2115 & subsista 1500 ans, jusqu'au tems de la naissance du fameux *Pythagore*. On doit à ce Philosophe le second système de *Musique*, qu'un heureux hazard, secondé par une belle imagination & de grandes connoissances, lui fit découvrir. Un jour comme il se promenoit il entendit des Forgerons qui battoient à grands coups de marteaux un fer chaud sur l'enclume, & remarqua que ces coups formoient des accords. Surpris de cette nouveauté, *Pythagore* entra dans la Forge pour examiner cette difference de sons ou cette sorte d'harmonie. En examinant les marteaux, il reconnut que la difference des sons dépendoit des différens poids des marteaux. Pour mettre cette découverte à profit, *Pythagore* tendit différentes cordes par le moïen des poids différens. Or il trouva qu'une corde tendue par un poids de 12 livres, comparée au ton d'une autre corde tendue par un poids de 6 livres étoit dans le rapport de 2 à 1 qui est l'octave. Celle qui étoit tendue par un poids de 8 livres, rendit un son qui étoit à celui de la premiere comme 3 à 2, on 12 à 8 : ce qui forme la tierce ; & enfin qu'une quatriéme corde tirée par un poids de 9 livres, donnoit un ton qui, comparé à celui de la premiere, formoit la quarte. Ces connoissances murement digerées donnerent à *Pythagore* l'idée d'un instrument pour trouver les proportions & les quantités des sons. (*Voiez* MONOCHORDE.) Il inventa ensuite une espece de luth ou de lyre, composée de sept cordes, au lieu que la lyre de *Mercure* n'en avoit que quatre. Le nombre de sept fut dirigé, dit-on, par celui des planetes, dont *Pythagore* croïoit les mouvemens mélodieux. (*Voïez* ASTRE.) Ces sept cordes lui servirent de modele pour trouver les 7 tons principaux de la voix. Les tons & les modes ainsi découverts, on forma un nouveau système de *Musique*, qui fit abandonner celui de *Mercure*.

Quelques tems après un Musicien nommé *Simonide* s'avisa d'ajouter à l'instrument de *Pythagore* une huitiéme corde pour former un huitiéme ton, dans la vûe de mieux accommoder les accords de la voix à ceux des instrumens, sans s'écarter néanmoins des principes du second système. Mais ce système fut attaqué par *Aristoxene* de Tarente disciple d'*Aristote*, & par *Didyme*, grand Musicien de ce tems. Sur ce que *Pythagore* vouloit qu'on jugeât des sons par les regles des Mathématiques; ceux-ci prétendirent que l'oreille devoit seule en decider. Pour appuïer cette opinion, *Aristoxene* inventa un nouvel instrument qu'il appella *Tetrachorde* composé de quatre cordes, avec lequel il trouva l'ordre des sons ou voix diatoniques, les consonances & les dissonances des tons suivant le jugement de l'oreille. Malgré les efforts de ce Musicien, le système de *Pythagore* se soutint, & on donna à celui d'*Aristoxene* le nom de *Temperament*; ce qui forma une nouvelle secte de Musiciens. Ainsi la méthode de *Pythagore* subsista encore cinq ou six cens ans chez les Grecs.

Les choses en étoient là en 3600 du monde, lorsque parut le célebre *Olympe*, doué d'un genie peu commun. Après avoir approfondi le système de *Pythagore*, *Olympe* remarqua que les huit tons connus, c'est-à-dire, les sept de *Pythagore* & le huitiéme de *Simonide*, il remarqua, dis-je, que ces tons passoient trop vite de l'un à l'autre ce qui rendoit la *Musique* fort dure. Il falloit pour la rendre plus douce y mêler des agrémens, ou mettre des intervalles dans le passage de ces tons. C'est à quoi s'attacha *Olympe*, & à quoi il parvint par les semitons. Il les découvrit avec un instrument semblable à celui de *Pythagore*, sur lequel il tendit une corde plus fine à chaque distance ou intervalle des huit qui exprimoient ou qui rendoient les 8 tons. A une découverte si brillante, la *Musique* changea de face. En combinant ses semi-tons avec les tons entiers, le grand *Olympe* forma un système qui comprit les trois genres principaux de la *Musique* vocale & instrumentale; savoir, le diatonique, le chromatique

& l'enharmonique. (*Voïez* ces mots.)

Enfin, ces trois fameux systêmes de *Musique* répandirent un si grand jour sur toute la théorie de cet art, que les Musiciens y firent sans peine des additions. On inventa une infinité de caracteres, de lettres courbées, couchées, de notes différentes, & d'autres figures dont le nombre étoit de plus de 1200, sans parler du *comma*, inventé par *Aristoxene*, qui sert à diviser un ton plein, en 9 parties, dont 4 font le semiton majeur & cinq le semi-ton mineur. Cette multiplicité de caracteres ne fut rien moins que favorable au progrès de la *Musique*. Les Latins, qui le comprirent, l'en débarrasserent, & substituerent en leur place les 15 premieres lettres de l'alphabet, dont chacune marquoit les differences des tons des voix dont ils composerent une table qui fut nommée *Gamma*, d'où vient le mot Gamme. *Boëce*, l'an 502 de Jesus-Christ la remania, ajouta à la *Musique* des Latins, & en cet état elle fleurit en Italie jusques au tems du Pape *St Gregoire* le Grand, très-savant Musicien. Ce Pontife, qui non content de proteger les arts, les cultivoit, observa d'abord que les huit dernieres lettres de la gamme des Latins ne faisoient qu'une répetition ou une octave plus haute que les sept premiers sons. Il les réduisit aux sept premieres lettres que l'on reitereroit plus ou moins tant en haut qu'en bas, selon l'étendue des chants, des voix & des instrumens, sans alterer néanmoins le fond des systêmes de la *Musique* des Grecs, lesquels subsistoient en 1224 de *Jesus-Christ*, où *Gui Laretin* inventa un quatriéme système appellé le *Moderne*, si original & si généralement estimé, que je dois m'attacher à le faire connoître.

Aïant remarqué que les noms que les Anciens donnoient aux cordes de leur système étoient trop longs, *Gui Laretin* substitua en leur place les six fameuses syllabes *ut, ré, mi, fa, sol, la*, qui lui vinrent d'abord dans l'esprit en chantant la premiere strophe de l'Hymne de *Saint Jean-Baptiste*, dans laquelle elles sont effectivement renfermées, comme on le voit ici,

Uт *queant laxis*   Rеsonare *fibris*
Mıra *gestorum*   Fаmuli *tuorum*
Sоlve *polluti*   Lаbii *reatum*
       Sanȼte *Joannes.*

Angelo Berardi, savant Italien, a renfermé ces syllabes dans le vers suivant :
Uт Rеlevet Mıserum Fаtum Sоlitosque Lаbores.

Une grande raiſon de *Laretin* en abregeant les noms des cordes, étoit de pouvoir les écrire au-deſſus des ſyllabes ou texte comme on le pratiquoit alors. Mais il s'apperçut que cette maniere d'écrire les notes ou ſons ſur une même ligne, ne faiſoit pas aſſez diſtinguer les ſons graves des ſons aigus, & n'aidoit ainſi que foiblement la mémoire & l'imagination. Dans un beau génie la connoiſſance d'une néceſſité eſt preſque toujours le germe d'une découverte. A peine *Laretin* ſe fut convaincu de l'importance de diſtinguer autrement les ſons graves des ſons aigus, qu'il trouva un moïen à cette fin en tirant pluſieurs lignes paralleles entre leſquelles il mettoit certains points ronds ou quarrés, immédiatement au-deſſus de chaque ſyllabe du texte, & qu'on a depuis appellé *Notes*; & qui par leur ſituation haute ou baſſe des degrés que ces points occupoient ſur ces lignes ou entr'elles, faiſoient diſtinguer tout d'un coup les ſons graves des ſons aigus. Et pour marquer plus préciſément quel ſon chacun de ces points repreſentoit, *Laretin* prit les ſix premieres lettres de l'alphabet des Latins, au-deſſous deſquelles il mit le caractere ou le *gamma* des Grecs, afin de rappeller l'origine de l'art de noter des Grecs. Comme ces lettres étoient deſtinées à ouvrir ou donner la connoiſſance des ſons, il les nomma *clefs*, & les aïant jointes avec les ſix ſyllabes *ut, re, mi, fa, ſol, la*, il en forma une table qu'il nomma *gamme*, & dont le nom s'eſt encore conſervé. On conjecture qu'il mit d'abord à la tête de chaque ligne, & entre chaque ligne une de ces ſept clefs, qui marquoient le nom qu'on devoit donner à tous les points ou notes placés ſur ces lignes & entr'elles. Ainſi la note qui étoit ſur la ligne où étoit la lettre F, actuellement une clef, étoit un *fa*. La ſeconde note au-deſſous du *fa* étoit un *mi*; parce qu'elle répondoit à la clef E, par où *Laretin* deſignoit cette note: ainſi des autres. S'étant enſuite apperçu que l'ordre naturel des notes ſuffiſoit pour les faire reconnoître quand on en avoit déſigné une, cet ingénieux Muſicien ſupprima toutes ces clefs qui chargeoient toutes les lignes & ſe contenta d'en caractériſer une. En effet, un *fa* étant déſigné, la note ſuivante doit être un *ſol*, celle d'enſuite un *la*, &c.

Quelque rapides que ſoient les progrès de *Gui Laretin* dans la *Muſique*, & quelque étonnant qu'il paroiſſe qu'un homme ſeul ait fait tant de découvertes ſur cet art, nous n'avons pas encore vû le point de perfection où ce grand Muſicien le porta. Non

content de la diviſion des deux ſemi-tons des Grecs entre les deux notes *la* & *ſi* qu'il appelloit dans ſon ſyſtême A & B, *Gui Laretin* mit quelquefois ſur le B ou le *ſi* un *b*, pour marquer que de l'A au B il ne falloit élever la voix que d'un ſemi-ton. Et parce que cette intonation a quelque choſe de plus tendre & de plus doux que lorſqu'on éleve la voix d'un ton plein, il donna à ce *b* l'épithete de *mol*; d'où vient l'origine des *bémols*.

Enfin, après avoir ajouté au-deſſus de la plus haute corde de l'ancien ſyſtême une corde au-deſſous de la plus baſſe des Anciens, & quatre autres au-deſſus de la plus haute, ce Muſicien compoſa ſon ſyſtême de 22 cordes, ſavoir de 20 diatoniques qui forment ce qu'on a appellé depuis l'ordre *béquarre* ou naturel; & deux baiſſées d'un demi-ton plus bas que le naturel, qui changeant l'ordre naturel de quelques notes, produiſirent l'ordre qu'on nomme diatonique *bémol*, ou ſimplement *bémol*.

Telles ſont les découvertes du fameux *Gui Laretin*. Comme l'on n'eſt pas grand homme impunément, *Meibonius* & *Bontemps* les lui ont chicanné. Ils ont formé outre cela des difficultés contre ſon ſyſtême. Mais ſans nous arrêter ni à leur mauvaiſe humeur, ni à leurs objections, ſuivons le fil de notre hiſtoire de la *Muſique* qui nous intereſſe davantage.

Juſques-là les ſons ſe trouvoient naturellement de 7 en 7 degrés, qu'on pouvoit répeter d'octave en octave à l'infini. Afin de donner la facilité d'exprimer tous les degrés de l'octave; d'en remplir tous les intervalles & de faire cette répétition indéfinie, ſans changer le nom à aucune des notes, on imagina d'ajouter aux ſix ſyllabes de *Gui Laretin* une ſeptiéme *ſi*. On trouva enſuite qu'entre toutes les cordes qui font l'intervalle d'un ton, on pouvoit mettre une corde mitoïenne qui les partageât en deux ſemi-tons. On ajouta donc 1°, au ſyſtême de *Gui Laretin* la corde chromatique, appellée communément *bémol*; 2° aux cordes chromatiques des Anciens, celles qui partagent les tons majeurs ou les intervalles par leſquels le milieu de chaque tetrachorde eſt formé en deux ſemi-tons, & cela en élevant d'un ſemiton la plus baſſe des cordes: ce que l'on marque aujourd'hui par un double dieze que l'on met du côté gauche ſur le même dégré, & immédiatement devant cette plus baſſe note. De-là on conclut que les tons mineurs ou les intervalles qui terminent en haut chaque tetrachorde devoient être auſſi susceptibles de ce partage que les tons majeurs. Ainsi on augmenta le système des Grecs de ces cordes chromatiques qui y manquoient. Ensorte que chaque octave est aujourd'hui composée de 13 sons ou cordes, & de 12 intervalles ou semi-tons, savoir, de 8 sons diatoniques ou naturels, & de 5 chromatiques ou diezes.

Par ces additions la *Musique* se dépouilloit, mais elle étoit encore bien resserrée. A mesure qu'on le sentit, on multiplia les cordes afin d'y trouver plus de fond pour les parties de l'harmonie, & ces augmentations ont donné 29 cordes diatoniques & 20 chromatiques. Tout cela compose aujourd'hui 8 tetrachordes ou 4 octaves formées de 8 sons diatoniques & de 5 chromatiques. Ce sont ces quatre octaves qui font l'étendue ordinaire du système moderne, ou des orgues & des clavesins. Il me reste à parler de l'invention de la figure des notes, & ce qui y a donné lieu.

Comme l'égalité des notes du système de *Gui Laretin* rendoit les chants trop uniformes ; qu'elle les privoit de cette variété de mouvemens tantôt lents tantôt vites, qui en font le plus grand agrément, & qu'elle obligeoit souvent de prononcer très désagréablement les syllabes du texte, un Docteur de Paris assez connu (*Jean des Murs*) inventa vers l'an 1330 les differentes figures des notes, par lesquelles on juge tout d'un coup combien de tems doit durer precisément chaque son.

C'est ainsi que la *Musique* est parvenue à l'état où elle est aujourd'hui, & c'est en suivant ce dernier système que le fameux *Lulli* & le grand *Rameau* ont produit de si belles choses. Distinguons ce dernier qui a sçû soumettre à l'art les regles du goût, (*Voiez* HARMONIE) & ajoutons qu'un Géometre habile (M. *Sauveur*) après avoir improuvé à bien des égards ces systèmes, en a proposé un tout différent. Il divise l'octave en 43 parties qu'il nomme *Merides*, & la subdivise en 301 parties qu'il appelle *Eptamerides*. M. *Sauveur* veut, par ces divisions, & en donnant un nom different à chaque meride & aux notes diezées, aider à leur intonation ; & son intention est parfaitement bien remplie. Mais cet avantage est furieusement balancé. Et d'abord ce n'est pas un petit embarras que celui d'être obligé de retenir 43 noms differens, pour ne pas dire 301. En second lieu, quelle terrible difficulté ne trouveroit-on pas si l'on vouloit exécuter suivant ce système une piece de *Musique* à fortes parties. Quel travail pour la basse continue, sur un clavesin coupé suivant cette division !

Voilà l'origine & les progrès de la *Musique* ; en un mot, son histoire générale. L'Auteur de l'*Histoire de la Musique* a donné l'histoire particuliere de cet art, c'est-à-dire, son établissement dans les principaux Roïaumes. C'est un détail de fêtes & de réjouissances qui ont introduit la *Musique*. Cet Auteur s'est aussi attaché à en prouver les avantages. On en est si convaincu aujourd'hui par les guerisons qu'elle procure, de la mélancolie, de la morsure de la tarentule, &c. & sur-tout par cette force & cette vigueur qu'elle donne à l'esprit, que je crois devoir supprimer ces preuves, qui en formant un superflu, ne doivent pas entrer dans la composition d'un Ouvrage où je ne recherche que le nécessaire. Un trait seul donnera une idée de la beauté de cet art.

Un Musicien qui jouoit du luth à Venise, se vantoit de captiver par son instrument l'esprit de ses Auditeurs, & de les rendre gais & tristes à sa volonté. Cette nouvelle s'étant répandue, le Doge de cette République l'envoïa chercher & lui ordonna de mettre son art en usage, selon ce qu'il promettoit. Le Musicien joua d'abord un air vif & brillant, & insensiblement il entra dans un autre triste & sombre, qu'il rendit d'un ton lugubre. Ce changement produisit l'effet qu'il en attendoit. Il jetta le Doge dans la mélancolie. A peine le Musicien s'en apperçut, qu'il entonna un air gai pour le disposer à la joïe. Et après avoir repeté les deux tons tour à tour, le Doge qui ne paroissoit plus être maître des mouvemens qu'il sentoit dans son ame, lui ordonna de ne plus jouer. On peut conclure de-là que ce Doge aimoit la *Musique* ; car on remarque que ceux qui aiment passionnément cet art, tombent dans une réverie profonde quand ils entendent chanter ou jouer des instrumens. Cela peut provenir de deux causes ou de ce que la simphonie nous rendant attentifs nous retire au-dedans de nous-même ; ou de ce que n'en aïant pas une connoissance parfaite, l'esprit ne sachant à quoi s'attacher, se trouve dans un embarras ou une sorte de vuide qui nous porte à rever. (*Observations curieuses sur toutes les parties de la Physique, Tome III. page 274.*) En voilà assez pour rendre recommandable l'art que je viens de faire connoître. Je parle ici à des amateurs de *Musique*, à des gens de goût, aux partisans des beaux arts. Cet article n'est pas fait pour les autres. Aussi on me permettra de leur dire ce que l'Auteur de l'*Essai sur le Beau* leur adresse :

Profanes fuïez de ces lieux
Accourez amateurs des beautés étherées.
Ce n'eſt qu'aux ames épurées,
Qu'on doit parler le langage des Dieux.

Les Auteurs ſur la *Muſique* ſont en grand nombre. M. *Broſſard* en rapporte la liſte, qui effraïe par ſon étendue. Pour ne pas charger inutilement cet article , je vais citer les plus célebres, ceux qui ont écrit théoriquement & pratiquement. Tels ſont : *Ariſtoxene , Euclide , Plutarque , Ptolomée , Pſellus , Porphire , Briennius , Nicomachus , Alipius , Gaudentius , Quintilien , Caſſiodore , Capella , Boetius , Proclus & Kirker* , Auteurs anciens. *Meibonius , Wallis , Deſcartes , Merſenne , Faber , Holder , Deſchalles , Perrault , Sauveur* , (les Ecrits de cet Auteur ſe trouvent dans les *Mémoires de l'Académie des Sciences de* 1701 , 1707, 1711) *Malcome , Broſſard , Bonnet , Henſling* , (cet Auteur a imaginé un ſyſtême de *Muſi-*

que qu'on trouve dans les *Miſcellanea Berolinenſia , pag.* 265.) *Euler* & *Rameau* , Auteurs modernes.

M U T

MUTULE. Terme d'Architecture civile. C'eſt un ornement dont on décore l'Ordre Toſcan , garni par deſſous de goutes, comme on en voit aux triglyphes. Ce membre forme comme des extrémités avancées de poutres étendues ſur un bâtiment. Voilà pourquoi on le rend tout uni, quarré , en forme de table. (*Voïez* ORDRE.) *L. C. Sturm.* fait voir dans ſon *Officina ornatus Architect. perfect*, Plan. I, une application du *Mutule* ſur tous les Ordres, ſelon l'idée de *Vitruve, Liv. IV, Ch.* 1. Et à la fin du Chapitre 7. du même Ouvrage, cet Auteur donne des principes généraux pour les ordonner ſelon toutes les autres colonnes uſitées dans chaque Ordre.

N.

NAD

NADIR. Nom Arabe qu'on donne au plan immobile de la fphere qui eft perpendiculairement au-deffous de nos pieds, & éloigné de 180° du zenith. Ces points de zenith & de *Nadir* font les poles de notre horifon, dont ils font diftans de 90°. Ils tombent par conféquent fur le méridien l'un au-deffus, l'autre au-deffous de la terre. A quelque diftance que l'un de ces points foit de l'équateur & des poles du monde, l'autre fe trouve toujours dans la partie oppofée du monde, à la même diftance de l'équateur & des poles. Chaque homme fur la terre a fon zenith & fon *Nadir* particulier. En changeant de place, il change de zenith & de *Nadir*. Cependant la fphere du monde étant immenfe en comparaifon de la terre, ce changement influe peu fur ces deux points. Auffi on donne un même zenith & un même *Nadir* à une Ville entiere, quoique très-grande.

NADIR DU SOLEIL. C'eft ainfi que quelques Aftronomes nomment le centre de l'ombre de la terre dans une éclipfe lunaire.

NAH

NAHASE. Terme de Chronologie. Nom du dernier mois de l'année des Ethiopiens. Il commence le 26 Juillet du Calendrier Julien.

NAP

NAPIERS. Efpece de grande table de multiplication faite de lattes quarrées, de bois ou d'yvoire, de l'invention de *Neper*. L'ufage de cette table eft de rendre beaucoup plus aifées & plus expeditives la multiplication, la divifion, & l'extraction des racines des grands nombres. (*Voïez* RABDOLOGIE.)

Tome II.

NAT

NATIVITE. *Dreffer des Nativités.* C'eft former des prédictions par la conftitution des aftres, & par d'autres difpofitions des corps céleftes fur la naiffance d'un homme, fur ce qui lui arrivera de bon ou de mauvais depuis qu'il eft, qu'il a été & qu'il fera. Il eft aifé de juger par ces connoiffances que l'art des *Nativités* eft une partie de l'Aftrologie auffi ridicule que le tout.

NAV

NAVIGATION. L'art de conduire furement & facilement un Vaiffeau fur mer. Cet art a trois parties. La premiere eft le Pilotage qui apprend la maniere de prefcrire la route du Vaiffeau. (*Voïez* PILOTAGE.) La feconde la Manœuvre: c'eft l'art de foumettre les mouvemens du Vaiffeau à des loix, pour les diriger le plus avantageufement qu'il eft poffible, (*Voïez* MANŒUVRE) & la troifiéme la Mâture, qui donne des regles pour maintenir le corps du Navire dans un jufte équilibre. (*Voïez* MATURE.) Ces trois arts réunis forment celui de la *Navigation* que les Marins diftinguent en *impropre* & en *Navigation propre*.

La *Navigation impropre* eft celle qui fe fait de côte en côte, & dans laquelle les lieux ne font pas beaucoup éloignés l'un de l'autre. Le Vaiffeau navigue ici à vûe de terre. Il fuffit donc dans cette *Navigation* de connoître les côtes, & de faire ufage de la fonde. Or la connoiffance des côtes s'acquiert par des Livres faits exprès qu'on appelle *Routiers, Portulans, Flambeaux de la Mer, &c.*

Dans la *Navigation propre* il s'agit de naviguer fur le vafte Océan, fans être à la vûe de terre, en pleine mer; en un mot, cette *Navigation* eft celle que j'ai définie fous le terme général de *Navigation*, dont les parties font le Pilotage, la Manœuvre &

C c

la Mâture, ausquelles j'ai renvoïé, & qui en renferment la théorie & la pratique.

2. L'origine de la *Navigation* est si obscure qu'on n'a pû en fixer l'époque. C'est ainsi que j'ai établi & prouvé cette vérité dans mes *Recherches sur l'origine & les progrès de la construction des Navires des Anciens*, citées à l'article de l'Architecture navale. Quelques Savans Chronologistes pensent qu'avant le Déluge il y avoit des navires & qu'on avoit navigué. Ils fondent leur conjecture sur ce qu'à la fin du premier âge du monde les diverses contrées étoient peuplées ; ce qui n'auroit pû être si les Descendans d'*Adam* n'avoient pas traversé les mers pour les aller habiter. Il y avoit aussi un grand nombre d'isles très-vastes, qui sans doute n'avoient pas été désertes pendant un si long espace de tems, & où l'on n'auroit pû aborder si l'art de faire route sur les eaux avoit été ignoré. On trouve aussi qu'il y a de l'injustice à refuser aux hommes de ces premiers tems, assez de genie pour n'avoir pas inventé quelque espece de barque ou de navire, dont le besoin se manifeste avec tant d'évidence, soit pour le commerce, la guerre & même pour la curiosité pure & simple. *Fulgose* pour appuïer ce sentiment, cite la carcasse de ce vieux navire avec son ancre, & les squelettes de 40 personnes trouvé dans les mines de Berne en Suisse. *Eusebe de Nuremberg*, rapporte qu'à quelque distance du Port de Lima dans le Perou, on avoit découvert dans une mine d'or les débris d'un ancien navire, sur quelques planches duquel on voïoit des caracteres antiques tout-à-fait inconnus. D'où l'on conclut que ces Vaisseaux n'aïant pû être ainsi ensevelis dans les entrailles de la terre que par le Déluge, ils appartenoient aux prédécesseurs de *Noé* qui en connoissoient par conséquent l'usage. Enfin on ajoute que Japha, Port de la Palestine, existoit avant ce terrible effet de la colere du Très-Haut ; que ce Port se nommoit Jopé, mais que *Japhet* troisiéme fils de *Noé*, l'aïant fait construire dans une forme plus réguliere, lui avoit donné son nom. Voilà les raisonnemens des Savans qui fixent l'origine de la *Navigation* dans le premier âge du monde. Ecoutons les autres.

Si avant le Déluge, disent-ils, la *Navigation* avoit été connue, *Noé* & ses enfans eussent-ils été l'objet de la risée & de la raillerie de ceux qui les voïoient bâtir l'Arche ? S'il y avoit eu des navires ne s'en seroit-il pas trouvé plusieurs sur les plages, dans les ports, en route, sur mer, lorsque les eaux commencerent à inonder la terre ? Et combien de personnes n'auroient pas été sauvées par ce secours ! D'ailleurs si ces bâtimens avoient peri, les livres sacrés auroient-ils passé sous silence cette circonstance dans le détail qu'ils ont donné de l'Arche & du Déluge ? *Polidore* (*De inventione rerum*) & *Fabreti* (*De Columna Traj. sing.*) soutiennent même qu'il n'y a aucune preuve qu'avant *Noé* les diverses parties de la terre aient été peuplées comme elles le sont aujourd'hui. Plusieurs Contrées, plusieurs Isles, plusieurs Roïaumes pouvoient être déserts qui n'ont été habités qu'après le Déluge. Auparavant les hommes ne s'étoient pas étendus hors de l'Asie, & nul objet ne les avoit porté à aller chercher de nouveaux païs au-delà des mers.

De ces raisonnemens on peut conclure surement que l'origine de la *Navigation* n'est pas connue, soit que cette origine soit antérieure ou postérieure au Déluge. J'ai exposé à l'article d'ARCHITECTURE NAVALE les conjectures des Historiens sur les premiers pas que firent les hommes sur les eaux, & comment ils se familiariserent en quelque sorte avec cet élement. C'est donc là qu'il faut recourir pour connoître les progrès de la *Navigation*. Comme cet art est d'une extrème importance, je terminerai cet article par quelques-uns des avantages généraux, tels que je les ai présentés au Public dans un discours composé à ce sujet.

3. L'exemple le plus frappant sur l'utilité de l'art dont il s'agit, est le changement qu'il avoit fait du lieu le plus terrible en un lieu le plus délicieux. Ormus, sur les Côtes de Perse, étoit un endroit entierement disgracié de la nature. Son terroir sec & aride n'y laissoit voir d'autre eau que celle qu'il falloit y apporter de bien loin. Nul arbre, nul arbuste n'y pouvoient croître. Les animaux nécessaires à la nourriture de l'homme n'y subsistoient que peu de jours. On n'y voïoit aucun oiseau, même sauvage. Des chaleurs plus excessives que celles qu'on éprouve sous l'équateur ; des volcans terribles, de frequens tremblemens de terre sembloient faire craindre à tout moment que la nature ne fût boulversée, & paroissoient conspirer ensemble pour rendre ce lieu plus affreux & plus horrible. Cependant une multitude de divers Peuples attirés par le gain & le négoce, se rendoit en foule dans un païs où les serpens même ne pouvoient vivre. La *Navigation* qui y étoit facilitée par sa situation à l'embouchure du Sein Persique,

en faiſoit le commun abord des Vaiſſeaux Marchands Turcs, Indiens, Arabes, Perſans, Géorgiens & de toutes les Contrées de l'Europe. Le concours de toutes ces Nations y fourniſſoit non-ſeulement les choſes néceſſaires à la vie humaine, mais encore ce qui pouvoit contenter les plus voluptueux. C'eſt ainſi qu'un païs ſterile, inculte & effroïable devient par le ſecours de la *Navigation* un païs frequenté, un païs riche & opulent, & même un païs de délices. Ormus n'exiſte plus aujourd'hui. Quoique tout le monde le ſache, cependant un Anonyme dans une Lettre adreſſée à feu M. l'Abbé *Des-Fontaines* imprimée dans le *Mercure Franç̧ois* du mois d'Août 1745, a cru que j'étois aſſez peu inſtruit de cette vérité qu'on trouve dans tous les Livres & les Dictionnaires géographiques & autres, pour qu'il fût beſoin de m'en avertir, & cela parce que dans mon *Diſcours ſur la Navigation & la Phyſique expérimentale* publié en 1744, j'avois rendu ce trait hiſtorique au preſent afin de donner plus de force & d'énergie au ſtile de mon diſcours, compoſé dans le goût d'un Diſcours Académique. On apprend en Réthorique que dans les pieces d'éloquence le preſent doit être toujours ſubſtitué au parfait. Sans cela le ſtile languit & devient foible & proſaïque. Mon critique a pris cette figure comme une choſe réelle, & a cru tout de bon que je n'avois pas lû les Elemens de la Géographie. Sur cette aſſurance, il a bien voulu regarder mon exemple comme l'effet d'une *groteſque imagination*, & m'a renvoïé au *Dictionnaire Géographique de Baudran*, parce qu'il ne connoît pas ſans doute celui de la *Martiniere*. Telle eſt l'érudition & la politeſſe de ce terrible homme, qui me permettra de lui repeter qu'un Diſcours Académique n'eſt point une hiſtoire, & qu'un Orateur établit ſa propoſition ſur des faits réels, ſans avertir dans quel tems ces faits ont ou n'ont pas eu lieu. Pourvu qu'il prouve ce qu'il avance, il n'eſt pas tenu à la préciſion chronologique.

Je demande pardon au Lecteur de ce petit écart. Mais je l'ai cru néceſſaire en rappellant un endroit attaqué, ſur lequel on auroit peut-être pû revenir, & qui auroit pû influer ſur cet article. Je reviens aux avantages de l'art important qui nous occupe.

La *Navigation* a ſeule le pouvoir, s'il m'eſt permis de parler ainſi, de convertir la pauvreté en richeſſe. Un Bourgeois qui n'a que ſes rentes, eſt obligé de regler & de moderer ſa dépenſe pour parvenir au bout d'une année, qui ſouvent lui paroît trop longue. Un Noble qui vit dans l'opulence ſe reſſent quelquefois des revers de la fortune. Forcés l'un & l'autre, de compter avec eux-mêmes, ils vivent dans une ſorte d'inquiétude; & s'ils s'entretiennent, ils n'augmentent pas leur revenu. Qu'ils aïent recours à la *Navigation*, ils trouveront aiſément le moïen de faire des gains conſidérables. Et ſi leur exemple inſpire dans un Roïaume une louable émulation, bien-tôt on n'achetera plus au poids de l'or des marchandiſes qui ne ſont rares que par le petit nombre de Commerçans qui les apportent. En un mot, c'eſt par le ſecours de la *Navigation* que le commerce s'eſt étendu juſques aux extrémités de la terre; que l'Evangile a été annoncé dans un nouveau monde, & que la vraie religion, la bonne morale ſe ſont établies juſques dans le ſein de la Barbarie & de l'idolâtrie.

Le premier Traité qui a paru ſur la *Navigation* eſt de *Pierre Nonius*, publié en 1530, & le ſecond (en 1561) eſt de *Pierre Medina* Eſpagnol. Viennent enſuite *Jacques Severtius* (1598,) *Jean Garcia* dit *Ferdinand*, *André Garcia Ceſpedes* Eſpagnol, *Simon Stevin* Mathématicien du Prince d'Orange (1608) *Villebrord*, *Snellius*, *Adrianus Metius* (1631,) le P. *Fournier* (1640,) *Denis* (1668,) le P. *Deſchalles* (1677,) MM. *Dacier*, *Berthelot*, *Bougard*, *Bouguer* pere & fils, le P. *Vallis* & le P. *Pezenas*, Jeſuite (en ce ſiécle.)

NAVIRE D'ARGOS DE JASON. Grande conſtellation méridionale près du Chien au-deſſous de l'Hydre. Elle eſt compoſée de 57 étoiles. (*Voiez* CONSTELLATION.) M. *Halley* ſe trouvant dans l'Iſle de Sainte-Helene, a déterminé la longitude & la latitude de 46 de ces étoiles qu'*Hevelius* a réduites à l'année 1700 dans ſon *Prodromus Aſtronomiæ*, pag. 312. Le P. *Noel* a déterminé l'aſcenſion & la déclinaiſon de ces étoiles pour l'année 1687 dans ſes *Obſervations Mathématiques & Phyſiques*. Il en a auſſi donné la figure de la conſtellation entiere dans cet Ouvrage, de même que *Bayer* (*Uranometria* Planche q q,) & *Hevelius* (*Firmamentum Sobieſcianum*, Figure E E e.) Quelques Aſtronomes donnent à cette conſtellation le nom de l'*Arche de Noé*. On l'appelle encore *Currus volitans*, *Marca*, & *Sephina*.

N E B

NEBULEUSES. On caractériſe ainſi en Aſtronomie certaines étoiles fixes, d'une lumiere foible, pâle, obscure, qu'on ne découvre que par le secours de bons telescopes, & qui paroissent un amas de petites étoiles. (*V.* ETOILE.)

N E G

NEGATIF. Epithete que les Algébristes donnent à des quantités précedées du signe moins ou *Négatif*, & qui sont au-dessous de zero.

N E O

NEOMENIE. Terme de Chronologie. C'est le jour de la nouvelle lune. Les *Néomenies* sont d'un usage indispensable dans le calcul du Calendrier des Juifs qui leur donnent le nom de *Tolad*.

N I S

NISAN. C'est chez les Juifs & les Syriens le septiéme mois de l'année. Les Syriens lui donnent 30 jours.

N I V

NIVEAU. Instrument qui sert à trouver une ligne horisontale & à la continuer autant qu'on le juge à propos, afin de déterminer par ce moïen le vrai *Niveau*, pour la conduite des eaux, pour rendre les rivieres navigables, pour sécher des marais ou des fondrieres, &c. Le *Niveau* étoit connu des Anciens. *Vitruve, Liv. VIII. Ch. 6.* en rapporte trois dont ils faisoient usage; le premier nommé par lui *Dioptrae*; le second *Libra aquaria*, & le troisiéme *Chorobates*. De ces trois instrumens, *Vitruve* ne décrit que celui-ci parce qu'il le préfere aux deux autres, de sorte qu'on ignore en quoi consistoit la forme de ces *Niveaux*. M. *Perrault*, dans son Commentaire sur *Vitruve*, pense que le *Libra aquaria* de cet Auteur, n'étoit autre chose que le même instrument dont les Fontainiers se servent encore aujourd'hui en France, qui est construit de deux regles jointes à angles droits, & qui étant suspendu avec un anneau mobile, devient horisontal avec une des regles par la pésanteur de l'une & de l'autre. M. *Perrault* n'a rien dit sur l'autre *Niveau* appellé *Dioptrae*. A l'égard du troisiéme je l'ai décrit sous son nom. (*Voïez* CHOROBATE.)

Depuis ces inventions on a bien imaginé des *Niveaux*. Et d'abord M. *Mariotte* a cherché à perfectionner le chorobate. *Riccioli, Romer, De la Hire, Couplet, Hartzoeker, Hughens* & *Picard*, en ont publié de differentes sortes. Parmi le grand nombre

les Savans ont choisi. C'est en me conformant à leur choix que je vais décrire les plus simples & les meilleurs.

2. Il y a trois sortes de *Niveaux* connus. Le *Niveau d'eau*, le *Niveau d'air*, & le *Niveau à lunette*. Telle est la construction du premier.

NIVEAU D'EAU. Rien n'est si simple que cet instrument. Il est composé d'un tuïau rond de cuivre recourbé sur sa longueur en A & B à angles droits. (Planche XII. Figure 120.) Dans ces deux parties recourbées sont mastiqués deux tuïaux de verre C & D. Aïant versé de l'eau ordinaire ou colorée par l'un des bouts jusqu'à ce qu'elle monte dans l'autre, le *Niveau* est construit. Il ne reste qu'à le monter sur un pied comme on le voit dans la figure.

Le principe de la construction de ce *Niveau* est fondé sur la propriété qu'a l'eau de se mettre toujours de niveau. Ainsi on est sûr que deux points quelconques, qui répondent à la surface de l'eau dans les deux tuïaux de verre, sont parfaitement de niveau.

NIVEAU D'AIR. Ce *Niveau* ne cede rien à l'autre par sa simplicité. Un tuïau de verre A B (Planche XII. Figure 121.) bien droit, d'égale grosseur & épaisseur par-tout, terminé en pointe par les deux extrêmités, rempli, à quelques goutes près, d'esprit de vin, & enfin scelé hermétiquement par ces deux extrêmités, en fait l'affaire. Il ne s'agit plus que de monter ce tuïau dans un autre de cuivre. Lorsque la bulle d'air, qui est enfermée, est au milieu, le *Niveau* est bien situé & on peut s'en servir. Si en le mettant sur une table, sur un plan quelconque, la bulle monte, ce plan panche du côté opposé à son ascension. Expliquons la monture de ce *Niveau* qui mérite quelque attention.

Le tuïau de verre A B est enchassé dans un tuïau de cuivre C D (Planche XII. Figure 122.) évasé extérieurement dans son milieu, à la réserve de trois petits filets de ce métal qui occupent justement ce même milieu, & qui sont éloignés les uns des autres de la longueur de toute la bulle. Ce tuïau de cuivre est attaché à une forte regle qui porte deux pinnules formant deux petites fenêtres croisées par des filets de métal percés dans le milieu à leur jonction. Et cette regle s'ajuste sur un pied avec un genou, de même que les graphometres & tous les instrumens de Géometrie pratique. (*Voïez* GRAPHOMETRE.) Disons cependant ce qu'on voit encore dans la figure : ce sont d'abord deux vis qui tiennent le tuïau sur la regle, & dont l'une marquée 4, sert à lever ou baisser le tuïau, tant & aussi peu qu'il est nécessaire pour le placer de *Niveau*, & ensuite une petite regle à laquelle est rivée la boule ou genou. Cette regle fait ressort, & elle tient à la grande regle par un de ses bouts au moïen de deux vis, dont une ʃ à oreille sert à hausser ou baisser tout l'instrument, quand il y a peu de chose à changer.

J'ai déja dit que pour faire usage de ce *Niveau* on doit le situer de façon que la bulle d'air soit au milieu du tuïau, ce qu'on connoît lorsqu'elle occupe l'espace contenu entre les deux anneaux du tuïau de cuivre dont j'ai parlé. Quand cela est, on ferme la pinnule du côté de l'œil & on ouvre l'autre. Le point de l'objet qui est coupé par le filet horisontal est de niveau avec lui. Ce n'est pas encore le tems d'operer, quoique cela se trouve. Il faut encore connoître si le *Niveau* est d'accord avec les pinnules. A cette fin, on retourne l'instrument bout pour bout; on ferme la pinnule qui étoit ouverte & on ouvre l'autre. (On bouche ces pinnules avec un petit clou à tête de la grosseur du trou.) Regardant ensuite par le petit trou, si le même point de l'objet est coupé par le filet horisontal, c'est une marque que le *Niveau* est juste. Si cela n'est pas, on hausse & on baisse le tuïau tant soit peu, jusques à ce qu'on le trouve.

Ce *Niveau* a cet avantage sur celui d'eau, qu'on peut y ajuster une lunette, au lieu des pinnules; ce qui est très-commode pour de grandes opérations, lorsqu'il s'agit de donner de grands coups de *Niveau*. La regle, qui porte le *Niveau*, doit être alors assez large pour placer la lunette à côté de cet instrument. (*Voïez* la Figure 123 & 124. Planche XII.) Cette lunette, qui est dans un tuïau de cuivre, est une lunette ordinaire, (*Voïez* LUNETTE) dans laquelle on a soin de placer horisontalement une soïe très-déliée au foïer de l'objectif, portée par une petite fourchette. (Figure 124.) Une petite vis traverse la regle & le tuïau de la lunette, afin de pouvoir hausser ou baisser la petite fourchette qui porte la soïe, & la faire accorder avec la bulle d'air, quand l'instrument est de niveau.

Niveau a lunette, J'appelle ainsi le *Niveau* de M. *Hughens*, parce qu'une lunette preparée de la même façon que celle du *Niveau* d'air en compose tout le fond. Cette lunette passe dans une virole C, (Planche XII. Figure 125.) où elle est arrêtée par le milieu. Cette virole a deux branches 1, 2 pla-

tes & pareilles, l'une en haut l'autre en bas, dont la longueur a environ un quart de celle de la lunette. Au bout de chacune de ces branches sont deux especes de pinces mobiles ausquelles on attache deux anneaux, l'un destiné à suspendre la lunette, l'autre à porter un poids P.

Les choses ainsi disposées, on suspend le tout à une croix faite de bois mince, & qui excede un peu de part & d'autre la lunette avec ses deux branches. Dans le bras O de cette croix est une vis V à laquelle tient l'anneau de suspension de la lunette, de façon qu'on peut la hausser & la baisser comme on veut, par le moïen de cette vis; & au bras Q inferieur on voit un espece de vase R, rempli d'huile de noix ou de lin, ou de toute autre matiere qui ne se fige ni se glace. C'est dans ce vase que plonge le poids P, afin d'arrêter plus promptement ses balancemens. Les bras horisontaux S T ont chacun un crochet 3 & 4, qui servent à moderer l'agitation de la lunette & pour la tenir en repos lorsqu'on la transporte, & cela en la faisant descendre par le moïen de la vis à laquelle elle est suspendue. Enfin, on passe dans la lunette une virole ou anneau K qui coule dans elle, & dont l'usage est de la maintenir parallele à l'horison ou de la placer lorsqu'elle n'y-est pas.

L'instrument est porté sur une plaque ronde M N de laiton un peu concave, à laquelle sont attachées trois viroles M, G, N, en charniere, dans laquelle sont trois batons, de la longueur de 3 ou 4 pieds, qui soutiennent tout l'instrument. La figure 126. (Planche XII.) represente l'étui dans lequel la croix doit être enfermée, pour la mettre à couvert du vent & de la pluie, & pour la transporter, en bouchant auparavant la boete qui contient l'huile.

Quand on compare le *Niveau* d'air avec celui-ci, on est étonné qu'on ne prenne pas plus de précaution qu'en prend M. *Hughens*, pour placer la lunette parallele à l'horison. Mais on revient de sa surprise lorsqu'on sait le rectifier. A cette fin, 1° on le suspend par l'anneau d'une de ses branches sans attacher le poids d'en-bas; 2° on vise par la lunette à quelque objet éloigné en remarquant l'endroit où le point de l'objet est coupé par le fil de la lunette; 3° on met le poids à sa place. Cela fait, si le fil de la lunette répond à la même marque de l'objet, on est certain que le centre de gravité, ou les deux points de la suspension de la croix, répondent au centre de la lunette, ou au centre de la terre. Cette correfpondance n'a-t-elle pas lieu ? On les vérifie par le moïen de la virole K, en la faifant couler de part ou d'autre, pour reparer le défaut & mettre la lunette en équilibre. La lunette étant ainfi placée parallelement à l'horifon avec la virole fans poids & avec poids, on la tourne fens deffus deffous, cela veut dire de façon que la partie fuperieure de la croix devient la partie inferieure & celle-ci la fuperieure, & on attache le poids à la branche qu'on a abbaiffée. Moïennant quoi on eft fûr que la lunette eft de niveau. Quelquefois après cette vérification, le fil qui eft dans la lunette, ne fe trouve pas à la même hauteur de l'objet ; mais en hauffant ou baiffant la vis jufques à ce que le fil coupe le point moïen qui eft entre les deux points remarqués, la lunette eft placée comme il faut, & le *Niveau* bien rectifié. Cet avantage qu'a cet inftrument de pouvoir être renverfé de haut en bas le diftingue principalement & eft très-important. Car quand même il ne feroit pas conftruit avec la derniere jufteffe, on ne laiffe pas de s'en fervir fans crainte ; parce que s'il baiffe dans un fens, il éleve d'autant d'un autre, & prenant le point milieu des deux objets obfervés, on a toujours le vrai *Niveau*. Il y a plus de précaution à prendre dans la rectification des *Niveaux* d'eau & d'air, qui demandent une regle particuliere que je ne dois pas omettre.

2. De tous les moïens qu'on a imaginés pour rectifier les *Niveaux*, celui-ci me paroît le plus fimple. 1°. Plantez (Planche XIII. Figure 127.) un piquet A B auquel foit attaché un carton C qui coule dans ce piquet, & au milieu duquel foit une marque noire. 2°. Le *Niveau* étant placé & fitué de façon (fi c'eft un *Niveau* d'air) que la bulle foit au milieu du tuïau de cet inftrument, élevez ou baiffez le carton jufques à ce que vous découvriez le point noir du carton. 3°. Retournez-le *Niveau*, j'entens par-là de changer la fituation de cet inftrument de maniere que le côté par où l'on regardoit foit tourné vers le carton & *vice versâ*. 4°. Faites la même obfervation. Si vous découvrez le point noir, le *Niveau* eft parallele à l'horifon. Si cela n'eft pas, le *Niveau* placé, relevez-le ou abbaiffez-le par le moïen de la vis pour le mettre dans une pofition telle que vous découvriez ce point. Il eft certain que le *Niveau* fera alors parallele à l'horifon.

Cette vérification n'eft bonne que pour des *Niveaux* garnis de dioptres ou de pinnules, les *Niveaux* à lunette ne pouvant fe retourner, parce que l'objectif ne peut pas devenir l'oculaire. Il faut donc pour ceux ci faire ufage d'un autre moïen, qui eft celui-ci. 1°. Plantez deux piquets A B, C D, (Planche XIII. Figure 128.) diftans de 30 à 40 toifes & garnis de cartons, au milieu defquels on a tiré une ligne noire horifontale. 2°. Plantez le *Niveau* au piquet A B, & faites élever ou baiffer le carton jufques à ce que vous découvriez fi la foie de la lunette couvre la ligne horifontale du carton C attaché au piquet E D. 3°. Elevez le carton C du piquet A B à la hauteur de l'œil lorfqu'on bornojoit le carton de l'autre piquet. 4°. Tranfportez le *Niveau* au piquet E D, & examinez là fi la ligne horifontale du carton eft couverte. Lorfque cela eft, le *Niveau* eft parallele à ce point. On l'y ramene, quand cette conformité ne s'y trouve pas, en élevant ou en baiffant l'inftrument par le moïen de la vis dont j'ai parlé.

On trouve le *Niveau* de *Riccioli* dans fa *Geographia reformata*, L. V. Ch. 26. Ceux de M M. *De la Hire*, *Romer*, *Hughens* & *Picard* dans le *Traité du Nivellement* de ce dernier Auteur ; celui de M. *Couplet* dans les *Mémoires de l'Académie Roïale des Sciences* année 1699, celui de M. *Hartzoeker* dans les *Mifcellan. Berolinens* page 328, & dans les *Act. eruditorum* année 1712, & enfin ceux de *Léopold* dans fon *Theatrum ftaticum*. Je renvoïe à l'article NIVELLEMENT l'ufage des *Niveaux*.

Niveau de Poseur. On appelle ainfi dans la Géometrie-pratique un petit *Niveau* avec lequel on peut favoir fi une ligne, qui n'eft pas bien longue, eft horifontale. La figure de cet inftrument eft ordinairement un triangle équilateral ifofcele, fans bafe & aïant un arc de cercle terminé par fes deux côtés. De la pointe tombe une ligne perpendiculaire fur la bafe, qu'on marque à l'arc de ce triangle. (Planche XII. Figure 129.) Dans cette ligne perpendiculaire on fixe près de la pointe un pendule ou un fil à plomb, qui doit exactement convenir avec ladite ligne perpendiculaire lorfque la bafe de l'inftrument eft horifontale. Voilà le *Niveau* de *pofeur* le plus ufité. Il eft bien certain qu'un *Niveau* d'air détaché de fon pied, peut avoir le même ufage & bien fuperieurement à ce *Niveau* ; mais l'autre eft plus fimple & donne en quelque maniere le dégré d'abbaiffement ou d'élevation du plan qui n'eft point parallele à l'horifon par l'écart du fil de la ligne perpendiculaire marqué sur l'arc du cercle. Cet avantage a donné lieu à l'invention d'un autre *Niveau domestique*, si l'on peut parler ainsi d'un instrument très-commode pour placer horisontalement une table, une armoire, &c. La figure 130 Planche XII. offre le profil de ce *Niveau*. A B C D est un cilindre de laiton, du fond duquel s'éleve une pointe de fer E. Sur cette pointe répose une boule F creuse en partie, terminée en pointe, & qui porte un petit bouton G. Au-dessus en H est un couvercle de verre, qui a au milieu un petit creux ou trou sous lequel se doit toujours trouver le petit bouton G, quand le plan sur lequel le *Niveau* repose est horisontal.

NIVELLEMENT. L'art de trouver une ligne horisontale ou de connoître combien un endroit est plus élevé qu'un autre, en prenant le terme de la mesure de leur élevation au centre de la terre. D'où il suit, que deux points sont de niveau lorsqu'ils sont également éloignés de ce centre. Ainsi une ligne qui se termine à ces points & qu'on appelle *Ligne du vrai Niveau* ne peut pas être une ligne droite. Une telle ligne est appellée *Ligne de Niveau apparent*, parce qu'étant tangente de la courbure de la terre, ses extrèmités ne sont pas également distantes de son centre. Quand cette ligne n'a que 100 ou 150 toises, cette différence d'éloignement n'est pas sensible, mais dans une plus grande longueur, il est important d'y avoir égard. C'est à quoi on doit d'abord s'attacher avant que de procéder à la pratique du *Nivellement*. Commençons donc par cette connoissance qui forme en quelque façon toute la théorie de cet art.

Soit le globe A (Planche XIII. Fig. 131.) celui de la terre, la ligne A B son raïon, B D la ligne du niveau apparent, tangente à la circonference de ce globe au point B, & la ligne A D la sécante. Par l'inspection seule de la figure, on voit que la ligne B D differe de la ligne du vrai niveau B C de la ligne C D, les lignes C A & B A, raïons de cercle, étant seules égales. (*Voïez* CERCLE.) Il s'agit donc de trouver la valeur de cette ligne A D, d'en soustraire le raïon du cercle pour réduire la ligne B D à la ligne B C. Et la chose est très-aisée. La ligne B D étant perpendiculaire à la ligne B A, le triangle B A D est rectangle en B, & D A en est par conséquent l'hypotenuse. Mais le quarré de l'hypotenuse d'un triangle rectangle est égal à la somme du quarré des deux côtés A B & B D du triangle. (*Voïez* TRIANGLE RECTANGLE.) Donc si l'on quarre le côté B A, c'est-à-dire le raïon de la terre qui est de 3269297, (*Voïez* TERRE.) & la ligne B D exactement mesurée, & qu'on fasse une somme de ces quarrés, cette somme sera le quarré de la ligne A D, & la racine de ce quarré la ligne même. Cette ligne étant soustraite du raïon de la terre, le reste sera la ligne C D qui sera la différence du niveau apparent au-dessus du vrai. Cette opération est un peu longue. Pour éviter la prolixité, dans des calculs repetés, on se contente de diviser le quarré de la distance par le diametre de la terre. Cela est fondé sur cette proposition de Geometrie, où l'on démontre que le quarré de la tangente d'un cercle B D, est égal au rectangle compris sous la sécante A D & sous la partie C D. Cette méthode n'est pas si géometrique que l'autre. Cependant elle differe si peu de sa justesse qu'elle ne peut apporter aucune erreur sensible dans la pratique. Voilà pourquoi on l'a préferée dans le calcul de la Table suivante.

TABLE DE L'EXCÈS DU NIVEAU APPARENT SUR LE NIVEAU VRAI, DEPUIS LA DISTANCE DE 50 TOISES JUSQUES A 1000.

Distances des points du niveau apparent en toises.	Elevations du niveau apparent sur le vrai en pouces, lignes, & points, qu'on doit par conséquent retrancher du niveau apparent.		
TOISES.	POUCES.	LIGNES.	POINTS.
50	0	0	4
100	0	1	4
150	0	3	0
200	0	5	4
250	0	8	4
300	1	0	0
350	1	4	3
400	1	9	3
450	2	3	0
500	2	9	0
550	3	6	0
600	4	0	0
650	4	8	0
700	5	4	0
750	6	3	0
800	7	1	0
850	7	11	6
900	8	11	0
950	10	0	0
1000	11	0	0

2. Il y a peu d'opération si facile dans la pratique de la Géometrie que celle du *Nivellement*. Elle ne demande que de l'attention. Du reste nul embarras, nulle difficulté à l'exécuter. Viser juste à des points, & mesurer la hauteur relative de ces points à chaque opération : voilà l'art de niveller. Trois exemples développeront tout le fond de cet art.

Supposons qu'on demande combien le terrein A (Planche XIII. Fig. 132.) est plus haut que le terrain B. 1°. Plantez aux deux points A & B deux piquets garnis de cartons C, qui puissent couler dans les piquets & s'arrêter au point que l'on souhaite, & qui soient préparés comme je l'ai dit à l'article de niveau. 2°. Choisissez une place entre ces deux piquets qui en soit également éloignée, & dressez-y un niveau. (*Voïez* NIVEAU.) 3°. Visez le piquet B & faites baisser le carton jusques à ce que vous découvriez la marque noire qu'on y a faite. 4°. Retournez le tuïau si c'est un niveau à lunette, & visez au piquet A où un aide fait glisser le carton en le haussant & le baissant suivant que vous lui faites signe, & cela jusques à ce que vous découvriez la marque noire qui s'y trouve. 5°. Cela fait, mesurez exactement la longueur du piquet comprise entre les points P & A, & celle du piquet B entre les points C & B. La différence de ces deux hauteurs donnera l'élevation du terrein A sur le terrein B. Si par exemple, on a trouvé B C de 3 pieds & P A de 2, le terrein A sera élevé d'un pied au-dessus du terrein B.

En donnant ainsi plusieurs coups de niveau on détermine la pente de deux terrains plus éloignés. Le *Nivellement* proposé est du terrein A au terrein B. Aïant partagé l'éloignement de ces deux points A & B en autant de parties qu'on veut donner de coups de niveau, ou que l'instrument & la vûe peuvent le permettre, on fera des marques à chaque division pour y planter des piquets quand il sera nécessaire. Je les représente tous placés dans la figure 133. (Plan. XIII.) que je propose pour exemple.

Ces

Ces précautions prifes on pofe le niveau entre les deux premiers piquets A & D, & on vife les deux points 1 & 2 comme on a vifé ceux C & P de la figure 132. Aïant mefuré exactement la hauteur 1 A, que je fuppofe de 5 pieds, & marqué le point du raïon vifuel fur le piquet D; on tranfporte le niveau entre les deux piquets D & F, & on vife à ces deux piquets, ce qui donne le raïon vifuel 34, c'eft-à-dire, les points 3 & 4. On a par ce moïen deux points 2, 3, qui marquent déja l'élevation fur le piquet A ou fur le terrein A, déterminée par la diftance 23 qu'on mefure exactement, qui fera, par exemple, de 2 pieds. Pour ne pas fe tromper il faut écrire 2 pieds au deffous des 5 qu'on a trouvés.

On vient enfin fe placer entre les deux piquets F & B afin de trouver deux points de niveau 5 & 6. Cette ftation donne l'élevation 45 de trois pieds, par exemple, qu'on ajoutera fous les autres trouvés. La fomme de ces trois nombres 5, 2, & 3, étant faite, on en fouftraira la hauteur 6 B qu'on mefurera exactement. Cette hauteur étant fuppofée de 4 pieds 6 pouces, le refte 5 pieds 6 pouces, fera la hauteur du terrein B fur le terrein A.

Je n'ai pas parlé ici de la réduction qu'il faudra faire de ce niveau, qui n'eft qu'apparent au niveau vrai. Il fuffira pour cela de mefurer la diftance d'un piquet à l'autre, & voir ce que chaque diftance donne de correction.

Le cas le plus compliqué dans le *Nivellement* eft celui d'un terrain qui tantôt monte & tantôt defcend; de forte qu'après avoir trouvé une élevation, on trouve un abbaiffement, enfuite une autre élevation fuivie d'un fecond abbaiffement, &c. Au premier coup d'œil, il femble que le travail qu'exige le *Nivellement* d'un pareil terrein eft affez confiderable. Avec un peu de reflexion on apperçoit que toute la difficulté confifte ici à tenir compte des élevations & de ces abbaiffemens; d'en faire une fomme & de fouftraire l'abbaiffement de l'élevation, pour avoir la pente véritable du terrein qu'on doit niveler.

Le terrain inégal A E (Planche XIII. Figure 134.) eft donné à niveler. Pour éviter la prolixité, je fuppofe qu'on a trouvé par l'opération précédente, depuis A en montant jufques en C, qu'on a trouvé, dis-je, d'abord 6 pieds 1 A, deux pieds 2, 3, & qu'aïant tranfporté le niveau en E, bien loin de monter au-deffus du point 4, on defcende, de forte que la valeur 45 d'abbaiffement foit de 2 pieds 6 pouces. Tranfportant l'inftrument en F & aïant donné là deux coups de niveau comme ci-devant, on trouve que l'abbaiffement eft augmenté de 3 pieds 4 pouces. La quatriéme ftation en G bien loin de defcendre donne une diftance 8, 9 de quatre pieds d'élevation. Enfin, par le dernier coup de niveau H, on trouve encore 1 pied & 6 pouces d'élevation, & la hauteur 12 B de 4 pieds.

Maintenant fi l'on additionne féparément & les nombres qui expriment l'élevation & ceux qui marquent l'abbaiffement, & qu'on fouftraïe la fomme l'une de l'autre, la différence donnera le niveau des deux points demandés, plus la hauteur 12 B, qu'il faudra fouftraire pour avoir enfin le vrai niveau de ces deux points : je dis le vrai, parce que je fuppofe qu'on a corrigé le niveau apparent dans les mefures que j'ai rapporté. Afin de ne pas fe tromper dans cette opération, on écrit en deux colonnes tout le calcul qu'il faut faire pour cela, l'une eft celle d'élevation, l'autre colonne celle d'abbaiffement,

	Colonne d'élevation,		*Colonne d'abbaiffement.*	
	6 pieds.		2 pieds.	6 pouces.
	2		3	4
	4		0	0.
	1	6 pouces.	0	0
Sommes,	13	6	5	10
Souftraction des fommes,	13 pieds.	6 pouces.		
	5	10		
Difference,	7	8		
Seconde fouftr. pour la hauteur du niveau.	7	8		
	4			
	3	8		

L'origine du *Nivellement* n'eſt pas mieux connue que celle des niveaux ; & celle-ci eſt fort obſcure. (*Voïez* NIVEAU.) Je ne connois que les Livres de MM. *Picard* & *Bullet* compoſés exprès ſur le *Nivellement* ; ils ſont intitulés , *Traité du Nivellement*, & celui de M. *Mariotte* inſeré dans ſes Œuvres. On trouve les principes de cet art dans tous les Cours de Mathématiques , & ſur-tout dans tous les Traités de Géométrie pratique.

N O C

NOCTURLABE. Inſtrument d'Aſtronomie qui ſert à trouver toutes les heures de la nuit par l'obſervation des étoiles , la ſituation de l'étoile polaire, & l'heure du paſſage de la lune par le méridien. En général il y pluſieurs ſortes de *Nocturlabes*, dont quelques-uns ſont des projections de la ſphere , comme les hémiſpheres ou les planiſpheres ſur le plan de l'équinoxial. Mais ce qu'on entend proprement par *Nocturlabe* eſt un inſtrument de navigation de buis, de bois ou de carton, compoſé de trois pieces. La premiere, qui eſt la plus grande, eſt un cercle A B, (Planche XX. Figure 133.) de 4 ou 5 pouces de diametre avec un manche M, pour le tenir pendant le tems de l'obſervation. La ſeconde C D, qui eſt au milieu, & qui ſe meut autour du centre de la premiere ; eſt un autre cercle de 3 ou 4 pouces de diametre. Et la troiſiéme eſt une longue alidade L L , qui doit tourner autour du même centre.

Sur la premiere plaque ou cercle fixe ſont les douze mois de l'année, diviſés en 30 ou 31 jours, & marqués tout autour par les lettres initiales de ces mois. On décrit ſur cette premiere partie deux cercles, l'un diviſé en 24 parties égales, ou deux diviſés en deux fois 12 ; & l'autre les 32 airs de vent.

On trace ſur la ſeconde plaque qui eſt mobile, deux cercles, dont le premier eſt diviſé en 24 heures, l'autre en 29 jours $\frac{1}{2}$ pour marquer l'âge de la lune, & connoître ſans calcul l'heure de ſon paſſage par le méridien.

Cet inſtrument a deux uſages. L'un eſt de connoître l'heure de la nuit par les étoiles qui ſont autour du pole ; & l'autre de trouver l'heure du paſſage de la lune par le méridien & celle de la pleine mer. Suivant les étoiles qu'on choiſit pour réſoudre le premier problême, les jours des mois doivent être differemment diſpoſés autour de la plaque immobile. Pour la grande Ourſe, le 28 Février doit occuper la partie ſupérieure de la plaque immobile. Dans le *Nocturlabe* des Anglois on trouve là le 17 Février, parce que cette Nation comptoit 11 jours moins que nous pendant toute l'année. Ainſi lorſqu'on voit dans leurs Livres ou dans leurs Inſtrumens tel jour de l'année, il faut ajouter 11 dans le ſiécle précédent pour reduire ce jour à notre Calendrier.

Dans le *Nocturlabe* pour la petite Ourſe, le premier Mai eſt au haut de la plaque mobile (c'eſt le 19 Avril en Angleterre.) Enfin, lorſqu'on veut ſe ſervir de cet inſtrument pour ces deux conſtellations, on marque le 28 Février au haut de la plaque & l'on arme la plaque au milieu de deux dents, l'une placé ſur la ligne de 12 heures qui ſert pour la grande Ourſe, & l'autre ſur quatre heures un quart à main droite pour la petite Ourſe. Aux inſtrumens des Anglois les deux noms de la grande & de la petite Ourſe, ſont marqués ſur chaque dent par les lettres initiales G. B. & L. B. des mots *Great Bear*, qui ſignifient la grande Ourſe & de ceux de *Little Bear*, nom qu'ils donnent à la petite Ourſe. Ces diſtinctions & ces connoiſſances admiſes, je viens à la ſolution des deux problêmes dont j'ai parlé.

Problême I. *Trouver l'heure de la nuit par le* Nocturlabe.

1°. Placez la dent de la plaque du milieu ſur le jour du mois (ſi l'inſtrument a été fait en Angleterre on la place à 11 jours plutôt.) 2°. Tenant le *Nocturlabe* par ſon manche, tournez de votre côté la face de cet inſtrument où les heures ſont marquées. 3°. Regardez par le trou du centre l'étoile du Nord. 4°. Tournez l'alidade en ſorte que la ligne qui part du centre paroiſſe couper une des étoiles des deux gardes de la grande Ourſe dans la dent que vous avez fixée au jour du mois. L'alidade marquera l'heure de la nuit, & on trouvera en même-tems à quel rumb de vent ſe trouve cette étoile par rapport à l'étoile du Nord. (On ne ſe ſert ici que de la claire des gardes, ou de deux gardes ou pattes de derriere de la grande Ourſe. Pour connoître ces étoiles (*Voïez* CARTE & CLAIRE DES GARDES.)

Problême II. *Connoiſſant l'âge de la lune trouver l'heure de ſon paſſage par le méridien & l'heure de la pleine mer.*

Cherchez l'âge de la lune dans le cercle diviſé en 29 jours $\frac{1}{2}$. Vous trouverez dans le cercle correſpondant l'heure de ſon paſſage par le méridien, & ajoutant à cette heure celle de l'établiſſement des marées (*Voïez* MARE'E), vous aurez l'heure de la pleine mer.

Le premier Auteur qui a parlé du *Noctur-lade* est un nommé *Munster*. Après lui *Appian*, *Théophile le Brun*, *Garcia*, *Nonius*, *Médine*, *Coignet*, le P. *Fournier* & le P. *Pezenas*, ont décrit cet instrument.

NOCTURNE. Epithete que donnent les Astronomes à cet espace que le soleil, la lune & les étoiles parcourent dans les cieux parallélement à l'équateur, depuis leur lever jusqu'à leur coucher.

NŒU

NŒUDS. On appelle ainsi en Astronomie les points de l'intersection d'une planete avec l'écliptique. Ces deux points sont diametralement opposés. Le *Nœud* par où une planete passe de la partie méridionale de l'écliptique à la septentrionale, s'appelle *Nœud ascendant* ou *boréal*, & par la raison contraire, l'autre est nommé *Nœud descendant* ou *austral*. Le premier a ce caractere ♌, le second celui-ci ♋. Exemple. Soit ECLI (Planche XVIII. Fig. 134.) l'écliptique ; S E L N l'orbite de la planete, dont E L N est la partie méridionale du ciel ; le point E est le *Nœud ascendant* & L le *Nœud descendant*. Ces *Nœuds* ne sont pas constans, parce que les planetes ne coupent pas toujours l'écliptique dans les mêmes points. Ceux de la lune se meuvent contre l'ordre des signes d'Occident en Orient, & les *Nœuds* des autres planetes selon la suite des signes d'Orient en Occident. La lune, dans une de ses révolutions du zodiaque, fait mouvoir ses *Nœuds* d'un degré 30 minutes ; Mercure dans une de ses révolutions, avance les siens de deux tierces ; Venus de six ; Mars d'un peu plus d'une minute ; Jupiter de près de 8 minutes ; Saturne de plus de 30.

Un travail important & qui occupe beaucoup les Astronomes, c'est de déterminer le lieu & le mouvement de ces *Nœuds*. Ceux de la lune sur-tout demandent bien de l'attention à cause de leur plus grande inconstance & de l'effet du mouvement rapide de cette planete. Aussi on n'a rien oublié pour y parvenir par une méthode également sûre & facile. Parmi celles qu'on a proposé voici la plus aisée qui n'est pas la plus certaine, comme je le ferai remarquer, mais qui suffira pour donner une idée du mouvement de ces *Nœuds*, de la difficulté du problème dont il s'agit, & de sa solution.

1°. Observez la hauteur méridienne des étoiles fixes qui sont près du zodiaque, & leur passage par le méridien à l'égard du soleil pour connoître leur situation par rapport à l'écliptique.

2°. Examinez la trace de la lune à travers ces étoiles, & dans le tems qu'elle s'approche de l'écliptique.

3°. Observez le passage de la lune & celui de quelques-unes de ces étoiles, avec une lunette qui ait à son foïer des fils placés à 45 dégrés.

4°. Déterminez la situation apparente de la lune par rapport à ces étoiles, & par conséquent à l'égard de l'écliptique.

Si l'on fait de pareilles observations après le passage de la lune par l'écliptique, qu'on décrive sa route apparente qui marque le lieu où l'orbite coupe l'écliptique ; qu'on prenne ensuite l'intervalle de tems entre les deux observations ; qu'on cherche la partie proportionnelle qui convient à la trace de la lune décrite depuis la premiere observation, jusques à son intersection avec l'écliptique ; & enfin qu'on l'ajoute au tems de cette même observation, on aura le tems où la lune est arrivée à l'un de ses *Nœuds*.

Les personnes qui ne sont pas un peu versées ou rompues dans l'Astronomie, ne jugeront pas cette méthode bien facile, & ne seront gueres en état de la mettre à exécution. Les autres savent dans quels Traités d'Astronomie on la trouve. Ainsi il semble que je n'oblige personne en la donnant ici. J'avois fait sérieusement cette réflexion avant que de me déterminer à en agir comme je viens de faire. Cependant j'ai craint qu'on ne me taxât de négligence en omettant des pratiques d'Astronomie qui flatent tout le monde, & que tout le monde en général croit fort simples. Mon travail aura peut-être malgré cela une utilité : ce sera de piquer la curiosité de ceux ausquels cette méthode de déterminer les *Nœuds* de la lune paroîtra trop savante, de l'approfondir & d'acquérir des connoissances qu'elle pourra occasionner. C'est dans cette vûe que j'avertis qu'il faut avoir égard à la parallaxe de la lune, qui fait paroître cette planete au-dessous du lieu où elle répond dans le ciel lorsqu'elle est considerée du centre de la terre. (*Voïez* PARALLAXE.)

La meilleure méthode de déterminer les *Nœuds* de la lune est celle que fournit l'observation des éclipses qu'on trouve dans les Traités d'Astronomie, & particulierement dans les *Elemens d'Astronomie* de M. *De Cassini*, *L. III. Ch. V.* C'est aussi par les éclipses qu'on trouve la quantité du mouvement des *Nœuds* ; & cela en examinant les observations des éclipses faites en diverses saisons & en differentes années, &

en cherchant pour ce tems le vrai lieu du *Nœud* connu. Ces choses connues, on prend la difference entre le vrai lieu du *Nœud* dans ces diverses observations : ce qui donne la difference de son mouvement pendant l'intervalle entre ces observations ; d'où l'on déduit celui qui répond à un certain nombre de jours & d'années.

Comme le lieu du *Nœud* des planetes & le mouvement de ces *Nœuds* n'est pas considerable, au lieu d'engager le Lecteur dans le calcul épineux nécessaire pour la recherche de ces *Nœuds*, j'exposerai à ses yeux une Table où l'un & l'autre sont marqués pour le commencement de ce siécle, suivant *Kepler* & *De la Hire*, vieux stile dans le calcul du premier, & nouveau stile dans le second ; & cette Table mene bien loin, comme il est aisé d'en juger par ce que j'ai dit ci-devant sur le mouvement de ces *Nœuds*.

TABLE DU LIEU ET DU MOUVEMENT DES NŒUDS
DES PLANETES SELON KEPLER ET DE LA HIRE.

	Lieu du Nœud suivant Kepler.				*Lieu du Nœud suivant M. De la Hire.*		
SATURNE,	♍	22°,	49′,	44″	21°,	56,	29
JUPITER,	♋	5,	31,	47	7,	11,	44
MARS,	♉	17,	50,	46	17,	25,	20
VENUS,	♅	14,	19,	5	13,	54,	19
MERCURE,	♉	14,	47,	26	14,	53,	14

TABLE DU MOUVEMENT ANNUEL DU NŒUD ASCENDANT
SUIVANT KEPLER ET DE LA HIRE.

	Suivant Kepler.			*Suivant de la Hire.*	
SATURNE,		1′,	12″	1′,	12″
JUPITER,		0,	4	0,	14
MARS,		0,	40	0,	37
VENUS,		0,	47	0,	46
MERCURE,		1,	25	1,	25

Les Arabes donnent au *Nœud ascendant* le nom de *Tête du Dragon*, & celui de *Queue du Dragon* au *Nœud descendant*.

N O I

NOIAU. Nom que quelques Astronomes donnent au milieu des taches du soleil & des têtes des cometes qui paroît plus clair que les autres parties de ces astres. *Hevelius*, dans sa *Cometographie, Liv. VII.* remarque à l'égard des *Noiaux* des taches du soleil qu'ils croissent & décroissent ; qu'ils occupent presque toujours le milieu des taches, & que ces taches étant prêtes à disparoître ces *Noiaux* crevent par éclats. Cet Astronome a encore observé que dans une tache il y a souvent plusieurs *Noiaux* qui se concentrent quelquefois en un seul. Les *Noiaux* dans la tête d'une comete diminuent de même & se dissipant par éclats, ils se changent à la fin en une matiere semblable au reste.

NOIX. Partie d'un instrument de Géometrie pratique, tel qu'un graphometre, un niveau, &c. C'est une boule de métal ou de bois qui a un col long, sur lequel on fixe l'instrument. Cette boule est enchassée dans une boete où elle est mobile en tout sens, pour pouvoir mettre l'instrument dans une situation verticale, parallele à l'horison, oblique, de façon qu'on puisse l'arrêter dans toutes ces situations & la fixer sans qu'elle puisse branler ; ce qui se fait par le moien d'une vis qui serre la boete dans laquelle la *Noix* est enfermée. (*Voiez* GRAPHOMETRE.)

N O M.

NOMBRE. C'est l'assemblage d'une quantité d'unités homogenes. D'où il suit que le *Nombre* se forme par l'assemblage de plusieurs choses simples d'une même espece en ajoutant un écu, par exemple, à un écu, ce qui donne le *Nombre* 2. Une seconde addition d'un écu forme un autre *Nombre* qui est 3 ;

&c. Cette définition est d'*Euclide*. Elle est généralement reçue. M. *Wolf* y a trouvé cependant quelque chose à dire. Il prétend qu'elle n'appartient qu'aux *Nombres* rationels, & sur cette prétention il la rejette. Ce Géometre entend par *Nombre* ce qui est à l'unité, comme une ligne droite à une autre ligne droite. *Quidquid refertur ad unitatem ut linea recta ad aliam rectam* Numerus *dicitur*. (*Chr. Wolf Elem. Mathef. univerf. Tom. I. pag.* 18). En prenant donc pour unité une ligne droite, le *Nombre* peut être exprimé par une ligne droite. Cela est vrai. Cependant par cette définition le *Nombre* n'est pas distingué de l'unité, & on ne voit pas trop en quoi l'un differe de l'autre. Aussi M. *Weidler*, qui dans ses *Institutiones Mathematicæ*, a adopté toutes les définitions de M. *Wolf*, paroît n'avoir pas goûté celle-ci. Après avoir défini l'unité *affectio quanti, qua tanquam unum & indivifum confideratur; in arithmetica notat principium numeri ex quo aliquoties assumpto majores cumuli coagmentantur;* il conclud que le *Nombre* est un assemblage d'unités; *Ifte autem unitatum cumulus* Numerus *vocatur*. Nous en tenant donc à la définition d'*Euclide*, disons que le nom des *Nombres* sont *Deux, Trois, Quatre, Cinq, Six, Sept, Huit, Neuf,* & *Dix*. Le premier renferme une double répétition d'unité; le second une triple; le troisiéme une quatruple, &c. Le dernier *Dix* est appellé *Dixaine*. Il est composé de dix unités ou d'une décuple répetition d'unités. Deux dixaines font *Vingt*; trois *Trente*; quatre *Quarante*; cinq *Cinquante*; six *Soixante*; sept *Septante*, (ou soixante-dix,) huit *Octante*, (ou quatrevingt, &c.) Si l'on ajoute ensemble dix dixaines, on forme un *Nombre* qu'on appelle *Cent*, dix centaines *Mille*, mille milliémes *Million*, mille milliémes de millions *Milliard*, mille milliémes de milliards *Billion*, &c.

Voilà bien des *Nombres* qu'on exprime pourtant avec dix caracteres, (*Voiez* CHIFRE) & cela dépend de la valeur qu'ils acquierent suivant leur position respective les uns à l'égard des autres. Le premier *Nombre* appartient aux unités des centaines; le second aux dixaines des centaines; le troisiéme exprime la centaine; le quatriéme est la dixaine de mille; le cinquiéme la centaine de mille, &c. Ainsi on dit, en allant de droite à gauche : Nombre, Dixaine, Centaine,

    1   2   3

Mille, Dixaine de mille, Centaine de mille,

    4   5   6

Million, Dixaine de million, Centaine de

    7   8   9

million, &c. De là il suit, qu'en partageant un nombre donné de trois en trois chifres en allant de droite à gauche, tous les chifres d'une même tranche seront d'une même espece; savoir, ceux de la premiere tranche à droite des unités; ceux de la deuxiéme des milles, les *Nombres* de la troisiéme des millions, &c. Exemple. Ce *Nombre* est donné,

4, 136, 524, 798. Le premier chifre à gauche qui représente la premiere tranche est un milliard : ce qu'on connoît en comptant par le premier chifre 8 à droite; *Nombre* (8), Dixaine (9), Centaine (7), Mille (4), Dixaine de mille (2), Centaine de mille (5), Million (6), Dixaine de million (3), Centaine de million (1), Milliard (4), c'est-à-dire, *Quatre Milliards, cent trente-fix millions, cinq cent vingt-quatre mille, fept cent quatre-vingt-dix-huit*. La Table suivante fera connoître l'ordre des *Nombres* & leur valeur suivant cet ordre.

Table de la valeur des Nombres.

1 Unités,	}	Nombres 146
4 Dixaines,	}	simples.
6 Centaines,	}	
2 Unités,	}	
3 Dixaines,	}	Milles 235
5 Centaines,	}	
9 Unités,	}	
8 Dixaines,	}	Millions 983
3 Centaines,	}	
4 Unités,	}	
8 Dixaines,	}	Milliards 485
5 Centaines,	}	
3 Unités,	}	
2 Dixaines,	}	Billions 324
4 Centaines,	}	
1 Unités,	}	
9 Dixaines,	}	Trillions 196
6 Centaines,	}	
&c.		&c.

Maintenant pour prononcer tout d'un coup la somme de ces *Nombres* on les écrit ainfi, Trillions, Billions, Milliards, Millions, 196   324   845   983 Milles, Unités fimples. 235   146

Tout ceci n'est que l'alphabet en quelque sorte des *Nombres*. Rien n'offre un champ plus vaste à l'étude de l'homme que leur propriété. On peut les envisager sous mille formes differentes, & chacune d'elles renferme des vérités curieuses. Pour mettre un ordre à l'examen de ces belles choses, & pour les dépouiller suivant leur point de vûe, les Mathématiciens ont sous-divisé ces

Nombres, & leur ont donné des noms qui les caractérisent. Ces noms vont former ici des articles separés, dont chacun contiendra une partie de la *théorie des Nombres* qui résultera de leur somme.

NOMBRE ABONDANT. *Nombre* qui est plus petit que la somme de tous les *Nombres* par lesquels il peut être divisé. Tel est le nombre 12 ; car il peut être divisé par 1, 2, 3, 4, 6. Et en additionnant ces *Nombres* on a 16, plus grand que 12. Les *Nombres abondans* sont tous des *Nombres* pairs.

NOMBRE ALGEBRIQUE. C'étoit dans l'ancienne Algébre un *Nombre* marqué d'un caractere cossique, comme nous l'apprend *Georg. Heynichius* dans son *Arithmetica*, *L. V.* (*Voïez* CARACTERE.)

NOMBRES AMIABLES. Deux *Nombres* entiers dont chacun est égal aux parties de l'autre, qui étant pris quelquefois en particulier est devenu égal au tout. Tels sont 284 & 220, car les *Nombres* par lesquels 220 peut être divisé, c'est-à-dire, les parties de 220 sont 1, 2, 4, 5, 10, 11, 20, 22, 44, 55, 110. Ces *Nombres* pris ensemble font 284. De même les parties de 284 sont 1, 2, 4, 71, 142, dont la somme est 220.

NOMBRE ARITHMETIQUE. *Nombre* rationel entier, consideré en lui-même comme 9, 15, 17.

NOMBRE BARLONG, *Nombre* plan, dont les côtés different d'une unité. Ainsi le *Nombre* 30 est un *Nombre barlong*, puisque ses côtés 5 & 6 different d'1. Les *Nombres barlongs* sont les mêmes que ceux qu'on appelle *Antelongiores* ou *Altera parte longiores*. *Théon* donne encore ce nom aux *Nombres* qui sont des sommes de deux nombres pairs dont la difference est 2. Le *Nombre* 30 est un *Nombre barlong*, parce qu'il est la somme de 14 & de 16, dont la difference est 2.

NOMBRE CIRCULAIRE OU SPHERIQUE. *Nombre* qui étant multiplié par lui-même reprend toujours la derniere place du produit. Tels sont les *Nombres* 5 & 6 ; car 5 fois 5 font 25 ; le produit de 25 par 5 est 125 ; celui de 125 par 5 est 725, &c. De même 6 multiplié par 6 donne 36 ; 6 fois 36 font 216, le produit de ce *Nombre* 216 par 36 est 8776, &c.

NOMBRES COMMENSURABLES. Ce sont des *Nombres* dont la raison est rationelle. Tous les *Nombres* entiers rationels, comme 8 & 12, qui sont entr'eux comme 1 à 3, sont des *Nombres commensurables*. Quelques *Nombres* irrationels le sont aussi, tels que $\sqrt{18}$ & $\sqrt{8}$, qui sont entr'eux comme 2 à 3, M. *Wolf* a donné dans ses *Element. Analyf. Finit.* (*Wolf Element. Math. univ. Tom. I.*)

une méthode pour connoître si les *Nombres* irrationels ont une raison rationelle ou non.

NOMBRES COMMENSURABLES EN PUISSANCE. *Nombres* dont les quarrés ont une raison rationelle entr'eux, comme $\sqrt{18}$ & $\sqrt{8}$.

NOMBRE COMPOSÉ. *Nombre* qui peut être divisé par d'autres *Nombres* sans reste. Tel est le *Nombre* 15, qui peut être divisé par 3 & par 5. On l'appelle aussi *Nombre géometrique*.

NOMBRES COMPOSÉS ENTR'EUX. Ce sont des *Nombres* qui peuvent tous deux être divisés sans aucun reste par un autre *Nombre* qu'1. Les *Nombres* 12 & 15, 12 & 20 sont des *Nombres composés entr'eux*. Les premiers 12 & 15 peuvent être divisés par 3, & les seconds 12 & 20 par 4 & 2.

NOMBRE CUBIQUE. *Nombre* formé par trois *Nombres* égaux. C'est un cube. (*Voïez* CUBE.)

NOMBRE CUBE-CUBIQUE. C'est le *Nombre* qui se forme de la multiplication du cube par lui-même. Par exemple, en multipliant 8, cube de 2 par lui-même, on a 64 qui est un *Nombre cube-cubique*. Il se forme encore lorsqu'on multiplie le *Nombre* quarré cubique de 2, savoir 32, par la racine même. Le caractere de ce *Nombre* dans l'Algébre est 2^6, 3^6, a^6, &c. ce qui veut dire que 2, 3, a, &c. sont élevés à la sixiéme puissance.

NOMBRE CUBE-CUBE-CUBIQUE. *Nombre* qui se forme lorsqu'un *Nombre* cubique est multiplié cubiquement. Exemple. Le *Nombre* 8, cube de 2, étant multiplié par lui-même, donne le *Nombre* cube-cubique 64, qui étant encore multiplié par 8 donne le produit 512. C'est le *Nombre* 2 élevé à la neuviéme dignité. Ainsi 2^9, 3^9, ou en général a^9, b^9, &c. sont des *Nombres cube-cube-cubiques*.

NOMBRE DECAGONE. *Nombre* poligóne qui naît par l'addition des termes d'une progression arithmétique dans la difference des termes où leur relation est 8. Soit la progression arithmétique 1, 9, 17, 25, 33, 41, 49, &c. les *Nombres* 1, 10, 27, 52, 85, 126, 175, &c. sont des *Nombres décagones* ; car $1 + 9 = 10$, $1 + 9 + 17 = 27$, &c.

NOMBRE DEFAILLANT. *Nombre* plus grand que tous les *Nombres* par lesquels il peut être divisé parfaitement. Tel est le *Nombre* 15 ; car il peut être divisé sans reste par 1, 3, 5, & il est plus grand que leur somme qui n'est que 9.

NOMBRE DIAMETRAL. *Nombre* plan ou le produit de deux *Nombres* dont les quarrés des deux côtés font de même un quarré dans la somme. Tel est le *Nombre* 12; car les quarrés 9 & 16 de ses côtés; & 4 font de même dans leur somme un quarré 25. Les trois côtés d'un triangle rectangle étant toujours proportionnels entr'eux, & le quarré de l'hypotenuse étant égal à la somme des quarrés des deux côtés, c'est par le *Nombre diametral* que se détermine en même-tems le quarré de l'hypotenuse & l'hypotenuse même. *Michael Stifel* a traité fort au long de ces *Nombres* dans son *Arithmetica integra*, *Liv. I. pag.* 14.

NOMBRE DODECAGONE. *Nombre* poligone qui consiste en une somme de deux ou plusieurs *Nombres* qui se suivent dans une progression arithmétique, où la différence est 10. Soit la progression arithmétique 1, 11, 21, 31, 41, 51, 61, &c. Les *Nombres dodecagones* qui en résultent sont, 1, 12, 33, 64, 105, 156, 217, &c. En effet, $1 + 11 = 12$, $1 + 11 + 21 = 33$, &c.

NOMBRE DOUBLE EN PUISSANCE. C'est un *Nombre* dont le quarré est deux fois aussi grand qu'un autre *Nombre*; comme l'est $\sqrt 6$ à l'égard de 3, & $\sqrt{10}$ à l'égard de 5.

NOMBRE ÉGALEMENT ÉGAL. *Nombre* qui est produit par la multiplication réciproque de deux *Nombres* égaux. Tel est le *Nombre* 25 qui est produit en multipliant 5 par 5. Ces *Nombres* sont les mêmes que ceux qu'on appelle autrement *Nombres* quarrés dans d'autres vûes.

NOMBRE ÉGALEMENT ÉGAL ABONDANT. *Nombre* solide dont deux côtés sont égaux entr'eux, & dont le troisième est plus grand qu'un des deux premiers. Tel est le *Nombre* 150. Car il vient de la multiplication de 5 par 5, & le produit 25 par 6 qui est plus grand que 5.

NOMBRE ÉGALEMENT ÉGAL ÉGALEMENT. C'est un *Nombre* qui est produit par la multiplication réciproque de trois *Nombres* égaux. Tel est le *Nombre* 125 qui provient de la multiplication de 5 par 5, & le produit 25 encore par 5. Ces *Nombres* sont les mêmes que ceux qu'on appelle autrement *Nombres cubiques* dans d'autres vûes.

NOMBRE ÉGALEMENT ÉGAL DEFAILLANT. *Nombre* solide dont les deux côtés sont égaux entr'eux, & dont le troisième est plus petit qu'un des deux premiers. De ce genre est le *Nombre* 75, parce qu'il est formé de la multiplication de 5 par 5, & le produit 25 encore par 3. Ces *Nombres* sont aussi nommés *Nombres cubiques*.

NOMBRE ENDECAGONE. *Nombre* poligone qui consiste en la somme de deux ou de plusieurs *Nombres* qui se suivent dans une progression arithmétique, où la différence des termes est 9. Soit la progression arithmétique 1, 10, 19, 28, 37, 46, 55, &c. alors les *Nombres endecagones* seront 11, 30, 58, 95, 141, &c. Car $1 + 10 = 11$; $1 + 10 + 19 = 30$; $30 + 28 = 58$, &c.

NOMBRE ENNEAGONE. *Nombre* poligone qui se forme par la somme de deux ou de plusieurs *Nombres* qui se suivent dans une progression arithmétique où la différence des termes est 7. Soit la progression arithmétique 1, 8, 15, 22, 29, 36, 43, 50, &c. Ici les *Nombres enneagones* sont 9, 24, 46, 75, 111, 154, 204, &c. puisque $1 + 8 = 9$; $1 + 8 + 15 = 24$; $1 + 8 + 15 + 22 = 46$, &c.

NOMBRE ENTIER. C'est un *Nombre* qui est à l'unité comme le tout à sa partie. Tel est 5, 9 & $\sqrt 7$.

NOMBRE EPTAGONE. *Nombre* poligone formé par la somme de deux ou de plusieurs *Nombres* qui se suivent dans une progression arithmétique & où la différence des termes est 5. Dans la progression arithmétique 1, 6, 11, 16, 21, 26, 31, 36, les *Nombres eptagones* sont 7, 18, 34, 55, 81, 112, 148, &c. car $1 + 6 = 7$; $1 + 6 + 11 = 18$; $1 + 6 + 11 + 16 = 34$, &c.

NOMBRE GEOMETRIQUE. C'est un *Nombre* qu'on peut diviser sans reste, comme le *Nombre* 16, qui se divise par 8, 4 & 2. On l'appelle aussi *Nombre composé* ou *Nombre second*.

NOMBRE HEXAGONE. *Nombre* poligone qui se forme de la somme de deux ou de plusieurs termes arithmétiques, dont la différence est 4. Dans la progression arithmétique 1, 5, 9, 13, 17, 21, 25, 29, &c. les *Nombres* 1, 6, 15, 28, 45, 66, 91, 120, &c. sont des *Nombres hexagones*. Car $1 + 5 = 6$; $1 + 5 + 9 = 15$; $1 + 5 + 9 + 13 = 28$; $1 + 5 + 9 + 13 + 17 + 21 + 25 + 29 = 120$; ou $28 + 17 + 21 + 25 + 29 = 120$.

NOMBRE INCOMPOSE' LINEAIRE. *Nombre* qui ne peut être mesuré par aucun autre *Nombre* que par lui-même ou par l'unité. Tels sont les *Nombres* 1, 3, 5, 7, 11, 13, &c. Comme ces *Nombres* font une progression arithmétique, dont les termes peuvent être divisés ou résolus par d'autres précédens, on en a formé des tables qu'on trouve dans le *Theatrum Machinarum generale* de *Léopold* qui les a tirées de *Bramer*, & dans lesquelles la progression arithmétique va d'1 à 1000.

NOMBRES INDETERMINÉS. *Nombres* qui ont une certaine valeur locale, mais qui ne signifient rien de positif. Exemple. On sait par la valeur locale des chifres 13, 120, 354 que ce *Nombre* exprime treize millions, cent vingt mille, trois cens cinquante-quatre, sans savoir de quoi. Car on peut entendre des écus, des livres, des pintes, &c.

NOMBRE IMPAIR. *Nombre* qui ne peut être divisé en deux *Nombres* égaux de son espece, comme 9, 13, &c. Quelques Arithméticiens Géometres définissent le *Nombre impair*, un *Nombre* qui diffère d'un *Nombre* pair. Et cette définition est plus claire que l'autre.

NOMBRE IMPAIREMENT PAIR. *Nombre* qui peut être divisé par un *Nombre* pair, & qui donne pour quotient un *Nombre impair*. Tel est le *Nombre* 20, car il peut être divisé par 4, & le quotient 5 est un *Nombre* impair.

NOMBRE IMPAIREMENT IMPAIR. C'est ainsi qu'*Euclide* appelle un *Nombre* qui peut être divisé par un *Nombre* impair, sans aucun reste, & qui a pour quotient un *Nombre* impair. Tel est 21, qui peut être divisé par 7 & qui donne pour quotient 3.

NOMBRE INEGALEMENT INEGAL. *Nombre* plan dont les côtés sont inégaux. Tel est 30, dont les côtés 5 & 6 sont des *Nombres* inégaux.

NOMBRE INEGALEMENT INEGAL INEGALEMENT. *Nombre* solide dont les trois côtés sont inégaux, comme 24 qui a ses trois côtés 2, 3 & 4 inégaux.

NOMBRE OBLONG. *Nombre* plan qui a deux côtés inégaux quelle que soit leur différence. 54 par exemple, est un *Nombre* oblong, parce que les côtés 9 & 6 different de 3. De même 90 est un pareil *Nombre*, la différence des côtés 18 & 5 étant 13.

NOMBRE OCTOGONE. *Nombre* poligone formé de la somme de deux ou plusieurs *Nombres*, qui se suivent dans une progression arithmétique, dans laquelle la différence des termes est 6. Dans la progression arithmétique 1, 7, 13, 19, 25, 31, 37, &c. les *Nombres octogones* sont 1, 8, 21, 40, 65, 96, 133, &c. parce que $1 + 7 = 8$; $1 + 7 + 13 = 21$; $1 + 7 + 13 + 19 = 40$; $40 + 25 + 31 + 37 = 133$.

NOMBRE PAIR. *Nombre* qui peut être divisé en deux autres *Nombres* égaux entiers, comme 16 en 8 & 8; 8 en 4 & 4; 4 en 2 & 2. De même $1/8$ en $1/2$ & $1/2$.

NOMBRE PAIREMENT PAIR. *Euclide* donne ce nom à un *Nombre* qui peut être divisé par un *Nombre* pair, & qui donne de même un *Nombre* pair pour quotient. Tel est le *Nombre* 32 qui peut être divisé par le *Nombre* pair 8, & le quotient 4 est encore un *Nombre* pair.

Nicomaque entend par un *Nombre* pairement pair, un *Nombre* divisible toujours en deux *Nombres* égaux jusques à 1.

NOMBRE PAIREMENT IMPAIR. C'est, selon *Euclide*, un *Nombre* qui quoique divisible totalement par un *Nombre* pair, donne un *Nombre* impair pour quotient. De ce genre est le *Nombre* 24, puisqu'il peut être divisé par 8, & que son quotient 3 est un *Nombre* impair.

Nicomaque donne ce nom à un *Nombre* dont la moitié est un *Nombre* impair, comme 18, sa moitié 9 étant un *Nombre* impair.

NOMBRE PARALLELIPIPEDE. *Nombre* solide dont les deux côtés sont égaux, mais dont le troisième est ou plus grand ou plus petit. Tel est le *Nombre* 36, dont les trois côtés sont 3, 3 & 4. Comme les trois côtés d'un *Nombre* solide sont distingués en longueur, largeur & profondeur, ils forment six sortes de *Nombres parallelipipedes*. Le premier a la largeur & la profondeur égales; mais la longueur est moindre que les autres dimensions, comme 48, où la longueur est 3, la largeur 4, & la profondeur 4. La largeur & la profondeur sont les mêmes au second, & la longueur seule est différente. Tel est le *Nombre* 36 dont la longueur est 4, la largeur 3, & la profondeur 3. Dans le troisième, la longueur & la profondeur sont égales & la largeur inégale; ainsi des autres, qui ont toujours une dimension ou un côté inégal,

NOMBRE PARALLELOGRAME. *Nombre* plan dont les côtés different de deux. Tel est 48; car la différence des deux côtés 6 & 8 est 2. *Theon* de Smyrne, entend par ce *Nombre* un *Nombre* oblong comme 36, dont les côtés sont 9 & 4.

NOMBRE PARFAIT. *Nombre* duquel les parties aliquotes réunies forment exactement le tout dont elles sont partie. Tels sont les *Nombres* 6, 28, &c. car la moitié de 6 est 3, son tiers 2, & son sixième 1, la somme de ces trois parties aliquotes qui sont les seules du *Nombre* 6 est 6. De même les parties aliquotes de 28 qui sont 14, 7, 4, 2, 1, redonnent exactement 28 en les ajoutant. Les *Nombres parfaits* sont en très-petit nombre. Depuis 1 jusques à 40, 000000, il n'y a que les suivans 6, 28, 486, 8128, 130816, 1996128, 33550336. Ceux-ci ont encore la propriété de se terminer alternativement par 6 & par 8. La chose est sans doute fort singuliere.

Si l'on prend cette expression générale $2 n x$ pour un *Nombre parfait*, on aura $1 + 2 + 4 + 8$, &c. Expliquons-nous. Que $n = 1$; alors $x = 1 + 2 = 3$, & le *Nombre parfait* $2 n x = 6$. Si $n = 2$; en ce cas $x = 1 + 2 + 4 = 7$. Donc $2 n x = 28$, &c.

NOMBRE PENTAGONE. *Nombre* poligone produit

duit par la somme de deux ou plusieurs *Nombres* qui se suivent dans une progression arithmétique, où la difference des termes est 3. Dans la progression arithmétique 1, 4, 7, 10, 13, 16, 19, &c. les *Nombres pentagones* sont 1, 5, 12, 22, 35, 51, 70; car $1 + 4 = 5$; $1 + 4 + 7 = 12$; $1 + 4 + 7 + 10 = 22$; $22 + 13 = 35$; $35 + 16 = 51$; & $51 + 19 = 70$.

NOMBRE PLAN. *Nombre* qui se forme par la multiplication de deux autres. Tel est le *Nombre* 30, produit de 5 par 6. On appelle 5 & 6 les côtés de ce *Nombre*. Ces *Nombres* nommés côtés étant égaux, le *Nombre plan* qui en résulte est un *Nombre* quarré. On donne le nom de *Nombre plan double* à celui qui se forme par la multiplication de quatre *Nombres*. Tel est le *Nombre* 120 produit par la multiplication réciproque de 2, 3, 4, 5.

NOMBRE PLAN SOLIDE. *Nombre* qui résulte de la multiplication réciproque de cinq *Nombres*, ou autrement c'est le produit d'un *Nombre* solide multiplié par un *Nombre* plan. Exemple. 6 est un *Nombre* plan dont les côtés sont 2 & 3, & 120 est un *Nombre* solide dont les côtés sont 4, 5, & 6. En multipliant le *Nombre* solide 120 par le *Nombre* plan 6, le produit forme le *Nombre plan solide* 720.

NOMBRES PLANS SEMBLABLES. *Nombres* dont les côtés sont proportionnels. Ainsi 24 & 54 sont des *Nombres plans semblables*, parce que 24 est produit par la multiplication de 4 par 6, & 54 par celle de 6 par 9. Or 4 est compris autant de fois dans 9, que 24 l'est dans 54.

NOMBRE PLUS LONG DE L'AUTRE CÔTÉ. *Nombre* plan dont les côtés different entr'eux de l'unité. Tel est le *Nombre* 20; car un des côtés qui est 4 differe d'1 de l'autre qui est 5. D'où il suit que ce *Nombre* se forme en écrivant deux suites de *Nombres* l'une au-dessous de l'autre, dont la premiere commence par 1, la seconde par 2, & en multipliant l'une continuellement avec l'autre de la maniere suivante :

$$1, \ 2, \ 3, \ 4, \ 5, \ 6, \ 7, \ 8.$$
$$2, \ 3, \ 4, \ 5, \ 6, \ 7, \ 8, \ 9.$$
$$\overline{2, \ 6 \ 12, \ 20, \ 30, \ 42, \ 56, \ 72.}$$

NOMBRE POLIGONE. C'est la somme d'une progression arithmétique qui commence par 1. On a donné ce nom à cette somme, parce que les unités dont elle est composée peuvent toujours être rangées en figures géometriques régulieres, dont ils tirent leur nom particulier. D'où naissent des *Nombres poligones*; les noms de *Nombres triangulaires* du triangle, *Nombre quarré* du quarré, *Nombre pentagone* du pentagone, &c. Les premiers se forment en additionnant les termes d'une progression arithmétique, dont la difference est 1; les *Nombres tetragonaux* de celle dont la difference est 2; les *Nombres pentagones*, lorsque la difference est 3, &c. La figure 135. (Planche I.) represente un *Nombre* triangulaire. J'ai donné des exemples de ce *Nombre* & des autres à leur article. Disons seulement ici que ces *Nombres* M. *Pascal* a formé une table trés utile pour les combinaisons. (*Voiez* COMBINAISON.) Et ajoutons qu'ils ont tous un certain rapport au *Nombre* quarré. M M. *Descartes, Fermat* & *Frenicle* ont trouvé que tout *Nombre* triangulaire ou hexagone (on dit l'un ou l'autre, parce que les *Nombres* hexagones sont les mêmes que les *Nombres* triangulaires pris de deux en deux) étant multiplié par 8, en ajoutant l'unité devenoit un *Nombre* quarré. On lit dans les *Mémoires de l'Academie Roïale des Sciences* de 1701, que les *Nombres pentagones* étant multipliés par 24 devenoient *Nombres* quarrés en y ajoutant l'unité, & que les *Nombres* eptagones étant multipliés par 40, & ajoutés à 9, étoient transformés en pareil *Nombre*. Cette singularité aïant été remarquée par M. *De Montmort*, cet ingénieux Géometre a pris la peine de chercher la formule qui con),venoit à tous les *Nombres poligones* pour qu'ils deviennent quarrés. Je crois son travail trop curieux pour le passer sous silence, d'autant mieux que cette connoissance enrichira beaucoup toute la théorie des *Nombres* que je développe dans cet article général de *Nombre*, & en fera connoître l'étendue & peut-être aussi l'utilité.

TABLE GENERALE DES NOMBRES POLIGONES
ET DES FORMULES DE CES NOMBRES.

Nombres Poligones.	Formule des Nombres Poligones.	Formule des Quarrés.	Formule des Racines.
Nombres Triangulaires 1. 3. 6. 10. 15. 21	$\dfrac{pp + p}{2}$	$\dfrac{pq + p \times 8 + 1}{2}$	$2p + 1$
Nombres Quarrés 1. 4. 9. 16. 25. 36	$\dfrac{2pp + 0p}{2}$	$\dfrac{2pp + 0p \ldots}{2}$	$\dfrac{2p + 0}{2}$
Nombres Pentagones 1. 5. 12. 22. 35. 51	$\dfrac{3pp - 1p}{2}$	$\dfrac{3pp - p \times 24 + 1}{2}$	$6p - 1$
Nombres Hexagones 1. 6. 15. 28. 45. 66	$\dfrac{4pp - 2p}{2}$	$\dfrac{4pp - 2p \times 8 + 1}{2}$	$\dfrac{8p - 2}{2}$
Nombres Eptagones 1. 7. 18. 34. 55. 81	$\dfrac{5pp - 3p}{2}$	$\dfrac{5pp - 3p \times 40 + 9}{2}$	$10p + 3$
Nombres Octogones 1. 8. 21. 40. 65. 96	$\dfrac{6pp - 4p}{2}$	$\dfrac{6pp - 4p \times 12 + 4}{2}$	$\dfrac{12p - 4}{2}$
Nombres Enneagones 1. 9. 24. 46. 75. 111	$\dfrac{7pp - 5p}{2}$	$\dfrac{7pp - 5p \times 56 + 25}{2}$	$14p - 5$
Nombres Décagones 1. 10. 27. 52. 85. 126	$\dfrac{8pp - 6p}{2}$	$\dfrac{8pp - 6p \times 16 + 9}{2}$	$\dfrac{16p - 6}{2}$
Nombres Endecagones 1. 11. 30. 58. 95. 141	$\dfrac{9pp - 7p}{2}$	$\dfrac{9pp - 7p \times 72 + 49}{2}$	$18p - 7$
Nombres Dodecagones 1. 12. 33. 64. 105. 156	$\dfrac{10pp - 8p}{2}$	$\dfrac{10pp - 8p \times 20 + 16}{2}$	$\dfrac{20p - 8}{2}$

La premiere de ces quatre colonnes n'a pas befoin d'explication.

La feconde reprefente les formules des *Nombres poligones*. On voit dans la troifiéme par quels *Nombres* il faut multiplier chacune de ces formules, & ce qu'il y faut ajouter pour les rendre quarrés. Et dans la quatriéme font les racines de ces *Nombres*. (Voïez l'*Analyfe des jeux de hazard* par M. *De Montmort*, pag. 17.)

2. *Nicomaque* paroît être le premier qui a écrit fur les *Nombres poligones*. *François Maurolycus* en a traité avec beaucoup d'étendue dans le Livre I. de fon Arithmétique. *Faulhaber* y a enfuite appliqué l'algébre, & il a été fuivi par *Pafcal*, qui a fait voir l'ufage de ces *Nombres* dans fon *Triangle Arithmétique*. (Voïez COMBINAISON.) Enfin *Defcartes*, *Fermat*, *Montmort* ont découvert des propriétés fort furprenantes de ces *Nombres*.

NOMBRE POLIGONE CENTRAL. C'eft un *Nombre* qui fe forme en multipliant un *Nombre* poligone par le *Nombre* des angles de la figure, de laquelle le *Nombre poligone central* tire fon nom particulier, & en ajoutant 1 au produit. Ainfi en multipliant le *Nombre* triangulaire par 3, & en y ajoutant 1, on a les *Nombres centrals triangulaires*. En multipliant par 4, on a les *Nombres centrals tetragonaux*, &c. Cependant le premier *Nombre poligone central* étant de même 2, le côté du *Nombre* central eft toujours moindre d'1 que le côté du *Nombre* poligone. Exemple. Les *Nombres* triangulaires font 1, 3, 6, 10, 15, &c. de là fe forment les *Nombres centrals triangulaires* 1, 4, 10, 19, 31, &c. & par conféquent le fecond eft 4, en multipliant le premier 1 par 3 & y ajoutant 1; le troifiéme eft 10, en multipliant le fecond 3 par 3 & y ajoutant 1, &c. De ces mêmes *Nombres* triangulaires fe forment les *Nombres centrals tetragonaux*, 1, 5, 13, 25, 41, &c. les *Nombres centrals pentagones* 1, 6, 16, 31, &c.

On appelle ces *Nombres poligones*, parce que les unités, dont ils font formés, peuvent être diftribuées en figures géometriques. Et on les nomme *Nombres centrals*, parce qu'une de ces unités occupe toujours le milieu, duquel pris comme centre, on peut tirer des lignes droites vers les coins des figures. J'offre dans la figure 136 (Planche I.) un exemple du *Nombre central triangulaire*.

NOMBRES PREMIERS ENTR'EUX. Ce font des *Nombres* compofés qui n'ont point de mefure commune entr'eux, c'eft-à-dire qui ne peuvent être divifés que par le *Nombre* 1. Tels font les *Nombres* 4 & 7.

NOMBRE PRONIQUE. C'eft la fomme d'un *Nombre* quarré & de fa racine. Soit, par exemple, la racine 4, dont le quarré eft 16, dans ce cas le *Nombre pronique* eft 20. Ainfi en Algébre, la racine étant x, on exprime le *Nombre pronique* par $x^2 + x$. Ou la racine étant $= x - 1$, le *Nombre pronique* eft $x^2 - 3x + 2$.

NOMBRES PROPORTIONNELS. *Nombres* qui font entr'eux dans une proportion. (*Voiez* PROPORTION.)

NOMBRES PROPORTIONNELS ARITHMETIQUEMENT. *Nombres* qui croiffent & décroiffent felon une différence continuelle, comme 3, 5, 7, 9, où la différence entre deux *Nombres* fe trouve toujours la même qui eft ici 2. Ou 3, 5, 8, 10, où la différence des deux premiers eft égale à la différence des deux derniers.

NOMBRES PROPORTIONNELS CONTINUELLEMENT. *Nombres* qui fe fuivent dans une même raifon, de forte que chacun d'eux, excepté le premier & le dernier, remplit en même tems la place du terme de l'antécédent & du conféquent d'une raifon. Tels font les *Nombres* 2, 6, 18, 54. Car 2 eft à 6 comme 6 eft à 18; & 6 eft à 18 comme 18 eft à 54. Par conféquent 6 eft en même-tems le terme conféquent de la premiere raifon & l'antécedent de la feconde, ainfi que 18 eft le conféquent de la feconde & l'antécédent de la troifiéme.

NOMBRES PROPORTIONNELS GEOMETRIQUEMENT. *Nombres* qui ont entr'eux une raifon géométrique, comme 3, 6, 7, 14; car 3 eft à 6 comme 7 à 14.

NOMBRES PROPORTIONNELS HARMONIQUEMENT. Ce font des *Nombres* joints enfemble, trois ou quatre, par exemple, dont la différence du premier & du fecond eft à celle du fecond & du troifiéme, comme le premier *Nombre* au troifiéme, Et s'il y en a quatre, la différence du premier & du fecond eft à celle du troifiéme & du quatriéme, comme le premier *Nombre* au quatriéme. Exemple. 2, 3, & 6 font des *Nombres proportionnels harmoniquement*; parce que

la différence 1 entre 2 & 3 eft à 3, qui eft la différence entre 3 & 6, comme 2 eft à 6. Tels font encore les *Nombres* 6, 8, 12, & 18. Car 2, différence entre 6 & 8 eft à 6, qui eft la différence de 12 à 18, comme 6 à 18.

NOMBRE PYRAMIDAL. C'eft la fomme des *Nombres* poligones depuis & jufques à chaque autre *Nombre* qu'on veut. On les appelle *Nombres pyramidaux triangulaires* lorfqu'ils font les fommes des *Nombres* triangulaires. Les *Nombres pyramidaux quarrés*, font les fommes des *Nombres* tétragones. Exemple. Les *Nombres* triangulaires font 1, 3, 6, 10, 15, 21, &c. & les *Nombres pyramidaux triangulaires* 1, 4, 10, 20, 35, 56, &c. Car $1 + 3 = 4$; $1 + 3 + 6 = 10$; $1 + 3 + 6 + 10 = 20$, &c. Les *Nombres* tetragones étant 1, 4, 9, 16, 25, 36, &c. les *Nombres pyramidaux quarrés* font 1, 5, 14, 30, 55, 91. &c. car $1 + 4 = 5$; $1 + 4 + 9 = 14$; $1 + 4 + 9 + 16 = 30$, &c.

Les *Nombres pyramidaux* fe divifent en plufieurs genres. Ceux qui ont été décrits jufques ici font du premier genre. Les *Nombres pyramidaux* du fecond fe forment par les fommes de ceux du premier. Exemple. Ceux du premier genre étant 1, 5, 14, 30, 55, 91, &c. les *Nombres pyramidaux* du fecond genre feront 1, 6, 20, 50, 105, 196; & par conféquent ceux du troifiéme 1, 7, 27, 77, 182, 378, &c.

Quand la fomme eft compofée d'une fuite de *Nombres* poligones qui ne commencent pas par 1, cette fomme eft appellée *Nombre pyramidal tronqué*. Exemple. 30 eft un *Nombre pyramidal*, duquel aiant ôté 1 refte 29 qui eft un *Nombre pyramidal tronqué*.

Quand on fouftrait le premier & le fecond *Nombre* de la fuite des *Nombres* poligones, on nomme la fomme *Nombre pyramidal tronqué deux fois*. Si on en ôte trois, c'eft un *Nombre* pyramidal tronqué trois fois, &c.

NOMBRE PYRGOÏDAL. C'eft un *Nombre* compofé d'un *Nombre* colonnaire & d'un pyramidal qui font tous deux d'un même genre, de façon que le côté ou la racine du *Nombre* pyramidal foit moindre de l'unité que le côté du *Nombre* colonnaire. Exemple. 18 eft le côté d'un *Nombre* triangulaire colonnaire, dont le côté eft 3; & 4 eft un *Nombre* triangulaire pyramidal, dont le côté eft 2: la fomme $18 + 4$ eft un *Nombre triangulaire pyrgoïdal*. Cela veut dire que les *Nombres pyrgoïdaux* prennent leurs noms des *Nombres* colonnaires & pyramidaux, dont ils font formés.

NOMBRE QUARRÉ. C'eft le produit d'un *Nombre* par lui-même, comme 36 produit de 6 par 6. On peut définir encore ce *Nombre* un *Nombre* plan, dont les deux côtés font égaux. *Maurolycus* a fait voir que la fuite naturelle des *Nombres quarrés* fe forme par la fimple addition des termes de la progreffion arithmétique 1, 3, 5, 7, &c. du quarré précédent. Ainfi en ajoutant 1 à 3 on a 4, c'eft-à-dire le quarré de 2. En y ajoutant le *Nombre* fuivant de la progreffion qui eft 5 on a 9, qui eft le quarré de 3. Au *Nombre* 9 aïant ajouté 7 la fomme eft 16 quarré de 4, &c. (*Voïez* l'*Arith. de Maurol. L. I.*)

Progreffion.	Racine.	Quarré.
1	1	1
3	2	4
5	3	9
7	4	16
9	5	25
11	6	36
13	7	49
15	8	64
17	9	81
19	10	100

Les Anciens marquoient, d'après les Arabes, le *Nombre quarré* par z. Les Modernes l'expriment ainfi généralement *a a* ou *a'*. (*Voïez* CARACTERE & ALGEBRE.)

NOMBRE QUARRE' QUARRE'. C'eft un *Nombre* qui fe forme par la multiplication d'un *Nombre* quarré par lui-même. Exemple. 16 eft le *Nombre quarré quarré* de 2. Les Anciens exprimoient ainfi ce *Nombre* $z\,z$. Dans l'Algébre c'eft la quatriéme puiffance ou dignité qu'on marque par a^4.

NOMBRE SOLIDE. Produit de la multiplication de trois autres *Nombres*. Ainfi 30 eft un *Nombre folide*, parce qu'il eft formé par la multiplication des trois *Nombres* 2, 3 & 5. Ces *Nombres* s'appellent côtés. Lorfqu'ils font égaux, le *Nombre folide* qui en réfulte eft un cube.

NOMBRES SOLIDES SEMBLABLES. *Nombres* dont les côtés équinomes ont la même proportion. C'eft ainfi que les *Nombres* folides 48 & 162 font femblables. Car comme la longueur du premier 2 eft à fa largeur 4, ainfi eft la longueur du fecond 3 à fa largeur 6. De même comme la longueur du premier 2 eft à fa profondeur 6, ainfi la longueur du fecond à fa profondeur 9. Enfin, comme la largeur du premier 4 eft à fa profondeur 6, ainfi la largeur du fecond à fa profondeur 9.

NOMBRE SPHERIQUE. *Nombre* folide qui a trois côtés inégaux. Tel eft le *Nombre* 24, dont les côtés font 2, 3, & 4. *Nicomaque* donne à ce *Nombre* le nom de *Bomifcus*. D'autres Géometres l'appellent *Sphericus, Scalenus, Cuneus.*

NOMBRE SURSOLIDE. C'eft le *Nombre* qui fe forme en multipliant le quarré par le cube d'une racine, ou le quarré par lui-même, & le produit encore par lui-même. Exemple 9 *Nombre* quarré de 3 étant multiplié par 3 produit 27, & ce *Nombre* étant encore multiplié par 9 donne 243, qui eft un *Nombre furfolide*. Les Anciens donnoient à ce *Nombre* ce caractere $z\,c$. Dans l'Algébre on l'appelle la cinquiéme puiffance qu'on marque ainfi a^5.

NOMBRE SURDESOLIDE. C'eft le même qu'un *Nombre* plan folide, (*Voïez* donc NOMBRE PLAN SOLIDE.)

NOMBRE TETRAGONE. *Nombre* poligone formé par la fomme de deux ou plufieurs *Nombres* qui fe fuivent dans une progreffion arithmétique, où la difference des termes eft 2. Exemple. Soit la progreffion 1, 3, 5, 7, 9. 11, 13, 15, 17, &c. alors les *Nombres tetragones* font 1, 4, 9, 16, 25, 36, 49, 64, 81, &c. Car $1 + 3 = 4$; $1 + 3 + 5 = 9$; $1 + 3 + 5 + 7 = 16$, &c. Les *Nombres tetragones* font les mêmes que les *Nombres* quarrés.

NOMBRE TRIANGULAIRE. *Nombre* poligone compofé de la fomme de deux ou de plufieurs *Nombres* qui fe fuivent dans une progreffion arithmétique, & dans laquelle la difference des termes eft 1. Exemple. Soit la progreffion arithmétique 1, 2, 3, 4, 5, 6, 7, 8, 9, 10, &c. En ce cas les *Nombres triangulaires* font 1, 3, 6, 10, 15, 21, 28, 36, 45, 55, &c. Car $1 + 2 = 3$; $1 + 2 + 3 = 6$; $1 + 2 + 3 + 4 = 10$; $1 + 2 + 3 + 4 + 5 = 15$, &c.

3. Après avoir développé les *Nombres* d'après les Géometres, je crois devoir les expofer d'après les Philofophes. J'entends de ces Philofophes tels que l'antiquité en avoit, Gens qui mêloient à de belles maximes de grandes rêveries. Je ferai court là-deffus, quoique j'aie à parler des idées d'un grand Homme, de *Pythagore*; parce que des idées de quelque endroit qu'elles viennent, font toujours des idées qu'il feroit auffi ridicule d'approfondir que meffeant d'ignorer. Il s'agit ici des qualités imaginaires qu'on attribuoit aux *Nombres*. Le *Nombre* 2 défignoit, fuivant *Pythagore*, le mauvais principe, & par conféquent le défordre, la confufion, le changement. *Platon* le comparoit à *Diane* qui fut toujours ftérile & par-là méprifée; & on étendoit cette averfion pour le *Nombre* 2, jufques à regarder de mauvais œil tous les *Nombres* qui com-

mençoient par le même chifre, comme 20, 200, 2000, &c. Les Pythagoriciens avoient meilleure opinion du *Nombre* 3. Ils lui attribuoient de grands mysteres dont ils se vantoient d'avoir la clef ; & ils l'appelloient l'*Harmonie parfaite*. Un Chanoine de Bergame a recueilli les singularités qui appartiennent à ce *Nombre*. (*Voïez Pet. Bungum. de Num. mist.*) Le *Nombre* 4 étoit en grande vénération parmi les Disciples de *Pythagore*. On prétendoit qu'il rappelloit l'idée de Dieu, & de sa puissance infinie dans l'arrangement de l'Univers. Preuve en main, ces hommes foibles, sur cet article, formoient cet argument que je ne conçois pas trop. Tous les Peuples du monde comptent jusques à 10, après quoi ils recommencent & ajoutent à ce *Nombre* de nouvelles unités. Par-là ils établissent une seconde, une troisiéme dixaine, &c. Le *Nombre* 10 est donc un *Nombre* universellement reconnu. Mais le *Nombre* 4 est le seul qui a cette propriété, joint avec les *Nombres* 1, 2, 3 qui le précedent, de former 10. Donc &c. Satisfait de ce syllogisme, *Nicomaque* appelloit le *Nombre* 4 le Type de la Nature.

Junon qui préside au mariage protégeoit, selon *Pythagore*, le *Nombre* 5 ; parce qu'il est composé de 2, premier *Nombre* pair & de trois premier *Nombre* impair. Or ces deux *Nombres* réunis ensemble pair & impair font 5 : ce qui est un emblême ou une image du mariage. D'ailleurs, le *Nombre* 5 est remarquable par un autre endroit ; c'est qu'étant multiplié toujours par lui-même, c'est-à-dire 5 par 5, le produit 125 par 5, ce second produit encore par 5, &c. il vient toujours un *Nombre* 5 à la droite du produit. On caractérisoit par le *Nombre* 6 la justice ; en voici la raison. Les anciens Géometres aïant coutume de diviser leur figure en six parties, les Pythagoriciens crurent que ce *Nombre* étoit affecté à la pratique de cette science infaillible. Il n'en fallut pas davantage pour l'attribuer à la justice qui doit rendre des arrêts surs. Aucun *Nombre* n'a été si bien accueilli que le *Nombre* 7. Je déduis à l'article CLIMATERIQUE ses propriétés prétendues.

Le *Nombre* 8 étoit en vénération chez les Pythagoriciens sans en savoir trop la raison ; car on croïoit qu'il désignoit la loi naturelle, cette loi primitive, qui suppose tous les hommes égaux. Au contraire on craignoit le *Nombre* 9, qu'ils croïoient très-malheureux à tous égards sans savoir pourquoi, (*Voïez* CLIMATERIQUE.) si ce n'est peut-être à cause de sa production. Je

m'explique. D'abord 9 est la puissance de 3 ; car 3 × 3 font 9. En second lieu 9 multiplié par 2 fait 18 , & 1 & 8 font 9. De même 3 fois 9 font 27, & 2 & 7 font 9. Le produit de 4 par 9 est 36 ; or la somme de 3 & 6 est 9 ; 5 fois 9 font 45. La somme de 4 & 5 est encore 9. En un mot, tous les *Nombres* ainsi joints 45 , 54, 36, 63, 18, 81, 90, &c. sont les multiples de 9. Ce n'est pas tout. 99 qui fait deux fois 9 par ces deux chifres 9 & 9 est aussi un multiple de 1, 8, ainsi que 108 qui fait 10 & 8, c'est-à-dire 9 & 9, 117 qui fait 11 & 7, c'est-à-dire 9 & 9, &c. Ces *Nombres* sont aussi multiples de 9. Enfin, *Pythagore* regardoit le *Nombre* 10 comme le tableau des merveilles de l'Univers, contenant éminemment les prérogatives des *Nombres* qui le précedent. Pour marquer qu'une chose surpassoit beaucoup une autre, les Pythagoriciens disoient qu'elle étoit dix fois plus grande. Une chose étoit extrêmement belle, quand elle avoit 10 degrés de beauté. Le *Nombre* 10 étoit encore un signe de paix. Ainsi le prouvent les Disciples de *Pythagore*, auteur de toutes ces reveries. Quand deux personnes veulent se lier étroitement, ou se donner une marque de raccommodement après une querelle, elles se prennent les mains l'une à l'autre, & se les serrent en témoignage d'une union réciproque. Or deux mains jointes ensemble forment par la réunion des doigts le *Nombre* 10. Donc, &c. (*Voïez De V. &c. de Diogene de Laerce*, & l'*Histoire Critique de la Philos.* , Tome II.)

NOMBRE D'OR. Terme de Chronologie. C'est le tems que le soleil & la lune emploïent à revenir au même point du zodiaque d'où ils étoient partis. Ce tems est de 19 ans. On l'appelle aussi cycle lunaire. (*Voïez* CYCLE LUNAIRE.) Il est de l'invention de *Méthon* Astronome d'Athene ; & il fut introduit dans le Calendrier du tems du Concile de Nicée l'an 225 , pour marquer par-là les nouvelles & pleines lunes. Comme on n'eut point égard à la difference qui se trouve au bout de 19 ans sur l'anticipation du mouvement de la lune sur celui du soleil d'une heure 28', 15", ce *Nombre d'or* ne marqua plus dans la suite les nouvelles lunes, mais les quatriémes & cinquiémes étant en arriere de quatre jours en 1581. Pour corriger cette erreur, le Pape Gregoire XIII. y substitua l'épacte, (*Voïez* EPACTE) qu'on doit à *Aloysius Dilius* Romain. (*Voïez* l'*Histoire du Calendrier Romain*, par M. *Blondel, III. Part. Ch. I. & II.*)

NOMBRIL. Point de l'axe dans une ligne

courbe qu'on appelle autrement foïer. (*Voïez* FOIER.)

NOMBRIL D'ANDROMEDE. C'eſt l'étoile qui eſt connue ſous le nom de Mirach. *Voïez* MIRACH.

NON

NONES. Terme de Chronologie. C'étoit un des noms avec leſquels les Romains diſtinguoient les jours des mois. Savoir dans les mois de Mars, de Mai, de Juillet & d'Octobre, les *Nones* tomboient au ſeptiéme jour. Car ces mois avoient ſix *Nones* qui furent comptées en retrogradant du ſeptiéme jour juſques au ſecond. En ſorte que le 2 Mars, par exemple, fut appellé le ſixiéme des *Nones* de Mars, (*Sextus Nonarum Martii.*) Dans les autres mois les *Nones* arrivoient le cinquiéme jour du mois. Ceux-ci n'avoient que quatre *Nones* qu'on comptoit auſſi comme les autres en retrogradant.

NOR

NORD ou SEPTENTRION. C'eſt la plage du pole boréal appellée *Pole arctique.*

NORD-EST ou GALERNE. Nom de la plage qui eſt au milieu du Nord & de l'Eſt. Le vent qui ſouffle de cette plage porte le même nom, & on l'appelle en latin *Arcta peliotes* ou *Bora peliotes.*

NORD-EST QUART A L'EST. Plage qui décline de 33°, 45' du Nord à l'Eſt. C'eſt auſſi le nom du vent qui ſouffle de ce côté-là : il eſt nommé en latin *Hypocœſias.*

NORD-EST QUART AU NORD. Nom & de la plage & du vent qui déclinent de 33°, 45' du Nord à l'Eſt. Les Latins appellent ce vent *Meſaquilo*, *Meſoboreas*, *Supernas.*

NORD-NORD-EST. Plage qui décline de 22°, 30' du Nord à l'Eſt. C'eſt auſſi le nom du vent qui ſouffle de ce côté-là.

NORD NORD-OUEST. Plage ſituée à 22°, 30' du Nord à l'Oueſt. Le vent qui ſouffle de cette plage porte le même nom, & en latin celui de *Circius.*

NORD-OUEST. Nom de la plage qui eſt entre le Nord & l'Oueſt, & du vent qui ſouffle de cette partie du monde. On le nomme en latin *Borolybicus.* Il eſt humide & diſpoſe l'atmoſphere à la pluïe. M. *Wolf* a obſervé dans une Diſſertation ſur l'hyver de 1709, que je ne connois que de réputation, a obſervé, dis-je, que ce vent donne le tems inconſtant du mois d'Avril.

NORD-OUEST QUART A L'OUEST. On appelle ainſi la plage & le vent qui déclinent de 33°, 45' de l'Oueſt au Nord. Ce vent eſt

connu des Latins ſous le nom de *Meſageſtes* ou *Meſocoſius.*

NORD-QUART NORD-EST. C'eſt la plage qui décline de 11°, 15' du Nord à l'Eſt. On donne le même nom au vent qui ſouffle de cette plage, & qu'on nomme en latin *Hypaquilo.*

NOT

NOTAPELIOTES. Nom du vent qui ſouffle entre l'Eſt & le Sud. On l'appelle communément *Vent de Sud-Eſt* ou *Eurus.*

NOTOZEPHYRUS. On donne ce nom au vent qui ſouffle d'un point ſitué entre le Sud & l'Oueſt. C'eſt le vent de *Sud-Oueſt* nommé en latin *Africus.*

NOTE. On appelle ainſi en Muſique les caracteres qui marquent les tons, les élevations ou les abbaiſſemens de la voix ; ſes mouvemens vites ou lents, &c. Les *Notes* qui ſervent à diſtinguer ces tons, ſont au nombre de 7 : ſavoir, *ut, ré, mi, fa, ſol, la, ſi.* Mais on compte neuf *Notes*, quand on les conſidere par rapport aux tems ; la *Maxime*, la *Longue*, la *Breve*, la *demi-Breve*, la *Minime*, la *Croche*, la *double-Croche*, la *triple-Croche* & la *quadruple-Croche.* De ces *Notes* la maxime & la longue ſont préſentement de peu d'uſage, étant trop longues & pour les voix & pour les inſtrumens excepté l'orgue, quoiqu'on ſe ſerve fort ſouvent de leur repos ſur-tout dans les airs à pluſieurs parties.

2.   Je donne à l'article de la MUSIQUE l'origine des *Notes*, & je dis que les Anciens ſe ſervoient des lettres de l'alphabet, ou droites ou renverſées, ou tournées à gauche, &c. comme nous l'apprennent *Alipius*, *Kirker*, *Merſenne*, &c. Du tems de *Boëce* on ſe ſervoit encore des 15 premieres lettres de l'alphabet. *St Gregoire*, Pape, les reduiſit enſuite aux ſept premieres. Et dans le onziéme ſiécle, un Benedictin nommé *Gui Aretin*, ſubſtitua au ſyſtême des Grecs les ſix ſyllabes *ut, ré, mi, fa, ſol, la.* (*Voïez* MUSIQUE.) Il les mit d'abord ſur differentes lignes & les marqua avec des points. On les plaça enſuite dans les eſpaces des lignes ; mais c'étoit toujours des points d'une égale valeur. Enfin, l'an 1330 ou 1333 *Jean de Murs*, Docteur de Paris, trouva moïen de donner à ces points differentes figures qui marquoient combien de tems il faut demeurer ſur chacune : d'où ſont venues les *Rondes*, les *Blanches*, les *Noires*, les *Croches*, &c. Telles ſont les *Notes* actuelles de la Muſique.

N O U

NOUE'E ou NOUEUSE. M. *Newton* appelle ainfi une efpece d'hyperbole qui tournant en rond, fe croife elle-même.

NOVEMBRE. Nom du onziéme mois de l'année Julienne & Gregorienne. Il n'étoit que le neuviéme chez les Romains, lorf-qu'ils n'en avoient que dix, & c'eft de là qu'il a tiré fon nom latin. Ce mois a 30 jours ; & c'eft le 22ᶜ que le foleil entre dans le figne du Sagitaire.

NOUVELLE LUNE. On appelle ainfi la lune lorfqu'elle eft en conjonction avec le fo-leil, & qu'elle ne reflechit point de lumiere du côté qu'elle tourne vers nous. On dif-tingue en Aftronomie trois fortes de *Nou-velles lunes* ; l'une apparente, l'autre vérita-ble, & la derniere moïenne. La *Nouvelle lune véritable* eft le tems précis de la con-jonction du foleil & de la lune, telle qu'on la verroit du centre de la terre. La *Nou-velle lune apparente* eft le tems de la con-jonction du foleil & de la lune, felon leur mouvement apparent. C'eft cette conjonction du foleil & de la lune qu'on obferve fur la furface de la terre. Le calcul de cette *Nou-velle lune* eft un des plus difficiles dans le calcul des éclipfes. Enfin la *Nouvelle lune* eft *moïenne* lorfque le tems de la conjonc-tion du foleil & de la lune eft fuivant le mouvement moïen de ces deux aftres.

N U B

NUBECULA. Je ne connois pas d'autre ter-me par lequel on ait défigné une tache dans le ciel près le pole Sud de l'écliptique. *Hevelius* a repréfenté la figure de cette ta-che dans fon *Firmamentum Sobiefcianum*, Fig. F. *ff*.

N U I

NUIT. C'eft le tems pendant lequel le foleil fe tient au-deffous de notre horifon. Ce tems varie pendant toute l'année en dé-croiffant pendant que les jours croiffent, & en croiffant pendant qu'ils décroiffent, puif-que tous deux pris enfemble font un jour naturel, c'eft-à-dire 24 heures. Aïant donc trouvé le lieu du foleil dans l'écliptique, & la longueur du jour, felon les Tables aftrono-miques ; ôtant cette longueur de 24, le refte eft la durée de la nuit.

N U M

NUMERATEUR. C'eft dans une fraction le nombre qui indique combien on a de par-ties d'un tout, ou autrement combien l'on prend de parties, dans laquelle la fraction fuppofe qu'un tout eft divifé. Ainfi dans la fraction $\frac{6}{8}$, le nombre 6 eft le *Numera-teur*, qui fait voir qu'un tout étant divi-fé en 8 parties, la fraction en vaut 6 ou les $\frac{3}{4}$.

NUMÉRATION. C'eft l'action de diftinguer, d'évaluer & d'énoncer jufte des nombres, quelques grands qu'ils puiffent être, de fa-çon qu'on donne une idée diftincte de leur place & de leur figure. (*Voïez* NOMBRE.)

N U T

NUTATION. Mouvement de l'axe de la terre découvert en 1747 par M. *Bradley*. C'eft une efpece de balancement ou de vibra-tion, dont le centre de la terre eft le point fixe, & par lequel cet axe s'incline tantôt plus tantôt moins fur le plan de l'éclipti-que. La quantité de cette *Nutation* eft de 18 fecondes, & fa période répond exacte-ment à celle des nœuds de la lune qui font les points d'interfection de l'orbite lunaire avec l'écliptique. (*Voïez* NŒUD.) C'eft-à-dire, que l'extrêmité de l'axe de la terre s'éloigne du plan de l'écliptique d'environ 18 fecondes pendant dix-neuf ans, tems de la révolution des nœuds de la lune, & qu'il s'en rapproche enfuite de la même quantité pour revenir à fa premiere place. Cette découverte eft le réfultat. Cette *Nu-tation* eft accompagnée d'une équation dans la préceffion. Pour rendre raifon de tout cela, voici l'hypothefe qu'a fait M. *Machin*, célebre Géometre Anglois, & que M. *Brad-ley* a adoptée.

Soit P le lieu moïen du pole de l'équa-teur (Planche XVIII. Fig. 330.) E le vrai lieu du pole de l'écliptique, autour duquel le pole P tourne uniformément en retro-gradant de 50 fecondes par an (ce qui fait la préceffion moïenne.) Soit encore P ♋ le colure des folftices ; P ♈ celui des équi-noxes. Du point P comme centre & d'un raïon égal à 9″ d'un grand cercle, foit dé-crit un petit cercle A B C D, dont le vrai pole de l'équateur parcoure la circonference en 18 ans & 7 mois, par un mouvement rétrograde & correfpondant à celui du nœud de la lune ; en forte que le pole foit en A fur le colure des folftices du côté de ♋, lorfque le nœud afcendant de la lune eft au commencement du ♈ ; en B quand ce nœud eft dans 0° ♑ ; & en C quand le nœud eft dans 0° ♎. Dans ce dernier cas, le pole boréal de l'équateur étant au point du cercle A B C D qui eft le plus près du pole boréal de l'écliptique, l'angle de l'écliptique avec l'équateur doit être moindre de 18", que quand le nœud afcendant de la lune étoit en ♈. On voit auffi que le vrai pole de l'équateur, en allant de A vers B, s'approche des étoiles qui paffent au méridien avec le foleil aux environs de l'équinoxe du printems, & s'écarte de celles qui paffent au méridien avec le foleil vers l'équinoxe d'automne, & qu'en même-tems la vraie préceffion des équinoxes excede la moïenne, puifque le vrai pole, en avançant fur le petit cercle tourne plus vite autour du pole E de l'écliptique que le lieu moïen P.

Cette explication a été publiée en Anglois dans une Lettre écrite le 31 Décembre 1747 à Milord *Macclesfied*, & rendue en François de la façon dont je viens de l'expofer, par M. *D'Alembert*. (*Voïez fes Recherches fur la préceffion des équinoxes & fur la* Nutation *de l'axe de la terre, page* 54.) Ce Géometre la trouve ingénieufe ; mais il eft furpris que le pole vrai de la terre décrive un cercle autour du pole moïen, ou tout au plus une ellipfe très-allongée ; car il démontre que les axes de cette ellipfe doivent être entre eux environ comme 3 à 4. Il s'enfuivroit de là que l'équation ou l'inégalité de la préceffion des équinoxes, n'eft pas telle que M. *Bradley* l'a trouvée d'après M. *Machin* & d'après fes propres obfervations. La chofe eft délicate & difficile à obferver. Auffi M. *D'Alembert* exhorte les Aftronomes à s'y rendre attentifs. Et pour leur faciliter ce travail, il a donné dans fon Ouvrage, ci-deffus cité, des formules fort fimples pour calculer la *Nutation* de l'axe de la terre, l'équation de la préceffion, & les variations qui en réfultent dans la pofition des étoiles.

O.

O B J

BJECTIF. On donne ce nom à un verre de telescope & de microscope, placé à l'extrémité de cet instrument, qui est du côté de l'objet.

O B L

OBLIQUITE'; on ajoute de l'ECLIPTIQUE. C'est l'angle que l'écliptique fait avec l'équateur. (*Voïez* ECLIPTIQUE.)

OBLONG. C'est la même chose qu'un parallelograme rectangle dont les côtés sont inégaux.

O B S

OBSERVATEUR. On donne ce nom à un Astronome qui observe avec soin les astres & les autres phénomenes célestes. *Hypparque* & *Ptolomée* ont été célebres sous ce nom parmi les Anciens. *Albategnius* qui leur a succédé l'an 882, & *Ulugh-Beigh*, petit-fils du grand *Tamerlan* l'an 1437, ont aussi mérité ce nom parmi les Sarrazins. En Allemagne les *Observateurs* sont *Jean Regiomontan* en 1457, *Jean Werner*, *Bernard Walther* en 1475, *Nicolas Copernic* en 1509, *Tycho Brahé* l'an 1582, *Guillaume* Landgrave de Hesse, & *Jean Hevelius* dans le siécle précédent. En Italie *Galilée* & *Riccioli*; en Angleterre *Horocce*, *Flamstéed*, & *Bradley*; & en France *Gassendi*, les *Cassini*, *De la Hire* pere & fils, le Chevalier de *Louville*, *Maraldi*, *De Lille*, l'Abbé *De la Caille* &c.

OBSERVATIONS ASTRONOMIQUES. Opérations par lesquelles on remarque le mouvement des astres & les autres phénomenes célestes, avec des instrumens propres à ce travail. La plupart des observations regardent les hauteurs des étoiles & du soleil sur l'horison, leur distance mutuelle & le tems auquel ces astres arrivent au méridien, de même que les éclipses du soleil, de lune & des satellites de Jupiter. Depuis l'usage des telescopes, on fait encore des *Ob-*

servations sur le changement de la lumiere des planetes. Les premieres servent à arranger les étoiles fixes de maniere qu'on puisse trouver le lieu de chacune dans le ciel, & à établir les loix du mouvement des planetes, afin de déterminer leur lieu, de les prescrire même avant le tems. Les observations sur la lumiere ont pour objet la nature des corps célestes & de tout le système du monde. Ce seroit une chose utile que de recueillir dans un seul volume les *Observations astronomiques* & des Anciens & des Modernes. On les trouve éparses dans les Traités d'Astronomie : celles des Anciens & principalement de *Tycho-Brahé* sont rapportées dans l'*Histoire céleste*, qui a paru à Ratisbonne l'an 1672. *Willebrord Snellius* a publié en 1618 les *Observations de Guillaume* Landgrave de Hesse. *Jeremie Horocce* a recueilli les siennes dans ses *Œuvres* qui ont été imprimées après sa mort; *Hevelius* dans sa *Machina cœlestis*; *Flamstéed* dans son *Historia cœlestis*, celles de differens Astronomes dans l'*Almagest. de Riccioli*, & dans les *Elemens d'Astronomie* de M. *De Cassini*. Qu'on juge maintenant si un Livre qui contiendroit toutes ces *Observations* éparses dans ces Ouvrages seroit utile. J'ai recueilli les plus considérables dans ce Dictionnaire, & je souhaite que mon zèle, plutôt que mon conseil, contribue à un travail qui paroît si important.

OBSERVATOIRE. Lieu où l'on observe les astres, & qui contient par conséquent tous instrumens nécessaire aux observations astronomiques; savoir, un quart de cercle fixe au méridien, un instrument de passage, un quart de cercle mobile, &c.

O B T

OBTUS-ANGLE. Epithete qu'on donne à un triangle qui a un angle obtus. (*Voïez* TRIANGLE.)

O C C

OCCIDENT, OUEST, L'un des quatre points cardinaux qui divisent l'horison en 4 parties. C'est le point où le soleil se couche pendant l'équinoxe, c'est-à-dire lorsqu'il est dans l'équateur : ce qui arrive deux fois l'année au commencement du printems lorsqu'il entre dans le Bélier, & au commencement de l'automne, environ le 21 Décembre, quand il entre dans la Balance. (*Voïez* EQUINOXE.) Ceci est le vrai *Occident* (*cardo Occidentis*). Cependant comme on entend par ce mot le point où le soleil se couche, on distingue deux autres especes d'*Occident*, l'un appellé *Occident d'été*, & le second *Occident d'hyver*. Celui-ci est le point de l'horifon où le soleil se couche quand il entre au signe du Capricorne, & le premier lorsqu'il se couche à son entrée dans le signe de l'Ecrevisse.

OCCIDENTALE. On donne cette épithete à une planete lorsqu'elle est vûe, après le soleil couché, vers l'Occident.

OCCULTATION. On entend par ce mot en Astronomie le tems auquel une étoile ou une planete est cachée à notre vûe, quand elle est éclipsée par l'interposition du corps de la lune ou de quelqu'autre planete entre cette étoile & nous. Les Astronomes observent avec beaucoup de soin les *Occultations*. Par celle des étoiles par le corps de la lune, ils déterminent avec la derniere précision le lieu de la lune, & en général celui des planetes qui forment l'*Occultation*. En effet, ce lieu est le même que celui de l'étoile cachée *occultée*; & celui de cette étoile est connu par le catalogue des étoiles fixes. Les *Occultations* ont servi à faire connoître l'atmosphere des planetes & sur tout celui de la lune. En voici une preuve remarquable.

M. *De Cassini* après plusieurs observations faites sur Saturne, Jupiter & quelques étoiles fixes occultées par la lune, (*Voïez* les *Mémoires de l'Académie Roiale des Sciences* de l'année 1706.) remarqua leur forme un peu allongée du côté de la marge, tant de l'éclairée que de l'obscure. Ce grand Astronome attribua cette apparence à un atmosphere que la lune devoit avoir, chargé de vapeurs, qui en refractant les raïons de lumiere changeoient la figure sphérique des planetes, d'où ils partoient, en figure allongée. On prouve par mille raisons la solidité de cette conjecture, (*Voïez* ATMOSPHERE DES ASTRES) & entre autres par une expérience aussi simple que convainquante. Un morceau de papier parfaitement circulaire étant mis au fond d'un verre, & aïant rempli ce verre d'eau, on voit à travers l'eau la figure ronde du papier changée en ovale.

Les *Occultations* des planetes par elles-mêmes sont plus rares que les autres. Elles sont causées par la conjonction des planetes lorsqu'une se met entre nos yeux & une autre planete. On a observé dans toutes les planetes des *Occultations*. Ainsi quand on n'auroit pas d'autre moïen pour faire voir qu'elles sont à des distances inégales de la terre & du soleil, on pourroit le prouver par les *Occultations* par lesquelles on connoît que les astres sont placés dans l'ordre suivant : Mercure, Venus, la Terre avec la Lune, Mars, Jupiter, Saturne, & ensuite les étoiles fixes.

O C T

OCTAEDRE. L'un des cinq corps réguliers qui est renfermé en huit triangles égaux & équilateraux. Ce corps a ces propriétés: 1°. Le quarré du côté de l'*Octaëdre* est au quarré du diametre de la sphere circonscrite comme 1 à 2. 2°. Si le diametre de la sphere est 10000, le côté de l'*Octaëdre* sera 70710. 3°. Et si le diametre de la sphere est 2, la solidité de ce corps inscrit à la sphere sera 1, 33333. *Platon* en comparant les cinq corps réguliers aux corps simples du monde, compare l'*Octaëdre* à l'air. La figure 136 (Planche IX.) represente l'*Octaëdre*, & la figure 137 son développement.

OCTANGLE. C'est dans la Géometrie un plan qui a huit angles & huit côtés. Cette figure peut être divisée d'un angle donné par des diagonales en autant de triangles que la figure a de côtés moins un, c'est-à-dire en 7 triangles.

OCTANT. Instrument d'Astronomie qui fait la huitiéme partie d'un cercle, & dont on se sert pour observer les distances des astres. Cette huitiéme partie n'est pas tellement de l'essence de l'instrument qu'on ne puisse un peu s'en écarter. L'*Octant* de M. *De Cassini*, décrit dans les *Mémoires de l'Académie Roiale des Sciences* de 1718, est une portion de cercle de 50 dégrés & un peu plus. Ainsi rien de déterminé à cet égard. La forme d'*Octant* est préferée à toute autre qu'on pourroit donner à l'instrument compris sous ce terme, parce qu'elle n'occupe pas un grand espace, & qu'il peut par-là être placé commodément dans des lieux où l'on est quelquefois à l'étroit, & desquels on doit faire quelque observation astronomique.

L'instrument dont il s'agit ici, est composé d'une plaque de cuivre circulaire A B C (Planche XX. Figure 139.) d'environ 10 lignes de largeur & d'une ligne d'épaisseur. Cette plaque est arrêtée fixément sur une de fer de figure semblable, renforcée avec des tenons coudés. Le tout est porté par trois regles de fer E D, I K, G H. La regle G H est élargie en forme de cercle, dont le centre est celui de la plaque circulaire. On couvre ce cercle avec une plaque de cuivre qui est dressée exactement dans le plan du limbe ou autrement de la plaque circulaire A B C. Le centre de cette plaque est percé d'un trou cilindrique de quatre lignes de diametre; de sorte que ce trou étant bouché exactement par un cilindre de cuivre le centre de la base de ce cilindre, qui est dans le plan de la plaque, est aussi le centre de l'instrument. Sur le limbe sont gravés les divisions de l'arc de cercle en dégrés & minutes entre deux arcs concentriques. Chaque degré est divisé en 6 parties qui sont chacune de 10 minutes (*Voïez* pour ces divisions QUARTIER ANGLOIS.) La figure fait voir comment on marque ces dégrés.

Derriere le limbe est une lunette R S dont le tuïau est quarré. L'axe de cette lunette est parallele au raïon qui passe par le centre & par le commencement de la division. Une des extrèmités S du tuïau de cette lunette est attachée d'un côté à la plaque ronde B N, & de l'autre au limbe A B C. Derriere ce limbe est encore une autre lunette E L, perpendiculaire à celle-ci. Et une troisiéme lunette M N, se mouvant autour du centre de la plaque ronde, sert d'alidade à l'instrument. Elle a vers une de ses extrèmités un trou cilindrique d'un diametre égal à celui qui est au centre de la plaque ronde M N. Il y a du côté de l'oculaire vers l'extrèmité M, une piece coudée qui embrasse l'épaisseur du limbe, avec une vis par-dessous pour arrêter l'alidade dans la situation que l'on veut, & un petit chassis par-dessus qui porte un cheveu qu'on conduit par le moïen d'une coulisse. Ce cheveu doit être dirigé au centre & peut avancer ou reculer, & être arrêté fixément à l'alidade par le moïen de deux vis.

Les trois lunettes E L, M N, R S, ont chacune au foïer commun de l'objectif un chassis qui entre à coulisse par l'un des côtés & qui porte deux soïes, se coupant à angle droit & paralleles aux côtés de la lunette. Comme ces lunettes sont semblables, il suffira d'en d'écrire une.

La lunette est un canon de fer blanc fait de deux pieces emboitées l'une dans l'autre; afin qu'on puisse les séparer de deux pinnules I, Z qui sont fixes. La pinnule objective I (Planche XX. Figure 140.) porte à l'endroit marqué T le verre objectif, & s'enchasse par le côté V dans le canon de la lunette.

La pinnule opposée & oculaire F (Figure 141.) est de trois pieces. La premiere F X qui s'attache au limbe de l'instrument, est un canon d'environ trois pouces de long, soudé au milieu du chassis F F au-devant duquel sont deux petits filets de soïe plate noire bien tendus, mis en croix sur quatre legers traits de burin qui leur servent de répaire & attachés avec un peu de cire fondue. La seconde pinnule Z (Planche XX. Figure 143.) est un petit canon soudé comme le premier au milieu d'une piece quarrée, qui se joint par deux vis au chassis F F, pour servir de défense aux filets. Enfin, la troisiéme piece Y (Figure 141.) est un autre petit canon qui s'emboite dans le premier X, & qui porte le verre oculaire de la lunette.

Ces deux pinnules doivent être placées dans la lunette à telle distance que la face antérieure du chassis F F où les filets de la lunette sont attachés, se rencontre justement au foïer du verre objectif; & le tout assemblé fait l'effet d'une lunette qui renverse les objets. On pourroit les redresser en emploïant plusieurs oculaires: mais l'avantage de les découvrir plus nets, est préférable à cette espece d'inconvénient, qu'un peu d'habitude repare aisément.

Tout l'instrument est porté par un pied P (Planche XX. Figure 142.) de la construction duquel il est aisé de juger. Ce qui demande quelque explication sont les trois pieces qui servent à mettre l'*Octant* sur son pied. La piece L M (Planche XX. Figure 144.) mobile sur le pied suffit pour mettre l'instrument à plomb, lorsqu'on veut observer les hauteurs; mais on ajoute à L M la seconde piece O P (Figure 145.) comme on le voit en la figure 144. Et alors on donne à l'*Octant* telle position que l'on veut de même qu'avec un genou. Pour faire comprendre comment ces pieces tiennent l'instrument, je dois expliquer leurs parties.

Q, R (figure 145.) sont deux viroles dans lesquelles on fait entrer une broche X Z, (figure 146.) qui est pressée en dessous par un ressort O & en dessus par deux vis T, qui entrent à écrou dans les virolles. Cette broche X Z est jointe à une forte plaque de fer quarrée fendue pour embrasser la lunette, & elle est attachée par quatre vis au cercle qui est dans le centre de gravité de l'instrument. Dans cet état, le plan de l'instrument, perpendiculaire à la broche X Z, se trouve dans une situation verticale, & sert pour observer les hauteurs apparentes des objets sur l'horison. On ajoute la pièce L M lorsqu'on veut situer l'inftrument dans une pofition horifontale, ainfi que je l'ai déja dit.

On fe fert de l'*Octant* pour obferver la diftance entre deux aftres ou entre deux objets quelconques. A cette fin on fait ufage de la lunette R S, ou de celle E R combinée avec la lunette M N. (Planche XX. Figure 139.) Lorfque l'angle de pofition que l'on veut obferver entre deux objets n'excede pas 50 degrés les deux lunettes S R, M N font dirigées vers ces objets, & on compte les dégrés marqués immédiatement au-deffous de la division depuis 0 jufques à 50. Mais fi cet angle excede 50°, on dirige la lunette E L à un objet, & la lunette mobile M N à l'autre, & l'on marque les dégrés qui font au-deffus des premiers, & qui vont en diminuant jufques à 40. Car alors l'angle obfervé entre les deux lunettes E L, M N, eft mefuré par l'angle N O L complement de l'angle M N R.

Ceci fuppofe que l'axe de la lunette E L foit perpendiculaire à celui de la lunette S R. Pour s'en affurer on prend avec les deux lunettes R S, M N un angle entre deux objets éloignés qui foit entre 40 & 50 degrés. On obferve enfuite l'angle entre les deux objets avec les deux lunettes E L, M N. Quand l'angle obfervé entre les deux lunettes M N, R S, eft égal à l'angle trouvé par les lunettes E L, M N, la lunette E L eft bien reglée. S'il y a quelque difference on en tient compte dans les obfervations faites par les deux lunettes E L, M N. C'eft ainfi qu'on obferve la diftance de deux aftres fitués ou horifontalement ou verticalement les uns à l'égard des autres dans la fphere célefte.

OCTAVE. Intervalle de huit tons. C'eft la premiere confonance, & la plus parfaite. Elle a diatoniquement huit degrés (d'où elle tire fon nom *Octave*) & fept intervalles, dont il y en a cinq qui font des tons, & deux qui font des femi-tons majeurs. Chromatiquement l'*Octave* a douze femi-tons, fept majeurs & cinq mineurs. Les Grecs nommoient cette confonance *Diapafon*. Dans leur fyftême, elle n'avoit qu'une replique qui étoit le *Disdiapafon* ou double *Octave*. Dans le fyftême moderne outre cette replique elle a encore le *Triplique* qui eft le vingt-deuxiéme, & un *Quatriplique* qui eft un vingt-neuviéme.

OCTOBRE. Nom du dixiéme mois de notre année. Il a 31 jours, & c'eft le 23 de ce mois que le foleil entre dans le figne du Scorpion. Le nom d'*Octobre* qu'il a, vient de ce qu'il étoit le huitiéme de l'année Romaine, qui n'étoit compofée que de dix.

OCTOGONE. Terme de Géometrie. C'eft une figure de huit angles & de huit côtés. On l'appelle *Octogone régulier* quand tous fes côtés & tous les angles font égaux. (*Voiez* POLIGONE.) Soit le raïon d'un cercle circonfcrit à un *Octogone régulier* $= r$; le côté de l'*Octogone* $= y$. En ce cas $y = \sqrt{2r^2 - \sqrt{2r^2}}$.

Tout *Octogone* régulier eft moïen proportionnel entre le quarré circonfcrit, & le quarré infcrit.

OCTOSTYLE. Terme d'Architecture civile. C'eft la face d'un édifice orné de 8 colonnes.

O D O

ODOMETRE. Inftrument avec lequel on mefure le chemin qu'on fait, foit à pied foit en caroffe. Il eft tel qu'en faifant un pas on tire un reffort qui fait tourner une roue, & celle-ci une aiguille, par le mouvement de laquelle on juge de la quantité des pas qu'on a fait pendant un certain tems. Aïant évalué la grandeur d'un pas, le chemin eft par ce moïen connu. Tout cela eft ajufté dans une boete de façon que l'aiguille parcourt un très-petit efpace fur un cadran qu'on voit à la partie fuperieure de cette boete. Les parties principales qu'elle contient font, fur fa platine inférieure, un petit pied de biche d'acier avec fes deux refforts, & retenu par un tenon rond qui entre dans un trou; de maniere qu'en tirant la petite lame extérieure à la petite plaque & attachée au pied de biche, on lui fait faire un mouvement de bafcule. Ce mouvement fait tourner une étoile d'acier à 6 pointes, portant un pignon de fix dents. Dans ce pignon engrainent deux roues d'une même grandeur & placées l'une fur l'autre. Celle de deffous a 101 dents, & celle de deffus 100. Une efpece de détente qui fait tourner l'étoile & fon pignon, fait faire fon tour à la premiere roue. Elle parcourt par-là 100 parties avec fon aiguille fur le plus grand cadran de la boete. Alors la roue, qui a une dent de plus, recule d'un point, & fait avancer l'aiguille du milieu fur le petit cadran auffi divifé en 100 parties, laquelle n'acheve un de fes tours que quand l'aiguille du grand cadran en a fait 100 des fiens qui font autant de pas. Ainfi l'aiguille du petit cadran ne fait un tour entier qu'au bout de 10000 pas. On peut donc faire ce chemin, & être fûr que la machine marchera pendant tout ce tems.

Je ne me flatte pas que cette defcription fuffife pour faire exécuter un *Odometre* fuivant les dimenfions que je viens de prefcrire. Aussi n'est-ce pas ce que je me suis proposé. Mon dessein est seulement de donner une idée générale de cet instrument, d'après laquelle chacun puisse l'exécuter à son gré, supposé qu'il le juge de quelque utilité, après que j'en aurai exposé l'usage. Disons auparavant que ces pignons, ces roues & ce ressort s'enferment dans une boete recouverte d'un cristal comme une montre. D'un côté de cette boete sont deux anneaux dans lesquels on passe un ruban qui sert à l'attacher à la ceinture. Il y a à l'autre extrêmité une ouverture par où passe la petite lame d'acier pour y recevoir un cordon qui s'attache à la jarretiere.

L'*Odometre* étant ainsi attaché est mis en jeu à chaque tension du genou lorsqu'on fait un pas. Le cordon tire alors la lame d'acier, & cette lame fait mouvoir le pied de biche, & par le même moïen l'étoile avec le pignon. En même-tems les roues font avancer l'aiguille d'une division. A chaque inflexion de genou le ressort se replace, tiré de nouveau par une autre tension il fait parcourir à l'aiguille une autre division. Ainsi le nombre des divisions parcourues par l'aiguille donne celui des pas qu'on a fait. Sachant ce qu'on estime un pas (deux pieds) on sait le chemin qu'on a fait. Il faut pour cela les faire justes : ce qui n'est gueres possible. Car qui pourroit s'assurer de plier toujours également le genou quand on marche ? D'ailleurs quand le terrein n'est pas de niveau les pas ne sont pas égaux ; ils sont petits quand on monte & grands lorsqu'on descend. D'où l'on peut conclure que le compte que tient l'*Odometre* du chemin qu'on a fait est bien équivoque.

Cet instrument s'ajuste aussi derriere un carosse, de telle maniere que quand la grande roue du carosse est parvenue à un point, elle tire la détente & par-là fait avancer l'aiguille. La circonference de la roue connue, c'est-à-dire, le chemin qu'elle fait dans sa rotation, on sait avec l'*Odometre* combien on a fait de chemin, en aïant égard à l'inégalité du terrein, & auxcontre-coups. Et cet égard jette plus loin que l'estime la moins déterminée. On trouve la figure de l'*Odometre* dans le *Traité de la construction des instrumens de Mathématique de Bion*, sous le nom de *Compte-pas* ou *Pédometre*. M. *Meynier*, Ingenieur de la Marine, a donné la construction d'un autre qu'il a inventé, dans les *Machines de l'Académie* publiées par M. *Gallon*.

2. Il y a long-tems que l'*Odometre* est connu. *Vitruve* en parle comme d'une machine ancienne, & il l'a décrit. Elle étoit composée d'un tympan qu'on attachoit fermement au moïen de la roue de la voiture, (M. *Perrault* qui a commenté *Vitruve* dit carosse ; mais ce que nous entendons aujourd'hui par ce mot n'étoit pas connu dans le tems de *Vitruve*, & encore moins avant lui. Le carosse est une invention du quinziéme siécle, & M. *De Thou*, premier Président de Paris en 1585, a eu le quatriéme qui fut fait en France,) & qui avoit une petite dent excédant la circonference. Dans le corps de la voiture étoit une boete fermement attachée & aïant un autre tympan, mobile, placé en couteau & traversé d'un essieu. Ce tympan étoit divisé en un certain nombre de dents qui se rapportoient à la petite dent du premier tympan. Il avoit encore une petite dent à côté qui surpassoit les autres. Un troisiéme tympan placé sur le champ & divisé en autant de dents que le second, étoit enfermé dans une autre boete, en sorte que ses dents se rapportoient à la petite dent qui étoit à côté du second tympan. Enfin, on avoit fait dans le troisiéme tympan autant de trous que la voiture pouvoit faire de milles par jour, & on mettoit dans chaque trou un petit caillou rond qui tomboit lorsque le tympan étoit vertical à ce trou. Ce caillou s'échappoit par un canal dans un vaisseau d'airain qui étoit au fond de la voiture.

L'*Odometre* ainsi ajusté, quand la roue de la voiture emportoit avec soi le premier tympan, celui-ci aïant fait son tour faisoit avancer le second d'une dent. Ce tympan communiquoit ce mouvement au troisiéme, & & ce troisiéme laissoit tomber un caillou. Comme le nombre des dents du second tympan & celui du troisiéme étoit assez considerable, la roue de la voiture faisoit plusieurs tours avant que le caillou sortît de sa caze. Ce nombre connu, lorsqu'on entendoit tomber le caillou, on étoit instruit des tours qu'avoit fait cette roue, & par conséquent le chemin parcouru. En comptant les cailloux contenus dans le vaisseau d'airain, on savoit combien de milles on avoit fait dans la journée, ou depuis le tems du départ jusques à celui où l'on comptoit les cailloux. (*Architecture de Vitruve, L. X. Ch. XIV.*) Les Anciens se servoient encore de cet instrument pour mesurer le sillage du vaisseau. (*Voïez* SILLAGE.)

O E I

ŒIL. Organe de la vûe. C'est un globe composé de plusieurs parties qui lui sont propres, dont les unes sont plus ou moins

fermes & repréfentent une efpece de coque formée par l'affemblage & l'union de
differentes couches membraneufes appellées
Tuniques. Les autres parties font plus ou
mois fluides. Elles font renfermées dans
les intervalles de ces tuniques. On les nomme *Humeurs.* On compte dans l'*Oeil* cinq
tuniques & trois humeurs. La premiere
reffemble à une corne tranfparente d'où elle
eft appellée cornée. (*Voiez* CORNE'E.)
La feconde, qui eft attachée à la premiere
par la partie poftérieure & plus grande de
l'*Oeil,* eft dure, ou tenace; on la nomme
fclerotique. (*Voiez* CORNE'E.) La troifiéme tunique eft l'*Uvée,* placée au deffous
de la cornée. Cette tunique eft colorée; &
cette couleur lui eft propre & non dépendante de la cornée, comme quelques Ana-
tomiftes l'ont foutenu. On la nomme auffi
Iris. Au milieu de l'uvée eft une ouverture
circulaire qu'on appelle la *Prunelle.* Vient
enfuite la *Choroïde* appliquée à cette tunique. (*Voiez* CHOROIDE.) Et après elle la
Retine, qui eft compofée de nerfs très-
déliés. (*Voiez* RETINE.)

Les trois humeurs font diftinguées par ces
noms, *Humeur vitrée, Humeur criftalline,*
& *Humeur aqueufe.* La partie poftérieure
& plus grande de l'*Oeil* eft occupée par
l'*Humeur vitrée.* On la nomme *Vitrée* parce
qu'on la compare à une maffe de verre
fondu. Elle reffemble à une colle d'amidon,
& mieux encore au blanc d'œuf. Renfermée
dans une capfule membraneufe particuliere,
elle occupe plus des trois quarts de la coque
ou capacité du globe de l'*Oeil.* Dans le
milieu de l'*Oeil* au-deffous de la paupiere
fe trouve l'*Humeur criftaline* qui reffemble
à un verre poli, & qui eft convexe des deux
côtés. (*Voiez* CRISTALIN.) L'efpace compris entre l'humeur criftaline & la cornée,
eft rempli par l'*Humeur aqueufe.* C'eft une
liqueur très-limpide, extrèmement fluide &
femblable à une férofité peu vifqueufe. Cette
humeur n'a point de capfule. Elle occupe &
l'efpace qui eft entre la cornée tranfparente
& l'uvée, & celui qui eft renfermé entre
l'uvée & le criftalin. Ces deux efpaces forment la chambre de l'humeur aqueufe.

Tout cela n'eft pas vifible lorfqu'on examine l'*Oeil* d'une perfonne placé en fon
lieu, & par conféquent fans aucune diffec-
tion. Le premier objet qui fe prefente à la
vûe, eft une membrane naturellement blanche & qu'on nomme *Conjonctive.* (*Voiez*
ce mot,) Au milieu eft la cornée. A travers
cette cornée, on obferve au milieu un trou
qui fe manifefte par fa noirceur, & dans
lequel on peut fe mirer. Ce trou eft la pru-

nelle. Ce qui entoure la prunelle, étant de
diverfes couleurs fuivant les perfonnes, eft
l'iris ou autrement l'uvée. On remarque
encore fur la furface de l'*Oeil* une férofité
fine connue fous le nom de *Larmes.* Cette
liqueur eft fournie par une glande appellée
Glande lacrimale, fituée entre l'*Oeil* & la
partie fupérieure proche du petit angle d'où
elle s'étend vers le graud angle de cet organe. Elle eft enveloppée de graiffe & il en
fort de petits vaiffeaux excretoires ou con-
düits, qui rampent obliquement entre la
graiffe & la membrane intérieure des paupieres. Ce font ces vaiffeaux qui verfent
nuit & jour cette férofité, dont l'ufage eft
d'humecter l'*Oeil,* de nétoïer la cornée de
toutes fes ordures, & de la tenir toûjours
tranfparente en l'humectant.

L'*Oeil* eft couvert par les paupieres, de deux
efpeces de voiles placés tranfverfalement au-
deffus & au-deffous de la convexité du globe de
l'*Oeil.* La paupiere fuperieure eft la plus grande & la plus mobile. L'extrèmité de l'une &
de l'autre eft un peu cartilagineufe, & garnie de poils tous droits difpofés en petits
cillons, nommés *Cils.* Les deux paupieres
s'uniffent du côté du globe, & forment les
deux coins de l'*Oeil* qu'on nomme *Canthus.*
Le plus grand de ces angles, qui eft du côté
du nez, eft appellé *angle extérieur,* & l'autre
angle intérieur.

Le globe de l'*Oeil* eft retenu & mu dans
fon orbite qui eft une cavité offeufe. C'eft
là qu'il repofe faifi par fix mufcles, dont
quatre droits & deux obliques. Le premier
des droits fert à relever l'*Oeil,* & il eft
appellé à caufe de cela *Mufcle releveur* ou
fuperbe. Le deuxiéme, antagonifte au premier, fert à baiffer l'*Oeil.* On l'appelle *Hum-
ble* ou *abbaiffeur.* Et le mufcle, dont l'ufage
eft de retirer l'*Oeil* du nez, eft dit *Mufcle
abducteur.* Quand ces quatre mufcles agiffent fucceffivement, ils font faire à l'*Oeil*
un mouvement en rond.

Le premier mufcle des obliques, connu
fous le nom de *grand Trocleateur,* paffe fon
tendon dans une efpece de poulie, fituée
au grand canthus de l'*Oeil,* & fert à faire
faire à l'*Oeil* certains mouvemens qui expriment les yeux doux. On nomme *petit
Trocleateur* le deuxiéme mufcle oblique. Celui-ci prend fon origine un peu au-deffous
du grand canthus; paffe obliquement vers
le petit canthus; mêle fon tendon avec celui
de l'abducteur, & fait faire à l'*Oeil* ces
mouvemens qui témoignent de l'indigna-
tion. Ces deux mufcles agiffant enfemble &
de concert, fervent à allonger l'*Oeil* & le
rendent plus convexe.

Voilà toute l'anatomie phyſique de l'*Oeil*, telle qu'elle eſt néceſſaire pour entendre les loix & les phénomenes de l'optique. Un plus grand détail ſur cet organe deviendroit une diſcuſſion purement anatomique fort étrangere à la connoiſſance dont je parle, & tout-à-fait détachée des branches de la phyſique. Extrêmement attentif à ne pas ſortir de mon ſujet, en cotoïant les differentes ſciences & arts qui tiennent aux Mathématiques, je tache de ne ſaiſir que les parties par où ils y ont une connexion, & de m'arrêter préciſément au point où je m'apperçois qu'ils ne ſont plus liés avec elles. C'eſt ce qui m'oblige de terminer ici cet article, en renvoïant l'uſage de l'*Oeil*, je veux dire la viſion à deux autres articles: ŒIL ARTIFICIEL & VISION. Et je conſeille ceux qui voudront reconnoître les tuniques & les humeurs dont l'*Oeil* eſt compoſé, de prendre un *Oeil* de bœuf; de le faire geler, & de le couper enſuite par le milieu. On verra par ce moïen l'ordre & la diſpoſition de des humeurs & des tuniques.

ŒIL ARTIFICIEL. Machine d'Optique qui reſſemble à un œil & dans laquelle les objets ſe peignent de la même maniere que dans l'œil naturel. On conſtruit ainſi cette machine. Prenez deux hemiſpheres de bois de 2 pouces 8 lignes de diametre, qui ſe joignent en A C (Planche XXXV. Figure 147.) Faites en B une ouverture circulaire de 5 lignes de diametre, & un petit creux pour recevoir un petit verre rond qui garantit le dedans de la pouſſiere en y tranſmettant le jour. A cette ouverture eſt un tuïau E, dans lequel s'enchaſſe un autre tuïau F. Celui ci eſt garni d'un verre convexe des deux côtés qui fait la fonction de l'humeur criſtaline. L'autre hemiſphere a auſſi une ouverture circulaire d'environ 12 lignes de diametre pour y placer un tuïau de bois G. A ce tuïau eſt attaché un verre non poli & plan des deux côtés, ou une corne, ou un papier huilé. C'eſt ce verre qui repreſente la retine ſur laquelle ſe peignent les objets dans l'œil naturel.

Pour voir l'effet de cette machine, on tourne l'ouverture B contre l'objet qu'on veut voir dans la machine, & on recule ou on avance le tuïau F G, juſques à ce que l'objet ſoit repreſenté ſur le verre non poli.

Au lieu de conſtruire l'*Oeil artificiel* avec deux hemiſpheres, quelques Phyſiciens ſe ſervent d'un ſimple tuïau de carton C D (Planche XXXV. Figure 148.) de 4 ou 5 pouces de diametre & de 10 ou 12 pouces de long, dans le fond duquel ils placent un verre D E convexe, & de 5 ou 6 pouces de

foïer. Un autre tuïau de 8 ou 9 pouces de long entre dans celui-ci, dont l'extrêmité F G eſt un verre plat rembruni, ou un parchemin mince bien lavé & huilé. Cette machine eſt portée ſur un pied.

Un objet A B étant placé vis-à-vis l'extrêmité E D de la machine, ſi l'on regarde l'objet par le trou H, on appercevra diſtinctement l'objet renverſé & peint ſur le verre F G, pourvu qu'on ait ajuſté le tuïau à ſon point, ſoit en le tirant, ſoit en le pouſſant. Cet objet paroîtra d'autant plus diſtinctement que l'objet ſera plus éclairé. L'objet paroît encore plus net, & le ſpectacle eſt plus beau lorſqu'on place à l'ouverture H un tuïau qui ait ſon foïer ſur le verre F G.

L'effet de l'*Oeil artificiel* s'explique de même que celui de la viſion. (*Voïez* VISION.) Les raïons de lumiere qui partent de l'objet, forment à ſes deux extrêmités deux cones de lumiere, A D, B E, qui ſont reproduits par la refraction du verre convexe D E ſur le parchemin huilé F G. Ils y marquent ainſi tous les points de l'objet deſquels ils partent.

ŒIL DU TAUREAU. Etoile rougeâtre de la premiere grandeur dans le Taureau. *Hevelius* a déterminé la longitude & la latitude de cette étoile pour l'année 1700. (*Voïez* ſon *Prodromus Aſtronomicus, pag.* 303.) On la nomme auſſi *Aldebaran & Palilitium*.

O L Y

OLYMPIADE. Terme de Chronologie. Eſpace de quatre ans qui ſervoit aux Grecs à compter leurs années. Cette maniere de ſupputer le tems tiroit ſon origine de l'inſtitution des Jeux Olympiques, qu'ils célébroient tous les quatre ans durant cinq jours, vers le ſolſtice d'été, ſur les bords du fleuve Alphée auprès d'Olympe, Ville d'Elide, où étoit le fameux Temple de Jupiter Olympien. Ces Jeux furent établis par *Hercule* en l'honneur de Jupiter l'an 2836 du monde, & ils furent rétablis par *Iphitus* Roi d'Elide 442 ans après. La fin de ces Jeux étoit d'exercer la jeuneſſe à cinq ſortes de combats. *Athenée* rapporte que le premier nommé *Corœbus* fut couronné pour avoir ſurpaſſé ſes concurrens à la courſe. Il y avoit d'autres exercices, & pour chacun des prix differens. Mais ces prix n'étoient rien en comparaiſon de l'honneur qu'on rendoit au vainqueur. Quand il retournoit dans ſa patrie, on abbatoit un pan de mur pour le faire entrer dans un chariot comme en triomphe.

La premiere *Olympiade* commença l'an

3938 de la période Julienne, l'an 3208 de la création du monde, & 777 avant la naissance de *Jesus-Christ*.

O M B

OMBRE. Terme d'Optique. Défaut de jour dans un endroit où la lumiere ne peut pas donner à cause du corps opaque qu'elle rencontre. L'*Ombre* est toujours jettée derriere le corps à l'opposite de la lumiere. Lorsque le corps est plus petit que la lumiere, l'*Ombre* va toujours en diminuant, plus elle s'éloigne du corps. Si le corps est plus grand, elle devient toujours plus large. Mais le corps & la lumiere étant d'une même grandeur, l'*Ombre* est par-tout d'une largeur égale. Quand la sphere de l'une & de l'autre est la même, l'*Ombre* est cilindrique. Elle est conique si la sphere de la lumiere est plus grande que celle du corps. Et l'*Ombre* a la forme d'un cone tronqué, lorsque la sphere de la lumiere est plus petite que celle du corps. (*Voïez* le *Thaumaturgus Opticus* du P. *Niceron*, & le Supplément de cet Ouvrage.)

On distingue deux sortes d'*Ombres*, la *droite* & la *renversée*. Par la premiere on entend celle que jette un corps sur un plan horisontal, où il est perpendiculaire. Soit E B le plan horisontal (Planche XXXV. Figure 149.) G F le corps perpendiculaire sur le plan ; & D B le raïon du soleil qui touche la pointe G du corps. Alors F B est l'*Ombre droite* du corps. On démontre en Optique que l'*Ombre droite* B F *est au corps* G F *comme le co-sinus de la hauteur de la lumiere* D H *au sinus* D E. D'où il suit, que si ce sinus & le co sinus sont égaux, ce qui arrive lorsque le soleil est élevé 45 degrés sur l'horison, l'*Ombre droite* du corps est égale au corps même. Elle est plus grande, cette hauteur étant moindre, & plus petite quand cette hauteur est plus grande.

Il est encore démontré, que *dans toute zone l'Ombre droite méridienne est à la hauteur du corps opaque, comme la tangente de la difference de la déclinaison du soleil & de la latitude de même nom, & comme la tangente de la somme de la déclinaison & de la latitude de different nom au sinus total.* (Voïez *Wolf, Elementa Matheseos univ.* Tom. IV. pag. 34.) Les premiers Géometres se servoient de l'*Ombre* droite pour mesurer la hauteur des corps. (*Voïez* ALTIMETRIE.)

On appelle *Ombre renversée* celle que jette un corps sur un plan vertical. Exemple. A B (Planche XXXV. Figure 150.) étant un plan horisontal, A D un plan vertical ; E C

un corps perpendiculaire à ce plan, & S T un raïon du soleil qui touche la pointe E : C T est l'*Ombre renversée* du corps E C. Telle est l'*Ombre* d'un bras étendu sur le corps d'un homme ; celle d'une barre de fer fixée perpendiculairement dans le mur, &c. De même que l'*Ombre* droite est au corps comme le co-sinus à la hauteur de la lumiere, (on vient de le voir) ainsi l'*Ombre renversée est au corps comme le sinus de la hauteur de la lumiere du corps lumineux à son co-sinus. Et la longueur du corps opaque est à l'Ombre renversée, comme la tangente de la difference de la déclinaison & de la latitude de même nom, & la somme de la déclinaison & de la latitude de nom different au sinus total.* Donc l'*Ombre renversée* est au corps comme le sinus total à cette tangente. Combinant en quelque façon l'*Ombre* droite avec cette derniere, on trouve que l'*Ombre droite est à l'Ombre renversée d'un même corps, sous la même hauteur de la lumiere, en raison doublée, ou comme le quarré du co-sinus au sinus de la hauteur du corps lumineux.*

Les Anciens Géometres se servoient de l'*Ombre* renversée pour mesurer les hauteurs lorsque sa droite étoit trop longue. Pour exécuter la chose avec plus de facilité & de certitude, M. *Wolf* a décrit un instrument appellé Quarré Géometrique (*Quadratum geometricum*) qui est fort ingénieux. Mais cette maniere de mesurer les hauteurs par les *Ombres* est si mécanique & si sujette à erreur, qu'il est plus sûr de proceder par les regles de la Trigonometrie. (*Voïez* ALTIMETRIE & TRIGONOMETRIE.) Les Curieux trouveront la construction & l'usage du *Quarré géometrique de* M. *Wolf* dans ses *Elementa Matheseos universæ*, Tom. III. pag. 25.

2. Tout ceci regarde purement l'Optique. Les *Ombres* sont encore de grande consideration dans la Perspective. Ce sont elles qui font le tableau. Et plus est entendu le clair-obscur, mieux la nature est imitée. Il seroit donc important de donner ici les regles qu'on prescrit à ce sujet. Mais le fond en est si vaste, qu'il seroit bien difficile de le resserrer d'une maniere utile. Suivant que le jour vient dans le tableau, les *Ombres* doivent être distribuées ; & cette distribution exige une grande attention physique, je veux dire, une grande exactitude à imiter ce que la nature offre dans differens sujets situés de telle ou de telle façon. Disons donc en général que les *Ombres* des surfaces & des corps étant terminées par les *Ombres* des lignes qui forment ces

ces furfaces & ces folides , & par lefquelles les raïons du foleil paffent, on peut prendre pour regle de ces *Ombres* celles de ces
lignes. Si la fcience des *Ombres* dans la
Perfpective n'a point de limites par elle-
même, cette méthode peut leur en fervir.
Car comme le dit *Horace : Eft quæddam pro-
dire genus , fi non datur ultrà.* Toute la théorie de cette fcience fera donc renfermée
dans les *Ombres* des lignes. Or on démontre,
1°. Que fi plufieurs lignes droites , élevées
perpendiculairement ou obliquement fur le
terrein , font paralleles entr'elles leurs *Ombres* font auffi paralleles entr'elles & en
même raifon que ces lignes ; 2°. Si le foleil eft dans le plan du tableau , l'*Ombre*
d'une ligne perpendiculaire fur le plan du
terrein eft parallele à la ligne de terre ; 3°.
Quand le foleil eft hors du plan du tableau
du côté de l'œil ou de l'autre côté , l'*Ombre*
d'une ligne perpendiculaire fur le plan du
tableau eft oblique fur la ligne de terre :
(on trouve ces propofitions démontrées dans
le *Traité de Perfpective* de M. l'Abbé *Deidier*).
Afin donc de tracer fur un tableau les apparences des *Ombres* des lignes, des figures
& des corps élevés fur le plan , on trace
fur le plan les *Ombres* des lignes, des figures & des corps felon les regles de ces théorêmes , & on cherche enfuite les apparences des lignes & des furfaces tracées fur le
terrein.

Ajoutons à cela que dans le Deffein & la
Peinture , il eft permis de faire venir le jour
d'où l'on veut , & de fuppofer que le foleil
eft dans tel point du ciel qu'on fouhaite ,
avec cette reftriction qu'il ne foit jamais
en face du tableau du côté de l'œil ou du
côté oppofé. En effet , fi la lumiere venoit
directement du côté de l'œil , les objets
élevés fur le plan du terrein feroient prefque tous éclairés. Ils feroient tous dans
l'*Ombre* fi elle venoit du côté oppofé ; ce
qui dans l'un & l'autre cas produiroit un mauvais effet. Dans les plans de Fortification, on
fuppofe toujours que le jour vient de gauche
à droite.

OND

ONDECAGONE. Figure de Géometrie qui a
onze côtés. Elle eft réguliere lorfque tous
les côtés , & par conféquent tous les angles,
font égaux. Pour décrire cette figure , il ne
s'agit que de prendre la mefure exacte de
l'angle de ce poligone, Et cet angle fe trouve en divifant 360 par le nombre du côté
du poligone, qui eft onze dans l'*Ondecagone.*
On trouve cela tout d'un coup avec le compas de proportion, (*Voïez* COMPAS DE

Tome II.

ONGLET. C'eft la portion d'un corps cilindrique , pyramidal, ou uniforme , coupé de
telle forte que la fection traverfe obliquement fa bafe. M. *Wolf* donne particulierement ce nom à un corps pyramidal qui fe
forme lorfqu'une ligne courbe , telle qu'un
cercle , une ellipfe , une parabole , &c. fe
meut en defcendant le long d'une ligne
droite dans une direction toujours parallele.
Et il nomme *Onglet uniforme* un corps
formé par la révolution d'un ligne attachée
à un point fixe, autour de la periferie d'une
courbe couchée horifontalement ; en forte
qu'elle s'étend pour devenir plus longue.
Pour nous renfermer dans notre définition
qui eft celle du corps qu'on entend véritablement par *Onglet* , foit A B C D un
cilindre (Planche IX. Figure 151.) dont
on coupe une portion H G F , en forte qu'on
coupe la bafe D H C F en H F : cette portion eft un *Onglet* qu'on appelle *Onglet cilindrique.* Si cette fection fe fait fur une
pyramide dont la bafe foit une parabole,
la portion qu'on en coupe eft nommée *Onglet parabolique.*

Les propriétés de ces corps font expliquées fort au long dans le grand Ouvrage
de *Gregoire de St Vincent ,* intitulé : *De
Quadratura circuli & fectionibus coni , Liv.
IX. pag. 955.* & dans le premier volume des
*Œuvres Mathématiques de Wallis , Mech.
Ch. 5. Prop. II. pag. 694.* On trouve là
des chofes très-curieufes. Si je ne cher-
chois que ma propre fatisfaction , j'avoue
que je me plairois beaucoup à développer,
d'après *Wallis* , la théorie en quelque forte
de ce corps. Mais ces recherches ont vieilli
par le peu d'ufage dont elles font dans la pratique , & cette raifon doit m'avertir qu'étant
obligé de faire ici un choix parmi les richeffes immenfes des Mathématiques ; je
dois préférer les vérités les plus utiles à
celles qui le font moins. Voilà pourquoi je
paffe bien de belles chofes fous filence,
étant forcé de ne parler que des effentielles.
Tel eft le plan de cet Ouvrage que je crois
avoir affez juftifié dans le Difcours qui eft à
la tête du premier Volume.

N'oublions pas une découverte neuve &
importante dans le Génie : c'eft la mefure
de la furface & de la folidité de l'*Onglet*
d'un bâtardeau. On entend par-là les deux
fragmens qui reftent de l'un & de l'autre côté
de la tourelle quand on a toifé & le bâtardeau & la tourelle. Dans la figure 152

G g

(Planche IX,) A C E est le bâtardeau, B L D la tourelle. Lorsqu'on a la solidité de ces deux Ouvrages de maçonnerie, il reste encore deux fragmens X Z. Or ces fragmens sont ce qu'on appelle *Onglet du bâtardeau*. La figure 153 représente la masse & la figure de ce corps. Cela posé, M. *Belidor* a démontré que la surface de l'*Onglet d'un bâtardeau* est égale à un rectangle qui auroit pour base le diametre B D ou M N de l'*Onglet*, & pour hauteur la hauteur même de l'*Onglet*, c'est-à-dire, la ligne B A. On en trouve la solidité en multipliant la surface par le tiers de son raïon. (*Nouveau Cours de Mathématique* par M. *Belidor*, *page* 342 & *suiv.*)

O P A

OPACITE'. Propriété des corps de ne point transmettre la lumiere. Un corps *opaque* ne laisse point échapper les raïons de lumiere qui tombent sur une de ses surfaces. M. *Newton* prétend dans son *Optique*, L. *II.* que l'*Opacité* des corps vient de la multitude des réflexions causées dans leurs parties internes. Selon lui, entre les parties des corps *opaques* & entre celle des corps colorés, il y a plusieurs espaces vuides ou remplis de milieux d'une densité différente de celle des corps. D'où il suit, que la principale cause de l'*Opacité* est la discontinuité de leurs parties. Car il y a des corps *opaques* qui deviennent transparens en remplissant leurs parties d'une substance égale à celle de ces parties.

Comme l'*Opacité* est l'opposé de la diaphaneité, & que j'ai déduit à cet article le sentiment des Physiciens sur la transparence des corps, j'y renvoïe le Lecteur pour l'*Opacité*. (*Voïez* DIAPHANEITE'.)

O P H

OPHINEUS. Constellation Septentrionale qui contient 30 étoiles.

O P P

OPPOSE'. Cette épithete est si fort en usage dans la Géometrie qu'elle en est dévenue un terme. On dit *Angles opposés* (*Voïez* ANGLES VERTICAUX). *Cones opposés* : Ce sont deux cones semblables tels que A, B (Planche III. Figure 154.) qui ont le même sommet G. *Sections opposées* : Elles sont formées des hyperboles D, C, faites par le même plan qui coupe les cones *Opposés* A, B. Ces hyperboles sont toujours égales & semblables. Surquoi on démontre que si les surfaces *Opposées* sont coupées par un plan qui fasse les hyperboles ou les *sections opposées* O E S, oGe (Planche III. Figure 155.) les deux hyperboles seront parfaitement égales & semblables. En faveur de la singularité de cette proposition, on voudra bien me permettre de la démontrer ici en peu de mots.

Supposons que A F D soit le triangle par l'axe, coupant à angles droits le plan de l'hyperbole O E S. Supposons aussi que L F I soit un triangle dans le même plan que le triangle A F D. Ce triangle L F I passera par l'axe du cone *Opposé*, & coupera l'hyperbole o G e à angles droits. Soient A D & L I les communes sections parallèles de ces triangles & des bases des cones *Opposés*. Tirons la ligne droite K F B par le sommet F dans le plan des triangles parallèles au diametre commun G E des *sections opposées*. Cela posé, il faut faire voir que $LH \times HI$ ($\overline{Ho}^2$) : $AC \times CD$ ($\overline{CO}^2$) : : $HE \times GH$: $GC \times EC$.

Démonstration. A cause des triangles semblables A B F, A C G, & B D F, D C E, on a A B : B F : : A C : C G, & B D : B F : : A C : E C. Donc $AB \times BD : \overline{BF}^2$: : $AC \times CD : CG \times EC$, en multipliant par ordre les termes des deux proportions.

De plus les triangles A B F, I H G, & B D F, H L E étant semblables, on a encore A B : B F : : H I : H G, & B D : B F : : L H : H E. Donc $AB \times BD : \overline{BF}^2$: : $HI \times LH : HG \times HE$. Mais on vient de prouver que $AB \times BD : \overline{BF}^2$: : $AC \times CD : CG \times EC$. Donc $HI \times HL : HG \times HE$: : $AC \times CD : CG \times EC$. Par conséquent $HI \times LH : AC \times CD$: : $HG \times HE : CG \times EC$.

OPPOSITION. L'un des aspects des planetes, sous lequel elles sont éloignées l'une de l'autre de six signes ou de 180 dégrés. Le caractere de l'opposition est ♂.

O P T

OPTIQUE. Ce mot, pris dans son sens propre, signifie la science de la vision; & c'est ce qu'on appelle l'*Optique proprement dite*. Ainsi jusques-là l'*Optique* ne renferme que l'anatomie de l'œil (*Voïez* OEIL); la maniere dont se fait la vision (*Voïez* VISION); les differens effets de l'organe de la vûe suivant ses dispositions (*Voïez* VUE), & enfin la maniere dont les objets se presentent à l'œil suivant leur situation à son égard. Cette derniere partie est la perspective (*Voïez* PERSPECTIVE.)

qui
ofées
) les
gales
arité
me
u de

e par
n de
L F I
ne le
ffera
l'hy-
A D
s de
ofés.
nmet
s au
ofées.
× H I

G H :

fem-
C E ,
B D :
E ²
E   : :
t par

D F,
A B :
H E.
L H :
r que

E C.
C D :
A C×,

etes ,
e   de
s. Le

pro-
c'eft
dite.
e que
ma-
N) ;
vûe
, &
efen-
gard.
Voïez

Confiderant enfuite les effets de la lumiere dans fes differentes modifications, & felon lefquelles elle fait impreffion fur l'œil, on divife encore l'*Optique* en quatre parties. La premiere comprend la lumiere elle-même ; c'eft-à-dire fa théorie, ce qu'elle eft, comment elle vient à nous, &c. (*Voïez* LUMIERE.) La feconde naît de cette théorie en tant qu'elle nous fait appercevoir differentes couleurs dans les corps. (*Voïez* COULEURS.) Les modifications de la lumiere forment les deux dernieres parties, c'eft-à-dire, les loix de fa réfraction & de fa réflexion. (*Voïez* REFRACTION, DIOPTRIQUE & CATOPTRIQUE.)

Le plus ancien Ouvrage qu'on ait fur l'*Optique* eft d'*Euclide*, (on le trouve dans le *Cours de Mathématique d'Herigone*.) Après *Euclide*, *Alhazen* Arabe, compofa (en 1100) un Traité d'*Optique*. Viennent enfuite *Vitellio* (1270), *Joannes Peccamus* (1279), *Roger Bacon*, *Joannes-Baptifta Porta*, *Kepler*, *Defcartes*, *Molineux*, *Kirker*, *Zahn*, *Jacques Gregori*, *David Gregori*, *Joannes Chriftophorus Kolans*, *Zacharias Traberus*, *Hughens*, *Hartzoeker*, le Pere *Cherubin*, *Chriftophorus Scheiner*, *Newton* & *Smith*.

O R B

ORBE. Terme d'ancienne Aftronomie. C'eft une fphere creufe, moïennant laquelle on démontroit autrefois le mouvement des planetes. Lorfqu'un *Orbe* n'eft pas par-tout d'une même épaiffeur, & que les deux plans concave & convexe n'ont pas le même centre on l'appelle *Orbe concentre-centrique*.

ORBES DÉFERENS DES NOEUDS. Ce font deux *Orbes* par lefquels on explique dans le fyftême de Jupiter le mouvement de l'apogée & du perigée. Cela eft expofé dans *Purbachii Theoria Planetarum* , pag. 2. & *Wurftii Quæftion. in Theoriam Purbachii* , pag. 38. (*Voïez* PLANETE.)

ORBITE. C'eft la courbe que décrit le centre d'une planete par fon mouvement propre d'Occident en Orient. Jufques à *Kepler* on a cru que cette ligne étoit un cercle. Ce grand Aftronome a découvert que c'étoit une ellipfe dont le foleil occupe l'un des foïers. Cette vérité eft aujourd'hui généralement admife, mais on prétend que cette ellipfe n'eft pas telle que le dit *Kepler* dans fon *Commentaire, De motu ftellæ & martis*. M. *Caffini* en établit une autre. Cependant la difference eft fi peu de chofe, que M. *De la Hire* avoue dans la Preface de fes *Tables aftronomiques*, qu'à en juger par les obfervations , l'ellipfe de *Kepler*

forme a peu de chofe près l'*Orbite* des planetes. D'ailleurs M. *Newton* a démontré que les loix du mouvement des planetes, établies par *Kepler* d'après fes propres Obfervations, s'accordoient parfaitement avec l'ellipfe. (*Voïez Phil. nat. princ. Math.*) Et MM. *Bernoulli* & *Herman* ont fait voir dans les *Mémoires de l'Académie des Sciences de* 1710 que les planetes ne fauroient fe mouvoir dans une ligne autre que l'ellipfe, à moins que ces loix du mouvement ne puiffent avoir lieu. Quelle joïe pour *Kepler*, s'il avoit pû connoître cette vérité avec tant de certitude ! (*V.* OVALE DE CASSINI.)

Les *Orbites* font un angle avec l'écliptique qu'on appelle *Inclinaifon*. (*Voïez* ce mot.)

O R D

ORDONNE'ES ou APPLIQUE'ES. Ce font des lignes droites tirées parallelement entre elles au-dedans d'une ligne courbe & partagées en deux parties égales par l'axe ou le diametre de la courbe Exemple. Soit O A R (Pl. V. Fig. 157.) la ligne courbe ; A X fon axe ou diametre. Les lignes O R font les ordonnées de la courbe. Ces lignes fervent à exprimer la nature de la courbe, par le rapport qu'elles ont avec d'autres. (*Voïez* COURBE.)

ORDRE. Terme d'Architecture civile. Regle pour la proportion des colonnes, des piedeftaux, & de leur entablement. C'eft un fyftème d'arrangement de ces trois parties. Or comme tout fyftème peut être varié, c'eft-à-dire, que fur le même fond, on peut faire differens fyftèmes, on a inventé plufieurs fortes d'*Ordres*. Ce qui a donné lieu à differentes façons d'orner & de proportionner les Edifices, je dis de les proportionner, parce qu'un bâtiment fans colonnes peut être conftruit felon tel ou tel *Ordre*, pourvu que fa hauteur & fes membres foient proportionnés aux regles de cet *Ordre*.

L'*Ordre* doit fon origine aux colonnes (*Voïez* COLONNE), & fa forme à *Salomon*. On en connoiffoit deux alors. Le plus beau fut mis en ufage dans le Temple de ce Roi, & l'autre dans fon Palais. Ce font ces *Ordres* que fe font appropriés les Corinthiens & les Doriens ; ceux-là le premier, & ceux-ci le fecond. Parut enfuite un nouvel *Ordre* qui tient un milieu entre ces deux, & qu'on a appellé *Ordre Ionique*. Les Tofcans en Italie aïant contrefait l'*Ordre* des Doriens nommé *Ordre Dorique* (comme celui des Corinthiens *Ordre Corinthien*) d'une façon plus fimple & plus maffive , ils ont fait un nouvel *Ordre* qui porte leur nom. (*Voïez* fur tout cela l'article de CO-

LONNE.) C'eſt de ces quatre *Ordres*, le Dorique, le Corinthien, l'Ionique & le Toſcan, que les Grecs ſe ſont ſervis pendant long-tems. Auſſi n'en trouve-t-on point de cinquiéme décrit par *Vitruve*. A ces *Ordres* les Romains ajouterent celui qu'ils appellent *Ordre Romain* ou *Ordre compoſite*.

Louis XIV. toujours attentif au progrès & à la perfection des Arts, avoit promis une récompenſe conſidérable à celui qui inventeroit un ſixiéme *Ordre*. Cette promeſſe donna l'être à pluſieurs ſyſtêmes enfantés avec beaucoup de travail. Cependant, ſelon M. *Blondel*, tous les *Ordres* qu'on propoſa ne mériterent pas l'approbation des Connoiſſeurs, & n'avoient nul droit d'y prétendre. Car ils ont avancé, dit-il, ou des abſurdités qu'on ne ſauroit admettre dans l'Architecture, ou ils n'ont rien preſenté qui ne fût déja compris dans les quatre *Ordres* décrits par *Vitruve*, ou qui n'appartînt à l'*Ordre compoſé* inventé par les Romains. (*Voïez* le *Cours d'Architecture* de *Blondel*, *Part. III. Liv. II. Ch. 2.*) Si l'on en croit *L. C. Sturmius*, les François n'ont pas réuſſi, parce qu'ils ont voulu trouver un *Ordre* plus beau que le Corinthien : ce qui, ſelon lui, eſt une choſe impoſſible, parce qu'il croit avec *Villalpande* que cet *Ordre* vient immédiatement de Dieu. Dans cette perſuaſion, & dans la vûe de ſatisfaire au deſir de Louis le Grand, il a cherché à inventer un *Ordre* moins beau que le Romain & le Corinthien, mais ſuperieur à l'Ionique. (*Voïez* l'*Abregé des Mathématiques de Sturmius*, *Tome I*; ſon *Vignole*, *page 365*, & ſa *Maniere d'inventer toutes ſortes de bâtimens de parade.*)

Peu jaloux ſans doute de l'invention d'un nouvel *Ordre*, *Vignole*, *Palladio* & *Scamozzi* ont travaillé à la perfection de ceux qui étoient inventés. Et d'abord *Vignole* a trouvé une regle pour déterminer les parties des colonnes. Selon lui, le piedeſtal eſt toujours ⅓ & l'entablement ¼ de toute la colonne. Ainſi en diviſant l'endroit où l'on veut mettre la colonne en 19 parties égales, on en donne 4 au piedeſtal, 12 à la colonne & 3 à l'entablement. Si l'on ne veut point de piedeſtal, on diviſe cet endroit en 5 parties, dont on donne une à l'entablement & 4 à la colonne. A cauſe de la facilité de ſes diviſions, la plupart des Ouvriers ſuivent les regles de cet Architecte.

Palladio s'eſt attaché à joindre les membres des *Ordres*, & *Scamozzi* à regler leur proportion. Nous déterminerons ces proportions en parlant de chaque *Ordre* en particulier, commençant par le plus ſimple, c'eſt-à-dire, par l'*Ordre Toſcan*; & allant de-là aux compoſés, ſuivant la méthode des Architectes que M. *Perrault* juſtifie ainſi : La coutume, dit-il, où l'on eſt de traiter l'*Ordre Toſcan* avant l'*Ordre Dorique*, qui eſt le plus ancien, eſt fondée ſur la ſuite & la liaiſon dans laquelle on place les différens *Ordres*, quand on les emploïe enſemble dans les bâtimens, qui conſiſte ou qui demande qu'on mette & qu'on conſtruiſe les groſſiers les premiers comme étant capables de porter les autres. Voïez l'*Ordonnance des cinq eſpeces d'Ordres ſuivant la méthode des Anciens*, par M. *Perrault*, *page 43*. C'eſt le meilleur Ouvrage qu'on puiſſe conſulter ſur les *Ordres*, dont ont traité tous les Auteurs d'Architecture civile. Auſſi je ne crois pas devoir en citer d'autres.

ORDRE TOSCAN. C'eſt l'*Ordre* le plus ſimple des quatre *Ordres* grecs, qu'on diſtingue aiſément par ſon peu d'ornemens. Son chapiteau, ſa baſe & ſon entablement ſont ſans moulures. (Planche L. Figure 158.) Diſons mieux, la baſe de la colonne n'a qu'un tore & point de ſcotie. Le tailloir ou l'abaque du chapiteau n'a point de talon dans ſa partie ſuperieure; l'entablement eſt ſans triglyphes & ſans moulures, & la corniche n'a que peu de moulures. Tout l'*Ordre*, c'eſt-à-dire, le piedeſtal, la colonne & l'entablement ont trente-quatre petits modules, dont le piedeſtal en a ſix, la colonne vingt-deux & l'entablement ſix.

L'*Ordre Toſcan* dérive de l'*Ordre* Dorique. On lui a donné moins de membres, on les a rendus plus forts & on a omis les triglyphes de la friſe. *Goldman*, qui a tâché d'embellir les *Ordres* & de les diſtinguer par rapport à leur ſolidité & à leur délicateſſe, donne ſouvent à des *Ordres* des mutules à la place des triglyphes doriques. Cet *Ordre*, eu égard à l'apparence de la péſanteur qui le caractériſe, n'eſt d'uſage qu'aux bâtimens qui demandent beaucoup de ſolidité, comme des portes de fortereſſes, des ponts, des arſenaux, des maiſons de diſcipline, &c. On garnit ſouvent les colonnes de l'*Ordre* dont je parle de boſſages ou de pierres entrecoupées, qui ſont tantôt piquées également par-tout & quelquefois trouées, comme des pierres rongées ou du bois vermoulu, c'eſt ce qu'on appelle *Ruſtique vermiculé*. Mais cet uſage n'eſt pas approuvé des grands Architectes.

ORDRE DORIQUE. C'eſt le premier de tous les *Ordres*. *Vitruve* rapporte, *Liv. IV. Ch. 3.* que *Dorus* Roi d'Achaïe, s'en eſt ſervi le premier à Argos, pour un Temple qu'il éleva à *Junon*, ſans y obſerver aucune meſure. Les Athéniens en batiſſant enſuite un Temple à

Apollon, se servirent de la proportion de la longueur *pedale* d'un homme, & donnerent à la hauteur de la colonne de cet *Ordre* six fois son diametre, parce que le pied d'un homme étoit selon eux la sixiéme partie de sa hauteur.

L'*Ordre Dorique* a un chapiteau fort simple, sans feuilles, sans volute; mais il a des membres plus déliés & en plus grand nombre que l'*Ordre* Toscan. Il a encore une marque qui le distingue principalement : ce sont des triglyphes sur la frise. (Planche L. Figure 159.) Tout l'*Ordre* est de trente-sept petits modules, dont il y en a sept pour le piedestal, vingt-quatre pour la colonne, & six pour l'entablement.

Les Architectes ont toujours trouvé de grandes difficultés dans la division exacte qu'on doit observer dans cet *Ordre* plus que dans les autres *Ordres*, attendu que l'axe de la colonne doit être en même-tems celui du triglyphe qui est au-dessus, & que les entre-triglyphes ou métopes doivent toujours former un quarré exact. Ces conditions leur ont souvent paru impossibles dans les entre-colonnes, & sur-tout dans les colonnes accouplées, comme aussi dans ces cas qu'offrent des bâtimens quarrés, ou toute autre figure à peu près semblable. Voilà la cause des erreurs des Architectes & celle de l'omission des triglyphes dans la frise.

Cet *Ordre* étoit consacré dans sa naissance aux Divinités mâles telles que *Jupiter*, *Apollon*, *Hercule*, *&c.* & on en ornoit alors les plus superbes monumens. C'est pour cette raison qu'on l'emploie fort convenablement aux bâtimens héroïques, aux portes des villes, aux arsenaux, &c.

Ordre Ionique. Suivant l'invention cet *Ordre* est le second, & selon le rang le troisiéme. Il a été inventé par les Grecs à l'occasion d'un Temple qu'ils éleverent à Diane, & ce fut le corps d'une femme qui servit de modele. De-là sont venues les dimensions de cet *Ordre* dont la colonne a huit diametres de hauteur, le pied de la femme étant communément la huitiéme partie de son corps, les volutes aux chapiteaux pour marquer la frisure des cheveux des femmes, & les canelures pour imiter les plis de leur habillement. Ainsi cet *Ordre* est caractérisé par des volutes V V (Planche L. Figure 160.) & par des denticules D, D, &c. dont sa corniche est ornée. Tout l'Ordre est de 40 petits modules, huit pour le piedestal, vingt-six pour la colonne & six pour l'entablement.

Ordre Corinthien. Cet *Ordre*, dont on attribue l'invention à *Calimaque*, & que *Villalpande* donne aux Grecs qui l'avoient

pris du Temple de Jerusalem (*Voiez* CHAPITEAU), est le plus riche & le plus délicat. Son chapiteau est orné de deux rangs de feuilles, de huit volutes V, V (Planche L. Figure 161.) qui soutiennent le tailloir, & il y a des modillons *m*, *m*, &c. sur sa corniche. Les dimensions de cet *Ordre* sont de quarante-trois petits modules, dont le piedestal en a neuf, la colonne vingt huit & l'entablement six.

Ordre Composite. C'est un *Ordre* composé de l'*Ordre* Ionique & du Corinthien : je veux dire que son chapiteau est moitié Ionique, moitié Corinthien, aïant des denticules ou modillons simples à sa corniche. (*Voiez* la figure 162. Planche L.) Les deux rangs de feuilles sont du second, & les volutes avec les deux membres qui sont dessus du premier. C'est le cinquiéme *Ordre* suivant le rang, & selon l'invention. Suivant l'augmentation des grandeurs qui sont données aux *Ordres*, à proportion qu'ils deviennent plus délicats, l'*Ordre composite* entier a quarante-six modules, dont le piedestal en a dix, la colonne avec sa base & son chapiteau trente, & l'entablement six. A ces *Ordres* proprement dits, on a ajouté les suivans.

Ordre Attique. C'étoit autrefois un *Ordre* un peu different de ceux que nous connoissons aujourd'hui, & dont il n'est venu jusques à nous que quelques pieces détachées. M. *Daviler* le définit : »Petit *Ordre* de pilastre de » la plus courte proportion avec une corniche » architravée pour entablement «. *Pline* en fait mention dans l'*Histoire naturelle, Liv. XXXVI. Ch. 23 : & Philander* lui attribue tout ce qu'on lit de l'*Ordre attique* dans l'*Architecture* de *Vitruve*, *L. IV. Ch. VI.* M. *Perrault* a donné le dessein de cet *Ordre* (dans sa *Traduction de Vitruve, pag.* 134.) tant d'après la description de *Pline* & de *Vitruve*, que sur les desseins que M. *De Monceaux* lui avoit communiqué, & qu'il avoit fait de quelques chapiteaux trouvés dans des ruines. Le chapiteau de cet *Ordre* a un collier avec un rang de feuilles, un listeau, un rondeau, un ove, une plate-bande, une gueule renversée & un listeau. Le fust de la colonne est quarré & par-tout d'une égale épaisseur. Sa partie inferieure est terminée par un plinthe, un tore, un listeau, une cymaise dorique, un listeau & un rondeau.

Ordre Cariatide. C'est un *Ordre* où à la place de colonnes on se sert de femmes qui soutiennent l'entablement. (*Voiez* CARIATIDES.)

Ordre Persique. *Ordre* où aux colonnes on

substitue des figures d'esclaves pour porter l'entablement.

ORDRE FRANÇOIS. C'est celui, dont le chapiteau est composé des attributs convenables à la Nation Françoise, à laquelle on le doit. Ces attributs sont de têtes de coqs, de fleurs de-lys, de pieces des ordres militaires, &c. Cet *Ordre* a les proportions du Corinthien. (*Voïez* le *Cours d'Architecture* de *Daviler*, pag. 198.)

ORDRE DES LIGNES COURBES. Distribution des lignes courbes en classes, suivant le rapport des ordonnées aux abscisses, ou ce qui revient au même, suivant les nombres des points dans lesquels elles peuvent être coupées par une ligne droite. Ainsi la ligne droite est une ligne du premier *Ordre*. Le cercle & les sections coniques sont du second *Ordre* : les paraboles cubiques, la cissoïde des Anciens, &c. du troisiéme. Mais comme l'on ne peut pas mettre la ligne droite au nombre des courbes, une courbe du premier genre est une courbe du second *Ordre*; une courbe du second genre, une courbe du troisiéme *Ordre*. Et une ligne d'un *Ordre infini* est celle qu'une ligne droite peut couper en une infinité de points, telle que la spirale, la cissoïde, la quadratrice, & toute ligne engendrée par les révolutions infinies d'un raïon. Les propriétés des courbes du troisiéme *Ordre* & de tous les autres à l'infini sont de la même nature. L'énumération suivante convaincra de cette vérité.

2. Si l'on tire des lignes quelconques droites & paralleles terminées aux deux côtés d'une même section conique, & qu'une ligne droite coupe en deux parties égales deux de ces lignes prises à volonté, elle coupera aussi en deux parties égales toutes les autres. C'est pourquoi l'on nomme cette ligne le *diametre de la figure*. Et toutes les lignes droites, qui sont ainsi coupées en deux parties égales, s'appellent *ordonnées* ou *appliquées à ce diametre*. On donne le nom de *centre de la figure* au point où tous les diametres concourent; celui de *sommet de la courbe* à l'intersection de la courbe & du diametre; & celui d'*axe* à ce diametre auquel les ordonnées sont perpendiculaires. Il en est de même dans les courbes du troisiéme *Ordre*.

Si l'on tire deux lignes quelconques droites & paralleles qui rencontrent la courbe en trois points, une ligne droite qui coupera ces paralleles, de maniere que la somme de deux parties terminées à la courbe d'un côté de la ligne intersecante soit égale à la troisiéme partie terminée à la courbe de l'autre côté; cette ligne, dis-je, coupera toutes les autres lignes de la même maniere & qui rencontreront la courbe en trois points; c'est-à-dire, qu'elle les coupera de telle sorte que la somme de deux parties d'un côté sera égale à la troisiéme partie de l'autre côté.

De-là il suit, qu'on peut nommer *ordonnées* ou *appliquées* ces trois parties, dont l'une est par-tout égale à la somme des deux autres; appeller *diametre* la ligne intersecante, à laquelle les ordonnées sont appliquées; donner le nom de *sommet de la courbe* à l'intersection de la courbe & du diametre, & celui de *centre* au point de concours de deux diametres quelconques.

Si le diametre est perpendiculaire aux ordonnées, on peut l'appeller *axe*; & *centre général*, le point où tous les diametres se terminent.

3. Considerons ceci relativement aux assymptotes, aux parametres, aux rapports des rectangles faits des segmens des paralleles, & aux branches hyperboliques & paraboliques. L'hyperbole du *second Ordre* a deux assymptotes; celle du *troisiéme Ordre* trois; celle du quatriéme quatre, & elles ne peuvent pas en avoir davantage. Comme les parties d'une ligne droite quelconque comprise entre l'hyperbole conique & ses deux assymptotes sont toujours égales, ainsi dans les hyperboles du second genre ou du *troisiéme Ordre*, si l'on tire une ligne droite quelconque, qui coupe en trois points la courbe & ses trois assymptotes, la somme des deux parties de cette ligne droite, tirée du même côté de deux assymptotes quelconques à deux points de la courbe, sera égale à la troisiéme partie, tirée en sens contraire de la troisiéme assymptote à un troisiéme point de la courbe.

4. Comme dans les sections coniques non paraboliques, le quarré de l'ordonnée ou de l'appliquée, c'est-à-dire, le rectangle des ordonnées tirées d'un côté & d'autre du diametre, est au rectangle des parties du diametre terminées au sommet de l'ellipse, ou de l'hyperbole, ainsi qu'une certaine ligne donnée qu'on appelle parametre (*latus rectum*) est à cette partie du diametre, comprise entre les sommets, & que l'on nomme axe principal (*latus transversum*): De même dans les courbes non paraboliques du *troisiéme Ordre*, un parallelipipede des trois ordonnées est à un parallelipipede des parties du diametre, terminées aux ordonnées & aux trois points de la figure, dans une certaine raison donnée. Maintenant, si l'on prend trois lignes droites en trois en-

oupera
aniere
n trois
pera de
parties
artie de

ordon-
dont
es deux
interse-
t appli-
la cour-
du dia-
e con-

ire aux
centre
tres se

aux as-
apports
paral-
s & pa-
Ordre a
Ordre
& elles
Comme
conque
& ses
, ainsi
ou du
droite
points la
somme
, tirée
uelcon-
gale à la
aire de
e point

es non
e ou de
des or-
du dia-
ries du
ellipse,
ne ligne
(latus
ametre,
que l'on
erfum) :
boliques
ede des
ede des
ordon-
re, dans
nant, si
ois en-

droits du diametre, situé entre les sommets de la figure, l'une correspondante à l'autre, on pourra appeller ces trois lignes droites les *parametres* de la figure (*latera recta*), & *axes transverses* ou *principaux* (*latera transversa*) les parties du diametre comprises entre les sommets. Et de ce que dans la parabole conique, qui n'a qu'un seul sommet à un même diametre, le rectangle des ordonnées est égal au rectangle de l'abscisse & d'une certaine ligne nommée *parametre* (*latus rectum*), il suit que dans les courbes du second genre ou du *troisiéme Ordre*, qui n'ont que deux sommets au même diametre, le parallelipipede sous les trois ordonnées est égal au parallelipipede sous les deux parties du diametre comprises entre les ordonnées, ces deux sommets & une ligne droite donnée, qu'on peut appeller par cette raison parametre.

5. Enfin, comme dans les sections coniques, quand deux paralleles terminées à la courbe de chaque côté sont coupées par deux autres paralleles, terminées aussi à la courbe de chaque côté ; la premiere étant coupée par la troisiéme, & la seconde par la quatriéme, le rectangle sous les parties de la premiere, est au rectangle sous les parties de la troisiéme, comme le rectangle sous les parties de la seconde est au rectangle sous les parties de la quatriéme. Pareillement quand quatre lignes droites semblables rencontrent une courbe du second genre, je veux dire du *troisiéme Ordre*, chacune en trois points, alors le parallelipipede sous les parties de la premiere ligne droite, est au parallelipipede sous les parties de la troisiéme, comme le parallelipipede sous les parties de la seconde est au parallelipipede sous les parties de la quatriéme.

6. Disons encore que toutes les branches des courbes du second *Ordre*, du 3e *Ordre*, ou d'un autre plus élevé, prolongées à l'infini, sont du genre hyperbolique ou parabolique (on appelle *branche hyperbolique* celle qui s'approche à l'infini de quelque assymptote, & parabolique celle qui n'a pas d'assymptotes.) Pour concevoir ces branches on peut se les representer sous l'idée de tangentes ; car si le point de contact est à une distance infinie, la tangente d'une branche hyperbolique coïncidera avec l'assymptote d'une branche quelconque, en cherchant la tangente de cette branche à un point infiniment distant. Ainsi on détermine le cours, le lieu ou la route en quelque sorte d'une branche infinie, en cherchant la position d'une certaine ligne droite, qui est parallele à la tangente où le point de contact se perd dans l'infini, cette ligne droite prenant sa direction du même côté que la branche infinie.

ORE

OREILLE. Organe de l'ouïe. C'est une partie cartilagineuse située sur l'os des temples. Toute la partie postérieure de ce cartilage est arrondie : elle est élastique, & par-là elle est très-sensible aux impressions de l'air. Elle est couverte par des membranes destinées à amortir en quelque sorte cette impression qui seroit sans cela de trop longue durée. Sur la surface extérieure A B de l'*Oreille*, (Planche XXVIII. Figure 163.) sont de petites éminences qui forment de pareilles cavités, dont l'usage est de ramasser le son, le reflechir & le diriger dans la conque C, (*Voïez* CONQUE) & de-là dans le conduit auditif D E (*Voïez* CONDUIT AUDITIF.) Ce conduit partie osseux & partie cartilagineux, & qui forme en serpentant une ellipse cilindrique, est terminé par la membrane du tambour T, (*Voïez* TAMBOUR) posé obliquement sur ce conduit. De maniere que l'air qui entre par l'*Oreille* n'y tombe toujours qu'obliquement ; ce qui rend ses secousses moins fortes & moins dangereuses pour cette membrane très-delicate. Voilà ce qu'on appelle l'*Oreille externe* qui n'a aucune communication avec la partie intérieure de l'*Oreille*, le conduit auditif étant entierement bouché par le tambour & ne donnant aucune entrée à l'air qui agit sur lui.

Au-delà de cette membrane est une cavité E (figure 164.) à laquelle on donne le nom de *Quaisse*. Elle contient quatre osselets, trois muscles, deux conduits, deux fenêtres & une branche de nerfs. Le premier des osselets *n* est nommé *marteau*. (figure 163.) Il a son manche fortement collé à la membrane du tambour où il avance jusques au milieu. Ce marteau s'articule avec le second osselet K qu'on appelle *enclume*. Celui-ci a trois parties, son corps situé au haut de la *quaisse*, & ses deux branches qui sont inégales. La plus longue tombe perpendiculairement en se raccourcissant un peu en dedans & à son extrémité. L'enclume s'articule avec un petit osselet I, qui a la figure d'une lentille (appellé à cause de cela *orbiculaire* ou *lenticulaire*) étant concave du côté qu'il touche l'enclume, & convexe de celui où il est attaché au quatriéme osselet nommé *étrier*. Les deux branches de l'étrier ont à leur partie intérieure une feuillure, dans laquelle s'enchasse une membrane très-délicate & très-fine, & sa base ovale est poſée ſur la fenêtre ovalaire.

Deux des muſcles de la quaiſſe tiennent au marteau & le troiſiéme à l'étrier. A l'égard des fenêtres, elles ſont ſituées dans cette cavité, de même qu'un conduit M appellé *trompe d'Euſtache*, qui ſe termine au palais de la bouche, & par laquelle l'air paſſe de la bouche dans la cavité de la quaiſſe, & ſort ſans aucun empêchement.

La derniere partie de l'*Oreille* eſt appellée *labyrinthe*. Elle preſente d'abord une cavité de figure irréguliere, c'eſt ce qu'on appelle le veſtibule. Là aboutiſſent trois canaux demi-circulaires O, P, Q, par cinq trous ſeulement parce qu'il y en a deux qui ont un trou commun. Leur cavité intérieure eſt elliptique & ils s'ouvrent dans le veſtibule.

La troiſiéme partie du labyrinthe eſt la *coquille* S (fig. 164.) compoſée d'une lame ſpirale & d'un canal ſpiral double. Elle eſt formée en vis de deux ſpires qui ſe terminent en pointe. La figure 165 repreſente le profil du labyrinthe, & la figure 166 toute cette partie vûe de face. A A eſt le canal ſpiral appellé le *limaçon* ou la *coquille*; B B la membrane ſpirale; D E le veſtibule découvert, & le commencement des canaux verticaux & du limaçon, par une ſection qui forme le plan 6, 6, 6, 6. Le chifre 1 indique le commencement du canal vertical conjoint découvert; 2 l'entrée qui lui eſt commune avec l'horiſontal; 3 le commencement du vertical ſeparé découvert; 4 l'entrée inférieure du canal vertical ſéparé, & 5 l'entrée particuliere du canal horiſontal.

Enfin, les deux dernieres parties de l'*Oreille* eſſentielles à l'uſage auquel elle eſt deſtinée, ſont deux nerfs, un dur & un mol. Le premier ſe diviſe en deux branches, dont l'une va paſſer au-deſſus du marteau, en traverſant la quaiſſe du tambour. Elle ſe joint avec un rameau qui vient par l'aqueduc qui va à la langue. On nomme ce rameau la *corde du tambour*. L'autre branche ſort par un trou & ſe répand intérieurement ſur toute la face.

Le nerf mol ſe diviſe en trois parties. L'une va à la rampe ſupérieure de la coquille ſuperieure & s'y perd. Les deux autres ſe diſtribuent dans le veſtibule du labyrinthe, dans les canaux ſemi-circulaires, & dans le veſtibule où ils ſont étroitement liés. Ces deux nerfs coupant le *nerf auditif* dans leur origine, & ſe ſéparant forment une expanſion qui eſt l'organe de l'ouïe.

Terminons cette deſcription *Anatomico-Phyſique* par une obſervation importante pour expliquer de quelle maniere ſe fait la ſenſation du ſon : c'eſt que les cavités du labyrinthe ſont remplies d'air auſſi élaſtique que celui qui agit ſur le tambour. Cela eſt étonnant. Car quel chemin prend cet air pour entrer dans ces cavités & pour en ſortir ? On conjecture qu'il eſt apporté avec les humeurs qui s'écoulent des petits vaiſſeaux, & ſe déchargent dans cette cavité en maniere de vapeur pour humecter les nerfs & les rendre ſouples. Et comme ces humeurs ſont enſuite repriſes par les vaiſſeaux abſorbans, ce même air peut auſſi s'inſinuer en même-tems dans ces vaiſſeaux & être continuellement rafraîchi par celui qui prend ſa place. Ces connoiſſances acquiſes, on explique ainſi la maniere dont ſe fait l'ouïe.

2. Lorſque l'air eſt agité comme il doit être pour produire le ſon ou le bruit, je dis comme il doit l'être, car une agitation quelconque ne peut pas cauſer cet effet (*V.* BRUIT), il frappe l'*Oreille* A B (fig. 163), entre dans la conque, d'où il eſt porté dans le conduit auditif D E, qui le tranſmet ſur la membrane du tambour. L'impreſſion qu'il fait ſur cette membrane la fait tremouſſer. Ce tremouſſement fait entrer le timpan en dedans, de ſorte que le manche du marteau qui y eſt attaché s'abbaiſſe : ce qui fait hauſſer la tête de l'enclume, deſtinée à pouſſer l'étrier contre la fenêtre ovale, à cauſe de l'étroite liaiſon qu'ont ces oſſelets entr'eux. Par cette ſecouſſe de l'étrier, l'air enfermé dans le labyrinthe eſt comprimé. Il ſe remet par ſon reſſort à ſon premier état, cauſant des impreſſions dans les nerfs qui tapiſſent ce labyrinthe; & ces impreſſions ſe tranſmettant juſques au cerveau, excitent l'idée du ſon. Quand ces impreſſions ſe font par pluſieurs mouvemens ſucceſſifs de l'air, & qu'ils cauſent aux eſprits qui y ſont preſens une telle émotion, que le ſecond mouvement repond au premier par quelque tiers, le troiſiéme au ſecond, & le quatriéme au troiſiéme, la ſenſation qu'on éprouve eſt alors très-agréable, & ce ſon réſulte de la proportion que les mouvemens de l'air ont entr'eux. Lorſque cette proportion & cet accord manquent, le ſon eſt ſans harmonie & déſagréable, & incommode même la langue & les dents à cauſe de la communication des nerfs.

O R G

ORGUES. On donne ce nom en Fortification à un aſſemblage de longues poutres pointues par le bas & garnies de fer, qui paſſent à travers une poutre tranſverſale. Chaçune de ces poutres eſt ſuſpendue par une chaîne, & elles ſervent comme les hériſſons ou ſarraſines à fermer les portes, en les faiſant deſcendre

ſur

fur un axe qui tourne. Leur reſſemblance aux tuïaux d'orgues leur a fait donner le nom de cet inſtrument.

ORGUES DE MORTS. Machine d'Artillerie compoſée de ſept on huit canons de fuſils pour tirer pluſieurs coups à la fois. On af- fermit ces canons ſur une petite poutre, & leur lumiere paſſe par une goutiere de fer blanc, où l'on met de la poudre & qu'on couvre juſques au moment qu'on veut tirer. Cette machine ſert dans les chemins cou- verts, dans les breches & dans les retran- chemens, ſouvent même ſur les vaiſſeaux pour empêcher l'abordage.

O R I

ORIENT. Côté de l'horiſon où un aſtre mon- te dans l'hemiſphere ſuperieur. L'*Orient équinoxial* eſt ce point de l'horiſon où le ſoleil ſe leve quand il entre dans le bélier ou dans la balance, en un mot, quand il eſt dans l'équateur.

On diſtingue l'*Orient* en vrai ou appa- rent, lorſqu'il s'agit du lever d'une étoile. L'*Orient* apparent eſt le point, & pour mieux dire le tems où une étoile étant débarraſſée des raïons du ſoleil qui l'enveloppoient, elle commence à paroître pendant qu'il fait nuit. On appelle auſſi cet *Orient* l'*Orient he- liaque.*

Orient vrai. C'eſt la même choſe que le lever achronique des étoiles. (*V.* ACHRO- NIQUE & COSMIQUE.)

ORIGINE D'UN LIEU. Terme de Géome- trie. C'eſt le point où les lignes droites com- poſées ſous un angle ſuppoſé, commencent à ſatisfaire au problême déterminé. (*Voïez* LIEU.)

ORILLON. Partie du flanc vers l'épaule du baſtion qui ſert à couvrir le reſte du flanc. Par-là les canons qui y ſont en batte- rie ſont moins expoſés à être démontés. (*Voïez* BASTION.)

ORION. C'eſt la plus belle conſtellation qui ſoit dans le Firmament. Elle eſt au-deſſous des Gemeaux devant le front du Taureau. Pour le nombre des étoiles, dont elle eſt compoſée, *Voïez* CONSTELLATION, & à l'égard de ſa figure *Voïez* CARTE. *Heve- lius* a rapporté la longitude & la latitu- de de ſes étoiles dans ſon *Prodromus Aſ- tronomiæ, pag.* 295; & il donne la figure de toute la conſtellation dans ſon *Firma- mentum Sobieſcianum,* fig. Q *q.* On la trouve auſſi dans l'*Uranometrie de Bayer,* Planche L *l.*

Schickard donne à cette conſtellation le nom de *Joſué; Schiller* celui de *St Joſeph.*

Tome II,

Weigel en fait l'aigle double de l'Empire, & de la ceinture d'*Orion* qui eſt formée par trois étoiles, il en forme la poutre des Ar- mes de la Maiſon d'Autriche.

Sur l'origine de cette conſtellation les Poetes font une hiſtoire fort plaiſante. Ils diſent que *Jupiter, Neptune* & *Mercure* aïant été regalés par *Hyrcée,* ils lui promi- rent par reconnoiſſance de lui accorder telle choſe qu'elle ſouhaiteroit. *Hyrcée* leur de- manda un fils. Pour la ſatisfaire, ces Dieux urinerent dans la peau d'un bœuf & lui ordonnerent de l'enterrer. Cette eau fer- menta & produiſit l'*Urion* au bout de neuf mois. Comme cette origine eſt un peu ſale, on a changé le mot d'Urion en *Orion,* pour en faire perdre la mémoire. Cet *Orion* ſe plai- ſoit (à ce qu'on dit) fort à la chaſſe. Il voulut dépeupler la terre du gibier. Quelques Poetes diſent qu'il y périt de la morſure d'un ſcorpion, & d'autres prétendent qu'aïant voulu violer *Diane,* cette Déeſſe le tua d'un coup de fleche.

Cette conſtellation eſt encore appellée *Algebar, Arion, Aſugia, Audax, Bellator fortiſſimus, Elgebar, Eleſeuze, Gigas, Geuſe, Hyriades, &c.*

O R L

ORLE. Terme d'Architecture civile. C'eſt la même choſe que plinthe. (*Voïez* PLINTHE.)

O R N

ORNEMENT. Les Architectes en général entendent par ce mot tout morceau de ſculpture qui décore un édifice; mais *Vitruve* & *Vignole* appellent ainſi un entablement. (*Voïez* ENTABLEMENT.)

O R T

ORTHODROMIE. Terme de Pilotage. C'eſt la ligne droite que décrit un vaiſſeau dans une petite route, en naviguant toujours vers une même plage. On entend auſſi par ce terme la ligne que décrit le vaiſſeau en allant par le plus court chemin d'un lieu à un autre. Dans ce cas, c'eſt l'arc du plus grand cercle.

ORTHOGRAPHIE. L'art de deſſiner un objet ſelon ſon élévation. C'eſt la repreſenta- tion d'un corps ou d'un bâtiment tel qu'il paroît quand on le regarde par quelqu'une de ſes faces. Le P. *Lami* & quelques au- tres Mathématiciens ſe ſervent du mot *Scénographie* dans le même ſens.

Ceci eſt dit en général ſelon les regles de la Perſpective. Car les Architectes enten-

H h

dent par *Orthographie* le modele, la plate-forme & le deſſein du front d'un bâtiment qu'il s'agit de conſtruire. C'eſt là-deſſus qu'on éleve & qu'on finit l'édifice. Et ſelon les Ingénieurs, l'*Orthographie* eſt l'art de deſſiner le profil d'une fortereſſe ou d'un ouvrage de fortification, de maniere qu'on puiſſe y appercevoir la longueur, la largeur, & la hauteur de ſes differentes parties.

ORTHOGRAPHIQUE. Projection ortho-graphique. *Voïez* PROJECTION.

O S C

OSCILLATION. C'eſt l'aſcenſion & la deſcenſion réciproque d'un pendule. Sur ce mouvement les Mathématiciens démontrent, 1° que ſi l'on ſuſpend un pendule ſimple entre deux demi cicloïdes BC, CD, (Planche L. Figure 167.) qui ont le diametre C F du cercle générateur égal à la moitié de la longueur du fil auquel eſt ſuſpendu ce pendule ; de maniere que ce fil oſcillant, ſe roule autour des demi-cycloïdes, quelque inégales que ſoient toutes les *Oſcillations*, elles ſeront parfaitement iſochrones dans un milieu non reſiſtant.

2°. Que le tems d'une *Oſcillation* totale par un arc quelconque de cycloïde, eſt au tems de la deſcente perpendiculaire par le diametre du cercle générateur, comme la circonference du cercle eſt au diametre.

3°. Deux pendules décrivant des arcs de cercle ſemblables, les tems des *Oſcillations* ſont en raiſon ſoudoublée, ou comme les racines de leurs longueurs.

4°. Le nombre des *Oſcillations* iſochrones, faites en même-tems par deux pendules, ſont réciproquement comme les tems dans leſquels chaque *Oſcillation* ſe fait.

5°. Les tems des *Oſcillations* en differentes cycloïdes, ſont en raiſon ſoudoublée de la longueur des pendules.

6°. La longueur d'un pendule qui fait ſes *Oſcillations* dans le tems d'une ſeconde eſt de 3 pieds, 8 pouces ½.

7°. Plus les *Oſcillations* qui ſe font dans un arc de cercle ſont courtes, plus ſes *Oſcillations* ſont iſochrones, (*Voïez* là-deſſus CYCLOIDE, & pour trouver le centre d'*Oſcillation* & l'hiſtoire de cet article, *voïez* Centre d'oscillation.)

O S T

OSTENSIVE. On caractériſe ainſi une démonſtration par laquelle on prouve la vérité d'une propoſition. Ces *Démonſtrations* ſont de deux ſortes : les unes établiſſent pu-

rement & directement qu'une telle choſe eſt ; les autres la prouvent par ſa cauſe, par ſa nature ou par ſes propriétés eſſentielles. Toutes les deux ſont oppoſées aux démonſtrations à l'impoſſible. (*Voïez* DEMONSTRATION.)

O V A

OVALE. Ligne courbe qui rentre en elle-même & qui eſt compoſée de pluſieurs portions de cercle, de façon qu'elle repreſente le contour d'un œuf. Cette ligne n'a d'autre uſage que de faire preuve d'une dexterité géometrique qui dépend de la main. Toute ellipſe eſt une *Ovale*, mais tout *Ovale* n'eſt pas une ellipſe.

Ovale oblong. Les Géometres nomment ainſi toute ligne courbe dont la plus grande demi-ordonnée n'égale pas l'axe. Telle eſt l'ellipſe, l'hyperbole, la parabole, & d'autres lignes algebriques.

Ovale de Cassini. Sorte d'ellipſe inventée par M. *Caſſini*, qui eſt telle que le produit des deux foïers à un point quelconque de la circonference de la courbe, eſt conſtamment le même, au lieu que c'eſt la ſomme dans l'ellipſe ordinaire. (*Voïez* ELLIPSE.) M. *Caſſini* vouloit repreſenter par cette courbe le mouvement des planetes. Comme il avoit cru trouver par ſes obſervations que l'ellipſe ordinaire étoit élargie dans ſes points de diſtance moïenne, & que d'ailleurs l'un des foïers étant le centre du mouvement vrai, l'autre n'étoit point exactement celui du mouvement moïen, il imagina celle-ci qu'il crut propre à remedier aux défauts de celle de *Kepler*. Mais le ſuccès n'a pas couronné ici le travail ingénieux de ce grand Aſtronome. Son *Ovale* ne peut être l'orbite d'une planete pour bien des raiſons. La premiere eſt que ſi la planete en la parcourant décrit des angles proportionnels au tems à l'entour du centre du mouvement moïen, elle ne ſauroit décrire autour de l'autre foïer des aires proportionnelles au tems : ce qui eſt une loi néceſſaire dans le ſyſtème de la gravitation univerſelle & d'ailleurs confirmée par l'obſervation. En ſecond lieu, ſi cette courbe n'eſt point conſtamment concave vers ſon axe, mais que ſuivant les proportions de la diſtance de ſon foïer à ſon grand axe, elle change abſolument de figure ; par exemple, d'une certaine proportion de cette diſtance au grand axe, elle devient convexe vers cet axe au ſommet du petit. Si l'on augmente cette proportion, ces convexités s'approchent toujours de plus en plus du grand axe ; de ſorte qu'à la fin elles le touchent, & la courbe reſſemble à un

huit de chifre, dont le grand axe eſt la longueur. Continue-t-on à augmenter la diftance des foïers ? La figure ſe ſépare en deux
Ovales conjugués. C'eſt ce qu'il eſt aiſé de
de tirer de ſon équation $y^4 + 2b^2y^2 + 2x^2y^2 + x^4 - 2b^2x^2 + 2a^2b^2 - a^4$;
(*b* eſt la diſtance des foïers; *a* eſt le grand
axe; *x* l'abſciſſe priſe du point qui partage
également la diſtance des foïers, & *y* l'ordonnée.) (*Voïez* les *Tranſactions Philoſophiques*, ann. 1704; l'*Aſtronomie Phyſique de
Gregori*, édit. de 1716, Tom. I. L. 3. ou
l'*Uſage de l'Analyſe de Deſcartes, &c.* par
M. l'Abbé *De Gua*).

Il ſuit de tout cela que l'*Ovale de Caſſini*
ne peut pas ſervir à repreſenter l'orbite des
planetes; car l'uniformité avec laquelle la
Nature agit toujours ne permet pas qu'elle
emploïe une courbe dont une infinité d'eſpaces, après un certain terme, ne peuvent
ſervir à un pareil uſage. (*Voïez* PLANE-
TE.) Cependant comme les Géometres
ne laiſſent gueres paſſer les ſujets ſur leſquels ils peuvent s'exercer ſans les ſoumettre
à leur examen, on a cherché à mener une
tangente à cette courbe. Le célebre M. *Varignon* s'eſt ſur-tout ſignalé dans ce travail
géometrique. Je m'étois propoſé de donner
ſa Méthode pour rendre l'*Ovale de Caſſini*
recommandable, Méthode qu'on trouve
dans les *Mémoires de l'Académie des Sciences*; mais aïant appris que M. *Montucla*
en avoit découvert une plus ſimple, j'ai
cru la devoir preferer à celle de M. *Varignon*. La voici telle qu'elle m'a été communiquée.

F O, *f* O. (Planche VI. Figure 420.)
étant des lignes tirées d'un point O de la
courbe aux foïers F, *f*, il faut, 1° prolonger
une de ces lignes comme F O en D; de
maniere que O D = O F; 2° ſur le point
D élever à O D une perpendiculaire, &
ſur le point *f* une autre à la ligne *f* o. Ces
deux perpendiculaires ſe rencontreront en
quelque point E. Menant du point O au
point E la ligne O E, cette ligne ſera la
tangente à la courbe au point O. Démonſtration. Aïant nommé F O, *f* o, *y*, *z*, leur
produit *y z* étant conſtant, on aura $y \, dz = -z \, dy$: d'où il ſuit que O G $= dy$, eſt
à O H $= dz$, comme *y* à *z*. Et les arcs de
cercle *o* G, *o* H, décrits de F, *f* comme
centres, étant perpendiculaires à F G, *f* H,
la figure O H *o* G ſera ſemblable à celle
f O D E, les côtés O G, O H, étant proportionnels aux côtés O D, O *f*. Par conſéquent le petit côté O *o* de la courbe, qui
prolongé eſt la tangente, paſſera par le
point E.

O V E

OVE ou ŒUF, ou QUART DE ROND ou
ECHINE. Terme d'Architecture civile. C'eſt
une moulure ronde, dont le profil eſt ordinairement un quart de cercle: *Vitruve* lui
donne une convexité plus petite que celle
d'un demi-cercle. Sa hauteur eſt de 3 à 6
minutes, & ſa ſaillie $\frac{2}{3}$ de la hauteur. On
met les *Oves* dans les moulures des corniches
pour y ſervir d'ornement. Et dans le chapiteau d'une colonne on place l'*Ové* ſous l'a-
baque.

O U I

OUIE. C'eſt l'organe du ſon. (*Voïez* OREILLE.)
Ce renvoi doit ſe lire à la fin de conduit
auditif au lieu d'ouïe.

O U R

OURSE. On donne ce nom en Aſtronomie à
deux conſtellations Seprentrionales, & pour
les diſtinguer, on appelle l'une la *Grande
Ourſe*, & l'autre la *petite Ourſe*.

OURSE LA GRANDE. Conſtellation Septentrionale proche du pole Nord, & qui ne ſe
couche jamais à notre égard. On trouve le
nombre des étoiles dont elle eſt compoſée,
à l'article CONSTELLATION. *Hevelius* a
déterminé la longitude & la latitude de ces
étoiles dans ſon *Prodrom. Aſtronom. pag.*
306, & il a fait graver la figure entiere de la
conſtellation dans ſon *Firmamentum Sobieſcianum.* Fig. D, de même que *Bayer* dans
ſon *Uranometrie.* On ne ſait pas au juſte
ce qui a porté les Aſtronomes à donner
le nom d'un animal à un amas d'étoiles.
Arate prétend que *Jupiter* a mis la *Grande
Ourſe* dans le ciel en reconnoiſſance de l'o-
bligation qu'il lui avoit de l'avoir allaité dans
ſon enfance, dans le tems que *Rhéa*, ſa
mere, fut obligée de l'expoſer ou de le
cacher, de peur que *Saturne*, ſon pere, ne
le mangeât comme il avoit mangé ſes autres
enfans. Si l'on en croit *Héſiode* & *Ovide*,
cette conſtellation eſt *Califto*, fille de *Ly-
caon*, qui étant devenue enceinte de *Jupiter*
ſur les montagnes Nonaëriennes, en Ar-
cadie, fut changée en *Ourſe* par *Diane* ou
par *Junon.* Comme dans cet état elle fut
perſecutée par les Chaſſeurs, elle ſe refugia
dans un Temple où perſonne n'oſoit entrer.
Là elle emploïa le ſecours de *Jupiter*, qui
touché de ſon état & du danger auquel elle
étoit expoſée, la plaça au Firmament.

Schiller forme de la grande *Ourſe* le petit
bateau de St Pierre. *Hardoſſer* en fait un

des deux *Ours*, qui déchirerent les garçons qui fe mocquoient du Prophète *Elifée*.

Cette conftellation eft encore appellée le *Grand Chariot*, *Alrukabah*, *Arcturus*, *Artus major*, *Callifto*, *Dubbeh*, *Dubbelachar*, *Dubbelakabah*, *Elix*, *Ery mantrix*, *Helire*, *Lycaonia*, *Mœnalis*, *Megifto*, *Nonacrina*, *Parrhafis*, *Plaufticula*, *Planetrum majus* & *Septentrio*.

L'étoile extrême du côté de la queue de la *grande Ourfe*, qui eft de la feconde grandeur, fe nomme *Queue de la grande Ourfe*. Les Arabes la connoiffent fous le nom arabe d'*Alaliath* ou *Benenath*.

C'eft ordinairement par cette conftellation que commencent ceux qui apprennent à connoître les étoiles.

OURSE LA PETITE. Conftellation Septentrionale la plus proche du pole Nord. Quelques Aftronomes y comptent 19 étoiles (*Voïez* CONSTELLATION.) Hevelius (*Firmamentum Sobiefcianum*, Fig. A), & Bayer (*Uranometria*, Fig. A), ont donné la figure de cette conftellation que je fais connoître à l'article CARTE.

Arate rapporte fur cette conftellation la même hiftoire que celle de la grande *Ourfe*. (*Voïez* OURSE LA GRANDE.) Elle a encore les noms fuivans, *Petit Chariot*, *Alrukabach*, *Errucabach*, *Eleit*, & *Cynofure*, ou *Phenice*, parce que les Phœniciens & les Sidoniens ont commencé à regler le cours de leurs navigations par cette conftellation.

On appelle *Queue de la petite Ourfe* la derniere étoile de la feconde grandeur, qui fe trouve tout près du pole, & à laquelle on donne le nom d'étoile polaire. (*Voïez* ETOILE POLAIRE.)

O U V

OUVERTURE. Les Géometres fe fervent de ce mot pour marquer l'inclinaifon d'une ligne droite fur une autre qui la rencontre en un point où elle forme un angle. On lui donne ce nom à caufe que l'*Ouverture* des jambes de l'angle reffemble à celle des jambes d'un compas ouvert.

OUVERTURE. Terme d'Optique. C'eft le trou attenant le verre objectif du telefcope ou d'un microfcope, par lequel l'image & la lumiere de l'objet entrent dans le tube & font portés à l'œil. Selon M. *Auzout* les *Ouvertures* des telefcopes doivent être à peu près en raifon foudoublée de leur hauteur. Mais M. *Hughens* dit dans fa Dioptrique (*Hugenii Opera*, Tom. III.) que l'*Ouverture* d'un verre objectif de 30 pieds, fe détermine en faifant cette proportion : 30

eft à 3 ou 10 eft à 1, comme la racine quarrée de la diftance du foïer d'un verre quelconque multiplié par 30 eft à fon *Ouverture*; & que les diftances des verres oculaires au foïer font proportionnelles aux *Ouvertures*.

La plus grande ou la plus petite *Ouverture* d'un verre objectif n'augmente ni ne diminue point l'aire vifible d'un objet. Tout ce qui en réfulte, c'eft d'admettre plus ou moins de raïons & par conféquent de donner une apparence de l'objet plus ou moins brillante. Quand on regarde Venus avec un telefcope, il faut fe fervir d'une plus petite *Ouverture* que pour obferver la lune, Jupiter ou Saturne, à caufe que cette planete brille d'une lumiere vive & éblouïffante.

OUVRAGE A CORNE. Terme de Fortification. (*Voïez* CORNE.)

OUVRAGE A COURONNE. (*Voïez* COURONNE.)

OUVRAGES DETACHÉS. On appelle ainfi dans l'art Militaire les parapets avec lefquels les affiégeans fe retranchent de nouveau; pour pouvoir fe défendre contre l'attaque des ennemis. On les divife en généraux & en particuliers. Les *Ouvrages détachés généraux* font des ouvrages tous nouveaux, conftruits dans une place attaquée, moïennant lefquels les ouvrages qui fe défendent encore, font rejoints les uns aux autres, comme lorfque deux baftions font entierement ruinés & qu'on eft contraint de les abandonner, ce qui arrive fouvent dans les longs fiéges. Au contraire, quand les affiégés tâchent encore de maintenir un baftion ou un ouvrage de dehors, quoique prefque ruiné & mis hors d'état de défenfe par l'ennemi, & qu'en abandonnant une partie de ces ouvrages, ils fe retranchent de nouveau avec des parapets, on donne alors à cette partie fortifiée une feconde fois le nom d'*Ouvrage détaché particulier* ou d'*Ouvrage renverfé*. On renforce fouvent les baftions & les ouvrages de dehors par de femblables *Ouvrages détachés particuliers*; & on en conftruit quelquefois avec les ouvrages même, ainfi qu'on le voit à Maftricht, Ypres, Philippeville, &c.

OUVRAGES DE DEHORS. TRAVAUX AVANCÉS. PIECES DETACHÉES. OUVRAGES EXTERIEURS. Ce font des ouvrages qu'on conftruit au-delà du foffé du rempart principal d'une forterefle. Tels font les *Demi-lunes*, les *Contre-gardes*, les *Ouvrages à cornes*, les *Ouvrages à couronne*, les *Tenailles*, les *Bonnets de Prêtres*, les *Queues d'hirondelle*, les *Traverfes*, les *Caponieres*, les *Bonnetes*, &c. Ces *Ouvrages* fervent à éloigner l'ennemi de la place, à couvrir les ouvrages principaux du rempart, & sur-tout à affoiblir les forces de l'assiégeant. On trouvera les regles selon lesquelles ils doivent être construits à leur article particulier. (*Voïez* DEMI-LUNE, CONTRE-GARDE, CORNE, COURONNE, &c.) A l'égard de celles qu'on doit suivre sur leur distribution, elles se reduisent à quatre observations. On ne doit pas 1° trop accumuler les *Ouvrages de dehors*; 2° il faut les placer de façon qu'on puisse les couvrir du rempart principal; 3° les ouvrir entierement vers la Place; 4° les élever aussi haut que le rempart. Tous les *Ouvrages* qui ne satisfont pas à ces regles, qui sont trop vastes, qui ont peu de défense, & qui peuvent aisément être emportés par l'ennemi, & emploïés à son avantage, sont défectueux & hors de toute pratique. Voilà pourquoi on ne conserve aujourd'hui que les demi-lunes, les contre-gardes, les ouvrages à cornes, les ouvrages à couronne, les lunettes, les traverses, les caponieres, & les bonnettes. Les autres, & principalement les demi-lunes devant les bastions sont rejettés, quoiqu'ils servent utilement en certaines occasions sur le glacis, & dans les lignes de circonvallation & de contrevallation, où il y a moins à craindre de la force des assiégeans.

O X I.

OXYGONE. C'est l'épithete qui caracterise un triangle acutangle. (*Voïez* TRIANGLE.)

OXYGONIAL. Ce qui est acutangulaire ou composé d'angles aigus.

O Y E

OYE. Constellation nouvelle dans la partie méridionale du ciel entre le Cigne & l'Aigle, près de la fléche, au-dessous de la ligne. Elle est composée d'un petit nombre d'étoiles de la cinquiéme & de la sixiéme grandeur, qu'*Hevelius* a observé le premier. Il donne la description de cette constellation dans son *Prod. Astron. p.* 117, où il marque pour l'année 1700 la longitude & la latitude des étoiles dont elle est composée. On trouve la figure de la constellation entiere dans son *Firmamentum Sobiescianum*, fig. L. Elle est encore connue sous le nom d'*Oye au Cigne.*

OYE D'AMERIQUE. Constellation méridionale qui se trouve près de l'Indien. Elle est composée de 9 étoiles. (*Voïez* CONSTELLATION.) D'après les observations de M. *Halley*, *Hevelius* a réduit en ordre ces étoiles, (*Prodrom. Astronom. pag.* 320.) & il a donné la figure de la constellation dans son *Firmamentum Sobiescianum*, fig. F *ff*.

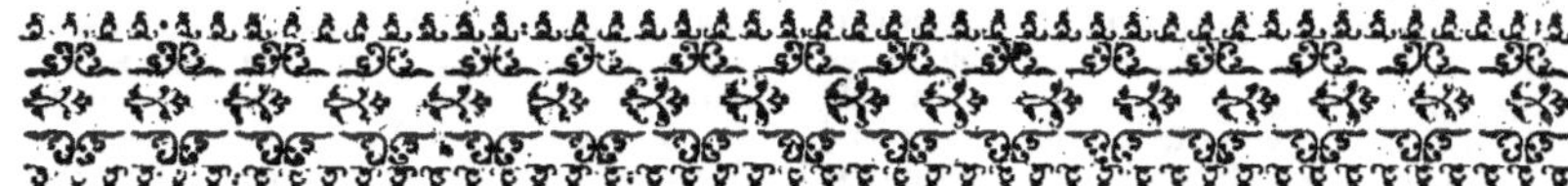

P.

PAC

ACHON. Terme de Chronologie. Nom que les Egyptiens donnent au neuviéme mois de l'année. Il commence le 26 Avril du Calendrier Julien, & le 7 Mai du Grégorien.

PAG

PAGOMEN. Les Egyptiens & les Ethiopiens donnent ce nom au résidu de 5 jours de leur année, ou de 6 ; si l'année est bissextile, ils ajoutent ces jours à leur dernier mois, parce qu'ils ne comptent que 4 jours pour chacun. (*Voiez* ANNÉE ETHIOPIENNE.)

PAI

PAIR. On donne cette épithete à un nombre qu'on peut diviser en deux parties égales. Tels sont les nombres 4, 6, 8, &c. (*Voiez* NOMBRE PAIR.)

PAL

PALETTE. Terme d'Horlogerie. C'est la partie du balancier d'une pendule ou d'une montre, qui forme l'échappement. (*Voiez* ECHAPPEMENT.)

PALIFICATION. Terme d'Architecture hydraulique. C'est l'action de fortifier un sol avec des pilotis. Dans les endroits humides ou marécageux, on enfonce ces pilotis avec un mouton, (*Voiez* MOUTON) afin qu'on puisse bâtir dessus en toute sureté.

PALINGENESIE. Terme de Physique occulte. Sorte d'art par lequel on prétend faire renaître une plante, un animal, ou du moins sa figure, de ses propres cendres. Il y a là-dessus des choses vraïes, d'autres extraordinaires, & un grand nombre que je crois entierement fausses. Un détail fait avec choix justifiera ce que j'avance, & mettra au jour les découvertes les plus remarquables qu'on a faites sur cet art.

M. *Digby* assure avoir vû à Paris chez M. *Davisson* cette expérience : Celui-ci aïant extrait l'huile & l'esprit d'une certaine resine gommeuse, il arriva dans cette opération que tout le col du vaisseau par où cette huile & cet esprit montoient, étoit entretissu tout autour de figures de pin, qui est l'arbre d'où se tire la résine sur laquelle il travailloit. Les idées de ce pin étoient desinées avec tant d'exactitude, que le meilleur Peintre n'auroit pû les imiter. M. *Digby* dit que la même chose lui arriva en tirant de la gomme de cérise.

On lit dans les *Observations des Curieux de la Nature* (Observ. IX, ann. 1677, pag. 11,) que M. *D. J. Daniel Major*, aïant fait un matin des mêlanges de sels de plantes pour voir les combats de l'acide & de l'alkali, & pour chercher ce qui pouvoit résulter de ces diverses mixtions, il avoit mis du sel de lavande dans deux phioles de verre remplies d'eau. Il fut agréablement surpris de voir le soir dans ces phioles plusieurs petites plantes comme en miniature qui s'élevoient hors de l'eau, s'arrangeoient sur les bords des deux phioles, & y composoient une petite forêt de lavandes. Le lendemain à son lever M. *Daniel Major* trouva le spectacle incomparablement plus charmant. La petite forêt étoit & plus brillante & mieux fournie. Elle devint même si dense qu'elle se précipita au fond de l'eau qui ne put plus alors la supporter. Afin de la faire remonter, ce Physicien fit chauffer doucement les phioles, & le même phénomene s'offrit à ses yeux. Cette petite forêt dura sept ou huit jours.

Travaillant à peu près dans les mêmes vûes, *Borrichius* aïant réduit en cendre des jets de cyprès, en mit le sel dans un vaisseau de verre, & y ajouta au bout de quelques mois un peu de phlegme de vitriol, pour voir la forme que prendroit ce sel ainsi mêlé avec un acide. Curieux de voir les effets de ce mêlange à la fin du mois, il découvrit sur ses parois plusieurs figures de cyprès, & dans le milieu du vaisseau un petit arbre de la grosseur du petit doigt, qui, à l'exception de la blancheur, étoit tout semblable à l'arbre qui donne le santal.

Il y a long-tems qu'on dit que M. *Coxas* aïant tiré beaucoup de sel de fougere, en fit diffoudre une partie après l'avoir criftallifé, il filtra cette folution qui étoit rouge comme du fang, y mit les criftaux qu'il avoit tirés, & verfa le tout dans un grand vaiffeau ou bouteille de verre. Après que la liqueur y eut refté cinq ou fix femaines, une grande partie du fel tomba au fond. L'autre partie qui refta parut blanche. Alors fur la furface de cette partie du fel, s'éleverent en grand nombre de petites fougeres.

Le cinquiéme phénomene remarquable qu'ait manifefté la *Palingenefie* eft dû à M. *Le Fevre*, autrefois premier Médecin du Roi d'Angleterre. Il a trouvé que le fel lixiviel de tartre diffout d'abord avec de l'efprit de vinaigre, enfuite avec de l'alcohol pendant feize mois & plus, & enfin fublimé dans une cucurbite de verre, produifoit la forme exacte d'une vigne, à la couleur près. J. *Sachius* dans fon *Ampelographie*, ou Defcription de la vigne, dit avoir vû dans le Laboratoire de *Rolftein*, une vigne qui avoit été reffufcitée du fel de tartre. *Daniel Horftius* a vû de même reffufciter l'abfinte de fon fel. *Pierre Servius*, Médecin à Rome, eft un troifiéme témoin oculaire fur la refurrection d'un rofier, de fes cendres, au bout de vingt-quatre heures. (*Mémoires Littéraires fur differens fujets de Phyfique, de Mathématique, de Chimie, de Médecine, traduit de l'Anglois* par M. *Eidoux*.) Il eft auffi beaucoup parlé dans les *Curiofités de la Nature & de l'Art* par M. de *Vallemont* de la réfurrection de la rofe. On trouve là plufieurs autres traits furprenans & effets de la *Palingenefie*, qu'on ne doit pas être obligé de croire. Ceux que je viens de citer font peut-être les feuls aufquels il eft permis d'ajouter foi, fans parler de la *Palingenefie* qui vient de la congellation, où le fameux *Boile* fe trouve compromis. (*Voïez* CONGELLATION.) Comme tout ceci n'eft pas affez développé, pour donner lieu à quelque raifonnement même le plus conjectural, je me contenterai de joindre à ces découvertes, les efforts qu'on a faits pour faire revivre ainfi les animaux. Je préviens que véritablement je fuis très-incredule fur ce qu'on rapporte à cet égard. On jugera fi je fuis prevenu, & fi la chofe mérite un plus mur examen ou de nouvelles tentatives.

2. Le premier Auteur qui foit fur les rangs affure la *Palingenefie* des animaux fur un oui-dire. C'eft le P. *Schot*; » Non-feulement, » dit-il, la reproduction s'eft faite dans les » plantes; mais auffi dans les animaux. On » parle nommément d'un petit moineau qui » apparoiffoit de la forte dans une phiole » où l'on gardoit fes cendres «. (*Non folum in vegetalibus fe præftitiffe fed etiam in pafferculo fe vidiffe, pro certo quidam mihi narravit. Phyfica curiofa append. Part. II. Ch. 1. Tom. II.*) Il eft fâcheux que le P. *Schot* n'ait pas vû ce moineau. Mais tout extraordinaire que cela paroiffe, ce n'eft rien en comparaifon de ce que fait là-deffus M. *Digby*. D'animaux morts, pilés, broïés, il en tire de vivans, de la même efpece. Il eft plaifant de voir le férieux avec lequel ce Phyficien & M. *De Vallemont* parlent de cette merveille. La complaifance avec laquelle M. *Digby* fe felicite d'avoir fait cette découverte eft tout-à-fait meritée, fi ce qu'il nous apprend fur la refurrection réelle des poiffons & des écreviffes eft vrai. Ecoutons-le paifiblement. » Qu'on lave les écre- » viffes, dit-il, pour en ôter la terreftreité; » qu'on les cuife durant deux heures dans » une fuffifante quantité d'eau de pluie. » Gardez cette décoction. Mettez les écre- » viffes dans un alembic de terre & les » diftillez jufques à ce qu'il ne monte » plus rien. Confervez cette liqueur. Cal- » cinez ce qui refte au fond de l'alembic, » & le reduifez en cendre par le reverbe- » ratoire, defquels cendres vous tirerez le » fel avec votre premiere décoction. Filtrez » ce fel & lui ôtez toute fon humidité fu- » perflue. Sur ce fel qui vous reftera fixe, » verfez la liqueur que vous avez tiré par » diftillation, & mettez cela dans un lieu » humide, comme du fumier, afin qu'il pour- » riffe; & dans peu de jours vous verrez » dans cette liqueur de petites écreviffes fe » mouvoir, & qui ne feront pas plus groffes » que des grains de millet. Il les faut nour- » rir avec du fang de bœuf, jufqu'à ce qu'el- » les foient devenues groffes comme une » noifette. Il les faut mettre enfuite dans » une auge de bois remplie d'eau de riviere » avec du fang de bœuf, & renouveller » l'eau tous les trois jours. De cette ma- » niere, vous aurez des écreviffes de la » grandeur que vous voudrez«. (*Curiofité de la Nature & de l'Art* par M. *De Vallemont*, pag. 297.)

Si tous les phénomenes qu'on rapporte de la *Palingenefie* reffembloient à celui-là, on pourroit hardiment mettre cet art à côté de la Chiromancie. Pour terminer cet article, par quelque chofe qui le rende plus recommandable, examinons une merveille due à de grands Phyficiens, & dont on eft tous les jours témoins dans les cabinets de Phyfique.

3. Il s'agit ici de la végétation des métaux.

Ceci n'eſt pas peut-être du reſſort de la *Palingeneſie*, mais y tient beaucoup. En effet, faire végéter de l'or, de l'argent, du cuivre, & voir dans une eau-forte, s'élever une eſpece d'arbre qui croit à vûe d'œil, & ſe diviſe en pluſieurs branches dans toute la hauteur de l'eau, tant qu'il y a de la matiere, c'eſt réunir des parties diviſées d'un corps, le reſſuſciter en quelque ſorte ſous une forme à la vérité beaucoup plus agréable que la ſienne propre & par-là plus ſurprenante. Quoiqu'il en ſoit de cette conformité, cette végétation qui eſt une des belles découvertes de la Phyſique, ou ſi l'on veut de la Chimie, ne devoit pas être omiſe dans cet Ouvrage, & nul article ne lui convenoit mieux que celui ci. Voici donc ce que c'eſt. On mêle de l'argent, du mercure & de l'eſprit de nitre, & ce mêlange ſe criſtalliſe en forme de petit arbre. Il faut pour cela faire cette opération. 1°. Faites diſſoudre dans 2 ou 3 onces d'eſprit de nitre une once d'argent. 2°. Mettez évaporer la diſſolution au feu de ſable juſques à conſomption d'environ la moitié de l'humidité. 3°. Verſez ce qui reſtera dans un matras où vous aurez mis 20 onces d'eau commune bien claire. 4°. Ajoutez-y 2 onces de mercure, 5°. Poſez le matras ſur un petit rondeau de paille, & laiſſez le repoſer pendant 40 jours.

Vous verrez pendant ce tems-là un arbre de métal ſe former avec des branches & de petites boules au bout qui repreſentent les fruits. (*Cours de Chimie*, I. *Part. Ch.* 11. par M. *Lemery*.) Cet arbre eſt appellé *Arbre Philoſophique* ou *Arbre de Diane*. Comme le tems qu'il met à ſe former eſt un un peu long, M. *Homberg* aïant cherché un moïen d'abreger l'opération, a trouvé le ſecret de lui donner l'être en moins d'un quart d'heure. A cette fin, il preſcrit cette opération. 1°. Prenez 4 gros d'argent fin en limaille, & faites-en un mêlange amalgamé à froid avec 2 gros de mercure. 2°. Diſſolvez cet amalgame en 4 onces d'eau-forte. 3°. Verſez cette diſſolution dans trois demi-ſeptiers d'eau commune. 4°. Battez le tout un peu pour les mêler, & gardez-le dans une phiole bien bouchée. Vous aurez la compoſition néceſſaire pour produire l'arbre de Diane quand vous voudrez. Il faudra alors en prendre une once ou environ ; mettre dans la même phiole la groſſeur d'un petit poids d'amalgame ordinaire d'or ou d'argent, qui ſoit maniable *comme du beurre*, & laiſſer la phiole en repos deux ou trois minutes de tems.

Auſſi-tôt après on verra ſortir de petits fila-

mens perpendiculaires de la petite boule d'amalgame, qui s'augmenteront à vûe d'œil, jetteront des branches à côté, enfin formeront un petit arbriſſeau tel que repreſente la fig. 403. (Pl. XXIX.) Cependant la petite boule d'amalgame ſe durcit & devient d'un blanc terne, tandis que tout l'arbriſſeau a une véritable couleur d'argent luiſant. Cette végétation s'acheve dans un quart d'heure (*Mémoires de l'Académie* 1692, *page* 145.) L'arbre qui provient ainſi s'éleve peu dans la bouteille, au lieu que celui de M. *Lemery* monte juſques à 4 pouces. Auſſi M. *Homberg* juge-t-il ſon *Arbre philoſophique* bien inferieur à l'autre. Il en explique ainſi la formation. L'amalgame ne forme pas l'arbre, mais le mercure & l'argent diſſous dans la liqueur. Comme le diſſolvant eſt extrêmement affoibli par la grande quantité d'eau dont on l'a chargé, il n'eſt pas capable de retenir ce qu'il a diſſout lorſqu'il ſe preſente quelque occaſion de le précipiter ou de le ſéparer. Alors le mercure diſſous, venant à rencontrer au fond de cette eau un amalgame de mercure non diſſous, il s'y attache de la même maniere que le mercure. L'argent diſſous eſt auſſi emporté du même côté, étant accompagné d'aiguilles nitreuſes de l'eau-forte. Tous ces petits corps s'attachent les uns aux autres de tout ſens & forment les branches de l'arbre, (*Voïez* les Mém. de l'Acad. ci-devant cités, pages 146, 147.) M. *Louis Lemery*, fils du célebre *Lemery* dont je viens de parler, forme un autre arbre avec de la limaille de fer, par la diſſolution de l'eſprit de nitre qu'il nomme *Arbre de Mars*, (*Voïez* les *Mém. de l'Acad. des Sciences*, ann. 1707.)

On attribue à M. *Homberg* la découverte de la végétation métallique, Elle étoit cependant connue bien long-tems avant lui ; & on lit dans le *Muſœum Colĺeg. Rom. S. J.* du P. *Kircher pag.* 46 une belle deſcription d'un pareil arbre métallique que ce Jeſuite avoit.

PALISSADES, On nomme ainſi dans la Fortification de gros pieux de bois de 6 ou 7 pouces d'équarriſſage, longs de 8 pieds, dont trois d'entr'eux ſont enfoncés en terre. Ces pieux s'élevent quelquefois d'un demi-pied les uns au-deſſus des autres, & ils ſont liés tous enſemble (à une diſtance l'un de l'autre du diametre du canon) par une piece de bois qui les traverſe horiſontalement. Il eſt des circonſtances où l'on en arme quelques-uns de deux ou trois pointes de fer, On met ordinairement les *Paliſſades* le long du parapet du chemin couvert, dans les avenues de toutes les portes expoſées à la ſurpriſe de l'ennemi, ou qui peuvent être emportées

emportées d'affaut; fur la berme des baf-tions, à la gorge des demi-lunes & des autres dehors. On paliffade auffi le fonds du foffé. Autrefois on en mettoit fur le gla-cis à trois pieds de la crête ou du parapet du chemin couvert; mais aujourd'hui on les place en dedans du chemin couvert, & il feroit à fouhaiter qu'on en mît un double rang.

M. *Coehorn* a inventé des *Paliffades tour-nantes* pour que l'ennemi ne ruine pas fi aifément à coups de canon celles du para-pet & du chemin couvert. A cette fin, il en affemble féparément autant que l'efpace de dix pieds en peut contenir, & il les fait tourner comme une trape; en forte qu'elles ne font expofées à la vûe de l'affiégeant que quand il eft fur le point de les attaquer. Elles font néanmoins toujours prêtes à faire leur office.

PAN

PAN. C'eft le nom du côté d'une figure recti-ligne, foit réguliere, foit irréguliere. On entend auffi quelquefois par ce terme la face.

PANSELENE. Nom que quelques Aftronomes donnent à la pleine lune.

PANEMUS. C'étoit dans l'ancien Calendrier Macédonien le neuviéme mois de l'année. Après la conquête de l'Arabie, on donna ce nom au fixiéme mois.

PANTOGRAPHE. Inftrument de Mathémati-que qu'on doit au P. *Scheiner*, qui fert à copier toutes fortes de deffeins, & à les ré-duire en differentes grandeurs. On trouve la defcription de cet inftrument dans le *Mundus Mathematicus* de *Defchalles, Tom. III. Perfpect. Liv. VI. Prop.* 7 & 8. & dans le *Traité de la conftruction & ufages des inftrumens de Mathématique* de *Bion, Liv. III. Ch.* 11. Mais le *Pantographe* eft encore là en quelque forte dans le berceau. On y voit le genie de l'inventeur & le principe de cet inftrument, auquel il ne manque que la main d'un Artifte habile, pour le dévelop-per, & le mettre dans un état de perfec-tion capable des avantages qu'on a d'abord eu en vûe. Le fieur *Langlois*, Ingénieur du Roi pour les inftrumens de Mathématique, frappé de ces avantages, & aïant cherché les moïens de le perfectionner, eft parvenu à le porter à un point de précifion qui fait l'éloge de fa capacité & de fon adreffe. En voici la defcription & les ufages.

Le nouveau *Pantographe* eft compofé, (comme celui du P. *Defchalles*) de 4 regles, (Planche X. Figure 169.) 2 grandes A S, B S, & 2 petites D E, D F. Les deux grandes

Tome II.

font jointes enfemble en S au moïen d'une tige qui les traverfe & qui eft fermée par le haut avec un écrou qui laiffe mouvoir li-brement ces deux regles. Au bas de cette tige eft une roulette R excentrique, qui pofe fur la table. Les deux petites regles font at-tachées vers le milieu de chacune des gran-des, & elles font jointes enfemble par leur extrêmité D. Par ce moïen, de quelque fa-çon qu'on faffe mouvoir ces quatre regles, elles forment toujours un parallelograme qui marque les réductions.

Cinq efpeces de boetes P, M, N, O, Q, s'enchaffent dans ces regles. Deux font gar-nies de roulettes, & fervent à foutenir l'in-ftrument fur le plan où l'on veut en faire ufage. Les trois autres, qui font chacune percées d'un trou cilindrique, font néceffai-res à fa pratique. Dans l'une paffe une poin-te à calquer 1; dans l'autre un canon 2; dans lequel fe loge un porte-craïon chargé d'un petit cilindre creux X afin qu'il preffe da-vantage. Enfin la cinquiéme, eft un fupport qui fe viffe dans le plan ou dans une plaque de plomb affez pefante pour réfifter fans fe déranger au mouvement de l'inftrument. Ce fupport fert de point fixe à ce mouve-ment. A côté font gravées fur la grande re-gle S B des divifions de même que fur la regle D E. Ces divifions fervent à réduire foit en grand foit en petit, la copie du ta-bleau, & cela en mettant & le fupport & la boete où eft le canon fur la divifion qui indique la réduction. Par exemple, lorf-qu'on veut rendre la copie deux tiers plus petite que l'original, on fait convenir la boete, ou pour mieux dire les bifeaux, avec fon fupport fur la ligne marquée 3, de même que la boete placée fur la petite regle, & qui porte le craïon. Alors la co-pie que donne cet inftrument eft des deux tiers plus petite que l'original. Elle auroit été la huitiéme partie fi les boetes euffent été placées fur le nombre 8. Pour avoir la copie plus grande que l'original, il n'y a qu'à placer la pointe & l'original à la place du craïon & de la copie. Ainfi autant que la copie auroit été diminuée, la copie aug-mentera.

Après avoir averti que les figures M, N, O, P, Q, reprefentent ces boetes féparées de l'inftrument & indiquées avec les mêmes lettres qu'elles font marquées fur les re-gles, afin qu'on les diftingue plus aifément; que des deux chapes de la boete N, la fuperieure fert quand on réduit du grand au petit, & l'inferieure quand on fait le contraire, & que la figure 170 reprefente la plaque de plomb ou le fupport nommé

I i

par M. *Langlois, Support ambulant*, je viens à l'ufage du *Pantographe.*

La figure 169 (Planche X.) fait voir l'inftrument en exécution. On le fixe fur un plan, une table, par exemple, par le moïen du fupport ambulant dans lequel il eft viffé. Enfuite on attache fous la boete qui porte la pointe à calquer le tableau qu'on veut copier, & fous celle dans laquelle paffe le craïon, on arrête le papier, fur lequel on veut avoir la copie du tableau. Aïant paffé une foïe qui tient au porte-craïon, dans de petits trous faits dans les vis par lefquelles les regles font attachées, & pris cette foïe on promene la pointe Q fur tous les traits de l'original. Cette pointe couvre ces traits fans les toucher, afin de ne le pas gâter. Le mouvement qu'on fait pour cela fe communique au craïon, qui forme les mêmes traits fur le papier, plus grands ou plus petits, felon que la boete qui porte ce craïon, comme je l'ai déja dit, eft fur telle ou telle divifion. Cette divifion n'a point été communiquée au Public. Il eft cependant aifé de la deviner. Elle eft relative à la grandeur des angles, des régles, & de là au chemin que fait le craïon felon fa diftance du centre du mouvement. C'eft ainfi que le fieur *Baradelle*, Ingénieur du Roi pour les Inftrumens de Mathématique a trouvé la graduation de ces regles. Les *Pantographes* qu'il vend font faits avec autant de foin que de jufteffe. Dans l'opération, cette jufteffe dépend du parallelifme du fupport, du craïon & de la pointe. Lorfque ces trois chofes font en ligne droite, la copie repréfente toujours fidelement l'original. On s'affure de cette pofition, c'eft-à-dire, on rectifie l'inftrument en embraffant avec un fil double la tige du fupport, & en conduifant ces fils au porte-craïon & de là à la pointe; de façon que ces deux pieces paffent entre les deux fils. En tendant ces deux fils, on voit fi les trois points font en ligne droite. Lorfque cela n'eft pas, on avance la piece qui en eft écartée, en la faifant couler de côté & d'autre, jufques à ce que ces fils foient exactement paralleles. Comme avec ce *Pantographe* on imite un original, on l'appelle auffi *Singe.* Je ne connois que la *Méthode de lever les Plans, &c.* nouvelle édition 1750, où fe trouve la defcription & l'ufage de cet inftrument.

PANTOMETRE. On donne ce nom en général à tout inftrument de Géometrie avec lequel on peut faire toutes les opérations de la Géometrie-pratique telles que la mefure des hauteurs, des longueurs, &c. (*Voïez* ALTIMETRIE, LONGIMETRIE,

TRIGONOMETRIE, &c.) Ainfi un Graphometre, une Planchette font des *Pantometres.* Ce qui a donné lieu à ce nom, c'eft que quelques Géometres ont appellé *Pantometrie* la fcience qui regarde la maniere de mefurer toute grandeur. (*Voïez* PANTOMETRIE.) Ceci eft dit en général; car il y a un inftrument particulier inventé par M. *Bullet*, appellé *Pantometre*, & qui fait le fujet d'un Traité intitulé : *Traité de l'ufage du Pantometre, inftrument géometrique, propre à prendre toute forte d'angles, mefurer les diftances accefsibles & inaccefsibles, arpenter & divifer toute forte de figures.* C'eft un inftrument compofé de trois regles A B, C D, E F, (Planche XI. Figures 400 & 401.) divifées en plufieurs parties, & tellement ajuftées autour du centre P qu'elles forment toujours un triangle A E P, femblable à celui qu'on eft obligé de faire & de calculer avec un graphometre pour mefurer une hauteur, une longueur, &c. De ces regles, l'une E F peut fe mouvoir dans une couliffe E P de la regle C D. Par ce moïen on n'a point la peine du calcul, & une feule opération donne ce qu'on demande. Cette opération confifte à fituer bien horifontalement la regle C D avec un niveau, & à bornoïer par les pinnules O, R de la regle A B, (Plan. XI. Fig. 400.) l'extrêmité qui détermine la hauteur de l'objet depuis la ligne horifontale. Ainfi voulant mefurer la hauteur de l'arbre M N on regarde les deux extrêmités M, N : ce qui fait un triangle rectangle P N M. Or ce triangle eft femblable à celui A E P formé par l'inftrument. Donc les parties de celui-ci feront proportionnelles aux parties de l'autre. Il ne refte qu'à connoître un côté de ce dernier, c'eft-à-dire la ligne P N, que je fuppofe de 20 toifes, & à faire couler la regle E F fur la 20e partie de la regle C P. Alors la regle A B coupe la regle E F au point où les parties de la regle comprife entre A E font celles qui font renfermées dans la ligne M N de la hauteur de l'arbre. Tout cela eft fi fimple, que je ne crois pas devoir m'y arrêter. La figure 401 repréfente l'inftrument fitué horifontalement.

PANTOMETRIE. *Voffius* nomme ainfi la Géometrie élementaire, parce que tout ce qui eft mefurable eft foumis aux loix de la Géometrie.

PAO

PAON. Conftellation auftrale près de l'encenfoir, au-deffous du Sagittaire. On y compte 16 étoiles (*Voïez* CONSTELLATION),

Ainſi
des
nom,
pellé
ma-
Voïez
héral;
venté
& qui
ité de
metri-
gles,
ibles,
C'eſt
regles
s 400
s, &
qu'el-
E P,
faire
pour
&c.
uvoir
C D.
alcul,
n de-
r bien
an ni-
O, R
) l'ex-
l'objet
oulant
on re-
ce qui
Or ce
formé
celui-
ies de
n côté
P N,
à faire
de la
a regle
e com-
renfer-
eur de
je ne
re 401
ontale-
inſi la
tout ce
x de la

dont *Hevelius* a déterminé la longitude & la latitude (*Voïez Prodromus aſtronomicus*, pag. 318), d'après les Obſervations de M. *Halley*. Cet Aſtronome (*Hevelius*) a donné la figure de la conſtellation dans ſon *Firmamentum Sobieſcianum*, Fig. F *ſſ*.

PAOPHI. Terme de Chronologie. C'eſt le ſecond mois de l'année Egyptienne. Il commence le 28 Septembre de la période Julienne.

PARABOLE. Ligne courbe dans laquelle le quarré de la demi-ordonnée eſt égal au rectangle de l'abſciſſe multipliée par une ligne conſtante qu'on nomme ſon parametre. Aïant nommé l'ordonnée *y*, l'abſciſſe *x*, & le parametre *a*, on aura $ax = yy$ qui eſt l'équation de la *Parabole*. Cette courbe ſe forme lorſqu'on coupe un cone de façon que le diametre de la ſection ſoit parallele avec le côté du cone. Le cone A B C étant coupé (Planche VII. Figure 171.) par un plan parallele à un de ſes côtés B C, la ſection D E I formera ſur la ſurface du cone une courbe D H E K I, qui ſera une *Parabole*. Pour le prouver, ſuppoſons que le cone a été coupé par un plan L M parallele à la baſe, la ſection ſera un cercle, dont les lignes F K & F H ſeront les perpendiculaires au diametre L M, & en même tems des ordonnées à la courbe. Maintenant ſi l'on prend ſur le côté B C la partie B O égale à F M, & que du point O on mene à F M la parallele O N, cette ligne ſera le parametre de la *Parabole*. Or il faut démontrer que le rectangle compris ſous N O & l'abſciſſe E F, eſt égal au quarré de la demi-ordonnée F K.

A cette fin, conſiderez que les triangles N B O & L E F étant ſemblables donnent B O : N O :: E F : L F. Donc $BO \times LF = NO \times EF$ (parce que le produit des extrèmes eſt égal au produit des moïens, *voïez* PROPORTION.) Mettant à la place de $FL \times BO$ ou FM, $\overline{FK}^2$ qui lui eſt égal, par la propriété du cercle, on aura $NO \times EF = \overline{FK}^2$; c'eſt-à-dire, en nommant N O, *a* ; E F, *x* ; F K, *y* : $ax = yy$; ce qu'il falloit démontrer.

Il eſt aiſé de conclure de cette génération que la *Parabole* ne ſauroit ſe fermer, puiſque le plan de cette courbe étant parallele au plan vertical ne peut couper le cone une ſeconde fois.

On appelle *Diametre* ou *Axe de la Parabole* la ligne qui diviſe en deux également toutes les paralleles tirées dans cette courbe.

Ces paralleles s'appellent *Ordonnées*, (*Voïez* ORDONNE'ES), & la partie du diametre compriſe entre l'ordonnée & ſon ſommet, ſe nomme abſciſſe (*Voïez* ABSCISSE.) Le point de l'axe où l'ordonnée eſt égale au parametre eſt le foïer de la *Parabole*. On entend par *Parametre* une troiſime proportionnelle à l'abſciſſe & à la demi-ordonnée.

De-là il ſuit qu'on trouve le parametre d'une *Parabole* à une abſciſſe quelconque, & à une ordonnée correſpondante en prenant une troiſiéme proportionnelle, & que pour avoir le foïer il faut prendre dans l'axe de cette courbe une partie égale au quart du parametre. Lorſque cette derniere ligne eſt donnée, on décrit ainſi une *Parabole*.

Soit A B (Planche VII. Figure 172.) le parametre, & E K une ligne quelconque perpendiculaire ſur celle-là. 1°. Prenez dans cette ligne E K les lignes C E, C F égales chacune au quart de la ligne A B. 2°. Tirez pluſieurs perpendiculaires G H, P H, &c. (plus il y en aura & mieux on décrira la *Parabole*.) 3°. Du point F menez les lignes F H, F G, F K, F P, &c. chacune égale à E I, E O, E M, &c. 4°. Par les points G H, P H, &c. où ces lignes couperont les perpendiculaires G H, P H, &c. faites paſſer une ligne. Ce ſera une *Parabole* dont la ligne O K eſt l'axe, le point E le *point générateur*; le point F le *foïer*, & le point C l'origine ou le ſommet; les lignes G H, P H, &c. les *ordonnées*, & les parties C I, C O de l'axe les *abſciſſes*.

On décrit encore cette courbe avec un inſtrument fort ſimple. 1°. Placez une regle B C (Planche VII. 173.) ſur un plan avec une équerre G D O, de maniere que l'un de ſes côtés D G ſoit couché le long du bord de cette regle. 2°. Prenez un fil F M O égal à l'autre côté D O de l'équerre. 3°. Fixez l'un des bouts à l'extrêmité O du côté D O, & l'autre bout à un point F quelconque pris dans le plan du même côté de la regle que l'équerre. 4°. Faites gliſſer le côté D G de l'équerre dans la longueur de la regle B C, en tenant le fil toujours tendu avec un ſtile M, ſans déranger la partie M O du fil, qui eſt collée contre l'équerre. La courbe A M X décrite par le ſtile eſt la moitié d'une *Parabole*.

En renverſant l'équerre de l'autre côté du point fixe F, on décrira de la même façon l'autre moitié A Z de la même *Parabole*. De ſorte que les deux moitiés feront la courbe entiere Z A X. En voici les principales propriétés.

2. 1°. Le rectangle fait de la ſomme de deux demi-ordonnées quelconques & de leur

difference, eſt égal au rectangle fait du parametre & de la difference des abſciſſes.

2°. La ſous-tangente P T (Planche VII. Figure 174.) d'une *Parabole* eſt double de l'abſciſſe A P, & la ſous-normale P Q eſt égale à la moitié du parametre.

3°. Le foïer de la *Parabole* eſt à une diſtance du ſommet telle que la demi-ordonnée F N à ce point eſt égale à la moitié du parametre.

4°. Le rectangle ſous L R & R Z eſt égal au produit de R M par le parametre; c'eſt par conſéquent une quantité conſtante.

5°. La ſous-tangente d'une *Parabole* eſt double de l'abſciſſe correſpondante.

6°. Que a ſoit le parametre & y la demi-ordonnée, la longueur de la *Parabole* ſera exprimée par cette ſerie $y + \dfrac{2\,y^3}{3\,a^2} - \dfrac{2\,y^5}{5\,a^4} + \dfrac{4\,y^7}{7\,a^6} - \dfrac{10\,y^9}{9\,a^8}$, &c.

7°. L'eſpace compris par une *Parabole* eſt au rectangle fait de la demi-ordonnée & de l'abſciſſe, comme 2 à 3.

Pluſieurs Géometres ont démontré cette vérité; & leurs démonſtrations ſont publiques. Depuis peu, les Journaux de Trevoux en rendant compte des Aſſemblées publiques de la Société Roïale de Lyon, ont annoncé une nouvelle quadrature par M. *Montucla*, Membre de cette Société. Comme cette découverte n'a pas été publiée & qu'elle a été accueillie par les Géometres, ſur le ſimple expoſé, j'ai cru qu'on en verroit la démonſtration avec plaiſir. C'eſt ce qui m'a engagé à prier l'Auteur de me la communiquer; & je la donne ici telle que je l'ai reçue.

Préparation. 1°. Que A O B (Plan. VI. Fig. 401.) ſoit une *Parabole* dont f eſt le foïer, & que G H ſoit perpendiculaire à l'axe prolongé & éloigné du ſommet du quart du parametre, c'eſt-à-dire, que A G = A f. 2°. Que du point f on mene deux raïons fB, $f b$ infiniment proches, & des points B b deux paralleles B H, $b h$ à l'axe, juſques à la rencontre de G H. Enfin, que b C, b D ſoient deux petites perpendiculaires à B H, B f. Les triangles B b C, B b D étant rectangles, ont de plus les côtés B C, B D égaux, parce que par une propriété de la *Parabole* les lignes $f b$, $b h$ ſont égales, comme auſſi f B, B H. Donc leurs differences B D, B C le ſeront auſſi. De plus la tangente à la *Parabole*, c'eſt-à-dire, le petit côté B b diviſe l'angle H B f en deux également: donc les triangles C b B, B b D ſont égaux, & par conſéquent les côtés B C,

B D. Le triangle f D b eſt donc la moitié du rectangle C h. Et la même choſe aïant lieu dans tous les autres points de la *Parabole*, on en conclud que l'eſpace A O B f eſt la moitié de l'eſpace H C O A. Or le triangle A B f eſt auſſi la moitié du rectangle H A. Donc le ſegment A O B eſt la moitié de l'eſpace extérieur A O B I : ou ce ſegment eſt le tiers du triangle A I B, c'eſt-à-dire une partie dont ce triangle eſt 3, ou dont le parallelograme eſt 6. Donc le ſegment A O B E eſt 4, dont le parallelograme de même baſe, & même hauteur eſt 6. Donc un ſegment parabolique eſt au parallelograme de même baſe & hauteur comme 2 : 3. C Q F D.

3. Ce ſont là les propriétés de la *Parabole* qu'on trouve dans les Ouvrages de *Gregoire de St Vincent*, de M. *De la Hire*, du Marquis de l'*Hôpital*, & des autres qui ont écrit ſur les ſections coniques. *Apollone Pergée* eſt le premier qui l'a développée; *Archimede* le premier qui en a trouvé la quadrature; & cela par les loix de l'équilibre. (*Voïez Archimedis Opera.*) Enfin *Déſcartes* a démontré dans ſa *Géometrie*, qu'on peut conſtruire par le moïen de cette courbe les équations algébriques du troiſiéme & du quatriéme degré. Les corps jettés parallelement ou obliquement à l'horiſon, décrivent une *Parabole*. (*Voïez* BALLISTIQUE.) On doit cette obſervation & la démonſtration de cette vérité à *Galilée*; & à *Toricelli*, ſon ſucceſſeur, ſon uſage en quelque ſorte dans l'art de jetter les bombes. (*Voïez* BOMBE.) C'eſt la courbe la plus avantageuſe qu'on puiſſe donner aux miroirs ardens, parce que tous les raïons paralleles qui tombent ſur elle ſe réuniſſent à ſon foïer. Et comme ceux qui partent du foïer ſont refléchis parallelement, on ſe ſert de la *Parabole* avec ſuccès pour augmenter la clarté des lampes en plaçant la lumiere au foïer d'une plaque parabolique (*Voïez* le *Cabinet de M. De Serviere*). L'âtre d'une cheminée qui a auſſi cette forme renvoïe plus de chaleur que dans toute autre. (*Voïez* FEU.)

PARABOLES ÉGALES. *Paraboles* dont les parametres ſont égaux.

PARABOLES SEMBLABLES. Ce ſont des *Paraboles* dont les abſciſſes qui ont une raiſon égale à leur parametre, l'ont de même à leur demi-ordonnée. Comme cette propriété eſt de toutes les *Paraboles* du premier genre, celles-ci ſont toutes des *Paraboles ſemblables*. M. le Marquis de l'*Hôpital* a démontré cette propoſition dans ſon *Traité des ſections coniques*, §. 195. Et M. *Wolf* l'a auſſi établie par ſes principes de la reſſemblance dans les *Acta eruditorum*, ann. 1715.

PARABOLES INFINIES. On donne ce nom aux genres infinis de toutes les *Paraboles*. Ainſi on entend par-là que certaine propriété convient à toutes les *Paraboles* de quelque genre qu'elles puiſſent être.

PARABOLES DES GENRES SUPERIEURS. *Paraboles* dans leſquelles les dignités ſuperieures des ordonnées ſont comme leurs abſciſſes.

Ces *Paraboles* ſont compriſes dans l'équation algébrique $a^{m-1} x = y^m$; celles d'un plus haut genre ſont exprimées par celles-ci : $a x^{m-1} = y^m$. Les unes & les autres le ſont par cette équation $a^n x^m = y^{m+n}$. M. *De la Hire* a démontré pluſieurs propriétés de ces lignes, ſuivant la maniere des anciens Géomerres dans ſon *Supplement* à ſes ſections coniques. *Bartholomé Intieri* a ſuivi la même méthode dans ſon *Apollonius & Serenus promotus* où il a expoſé ces propriétés ; & il a donné la maniere de décrire ces lignes dans ſon *Aditus ad nova arcana geometrica.* Cependant la conſtruction de ces lignes eſt difficile, puiſqu'on ne ſauroit décrire une *Parabole* d'un *genre ſuperieur* ſans ſavoir décrire celles des genres inferieurs.

PARABOLIFORME. C'eſt le nom qu'on donne à des *Paraboles* d'un genre ſuperieur. L'équation de toutes les courbes de cette eſpece étant $a^{m-n} x = y^m$, le rapport de l'aire de l'une de ces paraboles eſt au parallelograme qui lui eſt circonſcrit, comme *m* eſt à *n*.

PARABOLIQUE. Ce qui eſt formé par une parabole. Un pyramoïde *Parabolique* eſt un ſolide qu'on tire ainſi de la parabole : Qu'on ſe repréſente tous les quarrés des ordonnées d'une de ces courbes placées de maniere que l'axe paſſe par leur centre à angles droits. La ſomme de toutes les plans engendrera le *Pyramoïde Parabolique*, dont on trouvera la ſolidité, en multipliant la baſe par la moitié de la hauteur. (Voïez *Wallis Opera, Tom. I.*) Un *Fuſeau Parabolique* eſt un ſolide engendré par la circonvolution d'une demi-parabole autour de l'une de ſes ordonnées. Il eſt égal aux $\frac{8}{15}$ du cilindre qui lui eſt circonſcrit. Enfin un eſpace *Parabolique* eſt l'aire compriſe entre la courbe de la parabole & une ordonnée entiere. Cet eſpace eſt égal aux deux tiers du parallelograme circonſcrit.

PARABOLISME. On deſigne ainſi en algébre une opération qui conſiſte en la diviſion d'une équation par la quantité connue que multiplie le premier terme du plus haut degré de la quantité connue. Exemple. Soit $a x^3 - a^2 x = b^2 c$. En diviſant cette équation par *a* pour avoir $x^3 - a x = \frac{b^2}{a} c$. on fait une opération qu'on appelle *Paraboliſme.*

PARABOLOIDES. On appelle ainſi des paraboles des genres ſuperieurs qui ſont compriſes dans l'équation $a^{m-1} x = y^m$. Lorſqu'elles ſont cubiques elles ſont repréſentées par celles ci $a^2 x = y^3$; par cette autre $a^3 x = y^4$ lorſqu'elles ſont quarrées-quarrées, &c. ſelon la dignité de la demi-ordonnée *y*.

PARACENTRIQUE. On ſous-entend MOUVEMENT. C'eſt en effet un mouvement par lequel une planete s'approche dans ſa révolution le plus près, où s'écarte le plus loin du ſoleil ou du centre d'attraction. Exemple. Une planete ſe meut de A en B (Planche XVII. Figure 176.) $SB - SA = Bb$ eſt le mouvement *Paracentrique* de cette planete. La ſollicitation *Paracentrique* de péſanteur, qui eſt la même choſe que la force centripete, s'exprime dans l'Aſtronomie par la ligne AL, tirée du point A parallement au raïon SB, infiniment proche de SA, juſques à ce qu'elle coupe la tangente BL.

PARALLACTIQUE. On caractériſe deux choſes en Aſtronomie par ce mot, & un angle & une machine. L'angle *Parallactique* eſt la différence des angles CEA, BTA (Planche XVII. Figure 177.) ſous leſquelles on voit les diſtances vraie & apparente, dont un aſtre eſt éloigné du ʒenith. A l'égard de la machine, cela demande plus de détail & mérite bien une attention particuliere.

Sur un pied ABDC (Planche XIX. Figure 178.) dont il eſt aiſé de juger de la conſtruction par la figure, s'élevent dans une direction oblique deux pieces de bois KS, OR, qui ſoutiennent une eſpece de trapeze S1 2G, formé par quatre liteaux de bois. Au milieu de ce trapeze eſt un axe de bois cilindrique qui repoſe d'une part ſur le côté 1, 2 de la piece de bois qui forme un des côtés du trapeze dont je parle, & de l'autre il eſt appuïé ſur le côté SG percé à cette fin pour le faire paſſer. Cet axe eſt mobile dans ces deux pieces, & on peut le tourner facilement de droite à gauche. Sa partie inférieure occupe le centre d'un cercle placé dans la piece 1, 2, dont le revers eſt repréſenté par la figure 180 (Plan. XIX.) Elle eſt armée d'un index qui parcourt ce cercle à meſure que l'axe entier tourne. L'extrêmité ſuperieure eſt embraſſée par deux demi-cercles N, Q concaves, qu'on peut ferret avec un écrou afin que l'axe entier tourne sans avoir trop de jeu. L'un de ces cercles est divisé & gradué. Enfin sur cette partie de l'axe est porté un canal de bois concave Z X destiné à recevoir une lunette L L. Ce canal est mobile sur cet axe, & pour connoître les degrés de son mouvement, sur l'axe de ce même mouvement est ajusté un index qui parcourt en même-tems les degrés du cercle N Q. Cet axe a par ce moïen deux mouvemens l'un de droite à gauche autour du point 3, & l'autre de haut en bas autour du point 4. Celui là est d'Orient en Occident quand la machine est placée ; celui-ci du Midi au Nord. Avant que de parler de cette place, je dois avertir que l'angle formé par l'axe & la verticale S V, doit être égal à celui de l'élevation du pole de l'endroit, pour lequel cette machine est destinée.

Son usage consiste à trouver à telle heure du jour qu'on veut la situation d'une étoile dont l'ascension droite & la déclinaison sont connues. A cette fin, on donne à la machine une situation telle que la ligne E F, avec laquelle l'axe G 3 fait un angle, soit sur la ligne méridienne du lieu où l'on est. Ainsi cet axe est sur le méridien. On éleve & on abbaisse ensuite la lunette jusques à ce que l'aiguille 4 marque sur le demi cercle 5 0 6, le degré de la déclinaison de cette étoile, qui doit être de 0 vers 6, lorsqu'elle est méridionale, & au contraire de 0 vers 5 quand elle est septentrionale. Il faut après cela chercher par le moïen de l'ascension droite de cette étoile son passage par le méridien, (*Voïez* ASCENSION DROITE) dont la difference à l'heure donnée étant convertie en degrés, donne la difference d'ascension droite orientale ou occidentale. On marque cette difference en faisant tourner l'axe jusques à ce que l'aiguille 3 (Fig. 180. Plan. XIX.) se rencontre sur le degré de difference d'ascension droite qui doit être de 0 vers 2, lorsque l'étoile n'est pas encore arrivée au méridien, & de 0 vers 1 quand elle l'a passé. Dans cet état le centre de la lunette est dirigé à l'étoile cherchée que l'on apperçoit en plein jour.

PARALLAXE. C'est la difference entre le lieu apparent & le lieu véritable d'un astre. Soit T le centre de la terre (Planche XVII. Figure 177.); H R l'horison ; l'astre en S. Alors l'astre est vû du centre de la terre au-dessus de l'horison en B, & de sa surface du lieu E en C. De façon que B est le lieu véritable, & C le lieu apparent. Ainsi C B qui est la difference des deux lieux est la *Parallaxe*, qui diminue, comme on voit, la

hauteur d'un astre au-dessus de l'horison. Ce qui donne cette difference est qu'en Astronomie on prend le centre de la terre pour celui des mouvemens des cieux. La situation véritable des astres est donc établie à ce centre. Mais un Observateur placé sur la surface de la terre, voit les astres répondre à differens endroits du ciel selon les differens lieux où il se trouve & les diverses hauteurs des astres sur l'horison. Pour ramener le tout à un point fixe & invariable, on est donc obligé de ramener le lieu de leur situation au centre de la terre. D'où il suit, qu'on ne peut avoir la hauteur véritable d'un astre observé de la surface de la terre qu'après avoir corrigé cette difference, je veux dire après avoir ajouté à la hauteur de l'astre l'arc C B, compris entre son lieu apparent & son lieu véritable. Or cette correction demande plusieurs opérations astronomiques délicates. En général, on compare les planetes dont on veut connoître la *Parallaxe* à une étoile, & cette comparaison demande un travail pour lequel je suis forcé de renvoïer aux Traités ordinaires d'Astronomie, (*Voïez* sur-tout les *Elemens d'Astronomie* de M. *De Cassini*.) Tout ce que je puis apprendre là-dessus pour la satisfaction du Lecteur, c'est la maniere de déterminer la *Parallaxe* de la lune que M. *De Lille* vient de publier dans les *Mémoires pour l'Histoire des Sciences & des beaux Arts*, Janvier 1751. Après avoir déterminé deux lieux éloignés, desquels cet Astronome demande qu'on observe la difference apparente de déclinaison de la lune & d'une étoile fixe dans chacun des lieux proposés. Cette observation doit se faire dans le même moment en ces lieux lorsque la lune est dans leur méridien. La somme ou la difference des deux distances de la lune à l'étoile, donne la grandeur de l'angle de la *Parallaxe*, avec la même précision avec laquelle on aura observé les deux susdites déclinaisons. Voilà pourquoi M. *De la Caille*, de l'Académie Roïale des Sciences, est allé au Cap de Bonne Esperance, en invitant les Astronomes à faire des observations correspondantes aux jours & sur les étoiles qu'il leur a indiqué. (*Voïez* l'*Avis aux Astronomes* par M. *De la Caille*, publié dans les *Mém. pour l'Hist. des Sciences & des beaux Arts*, Fevrier 1751.)

Sur tout cela on démontre, 1°. Que la *Parallaxe* au zenith est égale à zero, & qu'elle est la plus grande à l'horison. (*Voïez* ci-après PARALLAXE HORISONTALE.)

2°. Que les sinus des angles parallactiques A M T, A S T (Planche XVI. Figure 246.) à la même distance ou à des dif-

n. Ce
Aftro-
pour
fitua-
: à ce
a fur-
idre à
diffe-
s hau-
nener
on eft
fitua-
qu'on
aftre
'après
x dire
e l'arc
:nt. &
in de-
iiques
s pla-
allaxe
nande
ivoïer
Voïez
le M.
endre
teur,
allaxe
ublier
:iences
Après
, def-
obfer-
naifon
hacun
n doit
lieux
:n. La
tances
eur de
e pré-
s deux
)i M.
e des
Efpe-
à fai-
; aux
diqué.
De la
ift. des
I.)
Que la
ro, &
' *Voïez*

tances égales du zenith, font en raifon réciproque des diftances T L, T S du centre de la terre.

3°. Que les finus des angles parallactiques des étoiles M, S, également diftantes du centre de la terre T, font comme les finus des diftances apparentes Z M, Z S au zenith. Les étoiles fixes n'ont point de *Parallaxe* fenfible. On appelle cette *Parallaxe*, *Parallaxe de hauteur*, pour la diftinguer des *Parallaxes* fuivantes.

PARALLAXE D'ASCENSION DROITE. C'eft la différence entre l'afcenfion droite du lieu véritable & apparent d'une planete. Soit H R l'horifon, (Planche XVII. Figure 182.) E Q l'équateur. S T la hauteur véritable de l'étoile, & *s* T fa hauteur apparente; l'afcenfion droite du lieu véritable en D & celle du lieu apparent en *d*; D *d* eft l'*apparence de l'afcenfion droite* qui dépend de la *Parallaxe* de hauteur.

PARALLAXE DE DECLINAISON. C'eft la différence entre le lieu véritable & apparent d'une planete, ou autrement c'eft un arc de cercle de déclinaifon, dont la *Parallaxe* de hauteur augmente ou diminue la déclinaifon d'une planete. Suppofant les mêmes chofes que dans l'article précedent (même figure & même planche) c'eft-à dire, H R étant l'horifon, E Q l'équateur, S T la hauteur véritable d'une planete, *s* T fa hauteur apparente, S D la déclinaifon véritable, *s d* la déclinaifon apparente, alors *s* M parallele à l'équateur E Q, eft la *Parallaxe de déclinaifon*.

PARALLAXE HORISONTALE. *Parallaxe* qu'une planete a dans l'horifon. Soit L le lieu de la planete, (Planche XVII. Figure 183.) & qu'elle foit vûe de O dans l'horifon apparent en N, & en M dans l'horifon véritable qui paffe par le centre de la terre. La différence M N eft la *Parallaxe horifontale*. La plus grande *Parallaxe horifontale* de la lune eft d'1°, 1', 25"; & la plus petite de 54', 5". Celle de Mars eft d'environ 25", & celle du foleil d'environ 10".

PARALLAXE DE LATITUDE. C'eft la différence de latitude du lieu apparent & véritable d'une planete. Soit H R l'horifon, (Planche XVII. Fig. 184.) Z le zenith; M le pole de l'écliptique ; E L l'écliptique ; S T la hauteur véritable de la planete, *s* T la hauteur apparente, & par conféquent *l* S fa latitude véritable, & *i s* fa latitude apparente. L'arc *s* O étant parallele à l'écliptique E L, S O fera la *Parallaxe de latitude*. Cette *Parallaxe* fert dans les calculs des éclipfes.

PARALLAXE DE LATITUDE DE LA LUNE AU SOLEIL. C'eft la différence entre la *Parallaxe de latitude* du foleil & de la lune, lorfque ces deux aftres font tous deux d'un côté du 90e degré de l'écliptique, & au contraire la fomme des deux *Parallaxes* quand ils font de differens côtés.

PARALLAXE DE LONGITUDE. Difference entre la vraie longitude & l'apparente d'une planete. La vraie longitude étant en *l* (Planche XVII. Figure 184.) & l'apparente en I, L I eft la *Parallaxe de longitude*. On fe fert de cette *Parallaxe* dans le calcul des éclipfes.

PARALLAXE DE LONGITUDE DE LA LUNE AU SOLEIL. C'eft la difference entre la *Parallaxe* de longitude du foleil & de la lune.

PARALLAXE DE L'ORBE. Difference entre l'angle de commutation & d'élongation. Soit E C L P (Planche XVII. Figure 185.) l'écliptique; E B L A l'orbite de la planete ; I la planete ; S le foleil ; T la terre ; P le lieu du foleil ; C la longitude de la planete : alors l'angle C T P eft l'angle d'élongation, C S P celui de commutation, & leur difference, c'eft-à dire l'angle T C S, la *Parallaxe de l'orbe*. On s'en fert pour calculer le lieu véritable d'une planete pour un tems donné. Cette *Parallaxe* eft précifément cette irrégularité qui femble être dans le mouvement des planetes, à caufe du mouvement de la terre autour du foleil.

PARALLELES. On caractérife ainfi en Géometrie des quantités qui gardent toujours entr'elles une égale diftance, de forte qu'étant prolongées à l'infini, elles ne s'écartent ni ne s'approchent l'une de l'autre. La diftance des lignes *Paralleles* fe mefure toujours par la même perpendiculaire. M. *Newton* dans le 22e lemme du premier livre de fes *Principes Mathématiques de la Philofophie naturelle , &c.* fe reprefente des *Paralleles* comme des lignes qui concourent à un point infiniment diftant. D'autres Géometres conçoivent ainfi les *Paralleles*. Soit A (Plan. II. Fig. 185.) un point pris au-dehors d'une ligne droite C D donnée & indéfinie. La plus courte ligne telle que A B, qu'on peut tirer du point A à C D, eft perpendiculaire à cette ligne) & la plus longue comme E A lui eft *Parallele*.

On démontre en Géometrie qu'une ligne droite Z Z, (Planche I. Figure 186.) qui coupe les deux lignes *Paralleles* P P, P P fait les angles alternes égaux, c'eft-à-dire, que $c = f$; $e = b$; $a = d$; $a = g$. De plus les deux angles internes $c + b$ ou $e + f$ font égaux, pris enfemble, à deux angles droits. De là il fuit qu'en faifant fur une ligne donnée les angles alternes égaux, & menant par là deux lignes, ces lignes font

Paralleles. A cette fin , d'un point quelconque C, (Planche I. Figure 187.) pris sur la ligne C D, 1° faites l'arc D B , qui coupera la ligne donnée au point B. 2° De ce point B comme centre , & de la même ouverture du compas , décrivez l'arc C A. 3°. Portez cette ouverture de B en D , pour faire ces deux arcs égaux. 4° Par les points C & D tirez la ligne C D : elle sera *Parallele* à A B.

Lorsque la ligne , à laquelle on veut tirer une *Parallele*, n'est pas accessible , on fait cette opération. La ligne inaccessible A B (Planche II. Figure 188.) étant donnée , de même que le point C, d'où il faut mener une *Parallele*. 1°. De ce point mesurez l'angle A C B. 2°. Choisissez un autre point D, tel que l'angle A D B soit égal à l'angle A C B. 3°. Faites au point C avec la ligne C B l'angle B C E égal à l'angle accessible A D C par la droite C E. Cette ligne C E sera *Parallele* à la ligne inaccessible A B. En effet, l'angle B C E est égal à son alterne A B C ; car l'angle A D C = B C E , est égal à l'angle A B C, par la Prop. 21 du Liv. III. d'*Euclide.*

2. Les lignes opposées aux *Paralleles* sont appellées *anti-Paralleles*, Celles-ci font des angles égaux avec celles qui les coupent, mais elles les font en sens contraire. Ainsi F E faisant l'angle A F E (Planche II. Fig. 189.) égal à l'angle A C B, les lignes F E , B C font *anti-Paralleles*. Quand les côtés A B, A C d'un triangle font coupés par une ligne E F *anti-Parallele* à la base B C, ces côtés font coupés en raison réciproque par la ligne F E.

PARALLELES. Terme d'Astronomie. Ce font sur le globe terrestre des cercles tracés par le milieu de chaque climat. Ces cercles les divisent en deux moitiés.

PARALLELES DE DECLINAISON. On nomme ainsi en Astronomie des cercles *Paralleles* à l'équateur, & que l'on imagine passer par chaque degré & par chaque minute des méridiens compris entre l'équateur & chaque pole du monde.

PARALLELES DE HAUTEUR, Cercles *Paralleles* à l'horison, qu'on imagine passer par chaque degré & par chaque minute du méridien entre l'horison & le zenith ; on les appelle autrement *Almicantaraçhs*, (*Voiez* ALMICANTARACH.) Ces cercles aiant leur pole au zenith dans les globes on les décrit par des divisions qu'on fait sur le quart de hauteur (*Voiez* GLOBE CELESTE), lorsqu'il se meut autour du corps de la sphere , l'une de ses extrêmités étant vissée au zenith d'un lieu.

PARALLELES DE LATITUDE. Sur le globe terrestre, ces *Paralleles* font les mêmes que les *Paralleles* de déclinaison sur le globe céleste. Mais les *Paralleles de latitude* dans celui-ci, font de petits *Paralleles* à l'écliptique qu'on imagine passer par chaque degré & par chaque minute des colures ; & ils y font représentés par les divisions du quart de hauteur dans son mouvement autour du globe quand une de ses extrêmités est vissée sur les poles de l'écliptique.

PARALLELES. Terme de Fortification. Ce font des lignes qui font presque *Paralleles* au côté attaqué de la Place. Une attaque en forme demande communément trois *Paralleles*. On les nomme autrement *Places d'armes.* (*Voiez* PLACE D'ARME.)

PARALLELIPEDE. C'est un solide compris sous six parallelogrames, dont les opposés font égaux & paralleles, Ainsi si les parallelogrames L I K H (Planche IX, Fig. 190.) & N Q P O ; I K P Q & L H O N ; L I Q N & H K P Q font égaux & paralleles, le corps H O N Q I K qu'ils forment est un *Parallelipipede.*

On trouve la solidité de ce corps en multipliant ensemble ses trois dimensions, c'est-à-dire sa longueur, sa largeur & sa profondeur. Le *Parallelipipede* est toujours triple d'une pyramide de même base & de même hauteur.

PARALLELIPIPEDES SEMBLABLES. Ce font des *Parallelipipedes* dont la largeur, la longueur, & la hauteur font dans une même raison. Exemple. La longueur de l'un étant 3 , la largeur 6, & la hauteur ou la profondeur 9; la longueur de l'autre est 4 , sa largeur 8 & sa hauteur 12, Et comme ces nombres font en même raison, ces deux *Parallelipipedes* font semblables.

PARALLELISME, Situation parallele d'une quantité à l'égard de ses parties, Le *Parallelisme* de l'axe de la terre consiste en ce que ce globe, dans sa révolution annuelle autour du soleil , tient son axe dans une situation qui est presque toujours parallele à elle-même ; car quoique la difference en soit insensible dans le cours d'une année, elle le devient assez après la révolution de plusieurs années.

PARALLELOGRAME, C'est en Géométrie un quadrilatere rectiligne dont les côtés opposés font paralleles & égaux. (*Voiez* Plan. II. Figure 191.) On a l'aire de cette figure en multipliant l'un de ses côtés par une perpendiculaire abbaissée de l'un de ses angles sur le côté opposé. Tous les *Parallelogrames* de même base & situés entre les mêmes paralleles font égaux. Et ils font semblables quand be ter / es que / : globe / e dans / éclipti- / degré / & ils y / quart / our du / : viffée

Ce font / eles au / que en / s *Pa-* / *Places*

ompris / ppofés / paralle. / 190.) / .IQN / les, le / un *Pa-*

n mul- / , c'eft- / rofon- / triple / même

ont des / gueur, / raifon. / 3, la / deur 9; / geur 8 / ombres / *allelipi-*

d'une / *Paralle-* / ce que / autour / tuation / à elle- / n foit / e, elle / de plu-

ometrie / tés op- / Plan. II, / gure en / he per- / s angles / *lelogra-* / mêmes / hblables / quand

---

quand ils font l'un à l'autre en raison doublée ou comme le quarré de leurs côtés homologues.

PARALLELOGRAMME. On donne ce nom à un
instrument composé de cinq regles de cuivre ou de bois, tellement disposées qu'on
peut leur donner toutes sortes de proportions. L'usage de cet instrument est de réduire en grand ou en petit le plan d'une
Fortification, d'un Bâtiment, d'un terrein.
(*Voïez* PANTOGRAPHE.)

PARALLELOGRAMME PROTACTEUR. C'est un
demi-cercle de cuivre accompagné de quatre
regles en forme de *Parallelogramme* ajustées
de maniere qu'elles forment un angle quelconque. L'une de ces regles sert d'index ou
d'alidade, qui montre sur le demi cercle la
quantité d'un angle intérieur. On connoît
mieux cet instrument sous nom de RECI-
PIANGLE. *Voïez* ce mot.

PARALLELOPLEURE. Des Géometres expriment par ce mot un parallelograme imparfait, ou une espece de trapeze qui a des angles
& des côtés inégaux, parmi lesquels plusieurs
se répondent l'un à l'autre en observant une
certaine régularité & une certaine proportion de paralleles. De sorte que ces figures
ne s'étendent pas aussi loin que les trapezes
qui sont des figures irrégulieres de quatre
côtés, mais ils sont susceptibles comme
eux d'une grande diversité.

PARALOGISME. Les Mathématiciens donnent
ce nom à un raisonnement qui a l'apparence d'une démonstration, mais qui au
fond est erroné.

PARAMETRE. C'est la ligne droite d'une
grandeur constante dont on se sert dans les
sections coniques & d'autres lignes courbes.
Dans la parabole, le *Parametre* est la troisiéme proportionnelle à la demi-ordonnée &
à l'abscisse. Dans l'ellipse & dans l'hyperbole, le *Parametre* est la troisiéme proportionnelle au diametre déterminé & au conjugué. *Appollone* & *Mydorge* appellent cette
ligne côté droit, *latus rectum.*

PARAMETRE DU DIAMETRE. C'est le *Parametre* qu'une ligne courbe a à l'égard d'un
diametre.

PARAPET. Terme de Fortification. Elevation composée de terre & de pierre que
l'on fait sur le rempart pour mettre la garnison à couvert des coups de fusil & de
canon que l'ennemi tire sur elle, & où
l'on met l'artillerie pour la défense de la
Place. Tout *Parapet* qui a des embrasures
ou des merlons, est haut d'environ 6 pieds
du côté de la Place, & de 4 à 5 du côté
de la campagne; de sorte que cette difference de hauteur forme une espece de glacis

Tome II.

sur le sommet du *Parapet*, moïennant quoi
les soldats montent sur la banquette, &
peuvent aisément tirer dans le fossé ou
tout au moins sur la contrescarpe. L'épaisseur du *Parapet* est ordinairement de 18 à
20 pieds, quand il n'est que de terre, &
de 16 à 18 lorsqu'il est revêtu de pierre.
On prefere l'élevation, dont je parle, uniquement de terre à celle de pierre; parce
que les pierres étant battues volent en éclats
& deviennent par-là fort incommodes &
très-dangereuses.

On donne aussi le nom de *Parapet* à
toute ligne qui met des hommes à couvert du
feu de l'ennemi. Ainsi l'on fait des *Parapets*
avec des tonneaux, des gabions, des sacs
à terre, &c.

PARHELIE ou PARELIE. Metéore formé par
des lumieres fort vives qui paroissent quelquefois à côté du soleil. C'est l'apparence
d'un ou de plusieurs soleils autour du véritable. Ils ont des couleurs à peu près semblables à celles de l'arc-en-ciel. Le rouge &
le jaune sont du côté du soleil; le bleu &
le violet de l'autre côté. Cette derniere couleur se voit rarement. Quelquefois ce météore paroît comme une grande couronne.
Souvent il est comme enchassé dans des cercles qui passent par le centre du soleil, &
qui sont paralleles à l'horison.

Gassendi, (*Diogene de Laerce, L. X.*) *De
la Hire, Cassini,* (*Mém. de l'Acad. Roïale
des Sciences*, 1692, 1693,) *Grai, Halley,*
(*Transactions Philos.* N° 262, & N°. 278.)
Maraldi, (*Mem. de l'Academie Roïale des
Sciences,* 1721.) *Malezieu, Verdries, Wiston, &c.* ont observé differentes *Parhelies;*
& par toutes ces observations on a trouvé
que ces faux soleils paroissent aussi grands
que le véritable, mais que leur figure n'est
pas si parfaitement ronde, & qu'on leur
remarque souvent des angles. Leur éclat est
quelquefois aussi grand que celui du soleil.
Leur contour extérieur est coloré de même que
l'arc-en-ciel. Il en est qui ont par derriere une
longue queue, qui se détourne du véritable
soleil; qui est moins ignée que la *Parhelie*
même à l'endroit où elle s'y trouve suspendue, & qui devient toujours plus pâle à
mesure qu'elle s'en éloigne. (*Voïez* L'*Essai
de Physique de Muschenbroek, Tom. II. pag.*
828.) Celle qu'a observé M. *Halley* & qu'on
trouve décrite dans les *Transf. Philos.* N°178,
avoit une double queue. On en a vû plusieurs
fois jusques à six. *Scheiner* en a vû cinq
(quelques-uns disent quatre) à Rome, en
1629, que *Descartes* & *Hughens* ont tâché
d'expliquer. En effet, c'est un phénomene
des plus surprenans qu'on ait vû dans le

ciel. Le foleil étoit traverfé d'un cercle blanc qui portoit dans fa circonference quatre autres foleils, dont les deux plus proches du vrai & également diftans de cet aftre, étoient colorés dans leurs bords, & les deux autres également éloignés, mais à une plus grande diftance, étoient plus blancs & moins éclatans. Enfin, *Hevelius* a obfervé en 1661 fept *Parhelies* enfemble. (*Garcæus* a fait une efpece d'Hiftoire des *Parhelies* dans fon Livre des Metéores.)

Voilà des faits dont les Phyficiens veulent rendre raifon, & à cette fin, ils donnent des conjectures.

2.   L'explication que j'ai donnée des couronnes, forte de météores femblables à celui-ci, (*Voïez* COURONNE) eft prefque la même que celle qu'on adopte pour rendre raifon de la caufe des *Parhelies*. Ce font des parties de glace qui forment des réfractions. D'abord ces petits glaçons ont la forme de fleches cilindriques, mais échauffées par le foleil elles fe fondent de telle forte qu'il ne refte qu'un noïau, & que la partie fondue forme en defcendant une goute ronde qui y refte fufpendüe. Le poids de cette goute d'eau redreffe les glaçons qui étoient inclinés, alors ils font difpofés pour produire les effets qu'on obferve dans les *Parhelies*. Car toutes ces petites goutes rangées refractent la lumiere ; & il n'en faut pas davantage pour produire des couleurs. (*Voïez* ARC-EN-CIEL.) A l'égard du cercle blanc qu'on y obferve, cela vient de la reflexion des raïons de lumiere fur ces fleches. Ceci eft fort général. Toute la théorie des *Parhelies* telle que l'ont donné *Defcartes*, *Hughens*, eft une chofe qui demanderoit un grand détail & quelques figures ; (*Voïez* le *Traité des Météores* de *Defcartes* & celui *De Coronis & Parheliis* d'*Hughens*, dans fes Œuvres pofthumes Tome II. & l'*Effai de Phyfique de Mufchenbroek*, *Tom. II.*) & je doute fort que ce travail fut approuvé aujourd'hui fur-tout à l'égard d'une queftion auffi particuliere dans la Phyfique que celle des *Parhelies*. Contentons-nous donc d'ébaucher deux autres fyftêmes fur la caufe de ce météore. Le premier eft celui de M. *Mariotte*, qui l'attribue à de petits filamens de neige tranfparens, dont la figure eft celle d'un prifme équilateral. Parmi ces prifmes quelques-uns ont une de leur extrémité plus legere que l'autre, & par cette raifon ils doivent être en une fituation perpendiculaire. Or ces petits prifmes étant à la hauteur du foleil & à 23 degrés de diftance à peu près (fuivant M. *Mariotte*) doivent faire paroître des couleurs femblables à celles

que repréfentent les prifmes équilateraux de verre. Par la fituation de ces prifmes, le rouge doit être tourné du côté du foleil, & le bleu de l'autre côté. Plus il y a de ces prifmes dans l'air fitués perpendiculairement & plus belles font les *Parhelies*, parce que leur extrémité la plus pefante eft fort tranfparente. Ce qui fait qu'on ne voit que rarement dans ce météore le violet, c'eft que cette couleur étant plus foible que les autres, fe diffipe trop à une grande diftance. (*Œuvres de Mariotte*, *Tom. I. Traité des Couleurs.*)

Le dernier fyftême eft de M. *De la Hire*. De ce que les *Parhelies* ne paroiffent jamais quand le ciel eft fort ferein, & qu'on en voit prefque toujours vers l'horifon quand il eft rempli de petits nuages longs & comme par filets, ce Mathématicien veut qu'il arrive aux raïons du foleil la même apparence que nous appercevons lorfque nous regardons une chandelle au travers d'un verre qui eft un peu gras, & qu'on a frotté avec la main d'un certain fens. Car il s'y forme alors une infinité de petits fillons, dont la partie élevée renvoïe la lumiere vers l'œil, & l'on voit des raïons étendus felon la perpendiculaire à la direction de ces raïons. Comme il n'y a que les raïons de la lumiere qui rencontrent perpendiculairement la direction des fillons, les autres obliques s'en détournent. (Ceci eft confirmé par une expérience fur un petit fil de vetre en regardant une chandelle au travers.) Le raïon de lumiere doit paroître à peu près égal au diametre du corps lumineux. Voilà ce que produifent les petits filets de nuages au travers defquels on apperçoit le foleil : voilà la caufe des *Parhelies*, felon M. *De la Hire*. (*Acta erudit. ann.* 1684.)

3.   Dans tous ces fyftêmes, fi l'on admet les fuppofitions, on doit convenir que la caufe des *Parhelies* y eft bien développée. Mais ces fleches de glace, ces triangles de neige & ces filets font-ils dans la nature ? Et premierement y a-t-il des fleches dans l'atmofphere lorfqu'on voit des *Parhelies* ? Suivant M M. *Hughens*, *Maraldi* & *Mufchenbroek*, c'eft une chofe füre qu'il tombe de petites fleches de neige en hyver. Et fi quelqu'un ofoit nier ce fait comme fort difficile à s'en affurer, M. *Hughens* lui fera voir que ces fleches feules peuvent former ces apparences céleftes. A cette fin il prend de longs cilindres de verre, dans le milieu defquels il met de petites verges de bois rondes & fort menues. Enfuite il les remplit d'eau en forte que le contour extérieur eft tranfparent, tandis que la verge de bois fait paroître opaque la partie interne de ces ci-

raux
, le
il, &
ces
nent
que
ſpa-
nent
cou-
ſſipe
Ma-

Hire.
t ja-
u'on
aud
om-
qu'il
ppa-
nous
d'un
otté
l s'y
ons,
vers
elon
ces
e la
aire-
tres
nfir-
l de
ers.)
près
oilà
ages
eil :
De

t les
auſe
Mais
eige
pre-
noſ-
vant
ek,
ites
'un
s'en
ces

lindres. Cela fait, M. *Hughens* ſuſpend ces cilindres en un endroit expoſé au ſoleil, & alors on y voit des *Parhelies.*

Après une preuve auſſi forte en faveur des petites fleches, il paroîtra étonnant qu'on ait recuſé ces cilindres de glace, & qu'on ait preferé de petits triangles équilataux, dont la figure eſt certainement plus compoſée que celle des cilindres. Cependant l'hypotheſe des triangles eſt fondée ſur des obſervations d'un grand poids. M. *Mariotte* s'eſt aſſuré par le microſcope que les petites neiges plates qui tombent pendant un grand froid, & qui ont des figures d'étoiles, ſont compoſées de petits filamens ſemblables à des priſmes équilateraux, particulierement celles qui ſont faites comme des feuilles de fougere ; que les petits filamens qui compoſent la gelée blanche ſont taillés à trois facettes égales. Ces filamens étant vûs au ſoleil font voir les couleurs de l'arc-en-ciel. Il faut pour cela que l'air contienne de ces petits filamens. Or ſoit qu'ils ſoient déja ſéparés, ſoit qu'ils aïent déja formé les petites étoiles en ſe tournant en tout ſens, ils rompront & feront paſſer à nos yeux une lumiere rompue & colorée, ſemblable à celle que font paroître les priſmes équilateraux de verre. (*Voïez* l'Ouvrage de M. *Mariotte* ci-devant cité.)

A l'égard des filamens du troiſiéme ſyſtême, M. *De la Hire* ſe repoſe tellement ſur ſon experience, qu'elle lui tient lieu de preuve pour l'exiſtence de ces filets de nuages verticaux.

PARTEMENT. Terme de Navigation. C'eſt la direction du cours d'un Vaiſſeau vers l'Orient ou l'Occident, par rapport au méridien d'où il eſt parti. Ou bien c'eſt la difference de longitude entre le méridien ſous lequel un Vaiſſeau ſe trouve actuellement & celui où la derniere obſervation a été faite. Excepté ſous l'équateur, cette difference s'eſtime ſuivant le nombre de milles contenu dans un degré du parallele où eſt le Vaiſſeau. Dans la Navigation de *Mercator*, le *Partement* eſt toujours repreſenté par la baſe d'un triangle rectangle où la route eſt l'angle oppoſé à cette baſe & la diſtance l'hypotenuſe. Dans la Carte du même Auteur, le raïon eſt à la diſtance comme le ſinus de la route eſt au *Partement.* Mais excepté à de très petites diſtances cela eſt fort ſujet à erreur. Car ſi la diſtance & la difference de latitude ſont repreſentées par l'hypotenuſe d'un triangle plan rectangle, le *Partement* ne ſera point la baſe de ce triangle, ainſi que le veut M. *Hodgen* dans ſon ſyſtême des Mathématiques, (*Voïez*

là-deſſus l'article R U M B.)

PARTICULES. Terme de Phyſique. Ce ſont les petites parties dont on ſuppoſe que les corps naturels ſont compoſés. On les appelle auſſi les *Parties intégrantes* ou *compoſantes* d'un corps naturel.

PARTIE. Terme d'Arithmétique. C'eſt ce qui étant ôté d'un tout laiſſe un reſte. *Barlaam Moine*, a démontré pluſieurs propriétés touchant la *Partie* dans ſa *Logiſtique, Liv. I. page* 4. Un nombre peut avoir pluſieurs *Parties.* 15 par exemple a celles-ci, 2, 4, 8, 10, 3, 6, 9, 12, 5, 7, 14, 11, 13. La *Partie* eſt dite paire quand elle l'eſt d'un nombre pair. Exemple. Le tout, dont on veut ôter une *Partie*, étant 4, 8, 16, la *Partie paire* eſt $\frac{3}{4}$, $\frac{5}{6}$, $\frac{9}{16}$. On la nomme *impaire* lorſque ſon tout eſt impair comme $\frac{2}{5}$, $\frac{4}{9}$.

PARTIE ALIQUANTE. *Voïez* ALIQUANTE.
PARTIE ALIQUOTE. *Voïez* ALIQUOTE,
PARTIES ADJACENTES. M. *Wolf* nomme ainſi dans ſa Trigonometrie ſpherique les parties extérieures qui touchent immédiatment la partie du milieu d'un triangle ſpherique rectangle. Exemple, dans le triangle ſpherique rectangle B A C (Planche II. Figure 193.) Si la partie du milieu eſt A B, les *Parties adjacentes* ſeront A C & B.

<table>
<tr><td>B</td><td></td><td>A</td><td>B</td><td></td><td>B</td><td>C</td></tr>
<tr><td>B</td><td>C</td><td></td><td>B</td><td></td><td></td><td>C</td></tr>
<tr><td></td><td>C</td><td>B</td><td>C</td><td></td><td>A</td><td>C</td></tr>
<tr><td>A</td><td>C</td><td></td><td>C</td><td></td><td>A</td><td>B</td></tr>
</table>

Ici l'angle droit eſt conſideré comme nul.
PARTIES EGALES. *Parties* qui ont une même raiſon à leur tout. Ainſi 7 & 9 ſont des *Parties égales* de 21 & de 27, & elles ont une même raiſon à leur tout, car 7 : 21 : : 9 : 27.

PAS

PAS. C'étoit autrefois le nom d'une meſure incertaine de quelques Géometres, dont pluſieurs Arpenteurs font encore uſage dans leur opération. On donne à cette meſure tantôt 2 pieds, tant 2 pieds & $\frac{1}{2}$, & ſouvent 3 pieds. C'eſt ici le *Pas commun.* Celui qu'on appelle *Double* en a 4 ou 5. L'un & l'autre ne ſont point déterminés. Auſſi les Mathématiciens ne connoiſſent ni le *Pas commun* ni le *Pas* double. Ils n'admettent que le *Pas géometrique* qui eſt une longueur de 5 pieds ; parce que le pas d'un homme eſt ordinairement de 5 pieds.

PAS. Terme de Mécanique. C'eſt dans une vis le plan qui s'entortille autour d'un cilindre avec un angle aigu ſur lequel on

peut élever peu à peu de grands fardeaux.
Plus l'angle formé par le plan avec la bafe horifontale de la vis eſt aigu, plus ces *Pas* font étroits & plus la vis a de force, mais elle demande en même-tems plus d'efpace & plus de tems pour élever un poids. (*Voïez* VIS.)

PASSEVIN. Inſtrument de Phyſique qui fert à féparer deux liqueurs de differente péfanteur. Cette féparation fe fait ordinairement avec de l'eau & du vin. L'inſtrument étant compoſé de deux bouteilles de verre A, B (Planche XXIX. Figure 402.) jointes par un tuïau ou un col commun étroit, on verfe d'abord du vin par l'ouverture C juſques à ce que la bouteille B foit pleine; après quoi on remplit enfuite d'eau la bouteille A. Alors l'eau preſſant fur le vin, plus leger que cette premiere liqueur, l'oblige à monter & à venir fe placer au-deſſus d'elle. Cet effet fe manifeſte d'une façon agréable à la vûe. On voit le vin fe filtrer au travers de l'eau comme une efpece de fumée, ainſi que la figure le repréfente.

PAT

PATE'. Ouvrage de Fortification en forme de fer à cheval. Il n'eſt pas toujours régulier, & en général fa figure eſt ovale. Sans être flanqué il ne prefente qu'une plate-forme bordée d'un parapet. On le conſtruit ordinairement dans les endroits marécageux pour couvrir une porte.

PAU

PAUXI. Nom du dixiéme mois de l'année Egyptienne. Il commence le 26 Mai du Calendrier Julien.

PEG

PEGASE. Conſtellation feptentrionale près du zodiaque, au-deſſous du Cygne, compoſée de 25 étoiles, (*Voïez* CONSTELLATION) dont on trouve la longitude dans le *Prodromus aſtronomicus* d'*Hevelius*. Cet Aſtronome a donné la figure de la conſtellation dans fon *Firmamentum Sobiefcianum* fig. T, de même que *Bayer* dans fon *Uranometrie*, Planche T. Quelques Poetes prétendent que *Meduſe* aïant été violée par *Neptune* dans le Temple de *Minerve*, mit ce cheval au monde. D'autres difent que *Pegaſe* étoit né du fang de *Meduſe* lorſqu'elle fut tuée par *Perſée*.

Schiller donne à cette conſtellation le nom de l'*Archange Gabriel*, *Harsdoffer* celui des chevaux du Roi de Babylone; *Weigel* celui du cheval de Brunfwic & de Lunebourg. Cette conſtellation eſt encore appellée *Alpheran*, *Bellerophon*, *Bellerophontes*, *Caballus*, *Equus*, *Equus aëreus*, *Alatus*, *Dimidiatus*, *Gorgoneus*, *Meduſæus*, *Sagmarius* & *Menalippe* ou *Melarippe*.

PEL

PELICOIDE. Quelques Géometres donnent ce nom à la figure B C D A (Planche II. Figure 194.) compoſée de deux quarts de cercle renverfés A B, A D, & du demicercle B C D, dont l'aire eſt égale au quarré A C. Le quarré A C eſt égal au rectangle E B.

PEN

PENDULE. On appelle ainſi en Mécanique un corps pefant fuſpendu de façon qu'il puiſſe fe mouvoir autour d'un point, en montant & en defcendant alternativement. Tel eſt le corps A (Planche XL. Figure 167.) fuſpendu au point C ofcillant de A en B & de A en D. La caufe de l'ofcillation eſt la pefanteur du corps retenu par le fil. En effet, lorſqu'on tire le corps de la direction perpendiculaire C A, pour l'amener au point B, & qu'on laiſſe après cela le corps à lui-même, cette pefanteur agiſſant, le corps en fuivroit la loi, felon la perpendiculaire B M, s'il n'étoit retenu par le fil B C, qui l'oblige à parcourir l'arc B A pour venir au point A de fa chute & de fon repos. Mais parvenu à ce point, il a acquis une viteſſe égale à celle qu'il auroit eue en tombant de F en A, le corps doit donc remonter à la même hauteur, c'eſt-à-dire en D, & cela en vertu de cette viteſſe qui ne peut pas être perdue. Arrivé à ce point il retombe en A, & par la même raiſon revient encore en B. D'où il fuit, que fi l'air ne refiſtoit pas au mouvement du *Pendule*, & que le fil auquel il eſt attaché n'éprouvât aucun frottement à fon point de fufpenſion, un corps, mis une fois dans un mouvement d'ofcillation, fe mouvroit éternellement. Cela peut bien fe prouver par la propriété qu'ont les corps à conſerver l'état dans lequel ils font. (*Voïez* FORCE D'INERTIE.) Cependant le *Pendule* décrit dans fes ofcillations un arc de cercle qui a pour centre le point de fufpenſion. Et fur cela on démontre les propofitions fuivantes.

1°. Les viteſſes des *Pendules* à leur plus bas point font comme les cordes des arcs qu'ils décrivent.

2°. Les longueurs des *Pendules* (lefquelles fe comptent depuis le centre d'ofcillation

Jusques au centre du poids ou du *Pendant*) sont l'une à l'autre en raison doublée des tems que ces *Pendules* emploïent à faire leurs vibrations, ou autrement, sont comme les quarrés des vibrations qui se font dans le même tems. Ainsi les tems sont en raison sous-doublée ou comme les racines des longueurs. A ce sujet M. *Newton* démontre (*Phil. Nat. Princip. Math.* Prop. 54. cor. 2) que si la force du mouvement d'une horloge nécessaire à entretenir un *Pendule*, est tellement combinée que la force totale ou sa tendance en bas soit comme la ligne qui résulte de la division du rectangle compris sous le demi-arc de la vibration & sous le raïon, est au sinus de ce demi-arc : en ce cas toutes les oscillations du *Pendule* se feront dans le même tems.

2. Une observation curieuse sur le *Pendule* & qui est aussi très-interessante : c'est qu'un même *Pendule* ne fait pas ses vibrations dans le même tems en tous les lieux. M. *Richer* est le premier qui a reconnu (en 1679) qu'un *Pendule* de 3 pieds 8 ⅗ de lignes qui fait à Paris ses vibrations dans le tems d'une seconde, étoient plus lentes à l'Isle de Caïenne, éloignée de 5 degrés ou environ de l'équateur. M. *Des Hayes* remarqua ensuite (en 1699) que le *Pendule* devoit être raccourci de 2 lignes $\frac{1}{10}$ dans la même Isle pour y faire ses vibrations dans le même tems qu'à Paris, c'est-à-dire en une seconde. Le même Savant a trouvé que dans l'Isle de Gorée, dont la latitude est de 14°, 40', on étoit obligé d'y rendre le *Pendule* plus court qu'à Paris de deux lignes ; que dans l'Isle de la Guadeloupe (de la latitude de 24°), & dans celle de la Martinique (à 14°, 44' de latitude), il devoit être raccourci de 2 lignes $\frac{1}{18}$; d'1 ligne $\frac{27}{36}$ dans celle de Saint Christophe ; d'1 ligne $\frac{5}{7}$ dans celle de Saint Domingue, &c.

D'où peut venir cette variation ? On sent bien que la force de la pesanteur qui fait ici les vibrations se trouve diminuée dans tous ces lieux. Pourquoi ? C'est que la terre par son mouvement de rotation a une force centrifuge qui diminue d'autant plus celle de la pesanteur, c'est-à-dire, la force centripète que celle-là est plus grande. (*Voïez* FORCES CENTRALES.) Or la force centrifuge des corps égaux qui décrivent en même-tems des cercles égaux, étant proportionnelle aux cercles qu'ils décrivent, la force centrifuge des parties de la terre, doit être d'autant plus grande qu'on approche davantage de l'équateur, puisque l'équateur est le plus grand cercle de la terre. C'est donc sous l'équateur que la force centrifuge doit diminuer le plus la pésanteur, & par conséquent cette pesanteur doit augmenter en allant aux poles. En connoissant donc la variation des oscillations du *Pendule* selon tous les degrés de latitude, on pourroit déterminer aisément la figure de la terre. C'étoit le sentiment de M M. *Hughens* & *Newton*. Celui-ci pensoit même que c'étoit la façon la plus sûre de la déterminer. *Et certius per experimenta Pendulorum* (dit-il, dans ses *Princ. Lib. I.*) *deprehendi possit quam per arcus geographicè mensuratos in meridiano.* Ces deux grands hommes conclurent aussi de la théorie de la force centrifuge que la terre devoit être un spheroïde applati par les poles.

Laissant là ces belles conséquences, M. *Hughens* afin de mettre la connoissance des vibrations du *Pendule* à profit, s'imagina de les faire servir à une mesure universelle pour tous les païs, pour tous les tems. A cette fin, il donna le nom de *Pied horaire* au tiers de cette longueur. Mais cela demandoit une chose absolument nécessaire : c'est que comme cette longueur varie, ainsi qu'on vient de voir, à mesure qu'on s'éloigne de l'équateur, il faudroit avoir des tables des differences des longueurs du *Pendule* qui battroit les secondes dans les differentes latitudes sur les deux hemisplieres. Or ces tables formeroient un travail qui demanderoit une main bien exercée dans les experiences de Physique. On en peut juger par les experiences que M. *De Mairan* fit en 1735 pour la latitude de Paris. (*Voïez* les *Mémoires de l'Académie Roïale des Sciences* de 1735.)

3. On distingue deux sortes de *Pendules*, le *Pendule simple* & le *Pendule composé.* Le premier est chargé d'un seul poids comme je l'ai défini. Le second en a plusieurs. Celui-ci se réduit cependant à l'autre. Il ne s'agit pour cela que de trouver le point autour duquel se font les vibrations, c'est-à-dire, le centre des poids dont le *Pendule* est composé. On trouvera la maniere de déterminer ce centre à l'article CENTRE D'OSCILLATION. L'un & l'autre sont appellés *Isochrones* quand ils font leurs vibrations en tems égaux, & ils font leurs vibrations en tems égaux, lorsque leur longueur sont comme les forces qui les animent. (*Voïez* encore là-dessus CYCLOIDE.)

Dans tout ceci on fait abstraction de la résistance de l'air. Les loix du *Pendule* dans un milieu resistant forment une théorie particuliere dont je ne pourrois gueres rendre compte sans passer les bornes de cet article, où je ne dois offrir, comme dans tous les autres, que les propositions ; je dis mieux, le réfultat des propofitions effentielles fur la matiere qui en fait l'objet, me contentant d'indiquer les fources où on peut trouver les acceffoires. C'eft dans cette vûe que je me reftrains à citer fur cette théorie celle qu'a donnée M. *Bernoulli* dans le premier Tome de fes Œuvres, page 382 & 374. Le même plan que je fuis dans cet Ouvrage m'oblige de paffer fous filence une application bien ingenieufe de ce grand Mathématicien au mouvement des planetes. Par l'experience du *Pendule*, M. *Bernoulli* reprefente la génération des orbites des planetes & l'avancement de leur aphelie. (*Bernoulli Opera, Tom. III. pag.* 169 *& fuiv.*)

Galilée eft le premier qui a fait des recherches fur les mouvemens des *Pendules*. On doit à M. *Hughens* leur théorie & leur application à la mefure des tems, (*Voïez* fon Traité *De Horologio ofcillatorio.*) (*Voïez* ci-après PENDULE terme d'Horlogerie) & la perfection de cette théorie à *Newton*. (*Philof. natur. Princip. Mathem.*) à *Bernoulli* (*Bern. Opera,*) & à *Herman* (*Phoronomia, five Mot. fol, & fluid.*)

PENDULE. Terme d'Horlogerie. C'eft une verge chargée d'un poids nommé *Lentille*, parce qu'il a la forme d'une lentille de verre, & qu'on fufpend aux Horloges pour regler leur mouvement. Cette verge eft mife en vibration par la roue de rencontre qui forme l'échappement fur les palettes. (*Voïez* ECHAPPEMENT.) On vient de voir à l'article précédent comment les vibrations d'un *Pendule* peuvent divifer le tems en parties égales. La chofe fera remife fous les yeux, en donnant la defcription d'une Pendule (*Voïez* ci-après PENDULE.) Après ces deux renvois, cet article paroît devoir être borné à une fimple définition : mais cette verge qui forme le *Pendule* appliqué aux horloges étant de métal, eft fujette à des variations de conféquence & qui doivent être placées à cet article. C'eft que quand il fait chaud le métal fe dilate, & qu'il fe condenfe dans un tems froid. (*Voïez* fur cette dilatation & cette condenfation l'article PYROMETRE.) Or la dilatation allonge le *Pendule*, & par conféquent fes ofcillations font plus lentes. Raccourci dans un tems froid, elles font au contraire plus promptes. Une horloge à *Pendule* doit donc avancer & retarder fuivant ces deux états de l'air. Pour prevenir les irrégularités qui en proviennent, on a imaginé differens moïens, dont le plus fimple, qu'on doit à M. *De-Mairan*, confifte à placer dans un mur ou dans la boete du *Pendule* une barre de même métal, de telle forte que l'extrêmité par lequel elle

eft arrêtée réponde au centre d'ofcillation. L'autre extrêmité de la verge fuperieure à celle-ci foutient le *Pendule*. Ainfi lorfque ce *Pendule* s'allonge par la dilatation, la barre qui s'allonge auffi de la même quantité par une raifon femblable, l'éleve & le *Pendule* fe trouve par ce moïen auffi court qu'il l'étoit avant la dilatation. L'effet contraire produit par le froid, eft compenfé d'une façon femblable. M. *Graham*, le fieur *Regnault*, & M. *Deparcieux*, ont propofé auffi differentes méthodes de corriger les variations du *Pendule*. Voïez le *Traité d'Horlogerie Mécanique & pratique* de M. *Thiout*, *Tome II*; les *Tranfactions Philofophiques* de 1728, & le *Mémoire fur l'Horlogerie* 1750, par M. *Pierre le Roi*, fils aîné du célébre M. *Julien le Roi*.

On affure que *Riccioli* eft le premier qui a effaïé de mefurer le tems par le moïen du *Pendule*; & que vers le même tems *Langrenus, Windelinus, Merfenne, Kirker*, &c. s'y appliquerent auffi. Quelques-uns d'entr'eux fe font attribués l'idée de *Riccioli*, proteftant qu'ils n'avoient point abfolument connoiffance de ce que celui-ci faifoit lors de leur propre travail là-deffus. Mais tout cela n'étoit que des effais, & on doit à M. *Hughens* la perfection de cette découverte.

PENDULE. Horloge reglée par les ofcillations d'un *Pendule*. C'eft une machine compofée de roues, & de pignons, difpofés de façon qu'agiffant les uns avec les autres, ils divifent le tems en parties égales. Un poids qui fait mouvoir ces roues, & un *Pendule* qui en regle les mouvemens forment le fond d'une horloge à pendule. De quelque maniere qu'on ajufte les pignons, les roues, la force motrice & le regulateur, pourvû que ces deux effets foient produits, la *Pendule* eft faite, & qui plus eft elle eft bonne. On juge bien par-là que cette machine peut être differemment conftruite; car il y a fans doute plus d'une voie par où cela peut s'exécuter. Auffi voit-on des *Pendules* de diverfe conftruction qui tendent au même but, & que chaque Horloger préfere à toute autre. Ils ont leur raifon. Pour moi qui n'entre point dans ce rafinement de détail, je vais donner la defcription théorique de la *Pendule* la plus fimple, & qui divife cependant avec juftieffe le tems en heures, minutes & fecondes, afin de faire fentir & la mécanique de cet automate, & fes dépendances de la Mathématique & de la Phyfique. Voilà ce que je me fuis propofé dans les Arts mécaniques qui font entrés dans ce Dictionnaire. Ce feroit perdre de vûe fon plan & fon utilité que d'en exiger davantage ge. Voici donc la description d'une *Pendule à secondes.*

La figure 403 (Planche XLV.) représente le profil d'une *Pendule.* On y voit quatre roues A, B, C, D, trois verticales & une D horisontale. Ces roues portent trois pignons E, F, G. Ce dernier est horisontal. La première roue a 80 dents & engraine dans le pignon E qui a 8 aîles. Ainsi quand cette roue fait un tour le pignon en fait 10, quotient de 80 par 8. Ce pignon attaché sur l'arbre de la roue B fait faire à cette roue un pareil nombre de tours. Celle-ci est armée de 48 dents & elle engraine dans le pignon F de 8 aîles. Elle fait donc faire à ce pignon 6 tours pendant qu'elle en fait un, parce que le quotient de 48 par 8 est 6. Ce sera le nombre de tours que fera la roue C pendant le tems d'un tour de la roue B. Et comme cette roue fait 10 tours dans le tems que la grande roue A en fait 1, la roue C en fera 60 pour un tour de la roue A. Cette roue C a 48 dents & en tournant elle engraine dans le pignon G qui en a 24. Divisant 48 par 24, il vient 2 au quotient pour les tours de la roue D, que mene ce pignon dans le tems que cette roue C en fait un. Or celle-ci en faisant 60 tours lorsque la roue A en fait 1, la roue D en fera alors 120. C'est ici la roue de rencontre qui doit former l'échappement. (*Voiez* ECHAPPEMENT.) Elle a 15 dents qui échappent sur les palettes P, P, du balancier M. Cela fait mouvoir le pendule V X par le moïen de la fourchette Q, & lui fait faire 30 vibrations en un tour de la roue de rencontre D, parce que les palettes rencontrant alternativement les dents de cette roue, battent deux fois à chaque échappement révolu. Maintenant si l'on multiplie 30 par 120, nombre de tours de la roue D pour un tour de la roue A, on aura 3600 vibrations du *Pendule.* Il ne reste qu'à faire battre les secondes à ce *Pendule,* c'est-à-dire, à lui donner une telle longueur que ses vibrations soient d'une seconde. Cette longueur est de 36 pouces 8 lignes & demi. Donc la roue A fera son tour en une heure, composée de 3600 secondes. Car l'heure est composée de 60 minutes; la minute de 60 secondes, & 60 fois 60 font justement 3600.

Telle est la construction des *Pendules à secondes.* En ajustant une aiguille dans l'axe de la grande roue, le tour de cette aiguille sera exactement d'une heure. Comme on ne pourroit pas tenir compte de ce tour on le décompose & on le rallentit; de sorte que l'aiguille des heures au lieu de parcourir le cadran en une heure, n'en fait le tour

qu'en douze. On ajoute pour cela d'autres roues dans l'axe de la grande, & cela de la maniere suivante.

J'ai dit que le cadran d'une *Pendule* est divisé en 12 parties, & que l'axe de la grande roue fait le tour de ce cadran.

Si l'on divise le cadran en 60 parties, il est évident que dans une révolution l'axe de cette grande roue, ou pour mieux dire, qu'une aiguille passée dans cet axe parcourra ces 60 parties, & marquera par conséquent les minutes, pourvû qu'une autre aiguille ne décrive en même tems que la 12e partie du cadran. Il s'agit donc d'ajuster cette seconde aiguille qui est celle des heures. A cette fin aïant passé dans l'axe de la roue A une roue *a*, qui est celle des minutes, armée de 30 dents, on la fait engrainer dans une autre roue, appellée *Roue de renvoi*, garnie d'un pareil nombre de dents. Par ce moïen cette roue correspond à la roue des minutes. Cette roue de renvoi a un pignon *c* de 6 aîles, qui engraine dans la roue de cadran *f* de 72 dents. C'est cette roue qui porte l'aiguille des heures. En effet, le quotient de 72 par 6 est 12. Ainsi pendant que l'aiguille des heures fera un tour, l'aiguille des minutes en fera 12.

A l'égard des secondes, on place l'aiguille qui les marque sur le bout du pivot de la roue de champ C (Planche XLV. Figure 405.) qui fait, comme on a vû, 60 tours en une heure. Chaque tour est par conséquent d'une minute. On n'a donc qu'à diviser en 60 parties le cadran que l'aiguille parcourt dans chaque révolution, & chacune de ces parties sera d'une seconde.

Pour finir cette description, je n'ai plus qu'à parler de la force motrice qui fait agir toutes ces roues. Or voici ce que c'est. La force motrice est formée par deux poids suspendus à la poulie P P qui passe dans la première roue A, & qui par leur pésanteur font tourner cette roue, qui communique son mouvement à toutes les autres, comme on l'a vû. On met un poids & un contre-poids, celui-ci tire le poids pendant qu'il monte & la *Pendule* n'est point arrêtée, cela demande une grande attention pour suspendre ces poids. Il faut un cordon de soie & trois poulies. Une des extrêmités de ce cordon passe dans la poulie P P (Planche XLV. Figure 404.) & l'autre dans la poulie *p p*, & avant que de se rendre là, il coule dans les deux poulies *x, s*, & voici comment. La corde qui passe sur la poulie P P, descend sous la poulie *r* chargée du poids *y*. De-là cette corde remonte sur la poulie *p p*. Cette pou-

poulie n'a de mouvement que de gauche à droite par en haut, & eft attachée par un rochet. Enfin cette corde defcend fous la poulie *s* qui porte le contrepoids Z, & remonte fur la poulie P P. J'oubliois deux chofes, la premiere que les deux poulies P P, *p p* font armées de pointes pour empêcher la corde de couler; & la feconde, que le poids eft communément de 6 livres & le contre-poids de 8 onces.

2. C'eft - là la conftruction d'une *Pendule* ordinaire. Il y en a de plus compliquées, & il y en a auffi de plus fimples : mais toutes fe reduifent à cette mécanique générale de laquelle dépend une mefure exacte du tems. Quand je dis de plus fimples, ce n'eft que de nos jours que cette propofition peut être reçûe. Car il y a un an que la *Pendule* que je viens de décrire paffoit pour la moins compofée. L'invention extrêmement ingénieufe de M. *Pierre le Roi*, digne héritier des grands talens du célébre M. *Julien le Roi* fon pere, la dépouille bien de cette fuperiorité fur les autres *Pendules,*

En effet, celle de cet habile Horloger eft d'une fimplicité furprenante. Elle n'eft compofée que d'une roue de rencontre armée de 30 dents. L'arbre de cette roue porte le poids & elle ne peut tourner fans faire mouvoir une anchre ou échappement, dont l'arbre porte un rateau de 30 dents. Ce rateau engraine dans une efpece de pignon qui forme un échappement ; de forte que ce rateau engraine 30 fois en allant & 30 fois en revenant. Chacun de ces engrainages eft une feconde, qui eft marquée par le rateau même prolongé. Pendant cette marche du rateau le balancier qu'on a commencé à faire ofciller continue fes ofcillations pendant 60 fecondes, fans qu'on y touche; & comme ces ofcillations fe rallentiroient fi elles n'étoient rétablies, la verge du balancier fe trouve engagée dans une dent de la roue de rencontre prête à paffer. Cette dent en paffant pouffe le balancier & entretient fon mouvement. Chaque paffage d'une dent de la roue choque le balancier, qui à cela près ofcille toujours par fon propre poids. On voit par-là que la fimplicité de cette *Pendule* vient de ce que M. *Le Roi* a fçu tirer parti du parfait ifochronifme d'un corps qui ofcille tout feul, & qu'au lieu de donner à chaque feconde une fecouffe au balancier, il ne l'a donnée qu'en 60 ; ce qui eft très-confiderable. Je m'étois propofé de faire connoître plus particulierement cette *Pendule*; mais quoiqu'elle ait été admirée & de la Cour & de la Ville, l'Auteur y aïant fait quelques legers changemens, s'eft ré-

fervé d'en donner une defcription exacte, quand il y aura mis la derniere main.

3. On doit la premiere idée des *Pendules à Galilée*, qui fe fervoit d'un *Pendule* en mouvement pour fes Obfervations aftronomiques. Ce grand homme s'en étant tenu à fon idée fans la mettre à exécution, fon fils *Vincent Galilée* y fuppléa. Il appliqua le *Pendule* aux Horloges, & en fit l'effai à Venife en 1649. M. *Hughens* perfectionna cette nouvelle invention, & fe l'attribua dans un Ecrit, contenant la defcription d'une nouvelle *Pendule* publiée en 1657. *Vincent Galilée* ne tarda pas à revendiquer fa découverte, & prétendit que les *Pendules* étoient de fon invention. Cela obligea M. *Hughens* à entrer dans un plus grand détail. Il le fit dans un Ouvrage très-favant publié en 1658, & intitulé *De Horologio ofcillatorio*, où il fait voir que fa *Pendule* eft fort differente de celle des Aftronomes inventée par *Galilée*. Malgré tout cela on doit convenir que les *Pendules* ont été inventées par *Vincent Galilée* & M. *Hughens* ne peut prétendre qu'à la perfection. Les mêmes perfonnes qui ont écrit fur l'Horlogerie ont écrit fur les *Pendules*, (*Voïez* donc HORLOGERIE.)

PENOMBRE. Terme d'Aftronomie. Efpece d'ombre affoiblie qui tient un milieu entre la vraie ombre & une ombre éclatante dans une éclipfe de lune ; en forte qu'il eft très-difficile de déterminer le moment où l'ombre commence & où la lumiere finit.

PENTADECAGONE. Figure de 15 côtés & de 15 angles. Quand ces angles & ces côtés font égaux, le *Pentagone* eft dit *Pentadecagone regulier*. Le côté d'une pareille figure eft égal en puiffance à la demi-circonference qu'il y a entre le côté du triangle équilateral & le côté du pentagone. Il eft auffi égal à la difference des perpendiculaires qui tombent fur les côtés de ces poligones.

PENTAEDRE. Quelques Géometres appellent ainfi le prifme qui a pour bafe deux triangles équilateraux.

PENTAGONE. Figure qui a cinq côtés & cinq angles. Elle eft reguliere quand les angles & les côtés font égaux. La maniere la plus fimple de la décrire eft de prendre 72 degrés fur un cercle, parce que 5 fois 72 font 360. La corde de ces degrés fera le côté du *Pentagone*. Il eft démontré que le côté d'un *Pentagone* regulier ou d'un *Pentagone* infcriptible au cercle, eft égal en puiffance au côté de l'exagone plus à celui du décagone infcriptible au même cercle.

P E R

PERCHE. C'eft le nom de la plus grande mefure

mesure usitée en Géometrie. Elle varie suivant le païs ou les Nations. La *Perche* de Rheinlande est de 11 pieds; celle de Brandebourg de 14; celle de Saxe de 15; celle de Bâle de 16; celle de Paris de 18, &c. (*Voïez* la *Geographia reformata de Riccioli*, ou la *Géometrie de Mallet, Lib. I.*) L'origine de cette mesure vient des Romains. C'est une discussion de pure pratique qu'on doit voir dans les deux Ouvrages suivans. *Cælii secundi curionis de mensuris in Tit. Livium*, & l'*Exposition de la mesure de l'arpentage chez les Anciens*. Par *Michael Neander*.

PERCHE D'ARPENTEUR. Instrument composé de deux regles qui peuvent s'étendre jusques à 10 pieds. Ces regles divisées en pieds & en pouces, sont accompagnées d'une pinnule mobile. Et sur leurs bords on marque les chaînons de la chaîne dont on fait usage. Cet instrument, qui n'est gueres en usage qu'en Angleterre, sert dans l'arpentage à prendre aisément ces distances.

PERIGE'E. Terme d'Astronomie. C'est le point où une planete est dans sa moindre distance de la terre. Il est opposé à l'apogée, dont il est éloigné de 180 degrés.

Dans l'ancienne Astronomie on appelloit *Perigée* le point de l'orbite des planetes superieures & inferieures, où le centre de l'épicycle étoit le plus proche de la terre. On nomme le *Perigée* l'apside inferieure dans le tems qu'une planete dans sa plus grande proximité de la terre.

PERIHELIE. Point de l'orbite d'une planete dans sa moindre distance du soleil. Le *Perihelie* est opposé à l'aphelie, dont il est éloigné de 180 degrés. Ainsi aïant déterminé celui-ci, l'autre est nécessairement connu. (*Voïez* APHELIE.)

PERIMETRE. C'est le contour d'une figure ou d'un corps quelconque. Dans le premier cas, le *Perimetre* est formé par des lignes soit droites ou courbes, & dans le second par des plans ou des surfaces.

PERIODE. Terme de Chronologie. Suite d'années après le cours desquelles certaine révolution finit & recommence de nouveau. Aïant établi dans la Chronologie plusieurs sortes de cycles comme des marques particulieres des tems qui se sont succédés, on a formé differentes *Periodes*, dont voici l'énumération suivant l'ordre alphabétique.

PERIODE DE CALIPPE OU CALLIPIQUE. Suite de 76 ans ou de 27759 jours, après lesquels, si l'on en croit *Calippe*, les nouvelles & les pleines lunes retombent selon leur mouvement moïen aux même jours de l'année solaire, auxquels elles tomboient

dans la premiere année. M. *Wolf* a fait voir dans ses *Elementa Chronologiæ* (*Chr. Wolf. Elem. Math. univ. Tom. IV.*) que cette *Periode* n'est juste que pendant 553 ans.

PERIODE DE CONSTANTINOPLE. Suite de 7980 ans, qui se forme lorsqu'on multiplie les trois cycles ordinaires entr'eux; savoir celui de la lune, du soleil, & des indictions. Cette *Periode* commence 795 ans avant la *Periode* Julienne. Les Empereurs Orientaux s'en sont servis dans leurs Diplomes. Et les Russiens s'en servent encore aujourd'hui, comme si elle commençoit avec la création du monde.

PERIODE DE DIONIS. Suite de 532 ans, après le décours desquels les nouvelles & les pleines lunes reviennent aux mêmes jours de l'année Julienne, auxquels elles tomboient dans la premiere année. *Dionis le Petit* est l'Auteur de cette *Periode*. Cependant quelques Chronologistes l'attribuent à *Victorius*, & à cause de cela l'appellent *Periode Victorienne*. On lui donne encore le nom de *Grand cycle de Paques*, formé par le produit du cycle solaire de 28 ans par celui de la lune de 19. Cette *Periode* n'est pas constante.

PERIODE D'HYPPARQUE. Suite de 304 années solaires formées par *Hypparque*, lesquelles écoulées, les nouvelles & les pleines lunes reviennent aux mêmes jours de l'année solaire, auxquels elles tomboient au commencement. *Hypparque* s'étant apperçu que la *Periode* de *Calippe* manquoit d'un jour entier dans 104 ans, il la multiplia par 4 & en ôta un jour. La correction d'*Hypparque* n'est point encore satisfaisante. (*Voïez* les *Elementa Chronol.* de *Wolf* dans ses *Elem. Math. univ. Tom. IV.*)

PERIODE JULIENNE. Suite de 7980 années, après lesquelles les cycles du soleil, de la lune, & celui des indictions recommencent. Cette *Periode* est formée par le produit des trois cycles. On la doit à *Scaliger* qui prit à cette fin pour modele la *Periode* de Constantinople, & dont elle ne differe qu'en ce que les cycles commencent differemment. Cette *Periode* est aujourd'hui fort en usage.

PERIODE DE METON. Suite de 19 années, après lesquelles les nouvelles & les pleines lunes reviennent aux mêmes jours de l'année solaire, auxquels elles sont tombées au commencement. On appelle encore cette *Periode* cycle lunaire. Elle a été inventée par *Méton*. (*Voïez* CYCLE LUNAIRE.)

PERIODIQUE. On caracterise ainsi tout ce qui fait son mouvement, son cours, ou sa révolution d'une maniere réguliere, & qui le recommence toujours dans la même *Periode* ou dans le même espace de tems. Exemple. Le mouvement *Periodique* de la lune, est celui par lequel elle acheve son cours autour de la terre dans l'espace d'un mois, ce qui se fait en 27 jours, 7 heures, 45 minutes.

PERIŒCIENS. Termes de Cosmographie. C'est le nom des Habitans de la terre qui vivent sous les mêmes paralleles, mais sous des demi-cercles opposés du méridien. Ils ont par conséquent les mêmes saisons, c'est-à-dire, le printems, l'été, l'automne & l'hyver dans le même tems. Ils ont aussi la même longueur des jours & des nuits, puisqu'ils sont dans le même climat & à égale distance de l'équateur : mais ils ont alternativement midi & minuit.

PERIPHERIE. C'est la circonference, ou ce qui termine en général toute figure réguliere curviligne.

PERISCIENS. On appelle ainsi en Cosmographie les Habitans des deux zones froides, ou les Peuples qui vivent dans l'espace compris entre les cercles polaires & les poles. Le soleil ne se couche point pour eux quand il est une fois sur leur horison, & cet astre paroît tourner tout autour d'eux ainsi que leur ombre pendant 24 heures. (*Voïez Varenius Geographia generalis*, Chap. 27. pag. 365.)

PERISTILE. En général on entend par ce mot en Architecture civile, un lieu environné de colonnes isolées, tels qu'on en voit à Rome ; mais on s'en sert aussi pour exprimer un rang de colonnes tant audedans qu'au dehors d'un édifice, comme dans les Cloîtres & dans les Galleries.

PERMUTATION. Espece particuliere de combinaison où l'on prend les mêmes quantités deux fois. Par exemple, si l'on veut *permuter* ces trois nombres 2, 3, 6, on les prend deux à deux pour savoir le nombre qu'ils peuvent produire. En considerant ainsi les deux premiers nombres 2, 3, on aura vingt-trois, & de cette façon 3, 2, trente-deux. De la même maniere le premier & le troisiéme 2, 6, feront vingt-six, & soixante-deux en mettant le 6 avant le 2, c'est-à-dire 6, 2. D'où il suit que le nombre des *Permutations*, est double de celui des combinaisons. Les loix de la *Permutation* sont les mêmes que celles des *combinaisons* (*Voïez* donc COMBINAISON.) On se sert des *Permutations* pour faire des anagrammes, pour connoître les hazards dans un jeu de dez.

Par exemple, si l'on veut amener avec deux dez le nombre 9, on trouvera par la *Permutation* des nombres qui sont sur les autres faces du dez quatre hazards. En effet, ce nombre se forme par le 4 du premier dez & le 5 du second, ou bien par le 5 du premier & le 4 du second ou encore par le 6 du premier & le 3 du second, & enfin par le 3 du premier & le 6 du second. On trouve là-dessus dans les *Récréations Mathématiques d'Ozanam*, *Tom. I.* plusieurs Problêmes curieux. L'un de ces Problêmes a été remanié d'une façon si agréable par l'Auteur de la *Mathématique universelle*, que je l'emprunterai de ce Livre pour donner un exemple des *Permutations*, & je crois que ce trait réjouira en même-tems le Lecteur. Voici comment le P. C. parle.

Une personne, dont je ne sais pas le nom en avoit invité d'autres. Ceux-ci sur le point de se mettre à table s'aviserent de faire des façons, chacun voulant ceder les places d'honneur aux autres. Le Maître du logis voïant que la contestation prenoit déja un certain tour de longueur qui passoit les bornes, en galant homme plus qu'en habile Algébriste, décida qu'on n'avoit qu'à se placer comme on se trouvoit dans ce moment ; mais que pour ne point faire de jaloux, chacun auroit son tour pour occuper les premieres places, ajoutant qu'il invitoit la compagnie pour autant de jours qu'on pourroit faire d'arrangemens divers.

Les Algébristes sont rares ; il s'en trouva pourtant là un, qui en secouant la tête dit, qu'avant la fin du dernier repas, ils pourroient bien avoir tous perdu l'apetit. Ceux qui en savent plus que les autres sont sujets à être contredits ; mais on vérifia la chose au-delà des esperances de l'Algébriste même. Car on trouva que le nombre des *Permutations* de dix personnes étoit 3628800, lequel nombre divisé par 365, qui est à peu près celui des jours d'une année, donnoit 9941 années, & 335 jours, c'est-à-dire à peu près dix mille ans. (*Math. univ. pag.* 408.) Pour vérifier le calcul, si l'on ne veut pas recourir à l'article des combinaisons, on n'a qu'à multiplier les premiers nombres naturels jusques à 10 de cette sorte 1 fois, 2 fois, 3 fois, 4 fois, 5 fois, 6 fois, 7 fois, 8 fois, 9 fois 10.

On a cent autres Problêmes qu'on resoud par les *Permutations*, & dont la solution effraïe l'imagination. On en jugera par le suivant qui suffira pour faire voir combien la science des combinaisons est étendue, & de quelle utilité elle est.

Il s'agit ici du calcul des differens changemens qui arriveroient de 24 noms qui ne rempliroient que deux lignes. En supposant qu'on pût écrire 1440 lignes en chaque feuille de papier ou bien 720 fois ces 24 noms, & que chaque rame de papier fut tellement battue, qu'elle n'eut qu'un pouce d'épaisseur, on trouve qu'il faudroit beaucoup plus de rames de papier pour écrire tous les changemens de ces noms, qu'il n'en pourroit contenir depuis le centre de la terre jusques aux étoiles, en mettant ces rames les unes sur les autres. En effet, si l'on suppose qu'il y a 28,862,640,000, 000 de pouces du centre de la terre aux étoiles, il faudroit 1,751,245,560,364, 553,942 rames de papier & plus, pour écrire les 620448401733239439360000 changemens que peuvent recevoir ces 24 noms. Comme chaque rame de papier contient 500 feuilles, & chaque feuille 720 changemens, chaque rame de papier contiendroit 360000 de ces changemens. Or divisant les 24 nombres 6204, &c. par celui que contiendroit chaque rame, il vient 1, 751, &c, qui est un nombre de pouces plus grand que celui qu'il y a depuis le centre de la terre jusques au Firmament. (*Voïez* les *Recréations Math. Tom. II.*)

PERPENDICULAIRE. On fait usage de ce terme en Géometrie pour exprimer la situation verticale d'une ligne ou d'un plan. Ainsi une ligne est *Perpendiculaire* quand elle fait en tombant sur une autre ligne des angles égaux. Elle l'est à un plan quand elle est *Perpendiculaire* à plus de deux lignes tirées sur ce plan. *Pythagore* a trouvé après bien des méditations que les trois nombres 3, 4 & 5 étant pris ensemble pour les côtés d'un triangle, les deux plus petits nombres forment le troisiéme triangle rectangle. D'où il suit qu'on peut élever une ligne perpendiculaire en prenant une ligne de trois, & l'autre de quatre parties égales, & en joignant ces deux lignes de façon que leurs extrêmités répondent aux extrêmités d'une troisiéme ligne, qui comprenne cinq de ces mêmes parties. On a trouvé depuis plusieurs autres manieres d'élever une perpendiculaire sur une ligne. Et d'abord mécaniquement avec une équerre (*Voïez* EQUERRE.) En second lieu, géométriquement, dans les deux cas où le point sur lequel la *Perpendiculaire* qu'on veut élever est au milieu de la ligne donnée ou à son extrêmité. Supposons qu'il fallût élever sur le point C (Planche II. Figure 195.) de la ligne A B une *Perpendiculaire* C H. 1°. Prenez avec le compas deux distances égales du point C. 2°. Avec la même ouverture du compas, plus grande que l'une de ces distances, décrivez des points A & B

les arcs DE, G F. Leur intersection H est le point duquel il faut mener la ligne au point C, afin qu'elle soit *Perpendiculaire.* Cette opération est fondée sur les propriétés du triangle isoscele. (*Voïez* TRIAN-GLE ISOSCELE.)

Lorsque le point donné est à l'extrêmité d'une ligne 1°. D'un point P quelconque pris à volonté (Planche II. Figure 196.) avec l'ouverture P C du compas, décrivez un arc de cercle D C B. 2°. Tirez le diametre B P D. 3°. Du point D de section menez au point C la ligne D C ; elle sera *Perpendiculaire* à la ligne C B. La raison de cela est que l'angle à la demi-circonference d'un cercle (qui est ici l'angle D C B) est droit.

Mais si on veut abbaisser une *Perpendiculaire* sur une ligne donnée, c'est-à-dire, que ce point C (Planche II. Figure 197.) soit hors la ligne A B, 1°. de ce point comme centre décrivez un arc D E, & 2°. des points D & E deux arcs F, F. Leur point de section sera celui duquel il faudra mener une ligne C G pour qu'elle soit *Perpendiculaire* à la ligne donnée A B.

Cette ligne a plusieurs propriétés qu'il faut voir dans les *Elemens d'Euclide*, ou dans ceux du P. *Tacquet*, parmi lesquelles celle-ci est la plus considérable : c'est que cette ligne est la plus courte de toutes celles qui peuvent se tirer d'un point sur une ligne. D'où il suit, qu'on ne peut tirer sur une ligne qu'une seule ligne droite.

Quoique j'aie défini le mot *Perpendiculaire* comme caractérisant la situation particuliere d'une quantité en général, cependant les Géometres la prennent pour la quantité elle-même quand il s'agit d'une ligne. Ainsi lorsqu'on dit une *Perpendiculaire* on entend parler d'une ligne. Dans les plans le mot *Perpendiculaire* n'est jamais seul. Un plan est *Perpendiculaire* à un autre si une ligne *Perpendiculaire* sur l'un l'est aussi sur l'autre.

PERSE'E. Constellation un peu informe dans la partie boréale du ciel, composée de 46 étoiles (*Voïez* CONSTELLATION) dont *Hevelius* a déterminé la longitude & la latitude. (*Prodromus astronomicus*, p. 287.) Le même Auteur a donné la figure de la constellation entiere dans son *Firmamentum Sobiescianum* fig. W, de même que *Bayer* dans son *Uranometria* fig. L. L'histoire de cette constellation est la même que celle de Cephée (*Voïez* CEPHE'E.) *Schickard* donne à cette constellation le nom du Roi *David* ; *Schiller* celui de *St Paul* l'Apôtre, & *Weigel* en forme la pomme de l'Empire. Cette constellation est encore connue sous les noms fuivans : *Canis , Caput algol , Cacodæmonis , Medufæ , Gorgonis , Inachides , Chelab , Cilleneus deferens catenam.*

PERSIQUE. Les Architectes caracterifent ainfi un Ordre qui a des figures d'efclaves Perfans, au lieu de colonnes, pour porter un entablement. Voici l'origine de cet Ordre. *Paufanias* aïant défait les Perfans, les Lacedémoniens pour fignaler leur victoire, érigerent des trophées avec les armes de leurs ennemis, & ils y repréfenterent des Perfans fous la figure d'efclaves qui foutenoient leurs portiques, leurs arches, leurs cloifons, &c. (*Voiez Architecture de Vitruve, Liv. I.*)

PERSPECTIVE. Partie de l'Optique. C'eft l'art de deffiner fur un plan un objet tel qu'il fe prefente à l'œil, placé à une certaine hauteur & à une certaine diftance, & vû fur un tableau tranfparent qu'on met entre l'œil & l'objet. Exemple. Soit un pentagone A B D E F (Planche XXXVI. Figure 365.) entre lequel & l'œil C eft élevé perpendiculairement le tableau V P fur le plan horifontal H R. En s'imaginant que de tous les points paffent des raïons dans l'œil par le tableau, comme C A, C B, C D, &c. & qu'ils laiffent fur le tableau V P des traces vifibles *a b d e f*; alors le pentagone fe repréfentera fur le tableau V P, de façon que les raïons qui en fortent vers l'œil, feront le même effet que fi le pentagone A B D E F y étoit réellement. La *Perfpective* enfeigne donc la maniere de trouver par des regles géometriques les points *a b d e f* fur le tableau V P; c'eft-à-dire, à deffiner un objet fuivant qu'il fe prefente à la vûe, eu égard à la diftance & à la pofition de l'œil. Quoique pour établir ces regles on ait écrit des volumes entiers, on peut cependant les renfermer dans peu de principes M. *Montucla*, qui a eu occafion de reflechir fur cette matiere, a trouvé le moïen de réduire toute la *Perfpective* à un principe général. Perfuadé que cette forte de découverte feroit plaifir aux Amateurs de cette fcience, il me l'a envoïée. Je vais donc la donner avec fa démonftration.

Soit A B C D le plan du tableau (Planche XXXVI. Figure 361.) le point O la place de l'œil duquel on a mené une ligne droite O P quelconque au tableau. L'apparence G S fur le Tableau de quelque ligne que ce foit G R, parallele à la ligne O P, paffera par le point P.

Démonftration. Puifque les lignes O P, G R font paralleles par la fuppofition, elles font dans un même plan, & par conféquent le triangle O R G (formé par les raïons qui partent des points R & G & viennent fe rendre dans l'œil) eft dans le plan des paralleles O P, G R. Mais l'interfection du plan du tableau & de celui où font les paralleles O P, G R eft là ligne P G. Donc celle du triangle O R G eft une partie de cette même ligne P G. Or l'apparence *Perfpective* de la ligne G R n'eft autre chofe que l'interfection du plan du triangle O G R avec le tableau. Car fi l'on conçoit une infinité de raïons partant de tous les points de la ligne G R & allant fe réunir à l'œil O, ils feront tous dans un même plan, & l'interfection de chacun avec le plan du tableau y déterminera l'apparence du point dont il eft parti : d'où l'on conclud que l'image de la ligne G R eft l'interfection du plan du triangle O G R avec le tableau. Par conféquent cette image eft une ligne qui prolongée pafferoit par le point P.

De ce principe général il eft aifé de déduire comme autant de corollaires très-fimples, tout ce que les Auteurs de *Perfpective* ont publié fur les points qu'ils ont nommé *Principal, de diftance, accidentels, &c.*

En effet, 1° le plan du tableau étant fuppofé perpendiculaire au plan horifontal, comme il l'eft ordinairement, *le point principal* eft celui fur lequel tombe la perpendiculaire menée de l'œil au tableau. Donc toutes les lignes perpendiculaires au tableau auront pour images des lignes qui pafferont par le point principal.

2°. *Les points de diftance* dans le même cas font ceux fur lefquels tombe une ligne horifontale comme O D (Planche XXXVI. Fig. 364.) faifant avec le tableau un angle de 45°, & par conféquent leur éloignement P D fur la ligne horifontale D P eft égal à la diftance de l'œil au tableau : ce qui les rend aifés à déterminer. Donc toutes les lignes horifontales faifant avec le tableau un angle de 45°, ont pour images des lignes paffant par les points de diftance.

3°. On appelle enfin *Points accidentels* ceux où tombent des lignes, comme O, A toujours paralleles à l'horifon ; mais en faifant avec le tableau un angle quelconque O A D, plus grand ou moindre qu'un demidroit. Leur ufage principal eft de fuppléer au défaut des points de diftance lorfque la largeur du tableau ne permet pas de les y marquer. Donc l'image de toutes les lignes horifontales qui fait avec le tableau le même angle que la ligne qui a fervi à déterminer le point accidentel, doit paffer par ce point accidentel. Exemple. Si l'angle P A O eft de 60°, toutes les lignes horifontales faisant des angles de 60 dégrés avec le tableau, auront leurs images *Perspectives* dans des lignes qui passeront par le point A.

On tire de ces regles des moïens aisés pour mettre en *Perspective* toutes les figures quelles qu'elles soient. Il ne faut pour cela qu'abbaisser de chaque point de la figure des perpendiculaires sur la ligne de terre, & des points où elles la rencontrent tirer des lignes droites au point principal. On sait déja que les apparences de tous les points de la figure se trouvent dans ces lignes, chacun dans celles qui lui répond. C'est pourquoi si des mêmes points de la figure on mene sur la ligne de terre des lignes inclinées de 45° (ou ce qui revient au même qu'on transporte les hauteurs de chacun des points de la figure sur la ligne de terre du côté opposé au point de distance pris à volonté) & que l'on tire de tous ces nouveaux points autant de lignes au point de distance, elles couperont les lignes tirées au point principal, & leurs intersections détermineront les apparences cherchées. Exemple. Soit la figure A B C E à mettre en *Perspective* (Planche XXXVI. Fig. 362.) 1°. De chacun de ces points abbaissez sur la ligne de terre les perpendiculaires AF , BG, CH, EI. 2°. Des points F, G, H, I, tirez au point principal les lignes F P, G P, H P, I P. 3°. Tirez des mêmes points A, B, C, E les lignes A K , B L , C M, E N, inclinées de 45° sur la ligne de terre. Ceci peut se faire de deux manières, ou mécaniquement par le moïen d'un angle mobile de 45° , dont on fera courir un des côtés sur la ligne de terre jusques à ce que l'autre passe successivement par chacun des points A, B, C, E ; ou géometriquement en transportant les hauteurs de ces points comme A *f* en A K , B G en G L , & ainsi des autres. 4°. Des points K, L , N , M, menez au point de distance D les lignes K D , L D , N D, M D , qui couperont chacune leur correspondante tirée au point principal en O, V, Q, R. Ces points seront l'apparence *Perspective* des points A, B, C, E. Par conséquent la figure O, V, R, O, sera celle de la figure A, B, C, E.

Voici un exemple de l'usage des points accidentels. Supposons que le tableau n'eut pas assez d'étendue pour y prendre le point de distance D qui doit être aussi éloigné du point principal que l'œil l'est de ce même point. 1°. Prenez le point D (Plan. XXXVI. Figure 362.) éloigné du point principal seulement de la moitié de la distance de l'œil à ce même point. 2°. Au lieu de faire les lignes G, L, *f*, K, &c. égales chacune aux éloignemens G B , F A, des points B, A , &c. de la ligne de terre faites les seulement égale à la moitié de ces lignes G B, F A, &c. & que ces points soient L, K, N, M. 3°. Tirez de chacun de ces points au point D autant de lignes droites, elles couperont celles qui sont tirées des points G, F, L, I , dans des points qui seront encore les apparences des points A, B, C, E. Cela suit évidemment du principe général ci-devant établi. Car aïant fait P D une partie de la distance de l'œil au tableau telle que G L, F, K, &c. des distances B G, A F des points B, A au tableau, les lignes B L , A K , &c. seront parallèles à la ligne tirée de l'œil au point D ; & par conséquent l'apparence de ces lignes seront des lignes tirées de L, K, &c. qui passeront par le point D. L'apparence des points objectifs sera donc dans ces lignes. Or elle est aussi dans les lignes tirées de G, F, &c. au point principal P ; par conséquent elle sera dans leur intersection.

On peut donc , en suivant le même principe, trouver d'un grand nombre de manieres l'apparence *Perspective* d'une figure : savoir , 1° par le moïen du point principal avec un point de distance, ou avec un point accidentel ; 2° par le moïen de deux points de distance ou d'un point de distance avec un accidentel ; ou 3°. enfin , par le moïen de deux points accidentels quelconques posés de maniere que les lignes tirées des points correspondans de la ligne de terre se coupent entr'elles. On pourroit même sans autre méthode trouver la representation d'une figure qui ne seroit point horisontale, mais il faudroit avoir la ligne d'intersection du plan de cette figure prolongée avec le tableau : ce qui seroit fort embarrassant dans bien des cas pour une personne qui ne seroit point Géometre. Il vaut mieux suivre la méthode ordinaire pour trouver la hauteur sur le tableau des points qui ne sont pas sur le plan horisontal, & dont on a l'élévation géometrale : c'est ce qui reste à expliquer.

Soit (Figure 363. Planche XXXVI.) un point B élevé sur le plan horisontal de la quantité de la ligne B A. Que A soit sa projection perpendiculaire ; A C une perpendiculaire au tableau & à la ligne de terre ; C P la ligne tirée au point principal, & que E soit l'apparence du point A. Supposons à present que du point B on ait tiré une parallele à A C, qui tombera par conséquent perpendiculairement sur le tableau dans un point D ; & ce point sera tel que C D sera égal à A B, & perpendiculaire à la ligne de terre. La ligne D P sera donc l'apparence

de B D, & le point B devant avoir fa repre-
fentation dans une ligne perpendiculaire à
la ligne de terre, puifque A B eft perpendiculaire à l'horifon, il fuit que tirant E F
parallele à C D, le point F fera l'apparence
du point B. D'où l'on déduit la regle génerale qui fuit pour trouver la repréfentation
Perfpective d'un point dont on a l'élevation
géometrale. *Tranfportez la hauteur* A B *donnée fur un côté du tableau en* a b *perpendiculaire à la ligne de terre, & tirez de* a & b
au point P *les lignes* b P, a P. Elles feront
en quelque forte l'échelle des hauteurs A B
fuivant le different éloignement du point A
au tableau. Cet éloignement étant déterminé & l'apparence du point A étant le point
E, il faudra mener de ce point une parallele à la ligne de terre E e qui coupera a P
en e, & élever e f parallele à a b. Cette ligne
e f fera la hauteur cherchée, qui étant prife
fur une ligne E F perpendiculaire à la ligne
de terre, de maniere que E F foit = e f,
le point F fera le point cherché; favoir la
repréfentation du point B. Cette regle fuffira
pour trouver les hauteurs *Perfpectives* de
tous les folides qu'on voudroit deffiner.
Ceux qui fouhaiteront de plus grand détails
d'explications pourront confulter les Livres
fuivans.

Le *Taumaturgus opticus* du P. *Niceron*;
la *Perfpective-pratique* en 3 volumes in-4°;
par un Jéfuite anonyme; (le P. *Dubreuil*);
la *Perfpectiva Pictorum & Architectorum*
d'*André Pozzo*, imprimée à Rome en Latin & en Italien; le *Traité de Perfpective
théorique & pratique*, de M. l'Abbé *Deidier*,
& le *Traité de Perfpective-pratique à l'ufage
des Artiftes*, par M. *Jeaurat*.

Perspective Militaire ou cavaliere.
C'eft l'art de tracer ou deffiner un plan
dans fes véritables dimenfions & avec toutes
les largeurs de fes differentes pieces. Ce qui
fe fait, 1° en menant des lignes paralleles
à l'un des côtés du plan, & dont les hauteurs font égales à celles des pieces qui font
fur fes angles; 2° en joignant les fommets
de fes paralleles par des lignes droites; &
3° en effaçant les lignes qui fe trouvent
cachées par les autres, & mettant les ombres convenables. Les mêmes perfonnes qui
ont écrit fur la *Perfpective* en général, ont
auffi traité la *Perfpective militaire*, qui n'eft
pas plus étendue, comme on peut le voir
dans l'Ouvrage de *Perfpective* de M. l'Abbé
Deidier pag. 101.

P E S

PESANTEUR. Terme de Phyfique. C'eft

l'effort que font les corps pour tendre à un
centre. Un corps qui tombe eft en mouvement en vertu de fa *Péfanteur* ou de
cette tendance. (*Voïez* CHUTE.) Un corps
qui repofe preffe celui fur lequel il eft porté,
par la même caufe. (*Voïez* FORCE.) De-là
il fuit, que la *Péfanteur* eft oppofée au
mouvement qu'elle détruit. (*Voïez* MOU-
VEMENT & FROTTEMENT.) Si celui-ci
perfevere & qu'il pouffe le corps dans une
direction oppofée à celle de la *Péfanteur*,
cet effort du corps le retient dans la ligne
du mouvement. (*Voïez* FORCES CEN-
TRALES.) La *Péfanteur* en elle-même eft
une chofe fi connue qu'elle n'a pas befoin
d'être établie par des raifonnemens. Tout
le monde fait que les corps pefent; parce
que tout le monde éprouve cet effort des
corps. Il s'agit de favoir en quelle raifon
agit la *Péfanteur*, & fi elle eft toujours
conftante. C'eft là deux queftions qui doivent précéder la recherche de la caufe de
cette propriété des corps.

2. Comme cet article fera un peu long, &
que je ne m'attache qu'à l'effentiel des chofes, je ne m'arrêterai point à prouver la
la premiere de ces queftions; je veux dire
la raifon de la *Péfanteur*, qui eft proportionnelle à la maffe des corps. Un corps, dont
la maffe eft double de celle d'un autre, eft
deux fois plus péfant, parce qu'il a deux
fois plus de matiere qui tendent au centre
commun. Il ne faudroit pas conclure de là
que celui-ci tombe plus vite que l'autre,
parce que la difference de la chute des graves dépend de la réfiftance de l'air & non
de leur maffe. (*Voïez* CHUTE.)

C'eft un doute bien fingulier que celui
qu'on a eu fur l'inconftance de la *Péfanteur*.
D'abord on a cru qu'un corps qui tombe
perdoit de fa *Péfanteur* ou n'étoit pas fi
péfant qu'auparavant. Ce qui parut confirmer cette opinion, eft une expérience très-
ingénieufe qu'on doit à *Robert Hook* (en
1662.) Il prit un long tuïau, le remplit
d'eau & le fufpendit à une balance. Après
avoir enfuite attaché en dedans un corps
à un fil bien fin, M. *Hook* mis les deux
bras en équilibre en chargeant celui où étoit
attaché un baffin & qui devoit contreba-
lancer le poids du tuïau. Cela fait, ce
Phyficien coupa le fil pour laiffer tomber le
corps. Alors la balance s'éleva du côté
du tuïau & pancha par conféquent de l'autre. D'où l'on crut devoir conclure que le
corps en tombant devient plus leger.

Lorfque M. *Hook* imagina cette expérience, fon intention étoit de connoître combien un corps qui tombe & qui s'éleve

travers un liquide, comprime ce même liquide. La conséquence qu'on en a tiré pour la diminution de la *Pésanteur* dans la chute d'un corps n'est pas de lui. Cette conséquence est trop hazardée pour la lui attribuer. En effet, rien n'est plus varié que cette expérience, & en quelque sorte plus contradictoire au sujet auquel on la rapporte. Des corps composés de même matiere & qui sont d'une égale *Pésanteur* dans l'air venant à tomber à travers l'eau, paroissent tantôt être de même *Pésanteur* dans le tuïau, & quelquefois être devenus plus legers, selon qu'en tombant ils compriment plus ou moins l'eau par leur figure.

Rassuré de ce côté-là, on a voulu savoir si la *Pésanteur* pouvoit augmenter. A cette fin on a fait cette expérience. On a rempli une boule de verre avec de l'eau & des poids, & après l'avoir bouchée avec de la cire on l'a suspendue à une balance. La balance aïant été ainsi chargée pendant huit jours, on a trouvé qu'elle étoit plus pésante qu'auparavant. Si cette expérience étoit vraïe, cette seconde conjecture seroit fondée : mais on la nie. Et c'est la réponse alleguée par ceux qui soutiennent que la *Pésanteur* est toujours la même. En attendant de nouvelles preuves contraires à ce sentiment, adoptons-le hardiment. Il y auroit une pusillanimité ridicule de le soupçonner de fausseté après de pareils argumens.

Il est cependant une variation dans la *Pésanteur* bien constatée : c'est qu'elle est plus grande vers les poles que sous l'équateur. *Voiez* là-dessus PENDULE.

3°. La *Pésanteur* ainsi connue & ainsi déterminée, on demande quelle en est la cause, pourquoi les corps sont pésans. Il y a long-tems que cette question embarrasse les Physiciens. 1°. *Aristote*, selon la maniere de donner une raison des effets de la nature par des qualités qu'il ne connoissoit pas, répondoit que les corps pésans avoient un appetit pour arriver au centre de la terre, & que les corps legers avoient un appetit contraire qui les portoit en haut. Comme on ne connoît point de corps legers, il est certain que cette distinction est ridicule ; je reprendrai cette distinction en resumant cet article.

2°. Après *Aristote*, les Physiciens furent plus occupés de subtilités Métaphysiques sur la *Pésanteur* que de sa cause. On nia que les corps fussent pésans. Ils étoient tous legers, les uns cependant moins que les autres. Mais tous ces jeux de mots ne sont pas dignes de notre examen.

3°. Disons donc que le premier système recommandable sur la cause de la *Pésanteur* est celui de *Kepler*. Cet Astronome l'attribuoit à certains esprits, certains écoulemens incorporels, qui tirent les corps vers le centre de la terre. Ceci est bien métaphysique. Y a-t-il des esprits ou des écoulemens incorporels ? Et qu'est ce que c'est que ces esprits ? Il semble que *Kepler* a voulu faire voir par cette supposition que l'explication de la cause de la *Pésanteur*, est au-dessus de nos lumieres. C'est ce qu'on peut conclure de plus conforme à celles de cet homme célebre.

4°. Si l'on en croit *Gassendi*, ces écoulemens existent, mais ce sont des écoulemens corporels. La Terre, selon lui, est une espece d'aimant d'où sortent quantité de raïons, qui, comme autant d'hameçons, tirent les corps vers la terre. Ces écoulemens sont encore une hypothese qui est très-gratuite.

5°. Peu satisfaits de cette raison, *Casatus* & *Rudigerus* veulent que les corps soient pésans, parce qu'ils ne sont pas dans leur propre place, vers laquelle ils tendent à se rendre. De sorte que des corps placés à cet endroit n'aïant aucune tendance ne seroient plus pésans. Quand on accorderoit tout ce raisonnement, on ne pourroit en conclure que la nécessité de la *Pésanteur*. Il restera toujours à expliquer pourquoi les corps tendent à ce centre, & par quelle vertu cela s'opere.

6°. Jusques-là l'explication de la cause de la *Pésanteur*, n'est pas effleurée. Aussi rien ne guida le grand *Descartes* lorsqu'il en fit la recherche. Aïant supposé la terre plongée dans un tourbillon qui circule autour d'elle d'Occident en Orient, & qui l'emporte dans sa rotation journaliere, mais avec un mouvement moins rapide que celui du tourbillon, ce Philosophe prétend qu'en tel état que se trouvent les corps, ils sont comprimés par le tourbillon, & que cette compression est la *Pésanteur* même. On a de plus fait voir que la force centrifuge se transforme sans cesse en force centripete (*Voiez* FORCE CENTRIPETE.)

La premiere objection qu'on a faite contre ce système, est la supposition d'un tourbillon circulant autour de la terre. Mais ceci attaquant le système propre de *Descartes* ne doit pas être discuté à cet article. Il faut voir là-dessus l'analyse de ce système en son lieu, & les difficultés qu'on lui oppose. (*Voiez* SYSTEME DU MONDE.) On suppose ce tourbillon, & malgré cette supposition, on prétend qu'il ne satisfait point aux phénomenes de la *Pésanteur*. Et d'abord si cette propriété des corps provient de la pression d'un fluide, quel qu'il soit, la *Pésanteur* doit être en raison des surfaces & non en raison des masses. Car cette pression ne peut s'exercer que sur des surfaces. Or l'experience prouve le contraire. Donc, &c. En second lieu, les corps ne peuvent être poussés vers le centre de la terre par un tourbillon, mais vers son axe. Et cela est contraire aux loix de la *Pésanteur*.

7°. Sur le débris du systême de *Descartes*, M. *Hughens* a tâché d'en établir un nouveau. A cette fin, il suppose que la matiere subtile qui fait la *Pésanteur*, va dix-sept fois plus vite que la terre, & que le mouvement de cette matiere se fait en tout sens. Cela demande une infinité de cercles qui se meuvent tous comme autant de tourbillons autour de la terre, suivant toute sorte de mouvemens imaginables, & qui poussent les corps vers le centre de la terre, & non perpendiculairement à son axe, comme dans le systême de *Descartes*. Mais ces cercles de tourbillons en si grande quantité, composent une machine si frêle, qu'on a de la peine à en concevoir la possibilité.

8°. Enfin, le Chevalier *Newton* prend pour cause de la *Pésanteur* l'attraction, c'est à-dire, cette force qu'ont les corps de se joindre les uns aux autres. Et avant *Newton* ce sentiment avoit été hazardé. Je rapporte à l'artile d'ATTRACTION comment on la concevoit alors. Je me contenterai donc de donner ici une explication ancienne de la *Pésanteur* que je n'ai découvert que depuis peu, & qui ne me paroît pas differente de celle de *Newton*. Elle se trouve dans une brochure imprimée en 1612 intitulée, *Sphera Nicolai Copernici ; seu systema Mundi secundum Copernicum*, *Ch. IX. pag. 20*, énoncée en ces termes : *Equidem existimo* GRAVITATEM *non aliud esse quam appetentiam quamdam naturalem partibus inditam à divina providentia opificis universorum, ut in unitatem integritatemque suam sese conferant in formam globi coeuntes*. J'ai osé soupçonner dans le premier volume de ce Dictionnaire la cause de cette *appetentiam*, (*Voïez* FROID.) Il ne suffit peut-être pas pour faire adopter l'attraction comme l'agent de la *Pésanteur*, de prendre l'attraction pour la *Pésanteur* même. On dira ici que M. *Newton* au lieu de rendre raison d'un effet ne fait que l'indiquer sous un autre nom. On dira ce qu'on voudra. Là-dessus M. *Newton* ne s'est jamais proposé de répondre. Il ne regarde pas l'attraction comme l'explication de la *Pésanteur*, mais il veut désigner par ce mot un fait, (*Voïez*

le *Discours sur la figure des astres*, par M. *De Maupertuis*.) Il est constant, selon lui, que la *Pésanteur* est une propriété inséparable de la matiere : mais non une qualité essentielle. Il s'explique clairement à ce sujet dans un *Avertissement* imprimé à la tête de son *Traité d'Optique* seconde édition françoise. *Je ne regarde point*, dit-il, *la* PESANTEUR *comme une propriété essentielle des corps*. Car il faut bien distinguer entre *propriété essentielle* & *propriété inséparable*. La premiere constitue l'essence du corps, de façon qu'il ne pourroit pas en être privé sans cesser d'être, sans l'autre rien n'empêcheroit que le corps existât ; mais dans l'état où il est il ne peut cesser d'être pésant, à moins que le *Créateur* ne détruisît la *Pésanteur* synonime à l'attraction suivant *Newton*. Dieu pourroit donc créer un corps qui ne fût pas doué de cette propriété, & qui n'en seroit pas moins corps. Cet éclaircissement doit suffire pour justifier le terme de propriété *inséparable* par lequel j'ai défini l'Attraction : cet article aïant été publié dans le *Prospectus* de cet Ouvrage, ce terme d'inseparable n'avoit pas été approuvé par un Physicien célébre (M. *De M****) dont le suffrage me sera toujours très-précieux.

M *Newton* pour rendre raison cependant de la cause de la *Pésanteur* fait cette question. » Un milieu plus subtil que l'air (M. *Newton* appelle ainsi le milieu qui reste dans le récipient de la machine pneumatique après qu'on en a pompé l'air ; celui qui rompt & qui reflechit la lumiere, par les vibrations duquel la lumiere échauffe les corps, &c.) » n'est-il pas plus rare dans les » corps denses du soleil, des étoiles, des » planetes & des cometes, que dans les » espaces vuides qui sont entre ces corps » là ? Et en passant de ces corps dans des » espaces fort éloignés, ce milieu ne de- » vient-il pas continuellement plus dense, » & par-là n'est-il pas cause de la *gravita-* » *tion* réciproque de ces vastes corps & de » celle de leurs parties vers ces corps mê- » mes : chaque corps faisant effort pour » aller des parties les plus denses du mi- » lieu vers les plus rares ? Car si ce milieu » est plus rare au-dedans du corps du so- » leil qu'à sa surface ; & plus rare à sa surfa- » ce qu'à une centiéme partiel de pouce de » son corps, & plus rare là qu'à un cent cin- » quantiéme de pouce de son corps ; & » plus rare à ce cent cinquantiéme de pouce » que dans l'*orbe de Saturne* : je ne vois pas » pourquoi l'accroissement de densité de- » vroit s'arrêter en aucun endroit & n'être » pas plutôt continué à toutes les distances
depu…

» depuis le Soleil jufques à Saturne, &
» au-delà. Et quoique cet accroiffement de
» denfité puiffe être exceffivement lent à de
» grandes diftances, cependant fi la force
» élaftique de ce milieu eft exceffivement
» grande, elle peut fuffire à pouffer les
» corps des parties les plus denfes de ce
» milieu vers les plus rares avec toute
» cette puiffance que nous appellons *gravité.*
(*Voïez* le Calcul de la force élaftique de ce
milieu à l'article GRAVITATION.)

9°. Le neuviéme fyftême fur la caufe de
la *Péfanteur* eft de M. *Perrault.* De tous ceux
qui ont été expofés celui-ci eft le plus compliqué, & le moins fatisfaifant. Les hypothefes & les fuppofitions qu'il fait dès
l'entrée de fon explication, ne donnent
gueres envie d'en voir l'application. Je ref-
pecte trop le goût du Lecteur pour lui en
faire effuïer le défagrément. Il doit me fuffire
de réfumer ici ce fyftême auquel le nom de
M. *Perrault* pourroit donner quelque poids,
fi on ne le connoiffoit pas. Et il ne faut
pour cela qu'établir deux chofes. La premiere eft la demande de M. *Perrault,* qui
eft qu'un corps mu circulairement ne fait
aucun effort pour s'éloigner du centre de
fon mouvement. En fecond lieu, ce Phyficien fuppofe que la matiere célefte eft emportée d'Occident en Orient fur les poles;
que les differens cercles qu'elle décrit font
paralleles à l'équateur, & qu'ils ont differens degrés de viteffe dans les diverfes diftances de l'équateur & de la terre même.
Ceci revient au fyftême de M. *Hughens,*
& n'en differe que par l'hypothefe ou la
demande qui eft abfolument fauffe.

10°. M. *Varignon,* voulant faire dépendre
la *Péfanteur* d'une caufe Phyfique, a cru
qu'il fuffifoit pour cela que les colonnes
du fluide qui environnent un corps fuffent
inégales, c'eft-à-dire, que le corps en fut
inégalement comprimé. C'eft cette inégalité
de preffion qui détermine le corps à tomber,
& cela avec une force d'autant plus grande
que cette inégalité eft plus confidérable.
De façon que fi un corps étoit affez éloigné du centre de la terre pour que les colonnes inferieures & fuperieures fuffent
égales, le corps refteroit en repos : il tombe en haut ou en bas, lorfque l'une domine fur l'autre. Cette hypothefe eft très-ingénieufe : c'eft une juftice qu'on doit lui
rendre. Mais il faut convenir que cette inégalité de preffion n'eft pas foutenable en
bonne Phyfique. Et c'en eft affez, quand il
n'y auroit que cela, pour détruire entierement ce fyftême.

11°. Peu fatisfait de toutes ces idées,
Tome II.

M. *Villemot* imagina un fyftême fingulier
fur le fujet dont il s'agit ici. Après avoir
établi au centre de la terre un feu qui
bouillonne fans ceffe, il fuppofe que rien
ne peut fortir de la matiere bouillonnante
à ce centre. Cette matiere, felon lui, ne
fait que tendre ou s'efforcer en ligne droite
fans s'éloigner effectivement. Mais on conçoit, dit-il, qu'elle pouffe ou plutôt qu'elle
preffe toute la matiere voifine, & qu'ainfi
elle doit pouffer vers le centre les corps
groffiers, par la même raifon que l'eau tendant en bas fait monter le liege dont elle
prend la place. Telle eft, fi l'on en croit
M. *Villemot,* la caufe de la *Péfanteur.*

12°. Le dernier fyftême dont j'ai à rendre compte eft celui de M. *Bernoulli.* Il a
le même principe que celui de M. *Villemot,*
mais il eft bien différemment développé. M.
Bernoulli fuppofe le centre de la terre & de
toutes les planetes en général qui tournent fur
leur centre; il fuppofe, dis-je, que ce centre
eft muni d'un tourbillon qui a dans fon centre
un efpece de petit foleil, c'eft-à-dire, un
amas de cette matiere parfaitement liquide
& bouillante, qui, avec les autres circonftances, doit produire en petit ce que la
force du foleil fait dans un dégré beaucoup
plus éminent. Ainfi tous les corps & même la
lune, qui font dans le tourbillon terreftre,
feront pouffés par un torrent central qui
s'y forme, & cela avec des forces qui feront
réciproquement proportionnelles aux quarrés des diftances. Or c'eft dans l'action de
ces forces que M. *Bernoulli* fait confifter
la *Péfanteur* des corps graves terreftres.

3. Voilà les plus célébres fyftêmes de la
Péfanteur. Si je n'ai pas parlé de ceux de
MM. *De Molieres* & *Bulfinger,* ce n'eft pas
qu'ils ne foient dignes de cette épithete;
mais leur conformité avec ceux de *Def-*
cartes, auroit formé dans cet article une
monotonie languiffante, & la caufe de la
Péfanteur n'auroit pas été pour cela mieux
connue. On trouve ceux de M. *De Molieres*
dans fes *Leçons de Phyfique* & dans les
Principes du fyftême des petits tourbillons,
par M. *De Launay, Ch. X;* & celui de M.
Bulfinger dans une Differtation intitulée,
De caufa gravitatis. Les autres dont j'ai
rendu compte font imprimées dans les Traités
fuivans : celui de *Defcartes* dans fes *Prin-*
cipes; ceux de *Gaffendi Cafat, Rudiger,*
dans l'*Effai de Phyfique* de M. *Mufchen-*
broeck, Tom. I. Le fyftême d'*Hughens* eft
imprimé à la tête du premier volume de fes
Œuvres, fous le titre *De caufa gravitatis;*
celui de M. *Newton* dans fes *Principes,*
&c. & dans fon *Traité d'Optique;* celui de
M m

M. *Varignon* dans ſes *Conjectures ſur la Péſanteur* 1693; celui de M. *Perrault* dans le premier volume de ſes *Œuvres de Phyſique*; celui de M. *Villemot* dans ſon *Nouveau ſyſtéme* ou *Nouvelle explication du mouvement des planetes*. Enfin le ſyſtême de M. *Bernoulli* eſt développé dans ſa *Nouvelle Phyſique céleſte*, Tom. III. de ſes Œuvres.

4. Quoique cet article paroiſſe aſſez rempli, je ne crois pas devoir omettre néanmoins la maniere de concevoir la *Péſanteur* des corps ſur la ſurface de la terre dans le ſyſtème de *Newton*. C'eſt une diſcuſſion curieuſe qui me paroît bien toucher de près la cauſe de l'effet qui nous occupe. Voici ce que c'eſt.

On ſait que la lune ſe meut autour de la terre dans une ligne courbe. Mais un mouvement en ligne courbe eſt toujours un mouvement compoſé. Une petite ligne courbe eſt la diagonale d'un parallelograme, & un corps qui parcourt cette diagonale eſt néceſſairement en proïe aux deux forces exprimées par les deux côtés du parallelograme, dont l'une tend ſans ceſſe à lui faire parcourir la tangente de cette courbe, & l'autre à le retirer au centre de cette courbe. Or cette derniere force eſt appellée *Péſanteur*. Ainſi tout corps qui eſt dans un mouvement compoſé eſt néceſſairement péſant, c'eſt-à-dire, eſt néceſſairement animé d'une force qui tend à lui faire perdre ce mouvement, ſans quoi le mouvement compoſé n'auroit plus lieu. Cela poſé, connoiſſant l'orbite de la lune, il eſt aiſé de trouver le côté de la diagonale qui exprime la *Péſanteur* de la lune, autrement nommée la *Force centripete*, ſachant cette vérité qu'on doit à MM. *Hughens* & *Newton*. (*De Vi centrifuga*, *pag. 6. Hugenii, Opera, Tom. II.* Et *Philoſ. nat. Principia Mathem. L. I. Cor. 9. Prop. 4 & 36.*) ſavoir, qu'*un corps, qui fait ſa révolution dans un cercle, tomberoit dans un tems donné vers le centre de ſa révolution, par la ſeule force centripete* (ou la Péſanteur) *d'une hauteur égale au quarré de l'arc qu'il décrit dans le même tems, diviſé par le diametre du cercle.* D'après cette vérité on fait ce calcul. La circonference de la terre eſt de 123249600 pieds de Paris (ſuivant les meſures de M. *Picard.*) L'orbite de la lune eſt 60 fois plus grande que celle de la terre : Cet orbite eſt par conſéquent de 7394976000 pieds, & ſon diametre de 2353893840 pieds. Maintenant la révolution de la lune autour de la terre eſt de 27 jours, 7 heures 43′, ou de 39343. Ainſi en diviſant l'orbe de 7394976000 pieds par 39343,

on trouve que la partie de l'orbite que parcourt la lune dans une minute eſt de 187961. Donc, ſuivant le théorême de MM. *Hughens* & *Newton*, le quarré de cette partie ou de cet arc qui eſt de 35329337521 étant diviſé par le diametre de l'orbe de la lune, qui eſt de 2353893840 pieds, on a $\frac{35329337521}{2353893840}$ = 15 pieds de Paris & un peu plus pour la force centripete, je veux dire pour le côté du parallelograme qui exprime la *Péſanteur* de la lune ſur la terre. Mais la lune eſt un corps de même que tous les corps graves dont nous éprouvons la *Péſanteur*. Puiſque cela eſt, la cauſe de la gravitation de celle-ci, ne ſeroit-elle pas la même dans tous les corps ? C'eſt ce qu'il faut examiner.

Il eſt prouvé que la force centripete décroît comme le quarré de la diſtance. (*Voïez* ATTRACTION.) Or ſi cette force, telle que nous l'avons reconnue dans la lune, eſt la *Péſanteur* même des corps graves, il faut que ces corps parcourent près de la ſurface de la terre 54000 pieds dans la premiere minute, ou 15 pieds dans la premiere ſeconde, c'eſt-à-dire, 3600 fois plus d'eſpace qu'ils n'en parcourroient dans le même tems, s'ils étoient tranſportés à la hauteur de la lune, puiſque 3600 eſt le quarré de 60, diſtance de la lune à la terre. Et voilà juſtement la loi que ſuivent les corps dans leur chute. Les corps tombent ici bas de 15 pieds de Paris dans la premiere ſeconde. (*Voïez* CHUTE.) Donc la même force, qui tend à faire tomber la lune ſur la terre, eſt la cauſe de la *Péſanteur* des corps. Si l'on joint à cela les réflexions que peuvent fournir l'action de la force centrifuge ſur la *Péſanteur* (*Voïez* PENDULE), on avouera qu'un plus grand développement ſur cette force centripete mettra entierement à découvert la cauſe de la *Péſanteur*.

PESANTEUR. Terme de Mécanique. C'eſt l'effort que fait un corps pour deſcendre dans un eſpace où il ne trouve point de réſiſtance. (*Voïez* FORCE.) Telle eſt la *Péſanteur* d'une plume dans un récipient vuide d'air. C'eſt ici la *Péſanteur abſolue.* La *Péſanteur reſpective* eſt celle qui reſte dans un corps après qu'il en a emploïé une partie pour vaincre une réſiſtance. Telle eſt la *Péſanteur* d'une boule avec laquelle elle deſcend par un plan incliné, tandis qu'une partie de ſa *Péſanteur* eſt emploïée pour vaincre la réſiſtance du plan.

Enfin, on appelle en Statique, *Péſanteur ſpécifique*, la *Péſanteur* qu'un corps a ſous une certaine grandeur par rapport à un autre, de façon qu'il peſe plus ou moins qu'un autre de même quantité de matiere.

PET

PETARD. Terme d'Artillerie. Machine de fer ou de fonte qui a la forme d'un cone tronqué. Sa hauteur est communément de 10 pouces ; son diametre du côté le plus étroit est de 7 pouces, & de l'autre, où est son ouverture, de 10. Elle a une lumiere de même que le canon, vers le côté opposé à son ouverture, qu'on peut considerer comme sa culasse. Toutes ces dimensions sont générales, parce qu'elles sont déterminées par l'effet qu'on veut qu'il produise. Cette machine a quatre anses, par lesquelles on l'attache fortement avec des liens de fer à un madrier. Elle a aussi un crochet de fer pour attacher ce madrier à l'endroit où l'on doit le placer.

L'usage du *Pétard* est de briser les portes des Villes & des Châteaux qu'on veut surprendre. On s'en sert aussi dans les contremines pour percer les galleries de l'ennemi & par-là éventer la mine. Mais cette invention est si dangereuse dans la pratique, qu'elle est aujourd'hui mise au rebut. (*Voïez* les *Mémoires d'Artillerie* de M. *Surirey de St Remi, Tom. II. pag. 78 & suiv.*)

PHA

PHAMENOTH. Terme de Chronologie. Nom que les Egyptiens donnent au septiéme mois de leur année. Il commence le 25 Février du Calendrier Julien.

PHASE. On appelle ainsi en Astronomie les diverses apparences ou illuminations de la lune, à cause qu'elle paroît tantôt pleine, tantôt en croissant. On apperçoit aussi avec le telescope que Venus & Mars ont des *Phases*. Mais celles de la lune sont les plus remarquables. Elles ont des diversités, & ces diversités dépendent de la differente position de la lune par rapport à la terre. En effet, la moitié de cette planete étant toujours éclairée, suivant qu'elle est située par rapport au spectateur placé sur la terre, elle doit présenter plus ou moins de cette moitié. Quand le spectateur est entre elle & le soleil elle paroît entiere, & on dit que la lune est pleine. A mesure qu'elle se rapproche du soleil elle n'offre qu'une partie de cette moitié, qui diminue jusqu'au point à n'être plus visible. C'est lorsqu'elle est située entre le soleil & la terre. Et tout cela forme les differens quartiers de la lune representés par la figure 377 (Plan. XVIII.) On peut être témoin de ces differentes *Phases* en exposant à la lumiere d'un flambeau un corps sphérique, qu'on place d'abord entre la lumiere & l'œil ; & ce corps paroît dans l'obscurité. Mais si on le recule un peu, de quelque côté que ce soit, en sorte que le flambeau, l'œil & le corps sphérique soient dans le même plan, une partie de ce corps paroîtra un peu éclairée. Cette clarté se propagera jusques au point que la moitié du corps sera toute illuminée. Alors l'œil se rencontre entre le flambeau & le corps illuminé.

Selon *Vitruve*, *Berose* est le premier qui a expliqué les *Phases* de la lune. Cet ancien Astronome prétend que la lune est une boule, dont une moitié est éclatante, & l'autre de couleur bleue. Cela étant, cette planete paroît éclairée, lorsqu'en faisant son cours, elle se rencontre sous le globe du soleil ; parce qu'elle s'enflâme alors par l'ardeur de ses raïons : ce qui la rend éclatante. Lorsqu'au contraire elle est placée vis-à-vis du soleil, & que sa partie éclatante est tournée vers le Firmament, la partie bleue se presente aux yeux des Spectateurs placés sur la terre ; & comme cette couleur est celle de l'air elle n'est plus visible. Et voilà la nouvelle lune. En faisant son cours, la lune quitte cette place. Elle offre à mesure qu'elle s'en éloigne, l'extrêmité de sa partie éclatante qui paroît comme une petite ligne de lumiere. C'est alors le premier quartier : ainsi des autres, suivant qu'elle presente plus ou moins de la partie éclairée. Cette opinion a été suivie jusques à *Aristarque* de Samos, qui a trouvé la véritable cause des *Phases* de la lune.

PHE

PHENIX. Petite constellation dans la partie australe du ciel près du Toucan, au-dessous de l'eau du Verseau. On y compte 15 étoiles (*Voïez* CONSTELLATION), dont M. *Hevelius* a déterminé la longitude & la latitude d'après les Observations de M. *Halley*, (*Prodrom. Astronom. pag.* 318.) & les *Observations Mathématiques & Physiques faites aux Indes & à la Chine*, par le P. *Noel*. Le même Astronome M. *Hevelius* a donné la figure de la constellation dans son *Firmamentum Sobiescianum*, fig. F ff.

Cette constellation, qui est invisible sur notre horison, est aussi appelée l'*Oiseau* ou la *Poule*.

PHENOMENE. Ce mot signifie dans la Physique une apparence, un effet, ou une operation d'un corps naturel qui s'offre à la contemplation des hommes occupés de l'étude de la Nature. M. *Muschenbroeck* distingue quatre fortes de *Phénomenes ; Phénomene de fituation , Phénomene de mouvement , Phénomene de changement & Phénomene d'effet.* Les obfervations de la fituation des étoiles d'une conftellation eft un *Phénomene de fituation ;* celles du mouvement d'un aftre , *Phénomene de mouvement ;* celles de fes phafes , *Phénomene de changement.* Et enfin le *Phénomene eft d'effet.* lorfqu'il offre l'action d'un corps fur un autre. D'où il fuit que les *Phénomenes* fe découvrent à l'aide des fens. (*Voïez* l'*Effai de Phyfique* de M. *Mufchenbroeck , Tom. I.* pag. 7. On trouvera encore des réflexions fur les *Phénomenes* dans les *Inftitutions de Phyfique , Ch. X.*)

P H O

PHOENICE. C'eft un ancien nom de l'étoile polaire.

PHOETON. Quelques Aftronomes nomment ainfi la planete de Jupiter, & d'autres l'étoile brillante de la premiere grandeur , qui eft l'Occident, qu'on appelle autrement *Acurnas.*

PHORONOMIE. Quelques Mécaniciens nomment ainfi la fcience du mouvement des folides & des fluides : ce qui comprend la Mécanique , la Statique , l'Hydraulique , l'Hydroftatique & l'Aerometrie. C'eft dans ce fens que M. *Herman* a intitulé un Ouvrage où ces matieres font traitées , *Phoronomia five de motibus folidorum ac fluidorum.*

PHOSPHORE. On donne ce nom en Phyfique à une matiere qui brûle ou qui eft lumineufe par elle-même. Le terme de *Phofphore* eft pris de deux mots grecs, dont un fignifie *porter* , & l'autre *lumiere.* Ainfi dans fa fignification propre ce terme fignifie *Porte-lumiere.* On connoît deux fortes de *Phofphores , des Phofphores naturels & des Phofphores artificiels.* Les premiers font des corps aufquels la propriété de luire n'eft point empruntée de l'art. Les *Phofphores artificiels* au contraire doivent leur naiffance à des préparations chimiques. Pour faire connoître ces *Phofphores* fans confufion , je vais divifer cet article en trois parties. L'une fera deftinée pour les *Phofphores naturels.* J'examinerai les *Phofphores artificiels* dans la feconde. La caufe des uns & des autres fera développée dans la troifiéme.

PHOSPHORES NATURELS. Les premiers *Phofphores* de cet efpece font les vers luifans , certaines mouches, ou certaines chenilles qu'on trouve dans les païs chauds. *Pline* les appelle *des miracles de la nature , des aftres femés parmi les herbes & fur les feuilles des arbres.* Et un Poete moderne (M. l'*Evêque*

d'Avranche dans une Eglogue intitulée : *Lampyris* ou *le Ver luifant*) , imagina ainfi l'origine de la lumiere de ce ver. C'étoit, dit-il, une compagne de *Diane* appellée *Lampyris,* qui par fa bonne grace dans la danfe & par fes charmes toucha le cœur du Dieu *Pan.* Ce Dieu la rechercha, & elle fe déroba à fes pourfuites par la fuire; ce qui la fatigua au point qu'elle tomba de laffitude & s'endormit. Pendant fon fommeil , les Dryades lui volerent fon collier que fa mere lui avoit donné. Cette perte indifpofa fa mere contre elle. Elle lui défendit de fe préfenter devant elle qu'elle n'eût trouvé fon collier. L'infortunée *Lampyris* fut donc obligée de fe munir d'une lampe pour aller chercher ce collier qu'elle ne trouva point. *Diane* touchée de fon malheur, & pour la dérober à la colere de fa mere, la métamorphofa en ver luifant , qui femble toujours , à l'aide de la lumiere qu'il porte, chercher fon collier dans l'obfcurité de la nuit.

Le diamant eft encore un *Phofpore naturel ;* mais il n'eft rel que quand il eft frotté. Suivant les expériences de M. *De Caffini ,* un diamant *taillé en table* , frotté contre un miroir , rend une lumiere à peu près femblable à celle d'un charbon enflammé , & qui paroît plus large que la face du diamant. Lorfque le diamant eft taillé à facettes il rend une lumiere moins vive. (*Mémoires de l'Académie Roïale des Sciences* de 1707.) Des merveilles en ce genre qu'operent les diamans, il n'en eft point de fi furprenantes que celles que rapporte *Boile* de celui de M. *Clayton.* Si ce qu'on dit de ce diamant eft vrai, il étoit lumineux par lui-même. Dans l'obfcurité il ne rendoit point de lumiere ; mais à peine l'avoit-on frotté qu'il en étoit tout éclatant. On peut voir l'hiftoire de ce diamant dans le IVᵉ Tome des *Récréations Mathématiques , Ch. VII.*

Lorfqu'on frotte à contre-poil le dos d'un chat dans l'obfcurité, en un tems froid , il jette des étincelles. Le fucre, le foufre & quelques autres corps jettent encore des étincelles lorfqu'on les pile. L'or frotté contre un verre donne de la lumiere & fait un beau *Phofphore.* Le Mercure dans le vuide étant fecoué en devient auffi un. (*Voïez* BAROMETRE.) La langue de la vipere paroît toute en feu lorfque cet animal eft irrité, & qu'il la pouffe au-dehors avec une extrème viteffe. On affure que le lion , quelques chevaux , certains taureaux , des ferpens , & d'autres animaux donnent auffi de la lumiere. Il eft même des hommes qui ont des parties de leur corps lumineufes. On rapporte qu'on voïoit fortir du feu des yeux d'*A-lexandre le Grand*, lorfqu'il étoit dans le fort de la bataille. On dit auffi que l'Empereur *Tibere* jettoit dans la nuit feux & flâmes par les yeux, & que de la clarté de cette lumiere il parcouroit les coins de fon appartement. On a peut-être un peu rencheri fur ce dernier trait; mais l'un & l'autre font très-probables. On lit dans le *Journal des Savans* du mois de Septembre 1683 l'extrait d'une lettre écrite de Londres, où il eft dit, que le Docteur *Croon*, en fe frottant le corps avec une chemife bien chaude & bien blanche, jettoit quantité d'étincelles; & l'on racomte d'un Gentilhomme de Briftol, qu'après s'être beaucouppromené, fes bas brilloient par les étincelles qui fortoient de fes jambes. La même chofe arrivoit auffi à un de fes enfans. M. *De Mairan* a connu un homme qui en fe peignant à l'obfcurité, faifoit fortir de fa tête des étincelles auffi brillantes que celles qui fortent d'un caillou frappé avec le fufil, (*Differtation fur les Phofphores & les Noctiluques*, pag. 26. Piece qui a remporté le prix de l'Académie de Bordeaux en 1716.) Enfin, on a plufieurs faits fur cette matiere encore plus furprenans. (*Voiez* auffi FEU FOLET, & CASTOR & POLLUX.)

La derniere claffe des *Phofphores naturels* contient les bois pourris, les poiffons & l'eau de la mer. Tout le monde fait que le bois pourri, que les ouïes des harengs frais, que des écreviffes de riviere, &c. font lumineux. Il eft fait mention dans le *Journal des Savans* de 1666, mois de Juillet, d'une experience que le Docteur *Boile* fit en Angleterre en 1665 fur les maquereaux. Il fit bouillir un jour des maquereaux frais dans de l'eau avec du fel & des herbes fines. Le lendemain il fit bouillir des maquereaux encore plus frais dans de pareilles eaux, & le jour fuivant il mit l'eau & les maquereaux avec la premiere eau & les premiers maquereaux. Or le quatriéme jour l'eau & les poiffons furent brillans de clarté, & chaque goute de cette eau, lorfqu'elle avoit été remuée, étoit lumineufe. De forte que les enfans en prenoient dans leur main pour fe divertir avec cette froide lumiere. Le jour qui fuivit cette expérience, l'eau ne rendit aucune clarté. Mais lorfqu'on l'agita avec la main elle parut lumineufe. L'aïant par hazard agitée en rond avec affez de force, elle reluifit tellement que les perfonnes qui la regardoient à quelque diftance, crurent que c'étoit l'image de la lune qui donnoit par la fenêtre dans un vaiffeau plein de l'air. Et à ceux qui étoient près de cette eau elle

leur paroiffoit enflammée, & ils voïoient fortir des brillans en dedans & en dehors des maquereaux qui y étoient.

Il eft parlé dans *Pline* (*Hift. naturelle*, *L. XXXII. Ch.* 10.) & dans la *Differtation* ci-devant citée de M. *De Mairan*, que le *Poumon marin*, que quelques Naturaliftes prennent pour un poiffon, & plufieurs autres *pour un excrément vifqueux de la Mer endurci par le foleil*, que le *Poumon marin*, dis-je, non-feulement éclaire la nuit, mais encore qu'il rend lumineux les corps qui en ont été frottés. C'eft un corps fphongieux, leger, fragile & de la figure d'un poulmon. Il a des marques bleues & nage fur l'eau. Les Marins prétendent qu'il préfage la tempête. On fait plus furement qu'étant appliqué fur la peau, il y excite de la démangeaifon & en fait tomber le poil.

Enfin, la mer dans fon agitation donne des feux qui font par conféquent des *Phofphores naturels*. Pour conftater ce fait, il fuffira de produire ici le témoigage de M. *Frezier*, qui en a été témoin oculaire, témoignage qui tiendra lieu d'un plus grand nombre d'autorités. Dans fa *Relation du Voiage de la Mer du Sud*, page 9, il eft dit que le 15 Février, étant près des Ifles du Cap Verd, aïant reviré de bord pour fe mettre la nuit au large, ils avoient vû des *brifans d'eau dans le brillant de la mer, qui dans ces endroits brafille beaucoup, c'eft-à-dire, qu'elle eft extrêmement lumineufe & étincelante pendant la nuit, pour peu que la furface foit agitée par des poiffons ou par des Vaiffeaux, de forte que le fillage en paroît tout en feu.*

Quelques Phyficiens placent dans la claffe des *Phofphores naturels* la pierre de Bologne, mais comme elle n'eft *Phofphore* qu'après quelques préparations, j'ai crû devoir la mettre dans celle des *Phofphores artificiels*.

PHOSPHORES ARTIFICIELS. J'ai déja que ces *Phofphores* étoient formés par des matieres qui devenoient lumineufes après quelques préparations chimiques. On doit la découverte de ces *Phofphores* au hazard qui en a bien fait d'autres. Un Chimifte nommé *Chriftophe Adolphe de Baldwin*, Gouverneur d'une certaine place de Mifnie, aïant fait diffoudre de la chaux dans de l'eau ou de l'efprit de nitre, & fait évaporer ce dernier par le moïen du feu, il trouva que le corps qui reftoit devenoit lumineux à chaque fois qu'on l'expofoit au grand jour; qu'il confervoit la lumiere pendant quelque tems & l'emportoit en quelque forte avec lui dans l'obfcurité, de la même maniere qu'une éponge retient l'eau dont elle a été imbibée. Cette expérience eft expofée dans un Livre

de M. *Baldwin*, intitulé : *Arum auræ*. Peu
de tems après (quelques Savans difent que
c'étoit en 1669 & d'autres en 1677.) M.
Brand Allemand, de Hambourg, découvrit
un autre *Phofphore* auquel on a donné le
nom de *Phofphore brûlant*. Ce Chimifte
travailloit à la découverte de la pierre phi-
lofophale. A cette fin, il cherchoit à tirer
de l'urine une liqueur propre à transformer
en particules l'argent en or ; & le procedé
chimique lui donna une matiere qui bril-
loit dans l'obfcurité. Il fit part de fa découverte à M. *Kunkel*, Chimifte de l'Electeur de Saxe, fans lui dire comment il y
étoit parvenu. Celui-ci fachant que *Brand*
avoit beaucoup travaillé fur l'urine, conjectura que c'étoit la matiere du *Phofphore*
de ce Chimifte, & en effet il le trouva par
cette voïe. Je vais expofer fa méthode,
mais je dois auparavant avertir, que comme
je veux éviter des tranfitions pour paffer à
la compofition des autres *Phofphores* qui
fuivirent celui de M. *Kunkel*, & cela afin
de ne pas allonger inutilement cet article,
je joindrai à l'expofition de celui-ci la maniere de faire ceux qu'on a découvert depuis. Ces *Phofphores* vont donc être déve-
loppés fous le nom de leur Auteur.

Phofphore de Kunkel. La compofition de ce
Phofphore qu'on appelle *Phofphore brûlant*,
été publiée par MM. *Boile* & *Elsholz*. Le
premier dans un Livre intitulé : *Noctiluca
aeria* ; & le fecond dans un Traité imprimé
à Berlin en 1676. L'un & l'autre veulent
qu'on laiffe de l'urine fermenter ou putrefier à l'air pendant trois ou quatre mois
avant que de faire fur elle aucune opération chimique. Mais ce n'eft pas là une
méthode qu'on doive fuivre. M. *Homberg* a
fait voir que l'urine fraîche étoit préferable ;
& le *Phofphore* qu'il en a tiré eft auffi
plus brillant que celui que donne l'ancienne
méthode. Voici donc la maniere de faire
le *Phofphore* de M. *Kunkel*, felon M. *Homberg*. 1°. Faites évaporer de l'urine fraîche fur
un petit feu jufques à ce qu'il refte une matiere noire qui foit prefque feche. 2°. Mettez cette matiere noire putrefier dans une
cave durant trois ou quatre mois. 3°. Prenez
deux livres de cette matiere & mêlez la
avec quatre livres de menu fable ou de bol.
4°. Jettez ce mêlange dans une cornue
bien luttée. 5°. Aïant verfé une pinte ou
deux d'eau commune dans un récipient de
verre qui ait le col un peu long, adaptez
la cornue à ce récipient, & placez la au
feu nud. 6°. Donnez d'abord un petit feu
pendant deux heures, que vous augmen-
terez enfuite peu à peu jufques à ce qu'il

foit très-violent : ce que vous entretiendrez
trois heures de fuite.

Au bout de ces trois heures il paffe d'a-
bord dans le récipient un peu de flegme
puis un peu de fel volatil, enfuite beaucoup
d'huile noire. Enfin, la matiere du *Phofphore* viendra en forme de nuées blanches
qui s'attacheront aux parois du récipient
comme une petite pellicule jaune, ou elle
tombera au fond du récipient en forme de
fable fort menu.

Le *Phofphore* eft fait alors. On laiffe donc
éteindre le feu fans ôter le récipient, crainte
que le feu ne fe mette au *Phofphore* fi on
lui donnoit de l'air pendant que le récipient qui le contient feroit encore chaud.
Il ne refte plus après cela qu'à réduire ces
petits grains en un morceau : ce qui fe fait
en les mettant dans une petite lingotiere
de fer blanc, en verfant de l'eau fur ces
grains, & en chauffant la lingotiere pour les
faire fondre comme de la cire. Le tout étant
refroidi naturellement, ou avec de l'eau fraîche, le *Phofphore* eft un bâton dur & jaune, comme de la cire de cette couleur. Comme ce *Phofphore* en cet état ne fe conferveroit pas long-
tems, on coupe ce bâton en petits morceaux qu'on met dans une phiole avec de
l'eau pour les conferver.

Les effets de ce *Phofphore* font en grand
nombre & tous fort furprenans, Voici les
principaux,

1°. Lorfqu'on donne de l'air à ce *Phofphore* ou qu'on fort un grain de la bouteille
il s'enflamme, & cette flamme eft plus ar-
dente que celle du bois, plus fubtile que
l'efprit de vin, plus pénétrante que celle
des raïons du foleil. Auffi a-t'elle un mouvement fi rapide & fe détruit avec une fi
grande viteffe en confumant le *Phofphore*,
que fouvent elle ne met point le feu à des
matieres d'ailleurs très-inflammables ; elle
ne fait que les effleurer legerement fi elles
font folides, & les traverfe feulement lorfqu'elles font poreufes. Un grain de *Phofphore* écrafé fur du papier s'enflamme & fe
confume fort vite : mais il ne fait que
noircir le papier & ne le brûle pas. Le
papier gris, de même que toutes les matieres
cotoneufes, s'enflamment.

2°. Si l'on écrafe de ce *Phofphore* auprès
d'une petite boule de foufre en forte qu'elle le
touche lorfqu'il fera enflâmé, quoique la flamme frappe la boule, le *Phofphore* fe confume &
le foufre ne s'allume point. Mais lorfqu'on
écrafe & la boule & le *Phofphore* enfemble,
l'un & l'autre s'enflamment. Le *Phofphore*
met ainfi le feu à la poudre à canon. Il n'en
eft pas de même du camphre qui s'enflam-

me dès que la flamme du *Phosphore* le touche.

3°. Si après avoir trempé un morceau de papier ou de linge dans de l'esprit de vin ou dans de bonne eau-de-vie, par un bout, on écrase du *Phosphore* dessus l'autre extrémité de ce papier ou de ce linge, l'esprit de vin ou l'eau-de-vie seront enflammés par le *Phosphore*, quoiqu'il ne les touche pas immédiatement, & ils mettront le feu au papier ou à la toile. Mais si l'on écrase le *Phosphore* sur le bout qui a trempé dans l'esprit de vin, non-seulement ces matieres ne s'enflammeront pas, mais encore le *Phosphore* ne prendra pas feu. Ce ne sera qu'après l'évaporation de l'esprit de vin qu'il s'allumera, quoiqu'avec beaucoup de lenteur & de peine.

4°. Le *Phosphore* broïé avec quelque pommade la rend luisante. De sorte qu'en se frottant le visage avec cette pommade (ce qu'on peut faire sans danger de se brûler) on paroît lumineux dans l'obscurité.

M. *Homberg*, à qui on doit ces experiences, qu'on peut voir dans les *Mémoires de l'Académie des Sciences* de 1692, a trouvé le moïen d'amalgamer ce *Phosphore* avec du mercure, qui est comme on a vû, un *Phosphore* naturel. Pour cela, il prend environ 10 grains de *Phosphore*; les met dans une phiole un peu longue, & verse dessus deux gros d'huile d'aspic : en sorte que les deux tiers de la phiole sont vuides. Ensuite M. *Homberg* échauffe un peu la phiole à la flamme d'une chandelle. Et lorsque l'huile d'aspic commence à dissoudre le *Phosphore* avec ébullition, il verse dans la phiole un demi gros de mercure, & il secoue fortement la phiole pendant deux ou trois minutes.

Le *Phosphore* est alors amalgamé avec le mercure. L'effet que cette amalgame produit est de faire paroître tout en feu un lieu obscur dans lequel on l'a mis.

Phosphore de M. Homberg. Quoique M. *Homberg* ait découvert en quelque façon le *Phosphore* de *Kunkel*, cependant parce que c'étoit d'après les principes de ce Chimiste il ne l'a que perfectionné : mais celui-ci est tout de lui, & M. *Homberg* le doit au hazard, à qui M. *Kunkel* étoit redevable du sien. Comme il étoit occupé à calciner du sel par la chaux vive, il arriva que ces deux matieres se fondirent ensemble, & en pilant ce mêlange fondu, M. *Homberg* apperçut qu'à chaque coup de pilon il devenoit lumineux. Cela lui donna lieu à examiner la chose de plus près, & à mettre cette connoissance à profit. De là nâquit son

Phosphore ainsi composé.

1°. Prenez une partie de sel armoniac en poudre & deux parties de chaux vive éteinte à l'air. 2°. Après les avoir mêlées, remplissez-en un creuset que vous mettrez à un petit feu de fonte. D'abord que le creuset commencera à rougir le mêlange se fondra, en s'élevant & se gonflant dans le creuset. 3°. Remuez-le alors afin d'empêcher qu'il ne se repande, & aussi-tôt que la matiere sera fondue, versez-là dans un bassin de cuivre : le *Phosphore* sera fait.

Cette matiere étant refroidie, elle paroît grise & comme vitrifiée. Lorsqu'on frappe dessus avec quelque chose de dur, tel que le fer, le cuivre, &c. elle paroît en feu dans toute l'étendue dans laquelle le coup a été porté. Ce coup casse la matiere, & dès qu'elle est en pieces, on ne peut plus réiterer l'expérience. Pour parer cet inconvénient, M. *Homberg* trempe de petites baguettes de fer ou de cuivre dans le creuset où est cette matiere fondue. Ces baguettes en deviennent toutes couvertes, & alors on peut réiterer plusieurs fois l'expérience. On ne conserve ces *Phosphores* que dans un lieu chaud, parce que sans cela ces baguettes de fer s'humectent facilement à l'air, ce qui détruit leur propriété.

Phosphore de M. Lyonnet. 1°. Mêlez une certaine quantité de miel avec trois fois autant d'alun de roche mis en poudre, dans un plat de terre venisse. 2°. Placez ce plat sur le feu, & remuez de tems en tems les matieres qu'il contient. 3°. Retirez ces matieres du plat lorsqu'elles seront un peu seches, en gratant celles qui s'y seront attachées ; réduisez-les en poudre & remettez-les comme auparavant sur le feu, jusques à ce qu'elles soient entierement seches : ce qu'on connoîtra lorsqu'après avoir réiteré ces opérations, les matieres ne s'attacheront plus l'une à l'autre. 4°. Cette poudre ainsi préparée, remplissez-en une de ces petites bouteilles à long col, qu'on appelle *Matras*. 5°. Bouchez cette bouteille legerement en mettant un peu de papier à l'ouverture du col. 6°. L'aïant mise dans un creuset rempli entierement de sable, placez ce creuset dans un fourneau ; entourez-le de charbons, couvrez-le même de ces charbons, mais ne les allumez que peu à peu.

Lorsque le col du matras sera rouge, il faudra le conserver jusques à ce qu'il ne sorte plus de vapeurs. Retirant alors le creuset du fourneau, on bouche la bouteille. Le tout refroidi forme le *Phosphore* de M. *Lyonnet*, dont voici les effets.

Quelques grains de ce *Phosphore* étant exposés à l'air sur un morceau de papier ou de toile, changent de couleur, deviennent rouges & mettent le feu au papier ou à la toile, brûlent en un mot, & font de véritables charbons. Une quantité considerable de ces grains étant mise à l'air dans un lieu obscur, on voit une petite flamme qui glisse dessus après que le feu y a pris. Cette flamme est semblable à celle du soufre enflammé.

On fait de ce *Phosphore* un *Phosphore* liquide en écrasant quelques grains qu'on jette dans une bouteille, sur laquelle on verse de l'essence de gerofle bien claire, ou de l'essence de canelle jusques à la hauteur d'un doigt. Cette bouteille étant bien bouchée, on la met pendant deux jours en digestion dans du fumier, ou si l'on veut dans de la cendre chaude, afin de faciliter la dissolution de la matiere. Toute la matiere ne se fond pas, mais il s'en dissoud assez pour rendre la liqueur lumineuse.

Lorsqu'on débouche la bouteille elle paroit toute en feu dans les ténébres. Ce *Phosphore* est même plus clair que le *Phosphore* solide. On fait la même chose avec le *Phosphore* de M. *Homberg*. Un morceau de l'un & de l'autre écrasé aïant été mis dans un flacon de cristal, si l'on verse dessus une liqueur acide fort fixe, comme l'huile de vitriol, il paroît d'abord une grande fumée. On bouche la bouteille avec du papier, & on remue la matiere plusieurs fois après l'avoir laissée quelques heures en digestion. Alors si on la met dans l'obscurité, elle paroîtra lumineuse pendant plusieurs mois quoique bouchée.

Ce *Phosphore*, dans son origine, & tel que l'a trouvé M. *Lyonnet*, en cherchant dans la matiere fécale un remede chimique, se faisoit avec cette matiere. On en prenoit pour cela quatre onces nouvellement rendue & quatre onces d'alun de roche, en procédant comme ci-devant. Ce travail n'étoit pas fort agréable. Heureusement on découvrit ensuite qu'on pouvoit le faire avec plusieurs sortes de matiere grasse. (*Voïez* les *Mémoires de l'Académie Roïale des Sciences* de 1714, & les *Expériences Physiques* de *Poliniere*.)

Phosphore de Baudouin. 1°. Faites dissoudre de la craïe extrêmement blanche dans de l'esprit de nitre ou dans de l'eau-forte bien claire. 2°. Filtrez cette dissolution à travers un papier brouillard. 3°. Faites exhaler sur le feu la partie liquide jusques à ce que la matiere qui reste au fond du vaisseau soit seche. 4°. Mettez cette chaux dans un pot

de terre rond médiocrement creux, de quelques pouces de diametre, & fortifié tout autour d'une croute d'un bon lut. 5°. Exposez ce vaisseau à un feu de reverbere pendant une demi-heure ou une heure entiere, jusques à ce qu'on puisse conjecturer que la matiere ait acquis en quelque maniere la disposition de s'imbiber de la lumiere & de la retenir. On suppose, & cela doit être, que le vaisseau est fermé de telle sorte que la flamme ou la chaleur soit reverberée. Quand on en est venu là, on ferme le vaisseau avec un bouchon de cristal ou de verre, afin que l'air n'y puisse pas entrer.

Ce *Phosphore* exposé à l'air s'allume, raïonne de jour, ou dans un tems nébuleux, & a toutes les qualités de la pierre de Bologne, dont voici la préparation.

Phosphore de Bologne. J'appelle ainsi le *Phosphore* qu'on fait de la Pierre de Bologne. Il semble que j'aurois dû en faire mention avant celui de *Baudouin*, puisque le *Phosphore* de ce Chimiste n'en est qu'une imitation. Cependant comme la Pierre de Bologne préparée est un *Phosphore* moitié naturel, moitié artificiel, il m'a paru convenable de le placer après tous les autres. Je dis donc que la pierre dont il s'agit ici se trouve au bas du Mont Paterno, qui est distant de Bologne de quatre milles. Elle est fort pésante & tient de la nature du plâtre & du talc. Selon *Licetus*, le premier qui s'avisa de rendre ces pierres lumineuses, est *Vincenzo Casciarolo* Chimiste à Bologne. (*Voïez Litheosphorus, Ch.* 3. *pag.* 12.) & cela en les préparant ainsi.

1°. Otez d'abord avec une rape la superficie de sept ou huit des pierres de Bologne, jusques à ce que toute la terre heterogene en soit séparée, & que les pierres paroissent luisantes. 2°. Pulverisez une ou deux des meilleures de ces pierres dans un mortier de bronze, & passez la poudre par un tamis fin. 3°. Mouillez les autres pierres l'une après l'autre dans de l'eau-de-vie bien claire, & soupoudrez les tout autour avec la poudre qu'on a fait des deux autres.

Un petit fourneau rond portatif, d'environ un pied de hauteur, sans compter le dome d'un pied de diametre, ou environ, & muni d'une grille de cuivre jaune étant préparé, 4°. Mettez dans ce fourneau cinq ou six charbons allumés pour l'échauffer, 5°. Lorsque ces charbons seront consumés à plus de moitié, remplissez le fourneau jusques à un demi pied de charbons éteints, & pris de la braise des Boulangers. 6°. Rangez doucement dessus les charbons les pierres soupoudrées, & couvrez-les d'autres charbons

charbons de braife éteinte, jufques à ce que le fourneau foit tout-à-fait plein. 7°. Couvrez le fourneau avec fon dôme, & laiffez brûler & réduire en cendre les charbons.

Quand le fourneau fera à moitié refroidi les pierres feront calcinées. C'eft l'état où elles doivent être pour qu'elles foient *Phof-phores*. La croute, dont elles étoient enveloppées, & qui tombera alors, en fera un autre très-beau & très-lumineux. Lorfqu'on les expofe tous les deux à la lumiere découverte, comme dans une cour, & qu'on les porte enfuite dans un lieu obfcur, elles paroiffent pendant quelque tems comme des charbons allumés fans chaleur fenfible. On les voit même s'éteindre peu à peu. Mais fi on les expofe une feconde fois à la même lumiere, & les pierres & la croute fe rallument comme auparavant. Pour rendre cette merveille plus agréable on fait des figures lumineufes avec ce dernier *Phofphore*. Il faut pour cela deffiner ces figures fur du papier ou fur du bois avec des glaires d'œuf, y répandre auffi-tôt de la poudre de la croute afin qu'elle s'attache par-tout où il y aura des glaires d'œuf. Après avoir laiffé fécher ces figures à l'ombre, on les met dans un cadre & on les couvre d'un verre blanc. Et quand on veut rendre ces figures lumineufes il n'y a qu'à expofer le tout à la lumiere, & le mettre enfuite dans l'obfcurité. On varie differemment le fpectacle furprenant que donne ce *Phofphore*, furquoi il faut confulter le *Cours de Chimie* de *Nicolas Lemeri*, huitiéme édition 1696, pag. 707.

Tels font & la compofition & les effets des plus beaux *Phofphores* qu'on ait découvert jufques aujourd'hui. De ces effets il n'en eft aucun dont on puiffe rendre aifément raifon. Les fyftèmes ne fe font pas même beaucoup multipliés à cet égard. En voici un précis.

Rohault & tous les Cartéfiens, penfent qu'en général la lumiere des *Phofphores* vient de ce que le foufre ou les matieres agitées dans les *Phofphores*, qui ne font tels que dans le mouvement, étant entourées du premier élement, l'écartent & lui donnent affez de force pour pouffer le fecond & pour produire ainfi la lumiere. Et ce fecond élement, qui eft le feu, eft une matiere nîtreufe & fulphureufe. (*Traité de Phyfique de Rohault*, Part. III. Ch. 4.)

M. *Poliniere* donne pour chaque *Phofphore* une explication particuliere. Cependant dans toutes il fuppofe que la matiere du *Phofphore* eft compofée de parties falines

fort actives, mêlées & embarraffées par des parties fulphureufes, & le tout eft rempli de matiere fubtile. Quand on imprime du mouvement à la matiere du *Phofphore* en le frottant, ou que le *Phofphore* eft tel que l'air peut produire cet effet, les fels agiffent par leurs parties tranchantes & brifent les parties fulphureufes : la matiere fubtile fe débarraffe & fe meut enfuite fort rapidement. Alors le tout fe convertit en flamme.

Le dernier fentiment fur la caufe des effets du *Phofphore* eft de M. *De Mairan.* Ce Phyficien prétend, que » la lumiere des » *Phofphores* eft produite par un mouvement » de leurs foufres, affez grand pour dégager » ces foufres des matieres heterogenes » qui les embarraffent, & pour les faire » élancer à la ronde, mais renfermé néanmoins » dans de telles bornes, qu'il ne les » diffipe pas trop promptement, & qu'il ne » les réduit qu'en des globules d'une groffeur » fuffifante pour agir fenfiblement fur l'organe «. (*Differtat. fur les Phofphores & les Noctiluques, pag.* 45.) Je ne dirai rien fur ces fyftêmes. Car quand je confidere les effets de la lumiere, ceux du feu, leur propagation, les expériences de l'électricité, &c. je trouve que nous n'avons pas encore affez de quantités connues pour réfoudre les problêmes que la lumiere ou le feu nous donnent à expliquer. *Kirker, Boile, Licetus, Schot,* M M. *Homberg, Poliniere, Lemery, De Mairan,* & l'Auteur du Tome IV. des *Recréations Mathématiques* qui fert de fuite aux trois Tomes de M. *Ozanam,* ont écrit particulierement fur les *Phofphores.*

PHOSPHORE. Nom que des Aftronomes donnent à la planete Venus, nommée en latin *Lucifer,* & que nous appellons l'*Etoile du Berger.*

PHY

PHYSIQUE. Quoique l'érimologie de ce mot ne fignifie que *Naturel,* on entend cependant par lui la fcience des chofes naturelles, c'eft-à-diré, l'art de connoître les effets & de développer les caufes. De là la *Phyfique* eft divifée en deux parties; en *Phyfique experimentale,* qui eft la fcience des effets, & en *Phyfique fyftematique,* qui eft celle des caufes. De l'abus qu'on a fait de cette derniere eft née la *Phyfique occulte.* Pour faire connoître la *Phyfique* en général je fuivrai cette divifion, en commençant par la *Phyfique* experimentale. Cela formera trois articles feparés. L'ordre fembleroit exiger que j'expofaffe ici l'objet de cette fcience. Mais quand fa définition ne le comporteroit pas, je crois avoir analyfé cet objet autant qu'il peut l'être, dans le Discours qui est à la tête du premier Volume. Ainsi sans m'y arrêter, je vais commencer par l'histoire de la *Physique*, remonter à son origine, & suivre ses progrès. Cette connoissance, si curieuse aidera à mieux saisir les trois articles dont je viens de parler.

L'origine de la *Physique* est totalement ignorée. On sait seulement que les premiers Physiciens de la Phénicie chercherent à connoître les causes des effets naturels par des systêmes. Ils supposerent du vuide dans l'Univers qu'ils composerent d'atomes. Ce systême paroît être le premier qui ait été imaginé. Suivant *Possidonius* & *Sextus Empiricus*, il est plus ancien que la guerre de Troye. On sait qu'on le doit à *Moschus*, (*Voïez* ATOME) & plusieurs Auteurs pensent que *Moschus* est *Moïse*. Si cela est, *Moïse* est le premier Physicien. Il est donc faux que la *Physique* de ce Législateur des Juifs se soit bornée à l'histoire de la création du monde, comme on a osé le soutenir. Quoiqu'il en soit, ce systême en suggera d'autres. Quelques Atomistes imaginerent des substances vivantes qui préexistoient avant l'union de ces corpuscules élementaires, & qui continuoient d'exister après leur dissolution. Mais tout cela n'étoit encore qu'un préliminaire, qui pouvoit conduire à la *Physique* & qui n'y tenoit nullement. *Thalès*, à qui on doit les principes de la Géometrie (*Voïez* GEOMETRIE), voulut aussi avoir la gloire d'établir ceux de la *Physique*. A cette fin, il établit l'eau pour le principe de toutes choses. Il croïoit que cet élement étoit le seul corps disposé à prendre toutes sortes de figures; que c'étoit de lui qu'étoient formés les arbres, les métaux, &c. & que les vapeurs qui s'élevoient de l'Océan étoient la nourriture ordinaire des astres. Il s'appuïoit sur ce que les plantes devoient à l'eau leur accroissement; que les animaux s'en nourrissoient, qu'elle formoit leurs os & leur sang, &c. Il y avoit quelque chose de vrai dans ce systême. Bien des Physiciens modernes sont du sentiment de *Thalès*. (*Voïez* EAU.) Mais comme tout cela n'étoit fondé que sur des conjectures dénuées de preuves, on n'y fit pas grand accueil. Il semble même qu'on s'en moqua. C'est ce qu'on peut inferer de la raillerie du Poete *Anacreon*. » La terre, dit-il, boit la pluïe; les » astres boivent le suc de la terre; la mer » boit l'air; le soleil boit la mer; la lune » boit le soleil. Tout boit enfin. Pourquoi » donc, chers amis, ne voulez-vous pas » que je boive? «

Outre ce principe général la *Physique* de *Thalès* étoit composée de deux autres plus importans. Le premier est, qu'il n'y a point de corps proprement dit, mais des assemblages d'especes de corps qui ne sont ni visibles ni palpables; & le second, qu'il y a une force répandue dans l'Univers qui produit tout.

Ce n'étoit encore là que des idées physiques & non de la *Physique*. *Thalès* cherchoit bien moins à observer la Nature qu'à la deviner. Comme il étoit grand homme, son exemple devint contagieux. Ses Disciples *Anaximandre* & *Anaximenes* suivirent son exemple.

Celui ci soutenoit que l'air étoit le principe de tout. On voulut ensuite que ce fut le feu, c'étoit *Démocrite*; d'autres la terre, & pour concilier tous ces sentimens, quelques Physiciens crurent réussir en composant de ces principes, quatre principes particuliers qui formoient la constitution propre du monde. (*Voïez* ELEMENT.) Avant tout ceci, il y eut à la vérité des études plus reflechies, & si j'ai quitté l'ordre chronologique, c'est que des idées si semblables & si générales ne méritoient pas d'être divisées. En effet *Anaxagore*, Disciple d'*Anaximenes*, avoit déja établi une espece de systême physique digne de quelque attention : c'est celui des parties similaires ou des *Homœomeries*. Voici comment l'expose l'Auteur de l'*Histoire critique de la Philosophie*, Tom. II. pag. 32 édit. d'Amst.)

» Dieu aïant trouvé la matiere dans un dé-
» sordre très-grand (selon *Anaxagore*), &
» le désordre ne pouvant jamais lui plaire,
» parce que c'est un mal, une imperfection,
» voulut rappeller toutes choses à un plan
» plus reglé & plus digne de lui. Pour
» cela, il divisa la matiere en une infinité
» de petites parties qui devoient être com-
» me les élemens des corps, & qui étoient
» semblables dans leurs moindres qualités
» à ces corps mêmes. Toutes ces parties
» dispersées avec art, ont une tendance
» naturelle à se rejoindre & se rejoignent ef-
» fectivement quand les differens besoins
» de la Nature le demandent. Ainsi le pain
» qu'on mange, les alimens qu'on prend,
» renferment des particules de sang, de
» limphe, d'esprits animaux, de nerfs,
» de cheveux, d'ongles, lesquelles vont
» se rendre par leur mouvement propre, &
» par je ne sai quel instinct, aux endroits qui
» leur sont destinés. Ainsi le bois qu'on al-
» lume, contient des particules de feu, de
» fumée, d'eau, de cendre, de sels
» lexiviels qui se détachent les unes des
» autres, & qui après avoir quelque tems

» nagé dans l'air, vont former de nouveau » bois «. Ajoutons à cela, que felon *Anaxagore*, tout eſt gouverné par un eſprit ſuprème, & que les caufes des chofes font de certaines pùiſſances aqueufes & aeriennes, & d'autres principes incroïables qui dégradent ſes heureufes idées de *Phyſique*. Ce Philofophe eut *Archelaus* pour Diſciple, entierement dévoué à la doctrine de ſon Maître ; & celui-ci eut la gloire de compter parmi les ſiens le célebre *Socrate*. On doit à ce grand homme l'idée de la *Phyſique* expérimentale. Aufſi ardent à découvrir la vérité qu'à la ſuivre, *Socrate* examina fans prévention les differens ſyſtèmes de ſes Prédeceſſeurs, & il n'y trouva que de l'obſcurité & de l'incertitude. En homme ſage, il conclut de-là qu'on devoit chercher à connoître la Nature par des obſervations & non par des hypothefes. C'eſt ce qui détermina dans la ſuite *Platon* à étudier la conſtruction de l'Univers ; mais cette étude aïant conduit cet homme, furnommé Divin, à des idées Métaphyſiques, il abandonna la *Phyſique* ; & ce qu'il appelle ſon ſyſtème du Monde, n'eſt qu'un ſyſtème de la Nature du Créateur & de celle de la créature. Cependant *Pythagore*, grand Géometre, contemporain de *Thalès*, n'avoit pas négligé la *Phyſique*. Ses Diſciples qui approfondirent ſa doctrine en tirerent des connoiſſances furprenantes. Premierement, ils découvrirent la véritable théorie du mouvement des planetes, celui de la terre fur ſon axe, & ſa révolution autour du ſoleil en un an. En ſecond lieu, ils connurent les cometes ; enſeignerent que chaque étoile étoit un monde aſſez ſemblable à celui où nous vivons, & que la lune fur-tout étoit habitée par des animaux plus grands & plus beaux que ceux de notre globe.

Quoique *Thalès* ait foupçonné la gravitation des corps céleſtes, l'idée eſt cependant toute de *Pythagore*. Il ſuffit pour s'en convaincre, d'examiner la maniere dont ce grand homme concevoit cette gravitation. Voici comment M. *Maclaurin* en parle dans ſon *Expoſition des découvertes Philoſophiques* de *Newton*, pag. 32. » Une corde » de muſique, dit-il, donne les mêmes » fons qu'une autre corde dont la longueur » eſt double, lorfque la tenſion ou la force » avec laquelle la derniere eſt tendue eſt » quadruple, & la gravité d'une planete » eſt quadruple de la gravité d'une autre » qui eſt à une diſtance double. En général » pour qu'une corde de muſique puiſſe de- » venir à l'uniſſon d'une corde plus courte » de même eſpece, ſa tenſion doit être

» augmentée dans la même proportion que » le quarré de ſa longueur eſt plus grand ; » & afin que la gravité d'une planete devienne » égale à celle d'une autre planete » plus proche du ſoleil, elle doit être augmentée » à proportion que le quarré de ſa » diſtance au ſoleil eſt plus grand. Si donc » nous ſuppofons des cordes de muſique » tendues du ſoleil à chaque planete, pour » que ces cordes deviſſent à l'uniſſon, il » faudroit augmenter ou diminuer leur » tenſion dans les mêmes proportions qui » feroient néceſſaires pour rendre les gravités » des planetes égales «. C'eſt de la ſimilitude de ces rapports que *Pythagore* a tiré ſa doctrine de l'harmonie des ſpheres.

Pendant que les Pythagoriciens ſuivoient ces principes, *Ariſtote* parut dans le monde. D'abord Diſciple de *Platon*, il en accepta la doctrine. Mais ſon genie aufſi fécond qu'étendu le dégouta bien-tôt de cette ſorte de ſervitude. Il abandonna la *Phyſique* de ſon Maître, & réfolut d'étudier cette ſcience fans adopter d'autres hypothefes que celles que la Nature elle-même lui ſuggereroit. Il commença d'abord à douter de tout, parce qu'il croïoit que les doutes étoient néceſſaires pour découvrir la vérité, (*Ad veritatem inveſtigandam*, dit-il, *à dubitationibus eſſe ordiendum*), doutes bien entendus & qu'il eſt difficile de faire. (*De his enim omnibus non modo invenire veritatem difficile, verum neque bene ratione dubitare facile eſt*. Ariſt. Meth. Liv. III. Ch. I.) Avec de pareilles précautions, *Ariſtote* ſe borna à l'étude de la Nature ; & ſi ſa Méthaphyſique eut réprimé la fougue de ſon imagination, il eſt à croire qu'il y auroit fait plus de progrès. Comme dans ces tems reculés on connoiſſoit peu d'effets, on n'étoit pas tenté d'en faire la recherche. D'ailleurs, il falloit ſe former un ſyſtème de recherches, & c'eſt par là qu'*Ariſtote* commença. Il définit d'abord le corps & établit enſuite des principes. Ces principes font la privation, la matiere, & la forme. Par la privation, *Ariſtote* prétendoit connoître la matiere de chaque chofe en la réduiſant au non être de la chofe. Il définiſſoit la matiere un ſujet propre & immédiat, dont chaque chofe eſt faite. Et enfin la forme, eſt ce qui fait que chaque chofe eſt ce qu'elle eſt. Après cela ce Philofophe rechercha les élemens des corps, & il en admit quatre, le feu, l'air, l'eau & la terre, qui contribuent à la compoſition des mixtes, non-feulement par leur puiſſance paſſive comme matiere, mais encore comme agens par leur puiſſance active & par leurs qualités. Ces qualités font, felon

Ariftote, la chaleur, la froideur, l'humidité & la fécherefle. C'eft ainfi que cet homme célebre étudioit la *Phyfique*. De principes en principes il tiroit des conféquences dont le but étoit de connoître les caufes des effets de la Nature. Or tout cela n'étoit qu'une *Phyfique* de raifonnement. Et comme ce n'eft que par des obfervations, des expériences, qu'on peut developper cette fcience, cette *Phyfique* eft quelque chofe de pitoïable. J'en rends compte dans cet Ouvrage dans les articles qui lui appartiennent. Il eft fans doute très-étonnant que des connoiflances fi obfcures foient parvenues jufques à nous. Il faut avouer que les grandes vûes d'*Ariftote* étoient très-dignes de confidération, & qu'il a bien pû mériter le titre de Prince des Philofophes. Mais en même-tems il eft humiliant pour l'efprit humain, qu'il ait été en poffeffion de l'autorité la plus abfolue dans les écoles. Son opinion étoit regardée comme la raifon même, & fa doctrine avoit autant de poids que la vérité. L'Univers doit à un François l'ufage de la raifon. Le grand *Defcartes* a appris le cas qu'on devoit faire de la *Phyfique* d'*Ariftote*, & a fait connoître combien étoit honteufe cette foumiffion fervile aux fentimens accredités. Ce n'eft point ici le lieu de faire connoître le fyftême phyfique de ce Phyficien. Je le developperai à l'article de SYSTEME.

Ajoutons ici, que pendant que la doctrine d'*Ariftote* fubjuguoit les efprits, *Archimede, Galilée, Toricelli*, &c. enrichiffoient la *Phyfique* de découvertes dont je rends compte aux parties de cette fcience aufquelles elles appartiennent. Il ne me refte qu'à fixer fon renouvellement qui a donné lieu aux progrès qu'on a fait & qu'on y fait tous les jours. Le Chancelier *Bacon*, doué d'un genie vafte dont les vûes s'étendoient & fur les forces de l'efprit humain, & fur celles de la Nature, après avoir rejetté les idées d'*Ariftote*, vit qu'il falloit néceffairement réformer la façon de traiter la *Phyfique*; n'admettre aucune théorie & ne fuivre que l'expérience. Dans cette vûe, & pour fixer fon étude, il la confidera comme une vafte pyramide qui doit avoir pour bafe l'Hiftoire naturelle; au fecond rang l'expofition des puiffances & des principes qui operent dans la Nature; au troifiéme la partie Méthaphyfique qui traite des caufes formelles & finales des chofes, & au fommet ce qui tient le premier rang dans la Nature. (*Opus quod operatur Deus à principio ufque ad finem. Vid. Inftauratio magna De B.*) Il compare enfuite les Phyficiens qui bâtiffent

des fyftêmes fur des fpéculations abftraites aux Géans de l'antiquité, qui firent leurs efforts pour entaffer le Mont *Offa* fur *Pelion* & l'*Olimpe* fur *Offa*; ceux, qui n'ont pas de vûes plus élevées que celle de faire des collections d'Hiftoire naturelle, aux fourmis qui amaffent le grain, le mettent à part à mefure qu'elles le trouvent; les Phyficiens fophiftes aux araignées, qui forment leur toile de leurs propres entrailles, pour prendre dans leur vol les infectes imprudens; & enfin l'abeille qui ramaffe la matiere des fleurs, & qui en forme fon miel avec un art admirable eft, felon *Bacon*, l'emblême du vrai Phyficien. Ainfi l'étude de la *Phyfique* ne confifte pas à fe rapporter entierement à fon imagination, mais à faire des collections d'Hiftoire naturelle, & d'experiences mécaniques, & à s'élever par des raifonnemens folides à la connoiffance générale de la Nature.

2. L'objet de la *Phyfique* eft fi fenfible que perfonne ne doute de fon utilité. On fait bien que l'étude de la Nature eft la feule digne de l'homme, & il ne faut lire pour s'en convaincre ni l'*Effai fur l'utilité de la Phyfique, Partie II. Effai III. de Boile*, ni les autres apologies qu'on trouve à la tête de prefque tous les Traités publiés fur cette fcience. Le célebre M. *s'Gravefande* dit, » qu'elle corrige plufieurs faux jugemens » fur les ouvrages de Dieu, dont il fait » connoître & admirer la fageffe. Car il ne » fuffit pas que nous foïons convaincu par » un argument Méthaphyfique de la fageffe » & de la puiffance de l'Etre fuprème : il » faut auffi que nous contemplions fes at-» tributs dans leurs effets, afin de nourrir » au-dedans de nous ces fentimens de vé-» nération qui appartiennent à Dieu «. (*Elem. de Phyfique &c.* Preface de l'édit. Franç. *in-4°* page vj.).

Cela eft judicieufement penfé. Rien ne prouve mieux l'exiftence de Dieu que les merveilles de la Nature, & ces merveilles font l'étude du Phyficien. Il y a plus. Nonfeulement la *Phyfique* nous convainc de l'exiftence de l'Etre fuprême, mais elle feule peut nous le faire connoître. C'eft par les effets qu'on développe les caufes. Les effets de Dieu font fes Ouvrages. Plus ces Ouvrages feront découverts, mieux nous comprendrons la nature du Créateur. Car il ne faut pas croire qu'un homme qui ne connoît Dieu que par ce fentiment intérieur qui nous affure de fon exiftence, en ait une idée même médiocrement imparfaite. Et s'il ne le connoît que confufément, comment fera t-il pénétré de fa toute puiffance? Il

aites
leurs
Pe-
l'ont
faire
four-
nt à
les
for-
lles,
im-
fe la
fon
con,
tude
orter
faire
d'ex-
r des
gé-

que
fait
feule
pour
de la
pile,
à la
s fur
dit,
nens
fait
il ne
par
geffe
e : il
s at-
urrir
e vé-
u «.
édit.

ne
e les
illes
Non-
de
feule
les
ffets
Ou-
conı-
il ne
con-

Colonne 1

fuit de-là quelque chofe de bien vrai & de bien important. Puifque notre premier & notre unique foin dans cette vie eft de nous élever à l'Etre fuprême pour lui rendre le culte que nous lui devons, la connoiffance de la nature doit être notre premiere étude, parce qu'elle a ce premier avantage. A l'égard du culte, n'en eft-ce pas un bien digne de lui que de nous occuper fans ceffe des objets qui nous le font connoître ? Loin d'ici donc ces paroles indécentes, pour ne rien dire de plus, que *l'homme n'eft fait que pour cultiver la terre afin de fubvenir à fes befoins.* Les premiers befoins font ceux de l'ame. Ceux du corps font néceffaires, mais non point effentiels. On pardonneroit à un Epicurien, tel qu'on l'a jufqu'ici reconnu, de foutenir de pareils fentimens. Un homme raifonnable cefferoit de l'être s'il les adoptoit, & cette idée feule doit indigner un Phyficien.

Les Auteurs les plus célebres fur la *Phyfique* font : *Ariftote, Defcartes, Rohault,* (*Traité de Phyfique*) *Regis,* (*Syftême Philof. &c.*) *Duhamel* (*Phil. vetus & nov.*) *Hamberger,* (*Inft. Phyficæ* ;) *Mufchenbroek,* (*Effai de Phyfique* ;) *Hauxbée,* (*Phyf. Mec. Exp.*) *s'Gravefande,* (*Elem. de Phyfique* ;) *Defaguliers,* (*Cours de Phyfique* ;) *Moliere,* (*Leçons de Phyfique,*) l'Abbé *Nollet,* (*Leçons de Phyfique experimentale* ;) le P. *Regnault,* (*Entretiens de Phyfique.*)

PHYSIQUE EXPERIMENTALE. C'eft la fcience de la Nature par les effets qu'on développe par des expériences. Ainfi l'art de faire les expériences en forme le fond, & cet art eft très-difficile. D'abord il demande un genie inventif pour controuver les fujets qui en font fufceptibles ; en fecond lieu, un genie attentif à fuivre les opérations de la Nature & à les obferver ; troifiémement, une main adroite, des organes fins & délicats, pour faire un bon ufage des inftrumens. Avec tout cela on n'eft pas toujours fûr de réuffir à des experiences. Il faut encore une certaine adreffe qu'on ne peut définir. Les préceptes généraux qu'on peut prefcrire, c'eft de faire attention ; 1° au tems où l'on fait l'expérience, foit un tems humide, foit un tems fec, chaud ou froid, la nuit ou le jour ; 2° à la quantité & à la qualité des matieres qu'on emploïe ; 3° à la conftruction des inftrumens & à leurs variations ou leur dérangement dans l'intervalle des experiences. Par exemple, les experiences d'électricité ne réuffiffent pas fi bien dans un tems humide que dans un tems fec. Elles ont encore peu de fuccès fi les mains de celui qui tient le globe électrique

Colonne 2

ne font pas feches. Quelquefois auffi après quelques experiences, on trouvera du changement, parce que les foïes aufquelles le tube eft fufpendu, feront chargées de pouffiere, &c. En un mot, rien n'eft plus bifarre que la nature, & rien par conféquent ne demande plus de patience & plus de foin. On fe convaincra de cette vérité en lifant dans ce Dictionnaire les plus belles experiences qui ont été exécutées jufqu'à nos jours, & que je me fuis fait un devoir de recueillir. Et on en trouvera le développement dans le Difcours latin prononcé le 27 Mars 1730 dans l'Académie d'Utrecht par M. *Mufchenbroek,* & imprimé à la tête du *Recueil d'Expériences faites à l'Académie de Florence.* Ce Difcours a été traduit librement en françois par M. *Deslandes,* & enrichi de nouvelles réflexions. Cette traduction eft imprimée dans le Tome I. du *Recueil de differens Traités de Phyfique & d'Hiftoire naturelle.*

PHYSIQUE SYSTEMATIQUE. C'eft la fcience des effets de la nature par la fuppofition de la connoiffance des caufes. On a déja vû que cette *Phyfique* eft la premiere qui ait été cultivée, & qu'elle a nui à la *Phyfique* générale. Cela ne vient point de l'efprit de fyftême, mais du mauvais ufage qu'on en a fait. On a fçu depuis combien la méthode fyftématique eft utile. En effet, comme le dit le célebre M. *De Mairan,* il ne faut que parcourir l'hiftoire de l'efprit humain pour » fe convaincre que les fyftêmes ont été » dans tous les tems une fource féconde de » découvertes, ou tout au moins d'obferva- » tions & d'experiences, dont on ne fe » feroit peut-être jamais avifé, s'ils n'en » avoient fait naître l'idée «. (*Differtation fur la Glace,* pag xv. quatriéme édition de l'Imprimerie roïale.) Ce font les fyftêmes qui ont fait foupçonner les plus belles découvertes. De quelques faits connus, on a conjecturé une caufe d'où l'on a fait dépendre d'autre faits de même efpece ; & cette conjecture a donné lieu à des experiences. Il eft vrai que ces experiences ont fouvent démenti la conjecture ; mais combien de fois n'ont-elles point fait éclore d'autres merveilles qu'on n'auroit pas prévûes ? On a conclu de là que le premier fyftême étoit faux, & qu'il en falloit imaginer un autre qui s'accordât avec ces nouveaux. Celui-ci a été encore vérifié. L'efprit, toujours guidé, foutenu, échauffé par l'efperance d'une découverte, s'eft livré avec une nouvelle ardeur à un nouveau travail, qui a produit & qui produira tôt ou tard quelque fruit. Nous avons plufieurs exemples frappans de l'utilité

des systêmes. *Kepler*, par exemple, doit la découverte de sa fameuse regle astronomique (*Voïez* ATTRACTION), à son systême harmonique des cieux tout chimerique qu'il étoit, étant fondé sur l'inscription des orbes planetaires & sur certaines perfections des nombres, des figures & des consonances. Le systême de *Copernic* a conduit à la connoissance de la gravitation universelle; & celui de *Newton* a servi & sert de fondement à toute la *Physique* céleste. (*Voïez* ATTRACTION & SYSTEME.) Cependant il faut l'avouer, il seroit dangereux de se livrer trop à la *Physique systematique.* J'ai exposé ci-devant les inconvéniens qu'il en a résulté. Nous avons même de nos jours de tristes exemples des maux que cette envie de faire des systèmes a produits. Combien de gens capables de réussir dans la *Physique* qui se sont hâtés de bâtir des *systêmes*, & qui se sont entêtés à les soutenir. Rien n'est plus commun que de voir des *systêmes* formés par des personnes à qui les premiers élemens de *Physique* ne sont pas même familiers. Persuadé que le hazard a beaucoup de part au fondement d'un systême, & qu'il ne faut souvent que prendre le contraire de quelqueautre insuffisant à quelques égards & qui est adopté, on forme avec confiance un tout ensemble qui peut avoir des Partisans, ou du moins qui peut être perfectionné. D'ailleurs il est plus commode d'imaginer des causes, que de chercher à les connoître par des observations ou par des experiences. Cela fait voir qu'il faut renfermer dans ses justes bornes l'esprit systematique, & qu'il ne convient qu'à ceux, qui, munis des grandes connoissances de *Physique*, en sentent toute la portée. M. *s'Gravesande* veut qu'on s'attache d'abord à découvrir la nature par le moïen des phénomenes; qu'on tienne ces loix pour génerales, quand une induction suffisante y autorise & qu'on raisonne mathématiquement. (*Elem. de Physique*, Préface de l'édit. Franç. *in*-4° p. x.) Voilà la véritable maniere d'étudier la nature pour y faire des progrès, pourvu qu'on prenne comme il convient le terme de raisonner mathématiquement. C'est sur quoi il faut être extrêmement en garde. Le Chancelier *Bacon* a dit que la Mathématique doit terminer la *Physique*, & non pas la produire; *Mathesim Philosophiam naturalem terminare debere, non generare aut procreare.* Et le célebre M. *Maclaurin* après avoir observé » que l'attache-
» ment que les Pythagoriciens & les Pla-
» toniciens avoient pour la Geometrie les
» séduisit quelquefois en les induisant à

» tirer les mysteres de la nature de certaines
» analogies, de figures & de nombres, qui
» non-seulement sont inintelligibles pour
» nous, mais qui dans quelque cas ne paroissent pas susceptibles d'aucune juste explication, dit que l'usage qu'ils firent en Philosophie (M. *Maclaurin* entend par ce mot
» la *Physique*) des cinq corps réguliers, en est
» un exemple remarquable; car ils doivent
» en avoir fait une partie importante de
» leur systême, si nous nous en rapportons
» aux anciens Commentateurs d'*Euclide*, qui
» nous disent qu'il étoit Philosophe Platoni-
» cien, & qu'il composa ses excellens Elemens
» en faveur de cette doctrine. Après avoir
» fait, dis-je, cette observation, M. *Maclaurin*
» ajoute : comme la Géometrie est une ma-
» tiere de pure spéculation, on ne peut
» concevoir qu'il y ait quelque analogie
» entre elle & la constitution de la Nature.
» Ceux qui en dernier lieu ont tâché de
» développer cette analogie, n'y ont pas
» réussi, comme nous aurons occasion de le
» faire voir dans la suite en parlant des
» découvertes de *Kepler*. Ce n'est pas là le
» seul exemple où des analogies & des
» harmonies prétendues nous aïent induit
» en erreur dans la Philosophie (c'est-à-dire
» la *Physique*,) La Géometrie n'y est que
» de peu d'usage jusques à ce qu'on ait
» rassemblé des vérités connues sur lesquel-
» les on bâtisse «. (*Exposition des découv.*
Philos. de Newton, *&c.* Par M. *Maclaurin*,
pag. 34 *&* 35 de l'édit. françoise.)

PHYSIQUE OCCULTE. C'est la science des effets cachés de la Nature, tels que la sympathie des plantes & des animaux, la palingenesie, &c. Jusqu'ici on a fait peu de progrès dans cette science, parce que son objet n'est pas trop déterminé. On se contente d'expliquer la plûpart des faits par des corpuscules qui émanent des corps, & on s'en tient là. J'ai dépouillé cette sorte de science dans les differens articles ausquels elle appartient. Et comme la chose est encore à naître, en la reduisant à ce qu'elle renferme d'exact, je me contenterai à renvoïer à ces articles. (*Voïez* donc CORPUSCULE, ASTROLOGIE JUDICIAIRE, BAGUETTE DIVINATOIRE, PALINGENESIE, CHIROMANCIE, &c.)

PIC

PICATAPHORE, Les Astrologues appellent ainsi la huitiéme maison celeste par laquelle ils font des prédictions touchant la mort & les héritages des hommes. On la nomme encore *Porte superieure*, *Lieu paresseux*, *Maison*

de mor
Tracta

PIED. C
sure d
me pa
surface
tie d'
pieds
lides,
d'une
Le car
mesure
surface
" ou
un *Pie*
c'est-à-
ce cas
stingu
& *Pie*
PIED DE
Etat
Paris
& cha
Pied
divise
mieux
étrang
la diffé
des au
Païs é
brord,
Liv. I
forma
pratiq
nova
Grec.
viler,

TABL
prin

PIED DE

de mort & des héritages. (*Voïez Ranfovii Traitatus Aftrolog. Part. II. pag. 24.*)

PIE

PIED. Certaine partie d'un tout. Dans la mefure de la Géometrie pratique, c'eft la dixiéme partie d'une perche. Dans celle des furfaces, un *Pied quarré* eft la centiéme partie d'une perche, lorfque la perche a 10 pieds de longueur. Dans la mefure des folides, un *Pied cubique* eft la milliéme partie d'une perche cubique de 10 pieds de long. Le caractere qui marque le pied eft dans la mefure de longueur ' ou 1. Dans celle des furfaces " ou 2 □, & dans celle des folides '" ou 3 ■. Lorfqu'on nomme fimplement un *Pied*, on entend la premiere dimenfion, c'eft-à-dire la mefure de longueur, & en ce cas c'eft une ligne. Or cette ligne fe diftingue en *Pied de Roi*, *Pied de Rhynlande* & *Pied horaire*, dont voici l'explication.

PIED DE ROI. Mefure dont on fe fert dans un Etat par ordre du Prince. Elle contient à Paris 12 pouces, chaque pouce 12 lignes, & chaque ligne 12 points. De forte que le *Pied de Roi* eft de 1728 parties. Mais on le divife quelquefois en 720 ou en 1440 pour mieux exprimer fon rapport avec les mefures étrangeres. La Table fuivante fera connoître la difference du *Pied de Roi* de Paris à celui des autres Villes du Roïaume & de differens Païs étrangers, tel que l'ont donné *Wille-brord, Snellius,* (*Eratofthenes Batavus, Liv. II. Ch.* 1.) *Riccioli,* (*Geographia reformata . L. II. Ch.* 7.) *Mallet,* (*Géometrie pratique, L. I.*) *Eifenfchmids,* (*Difquifitio nova de ponderibus & menfuris veter. Roman. Grec. & Hebraicor. Sect. III. Ch.* 5.) *d'A-viler,* (*Dictionnaire d'Architecture.*)

TABLE des Pieds de Roi des Villes principales de differens Roïaumes.

PIED DE ROI. De Paris,	1440
De Rhynlande,	$1391\frac{3}{10}$
De Rome,	1320
De Londres,	1350
De Suede,	1320
De Dannemarek,	$1403\frac{2}{5}$
De Venife,	1540
De Conftantinople,	5140
De Boulogne,	$1682\frac{1}{3}$
De Strafbourg,	$1282\frac{3}{4}$
De Nuremberg,	$1346\frac{1}{4}$
De Dantzic,	$1721\frac{1}{2}$
De Halle en Saxe,	1320
De Leipfic,	1397
De Cologne,	1220

De Baviere,	1180
D'Augfbourg,	1313
D'Amfterdam,	1253
De Leide,	1390
De Lifbonne,	1387
De Vienne en Autriche,	1400
De Prague,	1338
De Cracovie,	1580
De Savoïe,	1440
De Geneve,	2592
Ancien Pied { Des Hebreux,	1590
Des Grecs,	1350
Des Romains.	1306

Suite de la Table du Pied de Roi dans les Villes de Province, en pouces & en lignes.

	Pouc.	lig.
PIED DE ROI de Lyon & de Grenoble,	12	7
De Dijon,	11	7
De Befançon,	11	5
De Mâcon,	12	4
De Sedan,	12	3
De Lorraine & de Bruxelles,	10	9
Du Rhin, qui eft fort en ufage dans les Païs du Nord,	11	7
De Boulogne,	14	1
De Venife,	11	11
De Turin,	18	11

Pour donner une valeur aux pouces, aux lignes & aux points, on dit communément que le point eft la douziéme partie de l'épaiffeur d'un moïen grain d'orge. Mais cette façon d'évaluer ou de déterminer une mefure n'eft pas connue des Géometres, qui limitent la longueur du *Pied de Roi* par les vibrations du pendule. (*Voïez* PIED HORAIRE.)

PIED DE RHYNLANDE. C'eft la douziéme partie d'une perche de même nom. (*Voïez* PERCHE.) Les Ingénieurs fe fervent beaucoup de cette mefure dans l'ordonnance & le calcul de leurs Ouvrages. Afin donc d'entendre les Livres de Fortification, on doit connoître la raifon qu'il y a entre le *Pied de Rhynlande* & ceux des autres lieux. C'eft ce qui m'a engagé à donner une Table où cette raifon eft exprimée en fractions milléfiémes.

TABLE des Mefures réduites au Pied de Rhynlande en fractions milléfiémes.

PIED DE RHYNLANDE, mefure Géom.	1200
D'Allemagne, {	1000
	1050
	958

D'Angleterre,	968
D'Alexandrie, {	1102
	1200
D'Amsterdam,	904
D'Antorf,	969
D'Antiochie,	1360
D'Ausbourg,	938
De Bâle, {	924
	938
	950
De Brême, {	934
	926
De Briel,	1060
De Baviere, {	908
	924
De Babilone,	1172
De Bourgogne,	1088
De Bruges en Flandres,	880
De Copenhague,	934
De Châtelet en Chaumont,	985
De Dordrecht,	1050
De Francfort sur le Mein,	912
De France, {	1055
	1038
	1018
De Grece, {	1042
	780
De Harlem,	910
D'Italie, {	1442
	885
D'Insptruc,	1011
De Leyde,	1000
De Louvain,	909
De Lorraine,	925
De Middelbourg,	960
De Malines,	890
De Montbeliard,	915
De Munich,	905
De Nuremberg, {	947
	960
	930
	974
De Prague,	930
De Samos,	1102
De Strasbourg, {	891
	884
De Savoïe,	870
De Tolede,	867
De Venise,	1120
D'Utrecht,	869
D'Ulm, {	920
	970
De Vienne en Autriche, {	978
	1000
De Zuric,	956
De Zirkzée,	988

PIED HORAIRE. C'est la troisième partie de la longueur d'un pendule qui fait ses vi-

brations dans une seconde. M. *Hughens* est le premier qui a déterminé cette longueur, & il a trouvé qu'elle est à celle du pied de Paris, comme 864 à 881. Ce Mathématicien compte pour la longueur de ce pendule 3 pieds de Paris, 8 lignes ½. (*Horolog. Oscillat. Part. IV. Prop.* 25. *Hug. Opera, Tom. 1.*)

PIEDESTAL ou PIEDESTAIL, comme l'écrit M. *Perrault.* Terme d'Architecture civile. C'est un Corps quarré avec base & corniche, qui est la partie la plus basse d'un Ordre; il porte la colonne & lui sert de pied ou de soubassement. Il a trois parties qui sont la base A (Planche L. Figure 158.) le *Piedestal* propre B, & le sommet C. Cette division est la même dans tous les Ordres: mais les dimensions & les accompagnemens des *Piedestaux* sont differens suivant les Ordres.

PIEDESTAL TOSCAN. Comme le plus simple, ce *Piedestal* n'a qu'un plinthe pour base & un astragale ou talon couronné pour sa corniche. Les saillies de sa base & de sa corniche sont égales. A l'égard des saillies des membres, dont ces parties sont composées, le cavet de la corniche a un cinquiéme & demi du petit module, & le cavet de la base en a deux, à prendre du nu du dé, c'est-à-dire, du *Piedestal* même. Il n'y a rien de déterminé sur le caractere de ce *Piedestal.* Dans la colonne Trajanne, la base & la corniche ont les moulures du *Piedestal* Corinthien. Au contraire, le *Piedestal* de l'Ordre Toscan de *Palladio* n'a qu'une espece de socle quarré sans base & sans corniche, *Scamozzi*, que les François suivent ici, prend le milieu entre ces deux excès, & c'est sans doute le meilleur parti. (*Voiez* la Fig. 158. Planche L.)

PIEDESTAL DORIQUE. On voit à ce *Piedestal* des moulures, un cavet, un larmier, &c. Les moulures font les ornemens de la base. Pour en avoir la proportion, on partage le tiers de toute la base en sept parties. On en donne quatre au tore qui est sur le socle, trois à un cavet, y comprenant les trois membres, dont ces moulures sont composées. La saillie du tore est celle de toute la base, & celle du cavet est de deux cinquiémes du petit module par-delà le nu du dé. Mais ces trois membres ne forment pas le caractere essentiel de cette base, *Palladio* lui donne un quatriéme membre qui est un filet mis entre le tore & le filet du cavet. *Scamozzi* y met une doucine, *Vignole Serlio* & *Perrault* le caracterisent, comme je l'ai caracterisé moi-même ci-devant d'après eux.

pour

*...s est le
...eur , &
...pied de
...hémati-
...pendu-
...*Horolog.*
Opera ,

...e l'écrit
... civile.
...orniche,
...Ordre;
...de pied
...ties qui
... 158.)
...C. Cette
...Ordres :
...gnemens
...vant les

...simple,
...se & un
...a corni-
...a corni-
...lies des
...nposées,
...iéme &
...le la base
..., c'est-à-
...rien de
...Piedeftal.
...ase & la
...eftal Co-
...l de l'Or-
...espece de
...corniche,
...ici, prend
...c'est sans
Fig. 158.

...Piedeftal
...hier , &c,
...e la base.
...partage le
...es. On en
...le socle,
...les trois
...t compo-
...toute la
...deux cin-
...le nu du
...rment pas
..., *Palladio*
...qui est un
...du cavet.
..., *Vignole*
...t, comme
...evant d'a-

pour

Pour la corniche du *Piedeftal Dorique*, elle a un cavet avec son filet au-dessus qui soutiennent un larmier couronné seulement d'un filet. Le tout est partagé en six parties, dont le larmier en a cinq & son filet une. La saillie du cavet avec son filet est d'un cinquiéme & demi du petit module par-delà le nu du dé : celle du larmier est de trois, & celle de son filet de trois & demi. *Palladio* caracterise cette corniche par cinq membres, & *Scamozzi* par six. *Serlio* & *Perrault* ne lui en donnent que les quatre que j'ai expliqués. (Planche L. Figure 159.)

Piedestal Ionique. Le *Piedeftal* a huit modules qui font la mesure de l'Ordre Ionique. Sa base a le quart de toute sa hauteur , la corniche le demi-quart, & les moulures de la base ont le tiers de toute la base. Quatre moulures ornent cette base, savoir une doucine avec son filet, & un cavet avec son filet en-dessous. On détermine la hauteur de ces moulures en divisant le tiers de la base en huit parties, dont on donne quatre à la doucine & une à son filet, deux au cavet & une à son filet. La saillie du cavet est d'un cinquiéme du petit module à prendre du nu du dé : celle du filet de la doucine est de trois. *Palladio* & *Scamozzi* caracterisent la base du *Piedeftal Ionique* par un astragale mis à la place du petit filet qui est entre la doucine & le cavet.

La corniche de ce *Piedeftal* a cinq membres, un cavet avec son filet en-dessous & un larmier couronné d'un talon avec son filet. On partage la hauteur de toute la corniche en dix parties pour avoir celle de ses membres. De ces parties, deux font pour le cavet, une pour le filet, quatre pour le larmier, deux pour le talon & une pour son filet. A l'égard de la saillie de ses membres, celle du cavet est d'un cinquiéme & demi du petit module (à prendre du nu du dé); celle du larmier de trois, & celle du talon avec son filet de quatre. (*Voie* la Fig. 160. Planche L.)

Piedestal Corinthien. De quarante-trois petits modules, dont l'Ordre Corinthien est composé, le *Piedeftal* en a neuf. Ces neuf font distribués en trois parties, c'est-à-dire, le quart de cette hauteur à la base, le demi-quart à la corniche, & le reste au dé. Aïant donné au socle de la base les deux tiers de toute la base , on partage l'autre tiers en neuf parties, d'où l'on prend les hauteurs des cinq membres qui composent cette base. Ces membres font un tore, une doucine avec son filet, & un talon avec son filet en-dessous. Le tore a deux parties &

demie des neuf; la doucine en a trois & demie , dont la demie est pour le filet, le talon deux & demie , & son filet une demie. La saillie du tore est celle de toute la base ; celle de la doucine de deux cinquiémes & trois quarts du petit module ; celle du talon avec son filet est d'un cinquiéme.

La corniche du *Piedeftal Corinthien* est composée de six membres qui font un talon avec son filet en-dessus, une doucine montant sous le larmier qu'elle creuse pour former une mouchette, un larmier & un talon avec son filet en-dessus. Toute la corniche est divisée en onze parties, ainsi distribuées; une & demie pour le talon, une & demie pour le filet, trois pour la doucine, trois pour le larmier, deux pour le talon qui la couronne, & une pour son filet.

A l'égard des saillies de ces parties de la corniche , on les détermine ainsi. Celle du talon d'en-bas avec son filet a une cinquiéme partie du petit module (à prendre du nu du dé); celle de la doucine jusques à la mouchette deux cinquiémes parties & demi tiers ; celle du larmier est de trois parties, & la saillie du talon superieur avec son filet, a une cinquiéme partie du petit module par-delà le larmier. (Planche L. Figure 161.)

Piedestal Composite. L'Ordre Composite a quarante-six modules , dont son *Piedeftal* en a dix, sa base avec le socle a le quart de tout le *Piedeftal*. Cette base est composée de six membres, sans y comprendre le socle. Ces membres font un tore, un petit astragale, une doucine avec son filet, un gros astragale & un filet, faisant un congé avec le nu du dé. Les hauteurs de ces membres se déterminent en divisant la base (sans socle) en dix parties, dont on donne trois au tore, une au petit astragale, une demie au filet de la doucine, trois & demie à la doucine, une demie au gros astragale, & une demie au filet qui fait le congé. Les saillies se prennent à l'ordinaire de la cinquiéme partie du petit module ; & on en donne une au gros astragale, deux & deux tiers au filet de la doucine. La saillie du tore égale à celle de toute la base, est pareille à sa hauteur.

La corniche a la huitiéme partie de tout le *Piedeftal*. Elle est composée d'un filet, avec son congé sur le dé, d'un gros astragale, d'une doucine avec son filet, d'un larmier & d'un talon avec son filet. Toute la hauteur de cette corniche étant partagée en douze parties, on en donne une & demie au filet, une & demie à l'astragale, trois & demie à la doucine, une & demie à son filet, trois au larmier, deux au talon, & une à son filet.

Le filet inferieur avec l'aftragale qui eft au-deſſus ont de ſaillie un cinquième du petit module; la doucine avec ſon filet en a trois, le larmier trois & un tiers, le talon avec ſon filet en a quatre & demi. (Planche L. Figure 162.) *Ordonnance des cinq eſpeces de colonnes ſelon la méthode des Anciens. Par M. Perrault.*

PIG

PIGEON. Conſtellation au-deſſous du grand Chien, tompoſée de 11 étoiles. (*Voïez* CONS-TELLATION.) Elle ne paroît jamais dans notre hemiſphere. M. *Hevelius* a repréſenté ſa figure dans ſon *Firmamentum Sobieſcianum*, Fig. C c c. Après lui M. *Halley* en a obſervé les étoiles. Le premier en a déter-miné la longitude & la latitude : & le ſe-cond, leur aſcenſion droite & leur déclinai-ſon. (*Voïez* les *Obſervations Mathématiques & Phyſiques, pag.* 47.)

PIGNON. C'eſt dans la Mécanique une petite roue, dont la circonference a quelques bâ-tons qu'on appelle *Fuſeaux*, & dont on ſe ſert pour ajuſter deux roues de telle ſorte que l'une puiſſe faire tourner l'autre. Dans le calcul de la puiſſance le petit raïon du *Pignon* repréſente le bras court du lévier, & le raïon de la roue qui y engraine ſon bras long. Dans cette machine les fuſeaux doi-vent toujours s'accorder exactement aux dents qui y engrainent. La groſſeur des fu-ſeaux doit être proportionnée, non-ſeule-ment à la force qu'ils doivent ſouffrir, mais encore à la rotation du *Pignon* même. Car ſi le *Pignon* tourne 8 fois avant la roue qui y engraine une ſeule fois, le fuſeau ſouffre 8 fois davantage que la dent qui y engraine; & il faut par conſequent que le *Pignon* ſoit fort en fuſeaux. Il eſt vrai que les gros fuſeaux demandent auſſi de groſſes dents, & que celles-ci cauſent beaucoup de frottement; mais on remedie à cela par la difference de la matiere. Plus la matiere ſera forte, plus les fuſeaux pourront être fins ou déliés.

Lorſque les fuſeaux ſont mis entre deux diſques fixés ſur l'eſſieu; le *Pignon* eſt ap-pellé *Lanterne.* (*Voïez* ce mot.)

PIGNON. Terme d'Horlogerie. Petite roue qui joue dans les dents d'une grande roue. Elle a communément 4, 5, 6, 8, &c. coches, qu'on appelle *Alluchons, Rouets* ou *Hériſ-ſons*, & non pas dents comme aux grandes roues. (*Voïez* MONTRE, pour la figure du *Pignon.*) Le principal *Pignon* dans une montre eſt le *Pignon de renvoi.* Il fait plu-ſieurs tours, dont on trouve le nombre

en faiſant cette proportion : Les battemens en un tour de la grande roue ſont aux bat-temens en une heure, comme les heures marquées ſur le cadran, c'eſt-à-dire, com-me 12 ou 24 ſont au quotient de la roue horaire ou de la roue de cadran, diviſée par le *Pignon* de renvoi, ou autrement par le nombre de tours que fait ce *Pignon* en un tour de roue de cadran.

PIL

PILE DE HERON. Machine hydraulique in-venté par *Heron* d'Alexandrie. C'eſt une ſphere avec un tuïau étroit qui forme un jet d'eau par le ſouffle du vent. On compo-ſe ainſi cette machine. Dans une ſphere A (Planche XXIX. Figure 195.) on cimente un tuïau de verre BC de façon qu'il touche preſque le fond de la ſphere. Ce tuïau a une ouverture fort petite en C. Et voilà toute la conſtruction de la *Pile de Heron.* Son effet eſt un jet d'eau qui ſe manifeſte lorſqu'après avoir rempli à moitié cette ſphe-re, on introduit en ſoufflant un autre air par l'ouverture C du tuïau C B, qui com-primant l'autre le fait agir ſur l'eau. Ainſi lorſqu'on laiſſe l'ouverture C libre, cette preſſion de l'air ſur l'eau agit & la fait jaillir par cette ouverture, juſques à ce qu'il ſoit auſſi rarefié qu'auparavant. (*Voïez* le Livre de *Heron*, intitulé *Libri ſpiritalium.*) Cette invention n'eſt que le fondement d'une au-tre très-ingénieuſe qu'on doit auſſi à *Heron.* (*Voïez* FONTAINE DE COMPRESSION.)

PILOTAGE. L'art de preſcrire la route d'un Vaiſſeau ſur mer, & de déterminer le point du ciel ſous lequel il ſe trouve. Un Profeſſeur roïal d'Hydrographie, qui a beaucoup écrit ſur cet art (le R. P. *Pezenas* Jéſuite), le diviſe en cinq parties, qui ſont l'obſervation des Aſtres, l'uſage de la Bouſſole, l'Eſtime, l'uſage des Cartes Marines, & la Correction de la route. (*Voïez* les *Elemens du Pilotage, pag.* 1.) En effet, ce ſont là les ſeuls points qui en conſtituent tout le fond. Car l'ob-ſervation des Aſtres ſert à connoître la lati-tude du lieu où l'on eſt. (*Voïez* LATITU-DE.) L'uſage de la bouſſole eſt pour diri-ger le Navire ſur l'air de vent preſcrit par les Cartes Marines. (*Voïez* BOUSSOLE.) On connoît par eſtime le chemin qu'on a fait, afin de ſuppléer à la connoiſſance des longitudes qui ne ſont pas praticables ſur mer. (*Voïez* LONGITUDE & SILLAGE.) On ſe ſert des Cartes Marines pour con-noître la route qu'on doit ſuivre. (*Voïez* CARTE MARINE.) Et on corrige la route en la comparant avec l'obſervation des aſtres afin de rectifier le jugement qu'on a porté du chemin qu'a fait le Vaiffeau. Pour réfumer ici ces cinq parties, voici en quoi confifte tout l'art du *Pilotage.*

2. Quand un Vaiffeau met à la voile pour quelque endroit, on cherche fur la Carte Marine le rumb de vent qui y conduit, & on dirige le Vaiffeau felon ce rumb. Si ce rumb eft Nord & Sud, alors la différence en latitude du lieu du départ & de celui où l'on doit arriver donne la diftance de ces deux lieux, c'eft-à-dire, le chemin qu'on a à faire pour parvenir à ce dernier. Et par l'obfervation des Aftres, pour prendre la latitude aux differens endroits où l'on fe trouve en route, on fait le chemin qu'on a fait & celui qui refte à faire. Si le lieu de l'arrivée & celui du départ font fitués Eft-Oueft, la différence en longitude donne toutes ces chofes; & comme on ne peut pas déterminer fur mer la longitude, on l'a par l'eftime ou la mefure de la viteffe du Vaiffeau. Ces deux cas font très-fimples & ne demandent que peu de travail. Il n'en eft pas de même de celui qu'exige la navigation d'un Vaiffeau dans une route oblique. Je m'explique. On fuppofe ici que l'air de vent qu'on doit fuivre n'eft ni Nord, ni Sud, ni Eft-Oueft, mais entre ces airs de vent, tel qu'eft le Sud-Sud-Eft, Nord-Nord-Eft, Eft Nord-Eft, &c. ainfi que l'indique la Carte. Dans cette courfe on change à tout inftant & en longitude & en latitude. Malgré cela, fi l'on étoit fûr de tenir toujours le même air de vent, & qu'on fçût exactement le chemin qu'on a fait fur cet air de vent, il eft certain qu'on réfoudroit le problême du *Pilotage* (celui de déterminer le point du ciel fous lequel on fe trouve) avec la même facilité qu'auparavant. Mais tout cela eft fort cafuel. Quelque jufte que foit une eftime, elle n'eft jamais qu'eftime, c'eft à-dire, un jugement porté du chemin qu'on croit qu'a fait le Vaiffeau fur lequel on eft. Pour faire fond fur ce jugement, il faut avoir recours à l'obfervation des aftres : & c'eft ce qu'on appelle la *correction de la route.* Or cette obfervation ne peut donner, comme on vient de voir, que la latitude; on prend donc cette latitude, & on forme de cette latitude connue le côté d'un triangle rectangle, dont l'air de vent eft l'hypothénufe; & l'autre côté reprefente la longitude. De forte que toute navigation oblique dépend de la folution d'un triangle rectangle: ce qui fe fait aifément lorfqu'on connoît trois chofes de ce triangle comme on l'apprend en Trigonometrie. (*Voïez* TRIGONOMETRIE.) Ces trois chofes font ou

deux angles & un côté, ou deux côtés & un angle, ou les trois côtés. Connoiffant donc l'air de vent, j'entends l'angle que fait le vent avec la ligne Nord & Sud, la latitude & l'angle droit du triangle, qui eft toujours connu, on a donc facilement le chemin qu'on a fait fur cet air de vent, & la différence en longitude. De même connoiffant l'air de vent & le chemin du Vaiffeau, on détermine la longitude & la latitude de l'endroit où l'on fe trouve. Enfin, connoiffant le chemin & la différence en latitude, on peut connoître l'air de vent qu'on fuit. (*Voïez* COTE' MECODYNAMIQUE.)

L'art du *Pilotage* confifte donc dans la réfolution d'un triangle rectangle. Tout Géometre fait donc le *Pilotage.* Pour éviter les calculs de la Trigonometrie & pour faciliter aux Marins des moïens de réfoudre le triangle de navigation, on a inventé differens inftrumens. (*Voïez* ECHELLE ANGLOISE & QUARTIER DE REDUCTION.) Je renvoïe pour l'origine du *Pilotage* à l'article NAVIGATION. Mais je dois dire ici 1° qu'on attribue l'invention de cet art aux Phœniciens defcendus de *Chanaam* petit-fils de *Noé*; 2° que le mot *Pilotage* qui fignifie la fcience du Pilote, eft tiré du terme *Pilote* que les Italiens croïent dériver de *Pileus* qui fignifie *Bonnet,* parce qu'anciennement les Pilotes étoient Docteurs & avoient en conféquence un bonnet & une longue robe. Le P. *Fournier,* qui n'eft pas de ce fentiment, veut que le mot *Pilotage* foit tiré de *Pile.* Ce mot fignifioit Navire dans l'ancienne langue Gauloife; témoin, dit-il, notre ancienne façon de jouer à croix & à pile, expreffion tirée d'une ancienne monnoïe Françoife qui portoit une croix gravée d'un côté & un navire de l'autre, comme celle des Romains portoit d'un côté la tête de Janus & de l'autre le Navire d'*Ænée;* d'où vient le jeu femblable au nôtre : *Ludere capita Navim.* (*Hydrographie* du P. *Fournier, L. III. Ch. XXXV.*) Ceux qui ont écrit fur cet art, ont prefque tous écrit fur le *Pilotage.* Il eft vrai que quelques-uns n'ont traité que cette partie de la Navigation. Tels font M. *Bouguer,* (*Traité complet de Navigation;*) Berthelot, (*Traité de la Navigation;*) le P. *Vallois, Bougar,* (*Abregé du Pilotage;*) (idem) Et le P. *Pezenas,* (les *Elemens du Pilotage,* & la *Pratique du Pilotage.*)

PILOTS. Terme d'Architecture hydraulique. Pieces de bois de chêne pointues & quelquefois armées d'une pointe de fer, fur lefquelles on éleve un bâtiment au-deffus de l'eau. La pointe des *Pilots* doit être accommodée au terrein dans lequel on veut l'enfoncer. Elle doit être longue lorfque le *Pilots* doit être enfoncé dans un terrein mol & fabloneux, & courte dans un terrein d'une plus grande tenacité. On arrondit un peu la tête du *Pilots*; on en émouffe les coins, & fouvent on l'entoure d'un anneau afin qu'il ne fe fende pas pendant qu'on l'enfonce avec le mouton. (*Voiez* MOUTON.) Quoiqu'il foit difficile de déterminer les dimenfions des *Pilots* qui font toujours commandées par plufieurs circonftances, voici cependant les proportions dans ces dimenfions fuivant la longueur des *Pilots*, tirées du *Traité de Charpenterie de Jouffe*, par M. *De la Hire*.

TABLE de la groffeur des Pilots fuivant leur longueur.

Longueur.	Largeur.	Hauteur.
12 Pieds.	10 Pouces.	12 Pouces.
15	11	13
18	12	15
21	13	16
24	12 $\frac{1}{2}$	18
27	15	19
30	16	21
33	17	22
36	18	23
39	19	24
42	20	25

PIN

PINCEAU OPTIQUE. C'eft un affemblage de raïons qui tombent dans les yeux d'un certain point de l'objet, & qui y font raffemblés à un certain point par la réfraction. Ou pour parler plus généralement, *Pinceau optique* eft un double cone de raïons joints par leur bafe, dont un a fon fommet en quelque point de l'objet & un verre pour fa bafe, & l'autre a fa bafe fur le même verre, & fon fommet à un point de convergence comme C.

Cela forme deux cones A C B, D F E (Plan. XXIV. Figure 196.) dont les bafes fe touchent dans l'œil ou dans le verre D B. La pointe de l'un de ces cones eft dans l'objet même, & celle de l'autre au fond de l'œil; ou au point où l'objet eft peint.

PINNES. Terme de Géometrie-pratique. Ce font de petits bâtons de la longueur environ d'un pied, dont on fe fert dans l'arpentage pour marquer le nombre des changemens de la chaîne. Lorfqu'il s'agit de mefurer une grande diftance, on donne à celui qui va devant une quantité de ces *Pinnes* ou petits bâtons, & il en enfonce un dans l'endroit où la chaîne atteint lorfqu'on la tend. L'autre qui fuit les retire l'un après l'autre, & le nombre de ceux qu'il retire marque combien de fois il a fallu avancer la chaîne, dont la fomme eft égale à la diftance qu'on a mefurée.

PINNULE. Piece de cuivre élevée perpendiculairement fur le bord d'un inftrument propre à obferver. Elle a un petit trou ou une petite fente par où on regarde les objets qu'on veut obferver. Il y a toujours deux *Pinnules* dans un inftrument, dont les ouvertures font toujours vis-à-vis l'une de l'autre, afin que les raïons foient parfaitement en ligne droite de l'objet à l'œil.

PIR

PIRAMIDE. Solide dont la bafe eft un poligone, & les faces font des triangles plans qui ont leur fommet réuni en un point: ou fi l'on aime mieux cette définition, *Piramide* eft un corps dont la bafe eft une figure rectiligne & qui eft renfermé en autant de triangles que cette bafe a de côtés, & qui concourent tous en un même point. Ainfi le folide A B D E C (Planche IX. Figure 197.) eft une *Piramide*, parce que fa bafe A B D E eft renfermée en quatre triangles A C B, B C D, D C E & E C A qui concourent tous en C. Suivant le nombre des côtés de la bafe on diftingue la *Piramide*. Si la bafe a trois côtés, la *Piramide* eft appellée *Piramide triangulaire*. Elle eft dite *Piramide quarrée* lorfque la bafe eft un quarré; *Piramide pentagone*, lorfqu'elle eft un pentagone, &c. Lorfque les côtés des bafes font égaux, & par conféquent les triangles égaux, la *Piramide* eft réguliere. Dans tout autre cas c'eft une *Piramide irréguliere*.

On trouve la furface d'une *Piramide* quelconque en faifant une fomme de toutes ces faces triangulaires. La furface extérieure d'une *Piramide* droite, dont la bafe eft un poligone regulier, eft égale au produit de la hauteur de l'un des triangles qui la compofent, par la moitié du perimetre de la bafe de cette *Piramide*.

On a la folidité d'une *Piramide* en multipliant le tiers de fa hauteur perpendiculaire par fa bafe. Quelques Géometres déterminent cette folidité en cherchant premierement la folidité d'un prifme qui a la même bafe & qui eft d'une même hauteur, & en divifant le produit du prifme par 3. Le quotient donne celle de la *Piramide*; puifque chaque *Piramide* eft la troifiéme partie d'un prifme de bafe & de hauteur égales.

nfonce
nt lorf-
s retire
le ceux
ois il a
mme eft

rpendi-
rument
trou ou
s objets
rs deux
les ou-
ne de
arfaite-
l.

n poli-
lans qui
: ou fi
iramide
ure rec-
tant de
& qui
. Ainfi
Figure
fa bafe
riangles
ui con-
bre des
iramide.
eft ap-
eft dite
n quar-
eft un
es bafes
iangles
ns tout
re.
iramide
toutes
érieure
eft un
uit de
la com-
de la

multi-
iculaire
étermi-
mïere-
même
, & en
3. Le
puif-
partie
égales.

(*Voiez* les *Elémins d'Euclide. Liv. XI.*)

2. Il y a fur la *Piramide* un problême très-curieux & très-peu connu. C'eft ce qui a engagé M. *Stone* à le publier dans fon Dictionnaire de Mathématique, parce qu'il ne connoît aucun Livre où il en foit fait mention. Il s'agit ici de la folution de quelques Problêmes qui regardent la folidité de ce corps. M. *Stone* parle de trois, dont les deux derniers regardent le cone, mais qui ne doivent point être placés à cet article. (*A New Mathematical Dictionnary*, feconde édition, article *Piramide.*) Comme M. *Stone* en a donné la folution en Anglois, je crois que les Géometres François la verront avec plaifir traduite en notre llangue. J'ajouterai une chofe qu'on ne trouve pas dans le Dictionnaire de M. *Stone.* C'eft le nom de celui à qui on le doit.

Problême. *Trouver la folidité d'un morceau de Piramide quarrée.* Solution. Suppofons que $AD = b$ (Plan. IX. Fig. 198.) foit un des côtés de la grande bafe ; $BC = a$ un des côtés de la petite, & $EF = h$ la hauteur du morceau donné. En achevant la *Piramide* totale ASD, & tirant CG parallele à EF, on aura (à caufe des triangles femblables ADS, BCS.) $b — a$ (2 GD) : h (CG = EF) :: b (AD) : $\dfrac{b h}{b — a}$ = ES. De plus $b — a$ (2 GD) : h (CG = EF) :: a (BC) : $\dfrac{a h}{b — a}$ = FS. Ainfi la folidité de la *Piramide* ASD = $\dfrac{h b^3}{3 b — 3 a}$. Et celle de la *Piramide* BSC = $\dfrac{h a^3}{3 b — 3 a}$. Donc la folidité du morceau de *Piramide* ABCD = $\dfrac{h b^3 — h a^3}{3 b — 3 a} = \dfrac{h b^2 + a h b + a^2 h}{3}$. Ce qui fait voir qu'on trouve la folidité d'un morceau de *Piramide* en multipliant la fomme des deux bafes, plus le rectangle des deux côtés AD, BC, par le tiers de la hauteur EF.

Cette méthode fournit encore un moïen bien fimple de trouver la folidité d'un morceau de cone ou d'une *Piramide* quelconque : car il ne faut faire pour cela que ces trois opérations. 1°. Faire une fomme des deux bafes circulaires ; 2°. ajouter à cette fomme une bafe moïenne proportionnelle entre ces bafes circulaires ; 3°. multiplier le tout par le tiers de la hauteur. On doit cette Méthode à *Lucas Valerius.*

PIRAMIDE TRONQUÉE. C'eft une *Piramide* dont on a coupé la pointe (Planche IX. Figure 199.) On en trouve ainfi la folidité. On cherche d'abord la hauteur de la *Piramide* entiere, & par elle & fa bafe, on trouve fa folidité. Enfuite on calcule de même la folidité de la partie fuperieure emportée qu'on fouftrait de la folidité trouvée de la *Piramide* entiere. Le refte donne la folidité de la *Piramide tronquée.*

PIRAMIDE OPTIQUE. Figure formée par les raïons qui en fortant de l'objet, concourent dans un point de l'œil. Tel eft un deffein de perfpective, qui n'eft qu'une fection de la *Piramide optique.* La pointe de cette piramide eft dans l'œil & la bafe dans l'objet. (*Voiez* PERSPECTIVE.)

PIRAMIDOIDE. C'eft un folide formé par la révolution d'une parabole autour de fa bafe ou de fa plus grande ordonnée.

PI S

PISTON. Partie d'une pompe qui entre dans le tuïau ou le corps de pompe, & qui par fon mouvement fait en s'élevant monter l'eau dans le tuïau des pompes afpirantes, & en preffant dans les pompes foulantes. (*V.* POMPE.) La premiere efpece de *Pifton* eft compofée d'un axe de fer C *c* (Planche XLVII. Figure 208.) qui a au-deffus un anneau en C pour y attacher la barre du *Pifton*, & au-deffous en *c* une vis pour ferrer les difques qu'on y met. A B & D E font des plaques rondes de laiton, entre lefquelles on ferre les ronds de cuir. Ce cuir, qui eft extrêmement fort, doit, avant que d'y être appliqué, être préparé avec de la graiffe de la maniere fuivante. On prend parties égales de cire & de terebenthine qu'on fait fondre fur des charbons allumés. On y ajoute plus ou moins de gaudron fuivant la qualité ferme ou molle du cuir. C'eft de cette matiere fondue, un peu refroidie, qu'on fait bien imbiber le cuir.

Le *Pifton* pour les pompes foulantes a une foupape. Il eft conftruit de bois, de cuir, ou de fer. La figure 209 (Pl. XLVII. repréfente ce *Pifton.* *c d* eft un axe de fer auquel on met le *Pifton* K qu'on fixe au-deffous avec une vis ou une cheville. Il y a une fourchette en *d* à laquelle on peut clouer la barre du *Pifton.* K eft le *Pifton* de bois percé de fix trous, par lefquels l'eau paffe, lorfqu'on le tire en élevant en *f d* le difque de cuir *a b*, qui ferme exactement ces ouvertures, lorfque le *Pifton* eft monté. Parvenu à fa plus grande élévation, après que l'eau a paffé par les ouvertures, celle qui se tient au-dessus du disque de cuir *fg* referme ces ouvertures en *a b* : ce qui fait que l'eau s'éleve avec le *Piston*, jusques à ce que ne trouvant plus de place dans le cilindre, elle en sorte.

PLA

PLACE D'ARMES. Ce terme qui est de Fortification a deux sens. Dans une Ville de guerre, c'est une place au milieu de la Ville où les rues aboutissent, ou bien c'est une grande place entre les remparts & les maisons, qui est le rendez-vous de la Garnison pour y recevoir l'ordre du Commandant. Dans un siege, les *Places d'armes* sont les parties de la tranchée qui font face au front de l'attaque. Elles consistent en un fossé garni d'un parapet où les Soldats qui travaillent dans les approches, sont en sureté contre les sorties des assiégés. On en établit ordinairement trois. La premiere se trace à 300 toises ou environ de la Place assiégée, parce qu'on considere cette distance comme le plus grand éloignement où l'ennemi puisse donner atteinte. Cette ligne, dont la figure doit être circulaire, embrasse toutes les attaques par son étendue. On lui donne depuis 12 jusques à 15 pieds de large. Et son usage est 1° de proteger les tranchées qui se poussent jusques à la deuxiéme *Place d'armes*; 2° de flanquer & de dégager la tranchée; 3° de garder les premieres batteries; 4° de contenir tous les bataillons de la garde, sans en embarrasser la tranchée; 5° de communiquer les attaques de l'une à l'autre, jusques à ce que la seconde ligne ou *Place d'armes* soit établie, & enfin de faire l'effet d'une bonne contrevallation contre la Place de qui elle resserre & contient la Garnison.

On trace la seconde *Place d'armes* parallelement à la premiere; on la figure de même; mais on l'étend moins de 25 à 30 toises de chaque bout, en l'avançant plus vers la Place de 120, 140 ou 145 toises. Ses largeurs & ses profondeurs sont égales à celles de la premiere. Cette seconde *Place d'armes* a les mêmes propriétés que celles de l'autre, avec cette difference que l'éloignement est moins grand du corps la Place.

A 120, 140 ou 145 toises, un peu plus ou un peu moins au-delà de la deuxiéme *Place d'armes*, on établit la troisiéme, plus courte & moins circulaire que les deux premieres, afin d'approcher du chemin couvert autant qu'il est possible & d'éviter les enfilades qui sont là fort dangereuses. Outre les propriétés que cette *Place d'armes* a

de commun avec les deux premieres, elle a encore cet avantage de contenir les Soldats commandés qui doivent attaquer, & tous les matériaux nécessaires tels que les outils, les sacs à terre, les piquets, les gabions, les fascines, qu'on place sur le revers, nécessaires au logement du chemin couvert. Enfin c'est de cette ligne qu'on part pour attaquer le chemin couvert.

2. Les premieres *Places d'armes* ont été pratiquées en 1673 au siége de Mastrick fait par le Roi en personne. Les attaques de ce siége furent conduites par M. *De Vauban*; & cette Place redoutable fut prise en treize jours de tranchée ouverte, quoique ces lignes fussent encore imparfaites, comme le sont toutes choses en leur origine. Mais au siege d'Ath en 1697 on les exécuta avec tant de soin & de précision, qu'on jugea aisément par le peu de tems & de monde que ce siege couta, combien leur invention étoit utile dans l'attaque d'une Place. (*Voïez* le *Traité de l'attaque & la défense des Places*, par M. *De Vauban*.)

PLAGE. Terme de Sphere. Point de l'intersection de l'horison & d'un cercle vertical. Il y a autant de *Plages* que de points dans l'horison. Comme ces points sont infinis, il y a une infinité de *Plages*. Pour en limiter le nombre, on en compte 32 seulement, dont quatre sont appellées *Plages cardinales* ou *Points cardinaux*. Celles-ci sont l'*Orient* ou l'*Est*, l'*Occident* ou l'*Ouest*, le *Midi* ou le *Sud*, le *Septentrion* ou le *Nord*. On nomme les autres *Plages*, *Plages collaterales*, ausquelles on a donné les noms suivans: *Nord-Est*, *Nord-Ouest*; *Sud-Est*, *Sud-Ouest*; *Nord-Nord-Est*, *Nord-Nord-Ouest*; *Sud-Sud-Est*, *Sud-Sud-Ouest*; *Est-Nord-Est*, *Est-Sud-Est*; *Ouest-Nord-Ouest*, *Ouest-Sud-Ouest*; *Nord à l'Est*, *Nord à l'Ouest*; *Nord-Est au Nord*, *Nord-Ouest au Nord*; *Nord-Est à l'Est*, *Nord-Ouest à l'Ouest*; *Est au Nord*, *Ouest au Nord*; *Est au Sud*, *Ouest au Sud*; *Sud-Est à l'Est*, *Sud-Ouest à l'Ouest*, *Sud-Est au Sud*, *Sud-Ouest au Sud*; *Sud à l'Est*, & *Sud à l'Ouest*. Lorsqu'on fait trouver la ligne méridienne (Voïez MERIDIENNE), les quatre *Plages cardinales* sont connues, & il est aisé de déterminer les autres par leur moïen. On a divisé ainsi l'horison pour distinguer les vents, & pour prononcer facilement la route qu'on doit tenir pour aller d'un lieu à un autre. C'est ce qui fait qu'on les marque sur la boussole qui sert à diriger la route dans la navigation. (*Voïez* BOUSSOLE, COMPAS DE ROUTE & ROSE DE VENT.)

5. L'origine de cette division en *Plages* est due aux Anciens qui en comptoient peu. D'abord ce fut quatre : *Solanus*, point du Levant équinoxial ; *Auster*, point du Midi ; *Favonius*, point du Couchant équinoxial, *Septentrio*, point du Nord. Dans la suite on en ajouta quatre autres. Et *Andronic Cyrresthes* voulut donner de la stabilité à cette division, en faisant bâtir à Athenes une Tour de marbre octogone, qui avoit à chaque face l'image d'une *Plage*. (*Voïez* CADRAN ANEMONIQUE.) Ces vents étoient nommés *Eurus* entre *Solanus* & *Auster* au levant d'hyver ; *Africus* entre *Auster* & *Favonius* au couchant d'hyver ; *Caurus* ou *Corus*, entre *Favonius* & *Septentrio*, & *Aquilo* entre *Septentrio* & *Solanus*. Enfin, on ajouta encore 16 autres, dont on trouvera les noms & la disposition dans le *Schema des Anciens*, rapporté à l'article ROSE DE VENT. (*Arch. de Vitruve, L. I. Ch. 6.*)

PLAN. Ce terme a en Mathématique plusieurs significations. En Géometrie *Plan* est une surface qui n'a ni profondeur ni courbure ; & dans la Géometrie-pratique, c'est un dessein qui représente la distribution d'un lieu, de telle sorte que les differens objets qui s'y trouvent soient les uns des autres en des distances proportionnelles à leur situation respective sur le terrein. Il ne s'agit donc pour lever un *Plan* que de réduire le grand au petit. Or cela se fait en formant des triangles sur le terrein, & en faisant des triangles semblables à ceux-là, qui déterminent la position des objets. Cette opération n'est donc qu'un composé de plusieurs opérations de Trigonometrie, par lesquelles on cherche la valeur des angles & des côtés qui sont formés par la distance des lieux. Toute l'attention qu'elle demande, c'est d'établir une grande base & la plus grande qu'il est possible, & de former sur elle tous les triangles qu'exige la multiplicité des lieux ou des objets distribués dans le lieu dont on veut lever le *Plan*. Exemple. Soit représenté par la figure 211 (Planche XI.) un lieu, dont il faille lever le *Plan*. Aïant établi une base A B, qu'on mesurera exactement, prenez avec un graphometre ou une planchette. (*Voïez* GRAPHOMETRE & PLANCHETTE), tous les angles que forment les lieux L, C, D, E, K, I, H, G, F, avec la base A B. C'est-à-dire, pour le lieu L, du point A mesurez l'angle fait par le raïon visuel A L & la base donnée A B. Du point B prenez de même l'angle visuel A B L. On formera par ces deux opérations un triangle A B L, dont on déterminera les côtés B L, A L par

les regles de la Trigonometrie, parce qu'on a deux angles B A L & A B L & un côté A B connus. (*Voïez* TRIGONOMETRIE.) Procedant de même pour tous les autres lieux C, D, K, I, &c. on formera autant de triangles qu'il y a de lieux ou d'objets situés dans le lieu dont on veut avoir le *Plan*.

Ces triangles étant déterminés comme on vient de voir, on les rapporte sur un papier en formant une base *a b* (Planche XI. Figure 212.) de telle grandeur qu'on voudra & divisée en autant de parties que la grande base A B. Sur cette base aïant formé des triangles *a l b*, *a c b*, &c. semblables aux grands A L B, A C B, &c. & cela en faisant les angles *b a l*, *a b l*, *a b c*, &c. égaux aux angles B A L, A B L, A B C, &c. on a le *Plan* du lieu dont on distingue ainsi les objets avec des couleurs. On peint d'une couleur rougeâtre les murs & les endroits où il y a des bâtimens ; d'une couleur grisâtre ou jaunâtre tous les chemins : les parterres sont distingués par un verd clair, & les bocages par un verd sombre tel que le verd d'iris ou le verd de vessie. L'eau est bleuâtre, plus foncée sur le bord qu'au milieu. On marque les prairies avec du verd de gris fort clair, dans lesquelles on tire à certaines distances des lignes transversales plus foncées, sur lesquelles on met de petits points pour indiquer le gazon. Lorsqu'on ne doit représenter que de simples gazons qui ne soient point des prairies, on n'y met ni verd de gris ni de lignes transversales, on fait seulement de petits points irréguliers. On caractérise les bois avec des taches d'un verd clair qu'on ombre d'un côté avec un peu de verd foncé ; & après leur avoir formé un contour leger avec de l'encre de la Chine, on y dessine des tiges & toute sorte de petites verdures entre les arbres. A l'égard des champs, après les avoir distingués avec de legeres lignes noires, on les indique par des lignes paralleles ponctuées & jaunâtres. On marque leurs principales bornes par de grosses lignes noires & les autres séparations par des lignes ponctuées. Enfin pour terminer le *Plan* on met au bas l'échelle qui a servi à déterminer la distance des lieux, & une rose de vent pour connoître leur situation respective à l'égard des quatre points cardinaux.

PLAN. Terme d'Architecture civile. C'est la représentation de la position des corps solides qui composent un bâtiment pour en connoître la distribution. (*Daviler, Cours d'Arch. Tom. II.*) Cette representation se fait en prenant les angles, en mesurant les côtés qui les forment, l'épaiſſeur des murs du bâtiment, la largeur des portes & des fenêtres, &c. & en rapportant le tout ſur du papier avec une echelle, comme on a fait pour les *Plans* de l'article ci-devant. Ceci ne demande que la main d'œuvre; ce n'eſt point auſſi ce qui doit m'occuper ici. Mon deſſein eſt de faire connoître comment les Architectes diſtinguent les parties d'un bâtiment, qui entrent dans un *Plan*, afin que les Mathématiciens puiſſent en les diſtinguant en juger, ſans recourir à aucun Traité d'Architecture.

Ce qui eſt ombré legerement dans un *Plan* ſignifie des murs & des parois, & ce qui eſt ombré plus obſcurement marque les fenêtres ou d'autres ouvertures dans les parois qui ne vont pas juſques au plancher, telles que les portes. Celles-ci ſe diſtinguent par des blancs tout ouverts. Des cercles & des quarrés qui ont la même ombre des parois, indiquent des colonnes & des piliers libres, & ſe trouvant contre les murs ou même y entrant en partie, ils ſignifient des colonnes & des pilaſtres adoſſés. De petits quarrés ou des cercles ovales tout noirs qui ſont dans les murs, marquent les cheminées & des tuïaux de cheminées. Lorſqu'il y a un point noir à côté, ces petits cercles ou quarrés repreſentent les commodités. Des lignes ponctuées ſignifient toujours des arcs de voutes. Ces lignes ſe croiſent-elles? elles repreſentent des voutes quarrées; ſi ce ſont des demi-cercles, on entend par-là des voutes communes, appellées autrement *Berceaux*. Les eſcaliers ſont repreſentés par des lignes paralleles dont les diſtances ſont égales aux hauteurs des marches, & quand entre deux eſcaliers il y a un palier, on le marque par un vuide quarré qu'on y laiſſe. S'il y a à côté des eſcaliers des baluſtrades, elles ſont caractériſées ſur le *Plan* par des lignes paralleles qui regnent le long des eſcaliers, & entre leſquelles on marque de petits endroits ombrés ronds ou quarrés pour indiquer les baluſtres. De petits quarrés indiquent des lits. Lorſque ces quarrés ont à leurs côtés des demi-cercles, ils repreſentent des poeles. Un renfoncement dans un parois déſigne une fenêtre. (On trouve dans les Ouvrages d'Architecture de *Scamozzi*, *Palladio*, *Vignole*, *Goldman* & *Davilar*, des modeles de *Plan* d'Architecture civile.)

PLAN. Terme d'Architecture Militaire. C'eſt le circuit intérieur d'une Foltereſſe accompagnée de ſes ouvrages exterieurs. (*Voïez* FORTIFICATION.) On ſépare dans les plans les parties élevées des autres par des ombres grisâtres. On donne un peu de rouge aux murailles & un peu de jaune au terre-plein. Le talus exterieur ſe peint en verd foncé. Les parapets ſont un peu plus clairs, le glacis fort clair; le terre-plein & le chemin couvert brun, & l'eau du foſſé bleuâtre. Lorſque le foſſé eſt ſec on le teint en brun & on le ponctue. (*Voïez* les *Regles du deſſein & du lavis*, *&c.* par M. *Buchotte*)

PLAN COEFFICIENT. Terme d'Algebre. C'eſt le produit de deux quantités connues, par leſquelles l'inconnue eſt multipliée. Exemple. Les quantités connues b, a, étant multipliées par l'inconnue x, pour avoir le produit $b a x$, $b a$ eſt le *Plan coefficient*.

PLAN DIAGONAL. Terme de Géometrie. C'eſt la ſection d'un corps d'un angle à l'autre. Exemple. A B C D E F G H étant un cube, (Planche IX. Figure 213.) la ſection A B E F eſt ſon *Plan diagonal*.

PLAN GEOMETRAL. Terme de Perſpective. Surface plane parallele à l'horiſon, placée au-deſſous de l'œil, dans laquelle on imagine les objets viſibles ſans aucun changement, ſi ce n'eſt qu'ils ſont réduits quelquefois de grand en petit.

PLAN DE GRAVITÉ ou de **PÉSANTEUR.** *Plan* qu'on ſuppoſe paſſer par le centre de gravité d'un corps.

PLAN HORISONTAL. Surface plane dans laquelle eſt la ligne horiſontale apparente, ou un *Plan* qui ne touche le globe terreſtre que dans un ſeul point donné. On appelle auſſi dans la Statique & dans la Gnomonique un *Plan* ce qui eſt parfaitement parallele à l'horiſon. Dans la Perſpective le *Plan horiſontal* eſt une ligne parallele à l'horiſon & paſſe par l'œil.

PLAN INCLINÉ. Terme de Mécanique. C'eſt une ſurface inclinée à l'horiſon le long de laquelle on fait mouvoir un corps. Les Mécaniciens la conſidèrent comme une machine, dont telle eſt la théorie,

1°. Si une puiſſance F ſoutient un poids ſphérique P (Planche XL. Figure 214.) par une direction C B parallele au *Plan incliné* E H, la puiſſance eſt au poids comme la hauteur G H du *Plan* eſt à la longueur H E. Pour le prouver on mene C A perpendiculaire au *Plan* E H, & C D perpendiculaire à ſa baſe E G. Ces deux lignes ſervent à former un parallelograme D B, dont C D repreſente la péſanteur abſolue du poids, C A ſon action, & C B la force F de la puiſſance. Donc F : P : : C B : C D, ou comme D A : D C. Et à cauſe de l'angle droit D A C & de l'angle D C A, égal à l'angle E, on aura D A : D C : : H G : H E, Donc F : P : : H G : H E.

ge aux
-plein.
foncé.
le gla-
chemin
euâtre.
n brua.
deffein

C'eft
s , par
Exem-
t mul-
le pro-

. C'eft
l'autre.
cube ,
A B E F

ective.
placée
n ima-
hange-
uelque-

. *Plan*
gravité

ans la-
rente ,
erreftre
appelle
omoni-
arallele
an ho-
ifon &

. C'eft
ong de
es Mé-
e ma-

n poids
214.)
Plan in-
comme
ngueur
perpen-
endicu-
fervent
nt C D
poids ,
de la
D , ou
l'angle
égal à
H G :

On

On peut réduire cette machine à un lévier coudé qui a fon point d'appui en I & les bras du lévier I C, I L perpendiculaires aux directions G B, C L de la force & du poids : ce qui donne toujours le même rapport.

2°. Si le poids P (Planche XL. Figure 215.) eft foutenu par une puiffance F, felon une direction C B parallele à la bafe E G du *Plan*, la puiffance F fera au poids P comme la hauteur H G du *Plan* eft à la longueur E G de la bafe ; car dans ce cas F : P : : D A : C D, & à caufe des triangles femblables H E G, D C A, comme E G : H G.

3°. Quelle que foit la direction C B de la puiffance, elle fera toujours au poids en raifon réciproque des perpendiculaires abbaiffées du point A de la ligne C A fur les directions C F, C D de la puiffance & du poids.

Tous les Mécaniciens ont écrit fur le *Plan incliné*, mais ils n'ont fait qu'étendre en quelque forte ces trois propofitions qui en renferment toute la théorie. (*Voïez* la *Nouvelle Mécanique* de M. *Varignon*, Tome II.) *Galilée* eft le premier qui a examiné de quelle maniere les corps graves montent & defcendent fur un *Plan incliné*. (*Voïez* CHUTE DES CORPS GRAVES.)

PLAN DE REFACTION. Terme d'Optique. C'eft une furface qui paffe par le raïon d'incidence & par le raïon refracté.

PLAN DE REFLEXION. Terme de Catoptrique. C'eft le *Plan* qui paffe par le point de réflexion. Ce *Plan* eft toujours dans le plan du miroir ou du corps réflechiffant.

PLAN VERTICAL. Terme de Perfpective. C'eft une furface plane qui paffe le long du raïon principal, & par conféquent par l'œil perpendiculairement au *Plan* géometral.

PLANCHETTE. Inftrument de Géometrie dont on fe fert pour mefurer des angles ou pour faire tel angle qu'on veut, pour tirer des lignes paralleles ou perpendiculaires à des lignes données, & pour mefurer toute forte de lignes droites fur la terre. Comme toutes ces connoiffances font la bafe de la Géometrie-pratique, la *Planchette* fert à toutes ces opérations. Ainfi par fon fecours on leve un plan, on mefure une hauteur, une diftance, &c. Le grand nombre de fes ufages lui a fait donner le nom d'*Inftrument univerfel*. En voici la conftruction.

La planche ou la table de cet inftrument eft un parallelograme de bois A B C D, (Planche XI. Figure 212.) long de 14 pouces & ½, & large de 11 pouces environ. Autour de ce parallelograme eft un chaffis

de bois tellement proportionné, qu'en mettant fur la *Planchette* une feuille de papier, & forçant le chaffis de s'emboeter avec la planche, la feuille de papier fe trouve tendue & bien exactement ferrée tout autour des bords. Rendue par-là ferme & unie, on peut y tracer le plus régulierement qu'il eft poffible le plan d'un terrein. Quelques Géometres font fur un côté de ce chaffis des divifions égales pour tracer fur le papier, fuivant le befoin, des lignes paralleles en long & en travers. Mais ces divifions ne font qu'acceffoires à l'inftrument. Ce qui eft effentiel, c'eft la projection des 360 degrés d'un cercle fur l'autre côté, & qui partent d'un centre de cuivre placé d'une maniere convenable fur la *Planchette*. Au centre B eft une alidade E F qui eft une regle de bois ou de cuivre longue au moins de 16 pouces, large de deux & affez épaiffe pour être ferme & folide. Cette alidade porte deux pinnules, c'eft-à-dire, deux petites plaques de bois ou de cuivre fendues vis-vis la ligne de foi, laquelle eft une ligne droite qui répond au centre du demi-cercle. Ordinairement fur l'alidade font gravées plufieurs échelles de parties égales, de diagonales, de lignes, de lignes des cordes, &c. On attache encore au milieu de l'inftrument ou fur un côté une bouffole avec deux vis, pour pouvoir le placer dans la même pofition à chaque fois qu'on le fait changer de place. Le tout eft fupporté, quand on opere, fur un bâton à trois branches, dont la partie fuperieure eft conftruite de maniere à s'ajufter exactement dans un genou que porte la *Planchette*, au moïen duquel on peut donner à cet inftrument toutes fortes de fituations.

L'ufage de cette *Planchette* eft de mefurer les angles fur la terre ou en l'air, pour faire tel angle qu'on veut, pour tirer des lignes paralleles à des lignes données, pour en tirer de perpendiculaires, &c. On en a inventé de plufieurs fortes qu'on trouve moins compofées, mais d'un ufage plus borné. Parmi celles-là la plus fimple eft formée d'un ais d'environ douze ou quinze pouces en quarré qui fe place dans un chaffis-deftiné à enfermer une feuille de papier fur laquelle on travaille. Cet inftrument fe pofe fur un pied à trois branches & n'a ni pinnules, ni lunettes. On fe fert d'épingles pour bornoïer ; & fon échelle étant placée fur le bord du chaffis, on rapporte fur le champ les longueurs & les diftances. On trouve la defcription de differentes *Planchettes* dans tous les Traités de Géometrie-pratique, & particulierement dans le *Traité de la Con-*

ſtruction & uſage des Inſtrumens de Mathéma-
tique de *Bion* , L. IV. & dans la *Nouvelle*
Méthode de lever les Plans , par M. *Oʒanam.*

PLANETAIRE. Inſtrument d'Aſtronomie, qui
repreſente le mouvement des corps céleſtes.
(*Voïez* AUTOMATE.)

PLANETE. Aſtre errant qui a un mouvement
d'Occident en Orient ſur les poles du zodiaque. On compte ſept aſtres de cette eſpece;
ſavoir, la Lune ☽, Mercure ☿, Venus ♀,
le Soleil ☉, Mars ♂, Jupiter ♃ & Saturne ♄. Dans le ſyſtême de *Copernic* la
terre devient une *Planete* à la place du ſoleil qui eſt immobile au centre du monde.
(*Voïez* SYSTEME DU MONDE.) Autour
de deux de ces *Planetes* on a découvert avec
des teleſcopes d'autres petites *Planetes*
qu'on appelle *Satellites* (V. SATELLITES.)
Ces *Planetes* ſont appellées *Planetes ſubalternes* , parce qu'elles n'ont point le ſoleil
pour centre de leur mouvement. Dans ce
ſens la lune , qui ſe meut autour de la terre,
eſt une *Planete ſubalterne* , c'eſt-à-dire , le
ſatellite de la terre. Il y a donc ſuivant cette
diſtinction ſix *Planetes principales* ; Mercure, Venus, le Soleil ou la Terre , Mars,
Jupiter, Saturne; & dix ſubalternes , la lune , les quatre ſatellites de Jupiter , & les
cinq de Saturne. On diviſe les *Planetes principales* en *inferieures* & en *ſuperieures.* Les *Planetes ſuperieures* ſont Mars , Jupiter & Saturne, qui ſont plus élevées que la terre &
toujours plus éloignées du ſoleil. Les *Planetes inferieures* ſont Venus & Mercure qui
ſont plus proches du ſoleil que la terre.
Ainſi nous ne pouvons jamais voir ces deux
Planetes oppoſées au ſoleil ; puiſque nous
ne pouvons jamais être entre elles & le
ſoleil. Seulement deux fois dans leur cours,
elles nous doivent paroître conjointes au
ſoleil une fois en-deçà , une fois en-delà
du ſoleil. Il n'en eſt pas ainſi des *Planetes
ſuperieures* , qui, à cauſe de leur ſituation ,
nous paroiſſent conjointes au ſoleil & oppoſées ; conjointes quand le ſoleil eſt entre
elles & nous ; oppoſées quand nous ſommes entre elles & le ſoleil ; ce qui eſt leur
plus grande proximité de la terre. Etendons
ces connoiſſances autant que doit le comporter & le plan de ce Dictionnaire , &
l'importance de cet article.

2. L'Obſervation la plus ancienne ſur les
Planetes regarde leur mouvement. Une choſes frappa d'abord à cet égard , c'étoit le
retour des *Planetes* du point d'où elles
étoient parties. En ſecond lieu on s'apperçut que leur mouvement ſe faiſoit dans
des lignes courbes qui rentroient en elles-
mêmes. Le cercle étant la courbe la plus

connue , on crut que les lignes parcourues
par les *Planetes* , appellées *orbites* , ne pouvoient être que des cercles. Cependant
aïant remarqué que le ſoleil & les autres
Planetes étoient tantôt proches de la terre,
tantôt bien éloignées , on comprit que le
centre de ces cercles ne pouvoit être le
même que celui de la terre. D'où il fut aiſé
d'imaginer des *cercles excentriques* ; c'eſt à-
dire , des orbites circulaires qui avoient leur
centre hors de celui de la terre. Ce fut une
grande joïe de voir combien ce cercle excentrique répondoit aux phénomenes quant
au mouvement du ſoleil , mais un grand
chagrin de reconnoître qu'il n'en étoit pas
de même de celui des *Planetes* , dans lequel,
outre l'inégalité du mouvement qu'on ob-
ſervoit auſſi au ſoleil , on en remarquoit
encore un autre qui répondoit à la diſtance
apparente du ſoleil , & qui dépend du mouvement de la terre, inconnu dans ce tems.
Afin de n'être point en défaut d'aucun côté,
on ajouta au cercle excentrique un autre
petit cercle dont le centre ſe mouvoit dans
la periferie de l'excentrique , & ce fut dans
la periferie de ce petit cercle qu'on fit mouvoir la *Planete.* On appella ce petit cercle
Epicycle , qui ne ſatisfaiſoit pas toujours à
tout. Dans ce cas , où l'explication des phénomenes ſe trouvoit en défaut , on en mettoit encore un ſecond qu'on appelloit *Epicy-
clepicycle.* Ces *épicycles* , quoique d'un foible
ſecours , ont été conſervés pendant long-
tems. Les Aſtronomes qui admirent en ſuite
le mouvement de la terre les conſerverent,
parce que le ſeul excentrique ne ſuffiſoit
point pour ſatisfaire à la premiere inégalité
du mouvement. Enfin *Kepler* aïant découvert que les *Planetes* ſe mouvoient dans
des ellipſes , débarraſſa l'Aſtronomie de tous
ces cercles fictices. En 1609 ce grand Aſtronome publia ſa découverte dans le beau
Commentaire de ſon Ouvrage intitulé :
De Motibus ſtellæ Martis. Il prouva que
les *Planetes* ne ſe mouvoient point dans
des cercles , mais dans des ellipſes ; dont un
des foïers étoit occupé par le ſoleil. Il s'attacha enſuite à mettre ce mouvement dans
tout ſon jour ſuivant les véritables loix de
la nature dans ſon *Epitome Aſtronomiæ
Copernicanæ.* C'eſt dans ces deux écrits que
Kepler a recherché les cauſes des mouvemens qui ont été enſuite mieux développées par M. *Leibnitz* dans ſon *Tentamen
de cauſis motuum cœleſtium Phyſicis.* (*Voïez*
les *Acta eruditorum an.* 1689, *page* 52.) &
ſur-tout par le grand *Newton* dans ſes *Philoſophiæ naturalis principia mathematica.*
(*Voïez* ATTRACTION & SYSTEME DU

MONDE.) Bornons-nous ici à développer la pensée de *Kepler*.

3. Il est donc démontré que les *Planetes* se meuvent dans une ellipse E L I P (Planche XVI. Figure 216.) dont un des foïers S est occupé par le soleil; en sorte que le *raïon vecteur* S R, c'est-à dire, la ligne tirée du centre du soleil dans celui de la *Planete*, décrit des secteurs elliptiques égaux I S R dans des tems égaux, & que les quarrés des velocités du mouvement des differentes *Planetes* sont entre eux comme les cubes de leur distance du soleil. La ligne E I, qu'on appelle autrement axe de l'ellipse, est nommée ici *Ligne des apsides* ou *Ligne d'aphelie & de perihelie*. Dans les *Planetes principales* cette ligne passe par le soleil. Or la *Planete* se trouvant en E, elle est plus proche du soleil que quand elle est en I : par conséquent le point E est son perihelie & le point I son aphelie. (*Voïez* APHELIE & PERIHELIE.) Le cercle E N I T décrit du centre de l'ellipse C avec son demi-axe C E par les points E & I, est appellé *Excentrique*. On appelle le point E l'apside inferieure, & le point I l'*apside superieure*; le demi-orbite E L I ou encore le demi-cercle excentrique E N I, *demi-cercle descendant*, & l'autre moitié E P I ou encore E T I, *demi-cercle ascendant*. La ligne S C entre le centre du soleil & le centre de l'orbite de la *Planete* porte le nom d'*Excentricité*; la ligne S R tirée du centre du soleil dans celui de la *Planete* celui d'*intervalle* ou *longitude*; la distance dans l'aphelie S I, *la plus grande longitude*, & la distance dans le perihelie S E, celui de plus petite longitude. La distance S L est appellée *la longitude moïenne premiere*; celle de S P, *la longitude moïenne seconde*. On nomme *Libration* la difference entre la longitude moïenne & quelqu'autre longitude. La ligne L P ou le petit axe de l'ellipse est dit *Diacentre*, & la ligne D H, parallele à L P, *Dihelie*. Le tems que la *Planete* emploïe dans un arc de son orbite I R à compter depuis l'aphelie, ou encore l'aire du secteur I S R; qui est à toute l'ellipse comme le tems emploïé en I R au tems de toute l'orbite, est appellée *Anomalie moïenne*; l'arc de l'excentrique A compris entre la ligne des apsides E I & l'intervalle prolongé S A, *Anomalie de l'excentrique*, & l'angle R S I que l'intervalle R S fait avec la ligne des apsides E I dans le centre du soleil *Anomalie égalée*, ou encore l'*Angle au soleil*. La difference entre l'anomalie moïenne & l'anomalie égalée est l'*Equation* du *Prostapherese*. *Kepler* distingue deux sortes d'équations, dont une

dérive de la véritable inégalité du mouvement & l'autre de l'apparente. Il donne à celle-là le nom d'*Equation Optique*, & celui d'*Equation Physique* à celle-ci. La premiere est l'angle S R C, & la seconde la valeur du triangle S R C dans des parties desquelles l'aire de l'ellipse à 360°. C'est par cette raison que ce triangle est nommé *Triangle équatoire*. On trouve l'orbite elliptique de la terre dans l'écliptique, mais celles des autres *Planetes* inclinent vers cette ligne sous un angle constant, & elles le coupent dans la ligne des apsides E I.

Telle est la théorie des *Planetes* suivant *Kepler*, & avec laquelle on calcule le lieu où une *Planete* est vûe du soleil, lieu qu'on nomme *Heliocentrique*. Quelques fautes que ce grand Astronome avoit faites dans ces calculs par l'anomalie moïenne (*Voïez* ANOMALIE), firent suspecter cette théorie elliptique. *Ismael Bouillaud* y fit quelques changemens (*Voïez* son *Astronomia Philolaica*), & il fut suivi par *Vincent Wing*, (*Astronomia Britannica*.) Cela n'empêcha pas que *Bouillaud* ne reconnût *Kepler* pour un grand Astronome; mais il osa le plaindre de ce qu'il n'étoit pas bon Géometre. Cet air de commiseration parut indecent à *Sethus Wardus*. Celui-ci examina son Ouvrage & lui dévoila dans son *Inquisitio in Astronomiam Philolaicam*, des choses bien mortifiantes. La premiere qu'il avoit avancé beaucoup d'erreurs contre la Géometrie; la seconde, qu'il n'avoit pas entendu sa propre hypothese, puisqu'il avoit supposé sans connoissance de cause que le mouvement paroissoit se faire avec une vitesse égale de l'autre côté de l'ellipse. Le tout fut mis dans un si grand jour, que *Bouillaud* fut obligé de reconnoître ses méprises. Il en convint dans un Livre qu'il publia sous ce titre: *Fundamenta Astronomiæ Philolaicæ clarius explicata & asserta*; mais il eut la précaution d'avertir dans sa Preface, qu'il s'en étoit apperçu lui-même après que son Livre eut été imprimé. Cela peut être. Cependant l'Ouvrage de *Wardus* eut tout le succès, & lui fit tout l'honneur qu'il pouvoit en attendre. Il établit là pour vérité constante ce que *Bouillaud* avoit supposé sans y penser, & dont *Kepler* avoit déja eu l'idée qu'il avoit rejettée, parce que sans doute il ne la trouvoit pas conforme aux observations. Aussi le Comte de *Pagan* (*Voïez* sa *Théorie des Planetes*) & *Jean Newton*, (*Astronom. Britan.*) chercherent à confirmer cette théorie, qui malgré tout cela, & selon l'aveu même de *Bouillaud*, ne s'accorde nullement avec les observations de *Tycho*. M. *De Cassini*, à la vûe de ces difficultés, foupçonna que l'orbite des *Planetes* pouvoit bien être une ovale differente de celle de l'ellipfe d'*Apollone* qui étoit celle de *Kepler*. (*De Origine & progreſſu Aſtronomiæ.*) On trouve la defcription de cette courbe dans les *Elementa Aſtronom.* de *Gregori*, *L. III. Prop. 8. p. 216.* Cette ligne ne fatisfait point encore aux obfervations, & elle eſt même en cela plus défectueufe que celle de *Kepler* qui eſt aujourd'hui adoptée par tous les Aſtronomes. Celui-ci a tiré fa théorie des obfervations de *Tycho* avec une pénétration admirable, & non pas de la figure ovale que *Rheinold* a joint pour la lune à la théorie de *Purbach*, comme le foutient *Riccioli* dans fon *Almageſtum novum*, *Liv. III. Ch. 23.* où il eſt dit que *Kepler* en avoit tiré la conjecture que les *Planetes* pouvoient bien fe mouvoir dans des ovales. *Gregori* dans fes *Elem. Aſtronom. Liv. III. pag. 107*, a rendu à *Kepler* un témoignage plus favorable de fon travail, & felon toutes les apparences plus équitable. (*V.* OVALE DE CASSINI.)

Toute cette théorie & cette hiſtoire aſtronomique des *Planetes* eſt générale, tant pour les fuperieures que pour les inferieures. Il eſt vrai que *Ptolomée* a un fyſtème particulier pour les premieres & un pour les dernieres, à caufe de leur differente fituation qui forme un grand changement dans fon fyſtème. M'étant propofé de développer l'Aſtronomie ancienne & moderne, je ne dois pas négliger ce fyſtème de *Ptolomée*. Une expofition des idées de ce célebre Aſtronome dans des divifions féparées, mettra fon fyſtème dans tout fon jour fans confufion. La lune qui eſt une *Planete* fubalterne, fera auffi un article à part pour la même raifon.

4. *Des Planetes fuperieures.* Ces *Planetes* font comme je l'ai dit, Mars, Jupiter & Saturne. *Ptolomée* dans fon *Almageſt. Liv. IX. Ch. 5.* explique leur mouvement d'après les Anciens de la maniere fuivante. Du centre A de la terre (Planche XVI. Figure 217.) on décrit un cercle H B P C qui repréfente l'écliptique. On tire par A une ligne droite B C qui repréfente la ligne des apfides. A E eſt toute l'excentricité, & de E on décrit avec le demi-diametre l'orbite de la *Planete* ou le cercle R K O L qu'on appelle *Excentrique Equant*. L'excentricité E A fe divife en deux parties égales en D. Ce point D fert de centre au cercle M K F L qu'on appelle *Excentrique* ou *Deferent*. Le diametre de ce cercle doit être égal au demi-diametre de l'orbite de la *Planete*. C'eſt dans la periferie de cet excentrique que fe meut le centre I de l'épicycle,

pendant que le centre de la *Planete* tourne dans le cercle. Le mouvement de la *Planete* eſt inégal dans le déferent, mais il paroît égal dans le centre de l'équant E. Le point F eſt l'apogée de l'excentrique déferent. Les points G & g font l'apogée moïen de l'épicycle, d'où l'on tire la ligne E G ou E g du centre de l'équant E. En G & u eſt l'apogée vrai de l'épicycle où l'on tire la ligne G A ou u A. Or l'épicycle étant dans la ligne des apfides B C, l'apogée moïen & l'apogée vrai de l'épicycle font les mêmes. De la même maniere M eſt le *perigée de l'excentrique*, & lorfque le centre de l'épicycle y eſt, le perigée moïen & le vrai de l'épicycle Q font les mêmes, mais dans d'autres cas ils font differens comme les apogées.

Dans la même figure D M eſt le *diametre des apfides de l'excentrique*; E F G & E I G, la ligne de l'apogée moïen; A k u, la *ligne de l'apogée vrai*; E F R & E I, la *ligne du mouvement moïen du centre de l'épicycle dans l'équant*; A Z, qui eſt parallele à E I de même que A B, la *ligne du mouvement moïen du centre de l'épicycle dans le zodiaque*; A I T & A F B la *ligne du vrai lieu du centre de l'épicycle*; A u T, *la ligne du vrai lieu de la Planete*; G F Q & g I t, le *diametre des apfides de l'épicycle*; b F d, le *diametre des longitudes moïennes de l'épicycle*; N D Y, le *diametre des longitudes moïennes de l'excentrique*. Enfin, fi l'on divife l'excentricité du deferent A D en deux parties égales par les lignes a m, A a & A m elles feront les *lignes de la longitude moïenne*.

Dans ces *Planetes*, le mouvement de l'apogée moïen de l'épicycle eſt d'une viteſſe inégale, mais celui de l'apogée excentrique eſt égal. La difference entre l'apogée moïen & l'apogée vrai de l'épicycle g u eſt encore appellé *Equation de l'apogée moïen*, ou *Proſtapherefe du mouvement de l'apogée moïen*. On nomme l'arc du zodiaque entre la ligne des apfides & la ligne du moïen mouvement B Z, *anomalie moïenne de l'excentrique*; l'arc entre la ligne des apfides & la ligne du vrai mouvement B T, *anomalie vraie de l'excentrique* ou *centre égalé*; l'arc du zodiaque entre le commencement du Belier P & la ligne du moïen mouvement P Z, *longitude moïenne du centre de l'épicycle* ou *longitude moïenne de l'excentrique*; l'arc du zodiaque entre le commencement du cercle P & la ligne du vrai mouvement P X, *longitude vraie du centre de l'épicycle* ou *longitude vraie centrique* ou *longitude égalée du centre*; la difference entre le centre moïen & le centre vrai T Z ou l'angle T A Z, *équation du centre dans le zodiaque*, ou

rne
nete
roît
oint
Les
épi-
du
ipo-
G A
gne
ogée
e la
ntri-
eft,
le Q
s ils

netre
I G,
ligne
e du
dans
l de
oïen
que;
cen-
vrai
dia-
, le
picy-
ou-
livife
par-
A m
enne.
le l'a-
iteffe
rique
noïen
ncore
, ou
noïen.
ligne
ouve-
rique;
ligne
aie de
zodia-
: P &
longi-
u lon-
c du
cercle
, lon-
longi-
lée du
moïen
A Z,
ou

équation de l'anomalie de l'excentrique; l'arc de l'épicycle G *b* ou *g n* entre l'apogée moïen de l'épicycle & le centre de la *Planete b* ou *n*, *anomalie moïenne de l'orbe*; l'arc de l'épicycle G *b* ou *u n* entre l'apogée vrai de l'épicycle & le centre de la *Planete*, *anomalie vraie de l'orbe*, ou *argument vrai*, ou encore *argument égal*. Enfin on nomme l'arc du zodiaque entre le vrai lieu du centre de l'épicycle & le vrai lieu de la *Planete* T X, *équation de l'argument*.

Il eft inutile de rapporter ici tout ce que *Copernic* & d'autres Aftronomes ont changé à cette théorie de *Ptolomée*. On a vû ci devant ces changemens. Je dirai feulement que le mouvement du centre de l'épicycle eft véritablement le mouvement de la *Pla- nete* qui fe fait non autour de la terre, comme l'avoit établi *Ptolomée*, mais autour du foleil, felon le fyftême de *Copernic*.

5. *Des Planetes inferieures*, qui font Venus & Mercure, felon *Ptolomée*. Cet Aftronome don- ne à Venus, comme aux trois *Planetes* fupe- rieures, un excentrique déferent & un équant de la même grandeur avec un excentricité partagée en deux parties, & il fait mou- voir Venus dans l'épicycle & fon centre dans la périferie du déferent, lequel mou- vement paroît égal dans le centre de l'é- quant. On doit cependant y remarquer cette différence que la ligne du mouvement moïen du centre de l'épicycle de Venus & du Soleil font toujours les mêmes. D'où il fuit, que cette *Planete* ne fauroit s'é- carter du foleil plus que ne lui permet fon épicycle. On applique ceci à Mercure en obfervant que le centre de fon excentrique déferent, ne garde pas toujours une diftan- ce égale de la terre, mais qu'il fe meut dans la periferie d'un cercle. Cette excen- tricité s'appelle *Excentricité temporelle*. On n'a pas befoin de cette différence dans l'hy- pothefe de *Kepler*. Et la même théorie fert à toutes les *Planetes*.

6. *De la Lune*. Pour expliquer le mouve- ment de cette *Planete*, *Ptolomée* fe fert d'un excentrique, dont le centre tourne dans un cercle autour de là terre & d'un épicycle dans la periferie duquel tourne le centre de la lune. Dans la Figure 218. (Plan- che XVI.) A eft le centre de la terre; I O M le cercle dans lequel fe meut le centre de l'épicycle, dont le centre D eft dans la periferie de l'excentrique; B A C eft la *ligne des fyzygies moïennes*, ou *de la pleine & de la nouvelle lune moïenne*. En D eft l'a- *pogée de l'excentrique*; en F le *perigée de l'excentrique*; en S le *lieu véritable de la lune dans le zodiaque* lorfque la lune eft en R.

Là ligne A R S eft la *ligne du mouvement véritable*; T le *lieu moïen de la lune*, lorf- que le centre de l'épicycle eft en N; A N T, la ligne du moïen mouvement; B *l'apogée du vrai épicycle* (nom qu'on donne fouvent à chaque point dans l'épicycle où paffe la li- gne A P tirée du centre de la terre A par le centre de l'épicycle Q); Q, *l'apogée moïen de l'épicycle* déterminé par la ligne O N Q tirée du point O (oppofé au cen- tre de l'épicycle M) par le centre de l'épi- cycle; L, *l'apogée vrai de l'excentrique* où paffe la ligne A L, tirée du centre de la terre par celui de l'excentrique M dans l'ex- centrique. *L'argument* ou *l'anomalie vraie de la lune* eft l'arc P R, lorfque la lune eft en R, & l'apogée vraie de l'épicycle eft en P. Le *centre de la lune* ou *l'anomalie de l'ex- centrique* ou encore la *longitude double* eft l'arc du zodiaque entre l'apogée vrai de l'excentrique L & l'apogée vrai de l'épicycle P, ou le lieu moïen de la lune T, c'eft-à- dire l'angle T A L. *L'équation de l'argument* ou *épicycle*, ou encore l'*équation de la pre- miere inégalité* eft l'arc du zodiaque entre la ligne du mouvement vrai de la lune T S, c'eft-à-dire l'angle T A S; *l'équation du centre* ou *excentrique*, l'arc de l'épicycle entre le vrai & le moïen apogée P Q; la *diverfité du diame- tre de l'épicycle* l'arc du zodiaque qui donne la différence entre l'équation de l'épicycle dans le périgée & dans l'apogée. On appelle *Scru- pules proportionnels* les foixante parties de la diverfité du diametre de l'épicycle. (*Voïez* l'*Almagefte* de *Ptolomée*, L. IV. Ch. 5.)

C'eft ainfi que *Ptolomée* accumule des cercles pour expliquer le mouvement de la lune. *Kepler* a voulu fubftituër une ellipfe à la place de l'excentrique avec l'épicycle: mais il n'a pas été ici auffi heureux que pour les autres *Planetes*. La lune, de même que les autres *Planetes* fubalternes, je veux dire les fatellites, décline du mouvement rec- tiligne, non-feulement vers le centre de leurs *Planetes* principales, celles dont elles font les fatellites; mais encore & en même- tems vers le centre du foleil. Et cette dé- viation du mouvement rectiligne, change fuivant que varie la diftance de leurs *Pla- netes* principales & du foleil. M. *Newton* eft le feul & le premier qui a développé toutes ces difficultés dans fon grand Ou- vrage, *Philofophiæ naturalis principia Ma- thematica*, où il faut voir (Liv. III. Prop. 25.) la maniere de calculer toutes les irré- gularités du mouvement de la lune d'après des caufes fort naturelles. (*Voïez* LUNE.) Cette belle découverte eft très-bien expli- quée dans les *Elementa Aftronomiæ Phyficæ*

& *Geometricæ*, de *David Gregori*, *Liv. IV*.

7. Voilà les fondemens de la théorie des *Planetes*; voici le résultat & les connoissances principales qu'on a retirés de cette théorie. Il s'agit de savoir & la grosseur des *Planetes* & leur distance de la terre. Or on connoît d'abord que le diametre du soleil est 110 fois plus grand que celui de la terre; 308 fois plus grand que celui de Mercure; 84 fois que celui de Venus; 166 que celui de Mars; $5\frac{1}{2}$ que celui de Jupiter; $3\frac{4}{11}$ que celui de l'anneau de Saturne: & que celui de l'anneau de Saturne est 2 fois $\frac{1}{4}$ plus grand que le diametre du globe de Saturne. Comparant ensuite ce diametre des *Planetes* avec celui de la terre, on trouve que la terre est presque 27 fois aussi grande que Mercure; qu'elle égale Venus en grandeur; qu'elle est plus grande que Mars; en sorte que le diametre terrestre est $1\frac{1}{2}$ plus grand que celui de Mars, la terre contenant par conséquent $3\frac{1}{8}$ plus

de matiere que le globe de Mars; que Jupiter a un diametre 20 fois aussi grand, & un volume 8000 fois aussi grand que celui de la terre; que le diametre de Saturne est environ 30 fois aussi grand que le diametre de la terre: ainsi si cet anneau forme un globe, ce globe est 27000 fois le globe de la terre. Et le diametre de Saturne est environ 13 fois aussi grand que celui de la terre. Donc le corps de cette *Planete* est 2197 fois aussi grand que toute la terre. Enfin, la terre est 39 fois aussi grande que la lune, suivant les Anciens; 43 fois selon les Modernes, & 52 selon M. *De Cassini*.

Cet Astronome a aussi déterminé les distances des *Planetes* à la terre, en demi-diametres terrestres. (*Voïez* DISTANCE.) Il me reste à donner une Table des révolutions des *Planetes* autour du soleil : c'est ce que j'ai fait en me servant des calculs de M. *De la Hire*.

TABLE DES REVOLUTIONS DES PLANETES AUTOUR DU SOLÉIL, ET DE LA LUNE AUTOUR DE LA TERRE, SUIVANT LES TABLES ASTRONOMIQUES DE M. DE LA HIRE.

Noms des Planetes,	Années,	Jours,	Heures.	Min.	Secondes.		
Saturne,	29	163	14	8"	29		
Jupiter,	11	315	14	12	13		
Mars,	1	321	22	22	12		
La Terre,	0	365	5	48	50		
Venus,	0	224	16	40	26		
Mercure,		87	23	14	16		
La Lune autour de la terre,		27	7	43	4	56$'''$	23^{vi}

7. Jusqu'ici nous avons suivi le cours & le mouvement des *Planetes*. Quelle est maintenant la cause de ce mouvement ? L'esprit est là livré à lui-même, & rien ne le guide dans la recherche de ce mouvement. Aussi les idées des anciens Physiciens sont très-singulieres. Les premiers croïoient que tous les astres avoient une ame. D'autres prétendirent que des intelligences célestes dirigeoient leurs mouvemens. Tous les Peres de l'Eglise adopterent ce sentiment. Interprétant même là-dessus quelques passages de l'Ecriture, ils ne craignirent point d'avancer & de donner comme un article de foi, que chaque corps céleste étoit guidé par un Ange tutelaire. Mettant cette connoissance à profit, on s'avisa d'observer fort heureusement, que de même qu'il y a sept *Planetes*, il y avoit sept intelligences célestes qui se tenoient toujours en présence du Trône du Très-Haut. Et tout de suite on en conclut que ces intelligences étoient

précisément celles qui gouvernoient les *Planetes*. Il est fâcheux sans doute après une conjecture si heureuse, qu'on n'ait pas sçu alors que les *Planetes* faisoient leur révolution autour de cet astre : on n'auroit pas manqué de placer là le trône du Créateur, & cela auroit encore donné bien du poids à ce pieux système. Car une chose qui nuisit à sa solidité, c'est une objection terrible fondée sur la privation de la vision béatifique de ces Anges, objection de nulle valeur en plaçant le soleil actuellement le trône au centre du mouvement des *Planetes*. Cependant il faut avouer que cette commission qu'on donnoit aux Anges n'étoit pas bien relevée : c'est la remarque judicieuse que fit *Lessius*. Comment concilier ce travail avec l'idée qu'on a de leur occupation auprès de leur divin Maître ? Cela étoit embarrassant. Il étoit de foi, comme on vient de voir, que des Anges gouvernoient des *Planetes*. A force de méditations, *Lessius* trouva moïen de concilier le tout. Il donna aux fept Anges des Lieutenans que ces Efprits céleftes commettoient quand ils vouloient fe rapprocher de la Divinité. Ces Anges étoient *Anges fubalternes*. Là-deffus le P. *Schot*, Jefuite, dit qu'en 1660 on voïoit à Rome la Bafilique des fept Anges gubernateurs des *Planetes*. Il nous apprend auffi qu'on leur avoit dédié un autel dans un des Colleges de fa Compagnie ; & on fait encore de lui que le nom & le furnom de ces Anges, avec les emblèmes propres à les caractérifer, avoient été miraculeufement trouvés dans une Eglife de Sicile qui leur eft confacrée.

Toutes ces chofes étant fi bien ajuftées, on ne douta plus qu'effectivement les *Planetes* ne fuffent mues par des Anges. Tranquille fur cela, on fut curieux de connoître ces intelligences céleftes. La chofe n'étoit pas aifée. Cependant *Kirker*, à qui rien ne coutoit, au défaut d'un voïage réel, fe tranfporta en idée fur toutes les *Planetes*, & là il contempla à loifir leur Gouverneur. D'abord il vit dans Saturne des vieillards mélancoliques marchant à pas de tortue revêtus d'habits lugubres, & fecouant des torches puantes où la lumiere étoit enveloppée par une fumée épaiffe. Ils avoient les yeux enfoncés, le vifage pâle, & un air fevere, en un mot, tous les traits des miniftres de vengeance. Et cela devoit être, parce que Saturne paffoit dans ce tems pour une *Planete* remplie de malignes influences, & qui ne tournoit fur elle-même que pour la punition des crimes qui fe commettent fur toutes les *Planetes*. Des objets fi défagréables n'encourageoient pas *Kirker* à vifiter les autres *Planetes*. Il voulut pourtant voir Venus & il fut bien païé de fa peine. Les Anges de cette *Planete* étoient de jeunes gens d'une taille & d'une beauté raviffante. De blonds cheveux defcendoient fur leurs reins ; & leurs vêtemens tranfparens comme du criftal, fe peignoient aux raïons du foleil des plus brillantes couleurs. Quelques-uns de ces anges danfoient au fon des lyres & des cimbales, tandis que d'autres répandoient à pleines mains, des parfums & des fleurs qui renaiffoient fans ceffe dans des corbeilles qu'ils portoient. Si l'on a du tems à perdre, c'eft une chofe à voir que la fuite de ce voïage de *Kirker*, voïage qu'il fit, crainte de l'oublier, avec un conducteur nommé *Cofmiel*. Il eft intitulé *Voïage Extatique* de *Kirker*, (*Kirker, Iter extat. cœleft.*) Dans la vûe de le completer, ce Jefuite fameux, par d'autres productions plus folides, a jugé à propos de le termi-

ner par quelques queftions théologiques fort en vogue dans ce tems : favoir fi l'eau qu'on trouve dans la lune feroit propre à baptifer un Cathécumene ; fi le vin qu'on recueille dans Jupiter pourroit fervir au facrifice de la Meffe, &c. (Sur tout ce détail *voïez Defchalles, Aftronom. L. I. P.* 5, & les *Nouvelles vûes fur le fyftême de l'Univers, Entret. V.* Ouvrage qui contient des chofes curieufes.)

Toutes ces conjectures fur la caufe du mouvement des *Planetes* ont été fuivies de fyftêmes en forme, que je développerai en leur lieu. (*Voïez* SYSTEME DU MONDE.)

Quoique j'aie diftingué les *Planetes* en principales & fecondaires, fuperieures & inferieures, je vais définir en peu de mots les *Planetes*, afin qu'étant détachées du corps de l'article, leur définition foit plus agréable ou plus aifée à trouver. Je joindrai à ces définitions celles des *Planetes* en terme d'Aftrologie.

PLANETE APPARENTE. C'eft une *Planete* qui eft vifible pendant la nuit fur notre horifon.

PLANETE ÉTRANGERE. *Planete* qui eft hors de tout afpect, ce qu'on remarque principalement dans les Calendriers comme un cas bien extraordinaire à l'égard de la lune, qui fe trouve prefque tous les jours en certain afpect avec les autres *Planetes*.

PLANETE INFERIEURE. *Planete* qui eft plus proche du foleil que de la terre. (*Voïez* PLANETE.)

PLANETE PRINCIPALE. *Planete* qui tourne autour du foleil ou autour du corps total du monde. Suivant les Anciens qui croïoient que la terre étoit fixe, les *Planetes principales* étoient Saturne, Jupiter, Mars, le Soleil & la Lune ; mais fuivant les Modernes, qui font repofer le foleil au milieu du fyftême, ce font Saturne, Jupiter, Mars, Venus & Mercure. (*Voïez* PLANETE.)

PLANETE SECONDAIRE. *Planete* qui tourne autour d'une autre *Planete* & enfemble avec celle-ci autour d'un corps célefte immobile. Dans l'ancien fyftême du monde, où l'on penfoit que le foleil tournoit avec les *Planetes* autour de la terre, Venus & Mercure étoient des *Planetes fecondaires*. Aujourd'hui qu'on fait que la terre tourne autour du foleil, les *Planetes* fecondaires, font la Lune, les Satellites de Jupiter & de Saturne. (*Voïez* PLANETE, LUNE & SATELLITE.)

PLANETE SUPERIEURE. C'eft une *Planete* qui eft plus éloignée du foleil que la terre. Telles font Saturne, Jupiter, & Mars. (*Voïez* PLANETE.)

PLANETES DIURNES. Les Aftrologues nomment ainfi Saturne, Jupiter, Mars & le Soleil.

PLANETES FEMININES. Ce font les *Planetes* Venus & la Lune, parce, qu'on les croit humides.

PLANETES HERMAPHRODITES. Ce font des *Planetes*, fuivant les Aftrologues, qui font tantôt chaudes & tantôt humides. Telle eft Mercure qui eft chaude & feche quand elle eft près du foleil, & qui devient humide quand la lune s'approche d'elle.

PLANETE LEGERE. Terme d'Aftrologie. *Planete* comparée à une autre qui fe meut plus lentement. C'eft ainfi que la lune eft nommée *legere* à l'égard de toutes les autres *Planetes*, & que le foleil l'eft à l'égard des trois *Planetes* premieres. Ceci eft généralement dit : car on appelle en particulier *Planete legere*, Venus, Mercure & la Lune.

PLANETES MASCULINES. Ce font les *Planetes* les plus chaudes, comme Saturne, Jupiter, Mars & le Soleil.

PLANETES NOCTURNES. Les Aftrologues appellent ainfi Mars, Venus, & la Lune.

PLANIMETRIE. Seconde partie de la Géometrie pratique, qui comprend l'art de mefurer des furfaces planes. Il feroit inutile, & nous nous en difpenferons par cette raifon, d'entrer dans le détail de toutes les figures dont la mefure fait l'objet de la *Planimetrie*. On peut confulter les articles appartenans à chacune de ces figures en particulier, & on y trouvera la maniere de les mefurer. Nous nous contenterons donc de propofer ici la queftion fuivante qui ne fe trouve point dans ces articles, ce qui fuffira pour donner à celui-ci une étendue convenable.

Si on propofoit à mefurer une figure irréguliere au-dedans de laquelle on ne pût pas pénétrer, on pourroit le faire de plufieurs manieres : 1°. en mefurant chacun des côtés, & tous les angles à l'exception d'un. C'eft tout ce qu'il faut pour en déterminer la forme, en faifant les attentions néceffaires dans les cas où il y auroit des angles rentrans. Par exemple, connoiffant tous les côtés de la figure A B C D E F G (Planche VIII. Figure 500.) & tous les angles à l'exception de l'angle A, on peut trouver fa furface en s'aidant des regles ordinaires de la Trigonometrie. Car dans le triangle A B C dont on connoît les côtés A B, B C, & l'angle B, on connoîtra la perpendiculaire G I, ainfi il fera aifé de mefurer l'aire du triangle. On trouve auffi le côté A C, & on fait la même opération fur le triangle E D C, dont on trouvera par la même raifon la furface, le côté E C & l'angle D E C. Mais l'angle D E F étant

connu, par la fuppofition, fi on en ôte le précédent D E C, le reftant fera C E F dont les deux côtés F E, E C & l'angle compris F E C font connus. On en trouvera donc la grandeur, & le côté C F. A l'aide des données dans le triangle E F C, on en trouvera la furface, le côté C F, & l'angle C F E. En procedant d'une maniere femblable, on trouvera la grandeur de tous les autres triangles qui compofent le poligone irrégulier qu'on propofe à mefurer.

2. Il faut convenir qu'une pareille fuite d'opérations eft longue & fatigante. Auffi dans la pratique fuit-on une méthode plus commode. On enferme le poligone à mefurer dans un rectangle dont un des côtés A H (Planche VIII. Figure 501.) eft formé par la prolongation d'un côté du poligone. Il fe fait ainfi à l'entour du poligone & au-dedans du rectangle plufieurs figures, qui étant acceffibles pourront être mefurées commodément, parce que l'on peut appliquer la toife à des lignes dont la connoiffance eft néceffaire pour cette mefure.

(*Voïez* encore fur la mefure des furfaces planes les articles AIRE, ARPENTAGE, PLAN, &c.) L'origine de la *Planimetrie* eft la même que celle de la Géometrie. Je renvoïe donc à cet article où l'on trouvera auffi le nom des Auteurs fur la mefure des furfaces planes.

PLANISPHERE. Inftrument où font projettés les cercles de la fphere fur un de fes cercles (*Voïez* ASTROLABE & PROJECTION), & qui fert à refoudre mécaniquement plufieurs problêmes d'Aftronomie. On a bien inventé de ces inftrumens. On en trouve dans *l'Ufage des globes* de Bion, dans fon *Traité des Aftrolabes*, dans la *Defcription d'une fphere mouvante* de Jean Pigeon, (celui-ci fert à expliquer & reprefenter les groffeurs, les diftances & les mouvemens des planetes, fuivant le fyftême de *Copernic*) dans le *Traité de la Comete* de M. *De Caffini*, &c. & ceux de M. *De Roemer* dans les *Machines de l'Académie*, Tome I. Mais parmi tous ces *Planifpheres*, il ne faut pas confondre celui de M. *De Caffini*. Sans prévention pour la célébrité du nom, c'eft une invention très-ingénieufe & extrêmement utile. C'eft ce qui m'engage à en donner ici la defcription & l'ufage.

Ce *Planifphere* eft compofé de deux plaques circulaires inégales A B (Planche XXI. Figure 406.) dont la plus petite eft enchaffée dans l'autre. Elles font unies l'une à l'autre par le centre qui reprefente le pole boréal du monde, autour duquel tourne la plaque fuperieure ou la petite. Sur cette plaque font deffinées les conftellations & les cercles de la fphere, comme on le voit dans la figure. Le bord de l'inferieure eft divifé en 360 dégrés & en 24 heures, qui fe comptent de 12 en 12, & chaque heure en 60 minutes. Par les points oppofés des 12 & 12 heures, & par le pole paffe un fil d'argent qui reprefente le méridien où arrivent les étoiles lorfqu'elles font à leur plus grande hauteur ou à leur moindre. Un grand cercle qui reprefente notre horifon eft attaché au méridien, & ce cercle approche du pole Nord plus d'un côté que d'un autre. Cela étant, lorfque le point de midi eft tourné vers nous, le demi-cercle, qui eft à gauche eft l'oriental, d'où les étoiles fe levent, & celui qui eft à droite eft l'occidental, où elles fe couchent. Les heures qui font du côté d'Orient font celles du matin & celles qu'on voit du côté d'Occident celles du foir. Ainfi le point des douze heures le plus proche de l'horifon eft le midi, & celui des douze heures oppofées, minuit.

J'ai dit que fur la petite plaque qui eft enchaffée dans la grande, font deffinées des conftellations : j'ajoute que ces conftellations font celles de l'hémifphere boréal & celles comprifes jufques à 41 degrés de diftance de l'équinoxial dans l'hémifphere auftral. L'écliptique y eft encore décrit entre les deux tropiques, & il eft divifé par les douze fignes du zodiaque, chaque figne l'étant en 30 degrés & marqué par fon caractere ♈, ♉, ♊, &c. Cette plaque eft divifée elle-même par les mois & par les jours de l'année, & cela afin de voir les degrés aufquels le foleil eft chaque jour de l'année. Ce qui fe connoît en faifant paffer le fil, dont j'ai déja parlé, fur le jour qu'on veut, parce que le point où ce fil coupe l'écliptique, eft le lieu où le foleil fe trouve ce jour-là. On trouve par ce moien la conftitution du ciel à tel jour & à telle heure qu'on veut, en appliquant la divifion de tel jour, à telle heure & telle minute. Alors les étoiles comprifes dans le cercle de l'horifon, font celles qui font vifibles : celles qui font hors de ce cercle ne paroiffent pas : celles qui fe rencontrent dans le demi-cercle oriental fe levent : celles qui font fous le méridien entre le pole apparent & le point le plus éloigné de l'horifon, font à leur plus grande hauteur. Au contraire les étoiles qui font fous le méridien entre le pole apparent & le point le plus proche font à leur plus grand abbaiffement, & enfin celles qui fe rencontrent alors dans le demi-cercle

Tome II.

occidental fe couchent. (Le point du lever ou du coucher fe prend dans la circonference intérieure de l'horifon.)

Comme les étoiles qui ne font pas plus éloignées de notre pole que le point le plus proche de l'horifon, font celles qui ne fe couchent pas ; & que les étoiles qui font plus éloignées du pole que le point le plus éloigné de l'horifon ne fe levent pas, on ne les a point placées dans le *Planifphere* qui eft fait principalement pour notre climat, quoiqu'on s'en puiffe fervir pour les autres par la feule variation de l'horifon. Voilà la defcription de cet inftrument, la conftruction même à laquelle tout le monde peut prétendre, s'il eft muni d'un globe célefte : en voici les ufages.

USAGE PREMIER. *Trouver l'état du ciel à tel jour & telle heure qu'on veut.*

1°. Cherchez dans la petite plaque mobile le mois & le jour propofé.

2°. Faites-la tourner jufques à ce que ce jour fe rencontre vis-à-vis de l'heure & de la minute donnée.

3°. Arrêtez la en cette fituation. C'eft celle qu'on demande. On voit donc alors quelles étoiles font fur notre horifon, quelles font celles qui fe levent, celles qui fe couchent, & celles qui font au milieu du ciel à l'inftant propofé.

On peut par cet ufage apprendre à connoître les aftres. A cette fin, après avoir difpofé le *Planifphere* felon l'état du ciel à l'heure qu'on veut obferver, on l'arrête en cette fituation ; on regarde les étoiles de la grande Ourfe, qui font toujours fur notre horifon, (Pour connoître ces étoiles *Voiez* CARTE CELESTE) & on met devant foi le *Planifphere*, en forte que fa fituation imite celle du ciel. Il faut comparer enfuite les étoiles de la grande Ourfe & celles qui l'environnent aux étoiles qui font fituées de la même façon dans le *Planifphere* à peu près comme on le pratique dans les cartes céleftes.

USAGE II. *Savoir à quelle heure & à quelle minute une étoile fe leve ou fe couche, ou fe trouve au milieu du ciel à un jour propofé.*

Tournez la plaque mobile jufques à ce que l'étoile propofée tombe fous l'horifon oriental ou occidental, ou fous le méridien. On trouvera fur le bord de la grande plaque inferieure l'heure qu'on demande vis-à-vis du jour propofé, cherché dans la plaque mobile.

USAGE III. *Trouver l'heure du lever & du coucher du foleil à tel jour de l'année que l'on veut.*

Tendez le fil qui eft attaché au centre du *Planifphere* fur le jour propofé de la plaque

Q q

mobile. Ce fil coupera l'écliptique à l'endroit où le soleil se trouve ce jour-là. Mettant le point de l'intersection à l'horison oriental ou occidental, on trouvera l'heure du jour proposé dans le bord extérieur du *Planisphere*. Le tems du lever & du coucher du soleil donnera la longueur du jour & de la nuit pendant toute l'année.

Usage IV. *Trouver le jour auquel le soleil passe par le méridien avec une étoile fixe.*

Il suffit pour cela de faire passer le fil qui vient du centre par l'étoile fixe proposée ; & le jour qui sera marqué par le fil dans la circonference de la plaque superieurieure, sera celui qu'on cherche.

Usage V. *Trouver le jour auquel une étoile se leve & se couche avec le soleil.*

1°. Tournez la feuille mobile jusques à ce que l'étoile arrive à l'horison oriental ou occidental.

2°. Observez le point où l'écliptique est coupé par le demi-cercle de l'horison.

3°. Par ce point faites passer le fil qui part du centre. Ce fil marquera sur la plaque mobile le jour qu'on cherche.

Usage VI. *Trouver le jour auquel une étoile se leve lorsque le soleil se couche.*

Tournez la plaque mobile , jusques à ce que l'étoile arrive à l'horison oriental , & observez le point où l'horison occidental coupe l'écliptique. Le fil passant par ce point montrera dans la circonference le jour qu'on demande.

Usage VII. *Trouver le jour auquel une étoile se couche lorsque le soleil se leve.*

Mettez l'étoile à l'horison occidental , & observez le point où l'écliptique est coupé par l'horison oriental. Le reste de l'opération est le même que celui de la précédente.

Usage VIII. *Trouver le jour auquel une étoile se couche à midi ou à minuit.*

Mettez l'étoile à l'horison oriental ou occidental , & voïez quel jour se rencontre alors au méridien de midi ou de minuit. C'est celui qu'on cherche.

Usage IX. *Trouver la différence entre le lever d'une étoile & d'une autre.*

Observez le jour qui se trouve au méridien , lorsque l'étoile précédente est à l'horison aïant fait tourner la plaque mobile jusques à ce que l'étoile suivante y arrive , le jour observé marquera le tems écoulé entre le passage de l'une & de l'autre.

Usage X. *Connoître l'heure pendant la nuit.*

1°. Tournez-vous vers le pole Nord aïant à la main un fil auquel soit attaché un poids.

2°. Eloignez-vous jusques à ce qu'il couvre ce pole.

3°. Voïez quelles sont les étoiles qui se rencontrent dans le fil au-dessous du pole.

4°. Cherchez ces mêmes étoiles dans le *Planisphere* , & tournez la plaque superieure jusques à ce qu'elles se rencontrent dans la méridienne du ciel.

Aïant cherché le jour du mois dans la plaque mobile , ou trouvera vis-à-vis dans le cercle extérieur l'heure & la minute qu'il est à cet instant.

Usage XI. *Prendre les hauteurs apparentes du soleil & des autres astres.*

1°. Attachez un plomb au fil qui part du centre du *Planisphere* , & mettez deux aiguilles aux points opposés de 90 & de 270 degrés dans le pole extérieur de cet instrument pour servir de pinnules.

2°. Afin d'avoir la hauteur du soleil , tournez le *Planisphere* de maniere que l'aiguille qui est au point de 270 fasse tomber le fil sur celle qui est au point de 90. Le fil marquera les degrés de la hauteur du soleil dans la circonference extérieure , selon les nombres qui y sont marqués de 15 en 15.

A l'égard des étoiles on en prend la hauteur en regardant l'étoile par les deux pinnules , & elle se trouve marquée par le fil.

PLATEFORME. Terme de Fortification. C'est l'endroit où l'on place les canons devant les embrasures. On y enterre des poutres selon la longueur au travers desquelles on en cloue d'autres ou des planches de 3 ou 4 pouces d'épaisseur , afin que les canons y soient plus solides & qu'on puisse les avancer d'autant plus promptement devant les embrasures. Les *Plateformes* élevées , desquelles on tire par-dessus le parapet , sont appellées *Barbettes*.

P L E

PLEIADES. C'est le nom de 7 étoiles remarquables qui sont dans le col de la constellation du Taureau , & qui forment à peu près un Y. Il n'y a que 6 de ces étoiles qu'on distingue bien clairement. Les Poetes prétendent que ce sont les filles d'*Atlas* , dont six ont épousé des Dieux , & dont la septiéme a épousé un homme du commun nommé *Sisyphe*. On donne encore à cet amas d'étoiles le nom de *Poule* , & les Romains les appelloient *Virgiliæ*. *Veigel* en a composé le livret d'arithmétique qu'il donne pour armes aux Marchands.

PLEINE LUNE. Nom qu'on donne à la lune lorsqu'elle est toute éclairée du côté qu'elle nous presente. Elle est alors éloignée de 180° degrés du soleil. Cette distance étant comptée felon le mouvement moïen, on l'appelle *Pleine lune moïenne.* Quand elle eft comptée felon le mouvement véritable, elle eft nommée *Pleine lune véritable.* Et fi cette diftance eft comptée felon le mouvement apparent, la *Pleine lune* eft apparente. La connoiffance de la *Pleine lune* eft néceffaire dans le calcul des éclipfes. (*Voïez* ECLIPSE.)

PLINTHE. Terme d'Architecture civile. C'eft une grande platebande qui foutient la moulure du bas de la colonne. *Vitruve* appelle auffi *Plinthe* la partie fuperieure du chapiteau Tofcan, c'eft-à-dire fon abaque.

PLU

PLUIE DE FEU. Terme de feu d'Artifice. C'eft l'effet que produit une certaine compofition d'artifice qu'on met dans les pots des fufées volantes. Cette compofition fe fait ainfi. On bat féparément une partie de foufre, une partie de falpètre, & une partie de poudre; ou trois parties de foufre, trois de falpètre, & quatre de poudre; ou enfin quatre parties de foufre, fix de falpètre & huit de poudre. On fond d'abord le foufre dans un pot de cuivre, & lorfqu'il eft fondu on y mêle peu à peu le falpètre en remuant avec une fpatule, en fuite la poudre : & tout cela fe fait fur un petit feu. Les trois matieres étant bien-fondues, on les verfe fur une planche où elles fe durciffent. Telle eft la compofition de la *Pluie de feu.* Pour en voir l'effet, on la brife en petits morceaux, & on met ces morceaux, mêlés avec de la poudre pilée, dans le pot de la fufée.

PLUS. Terme dont on fe fert dans le calcul pour fignifier l'addition d'une quantité à une autre de même efpece. Le caractere de cette expreffion eft cette croix +. Ainfi voulant exprimer l'addition de 4 & 2, ou de *a* & *b*, on écrit 4 + 2 & *a* + *b*.

PNE

PNEUMATIQUE. Par ce mot tiré du grec Πνεῦμα, qui fignifie fouffle, vent, on entend en général la fcience du vent. Mais prefque tous les Phyficiens expriment par-là celle de la gravitation & de la compreffion des fluides élaftiques ou compreffibles; & je crois que la *Pneumatique* eft proprement cela. Dans cette vûe, je renvoïe pour les parties qui en conftituent le fond, aux articles AIR, COMPRESSION, ELASTICITE' & FLUIDE. A l'égard de la fcience du vent qui eft la fignification *étymologique*

du mot *Pneumatique,* on la trouvera expofée à l'article VENT.

Plufieurs Auteurs de Dictionnaires, & nommément ceux du *Dictionnaire des Arts & des Sciences,* avoient mis le mot *Pneumatique* au rang des termes de Mécanique, parce qu'ils avoient confideré ce mot comme caractérifant la machine *Pneumatique.* J'étois d'abord entré dans cette idée; & en conféquence j'ai renvoïé pour cette machine à cet article. Cependant aïant bien reflechi là deffus, il m'a paru que comme elle n'eft pas connue fous le nom de *Pneumatique,* & qu'il faut toujours y joindre le mot de *Machine,* elle ne devoit point être expliquée fous un article qui ne lui eft pas particulier. J'ai donc jugé qu'il valoit mieux demander excufe au Lecteur de l'avoir renvoïé ici que d'y mal placer une machine auffi importante que la machine *Pneumatique,* & cela à l'exemple des autres. Je le prie donc de voir pour la connoiffance de cette machine, l'article MACHINE PNEUMATIQUE.

POI

POIDS. Terme de Mécanique. L'une des forces connues dans une machine qui produifent le mouvement. Tels font les corps inanimés qui ont de la péfanteur, & qui par leur preffion naturelle tendent vers le centre de la terre autant qu'ils ne trouvent aucun obftacle. Les *Poids* font très-avantageux pour donner un mouvement uniforme aux machines; ce que ne produifent que très-difficilement les autres puiffances quelles qu'elles foient. Mais d'un autre côté, ils ont cet inconvénient confidérable, que pour les appliquer à ces machines, il faut quelquefois autant & fouvent plus de force qu'ils n'en ont eux-mêmes. Par exemple, un *Poids* de 100 livres qui doit defcendre d'une hauteur de 30, demande plus de 100 livres de force pour être élevé à cette hauteur à caufe du frottement de la machine à laquelle il fera appliqué. Cela fait voir qu'on ne doit point fe fervir de *Poids* dans le cas où il faut emploïer autant & plus de force & de tems pour les monter qu'ils n'en emploïent dans leur defcente. Alors il vaut mieux appliquer immédiatement à la machine même, la force animée néceffaire pour monter le *Poids.* Au contraire lorfque la force animée peut exécuter dans un certain tems plus que ne demande une machine en quelques heures ou quelques jours, comme dans les horloges, les *Poids* font préférables & infiniment utiles. Au refte on n'entend pas feu-

lement par *Poids* une puissance ou ce qui resifte à la puissance ; mais encore on y comprend le frottement de la machine. Ainsi
dans un moulin on compte pour poids &
la pierre de moulin & la résistance du fro-
ment qu'on moud. Dans les traineaux,
les chariots chargés, &c. le *Poids* est la
charge & le frottement des roues dans leur
essieu. A l'égard du coin, du ciseau & de
la hache, on compte pour le *Poids* le bois
& le métal. Ici comme ailleurs la force du
Poids augmente ou diminue en raison de
la distance du point d'appui.

POINT. C'est le terme d'une quantité. Il n'a
par conséquent ni longueur, ni largeur,
ni profondeur, & il est indivisible. *Euclide*
définit le *Point* ce qui n'a point de partie,
Punctum est, dit-il, *cujus pars nulla*. Un
Point n'est donc que la marque où une ligne doit commencer ou finir. C'est du
Point que naissent toutes les grandeurs qui
se continuent en longueur, sans largeur ni
hauteur ou profondeur, & c'est par le *Point*
qu'elles se terminent sans être ni augmentées ni diminuées. En un mot, l'endroit
d'où l'on part pour aller à quelque endroit
est un *Point*, & il est évident que ce *Point*
ou cet endroit n'est rien à la distance qu'on
se propose de parcourir ou au chemin que
l'on doit faire. On appelle ce *Point*, *Point
Mathématique*, pour le distinguer du *Point
Physique*, qu'on marque avec une plume,
ou une aiguille sur le papier, avec un bâton
sur la terre, où l'on prend quelquefois pour
un *Point* un arbre, un clocher & souvent
une ville entière, &c.

Le *Point Mathématique* prend plusieurs
noms suivant le lieu, la situation ou la
chose même qu'on s'y représente ; ce qui
formera differens articles subordonnées à
celui de *Point*, & que je déduirai selon l'ordre alphabetique.

POINT ACCIDENTEL. Terme de Perspective.
C'est le *Point* dans lequel une ligne droite
tirée de l'œil parallele à une autre donnée
coupe le tableau. Soit B E (Plan. XXXIV.
Figure 221.) une ligne droite qu'on doit
mettre en perspective ; T L le tableau ; A
l'œil d'où la ligne A *d* est tirée parallele à
B E. Alors le *Point* où cette ligne touche
le point L en le coupant est le *Point accidentel.*

POINT CULMINANT. C'est en Astronomie le
Point par lequel un astre passe lorsqu'il est
au méridien. (*Voïez* CULMINATION.)

POINT ÉQUINOXIAL. C'est l'endroit où l'é-
quateur & l'écliptique se coupent mutuellement. Il se trouve deux de ces *Points* dans
le plan immobile du globe, dont l'un est

au commencement du Bélier, qu'on appelle encore *Point vernal*, parce que le
printems y commence ; & l'autre au commencement de la balance qu'on nomme
Point automnal, parce que c'est à ce *Point*
que commence l'automne. Ces deux *Points*
marquent le tems auquel le soleil rend les
jours & les nuits également longs par toute
la terre. Pour déterminer ces *Points voïez*
EQUINOXE.

POINT DE CONCOURS. Terme d'Optique. C'est
le *Point* auquel les raïons visuels réciproquement inclinés & suffisamment prolongés
s'assemblent, s'unissent dans le milieu &
croisent l'axe. On l'appelle plus communément *Foïer* ou *Point de convergence*.

POINT DU CONTACT. *Point* dans lequel une
ligne droite touche une courbe, ou la courbe une droite, ou dans lequel deux courbes
se touchent du dehors ou du dedans. *Euclide* dans ses *Elemens, Liv. III.* démontre
que le contact ne se fait que dans un seul
Point, & il donne en même-tems la maniere de le trouver.

POINT D'ÉTÉ. *Point* de l'écliptique dans lequel le soleil s'approche le plus du zenith
au midi : ce qui arrive dans la partie septentrionale de la terre, lorsque le soleil
entre dans l'écrevisse, & dans la partie méridionale quand il est dans le capricorne.

POINT DE DIVERGENCE. C'est le *Point* où les
raïons divergens concoureroient avec l'axe
d'un verre concave étant continués. On appelle ce point *Foïer virtuel*. (*Voïez* FOIER.)

POINT D'HYVER. *Point* de l'écliptique auquel
le soleil est le plus éloigné du zenith, ou
dans lequel la hauteur méridienne du soleil
est la moindre. Cela arrive quand le soleil
est dans le capricorne pour les Peuples de
la partie septentrionale de la terre, & quand
il est dans l'écrevisse pour les autres.

POINT IMMOBILE. C'est dans la doctrine des
lieux géometriques un *Point* qui reste toujours au même endroit pendant que d'autres changent de place.

POINT D'INCIDENCE. Terme d'Optique. En Catoptrique c'est sur le plan d'un miroir le point
sur lequel tombe le raïon de l'objet qu'on y
voit. Dans la Dioptrique on appelle *Point d'incidence* le *Point* qui brise les raïons qui tombent sur un plan. Un raïon du soleil tombant sur un plan de verre, le *Point* où il
passe dans le verre est le *Point d'incidence*.

POINT D'INFLEXION. C'est dans une ligne
courbe le *Point* où elle commence à se retourner ; de sorte qu'aïant été concave vers
l'axe elle devient convexe. *Voïez* INFLE-
XION.

POINT DE L'OEIL. C'est dans la Perspective le

n ap-
ue le
com-
mme
Point
Points
d les
toute
voïez

C'eft
ciproo-
ongés
eu &
mmu-

l une
cour-
urbes
. Et-
iontre
n feul
a ma-

ns le
zenith
e fep-
foleil
méri-

où les
; l'axe
on ap-
IER.)
auquel
h , ou
foleil
foleil
les de
quand

ie des
e rou-
d'au-

En Ca-
e point
u'on y
it d'in-
ai tom-
I rom-
t où il
'ence.

ligne
fe re-
ve vers
NFLE-

tive le

Point fur un plan vers lequel tend une ligne tirée perpendiculairement de l'œil. Soit Planche XXXIV. Figure 221. l'œil en A ; T L le plan ; A P la ligne perpendiculaire fur le plan : P eft le *Point de l'œil.*

POINT PRINCIPAL , appellé auffi *Point de vûe,* eft la même chofe que le *Point* de l'œil. *Voïez* POINT DE L'ŒIL.

POINT DE REBROUSSEMENT. C'eft le *Point* dans une courbe dans lequel elle fe retourne vers l'axe. Ce *Point* eft le même que celui d'inflexion , *Voïez* donc INFLEXION.

POINT DE REFLEXION. Terme de Catoptrique. *Point* du miroir d'où le raïon eft reflechi dans l'œil. C'eft la même chofe que le *Point* d'incidence. Dans la figure 222. Planche XXXIV. A C étant le raïon incident , R C le reflechi ; le *Point* C eft le *Point* d'incidence à l'égard du raïon A C , & le *Point* de *reflexion* à l'égard du raïon R C. Il eft aifé de trouver ce *Point* dans un miroir plan, & très-difficile dans les autres miroirs. *Taquet*, dans fa Catoptrique , Liv. III. Prop. 12, donne une méthode pour le trouver par une ellipfe dans des miroirs fphériques convexes.

POINT DE REFRACTION. C'eft l'endroit du plan de réfraction où le raïon eft rompu.

POINT VERNAL ou *Point* équinoxial. (*Voïez* POINT ÉQUINOXIAL.)

POINTS CARDINAUX. On appelle ainfi en général huit *Points*. Les Aftronomes donnent ce nom à quatre *Points* dans l'écliptique. Deux de ces *Points* font ceux où l'écliptique eft coupé par l'équateur : ce qui fe fait dans les fignes du Belier & de la Balance ; & les deux autres font les *Points* les plus éloignés des premiers qui font le commencement de l'Ecreviffe & du Capricorne, qu'on appelle autrement *Points* équinoxiaux. Les Cofmographes entendent par *Points* cardinaux quatre *Points* de l'horifon, qui le divifent en quatre parties égales. Un de ces *Points* eft où le foleil fe leve au vrai Orient, l'autre au vrai Occident où le foleil fe couche. Les deux autres *Points* font éloignés de ceux-ci de 90°, & fe trouvent au vrai Midi & au vrai Nord.

POINTS HORISONTAUX. Ce font des *Points* également éloignés du centre de la terre. Par exemple, lorfqu'on doit continuer une ligne horifontale fur le bord d'une riviere, & que cette ligne s'y trouve interrompue par plufieurs inégalités, alors les *Points* horifontaux font les *Points* de la ligne horifontale, où il faut la rompre & la divifer en plufieurs autres.

POINTS SOLSTICIAUX. *Points* de l'écliptique les plus éloignés de l'équateur. Ce font les *Points* d'été & *Points* d'hyver. (*Voïez* POINT

D'ÉTÉ , POINT D'HYVER & SOLSTICE.)

POINTE DE COMPAS. Terme de Pilotage. C'eft l'11°, 15' ou la 32° partie, ou un air de vent de la rofe des vents de la bouffole. La moitié de ce nombre qui eft 5°, 38', s'appelle *Demi- Pointe* ; & on nomme *Quart de Pointe*, la moitié de cette demi *Pointe* qui vaut 2°, 49'.

POISSONS. Nom du douziéme figne du zodiaque, qu'on donne de même à la douziéme partie de l'écliptique qu'il occupe. On y compte 36 étoiles remarquables (*V.* CONSTELLATION) & 10 étoiles nébuleufes. Le *Poiffon* qui eft le plus proche d'Andromede eft le *Septentrional* , & celui qui eft près de Pegafe le *Méridional*. On trouve les longitudes & les latitudes de ces étoiles dans le *Prodrom. Aftronom.* de M. *Hevelius*, pag. 298 & 299, & on voit la figure de la conftellation entiere dans fon *Firmamentum Sobiefcianum* , fig. N N , de même que dans l'*Uranometrie* de *Bayer* , Tabl. I i.

POISSON AUSTRAL ou SOLITAIRE. Conftellation dans la partie auftrale du ciel au-deffous du capricorne & du verfeau , compofée de 12 étoiles. (*Voïez* CONSTELLATION.) *Hevelius* a déterminé & la longitude & la latitude de ces étoiles , (*Voïez* fon *Prodrom. Aftronom.* pag. 317.) d'après les Obfervations de M. *Halley*. Le *P. Noel* les a obfervées encore de nouveau. (*Voïez* fes *Obfervations faites aux Indes & à la Chine.*) On trouve la figure de la conftellation entiere dans le *Firmamentum Sobiefcianum* , fig. B b b , & dans l'*Uranometrie* de *Bayer* Planche Z z.

Ce *Poiffon* dans les Cartes céleftes ou dans les globes céleftes boit l'eau du verfeau. Il a encore les noms fuivans ; *Pifcis capricorni*, *Pifcis magnus*, *Notius folitaris*. Les Arabes l'appellent *Aïhaus*.

POISSON VOLANT. Nom d'une petite conftellation qui eft près du pole auftral de l'écliptique entre la Dorade & le Chêne de Charles. Elle eft compofée de 8 étoiles. (*Voïez* CONSTELLATION.) La longitude & la latitude de ces étoiles ont été déterminées par *Hevelius* dans fon *Prodrom. Aftron.* pag. 320. d'après les Obfervations de M. *Halley*. Cet Aftronome a repréfenté la figure entiere de la conftellation dans fon *Firmamentum Sobiefcianum* , fig. F f f.

P O L

POLARITE'. C'eft la propriété qu'a l'aimant ou une aiguille aimantée de fe diriger vers les poles du monde. (*Voïez* AIMAN & AIGUILLE.)

POLE. Terme de Mathématique. C'eſt un point éloigné de 90° du plan d'un cercle quelconque, & qui ſe trouve dans une ligne que l'on appelle axe, élevée perpendiculairement ſur ce centre. On peut de ce point décrire des cercles ſur le globe ou la ſphere. Par conſéquent dans une ſphere le *Pole* eſt le point dont toutes les lignes droites tirées à la périphérie du cercle, décrit ſur le plan de la ſphere ſont égales. La connoiſſance des *Poles* de la ſphere, eſt néceſſaire pour démontrer les propriétés des cercles décrits ſur une ſphere, comme il paroît aſſez par les ſpheriques de *Theodoſe*, & par les définitions ſuivantes des *Poles*.

POLES DE L'ÉCLIPTIQUE. Ce ſont deux points ſur le plan mobile de la ſphere du monde duquel tous les points de l'écliptique ſont éloignés de 90°. L'un eſt appellé *Pole ſeptentrional* ou *boréal*, parce qu'il eſt dans la partie ſeptentrionale du monde, & l'autre *Pole méridional* ou *auſtral*, parce qu'il eſt dans la partie méridionale : ces *Poles* ſont éloignés de 23° ½ des *Poles* du monde.

POLES DE L'ÉQUATEUR. Ces *Poles* ſont les mêmes que ceux du monde. (*Voïez* POLES DU MONDE.)

POLES DE L'HORISON. Ce ſont les points ſur le plan de la ſphere du monde, qu'on appelle *Zenith* & *Nadir* (*Voïez* ZENITH & NADIR.)

POLES DU MERIDIEN. Points de l'horiſon où le méridien eſt coupé par l'équateur, c'eſt-à-dire, où le ſoleil ſe leve au commencement du printems & de l'automne.

POLES DU MONDE. Deux points de la ſphere céleſte ſur leſquels elle ſemble tourner autour de notre terre en 24 heures. L'un eſt appellé *Pole arctique* ou *Pole Nord*, & l'autre *Pole antarctique* ou *Pole Sud*. C'eſt ſous ces *Poles* que ſont auſſi ceux de la terre au tour deſquels elle tourne en 24 heures. On ne ſait point s'il y a des hommes qui vivent ſous ces *Poles*. Mais M. *Halley* a prouvé que le jour du ſolſtice ſous les *Poles* eſt auſſi chaud que ſous l'équateur quand le ſoleil eſt au zenith de ce cercle ; à cauſe que ſous les *Poles* pendant toutes les 24 heures de ce jour, les raïons du ſoleil ſont inclinés à l'horiſon de 23° ½ ; au lieu que ſous l'équateur le ſoleil, quoique vertical n'y luit que 12 heures, & eſt caché pendant les autres 12 heures. De plus, pendant 3 heures 8 minutes de ces 12 heures qu'il eſt au-deſſus de l'horiſon de l'équateur, il n'eſt pas autant élevé que ſous les *Poles*. On n'a pas encore découvert la moindre variation dans ces points, (*Voïez* les *Mémoires de l'Académie Roïale des Sciences ann.* 1710.)

POLEMOSCOPE. Sorte de lunette d'approche courbée avec laquelle on peut voir les objets quoiqu'ils ne ſoient pas ſitués dans une ligne droite à l'œil. Elle eſt compoſée d'un tuïau A C D (Planche XXIII. Figure 223.) courbé à angles droits entre le verre objectif & l'oculaire. En C & en D ſont deux miroirs plans de métal faiſant un angle de 45″ avec les lentilles. Ils ſont deſtinés à reflechir les raïons qui entrent par l'objectif A ſur l'oculaire B.

Cette lunette ſert à découvrir ce qui ſe paſſe dans un endroit caché par quelque obſtacle ; par exemple, ce qu'on fait dans un ſiege au-deſſus d'un rempart ou d'un endroit couvert dans le camp de l'ennemi ſans être vû & ſans s'expoſer. La premiere qu'on ait vû fut exécutée en 1637 par M. *Hevelius* qui en eſt l'inventeur. (*Voïez* ſes *Prolegomena Selenographiæ, pag.* 24.) *Zahn* a donné la deſcription de cet inſtrument dans ſon *Oculus artificialis, pag.* 383 & 754.

POLIEDRE. Corps renfermé entre pluſieurs plans rectilignes & inſcriptibles dans une ſphere, c'eſt-à-dire, que le plan de la ſphere touche tous ſes angles. Par conſéquent un *Poliedre* ſe forme lorſqu'on applanit une ſphere dans pluſieurs de ſes points. En rendant tous ces plans équilateraux & faiſant les angles ſolides égaux, le *Poliedre* eſt regulier : ſans cela c'eſt un *Poliedre irrégulier*.

POLIEDRE. Terme d'Optique. Verre à pluſieurs facettes, plan d'un côté & convexe de l'autre. Cette convexité eſt compoſée de pluſieurs plans droits, comme ſi d'un ſegment de ſphere on avoit emporté pluſieurs petits ſegmens ſpheriques. La propriété générale de ce verre eſt de multiplier les objets Il peut encore ſervir pour faire pluſieurs experiences ſur les couleurs en y faiſant paſſer à travers les raïons du ſoleil dans une chambre obſcure, (*Voïez* le *Nervus opticus* de *Traber, pag.* 37.) Son dernier uſage eſt de raſſembler des figures diſperſées. (*Voïez* la *Perſpective pratique*, Tom. III. Trait. 7 *pag.* 157, & l'*Oculus artificialis* de *Zahn, Fundam. III. Syntag.* 5 *pag.* 753.) *Zahn* a démontré les propriétés des *Poliedres* (*Fundam.* II. *Ch.* 6). Il a fait voir de quelle façon on peut les appliquer aux microſcopes pour ſe réjouir, amuſement fort agréable en effet, & a enfin donné la maniere de les conſtruire.

POLIGONE. On appelle ainſi en Géometrie une figure quelconque de pluſieurs côtés & de pluſieurs angles. Suivant ce nombre de côtés & d'angles, les *Poligones* ont des noms particuliers. Ceux qui ont mille côtés, par exemple, ſont nommés *Kiliogones*. On ap-

(Fragments of the adjacent column visible in the binding margin:)

pproa- / es ob- / s une / e d'un / 223.) / e ob- / t deux / gle de / s à re- / ctif A / qui fe / uelque / t dans / un en- / mi fans / e qu'on / *Hevelius* / *Prolego-* / donné / ns fon / lufieurs / ns une / h de la / confe- / 'on ap- / s points, / traux & / *Poliedre* / dre irré- / plufieurs / e l'autre. / plufieurs / de fphe- / etits feg- / érale de / Il peut / experien- / fer à tra- / chambre / e *Traber,* / le raffem- / a *Perfpec-* / ag. 157, / dam. III. / ontré les / II. Ch. 6). / eut les ap- / buir, amu- / enfin don- / Géometrie / rs côtés & / nombre de / t des noms / côtés, par / es. On ap-

---

pelle *Décagones* ceux qui en ont dix, *Ennea-gones* ceux qui en ont neuf, *Octogones* huit, *Eptagones* sept, *Exagones* six, *Pentagones* cinq, &c. Telles font les propriétés des *Poligones.*

1°. Tous les angles de chaque figure pris ensemble font égaux à tous les angles d'une autre figure qui a autant de côtés.

2°. Tout *Poligone* peut être divisé en autant de triangles qu'il a de côtés.

3°. Tous les angles d'un *Poligone* quelconque valent deux fois autant d'angles droits moins quatre que la figure a de côtés. D'où il fuit, qu'on trouve tous les angles d'un *Poligone* en multipliant 180 par le nombre des côtés moins deux. Par exemple, dans tous les pentagones, foit réguliers foit irréguliers, grands ou petits, tous les angles pris ensemble font trois fois 180° ou 540° : ce qui fert aux Géometres pour favoir s'ils ont bien mefuré les angles fur terre.

4°. Tout *Poligone* circonscrit à un cercle est égal à un triangle rectangle, dont un des côtés fera le raïon du cercle, & l'autre le perimetre ou la fomme de tous les côtés du *Poligone.*

POLIGONE. Terme d'Architecture Militaire. C'est une des principales lignes de la Fortification. On la divife en *Poligone intérieur* & *Poligone extérieur.* Le premier est la diftance qu'il y a entre le centre de deux baftions voifins quelconques ; ou bien c'est le *Poligone* qui paffe par tous les centres des baftions. Le *Poligone extérieur* est la diftance de l'angle flanqué d'un baftion à l'angle flanqué d'un baftion voifin ; ou autrement c'est le *Poligone,* qui paffe par tous les angles marqués de tous ces baftions. (*Voiez* FORTIFICATION.)

POLIGRAME. Figure de Géometrie compofée de plufieurs lignes.

POLINOME. Terme d'Algebre. C'est une quantité compofée de plufieurs autres moiennant le figne plus ($+$) ou moins ($-$). Exemple. Les quantités $a+b$, $a^3+b^2 c$, ou $a-b$, $a^3-b^2 c$, ou en nombres $3+\sqrt{5}$, $3-\sqrt{5}$, &c. font des *Polinomes.* Un *Polinome* est appellé *rationnel* lorfqu'il n'a devant lui aucun figne radical qui s'étende fur la quantité entiere comme $a+\sqrt{ab}-c$, ou en nombres $2+\sqrt{6}-3$. Et il est *irrationnel* lorfqu'il a devant lui un nombre radical qui s'étend fur toute la quantité rationnelle. Tels font les *Polinomes* fuivans,

$$\sqrt{a^2+b^2}, \quad \sqrt[3]{a^3+b^3}, \quad \text{ou en nombres}$$

$$\sqrt{5}+\sqrt{7}.$$

On diftingue encore les *Polinomes* en *commenfurables* & en *incommenfurables.* Les premiers font ceux dont les raifons mutuelles font exprimables par des nombres rationnels : ce qui fe fait lorfqu'on peut tirer du quotient qui réfulte de la divifion des nombres compris fous le figne radical, une racine telle que le demande l'expofant du figne radical. Tel est le *Polinome* $\sqrt{2}+\sqrt{3}$ & $\sqrt{8}+\sqrt{48}$. Car en divifant $8+48$, par $2+\sqrt{3}$, on a 4, dont la racine est 2. Ainfi $\sqrt{2}+\sqrt{3}$ est à $\sqrt{8}+\sqrt{48}$ comme 1 à 2 : c'est-à-dire, le *Polinome* $\sqrt{8}+\sqrt{48}$ est le double du *Polinome* $\sqrt{2}+\sqrt{3}$. Au contraire les *Polinomes incommenfurables* n'ont point de raifons mutuelles qui puiffent s'exprimer par aucuns nombres rationnaux. On les reconnoît lorfqu'en divifant les quantités comprifes fous les fignes radicaux, on ne peut tirer du quotient la racine que l'expofant demande. Tels font les *Polinomes* $\sqrt{2}+\sqrt{3}$ & $\sqrt{6}+\sqrt{27}$. Car en divifant $6+\sqrt{27}$ par $2+\sqrt{3}$, on trouve pour le quotient $+\sqrt{3}$ duquel il n'est pas poffible d'extraire la racine quarrée.

POLIOPTRE. Inftrument de Dioptrique avec lequel on voit un objet multiplié ; mais plus petit qu'il n'est en effet. Il est compofé, comme une lunette d'approche, d'un verre objectif A B (Planche XXIV. Figure 224.) & d'un oculaire C D. L'objectif est plan de deux côtés, mais du côté intérieur il a plufieurs petits creux de la grandeur des lentilles. Plus ces creux font petits, plus l'objet paroît petit ; & il fe prefente autant de fois qu'il y a de creux dans ce verre oculaire. Le verre oculaire est convexe.

POLISPASTE ou POLYSPASTE. Affemblage de mouffles qui contiennent plufieurs poulies. C'est une machine qui fert à élever de gros fardeaux moiennant la mouffle & des cordes. Suivant le nombre des poulies dont cette mouffle est compofée, on lui donne differens noms. S'il y a trois poulie on l'appelle *Tripaftes* ; s'il y en a cinq *Pantafpaftes, &c. Vitruve* donne la defcription de cette machine dans fon Architecture, Liv. X. Ch. 3 & 4. & M. *Perrault* en a donné les figures dans fa Traduction de cet Auteur, pag. 301.

POLLUX. Etoile dans la tête du fecond des Gémeaux. On l'appelle encore *Hercules* & *Abrachalau. Hevelius* a déterminé la longitude & la latitude de cette étoile dans fon *Prodrom. Aftronom.* pag. 287.

P O M

POMPE. Machine hydraulique qui fert à éléver l'eau. Elle eſt compoſée de **deux tuïaux** & d'un piſton, qui par ſon mouvement fait monter l'eau dans le tuïau, (*Architect. de Vitruve*, pag. 317.) On en attribue l'invention à *Cteſibius* fils d'un Chirurgien d'Alexandrie qui a vêcu après *Archimede*, & à qui on doit pluſieurs machines hydrauliques. Mais depuis ſon origine cette machine a bien changé de forme. Elle a même fourni l'idée de trois ſortes de *Pompes* qui ont chacune des avantages particuliers. La premiere agit par aſpiration ; la ſeconde par refoulement, & la troiſiéme par aſpiration & refoulement tout enſemble. Je vais donner la deſcription & l'uſage de ces trois *Pompes*.

POMPE ASPIRANTE. Deux tuïaux A B, C D (Planche XLVII. Figure 225.) & un piſton P forment cette *Pompe*. Le premier A B, qui eſt le plus grand, eſt appellé *corps de Pompe* ; & le ſecond C D *tuïau montant* ou *tuïau d'aſpiration*. Dans la jonction de ces deux tuïaux eſt une ſoupape S, qui ferme l'ouverture H qui leur eſt commune. Le piſton P eſt une eſpece de cone tronqué renverſé, dont la grande baſe eſt entourée d'une bande de cuir qui eſt évaſée un peu en entonnoir vers le côté de l'ouverture ſuperieure du corps de pompe. Elle entre avec peine dans le corps de pompe quand on y introduit le piſton, dont le diametre eſt de deux lignes plus petit. Ce piſton eſt percé d'un trou M le long de ſon axe, que l'on ferme d'une ſoupape N, faite de cuir & attachée ſur le piſton par une charniere. Lorſque cette ſoupape eſt abbattue elle déborde du trou d'un demi-pouce, & pour qu'elle ferme plus exactement on la charge d'une plaque de plomb. Enfin le piſton a une queue R P Q faite du même morceau de bois dont il eſt compoſé attachée à une tige de fer P K. Aïant un peu évaſé le tuïau d'aſpiration afin que l'eau s'y introduiſe plus aiſément, & aïant placé au-deſſus de l'évaſement une plaque de tole *t t*, pour que l'eau en montant s'y dépouille de ſes ſaletés, la *Pompe aſpirante* eſt conſtruite. Telle en eſt la théorie & l'uſage.

Le piſton étant baiſſé ſur la ſoupape S, quand on le leve on fait un vuide. A l'inſtant l'atmoſphere preſſe l'eau qui monte dans le tuïau d'aſpiration. En montant elle pouſſe l'air & fait lever la ſoupape. Celui-ci auſſi condenſé qu'il le peut être pour faire equilibre au poids de l'atmoſphere, l'eau ne monte plus. On pouſſe alors le piſton qui condenſe l'air. Cet air condenſé agit ſur les deux ſoupapes, en ferme une (la ſoupape S) & r'ouvre l'autre N, par où il s'échappe. En retirant de nouveau le piſton l'eau remonte

comme la ſeconde fois, & étant parvenue déja à une certaine hauteur, elle monte encore plus haut dans le tuïau d'aſpiration, juſques à ce que par des coups de piſton réiterés elle entre dans le corps de pompe. Elle eſt là refoulée par le piſton, qui en remontant la décharge dans la cuvette qui entoure le corps de pompe. Ainſi tout le jeu de cette *Pompe* ſe fait par l'action de l'air extérieur & le mouvement des deux ſoupapes.

POMPE FOULANTE. Cette *Pompe* fait monter l'eau par la preſſion. Elle eſt compoſée d'un corps de pompe A B C D (Planche XLVII. Figure 227.) recourbé en C, attaché par deux vis au tuïau montant E G F. A la jonction de ce tuïau eſt une ſoupape S, qui s'ouvre de F en S. Le piſton qui entre dans le corps de pompe eſt le même que celui de la *Pompe* aſpirante, & les parties en général de la *Pompe foulante*, ſont les mêmes que celles de celle ci. Après avoir plongé le corps de pompe dans l'eau, on fait agir ainſi cette machine.

Le piſton étant élevé, l'eau preſſe la ſoupape & l'ouvre. Elle tombe dans le corps de pompe & va pouſſer par ſon poids la ſoupape S qu'elle ouvre, en montant même juſques au niveau du corps de pompe. Alors on baiſſe le piſton. Sa ſoupape ſe ferme en preſſant contre l'eau, & en deſcendant elle pouſſe l'eau & la fait ſortir par l'ouverture G du tuïau montant. Un ſecond coup de piſton en fait ſortir davantage, & ainſi de ſuite.

POMPE ASPIRANTE ET REFOULANTE. Cette *Pompe* aſpire l'eau & la foule enſuite. La Figure ſeule de cette *Pompe* (Planche XLVII. Figure 228.) fait voir qu'elle eſt compoſée de la *Pompe* aſpirante & de la *Pompe* foulante. A B E F eſt l'aſpirante, & le corps de pompe H G N O la foulante. Après ce que j'ai dit de ces deux *Pompes*, il eſt inutile d'expliquer les parties de cette *Pompe* compoſée. La figure doit parler maintenant toute ſeule ; je paſſe donc à ſon mécaniſme.

Lorſqu'on leve le piſton l'eau monte par aſpiration comme dans les *Pompes* aſpirantes. (*Voïez* POMPE ASPIRANTE.) Parvenue ſur la ſoupape S, elle la ferme par ſon poids. Le piſton en deſcendant preſſe cette eau contenue actuellement dans le corps de pompe, & l'oblige de s'échapper par le tuïau H G. Celle-ci ouvre la ſoupape Z & monte dans le tuïau I K N O. On leve le piſton, alors cette eau voulant tomber ferme par ſon poids cette ſoupape : ainſi elle eſt enfermée dans le tuïau. Un ſecond coup de piſton y

rvenue
ate en-
ation,
piston
ompe.
en re-
te qui
t le jeu
le l'air
x fou-

monter
e d'un
XLVII.
ar deux
nction
s'ouvre
e corps
de la
général
es que
e corps
si cette

la fou-
e corps
la fou-
t même
e. Alors
rme en
lant elle
verture
coup de
ainsi de

Cette
ite. La
XLVII.
mposée
mpe fou-
e corps
Après ce
est inu-
Pompe
intenant
mécanis-

onte par
pirantes.
enue sur
n poids,
ette eau
orps de
le tuïau
& monte
e piston,
e par son
enfermés
e piston y
en

en introduit davantage. Et les coups étant réiterés, l'eau monte & coule continuellement par le tuïau montant comme dans les *Pompes* foulantes. (*Voïez* POMPE FOULANTE.)

2. L'application de ces trois *Pompes* a produit & produit encore tous les jours des effets étonnans. On peut voir cette application dans l'*Architect. Hydraul.* de M. *Belidor, Tom. II. Ch. 3.* On trouvera là une autre sorte de *Pompe* qui agit par la condensation & qui est une invention plus ingenieuse qu'utile. Une chose qui doit être placée ici, c'est la maniere de disposer des *Pompes* pour pouvoir conduire l'eau dans les incendies. Comme on ne sauroit trop faciliter & trop communiquer des moïens de prevenir les ravages du feu, un détail à cet égard doit être preferé à tout autre. Car je ne crains pas de le repeter : Tout ce qui tend à l'utilité publique doit l'emporter sur les choses plus ingenieuses ; & dans le cas de choix celles-ci ne balanceront jamais les autres dans cet Ouvrage. Voici donc comment on peut disposer deux *Pompes* foulantes pour conduire l'eau dans un endroit où le feu a pris.

A B C D, *a b c d* (Planche XLVII. Figure 229.) sont deux *Pompes* foulantes qui communiquent au fond d'une caisse K H I. L'eau que la *Pompe* foule entre dans cette caisse & elle sort par le tuïau K. A ce tuïau aïant adapté un tuïau de cuir maniable, on porte & on conduit l'eau là où l'on veut. Le mouvement de ces *Pompes* se fait par l'action d'un lévier disposé de telle sorte que quand un piston monte l'autre descend. Ainsi les *Pompes* agissent continuellement, comme il est aisé d'en juger par la figure. M. *Muschenbroeck*, dans son *Essai de Physique, Tom. II.* donne la description de deux autres *Pompes à incendie.*

3. La perfection d'une *Pompe* dépend de ces trois points. 1°. Que les soupapes s'ouvrent promptement, & qu'elles se ferment avec exactitude. 2°. Que le piston dans le corps de pompe ne soit point exposé à de grands frottemens, & qu'avec cela il ne laisse passer ni l'eau ni l'air. Enfin (3°) que le corps de pompe ne soit pas trop large, & le tuïau dans lequel l'eau monte trop étroit. Car si le premier n'étoit pas assez large lorsque le piston agit avec une certaine vitesse, sa résistance seroit nuisible.

PON

PONT LEVIS. Terme de Fortification. *Pont* placé devant la porte d'une Place, & qu'on éleve pour empêcher les ennemis d'entrer dans la Ville. On construit ces *Ponts* de dif-

---

ferentes façons. Mais en général ils ont des contre-poids aux extrêmités desquels pendent des chaînes qui tiennent au *Pont.* Du côté de la Ville les contre-poids sont joints par des pieces qui forment une croix ; & c'est de leurs extrêmités que pendent encore des chaînes par lesquelles on leve le *Pont.* Il y a aussi des *Pont levis* qu'on leve avec une corde attachée ou au milieu du devant des *Ponts* ou à ses deux côtés, & qui passant sur des poulies de laiton, situées dans les piliers de la porte, aboutissent sur un vindas qui sert à faire mouvoir le *Pont.* Souvent le *Pont levis* ne ferme pas immédiatement la porte ; mais il en est éloigné d'une certaine distance qu'on appelle *Le fossé au loup.* Cet endroit est ouvert pendant que le *Pont* est levé ; & le *Pont* étant baissé il se ferme.

Pour lever aisément les *Ponts levis* on applique régulierement un contre-poids à leur petit bout. Comme ce poids tire toujours moins à proportion que le long bout s'éleve, M. le Marquis de l'*Hôpital* a proposé dans les Actes de Leipsic (*Acta erud. ann. 1695, pag. 56.*) la maniere de construire une ligne courbe sur laquelle le contre-poids reste toujours en équilibre avec le *Pont.* Et M. *Bernoulli*, fils puîné du grand *Bernoulli* (*Jean*), a démontré aussi que c'étoit l'épicycloïde qui se forme lorsqu'un cercle se meut sur un autre cercle. (*Voïez* EPICYCLOIDE.)

POR

PORES. Terme de Physique. Ce sont de petits vuides entre les particules de la matiere qui constitue chaque corps : ou bien ce sont des espaces vuides qui regnent entre certains assemblages de corps. M. *Boile* a fait un Traité sur la porosité des corps, où il prouve que les corps les plus solides ont des *Pores.* On a plusieurs experiences qui démontrent aux yeux cette vérité.

1°. Un sel exprimé d'un mêlange de chaux vive, de vinaigre distilé, de salpêtre, de sel marin & de soufre commun étant fondu dans un creuset de fer, penètre paisiblement le fer sans laisser aucune trace de son passage.

2°. Une partie de chaux tirée d'une dissolution d'argent fin ; deux parties de sublimé corrosif, trois d'antimoine crue mises en poudre, mêlées exactement & distilées au feu de sable, donnent une matiere bitumineuse métallique. Cette matiere étant fondue sur une lame d'argent épaisse environ d'une demi-ligne, s'imbibe dans ce métal, & le penètre de part en part sans y causer la moindre altération. (*Mem. de l'Academie*

Roïale des Sciences de 1713.) L'or a auſſi des *Pores*, puiſque le ſel marin le diſſoud, & qu'une eau regale compoſée d'eſprit de ſel & de nitre réduit l'or en liqueur. Ces effets ne peuvent être produits qu'autant que l'or a des *Pores*. (*Voïez* encore COM-PRESSION.) En un mot, s'il n'y avoit pas de *Pores* dans les corps, ils ſeroient tous de même poids.

PORIME. Terme de Géometrie. Théorème ou propoſition ſi aiſée à démontrer qu'elle eſt preſque évidente par elle-même. Cette propoſition, par exemple, *Une corde tombe toute entiere au-dedans du cercle dont elle eſt corde*, eſt un *Porime*. Le contraire de cette proſition eſt l'*Aporime* qui eſt un théorème ſi difficile qu'il n'eſt preſque pas poſſible de le démontrer. Telle étoit il n'y a pas encore long tems la quadrature d'une portion quelconque de la lunule d'*Hypocrate*.

PORISME. Terme de Géometrie qui ſignifie ſelon *Proclus* & *Pappus*, une eſpece de théorème en forme de corollaire déduit de quelqu'autre théorème que l'on a déja démontré. Aujourd'hui on entend par *Poriſme* un théorème général découvert dans un lieu géometrique que l'on a trouvé. Exemple. Quand on a trouvé par l'algèbre ou autrement la conſtruction d'un problème local, & que de ce lieu conſtruit & démontré, on tire un théorème général, ce théorème eſt un *Poriſme*.

PORISTIQUE. On caractériſe ainſi en Mathématique une méthode qui détermine quand, par quelle raiſon, & en combien de façons un problème peut ſe reſoudre.

PORTE-VOIX. Inſtrument en forme de trompette qui propage le ſon, de maniere qu'on peut parler diſtinctement à une grande diſtance. On attribue l'invention de cet inſtrument à *Samuel Morland*, Gentilhomme Anglois, qui en fit faire un en 1670. (*Collegium curioſum*, *Part. II. Tentam. 8. p.* 142.) Cependant M. *Derham* ſoutient dans ſa *Phyſico-Theologie*, *Liv. IV. pag.* 130, qu'elle appartient de droit au célèbre P. *Kirker* qui la connoiſſoit 20 ans avant *Morland*, & qui l'a publiée dans ſa *Muſurgi*. *Jacques Alban Ghibbes*, *François Scheinard* & le P. *Schot* ſont du même avis. Celui-ci rapporte même qu'il a vû un *Porte-voix* chez le P. *Kirker* dans le Collège des Jeſuites de Rome. Malgré ces témoignages quelques Phyſiciens prétendent que l'idée de cet inſtrument eſt due à *Porta*; & cela parce qu'il parle dans ſa *Magia naturalis*, *Liv. XVI. Ch.* 13. d'un tuïau commun qui propage en quelque ſorte le ſon. Cela peut être. Car le ſon qui ſe meut le long d'un tuïau, devient toujours

plus fort en ſortant qu'il n'y étoit en entrant; parce que la reflexion laterale met plus de parties d'air en mouvement qu'il n'en faut naturellement pour le ſon. On a ſans doute conclu de là que le tuïau augmentant toujours en largeur, la réflexion met toujours plus d'air en mouvement, puiſqu'il y a plus d'air dans un grand eſpace que dans un plus étroit, & même plus de place afin que les parties de l'air puiſſent y heurter & y être reflechies. L'expérience a confirmé ce raiſonnement. Mais avant que d'en venir là, je dois terminer la diſpute ſur l'origine du *Porte-voix*.

Long-tems avant le P. *Kirker* cet inſtrument étoit connu. *Alexandre* le Grand s'en ſervoit pour aſſembler ſes troupes & pour rallier ſon armée, quelque nombreuſe ou diſperſée qu'elle fût, & il ſe faiſoit entendre par tous ſes ſoldats comme s'il en eût été fort proche. Son *Porte-voix* étoit une corne qui avoit cinq coudées de diametre : (une coudée eſt d'un pied ½) il portoit juſques à 100 ſtades (un ſtade vaut 250 pas communs.) Le P. *Kirker* lui-même s'explique ainſi ſur ce cornet : *Alexandrum quoque magnum certum cornu habuiſſe tam intenti ſoni, ut illo totum exercitum quantumvis diſperſum convocatum ita præſentem ſtiterit, ac ſi ſingulis præſens loqueretur. Formam cornu in antiquiſſimo codice Vaticano libri de Secretis Ariſtotelis ad Alexandrum tractantem cùm reperiſſem, hìc publici illam juris facere volui; cornu diameter fuit quinque cubitorum, ejuſque ſonus ad centum ſtadia percipiebatur* (Athanaſ. Kirker. *Ars magna lucis & umbræ*, Lib. 2. Part. 1. Ch. 7.)

2.   On n'a pas encore démontré en toute rigueur quelle eſt la figure la plus convenable aux *Porte-voix*. M. *Haſe*, Profeſſeur à Wittemberg, prouve dans ſa Diſſertation *De Tubis ſtentoriis*, *Part. II. Sect.* 2. §. 52. qu'une hyperbole équilatere entre les aſymptotes, donne à ces inſtrumens la figure la plus parfaite. D'autres prétendent que cette figure eſt celle d'un paraboloïde, dont le foïer ſe trouve à l'embouchure, préciſément à l'endroit où l'on parle. Dans la conſtruction de cet inſtrument, M. *Morland* ſe fondant entierement ſur l'experience ne remarque autre choſe ſur cette conſtruction, ſinon que les *Porte voix* doivent être toujours augmentés en largeur, & être faits d'une ſeule piece. Et il ajoute que les meilleurs ſont ceux dont la ſection horiſontale eſt un cercle. Partant de là M. *Caſſgrain* a donné la maniere de faire un *Porte-voix*. Sa méthode & l'inſtrument qui en a réſulté, ſont trop curieux pour ne les pas

rapporter ici. Voici les principes sur lesquels l'Auteur construit un *Porte-voix* dont il donne la description dans le *Recueil des Mémoires & Conférences* de M. *J. B. Denis* 1672 pag. 115.

Les Fondeurs de Cloches en faisant leurs moules suivent les sections du monochorde, ou quand ils veulent faire une cloche plus grave ou plus basse d'une octave qu'une autre, ils lui donnent deux diametres de l'autre. Sur ce principe, M. *Cassegrain* prétend que les Trompetes ou *Porte-voix* du Chevalier *Morland* doivent suivre cette proportion : d'où il suit, qu'ils doivent être construits suivant les sections du monochorde, & principalement suivant les octaves qui font des raisons doubles les unes des autres. Persuadé que cela doit être dans la construction de cet instrument, M. *Cassegrain* construit un *Porte-voix* de la maniere suivante.

Supposé que l'embouchure A B (Planche XXVIII. Figure 489.) soit de 5 pouces de long, & qu'elle finisse à l'endroit A qui est le plus étroit du tube, que l'on suppose avoir deux pouces de diametre, suivant l'experience ; l'Auteur prend la moitié de ce diametre, c'est-à dire 1 pouce, & le double sur la ligne A G : ce qui donne la premiere octave. Il double ensuite ce nombre 2, & le nombre 4 forme la seconde octave. Le double de 4 qui est 8 donne la troisiéme. Et telles sont les octaves des largeurs.

Maintenant ce nombre de 8 pouces est le demi-diametre de la trompette, & M. *Cassegrain* en fait la premiere division en montant de C vers A pour avoir les octaves de la longueur (le point C étant éloigné de A d'autant de pouces que les trois octaves des longueurs en contiennent, savoir 56 pouces) & marque ces 8 pouces de C en D : premiere octave. Doublant ces 8 pouces ou cette octave, il a 16 pouces pour la seconde qu'il compte depuis D jusques en E. Enfin M. *Cassegrain* porte le double de cette distance de E en A. Ainsi E A qui est la troisiéme octave est de 32 pouces. Et voilà les octaves de la longueur.

Quoiqu'on eût pû avec ces divisions tracer la courbe du *Porte-voix*, cependant afin d'avoir un plus grand nombre de points & que la courbe en devienne par-là moins difficile à tracer, l'Auteur divise en 3 parties égales la corde des largeurs A G, où sont marquées les octaves des largeurs. La premiere partie depuis 8 jusques à $5\frac{1}{3}$ fait une quinte. $6\frac{2}{3}$ (milieu arithmétique entre 8 & $5\frac{1}{3}$) fait une tierce mineure, depuis 8 jusques à $6\frac{2}{3}$; 5 milieu arithmétique entre 4 & 6, c'est une tierce majeure depuis 5 jusques à 4; $4\frac{1}{2}$

milieu arithmétique entre 5 & 4, c'est un ton majeur depuis $4\frac{1}{2}$ jusques à 4 ; & depuis 6 jusques à 4, 6, milieu arithmétique entre 8 & 4 fait une quinte. Cela donne des points par lesquels on mene des lignes paralleles à l'axe A F.

M. *Cassegrain* cherche ensuite des points sur la ligne des longueurs A F. A cette fin, il se sert de la tierce majeure depuis 16 jusques à $12\frac{4}{5}$; de la tierce mineure depuis 12 jusques à $9\frac{3}{5}$; de la quarte depuis 8 jusques $10\frac{2}{3}$, & du ton majeur depuis $14\frac{4}{9}$ jusques à 16.

Pour avoir la tierce majeure depuis 16 jusques à $12\frac{4}{5}$, l'Auteur prend la cinquiéme partie de 16 qui est $3\frac{1}{5}$, & il l'ôte de 16. Reste $12\frac{4}{5}$ pour tierce majeure. La tierce majeure depuis 12 jusques à $9\frac{3}{5}$, se trouve en prenant la cinquiéme partie de 12 qui est $2\frac{2}{5}$ qu'on soustrait de 12, & elle est ainsi $9\frac{3}{5}$. A l'égard de la quarte depuis C jusques à $10\frac{2}{3}$, elle est $10\frac{2}{3}$, reste de la soustraction du tiers de la distance F D de 16, qui est $5\frac{1}{3}$, par 16. Enfin, on a le ton majeur depuis 16 jusques à $14\frac{4}{9}$, en prenant la neuviéme partie de 16, qui est $1\frac{7}{9}$ qu'on ôte de 16 pour avoir $14\frac{4}{9}$ ton majeur.

De tous ces points 16, $14\frac{4}{9}$, $12\frac{4}{5}$ 12, $10\frac{2}{3}$, M. *Cassegrain* mene des lignes perpendiculaires à la corde A F. Les intersections des paralleles tirées à cette corde, donnent avec ces perpendiculaires des points par lesquels doit passer la courbe du *Porte-voix*.

De-là il suit, que dans le diapason des largeurs de cet instrument la quinte $5\frac{1}{3}$, 8 répond à la quinte 8, 12 dans le diapason des longueurs ; que la tierce majeure 5, 4 répond à la tierce majeure 16, $12\frac{4}{5}$; la tierce majeure 6, $\frac{2}{5}$, $5\frac{1}{3}$, à la tierce majeure 12, $9\frac{3}{5}$; la quarte 8, 6 à la quarte 8, $10\frac{2}{3}$; enfin, le ton majeur $4\frac{1}{2}$, 4 répond au ton majeur $14\frac{4}{9}$, 16. Si l'on veut avoir des points semblables dans les autres octaves, il faut les transporter à proportion comme on a fait les autres octaves, savoir en raison double.

Cela fait voir que le *Porte-voix* de M. *Cassegrain* est composé de deux regles harmoniques ; l'une pour la longueur qui commence en F & finit en A ; l'autre pour les largeurs qui commence en A & finit en G. Ainsi cet instrument qui avec son embouchoir porteroit 5 pieds 1 pouce de long, auroit 16 pouces d'ouverture par l'extrémité.

Un *Porte-voix* ainsi construit double la voix à chaque octave, de façon que si elle est de quatre octaves, la voix en sortant sera en raison d'1 à 16. Il la grossira, la fortifiera de 15 parties, dont les 16 font le tour. Suppofant qu'un homme fe faffe entendre fans inftrument à 200 pas, il fe fera entendre à 3200 pas avec un *Porte-voix* de 4 octaves.

Cela feroit vrai fi la théorie que l'Auteur établit étoit faine. Comme M. *Caffegrain* fe fonde fur le principe des Fondeurs pour accorder leurs cloches, cette invention a à certains égards quelques Partifans. C'eft ce qui m'a engagé à la donner ici. Mais quelqu'eftime que j'en faffe, je préfere cependant le *Porte-voix* de M. *Hafè*, fondé fur des principes de pure Géometrie. Il eft compofé d'une portion elliptique A C (Pl. XXVIII. Figure 490.) & d'une portion parabolique C B. L'endroit où l'on met la bouche pour parler eft le foïer de l'ellipfe, d'où partent les raïons fonores AE, AF, AG, AH. Après avoir été portés contre les parois de cette portion, ces raïons fe reflechiffent & fe réuniffent enfuite à l'autre foïer C. Ce foïer eft auffi celui de la parabole C B. Les raïons fonores partiront donc comme de ce foïer & feront portés en C K, C L, C M, C N, d'où ils feront reflechis par les parois du *Porte-voix* parabolique. Ils formeront donc des lignes paralleles les unes aux autres telles que K O, L P, M R, N S; d'où ils pourront être portés à une grande diftance.

P O S

POSSEDE'E. Les Aftrologues défignent par cette épithete une planete lorfqu'elle tient le milieu entre deux autres & qu'elle n'a point d'autre afpect.

POSSIDEON. Terme de Chronologie. C'étoit chez les Atticiens le fixiéme mois de l'année.

POSTULE'. C'eft une propofition qu'on peut faire recevoir fans démonftration. Elle nous fait voir qu'une chofe eft poffible, & que la vérité en eft évidente par la confidération d'une feule définition. Exemple. Cette propofition : *On peut augmenter & diminuer arbitrairement un nombre*, eft un *Poftulé* de même que celle-ci : *De chaque point donné on peut conftruire un cercle avec chaque ligne.*

P O T

POTERNE. Ouvrage de Fortification. C'eft une porte ou fortie cachée qu'on place ordinairement derriere l'orillon ou près du flanc dans la courtine, pour faire par-là une fortie avantageufe.

POTS A FEU. Terme d'Artillerie. Sorte de pots remplis de compofition d'artifice. Cette compofition fe fait ainfi. On bat féparément ces matieres : 4 livres de foufre, 12 livres de falpêtre, 12 livres de poudre, 2 livres de verre battu, & on les mêle enfuite en y mettant un peu d'huile de lin. Aïant rempli des pots de terre de ce mêlange, & de *roche à feu* caffée en petits morceaux, (la roche à feu eft une compofition faite avec 4 onces de poudre ordinaire, 4 de falpêtre en farine, 1 livre de foufre fondu), on entaffe le tout jufques à un travers de doigt de la bouche du *Pot*. Le refte fe remplit de poudre à canon. On fond enfuite fur cette poudre un peu de poix-raifine pour le boucher. Quand on veut en faire ufage, on rompt la poix & on met le feu à l'amorce. Ces *Pots à feu* fervent à mettre le feu aux fafcines des affiégeans, à chaffer les ennemis de la tranchée, & à ceux-ci à embrafer les maifons en les jettant dans la Ville.

P O U

POUCE. C'eft la douziéme partie d'un pied. (*Voïez* PIED.)

POUDRE. Compofition qui s'enflamme fubitement & avec explofion. Elle eft le fondement de l'artillerie & des feux d'artifices, & elle eft formée de falpêtre purifié, de foufre & de charbon. La propriété du falpêtre eft de fe rarefier très-promptement étant enflammé, celle du foufre de s'allumer très-aifément, & celle du charbon de brûler lentement. Le foufre fert d'abord à allumer le falpêtre, & le charbon à nourrir ce feu en empêchant la grande dilatation de cette derniere matiere. Une *Poudre* compofée feulement de foufre & de falpêtre s'enflammeroit comme la *Poudre* ordinaire; mais elle s'éteindroit avec la même facilité. D'où il fuit, que le charbon n'eft pas effentiel à la *Poudre*, & que toute autre matiere qui produira ce rallentiffement peut lui être fubftituée. Telles font ces matieres, le fureau, le tartre calciné, le papier haché mis en pouffiere, &c. ce qui donne lieu à faire de la *Poudre* de differentes couleurs, fuivant celle de ces matieres & en les faifant dominer fur le foufre & le charbon. Exemple. Dix livres de falpêtre, une de foufre & une de bois de chanvre tillé & feché; ou bien fix livres de falpêtre, une livre de moelle de fureau deffeché & pulverifé, donnent une *Poudre blanche*. Le tartre calciné, jufques à ce qu'il foit devenu blanc, & enfuite bouilli dans de l'eau commune, jufques à l'évaporation entiere de l'eau, peut-être fubftitué à la poudre de fureau. On fait une *Poudre rouge* en mêlant 6 livres de salpêtre, une demie-livre d'ambre, & une livre de santal rouge. Huit livres de salpêtre, une livre de soufre & autant de safran sauvage qu'on fait bouillir avant que de le faire sécher & réduire en poudre, donne une *Poudre jaune.* Pour une *Poudre verte* on fait bouillir 2 livres de bois pourri avec du verd de gris dans de l'eau-de-vie : on le fait sécher & on le pulverise pour le mêler avec une livre de soufre & 10 livres de salpêtre. Enfin, une livre de sciure de tilleul aïant été bouillie dans de l'indigo & réduite ensuite en poudre, mêlée avec une livre de soufre & 8 livres de salpêtre, donne une *Poudre bleue.*

Mais de toutes ces *Poudres* celle qui est composée de salpêtre, de soufre, & de charbon est la meilleure ; & les autres ne sont que de pures curiosités. Le soufre donne le feu à la *Poudre* ; le salpêtre la force, & le charbon fait la communication du feu dans toutes les parties de ce mêlange, mieux qu'aucune des matieres dont je viens de parler. On comprend bien que selon que l'une de ces trois matieres domine, la *Poudre* doit être ou plus inflammable, ou plus forte, ou plus lente, selon l'usage auquel on destine la *Poudre*, ce mêlange doit être different. C'est dans cette vûe que *Casimir Semienowitz* dans son *grand Art de l'Artillerie*, prescrit les doses suivantes pour les differens usages.

TABLE DES DOSES DE LA POUDRE
SUIVANT SES DIFFERENS USAGES.

POUDRE A CANON.		POUDRE A MOUSQUET.		POUDRE A PISTOLET.	
Salpêtre,	. . . 100 liv.	Salpêtre,	. . . 100 liv.	Salpêtre,	. . . 100 liv.
Soufre,	 25	Soufre,	 18	Soufre,	 12
Charbon,	. . . 25	Charbon,	. . . 20	Charbon,	. . . 15
ou bien		*ou bien*		*ou bien*	
Salpêtre,	. . . 100	Salpêtre,	. . . 100	Salpêtre,	. . . 100
Soufre,	 20	Soufre,	 15	Soufre,	 10
Charbon,	. . . 24	Charbon,	. . . 18	Charbon,	. . . 8

Pour le service de la guerre en général, M. *Belidor* prétend que le meilleur mêlange est celui-ci ; ¼ de salpêtrede ; soufre ⅛, & ⅛ de charbon, (*Architect. Hydrauliq. T. I. L. II. Chap.* 3. des Moulins à Poudre, *pag.* 352.)

Aïant choisi l'une de ces compositions, on la pulverise dans un mortier de fonte en l'humectant de tems en tems avec de l'eau de chaux. Il se forme de là une pâte seche qu'on fait passer au travers d'un tamis appellé *Grenoir*, afin de la réduire en grains. Plus ces grains sont petits, plus la *Poudre* est forte, parce qu'aïant moins de masse, ils sont plus promptement enflammés que les gros.

On connoît la force de cette composition avec un instrument qu'on appelle *Eprouvette.* (*Voïez* EPROUVETTE.) On peut encore en juger en l'enflammant : on en met pour cela une pincée sur du papier blanc & on y met le feu. Si elle s'enflamme subitement & qu'elle jette en l'air une fumée qui s'éleve en forme de couronne sans laisser ni noirceur ni flamêche qui puisse brûler le papier, la *Poudre* est bonne. Un effet contraire décele une mauvaise *Poudre.*

Tout ceci a été bien moins développé par des raisonnemens que par des épreuves fai-tes en quelque sorte à tout hasard. De ces épreuves, il en a résulté des effets dont la cause embarrasse les Physiciens. M. *Bernoulli* l'attribue à un air extrêmement condensé & comprimé dans chaque grain de *Poudre.* Lorsque le grain est brisé par le feu, cet air se dilate & déploïe sa force élastique sur les corps qu'elle rencontre. (*Bernoulli Opera, Tom. IV. pag.* 516.) M. *Belidor* croit que la *Poudre* n'est qu'un feu qui a la vertu de mettre l'air en action, & que l'air seul produit tout l'effet qu'elle manifeste. Nous connoissons si bien aujourd'hui le ressort de l'air qu'on ne peut pas douter que ce soit la véritable cause de cet effet. (*Voïez* AIR, ARQUEBUSE & CANON.) Aussi ne m'arrêterai-je pas à mettre cette vérité dans un plus grand jour. Je terminerai donc cet article par la maniere dont la *Poudre* s'enflamme, & sur la proportion de cette inflammation. Suivant M. *Belidor* les quantités de *Poudre* enflammées pendant de certains tems, sont dans la raison des cubes de ces mêmes tems. Ainsi si 20 livres de *Poudre* ont mis deux secondes à s'enflammer totalement étant rassemblées dans un tas, & qu'on veuille savoir combien il s'en enflammera en tout autre tems, en

5 secondes, par exemple, on fera cette regle : Comme le cube de 2 secondes, qui est 8, est à 20 livres de *Poudre*, ainsi 125, cube de 5, est à la quantité de *Poudre* qui doit s'enflammer en 5 secondes. Le quatriéme terme de cette proportion donnera 312 ½ liv. (*Voïez* le *Bombardier François*, ou les *Mémoires d'Artillerie* de *Surirey de St Remi*, Tom. II. pag. 338.) Pour l'origine de la *Poudre*, *voïez* ARTILLERIE.

POUDRE FULMINANTE OU TONNANTE. Sorte de *Poudre* qui donne un grand coup lorsqu'elle est fondue. Elle se fait avec trois parties de salpêtre, 2 de sel de tartre & une de soufre qu'on broïe bien ensemble dans un mortier. On en met une petite prise dans une cuillere de fer posée sur un petit feu, où on la laisse pendant un quart d'heure ou environ. Ce tems écoulé, cette *Poudre* s'enflamme & fait une si grande détonation, qu'elle produit un bruit presque aussi grand que celui d'un canon. Cette *Poudre*, qui est une pure curiosité physique, agit de haut en bas avec une telle force qu'elle perce une cuillere de cuivre ; au lieu que la *Poudre à canon* agit de bas en haut.

On fait à peu près la même chose avec de l'or. A cette fin, on prépare de l'or battu qu'on dissout dans l'eau régale ; on le précipite avec de l'huile de tartre par défaillance, & on fait sécher cette poudre à une chaleur lente.

POUDRE DE SYMPATHIE. Terme de Physique occulte. C'est une *Poudre* blanche & légere avec laquelle on guerit (à ce qu'on dit) une plaïe, quoiqu'on en soit à quelque distance. Pour cela, on met de cette *Poudre* sur un linge trempé dans le sang de la personne blessée. On couvre la plaïe d'un linge blanc qu'on leve tous les jours, & on seme sur la matiere qu'il emporte de la plaïe, un peu de nouvelle *Poudre de sympathie*. En continuant de faire la même chose, on prétend que la plaïe se guerit parfaitement : mais cette prétention est une pure chimere qui ne surprendra que des simples. On trouve ceci plus détaillé dans le Tome III. des *Recréations Mathématiques d'Ozanam*, pag. 161. derniere édition.

POULIE. Petite roue mobile dans son essieu, creusée dans sa surface supérieure pour y recevoir une corde destinée à faire tourner la petite roue. C'est une machine simple qui sert à élever des poids. L'essieu sur lequel la roue tourne est nommé *Goujon* ou *Tourtillon*, & *Chape* la piece dans laquelle passe le goujon. Lorsque la *Poulie* est attachée à un point fixe elle est dite *Poulie fixe*. On l'appelle *Poulie mobile* quand elle peut

s'approcher ou s'éloigner du point fixe où l'extrêmité de la corde est attachée. Les *Poulies fixes* n'augmentent point la force de la puissance. Elles ne servent qu'à changer les directions & à diminuer les frottemens qui seroient fort considerables si la corde ne tournoit pas avec la *Poulie*, & qu'elle fût obligée de glisser sur un cilindre immobile : car il ne s'agit gueres avec cette machine que du frottement qui se fait de la *Poulie* contre son essieu, frottement incomparablement plus petit que celui de la corde sur un cilindre immobile.

Ainsi si une puissance F (Plan. XLII fig. 232.) soutient un poids P par le moïen d'une *Poulie fixe*, la puissance sera égale au poids, puisque c'est ici un lévier du premier genre dont l'appui est au centre C, & dont les bras C L, C M sont égaux. Il n'en est pas de même des *Poulies* mobiles.

1°. Si une puissance F (Planche XLII. Figure 233.) soutient un poids P attaché à une *Poulie mobile*, cette puissance sera la moitié du poids lorsque la direction du poids & celle de la puissance seront paralleles. Car dans ce cas, le diametre M L de la *Poulie mobile* est un leviet du second genre, dont le point d'appui est à l'extrêmité L, la puissance à l'autre extrêmité M, & le poids au centre C. Donc F : P : : C L : M L ou : : 1 : 2.

2°. Si les directions L F, A M (Planche XLII. Figure 234.) n'étoient pas paralleles à celles du poids, la puissance F seroit au poids en raison réciproque des perpendiculaires M E, M D abbaissées du point d'appui M sur les directions L F, D P de la puissance & du poids, ou en raison directe du raïon L C à la soutendante L M. Car les perpendiculaires M E, M D sont les sinus des angles M B L, M B D. Mais les angles B L C, B M C étant droits, le sinus de l'angle B est le même que celui de son supplément L C M. Et l'angle M B D, complement de l'angle B M D, est égal à l'angle D M C. Donc F est à P comme le sinus de l'angle D M C est au sinus de l'angle D M C est au sinus de l'angle L C M, ou dans le triangle L C M comme L C est à L M.

Voilà toute la théorie de la *Poulie mobile*. J'ai dit que la *Poulie fixe* n'augmente pas l'effort de la puissance, & je me suis borné là. C'est cependant ici le lieu d'examiner le frottement de la corde contre cette *Poulie*, c'est-à-dire, d'un cilindre quelconque immobile.

2. 1°. Si une corde aïant à ses extrêmités deux poids égaux A & B (Planche XLII.

Figure 235.) est roulée sur la demi-circonference d'un cilindre immobile posé horifontalement, chaque poids est à la preffion de la corde sur le cilindre comme le raïon est à la circonference, ou comme 7 est à 22. Car si l'on suppofe qu'une puiffance F tire cette corde selon une direction CEF qui paffe par le centre C, cette puiffance faifant un effort égal à la preffion de la corde au point H, les parties DE, GE seront égales entre elles, & tangentes au cilindre. Si l'on acheve donc le parallelogramme DEGI, l'on aura A : F :: DE : EI. Et si l'on mene la foutendante DG & les raïons DC, CG, on aura les triangles semblables & isofcelles EDI, DCG; puisque leurs angles EDI, DCG du sommet font égaux. En effet, DG étant perpendiculaire à la base EI du triangle isofcele DEI, partage également l'angle D. Mais les angles DEH & DCG étant mefurés par le même arc DH, font égaux : donc leurs doubles font aussi égaux. Donc DE : EI :: DC : DG. Et parce que A : F :: DE : EI on aura A : F :: DC : CG. Dans tout cela, comme on peut suppofer l'arc DHG infiniment petit, de maniere qu'il se confonde avec la foutendante DG, le rapport sera toujours le même. Donc le poids A est à la somme de toutes les preffions de la corde comme le raïon est à la somme de tous les arcs infiniment petits, ou à la demi-circonference.

2°. Si au lieu de deux poids, on suppofe deux puiffances égales, appliquées aux extrémités d'une corde qui tirent chacune de leur côté; en forte que la partie du cilindre embraffée par la corde, foit plus ou moins grande que la demi-circonference, alors chaque puiffance sera à la preffion du cilindre comme le raïon est à l'arc embraffé par la corde.

3°. Si la corde fait plufieurs tours sur le cilindre, la puiffance capable de furmonter le poids A (Planche XLII. Figure 236.) & le frottement de toute la corde, est égale au dernier terme d'une progreffion géometrique, dont le poids A est le premier terme; la puiffance B qui resifte au poids A & au frottement du demi-cercle CDB le second. Et il y a autant de termes dans cette progreffion qu'il y a de demi-tours, fans y comprendre le premier A. Cela se prouve ainfi.

Puifque les preffions sur les arcs égaux font entre elles comme les puiffances qui les caufent, nommant B la puiffance qui resifte au poids A & au frottement du premier demi tour; E celle qui resifte au troifiéme; G celle qui resifte au quatriéme, on aura A : B :: B : E :: E : F :: F : G : ce qui forme une progreffion géometrique ÷ A. B. E. F. G. compofée de 5 termes, parce qu'il y a quatre demi-tours, dont le premier terme est A & le second B. De forte que le premier terme A étant pris pour l'unité; & le second B étant 4, il sera aifé de connoître le cinquiéme terme en élevant B à la quatriéme puiffance qui donne ici G = 256. (*Voïez* PUISSANCE.)

On voit par-là combien est considerable le frottement d'une corde sur un cilindre de bois. Auffi un cable auquel on a fait faire trois ou quatre tours sur un pieu, retient le plus gros navire contre la force du vent & l'agitation des flots. Pour être en état de mieux connoître le frottement des cordes sur les *Poulies fixes*, on a fait plufieurs expériences sur la roideur des cordes, dont voici les conféquences.

1°. La réfiftance que les cordes font à être pliées, augmente à proportion des poids dont elles font chargées, & à proportion de leur diametre.

2°. La resiftance, qui vient des rouleaux, diminue en raifon inverse de leur diametre.

3°. Si l'on a une corde d'une ligne de diametre, à laquelle soit fuspendu le poids d'une livre, & qu'elle faffe un tour sur un rouleau d'un pouce de diametre, il faudra le poids d'une once ou la 16e partie du poids que foutient ici la corde pour furmonter la resiftance à se courber.

De là il fuit, que pour connoître la réfiftance d'une corde d'un diametre quelconque chargée d'un poids donné sur un rouleau de diametre connu, le quotient donnera en onces le poids qui sera en équilibre avec la resiftance caufée par la roideur d'une corde. Exemple. Si le poids étoit de 400 livres; la corde de 8 lignes de diametre & que le diametre du rouleau ou de la *Poulie fixe* eût 5 pouces, on auroit pour la resiftance 640 onces ou 40 livres, qu'il faut ajouter au poids de 400 pour furmonter cette resiftance. La raifon de cette regle est que la resiftance d'une corde d'une ligne de diametre avec un poids d'une livre sur un rouleau d'un pouce, est à la resiftance d'une autre corde, comme une once est au produit du diametre de l'autre corde par le poids qui la foutient divifé par le diametre du rouleau; puifque suivant les expériences *les resiftances font en raifon compofée de la raifon directe des poids & de la raifon inverfe du diametre des rouleaux.*

Ces experiences ont été faites par M. Amontons en cette maniere. Il a accroché

au plancher d'une chambre les extrémités
A A de deux cordes A C, A C (Planche
XLII. Figure 236.) diftantes l'une de l'autre de 5 à 6 poucés avec le baffin D d'une
balance à leur bout inferieur ou à leur autre
extrêmité. Dans ces cordes M. *Amontons* a
engagé un cilindre de bois B en faifant faire
à chaque corde le tour qui eft ici reprefenté.
En D il mit fucceffivement differens poids,
& entortilla vers le milieu du cilindre, entre les deux cordes, un ruban de fil très-
flexible dans un fens contraire à la corde,
c'eft-à-dire felon E G F, à l'extrêmité duquel
pendoit un petit baffin de balance H.

Tout cela préparé M. *Amontons* mit dans
ce dernier baffin affez de poids pour faire
defcendre le cilindre B malgré la refiftance
caufée par la roideur des cordes A C. Aiant
fait ces expériences avec des cilindres & des
cordes de differentes groffeurs, chargées
de differens poids, il a réduit l'action du
poids H à une diftance égale du point d'at-
touchement E. Mais dans cette réduction
ce Mécanicien a pris avec raifon pour bras
de lévier le diametre du rouleau, au lieu
que M. *Parent* faifant tourner le rouleau
fur un chevalet n'a pris pour bras de lévier
que le demi-diametre. C'eft pour cela que
les refiftances qu'il a trouvées font toujours
doubles de celles de M. *Amontons*, &
qu'elles ne fauroient convenir aux *Poulies*
comme celles de ce dernier Mécanicien.

Ajoutons à ceci que la roideur des cordes
eft d'autant plus grande qu'elles font obli-
gées de plier plus vite ; de forte qu'on doit
y avoir égard dans le calcul d'une machine,
lorfqu'il fe trouve des cordes qui fe plient
avec differentes viteffes. Les cordes neuves
refiftent plus à fe courber que les vieilles ;
ce qui fait qu'elles éloignent la direction du
poids du diametre horifontal de la *Poulie*,
& qu'allongeant le bras du lévier, elles
obligent la puiffance à un plus grand effort.
D'ailleurs les cordes neuves, chargées de
tout le poids qu'elles peuvent porter, font plus
fujettes à fe rompre que lorfqu'on les charge
fucceffivement pour les rendre fouples.

Enfin la circonference du treuil augmente
felon la groffeur des cordes. Ainfi quand
elles ne font qu'un tour, il faut dans le
calcul des machines ajouter le demi-diametre de la corde au raïon du treuil pour former le bras du lévier. Et fi elle doit faire
plufieurs tours les uns fur les autres, il faut
eftimer la puiffance réfiftante dans le cas où
le bras du lévier qui lui répond fera plus
allongé par la groffeur de la corde.

Terminons cette théorie & cet article
par la folution d'un problême qui en fera

comprendre l'ufage.

Quelle eft la force néceffaire pour élever
un poids de 800 livres avec une *Poulie* fixe
de 24 pouces de diametre, fon boulon aïant
1 pouce, & la corde 18 lignes ?

1°. D'abord pour être en équilibre avec
le poids, la puiffance doit être de 800 livres.

2°. Pour furmonter la roideur de la corde,
je multiplie 800 liv. par 18 diametre de la
corde, & je divife 14400 liv. par 24, dia-
mettre de la *Poulie*. Le quotient eft 600 onces qui font 37 livres $\frac{1}{2}$; valeur de la force
néceffaire pour furmonter cette roideur. A
l'égard de la refiftance caufée par le frottement de la *Poulie* contre le boulon, il
faut d'abord faire attention que cette *Poulie*
eft chargée de deux poids, celui de 800 liv.
& de 37 livres $\frac{1}{2}$, fomme totale 1637 livres $\frac{1}{2}$.
De cette fomme je prens 819 pour le frot-
tement, que je multiplie par le raïon du
boulon & divife par celui de la *Poulie*.
Le quotient donne 34 livres pour le frottement, réduit à l'extremité du bras de lévier.
Ainfi ajoutant ces trois nombres 800, 37 $\frac{1}{2}$,
34, j'ai 871 $\frac{1}{2}$ qui exprime la puiffance capable de faire monter le poids. Si, tout le
refte étant égal, la *Poulie* n'avoit que 4
pouces de diametre, la puiffance feroit de
1253 au lieu de 871 ; ce qui fait voir combien il eft important de preferer les grandes
Poulies aux petites.

PRA

PRATIQUE. Ce terme qui eft commun dans
toutes les parties des Mathématiques en tant
qu'il défigne l'art de pratiquer leurs regles, eft
cependant particulier à l'arithmétique. On
entend ici par ce mot ce qui abrege le calcul
dans la regle de trois, de cinq, de fociété,
&c. Tout le monde fait que dans l'arithmétique on calcule plus promptement &
plus furement avec de petits nombres qu'a-
vec des grands ; ainfi il s'agit dans cet art
de fubftituer ceux-là à ces derniers. Tel en
eft le fondement. Comme de deux quantités
divifées par une troifiéme, il fe forme deux
quotients qui font entre eux comme les quantités dont elles naiffent, de même en faifant
ufage de la regle de trois, on cherche un
nombre qui réfolve les deux nombres proportionnels, & à la place de ceux-ci on fe
fert dans l'opération des quotiens trouvés.
Exemple. Si 5 livres de quelque marchandife coutent 30 écus, que couteront 625 livres ? D'abord le premier & le fecond nombre peuvent fe refoudre par 5 ; car fi 5 livres coutent 30 écus, 1 livre en coutera 6.
Il ne s'agit donc pour fimplifier la regle,
que

élever
ie fixe
aïant

e avec
livres.
corde,
de la
, dia-
oo on-
force
ur. A
frotte-
n, il
Poulie
oo liv.
vres ½.
e frot-
ion du
Poulie,
frotte-
lévier.
37 ½,
nce ca-
tout le
que 4
eroit de
r com-
grandes

un dans
en tant
gles, eft
que. On
e calcul
fociété,
l'arith-
ment &
res qu'a-
cet art
Tel en
uantités
me deux
les quan-
n faifant
rche un
res pro-
ci on, fe
trouvés.
rchandi-
625 li-
ond nom-
r fi 5 li-
coutera 6,
a regle,
que

que de changer les deux premiers nombres en difant 1 livre : 6 écus : : 625, & de multiplier 625 par 6 pour avoir la valeur de de 625 livres à 6 écus.

Lorfque de trois grandeurs proportion-nelles données, les deux homogenes font dans une telle raifon qu'on peut d'abord trouver leur expofant, on n'a qu'à multi-plier le troifiéme terme par cet expofant, ou (fuivant les circonftances) le divifer pour trouver le quatriéme. Exemple. 6 quintaux d'une marchandife coutent 9 livres, combien couteront 18 ? Comme ici 18 eft le triple de 6, il faut que la valeur de 6, qui eft 9, faffe trois fois davantage : D'où l'on con-noît que cet exemple contient cette pro-portion 6 : 18 : : 9 : 27. Donc 27 eft le nombre en queftion.

PRE

PRECESSION DES EQUINOXES. Terme d'Aftronomie. C'eft l'éloignement de la pre-miere étoile de la corne du bélier du point équinoxial, dans lequel l'équateur & l'é-cliptique s'entrecoupent; ou bien c'eft le changement continuel de lieu de ces points qui retrogradent chaque année d'Orient en Occident d'environ 50 fecondes. Cela vient de ce que l'axe de la terre ne conferve pas à la rigueur fon parallelifme, & n'eft pas toujours dirigé exactement à la même étoile quoiqu'il foit dans le même lieu. Quelques Aftronomes appellent ce mouvement la *Réceffion des équinoxes* : d'autres la Retro-ceffion; moïennant quoi on a nommé l'a-vancement de l'équinoxe la *Préceffion des équinoxes*. M. *D'Alembert* croit que ce mot eft venu ou de ce que le mouvement des points équinoxiaux fe fait vers les fignes qui précedent, c'eft-à-dire contre l'ordre na-turel des fignes, ou de ce que par la re-trogradation de ces points, le moment où l'équinoxe arrive chaque année, précede ce-lui où la terre revient au point de fon or-bite, auquel l'équinoxe étoit arrivé l'année d'auparavant. Pour moi il me femble plus naturel de penfer qu'on appelle ainfi ce mouvement, parce que le point où l'équi-noxe s'eft fait une fois continue toujours vers l'orient précedent. Quoiqu'il en foit, la *Préceffion des équinoxes* eft un mouvement dont il n'eft pas aifé de rendre raifon; & c'eft une chofe très-curieufe que de parcourir les fyftèmes formés par les Phyficiens pour l'expliquer.

2. Il y a là-deffus trois fyftèmes ingénieux. Dans le premier les tourbillons de *Defcartes* en font la caufe. Voici comment M. *Ber-*

Tome II.

noulli les fait agir à cette fin. Je fuppofe qu'on a lû l'article des fyftèmes, & qu'on connoît celui de *Defcartes*. Cela pofé, je dis : La terre circulant autour des pôles de l'écliptique avec fa propre viteffe, pendant que le fluide d'un grand tourbillon circule de même côté, mais autour des poles de l'équateur & avec une viteffe 230 fois plus plus petite, c'eft, dit M. *Bernoulli*, comme fi un globe flotant dans une eau calme, étoit obligé par une force extérieure de fe mouvoir d'Occident en Orient autour d'un centre pris à quelque diftance hors du globe. Mais la réfiftance de l'eau exercée fur la furface antérieure du globe doit fe faire en fens contraire d'Orient en Occident, & cette réfiftance agit fans doute plus forte-ment contre l'hémifphere le plus éloigné du centre de circulation que contre le plus pro-che; parce que celui-là faifant un plus grand chemin en circulant que celui-ci, frappe l'eau avec plus de viteffe. Le globe fera donc déterminé à pirouetter fur lui-même à contre-fens de fon mouvement progreffif, c'eft-à-dire, d'Orient en Occident autour d'un axe perpendiculaire fur le plan de la circulation. De là il fuit que la terre, re-préfentée par le globe pendant qu'elle fait fa révolution annuelle, doit tourner fur elle-même contre l'ordre des fignes autour d'un axe perpendiculaire au plan de fon orbite. Par conféquent l'axe oblique du mouvement diurne tournera auffi lui-même fur cet axe perpendiculaire. Les poles de l'équateur terreftre paroîtront donc décrire de petits cercles autour des poles de l'écliptique dans la direction d'Orient en Occident.

Telle eft la caufe, felon M. *Bernoulli*, du reculement des interfections de l'équateur & de l'écliptique, je veux dire de la *Pre-ceffion des équinoxes*. Mais pourquoi la va-riation de ce parallelifme eft-elle fi infenfible, & pourquoi le mouvement apparent qui en réfulte dans les étoiles fixes eft-il fi lent? c'eft que, répond ce grand Mathématicien, la réfiftance du grand tourbillon eft extrême-ment foible, comme il le prouve anterieure-ment. *Voiez* la *Nouvelle Phyfique célefte* §. *XCIV.* & *XCV. Bernoulli Opera*, Tom. III. pag. 355.

La feconde explication eft de M. *Newton*. Ce grand Homme attribue ce mouvement à la figure de la terre, conformément toujours aux loix de l'attraction. Si cette planete étoit fpherique, l'action du foleil fur fes deux hemifpheres feroit parfaitement femblable en quelqu'endroit qu'elle fe trouvât de fon orbite. Ainfi fon axe confervant toujours une fituation conftante, garderoit tou-

S f

jours son parallelisme durant la révolution de la terre autour du soleil. Mais cette planete n'est point sphérique. M. *Newton* trouva par les loix du pendule (*Voïez* PENDULE), & on l'a reconnu aujourd'hui par des observations astronomiques, trouva, dis je, que sa figure étoit celle d'un sphéroïde applati. La terre ne doit donc plus être exposée à la même action du soleil qu'auparavant. Car il est évident que cette action sera differente sur les deux moitiés de la terre. Or c'est cette inégalité d'action qui occasionne le mouvement dont nous recherchons ici la cause. Il s'agit donc de la déterminer. A cette fin, M. *Newton* supposant que le corps propre de la terre est sphérique, l'enveloppe d'une croute qui forme le sphéroïde. Et pour sentir mieux le mouvement de rotation qui provient de cette figure, ce célébre Mathématicien suppose encore que toute l'enveloppe du globe est resserrée & réduite à un seul anneau très-mince & très-dense placé dans le plan de l'équateur & qui environne la terre. De sorte que cette planete a un anneau à peu près comme Saturne. Laissant là le globe de la terre, & uniquement attentif à l'action du soleil sur cet anneau, M. *Newton* suppose en troisiéme lieu, que les particules dont il est composé, sont une infinité de petites lunes, qui entraînées par le mouvement diurne des points de l'équateur, tournent en un jour autour du centre de la terre à la distance du centre de son demi-diametre. Ces suppositions établies, ce Géometre trouve par les loix de l'attraction que les points d'intersection de l'orbite de ces petites lunes, ou ce qui revient au même, de l'anneau avec le plan de l'écliptique devroient retrograder chaque année d'Orient en Occident d'environ 45 minutes. Mais comment ce mouvement ne paroit-il que de 50 secondes? C'est qu'il est extrêmement rallenti par plusieurs circonstances. Et d'abord comme l'anneau est adherent à un globe, son mouvement doit se partager entre lui & le globe, & celui-ci eu égard à sa masse, doit beaucoup emporter de ce mouvement, & rallentir considérablement celui que l'anneau avoit reçu de la part du soleil. En second lieu l'action du soleil sur l'enveloppe réelle de la terre, n'est que les deux cinquiémes de cette même action sur l'anneau, où toute cette enveloppe est supposée réunie. Enfin l'inclinaison de l'axe de la terre sur le plan de l'écliptique modifie aussi l'action du soleil, puisque selon que cet astre est incliné, il fait à chaque point de l'écliptique un angle different avec la ligne qui joint les centres de la terre & du soleil, la quantité & la loi de l'action de cet astre dépendant de l'inclinaison de l'axe. Il ne reste plus qu'à évaluer ces diminutions ces rallentissemens & ces résistances pour savoir quel est le mouvement réel de la section de l'anneau avec le plan de l'écliptique. La chose n'est pas aisée. Mais les difficultés n'effraïoient pas M. *Newton* quand elles ne dépendoient que du calcul. Ce grand Homme dépouillant toutes ces variations, a trouvé que le mouvement annuel & retrograde de la section de l'équateur & de l'écliptique causé par l'action seule du soleil, doit être de 10 secondes par an. Or l'action seule de la lune produit dans le systême de M. *Newton* un mouvement quadruple de celui-là, c'est-à-dire de 40 secondes. Donc par ces deux actions réunies le mouvement des points équinoxiaux doit être de 50 secondes. Ce qui s'accorde avec les observations.

Il faut avouer que ce résultat est admirable, & qu'il falloit un génie superieur pour mettre si heureusement en œuvre toutes ces hypotheses. Ce sont cependant des hypotheses, & quelque respectables qu'elles soient par rapport à leur Auteur elles sont bien gratuitement imaginées. Tout cela ne seroit encore rien si les vérités astronomiques ne les contredisoient pas. La premiere méprise est celle où M. *Newton* suppose que la différence des axes de la terre est $\frac{1}{230}$ au lieu que suivant les observations de la figure de la terre (*Voïez* TERRE), cette difference n'est que de $\frac{1}{178}$ ou environ. On nie encore que la terre soit par tout homogene, comme l'a supposé l'illustre Anglois, & enfin on doute si le rapport, qu'il a établi entre les forces que le soleil & la lune exercent sur la terre, est bien vrai.

Ces difficultés murement pesées, ont donné lieu à M. *D'Alembert* à en découvrir d'autres, qui font voir l'entiere insuffisance de l'explication de M. *Newton*. On peut dire même que de tout ce que cet Auteur a publié il n'y a rien qui soit susceptible de plus de difficultés. Il est vrai qu'il ignoroit bien des choses que nous avons apprises depuis, telle par exemple, que la figure de la terre, qui n'étoit point déterminée de son tems. La cause des *Précessions des équinoxes* étant donc encore inconnue, M. *D'Alembert* a cru la trouver dans l'action réciproque du soleil & de la lune. Et tel est le systême de cet habile Géometre.

La terre dans son orbite est en proïe à l'action composée du soleil & de la lune. L'une & l'autre sont composées de differentes forces que ces astres exercent sur les

parties de la terre. M. *D'Alembert* s'attache
d'abord à les réduire à deux, l'une pour le
soleil & l'autre pour la lune : moïennant
quoi il trouve à chaque inftant la direction
& la quantité abfolue des deux forces qui
tendent à faire tourner l'axe de la terre. Ces
forces connues il eft aifé de dévoiler leur effet.
Il ne s'agit plus que de chercher les loix
de l'équilibre entre ces forces & celles qu'on
doit fuppofer être détruites dans chaque
particule de la terre. La folution de ce problême fournit deux formules qui renferment
la loi du mouvement de l'axe de la terre. De
ces formules l'une eft pour le chemin que fait
la terre autour des poles de l'écliptique, &
l'autre pour fon inclinaifon fur le plan de
ce grand cercle. Dans tout ce travail, M.
D'Alembert fuppofe que la terre eft un folide compofé de couches folides, dont les
denfités varient felon une loi quelconque.
Ceci eft une fuppofition, outre que le mouvement que l'action du foleil & celle de la
lune impriment à l'axe de la terre, dépend
beaucoup des couches intérieures. L'Auteur en convient. Mais la découverte de M.
Bradley fur la nutation de l'axe de la terre
fert à réfoudre une partie de ces difficultés.
Car on fait premierement que la *Préceffion*
annuelle vient de l'action réunie du foleil
& de la lune ; & en fecond lieu que la nutation & l'équation de la *Préceffion* doivent
être attribuées à l'action de la lune feule.
Le calcul enfeigne encore que quelqu'arrangement qu'on fuppofe dans les differentes
couches de la terre, la quantité de la nutation & de la *Préceffion* annuelle ont toujours
enfemble le même rapport, quoique leurs
valeurs abfolues varient dans chaque hypothefe. Donc fans connoître l'arrangement
des parties de la terre, on peut trouver le
rapport des forces du foleil & de la lune
en comparant la quantité obfervée de la
nutation avec la quantité obfervée de la
Preceffion. C'eft ainfi que M. *D'Alembert*
trouve que la force lunaire eft à celle du
foleil comme 7 à 3.

Voilà quel eft le fond du fyftême de ce
favant Géometre. Le détail mérite d'être lu
dans fon Livre intitulé : *Recherches fur la
Préceffion des équinoxes & la nutation de
l'axe de la terre dans le fyftême Newtonien.*
On trouve dans l'*Almagefte de Riccioli*,
L. III. Ch. 28, un détail aftronomique fur
cette matiere.

PREMIER MOBILE. *Voïez* MOBILE.

PREUVE. Examen d'une opération d'arithmétique. Il faut pour cela obferver d'abord
de quelle façon une quantité eft formée
foit par l'augmentation ou diminution. L'o-

pération contraire fait la *Preuve.* Dans l'addition, par exemple, on la fait par la
fouftraction, dans la multiplication par la
divifion ; dans la fouftraction par l'addition,
& dans la divifion par la multiplication. On
fe fert auffi du nombre 9 pour y parvenir ;
& cela en ôtant dans ces différentes regles
d'arithmétique, des nombres donnés autant
de fois 9 qu'il eft poffible. Il faut faire la
même chofe fur ce qui refte après cette
fouftraction.

P R I

PRINTEMS. Tems où le foléil avançant toujours en hauteur méridienne, a atteint au
Midi fa hauteur moïenne entre la plus grande & la plus petite. Ce tems arrive chez
nous quand le foleil entre dans le figne du
Bélier. *Varennius* a déterminé ce tems pour
tous les lieux de la terre. (*Voïez* fa *Géographia généralis. Liv. II. Ch. XXVI.*)

PRISME. Solide terminé par plufieurs plans
& dont les bafes font des poligones égaux,
paralleles & femblablement fitués. Suivant
que ce poligone a des côtés, on nomme
differemment ces *Prifmes :* ainfi on a des
Prifmes triangulaires , des *Prifmes quarrés* ,
des *Prifmes pentagones* , *exagones* , *&c.*
quand ces bafes font ou des triangles, ou
des quarrés, ou des pentagones, ou des exagones, &c. La figure 236 (Planche IX.)
reprefente un *Prifme* triangulaire, dont les
deux bafes A B C & D E F font des triangles. Le folide eft enfermé autant de
quarrés que le triangle a de côtés, favoir en
trois comme A C D E, B C D F & A E F B.
De ce genre de *Prifme* font les toîts qui pan-
chent de deux côtés. Les propriétés de ce
corps qu'on démontre en Géometrie, font
celles-ci.

1°. La furface d'un *Prifme* eft égale à un
parallelograme de même hauteur, qui a pour
bafe une ligne droite égale au perimetre du
Prifme.

2°. Un *Prifme* eft le triple d'une piramide de même bafe & de même hauteur.

3°. Tous les *Prifmes* font l'un à l'autre
en raifon compofée de leurs bafes & de leurs
hauteurs.

4°. Tous les *Prifmes* femblables font en
raifon triplée de leurs côtés homologues.

PRISME. Terme d'Optique. C'eft un verre folide dont les deux points font deux figures
triangulaires, égales & paralleles, & les
trois autres faces, qui en terminent le contour, font des plans très-polis qui vont des
trois angles d'une extrémité aux trois angles
de l'autre. On fe fert de ce *Prifme* pour
faire des expériences très-curieufes fur la

lumiere & fur les couleurs. (*Voïez* COU-
LEURS.)

PRISMOIDE. Solide compris fous plufieurs
plans, dont les bafes font des parallelogrames rectangles paralleles & femblablement
fitués.

PRO

PROBLEME. C'eft une queftion dans la pratique des Mathématiques dont on demande
la folution. Ainfi cette propofition : *Faire
paffer une circonference de cercle par trois
points donnés qui ne foient pas en ligne
droite*, eft un *Probléme*. Une pareille queftion contient trois points : 1°, la *propofition* qui comprend ce qu'on doit faire ;
2°, la *Réfolution* qui fait le dénombrement
de ce qui doit être mis en œuvre pour parvenir à ce qu'on a propofé ; 3°, la *Démonftration* qui convainc qu'aïant fait tout ce
qui a été dit dans la réfolution, il doit en
réfulter abfolument ce qu'on a demandé
dans la propofition. On obferve exactement
cette maniere de réfoudre des *Problémes*
dans la Méthode mathématique ; & il feroit
à fouhaiter que cette Méthode fût introduite dans toutes les Sciences. On diftingue
deux fortes de *Problémes*, des *Problémes déterminés* & des *Problémes indéterminés*.

Le *Probléme déterminé* eft celui où tout
ce qui appartient à fa réfolution eft déterminé. Par conféquent il n'admet qu'une réfolution, ou du moins les réfolutions qui
peuvent s'en faire, font d'un certain nombre déterminé, s'il y a plufieurs points dans
le *Probléme*. Tels font les *Problémes* de la
Géometrie commune. Exemple : *Tirer d'un
point donné une ligne perpendiculaire fur une
ligne* ; *Tirer d'un certain point une ligne
parallele à une ligne donnée*, &c. Car d'un
même point on ne fauroit tirer qu'une feule
ligne perpendiculaire fur une ligne droite.
Et on ne fauroit de même tirer d'un même
point qu'une feule ligne parallele à une
autre. Ceci, comme on voit, eft entierement
relatif à la Géometrie. Dans l'algebre, on
dit qu'un *Probléme* eft *déterminé* quand on
peut trouver autant d'équations, qu'il contient de quantités inconnues.

Le *Probléme indéterminé* au contraire ne
comprend pas tout ce qui fert à la réfolution. On peut propofer plufieurs chofes arbitrairement, & c'eft ce qui fait que ces
fortes de *Problémes* peuvent fe réfoudre
d'une infinité de manieres. (*Voïez* INDE-
TERMINE'.) Ces *Problémes* fe conftruifent
par des lieux Géométriques. (*Voïez* LIEU
GEOMETRIQUE.) On connoît ces *Problémes* dans l'algébre lorfqu'on ne leur trouve

pas autant d'équations qu'il y a de quantités
inconnues. Ils font plus difficiles que les
autres, parce qu'ils demandent des artifices
particuliers dans leur réfolution. *Diophante*
a enfeigné l'art de refoudre les *Problémes
indéterminés* de l'Arithmétique, & après
lui *Ozanam*, parmi les modernes, s'eft principalement diftingué dans cet art. (*Voïez* fes
Nouveaux Elemens d'Algébre.)

Ajoutons à cet article général des *Problémes* les queftions de Mathématique qu'on a
caractérifées par ce terme. Je fuivrai ici
l'ordre alphabétique, & on trouvera felon
cet ordre *Probléme linéaire*, *local*, *folide*, &c.

PROBLEME DE DELOS. C'eft dans la Géométrie, le *Probléme* de trouver entre deux lignes
données deux moïennes proportionnelles ;
en forte que la premiere des données foit à
la premiere de celles qu'on cherche comme
la premiere donnée à l'autre ligne cherchée
& comme l'autre qu'on cherche à la premiere des données. Pour la folution de ce
Probléme, *Voïez* CUBE. On doit ce *Probléme* à l'Oracle. Les Habitans de l'Ifle de Delos
l'aïant confulté fur ce qu'il falloit faire pour
être délivrés de la pefte qui les affligeoit, il
répondit : qu'ils devoient faire l'autel d'*A-
pollon* fous la même figure & d'une grandeur double de celle dont il étoit. Or cet
autel aïant la figure d'un cube la queftion fe
réduifit à la duplication du cube. *Hyppocrate* de Scio après avoir remarqué que ce *Problême* étoit celui de trouver deux moïennes
proportionnelles entre deux lignes données,
le réfolut. Et enfuite *Platon*, *Architas* de
Tarente, *Philo* de Byfance, *Diocle*, *Nicomede*, &c. en donnerent differentes folutions.
(*Voïez* CUBE & GEOMETRIE.) Au refte
ce *Probléme* ne peut pas fe réfoudre par des
lignes droites & le cercle feuls. Auffi ceux
qui fe font imaginés d'en avoir trouvé par-
là la folution fe font trompés.

PROBLEME ÉLASTIQUE. *Probléme* où l'on demande de trouver la ligne courbe qui fe
forme lorfqu'une lame élaftique eft fixée par
un de fes bouts & qu'on pend un poids à
l'autre. *Galilée* paroît être le premier qui a
examiné la nature de cette courbe. Il la
croïoit à peu près une parabole. Le P. *Pardies* dans fa *Statique* & *De Lanis* dans fon
Magifterium naturæ & artis, Tom. *II. Liv.*
7. font du fentiment de *Galilée*. Malgré ces
fuffrages, ce grand Mathématicien s'eft
trompé. M. *Jacques Bernoulli* a fait voir
que cette ligne convient à celle d'un linge
tendu par la péfanteur d'un fluide. On trouve l'énoncé de ce *Probléme* dans les *Acta
eruditorum*, *ann.* 1690, *pag.* 289, & la folution dans ceux de 1692 *pag.* 207 & 262.

M. *Herman* l'a aussi résolu d'une façon toute particuliere dans sa *Phoronomia , Liv. II. Prop.* 17. §. 307. (*Voïez* ISOPERIME-TRES.)

Problème Florentin. On donne ce nom à un *Problême* où l'on propose de construire une voute spherique , dont on puisse trouver le quarré en ôtant les fenêtres qu'on y a faites. Ce *Problême* fut proposé aux Géometres l'an 1692 par *Vincent Viviani* Mathématicien du grand Duc de Toscane ; & M. de *Leibnitz* en donna la solution dans les *Acta eruditorum* de l'année 1692 *pag.* 275. *Jacques Bernoulli* l'a aussi résolu dans les mêmes *Actes , pag.* 370. *Viviani* publia dans cette année une Dissertation intitulée : *De la formation & de la mesure des voutes.* Il traite là d'autres especes de voutes : mais il omet par-tout des démon-strations que *Guido Grandi* a suppléé , l'an. 1699 dans sa *Demonstratio geometrica Vivianeorum Problematum.*

Problème lineaire ou simple. *Problême* de Géometrie qui peut être résolu par des lignes droites qui s'entrecoupent. Tel est celui-ci : *Faire un triangle équilateral sur une ligne donnée ;* ou cet autre , *Trouver la largeur d'une riviere par le seul secours des bâtons.* Les *Problêmes* qui peuvent être résolus en cherchant par deux ou trois lignes données la troisiéme ou la quatriéme proportionnelles , sont encore des *Problêmes linéaires.*

Probleme local. On appelle ainsi en Géométrie un *Problême* indéterminé. (*Voïez* ci-devant PROBLEME.)

Probleme solide. *Problême* qui peut être résolu par le cercle & par une section conique. Dans l'algebre les *Problêmes solides* sont ceux que l'on réduit à des équations cubiques & quatrées-quarrées.

Probleme sursolide. *Problême* dont la solution appartient à des courbes d'un genre superieur aux sections coniques. Ce *Problême* se réduit dans l'algebre à une équation superieure à la quarrée-quarrée. On doit à *Descartes* la construction de ce *Problême* qu'il a donnée dans sa *Géometrie.* Il y a aussi dans les *Actes de Leipsic , ann* 1688 *, pag.* 323. une méthode très-facile à ce sujet.

PROCYON. Nom de la plus grande étoile du Petit-chien : elle est de la premiere grandeur. On l'appelle aussi *Algomeiza, Aschamia , Aschere & Kelbelarguar. Hevelius* a déterminé la longitude & la latitude de cette étoile pour l'année 1700 dans son *Prodromus Astronom. pag.* 277.

PRODUIT. Quantité qui résulte de la multiplication de deux ou de plusieurs nombres ou lignes , &c. l'un par l'autre. Telle est la quantité 48 , formée de 6 multiplié par 8. Le *Produit* de deux quantités en lignes est toujours appellé le *Rectangle* de deux lignes multipliées l'une par l'autre. (*Voïez* RECTANGLE.) Quelquefois aussi on donne ce nom au *Produit* de deux nombres.

PRŒSBITE. On caracterise ainsi en Optique un œil dont le cristallin est trop plat. *Voïez* VUE, & pour les Ouvrages à consulter, *Voïez* MIOPE.

PROFIL. C'est le dessein d'un bâtiment, d'une maison, d'une forteresse, &c. vû de côté. Autrement *Profil* est la coupe ou section imaginaire d'un plan à angles droits, où l'on marque & réprésente exactement toutes les hauteurs & largeurs des remparts d'une Ville, par exemple , des parapets , murailles, talus, fossés , chemin-couvert & esplanade. Dans l'Architecture civile le *Profil* donne la hauteur des chambres , leurs ornemens , la forme & la hauteur des portes intérieures, des cheminées, l'accouplement du toît, &c. Ces *Profils* sont trop aisés pour demander du détail. Tout paroît ici à la vûe , & avec de l'arithmétique & du dessein, il n'est personne qui ne dessine le *Profil* d'une maison.

2. Dans l'Architecture militaire, le *Profil* represente la section du rempart par le milieu. La hauteur & la largeur des ouvrages y sont ainsi représentée. J'offre en la Plan. XLIX. Figure 238, le *Profil* d'un rempart principal avec sa fausse-braye , son fossé & la contrescarpe avec le glacis. F *f* est le *Profil* du talud intérieur ; *f* G la hauteur du terre-plein du rempart , G *h* sa largeur ; I *h* la hauteur de la banquette ; I *i* sa largeur ; I K le *Profil* du talud intérieur ; K B la hauteur intérieure ; L I la hauteur extérieure du parapet ; E L celui du talud extérieur.

Il en est ainsi de la fausse-braye E H D qui suit. D *d* est la largeur de la berme ; D M, l'escarpe ou le talud intérieur du fossé ; M N, la largeur du fossé jusques à la cunette ; & O sa largeur de dessous. C Q, est le *Profil* de la contrescarpe ou le talud extérieur du fossé ; C B, la largeur du chemin couvert avec sa banquette & A B son parapet avec le glacis.

Par ces indications on peut juger que le *Profil* est une chose dont on ne dépouillera pas les regles à la simple vûe. Toutes ces parties présentent des élevations & des abbaissemens qui ne peuvent être déterminées que par des regles , & ces regles ne doivent pas être omises ici. D'ailleurs l'Architecture militaire forme une partie essentielle des Mathématiques, au lieu que l'Architecture civile n'y tient que par les principes. Voilà donc encore une raison d'enseigner les regles de ces derniers *Profils* qu'on ne trouvera pas aisément avec les secours du dessein & les regles de la Perspective sans un peu d'aide.

3. La premiere chose qu'on doit faire lorsqu'on veut décrire un *Profil* est de couper les parties du plan qu'on veut représenter, par une ligne perpendiculaire qui coupe perpendiculairement la face du bastion, la contrescarpe, le chemin couvert & le glacis. On doit en second lieu faire une échelle plus grande que celle du plan pour mieux représenter ces parties. Après ces préparations il faut operer ainsi.

1°. Tirez la ligne A B du niveau de la campagne (Plan. XLIX. Fig. 239. & 240.) La premiere de ces figures représente le *Profil* coupé sur la ligne *y* Z, en supposant que le chemin couvert est au niveau de la campagne; & la seconde fait voir ce même *Profil*, le chemin couvert étant de 4 pieds au-dessous du niveau.

2°. Portez de A en C 12 toises pour l'épaisseur du rempart; de C en D 18 toises pour la largeur du fossé, de D en E 5 toises pour le chemin couvert, & de E en B 30 ou 20 toises pour le glacis. Et élevez des perpendiculaires sur ces divisions.

3°. Portez sur les perpendiculaires A H, C I, 3 toises, si le chemin couvert est au niveau de la campagne, & 2 toises ½ s'il est plus bas de quatre pieds.

4°. Portez 3 toises de H en L, si le rempart est de 3 toises, ou 2 toises ½ s'il n'est que de cette même quantité; & tirez le talud intérieur L A.

5°. De I en M portez 3 toises 4 pieds pour l'épaisseur du parapet.

6°. Elevez en M la perpendiculaire M O de 6 pieds pour la hauteur intérieure du parapet.

7°. Tirez du point O la ligne O D au sommet de la contrescarpe. On aura ainsi la pente du sommet du parapet. Ajoutant au pied du parapet en dedans une ou deux banquettes selon leurs dimensions (*Voïez* BANQUETTE), on a le *Profil* de l'intérieur du rempart. Il faut observer dans cette opération de donner au terre-plein M L, une pente d'environ 1 pieds ½ pour l'écoulement des eaux, & à la surface du parapet un talud d'environ 1 pied.

8°. Portez ensuite sur les perpendiculaires D P, C Q 15 pieds pour la profondeur du fossé, si le fossé est de niveau avec la campagne, ou 19 s'il est quatre pieds plus bas

9°. Tirez la ligne Q P qui marque le le fond du fossé.

10°. Portez de Q en S 5 pieds pour l'épaisseur du revêtement au sommet, & 6 pieds de Q en T pour son talud, parce que sa hauteur est de 30 pieds.

11°. Tirez la perpendiculaire S V & la ligne T I. On aura le revêtement auquel on ajoute un cordon de 10 à 12 pouces de diametre; & par-dessus le cordon on éleve une petite perpendiculaire, jusques à ce qu'elle coupe la ligne O D. Cette ligne marque la petite muraille qui revêt la face extérieure du parapet & qu'on appelle *Tablette*. On lui donne ordinairement 4 pieds de hauteur sur 3 d'épaisseur.

12°. Portez de S en Z 8 pieds pour la longueur du contrefort que vous acheverez comme il paroît dans la figure, en observant que sa hauteur surpasse celle du cordon.

13°. Pour achever ce *Profil*, prenez sur la perpendiculaire, E R de 6 pieds, si le chemin couvert est au niveau de la campagne, & de 7 s'il est au-dessus du niveau. Dans ce dernier cas, il faut y ajouter deux banquettes.

14°. Enfin, du point R tirez la ligne E B qui représentera le glacis. Cette méthode de tracer un *Profil* est de M. l'Abbé *Deidier. Voïez* son *Parfait Ingenieur François, pages* 29 & 30 de la nouvelle édition.

PROFONDEUR. C'est la distance la plus courte d'un point au-dessous de l'horison, & par conséquent une ligne perpendiculaire tirée de l'horison jusques au fond de la *Profondeur*. On détermine ainsi la *Profondeur* d'un puits en faisant tomber jusqu'au fond un poids attaché à un fil, & en rapportant la longueur de ce fil à une certaine mesure.

Dans l'Astronomie, *Profondeur* est l'arc du cercle vertical entre le centre de l'étoile & l'horison. Exemple. Soit H R l'horison (Planche XVII. Figure 241.) Z S N le cercle vertical; S l'étoile: alors S T est la *Profondeur.*

PROGRESSION. Suite de plusieurs nombres qui croissent ou décroissent dans une certaine proportion. Lorsque cette proportion se fait par la soustraction & que tous les nombres qui se suivent, croissent ou décroissent selon une difference constante, la *Progression* est appellée *Arithmétique.* Si au contraire la proportion se fait moïennant la division, & que les nombres croissent ou décroissent selon un même exposant, c'est une *Progression géometrique.* Enfin lorsque les nombres se suivent dans une proportion harmonique, la *Progression* est dite harmonique. Ces trois divisions vont faire le sujet de trois articles.

PROGRESSION ARITHMÉTIQUE. Suite de nombres qui sont dans une proportion arithmétique, & qui croissent ou décroissent toujours avec une égale différence. Cette suite se marque par des points. Exemple :

1. 3. 5. 7. 9. 11. 13. 15. 17. 19. &c. Cette *Progression* a cette propriété que *la somme des termes extrêmes est toujours égale à la somme de deux autres termes quelconques qui sont également éloignés des extrêmes, ou (le nombre des termes étant inégal) au double du terme du milieu.*

$$\text{Exemple.} \div 3. \quad 5. \quad 7. \quad 9. \quad 11. \quad 13. \quad 15. \quad 17. \quad 19.$$

	17.	13.	7.	3.
Sommes	22.	22.	22.	22.

Le P. *Preslet*, (*Elemens de Mathématique* ;) M. *Ozanam*, (*Recréations Mathématiques*,) & le P. *Bernard Lami*, (*Elémens de Mathématique*,) ont appliqué cette regle à la solution de plusieurs Problèmes qu'on fait & qu'on peut faire tous les jours sur la *Progression Arithmétique*.

2. On appelle souvent une *Progression* semblable *Progression arithmétique simple*, pour la distinguer de la suivante, qu'on nomme

Progression arithmétique composée. Par cette derniere on entend une suite de nombres, dont la seconde, la troisiéme, la quatriéme, &c. différence sont égales. Lorsque la seconde différence est égale, la *Progression* est du second dégré ; si c'est la troisiéme, elle est du troisiéme degré, &c. Les nombres quarrés 1, 4, 9, 16, 25, 36, &c. sont du second degré, comme on le voit dans la Table suivante.

Progression composée.	Différences premieres.	Différences secondes.
1	0	0
4	3	2
9	5	2
16	7	2
25	9	2
36	11	2
49	13	2
64	15	2
81	17	2
100	19	2

En ôtant 1 de 4 il reste 3 ; en ôtant 4 de 9 reste 5. Les différences 3 & 5. ne sont pas égales ; mais en ôtant l'une de l'autre reste 2. Cette différence se trouve constamment lorsqu'on ôte les premieres différences les unés des autres. Les nombres qui forment la *Progression du troisiéme degré*, sont 1, 6, 18, 40, 75, 126, 196, &c. ; car les troisiémes différences sont ici égales. On en jugera par cette Table.

Progression composée.	Différences premieres.	Différences secondes.	Différences troisiémes.
1	1	1	0
6	5	4	3
18	12	7	3
40	22	10	3
75	35	13	3
126	51	16	3
196	70	19	3

PROGRESSION GÉOMÉTRIQUE. Suite de nombres qui croissent ou décroissent suivant un certain exposant. Telles sont ces *Progressions* $\div$ 1. 2. 4. 8. 16. 32. 64. 128, &c. & $\div$ 384. 192. 96. 48. 24. 12. 6. 3. Dans la premiere *Progression* le nombre qui suit est toujours double de celui qui le précede, comme 4 est 2 fois 2, & 128 est deux fois

64. Cette *Progreſſion* s'appelle *Progreſſion géometrique montante*. Dans la seconde *Progreſſion* le nombre qui suit eſt toujours la moitié du précedent, 192 eſt la moitié de 384, & 3 eſt la moitié de 6. Celle-ci eſt une *Progreſſion descendante*. Les propriétés de ces *Progreſſions* sont celles-ci.

1°. Dans une suite de nombres continuellement proportionnels, le produit de deux extrêmes quelconques eſt égal au produit de deux moïens quelconques à égale distance des extrêmes, ainsi qu'au quarré du terme moïen, quand le nombre des termes eſt impair.

2°. Lorsque dans une *Progreſſion géometrique* on connoît le premier, le second, & le dernier terme, avec les rapports des termes, on a la somme de tous les termes, 1°. en multipliant le second & le dernier terme ensemble ; 2°. En souſtraïant de ce produit le quarré du premier terme, & en divisant le reſte par la difference du premier terme au second. Le quotient eſt la somme de tous les termes. 3°. La somme d'une *Progreſſion infinie décroiſſante*, dont les termes sont des fractions, eſt toujours une quantité finie, & elle peut être plus petite que l'unité.

Avec ces regles, & sur-tout la deuxiéme on resoud tous les Problêmes de la *Progreſſion geometrique*, tels que ceux qu'on trouve dans les Ouvrages de *Preſtet, Oʒanam, Bernard Lami*, &c. que j'ai déja cités pour la *Progreſſion* arithmétique.

PROGRESSION HARMONIQUE. Suite de nombres qui sont dans une proportion harmonique. (*Voïeʒ* PROPORTION HARMONIQUE.)

PROHIBITION DE LA LUMIERE. Les Aſtrologues font usage de ce terme lorsque les planetes sont dans des degrés differens d'un signe de façon que celui du milieu empêche que les deux extrêmes ne puiſſent se communiquer réciproquement leur lumiere. Si par exemple, ♄ eſt au 20ᵘ du ♈, ♀ au 17° & ☿ au 15°, alors selon les Aſtrologues, Saturne ne peut communiquer sa lumiere à Mercure, à moins que Venus n'ait paſſé devant lui.

PROJECTILES. On donne ce nom en Méca-nique à tout corps que l'on jette à quelque distance. J'ai déja parlé de la loi que requerent les corps dans leur chute, aux articles BALLISTIQUE & BOMBE. En voici la suite.

1°. Aprés *Galilée*, plusieurs Mathématiciens, & particulierement M. *Newton*, dans son grand Ouvrage des *Principes Mathématiques de la Philoſophie naturelle*, *Coroll. 1. de la Prop. 4. du second Livre*, démontre que la ligne de mouvement d'un *Projectile*, eſt une parabole courbe que décrit auſſi tout corps qui tombe ou descend dans une direction qui n'eſt pas perpendiculaire. Le même Auteur fait voir auſſi que si l'on donne la ligne de direction d'un *Projectile* quelconque, le degré de sa viteſſe au commencement de son mouvement, & la resiſtance du milieu, on pourra tracer la courbe décrite par ce *Projectile*. *Et vice verſâ*. Il dit encore (Scholie de la Prop. X. Liv. 2.) que la ligne décrite par un *Projectile* dans un milieu d'une resiſtance uniforme approchera plus d'une hyperbole que d'une parabole.

2°. Les distances horisontales des *Projections* qui sont faites avec differentes viteſſes, à differentes élevations de la ligne de direction, sont comme les sinus du double des angles d'élevation.

3°. Les viteſſes des *Projectiles* dans les differens points d'une courbe, sont comme les longueurs des tangentes à la parabole en ces points, interceptées entre deux diametres quelconques. Elles sont auſſi comme les sécantes des angles que ces tangentes prolongées font avec la ligne horisontale.

4°. Si A G K (Planche II. Figure 242.) eſt une courbe du genre hyperbolique, dont l'une des aſſymptotes eſt N X, perpendiculaire à l'horiſon A K, & l'autre aſſymptote M X eſt inclinée à l'horiſon, & que N G soit réciproquement comme D Nⁿ, dont l'expoſant eſt n, cette courbe approchera plus de celle de la route d'un *Projectile* pouſſé dans la direction A H, qu'une parabole (sur-tout dans notre air, qu'on peut regarder comme un milieu uniforme qui resiſte comme le quarré des viteſſes) qui n'eſt décrite que par un *Projectile* chaſſé dans un milieu non resiſtant ou d'une resiſtance insensible. Il eſt vrai que suivant M. *Newton* même (*Voïeʒ* le second Livre de ses *Principes*), ces hyperboles ne sont pas à la rigueur les courbes qu'un *Projectile* décrit en l'air ; car la véritable ligne de son mouvement eſt une courbe qui eſt plus éloignée de ses aſſymptotes vers le sommet, & qui, dans les parties éloignées de l'axe, s'approche plus près des aſſymptotes que ces hyperboles. Cependant dans la pratique on peut se servir de ces hyperboles au lieu de ces autres courbes qui sont plus compoſées. Et si un corps eſt jetté du point A (Planche II. Figure 242.) dans la direction de la ligne droite A N ; que l'on l'on tire A I parallele à l'aſſymptote N X, & que G T soit une tangente au sommet de la courbe, en ce cas la densité du milieu en A sera réciproquement comme la tangente A H. Cette

Cette tangente étant supposée une quantité constante, le milieu a alors une densité donnée comme notre air, en tant que les *Projectiles* peuvent s'y mouvoir. La vîtesse du corps sera donc comme $\frac{\sqrt{AH^2}}{AI}$. Et la resistance qui en provient sera à la pésanteur comme A H est à $\frac{2\,nn + 2\,n}{2 + n}$ × A I.

PROJECTION. Terme de Perspective. Apparence d'un ou de plusieurs objets sur un plan. La *Projection* d'un cercle est une ligne droite, parce que toutes les lignes qu'on fait tomber du cercle sur le plan n'y laissent qu'une suite de points en ligne droite. Celle d'un cube est par cette raison un quarré, &c. Lorsque l'objet est incliné à l'égard du plan sur lequel la *Projection* se fait, cette *Projection* est différente. Elle varie selon qu'on le suppose dans un point de vûe différent. Suivant ces cas on a les *Projections* suivantes.

1°. Les raïons par lesquels l'œil apperçoit un objet à une distance infinie, sont paralleles.

2°. Une ligne droite perpendiculaire au plan de *Projection*, est projettée ou representée par le point où cette ligne droite coupe le plan de *Projection*.

3°. Une ligne droite, telle que A B ou C D, (Planche XVII. Figure 243.) parallele ou oblique au plan de *Projection*, se projette ou se represente par une ligne droite comme E F ou G H, & est toujours comprise entre les perpendiculaires A F, B E, qui en terminent les extrêmités.

4°. La *Projection* d'une ligne droite A B est la plus grande qu'elle puisse être quand A B est parallele au plan de *Projection*.

5°. De là il suit, qu'une ligne parallele au plan de *Projection* se projette sur une ligne droite égale à elle-même : mais quand elle est oblique à ce plan, elle se projette en une ligne plus petite qu'elle.

6°. Une surface plane comme A B C D, qui rencontreroit à angles droits le plan de *Projection* passant par son centre, est projettée en ce diametre A B, où il coupe le plan de *Projection*.

7°. Un cercle parallele au plan de *Projection* se projette en un cercle égal à lui-même. Un cercle oblique au même plan se projette en une ellipse.

(*Voïez* L'Optique de *Taquet* dans ses Œuvres (en latin) Tome I. Et les *Elementa Matheseos universæ* de *Wolf*.)

PROJECTION DE LA SPHERE. Representation d'un plan de la sphere, telle qu'elle paroîtroit à une certaine distance sur un tableau de verre placé entre la sphere & l'œil, si tous les raïons tirés de chaque point de l'œil, laissoient des traces visibles en passant à travers le tableau. On appelle cette *Projection*, *Projection astronomique*, & on la divise en *Stéréographique* & *Orthographique*. Dans la premiere l'œil est dans le pole du grand cercle de la sphere ; & dans la seconde il est éloigné de ce cercle à une distance infinie. Ces deux *Projections* sont fondées sur les regles générales de la Perspective. (*Voïez* PERSPECTIVE.) Voici celles qui lui sont plus particulieres.

1°. La *Projection* d'un cercle droit se projette en une ligne de demi-tangente.

2°. La representation d'un cercle droit, opposé perpendiculairement à l'œil, est un cercle dans le plan de la *Projection*.

3°. La representation d'un cercle, placé obliquement à l'œil, est un cercle dans le plan de la *Projection*.

4°. S'il s'agit de projetter un grand cercle sur le plan d'un autre grand cercle, son centre sera dans la ligne des mesures éloigné du centre du cercle primitif, d'une quantité égale à la tangente de son élevation audessus du plan du cercle primitif.

5°. Si au contraire on projette un petit cercle, dont les poles sont dans le plan de *Projection*, le centre de sa representation sera dans la ligne des mesures éloigné du centre du cercle primitif d'une quantité égale à la sécante de la distance de ce petit cercle à son pole ; & son raïon sera égal à la tangente de cette distance.

6°. Lorsqu'on projette un petit cercle, dont les poles ne sont pas dans le plan de la *Projection*, son diametre dans la *Projection* (supposé qu'il tombe de chaque côté du pole du cercle primitif) sera égal à la somme des demi-tangentes de sa plus grande & de sa plus proche distance au pole du cercle primitif, portée de chaque côté du centre du cercle primitif dans la ligne des mesures.

7°. Quand le petit cercle à projetter tombe entierement d'un seul côté du pole de *Projection*, sans l'entourer, alors son diametre est égal à la difference des demi-tangentes de sa plus grande & de sa plus petite distance au pole du cercle primitif, portée d'un seul & même côté du centre de ce cercle primitif dans la ligne des mesures.

8°. Dans la *Projection stéréographique*, les angles faits par les cercles sur la surface de la sphere, sont égaux aux angles formés par leur représentation dans le plan de *Projection*.

T t

Clavius eſt peut-être le premier qui ait enſeigné la *Projection de la ſphere*. C'eſt ce qu'on peut conclure de la maniere abſtraite dont il donne cette *Projection* dans ſon Traité *De Aſtrolabio*. *Taquet* en a parlé avec plus de clarté dans ſon Optique, page 178 & ſuiv. (*Taquet Opera*, Tom. I.) & *Vitty* dans un Ouvrage particulier écrit en Anglois. On peut conſulter auſſi les *Elementa Matheſeos univerſæ* de M. *Wolf*, Tome IV.

PROPORTION. Reſſemblance de deux ou pluſieurs raiſons. Comme les raiſons peuvent être de trois ſortes, ou Arithmétique, ou Géométrique, ou Harmonique ; on diſtingue trois ſortes de *Proportions* caractériſées par ces trois épithetes. Ces *Proportions* ſe diviſent encore en pluſieurs autres, comme on le verra dans des articles particuliers que je développerai à la ſuite de ceux-ci par ordre alphabétique. Diſons auparavant pour exciter l'attention du Lecteur dans l'examen de ces articles, que les *Proportions* ſont en quelque ſorte l'ame des Mathématiques. Ainſi les Perſonnes qui s'intereſſent à cette vaſte Science doivent en étudier la théorie avec ſoin. On la trouve dans les Elemens généraux, mais particulierement dans l'*Algorithmus proportionum* de *Purbach*, dans l'*Arithmetica integra* de *Stifel*, dans le *Compendium Arithmeticum* de *Laurenberg*, & dans le *Curſus Mathematicus* de *Gaſpard Schot*. Quelques-uns de ces Auteurs donnent même à la raiſon le nom de *Proportion*, & ils l'appellent *Proportionalité* ou *Médieté*. La reſſemblance ou l'égalité de deux quantités étant communément exprimée par le ſigne $=$, & la *Proportion* n'étant autre choſe que l'égalité de deux raiſons, on ſe ſert de même dans les *Proportions* du ſigne $=$. (*Voïez* CARACTERE.) Au reſte lorſqu'on parle d'une *Proportion* ſans la ſpécifier, on entend une *Proportion géometrique*.

PROPORTION ARITHMETIQUE. Egalité compoſée de deux ou de pluſieurs raiſons ſemblables, que l'on compare ſelon leur difference qu'on trouve par leur ſouſtraction. Exemple. La difference entre 5 & 7 eſt 2, & celle qui eſt entre 9 & 11 eſt auſſi 2. Par conſéquent ces deux raiſons arithmétiques étant comparées entre elles font une *Proportion arithmétique*. Communément on exprime ainſi cette *Proportion* 5. 7 ·.· 11. 9, M. *Leibnitz* l'écrit ainſi : 7 — 5 $=$ 11 — 9, ou en comparant le plus petit terme avec le plus grand 5 — 7 $=$ 9 — 11. L'une & l'autre expreſſion ſe prononce ainſi : *Comme le premier nombre eſt au ſecond, ainſi le troiſième eſt au quatriéme.* C'eſt-à-dire, autant le premier nombre ſurpaſſe ou eſt ſurpaſſé, contient ou eſt contenu dans le ſecond, autant le troiſiéme ſurpaſſe ou eſt ſurpaſſé, contient ou eſt contenu par le quatriéme. Au reſte cette *Proportion* n'eſt pas d'un grand uſage.

PROPORTION GEOMETRIQUE. Reſſemblance ou ſimilitude de deux raiſons qui n'ont qu'un même expoſant. Ainſi ces deux raiſons de 3 à 6, & de 4 à 8 forment une *Proportion* géometrique, parce qu'elles ont le même expoſant qui eſt $\frac{1}{2}$. Comme l'expoſant eſt égal de deux côtés, & que le ſigne $=$ eſt établi pour marquer l'égalité, M. *Leibnitz* exprime cette *Proportion* de cette maniere : 3 : 6 $=$ 4 : 8. Cependant ſon caractere uſité eſt celui-ci 3 : 6 : : 4 : 8. (*Voïez* CARACTERE.) Telle eſt la façon de prononcer cette *Proportion* : *Comme le premier eſt au ſecond, ainſi le troiſiéme eſt au quatriéme.* C'eſt-à-dire, autant de fois le premier terme contient ou eſt contenu dans le ſecond, autant le troiſiéme contient ou eſt contenu dans le quatriéme. La doctrine de la *Proportion géometrique*, qu'on nomme, comme je l'ai déja dit, *Proportion* par excellence, eſt d'une utilité univerſelle dans toutes les parties des Mathématiques. Son uſage eſt un expoſé de cette doctrine qui juſtifiera ce que j'avance.

1°. Lorſque quatre quantités ſont en *Proportion géometrique*, le produit des extrêmes eſt égal au produit des termes moïens. Donc ſi le produit des extrêmes eſt égal au produit des termes moïens, les quatre quantités ſeront en *Proportion géometrique*. Cela ſe démontre ainſi.

On peut exprimer par a & b les deux conſequens. Mais comme l'antécedent de a contient a un certain nombre de fois, il ſera égal à 3 a, ou 2a, ou 4a, ou $\frac{1}{3}a$, ou $\frac{1}{2}a$, &c. ou m, plus généralement $m\,a$, en ſuppoſant que la lettre m exprime combien de fois l'antécedent contient le conſequent a. Par la même raiſon le conſéquent de b ſera $n\,b$, en ſuppoſant que la lettre n exprime combien de fois l'antécedent contient ſon conſéquent. Donc ces quatre quantités ſeront toujours $m\,a : a :: n\,b : b$. D'où il ſuit, 1°, que ſi $m\,a : a :: n\,b : b$, il faut que $m = n$. Exemple. m étant égal à 3, on aura 3$a : a :: 3b : b$. Car on ne peut dire 3$a : a :: 4b : b$. Donc dans toute *Proportion géometrique* $m\,a : a :: m\,b : b$. Mais le produit des extrêmes $m\,a\,b$ eſt évidemment égal au produit des termes moïens $a\,m\,b$. Donc dans toute *Proportion géometrique* le produit des extrêmes eſt égal au produit des moïens.

2°. Si $m\,a\,b = n\,b\,a$, m ſera encore égal

à *n* puisque $ab = ba$. Donc $ma : a : : mb$ ou $nb : b$. Donc si le produit des extrèmes est égal au produit des moïens, les quatre quantités ma, a, nb, b, sont en *Proportion géométrique*.

3. Dans toute *Progression géometrique* le produit des extrèmes est égal au produit des deux termes qui sont également éloignés de ces deux extrèmes, ou au quarré du terme du milieu, lorsque le nombre des termes est impair.

Démonstration. Toute progression géometrique se réduit à celui-ci $\div a. am. am^2. am^3. am^4. am^5$, &c.; puisque $a : am : : am : am^2 : : am^2 : am^3 : : am^3 : am^4 : : am^4 : am^5$, &c., en supposant que *a* represente toute sorte de quantité, & que *m* represente combien de fois la seconde am contient ou est contenue dans la premiere. Or il est évident que le produit de *a* & am^3 est égal au produit des deux termes voisins amm & am^3, & que le produit des deux extrèmes *a* & am^4 est égal au quarré de celui du milieu am^2; parce que le nombre des termes est impair, am^4 étant ici le cinquiéme terme.

4. Si plusieurs quantités *a, b, c, d*, &c. sont en *Proportion géometrique*, avec autant d'autres quantités ma, mb, mc, md, &c. la somme des antécedens $a + b + c + d$, &c. est à la somme des conséquens $ma + mb + mc + md$, &c. comme l'un des antécedens *a* est à son conséquent ma. En effet, le produit des extrèmes ma par $a + b + c + d$ est égal au produit des termes moïens $ma + mb + mc + md$ par *a*; car l'un & l'autre est $maa + mab + mac + mad$, &c.

5. S'il y a deux rangs de quantités en *Proportion géometrique*, leur produit & leur quotient seront aussi en *Proportion géometrique*.

Exemple. $\begin{cases} a : am : : b : bm. \\ c : cn : : d : dn. \end{cases}$

Le produit de ces deux *Proportions* qui est $ac : amn : : bd : bmdn$, est égal au produit des extrèmes: dans le premier cas, $abcdmn$ est égal au produit des termes moïens $abcdmn$; & dans le second cas le produit des extrèmes est $\dfrac{abm}{cdn}$, & celui des moïens $\dfrac{amb}{cnd}$.

PROPORTION CONTINUE. *Proportion* où le terme conséquent de la premiere raison & le terme antécedent de la seconde sont ou tout-à-fait égaux, ou ont du moins une même raison; de sorte que chaque terme, savoir le conséquent de la premiere raison & l'antécedent de la seconde doit remplir deux places. Exemple. Premier cas. Cette *Proportion* $4 \cdot 8 : : 8 : 16$, peut s'exprimer par trois termes comme $4 : 8 : 16$: ce qui s'appelle une *Médieté géometrique* où le terme du milieu remplit deux places & qui se prononce de la maniere suivante: Comme $4 : 8$, ainsi 8 est à 16. Dans le second cas où il y a $4 : 8 : : 16 : 32$, on peut dire non-seulement: Comme 4 est à 8, ainsi 16 est à 32; mais aussi les termes du milieu remplissent chacun deux places. D'où il suit qu'on peut encore l'exprimer de cette façon; comme 4 est à 8, ainsi 8 est à 16, & 16 est à 32. Lorsqu'une *Proportion continue* n'a que trois termes $\div 1, 2, 4$, le produit des extrèmes étant égal au produit des termes moïens, il est évident que ce produit sera égal au quarré du moïen. En effet, toute *Proportion continue* qui n'a que trois termes, peut s'exprimer ainsi $ma : a : : a : b$. Or $mab = aa$. Donc le produit des extrèmes est égal au quarré aa du terme moïen. Une *Proportion continue* est une progression. (*Voiez* PROGRESSION.)

PROPORTION DISCONTINUE. C'est la *Proportion* opposée à la *Proportion* continue. Dans celle-ci les raisons du premier terme au second, & du troisiéme au quatriéme sont égales, & dans l'autre les termes du milieu ont une autre raison particuliere. Telle est celle-ci : $4 : 8 : : 3 : 6$.

PROPORTION PAR ÉGALITÉ. (*Proportio ex æquo.*) On a cette *Proportion* lorsque dans deux suites de quantités telles que A, B, C, & D, E, F, A est à B comme D est à E, & $B : C : : E : F$; on a encore $A : B : : E : F$, & $B : C : : D : E$; on conclud que $A : C : : D : F$. Exemple. Soit une suite 9, 6, 3, & l'autre 12, 8, 4. Or $9 : 6 : : 12 : 8$, & $6 : 3 : : 8 : 4$. Donc par *Proportion par égalité* $9 : 3 : : 12 : 4$.

PROPORTION ORDONNE'E. On appelle ainsi une *Proportion* telle que $A : B : : C : D$ dont le conséquent de la premiere raison B est à une quantité C, comme le conséquent de la seconde raison E à une autre quantité F, c'est-à-dire, lorsque $B : C : : F : D$. Exemple. $9 : 6 : : 12 : 8$. La *Proportion ordonnée* est $6 : 3 : : 8 : 4$. Alors on peut dire *par égalité* : $9 : 3 : : 12 : 4$.

PROPORTION TROUBLE'E. C'est une *Proportion* comme $A : B : : D : E$, où le terme du conséquent de la premiere raison B est à une autre quantité C, comme une autre F est à l'antécedent de la seconde raison D, c'est-à-dire, lorsque $B : C : : F : D$. Exemple. $9 \cdot 6 : : 12 : 8$, alors la *Proportion troublée* sera

6 : 3 : : 24 : 12. D'où l'on peut conclure par raison d'égalité 9 : 3 : : 24 : 8.

PROPORTION HARMONIQUE. C'est une *Proportion* où la différence des deux premiers termes entre quatre quantités, est à la différence du troisiéme & du quatriéme, comme le premier terme est au dernier. Celui du milieu peut encore remplir deux places, savoir celle du second & du troisiéme en même-tems. En ce cas, la différence du premier & du second est à la différence du second & du troisiéme, comme le premier est au troisiéme. Exemple. 2, 3, 6, sont dans une *Proportion harmonique*, puisque 1 : 3 : : 2 : 6. Par la même raison 2, 3, 6, 12 sont dans une *Proportion harmonique*; car 1 : 6 : : 2 : 12. Une *Proportion harmonique* peut diminuer à l'infini, mais non pas augmenter.

Par l'épithete qui accompagne cette *Proportion*, il est aisé de juger que c'est ici la *Proportion* de l'harmonie. Et comme l'harmonie est fondée sur l'expérience, cette *Proportion* doit aussi dépendre de là. Telle est en effet son origine qu'on a ainsi découverte. Trois cordes d'instrument également tendues, également grosses, & dont la longueur est comme ces trois nombres 3, 4, 6, forment lorsqu'on les pince les trois principaux accords de la Musique, savoir l'octave, la quinte & la quarte. De deux de ces cordes qui sont l'une à l'autre comme 3 à 6 ou 1 à 2, la plus longue fait deux vibrations dans le tems que la plus courte n'en fait qu'une, ce qui forme l'octave. Trois de ces cordes qui sont l'une à l'autre comme 6 à 4 ou 3 à 2, la plus courte fait trois vibrations, tandis que la plus longue en fait deux, c'est-à-dire, que la premiere en fait 6 pour 4 de la seconde. Cet accord est nommé *Quinte*. Enfin, deux de ces trois cordes, dont la plus courte fait quatre vibrations dans le tems que l'autre n'en fait que 3, forment étant pincées l'accord qu'on appelle *Quarte*.

Donc par expérience ces trois nombres 3, 4, 6 expriment la *Proportion* qui fait les principaux accords de la Musique. Ils sont donc en *Proportion harmonique*. En effet, le premier 3 est au dernier 6, comme la différence du premier est au second, qui est 1, est à la différence du second & du quatriéme, c'est-à-dire de 4 à 6, dont la différence est 2 : ce qui s'exprime ainsi, 3 : 6 : : 4 — 3 : 6 — 4. C'est-à-dire 3 : 6 : : 1 : 2. Mais les quantités que ces deux expressions marquent sont les mêmes 4 — 3 = 1 & 6 — 4 = 2. On découvre par-là que la *Proportion harmonique* est composée de la

proportion arithmétique, & de la proportion géometrique. C'est ainsi que ce qui ne paroissoit qu'un sujet de Physique devient tout Mathématique.

Stifel a traité de la *Proportion harmonique* dans son *Arithmetica integra Liv. VI. Ch. 7. Wolf* dans ses *Elementa Matheseos*, Tom. I. le P. *Lamy* dans ses *Elemens de Mathématique ou Traité de la Grandeur en général*, &c. pag. 457 & suiv. de la troisiéme édition. Et M. *De la Hire* dans son *Traité des Sections coniques, Liv. I.* a résolu differens problèmes curieux sur des divisions harmoniques d'une ligne.

PROPORTION CONTRE-HARMONIQUE. *Proportion* où les deux differences de trois quantités sont telles que la différence de la premiere & de la seconde, est à la troisiéme, comme la troisiéme quantité même est à la premiere. Exemple. Les nombres 6, 10, 12 forment une *Proportion contre-harmonique*; puisque 4 : 2 : : 12 : 6. Une *Proportion contre-harmonique* peut encore avoir lieu entre quantités; savoir où la différence du premier & du second terme est à la différence du troisiéme & du quatriéme, comme le quatriéme au premier terme. Ces nombres 14, 18, 26 & 28 forment donc une *Proportion contre harmonique*, puisque 4 : 2 : : 28 : 14. *Stifel* traite fort au long de cette *Proportion harmonique* dans son *Arithmetica integra, Liv. I. Ch. 7.*

PROPORTIONALITE'. *Clavius* & quelques Géometres appellent ainsi la *Proportion. Gregoire de St Vincent* donne ce nom en particulier à la proportion composée de deux raisons des raisons; & c'est dans ce sens qu'il a introduit la *Proportionalité* dans les Mathématiques. Cependant il faut que ces raisons ne soient pas semblables entre elles. Soient, par exemple, les raisons 3 : 6, 2 : 10, 4 : 8, 5 : 25; alors $\frac{3}{6} : \frac{2}{10} = \frac{4}{8} : \frac{5}{25}$; ou les raisons étant 6 : 3, 10 : 2, 8 : 4, 25 : 5, alors $\frac{6}{3} : \frac{10}{2} : : \frac{8}{4} : \frac{25}{5}$.

PROPORTIONNELLES. On caractérise par ce terme en Mathématique des quantités qui ont entre elles une même raison comme 3, 6, 12 : car 3 : 6 : : 6 : 12. On les distingue de la maniere suivante.

PROPORTIONNELLES PAR RAISON ALTERNE. Quantités en proportion dont le terme conséquent de la premiere raison & l'antécédent de la seconde, peuvent être changés l'un pour l'autre. Exemple. Soit la *Proportion* 3 : 6 : : 9 : 18, on aura en raison alterne 3 : 9 : : 6 : 18; puisque quatre quantités étant *Proportionnelles*, on peut dire alternativement (*Alternando*) comme le terme antécedent de la premiere raison est à l'anté-

cedent de la seconde, ainsi le conséquent de la premiere est au conséquent de la seconde.

PROPORTIONNELLES PAR COMPOSITION DE RAISON. Des quantités sont telles lorsqu'on compare l'antécedent & le conséquent pris ensemble au seul conséquent dans deux raisons égales. On aura donc : *Comme la somme des termes de la premiere raison est à leur antécedent, ainsi la somme de deux termes de la seconde raison est à leur antécedent.* Exemple 5 : 15 : : 4 : 12. Donc *par composition de raison* (*componendo*) 20 : 5 : : 16 : 4.

PROPORTIONNELLES PAR CONVERSION DE RAISON. Des quantités sont telles par la comparaison de l'antécedent à la différence de l'antécedent & du conséquent dans deux raisons égales. On dit donc : *Comme la somme des deux termes de la premiere raison est au terme conséquent ; ainsi la somme des deux termes de la seconde raison est à leur conséquent.* Exemple. 5 : 15 : : 4 : 12. *par conversion de raison* (*convertendo*) 20 : 15 : : 16 : 12.

PROPORTIONNELLES PAR DIVISION DE RAISON. Quatre quantités sont telles quand on compare l'excès de l'antécedent sur le conséquent au même conséquent dans deux raisons égales ; ce qui s'énonce ainsi : *Comme la différence des termes de la premiere raison est à son terme antécedent & conséquent, ainsi est la différence des termes de la seconde raison à son terme antécedent & conséquent.* Exemple. 3 : 2 : : 12 : 8. *par division de raison* (*dividendo*) 2 : 1 : : 8 : 4.

PROPORTIONNELLES PAR RAISON CONVERSE. C'est dans des quantités *Proportionnelles* la comparaison des conséquens de deux raisons égales aux antécedens. De sorte qu'on dit : *Comme le terme conséquent de la premiere raison est à son terme antécedent, ainsi le terme conséquent de la seconde raison est à son antécedent.* Exemple. 2 : 3 : : 4 : 6. *par raison converse* (*invertendo*) 3 : 2 : : 6 : 4.

PROPOSITION IDENTIQUE. C'est une vérité qui se déduit immédiatement d'une définition, & qui n'a besoin d'aucune démonstration. Ainsi on est assuré de sa certitude en rappellant la définition dont la *Proposition* a été tirée. Par exemple, la définition d'un cercle est, que c'est une ligne courbe qui rentre en elle-même, & qui se forme lorsqu'une ligne droite tourne autour d'un point fixe. En faisant attention que la ligne par le mouvement de laquelle le cercle se forme, garde toujours la même longueur en tournant autour du centre, on en conclurra aisément, que toutes les lignes tirées du centre à la circonférence sont d'une même longueur. Cette conséquence forme une *Proposition identique.* Il y a deux *Propositions* de cette espece. Dans la premiere on fait voir que quelque chose est, ou qu'elle peut être. Celle-ci est un axiome. (*Voïez* AXIOME.) L'autre sorte de *Proposition identique* est connue sous le nom de *Demande* ou *Petition.* On demande par exemple, de *décrire un cercle avec une ligne donnée de chaque point donné.* (*Voïez* POSTULE' & MATHEMATIQUE.) Dans les *Propositions identiques* il faut faire une attention : c'est de ne pas prendre pour des *Propositions* semblables, celles qui en ont l'apparence, & qui ne sont rien moins que des *Propositions identiques.*

PROSTAPHERESE. Terme d'Astronomie qui signifie l'*Equation de l'orbe.* C'est la différence qui se trouve entre le mouvement vrai & le mouvement moïen d'une planete. On entend encore par ce mot l'angle formé par la ligne du mouvement vrai, & par celle du mouvement apparent des planetes.

PUI

PUISSANCE. On donne ce nom en Algébre à des quantités qui proviennent de la multiplication d'une quantité quelconque par elle-même, & de ce nouveau produit par la premiere quantité, & ainsi à l'infini, comme 2, 4, 8, 16, 32, 64, 128, 256, &c. où 2 est la premiere *Puissance*, 4 la seconde, 8 la troisiéme, 16 la quatriéme, &c. En lettres on exprime ces *Puissances* en écrivant la premiere quantité autant de fois que l'on indique l'exposant de la *Puissance.* Ainsi *a* est la premiere *Puissance*, *aa* ou *a²* la seconde, *a³* la troisiéme, &c. Et pour éviter l'excessive longueur d'écrire tant de fois la racine ou la premiere quantité, quand les *Puissances* sont fort élevées, on n'écrit qu'une fois la racine en mettant à côté un peu au-dessus & vers la droite l'exposant de la *Puissance*, c'est-à-dire le nombre qui indique combien de fois on devroit écrire la racine. *a⁶* exprime donc la sixiéme *Puissance.*

2. Quand les quantités qu'il faut élever à une *Puissance* sont simples, l'opération n'a point de difficulté, puisqu'une *quantité élevée à une* Puissance *quelconque est ce qui vient de la multiplication de cette quantité par elle-même, autant de fois moins une que l'exposant de la* Puissance *contient d'unités.* Appliquons maintenant ce principe ou cette regle à des quantités plus composées. Soit

une quantité qui a un diviseur à élever à une *Puissance* quelconque. 1°. Il faut ici faire en quelque façon deux opérations. Et d'abord élever le numérateur à la *Puissance* donnée, ensuite le dénominateur à cette même *Puissance*. 2°. Si les facteurs ou produisans de la quantité donnée se trouvoient déja élevés à quelque *Puissance*, ils deviendroient élevés à une nouvelle *Puissance* dont le produit de l'exposant qu'ils avoient d'abord se roit multiplié par celui de la *Puissance* à laquelle on les voudroit élever. Ainsi $\dfrac{2\,a^2\,b^3}{3\,c^4}$ élevé à la *Puissance* 3 donnera $\dfrac{8\,a^6\,b^9}{27\,c^{12}}$. Et en général aïant $\dfrac{a^m\,b^r}{c^n}$ à élever à la *Puissance* q, on aura $\dfrac{a^{mq}\,b^{rq}}{c^{nq}}$. (*Voïez* les *Elemens d'Algébre* de M. *Clairaut*, *pag.* 196 *& suiv.*) *Voïez* encore sur l'élévation des *Puissances* les articles BINOME & FORMULE.

3. Les *Puissances* des lignes font des quarrés, des cercles, &c. La *Puissance* d'une hyperbole est la seizième partie du quarré de l'axe conjugué. Cette *Puissance* est égale à un rectangle ou au produit de la quatrieme partie de l'axe transverse, par la quatriéme partie de l'axe transverse & du parametre.

PUL

PULSATION. Les Physiciens se servent de ce mot, pour signifier cette impression dont un milieu est affecté par le mouvement de la lumiere, du son, &c. M. *Newton* démontre dans ses *Principes* (*Phil. Nat. Princ. Math. Prop.* 48.), que les vitesses des *Pulsations* dans un fluide quelconque, sont en raison composée du demi-rapport de la force élastique directement & du demi-rapport de la densité réciproquement. En sorte que dans un milieu dont l'élasticité est égale à la densité, toutes les *Pulsations* auront une égale vitesse.

PUN

PUNCTUM, Quoique latin on fait usage de ce mot dans les sections coniques ; & on dit *Punctum formatum* ou *generatum* pour indiquer un point déterminé par l'intersection d'une ligne droite, qui va du sommet d'un cone à un point dans le plan de la base avec le plan qui engendre les sections coniques, (*Voïez* les *Sections coniques* de M,

De la Hire écrites en latin. Prop. 15, 16.)

Apollonius appelle *Punctum ex comparatione* chacun des foïers d'une ellipse & d'une hyperbole, à cause que le rectangle sous le diametre transverse de l'ellipse & la distance de l'un de ces foïers à cette courbe, ainsi que le rectangle sous le segment du diametre transverse de l'hyperbole & de la distance de son foïer au sommet de cette courbe, sont égaux à la quatriéme partie de ce qu'il appelle la figure.

Enfin on appelle *Punctum lineans* le point du cercle générateur qui trace une partie quelconque d'une ligne cycloïdale dans la formation des cycloïdes ou des épicycloïdes simples.

PYR

PYROMETRE. Instrument de Physique qui sert à connoître en quelque façon l'action précise du feu. Il est composé 1° d'une lampe à l'esprit de vin D d (Planche XXVII. Figure 248.) garnie de plusieurs méches de coton semblables entre elles pour la grosseur & pour la longueur ; 2° de plusieurs léviers renfermés dans une boete cilindrique de cuivre E F. Ces léviers se correspondent de maniere que recevant le mouvement de la piece G, ils le transmettent par le moïen d'une roue dentée ou rateau, & par un pignon à une roue H h, qui parcourt horiſontalement un cercle divisée en 200 parties égales. Les bras de ces mêmes léviers, & le raïon du rateau avec le pignon qu'il mene, sont tellement proportionnées que la piece G avançant d'un quart de ligne, fait faire à l'aiguille un tour entier ; & comme la circonference du cercle qu'elle parcourt a 200 degrés, dont chacun est assez grand pour être divisé en deux par le coup d'œil d'un observateur un peu attentif, il est évident que la piece G ne peut s'avancer de la seizième partie d'une ligne, qu'on ne s'en apperçoive par le mouvement de l'aiguille.

Dans le pied de cet instrument qui forme une boete longue, est un tiroir contenant des cilindres de differens métaux tous égaux en longueur & en épaisseur. Chacun d'eux est terminé par une vis qui s'ajuste à la piece G, tandis que l'autre est soutenu & arrêté par le pilier I. Ces cilindres se placent successivement sur l'instrument, & aïant allumé en même-tems toutes les méches humectées d'esprit de vin, on compte avec une bonne pendule à secondes combien l'aiguille parcourt de degrés dans un tems donné. Car dans l'instant que la flamme commence à agir sur le métal, on voit l'aiguille se mouvoir & parcourir les dégrés du cercle avec tant de vitesse que dans l'espace d'une demi minute on en compte environ 580, quand c'est un cilindre de fer qui est exposé aux flammes, & 960 quand c'est un cilindre de cuivre jaune : ce qui est à peu près dans le rapport de 3 à 5.

Si pendant que l'aiguille marche ainsi on éteint les mêches de la lampe, aussi-tôt on voit retrograder l'aiguille & parcourir en sens contraire tout le chemin qu'elle avoit fait précedemment. D'abord ce mouvement est prompt, mais il se rallentit si fort que l'aiguille ne s'arrête qu'après un tems assez considerable.

Cet instrument a été inventé par M. *Muschenbroeck.* Il le décrit dans les Mémoires de l'Académie *Del Cimento.* MM. *Nollet* (*Leçons de Physique experimentale*) & *Desaguliers,* (*Cours de Physique experimentale*) en ont aussi donné la construction & l'usage.

PYROTECHNIE. C'est la science du feu. Ainsi ses parties sont, 1° l'art de découvrir la nature du feu, la cause & ses effets ; (*Voïez* FEU, PHOSPHORE, FERMENTATION, &c.) 2° celui d'en augmenter la durée, de la varier & de l'emploïer suivant la nécessité; (*Voïez* ARTILLERIE, POUDRE, CANON, BOMBE, MINE, &c.) 3° l'art de changer ses effets, de les rendre vifs & éclatans, & d'en former un spectacle agréable. (*Voïez* FEUX D'ARTIFICES, FUSE'ES, SPECTACLE PYRIQUE, &c.)

Comme ces parties sont divisées en autant d'articles, ce sont ces articles qu'il faut consulter pour connoître cette science. Disons seulement d'après *Pline,* que *Pyrodes,* fils de *Celix,* est le premier qui a tiré du feu d'une pierre à fusil, en la frappant contre du fer sur des feuilles seches qu'il alluma. (*Hist. natur. L. VIII. Ch.* 56.) & renvoïons pour le reste de l'histoire de la *Pyrotechnie* aux articles FEUX D'ARTIFICES & ARTILLERIE.

Q.

Q U A

QUADRANTAL. On nomme ainsi en Géometrie un triangle spherique qui a au moins un angle droit, & un de ses côtés égal à un quart de cercle.

QUADRAT, ou *Ligne des ombres sur un quart.* C'est une ligne de tangentes naturelles aux arcs du limbe où elles sont tracées pour mesurer promptement des hauteurs. Car on a toujours cette proportion : *Le raïon est à la tangente de l'angle de hauteur à l'endroit de l'observation* (c'est-à-dire , aux parties des ombres coupées par le fil,) *comme la distance entre la station & le pied de l'objet est à sa hauteur au-dessus de l'œil.*

QUADRATIQUE. On caractérise ainsi en Algébre une équation qui renferme le quarré de la racine ou du nombre cherché. Il y a deux sortes d'équations de cette espece , de simples & d'affectées.

Les *Equations Quadratiques* simples où le quarré de la racine inconnue est égal au nombre absolu donné , comme $aa = 36$; $ee = 146$; $yy = 133225$. Pour résoudre ces équations , il ne faut qu'extraire la racine du nombre connu, & cette racine est la valeur de la quantité cherchée. Ainsi a dans la premiere équation $= 6$; celle de e dans la $2^e = 12$ un peu plus, 12 étant une racine sourde ou irrationnelle : & dans la 3e équation $y = 365$.

Les *Equations Quadratiques affectées* sont celles qui ont quelque puissance intermédiaire ou nombre inconnu entre la plus haute puissance de ce nombre inconnu & le nombre absolu donné, comme $aa + 2ab = 100$. Cette équation *Quadratique* est dite affectée, parce que la racine inconnue a est multipliée par le coefficient $2b$. Toutes les équations de cette espece se rapporteront toujours à quelqu'une de ces trois formes.

$$aa + ad = R.$$
$$aa - ad = R,$$
$$ad - aa = R.$$

QUA

QUADRATRICE. Ligne courbe décrite avec une autre autour du même axe & qui a cette propriété, que sa demi-ordonnée étant donnée, on fait en même-tems l'aire & la portion de l'autre courbe qui y répond. Soit , par exemple, (Planche V. Figure 250.) la portion de la courbe A M P, égale au quarré de la demi-ordonnée de l'autre P N, ou au rectangle de A P par P N, (ou à un rectangle d'une ligne constante par P N, alors A N D est la *Quadratrice* de A M C. Telle en est la génération.

Supposons qu'un raïon de cercle comme A D (Planche V. Figure 251.) tournant sur le centre A , parcoure uniformément avec son extrêmité D , le quart de cercle D I B, tandis que le côté D C du quarré A C parcourt aussi uniformément & dans le même espace de tems & parallelement à lui-même le côté ; de sorte que les lignes B C, A D arrivent en même-tems sur la ligne A B. Ou bien supposons que la ligne droite D A & le quart de cercle D B soient divisés en un même nombre de parties égales , par exemple en 8 ; que du centre A on tire aux divisions du quart de cercle autant de raïons & par les divisions faites sur le côté A D autant de paralleles à C D; enfin qu'on trace le mieux qu'il sera possible , une ligne droite qui passe par tous les points d'intersection des raïons & des paralleles : on formera une courbe telle que D E, qu'on nomme *Quadratrice* , dont voici les propriétés.

1°. Si par un point quelconque comme H, pris dans la *Quadratrice*, on tire un raïon A H I, & les deux perpendiculaires H h, H e on aura cette proportion : Le quart de cercle D B est à l'arc I B comme la ligne totale D A est à sa partie h A, ou son égale H e. Ainsi par le moïen de cette courbe, on peut diviser fort exactement un arc quelconque I B , ou un angle quelconque I A B en trois parties égales , ou même en un nombre quelconque de parties égales , ou encore dans un rapport donné quelconque ; & cela en tirant le raïon A I, & en abbaissant ensuite du point H

de

de la *Quadratrice* **la perpendiculaire H** *e.*

2°. La base de la *Quadratrice* est une troisiéme proportionnelle au raïon A D & au quart de cercle B D.

3°. Si l'on décrit sur la base A E de la *Quadratrice* un quart de cercle, il sera égal en longueur au côté D A du quarré : par conséquent le demi-cercle en sera le double, & la circonference le quadruple.

4°. Si la base A V d'un cercle inscrit G V (Planche V. Figure 253.) $= 1$, & l'arc de la courbe $= x$; alors l'aire B D V A $= x - \frac{1}{9}x^3 - \frac{1}{225}x^5 - \frac{1}{13230}x^7$, &c.

On attribue l'invention de la *Quadratrice* à *Dinostrate.* Cependant quelques Géometres en font honneur à *Nicomede.* Et M. *Weidler* dit: *Inventio Dinostratæ & Nicomedi tribuitur.* (*Weidleri Institutiones Mathematicæ*, pag. 719) A l'occasion de cette courbe, M. *Tschirnausen* a inventé une autre *Quadratrice* qu'on construit ainsi. Soit A N *n* B (Planche V. Figure 252.) le quart d'un cercle partagé en autant de parties qu'on voudra. Soit de même le raïon divisé en autant de parties. Si de ces points de division P, *p, p,* &c. on éleve les perpendiculaires M, *m, m,* &c. & que des points N, *n, n,* &c. on en fasse descendre d'autres qui coupent les premieres en M, *m,* &c. alors les points M, *m,* &c. sont dans ladite courbe. Cette courbe a cette propriété, que les *Abscisses de cette courbe sont comme les arcs & les demi-ordonnées qui répondent aux sinus de ces arcs.* (*Medicina mentis*, *Part. II. pag.* 124.)

QUADRATURE. Réduction Géometrique d'une figure curviligne à un quarré qui lui soit exactement égal. Les regles de cette réduction sont telles pour toutes les courbes quarrables. 1°. Cherchez l'équation qui exprime le rapport d'une abscisse quelconque A P (Pl. V. Fig. 186.), nommée x, à son ordonnée correspondante P M (que nous appellons y), qui la coupe à angles droits. 2°. Cherchez la valeur de y & multipliez-le par $d x$. L'integrale de ce produit exprimera la *Quadrature* mixtiligne indeterminée, comprise entre l'abscisse A P, l'ordonnée P M, & la courbe A M. Si l'abscisse est déterminée, la courbe le sera aussi. Nommant *a* cette abscisse & la substituant à x dans l'intégrale dont je viens de parler, on aura une expression qui sera celle de la *Quadrature* de l'espace mixtiligne déterminé.

Mais si l'aire de la courbe est contenue entre deux courbes ou lignes droites D E, C F (Planche V. Figure 255.) la ligne droite C D & la partie d'une droite E F, d'une ligne quelconque A E, tirée d'un point

donné A pris dans la droite C D, il faudra 1° tirer une ligne A *f e* infiniment proche de A F E; 2° du centre A décrire les petits arcs F *p*, E *q*; 3° trouver par la nature de la courbe l'aire de l'espace quadrilatere F E *q p* qui est égal à la difference des petits secteurs A F *p*, A E *q*, égale à l'espace F E *e f*, difference de l'aire C D E F, dont l'intégrale sera égale à cette aire. (*Voïez* le *Calcul intégral* de M. *Stone*, *Sect. III.* le *Traité de la Quadrature des courbes* de M. *Newton*, le Commentaire de M. *Stirling*, celui de M. *Stewart*; l'*Analyse démontrée* du P. *Reyneau*, Tom. II. le *Traité des Fluxions* de M. *Maclaurin*, & la *Réduct. du calcul intégral aux logarit.* par Dom *Wanmesley*. Pour l'origine de la *Quadrature.* V. CERCLE.

QUADRATURE DE LA LUNE. On appelle ainsi en Astronomie le premier & le dernier quartier de la lune, c'est à-dire les points de son orbite, qui sont précisément à égale distance de la conjonction & de l'opposition entre lesquelles ils se trouvent. On leur a donné ce nom, parce qu'une ligne tirée de la terre à la lune, fait alors des angles droits avec une ligne tirée de la terre au soleil.

QUADRILATERE. C'est le nom général de tout espace renfermé entre quatre lignes droites. Suivant le rapport & la situation de ses côtés, le *Quadrilatere* est appellé *Quarré, parallelograme, rhombe, rhomboïde & trapeze.* (*Voïez* QUARRE', PARALLELOGRAME, RECTANGLE, RHOMBE, &c.)

QUADRILLION, ou *mille fois mille trillions.* C'est un nombre où l'on compte jusques à mille, mille, mille, mille, mille, mille, mille fois mille. Il est composé de huit classes & d'une place, ou de 25 places d'unités dont la derniere est marquée de quatre points. Dans cet exemple : 6, 543, 512, 234, 567, 890, 987, 664, 321. La vingt-cinquiéme place 6 indique par ses unités, combien tout ce nombre contient de *Quadrillions.*

QUADRINOME. Quantité formée de quatre termes, comme $a^2 + ad + bc - fg$, ou en nombres $\sqrt{2} + \sqrt{3} + \sqrt{7} - 2$.

QUADRIPARTITION. C'est l'action de diviser en quatre, ou de prendre la quatriéme partie d'un nombre ou d'une quantité quelconque.

QUALITE'. Terme de Physique. Propriété ou affection d'un être quelconque par laquelle il affecte nos sens & nous démontre son existence. Les *Qualités sensibles* sont les objets que nos sens apperçoivent le plus immédiatement. Les Anciens appelloient *Qualités occultes*, celles dont ils ne pouvoient rendre raison.

QUANTITE'. C'est l'objet de toutes les Mathématiques : on y comprend tout ce qui peut être augmenté & diminué. Les *Quantités* peuvent être définies soit selon le nombre ou selon la mesure, ou selon le poids : elles ne sont cependant que des nombres indéterminés dans lesquels on n'établit pas encore d'unité fixe, avec laquelle elles aient de la relation. En Algébre on calcule de même avec des *Quantités* connues qu'avec des *Quantités* inconnues. On représente celles-là par les premieres lettres de l'alphabet *a*, *b*, *c*, &c. & celles-ci par les dernieres. (*Voïez* EQUATION.) Les *Quantités* n'étant point des nombres indéterminés, il est évident que tout ce qu'on démontre des nombres en général leur doit également convenir.

Les Algébristes distinguent plusieurs sortes de *Quantités* qui vont faire le sujet des articles suivans rangés par ordre alphabétique.

QUANTITÉ ALGEBRIQUE. *Quantité* qui peut s'exprimer d'une maniere algébrique. Exemple. Le raïon d'un cercle étant égal à *a*, le côté d'un triangle inscrit dans ce cercle $= \sqrt{3} \, a \, a$: il est ainsi exprimé en *Quantité* algébrique.

QUANTITÉ COMMENSURABLE. *Voïez* COMMENSURABLE.

QUANTITÉ DIFFERENTIELLE. C'est la difference de deux *Quantités* variables qu'on suppose infiniment petites. (*Voïez* CALCUL DIFFERENTIEL.)

QUANTITÉS INCOMMENSURABLES. *Quantités* qui ont une raison irrationnelle, comme $\sqrt{3}$ & $\sqrt{7}$, $\sqrt{4}$ & $\sqrt{5}$. (*Voïez* INCOMMENSURABLE.)

QUANTITÉ INFINIMENT PETITE. *Quantité* qui est comme rien à l'égard d'une autre, de façon qu'il n'y ait aucune erreur en la négligeant. Exemple. Le demi-diametre de la terre est infiniment petit à l'égard du soleil & des astres ; puisqu'en le comptant pour rien dans l'Astronomie à l'égard du mouvement premier, le calcul du lever & du coucher des étoiles se trouve néanmoins exact. C'est ainsi qu'on considere les *Quantités* dans le calcul des infiniment petits. (*Voïez* CALCUL DES INFINIMENT PETITS.)

QUANTITÉ INVARIABLE. *Quantité* qui conserve toujours la même grandeur pendant que d'autres croissent ou décroissent. On l'appelle aussi *Quantité constante.* (*Voïez* CALCUL DIFFERENTIEL.)

QUANTITÉ IRRATIONNELLE. *Quantité* qui n'a point de racine exacte. (*Voïez* INCOMMENSURABLE & RACINE SOURDE.)

QUANTITÉ RATIONNELLE. *Quantité* qui peut être divisée par 1 ou ensemble avec l'unité par une partie commune. Exemple. 1 pris plusieurs fois fait ou 5, ou 7, ou 11, &c.

QUANTITÉS VARIABLES. *Quantités* qui sont toujours ou croissantes ou décroissantes. (*Voïez* CALCUL DIFFERENTIEL à l'article CALCUL DES INFINIMENT PETITS.)

QUARRE'. C'est le produit d'un nombre par lui-même. Ainsi 9 est un *Quarré*, parce qu'il est formé par 3 multiplié par 3 ; 4 est un *Quarré*, puisque c'est le produit de 2 par 2 ; 16 est encore un *Quarré* dont la racine ou le nombre qui le produit est 4, &c. Tout nombre ou toute quantité qui n'est pas formée par le produit d'un nombre multiplié par lui-même, n'est pas *Quarré*. Cela se connoît en cherchant ce nombre ; ce qu'on appelle *extraire la racine quarrée.* Telles sont à cette fin les regles dont on trouvera ci-après la démonstration.

1°. Separez les chifres qui composent le nombre donné de deux en deux. 2°. Prenez le plus grand *Quarré* de la premiere tranche. 3°. Ecrivez ce qui reste du nombre de la premiere tranche & doublez la plus grande racine trouvée. Ce nombre sert de diviseur à la seconde tranche, & on l'écrit à son lieu suivant les regles de la division. 4°. Divisez par ce double de la plus grande racine de la seconde tranche. 5°. Enfin multipliez le nombre qui est au quotient par ce nombre, & cotez le produit de la derniere tranche. Si de cette soustraction il ne reste rien à la derniere tranche, le nombre dont on a extrait la racine, est *Quarré*. Lorsqu'il y a plus de deux tranches on repete l'opération. Deux exemples feront voir l'application de ces regles, & j'en développerai la raison en les démontrant.

Exemple I. Soit le nombre 2978 dont on veut extraire la racine *Quarrée.*

1°. Séparez ce nombre en deux tranches & dites, la plus grande racine de 29 est 5, qu'on met au quotient.

$$\begin{array}{c} 4\ 0\ 6\, 2 \\ 2\cancel{9}\ |\cancel{78}|\ 54\,\text{quot.} \\ \hline 2\cdot 04 \\ \hline \end{array}$$

Le *Quarré* de 5 est 25, qui ôté de 29 reste 4. Ce 4 s'écrit au-dessus du nombre 9 & fait partie de la seconde tranche. 2°. Pour avoir la figure de cette seconde tranche, doublez 5 & posez ce double qui est 10 sous 4 & sous 7, comme on le voit ici. 3°. Divisez 4 par 1 ; le quotient est 4 qu'on écrit au quotient & sous le nombre 8 à côté de 0. Il ne reste plus qu'à multiplier 104 par 4, & à le soustraire de 478 : ce qui donne 62 dont on ne peut trouver la racine. Ainsi la racine quarrée de 2978 est 54 & il reste 62.

Ex. II. Soit le nombre donné 867972. Après avoir séparé les chifres de deux en deux, commençant de la droite à la gauche comme auparavant, on dit, la racine de 86 est 9 & il reste 5. Ce nombre 9 étant doublé, on a 18 pour diviseur du nombre 57, qui donne au quotient 3 qu'on écrit aussi sous le nombre 9. Il faut après cela multiplier le nombre 183 par le 3 du quotient. Le produit souſtrait de 579 il vient 030 à la place de 579.

Afin d'avoir maintenant le diviseur de la troisiéme tranche, on double 93, nombre du quotient. Et on écrit ce double 186 sous les nombres de la seconde & de la troisiéme tranche, ainſi qu'on le voit en la figure. Divisez enſuite 3 par 3, le quotient est 1. Avancez cet 1 à côté du 6 sous le 2. Enfin, multipliez le nombre 1861 par 1 & ôtez le produit de 3072. Le reſte est 1211, dont on ne peut pas extraire la racine. La racine quarrée de 867972 est donc 931 & il reſte 1211.

Comme pour extraire la racine *Quarrée* d'un nombre, il faut ſavoir celle des *Quarrés* des chifres ſimples, je donne ici une Table qui comprend le *Quarré* de ces chifres depuis 1 juſques à 10.

Racine	1	2	3	4	5	6	7	8	9	10
Quarré	1	4	9	16	25	36	49	64	81	100

2. Les mêmes regles qu'on a preſcrites pour extraire la racine *Quarrée* des nombres ſert auſſi à extraire celle des quantités algébriques. Un exemple ſeul fera connoître l'application de ces regles. On demande la racine *Quarrée* de $aa \mid + 2ab \mid + bb \mid$ $a+b$ quotient. La première opération eſt de prendre la racine de a qui eſt a.

On l'écrit au quotient. Le *Quarré* de aa eſt a. Ce *Quarré* étant ſouſtrait de aa, il ne reſte rien. On paſſe à la ſeconde tranche; & pour avoir un diviſeur pour cette tranche, on double a qui ſert de diviſeur. Le quotient de $+2ab$ diviſé par $2a$ eſt $+b$. J'écris donc $+b$ au quotient & à côté de $2a$. Multipliant enfin $2a+b$ par ce b du quotient comme on a fait pour les nombres, le produit eſt $2ab$ $+bb$, qui étant ſouſtrait de $2ab+bb$, il ne reſte rien. La racine de $aa+2ab$ $+bb$ eſt donc $a+b$. Ce qu'on vérifie en multipliant $a+b$ par lui-même. Cette preuve a auſſi lieu pour les nombres. Voici ſur quoi l'extraction de cette racine dont je parle eſt fondée.

3. Si deux lignes droites A B, A F ſont données (Planche I. Figure 264.) & ſi l'une des deux A B eſt diviſée en pluſieurs parties quelconques, le rectangle compris ſous les deux lignes totales A B, A F, ſera égal à la ſomme de tous les rectangles compris ſous la ligne totale A F & ſous chaque ſegment A D, D E, E B.

Démonſtration. Elevez la ligne A F perpendiculairement ſur A B. Du point F menez E G parallele à A B ou perpendiculaire à A F. Des points D, E, B, élevez les perpendiculaires D H, E I, B G. Vous aurez le rectangle A G ſous A F & A B, égal à la ſomme des rectangles A H, D I, E G, c'est-à-dire, aux rectangles compris ſous A F & ſous A D; ſous A F ou D H, & ſous D E & ſous E I, ou A F & ſous E B.

De-là il ſuit, 1° que ſi deux lignes quelconques données ſont diviſées en un nombre quelconque de parties, le produit des deux lignes totales, multipliées l'une par l'autre, ſera égal au produit de chaque partie de la premiere multipliée par chaque partie de la ſeconde. Ce que je dis ici des lignes doit s'entendre de toutes ſortes de quantités. Par exemple : le produit de $a+b+c$ par $d+f$ ſera $= 2a+2ab$ $+2c+3a+3b+3c$.

2°. Il ſuit encore, que ſi une ligne droite Z (Planche I. Figure 265.) eſt coupée en deux parties quelconques A & E, le *Quarré* de la ligne totale Z ſera égal aux *Quarrés* des ſegmens A & E, & à deux fois le rectangle compris ſous les ſegmens A & E, c'est-à-dire, que $ZZ = AA +$ $2AE + EE$. Car puiſque $Z = A+E$, ſi l'on multiplie $A+E$ par $A+E$, on trouvera $ZZ = AA + 2AE + EE$.

On trouve par-là le moïen d'extraire la racine *Quarrée* d'un nombre donné. Car ſoit ce nombre 576, dont on cherche la racine *Quarrée*. Je le ſuppoſe $= Z^2 = AA +$ $2AE + EE$. Donc $A+E = \sqrt{576}$. Faiſant $A = 20$, on aura $AA = 400$; & par conſéquent $576 - 400 = 176 = 2AE +$ $EE = 2A + E \times E$.

Maintenant pour trouver l'autre partie E de la racine, il faut chercher combien de fois $2A = 40$ eſt contenu dans 176; en ſorte que le quotient ſoit joint à $2A = 40$ & que la ſomme de $2A$ & du quotient multipliée par le quotient, n'excede pas $176 = 2A+E \times E = 160 + 16 = 2AE$ $+ EE = 176$. Donc $Z = A+E = 20$ $+4 = 24$ qui eſt la racine requiſe.

Si l'on compare ce qui précede aux regles ordinaires de la racine *Quarrée*, on en trouvera la démonſtration. Mais pour faire mieux sentir l'universalité de la méthode que je viens de donner, au lieu de prendre $A = 2$ supposons $A = 16$; car ce nombre est indifferent. Nous aurons $AA = 256$, & par conséquent $2A + E \times E = 576 - 256 = 320$. Voïez combien de fois $2A$ ou 32 est contenu dans 320 aux conditions précedentes, vous trouverez 8 fois. En effet, $32 + 8 \times 8 = 2A + E \times E = 256 + 64 = 2AE + EE = 320$. Donc $16 + 8 = A + E = 24 = Z$.

Prenons encore $A = 30$. Quoique la vraïe racine soit manifestement moindre que 30, on aura $A' = 300$; & par consequent $2A + E \times E = 576 - 300 = -324$. Ce qui donne $E = -6$, & $2A + E \times E = 60 - 6 \times -6 = 360 + 36 = -324 = 2AE + EE$. Donc $Z = A + E = 30 - 6 = 24$.

QUARRÉ. Terme de Géometrie. Figure de 4 angles & de 4 côtés égaux. Cette figure a tous ses angles droits. On l'a choisie pour la mesure de toutes les autres figures. De sorte que mesurer des plans ou des figures c'est chercher la raison que ces figures ont à un *Quarré* donné. De-là vient cette façon de s'exprimer des Géometres, *Quarrer un cercle, une courbe*, pour dire trouver l'aire d'un cercle ou d'une courbe. (*Voïez* QUADRATURE.) Le *Quarré* a cette propriété ou cette impropriété, que sa diagonale est incommensurable avec son côté. (*Voïez* INCOMMENSURABLE.) On trouve son aire en multipliant un côté par lui-même.

QUARRE' GEOMETRIQUE. Instrument de Géometrie pratique, qui sert à mesurer les hauteurs des corps & les profondeurs. Il est composé d'un *Quarré* ABCD (Planche XI. Figure 266.) du centre duquel est décrit le cercle AB, qu'on divise en 90°. Les côtés AD, DB sont divisés en 100 parties égales, & on affermit sur un des côtés des pinnules E & F. Aïant suspendu un fil à plomb du centre C, le *Quarré géometrique* est construit. L'usage de cet instrument est le même que celui de la planchette. Le fil à plomb sert ici d'alidade, & le quart de cercle marque l'angle que fait le fil suivant les differentes situations de l'instrument. (*Voïez* PLANCHETTE.)

QUARRE' MAGIQUE. C'est un *Quarré* divisé en plusieurs petits *Quarrés*, dans lesquels on range les nombres d'une progression arithmétique, de façon que toutes les sommes d'une colonne verticale ou horisontale soient égales à la somme de la diagonale. Exemple. Soient les nombres 2, 3, 4, 5, 6, 7, 8, 9, 10, dans une progression arithmétique. En rangeant ces nombres dans un *Quarré* de la maniere suivante, on aura :

5	10	3
4	6	8
9	2	7

$5 + 10 + 3 = 18$
$4 + 6 + 8 = 18$
$9 + 2 + 7 = 18$. Et encore $5 + 4 + 9 = 18$; $10 + 6 + 2 = 18$; $3 + 8 + 7 = 18$; $5 + 6 + 7 = 18$; & enfin $3 + 6 + 9 = 18$.

Il y a deux sortes de *Quarrés magiques*, des *Quarrés pairs* & des *Quarrés impairs*. Les uns & les autres demandent quelque attention dans l'arrangement des chifres. Pour les *Quarrés impairs*, il faut 1°. poser le nombre par lequel on veut commencer au-dessous de la case du milieu; 2°. mettre les nombres suivans dans les cases descendantes diagonalement de gauche à droite; 3°. remonter de cette derniere case diagonale à la plus haute case de la bande suivante, & lorsqu'il n'y a pas assez de cases, transporter le chifre dans la case la plus éloignée à gauche de la bande inferieure. Enfin lorsqu'en suivant la diagonale on trouve une case remplie, on place le chifre dans la diagonale de droite à gauche.

Exemple. Soit le *Quarré* suivant qu'il faut remplir magiquement. A cette fin je mets le chifre 1 sous la case du milieu, qui est celle de 13, & celui 2 à côté diagonalement en descendant.

11	24	7	20	3
4	12	25	8	16
17	5	13	21	9
10	18	1	14	22
23	6	19	2	15

Suivant la 2e regle le 3 doit remonter de cette derniere case à la plus haute case de la bande suivante. La troisiéme regle veut que le 4e chifre, qui est 4, soit placé dans la case la plus éloignée à gauche de la bande inferieure, & qu'on continue diagonalement en descendant jusques à ce qu'on rencontre une case remplie : c'est ce qui arrive ici après le nombre 5 où l'on trouve 1. On doit donc placer le chifre 6 dans la diagonale de droite à gauche. En continuant ainsi pour les autres nombres on remplit entierement le quarré qui devient alors un *Quarré magique*.

Cette maniere est de *Manuel Moscopule*, à qui on doit les premiers *Quarrés magiques*, comme nous le verrons à la fin de cet article. M. *Bachet* & après lui M. *Frenicle*, donnent une autre méthode. Ils font d'abord un quarré divisé en autant de cases impaires qu'on souhaite. Ils ajoutent ensuite à chaque côté de ce quarré des especes de piramides de cases qui vont toujours en diminuant de deux cases jusques à l'unité. Aïant donc divisé un quarré A B C D en un certain nombre de cases, en 7 par exemple, MM. *Bachet* & *Frenicle* ajoutent sur les côtés autant de cases qu'il en faut pour mettre les nombres de suite diagonalement,

```
                  1
              8       2
       A  15    9    3   B
          22   16   10    4
        29   23   17   11    5
      36   30   24   18   12    6
    43   37   31   25   19   13    7
      44   38   32   26   20   14
        45   39   33   27   21
          46   40   34   28
       C  47   41   35   D
            48   42
              49
```

Quarré de 7, divisé A B C D.

E						D
22	47	16	41	10	35	4
5	23	48	17	42	11	29
30	6	24	49	18	36	12
13	31	7	25	43	19	37
38	14	32	1	26	44	20
21	39	8	33	2	27	45
46	15	40	9	34	3	28

F   G

comme on le voit ici. On continue donc de remplir toujours diagonalement selon la suite des nombres 8, 9, 10, &c. Cette operation remplit toutes les cases diagonales du quarré A B C D. Ensuite on transporte les nombres des cases qui forment des especes de piramides sur les côtés du quarré, en mettant le nombre ou la case d'en haut en bas, celle d'en bas en haut, & celle d'un côté à l'autre sans les renverser ni les retourner. Par ce moïen, le quarré se trouve rempli tel qu'il l'est au quarré E D G F. Un peu d'attention dans la comparaison des deux figures rendra plus sensible la transformation de ces cases dans le quarré qu'une explication plus détaillée.

2. Tout ceci ne regarde encore que les *Quarrés magiques impairs*. Les *Quarrés pairs* ne sont pas si faciles à construire, ou du moins exigent-ils une regle differente. En général ces quarrés dépendent du quarré de 16, qui se forme ainsi.

1°. Remplissez les cases diagonales en commençant par la premiere case à gauche où l'on place l'unité. 2°. Passez les deux cases suivantes & posez 4 dans la case quatriéme. 3°. Passez une case, c'est-à-dire 5, & écrivez 6 & 7 dans les cases qui suivent. Laissez encore une case & écrivez les chifres suivans 10, 11 : ainsi de suite en passant tantôt un tantôt deux chifres, enforte que les chifres soient dans les deux diagonales du quarré.

D			E
	15	14	
12			9
8			5
	3	2	

F   G

H			I
1	15	14	4
12	6	7	9
8	10	11	5
13	3	2	16

K   L

A			B
1			4
	16	7	
	10	11	
13			16

C   D

Pour remplir les huit autres cases, & afin d'éviter la confusion, faites un second quarré E F G H, égal au second & semblablement divisé, & 1° mettez tous les chifres dans les bandes horifontales en commençant de droite à gauche, excepté ceux qui fe trouvent déja placés dans l'autre quarré. Ainfi comme 1 fe trouve dans le quarré A B C D, on mettra 2, 3 de fuite. On paffera 4 qui eft dâns le premier quarré, & commençant par 5 de la feconde bande on continuera de même, c'eft-à-dire, qu'on laiffera 6 & 7 qui font déja écrits & on mettra 8, ainfi des autres. Ces deux quarrés aïant été en quelque forte incorporés ou les cafes vuides de l'un étant remplies par les chifres de l'autre, on aura le *Quarré magique pair* I L K H fini. Ce *Quarré* fert à en conftruire d'autres pairs. Exemple. Soit donné un *Quarré magique* de 36. 1°. Formez un quarré de 16 cafes, comme on vient de voir au milieu du quarré de 36. Ce quarré doit être rempli des 16

Quarré de 16.

11	25	24	14
22	16	17	19
18	20	21	15
23	13	12	26

4°. Mettez autant de nombres en bas qu'en haut, c'eft-à-dire, d'auffi grands nombres en bas qu'en haut. Ainfi comme il y en a déja deux grands en bas, placez les deux plus grands de la fuite précedente en haut, tels qu'ils fe répondent dans la double fuite, Cette opération donnera les deux bandes horifontales.

5°. Pour les bandes laterales ou verticales, formez des dix autres nombres qui reftent, une feconde fuite double; fçavoir,

1, 4, 8, 9, 10
36, 33, 29, 28, 27.

Et comme les nombres 1 & 36 font déja placés, il ne refte qu'à pofer les autres fuivant que cette fuite les préfente, c'eft-à-dire 4 vis-à-vis 33, 8 vis-à-vis 29, 9 vis-à-vis 28 & 10 vis-à-vis 27, en mettant tantôt un grand nombre d'un côté & tantôt un petit. Par ce moïen le *Quarré magique pair* fera conftruit. Cette méthode eft de M. *De la Hire.* Ce Savant en donne une autre dans les *Mémoires de l'Académie Roïale des Sciences* de 1705, d'où celle-ci eft tirée. Elle confifte à réfoudre en deux quarrés plus fimples & *primitifs* les quarrés qu'on veut

nombres qui foient moïens entre les 36 nombres à pofer. On trouve ces nombres en ôtant 16 de 36, & en prenant du refte 20 la moitié qui eft 10. De forte qu'il y a dix nombres de part & d'autre des 16 moïens, dont le premier de ces 16 eft 11 & le dernier 26.

2°. De dix nombres extrêmes qui ne font pas compris dans les 16, formez cette double fuite.

1, 2, 3, 4, 5, 6, 7, 8, 9, 10
36, 35, 34, 33, 32 31, 30, 29 28, 27.

3°. Aïant difpofé le quarré de 16 comme il eft ici au milieu du quarré de 36, rempliffez les deux coins d'en haut par 1 & 6, & ceux d'en bas par 31 & 36, afin que les deux cafes diagonales forment 37.

1	35	34	30	5	6
33	11	25	24	14	4
8	22	16	17	19	29
9	18	20	21	15	28
27	23	13	12	26	10
31	2	3	7	32	36

conftruire. Celle-ci eft plus longue mais plus certaine que l'autre. Les Curieux en jugeront en la lifant dans les Mémoires même; car je crois l'objet trop ufé & trop frivole en quelque forte pour m'y arrêter davantage. Un Géometre habile (M. *Sauveur*) s'eft reproché autrefois d'avoir paffé fon tems à ce fimple jeu d'Arithmétique, & je ne veux pas que le Leƈeur me faffe le même reproche, Je paffe donc à l'hiftoire des *Quarrés magiques*, pour me hâter de terminer cet article,

3. *Manuel Mofchopule*, Auteur Grec, eft le premier qui a parlé des *Quarrés magiques*, Son Ouvrage eft en manufcrit dans la Bibliotheque du Roi. Ce n'eft que dans le Livre d'*Agrippa* qu'on trouve les quarrés des 7 nombres qui font depuis 3 jufques à 9 difpofés magiquement, Ces fept nombres avoient été préferés à tous les autres; parce que felon le fyftême d'*Agrippa*, leurs quarrés font planetaires. Le quarré de 3 appartient à Saturne; celui de 4, à Jupiter; celui de 5 à Mars; celui de 6 au Soleil; celui de 8 à Mercure; celui de 9 à la Lune, Quoique revêtus de cet air mifterieux, les *Quarrés magiques* exciterent la curiofité de

M. *Bachet de Meziriac*. Il étudia leur construction & trouva une méthode pour les *Quarrés* dont la racine est impaire ; mais il ne découvrit rien de satisfaisant pour ceux dont la racine est paire. M. *Bachet* fut suivi de M. *Frenicle*, qui poussa la théorie de ces *Quarrés* beaucoup plus loin ; mais ses constructions ne sont point démontrées, & quelquefois on ne les forme qu'en tâtonnant. En 1703 M. *Poignard* Chanoine de Bruxelles, publia un Livre sur les *Quarrés magiques* qu'il nomme *sublimes*. Il y a dans cet Ouvrage des méthodes ingenieuses & nouvelles. M. *Poignard* dans la construction de ses *Quarrés* se sert des progressions arithmétique, géometrique & harmonique. M. *De la Hire* aïant rendu compte de ce travail à l'Académie des Sciences, étudia ces méthodes. Comme cela arrive ordinairement, cette étude le porta à examiner la chose par lui-même. C'est ce qui a donné lieu aux constructions dont j'ai parlé dans cet article.

Stifel a traité de ces *Quarrés magiques* dans son *Arithmetica integra*. *Manuel Moschopule*, Grec de nation, en a composé un Livre entier qu'on trouve en manuscrit dans la Bibliotheque du Roi à Paris. M. *De Frenicle* a aussi écrit sur les *Quarrés magiques*. (*Voïez* les *divers Ouvrages de Messieurs de l'Académie roïale des Sciences*, page 228, des *Quarrés ou tablettes magiques*) de même que M. *De la Hire*. (*Mémoires de l'Académie Roïale des Sciences*, année 1705.) M. *Poignard* en a publié un Traité. Enfin M. *Ozanam* s'est égaïé sur cette matiere dans le Tome I. de ses *Récréations Mathématiques*. Cependant malgré tous ces travaux & toutes ces découvertes, on n'a sçu jusqu'ici faire usage de ces *Quarrés magiques*.

QUARRER. Les Mathématiciens entendent par ce mot, l'action de faire un quarré égal à une courbe. Ainsi *Quarrer* un cercle c'est trouver un quarré égal à l'aire d'un cercle.

QUART. C'est la 4e partie d'une quantité, & en Géometrie c'est un arc de 90 degrés, ou qui contient la quatriéme partie d'une circonference de cercle. On donne fort souvent le nom de quart à l'espace compris entre un arc de 90 degrés & deux raïons perpendiculaires l'un à l'autre au centre d'un cercle.

QUART DE CERCLE ASTRONOMIQUE. Instrument qui sert à prendre la hauteur des astres. Il est ordinairement de 38 pouces de raïon. Le corps de tout l'instrument est de fer, & toutes les pieces sont renforcées par des arrêtes mises sur lechamp.

Le limbe A B (Planche XX. Figure 505.) & les environs du centre C sont couverts de cuivre. Une lunette L L est appliquée sur le raïon de l'instrument pour servir de pinnule. Elle est garnie d'un micrometre qui se dirige par la vis V. (*Voïez* MICROMETRE.) Ce limbe A B est divisé exactement en dégrés & minutes par des lignes transversales, comme on le voit dans la figure 506, ou suivant la methode de *Nonius*, expliquée à l'article de QUARTIER ANGLOIS de M. *Smith*. M N est l'alidade de ce quart de cercle mobile autour du point I, au-dessous du centre C. Il y a là un fil d'argent plus menu qu'un cheveu qui lui sert de ligne de foi, de maniere qu'on distingue facilement jusques à un quart de minute, sur-tout quand on se sert d'une loupe. Sur cette alidade on peut ajuster une lunette comme à l'octant. L'usage du *Quart de cercle*, est le même que celui de cet instrument. (*Voïez* OCTANT.) Il se monte aussi comme l'autre avec la broche, fig. 507 disposée selon que la figure le montre. Je ne crois pas devoir m'arrêter à la description du pied de ce *Quart de cercle*. Elle est trop distincte pour avoir besoin d'explication. On verra bien avec quelle solidité cet instrument est monté & avec quelle aisance on peut le disposer dans toutes les situations nécessaires. Cette disposition est entierement nouvelle. On la doit à *De Lisle* de l'Académie Roïale des Sciences, & la figure du *Quart de cercle* que je donne ici est celle de celui dont ce célèbre Astronome fait usage dans son Observatoire ; figure qu'il a bien voulu accorder à mes sollicitations, à la perfection de ce Dictionnaire, & à mon zele pour le bien public.

QUART DE HAUTEUR. Partie de l'équipage d'un globe artificiel. Elle consiste en une plaque de cuivre assez mince divisée en 90 dégrés. Sur sa surface supérieure sont marqués les nombres 10, 20, 30, &c. Ce *Quart* est rivé à une noix de cuivre qui s'attache à un degré quelconque du méridien par le moïen d'une vis. Quand on en fait usage on le fixe communément au zenith. Il sert à trouver les amplitudes, les azimuths & à décrire les almicantarachs. (*V.* GLOBE CEL.)

QUART DE CROCHE. C'est la moindre note dont on se sert dans la Musique pour marquer le tems.

QUARTIER ANGLOIS. Instrument de navigation qui sert à observer les astres sur mer. Il est composé de deux arcs A B, D E qui ont le même centre C, (Planche XXII. Figure 402.) Celui-là est de 60 degrés & le second D E de 30 : ce qui fait en tout 90 degrés. Au centre de cet instrument est une pinnule, dont la fente qui est perpendiculaire à l'inftrument, fe trouve parallele à l'horifon lorfqu'on obferve. Et fur les arcs coulent deux autres pinnules qu'on peut arrêter fur chaque degré.

Ufage du *Quartier Anglois*. On prend ordinairement la hauteur du foleil par derriere avec cet inftrument. A cette fin, 1° Ajuftez la pinnule C au centre & la pinnule F fur tel degré de l'arc A B qu'on jugera à propos, avec cette attention néanmoins qu'elle foit plus proche du point A lorfque l'aftre eft fort près du zenith, & plus proche du point B lorfqu'il en eft éloigné. 2°. Tournez le dos au foleil & élevez ou abbaiffez la pinnule O en la faifant gliffer fur l'arc D E, jufques à ce que regardant l'horifon par les pinnules O & C, le raïon du foleil S F vienne aboutir à la fente de la pinnule C. La fomme des deux arcs A F, O E mefurera la diftance du foleil au zenith; parce que ces deux hauteurs forment le complement de la hauteur du foleil F C O. Voilà pourquoi les nombres qui marquent les dégrés, commencent par O aux points A & E, & vont en augmentant de chaque côté vers B & D.

Cet inftrument eft bon, mais il n'eft pas fans défaut. Premierement, il exige de l'Obfervateur une pofition exacte & invariable : fituation difficile à garder fur un Vaiffeau prefque continuellement en proïe à un mouvement d'ofcillation. En fecond lieu, la défunion des objets obfervés, l'ombre du foleil & l'horifon dérangent l'obfervation & la rendent défectueufe. Enfin, lorfque le foleil eft près du zenith, les obfervations qu'on fait avec cet inftrument, ne peuvent être exactes, parce que cet aftre parcourt dans ce tems un cercle moins oblique à l'horifon, & qu'il croife promptement le méridien. Pour obferver donc ces mouvemens avec jufteffe, il faut qu'ils foient apperçus avec beaucoup de fenfibilité par l'œil de l'obfervateur : c'eft ce qui ne fe peut gueres. Car le changement qui fe produit fur la pinnule par l'ombre ou le raïon du foleil, fe fait en raifon de la graduation de l'arc de cercle, fur lequel eft pofée la pinnule par où ce raïon paffe. Mais ce cercle n'a qu'un très-petit raïon, & par conféquent une très-petite graduation, où 4 ou 5 minutes ne font pas fenfibles. Donc les changemens des raïons de lumiere produits à fon centre font imperceptibles; & par conféquent ces fortes d'obfervations font fauffes.

2. Les Mathématiciens après avoir reconnu ces inconvéniens n'ont pas héfité de taxer d'imperfection le *Quartier Anglois*, & de

tâcher de lui fubftituer un inftrument moins défectueux. A l'envi les uns des autres, ils ont inventé differens *Octans*. D'abord il eft parlé dans l'hiftoire de la Société Roïale de Londres, par M. *Sprat* Evêque de l'Eglife Gallicane, page 296 4e édition, il eft parlé, dis-je, d'un inftrument pour prendre des angles par reflexion, inventé par M. *Hook*; avec lequel l'œil voit en même-tems les deux objets comme s'ils touchoient au même point, quoiqu'ils foient diftans l'un de l'autre d'un demi-cercle. M. *Stréet*, Auteur de l'Aftronomie Caroline, inventa enfuite un autre *Quartier Anglois*, garni de deux plans au travers defquels il regardoit un objet directement, & il trouvoit l'autre par la fimple reflexion d'un morceau de miroir. MM. *Halley* & *Newton* imaginerent un troifiéme octant à reflexion, avec lequel on obfervoit un objet par vifion directe & l'autre par fimple reflexion. Ces Savans trouvoient par le moïen de cet inftrument la grandeur d'un angle fur terre : mais au moindre mouvement les deux objets fe trouvoient féparés l'un de l'autre : ce qui rendoit cet inftrument inutile à la mer. M. *Hadley* à Londres & M. *Godefrey* en Penfilvanie, furmonterent les premiers cette difficulté, en fe fervant d'une double reflexion pour trouver un objet, tandis qu'on obferve l'autre par vifion directe. Enfin, M. *Hadley* & *Smith* ont perfectionné ces octans en en conftruifant de nouveaux, qui ont été fort accueillis des Gens de Mer. Comme je ne puis faire connoître toutes ces inventions, le choix des Marins déterminera le mien, pour ceux que je dois décrire. Les Curieux trouveront les autres dans les *Tranfactions Philofophiques*, N° 417; (un de M. *Hadley*) dans la Traduction des premiers volumes de cet Ouvrage par M. *De Bremond*; & dans les *Mémoires de l'Académie des Sciences* de 1740, (celui de M *De Fouchi*.) Je vais donc donner la defcription & l'ufage des *Quartiers Anglois* de MM. *Hadley* & *Smith* en commençant par le premier.

Quartier Anglois de M. *Hadley*. Cet inftrument eft compofé d'un arc de cercle, d'une alidade & de deux miroirs. L'arc de cercle A B (Planche XXII. Figure 320.) eft divifé en 45 degrés, mais comme par la reflexion qui s'y fait, les demi-degrés valent des degrés entiers; l'arc eft divifé en 90 parties, & chaque partie en minutes par des tranfverfales, ou fuivant la méthode de *Nonius*. (*Voïez* ci-après le *Quartier* de M. *Smith*.) Au centre de l'inftrument eft attachée une alidade M mobile le long de l'arc. Elle porte un miroir fixé perpendiculairement

rement au centre de son mouvement. Ce miroir reçoit la premiere image de l'astre qu'on veut observer. De-là cette image est reflechie sur un autre miroir plus petit que le premier, & placée sur un des côtés des raïons de l'instrument. Celui-ci est moitié miroir, moitié transparent. Il est monté en cuivre de maniere qu'on peut toujours le ramener au plan du *Quartier Anglois* par le moïen d'une vis de cuivre X, placée sur la partie de la plaque qui est d'équerre à celle qui porte le miroir. Ce miroir peut encore tourner circulairement; en sorte qu'on peut toujours l'amener à sa vraie position par rapport au miroir fixe porté par l'alidade. Entre les deux miroirs est un verre obscurci où coloré, qui tourne facilement afin de l'interposer entre les raïons du soleil, qui par leur éclat pourroient blesser la vûe de l'observateur placé en I, où est une pinnule attachée sur le raïon C B, & qui répond au petit miroir.

Avant que de se servir de cet instrument on le rectifie. A cette fin on place l'alidade au point o de la graduation de l'arc. Et tenant l'instrument dans la situation que la figure le represente, l'arc en bas, on place l'œil à un des trous de la pinnule & on regarde l'horison à travers la partie non étamée du petit miroir. On desserre ou on resserre ensuite la vis X jusques à ce que l'horison reflechi dans la partie étamée & vû en même-tems à travers celle qui ne l'est point, ne fasse avec l'autre qu'une seule & même ligne droite. Après cette précaution, on observera avec ce *Quartier Anglois* de la maniere qui suit.

1°. Tenez l'instrument perpendiculairement le mieux que vous pourrez. 2°. Placez ensuite l'œil à la pinnule & regardez l'horison de la mer vû à travers la glace dans l'endroit qui répond à peu près au dessous de l'astre, dont on veut prendre la hauteur. 3°. Faites avancer l'alidade sur le limbe. Par le moïen de ce mouvement l'image reflechie de l'astre vient se joindre à l'horison vû à travers la glace; & la hauteur de l'astre est exprimée par le nombre des degrés marqués par l'alidade.

Quoique ce *Quartier Anglois* soit estimé & estimable, il n'est pas sans défaut. Il est à double reflexion; la maniere de le tenir est gênante & peu praticable dans le cas du tangage & du roulis; & sa portée étant d'une très-petite étendue, l'observateur se trouve souvent en défaut par la désunion des objets, &c. Ces inconvéniens reconnus, M. *Caleb Smith* a cru rendre un grand service aux Marins en imaginant un instrument qui

en fût exempt. C'est ce qui a donné lieu au nouveau *Quartier* que je vais décrire.

Quartier Anglois de M. *Caleb Smith.* La figure ABC (Planche XXII. Figure 321.) represente l'instrument. Le limbe du cercle A B, est de cuivre & exactement divisé en 90 parties qui sont autant de degrés. Chacune de ses parties est soudivisée en autant d'autres parties. Sur cet arc glisse une espece d'alidade D, mobile au centre de l'instrument ou du limbe. Un miroir, ou mieux un prisme E est placé à ce centre perpendiculairement au plan de l'instrument, en sorte qu'il est immobile pendant l'observation. Un autre miroir F est ajusté sur l'index, & tous les deux sont tellement situés à leur égard respectif, que quand l'alidade est placée à la premiere division, les plans des deux miroirs sont paralleles. Afin de les y ramener, une vis G est ajustée sous un des miroirs, par le moïen de laquelle on place le miroir ou le prisme E comme il convient qu'il soit relativement au miroir F. Enfin, T est un telescope à simple verre placé sur un raïon de l'arc prolongé afin de ne pas gêner le mouvement de l'alidade le long de l'arc, & I un morceau de verre bruni pour couvrir le prisme ou le miroir qui reflechit son image, lorsque l'éclat du soleil offense la vue. Telle est la construction de ce nouveau *Quartier Anglois.* Il me reste à expliquer les divisions avant que de venir à l'usage.

Le quart de cercle est gradué depuis A jusqu'à B, & l'index depuis *a* jusques à *b*, selon la méthode de *Nonius*, qui est sans contredit la meilleure. Voici en quoi elle consiste. Les grands espaces ou divisions du quart de cercle marquent les degrés, & les petits espaces les parties d'un degré. Sur l'extrêmité de l'index qui glisse le long du quart de cercle, on prend un espace égal à un demi-degré & on le divise en 15 parties égales. Chacune de ses parties vaut deux minutes. On peut diviser l'échelle en minutes par la même méthode, pourvû qu'il y ait assez d'espace sur le raïon. Les degrés & demi-degrés d'un angle se comptent sur le quart de cercle; les autres moindres parties sur l'index.

Maintenant si la ligne qui divise l'index en deux parties égales, correspond exactement à une des lignes marquée sur le quart de cercle, on voit tout d'un coup le nombre des degrés & les parties du degré. Si cette ligne ne fait point une ligne droite avec une des lignes de l'arc de cercle, il faut compter soigneusement les degrés & les parties du degré, depuis le commencement des divisions sur l'arc jusques à la ligne du milieu de l'index. On compte enfuite ces degrés & leurs parties de la maniere fuivante. Comme l'index eft divifé en deux parties égales, & que chacune de ces parties eft foudivifée en quinze moindres parties; chacune des moindres parties vaut deux minutes. On ajoute donc le nombre de ces minutes aux degrés & parties du degré, marquées fur l'arc de cercle, & la fomme eft la hauteur qu'on demande.

Avant que de fe fervir de cet inftrument on le rectifie. A cette fin, 1°. Placez l'index au commencement des graduations fur l'arc de cercle. 2°. Tenez l'inftrument auffi droit que vous pourrez. 3°. Appliquez le telefcope à l'œil, & obfervez avec foin la ligne de la furface de la mer qui doit tenir lieu d'horifon, ou tout autre objet éloigné comme le foleil, la lune, ou une étoile fixe vûe par la réflexion d'un feul miroir. Si cette ligne de la furface de la mer ou l'objet éloigné correfpond exactement avec la même ligne ou l'objet vû de l'autre miroir; c'eft-à dire, fi par la reflexion des deux miroirs, on ne voit qu'une même ligne & un même objet, l'inftrument eft rectifié & en état d'opérer. Mais fi on diftingue deux lignes ou deux objets, il faut tourner la vis qui eft fous un des miroirs, jufques à ce que les deux lignes ou objets s'uniffent, & alors on peut commencer l'obfervation.

Ufage du Quartier Anglois de M. *Smith.* Un des premiers foins de l'obfervateur, c'eft d'apprendre à bien tenir l'inftrument : c'eft à quoi l'on parvient avec les attentions fuivantes. 1°. On doit le tenir auffi droit qu'il eft poffible; en forte que l'arc de cercle foit bien vertical; 2° placer la main droite du côté de zero, prête à faire mouvoir l'alidade, fans quitter l'arc de l'inftrument; & enfin le foutenir avec la main gauche, pofée près du centre, prête à faire mouvoir la vis de rappel, pour ajufter le miroir mobile qui doit être parallele au miroir fixe porté par l'alidade. Le *Quartier Anglois* ainfi faifi, l'obfervateur doit tourner fon vifage & l'inftrument vers l'aftre qu'il veut obferver, de telle forte que l'arc de cercle partage l'aftre en deux parties égales. Si c'eft le foleil qu'on obferve & que fon éclat foit trop vif, on met le verre obfcurci entre cet aftre & le miroir. Appliquez après cela le telefcope à l'œil. Et aïant trouvé l'horifon ou la ligne de la furface de la mer, faites gliffer l'index le long de l'arc jufques à ce que l'aftre paroiffe toucher l'horifon, ou la ligne de la furface de la mer. Arrêtez alors le mouvement de l'alidade. Les de-

grés entre elle & la premiere graduation donneront la hauteur defirée.

Quoiqu'il y ait un telefcope fur le *Quartier Anglois*, dont je parle, on peut y fubftituer une pinnule & faire l'obfervation avec les yeux nuds; mais alors les objets paroiffent renverfés. C'eft pourquoi fi l'on prend la hauteur du foleil, il faut ajouter 16 minutes aux degrés & minutes indiqués par l'alidade pour le demi-diametre du foleil. Ces 16 minutes doivent être fouftraites des degrés & minutes que donne l'alidade, fi on prend la hauteur du bord fuperieur du foleil : ce qui fe fait afin d'avoir la hauteur du centre du foleil. Le telefcope fait paroître tous les objets dans une pofition droite, quoiqu'inclinés d'un côté ou d'autre. Ainfi les 16 minutes ajoutées à la hauteur du bord inferieur & fouftraites de la hauteur du bord fuperieur, donnent la vraie hauteur du centre du foleil.

Avantages du Quartier Anglois de M. *Smith.* Le premier avantage qu'a cet inftrument fur tous les autres en ce genre, c'eft qu'il eft à fimple reflexion; que fa portée eft grande, c'eft-à-dire que la diftance de l'œil à l'objet vû dans le miroir eft confiderable ce qui rend l'obfervation plus exacte & moins expofé à dérangement. Cela le rend peu fufceptible du mouvement du Vaiffeau. Au contraire, dans les autres *Quartiers Anglois* le tangage & le roulis interrompent l'obfervation qui ne fe fait alors que par intervalles & par boutades. En fecond lieu, cet inftrument a cet avantage particulier d'être utile, lors même qu'il n'y a point d'horifon vifible fur mer. On place pour cela deux fils d'argent dans le foïer du telefcope, l'un horifontalement, l'autre verticalement, en forte qu'ils fe croifent & forment des angles droits. On attache auffi une cheville derriere la partie fuperieure de l'arc A B, d'où pend un niveau fur le raïon pour favoir fi ce raïon eft pofé horifontalement. Dans cette pofition on tient le *Quartier Anglois* ferme, & on gliffe l'alidade le long de l'arc, jufques à ce que l'aftre paroiffe fur le fil horifontal près de l'endroit où les deux fils fe croifent. Alors l'alidade indique la hauteur defirée.

On juge bien que dans cette opération un grand mouvement de la part du Navire pourroit nuire; mais un mouvement ordinaire ne dérange pas l'obfervation, fur tout fi on fuppute la quantité du mouvement de la main qui fupporte l'inftrument. On connoît ce mouvement par la vibration de l'objet au deffus & au-deffous du fil horifontal, quand l'alidade eft en la place où elle doit être. Cette vibration est si lente dans le telescope, qu'on peut aisément en faire l'estimation.

Ce *Quartier Anglois* est fort estimé en Angleterre; & d'après le rapport qu'ont fait de ses avantages MM. *Middleton*, *Joseph Addisson*, *George Sparrel*, célebres Marins Anglois, les Navigateurs de cette Nation l'ont adopté. Sur la réputation de cet instrument, plusieurs Pilotes François aïant souhaité qu'on le construisît en France, le Sieur *Baradelle*, Ingenieur du Roi pour les Instrumens de Mathématique l'a exécuté. On en trouve chez lui, à Paris, sur le Quai de l'Horloge du Palais, à l'enseigne de l'Observatoire.

QUARTIER DE REDUCTION. Instrument de Pilotage qui sert à résoudre les problèmes qui forment le fond de cet art. (Pour se rappeller ces problêmes *voïez* l'article PILOTAGE.) C'est une espece de Carte Marine, où les lieux ne sont pas marqués, mais qui peut cependant servir pour tous les Païs du monde. Il represente le quart de l'horison, & suivant que les deux lignes A C, C D (Pl. XXII. Fig .208) sont considerées, il devient ou le quart du côté de l'Est qui est formé par la ligne Nord & le centre de l'horison, & l'alignement du même centre au point d'Est, ou le quart du côté de l'Ouest, ou enfin le quart dans la partie du Sud Est ou Ouest. De sorte que le point C represente ici le centre de l'horison ou le milieu de la ligne Nord & Sud. La ligne C A est Nord ou Sud suivant qu'on veut faire usage de cet instrument pour cette partie du monde, vers laquelle on fait route. La ligne perpendiculaire à celle-ci est la ligne Est-Ouest. Et les lignes C E, C F, C G, G H, C I sont les airs de vent compris entre ces deux airs de vent dont ils empruntent les noms. (*Voïez* ROSE DE VENTS.) Ainsi si le point A represente le Nord & le point D l'Est, la ligne C G est Nord-Est, celle C H Nord-Est ¼ Est. Ainsi des autres. Si le point A eût représenté le Sud, la premiere ligne auroit été l'air de vent nommé Sud-Est; & le point D aïant été le point Ouest, cette même ligne C H auroit été appellée Nord-Ouest dans le premier cas, & Sud-Ouest dans le second. Quand on connoît la division de l'horison, que j'explique à l'article que je viens de citer, tout cela est aisé à concevoir. De-là il suit, que les lignes tirées parallelement à la ligne Nord & Sud (qui est la ligne C A) sont des *Méridiens*, & que les lignes parallèles à la ligne C D, qui represente l'équateur sont des *Paralleles*. (*Voïez* PARALLELES DE DECLINAISON.)

Les méridiens & les paralleles se divisent mutuellement en plusieurs parties égales, qui peuvent representer ou des dégrés ou des minutes, ou des lieues selon qu'on le juge à propos. Un grand nombre de quarts de cercle, qui ont le même centre C, divisent les huit airs de vent C E, C F; &c. L'un de ces quarts de cercle est divisé en degrés & par le moïen d'un fil attaché au centre C de l'instrument, il peut diviser les autres proportionnellement & soudiviser les airs de vent en 11 degrés 15 minutes.

USAGE I. *Usage du Quartier de réduction. Trouver la distance de deux païs marqués sur une Carte Marine.*

1°. Prenez sur la Carte Marine la difference en latitude des deux païs proposés.

2°. Cherchez dans la même Carte quel est le rumb de vent qui conduit à ces deux païs.

3°. Réduisez cette difference de latitude en lieues marines, en multipliant chaque degré par vingt (valeur d'un degré), & prenant le centre pour la situation d'un des païs comptez ce nombre de lieues sur la ligne C A, en faisant valoir chaque intervalle 10 ou 20 lieues.

4°. Remarquez à quel point le parallele qui termine ce nombre, coupe l'air de vent reconnu sur la Carte & rapporté sur le *Quartier*. Ce point (qui est celui où l'un des deux païs se trouve) & le centre A renfermeront tous les arcs de cercles, dont les intervalles qui vaudront autant que les distances des paralleles, donneront la quantité de lieues qu'il y a des deux lieux proposés.

Avant que de passer aux autres usages, je dois apprendre ici la réduction des lieux en longitude, dont je n'ai parlé nulle part. Lorsque deux païs, dont on cherche la distance, sont situés Nord & Sud dans la Carte Marine, c'est-à-dire, qu'ils sont sur le même méridien, la réduction est telle que je l'ai faite ci-devant. Je veux dire, qu'on réduit chaque degré à raison de 20 lieues marines ou de 60 milles par degrés. Si les deux païs sont sur l'équateur, la réduction est la même. Mais elle est différente pour chaque parallele; parce que les degrés des paralleles sont toujours plus petits à mesure qu'ils sont plus éloignés de l'équateur. Aussi les Marins nomment *lieues mineures* celles qui mesurent la longueur d'un degré dans chaque parallele. Et ils appellent *lieues majeures* celles de l'équateur, qui répondent aux lieues mineures ou qui sont comprises entre les mêmes méridiens. Sur ces mots de *lieues mineures*, il ne faudroit pas penser que ces lieues sont plus petites que les lieues majeures. On ne les appelle ainfi que parce qu'elles font en plus petit nombre dans chaque degré de l'équateur ou de tout autre grand cercle. Il eft donc important de favoir réduire les lieues mineures en lieues majeures, avant que de procéder aux ufages généraux du *Quartier de réduction*. Ce qui fe fait ainfi avec cet inftrument.

Suppofons qu'on veuille réduire en lieues majeures 20 lieues mineures d'un parallele éloigné de l'équateur de 60 degrés, c'eft-à-dire, qu'on veuille favoir combien 20 lieues qu'on a faites fur ce parallele valent de degrés. A cette fin, 1°. Tendez le fil du *Quartier de réduction* fur le 60ᵉ degré du quart de cercle gradué A D, en comptant du point D vers A. 2°. Comptez fur C D les 20 lieues mineures. (On peut fuppofer que chaque partie vaut un certain nombre de lieues comme 4 ou 5, &c.) En comptant chaque partie 4 lieues, on aura le point F qui complette les 20 lieues.

La ligne K E parallele à C A, coupant le fil au point E déterminera le raïon C E, dont la longueur connue par les nombres des arcs de cercle qui vaudront 4 lieues chacun, donnera 40 lieues majeures ou deux degrés de longitude. L'opération renverfée réduit les lieues majeures en lieues mineures.

La raifon de cette regle, eft que la ligne C D repréfente le raïon de l'équateur, & que par conféquent la ligne C F eft le raïon du parallele propofé. Or les lieues majeures font proportionnelles au raïon de l'équateur, & les lieues mineures d'un parallele font proportionnelles au raïon de ce parallele ; de façon que fi le raïon C F eft la moitié, ou le quart, ou la huitiéme partie &c. de l'équateur, les degrés de ce parallele feront chacun la moitié, ou le quart, ou la huitiéme partie, &c. d'un degré de l'équateur.

Ces connoiffances admifes, voici les autres ufages du *Quartier de réduction*.

Usage II. Problême I. du Pilotage. *Connoiffant la latitude & la longitude du lieu du départ, le rumb de vent qu'on a fuivi & le chemin qu'on a fait, trouver la longitude & la latitude du lieu où l'on fe trouve.*

Tendez le fil fur le rumb de vent propofé, & comptez fur le fil le nombre des lieues qu'on a faites (comme on l'a pratiqué pour le premier ufage.) On aura ainfi un point fur ce rumb dans lequel on plantera une épingle. Ce point repréfente le lieu où l'on eft. Le parallele, qui paffe par ce point, détermine fur la ligne Nord & Sud les lieues du Nord ou du Sud, & le méri-

dien qui paffe par ce même point, détermine fur la ligne Eft-Oueft les lieues de l'Eft ou de l'Oueft. Il ne refte plus qu'à réduire les premieres lieues en degrés de latitude, & les fecondes en degrés de longitude, & le problême eft refolu.

Usage III. Problême II. du Pilotage. *Connoiffant la latitude du lieu du départ, le rumb de vent & les deux latitudes, celle de ce lieu, & la latitude de celui où l'on fe trouve ; trouver le chemin qu'on a fait & la longitude de ce dernier lieu.*

1°. Prenez la difference en latitude des deux lieux, en fouftraïant la moindre de la plus grande.

2°. Multipliez cette difference par 20 pour avoir les lieues du Nord au Sud.

3°. Comptez ces lieues fur la ligne Nord & Sud du *Quartier de réduction*.

D'abord cela donnera le parallele du lieu où l'on eft arrivé. En fecond lieu, le point où ce parallele coupe le rumb de vent propofé, déterminera la diftance ou le chemin qu'on a fait par le nombre des cercles, de même que les lieues mineures Eft-Oueft par le nombre des méridiens.

Enfin, on réduit les lieues mineures en degrés par le parallele moïen pour avoir la difference en longitude du lieu où l'on eft, comme dans le premier problême.

Usage IV. Problême III. du Pilotage. *Connoiffant la longitude du lieu du départ & des deux latitudes ; trouver le rumb de vent & la longitude du lieu de l'arrivée.*

1°. Réduifez les degrés de latitude, je veux dire la difference des deux latitudes, en lieues Nord ou Sud.

2°. Comptez ces lieues fur cette ligne du *Quartier de réduction*, comme dans le fecond problême. On aura le parallele du lieu où l'on eft.

3°. Comptez fur les arcs de cercle les lieues de diftance, & marquez avec une épingle le point où le dernier cercle coupe le parallele du lieu où l'on eft arrivé.

4°. Tendez le fil de l'inftrument fur ce point : ce fera le rumb de vent qu'on a fuivi. Le méridien qui paffe par le même point, déterminera les lieues mineures fur la ligne Eft-Oueft, qu'on réduira en lieues majeures, ainfi que je l'ai enfeigné.

Usage V. Problême IV. du Pilotage. *Connoiffant les deux longitudes & les deux latitudes ; trouver le rumb de vent & le chemin qu'on a fait fur ce rumb de vent.*

1°. Prenez la difference en latitude & réduifez-la en lieues du Nord ou du Sud.

2°. Prenez la difference en longitude & réduifez la en lieues majeures Eft ou Oueft.

5°. Réduisez les lieues majeures en lieues mineures.

4°. Comptez sur la ligne Nord & Sud du *Quartier de réduction* les lieues du Nord ou du Sud, qui donneront le parallele du lieu où l'on est arrivé, & sur la ligne Est-Ouest les lieues mineures de l'Est & de l'Ouest : ce qui déterminera le méridien du lieu de l'arrivée.

Enfin, aïant planté une épingle dans le point où le parallele coupe le méridien de l'arrivée, on aura le rumb de vent en tendant le fil sur ce point. Et la longueur du fil depuis le centre jusques au point de l'arrivée, mesurée par le nombre des arcs de cercle qu'elle comprendra, déterminera la distance.

On a supposé dans tous ces problêmes qu'on a toujours suivi dans la course le même rumb de vent. Cela n'est cependant gueres possible ; parce que le Vaisseau est souvent obligé de faire des détours, soit pour recevoir la plus forte impression du vent, soit pour éviter des écueils, qui se trouvent sur la route. Ainsi il change souvent de route. Or ces routes differentes doivent être *composées*, ou réduites à la route principale, en faisant pour chacune autant d'opérations. Le Pilote doit être ici extrêmement attentif à écrire ces changemens & à les rapporter à la route qu'il doit suivre, afin de savoir le chemin qu'il a fait, ou de resoudre les problêmes du Pilotage, sans aucun embarras. La pratique sert beaucoup dans cette opération ; & il n'y a à proprement parler que cela. Je renvoïe donc aux Traités du Pilotage, ceux qui ont interêt de la connoître. Il me suffit d'avoir expliqué les usages du *Quartier de réduction*, qui se bornent à la solution des problêmes du Pilotage par des triangles semblables, qu'on forme sur cet instrument dans tous les cas.

QUARTIER SPHERIQUE. Instrument d'Astronomie, dont les Pilotes font usage sur mer pour resoudre mécaniquement plusieurs problêmes de cette Science, dont il leur importe d'avoir la solution. C'est le quart d'un astrolabe où le plan de l'instrument représente un méridien quelconque, éclairé de telle sorte que les ombres ou les projections des circonferences des autres cercles célestes sont posées sur une ligne perpendiculaire à ce même plan & à une distance immense de ce plan. A cause de ce grand éloignement, tous les raïons de lumiere qui tombent sur le plan du méridien, sont comme paralleles entre eux. C'est-à-dire, que les cercles de la sphere doivent y paroître ainsi. Aïant donc décrit un quart

de cercle A B C (Planche XXII. Fig. 504.) qui represente le quart d'un méridien, les projections des autres cercles de la sphere grands & petits, dont les plans sont perpendiculaires à celui du méridien ou paralleles à son axe, seront des lignes droites. Les grands cercles perpendiculaires au méridien se couperont tous dans l'axe du méridien. Leurs projections se couperont donc au centre C du *Quartier spherique*, & les projections des petits cercles, paralleles à ces grands cercles, seront des lignes droites paralleles à la projection du grand cercle, dont ces petits cercles sont des paralleles. Mais les projections des grands cercles, qui n'ont pas leur plan perpendiculaire à celui du méridien, seront des ellipses, de même que les petits cercles paralleles à l'un de ces grands. Et si les grands cercles qui ne sont pas perpendiculaires au méridien, le coupent tous en un point, les ellipses qu'elles formeront se couperont toutes aussi en ce même point du méridien.

Telle est la projection qu'on admet dans la construction du *Quartier spherique* pour lequel on n'a besoin que de l'horizon, de l'équateur, de l'écliptique, des azimuths, & des cercles horaires. Quant aux petits cercles, on ne se sert que de la projection des cercles paralleles à l'equateur & à l'horison. De ces projections les unes sont constantes & demeurent toujours tracées sur l'instrument. Les autres sont passageres & se tracent selon la nécessité par le moïen d'un fil attaché au centre C du *Quartier spherique*. Les projections constantes sont 1° des lignes droites & perpendiculaires l'une à l'autre, comme A C, B C ; 2° les paralleles à B C, tirées sur chaque degré de l'arc B D A ; 3° la ligne D C, faisant avec la ligne B C un angle de 13 degrés 29 minutes ; 4° les ellipses qui passent toutes par le point A & tombent sur la ligne B C ; en sorte que ces ellipses divisent cette ligne par autant de points que la ligne A C est divisée par les lignes paralleles à B C : ceux de l'un & l'autre ligne étant à égale distance du centre C. Ces mêmes divisions sont aussi portées des lignes C A ou C B sur la ligne C D, & avec le même ordre de C en D que de C en A ou en B.

Les projections passageres sont C E, I H. La premiere est le fil, & on a les secondes par le moïen d'une regle placée sur le centre de l'instrument. L'un & l'autre font divers angles avec les lignes tracées sur le *Quartier*. Elles servent aussi à designer passagerement les paralleles au fil ou à la regle selon le besoin.

Ces projections passageres peuvent tomber, comme l'on voit, hors du quart de cercle. Afin de les rappeller en quelque sorte à l'instrument même ; on trace sur le bord de l'instrument & à quelque distance de la ligne A C, on trace, dis-je, une ligne F G qui lui est parallele. On joint ces deux lignes au point A par la ligne A F qui fait un angle droit avec les deux sur les lignes A F & F G, on marque toutes les sections qu'y feroit une regle en roulant autour du centre C, & parcourant les 90 degrés du quart d'un cercle, qui seroit le supplément de l'arc B D A. Dans ce mouvement, la regle marqueroit à chaque degré un point sur une de ces deux lignes.

On écrit aussi à côté de la ligne B C ou de sa parallele passant par D, sur les deux sections de ces lignes, de 15 en 15 degrés, on écrit, dis-je, les chifres des heures qui y conviennent, en supposant que la ligne A C est le méridien de 6 heures, & que les ellipses de 15 en 15 degrés en allant de C en B sur C B sont les méridiens des autres heures 7, 8, 9, 10, & 11. Et les mêmes ellipses en allant de D vers A C sur la ligne D L, parallele à la ligne B C, seront supposées être les méridiens de 1, 2, 3, 4 & 5 heures. Voila toute la construction du *Quartier spherique.* En voici les usages.

Usages du *Quartier spherique.*

Usage I. *Trouver le lieu du soleil.*

Avant que de résoudre ce problème, il faut avoir les connoissances suivantes touchant le *Quartier spherique.* Premierement, le Belier commence au centre C de l'instrument, qui est le point où l'écliptique C D coupe l'équateur ; le Taureau au 30e degré, en comptant depuis C vers D ; les Gemeaux au 60e ; l'écrevisse au solstice d'été D ; le Lion au 30e degré, en comptant du point D vers le centre C sur l'écliptique D C ; la Vierge au 60e degré, & la Balance au point C de l'équinoxe d'automne. Ainsi la ligne D C de l'instrument peut representer la moitié de l'écliptique comprise entre l'équateur B C & le pole Nord A.

En second lieu la ligne D C représente aussi l'autre moitié de l'écliptique lorsqu'on prend le point A pour le pole Sud ; & alors le 30e degré en comptant depuis C vers D marque le commencement du Scorpion ; le 60e le commencement du Sagittaire & le point D, solstice d'hyver, le commencement du Capricorne.

Cela posé, si l'on compte du point D vers C, on trouvera au 30e degré le commencement du Verseau, & au 60e le commencement des Poissons. Il sera donc facile

de résoudre par le *Quartier spherique* notre problème : je veux dire, de trouver le lieu du soleil par tous les degrés des signes.

Usage II. *Trouver la déclinaison du soleil pour un jour donné.*

1°. Cherchez le lieu du soleil au jour proposé.

2°. Cherchez dans l'écliptique le degré du signe qui convient à ce jour. Le parallele qui passe par ce point, marquera sur la ligne A C la déclinaison du soleil.

Usage III. *Connoissant le lieu du soleil, trouver son ascension droite.*

1°. Cherchez le point de l'écliptique C D qui represente le lieu du soleil.

2°. Voïez quel est le méridien qui passe par ce point. Ce méridien coupera l'équateur C B dans un point au moïen duquel on déterminera ainsi l'ascension droite du soleil.

3°. Depuis l'équinoxe du printems jusques au solstice d'été, comptez les degrés de l'équateur depuis C vers B, pour avoir l'ascension droite du soleil.

4°. Depuis le solstice d'été jusques à l'équinoxe d'automne, comptez les degrés de l'équateur depuis B vers C, & ajoutez les au quart de l'équateur afin d'avoir l'ascension droite qui doit surpasser alors 90 degrés.

5°. Depuis l'équinoxe d'automne jusques au solstice d'hyver, comptez les degrés de l'équateur depuis C vers B, & ajoutez-les à la moitié de l'équateur, c'est-à-dire à 180 degrés.

6°. Depuis le solstice d'hyver jusques à l'équinoxe du printems, comptez les degrés depuis C vers B, & ajoutez-les aux trois quarts de l'équateur, ou à 270 degrés.

On aura aussi pour tous les tems l'ascension droite du soleil. On peut changer les degrés d'ascension droite en heures & minutes, en les divisant par 15.

Usage IV. *Connoissant la déclinaison du soleil & la latitude d'un lieu, trouver l'amplitude ortive ou occase.*

Tendez le fil C E qui est attaché au centre du *Quartier*, sur le degré de latitude, ou hauteur du pole A E. Ce fil representera l'horison ; parce que la hauteur du pole sur l'horison est toujours égale à la latitude. Le point où ce fil coupera le parallele de la déclinaison du soleil, déterminera l'amplitude en prenant avec un compas la distance de ce point au centre C, & en la mesurant sur l'écliptique C E, ou sur l'équateur C B, ou sur le colure des équinoxes C A, depuis le centre C.

Usage V. *Connoissant la déclinaison du soleil & la latitude d'un lieu, trouver* *l'heure du lever & du coucher de cet astre.*

1°. Tendez le fil sur le degré de la hauteur du pole pour repreſenter l'horiſon.

2°. Remarquez en quel point il coupe la déclinaiſon du ſoleil.

Le méridien qui paſſe par ce point donnera ſur le tropique l'heure cherchée.

Nota. Les heures, qui ſont marquées au-deſſous du tropique & qui ſont moindres que celles d'en haut, ſont pour le lever du ſoleil en été & pour ſon coucher en hyver. Et celles, qui ſont marquées au-deſſus du tropique, ſont pour le lever du ſoleil en hyver & pour ſon coucher en été.

USAGE VI. *Connoiſſant la latitude d'un lieu, la hauteur du ſoleil & ſa déclinaiſon, trouver l'heure du jour.*

1°. Tendez le fil ſur le degré de la latitude.

2°. Sur un des côtés C A ou C B, depuis le centre C, prenez avec un compas la hauteur du ſoleil, connue par obſervation.

3°. Portez cette ouverture au-deſſus du fil lorſque la latitude & la déclinaiſon ſont du même genre, toutes deux Nord ou toutes deux Sud, & portez-la au deſſous du fil ſi elles ſont de differente eſpece.

4°. Tracez à cette diſtance du fil une ligne droite qui ſoit parallele. Cette ligne repreſente le parallele de la hauteur du ſoleil. Le méridien, qui paſſe par le point où cette ligne coupe le parallele de la déclinaiſon du ſoleil, marquera ſur le tropique l'heure requiſe.

La raiſon de cette opération eſt, que le ſoleil étant en même-tems dans le parallele de ſa hauteur & dans celui de ſa déclinaiſon, il doit ſe trouver dans l'un des deux points où ces deux cercles ſe coupent. Or la méridienne qui paſſe par ces deux points, marque ſur le tropique l'heure avant & après midi. Sur cela il y a cependant trois obſervations à faire.

La première a pour objet la déclinaiſon & la latitude de même eſpece, le ſoleil étant alors du côté du pole viſible A, & par conſéquent entre l'horiſon C E & le pole A. Dans ce cas l'arc A E B marque l'heure de minuit & les heures qui ſont au-deſſous du tropique, ſont les heures après minuit. Celles qui ſont au-deſſus marquent les heures après midi.

En ſecond lieu, lorſque la latitude & la déclinaiſon ſont de differente eſpece, le point A repreſente le pole qui eſt ſous l'horiſon, & par conſéquent le ſoleil eſt au deſſous du fil C E, du côté de l'équateur C B.

Alors l'arc B E marque midi; & les heures au-deſſus du tropique ſont avant midi.

Enfin, quand la latitude & la déclinaiſon ſont de même eſpece, il arrive ſouvent que les hauteurs du ſoleil ſont trop grandes & que le parallele de la hauteur ne peut pas couper le parallele de la déclinaiſon dans l'inſtrument. On met alors au lieu du fil une regle I C H, qui paſſe par le centre C & qui fait avec la ligne A C l'angle A C H, égal à la hauteur du pole ou à la latitude. Voilà pourquoi on a diviſé la ligne F G ſelon la proportion des degrés de latitude. Dans cette poſition, la regle repreſente l'horiſon. & l'on s'en ſert comme du fil C E pour connoître l'heure qu'il eſt. Ici le ſoleil ſe trouve à midi dans le quart de cercle A B, & les heures au-deſſous du tropique ſont les heures après midi.

USAGE VII. *Connoiſſant la latitude d'un lieu & la déclinaiſon du ſoleil, trouver ſa hauteur & le tems où il répond à la ligne Eſt-Oueſt.*

Tendez le fil C E ſur la latitude, en comptant du point B vers E. Ce fil repreſentera le premier azimuth qui répond à la ligne Eſt Oueſt. Le point E marquera le zenith; A le pole du monde; C B l'équateur. Le parallele de déclinaiſon coupera C E dans un point, dont la diſtance au centre C déterminera la hauteur du ſoleil. Et le méridien qui paſſe par ce point, marquera celui où cet aſtre répond à la ligne Eſt-Oueſt.

USAGE VIII. *Connoiſſant la déclinaiſon d'un aſtre & ſon amplitude, trouver la latitude du lieu où l'on eſt.*

1°. Prenez avec un compas l'amplitude depuis le centre C vers A ou vers B.

2°. Décrivez du centre C un arc qui coupera le parallele de déclinaiſon en un point.

Le fil tendu ſur le point, déterminera ſur l'arc A B la hauteur du pole A E, c'eſt-à-dire la latitude.

USAGE IX. *Trouver le commencement de l'aurore & la fin du crepuſcule du ſoir, le jour qu'on voudra, pour une latitude donnée.*

1°. Tendez le fil ſur le degré de latitude.

2°. Prenant avec un compas l'ouverture de 18 degrés, tracez à cette diſtance un parallele à l'horiſon.

Le point où ce parallele coupera celui de la déclinaiſon du ſoleil pour le jour donné, déterminera l'heure du commencement de l'aurore & la fin du crépuſcule; parce que l'aurore commence & le crepufcule finit lorfque le foleil eft à 18 degrés fous l'horifon.

Usage X. *Connoiffant l'heure du plus long jour d'un lieu , trouver fa latitude.*

1°. Prenez la moitié de la longueur du jour.

2°. Appliquez le fil au point où le cercle horaire coupe le tropique. Ce fil marquera fur le méridien la latitude du lieu.

On trouve la conftruction & l'ufage du *Quartier fpherique* dans les *Elemens* & la *Pratique du Pilotage* du P. Pezenas.

QUARTIER DE LA LUNE. Partie éclairée de la lune. C'en eft la moitié & la lune eft alors éclairée du foleil à peu près d'un quart du ciel. Il y a deux fortes de *Quartier* ; l'un, qu'on appelle le *premier*, & l'autre le *dernier*. Dans le *premier Quartier* la lune eft éclairée jufques à la moitié ; & cette partie éclairée eft tournée vers l'Occident. Elle eft diftante alors du foleil à peu près de 90 degrés. Le *dernier Quartier* arrive quand la lune décroiffante eft éclairée jufques à la moitié ; & elle tourne fon côté éclairé vers l'Orient. Son éloignement du foleil eft encore ici environ de 90 degrés. (*V*, PHASE.)

QUARTILE. C'eft un des afpeéts des planetes. Elles font éloignées alors de trois fignes ou de 90 degrés. Il fe marque ainfi □, (*Voïez* ASPECT.)

Q U E

QUEUE, On appelle ainfi en Aftronomie la partie la plus rare d'une comete, qui eft toujours tournée à l'oppofite du foleil. Cette partie étant fi legere qu'on peut voir au travers d'elle les étoiles fixes, on conjecture que fa matiere eft de la nature d'un brouillard. Et de ce que cette *Queue* eft éclairée, quoiqu'elle foit derriere la tète de la comete, & par conféquent dans fon ombre on conclud que la comete elle-même ne peut être un corps bien épais, puifque les raïons du foleil peuvent paffer au travers d'elle. (*Voïez* COMETE.)

QUEUE DE LA BALEINE. Etoile claire de la feconde grandeur dans la Queue de la Baleine. *Hevelius* en a déterminé la longitude & la latitude pour l'année 1700 dans fon *Prodromus Aftronomiæ*, pag. 282. Les Arabes donnent à cette étoile le nom de *Deneb-Kaitos*.

QUEUE DU CAPRICORNE. Etoile de la troifiéme grandeur dans la queue de cette conftellation. Les Arabes l'appellent *Deneb, Algedi*, (*voïez* pour fa longitude & fa la-

titude pour l'année 1700 , le *Prodromus Aftronomiæ* d'*Hevelius* , *pag.* 279.)

QUEUE DU CYGNE. Etoile de la feconde grandeur qu'on découvre dans la queue du Cygne. Elle eft connue par les Arabes fous le nom d'*Alcide* , de *Deneb* & d'*Aldidege.*

QUEUE DU DRAGON. Point où l'orbite de la lune coupe l'écliptique , & où la lune defcend au-deffous de l'écliptique vers le pole méridionale. On donne encore à ce point le nom de *Nœud defcendant de la lune.* Son caractere eft ☋.

QUEUE DU DRAGON. Etoile de la feconde grandeur dans la Queue du Dragon. Elle eft voifine du cercle polaire , & on s'en fert pour reconnoître le pole de l'écliptique. Sa longitude & fa latitude pour l'année 1700 eft déterminée dans le *Prodromus Aftronomiæ* d'*Hevelius* , *pag.* 286.

QUEUE D'HIRONDE. Ouvrage de dehors d'une Fortification qui n'eft en lui-même qu'une tenaille double , dont les deux longs côtés A B (Planche XIX. Figure 267.) s'approchent plus du côté de la Place que de celui de la campagne, où il y a un angle faillant C, de façon que cet ouvrage forme une queue d'hirondelle ; & c'eft de là qu'il a pris fon nom.

Cet Ouvrage a un défaut : c'eft qu'il ne couvre pas affez les flancs des baftions oppofés. Mais d'un autre côté, il eft très-bien flanqué par la Place qui découvre toujours la longueur de fes côtés ; & cela le plus avantageufement qu'il eft poffible.

QUEUE DU LION. Etoile de la premiere grandeur dans la queue du Lion. On l'appelle encore *Deneb-Eleced*. (*Voïez* le *Prodrom. Aftronom.* d'*Hevelius* , *pag.* 291. pour fa longitude & fa latitude.)

Q U I

QUINCONCE. L'un des afpeéts des planetes, felon *Kepler*. Deux planetes font dans cet afpeét quand elles font éloignées l'une de l'autre de 150 degrés ou de 5 fignes. Cet afpeét n'eft point en ufage. (*Voïez* ASPECT.).

QUINTE, L'un des intervalles de la Mufique, & la feconde des confonances parfaites. Elle tire fon origine de la proportion *Sefqui-altere* 3 : 2, & elle contient cinq degrés ou cordes. Pour être jufte, il faut qu'elle ait diatoniquement trois tons pleins & un femi-ton majeur, & chromatiquement fept demitons, dont il y en a 4 majeurs & 3 mineurs. Quand la *Quinte* ne contient que deux tons & deux femi-tons majeurs, ou fix femitons ;
favoir

savoir, 4 majeurs & 6 mineurs, elle est fausse ou diminuée, par conséquent dissonance. On la sauve alors dans l'harmonie par la tierce & on l'accompagne de la sixiéme.

Cette consonance dans la mélodie est l'ame en quelque sorte des chants, quand elle est juste. En descendant, elle sert à former les cadences parfaites, & les cadences imparfaites ou attendantes en montant.

Dans l'harmonie la *Quinte* compose la triarde harmonique ; parce qu'elle contient dans son étendue la tierce majeure & mineure. On doit cependant faire une attention lorsqu'on l'emploïe : c'est de n'en pas mettre deux de suite, parce que pour lors il n'y auroit ni variété ni harmonie. Elle peut être suivie de l'octave, de la tierce, de la sixiéme, &c.

Toute la théorie de cette consonance est d'une grande importance dans la Musique ; mais il faut être Musicien, c'est-à-dire, connoître parfaitement les regles & la pratique de cet art liberal pour en appercevoir les richesses. Si ce que j'en ait dit fait connoître ces regles & cette pratique, il sera aisé de développer tout l'ornement que la *Quinte* peut y apporter. (*V.* le *Dictionn. de Musique*

de *Brossard.*) Les Grecs nommoient la *Quinte Diapente.* (*Voïez* DIAPENTE.)

QUO

QUOTIENT. C'est dans la division le nombre qui marque par ses unités combien de fois un nombre donné est compris dans un autre nombre donné. Exemple. Soit un des nombres donnés 24, & l'autre 4 ; alors le *Quotient* est 6, qui indique par ses unités que le nombre 4 est compris 6 fois dans 24. On nomme ainsi ce qui vient de la division, parce que le mot de *Quotient* exprime combien de fois un nombre est contenu dans un autre. (*Voïez* DIVISION.)

Dans les raisons ou proportions géometriques où la comparaison des quantités se fait aussi par la division, on appelle le *Quotient* le *Nom* ou l'*exposant de la raison,* & plus simplement l'*Exposant d'une dignité* ou *puissance,* lorsqu'il s'agit d'élever des quantités à des dignités superieures ; parce que cet exposant exprime combien de fois la quantité est élevée en dignité. (*Voïez* EXPOSANT.)

R.

R A B

ABDOLOGIE. Ce mot, suivant son origine, & pris dans le sens le plus étendu, signifie l'art de faire les regles de l'arithmétique avec des baguettes. Ces baguettes font de petites piramides rectangulaires dont chaque côté a une partie de l'abaque (*Voiez* ABAQUE.) De forte que cette table (l'abaque) est coupée en neuf petites lames, dont chacune a 9 cellules. Dans la premiere de ces cellules est un des caracteres simples des chifres, qui font compris depuis 1 jusques à 9, & dans les suivantes tous produits des multiplications du caractere qu'elles ont en tête, par chacun des nombres simples. Ainsi, par exemple, dans la premiere cellule de la lame de 2, le caractere 2 est écrit. Dans la seconde cellule on voit le caractere 4, qui est le produit de la multiplication de 2 par 2. Dans la troisiéme est le caractere 6 produit de la multiplication du même 2 par 3 ; dans la quatriéme, 8 produit du même 2 par 4; dans la cinquiéme, 10 produit de 2 par 5, ainsi des autres. Ces cellules font encore divisées chacune en deux petits espaces égaux par le moïen d'une ligne qui la traverse. Et lorsqu'il n'y a qu'un caractere dans la cellule, par exemple 8, on le met dans le petit espace qui est à droite ; mais s'il y en a deux comme 10, il faut les placer chacun dans un espace particulier, c'est-à-dire o dans l'espace droit & 1 dans l'espace gauche ; ce qu'on fait afin que dans une multiplication de plusieurs caracteres où l'on est obligé de se servir de plusieurs lames qu'on met les unes auprès des autres, on puisse ajouter le caractere de l'espace gauche d'une lame avec celui de l'espace droit de la lame d'auprès. L'art de construire & de se servir de ces lames est ce qu'on appelle *Rabdologie*, mot composé de deux grecs ῥάϐδος, λόγος, dont le premier signifie baguette, & le second discours. On le doit à *Jean Neper*, Baron de Merchiston, qui le divulgua en 1617. (Voïez *Neper Rabdologia*.) Dans ce

tems là cette invention fut accueillie. Mais on y reconnut dans la suite une grande incommodité : c'est qu'il falloit avoir beaucoup de baguettes, qu'il étoit difficile de trouver dans le moment celle qui étoit nécessaire, & qu'on emploïoit souvent autant de tems à les choisir & à les arranger qu'en exigeoit la regle par les voïes ordinaires.

Pour parer cet inconvénient, M. *Petit* imagina d'attacher neuf ou dix de ces lames en carton, & d'en mettre plusieurs rangées ainsi attachées autour d'un tambour, sur la surface duquel il les faisoit tourner par le moïen de quelques boutons qui y tenoient. Il arrangeoit ainsi les unes auprès des autres telles lames qu'il vouloit. Cela donnant à ce tambour une figure grossiere & embarrassante, n'a pas permis qu'on en fit usage.

Avant lui M. *Pascal* avoit inventé une machine qui eut beaucoup de célébrité. Elle sert à faciliter les opérations de l'arithmétique. Par le moïen des roues & des poids qui la composent, les nombres se rejettent ou se souftraïent d'eux-mêmes, sans qu'il soit besoin que celui qui s'en sert s'applique à autre chose qu'à faire tourner quelques roues divisées en dix parties, & de les faire avancer d'autant de points qu'il a d'unités à ajouter ou à souftraire. L'invention est assurément très-ingenieuse. Mais malheureusement cette machine a cela d'incommode qu'on est obligé pour s'en servir de la tenir horisontalement à cause des poids qui en font la principale partie, dont l'effet dépend de la situation horisontale de la machine. D'ailleurs la quantité & la grosseur des pieces qui la composent la rendent extrêmement embarrassante & d'une fragile construction. Aussi on ne la regarde aujourd'hui que comme une simple curiosité de cabinet. Cette raison a obligé de supprimer ici & là la construction & l'usage de cette machine, & de renvoïer les curieux aux *Machines de l'Académie* publiées par M. *Gallon*. (On trouvera aussi dans ce Recueil une machine dans le même goût, inventée par M. *De Boitissandeau*.)

Dans la vûe de perfectionner cette invention, M. *Grillet* inventa une machine qui n'a ni tambour, ni poids, ni cette grande quantité de roues qu'on voit dans celle de M. *Pascal*. Elle fait néanmoins le même effet, & suivant l'Auteur, plus naturellement que l'autre, parce qu'on y fait l'addition en tournant les roues d'un côté & la souftraction en les tournant de l'autre. Il applique pour cela les lames de *Neper* fur de petites colonnes à dix faces, ou fur de petits cilindres qu'il arrange les uns auprès des autres dans fa machine, & que l'on fait aifément tourner felon le befoin. Malgré les efforts de l'inventeur, ce n'eft pas un petit embarras que la conftruction & l'ufage de cette machine. Le détail dans lequel il entre à cet égard le juftifie affez. (Voïez l'*Explication des modeles des Machines, &c.*) Et en général l'objet ou la fin de ces fortes d'inventions eft fi peu de chofe, qu'il ne merite pas tant de frais. Cette réflexion me fait defifter du deffein que j'avois pris de parler de l'abaqué rabdologique de M. *Perrault*. Il fuffira de dire qu'il eft compofé de plufieurs lames; que fous les lames il y a des regles, & que c'eft en hauffant ou baiffant ces regles qu'on fait paroître les chifres fur lefquels on doit operer. (*Voïez* les *Œuvres diverfes, Phyfiques & Mécaniques*, de M. *Perrault, Tom. IV.*)

Je terminerai cet article par une legere idée, de la maniere furprenante avec laquelle M. *Sanderfon*, aveugle dès l'âge de 12 mois, & cependant Profeffeur de Mathématique dans l'Univerfité de Cambridge, faifoit des calculs d'arithmétique. C'étoit par le moïen d'une table qu'il appelloit calculatoire. Cette table étoit d'un bois mince & poli, & un peu plus grande qu'un pied en quarré. Elle étoit élevée fur un petit chaffis de façon qu'on en pouvoit toucher également le deffus & le deffous. Un grand nombre de lignes paralleles, & un grand nombre d'autres faifant un angle droit avec les premieres, y formoient des divifions.

Ses bords étoient divifés par des entailles environ à la diftance d'un demi-pouce l'une de l'autre, & chaque entaille comprenoit cinq des paralleles fufdites. Ainfi chaque pouce quarré étoit partagé en cent petits quarrés. A chaque point d'interfection il y avoit de petits trous dans la planche, capables de recevoir une épingle. Par le fecours de ces épingles fichées jufqu'à la tête dans ces trous, M. *Sanderfon* exprimoit fes nombres. Il emploïoit deux fortes d'épingles de groffes & de petites, afin de pouvoir les diftinguer par le toucher. Et fuivant qu'il difpofoit fes épingles elles formoient des o,

ou des unités, ou des centaines, &c. Comme on a publié cette invention en notre langue & dans des livres qui font entre les mains de tout le monde, je n'irai pas plus loin. Le Lecteur confultera ces livres qui font l'*Algebre* de M. *Sanderfon*, in-4°, & en François l'Abregé du *Cours de Mathematique* de M. *Wolf*, traduit du latin, Tom. I. p. 71.

RABIA PRIOR. Terme de Chronologie. Nom du troifiéme mois de l'année Arabique. Il a 30 jours.

RABIA POSTERIOR. Nom du quatriéme mois de l'année Arabique. Il a 29 jours.

R A G

RACINE. C'eft une quantité qui multipliée par elle-même un certain nombre de fois, forme un produit ou une puiffance. Chaque produit aïant un nom particulier, (*Voïez* PUISSANCE) on le donne de même à la *Racine* de la puiffance qui s'en eft formée. De là viennent la *Racine quarrée*, la *Racine cubique*, &c. lorfque la quantité qui s'en eft formée eft un quarré ou un cube, &c. On diftingue encore plufieurs fortes de *Racines*, comme on le verra dans les articles fuivans dans lefquels je fuivrai l'ordre alphabetique.

RACINE BINOME. Quantité élevée ou à élever à une certaine puiffance & qui confifte en deux termes. Exemple. La *Racine* 14 du quarré 576 eft une *Racine binome*, puifqu'elle eft compofée de $20 + 4$. (*Voïez* BINOME.)

RACINE CUBIQUE. C'eft le nombre qui multiplié par lui-même, produit un cube ou un nombre cubique. Exemple. 6 multiplié par lui-même fait 36, qui multiplié encore par 6 donne 216. Ainfi 6 eft la *Racine cubique* du cube 216. Pour trouver cette *Racine*, lorfque le cube eft donné. (*Voïez* CUBE.) Le caractere de la *Racine cubique* eft dans l'Arithmétique ⋈ C ou R ■. En Algébre ce caractere eft $\sqrt[3]{}$ ou $\sqrt{aaa}$ ou $\sqrt{a^3}$.

RACINE CUBE-CUBIQUE. C'eft la *Racine* d'une quantité qui élevée à la fixiéme puiffance produit une quantité cube-cubique. Ainfi le nombre 2 eft la *Racine cube-cubique* d'1 nombre 64; parce qu'étant élevé à la fixiéme puiffance, il produit ce nombre cube-cubique. Son caractere dans l'Algébre eft $\sqrt[6]{}$ ou $\sqrt{a^6}$.

RACINE CUBE-CUBE-CUBIQUE. C'eft la *Racine* qui élevée à la neuviéme puiffance, produit un nombre cube-cube-cubique. Le nombre 2 eft la *Racine cube-cube-cubique* de 512; parce qu'élevé à la neuviéme puiffance, il produit ce nombre. Son caractere eft $\sqrt[9]{}$ ou $\sqrt{a^9}$.

RACINE DE L'ÉQUATION. C'est la valeur de la quantité inconnue qui est contenue dans une équation. Exemple. $x^3 - 4x = -4$. Alors 2, la valeur de x, est la *Racine de l'équation*.

RACINE FAUSSE. Terme d'Algébre. Valeur de la quantité inconnue dans une équation lorsqu'elle se trouve moins que rien. Exemple. Dans l'équation $x^2 - y = 6$, la valeur de x est -2, ou 2 moins que rien. Par conséquent -2 est sa *Racine fausse*.

Harriot est le premier qui a trouvé par l'induction combien de *Racines fausses* une équation peut contenir : c'est lorsqu'il y a des signes égaux qui se suivent dans une équation quand on la réduit à rien. Dans l'équation précedente $x^2 - y - 6 = 0$, il y a une suite de signes —. Elle contient donc une *Racine fausse*. Je ne sache pas que personne ait encore trouvé la démonstration de cette regle. Le P. *Reyneau*, qui dans son *Analyse démontrée* explique fort au long les méthodes, tant de l'Algébre commune que celles du calcul differentiel & intégral, ne pouvant démontrer celle-ci, l'a absolument omise.

RACINE IMAGINAIRE. *Racine* quarrée d'une quantité qui est moindre que 0 ; ou en général la *Racine* d'une quantité qui est moindre que 0, & qui est considerée comme une puissance d'un degré dont l'exposant est un nombre pair. Telles sont les *Racines* $\sqrt{-2}$, $\sqrt{-aa}$. Ces *Racines* sont appellées *imaginaires*, parce qu'elles sont impossibles, attendu qu'une puissance, dont l'exposant est un nombre pair, ne sauroit avoir le signe —, excepté celles du second, du quatriéme, du sixiéme, &c. degré.

RACINE IRRATIONNELLE, *Voïez* RACINE SOURDE.

RACINE QUARRÉE. *Racine* qui multipliée par elle-même produit un quarré. Exemple. Le nombre 6 multiplié par lui-même, donne le quarré 36. Ainsi la *Racine* de ce nombre est 6, & point d'autre. (*Voïez* QUARRE'.) On l'appelle encore *côté* ou *première puissance*.

Son caractere est $\sqrt{}$ ou $\sqrt{a^2}$.

RACINE RATIONNELLE. C'est la *Racine* d'une puissance ou d'une équation qu'on peut exprimer en nombres rationnels.

RACINE SOURDE. C'est une *Racine* qu'on ne sauroit exprimer en aucun nombre entier ou rompu. Telles sont les *Racines* $\sqrt{10}$, & $\sqrt{12}$; car il n'y a point de fraction ou de nombre entier qui puisse exprimer ces deux *Racines*, comme il est aisé de voir. Cependant les *Racines sourdes* peuvent avoir quelque puissance, où elles soient incommensurables

où elles aïent une mesure commune. Alors on dit qu'elles sont incommensurables en elles-même, & commensurables dans leur puissance. Les *Racines* dont on peut exprimer le rapport, se nomment *communicantes*, comme $2\sqrt{a}$, $3\sqrt{a}$: car ces deux *Racines* sont comme 2 à 3. Voici les opérations qu'on fait sur ces *Racines* & les regles de ces opérations.

Regles premiere. Réduction des *Racines sourdes* à même dénomination. On réduit les *Racines sourdes* à même dénomination, c'est-à-dire, à la même espece de *Racines*, sans changer leur valeur, en réduisant les fractions qui sont des exposans. $\sqrt[2]{b}$, $\sqrt[3]{a}$ ou $b^{\frac{1}{2}}$, $a^{\frac{1}{3}}$, se réduisent à $b^{\frac{3}{6}}$, $a^{\frac{2}{6}}$; ou $\sqrt[6]{b^3}$, $\sqrt[6]{a^2}$. En effet, il est évident que ces exposans aïant la même valeur, les *Racines* ont aussi la même valeur.

Seconde regle. Réduction des *Racines sourdes* à de moindres termes. Cela se fait en réduisant leur exposant à de moindres termes. Exemple. $\sqrt[6]{a^2}$ ou $a^{\frac{2}{6}}$ se réduit à $a^{\frac{1}{3}}$ ou $\sqrt[3]{a}$, $\sqrt{159}$ ou $\sqrt{13\times13}$ se réduit à $13^{\frac{1}{3}}$ ou $\sqrt[3]{13}$.

Les exposans étant réduits, il faut voir si l'on peut extraire la *Racine* de l'un des multiplicateurs qui composent la quantité qui est sous le signe radical, & aïant extrait celle de la *Racine*, on l'écrit devant le signe radical.

Exemple. $\sqrt[2]{96}$ ou $\sqrt[2]{6\times16}$ se réduit à $4\sqrt{6}$. $\sqrt[3]{6\times8}$ se réduit à $2\sqrt[3]{6}$. On réduit les *Racines sourdes* à de moindres termes pour savoir si elles sont communicantes & quelle est la raison de l'une à l'autre. Exemple. $\sqrt{50}$ & $\sqrt{18}$, c'est-à-dire, $\sqrt{2\times5\times5}$ & $\sqrt{2\times3\times3}$ se réduisent à $5\sqrt{2}$, $3\sqrt{2}$, qui sont entre elles comme 5 est à 3.

Troisiéme regle. Addition & soustraction des *Racines sourdes.* On ajoute & on soustrait ces *Racines* après les avoir réduites à de moindres termes. Exemple. $\sqrt{50}$ & $\sqrt{18}$ étant réduites à $5\sqrt{2}$ & $3\sqrt{2}$, leur somme sera $8\sqrt{2}$ & leur différence $2\sqrt{2}$.

Quatriéme regle. Multiplication des *Racines sourdes.* Pour multiplier des *Racines* ensemble, il faut les réduire à même dénomination ; multiplier ensuite les quantités qui sont sous le signe, & écrire le produit sous le même signe. Ainsi pour multiplier $\sqrt[2]{b}$ par $\sqrt[3]{a}$; 1° réduisez ces *Racines* à même

dénomination. $b^{\frac{3}{6}}$, $a^{\frac{2}{6}}$ ou $\sqrt[6]{b^3}$, $\sqrt[6]{a^2}$; 2°
multipliez b^3 par a^2, & écrivez le produit
a^2b^3 sous la *Racine* $\sqrt{}$. $\sqrt[6]{a^2b^3}$ est le produit.

Démonstration. $1 : a^2 : : b^3 : a^2b^3$; puisque le produit des extrêmes est égal au pro-
duit des moïens. Donc $\sqrt[6]{1} : \sqrt[6]{a^2} : : \sqrt[6]{b^3} :$
$\sqrt[6]{a^2b^3}$. Or $\sqrt[6]{1} = 1$. Donc $1 : \sqrt[6]{a^2} : : \sqrt[6]{b^3} :$
$\sqrt[6]{a^2b^3}$.

Cette démonstration peut s'appliquer à
toute sorte de *Racines*; en sorte que si l'exposant d'une *Racine* est un nombre quelconque n, on démontrera que le produit
$\sqrt[n]{a}$ par $\sqrt[n]{b}$ est $\sqrt[n]{ab}$.

Quand il y a des incommensurables devant le signe radical, on les multiplie séparément selon les regles ordinaires de la
multiplication. Ainsi $2a\sqrt[n]{b} \times 15\sqrt[n]{c} = 30$
$a\sqrt[n]{bc}$.

Lorsqu'il faut multiplier ensemble plusieurs *Racines* on observe la même regle.
Exemple. $\sqrt[3]{a} \times \sqrt[3]{b} \times \sqrt[3]{c} = \sqrt[3]{abc}$: ce qui
n'a pas besoin de démonstration. De-là il
suit 1°, que le produit de $\sqrt[2]{b}$ par $\sqrt[2]{b}$ est
égal à b. Car $\sqrt[2]{b} \times \sqrt[2]{b} = \sqrt[2]{bb} = b$;
2° que le produit de $\sqrt[3]{b} \times \sqrt[3]{b}$; puisque ce
produit est $b^{\frac{2}{3}}$, & ainsi des autres produits
d'une *Racine* qu'on veut élever à la puissance
dont elle est *Racine*. En général la puissance n
de $\sqrt[n]{a} = a$.

Cinquiéme regle. Division des *Racines sourdes.* On commence par les réduire à même
dénomination; on divise après cela les
quantités qui sont sous le signe, & on écrit
le quotient sous le même signe. Aïant donc
à diviser $\sqrt[3]{a}$ par $\sqrt[2]{b}$, 1° on réduit ces deux
Racines à même dénomination $b^{\frac{3}{6}}$, $a^{\frac{2}{6}}$, ou
$\sqrt[6]{b^3}$, $\sqrt[6]{a^2}$. 2°. On divise a^2 par b^3, & on
écrit le quotient $\dfrac{a^2}{b^3}$ sous le signe $\sqrt{}$: ce
qui donne $\sqrt[6]{\dfrac{a^2}{b^3}}$. Or on démontre que $\sqrt[6]{\dfrac{a^2}{b^3}}$
est le quotient de $\sqrt[3]{a}$ par $\sqrt[2]{b}$, ou qu'en
général $\dfrac{\sqrt[m]{a}}{\sqrt[n]{b}} = \sqrt[mn]{\dfrac{a^n}{b^m}}$.

Démonstration. $a^n : b^m : : \dfrac{a^n}{b^m} : 1.$

Donc $\sqrt[mn]{a^n} : \sqrt[mn]{b^m} : : \sqrt[mn]{\dfrac{a^n}{b^m}} : \sqrt[mn]{1}.$ Donc

$\sqrt[mn]{\dfrac{a^n}{b^m}}$ est le quotient $= \dfrac{\sqrt[mn]{a^n}}{\sqrt[mn]{b^n}} = \dfrac{\sqrt[m]{a}}{\sqrt[n]{b}}$;

puisque $\sqrt[m]{a} = \sqrt[mn]{a^n}$ & $\sqrt[n]{b} = \sqrt[mn]{b^n}$ ou

$a^{\frac{1}{m}} = a^{\frac{n}{mn}}$ & $b^{\frac{1}{n}} = b^{\frac{n}{mn}}$ par la
premiere regle.

RACINE SURSOLIDE. C'est la *Racine* d'un
nombre élevé à la quatriéme puissance. On
l'appelle encore *Racine sensi-cubique.* On le
caractérise ainsi $\sqrt{x^5}$ ou $\sqrt{a^5}$.

RACINE TRINOME. *Racine* d'un nombre composé de trois parties & élevé à une certaine
dignité. Exemple. 125 est une *Racine trinome* du quarré 15625, puisqu'elle est $100 +$
$20 + 5$. En élevant ces *Racines* à la seconde
ou à la troisiéme puissance, on comprend
aisément l'origine d'un quarré ou d'un
cube.

RACINE VERITABLE. C'est la valeur d'une
quantité inconnue dans une équation lorsqu'elle est plus que 0. Exemple. Dans l'é-
quation $x^3 - 4x = - 4$, la valeur de x est
plus que 0, savoir $+ 4$. Par conséquent 4
est appellé la *Racine véritable.* Harriot est le
premier qui a découvert par induction combien on peut trouver de *Racines véritables*
dans une équation : c'est autant qu'il y a
d'alternations des signes. Exemple. Dans l'é-
quation $+ x^2 - 4x + 4 = 0$, les signes
$+$ & $-$ alternent deux fois. On y trouve
par conséquent deux *Racines véritables.*
Cette regle n'a pas encore été démontrée
par aucun Algebriste.

R A I

RAION. Ligne droite menée du centre à la
circonference d'un cercle. C'est par le mouvement de cette ligne autour d'un point
fixe que se forme le cercle. (*Voïez* CERCLE.)
On appelle aussi *Raïon* une ligne tirée du
centre d'une sphere à sa circonference.

RAION. Terme d'Optique. Ligne lumineuse.
Cette définition est de *Vitellio*, & je la prefere à toutes celles que j'ai lues. *Euclide* a
établi comme un systême dans sa Catoptrique, que le *Raïon* est une ligne droite,
dont les points extrêmes coupent ceux du
milieu. Cependant on n'entend point ici
une ligne mathématique qui n'ait aucune
largeur ni épaisseur, mais une ligne qui a

une épaiſſeur ſenſible. On diſtingue trois ſortes de *Raïons*, des *Raïons convergens*, des *Raïons divergens* & des *Raïons paralleles*. Les premiers s'approchent toujours à meſure qu'ils ſe continuent. Tels ſont les *Raïons* qui ſont reflechis des miroirs concaves, & qui ſont dirigés de cette façon par la refraction qui ſe fait dans des verres convexes d'un ou de deux côtés.

Les *Raïons divergens* ſont ceux qui s'éloignent toujours plus les uns des autres à meſure qu'ils avancent. De cette eſpece ſont les *Raïons* qui s'écoulent d'un point. Les verres concaves ont encore la propriété de rendre les *Raïons divergens* par la refraction. Une chandelle, un flambeau, une lampe, &c. nous éclairent par des *Raïons divergens*.

On entend par *Raïons paralleles* des *Raïons* qui ſont toujours à une même diſtance les uns des autres, & qui par cette raiſon ſont exprimés en Optique par des lignes paralleles. Tel ſont ſur la terre les *Raïons* du ſoleil. Les miroirs concaves & les verres convexes peuvent ſervir pour rendre les *Raïons paralleles*.

RAÏON COMMUN. Ligne droite tirée du point où les deux axes Optiques ſe joignent & perpendiculaire ſur la ligne, qui va d'un œil à l'autre. Soit un œil en D (Planche XXXIV. Figure 296.) l'autre en E; en C le point où les axes viſuels DC, EC concourent, & CG perpendiculaire ſur DE: alors CG eſt le *Raïon commun*.

RAÏON DIRECT. C'eſt le *Raïon* dont les parties ſont toutes ſituées en lignes droites, comme lorſque d'un objet oppoſé directement à l'œil il tombe des *Raïons* directement dans cet œil.

RAÏON INCIDENT. *Raïon* qui entre dans le corps dans lequel il eſt rompu. Ou encore dans la Catoptrique, *Raïon incident* eſt le *Raïon* qui tombe ſur un miroir & qui en eſt reflechi. Ce *Raïon* eſt une ligne droite tirée du point raïonnant à la ſurface du corps, dans lequel il eſt rompu, ou dont il eſt reflechi. Suppoſons, par exemple, qu'un *Raïon* du ſoleil entre dans une chambre obſcure à travers un petit trou, ce *Raïon* étant reçu par un miroir plan S P (Planche XXXIV. Figure 222.) alors le *Raïon* A C eſt appellé *Raïon incident*.

RAÏON PRINCIPAL. C'eſt en Perſpective une ligne droite, tirée de l'œil perpendiculairement ſur le tableau. Soit l'œil en A (Planche XXXIV. Figure 24.) T L le tableau, & la ligne A P perpendiculaire ſur la ligne T L; A P eſt le *Raïon principal*.

RAÏON REFLECHI. Ligne droite, ſelon laquelle la lumiere eſt reflechie. Que du point A (Planche XXXIV. Figure 222.) tombe un *Raïon* A C ſur le miroir S P, & que de-là il ſoit reflechi dans la direction C R. Alors cette ligne C R eſt le *Raïon reflechi*. Ce *Raïon* fait avec le miroir le même angle que le *Raïon incident*; c'eſt-à-dire que A C P = R C S.

RAÏON ROMPU. Ligne droite ſelon laquelle la lumiere s'avance lorſqu'elle entre dans un corps plus denſe. Exemp. Un *Raïon* de lumiere qui paſſe par un petit trou d'une chambre obſcure dans un vaſe plein d'eau ſe détourne de ſa route, c'eſt-à-dire, change de direction dès qu'il touche l'eau, & c'eſt dans l'eau qu'il eſt appellé *Raïon rompu*. Exemple. Soit A B le *Raïon incident* (Planche XXXIV. Figure 267.) qui paſſeroit ſans refraction dans un air libre en C; mais qui tombe de B en D. La ligne BD eſt le *Raïon rompu*.

RAÏON VISUEL. C'eſt la ligne droite tirée du point raïonnant dans l'œil.

RAÏON. Terme de Fortification. Ligne droite tirée du centre d'une Fortereſſe à la pointe des baſtions. C'eſt ici le *grand Raïon*, le *Raïon* proprement dit. Quand la ligne ſe termine à la gorge du poligone elle eſt appellée *petit Raïon*. On doit connoître le grand *Raïon* pour pouvoir deſſiner le plan du rempart principal. Comme il eſt variable, ſelon les differentes manieres de fortifier, & ſelon les côtés du poligone, on doit chercher ce *Raïon* par le calcul. A cette fin, il faut connoître l'angle & le côté. On fait après cela cette regle : *Le ſinus de l'angle du poligone eſt au côté du poligone, comme le ſinus de l'angle, formé par ce côté & par le raïon, eſt au raïon*. Cet angle eſt connu, puiſqu'il eſt la moitié du ſupplément à l'angle du poligone.

RAISON. C'eſt le rapport de deux quantités ou la relation d'une quantité à une autre ſemblable, qui détermine la grandeur ou la valeur intrinſeque de l'une par celle d'une autre, ſans le ſecours d'une meſure étrangere. Exemple. Lorſqu'on veut le rapport de la hauteur à la largeur en prenant la largeur pour meſure, & en cherchant combien de fois elle eſt compriſe dans la hauteur. Suppoſons qu'elle y ſoit compriſe deux fois, elle eſt donc comme 1 à 2. Si au contraire on prenoit la hauteur pour meſure, on trouveroit la *Raiſon* de la hauteur à la largeur comme 2 à 1. La nature de la *Raiſon* conſiſte donc en ce qu'on cherche combien de de fois le petit eſt compris dans le grand, ou combien de fois le grand contient le petit. Elle eſt toujours compoſée de deux termes, dont l'un eſt appellé *antécedent*, le second conféquent. L'antécedent repréfente la quantité de la comparaifon dont il eft queftion. Ainfi dans la *Raifon* de 2 à 1, 2 eft l'antécedent, 1 le conféquent, & dans celle de 1 à 2, 1 eft l'antécedent & 2 le conféquent. Il eft aifé de conclure de-là que c'eft abufer du mot de *Raifon* que d'appeller ainfi, ou même *Raifon arithmétique*, la comparaifon de deux nombres qu'on fait felon leur différence ; en confidérant, par exemple, que 3 & 5 différent de 2. Les Anciens ne fe font jamais fervis du nom de *Raifon* en ce fens, & ils font fuivis aujourd'hui pour tous ceux qui aiment l'exactitude. *Euclide* a traité la doctrine des *Raifons* d'une maniere très-folide, mais d'une façon bien compliquée. Pour entendre aifément cette doctrine, je vais la fubdivifer & l'expofer dans des articles féparés.

RAISON ALTERNE. *Raifon*, dont le premier antécedent eft au fecond antécedent, comme le premier conféquent au fecond conféquent. (*Voïez* ALTERNE.)

RAISON ARITHMETIQUE. *Raifon* qu'on trouve entre deux nombres par la fouftraction. Exemple. La *Raifon* de 5 à 7, dont la différence eft 2, eft une *Raifon* arithmétique. Dans cette *Raifon* on fe fert du figne — comme 5 — 7 ou 9 — 7, qu'on prononce ainfi : 5 eft furpaffé par 7 de 2, & 9 furpaffe 7 de 2.

RAISON COMPOSÉE. C'eft une *Raifon* qui fe forme en multipliant tous les antécedens de plufieurs *Raifons*, & tous les conféquens chacun par lui-même. Exemple. Soient trois *Raifons* 1 : 3, 2 : 5, 7 : 9. Le produit d'1, 2 & 7 eft 14, & celui de 3, 5 & 9 eft 135. Par conféquent 14 : 135 eft la *Raifon* compofée d'1 : 3, 2 : 5, 7 : 9.

Toutes les quantités foit rationnelles foit irrationnelles, pouvant être exprimées par des lettres & multipliées les unes par les autres, cette définition convient aux *Raifons* irrationnelles. Ainfi la *Raifon* compofée de ces *Raifons* exprimées algébriquement, $a : b$, $c : d$ & $e : f$, eft $ace : bdf$.

RAISONS DIVERSES, DISSEMBLABLES, INÉGALES. *Raifons* qui ont des expofans inégaux. Exemple. La *Raifon* de 2 à 3 eft différente de celle de 4 à 5 ; car 2 eft ⅔ de 3 & 4 ⅘ de 5. Or 2 n'eft pas une telle partie de 3, que 4 l'eft de 5. De-là quelques Géometres ont cru qu'on pouvoit définir les *Raifons* diverfes par celles dont les petits termes ne font pas de parties égales des grands. Cependant cette définition fuppofe ce qu'elle devroit définir ; puifqu'on ne fauroit définir des *Raifons* égales ou femblables en difant

qu'elles ont une même *Raifon* au tout. En effet, il n'eft pas poffible qu'on puiffe fe former une idée diftincte des parties que par leur *Raifon* au tout.

RAISON DOUBLE. *Voïez* RAISON MULTIPLIÉE.

RAISON ÉGALE. *Voïez* RAISONS SEMBLABLES.

RAISON D'EGALITÉ. *Raifon* que deux quantités égales ont entr'elles. Exemple. Deux côtés d'un quarré 1 + 3 : 4 ou 8 — 2 : 6 ou 9 + 6 : 15, ou 15 — 3 : 12, &c.

RAISON GEOMETRIQUE. C'eft la *Raifon* de deux nombres, lorfqu'en les comparant on les examine par la divifion & qu'on a égard au quotient. Cette *Raifon* eft la *Raifon* proprement dite ; & c'eft celle qu'on entend quand on dit fimplement *Raifon*. (*Voïez* RAISON.)

RAISON D'INEGALITÉ. *Raifon* que deux quantités égales ont entr'elles comme 1 à 2, 2 à 3, 4 à 5. Cette raifon fert à donner une idée de l'inégalité. Par conféquent pour connoître l'inégalité de deux quantités, il ne fuffit pas de favoir que l'une eft plus grande que l'autre : il faut connoître encore la *Raifon* de cette inégalité, c'eft-à-dire, combien la grande quantité furpaffe la petite.

RAISON IRRATIONNELLE. *Raifon* qu'on ne fauroit exprimer par des nombres rationnels. Exemple. La diagonale d'un quarré a une *Raifon irrationnelle* avec fon côté, car elle eft à ce côté comme 1 à $\sqrt{2}$. (*Voïez* INCOMMENSURABLE.) Toutes les *Raifons irrationnelles* peuvent être exprimées par des lignes. Auffi *Euclide* a toujours appliqué à des lignes les démonftrations qu'il a données touchant les *Raifons*.

RAISON MULTIPLE. *Raifon* qui va en montant & où le quotient du plus grand terme, divifé par le plus petit, eft un nombre entier, comme 12 à 4. Ces *Raifons* reçoivent des noms particuliers des quotients. On les appelle *Raifons doublées* quand le quotient eft 2 ; *triplées*, lorfqu'il eft 3, *quatruplées* quand il eft 4, &c. (*Voïez* l'article ci-après.)

RAISON MULTIPLIÉE. *Raifon* compofée de *Raifons* femblables. Exemple. Soient trois *Raifons* femblables 1 : 2, 2 : 4, 3 : 6 ; le produit d'1, 2 & 3 eft 6, & celui de 2, 4 & 6 eft 48. Alors la *Raifon* compofée des trois autres 6 : 48, ou 1 : 8, eft la *Raifon multipliée* ; c'eft-à-dire, que dans une *Raifon multipliée*, l'expofant eft élevé à autant de dignités qu'il y a de *Raifons* à multiplier. Lorfque cette *Raifon* eft compofée de deux *Raifons* femblables, on l'appelle *Raifon doublée*, fi elle eft compofée de trois *Raifon triplée*, &c.

RAISON MULTIPLE SURPATIENTE. *Raifon* où l'expofant eft plus grand que l'unité avec une fraction, dont le numérateur est plus grand que l'unité. Telle est la *Raison* 8 : 3 ; car en divisant 8 par 3 on a pour l'exposant 2 ⅔. Dans des cas particuliers cette *Raison* est appellée *Raison double surbipatiente tierce*, lorsque l'exposant est 2 ⅔ ; *Raison triple surtripatiente quarte* quand l'exposant est 3 ¾ comme dans 15 : 4 ; *Raison quadruple surtripatiente huitiémes* quand il est 4 ⅜, comme dans 35 : 8, &c.

RAISON MULTIPLE SURPARTICULIERE. *Raison* où l'exposant est plus grand que l'unité. Telle est la *Raison* 5 : 2 ; car en divisant 5 par 2 on a pour quotient 2 ½. Lorsque l'exposant est 2 ½ cette *Raison* est appellée *Raison double sesquilatere*, Si l'exposant est 3 ½ elle dite *Raison quadruple sesquiquarte*. Lorsqu'il est 4 ⅓, comme dans la *Raison* 13 : 3 *Raison quadruple sesquitierce*, &c.

RAISON RATIONNELLE. *Raison* qu'on peut exprimer par des nombres entiers. Exemple. a à b une *Raison rationnelle*, s'il est à lui comme 1 à 2, ou comme 5 à 7 ; c'est-à-dire, qu'une *Raison* est toujours *rationnelle* quand le petit pris quelquefois devient égal au grand, ou que les deux termes ont une partie commune, qui prise quelquefois devient égale au petit, & prise plus de fois la devient de même au grand.

RAISON DES RAISONS. C'est une *Raison* entre les exposans de deux *Raisons*. Exemple. Dans les *Raisons* 6 : 3 & 24 : 8, l'exposant de la premiere est 2, & celui de la seconde 3. Ainsi la *Raison des Raisons* 6 : 3 & 24 : 8 est comme 2 : 3 ; c'est-à-dire $\frac{6}{3}$ est à $\frac{24}{8}$ comme 2 à 3. Ces *Raisons* conviennent en tout avec les fractions des fractions. *Gregoire de St Vincent* est le premier qui les a introduites dans la Géometrie ; & il en fait voir les propriétés dans son Traité : *De Quadratura circuli & sectionibus coni*, L. VIII. pag. 861.

RAISON SOUMULTIPLE. *Raison* où le quotient du grand terme, divisé par le petit est un nombre entier comme 4 : 12. On donne differens noms à ces *Raisons* suivant les quotients. On appelle *Raison multiple*, *Raison soudouble* quand le quotient est 2, *soutriple* lorsqu'il est 3 ; *souquadruple* quand il est 4, &c.

RAISON SOUMULTIPLIÉE. *Raison* dont les termes sont entre eux comme les racines des termes d'une autre *Raison*. Exemple, La *Raison* 1 : 2 est une *Raison soumultipliée* de 1 : 4, puisque 1 & 2 sont les racines quarrées d'1 & 4. Si les termes de cette *Raison* sont comme les racines quarrées des termes d'une autre *Raison*, on l'appelle *Raison soudoublée*. Les termes sont-ils comme les

racines cubiques ? on dit qu'elle est *soutriplée*, &c.

RAISON SOUMULTIPLE SOUSSURPARTICULIERE. *Raison* où le quotient du grand terme divisé par le petit, est plus grand que l'unité avec une fraction dont le numérateur est 1. Telle est la *Raison* 2 : 5. Car en divisant 5 par 2 on a pour l'exposant 2 ½. Lorsque le quotient est 2 ⅓, la *Raison* est appellée *Raison soudouble sousesquilatere* ; quand il est 3 ¼, comme dans la *Raison* 4 : 13, *Raison soutriple sousesquilatere*, & on le nomme *Raison souquadruple soussesquitierce*, lorsqu'elle est 4 ⅓ comme dans la *Raison* 13 : 3.

RAISON SOUMULTIPLE SOUSURPATIENTE. C'est une *Raison* où le quotient du grand terme divisé par le plus petit, est plus grand qu'1 avec le numérateur est de même plus grand qu'1. Telle est la *Raison* 3 : 8 ; puisqu'en divisant 8 par 3, on a pour quotient 2 ⅔. Dans le cas où ce nombre 2 ⅔ est l'exposant, la *Raison* est nommée *Raison soudouble sousurbipatiente tierce* : Quand l'exposant est 3 ¾ comme dans 15 : 4, *Raison sousurtriple sousurtripatiente quatre* ; *Raison souquadruple sousurtripatiente huitiémes*, lorsque l'exposant est 4 ⅜, comme dans la *Raison* 35 : 8, &c.

RAISON SOUSURPARTICULIERE. *Raison* où le quotient du grand terme divisé par le plus petit est 1 avec une fraction, dont le numérateur est de même 1, Telle est la *Raison* de 4 : 5 ; puisqu'en divisant 5 par 4, on a pour quotient 1 ¼. Ces *Raisons* se soudivisent en *Raison sousesquialtere*, *Raison sousesquitierce*, *Raison sousesquiquarte*, &c. Dans la premiere le quotient est 1 ½, comme 2 : 3 ; dans la seconde il est 1 ⅓ ; dans la troisiéme 1 ¼, &c.

RAISON SURPARTICULIERE. *Raison* où l'exposant 1 est avec une fraction, dont le numérateur 1 est de même 1, comme 4 : 5 ; car en divisant 5 par 4, on a pour quotient 1 ¼. Quand l'exposant de cette *Raison* est 1 ½ comme dans 3 : 2, on l'appelle *Raison sesquialtere*, comme dans 3 : 2 ; *Raison sesquitierce* si l'exposant est 1 ⅓, comme dans 4 : 3 ; *Raison sesquiquarte* quand il est 1 ¼ comme dans 5 : 4, &c.

RAISON SURPATIENTE. *Raison* où le quotient du grand terme divisé par le petit est 1 avec une fraction, dont le numérateur est plus grand qu'1. Telle est la *Raison* 3 : 5, puisqu'en divisant 5 par 3 on a pour quotient 1 ⅔. On divise cette *Raison* en *Raison soussurbipatiente tierce*, *Raison soussurtripatiente quartes*, *Raison soussurquadripartiente septiéme*, &c. Les premieres ont lieu quand le quotient est $1\frac{2}{3}$; les secondes lorsqu'il est $1\frac{1}{4}$, les troisiémes s'il est $1\frac{1}{7}$, &c.

RAISONS SEMBLABLES. *Raisons* qui ont un même exposant, c'est-à-dire, dans lesquelles les quotiens des deux termes premiers & des deux derniers, contiennent un nombre égal d'unités. Exemple. 2 : 3 & 4 : 6 sont des *Raisons semblables*; parce que $\frac{2}{3}$ est autant que $\frac{4}{6}$. On définit encore ces *Raisons* par celles où les petits termes sont des parties égales des plus grands. Ainsi dans l'exemple donné le petit terme est de deux côtés $\frac{2}{3}$ du grand. Quelques Géometres disent que des *Raisons* sont *semblables* quand le premier terme est compris autant de fois dans le second, ou que le second comprend autant de fois le premier, que le premier terme est compris dans le second, ou que le second comprend le premier dans l'autre. Mais ces définitions sont-elles bien précises? Ces expressions *d'être compris ou de comprendre autant de fois ou d'être une partie égale*, ne sont pas assez distinctes par elles-mêmes, principalement à l'égard des *Raisons* irra-

tionnelles. C'est pourquoi *Euclide*, qui s'est piqué dans toutes ses définitions d'une grande exactitude, a donné dans ses *Elemens* (Liv. V. Prop. IV.) un caractere de ces *Raisons* qui convient aux *Raisons* rationnelles aussi-bien qu'aux raisons irrationnelles. Il dit : A à la même proportion avec B que C a avec D, quand le multiple de C est toujours plus grand ou plus petit que le multiple de D; ou encore quand le premier est égal à celui-ci selon que le multiple de A est plus grand ou plus petit que le multiple de B, ou encore quand le premier est égal au dernier, si on multiplie A & C par un nombre, & B & D par un autre nombre, ou si l'on prend A & C autant de fois & B & D autant de fois, pourvû que ce ne soit pas autant de fois que A & C. En multipliant donc les premiers termes de ces deux *Raisons* 3 : 2 & 6 : 4, & les seconds termes par un nombre 7, ou 9, ou 2, les produits seront encore dans la même *Raison* comme il s'ensuit.

$$3 : 2 = 6 : 4 \text{ ou } \quad 3 : 2 = 6 : 4 \text{ ou } \quad 3 : 2 = 6 : 4$$
$$4 : 7 \qquad 4 : 7 \qquad 6 : 9 \qquad 6 : 9 \qquad 3 : 2 \qquad 3 : 2$$
$$12 : 14 = 24 : 28 \qquad 18 : 18 = 36 : 36 \qquad 9 : 4 = 18 : 8$$

Dans le premier cas on dit : Autant de fois que le multiple de 3 & 4, savoir 12, est contenu dans 14, qui est le multiple de 2 & 7, autant de fois est compris le multiple de 6 & 4 $=$ 24, dans 28, qui est le multiple de 4 & 7, c'est-à-dire $1\frac{1}{6}$ fois. Dans le second cas on dit : Comme le multiple de 3 & 6 égale celui de 2 & 9; ainsi le multiple de 6 & 6 est égal à celui de 4 & 9. Enfin dans le dernier cas on dit : Autant de fois que ce multiple de 3 & 3, $= 9$, contient celui de 2 & 2, $= 4$, savoir $2\frac{1}{4}$ fois; autant de fois le multiple de 6 & 3, $= 18$, contient celui de 4 & 2 $= 8$, qui est de même $2\frac{1}{4}$ fois. Si donc deux *Raisons* comme ici 3 : 2 & 6 : 4 doivent être les mêmes ou égales, il faut toujours qu'une de ces trois cas se puisse s'y appliquer. Deux ou plusieurs *Raisons* ensemble font une proportion. (*Voiez* PROPORTION.)

R A M

RAME. Longue piece de bois, dont une extrêmité est applatie, & qui posée sur le bord d'un Vaisseau sert à le faire siller. La figure 310 Planche XLVIII. représente la *Rame* en action. RP est la *Rame*, B le bateau, A le bord du bateau sur lequel elle est appuïée; & H l'homme qui la met en mouvement. Cet homme tourne le dos à

la proue, & appuïant les pieds contre la poupe, il tire l'extrêmité R de la *Rame* dans une direction contraire, c'est-à-dire selon la ligne C H. Alors la partie applatie de cet aviron, qu'on appelle la *Pale*, avance de P en R, & pousse un solide d'eau qui a pour base la surface de la pale & pour hauteur celle que l'eau auroit pour acquerir une vitesse égale à celle de la *Rame*. Ce solide forme un poids sur la pale qui s'exerce suivant une direction contraire à celle de son mouvement; ou en considerant la pale dans le choc, son action, en frappant l'eau suivant la direction P K, est la même que si l'eau venoit la frapper suivant la direction K P. Or c'est cette action qui fait mouvoir le bateau dans la direction A C. Là-dessus les Mathématiciens trouvent deux problèmes à résoudre. Le premier est de déterminer la force qui fait avancer le bateau eu égard à celle que l'homme emploïe dans l'action de la *Rame*. Le second consiste à trouver la longueur la plus avantageuse qu'il faut donner à la *Rame*, depuis le point du bateau sur lequel elle tourne, jusques au point où l'homme doit appliquer ses mains.

Aristote a cherché le premier à résoudre ces problèmes. Il pense que pour évaluer l'effort de la *Rame*, il faut la réduire à un lévier de la premiere espece, dont le point d'appui est l'endroit du bateau sur lequel

Tome II.   Z z

elle est portée, le poids dans l'eau & la puissance à l'extrêmité opposée de la *Rame* où les mains de l'homme sont appliquées. On a trouvé depuis plus naturel de prendre l'eau pour point d'appui, le bateau qu'on fait mouvoir pour le poids. De cette façon la *Rame* est un lévier du second genre. Ce qui fait ici l'embarras c'est que tout est mobile, & que le point d'appui d'un lévier doit être fixe. En le supposant fixe il n'y a point de difficulté. La *Rame* est un lévier du second genre. J'ai examiné autrefois la différence qu'il y avoit entre une pale mobile & une pale fixe : je veux dire, ou assez grande pour absorber tout l'effort de l'homme par sa résistance contre l'eau, ou arrêtée par un rocher, une pierre, &c. & j'ai trouvé que l'un, quant à l'effet revenoit à l'autre, parce que plus la vitesse du bateau s'accelere, plus il faut donner de coups de *Rame*. Ce qu'on gagne en vitesse on le perd donc en tems : (*Voïez* la *Nouvelle Théorie de la Man-œuvre des Vaisseaux à la portée des Pilotes*, *pag. 68. & suiv.*)

2. Quoiqu'il en soit, il est certain que plus la distance du point où les mains de l'homme sont appliquées à l'endroit où la *Rame* est appuïée, que plus cette distance, dis-je, est grande, plus l'effort de la puissance qui est ici l'homme est grand. Mais plus R A est long, plus R P est petit. Donc si nous augmentons la force de l'homme, nous diminuons la grandeur de la *palade*, je veux dire la grandeur de l'arc P K que le raïon A P doit décrire. De ce qu'en gagnant d'un côté on perd de l'autre, on a conclu que la situation la plus avantageuse de la *Rame* étoit celle qui donnoit le plus grand produit formé par la multiplication des deux parties de cet aviron divisé par l'*apostis* (on appelle ainsi le point du bateau sur lequel la *Rame* tourne.) Cela paroît démontré. Cependant des Savans qui ont considéré les effets de la *Rame* sous un autre point de vûe ne sont pas de ce sentiment. M. *Bouguer* veut que la partie intérieure soit plus longue que la partie extérieure, (*Traité du Navire, pag.* 105.) M. *Euler* prétend au contraire que c'est l'extérieure qui doit excéder. (*Scientia navalis seu tractatus de construendis ac dirigendis navibus, &c. Tom. II.* C'est un Ouvrage tout nouveau.) Cette diversité de sentimens vient de la façon dont ces deux Savans ont considéré l'action propre de la *Rame*, c'est-à-dire l'effort actuel qu'elle fait contre l'eau, sans trop faire attention au nombre des coups de *Rame*, & au tems perdu qu'il y a en donnant trop à la partie intérieure de cet aviron, ou à la diminu-tion de la force en avantageant la partie extérieure. Au reste c'est une discussion qui merite d'être examinée dans les Ouvrages que je viens de citer. J'ajouterai seulement une chose dont les Savans & les Gens de mer conviennent : c'est que le Rameur pousse le bateau avec les pieds dans une direction contraire à celle de son mouvement, de sorte qu'il n'agit que par le bras du lévier compris entre l'apostis & ses mains. J'ai mis cette vérité dans son jour dans ma Théorie de la manœuvre, Ch. 5. On trouvera là la maniere dont les Sauvages rament, maniere mise en parallele avec la nôtre.

3. L'usage de la *Rame* est de suppléer au défaut du vent. Cela a formé un problème dans l'origine de la Navigation. (*Voïez* AR-CHIT. NAVALE.) Jusqu'ici on n'a pû le resoudre mieux qu'en mettant cet aviron en œuvre. Ce n'est pas qu'on n'ait essaïé & pro-posé de tous tems d'autres moïens. *Schefer*, *Fabreti*, le P. *Deschalles*, &c. nous ont conservé dans leurs Ouvrages sur la Marine des Anciens, ce que les premiers Naviga-teurs avoient imaginé. On trouve dans les *Machines de l'Académie* differens modeles de machines qu'on estime meilleures que la *Rame* qui a de grands défauts. D'abord celle de la réaction ; ensuite celle de son inaction dans l'intervalle des palades, & enfin son inutilité dans les Vaisseaux de haut bord. Or ces machines, qu'on a pensé devoir produire plus d'effet que la *Rame* consistent presque toutes en des roues ar-mées de vannes qu'on fait tourner & qui en tournant frappent l'eau comme les pales des *Rames*. Elles doivent donc faire mou-voir un bateau de même que ces avirons, avec une vitesse d'autant plus grande que leur vitesse n'est point interrompue. D'ail-leurs ces roues peuvent s'appliquer fort aisément aux Vaisseaux de haut bord. Elles sont donc préférables aux *Rames*. Si l'on pouvoit communiquer assez de vitesse, cette conséquence seroit juste. Mais jusqu'ici on n'a pû accelerer assez leur mouvement pour leur faire produire un effet sensible.

Afin de remedier à cet inconvénient, il m'est venu en pensée de donner le mou-vement en dehors du Vaisseau, & cela sans emploïer ni hommes, ni chevaux, ni poids, &c. en faisant cependant un effort de cinq, six cent & même mille, ou deux milles li-vres. Voici mon secret, ou pour mieux dire l'idée de mon secret. Je voudrois qu'on at-tachât aux deux côtés du bateau ou des vaisseaux deux chameaux (*Voïez* CHA-MEAU) qui sont deux coffres, dont la fi-gure est semblable à la carene du Vaisseau.

Du fond de ces chameaux s'éleveroit un cric qui engraineroit dans un pignon, & ce pignon dans un autre attaché à l'arbre de la roue armée de vannes deftinées à faire l'office de *Rames*. Tout ceci s'ajufteroit comme on voudroit. Plus on mettroit de roues & de pignons, plus la force des chameaux feroit diminuée : mais auffi ils agiroient plus lentement. Ainfi fuivant leur grandeur & leur force qu'on va bien-tôt connoître, on regleroit le nombre des roues & des pignons. Les chofes ainfi difpofées on rempliroit ces coffres d'eau, pour les faire enfoncer, & aïant ajufté le tout de maniere que le cric agît fur les roues quand le chameau fe fouleveroit on pomperoit l'eau. Alors la pouffée verticale de l'eau travailleroit à faire monter les chameaux. Le cric, dans lequel le pignon feroit engrainé, feroit tourner la roue avec une viteffe très-confidérable. Car on fait quelle eft la force de la pouffée verticale, puifque ces chameaux foulevent des Navires fubmergés, dont le poids eft de près de deux millions de livres. Il eft vrai que ces chameaux font fort grands : mais comme on n'a pas befoin d'une force fi prodigieufe, on pourroit les réduire à une grandeur infiniment plus petite, & ils produiroient l'effet qu'on fouhaiteroit. Cependant le Vaiffeau filleroit & entraîneroit toute la machine qui agiroit pendant fa courfe, jufques à ce que les chameaux fuffent hors de l'eau. Il eft vrai qu'il faudroit remplir les coffres d'eau quand ils feroient remontés, afin de les faire replonger & les vuider enfuite. Or cela forme un travail ; mais je le crois moindre que celui de *Ramer* continuellement, &c. Ceci n'eft au refte qu'une idée, que je ne confeille ni d'adopter ni de rejetter, & que je fouhaite qu'on examine. Pour terminer cet article par quelque chofe de plus reflechi, je donnerai la defcription & la figure d'une nouvelle *Rame* que M. *Bouguer* propofe dans fon *Traité du Navire*, pag. 118. C'eft ainfi que s'exprime l'Auteur.

[Il femble qu'on ne peut corriger ce défaut (M. *Bouguer* entend ici le peu de viteffe des *Rames* tournantes) qu'en donnant à la *Rame* la forme reprefentée dans la figure 254. (Planche XLVIII.) ou quelqu'autre équivalente. La pale A B C D auroit fes côtés de 5 à 6 pieds ou même de 8 ou de 10 ; & comme elle entreroit verticalement dans l'eau, elle offriroit au choc une furface dont l'étendue feroit depuis 25 ou 30 pieds quarrés jufques à 100 ; & un pareil nombre de pareilles *Rames* fi elles étoient mues avec promptitude, feroit très-capable de vaincre la refiftance de l'eau contre la proue, qui à caufe de fa convexité & de fa faillie, fouffre beaucoup moins qu'une furface plane de même hauteur & de même largeur.

Cette pale feroit formée d'efpeces de portes qui auroient la liberté de s'ouvrir en dehors d'environ 25 à 30 degrés comme des foupapes : mais qui ne pourroient pas paffer en dedans, arrêtées qu'elles feroient par le chaffis A B C D. Le lévier de la *Rame* feroit coudé & s'appuïeroit en F en quelqu'endroit du bord du Vaiffeau ; & comme on ne peut pas rendre fon bras F G affez long, & que cependant il eft néceffaire de faire agir deffus 30 ou 40 Matelots, il n'y auroit qu'à mettre en travers des *barres* I H, L K, &c. à chacune defquelles on appliqueroit 8 ou 10 Rameurs ; & de cette forte la longueur qu'on donneroit à la partie intérieure F G ne feroit jamais affez grande, pour que l'efpace parcouru par l'extrémité G excedât la hauteur d'un homme. Ces *Rames* feroient fituées à la poupe où l'on pourroit en mettre deux ; & rien n'empêcheroit auffi d'en placer fur les flancs du Navire en les fituant obliquement. Lorfqu'on éleveroit le lévier F G, la pale s'approcheroit de la carene & ne frapperoit prefque point l'eau ; parce que les portes s'ouvriroient & qu'on agiroit outre cela avec lenteur. Mais les Rameurs chargeant enfuite tout à coup le lévier avec tout leur poids, les portes ou les foupapes fe fermeroient, & la pale en s'éloignant frapperoit l'eau avec une force qui ne manqueroit pas de faire avancer le Navire.]

J'avertis en finiffant qu'on trouve dans l'*Hydrodynamique* de M. *Daniel Bernoulli*, *Sect. XIII.* un moïen ingénieux de fuppléer aux *Rames* en laiffant tomber de l'eau de la poupe, qui par fa réaction pouffe cette partie du Navire & le fait filler. Quoique ceci ne paroiffe qu'une idée de pure théorie, M. *Bernoulli* la traite plus férieufement. Il calcule la force des *Rames* & le tems qu'on perd dans l'intervalle des palades, & prouve que fon moïen a un avantage bien fuperieur à celui de ces avirons. On trouvera l'origine des *Rames* à l'article de l'ARCHITECTURE NAVALE.

RAP

RAPPORT. Comparaifon de deux quantités relativement à leur grandeur & à leur petiteffe.

RAPPORTEUR. Inftrument de Mathématique avec lequel on détermine la grandeur d'un angle, ou avec lequel on peut rendre un angle égal à un autre angle connu. Il eft fait d'une piece de cuivre ou de corne affez mince & fort polie, qui a la forme d'un demi - cercle (Planche X. Figure 268.) divifé en fes degrés & d'une grandeur arbitraire. On le met ordinairement dans les étuis de Mathématiques.

R A R

RAREFACTION. C'eft l'action de rarefier un corps, c'eft-à-dire, de faire acquerir à un corps un plus grand volume fans lui ajouter aucune nouvelle matiere. M. *Cotes* a découvert par des experiences faites avec un thermometre, que l'huile de lin fe rarefie dans la raifon de 40 à 39 par la chaleur du corps humain ; de 15 à 14 par la chaleur de l'eau bouillante ; de 15 à 13 par la chaleur de l'étain fondu qui commence à fe durcir, & enfin de 23 à 20 par la chaleur de l'étain devenu tout-à-fait folide. Le même Auteur nous apprend que la *Rarefaction* de l'air par une égale chaleur eft 10 fois plus grande que celle de l'huile, & la *Rarefaction* de l'huile environ 15 fois plus grande que celle de l'efprit de vin. Ainfi en prenant les chaleurs de l'huile proportionnelles à leurs *Rarefactions*, & écrivant 12 parties pour la chaleur extérieure du corps humain, la chaleur de l'eau qui commencera à bouillir fera de 33 des mêmes parties ; celle de l'eau bouillante à gros bouillon de 34 ; celle de l'étain qui commence à fe fondre, ou qui commence à fe *rarefier* en confiftence d'amalgame de 72, & de 70 quand il eft tout-à-fait durci. (*Leçons de Phyfique experimentale*, traduites de l'Anglois de M. *Cotes &c. pag. 393.*) (*Voïez* encore fur cette matiere THERMOMETRE.)

Après avoir prouvé que les degrés d'élévation de l'air font les termes d'une progreffion arithmétique, comme les degrés de *rareté* de cet élément le font d'une progreffion géometrique, M. *Cotes* conclud que l'élevation eft par-tout proportionnelle au logarithme de la *rareté.* Ainfi en trouvant par expérience la *Rarefaction* de l'air à une élevation quelconque, on peut trouver quelle eft fa *rareté* à une autre élevation propofée, en faifant cette regle de trois : *L'élevation à laquelle l'expérience a été faite, eft à l'élevation propofée comme le logarithme de la* rareté *de l'air à la premiere ftation, eft au logarithme de fa* rareté *à la hauteur propofée.* On a appris par-là qu'à la hauteur de 7 milles l'air eft environ quatre fois plus *rare* que celui que nous refpirons. D'où il fuit, qu'à la hauteur de 14 milles, l'air eft 16 fois plus *rare* ; à la hauteur de 21 milles 64 fois ; à 28 milles 356 fois ; à 35 milles 1024

fois ; à 70 milles 1 000, 000 fois ; à 140 milles 1, 000, 000, 000 fois, & à 210 milles 1, 000, 000, 000, 000 fois plus *rare.* Si l'atmofphere s'étend donc à la hauteur de 500 milles, l'air doit y être tellement *rarefié* qu'une bulle d'air d'un pouce de diametre, comme celui que nous refpirons, s'étendroit dans un efpace auffi confiderable que la fphere de Saturne. (*Voïez* l'Ouvrage de M. *Cotes* ci-devant cité, page 183 & fuiv. (*Voïez* auffi fur cette matiere l'article GRAVITATION.) Je renvoïe encore pour les regles de la *Rarefaction* à l'article Dilatation ; & pour les expériences de cette *Rarefaction* à celui de MACHINE PNEUMATIQUE.

R A V

RAVELIN. Terme de Fortification. Petit Ouvrage triangulaire compofé uniquement de deux faces qui forment un angle faillant fans aucuns flancs. C'eft la même chofe qu'une demi-lune. (*Voïez* DEMI-LUNE.)

R E A

REACTION. Terme de Mécanique. C'eft la refiftance que fait un corps à un autre qui le choque. Cette réfiftance emploïe toujours une partie de la force du corps qui donne le choc ; & c'eft cette même partie qui eft emploïée dans fon mouvement. C'eft pour cela qu'on dit que *l'action eft égale à la Réaction*, & c'eft là un axiome reçu par tous les Mécaniciens. Ainfi autant un cheval tire une pierre, autant la pierre retire le cheval. En effet, lorfque le cheval qui traîne la pierre avance, il n'emploïe pas toute fa force pour tirer la pierre, mais il en emploïe une partie pour avancer.

R E B

REBROUSSEMENT. Point de rebrouffement. Terme de Géometrie tranfcendante. (*Voïez* INFLEXION.)

R E C

RECEPTION. C'eft un terme d'Aftrologie par laquelle on entend que les planetes changent entre elles de dignités, comme lorfque l'une eft dans le domicile, dans l'exaltation, ou dans le trigone de l'autre.

RECIPIANGLE. Inftrument de Mathématique qui fert à mefurer les angles rentrans & faillans des corps. Sa conftruction ordinaire confifte en deux regles, larges environ d'un pouce & longues d'un pied, & ajoutées l'une à l'autre par le moïen d'un clou à tête attiſtement tourné ; de ſorte que l'inſtrument peut s'ouvrir & ſe fermer avec facilité. On prend ainſi l'ouverture d'un angle en appliquant les deux regles ſur les côtés qui les forment, & on porte cette ouverture ſur le rapporteur. La figure 287. (Planche X.) repreſente ce *Récipiangle*. La fig. 288. (même Planch) en repreſente un autre. Il eſt compoſé de deux regles de cuivre qui ſont égales, longues de deux pieds ou environ, larges de deux ou trois pouces & d'une ligne d'épaiſſeur. Ces regles ſont jointes enſemble par un clou bien rond. L'une d'elles eſt garnie d'un cercle diviſé en ſes 360 degrés au centre duquel eſt un index attaché au clou. Ainſi à meſure qu'on ouvre ou qu'on ferme l'inſtrument, l'index marque les degrés de ſon ouverture : ce qui évite la peine de meſurer cette ouverture ſur un rapporteur.

On voit encore dans la même planche figure 289. un troiſiéme *Récipiangle* compoſé de quatre regles de cuivre jointes enſemble par quatre cloux à tête ; de maniere qu'elles forment un parallelograme. A l'extrêmité de l'une de ces regles, eſt un demi-cercle diviſé en degrés & minutes auſſi ſi l'on veut, ſur la diviſion duquel paſſe une autre regle prolongée, afin d'y marquer l'ouverture des angles.

L'uſage de ces inſtrumens eſt tel. Quand on veut meſurer un angle ſaillant avec les deux premiers, on applique les côtés extérieurs des deux regles ſur les lignes qui forment l'angle. Et on prend la meſure d'un angle rentrant en appliquant les côtés extérieurs des mêmes regles le long des côtés de cet angle.

A l'égard du troiſiéme *Récipiangle* on s'en ſert en faiſant paſſer les deux regles égales par-deſſus les deux autres, afin que les quatre regles n'en faſſent que deux pour embraſſer l'angle. Mais quand on veut meſurer un angle rentrant, on retire ces deux regles en dehors & on les applique dans l'enfoncement de l'angle. Et comme les angles oppoſés de tout parallelograme ſont égaux, on en connoît l'ouverture par les degrés que marque la regle, actuellement alidade, ſur le demi-cercle. (*Voïez* le *Traité de la conſtruct. & uſages des Inſt. de Mathem.* de M. *Bion*, *Liv. IV. Ch. III.* 3e édit.)

RECIPIENT. Les Phyſiciens appellent ainſi le vaſe de verre que l'on met ſur la platine d'une machine pneumatique, afin d'en faire ſortir tout l'air qui y eſt contenu. On fait ce vaſe de verre afin de pouvoir être témoin des expériences qu'on y exécute. (*Voïez* MACHINE PNEUMATIQUE.)

RÉCIPROQUE. On caractériſe ainſi en Géometrie des figures dont les deux côtés de l'une forment une proportion avec les deux côtés de l'autre, de ſorte que les deux côtés de la même figure ſont ou les extrêmes ou les moïens de la proportion.

RECTANGLE. C'eſt en arithmétique la même choſe que produit. (*Voïez* PRODUIT.)

RECTANGLE. Terme de Géometrie. Figure terminée par 4 lignes droites, dont deux ſont inégales & qui ſont l'une à l'autre à angles droits. Telle eſt la figure A B C D (Planche I. Figure 46.) dont tous les angles ſont droits, & dont la longueur A B eſt plus grande que la largeur B C, & les deux côtés oppoſés A D & B C, auſſi bien que A B & C D ſont égaux. On trouve l'aire des *Rectangles* en multipliant la longueur par la largeur. Ces figures ſont ſemblables lorſque leur longueur ſont dans une même raiſon avec leur largeur.

RECTANGULAIRE. On dit qu'une figure eſt *Rectangulaire* quand un ou pluſieurs de de ſes angles ſont droits. Cela ſe dit auſſi des ſolides lorſque leur axe eſt perpendiculaire au plan de l'horiſon. On les appelle autrement des cones droits, des cilindres droits, &c.

Les anciens Géometres appelloient la parabole *Section angulaire d'une cone*, parce qu'avant *Apollonius* cette ſection conique n'étoit conſiderée que dans le cone, dont la ſection par l'axe produiſoit un triangle rectangle au ſommet. C'eſt pourquoi *Archimede* intitula ſon Livre, connu aujourd'hui ſous le titre de la Quadrature de la parabole, l'intitula, dis-je, *Rectanguli coni ſectio.*

RECTIFIER. Les Mathématiciens entendent par-là ajuſter, diſpoſer un inſtrument à une opération. Exemple. On *Rectifie* un globe celeſte 1° en portant le lieu du ſoleil dans l'écliptique du globe au côté gradué du méridien ; 2° en élevant le pole au-deſſus de l'horiſon conformément à la latitude du lieu ; 3° en mettant l'index horaire aux douze heures de midi, & enfin en attachant au zenith le quart de hauteur s'il en eſt beſoin. Le Niveau, le Quart de cercle, le Quartier Anglois, le Compas azimuthal, &c. ſe rectifient auſſi. (*Voïez* NIVEAU, QUARTIER ANGLOIS, COMPAS AZIMUTHAL, &c.)

RECTIFICATEUR. Inſtrument de Pilotage compoſé de deux parties qui ſont deux cercles mis l'un ſur l'autre où l'un dans l'autre, & tellement attachés enſemble à leur centre qu'ils repréſentent deux compas. L'un de ces compas eſt fixe & l'autre mobile. Chacun eſt diviſé en 32 parties & en 360 degrés comme une rofe de vent (*Voïez* **ROSE DE VENTS**,) qui font marqués par des nombres. Ces nombres commencent au Nord & au Sud & finiffent à l'Eft & à l'Oueft.

Le compas fixe reprefente l'horifon dans lequel le Nord & les autres points du compas font fixes & immobiles.

Le compas mobile reprefente la bouffole dans laquelle le Nord & tous les autres points font fujets à variation.

Au centre du compas mobile eft attaché un fil de foïe affez long pour atteindre au côté extérieur du compas fixe. Mais fi l'inftrument eft de bois, il y a un index au lieu du fil.

Cet inftrument fert à trouver en mer la variation de la bouffole pour rectifier la route d'un Vaiffeau, l'amplitude ou l'azimuth étant donné. C'eft un efpece de compas de variation. (*Voïez* COMPAS DE VA-RIATION & COMPAS AZIMUTHAL.)

RECTIFICATION. L'art de changer une ligne courbe en une ligne droite, ou de trouver une ligne droite égale à une ligne courbe. *Guillaume Nelius* eft le premier qui a découvert cet art, comme il paroît par les *Œuvres Mathématiques* de *Wallis*, *Vol. I. pag.* 551. Deux ans après, favoir en 1659 *Henri Van Heuraet* fit la même découverte en Hollande. (*Voïez* les *Commentaires de la Géometrie de Defcartes*, *page* 517.) Enfin par le calcul des infiniment petits on a perfectionné cet art qu'on a réduit à cette regle.

Dans le calcul des infiniment petits (*Voïez* ce terme), on confidere une courbe comme formée par un nombre infini de petites lignes droites. Ainfi connoiffant l'une de ces lignes ou l'élement de la courbe, on n'a qu'à fommer toutes ces lignes ou tous ces élemens, & la longueur de cette courbe fera connue en ligne droite. Or le calcul différentiel aprend la maniere de trouver cet élement ; & on connoît la fomme des élemens dont la courbe eft compofée par le calcul intégral ; ce qui s'exécute ainfi. Soit A M une courbe (Planche V. Figure 186.) dont on demande la longueur, A cette fin, tirez l'ordonnée P M & l'abfciffe A P perpendiculaire fur celle-ci. Menez enfuite la ligne *p m* parallele & infiniment proche de P M, & du point M tirez la ligne M *n* perpendiculaire à la ligne *p m*, Nommant maintenant l'ordonnée P M *y* & l'abfciffe A P *x* : P *p* ou M *n* étant la differentielle de A P fera *d x* ; & la petite ligne *m n*, differentielle de P M fera *d y*. Il s'agit donc de trouver la differentielle ou la partie infiniment petite de la courbe A M. Et ce-

la fe trouve en cherchant les valeurs de $\overline{\mathrm{M}\,n}^{\,2}$ ($d x^2$) ou de $\overline{m\,n}^{2}$ ($d y^2$) par l'équation de la courbe differentiée ; parce que ($d x^2 + d y^2$) $=$ M *m*. On peut rendre ceci encore plus lumineux & plus fenfible de la maniere fuivante.

Tirez la ligne T M tangente à la courbe ; vous formerez un triangle rectangle T M P, femblable au petit triangle rectangle M *m n*, dont les côtés font proportionnelles. L'ordonnée P M (*y*) fera donc à la tangente T M, comme la differentielle de l'abfciffe *m n* (*dy*) à une quatriéme proportionnelle qui eft la valeur de M *m*, differentielle de la courbe A M. On trouvera des exemples dans tous les Ouvrages fur le calcul intégral. Si un ou deux avoient pu fuffire pour rompre le Lecteur dans la *Rectification* des courbes, je les aurois donnés avec plaifirs. Mais ce n'eft que par la quantité qu'on peut s'y rendre familier. C'eft donc affez d'avoir rendu la regle de l'art de rectifier fenfible, afin que ceux qui n'en veulent pas favoir davantage, n'ignorent pas en quoi elle confifte, & que les autres foient en état de s'exercer tout de fuite & fans aucune étude à la *Rectification* des courbes.

RECTILIGNE. Epithete qu'on donne en Géometrie à des figures qui font terminées par des lignes droites.

RED

REDAN. Terme de Fortification. Ouvrage en forme de dents de fcie qui a des angles faillans & des angles rentrans, afin qu'une partie puiffe flanquer l'autre. On conftruit ordinairement des *Rédans* du côté d'une Place où coule une riviere, où il y a des marais dans les lignes de circonvallation & de contrevallation. (*Voïez* CIRCONVALLA-TION & CONTREVALLATION.)

REDOUTE. Ouvrage de Fortification. Petit fort de figure quarrée qui n'a que la fimple défenfe de front. Il fert à affurer les lignes de circonvallation, celles de contrevallation & les lignes d'approche. Dans les terrains marécageux on fait fouvent des *Redoutes* de maçonnerie. La longueur de chacune de leur face peut aller depuis 10 jufqués à 20 toifes. Le foffé qui regne tout autour, eft large & profond de 8 à 9 pieds & leur parapet a la même épaiffeur.

REDUCTION. Terme d'Aftronomie. C'eft la différence entre l'argument d'inclinaifon & la longitude excentrique, c'eft-à-dire, la différence des deux arcs de l'orbite & de l'écliptique interceptés entre le nœud & le cercle d'inclinaifon.

REDUCTION D'UNE ÉQUATION. C'eſt la troiſiéme & la principale partie d'une réſolution
algébrique. Elle conſiſte à faire évanouir
d'une équation les quantités ſuperflues, &
à ſéparer les quantités cnnues des inconnues,
pour que chaque équation reſpective ſoit
enfin réduite à ſes plus ſimples termes, &
tellement ordonnée que les quantités connues puiſſent faire ſeules un membre de
l'équation, & les inconnues l'autre membre.
(*Voïez* EQUATION.)

REDUIT. Ouvrage extérieur de Fortification.
Il conſiſte en un ou deux baſtions vers la
campagne, & il eſt ſéparé de la Place par
un foſſé. Vers la Ville, il a la forme d'un
petit ouvrage à corne. On donne ce nom aux
redoutes de pierre & aux petits ouvrages
attachés à la ligne de gorge d'une demi-
lune.

REF

REFLEXIBILITE' DES RAYONS. C'eſt la diſpoſition que les raïons de lumiere ont à ſe
reflechir. On dit qu'un raïon eſt plus mobile ou plus *reflexible* qu'un autre lorſqu'il
eſt reflechi plus promptement ou plus entier qu'un autre. Les raïons les plus *reflexi-
bles* ſont ceux qui ſont les plus refrangibles.
(*Voïez* encore l'article ſuivant.)

REFLEXION. C'eſt le changement de détermination qui arrive à un corps en mouvement lorſqu'il donne contre un autre corps,
qu'il ne peut ni traverſer ni pénetrer, ni
mettre en mouvement s'il eſt en repos, ou
ſi le corps frappé eſt en mouvement. Un
corps qui *reflechit* rébondit après avoir cho-
qué. M. *De Mairan* a prouvé que le reſſort
eſt la ſeule & véritable cauſe de la *Reflexion*. Ainſi ſans reſſort pöint de *Reflexion*.
Et voici comme la choſe ſe paſſe dans la
nature.

Soit une ſphere S (Planche XXXVIII.
Figure 270.) qu'on laiſſe tomber ſur un plan
immobile & impénétrable G. Lorſque cette
ſphere eſt parvenue par ſa chute ſur ce plan
& qu'elle touche le point G, elle s'applatit.
La partie F s'approche de la partie G. Or
cela ne peut arriver que les parties H. I,
ne s'éloignent l'une de l'autre, & que chacune d'elles en particulier ne s'éloigne du
centre C. La ſphere eſt ainſi changée par le
choc en un ellipſoide, dont le grand diametre
eſt dans la ligne HC I, & le petit dans la
perpendiculaire F G. Voilà ce qui arrive
pendant le tems du choc, qui eſt celui de
la compreſſion. La force que la ſphere a de
F vers G eſt donc emploïée à comprimer
ſes reſſorts & à lui faire changer ſa figure
en la transformant en ellipſoide. Mais dès

que cette force a été totalement épuiſée
contre le reſſort, celui-ci prend le deſſus;
il rend à la ſphere ſa premiere figure; &
comme elle ne l'avoit perdue que par la
preſſion & qu'en approchant du plan, elle ne
la recouvre que par le reſſort & qu'en s'é-
loignant du plan: ce qui produit la *Reflexion*.

2. Tout le monde ſait, que les raïons de
lumiere ſont reflechis par un miroir, & que
les angles de *Reflexion* ſont égaux aux angles d'incidence, ſoit que le miroir ſoit
plan, convexe ou concave; puiſque dans ces
deux derniers cas, une petite portion du
plan d'une ſphere eſt conſiderée comme une
ſurface plane. Lorſque le plan eſt un cilindre, la lumiere eſt reflechie tout autour en
forme d'arc qui devient viſible ſur un plan,
ſur une muraille où la lumiere porte, ſelon
qu'on dirige le miroir. La lumiere s'affoiblit
cependant beaucoup par une pareille *Reflexion*. Auſſi on ne peut obſerver la lumiere en chemin, & on ne l'apperçoit
que lorſqu'elle eſt reçue par un corps. M.
Newton a prouvé par un grand nombre d'experiences, que les raïons de lumiere ne ſont
pas également reflechis. Aïant reconnu par
cette voie, que la lumiere étoit un corps
heterogene compoſé de mêlanges de raïons
differemment refrangibles, il penſa que par
le moïen de ces reflexions, on pourroit porter les inſtrumens d'optique, je veux dire
les teleſcopes, à leur plus grand degré de
perfection. Il faudroit trouver pour cela une
ſurface reflechiſſante capable d'un poli auſſi
parfait que celui du verre, qui renvoïât autant de lumiere que le verre en tranſmet. Un
eſſai qu'il fit là-deſſus confirma cette conjecture. Avec un teleſcope de *Reflexion* de
deux pieds ſeulement de long, il découvroit
les ſatellites de Jupiter, (*Tranſact. Philoſ.*
N° 18.) (*Voïez* encore ſur cette matiere
l'article CATOPTRIQUE & TELESCOPE.)

REFLEXION DE LA LUNE. M. *Bouillaud*,
Aſtronome célebre, appella ainſi la troiſié-
me inégalité du mouvement de la lune.
C'eſt ce que *Tychon* entend par variation.
(*Voïez* VARIATION.)

REFLUX. Mouvement de la mer qui l'éloigne du rivage. (*Voïez* FLUX & REFLUX.)

REFRACTION. C'eſt en général un détour
ou changement de détermination qui arrive
à un corps en mouvement lorſqu'il paſſe
obliquement dans un nouveau milieu. Cette
détermination differente ou ce détour ſe
manifeſte principalement dans les raïons de
lumiere. L'experience apprend que ſi un
raïon A (Planche XXXIV. Figure 271.)
entre dans un verre, dans l'eau ou dans tout

autre fluide, il ne continue pas son chemin vers B; mais il est rompu en C, de façon que sa route devient C E. De même en sortant du verre, de l'eau, ou de quelqu'autre fluide, il ne continue pas sa route dans la ligne droite E D; il en décline dans la direction E F. Or cette déclinaison de la lumiere de son chemin rectiligne, c'est la *Réfraction* de la lumiere qui est l'objet de la Dioptrique. *Alhazen & Vitellio*, qui ont les premiers écrit sur l'Optique, ont cherché inutilement la loi de cette *Réfraction*. *Kepler* tâcha aussi à la découvrir cette loi, & il ne fut pas plus heureux que ces premiers Opticiens. (*Voïez* ses *Paralipomena in Vitellionem.*) Seulement il trouva que l'angle d'inclinaison étant au-dessous de 30°, le raïon étoit rompu vers la perpendiculaire presque d'⅓ de cet angle en entrant de l'air dans le verre; mais qu'il n'étoit rompu que de la moitié en s'éloignant de la perpendiculaire lorsqu'il sortoit du verre. Enfin, *Willebrod Snellius*, à force d'expériences qu'il fit sur la lumiere, en vint à bout. Le travail de ce Physicien fut remanié par le grand *Descartes*, qui le publia dans sa *Dioptrique* avec de nouvelles vûes & une théorie de la *Réfraction*. Ainsi on sçut que les raïons sont rompus vers l'axe lorsqu'ils passent d'un milieu plus rare dans un milieu plus dense & qu'ils s'en éloignent en passant d'un milieu plus dense dans un milieu plus rare. Dans l'un & l'autre cas le sinus de l'angle de l'inclinaison a constamment une même raison au sinus de l'angle de *Réfraction* qui est de 3 à 2 en passant de l'air dans le verre & de 4 à 3 en passant de l'air dans l'eau. M. *Newton* dans son *Optique*, *Part. III. Prop.* 10. détermine la proportion du sinus de l'angle d'inclinaison à celui de *Réfraction* dans l'air comme 3851 à 3852; dans le verre comme 31 à 20; dans l'eau de pluïe comme 529 a 396; dans l'esprit de vin très-rectifié comme 100 à 73; dans l'huile d'olive comme 22 à 15, & dans le diamant comme 100 à 41. (*Voïez* encore ANGLE DE REFRACTION.)

2. J'ai dit que les anciens Opticiens, *Alzasen*, *Vitellio*, &c. avoient cherché inutilement les loix de la *Réfraction*. Ajoutons qu'ils en ignoroient aussi la cause; car il ne paroît pas qu'avant *Descartes* on ait rien publié qui touchât de près ce phénomene. Le grand Physicien François est le premier qui a tâché d'expliquer comment la lumiere passant d'un milieu plus rare dans un milieu plus dense s'approche de la perpendiculaire. Il décompose le chemin du raïon en deux parties, comme s'il étoit en proïe à deux

forces, dont l'une perpendiculaire & l'autre parallele lui feroient parcourir la diagonale, selon les loix de la décomposition du mouvement. *Descartes* prétend ensuite que la lumiere passe plus facilement par un milieu plus dense que par un milieu plus rare; parce que les raïons, dit-il, se trouvent moins détournés lorsqu'ils passent par un milieu dont les parties sont solides, que lorsqu'ils traversent un milieu composé de parties mobiles sans adherence les uns aux autres. Ainsi si un raïon de lumiere passe obliquement d'un milieu rare M (Planche XXXIV. Figure 509.) dans un plan dense N, de l'air dans l'eau par exemple, ce raïon étant décomposé en deux A C, A D, entrera dans l'eau obliquement & sera décomposé en deux nouvelles forces. Comme il passe plus vite dans l'eau que dans l'air, & que sa route est moins détournée du côté perpendiculaire du nouveau parallelograme, au lieu d'être égal à l'autre B C, comme B H il sera plus grand comme B K. Le parallelograme, qui résultera de-là, sera plus long, & par conséquent sa diagonale que suit la lumiere au lieu de tomber au point G qu'auroit donné un parallelograme égal à l'autre, tombera au point I plus proche de la perpendiculaire B K. Il faut avouer que cette explication est bien ingénieuse; mais elle n'est pas vraïe. Ce moindre écart de la lumiere dans un milieu plus dense, ou la supposition d'une plus grande longueur du côté vertical du parallelograme, est une supposition tout-à-fait gratuite. L'expérience le prouve. Il y a certains corps denses & solides qui ne rompent que foiblement les raïons de lumiere, & il y a des corps rares, legers & fluides, qui ont beaucoup de force pour détourner les raïons, ainsi que nous le verrons en parlant de l'explication de M. *Newton* de la cause de la *Réfraction*.

M. *Fermat*, Conseiller au Parlement de Toulouse & grand Mathématicien, attaqua le premier cette explication. Il prétendit contre *Descartes* que la lumiere trouvoit plus de résistance dans l'eau que dans l'air, dans le verre plus que dans l'eau; & il vouloit que les résistances des differens milieux, par rapport à la lumiere, fussent proportionnelles à leurs densités. Cela paroissoit naturel. Les anciens Opticiens l'avoient cru pour l'optique seulement. M. *Leibnitz* adopta ensuite cette idée, & telle est la maniere dont on l'a prouvée, & dont la cause de la *Réfraction* a été expliquée.

La nature tend toujours à ses fins par les voïes les plus courtes. La lumiere doit donc aller d'un point à un autre, ou par le chemin

min direct, ou par le chemin le plus court, ou par celui de la plus courte durée, c'est-à-dire par celui qu'elle parcourt en moins de tems. Or la route que suit la lumiere en se rompant dans l'eau, n'est ni la directe ni la plus courte : elle est donc celle de la moindre durée. Maintenant il est démontré qu'afin que la lumiere qui se meut obliquement aille en moins de tems qu'il est possible d'un point donné dans un milieu quelconque à un point donné dans un autre milieu, elle doit être *refractée* de telle sorte que le sinus de l'angle d'incidence, & le sinus de l'angle de *Réfraction* soient entr'eux comme les differentes facilités de ces milieux à se laisser pénétrer par la lumiere. Une conséquence suit de-là. Puisque la lumiere s'approche de la perpendiculaire lorsqu'elle passe obliquement de l'air dans l'eau, & que le sinus de l'angle de *Réfraction* est plus petit que le sinus de l'angle d'incidence, on doit conclure que la facilité que l'eau a à se laisser pénétrer par la lumiere est plus petite que celle de l'air. Donc l'eau est par rapport à la lumiere un milieu plus difficile que l'air.

Avec tout le respect & la déférence que méritent les opinions de MM. *Fermat* & *Leibnitz*, ce raisonnement n'est nullement satisfaisant. Un principe moral, une cause finale, dont nous n'avons aucune idée, ne peuvent gueres servir à rendre raison d'un effet. La chose est possible ; mais elle n'est pas convaincante. M. *Fermat* le sentoit bien. Aussi dans la dispute qu'il eut avec *Descartes* il implora le secours de M. *De la Chambre*, peu capable d'appuïer son sentiment. D'ailleurs il est faux que les milieux plus denses resistent plus à la lumiere que ceux qui le sont moins.

Le troisiéme qui s'est mis sur le rang est le P. *Deschalles*. Il suppose que le raïon BCAD (Planche XXXIV. Figure 597.) est composé de plusieurs petits raïons qui tiennent un peu les uns aux autres, & que la *Réfraction* se fait vers la perpendiculaire lorsqu'ils passent d'un milieu plus rare X dans un milieu plus dense Z ; parce que la partie B éprouve plutôt la resistance que le point A ; en sorte que B ne peut parcourir qu'un petit espace, au lieu que le point A se trouvant encore libre peut parcourir un grand espace. Ainsi le raïon de lumiere doit s'incliner & tourner en s'approchant de la perpendiculaire ; puisque l'angle CBH étant l'angle d'incidence, celui de *Réfraction* doit être KGI.

Le célebre *Barrow* a adopté ce sentiment ; & on ne sait pas même s'il n'en est pas l'Auteur. Cela forme une question, Cependant on

est forcé de convenir que cette explication n'est pas satisfaisante, & le P. *Deschalles* l'avouoit. Afin qu'elle le fût, il faudroit que les milieux qui refractent davantage tel que l'eau plus que l'air, le verre plus que l'eau, &c. resistassent plus que les autres : ce qui est faux.

M. *Newton* peu content de toutes ces explications en a donné une qui a beaucoup de Partisans. Elle dépend de l'attraction. Lorsqu'un raïon de lumiere tombe obliquement sur la surface d'un milieu plus dense que celui d'où il sort, il en est attiré, & cette attraction le rend moins oblique. Rendons ceci sensible par une figure. Soit L O (Planche XXXIV. Figure 598.) un raïon de lumiere qui passe d'un milieu rare dans un milieu dense, de l'air dans l'eau. Comme, suivant *Newton*, l'eau attire plus que l'air, & que l'attraction des corps est en général en raison de leur masse, le raïon LO au lieu de continuer sa route OC de son mouvement, étant attiré par la perpendiculaire O D suivra toute autre direction. Pour la déterminer il suffit d'observer que ce raïon est en proïe à deux forces ; la premiere OC, qui est celle de son mouvement ; & la seconde O D, verticale à la surface M N, celle de l'attraction ou force attractive de l'eau. Ces deux forces forment le côté d'un parallelograme D O C M, dont le raïon parcourera la diagonale O M. Donc un raïon qui passe d'un milieu plus rare dans un milieu plus dense, ou d'un milieu moins attirant dans un milieu plus attirant, doit s'approcher de la perpendiculaire.

Ce n'est encore ici que l'idée générale de *Newton* sur la *Refraction* de la lumiere. De ce que la vertu attractive agit avec plus de force sur la surface des corps & qu'elle diminue à mesure qu'elle s'en éloigne davantage le raïon doit être porté dans une petite ligne courbe. Supposons que la ligne MM. (Planche XXXIV. Figure 599.) soit la borne ou le terme de la vertu attractive. Le raïon de lumiere en touchant ce terme sentira l'effet de l'attraction. Ainsi au lieu de suivre sa route suivant L N, il sera retiré vers L *a*. Tandis qu'il continuera la direction *a a*, il ressentira l'effet encore plus fort de l'attraction : il se courbera ainsi en *b*, & de *b* pour aller en *d*, il se courbera encore en *c*, d'où il continuera son chemin *c e*. Et c'est le mouvement & sa direction qu'il aura alors qui se décomposera comme auparavant. Toutes les petites lignes de l'attraction *a b*, *b c*, &c. ont des directions differentes elles formeront une ligne courbe. M. *Clairaut* a donné sur cette théorie un beau Mémoire parmi ceux de l'Académie de 1739. Tel est le système de *Newton* sur la *Réfraction*, je dis système ou hypothese, parce que je regarde cette vertu attractive qui est peut-être vraie, comme non géométriquement démontrée. M. *Bernoulli* en pense de même, & là-dessus il a donné une nouvelle explication du phénomene qui nous occupe. La voici.

Aïant supposé deux loix de mouvement, dont la premiere est que la réaction est toujours égale à l'action ; & la seconde, que lorsque deux forces égales ou inégales agissent librement l'une sur l'autre, elles se disposent de telle façon que leurs puissances sont égales, en sorte qu'elles parviennent à l'équilibre ; aïant supposé, dis je ces deux loix, M. *Bernoulli* explique suivant les regles de l'équilibre, la *Réfraction* & la proportion constante qui se trouve entre les sinus des angles d'incidence & les sinus des angles de *Réfraction*. Soit le plan C D (Planche XXXIV. Figure 600.) qui sépare les deux milieux l'air X de l'eau Z. Qu'un raïon L O tombe obliquement sur ce plan, & qu'il se refracte selon la direction O *b*. Il est évident que ce raïon est repoussé de *b* en O par la résistance du milieu dans lequel il se trouve, & cela avec une force égale à celle qu'il emploïe pour surmonter cette resistance. De même le raïon O L, qui est dans l'air, est repoussé de O en L avec une force égale à celle dont il a besoin pour surmonter la résistance du milieu X que je suppose être de L vers O ; parce que l'action est toujours égale à la réaction. Le point O est donc en proie à deux forces inégales puisqu'elles sont proportionnelles aux résistances ou à la densité des milieux. L'une de ces forces, celle du milieu X, tend à lui faire parcourir la ligne O D, & la seconde la ligne O C.

Mais puisque ces forces agissent librement l'une sur l'autre, il faut (suivant la seconde loi,) qu'elles se disposent de telle maniere qu'elles parviennent à l'équilibre : ce qui n'arriveroit pas si le raïon O L continuoit de se mouvoir en passant l'air dans l'eau en suivant la direction L B. Ainsi la force B O restant toujours la même, elle doit être appliquée moins avantageusement que la force L O, afin que par-là ces deux forces inégales puissent parvenir à l'équilibre. Pour cela il faut qu'elle ait la direction moins horisontale, ou ce qui revient au même, qu'elle s'approche de la perpendiculaire R S. Et l'équilibre sera parfait lorsque le raïon O B aïant pris la situation O *b*, le sinus de l'angle de *Réfraction* S O *b* est au sinus de l'angle d'incidence R O L, comme la résistance

du milieu X à celle du milieu Z. (*Acta eruditorum* 1701, *pag.* 19. ou *Bernoulli Opera*, *Tom. I.*).

Cela est fort bien trouvé : il ne s'y présente qu'une seule difficulté : c'est la supposition que l'eau resiste plus au mouvement de la lumiere que l'air. Et si cela est, pourquoi la lumiere accelere-t-elle son mouvement en traversant l'eau. Il semble que cette resistance devroit au contraire le diminuer.

Moïennant ces objections il ne reste de ces systèmes que des efforts ; & la cause de la *Réfraction* est encore inconnue. Pour tâcher enfin de la développer, M. *De Mairan* persuadé par de bonnes raisons, que les parties propres des corps ne sont pas le sujet de la *Réfraction* de la lumiere l'attribue à un fluide très-subtil, qui non-seulement remplit les pores de tous les corps, mais qui envelope encore ces corps, formant autour d'eux une espece d'atmosphere. C'est ce fluide, qui suivant M. *De Mairan*, produit les *Réfractions*. Cela revient à tout autre mobile qui se détourne de son chemin à la rencontre d'un nouveau milieu. Ce détour est plus considerable dans l'air, parce qu'il y a moins de ce fluide *refringent* dans l'eau que dans l'air ; dans l'eau moins que dans le verre, & en général moins dans un milieu plus dense que dans un milieu plus rare. Ce fluide admis, la *Réfraction* est fort aisée à expliquer. Le mouvement oblique du raïon est composé de deux mouvemens l'un horisontal & l'autre vertical. Le premier est constant : mais dès l'instant que le raïon entre dans l'eau, le mouvement vertical devient plus considerable ; & la diagonale que suit alors le raïon de lumiere doit donc s'approcher davantage de la perpendiculaire. (*Voïez* les *Mémoires de l'Académie roïale des Sciences de Paris* de 1722 & 1723.)

Voilà jusqu'ici la seule application qui s'accorde avec les phénomenes de la *Réfraction*. M. *Carré*, de l'Académie roïale des Sciences, avoit déja pensé que l'air étoit le seul corps premeable à la lumiere ; & que les autres corps n'étoient transparens qu'en conséquence de l'air qui étoit dans leurs pores. D'où il concluoit que l'air présentoit à la lumiere des chemins d'autant plus aisés qu'il étoit plus comprimé, & il étoit d'autant plus comprimé dans les pores des corps que ces corps étoient plus denses. Ainsi l'eau devoit être selon lui un milieu plus aisé par rapport à la lumiere que l'air. (*Hist. de l'Académie roïale des Sciences*, *ann.* 1702.) Ce n'étoit là qu'une idée très-imparfaite ; mais qui prouve que M. *Carré* admettoit pour cause de la *Réfraction* un certain fluide contenu dans les pores des corps refringens. Il falloit indiquer ce fluide & expliquer son action sur la lumiere ; & c'est ce que M. *De Mairan* a heureusement fait voir.

Le dernier système sur la *Réfraction* est de M. *Jean Bernoulli*, fils puîné du grand Mathématicien de ce nom. C'est une extension de celui de son pere, qu'on a vû ci-devant, chargé de quelques suppositions. D'abord M. *Jean Bernoulli* veut que la lumiere ne soit autre chose qu'un composé de corpuscules parfaitement durs, & ainsi sans ressort, répandus dans l'éther. Cet éther est, selon lui, un amas de petits tourbillons semblables à ceux du P. *Mallebranche*. Chaque raïon de lumiere est enfilé par une infinité de ces petits tourbillons. Mais comme le mouvement de la lumiere est un mouvement alternatif, M. *Bernoulli* veut que les petits corpuscules qui sont incapables d'un pareil mouvement, en deviennent susceptibles par le ressort des petits tourbillons intermédiaires. Or le ressort de ces tourbillons n'est que la force centrifuge de leurs parties, mesurée par le quarré de la vitesse, divisée par le raïon du cercle qu'elles décrivent. De-là il suit, que quoique la vitesse reste la même dans ces parties, le ressort des tourbillons peut être considerablement augmenté en diminuant ces tourbillons. Voilà justement ce qui arrive aux petits tourbillons qui forment la partie du raïon qui est dans l'eau ; car dans les corps diaphanes, les pores sont d'autant plus étroits que ces corps sont plus ou moins denses. De-là M. *Bernoulli* conclut, que les petits tourbillons qui sont dans les pores de l'eau, sont plus petits, que ceux qui sont dans les pores de l'air ; parce que l'eau, comme plus dense que l'air, a ses pores plus étroits, plus petits. Les tourbillons contenus dans ces pores ont donc une force centrifuge plus grande & par conséquent un ressort plus vif.

Moïennant ces suppositions & le principe de M. *Jean Bernoulli*, pere, sur l'équilibre que je viens d'exposer, il est aisé d'expliquer pourquoi la lumiere qui passe d'un milieu plus rare dans un milieu plus dense, de l'air dans l'eau ; puisque, suivant ce qui a été dit, les milieux plus denses aïant les pores plus petits que les autres milieux, les petits tourbillons doivent être plus comprimés. Leur ressort doit donc être plus fort. Cela étant, pour qu'il y ait équilibre entre l'action de la lumiere qui traverse l'eau, & la réaction de la lumiere dans l'eau, il faut que la partie qui est dans l'eau prenne une situation plus defavantageuse que celle qui est dans l'air ; qu'elle s'approche encore plus

afin que par ce moïen l'équilibre se trouve entre les deux forces du raïon hors de l'eau & dans l'eau, & cela au point de contact de la surface de l'eau, & que le raïon de lumiere soit conservé dans son entier. (*Dissertation sur la propagation de la lumiere*, qui a remporté le prix de l'Académie roïale des Sciences en 1736.) M. *Banieres* a publié sur la *Réfraction* une Dissertation qui est imprimée à la tête de son *Examen & Réfutation de la Philosophie de Newton*. Il faut avouer que pour un fait assez simple voilà bien des suppositions. Elles sont à la vérité mises en œuvre avec beaucoup d'adresse : mais s'il étoit permis d'accumuler ainsi les hypotheses, il n'y auroit point de phénomenes dont nous ne pussions rendre raison. Je crois que cette liberté seroit dangereuse en Physique ; & que cette Science demande beaucoup de circonspection de la part de ceux qui cherchent à connoître la cause des effets naturels dont elle est l'objet. Avec tout cela, celle de la *Réfraction* est-elle trouvée ? je n'en sçai rien. Seulement je serois fort tenté de penser qu'elle est indiquée dans quelqu'une des explications que j'ai dépouillées. La question presente est de deviner qu'elle est la vraïe. C'est à quoi le Lecteur curieux peut s'exercer. Et pour ne pas le distraire de cette recherche, je terminerai cet article en avertissant que la plupart des Physiciens, & sur-tout M. *De Mairan*, expliquent la *Réfraction* des corps comme celle de la lumiere, & que M. *D'Alembert* a donné sur cette *Réfraction* l'essai d'une théorie qui mérite d'être examinée. (*Voïez* son *Traité de l'équilibre & du mouvement des fluides, &c.*) (Pour l'explication de l'apparence de la *Réfraction* ou des courbes refractoires, *voïez* REFRACTOIRE.)

REFRACTION ASTRONOMIQUE. C'est la *Réfraction* qui se fait dans l'air, & qui fait paroître le soleil & les astres plus élevés qu'ils ne sont effectivement. (*Voïez* CREPUS-CULE.) C'est ainsi que quelques Marins Hollandois aïant passé l'hyver derriere la Tattarie, virent, après une nuit de trois jours, le soleil au Midi qui étoit encore à quelques degrés au-dessous de l'horison. On lit dans un livre intitulé : *Refractio solis in occidii in septentrionalibus oris aliquot observationibus astronomicis detecta*, quelque chose de fort remarquable à ce sujet que *Charles XI.* Roi de Suede, avoit observé lui-même à Torneo l'an 1694 entre le 14 & le 15 Juin : savoir que le soleil ne s'y couchoit point, quoique la hauteur du pole ne fût que de 65°, 43'. On a depuis observé ce phénomene, & le 14 Juin de l'année suivante, des Mathématiciens ont vû le soleil à minuit élevé de trois de ses diametres au-dessus de l'horison à Kangis, où la hauteur du pole est de 66°, 15'. Cela fait bien sentir la nécessité qu'il y a de connoître exactement la quantité de la *Réfraction* dans l'observation des astres. On a encore remarqué que la *Réfraction* diminue à mesure que l'astre monte. *Tycho Brahe* est le premier qui a recherché les loix de cette *Réfraction*. (*Voïez* ses *Progymnasmata*, *Liv. I. pag.* 79, 124, 284.) Cet Astronome croit que la lumiere du soleil n'est pas sensiblement rompue au 46ᵉ degré de la hauteur de cet astre ; la lune au 45ᵉ degré, & les étoiles fixes au 20ᵉ. Plusieurs Astronomes ont été de cet avis. M. *De Cassini* a découvert le premier que cette *Réfraction* ne cesse qu'au zenith, comme on le voit dans les *Tables Astronomiques* de M. *De la Hire*, Table V. *pag.* 6. où la *Refraction* est encore marquée à 45° de 1', 11", à 68° de 30", & à 89° d'1". Aujourd'hui tous les Astronomes conviennent que la *Réfraction* est sensible jusques au zenith. Aussi ont-ils calculé une Table de la *Réfraction* des astres pour tous les degrés de hauteur sur l'horison. Comme les connoissances que je donne dans cet Ouvrage sur l'Astronomie sont suffisantes pour apprendre à observer, je crois qu'il est de mon devoir d'inserer ici cette Table, afin qu'on soit en état de corriger l'erreur qui proviendroit de l'observation.

TABLE DE LA REFRACTION
DES ASTRES POUR TOUS LES DEGRE'S DE HAUTEUR SUR L'HORISON.

HAUTEUR.	REFRACTION.	
0	32'	20"
1	27	56
2	21	4
3	16	6
4	12	48
5	10	32
6	8	55
7	7	44
8	6	47
9	6	4
10	5	28
11	4	58
12	4	32
13	4	12
14	3	54
15	3	38
16	3	24
17	3	11
18	3	0

HAUTEUR.	REFRACTION.	
19	2'	49"
20	2	39
21	2	31
22	2	25
23	2	18
24	2	12
25	2	6
26	2	0
27	1	55
28	1	51
29	1	46
30	1	42
31	1	38
32	1	34
33	1	30
34	1	27
35	1	23
36	1	20
37	1	18
38	1	15
39	1	12
40	1	10
41	1	7
42	1	5
43	1	3
44	1	1
45	0	59
46	0	58
47	0	56
48	0	54
49	0	52
50	0	50
51	0	49
52	0	47
53	0	45
54	0	43
55	0	41
56	0	40
57	0	38
58	0	37
59	0	35
60	0	34
61	0	33
62	0	31
63	0	30
64	0	28
65	0	27
66	0	26
67	0	25
68	0	24
69	0	22
70	0	21
71		20
72		19
73	0	18
74	0	17
75		16

HAUTEUR.	REFRACTION.	
76	0′	14″
77	0	13
78	0	12
79	0	11
80	0	10
81	0	9
82	0	8
83	0	7
84	0	6
85	0	5
86	0	4
87	0	3
88	0	2
89	0	1
90	0	0

Après ce que j'ai dit ci-devant. L'ufage de cette Table n'a pas befoin d'explication. Lorfqu'on a obfervé la hauteur apparente d'un aftre fur l'horifon, il faut en ôter la *Réfraction* convenable au degré de hauteur obfervé. Et c'eft ce que la Table donne. Cependant il ne faut pas croire qu'on corrige exactement l'erreur caufée par la *Réfraction*; car cette *Réfraction* eft plus ou moins grande fuivant la conftitution de l'atmofphere. Outre cela le P. *Laval* a fait voir dans les Mémoires de l'Académie roïale des Sciences, que la lumiere du foleil eft rompue de differentes manieres fuivant que l'air eft agité par les vents. M. *Hughens* a encore remarqué dans fon *Traité de la lumiere, Chap. IV.* (en latin) que la *Réfraction* de la lumiere varie prefque à toute heure, quoique l'aftre garde une hauteur invariable au-deffus de l'horifon. Mais ce font là des variations phyfiques aufquelles il eft impoffible d'avoir égard.

Refraction de l'ascension. C'eft un arc de l'équateur de la valeur duquel l'afcenfion droite ou oblique d'un aftre eft augmentée ou diminuée. Soit (Planche XVI. Figure 271.) une étoile en S, mais que la *Réfraction* prefente en *s*, alors T eft fon afcenfion droite; *t* l'afcenfion droite du lieu rompu en *s*, & T *t* eft la *Réfraction de l'afcenfion*.

Refraction de la declinaison. Arc du cercle de déclinaifon de la valeur duquel la déclinaifon d'une étoile eft augmentée ou diminuée à caufe de la *Réfraction*. Exemple. Soit l'étoile en S (Planche XVI. Figure 272.) vûe en *s* à caufe de la *Réfraction*. Sa déclinaifon véritable eft S T & la rompue *s t*. La différence I S eft la *Réfraction de la déclinaifon*.

Refraction de la latitude. Arc du cercle de latitude de la valeur duquel la lati-

tude d'une étoile eft augmentée par la *Réfraction*. Exemple. Soit l'étoile en S (Planche XVI. Figure 272.) & vûe en *s* à caufe de la *Réfraction*. Alors I S eft la différence entre les latitudes T S & *t s*, & la *Réfraction de la latitude*.

Refraction de la longitude. C'eft un arc de l'écliptique de la valeur duquel la longitude d'une étoile eft augmentée ou diminuée à caufe de la *Réfraction*. L'étoile eft en S (Planche XVI. Figure 272.) & à caufe de la *Réfraction* eft vûe en *s*. Sa longitude eft en T. La différence entre elle & la longitude rompue des arcs T *t* eft la *Réfraction de la longitude*.

REFRACTOIRE. On fous-entend COURBE. C'eft le nom que M. *De Mairan* donne à une courbe que paroît former un objet plan vû dans l'eau. C'eft un phénomene d'optique qu'on apperçoit ainfi. Un baffin étant plein d'une eau claire & tranquille, fi l'on regarde le fond, que je fuppofe un plan horifontal, on le voit comme une furface concave, qui depuis l'axe de vifion s'éleve toujours vers le bord du baffin & s'y termine. Et cette furface s'éleve uniformément tout autour de cet axe s'il tombe fur le milieu du baffin. Lorfque le baffin ou la furface fuperieure de l'eau a une affez grande étendue, & l'eau une affez grande profondeur, on voit cette furface apparente du fond concave, d'abord vers l'œil devenir toujours moins concave, & enfin convexe vers ce même côté, ou, comme s'exprime M. *De Mairan*, faire au moins douter fi elle ne l'eft pas devenue. La chofe eft finguliere. Comment & pourquoi cette furface paroît-elle changer de forme? Ce font fans doute les réfractions qui en font la caufe. Il s'agit donc de connoître les loix de cette réfraction pour produire cette apparence. C'eft à quoi s'attache le célebre Phyficien, qui le premier a obfervé cette merveille. Et voici de quelle façon il fuit la route des raïons de la lumiere.

Soit A B le baffin plein d'eau; C B fon fond, O l'œil élevé au-deffus de la furface de l'eau, & O K l'axe de vifion perpendiculaire à cette furface. De chaque point du fond du baffin partent des raïons de lumiere qui vont peindre à l'œil ou rendre vifible les parties de ce fond. Or ces raïons fortent d'un milieu plus denfe qui eft l'eau, pour paffer dans un milieu plus rare (c'eft l'air) & fuivant les loix de la réfraction, ils doivent devenir plus obliques, s'éloigner davantage de la perpendiculaire (*Voïez* REFRACTION.) c'eft-à-dire, que les raïons *1* I, *2* N *3* L, &c. prendre la route I O,

NO, LO, &c. plus oblique que celle qu'ils avoient suivie dans l'eau en partant des differens points de la surface, & cette obliquité sera d'autant plus grande, que les raïons s'écarteront davantage de la perpendiculaire OK. Ainsi le raïon I O sera moins oblique que le raïon NO, celui-ci moins que le raïon L O, &c.

Maintenant comme c'est selon une ligne droite que nous voïons les objets (*Voïez* encore l'article REFRACTION à ce sujet.) Il est évident que le point 6 porté par le raïon 6 M au point M sera vû dans la ligne droite O H. Il en sera de même de tous les autres points 1, 2, 3, 4, &c. Tout cela vû les differentes obliquités de ces lignes droites, doit changer l'apparence de l'objet. Pour la déterminer précisément cette apparence, M. *De Mairan* prétend que l'objet doit être vû sur la perpendiculaire élevée du fond du bassin. Ainsi le point 6 rapporté en M, sera vû sur la perpendiculaire A C au point H. Le point 4 au point L de la perpendiculaire M L, ainsi des autres. Ces points comme on voit sont differemment élevés. Les raïons plus obliques donnent plutôt sur ces perpendiculaires, les autres moins &c. Or en faisant passer une ligne par tous ces points, on forme une ligne courbe qui est celle sous laquelle le fond plan C B du bassin paroît. Et c'est cette courbe que M. *De Mairan* appelle *Courbe Réfractoire* ou *anaclastique.*

Il est évident que cette courbe ne peut jamais s'élever plus haut que la surface superieure de l'eau. Et si le bassin avoit une surface infinie, la courbe auroit donc un cours infini par lequel elle ne s'éleveroit que *finiment.* Ainsi une ligne horisontale, tirée sur la surface de l'eau, parallelement à son axe, deviendroit l'assymptote de cette courbe. De-là il suit, que la courbe seroit concave vers cette assymptote, qu'elle joindroit par un cours infini. Mais une courbe ne peut jamais joindre son assymptote par son côté concave. Comment concilier cela ? Le voici. La courbe a une inflexion. Convexe d'abord vers son axe & concave vers l'assymptote, qui lui est parallele, elle a un point où elle devient concave vers l'axe, & convexe vers l'assymptote. Voilà pourquoi quand le bassin est assez grand, on voit la concavité apparente du fond du bassin vers l'œil diminuer toujours, jusques à ce qu'enfin elle devienne convexe.

On explique fort aisément après cela ce que produit à cet égard l'augmentation de l'étendue du bassin. S'il étoit infiniment grand, on verroit la *Réfractoire* changer sensiblement (après un certain cours fini) sa concavité vers l'œil en convexité ; continuer ensuite à s'élever vers la surface de l'eau ou son assymptote, & ne la joindre qu'au bout d'un cours infini. D'où il suit, que tant que le bassin est fini, comme il l'est toujours, on n'en voit point le fond s'élever jusques à la surface de l'eau, & il s'éleve d'autant plus que le bassin est plus grand.

Telle est l'explication très ingénieuse de M. *De Mairan* de ce phénomene d'Optique. On sent bien que cette théorie envisagée dans toute son étendue & dans tous les cas offre un champ vaste à la Géometrie. Aussi le savant Académicien qui nous instruit ici la met en usage avec beaucoup d'adresse & de succès. Il construit la courbe & en détermine la nature. M. *De Mairan* emploïe le calcul dans ce travail avec discretion & aisance. C'est une chose à voir, à étudier dans les *Mémoires de l'Académie des Sciences* de 1740. Tout y est démontré clairement & rigoureusement. Si quelque chose pouvoit être susceptible d'éclaircissement, c'est la prétention de l'Auteur que l'objet est vû par la réfraction sur la perpendiculaire abbaissée du point de la surface de l'eau au fond du bassin. M. *De Mairan* en convient, & il résoud la difficulté d'une maniere à satisfaire les plus séveres critiques. Voici ses propres termes. » Je n'ignore pas, » dit-il, ce qu'on allegue contre cette dé- » termination du *lieu apparent de l'image* ; » que nous ne jugeons des distances que » par le concours des raïons visuels qui » partent des deux yeux ou des extrêmités » de la prunelle ; que le concours de tous » ces raïons ne sauroit être exactement sur » la perpendiculaire, & remplir les condi- » tions de la réfraction, &c. Mais quoi- » qu'il en soit de cette question, que je » crois avec M. *Newton,* une des plus épi- » neuses de la Dioptrique. (*Lect. Opt. Schol.* » *Prop. VIII. pag.* 80.) J'admets la déter- » mination de l'image à la perpendiculaire » comme hypothese Géometrique ; & je » l'ai choisie preferablement à toute autre, » parce qu'elle est la plus généralement re- » çue, & qu'elle m'a parue la plus appro- » chante de la nature & la plus simple «, (*Mém.* ci-devant cités, page 5.) Sans prévention pour le mérite supéreur de l'Auteur des *Réfractoires,* cette hypothese est établie à la suite de ce Discours de la maniere la plus satisfaisante. Il y a plus. Ces courbes tracées sur le principe de la perpendiculaire, ne different point sensiblement de celles qui seroient décrites d'après toute autre théorie.

REFRANGIBILITE'. M. *Newton* défigne par ce mot les réfractions des raïons colorés. Un raïon eft plus *Refrangible* qu'un autre lorfqu'en tombant fur un plan avec un même angle d'incidence, il eft rompu fous un angle plus grand. C'eft ainfi qu'il dit que les raïons bleus font plus *Refrangibles* que les raïons rouges. (*Voïez* COULEURS.)

Cela fe prouve par plufieurs experiences, parmi lefquelles je choifirai la fuivante tirée du *Traité d'Optique* de M. *Newton* (c'eft la deuxiéme.) 1°. Prenez un carton, dont les deux moitiés foient peintes de rouge & de bleu. Roulez-y plufieurs fois un fil de foïe noire extrêmement délié, en telle forte que les differentes parties de ce fil puiffent paroître fur les couleurs comme autant de lignes droites tirées fur le carton, ou comme des ombres longues & minces répandues fur ces couleurs. 2°. Appliquez ce fil ainfi coloré & enveloppé de fils noirs contre un mur perpendiculairement à l'horifon, fitué de maniere que l'une des couleurs foit à main droite & l'autre à main gauche. 3°. Tout proche devant le papier, dans les confins des couleurs vers le bas, placez une chandelle pour bien éclairer le papier. 4°. Approchez la flamme de la chandelle jufques au bord inférieur du papier ou un peu plus haut. Enfin 5°, à la diftance de cinq ou fix pieds & un ou deux pouces du papier, élevez fur le plancher une lentille de verre large de 4 pouces ½, qui puiffe raffembler les raïons venant des differens points du papier; les faire converger vers tout autant d'autres points à la même diftance de fix pieds & un ou deux pouces de l'autre côté de la lentille, & peindre ainfi l'image du papier coloré fur un papier blanc mis dans cet endroit-là; de la même maniere qu'une lentille, appliquée au trou du volet de la fenêtre d'une chambre obfcure, jette les images des objets de dehors fur une feuille de papier blanc. (*Voïez* CHAMBRE OBSCURE.)

Les chofes ainfi difpofées, approchez la lentille ou éloignez-là jufques à ce que les endroits des parties bleues & rouges du carton paroiffent le plus diftinctement qu'il eft poffible. On découvre facilement ces endroits par les images des lignes noires que forme la foïe roulée autour du papier. Car les images de ces lignes déliées, qui à caufe de leur noirceur paroiffent comme des ombres fur le bleu & fur le rouge, paroiffent confufes & à peine vifibles, excepté dans le tems que les couleurs qui font à côté de ces lignes fe trouvent terminées fort diftinctement. Aïant donc obfervé avec toute l'at-

tention poffible les endroits où les images des moitiés rouges & bleues paroiffent le plus diftinctes, on trouve que là où la moitié rouge du papier paroiffoit diftinctement, la moitié bleue paroît fi confufe, qu'on peut à peine diftinguer les lignes noires fur cette moitié bleue. Au contraire, là où la moitié bleue paroît le plus diftinctement, la moitié rouge paroît fi confufe, que les lignes noires font à peine vifibles fur cette derniere moitié. Il y a cependant un pouce & demi de diftance entre les deux endroits où ces lignes paroiffent diftinctes. De forte que quand l'image de la moitié rouge du papier coloré paroît la plus diftinctement, l'endroit du papier blanc où fe peint cette image, doit être éloigné de la lentille d'un pouce & demi de plus que n'en eft éloigné l'endroit du même papier blanc où l'image paroiffoit le plus diftinctement.

Donc à pareilles incidences du bleu & du rouge fur la lentille le bleu eft plus rompu que le rouge; de forte que le bleu converge un pouce & demi plus près de la lentille. D'où l'on doit conclure que le bleu eft plus *Refrangible* que le rouge.

Les Académiciens de l'Inftitut de Bologne ont repeté cette experience, mais d'une façon differente. Ils ont attaché à une grande diftance deux objets diverfement colorés l'un rouge & l'autre bleu; & ils ont trouvé qu'en les regardant l'un & l'autre avec un telefcope, il falloit éloigner l'oculaire du telefcope, pour voir le rouge auffi diftinctement qu'ils avoient vû le bleu. Donc les raïons bleus font plus rompus que les raïons rouges. Donc ils font plus *Refrangibles.*

REG

REGEL. Etoile fixe de la premiere grandeur dans le pied gauche d'Orion.

REGION. Ce mot a trois fignifications; & d'abord on entend par-là les quatre parties cardinales du monde. En fecond lieu les Géographes defignent par ce terme une grande étendue de païs habité par plufieurs Peuples de la même nation, & renfermé dans certaines limites. Enfin en Cofmographie *Région*, qu'on accompagne de l'épithete éthérée, eft cette étendue de l'Univers qui comprend tous les cieux & tous les corps celeftes.

Selon *Ariftote* la *Région* élementaire eft une fphere terminée par la concavité de l'orbe de la lune comprenant l'atmofphere de la terre.

REGLE. Inftrument de Mathématique qui fert à tirer des lignes droites. Une ligne droite étant le plus court chemin entre deux points, il faut que la *Regle* qui doit servir à la tirer, ait cette même propriété, & qu'elle n'ait pas conséquent aucune deviation de la ligne droite. On fait les regles de bois bien sec préferablement au métal & à l'yvoire, parce que le métal sallit le papier, & que l'yvoire non-seulement se courbe, mais encore retient l'haleine de celui qui travaille, ce qui peut contribuer à faire couler l'encre plus aisément & à faire des taches.

REGLE PARALLELE. Instrument qui sert pour tracer des lignes paralleles sur le papier. Il est composé de deux regles attachées l'une à l'autre, de maniere que de quelque façon qu'on les situe, elles sont toujours paralleles l'une à l'autre. On comprend bien que pour se mouvoir ainsi elles sont attachées autour de deux points. La figure 173 (Planche X. doit suffire pour faire comprendre & la construction & l'usage de la *Regle* parallele.

REGLE D'ALLIAGE. *Voïez* ALLIAGE.

REGLE d'AVEUGLE ou DES VIERGES. *Regle* qui ressemble en partie à la regle d'alliage, & en partie à la regle de société. C'est tout ce que je sais de cette *Regle*.

REGLE CENTRALE. C'est ainsi que *Baker* appelle une regle qu'il a découverte pour trouver le centre d'un cercle qui coupe une parabole, de façon que les racines d'une équation cubique se déterminent. Elle comprend la maniere de former toutes les équations cubiques & biquarrées selon la méthode de *Descartes. Baker* a démontré cette *Regle* fort amplement par l'induction dans son Ouvrage intitulé : *Clavis geometrica Cathol.* M. *Wolf* a fait voir de quelle maniere on peut la trouver & la démontrer sans aucun détour. *Elem. Matheseos universæ, Tom. I. Element. Analyst.* Quoique cette *Regle* ait son mérite, on préfere cependant celle de *Slusius* qui conduit à la construction propre des problèmes géometriques. Tout cela est cependant plus curieux qu'utile. (*Voïez* CONSTRUCTION.)

REGLE DE CINQ. C'est une *Regle* d'Arithmétique qui sert à trouver pour cinq nombres un sixiéme, auquel celui du milieu est comme le produit des deux premiers est à celui des deux derniers. Exemple. Si 300 écus donnent dans 2 ans 36 écus de rente, combien en produiront 20000 dans 12 ans ? La solution de ce problême est une *Regle de cinq.* A cette fin, on cherche premierement par la regle de trois (*Voïez* REGLE DE TROIS), combien 20000 écus donnent dans deux ans ; & ensuite de la même maniere combien ils donnent dans 12 ans. Ou encore, puisque 2 fois 300 écus donnent dans un an autant de rente que 300 dans deux ans, & que 12 fois 20000 en donnent autant dans un an que 20000 dans 12 ans, on n'a que cette seule regle de trois à faire. Si deux fois 300, c'est-à-dire 600 écus donnent dans un an 36 écus de rente, combien en donnent 12 fois 20000, c'est-à-dire 240000 dans un an ? Par ce moïen on n'applique qu'une seule fois la regle de trois : ce qui est très-commode, puisque par-là on évite souvent le calcul pénible des fractions. On divise cette *Regle* en *Regle de cinq directe*, & *Regle de cinq inverse*, comme la regle de trois. (*Voïez* REGLE DE TROIS.

REGLE DE COMPAGNIE. *Voïez* COMPAGNIE.

REGLE D'OR. On donne ce nom à la regle de trois par rapport à sa grande utilité. (*Voïez* REGLE DE TROIS.)

REGLE DE PROPORTION. On appelle ainsi en général la regle de trois. Cependant on entend anssi par cette *Regle* toutes celles où l'on trouve quelques nombres qui ont une certaine proportion à d'autres nombres, & où on applique plus d'une fois la regle de trois. Telle est la *Regle de fausse position*, la *Regle de cinq*, la *Regle de compagnie*, &c.

REGLE DE SOCIETE'. *Voïez* SOCIETE'.

REGLE DE TROIS. *Regle* d'Arithmétique, par laquelle on trouve à trois nombres donnés un quatriéme proportionnel. Cependant il faut que les quantités proposées aïent entre elles une véritable proportion géometrique. Autrement on ne peut leur appliquer cette regle. Exemple. Une pierre qu'on laisse tomber descend d'abord lentement, & son mouvement devient toujours plus acceleré à mesure qu'elle s'approche plus du centre de la terre. (*Voïez* CHUTE.) Or si on vouloit déterminer par la *Regle de trois* combien de tems la pierre emploiroit dans une chute de la hauteur de 180 toises, aïant observé qu'elle en a parcouru 60 dans la premiere minute, & en mettant par conséquent 60 toises est à 1 minute, comme 180 toises à un quatriéme, ce quatriéme terme ne seroit point la véritable proportionnelle. En effet, la chute de la pierre ne reste pas toujours proportionnelle. Elle varie selon les hauteurs differentes & même selon la disposition de l'air. Ainsi c'est la premiere chose qu'on doit observer dans la pratique de la *Regle de trois*, que les proportions des quantités auxquelles on cherche un quatriéme proportionnel. Cela posé, je viens à la *Regle.*

2. On divise la *Regle de trois* en *directe* & en *inverse*.

La *Regle de trois directe* est celle où l'on

trouve un nombre qui eſt au ſecond comme le troiſiéme au premier. Exemple. Si 4 quintaux de marchandiſes coutent 3 écus, combien en couteront 32 ? Ici 4 eſt à 32 comme 1 eſt à 8. Il faut donc que 3 ſoit de même contenu 8 fois dans la valeur qu'on cherche ; c'eſt-à-dire, 4 : 32 : : 3 : 24. Ce dernier terme ſe trouve en multipliant les deux termes moïens & diviſant le produit par 4.

Dans la *Regle de trois inverſe*, les termes ne peuvent pas reſter ſelon l'ordre qu'on les a énoncés, mais on doit les changer. Exemple. Si 6 hommes ſont emploïés pour un ouvrage pendant 12 ſemaines, combien d'ouvriers faudra t-il pour finir cet ouvrage en 8 ſemaines ? Au lieu de dire, ſuivant l'énoncé de la queſtion, 6 : 12 : : 8 à un quatriéme terme, il faut dire : Comme 8 ſemaines ſont à 12, ainſi 6 ouvriers au nombre qu'on cherche. Et la *Regle de trois inverſe* n'eſt plus alors qu'une *Regle directe* qu'on réſout comme ci-devant. Auſſi à l'arrangement près, celle-là convient en tout avec celle-ci. Une choſe ſeule les diſtingue. Dans la *Regle de trois directe* ſi le premier terme eſt plus grand que le ſecond, le troiſiéme ſera auſſi plus grand que le quatriéme. Dans la ſeconde au contraire, je veux dire l'inverſe, ſi le premier terme eſt plus grand que le ſecond, réciproquement le troiſiéme terme ſera plus petit que le quatriéme.

On diviſe encore la *Regle de trois en ſimple & compoſée*. La *Regle de trois ſimple* eſt celle que je viens de donner où l'on cherche pour deux ou trois termes, le troiſiéme ou le quatriéme ; & il s'agit dans la *Regle de trois compoſée* de trouver pour cinq termes le ſixiéme. (*Voïez* REGLE DE CINQ.)

REGLES D'ARITHMETIQUE. Les Arithméticiens donnent ce nom à certaines manieres de calculer ſur leſquelles eſt fondée toute l'arithmétique. Les Anciens en comptoient cinq : la *Numération*, l'*Addition*, la *Souſtraction*, la *Multiplication* & la *Diviſion*. Mais comme on ne peut faire d'autre changement dans les nombres que de les augmenter & de les diminuer, & qu'il n'y a que deux manieres poſſibles d'augmentation & de diminution, on ne compte aujourd'hui que quatre *Régles* qui ſont l'*Addition*, la *Souſtraction*, la *Multiplication* & la *Diviſion*. Cependant à le bien prendre il n'y en a que deux. Car la multiplication n'eſt qu'une addition réiterée, & la diviſion n'eſt qu'une ſouſtraction repetée. Cela peut ſe juſtifier en liſant les articles ADDITION, DIVISION, MULTIPLICATION & SOUSTRACTION,

Tome II.

REGULATEUR. Petit reſſort qui tient au balancier d'une montre ; c'eſt le reſſort ſpiral. (*Voïez* RESSORT SPIRAL.)

REGULIER. On donne cette épithete à un ſolide & à une figure en général lorſque les côtés qui la renferment ont une même longueur, & que par conſéquent les angles, formés par les côtés, ſont égaux. Un cube, par exemple, eſt un ſolide régulier, parce qu'il eſt renfermé dans ſix côtés égaux. (*Voïez* FIGURE & POLIGONE.)

REL

RELATION. Ce mot ſignifie le rapport de deux quantités, c'eſt-à-dire combien de fois une quantité contient ou eſt contenue dans une autre, ou combien l'une excede ou eſt excedée par l'autre, & cela en faiſant la comparaiſon des deux quantités ſans une troiſiéme qui en eſt la meſure. C'eſt ce qu'on appelle autrement *Raiſon.* (*Voïez* RAISON.)

REM

REMPART. Terme de Fortification. Elevation ou maſſe de terre qui entoure une ville de tous côtés, pour mettre les maiſons de la Place à couvert de l'attaque de l'ennemi, pour lui fermer l'entrée de la Ville, pour élever ſuffiſamment ceux qui la défendent pour leur faire découvrir la campagne dans toute l'étendue de la portée du canon, & enfin pour les mettre en état de plonger avec avantage dans les travaux des aſſiégeans. Le *Rempart* conſiſte en baſtions & en courtines. Il a un parapet, une banquette, un terreplein, un talut intérieur & extérieur & une berme. Il a auſſi quelquefois une muraille de pierre ; alors on dit qu'il eſt *revêtu*. Les ſoldats font continuellement la garde ſur le *Rempart* ; & on y tient l'artillerie toute prête pour la défenſe de la Place,

La hauteur du *Rempart* eſt d'environ trois toiſes au-deſſus du niveau de la campagne. Son épaiſſeur eſt de 10 à 12 toiſes. Les *Remparts* des demi-lunes doivent être les plus bas ou les plus raſants qu'il eſt poſſible, afin que la mouſqueterie des aſſiégés puiſſe plonger plus avantageuſement dans le fond du foſſé. Cependant on doit les élever aſſez pour commander le chemin couvert,

REN

RENARD. Conſtellation nouvelle ſituée en partie dans la voïe de lait entre le Cigne, l'Aigle & le Dauphin. Elle a été formée par *Hevelius* qui l'a miſe en rang avec les autres dans son *Firmamentum Sobiescianum*, fig. L. Cet Astronome a marqué la longitude & la latitude des étoiles qui lui appartiennent dans son *Prodrom. Astron. pag.* 308.

RES

RESIDU. On donne ce nom dans le calcul à une quantité qui reste lorsqu'une quantité donné est soustraite d'une autre autant de fois qu'un nombre prescrit contient d'unités. Exemple. 2 est le *Résidu* de 24, après que la quantité 6 en est ôtée quatre fois, ou la quantité 4 6 fois ; ou encore lorsque deux ou plusieurs quantités sont soustraites d'une quantité donnée & qu'il en reste quelque chose. En ôtant, par exemple, de 25 les quantités 15 & 8 on a pour *Résidu* 2, &c.

RESISTANCE. C'est l'opposition ou l'obstacle qu'éprouve un corps qui se meut dans un fluide, comme dans l'air, l'eau, l'éther, &c. & qui empêche ou en tout ou en partie, une force de faire l'effet qu'elle produiroit autrement. Cet effet concourt avec la pésanteur des corps à produire la cessation du mouvement des projectiles dans les milieux d'une grande densité, & tels que les corps ne peuvent s'y mouvoir que très lentement. Dans ce cas la *Résistance* est presque comme la vitesse du corps qui les traverse. Mais dans les milieux libres tels que l'eau, l'air, &c. elle est comme le quarré des vitesses. (*Voïez* FLUIDE.)

Wallis est le premier qui a recherché la nature de cette *Résistance*. (*Voïez* les Transactions Philosophiques, N° 186. *pag.* 269.) M. *Newton* a poussé plus loin cette doctrine dans sa *Philos. naturalis principia Mathematica*, Liv. II. Sect. 7. M. *Leibnitz* n'y a pas moins fait de progrès (*Acta eruditorum*, *ann.* 1689, *pag.* 38.) & M. *Varignon* a rendu les découvertes de ces deux Savans beaucoup plus générales. (*Voïez* les Mémoires de l'Académie roïale des Sceences, *ann.* 1707, 1708, 1709, 1710.) Enfin M. *Herman* a traité cette matiere d'une façon toute nouvelle, & il l'a enrichie de plusieurs découvertes dans un bel Ouvrage intitulé : *Phoromonia sive de viribus & motibus corporum*, Liv. II. Ch. 14.

RESISTANCE DES SOLIDES. C'est la résistance qu'oppose un corps solide à une force qui tend à le rompre. *Galilée* est le premier qui a tâché de soumettre cette *Résistance* à des regles ; mais il a eu le malheur d'établir de faux principes. M. *Leibnitz* a corrigé les erreurs de *Galilée* dans les *Actes de Leipsick* de l'année 1684, *pag.* 321 ; & M. *Varignon*

a traité cette matiere plus généralement dans les *Mémoires de l'Académie roïale des Sciences*. Ce que M. *Leibnitz* avoit proposé sur cette matiere, donna occasion à M. *Mariotte* de faire de nouvelles recherches, & à établir un principe plus certain que celui de *Galilée*. Voici le principe de ces deux Savans. Un solide C D E F est enfoncé dans un mur A B (Planche XXXVIII. Figure 273.) & à son extrèmité F est suspendu un poids G. Cela posé, *Galilée* prétend que la longueur F D est comme le bras d'un lévier, & que l'épaisseur C D est comme le contre lévier ; en sorte que si on vouloit séparer une partie qui est en C, & que sa *Résistance* absolue fut de 10 livres, il faudroit que le poids G fut seulement de 2 livres, si la longueur F D étoit 5 fois plus grande que D C. Mais en considerant une autre partie comme I, également distante de C & D il ne faudroit qu'une livre en G ; parce que le lévier seroit alors 10 fois plus grand que le contre-lévier D I. Et comme *Galilée* suppose que la rupture se fait en même-tems dans toutes les parties de C D, dont les unes sont entre D & I & les autres entre I & C ; ce grand homme prétend qu'il faut considerer l'augmentation de la force du poids selon la raison de F D à la moïenne distance D I. Plusieurs experiences que M. *Mariotte* a faites avec des solides de bois & de fer, ont fait connoître que cette regle étoit fausse. Elles ont prouvé qu'il *falloit prendre la raison de F D à une ligne moindre que D I, comme le quart de D C ou le tiers, &c. & non de F D à la moitié de D C.* (Oeuvres de Mariotte. *Traité du mouvement des eaux*, Part. II. Discours 2ᵉ, *pag.* 461. édition de 1740.) M. *Jacques Bernoulli* a fait ensuite des recherches sur cette *Résistance*, qui ont été publiées dans les *Mémoires de l'Académie roïale des Sciences ann.* 1705.

RESOLUTION. Méthode d'invention par laquelle on découvre la vérité ou la fausseté d'une proportion ; sa possibilité ou son impossibilité dans un ordre contraire à celui de la sinthese ou de la composition. Car dans cette méthode analytique, la chose est proposée comme étant déja connue, accordée ou faite, ensuite de quoi on examine les conséquences qu'on peut en tirer, jusques à ce qu'on parvienne à quelque vérité, à quelque fausseté ou à quelqu'impossibilité manifeste, dont la chose proposée est une conséquence nécessaire, & d'où l'on déduit légitimement la vérité ou l'impossibilité de la proposition. Ce qui est donc vrai peut donc se démontrer par une méthode analystique.

Cette méthode de *Résolution* consiste beaucoup plus dans le jugement, la pénétration & la sagacité de celui qui étudie, que dans aucune regle particuliere. Il faut avouer cependant que ceux qui savent l'Algébre & la Géometrie, ont un grand avantage dans toutes les recherches que l'on peut se proposer.

RESSEMBLANCE. C'est cette conformité de caracteres par lesquels les choses sont d'ailleurs distinguées. Exemple. Les caracteres d'un cercle par lesquels il est distingué des autres lignes courbes, sont les suivans. 1°. Il se forme par le mouvement d'une ligne droite autour d'un point fixe. 2°. Une ligne droite tirée d'un côté de la circonference par le centre jusques à l'autre côté de cette même circonference, divise le cercle en deux parties égales. 3°. Toutes les lignes tirées du centre à la circonference sont d'une longueur égale. Or lorsqu'on a ces trois propriétés dans deux ou plusieurs cercles, on dit qu'ils sont semblables, & cette *Ressemblance* fait qu'aucun ne peut être distingué des autres, à moins qu'on ne les compare avec un troisiéme, c'est-à-dire, avec une grandeur qu'on prend pour mesure, & par laquelle on trouve que la ligne droite par le mouvement duquel le cercle se forme, est tantôt courte tantôt longue, & que conséquemment la péripherie peut être tantôt petite, tantôt grande. Les triangles ne peuvent être distingués autrement, que par leurs angles & leurs côtés. Si donc on veut appeller deux ou plusieurs triangles semblables, il faut que chaque angle de chaque triangle équinome soit égal à l'autre, & que les côtés opposés aux angles égaux soient dans une même raison. Lorsque les arcs qui mesurent les angles se trouvent en même raison à leurs péripheries, c'est-à-dire, lorsqu'ils sont des parties égales du tout, il ne reste aucun caractere par lequel ces angles puissent être distingués; par conséquent ils sont égaux. Il en de même à l'égard des lignes droites ou des côtés des triangles, & ils ne peuvent être distingués que par leur raison mutuelle, attendu qu'on peut bien attribuer à un angle sa grandeur & même se l'imaginer; mais qu'on ne sauroit la définir ni la comprendre distinctement. D'où il suit que la raison des côtés équinomes étant la même, les triangles ne peuvent point être distingués par les côtés.

Les Anciens n'ont point eu d'idée distincte de cette *Ressemblance*. C'est pourquoi on a toujours supposé sans démonstration quelques propriétés des triangles semblables, jusques à ce que M. *Wolf* a non-seulement donné une idée distincte des êtres semblables, mais qu'il a fait voir que ce sont ceux qui s'accordent en ce qui les distingueroit autrement. (*Voïez* les *Acta eruditorum de Leipsick de l'an* 1715 *pag.* 214.) Ce Savant a introduit les fondemens de la *Ressemblance* dans toutes les Mathématiques, & principalement dans la Géometrie, & démontré tout ce qui y a du rapport dans ses élemens de Mathématiques imprimés en latin. Cependant ce n'est pas dans les Mathématiques seules que cette notion de la *Ressemblance* est utile: elle est encore applicable à tous les cas des semblables en général.

RESSORT. Lame d'acier entortillée circulairement, & qui par sa force élastique peut donner du mouvement à une machine. Un bon *Ressort* doit être plutôt large qu'épais; parce qu'outre qu'il est difficile de le faire épais, c'est qu'on ne peut gueres lui donner dans cet état un degré convenable de dureté, dont son effet dépend. Il faut avouer aussi qu'il n'est pas moins difficile de traiter une lame mince bien étendue avec un degré égal de chaleur. *Léopold*, dans son *Theatrum Machinarum generale*, *Ch. XXII.* explique fort au long la maniere de durcir les *Ressorts* avec un certain instrument particulier; celle de les teindre en bleu; de les rendre également larges & épais, & de les monter en coquille. M. *s'Gravesande* a fait plusieurs experiences sur la force du *Ressort*, décrites dans ses *Elemens de Physique*, *Tom. I.* On trouve encore des remarques utiles sur ce sujet dans le *Technica curiosa*, *Liv. X. Ch.* 4. On se sert du *Ressort* dans les montres. (*Voïez* FUSÉE & MONTRE.)

RESSORT SPIRAL. Petite lame d'acier tournée spiralement que l'on applique au balancier d'une montre pour en regler les vibrations. (*Voïez* MONTRE.) On doit l'invention ou plutôt l'idée de ce *Ressort* à M. l'Abbé *Hautefeuille*, qui le presenta à l'Académie des Sciences de Paris en 1674. C'étoit un *Ressort* droit, attaché fixement par une de ses extrêmités à la platine de la montre, & dont l'autre bout, qui avoit la liberté d'aller & de venir, gouvernoit le balancier. A cette fin, il étoit mobile sur la circonference & formoit une espece de pendule. Ce *Ressort* ne pouvoit avoir de longueur qu'environ le diametre de la platine. Avec cet arrangement, le balancier n'étoit pas trop bien assujetti. Ses vibrations étoient mal moderées. Aussi M. *Hughens* touché de la beauté de cette idée & de son imperfection, s'attacha à en tirer parti. C'est ce qu'il a fait fort heureusement en formant ce petit *Ressort* en spiral attaché fur la platine par un point, accompagné d'un petit rateau à coulisse qui le regle. L'autre bout eft inferé dans l'arbre du balancier. (*Voïez* l'article ci-deflus cité.)

RESTITUTION ou REVOLUTION DE L'ANOMALIE. C'eft dans l'Aftronomie le retour d'une planete à un point donné de son orbite qu'elle avoit quitté.

R E T

RETICULE. On donne ce nom en Mathématique aux filets qui partagent une pinnule fans lunette & qui fervent à fixer le milieu de l'objet qu'on obferve. On en adapte aufli aux lunettes pour la même fin. Et lorfque ces fils font tellement difpofés qu'on peut déterminer par leur moïen la grandeur de l'objet, on l'appelle *Reticule univerfel*, ou autrement *Micrometre*. (*Voïez* MICROMETRE.)

RETINE. Terme d'Optique. L'une des tuniques de l'œil. C'eft une forte de lacis fort délicat que forment dans l'œil les filets du nerf optique. Cette tunique eft très-mince & très-déliée. Elle reçoit l'impreffion des objets par le moïen des raïons de lumiere, qui partant de chaque point de l'objet & fe brifant dans l'œil, viennent fe peindre fur la *Retine*.

RETROGRADE. On exprime ainfi en Aftronomie un certain mouvement des planetes. C'eft celui d'une planete qui paroît fe mouvoir par fon mouvement propre de l'Orient en Occident, tandis qu'auparavant elle fe mouvoit d'Occident en Orient. *Copernic* a fait voir que les planetes ne nous paroiffent *Retrogrades* que parce que la terre tourne dans un an autour du foleil. Cette *Rétrogradation* proûve même que ce n'eft pas le foleil qui tourne autour de la terre, & fert à confirmer le fyftême de *Copernic*. (*Voïez* Systeme de Copernic.)

   Riccioli a traité bien favamment cette matiere dans fon *Almageftum nov. Liv. VII. Sect. 7. Ch. IV. pag. 655. Copernic* dans fes *Révolutions céleftes, Liv. V. Ch. 36,* & *Kepler* dans fes *Tables Rudolphiennes, Ch. XXIV.* ont donné la maniere de calculer quand une planete doit devenir *Retrograde, Riccioli* l'a rapportée dans fon *Almagefte, pag. 656* & *657.* Ce célebre Hiftorien de l'Aftronomie ancienne a aufli publié dans le même Ouvrage page 648 ce que *Ptolomée* & d'autres Aftronomes, qui ont vêcu avant *Copernic,* ont penfé de la *Rétrogradation* des planetes. Au refte on a remarqué que les trois planetes fuperieures ♃, ♄, ♂, deviennent *Retrogrades* lorfqu'elles font oppofées au foleil; mais que les deux inférieures ♀ & ☿ le deviennent en s'approchant de leur conjonction avec le foleil; & enfin que la planete qui eft plus éloignée de la terre qu'une autre, refte plus longtems *Rétrograde*; quoique dans fa *Rétrogradation* elle parcoure un arc plus court.

R E V

REVERSION ou RETOURS DES SERIES. Méthode de trouver un nombre par fon logarithme donné; un finus par fon arc; l'ordonnée d'une ellipfe par une aire déterminée, que l'on propofe de retrancher en faifant paffer la fection par un point quelconque de l'axe.

REVOLUTION. Terme de Géometrie. C'eft le mouvement d'une figure quelconque autour d'une ligne fixe que l'on nomme axe. (*Voïez* Axe de circonvolution.) Ainfi un triangle rectangle, qui tourne autour de l'un de fes côtés comme axe, engendre un cone par fa *Révolution.* Et pour donner l'exemple d'un cas très-merveilleux, ce que *Toricelli* appelle *Hyperbolium acutum*, eft un corps formé par la révolution d'une aire infinie, quoique ce folide foit fini, ainfi qu'il le démontre lui-même.

Revolution des planetes. C'eft le tems qu'emploïe une planete pour faire le cours du ciel. On l'appelle *Révolution moïenne* lorfqu'on regarde le mouvement moïen, & *Révolution vraie* quand il s'agit du vrai mouvement. On nomme encore ces *Révolutions* périodes des planetes. *Kepler* les détermine de la maniere fuivante. (*V.* encore PLANETE.)

R E V O L U T I O N S.

♄	29 ans,	174 jours,	4 heures,	58′,	25″,	30‴
♃	11	317	14	49	31	56
♂	1	321	23	31	56	49
☉	0	365	5	48	57	39
♀	0	224	17	44	55	14
☿	0	87	23	14	24	0

RHO

RHOMBE. Quadrilatere qui a ſes côtés égaux entre eux , & non les angles.

RHOMBOIDE. C'eſt un quadrilatere qui a les angles & les côtés oppoſés égaux.

ROB

ROBINET. Inſtrument avec lequel on peut ouvrir & fermer à volonté des tuïaux, ou d'autres vaſes. On en fait uſage dans la machine pneumatique, dans les fontaines, &c. (*Voïez* MACHINE PNEUMATIQUE & FONTAINE.)

ROM

ROMAIN. Ordre Romain. *Voïez* ORDRE.

ROMAINE. On caracteriſe ainſi en Mécanique une balance avec laquelle on peut peſer des choſes de differente péſanteur avec un ſeul poids. (*V.* BALANCE.) On prétend que cette balance vient des anciens Romains, parmi leſquels elle a été en uſage. Cependant *Wallis* dans ſa *Mécanique, Part. I. Ch. III. Prop. 25. (Wallis Op. T. I.)* rapporte une raiſon de ſa dénomination, qu'il tenoit de *Pocock*, Profeſſeur des langues Orientales à Oxfort. Celui-ci a vû à Conſtantinople, où le peſon c'eſt-à-dire la *Romaine* eſt d'un uſage fort commun, a vû, dis-je, que le poids étoit en forme de grenade, & dit qu'on y appelle le peſon *Rommana*, parce que les Arabes donnent à la pomme de grenade le nom de *Roman*. De-là M. *Wallis* conclud que le nom de *Romana* ou *Romaine* pourroit bien en avoir tiré ſon origine. Cela paroît aſſez fondé.

ROS

ROSE DE VENT. Partie d'une bouſſole ſur laquelle ſont tracés les 32 vents, & au-deſſus de laquelle l'aiguille aimantée eſt ſuſpendue. (*Voïez* BOUSSOLE & AIGUILLE AIMANTÉE.) C'eſt un cercle qui repreſente l'horiſon & qui eſt diviſé en 32 parties égales, ſemblables à celles dont on diviſe ce grand cercle de la ſphere du monde. Ces parties ont ſur l'Océan les noms ſuivans.

NOM DES RUMBS DE VENT
SUR L'OCEAN.

1 *Nord.*
2 Nord-quart de Nord-Eſt.
3 Nord Nord-Eſt.
4 Nord Eſt quart de Nord.
5 *Nord-Eſt.*
6 Nord-Eſt quart d'Eſt.
7 Eſt-Nord-Eſt.
8 Eſt quart de Nord-Eſt.
9 *Eſt.*
10 Eſt quart de Sud-Eſt.
11 Eſt-Sud-Eſt.
12 Sud-Eſt quart Eſt.
13 *Sud-Eſt.*
14 Sud-Eſt quart de Sud.
15 Sud-Sud-Eſt.
16 Sud quart de Sud-Eſt.
17 *Sud.*
18 Sud quart de Sud-Oueſt.
19 Sud-Sud-Oueſt.
20 Sud-Oueſt quart de Sud.
21 *Sud-Oueſt.*
22 Sud-Oueſt quart d'Oueſt.
23 Oueſt-Sud-Oueſt.
24 Oueſt quart de Sud-Oueſt.
25 *Oueſt.*
26 Oueſt quart de Nord-Oueſt.
27 Oueſt-Nord-Oueſt.
28 Nord-Oueſt quart d'Oueſt.
29 *Nord-Oueſt.*
30 Nord-Oueſt quart de Nord.
31 Nord-Nord-Oueſt.
32 Nord quart de Nord-Oueſt.

Ces 32 airs de vent ſe marquent ſur un cercle diviſé en 32 parties, ce qui forme la *Roſe de vent.* On ſe contente pour cela d'écrire les quatre premieres lettres N. S. E. O. pour les vents principaux. Et on met la fraction $\frac{1}{4}$ pour exprimer les noms de tous ces rumbs de vent. Les lettres initiales & les fractions qui y ſont jointes, dans la *Roſe* repreſentée par la figure 509. (Plan. XVIII.) doivent s'expliquer ainſi.

1	N . . .	Nord.
2	N $\frac{1}{4}$ N E	*Nord quart de Nord-Eſt.*
3	N. N E	*Nord-Nord-Eſt.*
4	N E $\frac{1}{4}$ N	*Nord-Eſt quart de Nord.*
5	N E . .	Nord-Eſt.
6	N E $\frac{1}{4}$ E	*Nord-Eſt quart d'Eſt.*
7	E. N E	*Eſt Nord-Eſt.*
8	E $\frac{1}{4}$ N E	*Eſt quart de Nord-Eſt.*
9	E . . .	Eſt.
10	E $\frac{1}{4}$ S E	*Eſt quart de Sud-Eſt.*
11	E. S E	*Eſt Sud-Eſt.*
12	S E $\frac{1}{4}$ E	*Sud-Eſt quart d'Eſt.*
13	S E . . .	Sud-Eſt.
14	S E $\frac{1}{4}$ S	*Sud-Eſt quart de Sud.*
15	S. S E	*Sud-Sud-Eſt.*
16	S $\frac{1}{4}$ S E.	*Sud quart de Sud-Eſt.*
14	S . . .	Sud.
18	S $\frac{1}{4}$ S O	*Sud quart de Sud-Oueſt.*
19	S. S O	*Sud-Sud-Oueſt.*
20	S O $\frac{1}{4}$ S	*Sud-Oueſt quart de Sud.*
21	S O . . .	Sud-Oueſt.
22	S O $\frac{1}{4}$ O	*Sud-Oueſt quart d'Oueſt.*
23	O. S O	*Oueſt Sud-Oueſt.*

24	O¼SO	*Ouest quart de Sud-Ouest.*
25	O . . .	*Ouest.*
26	O¼NO	*Ouest quart de Nord-Ouest.*
27	O . NO	*Ouest-Nord-Ouest.*
28	NO¼O	*Nord-Ouest quart d'Ouest.*
29	NO . . .	*Nord-Ouest.*
30	NO¼N	*Nord-Ouest quart de Nord.*
31	N . NO	*Nord-Nord-Ouest.*
32	N¼NO	*Nord quart de Nord-Ouest.*

Sur la Méditerranée on connoît ces vents
fous ces noms.

NOM DES RUMBS DE VENTS
SUR LA MEDITERRANE'E.

1 *Tramontane.*
2 La quarte de Tramontane au Grec.
3 Grec & Tramontane.
4 La quarte du Grec à Tramontane.
5 *Grec.*
6 La quarte du Grec au Levant.
7 Grec & Levant.
8 La quarte du Levant au Grec.
9 *Levant.*
10 La quarte du Levant à l'Isseroc.
11 Levant Isseroc.
12 La quarte de l'Isseroc au Levant.
13 *L'Isseroc.*
14 La quarte de l'Isseroc au Mi-jour.
15 Mi-jour Isseroc.
16 La quarte du Mi-jour à l'Isseroc.
17 *Mi-jour.*
18 La quarte du Mi-jour au Labech.
19 Mi-jour & Labech.
20 La quarte de Labech au Mi jour.
21 *Labech.*
22 La quarte du Labech au Ponant.
23 Ponant & Labech.
24 La quarte du Ponant au Labech.
25 *Ponant.*
26 La quarte du Ponant au Meiftre.
27 Ponant & Meiftre.
28 La quarte de Meiftre au Ponant.
29 *Meiftre.*
30 La quarte de Meiftre à Tramontane.
31 Meiftre & Tramontane.
32 La quarte de Tramontane au Meiftre.

2. La *Rose des vents* étoit connue des Anciens Les Grecs faifoient une figure qu'ils
appelloient *Schema* qui contenoit la fituation des airs de vent, leur nom, & ils s'en
fervoient pour fituer les rues des Villes afin
que les vents ne les incommodaffent
point. Comme ils ne connoiffoient point
l'aiman, ils orientoient leur *Rose* par l'ombre d'un ftile élevé au milieu de la *Rose*
expofée au foleil. Et voici comment *Vitruve*
nous apprend qu'ils procedoient.

Sur une table bien unie les Grecs élevoient à fon centre A (Planche XVIII. Figure 510.) un ftile, & remarquoient le point
d'ombre qu'il donnoit avant midi tel que
B. Aïant levé le ftile ils traçoient avec un
compas, un cercle, dont le raïon étoit A B.
Le ftile remis ils attendoient que l'ombre
décrût & qu'enfuite recommençant à croître,
elle devînt pareille à celle de devant midi,
c'eft-à-dire, qu'elle touchât la circonference
du cercle comme en C. De ces deux points
ainfi trouvés B & C, on décrivoit enfuite
avec le compas deux lignes qui s'enttecou-
poient en un point D. Alors le ftile n'étoit
plus néceffaire. Les Grecs appliquoient fur
les points A & D une regle : c'étoit la méridienne. On avoit ainfi le Nord & le Sud.
Après cela, ils prenoient avec le compas la
feiziéme partie du cercle ; & mettant une
branche au point E, ils marquoient avec
l'autre branche à droite & à gauche les points
G & H. La même opération du côté du
Nord ou du point F donnoit les points
I & K. Il ne reftoit plus qu'à divifer les
arcs H K & G I : ce qu'ils faifoient en les
partageant en 3 parties égales. La circonférence du cercle étoit donc compofée de
huit efpaces égaux.

La *Rose* ainfi faite les Grecs écrivoient le nom
des vents comme on le voit en la figure 511,
(Plan. XVIII.) & ils mettoient un équerre
aux angles de l'octogone, pour marquer l'a-
lignement des rues, & afin de les placer
de façon qu'aucune ne fût enfilée par aucun
vent qu'ils connuffent. (*Architecture de Vitruve, L. I. pag.* 27. de la Traduction de
M. *Perrault.*)

ROSE'E. Méteore aqueux. Petites goutes d'eau
qui tombent le matin fur la terre, & qui
font formées d'une legere vapeur. Les Phyficiens ont remarqué que la *Rofée* ne tombe
que dans les tems les plus calmes & les plus
ferreins. Il y a alors dans l'air une quantité
de parties d'eau très-fubtiles, qui y flotent
en forme de vapeur. Mais après s'être
élevées à une certaine hauteur, elles s'a-
maffent & retombent en gouttes infenfi-
bles, qui s'attachent ordinairement aux
feuilles des plantes & fe convertiffent là en
eau. Cela arrive prefque toujours peu avant
le lever du foleil ; parce que l'air fe trouvant
alors plus condenfé, les vapeurs fe joignent
& forment des goutes plus pefantes que la
colonne du fluide qui les foutient : c'eft ce
qui fait qu'elles tombent.

On prétend que la *Rofée* contient plufieurs œufs d'infectes, & qu'étant putrifiée au
foleil ces œufs éclofent, & les infectes fe
développent. Quand la *Rofée* a été évapo-

éle-
igu-
oint
que
c un
A B.
nbre
être,
nidi,
ence
oints
fuite
cou-
étoit
fur
mé-
Sud.
as la
une
avec
oints
é du
oints
les
n les
onfé-
e de

nom
511.
uerre
er l'a-
lacer
ucun
e *Vi-*
on de

d'eau
& qui
Phy-
ombe
s plus
antité
otent
s'être
s s'a-
fenfi-
aux
là en
avant
uvant
gnent
que la
'eft ce

t plu-
fiée au
tes fe
évapo-

rée à ficcité, broïée, calcinée & filtrée plufieurs fois, elle fe réduit en un fel blanc & menu, qui a des angles pareils en nombre & en figure à ceux du falpêtre.

R O U

ROUE A FEU. *Terme de feu d'artifice.* C'eft une *Roue* préparée d'une façon particuliere qui tourne fort vite & qui vomit du feu. (*Voïez* SOLEIL.)

ROUE DANS SON AISSIEU. Machine compofée d'une roue attachée par les raïons à un cilindre ou rouleau que l'on nomme *Treuil*, & qui eft appuïé par les extrèmités. La puiffance eft ordinairement appliquée à la circonference de cette *Roue* qu'elle fait tourner par le moïen de plufieurs chevilles perpendiculaires à fon plan. Le poids eft attaché à une corde qui tourne autour du treuil. Telle eft l'effet ou la propriété de cette machine.

Si une puiffance F (Planche XLIII. Figure 275.) foutient un poids en équilibre par le moïen d'une *Roue*, & que la puiffance agiffe par une direction F L ou E D tangente à la *Roue*. *La puiffance eft au poids comme le raïon* C M *du treuil eft au raïon* C L *ou* C D *de la Roue.* Car L C M eft un lévier droit, & D C M eft un lévier coudé qui a fon point d'appui au centre, & dont la puiffance eft au poids en raifon réciproque des bras C L, C M du lévier. (On trouvera à l'article POULIE tout ce qui étoit renvoïé à cet article pour le frottement.)

ROUE D'ARISTOTE. On appelle ainfi la confidération d'une *Roue* qui fe meut le long d'un plan, jufques à ce qu'elle ait fait une révolution entiere; car alors fon centre aura décrit une ligne égale à celle de la circonférence de la *Roue.*

ROUE DE BRANLE. *Roue* fur fon effieu garnie de gros poids à fa peripherie, de façon que moïennant la force réunie, elle foit en état en cas de défaut de force dans la machine, de la conferver dans un mouvement égal. Les meilleures *Roues de branle* font des difques ronds bien minces & fort lourds. Plus ces difques font petits, plus le mouvement eft rapide, *& vice verfâ.* Ainfi fuivant l'ufage qu'on veut faire de ces *Roues* on leur donne un grand ou un petit diametre.

ROUE DE CHAMP. C'eft dans les montres une *Roue* qui eft proche de la couronne, & dont la pofition des dents & de la circonference eft contraire à celle des autres *Roues.* (*Voïez* MONTRE.)

ROUE DE RENCONTRE. *Roue* fuperieure d'une montre, qui par fon mouvement fait agir le balancier. (*Voïez* MONTRE.)

ROUES DENTE'ES. *Roues* compofées de dents qui engrainent dans des pignons. Cela forme une machine compofée qui fert à élever de grands fardeaux; car on démontre que *le rapport de la puiffance au poids, eft comme le produit des raïons des pignons au produit des raïons des Roues.* En effet, dans chaque *Roue* & fon pignon, la puiffance eft au poids comme le raïon de la premiere *Roue* eft au raïon du pignon. (*Voïez* ROUE DANS SON AISSIEU.) Ainfi chaque roue donnant ce produit, le rapport de la puiffance fera au poids comme le produit des pignons au produit des raïons des *Roues,* ainfi que je viens de l'établir. On voit par-là combien une machine de *Roues dentées* peut augmenter l'effort d'une puiffance. En ne la fuppofant compofée que de cinq *Roues* telle qu'elle eft répréfentée dans la figure 588. (Pl. XLIII.) dont les raïons foient à ceux des pignons dans lefquels elles engrainent, comme : à 12, l'effort de la puiffance fera augmenté de 248832 produit de tous les raïons. Un homme qui voudra élever un poids par le moïen de cette machine fera un effort de 12441600 produit de 50, force ordinaire d'un homme, par 248832. De quel effort n'eft-on donc pas capable avec les *Roues dentées* en les multipliant, en en mettant 10, 12, &c. Il eft fâcheux qu'on perde en tems ce qu'on gagne en force : mais c'eft une loi de la nature de laquelle il ne nous eft permis ni de nous plaindre, ni de nous affranchir. Qu'*Archimede* avoit bien raifon de dire : *Da mihi punctum terram movebo!* (*Voïez* LEVIER.)

R U M

RUMB DE VENT. Ligne qui reprefente fur le globe terreftre, fur la bouffole & fur les cartes marines un des 32 vents. Quelques Navigateurs définiffent un *Rumb,* l'angle que fait la route d'un Vaiffeau avec le méridien du lieu où il eft. Dans ce fens le complement d'un *Rumb* eft l'angle fait avec un parallele quelconque à l'équateur par la ligne du cours du Vaiffeau. Cependant en général par *Rumb* on entend en terme de Pilotage, une des pointes de la bouffole, qui comprend 11° $\frac{1}{4}$ ou la 32ᵉ partie de la circonference de l'horifon. Dans les cartes réduites, les *Rumbs* font reprefenrés par des lignes droites. (*Voïez* CARTE MARINE.) Voici quelques propofitions à ce fujet qui font très-utiles dans le Pilotage.

1°. Si les méridiens P A, P B, P C, &c.

(Planche VI. Figure 277.) font à une petite diftance l'une de l'autre, alors le *Rumb* A I H G fe trouve divifé en parties égales AI, IH, GH, par les parallèles L E, M F, NG, &c. à égales diftances BI, H K, G F l'une de l'autre. Cela eft évident à caufe que les angles B, K, F étant droits, & les angles AIB, I HK, H G F étant égaux, les arcs AB, B C, C D étant d'ailleurs fort petits, les triangles AIB, IHK, G HF, peuvent être pris pour des triangles rectilignes égaux.

2°. La longueur de la ligne de *Rumb* A G eft à la différence de latitude G D, prife en même mefure comme le raïon eft au co-finus de la route ou de l'angle P A G. Car dans les triangles AI B, IHK & G HF, le raïon eft au finus des angles B.A I, K I H, F G H, c'eft-à-dire, au co-finus de la route P A G, ou P I G, ou P H G, comme les parties de la ligne de *Rumb* AI, IH, GH, font aux parties I B, KH, GF de la différence de la latitude. C'eft pourquoi A I + I H + G H, c'eft-à-dire la ligne de *Rumb* A G eft à I B + KH + GF ou D G, comme le raïon eft au co finus de la route.

3°. La longueur de la ligne de *Rumb* A G eft à la fomme des bafes des petits triangles rectilignes, favoir A B + I K + H F, comme le raïon eft au finus de l'angle G A P ou de la route. En effet, par la démonftration précedente, il eft évident que le raïon eft au finus de la route comme A I eft à A B, comme I H eft à I K, comme G H eft à H F. C'eft-à-dire, que A I + I H + G H (A G) eft à A B + I K + H F, comme le raïon eft au finus de la route.

4°. La différence de latitude D G eft à la fomme A B + I K + H F, comme le raïon eft à la tangente de la route P A G ou A I B. Cette vérité fe déduit de la démonftration du fecond article, où il eft établi que le raïon eft à la tangente de la route A I B, comme I B eft à A B, comme H K eft à K I, comme G F eft à F H. Donc le raïon eft à la tangente de la route, comme I B + H K + G F (G D) eft à A B + I K + H F.

5°. La fomme des parties A B + I K + H F eft une moïenne proportionnelle entre A G + G D & A G — G D. Car $\overline{AI}^2$ — $\overline{IB}^2 = \overline{AB}^2$. Ainfi A I + I B : A B : : A B : A I — I B. Et comme on prouvera de la même manière que I H + H K : I K : : I K : I H — H K ; & que d'ailleurs G H + G F : H F : : H F : G H — G F, on aura cette proportion : A I + I H + H G + I B + H K + G F, eft à A B + I K + H F, comme A B + I K + H F eft à A I + I H + H G — I B — H K — G F ; c'eft-à-dire, A G + G D : A B + I K + H F : : A B + I K + H F : A G — G D.

S.

SAG

AGITTAIRE. Nom de la neuviéme conſtellation du zodiaque. On y compte 31 étoiles, (*Voïez* CONSTELLATION) dont la longitude & la latitude ſont marquées dans le *Prodrom. Aſtronom.* d'*Hevelius*, *pag.* 299. Cet Aſtronome donne la figure de la conſtellation même dans ſon *Firmamentum Sobieſcianum*, fig. K k, ainſi que *Bayer* dans ſon *Uranometria*, figure F f.

Selon la tradition des Poetes, le *Sagittaire* eſt *Crotus*, fils d'*Euphemene*, grand chaſſeur, bon cavalier & habile Poete. *Jupiter* aïant voulu exprimer ſes qualités dans un même ſujet, l'a changé moitié en cheval & la tranſporté dans les cieux parmi les aſtres, armé d'un arc & d'une fleche. *Schiller* donne à cette conſtellation le nom de St Mathieu l'Apôtre; *Hartsdoffer* celui d'Iſmael, & *Veigel* en forme la croix des armes de Treves. Les autres noms de cette conſtellation ſoit latins ou grecs, &c. ſont, *Arcitenens*, *Arcus*, *Capellæ Telum*, *Centaurus*, *Chiron*, *Croton* ou *Crotus*, *Elkauſa*, *Elciſu*, *Eumenes*, *ἱππογης*, *Philirides*, *Sagitta armi applicata*, *Sagitti potens*, *Semi-vir*, *Theſſalicæ ſagittæ*.

SAGMA. Etoile de la cinquiéme grandeur au bas de l'aîle du Pégaſe. Quelques Aſtronomes la nomment *Salma*.

SAI

SAILLIE. Terme d'Architecture Civile. C'eſt la meſure ou la diſtance de laquelle une partie d'un Ordre & chaque membre en particulier s'avance ſur l'autre en comptant depuis l'axe. Les *Saillies* des membres ſont proportionnées à leur hauteur, excepté dans les plate-bandes, auſquelles on donne pour *Saillie* la hauteur du liteau, & excepté encore la plate-bande qui eſt une partie eſſentielle de la corniche & qui a toujours une *Saillie* extraordinaire,

Tome II.

SAP

SAPE. Anciennement on entendoit par ce mot un creux fait au pied d'un ouvrage pour le renverſer. Aujourd'hui la *Sape* ſignifie une tranchée profonde que l'on fait en terre en la coupant par degrés de haut en bas; de ſorte qu'elle ne couvre les hommes que de côté. Ainſi pour ſe mettre à couvert par en haut, on ſe ſert de claïes couvertes de terre ou de bon madriers, &c. Voici comment ce travail ſe conduit. L'ouvrage étant tracé & les Sapeurs inſtruits du chemin qu'ils doivent tenir, on garnit la tête de gabions, faſcines, ſacs à terre, &c. On perce enſuite la tranchée par une ouverture que les Sapeurs font à l'endroit qui leur eſt indiqué. Après cela le Sapeur qui eſt à la tête commence à faire place pour le premier gabion, qu'il poſe ſur ſon plan, & qu'il arrange avec un croc, une fourche, de façon que la pointe des piquets des gabions, débordant le ſommet, puiſſe tenir les faſcines dont on la charge. L'aïant enfin rempli de terre, en ſe tenant un peu en arriere pour ne pas ſe découvrir, le même Sapeur poſe un ſecond gabion ſur le même alignement, qu'il arrange & remplit comme le précedent. Vient un troiſiéme, un quatriéme, &c. Cependant ce Sapeur creuſe la *Sape* 1 pied ½ de large ſur autant de profondeur, laiſſant une berme de 6 pouces au pied du gazon, & formant un talut du même côté. Le ſecond reprend ce travail. Il élargit ces 6 pouces & creuſe autant en profondeur: ce qui donne deux pieds en largeur & en hauteur. Le troiſiéme & quatriéme Sapeurs creuſent chacun d'un demi pied & élargiſſent d'autant, & réduiſent la *Sape* à trois pieds de prondeur & autant de largeur par le haut; ce qui eſt la meſure qu'on donne à la *Sape*. (*Voïez* le *Traité de l'Attaque & la Défenſe des Places*, par M. *De Vauban, Ch. VII.*)

SAR

SARTAI. Nom des trois étoiles notables qui

C c c

font aux cornes & à la tête du Bélier. Quelques Aftronomes les nomment *Mefartain*.

S A T

SATELLITES. Les Aftronomes appellent ainfi des planetes, qui fervent pour ainfi dire de gardes perpétuels aux planetes principales autour defquelles elles font leur révolution. Ainfi la lune peut être appellée le *Satellite* de la Terre, & les autres planetes les *Satellites* du foleil : mais on n'entend par ce mot que certaines petites planetes découvertes depuis peu de tems, & qui font leur révolution, les unes autour de Jupiter & les autres autour de Saturne. Je vais faire connoître ces planetes dans deux articles, le premier pour celles de Jupiter, le fecond pour celles de Saturne.

SATELLITES DE JUPITER. Ce font quatre petites planetes qui tournent autour de Jupiter. *Simon Marius* en fit la découverte en 1609 fur la fin de Novembre. Il les prit d'abord pour de petites étoiles jufqu'à ce qu'il s'apperçût enfin qu'elles s'avançoient avec Jupiter, & qu'elles changeoient elles-mêmes de place à l'égard de cette planete. S'étant bien affuré que c'étoient des *Satellites*, c'eft-à-dire des compagnes de Jupiter,

il commença à mettre en écrit fes obfervations, comme il le rapporte lui-même dans la Préface de fon *Mundus Jovialis*, publié à Nuremberg l'an 1614 *in-quarto*. *Galilée* les obferva de même le 7 Janvier l'an 1710. Ce grand Mathématicien ne fut pas fi lent à annoncer fa découverte que l'avoit été *Marius*. Il l'a publia la même année dans fon *Nuncius Sidereus* imprimé à Florence *in-quarto*. Et c'eft à la perfection des telefcopes qu'on doit la connoiffance de ces petites planetes. M. *Caffini* aïant fait plufieurs obfervations avec beaucoup d'exactitude, a trouvé que le premier *Satellite* tourne autour de Jupiter dans un jour, 18 heures, 28 minutes, 36 fecondes; le fecond dans 3 jours, 13 heures, 18 minutes; le troifiéme dans 7 jours, 3 heures, 59 minutes, 40 fecondes; & le quatriéme dans 16 jours, 18 heures, 5 minutes, 6 fecondes. *Galilée* & *Marius* ont déterminé leur diftance de Jupiter. Celle du premier eft de trois diametres de cette planete; le fecond de 5; le troifiéme de 8, & le quatriéme de 14 felon *Galilée*, & de 13 fuivant *Marius*. Toutes ces obfervations, ces mefures ont été déterminées & recherchées par plufieurs Aftronomes. En voici le réfultat en trois Tables.

Tems périodiques ou durée des révolutions des Satellites de Jupiter fuivant CASSINI.

Du premier	1 jour,	18 heures,	27 minutes,	34 fecondes.
Du fecond	3	13	13	42
Du troifiéme	7	3	42	36
Du quatriéme	16	16	32	9

Tems périodiques ou durée des révolutions des Satellites de Jupiter fuivant NEWTON.

Du premier	1 jour,	18 heures,	28 minutes,	36 fecondes.
Du fecond	3	13	17	54
Du troifiéme	7	3	59	36
Du quatriéme	16	18	5	12

TABLE DES DISTANCES DES SATELLITES DE JUPITER
A CETTE PLANETE, SUIVANT LES PLUS CELEBRES ASTRONOMES, EN DEMI-DIAMETRE DE JUPITER.

NOM DES ASTRO-NOMES.	1ᵉ SATELLITE.		2ᵉ SATELLITE.		3ᵉ SATELLITE.		4ᵉ SATELLITE.	
Galilée & Marius ..	3		5		8		14	
Caffini	5		8		13		23	
Borelli . . .	5	$\frac{2}{3}$	8	$\frac{2}{3}$	14		24	$\frac{2}{3}$
D Townley avec un micrometre . .	5	51	8	78	13	47	24	72
Flamftéed avec un micrometre . . .	5	31	8	85	13	98	24	23
Le même par les éclipfes des Satel-lites	5	578	8	876	14	159	24	903
Par leurs tems pé-riodiques . . .	5	578	8	878	14	168	24	968

Selon M. *Flamftéed*, quand Jupiter eft éloigné de 90 degrés du foleil, la diftance de fon premier *Satellite* à fon limbe le plus woifin dans le tems qu'il eft éclipfé, eft égale à un demi-diametre de Jupiter ; celle du fecond eft égale à prefque tout le diametre; celle du troifiéme à trois demi-diametres, & celle du quatriéme à cinq demi-diametres ou à quelque chofe de plus quand la parallaxe de l'orbe eft la plus grande : mais ces quantités diminuent à mefure que cette planete approche un peu de fa conjonction ou de fon oppofition avec le foleil, & cela à peu près proportionnellement aux finus. (*Philof. Tranfact.* N° 154.)

On fait ufage des *Satellites* de Jupiter pour déterminer les longitudes. (*Voïez* LONGITUDE.) Ainfi elles font d'une grande utilité dans la Géographie. (*Voïez* les *Obfervations Phyfiques Mathématiques* du P. *Feuillée.*) Les *Satellites* fervent encore à connoître la nature du corps de Jupiter; d'où l'on conclud qu'elles ont les mêmes propriétés que lui. *Marius* nomme le premier *Satellite* le *Mercure de Jupiter*; le fecond la *Venus de Jupiter*; le troifiéme le *Jupiter de Jupiter*, & le quatriéme le *Saturne de Jupiter*. *Galilée* leur a donné le nom d'*Aftres de Medicis* à l'honneur du Grand Duc de Tofcane dont il étoit Mathématicien.

SATELLITES DE SATURNE. Petites planetes qui tournent autour de Saturne. Elles font au nombre de cinq, & on ne peut les appercevoir qu'avec de grands telefcopes. M. *Caffini* en a découvert 4 au mois de Mars de l'année 1684, il découvrit le premier &

le deuxiéme par le moïen d'objectifs de 70, 90, 100, 136, 155, & 220 pieds. Il obferva que celui-là n'étoit jamais éloigné de l'anneau de Saturne d'une quantité plus grande que les $\frac{2}{5}$ de la longueur apparente du même anneau; & il trouva qu'il faifoit fa révolution autour de Saturne en 1 jour, 21 heures, 19 minutes, étant deux fois en conjonction avec Saturne en moins de deux jours; l'une dans la partie fuperieure de fon orbe; l'autre dans fa partie inferieure, & détermina fa diftance au centre de Saturne à quatre demi diametres & $\frac{1}{8}$ de cette planete.

Cet Aftronome célebre trouva enfuite que le fecond *Satellite* de Saturne eft éloigné de fon anneau des $\frac{1}{4}$ de la longueur de ce même anneau; qu'il fait fa révolution au tour de cette planete en 2 jours, 17 heures 43 minutes; que fa diftance au centre de Saturne eft égale à 5 demi-diametres & $\frac{1}{7}$ de cette planete. Après un grand nombre d'obfervations très-recherchées, M. *Caffini* conclud, que le rapport de la digreffion du fecond *Satellite* à celle du premier eft comme 22 à 17 en comptant du centre de Saturne. Enfin il reconnut que le tems de la révolution du premier eft au tems de la révolution du fecond comme 24 $\frac{3}{4}$ eft à 17.

Le troifiéme *Satellite* de Saturne en eft éloigné d'une diftance égale à 8 demi-diametres de cette planete autour de laquelle il tourne dans l'efpace d'environ 4 jours & $\frac{1}{2}$. Le même Obfervateur l'a découvert en 1672 avec un telefcope de 35 pieds.

En 1655. le 25 Mars M. *Hughens* découvrit le quatriéme qui tourne dans l'espace d'environ 16 jours ; & qui est éloigné de son centre d'environ 18 demi-diametres de cette planete principale. Et le cinquiéme fut apperçû par M. *Cassini* vers la fin d'Octobre en 1671 avec un telescope de 17 pieds. Ce *Satellite* est éloigné du centre de Saturne d'une distance égale à 54 demi-diametres de Saturne, autour duquel il fait sa révolution en 79 jours.

Tout le résultat de cette théorie des *Satellites de Saturne* est adopté par les Astronomes, excepté celui du quatriéme *Satellite*. M. *Halley* a donné une correction de la théorie du mouvement de celui-ci dans les *Transactions Philosophiques*, N° 145. De-là il suit, 1°

Premier Satellite,	1 jour,	21 heures,	19 minutes.
Second Satellite,	2	17	43
Troisiéme Satellite,	4	12	27
Quatriéme Satellite,	15	23	15
Cinquiéme Satellite,	79	22	0

SATURNE. C'est le nom de la plus éloignée de toutes les planetes. Elle paroît aussi la plus petite & la plus foible. Elle fait le tour du ciel dans environ 30 ans. Les Astronomes n'ont pû d'abord découvrir la figure de cette planete, qui paroissoit sous differentes formes, quoiqu'on l'observât avec de bons telescopes. (Voïez *Riccioli Astronomia reformata*, & le Traité intitulé : *De Saturni nativa facie*.) *Hevelius* rapporte, dans l'Ouvrage que je viens de citer, les figures de cette planete sous lesquelles on la representoit. Aussi avoit-elle plusieurs noms différens tels que *Saturnus Ellipiico-Ansatus*, *Sphærico-Ansatus*, *Sphærico Cuspidatus*, *Tricorporeus*, *Triphæricus*. Mais M. *Hughens*, muni d'excellens telescopes l'aïant observée pendant long-tems avec beaucoup de soin, trouva qu'elle paroissoit quelquefois sphérique comme les autres planetes, & qu'elle étoit traversée d'une zone opaque. De là on conclud qu'elle étoit ronde. (*Saturnus rotundus*.) En d'autre tems elle avoit comme deux bras lumineux qui sembloient attachés à ses côtés, ou avoir passé avant la zone opaque. Ces bras lui étoient appliqués en ligne droite & se terminoient en pointe, pendant que la zone opaque étoit un peu plus élevée au-dessus des bras : ce qui fit appeller cette planete *Saturnus brachiatus*. Enfin le même Astronome, M. *Hughens*, observa que ces bras se fendoient ; qu'ils changeoient en deux anses, & que la zone étoit opaque au-dessous de la partie inferieure des anses, & cette planete est alors *Saturnus ansatus*. Il remarqua encore qu'on pouvoit observer les étoiles fixes entre les anses

que le vrai tems de sa révolution est de 15 jours, 22 heures, 41 minutes, 6 secondes ; 2° que son mouvement journalier est de 22°, 34', 38", 18''' ; 3° que sa distance au centre de Saturne est d'environ 4 diametres de l'anneau, ou 9 diametres du globe de cette planete ; 4° qu'il se ment dans un plan qui differe peu ou peut-être point du tout de celui de l'anneau, c'est-à-dire, qu'il coupe l'orbe de Saturne en faisant un angle de 23 degrés ½, de maniere qu'il est presque parallele à l'équateur de la terre.

Je terminerai cet article par une Table des tems périodiques des *Satellites* de Saturne, suivant les observations & le calcul de M. *De Cassini*, adopté par M. *Newton*.

& le corps de *Saturne*. De cette derniere observation M. *Hughens* conclud qu'il doit y avoir un autre corps opaque par lui-même & par tout également éloigné du corps de Saturne, qui se meut autour de cette planete. (*Voïez* ANNEAU DE SATURNE.) Voici tout le résultat de cette théorie.

1°. Le corps de *Saturne* est à celui de la terre environ comme 30 à 1.

2°. Le tems périodique de la révolution de *Saturne* autour du soleil, est d'environ 30 années ou de 10950 jours.

3°. Le demi-diametre de l'orbite de *Saturne* est presque aussi grand que celui du grand orbe. Ainsi il contient 473484645 lieues moïennes de France.

4°. Suivant M. *Cassini* la plus grande distance de *Saturne* à la terre contient environ 244330 demi-diametres de la terre ; sa moïenne distance 210000, & sa plus petite distance 175670. Cet Astronome aïant observé en 1692 une conjonction des étoiles avec un des satellites qu'il a découvert autour de cette planete, (*Voïez* SATELLITES DE SATURNE), remarqua avec un telescope de 39 pieds, que l'ombre du globe de *Saturne* étoit en partie ovale sur la partie postérieure de son anneau. Il lui parut même dans le tems de cette observation que son diametre étoit de 45 secondes.

5°. La distance de *Saturne* au soleil est environ dix fois aussi grande que la distance de la terre à cet astre. C'est pourquoi cette planete ne reçoit gueres du soleil que la centiéme partie de l'influence qu'il a sur notre terre. D'où il ne paroît gueres probable qu'elle soit habitée par des créatures semblables à celles de notre globe, à moins qu'elle n'ait quelque chaleur dans l'interieur de son globe, qui se manifestant au dehors supplée à celle du soleil, malgré cette grande distance. M. *Auzout* prétend qu'il y auroit assez de lumiere pour y voir clair, & qu'il y en a même autant que nous en avons sur la terre dans un tems nébuleux.

6°. Le diametre de *Saturne* est au diametre de son anneau comme 4 est à 9. Selon M. *Gregori* le demi-diametre de cet anneau est à celui de cette planete comme $2\frac{1}{4}$ est à 1. Et M. *Hughens* a trouvé que l'anneau de *Saturne* s'inclinoit à l'écliptique en faisant un angle de 31 degrés.

7°. Vu du soleil le diametre de l'anneau ne seroit que de 50 secondes, & par conséquent le diametre de *Saturne*, vu du même endroit, ne seroit que d'11 secondes suivant le calcul de *Flamstéed*. Cependant M. *Newton* croit qu'il vaut mieux l'estimer sur le pied de 9 ou 10 secondes; parce qu'il est persuadé que le globe de *Saturne* est un peu dilaté par la refrangibilité inégale des raions de lumiere.

8°. Enfin, l'espace, compris entre la planete & l'anneau, est égal à la largeur de l'anneau.

M. *Hughens* a donné une théorie de *Saturne* dans son *Systema Saturninum*. M. *De Maupertuis* a expliqué la formation de son corps & celle de son anneau dans son Traité *De la Figure des astres*, & *David Gregori* a fait voir dans son *Astronomie Physique*, *Liv. IV. Prop.* 69 & 70 (en latin) sous quelle forme l'anneau de *Saturne*, doit paroître dans toutes les parties de son orbite à un œil placé sur le soleil ou sur la terre.

SATURNE DE JUPITER. C'est le nom du quatriéme ou dernier satellite de Jupiter. (*Voïez* SATELLITE DE JUPITER.)

S A U

SAUVAGE. Les Astrologues caractérisent par cette épithete une planete qui n'a aucune communication avec les autres.

S C A

SCALENE. *Triangle Scalene. Voïez* TRIANGLE.

S C E

SCENOGRAPHE UNIVERSEL. Instrument avec lequel on peut dessiner tous les corps en perspective, *Niceron* en donne la description dans son *Thaumaturgus Opticus*, pag. 139, & il en attribue l'in-vention à *Louis Cigolo*, Peintre à Florence. *Albert Durer* est le premier qui l'a fait connoître. Cependant je trouve que cet instrument n'est que curieux.

SCENOGRAPHIE. Terme de Perspective. C'est la representation d'un objet élevé sur le plan géometrique (*Voïez* PERSPECTIVE.)

S C H

SCHOLIE. Discours qui éclaircit les doutes occasionnés par quelques obscurités qui ont pû échapper dans une proposition. On y fait voir aussi l'usage de la doctrine dont on vient de s'instruire, & souvent on y donne l'histoire de cette proposition.

S C I

SCIATER. Nom que *Vitruve* donne à une aiguille qui marque par son ombre une certaine ligne, telle par exemple, que la méridienne. C'est de-là qu'on donne le nom *Sciaterique* à la science de disposer une aiguille, en sorte qu'elle montre les heures du jour par son ombre. (*Voïez* ROSE DE VENTS, GNOMONIQUE & CADRAN.)

SCIATERE. On appelle ainsi en Gnomonique tout instrument propre à tracer un cadran. Il est composé en général d'un cercle équinoxial dans le centre duquel passe un axe qu'on dispose parallelement à l'axe du monde; & on projecte ensuite par le moïen d'un quart de cercle ou autrement les heures de ce cadran sur tel plan où l'on veut en tracer un. On trouve dans le *Traité de la construction & usage des instrumens de Mathématique* de *Bion*, *Liv. VIII.* & dans la description de *deux machines propres à faire des cadrans avec une très-grande facilité*, par le P. *Pardies*, imprimées à la fin de son *Traité des Forces mouvantes*, on trouve, dis-je, differentes sortes de *Sciateres*. Quoique j'estime ces instrumens, ils me paroissent trop inferieurs à celui de M. l'Abbé *Dugaiby*, que j'ai décrit à l'article GNOMONIQUE, pour que je fasse connoître plus particulierement les autres.

SCIOGRAPHIE. L'art des ombres ou des cadrans. (*Voïez* GNOMONIQUE & CADRAN.)

Cet art peut se renfermer dans la solution d'un problême qui m'a été proposé dans le courant de l'impression, c'est de tracer un cadran vertical sur un mur dont la déclinaison & l'inclinaison sont connues. Comme les occupations ausquelles j'étois livré, ne me permettoient pas de me distraire, M. *Montucla* qui se trouva present lors de la proposition, s'offrit de le résoudre. La chose est assurément assez simple pour le fond ; mais elle demande quelqu'adresse, & M. *Montucla* s'en est acquitté avec succès. Ce problême pouvant servir de formule pour tracer toute sorte de cadrans verticaux, la déclinaison & l'inclinaison du mur étant connues, j'ai cru que sa solution feroit plaisir à la suite des differentes méthodes que j'ai données dans cet Ouvrage.

Etant données l'inclinaison & la déclinaison d'un plan, trouver l'intersection du méridien du lieu avec ce plan ; l'angle du plan du méridien avec le même plan incliné, & la position du stile pour représenter l'axe du monde.

Solution. Soit le plan du méridien D A B C (Plan. XXXVI. Figure. 613,) qui coupe le vertical H G K I dans la ligne D A, nécessairement verticale elle-même, & qui prolongée jusques à la rencontre du plan incliné G L M K, le coupe dans une ligne A F. L'angle D A E est l'inclinaison du plan G M : par conséquent le triangle A D E est perpendiculaire à l'un & l'autre plan. Je suppose ce triangle rectangle en D ; de sorte que C D soit le sinus de l'angle d'inclinaison, A E étant le sinus total ; il est d'abord évident que si le méridien rencontroit le vertical H K perpendiculairement la ligne A E seroit l'intersection du méridien avec le plan incliné L K ; mais si le vertical H K a quelque déclinaison, c'est-à-dire, que l'angle I D C ne soit pas droit, alors le méridien, après l'avoir coupé, rencontrera le plan incliné dans une autre ligne A F, que nous déterminerons de la maniere suivante. A cette fin, il faut remarquer que les triangles F E A, F E D, E A D sont rectangles ; après quoi il est aisé de voir qu'il ne s'agit que de trouver la raison de A E à E F, qui est celle du sinus total à la tangente de l'angle cherché F E A. Or A E : E F en raison composée de A E : E D & de E D : E F, c'est-à-dire, comme A E × E D : E D × E F. Mais la raison de A E : E D est celle du sinus total au sinus de l'angle d'inclinaison connu E A D. Et E D est à E F comme le sinus total à la tangente de l'angle E D F de déclinaison. Donc A E : E F ou le sinus total à la tangente de E A F, comme le quarré du sinus total, au rectangle du sinus d'inclinaison par la tangente de déclinaison : par conséquent cette tangente de l'angle E A F, sera égale au rectangle ci-dessus, divisé par le sinus total ; ce qui la rend fort aisée à trouver dans la pratique. Pour cela on ajoute ensemble les logarithmes du sinus d'inclinaison & de la tangente de déclinai-

son, on en ôte celui du sinus total & on a le logarithme de la tangente de l'angle E A F. Donnons un exemple. Que l'angle d'inclinaison soit par exemple de 10°, & celui de déclinaison de 33 ; le logarithme du sinus de 10°, 92396702, ajouté avec le logarithme de la tangente de 33° ; 98125174, fait 190521876, dont ôtant le sinus total reste 90521876. C'est le logarithme de la tangente de l'angle E A F qu'on trouve dans les tables être de 6°, 26′ & quelques secondes.

Pour trouver l'angle que comprennent le plan incliné L K avec celui du méridien, on fera attention que cet angle est mesuré par l'angle E O D dont les deux côtés E O, O D sont perpendiculaires sur la commune section des deux plans. On concevra donc E O tirée perpendiculairement à F A. La ligne O D lui sera aussi perpendiculaire. Il ne s'agit donc que de déterminer dans le triangle E O D la raison de D E à O E, qui est celle du sinus total à la tangente du complement de l'angle E O D. Mais D E est à E O, en raison composée de D E : E F & de E F : O E. La premiere de ces raisons est celle du sinus total à la tangente de la déclinaison, & la seconde est la même que de A F : A E, ou du sinus total au co-sinus de l'angle ci-dessus trouvé. Donc la tangente de complement de l'angle E O D est égale au rectangle de la tangente de déclinaison par le co-sinus de l'angle ci-dessus trouvé, divisé par le sinus total ; ou le logarithme de la tangente de complement de l'angle E O D, est égal à la somme des logarithmes de la tangente de déclinaison & du co-sinus de l'angle E A F trouvé, moins le logarithme du sinus total. On trouvera donc dans l'exemple précédent ce logarithme = 98125174 + 99972850 — 100000000 = 9 8098024, ce qui répond, comme logarithme de la tangente de complement, à un angle de 57, 19′ moins quelques secondes.

Les deux déterminations précédentes suffisent pour placer le stile de maniere qu'il se trouve dans le méridien du lieu, il ne reste qu'à lui faire faire l'angle qu'il convient pour qu'il représente l'axe du monde ; ce qui est fort aisé. Car on sçait que l'angle Q V A (Plan. XXXVI. Figure 614.) que feroit ce stile avec la méridienne A D du plan vertical, est égal au complement de la hauteur du pole. Or l'angle Q F A est égal à Q V A — V A F : on aura donc cet angle en trouvant l'angle V A F ; & le fera de la maniere suivante. A D : D F (Planche XXXVI. Figure 613.) :: le sinus total à la tangente de V A F. Mais A D eſt à D F, en raiſon compoſée de A D à D E & de D E à D F, c'eſt-à-dire, en raiſon compoſée du ſinus total à la tangente d'inclinaiſon, & du ſinus total à la ſecante de déclinaiſon. Donc la tangente de l'angle V A F (figure 614.) eſt égale au rectangle de la tangente d'inclinaiſon par la ſecante de déclinaiſon diviſée par le ſinus total. En ſe ſervant des logarithmes, celui de la tangente de V A F ſera la ſomme des logarithmes de la tangente d'inclinaiſon & de la ſecante de déclinaiſon, diminuée du logarithme du ſinus total. Dans l'exemple ci-deſſus ce ſera 9.2463188 + 10. 0764086 — 1. 0000000 = 9. 3227274, qui répond à un angle de 11°, 52'. Suppoſant donc que l'élevation du pole du lieu ſoit de 49°, ſon complement ſera 41, qui diminué de 11°, 52' donne pour l'angle cherché 29, 8'.

SCIOPTRIQUE. C'eſt une chambre obſcure. *Voiez* CHAMBRE OBSCURE.

S C O

SCORPION. Septiéme conſtellation du Zodiaque, dont cette partie de l'écliptique tire ſon nom. Le ſoleil entre dans cette conſtellation le 23 d'Octobre. Elle eſt compoſée de 36 étoiles, (*Voiez* CONSTELLATION) dont *Hevelius* a déterminé la longitude & la latitude. Cet Aſtronome & *Bayer* ont donné la figure de la conſtellation entiere, l'un dans ſon *Firmamentum Sobieſcianum* figure 1*i*, l'autre dans ſon *Uranometria*, Planche E *e*.

Les Poetes croïent que cette conſtellation eſt le *Scorpion*, dont la piqûre fit mourir *Orion* lorſqu'il voulut violer *Diane*. *Schiller* donne à cette conſtellation le nom de *St Barthelemi* l'Apôtre; *Schickard* celui du *Scorpion* de *Rihabeam*, & *Weigel* en fait le chapeau de Cardinal. Cette conſtellation eſt encore appellée *Alacrab*, *Alatrap*, *Hacrap*, *Nepa*. Son caractere ſur le zodiaque eſt ♏.

SCOTIE. Terme d'Architecture civile. Moulure concave en forme de demi-canal, que l'on place entre le tore & l'aſtragale dans les baſes des colounes, & quelquefois auſſi ſous le larmier de la corniche dorique. On donne à ſa ſaillie inferieure $\frac{3}{7}$, & à ſa ſuperieure $\frac{1}{7}$ de ſa hauteur.

S C R

SCRUPULE CHALDAIQUE. C'eſt la 1080ᵉ partie d'une heure, dont les Juifs, les Ara-

bes & autres Peuples Orientaux, ſe ſervent dans le calcul de leur Calendrier & qu'ils appellent *Helakim*. Dix-huit de ces *Scrupules* font une minute ordinaire. Ainſi il eſt aiſé de changer les minutes en *Scrupules Chaldaiques* & ceux-ci en minutes. On compte 240 de ces *Scrupules* dans un quart d'heure.

SCRUPULES DE DEFAILLANCE. C'eſt dans le calcul des éclipſes les parties éclipſées. Dans le calcul des éclipſes de lune ce ſont les parties du diametre de la lune qui tombent dans l'ombre de la terre : dans celui du ſoleil ce ſont les parties du diametre du ſoleil qui ſont couvertes par la lune. Les unes & les autres ſont comptées en minutes & ſecondes, les mêmes dont on évalue le diametre apparent & du ſoleil & de la lune. Exemple. Soit D C A (Planche XVI. Figure 279.) une partie de l'écliptique; O N une portion de l'orbite de la lune, L la lune, M P Q l'ombre de la terre : K M ſont les *Scrupules de défaillance*. Ils ſervent à déterminer les éclipſes.

SCRUPULES DE DEMI DUREE. C'eſt dans les éclipſes du ſoleil & de la lune les parties de l'orbite de la lune, que le centre de la terre décrit depuis le commencement de l'éclipſe juſques à ſon milieu ou encore de ſon milieu juſques à ſa fin. Exemple. R C eſt une portion de l'orbite de la lune; N le point où le centre de la lune eſt au commencement de l'éclipſe; I le point où il eſt à ſon milieu, & R celui où il eſt à ſa fin. Alors I R ou I N ſont les *Scrupules de la demi-durée*. Dans les éclipſes de ſoleil ils ſont connus ſous le nom de *ligne d'incidence*. Ils ſervent à déterminer le tems que l'éclipſe dure.

On appelle encore dans les éclipſes totales *Scrupules de demi-durée* les parties du demi-arc de l'orbite de la lune, que cette planete décrit dans le tems de la durée de l'éclipſe totale. Exemple. R N (Planche XVI. Figure 278.) étant une portion de l'orbite de la lune, S le point où eſt le centre de cette planete du commencement de l'éclipſe totale, I le point où il eſt à ſon milieu, S I ſont les *Scrupules de demi-durée*.

SCRUPULES D'EMERSION. Ce ſont dans une éclipſe totale les parties de l'arc de l'orbite de la lune, que le centre de cette planete décrit du moment de la ceſſation de la totalité de l'éclipſe juſques à ſa fin. Exemple. Dans la figure 281. (Planche XVI.) où R N eſt une portion de l'orbite de la lune; T le centre de la lune du tems de la fin de la totalité de l'éclipſe, & R le centre du tems de la fin de l'éclipſe,

T R font les *Scrupules d'émerfion*.

SCRUPULES D'INCIDENCE. C'eft dans les éclipfes lunaires totales les parties de l'arc de l'orbite de la lune, que le centre N de cette planete décrit depuis le commencement de l'éclipfe jufques au moment où elle tombe toute dans le centre de la terre. Exemple, Soit D A (Planche XVI. Figure 282.) une partie de l'écliptique ; R A une portion de l'orbite de la lune ; H V le centre de la terre : alors N S font les *Scrupules d'incidence*. Ils fervent à déterminer le commencement de l'éclipfe.

SCRUPULES PROPORTIONNELS. On appelloit ainfi dans l'ancienne théorie de la lune les foixante parties de la difference entre les proftapherefes de l'épicycle dans fe perigée & dans l'apogée. (*Voiez Moeftilini Epitom. Aftronomiæ, Liv. IV. pag. 364.*

SCRUPULES PROPORTIONNELS PLUS LONGS. Ce font dans l'ancienne Aftronomie, foixante parties de furplus de la grande longitude. (*Voïez Moeftilini Epitome Aftronomiæ, Liv. IV. pag. 390.*)

S E A

SEAT - ALPHERAZ. Etoile de la feconde grandeur à la jambe de Pegafe,

S E C

SECANTE. On appelle ainfi une ligne tirée du centre d'un cercle & prolongée jufques à ce qu'elle rencontre une tangente à ce cercle. Exemple. Soit un arc A E (Planche V. Figure 283.) & foit A B perpendiculaire au raïon C A, c'eft-à-dire tangente en A, alors C B eft la *Secante* de l'arc A E ou de l'angle B C A. Maintenant fi l'on tire le raïon C F parallele à la ligne A B, de façon que B C F foit le complement au quart de cercle A F, & qu'on éleve auffi du point F une ligne F G perpendiculaire à la ligne C B, C G fera la *Secante* de l'angle B C F, & la *Secante* du complement ou la *co-fecante* de l'angle A C B.

On fe fervoit autrefois des *Secantes* dans la Trigonometrie. On trouve même encore dans des tables des finus & des tangentes celles des *Sécantes*.

Aujourd'hui on ne réfoud les problêmes de Trigonometrie fans les *Sécantes* qu'en fe fervant feulement des finus & des tangentes. Ces lignes font pourtant utiles dans la Navigation. Auffi *Henri Vilfon*, dans fa *Navigation newmodelle*, a ajouté aux *Sécantes* leur logarithme qu'on peut d'ailleurs déterminer par les logarithmes des finus.

M. *Wolf* dans fes *Elementa Analyf. finitor.* (*Elem. Mathef. univ.*) donne une méthode de trouver les arcs multiples par la *Sécante* du fimple.

SECONDANTE. On appelle ainfi en Géometrie une fuite infinie de nombres, qui commençant par 0, procedent comme des quarrés de nombres en proportion arithmétique. Telle eft la fuite 0, 1, 4, 9, 16, 25, 36, 49, 64, &c.

SECONDE. C'eft la foixantiéme partie d'une minute, & par conféquent la 360e partie d'une heure & d'un degré.

SECTEUR. En général ce mot fignifie une figure dont la bafe eft une partie de la circonference d'un cercle, & dont les côtés font terminés par des lignes tirées du centre de la figure. Ainfi le *Secteur d'un cercle* eft une partie du cercle comprife entre deux raïons A C, E C, & l'arc A E (Planche V. Figure 284.) Le *Secteur d'une fphere* eft donc fuivant cette définition une partie de la fphere, compofée d'un fegment de fphere B E D (Planche IX. Figure 285.) & d'un cone B C D, dont la pointe C eft au centre de la fphere.

SECTION. C'eft en général la coupe d'un plan par un centre ou d'un folide par un plan. *Euclide* a démontré la formation de ces *Sections* dans fes *Elemens*.

SECTION AUTOMNALE. C'eft le point de l'écliptique où il eft coupé par l'équateur, & où le foleil fe trouve au commencement de l'automne. On l'appelle encore *Point automnal*.

SECTION CONIQUE. C'eft la figure qui fe forme de la *Section* d'un cone. On peut couper un cone de cinq façons differentes ; ce qui donne cinq *Sections coniques*.

1°. Si on coupe directement un cone droit par fon axe, le plan ou la furface de cette *Section* fera un triangle plan ifofcele, dont les côtés du cone feront les côtés, le diametre de la bafe du cone celle du triangle, & fon axe fa hauteur perpendiculaire. La *Section* d'un cône paffant fur la pointe D (Planche VII. Figure 286.) & par le centre de la bafe C, c'eft-à-dire le long de l'axe C D, la *Section* A D B eft un triangle A D C ou B D C.

2°. Si on coupe un cone droit par une ligne droite E F (Planche VII. Figure 286.) parallele à fa bafe A B le plan de la *Section* fera un cercle, parce que celui de la bafe en eft un. La *Section* d'un cone fcalene étant faite de façon que le diametre de la *Section* a b (Planche VII. Figure 289.) forme avec l'axe du cone D C un angle droit, cette *Section* fera encore un cercle

cercle. On appelle ce plan *Section sou-con-
trairè.*

3°. Le diametre de la *Section* étant parallele au côté du cone, sa figure sera une
parabole. (*Voïez* PARABOLE.)

4°. Lorsque le diametre de la *Section* prolongé concourt avec le côté prolongé du
cone, la figure de la *Section* est une hyperbole. (*Voïez* HYPERBOLE.)

5°. Enfin quand le diametre de la *Section* prolongé concourt avec le diametre
prolongé, la *Section conique* est une ellipse.
(*Voïez* ELLIPSE.)

Quoique ces *Sections* forment cinq *Sections coniques*, on n'entend cependant par ce
mot que les trois derniers ; je veux dire la
parabole, l'hyperbole & l'ellipse.

La consideration des *Sections coniques* est fort
ancienne dans la Géometrie. Un Géometre
très-versé dans l'ancienne Géometrie (M.
Montucla,) & qui travaille à une *Histoire
générale & particuliere de la Géometrie*, prétend qu'on commença à les examiner dans
l'école de *Platon*. En effet, *Menechme* difciple de ce Philosophe, a résolu de deux
manieres le problême de la duplication du cube par des *Sections coniques*, & ses solutions
nous ont été conservées par *Eutocius* dans
son Commentaire sur *Archimede*. Quelques-
uns ont fait honneur à *Platon* de la découverte de ces courbes, aussi-bien que de
celles qui naissent de la section du cilindre;
ce qui n'est pas destitué de vraisemblance.
Après ces Géometres *Aristée* l'ancien, écrivit
sur les *Sections coniques* cinq Livres cités
par *Pappus*, & connus seulement par-là,
car ils ne nous sont pas parvenus. *Euclide*
qui suivit *Aristée*, écrivit de nouveau sur ce
sujet quatre Livres. Enfin, *Apollonius* ramas-
sant tout ce que les Géometres, qui l'avoient
précédé, avoient découvert, & y ajoutant
les découvertes propres, en composa ses 8
Livres des *Sections coniques*. Il donna à ces
courbes le nom qu'elles portent aujourd'hui
de parabole, d'ellipse, & d'hyperbole. Nous
expliquerons plus bas l'origine de cette dénomination. Les 4 premiers Livres de cet
ouvrage ont été de tout tems entre les mains
des Géometres. Les 5 autres ont resté long-
tems perdus, & ne s'étant retrouvés du moins
les 5, 6, 7° que dans le siécle passé, ils ont
été donnés au Public par les soins du célebre *Alphonse Borelli*. N'oublions pas ici
que l'illustre M. *Halley* a publié une magnifique édition des coniques d'*Appollonius*.

2. Parmi les Modernes on a envisagé les *Sections coniques* d'une maniere un peu differente que les Anciens. Ceux-ci démontre-
rent laborieusement leurs propriétés par

la méthode synthetique. L'algebre abrege
beaucoup ce travail. Du reste les découvertes modernes sur les *Sections coniques* ne
sont pas bien considérables ; & si on compare les traités analytiques modernes sur ces
courbes, avec l'ouvrage complet d'*Apollonius*, on s'appercevra aisément que les Anciens avoient presque tout dit sur ce sujet.
Mais les Modernes ont fait une application
bien plus heureuse de ces courbes à la résolution des problêmes solides. Ceux-là ne
les résolurent gueres que par l'intersection
de deux *Sections coniques* : c'est un défaut,
puisque les Modernes, & parmi eux MM.
Descartes & *Fermat* ont démontré qu'une
seule *Section conique* combinée avec un cercle pouvoit suffire pour cet effet.

3. Chacune des *Sections coniques* a ses usages particuliers. Tout le monde connoît que
la parabole represente la trace du chemin
des projectiles dans un milieu censé non
résistant. Et on sçait que la courbure que
doit avoir un miroir ardent pour brûler avec
plus d'intensité est parabolique. L'hyperbole
est d'un usage infini dans la Géometrie transcendante pour les constructions de certains
problêmes. Les secteurs hyperboliques & les
aires hyperboliques entre les assymptotes representent les logarithmes. On peut consulter les articles qui regardent chacune de ces
courbes en particulier ; on y trouvera leurs
propriétés & les usages ausquels elles
peuvent être appliquées. Je vais rassembler
ici en peu de mots quelques - unes de ces
propriétés qui feront voir une analogie remarquable entre elles.

1°. Dans la parabole le quarré de la demi-
ordonnée est toujours égal au rectangle de
l'abscisse par le parametre ; mais dans l'ellipse il est moindre, & dans l'hyperbole
plus grand d'une certaine quantité qui a un
rapport constant avec ce rectangle. C'est
cette propriété qui a donné lieu à *Appollonius* de les nommer parabole, ellipse, hyperbole, le premier de ces noms signifiant
égalité, le second *défaut* & le troisiéme
excès.

2°. Dans toute *Section conique* il y a une
infinité de diametres qui sont tous paralleles
dans la parabole. Ils se coupent tous au-
dehors s'il s'agit de l'hyperbole ; & au-dedans si la *Section* est une ellipse.

3°. Dans l'ellipse & dans l'hyperbole,
la somme ou la difference des lignes tirées
de chaque point de la courbe aux foïers est
constante, c'est-à-dire, toujours la même,
C'est la somme dans l'ellipse & la difference
dans l'hyperbole.

4°. Dans toute *Section conique* (Planche

VI. Figure 800.) les lignes *f* B, *f b* tirées d'un foïer B, *b* des points quelconques, de la courbe font en raifon conftante avec les lignes D B, *d b* tirées de ces points parallement à l'axe jufques à une certaine ligne droite G D nommée directrice. Cette raifon eft dans la parabole une raifon d'égalité, dans l'ellipfe une même raifon d'inégalité mineure, c'eft-à-dire, que *f* B eft toujours moindre que B D, mais cependant dans une raifon donnée. Au contraire, dans l'hyperbole *f* B, eft toujours plus grande que B D dans une raifon donnée.

5°. Dans la parabole la foutangente eft double de l'abfciffe; dans l'ellipfe elle eft toujours plus grande que le double, & au contraire moindre dans l'hyperbole.

6°. Il y a entre les *Sections coniques* une analogie très-remarquable que nous ne devons pas oublier. Voici en quoi elle confifte. Une parabole peut être confiderée comme une ellipfe dont le centre eft infiniment éloigné du fommet; une hyperbole comme une autre dont ce centre fera plus qu'infiniment éloigné du fommet; ce qui fuivant le langage des Géometres modernes, équivaut à un éloignement fini. Mais pris dans un fens contraire, cette idée appliquée à l'analyfe des propriétés des *Sections coniques*, fert à les déterminer avec beaucoup de facilité. Donnons-en un exemple. Dans l'ellipfe la tangente D E (Planche VI. Figure 601.) rencontre le diametre en D, de maniere que C A : C B :: C B : C D, ainfi que l'a démontré *Apollonius*. Donc en divifant C A : A B :: C B : B D & C A : C B :: A B : B D. Mais lorfque le centre C (Planche VI. Figure 601.) fera infiniment éloigné, la raifon de C A : C B deviendra une raifon d'égalité. Par conféquent dans la parabole l'abfciffe B A eft égale à B D, où la foutangente D A eft double de l'abfciffe. Si le centre C paffoit de l'autre côté comme dans l'hyperbole, il y auroit encore même raifon de C A : C B :: C B : C D : ce qui eft une propriété de l'hyperbole auffi démontrée par *Apollonius*.

4. J'ai dit que les Anciens ont découvert les *Sections coniques* en cherchant à réfoudre les problèmes de Géometrie, aufquels on ne pouvoit parvenir par le cercle & la ligne droite. On peut voir la maniere dont on la fait dans le *Mefolabum* de *René Slufe*. *Apollonius* de Perge, dont j'ai déja parlé, a publié un Ouvrage intitulé : *Opus Géometricum quadraturæ & fectionum coni*. où il démontre les propriétés des *Sections coniques*, felon la maniere des Anciens. Enfuite ont paru le Traité *De Sectionibus*

conicis de M. *De la Hire*, dont *Jacques Milnes* a tiré des Elemens intitulés : *Sectionum conicarum elementa nova methodo demonftrata* ; le *Tractatus de Organica conicarum fectionum in plano defcriptione*, par *François Schooten*, dans lequel il fait voir d'après *Claude Mydorge*, comment on peut décrire les *Sections coniques* fur un plan & cela de differentes manieres ; (ce Traité a été joint aux *Exercitationes Mathematicæ* du même Auteur.) On a encore le grand Traité de M. le Marquis de l'*Hôpital*, dont le titre eft : *Traité analytique des Sections coniques*, & un Livre tout nouveau où les *Sections coniques* font développées fans beaucoup de Géometrie ; c'eft les *Elementa fectionum conicarum*, *Autore Nicolao Martini*.

SECTIONS CONIQUES OPPOSÉES. Ce font les deux hyperboles qui fe forment par une feule *Section* faite par deux cones oppofés. Exemple. Soit un cone A D B (Planche VII. Figure 287.) & un autre E D G, dont les côtés font le même angle que ceux du premier, & qui foit appliqué à celui-ci, de façon que fes côtés fe continuent avec les côtes de l'intérieur en ligne droite: alors les cones A D B & E D G font appellés *Cones oppofés*, & étant coupés tous les deux en même-tems par un même plan, les deux *Sections a d b*, *e d g*, qui s'en forment & qui font deux hyperboles, font appellées *Sections coniques oppofées*.

S E G

SEGMENT. C'eft la partie féparée d'une figure qui eft ou une furface ou un corps. Le *Segment* d'un cercle eft la partie d'un cercle c'eft-à-dire un arc A D B (Plan. V. Fig. 284.) & une ligne droite A B, qui ne paffe pas par le centre. On trouve l'aire de ce *Segment* par celle du fecteur A D B C, & en ôtant de cette aire celle du triangle A C B, formé par les raïons A C, B C, & par la corde du *Segment* A B.

Le *Segment* d'une fphere eft une portion quelconque d'une fphere coupée par un plan qui ne paffe pas par le centre, & qui par conféquent a un diametre plus court que celui de la fphere. C'eft la portion A de la fphere C. (Planche VII. Figure 285.) On trouve la folidité d'un pareil *Segment* en multipliant la furface totale de la fphere par la hauteur du *Segment* ; & après avoir divifé ce produit par le quarré du diametre, en ajoutant au quotient l'aire de la bafe du *Segment*.

S E I

SEIGNEUR DU TRIANGLE. Les Aftrologues donnent ce nom à une planete qui a un certain droit préfetablement aux autres, fur un des quatre triangles du zodiaque. Tels font Jupiter & le Soleil dans le triangle ignée; la Lune & Venus dans le terreftre; Saturne & Mercure dans l'aërien, & Mercure dans l'aqueux. (Voïez *Ptolomée, Liv. I. De Judiciis, Ch. XVII. pag. 388.*) Le Soleil, la Lune & Saturne font encore appellés *Seigneurs du jour,* & Jupiter, Venus & Mercure feigneurs de la nuit.

S E L

SELENITES. Nom qu'on donne aux Habitans de la Lune. (*Voïez* LUNE.) On ne doute prefque plus aujourd'hui que la lune ne foit habitée. Les Anciens même, qui connoiffoient moins cette planete, en étoient perfuadés. C'étoit le fentiment fur-tout de *Xenophane* & des Pythagoriciens. (*Voïez* les *Quæft. Academ. Liv. IV.* de *Ciceron,* & *Plutarque, Liv. II. De Placit. Philofoph.*) De nos jours, *Nicolas Cufanus (Liv. II. Ch. II. De Docta ignorantia,*) & *Kepler (Aftronomia Optica, pag.* 250,) ont admis cette conjecture des Anciens au rang des vérités.

SELENOGRAPHIE. Nom que donnent les Aftronomes à une défcription des montagnes, des eaux, & des taches en un mot qu'on voit dans la lune. (*Voïez* LUNE & TACHES DE LA LUNE.)

S E M

SEMAINE. Terme de Chronologie. C'eft un tems compofé de fept jours. *Dion Caffius* prétend que les Egyptiens ont été les premiers qui ont divifé le tems en *Semaines,* que les fept planetes leur avoient fourni cette idée, & qu'ils en avoient tiré leurs noms. (*Hiftoire Romaine, Liv. XXXVII.*) Comme ces Peuples rangeoient les planetes fuivant cet ordre ♄, ♃, ♂, ☉, ♀, ☿, ☽, ils rapportoient le premier jour de la *Semaine* à Saturne dans la premiere heure du jour, & à Jupiter dans la feconde heure. Alors le foleil eft pour le Dimanche; la Lune pour le Lundi, Mars pour le Mardi, Mercure pour le Mercredi, Jupiter pour le Jeudi, Venus pour le Vendredi & Saturne pour le Samedi. Cela fait voir que les Anciens ne fuivoient pas dans cet ordre la difpofition des orbes de planetes. Car cet ordre eft tel. Saturne, Jupiter, Mars, le Soleil, Venus, Mercure, & la Lune. On devroit

donc ranger ainfi les jours de la *Semaine* : Samedi, Jeudi, Mardi, Dimanche, Vendredi, Mercredi & Lundi. Pourquoi cette diverfité & qui eft-ce qui a donné lieu à ce dérangement ? On fait à cette queftion les deux réponfes fuivantes. Premierement, les Anciens aïant foumis les jours, & les heures même de chaque jour, à quelque planete dominante, il eft croïable que le jour prenoit le nom de la planete qui commandoit à la premiere heure. Ainfi on a fans doute appellé le jour de Saturne qui eft notre Samedi, celui, dont la premiere heure étoit fous le commandement de Saturne. Et de ce que les fuivantes entroient fucceffivement fous le pouvoir des planetes, on peut penfer que la feconde heure étoit pour Jupiter, qui fuit immédiatement Saturne, la troifiéme pour Mars, la quatriéme pour le Soleil, la cinquiéme pour Venus, la fixiéme pour Mercure, & la feptiéme pour la Lune : après quoi la huitiéme retournoit fous l'autorité de Saturne; & fuivant le même ordre il avoit encore la quinziéme & la vingt-deuxiéme. La vingt-troifiéme étoit par conféquent fous Jupiter, & la vingt-quatriéme, c'eft-à-dire, la derniere de ce jour fous la domination de Mars. De maniere que la premiere heure du jour fuivant tomboit fous celle du foleil qui donnoit par conféquent fon nom à ce fecond jour. En fuivant toujours le même ordre, la huitiéme, la quinziéme & la vingt-deuxiéme appartenoient toutes au Soleil; la vingt-troifiéme à Venus & la derniere à Mercure; & par conféquent la premiere du troifiéme jour à la Lune, & on appelloit ce jour à caufe de cela *Jour de la Lune.* Il lui appartenoit auffi la huitiéme, la quinziéme, & la vingt-deuxiéme du même jour. D'où il faut conclure que la vingt-troifiéme eft à Saturne, (car de la Lune il faut retourner à Saturne,) & la derniere à Jupiter. De-là il fuit que la premiere du quatriéme jour fe trouvoit fous la domination de Mars, qui donnoit auffi fon nom au jour, & à qui appartenoit encore la huitiéme, la quinziéme, & la vingt-deuxiéme, par conféquent la vingt-troifiéme au Soleil, la vingt-quatriéme à Venus, & la premiere du cinquiéme jour à Mercure : ainfi de fuite en continuant le même ordre. On découvre par cet arrangement, la naiffance & la fuite néceffaire de ces noms des jours de la *Semaine,* c'eft-à-dire, pourquoi le jour du Soleil qui eft le Dimanche, vient après celui de Saturne qui eft le Samedi; le jour de la Lune après celui du Soleil, ou le Lundi après le Dimanche, celui de Mars après celui de la

Lune, ou le Mardi après le Lundi, &c. jufques au Samedi.

La feconde raifon qu'on donne fur la diverfité d'ordre que nous cherchons à expliquer, eft plus ingénieufe. Elle eft fondée fur ce concert harmonieux que les corps céleftes faifoient entre eux, felon les anciens Philofophes. (*Voïez* ASTRE.) Perfuadés que la plus noble de toutes les confonances étoit la quarte appellée *Diateffaron*, ils la prenoient pour la fource & le principe de toute la bonne harmonie. Pour fe conformer à cette idée muficale, ils avoient difpofé les jours de la *Semaine* fuivant l'ordre des quartes ; en forte que la planete, qui fuit immédiatement une autre, en laiffe deux en arriere & qui ne difent mot, & cela conformément à la nature de la quarte qui confifte entre deux termes ou deux fons éloignés l'un de l'autre de quatre voix, ou de trois intervalles, de forte qu'il y a toujours deux fons qui fe taifent entre les deux. Voilà pourquoi après Saturne vient le Soleil (Samedi, Dimanche,) en laiffant Jupiter & Mars ; après la Lune, Mars (Lundi, Mardi,) omettant Saturne & Jupiter ; après Mars, Mercure, (Mardi, Mercredi,) laiffant le Soleil & Venus ; après Mercure, Jupiter (Mercredi, Jeudi,) fans compter la Lune & Saturne ; après Jupiter, Venus (Jeudi, Vendredi,) laiffant par la même raifon Mars & le Soleil ; & enfin après Venus, Saturne (Vendredi, Samedi,) négligeant Mercure & la Lune. (*Voïez* l'*Hiftoire du Calendrier Romain*, par M. *Blondel*, pag. 13, 14, 15 & 16.)

2. Suivant le rapport de *Moïfe* les *Semaines* doivent leur origine à la création du monde ; parce que Dieu l'a achevée en 6 jours & qu'il s'eft repofé le feptiéme. Sur ce pied-là on doit dire que les Egyptiens ont appris des Juifs cette divifion en *Semaines*. Quelques Hiftoriens prétendent même prouver par cette divifion du tems en fept jours la création mofaïque & l'origine de tous les hommes depuis *Adam* ; les *Semaines*, difent-ils, aïant été en ufage de tous tems chez tous les Peuples de l'Univers, & l'étant encore aujourd'hui. Il eft fâcheux tout-à-fait que cela ne foit pas vrai. Car *Beveregius*, dans fes *Inftitutiones Chron. Liv. I. Ch. 6. pag.* 23, remarque que les Perfes païens n'ont aucune connoiffance des *Semaines*. La même chofe eft rapportée par *Wafer* dans fa *Defcription du Détroit de l'Amerique*, à l'égard des Habitans de ce païs, qui ne connoiffoient nullement les *Semaines*.

Les Eccléfiaftiques donnent le nom de *Ferie* (*Feria*) à tous les jours de la *Semaine*, en comptant depuis le Dimanche qu'ils appellent *Feria prima*. Les Maures, les Arabes, les Syriens & les Perfes Chrétiens appellent *Sabbat* tous les jours de la *Semaine*, nom qui eft confacré au Samedi par les Juifs.

SEMI-BREVE. Terme de Mufique, (*Voïez* NOTE & TEMS.)

SEMI-DIAPASON. Terme grec de Mufique, qui fignifie une octave imparfaite. (*Voïez* OCTAVE.)

SEMI-DIAPATENTE. C'eft une quinte imparfaite. (*Voïez* QUINTE.)

SEMI-DITON. Terme de Mufique. C'eft la tierce mineure dont les termes font comme 5 à 6.

SEMI-QUADRAT. C'eft la même chofe que *Quartile*. (*Voïez* QUARTILE.)

SEMI-QUARTILE. Afpect des planetes où elles font éloignées l'une de l'autre de 45 degrés, c'eft-à dire d'un figne & demi.

SEMI-QUINTILE. Afpect des planetes où elles font éloignées de 36 degrés l'une de l'autre.

SEMI-SEXTILE. L'un des afpects des planetes, où elles font éloignées l'une de l'autre de 30 degrés ou d'un figne. Cet afpect fe marque ainfi S S.

SEMI-TON. Terme de Mufique. C'eft la moitié d'un ton. Il y a deux fortes de *Semi-tons*, le majeur & le mineur. Le dieze en harmonique fait la difference entre ces deux *Semi-tons*.

S E P

SEPTEMBRE. Nom du neuviéme mois de l'année Julienne & Gregorienne : il a 30 jours. Les Romains lui ont donné ce nom, parce qu'il eft le feptiéme à compter du mois de Mars. Le 21 ou environ de ce mois le foleil entre dans le figne de la balance : & alors arrive l'automne. (*Voïez* AUTOMNE.)

SEPTENTRION. L'un des quatre points cardinaux. C'eft celui qui répond fur l'horifon au pole boréal & par lequel paffe le méridien. Ainfi ce point fe détermine par la ligne méridienne. On donne encore à ce point le nom de *Nord*, & au vent qui fouffle de ce côté celui de *vent du Nord*.

SEPT-TRIONS. Nom de fept étoiles claires de la feconde grandeur, qu'on découvre dans la grande Ourfe, & qui reprefentent affez diftinctement un chariot avec fon timon. C'eft pourquoi *Hartsdorffer* donne à cette conftellation le nom du *Chariot d'Elie*, & dans lequel il eft monté au ciel. La grande Ourfe eft de même appellée le *Grand Chariot*. (*Voïez* OURSE.)

S E R

SERIE. *Voïez* SUITE.

SERPENT. Constellation dont la plus grande partie est dans l'hemisphere septentrional du ciel. On y compte 45 étoiles. (*Voïez* CONSTELLATION) dont *Hevelius* détermine la longitude & la latitude dans son *Prodromus Astronomiæ, pag. 301.* Il donne la figure de la constellation entiere dans son *Firmamentum Sobiescianum*, figure P, de même que *Bayer* dans son *Uranometrie* planche O. Pour ne pas trop fatiguer par des choses qui ne sont que curieuses, je renvoïe à l'article SERPENTAIRE, l'histoire de cette constellation. Disons pourtant qu'*Hartsdorffer* appelle ce *Serpent* celui qui a séduit *Eve* dans le Paradis, & que *Weigel* en forme la roue des armes de Maïence. On l'appelle encore *Anguis, Anguila, Coluber.*

SERPENTAIRE. Nom d'une constellation notable dans la partie septentrionale du ciel, dont la tête touche celle d'Hercule & les pieds reposent sur l'Ecrevisse. On y compte communément 33 étoiles. (*Voïez* CONSTELLATION.) *Hevelius* en a déterminé la longitude & la latitude dans son *Prodromus Astronomiæ, pag. 301.* Et on trouve la figure de la constellation entiere dans son *Firmamentum Sobiescianum* fig. P, ainsi que dans l'*Uranometrie* de *Bayer* planche N. Des Poetes rapportent que cette constellation est *Esculape* qui avoit gueri les mourans & ressuscité les morts, par la vertu d'une herbe qu'un serpent lui avoit indiquée. Ce trait fabuleux n'est pas généralement reçu. D'autres Poetes veulent que le *Serpentaire* soit le Roi *Triope*, qui avoit ruiné le Temple de *Cerès*, & bâti un Château à sa place. Pour punition de son crime, il fut condamné à une faim éternelle, tué par un serpent, & transporté dans les cieux. On appelle encore cette constellation *Esculape, Aseichius, Alhagac, Anguiger, Anguitenens, Ciconia Serpenti insistens, Effeminatus, Glaucus Grus,* Ᾰιγεϼος, *Ophiuchus Serpentis labor.* *Schickard* donne à cette constellation le nom de *St Paul* l'Apôtre; *Schiller* celui de *St Benoît* parmi les épines, & *Weigel* en forme les trois fleurs-de-lis des armes de France.

SERPENTEAU. Sorte de fusée qui va en serpentant. *Voïez* FUSE'E.

SERPENTINE. Quelques Géometres appellent ainsi la ligne spirale. (*Voïez* SPIRALE.)

S E X

SEXQUI-QUADRAT. C'est un aspect, c'est-à-dire, une position de planetes où elles sont éloignées l'une de l'autre de quatre signes & demi, ou de 135 degrés.

SEXQUI-QUINTILE. Aspect des planetes où elles sont éloignées l'une de l'autre de 102 degrés.

SEXANGLE. On nomme ainsi en Géometrie une figure qui a 6 angles.

SEXAGONE. C'est dans l'Astronomie la portion d'un cercle, qui contient 60°. Ainsi un cercle entier ne peut avoir que 6 *Sexagones.* Quelques Mathématiciens le caractérisent par un I romain.

Ce terme signifie encore un tems de 60 heures.

SEXTANT. Instrument d'Astronomie formé par un Secteur de cercle qui en contient la sixiéme partie. On s'en sert pour mesurer la distance des étoiles; & on le substitue dans certains cas au quart de cercle, parce qu'on peut le construire d'un plus grand cercle, & par conséquent le diviser plus exactement. Voilà un avantage sur ce dernier instrument. Du reste il est en tout conforme à un quart de cercle & à un octant : de sorte qu'en substituant le mot de *Sextant*, & en s'y conformant par rapport à cet instrument, la construction & l'usage de ces instrumens convient à celui-ci. On peut justifier cela en consultant la *Machina cælestis* d'*Hevelius, Liv. I. Ch. III. pag.* 102. *Tycho Brahé* est le premier qui a introduit l'usage du *Sextant* dans l'Astronomie.

SEXTANT D'URANIE. Constellation nouvelle entre le Lion & l'Hydre qu'*Hevelius* a introduite. (*Voïez* son *Firmamentum Sobiescianum*, fig. V v, & pour la longitude & la latitude des étoiles de cette constellation son *Prodromus Astronomiæ, pag. 302.*)

SEXTIL. Aspect des planetes où elles sont éloignées l'une de l'autre de deux signes ou de 60 degrés. Cet aspect se marque ainsi ✶.

SEXTILE. Terme de Chronologie. C'est le nom qu'on donnoit du tems de *Romulus* au sixiéme mois de l'année. (*Voïez* ANNÉE ROMULÉENNE à l'article ANNE'E.

S I E

SIECLE. C'est dans la Chronologie un espace de cent ans. Les anciens Poetes divisoient le tems en quatre *Siecles.* Le premier, nommé le *Siecle d'or*, désigne l'innocence d'*Adam* & d'*Eve* dans le Paradis terrestre, où ils trouvoient sans peine & sans travail ce qui leur étoit nécessaire; le second, appellé *Siecle d'argent*, marque le fruit de leur peché, qui est le travail & les douleurs.; le troisiéme, dit *le Siecle d'airain*, est pour le tems de la corruption des hommes jusques au Déluge. Et le quatriéme, connu sous le nom de *Siécle de fer*, marque le tems de la guerre que les hommes se firent les uns aux autres, & les suites de leur division.

S I G

SIGNE. On exprime ainsi en Algébre les caracteres, qui distinguent les quantités positives des quantités négatives. Tels sont les *Signes plus* + & *moins* —. (*Voïez* CARACTERE.)

SIGNES CELESTES. Les Astronomes appellent ainsi les douze astres qui divisent l'écliptique, & qu'on nomme autrement *Dodecatemoria*. De-là vient qu'on donne ce nom aux constellations qu'on y découvre dans l'ordre suivant : le *Bélier*, le *Taureau* les *Gemeaux*, l'*Ecrevisse*, le *Lion*, la *Vierge*, la *Balance*, le *Scorpion*, le *Sagittaire*, le *Capricorne*, le *Verseau*, les *Poissons*. Leur caractere dans le même ordre sont ceux-ci : ♈, ♉, ♊, ♋, ♌, ♏, ♎, ♍, ♐, ♑, ♒, ♓.

Ce sont ici les douze *Signes* du zodiaque qu'on divise en *Signes Septentrionaux* & *Signes Méridionaux*, selon qu'ils sont dans la partie septentrionale ou méridionale de l'écliptique. Les 6 premiers sont méridionaux & les 6 autres septentrionaux. Le soleil entre tous les mois dans chacun de ces *Signes*. Par exemple au mois de Mars il est dans le *Signe* du Bélier, au mois d'Avril dans celui du Taureau, &c.

2. On distingue encore ces *Signes* en *Signes ascendans* & *descendans*. Les premiers sont ceux que le soleil parcourt en montant vers notre pole, & s'approchant par conséquent du midi au zenith. Dans la partie boreale du monde qui est celle que nous habitons, ce sont le Capricorne, le Verseau, les Poissons, le Bélier, le Taureau & les Gémeaux. Les six autres *Signes* occupent la partie australe. C'est par les *Signes ascendans* qu'on détermine le tems où les jours augmentent. Les *Signes descendans* au contraire sont ceux où le soleil s'éloigne toujours de plus en plus de notre pole en s'écartant par conséquent du zenith. Dans l'hémisphere boréal ces *Signes* sont l'Ecrevisse, le Lion, la Vierge, la Balance, le Scorpion, le Sagittaire ; & dans l'hémisphere austral les six autres.

SIGNES, Terme d'Astrologie. Ce sont les *Signes* du zodiaque, qui moïennant une épithete ont une vertu particuliere. Et d'abord les *Signes* ♈, ♌, ♐ sont *ignés, chauds & coleriques* ; les *Signes* ♉, ♍, ♑ sont

terrestres, secs & mélancoliques ; les *Signes* ♊, ♎, ♒, sont *aëriens, humides, sanguins* ; les *Signes* ♋, ♏, ♓, *aqueux, froids & flegmatiques*. De-là on conclud que les trois *Signes* ♈, ♌, ♐, forment le *triangle igné* ; ♉, ♍, ♑ le *triangle terrestre* ; ♊, ♎, ♒, le *triangle aërien* ; ♋, ♏, ♓, le *triangle aqueux*.

Les six *Signes* ♈, ♊, ♌, ♎, ♐, ♒, sont dits *masculins & diurnes* ; les autres six *Signes* ♉, ♋, ♍, ♏, ♑, ♓ sont appellés *féminins & nocturnes*. Les Astrologues nomment aussi *commandans* les *Signes septentrionaux*, & *obéissans* les *Signes méridionaux*. Enfin, ils distinguent des *Signes féconds*, des *Signes de peu d'enfans*, des *Signes stériles*, des *Signes humains raisonnables* & *de bonne voix*, des *Signes d'une voix médiocre*, des *Signes muets sans voix*, des *Signes gras*, des *Signes maigres*, des *Signes robustes*, des *Signes charnus*, des *Signes d'infirmités*, des *Signes de bons esprits*, d'*éloquence*, de *connoissance*, d'*Astrologie* & des *nombres*, des *Signes Philosophiques*, des *Signes musicaux*, des *Signes vicieux*, des *Signes luxurieux*, des *Signes coleres*, &c. Et tous ces *Signes* ne sont que ceux du zodiaque differemment combinés. En vérité il y a tant de folie & de puerilité dans ces distinctions & ces qualifications, que peut-être de tous les égaremens de l'esprit humain il n'y en a point de si deshonorant.

S I L

SILLAGE. Terme de Pilotage. C'est la trace du cours du Vaisseau. On juge par cette trace de la vitesse d'un Navire qui est en mouvement lorsque le Vaisseau fait route. Ainsi mesurer le *Sillage* du Vaisseau, c'est mesurer sa vitesse celle de l'eau qu'il fend, qu'il déplace. Cette mesure est un probléme important, dont dépend la sureté du Navigateur. En effet, le Pilotage est l'art de déterminer en tout tems le point du ciel sous lequel un Navire se trouve. (*Voïez* PILOTAGE.) Pour cela, il faut connoître la longitude & la latitude sur mer. L'une de ces deux choses peut s'observer : c'est la latitude. Mais la longitude, c'est-à-dire, le chemin que fait le Vaisseau Est-Ouest est une connoissance qu'il n'est pas possible de se procurer en mer, (*Voïez* LONGITUDE.) On y supplée par la mesure du *Sillage*, je veux dire en connoissant le chemin que fait le Vaisseau ; car ce chemin étant réduit en degrés, en comptant 20 lieues pour un degré, on a la longitude dans le cas où le Vaisseau a fait route Est-Ouest ou suivant une direction oblique & la latitude, si le

Vaisseau a navigué Nord & Sud. De-là il est aisé de conclure que le problême de la mesure du *Sillage* du Vaisseau est un des plus importans que renferme l'art de naviguer. Cette conséquence étoit connue des Anciens. Aussi n'ont-ils rien oublié pour le résoudre. Le premier moïen qu'on ait emploïé consistoit en une roue armée de vannes, & ajustée à côté du Vaisseau. Cette roue étoit exposée au courant le long du Navire, & selon qu'il étoit rapide il la faisoit tourner en plus ou moins de tems. Afin de mesurer ce tems, à cette roue en répondoit une autre placée dans le Vaisseau ; de maniere que quand celle-ci faisoit un tour, l'autre laissoit tomber un caillou à toutes les révolutions. Par le nombre de ces cailloux on connoissoit les révolutions, & sachant une fois ce qu'une donnoit de chemin dans un certain tems, on connoissoit ainsi celui qu'il avoit fait dans tout autre. J'ai déja prouvé les inconvéniens de cette invention, parmi lesquels j'en choisirai un qui suffira pour faire connoître le jugement qu'on en doit porter. Lorsque le Vaisseau cingle obliquement, les vannes de la roue ne sont point frappées ou le sont peu & mal. En voilà assez pour faire voir que ce moïen est tout-à-fait défectueux.

La seconde machine proposée par les Anciens est une espece d'anémometre. Elle étoit formée d'un coffre dans lequel étoit enchassé un baton mobile armé d'aîles & autour duquel une corde étoit attachée. Le vent choquoit ces aîles & suivant qu'il étoit violent, le bâton tournoit plus rapidement & entortilloit plus ou moins de corde. Par la quantité de cordes entortillées on jugeoit du *Sillage* du Vaisseau. Comme c'est ici une anémometre, cette machine faisoit connoître la vitesse du vent seulement, de façon qu'en portant plus de voiles, le Vaisseau auroit fait plus de chemin, & la machine n'en auroit pas donné davantage. Le contraire seroit arrivé en portant moins de voiles. (La raison de ce port de voiles est expliqué à l'article MANŒUVRE.)

2. Après ces inventions on a fait usage du loch, qui, selon le P. *Fournier*, étoit connu des Anciens qui le méprisoient fort. (*Hydrographie du P. Fournier, Liv. XVII. §. 3.*) C'est une petite nacelle lestée qu'on jette en mer de la poupe du Vaisseau. Elle est attachée cependant à une corde divisée par des nœuds de cinq en cinq brasses qui est une mesure de cinq pieds. Cette corde est entortillée sur un tour pour qu'on puisse la dévider plus facilement. Lorsque la nacelle est hors des eaux du Vaisseau, on

laisse couler la corde ; on prend garde au nombre de nœuds qui se sont écoulés pendant une demi-minute ; & ce nombre de nœuds donne en brasses le chemin que le navire a parcouru pendant ce tems. Cela demande comme on voit une horloge de 30 secondes, ou qui marque les demi-minutes. Avant que d'apprétier cette invention, je crois devoir faire connoître cette horloge.

Elle est composée d'une bouteille B (Planche XXXVIII. Figure 288.) remplie de sable (*Voïez* HORLOGE DE SABLE.) & qui se vuide dans un long tuïau de verre B C ajusté sur une planche graduée de demi-minute en demi-minute, à mesure que le sable contenu dans le tuïau monte. Cette graduation se fait avec une bonne pendule à secondes. Ainsi quand le sable est parvenu à une de ces divisions, 30 secondes sont écoulées. Quoique M. *De la Hire* soit l'inventeur de cette horloge, elle n'est pas sans défaut. Il faut si peu de chose pour arrêter l'écoulement du sable que la division du tems, n'est pas trop réguliere. Plusieurs autres inconvéniens inséparables à une machine si délicate en quelque sorte & exposée au tangage du Vaisseau, firent desirer la découverte d'une autre horloge. Un Horloger de Paris entra dans ces vûes, & imagina en 1743 une montre fort ingénieuse & bien plus juste que le poudrier de M. *De la Hire*. Voici ce que c'est.

C'est une espece de montre qui n'a que deux roues, un pignon, un balancier avec ses agrès & dépendances, & un foible ressort pour moteur, qui agit immédiatement sur l'axe de la premiere roue. Cette premiere roue fait son tour à chaque demi-minute, & emporte avec elle l'aiguille qui y est ajustée & fixe. Pendant l'intervalle de 30 secondes, cette roue parcourt la circonference du cadran divisé en 30 parties égales, qui marquent autant de vibrations que doit faire le mouvement pour en parcourir l'espace. Il est encore divisé en 30 parties principales, dont chacune fait une seconde. Chaque partie est divisée en quatre autres, qui sont autant de quarts de secondes ou vibrations.

L'axe de la premiere roue porte un chaperon d'un petit diametre, sur lequel est pratiquée une entaille à un endroit déterminé. Sur ce chaperon pose une détente brisée & à ressort, qui pendant le mouvement de la montre fait tourner le chaperon sous la détente jusques à ce qu'il rencontre l'entaille. Alors le bout de la détente l'encoche & arrête la montre.

La détente a deux bras de lévier. L'un, comme il a été dit, pose sur le chaperon, & l'autre va joindre le balancier pour l'arrêter. Enfin l'aiguille au bout de sa course, arrête toujours à la 30ᵉ seconde, & ne peut aller plus loin.

On remonte cette sorte d'horloge avec l'aiguille en la retrogradant d'un tour & plus, c'est-à-dire jusqu'à résistance. Quoique remontée l'horloge ne marche pas. Ce n'est que lorsqu'en poussant un bouton, on levé la détente : ce qui fait faire à l'aiguille son tour qui est d'une seconde. J'ai vû cette machine. Elle a la forme d'une montre à répetition : ainsi on peut la porter fort commodément.

3. S'il ne manquoit à la perfection du loch que la découverte d'une bonne horloge à demi-minute, après cette invention il n'y auroit plus rien à desirer. J'ai déja dit que les Anciens méprisoient cette maniere de mesurer le *Sillage* du Vaisseau, & cela prouve déja que le loch a de grands défauts. En effet, on sait aujourd'hui ; 1° qu'on ne peut s'en servir lorsque la mer est agitée ; 2° que l'opération est interrompue presque à tous momens, par ce que la corde une fois dévidée, il faut recommencer ; 3° que les nœuds de la corde donnent plus de toises ou de brasses que le Navire en parcourt, cette corde étant l'hypotenuse d'un triangle rectangle plus grande que le côté compris entre le loch & le vaisseau, côté qui est le véritable chemin du navire, &c.

Des reflexions provenues de tout cela donnerent lieu à un Programe publié par l'Académie Roïale des Sciences dans lequel on proposoit pour sujet d'un prix qu'elle distribue tous les deux ans, on proposoit, dis-je cette question : *Quelle est la meilleure maniere de mesurer le chemin d'un vaisseau sur mer.* M. le Marquis *De Poleni* fut couronné. Il proposa une machine composée d'une colonne sur laquelle est portée une espece de lévier parfaitement mobile. D'un côté ce lévier est attaché un poids de l'autre un globe au bout d'une longue corde. A côté de ce lévier est ajusté un demi-cercle, de sorte qu'une des extrémités de ce lévier répond aux degrés qui y sont marqués & en est comme l'alidade. Le bout tourne sur un piedestal qui soutient la base de la colonne.

Pour faire usage de cette machine, on la place du côté de la poupe du vaisseau & on jette le globe par un sabor. Le vaisseau en fillant entraîne le globe, & plus son *Sillage* est rapide, plus l'attraction est violente. Or cette traction ne peut pas

avoir lieu que l'eau n'oppose une résistance au globe qui la fend. Le globe tire donc le bras du lévier auquel il est attaché ; le fait baisser & oblige l'autre extrêmité de monter. Cet angle de soulevement, toujours proportionnel à l'effort du globe, se connoît par le demi-cercle. En voilà assez pour estimer la résistance de l'eau sur le globe, & de-là la vitesse du vaisseau.

La boule de cette machine est exposée comme le loch aux vagues, qui peuvent diminuer la traction en la poussant du côté de la poupe, ou l'augmenter en la jettant dans un sens contraire. Elle suppose encore qu'on sait qu'un tel angle de soulevement donne tant de vitesse par heure, &c. Après cette tentative, M. *Pitot* de l'Académie Roïale des Sciences, imagina un instrument également simple & ingénieux. Ce sont deux tuïaux de verre dont l'un est droit & l'autre recourbé en forme d'entonnoir, tous les deux divisés en pouces & en lignes du moins le second ; enchassés dans des tuïaux de métal à jour, & enfin encastrés dans un prisme de bois qui les tient ensemble inébranlables. On attache à ces tuïaux une marque qu'on fait glisser.

La place de cet instrument dans le vaisseau est au milieu du navire qu'il faut percer afin de les faire passer. Quand ils sont arrêtés-là, l'eau monte dans le tuïau droit jusques au niveau de la mer, & est poussée dans le tuïaux recourbé avec une vitesse relative à la vitesse du navire. Elle s'éleve donc ici au-dessus du niveau. Or c'est par cet excès d'élevation de l'eau sur le tuïau droit qu'on connoît la vitesse de l'eau que déplace le navire & qui est toujours égale à celle du vaisseau.

Tous les Mécaniciens conviennent que cet instrument est très-utile pour connoître la vitesse d'un courant. Mais les Marins ne sont pas de cet avis à l'égard de celle du vaisseau. Et d'abord ils objectent que les tuïaux étant fermes & inébranlables une fois qu'on les auroit placés, il ne seroit plus possible de les diriger dans les diverses routes que le vaisseau peut suivre. En second lieu, que le fond du vaisseau étant toujours sale rempli d'herbes qui s'y attachent, les tuïaux seroient bien-tôt bouchés, & difficilement nétoïés. Ils disent encore qu'il seroit mal aisé de connoître la hauteur de l'eau dans les tuïaux, à cause du tangage continuel du navire, connoissance exactement nécessaire, puisqu'une erreur de trois ou quatre lignes auroit diminué ou augmenté l'estime du *Sillage* d'½ lieue. Et enfin qu'il n'étoit pas possible de percer un
navire

navire à son fond pour placer cet inſtrument, ſans s'expoſer au danger le plus imminent.

4. Voilà les raiſons qui ont empêché de mettre ces inventions en pratique. Comme la meſure du *Sillage* du vaiſſeau eſt encore livrée à la routine, & que le problême reſte de cette façon irréſolu, j'ai cherché en 1748 ſi cette ſolution étoit impoſſible ou en quoi elle conſiſtoit. Après avoir conſideré le mouvement du vaiſſeau, celui de l'eau, & établi des principes inconteſtables, j'ai tiré des conſéquences de ces principes. Ces conſéquences m'ont fait voir qu'il y avoit deux moïens qui n'avoient pas été ſaiſis par mes Prédéceſſeurs en ce travail. Le premier moïen eſt de juger de la viteſſe de l'eau par l'effort qu'elle fait par ſon choc ſur un corps, qui ſoit à la diſpoſition de celui qui veut la déterminer; le ſecond par ſon réjailliſſement, par ſon aſcenſion ou par ſon déplacement, qui ſont relatifs à la viteſſe qui les a produits. Pour mettre ces moïens à exécution, voici les machines que j'ai imaginées.

La premiere, qui eſt pour l'effort de l'eau, eſt compoſée d'un long bâton enchaſſé dans une boule ou globe de bois. Ce bâton eſt attaché par ſon milieu, de maniere qu'il peut balancer en tout ſens à la moindre impreſſion. Dans cet état il eſt ſuſpendu à la poupe du vaiſſeau à telle hauteur que le globe eſt couvert de 3 ou 4 pieds d'eau. A l'autre extrêmité du lévier ou de ce bâton eſt attachée une corde, qui paſſant dans un tuïau, ſoutient un baſſin cilindrique contenu dans une boete de même forme & preſque de même diametre.

Maintenant quand le vaiſſeau ſille, le globe étant tiré, frappe l'eau avec une viteſſe égale à celle du navire, & fait par conſéquent pancher l'autre extrêmité du lévier, tandis que celle où il eſt attaché recule en arriere. Cela ne peut ſe faire que le baſſin qui eſt dans le cilindre ne monte. Afin de l'empêcher & de remettre le lévier dans l'état d'équilibre où il étoit auparavant, on charge le baſſin de poids. Par ces poids connus, on connoît la viteſſe du globe & celle du navire qui eſt la même. Une table que j'ai calculée depuis 600 toiſes par heure juſques à près de 5 lieues facilite extrêmement cette connoiſſance, parce qu'on y trouve la viteſſe du vaiſſeau relative au poids qu'on a mis dans le baſſin.

Ma ſeconde machine eſt formée de deux tuïaux qui ſe communiquent par un troiſiéme. L'un de ces tuïaux armé d'une girouette eſt en forme d'entonnoir. On place le tout comme l'autre machine à la poupe du vaiſſeau. Les tuïaux trempent donc dans l'eau 3 ou 4 pieds. Lorſque le vaiſſeau ſille, l'eau s'engouffre dans l'entonnoir du tuïau, parce que la girouette preſente toujours ſon embouchure ſuivant la route du vaiſſeau, c'eſt-à-dire dans le fil de l'eau. Parvenue au haut de ce tuïau elle tombe ſur une cloiſon faite au tuïau de communication, & s'échappe par un trou dans le grand tuïau. Or plus le *Sillage* du vaiſſeau eſt rapide, plus il s'en échappe, par conſéquent plus il en entre dans le grand tuïau : c'eſt ce que je démontre. Connoiſſant donc la quantité d'eau contenue dans ce grand tuïau au bout de tel rems qu'on ſouhaite, on connoît la viteſſe du vaiſſeau. A cette fin, j'ai calculé une table où l'on voit la viteſſe du vaiſſeau qui répond aux pintes ou aux pouces, lignes d'eau contenues dans ce tuïau. Quand le grand tuïau eſt plein, on le vuide aiſément avec un piſton.

Ces deux machines ſont développées, décrites & démontrées dans un ouvrage intitulé : *L'Art de meſurer ſur mer le ſillage du vaiſſeau, avec une idée de l'état d'armement des vaiſſeaux de France.* On y trouvera la deſcription de toutes les machines des Anciens, celles de MM. *De Poleni*, *Pitot*, *Pourchet*, *Meynier* & *Dubuiſſon*.

SILLOMETRE. Machine pour meſurer le ſillage du vaiſſeau. (*Voïez* SILLAGE.)

SIN

SINUS. C'eſt la ligne droite tirée des extrêmités d'un arc perpendiculairement ſur le diametre qui paſſe par l'autre extrêmité. Ou bien le *Sinus droit* d'un arc, eſt la moitié de la corde du double de cet arc. Soit H E (Planche V. Figure 283.) la corde de l'arc H A E ou encore de l'arc H I E; alors ſa moitié D E eſt le *Sinus* du demi-arc A E, & auſſi du demi-arc E I, de même que de l'angle A C E & de l'angle I C E.

Si l'on ſuppoſe le raïon $=$ 1, la longueur de l'arc d'un quart de cercle ſera 1. 57070, &c. & ſon quarré 2. 4694, &c. En diviſant ce quarré par celui d'un nombre qui exprime le rapport de 90 degrés à un angle donné quelconque tel que A, & que le quotient ſoit appellé ζ, trois ou quatre termes

de la ſerie $1 - \dfrac{\zeta}{2} + \dfrac{\zeta^2}{24} - \dfrac{\zeta^3}{720} + \dfrac{\zeta^4}{40320}$

donneront le *co-Sinus* de l'angle A. On ſe ſert des *Sinus* dans la Trigonometrie pour connoître dans un triangle le rapport des angles à ſes côtés, & celui de ſes côtés aux angles. (*Voïez* TRIGONOMETRIE.)

A cette fin, & pour en faciliter l'ufage, on a fuppofé le raïon A C divifé en 10000000 ou en plufieurs parties, & on a calculé combien de ces parties a le *Sinus* de chaque degré du quart de cercle, & pour chaque minute de chaque dégré, même de 10 en 10 fecondes, dont on a conftruit des Tables.

On trouve à ce fujet de beaux théorèmes dans les Ouvrages de *Pitifcus* & de *Jean Newton*. M. *Benjamin Urfin* donne dans fa *Trigonométrie*, Liv. II. Ch. V. pag. 164, la maniere de trouver par le *Sinus* d'une minute tous les autres *Sinus*. M. *Ozanam*, dans fon *Cours de Mathématique*, Tom. II. *Trigon. Liv. I. Ch. I. Prop. II.* en donne une pour connoître le *Sinus* d'une minute. MM. *Leibnitz* & *Newton* ont découvert des fuites infinies par lefquelles on peut trouver le *Sinus* pour chaque arc donné fans favoir celui des autres. On lit dans les Lettres de *Newton*, imprimées dans les *Œuvres de Wallis* Tom. III. la maniere de s'en fervir, & dans les *Elementa Analyfis infinitorum* de M. *Wolf* celle de les déterminer. Les autres Savans qui ont travaillé fur cette matiere, font MM. *JeanBernoulli* & *Herman*. Le premier a donné dans les *Actes de Leipfic* une regle générale pour trouver du *Sinus* de l'arc fimple celui du multiple, du double, par exemple, du triple, &c. Et le fecond a démontré cette regle. Enfin, un Anonyme a publié dans le *Journal Litteraire* du mois de Septembre & Octobre 1714, un nouveau moïen de fe fervir des Tables des *Sinus*, fans qu'il foit néceffaire de multiplier ou de divifer.

2. Voici quelques problèmes fur les *Sinus* qui peuvent former la théorie de ces fortes de lignes.

Problême I. Le *Sinus* S R (Planche III. Figure 609.) d'un arc S A *étant donné* [je le nomme *a*] *trouver le finus* S H *de fon complement* S B [que nous nommerons *x.*]

Solution. La lettre *r* reprefentant le *Sinus* total on aura $\overline{CS}^2 \, [rr] = \overline{SR}^2 \, [aa] + \overline{CR}^2 \, [xx]$ parce que $CR = SH$. Donc $rr - aa = xx$. Donc $x = \sqrt{rr - aa}$.

Problême II. Le *Sinus* S R [*a*] *d'un arc étant donné, trouver* A *n* (même planche & même figure) [*x*] Sinus *de la moitié du même arc* A Q.

Solution. Par le premier problême $CA \, [r] - CR \, [\sqrt{rr - aa}] = RA$ fleche ou *Sinus verfe* de l'arc S A. Mais $\overline{SA}^2 \, [4xx] = \overline{SR}^2 \, [aa] + \overline{RA}^2 \, [r - \sqrt{rr - aa}^2.]$ Donc $2x = aa + rr - 2r\sqrt{rr - aa} +$

$rr - aa = \sqrt{2rr - 2r\sqrt{rr - aa}}$. Et par réduction $x = \frac{1}{2}\sqrt{2rr - 2r\sqrt{rr - aa}}$.

Problême III. Le *Sinus* A N [*b*] (Planche III Figure 610.) *d'un arc* A Q *étant donné, trouver* S R [*x*] Sinus *du double* S A.

Solution. Aïant A N [*b*], on trouve C N *Sinus* du complement de $AQ = \sqrt{rr - bb}$. Mais les triangles A C N, A S R rectangles étant femblables, à caufe de l'angle A commun, on aura $CA \, [r] : CN \, [\sqrt{rr - bb}] :: SA \, [2AN = 2b] : SR$. Donc $x = 2b\sqrt{rr - bb}$.

Problême IV. Le *Sinus* Q D [*a*] & S H [*b*] (Plan. III. Figure 611.) *de deux arcs* A Q & Q S *étant donnés, trouver* S F [*x*] Sinus *de l'arc* S A *fomme des deux arcs donnés*.

Solution. Puifqu'on a les *Sinus* Q D & S H, on a les *Sinus* des complemens Q A & S Q par le premier problême; favoir $CD = \sqrt{rr - aa}$ & $GH = \sqrt{rr - bb}$. Mais comme les triangles C Q D, C H E font femblables, on aura $CQ \, [r] : QD \, [a] :: CH \, [\sqrt{rr - bb}] : HE = FG = \frac{a}{r}\sqrt{rr - bb}$. Et parce que les triangles C Q D & S H G font femblables (aïant un angle droit, & l'angle $GHS = CQD$; car l'angle Q defigné, l'angle égale P fon alternativement oppofé, & P égale G H S à caufe de l'angle droit S H C) on aura $CQ \, [r] : CD \, [\sqrt{rr - aa}] :: SH \, [b] : SG = \frac{b}{r}\sqrt{rr - aa}$. Mais $FG + SG \, [\frac{a}{r}\sqrt{rr - bb} + \frac{b}{r}\sqrt{rr - aa}] = SF \, [x]$ Donc $x = \frac{\sqrt{rr + bb} + b\sqrt{rr + aa}}{r}$.

Problême V. Les arcs S F [*c*] & Q D [*a*] (même planche & même figure) *des deux arcs* S A & Q A *étant donnés, trouver* S H [*x*] *de* S Q, *différence des deux arcs*.

Solution. Les *Sinus* *c* & *a* étant donnés, on aura les *Sinus* C D $[\sqrt{rr - aa}]$ & C F $[\sqrt{rr - cc}]$ de leurs complemens. Et comme les triangles C Q D, C P F font femblables, on aura $CD \, [\sqrt{rr - aa}] : DQ \, [a] :: CF \, [\sqrt{rr - cc}] : FP = \frac{a\sqrt{rr - cc}}{rr - aa}$. Mais $SF \, [c] - FP$

$$\left[\,a\,\frac{\sqrt{rr-cc}}{rr-aa}\right]=SP$$

: de plus les triangles C Q D, S H P font femblables, comme on l'a vû dans le précedent problême. Donc

$$CQ\,[r]:CD\,[\sqrt{rr-aa}]::PS\,\left[c-a\frac{\sqrt{rr-cc}}{rr-aa}\right]:SH\,[x]=c\frac{\sqrt{rr-aa}}{r}-\frac{a.}{r}$$

Problême VI. Le *Sinus* D K [*a*] (Planche III. Figure 612.) *d'un arc* D B *moindre que 30 degrés étant donné, trouver le Sinus* F H *d'un arc qui furpaffe 30 degrés, autant que 30 degrés furpaffent l'arc* D B.

Solution. Soit B E de 30 degrés. E D fera le *Sinus* de 30 degrés fur l'arc donné D B. Faites E F = E D. B F fera l'arc dont on cherche le *Sinus* F H [*x*]. Les triangles rectangles F O D, I G D ont l'angle D commun. Donc l'angle F = l'angle I = B C E = 30 degrés. Donc l'angle O D F eft de 60 degrés. D'où il fuit que D O = ½ D F = D G. Mais F O = F D — D O. Donc F O = 4 D G — D G = 3 D G. Donc F O = D G × √3. De plus D K = O H. Donc F H [*x*] = F O + D K = D K [*a*] + D G √3.

Problême VII. Le *Sinus* F Q (même Planche & même figure) [*b*] *d'un arc* A F *moindre que* 60 *degrés, étant donné avec le Sinus* [*c*] *de l'arc* F E, *fon complement à* 60 *degrés, trouver* D P *Sinus d'un arc* D A, *qui furpaffe d'autant de degrés l'arc* E A *de* 60, *que l'arc* A F *eft furpaffé par* 60.

Solution. F G = D G = D O & F Q = P O. Donc D P [*x*] = D O + O P = F G [*c*] + O P [*b*].

Problême VIII. Aiant les *Sinus* (a) *de tous les arcs, trouver leur tangente & leur fécante.*

Solution. Les triangles C R S, (Planche III. Figure 613.) C A T étant femblables, on aura

$$CR\,[b]:RS\,[a]::CA\,[r]:AT\,[t]=\frac{ar}{b}.$$

Et

$$CR\,[b]:CS\,[r]::CA\,[r]:CT=\frac{rr}{b}.$$

3. On connoît par l'*Almagefte* de *Ptolomée* que les Anciens fe font fervis de cordes dans la Trigonometrie. Les *Sinus* y ont été introduits par les Sarrazins. Les Grecs diviferent les cordes, & les Sarrazins les *Sinus* en fractions fexagefimales. On appelle le *Sinus* qui vient de faire le fujet de cet article *Sinus droit*, pour le diftinguer des fuivans.

Sɪɴᴜꜱ ᴀʀᴛɪꜰɪᴄɪᴇʟ. Nom que quelques Géometres donnent aux logarithmes du *Sinus*.

Sɪɴᴜꜱ ᴅᴜ ᴄᴏᴍᴘʟᴇᴍᴇɴᴛ. C'eft le *Sinus* droit d'un angle ou d'un arc qui forme 90° avec un autre angle ou arc donné. Exemple. Soit A C F (Planche V. Figure 283.) un angle de 90 degrés, ou A F un quart de cercle. La ligne E D étant perpendiculaire fur A C, & E K fur C F, alors E K eft à l'égard du *Sinus* E D, le *Sinus du complement*, favoir E K eft le *Sinus* de l'arc E F, qui eft le complement de l'autre arc A E.

Sɪɴᴜꜱ ᴛᴏᴛᴀʟ. C'eft le demi-diametre ou le raïon du cercle. On le divifa autrefois en 60 parties ; chacune de ces parties en 60 minutes, chaque minute en 60 fecondes, comme nous l'apprend *Ptolomée* dans fon *Almagefte, Liv. I. Ch. IX. pag. 13.* Mais ces fortes de fractions aïant caufé des calculs fort pénibles dans la Trigonometrie, *Regiomontan* commença d'abord à divifer le raïon en 6000000 parties, & bien-tôt après en 10000000. C'eft de cette derniere divifion dont on fe fert aujourd'hui, parce qu'il n'y en a point de plus commode.

Sɪɴᴜꜱ ᴠᴇʀꜱᴇ. Partie du demi-diametre ou raïon intercepté entre l'arc & fon *Sinus*. Exemple. Soit A C le raïon du cercle (Planche V. Figure 283.) ; E D le *Sinus* de l'arc A E : A D eft le *Sinus verfe*. Quelques Géometres fe font fervis du *Sinus verfe* dans la Trigonometrie fpherique pour trouver un angle par trois côtés donnés. Il n'en eft pas à caufe de cela plus néceffaire, puifqu'on peut réfoudre tous les problêmes de la Trigonometrie par les *Sinus* droits & par les tangentes. (*Voiez* TRIGONOMETRIE.) Voilà pourquoi on n'infere point les *Sinus* verfes dans les tables ordinaires, dont on fe fert dans la Trigonometrie, avec d'autant plus de raifon qu'on peut trouver fort aifément le *Sinus verfe* par les tables des *Sinus* lorfqu'on en a befoin. Cependant *Marius* a mis tous les *Sinus verfes* dans fon *Canon finuum.*

S I P

SIPHON. Inftrument fort fimple & fort connu dont on fe fert, pour tirer d'un tonneau autant de vin, de bierre, d'eau-de-vie, &c. qu'on veut en l'y plongeant par le trou du bondon. C'eft un tuïau A B courbé en C (Planche XLVI. Figure 289.) fous un angle quelconque dont les branches font inégales. On plonge la plus courte dans le vafe qu'on veut vuider. On pompe l'air de la plus longue jufques à ce que l'eau en forte ; & alors elle coule fans interruption tant qu'il y en a dans le vafe. Cet effet dépend de la preſſion de l'air qui pouſſe l'eau dans le *Siphon* lorſqu'on l'en a vuidé. L'air preſſe auſſi l'eau, qui ſort par l'orifice & la ſoutient. Ces deux preſſions ſont égales & agiſſent en ſens contraire dans la partie ſuperieure du *Siphon*; & dans cet endroit valent le poids de l'atmoſphere. Les deux colonnes d'eau, contenues dans les deux branches du *Siphon*, l'emportent cependant ſur ces deux preſſions. Et comme la colonne d'eau dans la plus longue branche ſurpaſſe la colonne oppoſée, la preſſion de l'air eſt moins forte contre l'eau de cette branche que ſur la ſurface de l'eau contenue dans le vaſe, & répondant à la colonne d'eau de la plus courte branche. Donc l'eau doit continuer de couler par celle-là.

On diſtingue pluſieurs ſortes de *Siphons*, que je vais expliquer dans des articles ſéparés.

SIPHON ANATOMIQUE. Inſtrument dont on ſe ſert pour obſerver les peaux & les cuticules des animaux, de même que toutes les parties du corps qui ſont compoſées de tuniques, comme le ventricule, les inteſtins, les veſſies, &c. Il eſt formé d'un vaiſſeau cilindrique A B C D (Planche XLVI. Figure 290.) qui a un tuïau ſoudé à côté E F. Le diametre du vaiſſeau eſt de 48 lignes, & celui du tuïau G H de 11. La longueur G F eſt de 250 lignes, c'eſt-à-dire, 1 pied, 8 pouces & 10 lignes. Lorſqu'on étend ſur le grand vaiſſeau rempli d'eau, un morceau de veſſie ou de ventricule, de maniere que ſon intérieur ſoit tourné vers l'eau, & qu'on remplit d'eau le tuïau E F elle n'y peut pas paſſer; mais le côté extérieur du morceau étant tourné en dedans, l'eau penetre par les pores & ſéparant les cuticules, elle y paſſe & s'écoule par-deſſus.

L'Auteur de ce *Siphon* eſt M. *Wolf*. Il l'inventa en 1709 en voulant obſerver les pores inſenſibles dans une veſſie. On en trouve la deſcription dans ſes *Elementa Hydroſtatica* §. 52. (*Elem. Mathes. univ. T. II.*)

SIPHON INTERROMPU. Machine hydraulique avec laquelle on peut élever dans un cofre fermé autant d'eau qu'on en laiſſe écouler d'un autre, qui eſt au-deſſous de lui. C'eſt ce que repreſente la figure 291. Planche XLVI. A eſt un cofre ouvert rempli d'eau; B un autre fermé & vuide; C un troiſiéme fermé de même, mais plein d'eau. DE & DF ſont deux tuïaux inégaux; de ſorte que DE eſt un peu plus long que le tuïau DF. L'eau s'écoulant du cofre C par le tuïau DE, il en monte d'autre du cofre A par le tuïan FG. Et cela eſt fondé ſur le principe général du *Siphon*, qu'on a vû ci-devant.

SIPHON DE WIRTEMBERG. C'eſt un *Siphon* à deux jambes égales un peu courbées par deſſous. *Jean Jordan*, Bourgeois de Stutgard en eſt l'inventeur. On prétend qu'il a élevé l'eau par ſon moïen à une hauteur de 54 pieds. *Frederic Charles* Duc de *Wirtemberg*, garda d'abord ce *Siphon* comme une invention extraordinaire dont il ſe réſervoit le ſecret. Cependant *Salomon Reiſel* ſon Médecin, aïant publié (en 1684) quelques-uns de ſes effets, *Jean Davis* a décrit dans les *Tranſactions Philoſophiques* de l'année 1685 N° 167, page 846, un *Siphon* de ſon invention qui a les mêmes propriétés que celui de Wirtemberg. (On trouve auſſi la même découverte dans le *Collegium curioſum*, *Part. II. Sect.* 5. *pag.* 80 & 81.) Sur cela la Société Roïale de Londres chargea M. *Dionis Papin* d'en développer le principe. Et celui-ci inventa un *Siphon* qui avoit toutes les propriétés que *Reiſel* attribuoit au *Siphon de Wirtemberg*. Il en a donné une deſcription fort claire dans les *Tranſactions Philoſophiques*, ann. 1685 N°. 167. (*Voïez* auſſi les *Nouvelles de la République des Lettres*.) On ne douta point alors que ce Savant n'eût découvert le *Siphon* de *Reiſel*. Celui-ci confirma cette conjecture, & comme il vit que ſon ſecret étoit entierement découvert, il n'héſita plus de le rendre public. La conſtruction & les propriétés de ſon *Siphon* parurent en 1690 dans un Ouvrage intitulé: *Sipho Wirtembergicus per majora experimenta firmatus*, à Stutgard.

SIR

SIRIUS. Etoile brillante de la premiere grandeur dans la conſtellation du grand Chien.

SOC

SOCIETE'. On ſous-entend REGLE. C'eſt la même choſe qu'une regle de Compagnie. *Voïez* COMPAGNIE.

SOCLE. Terme d'Architecture civile. C'eſt un corps quarré dont la hauteur eſt moindre que la largeur, & qui ſe met ſous la baſe des piedeſtaux, des ſtatues, des vaſes, &c.

SOL

SOLEIL. Aſtre de figure ſpherique, lumineux, & qui étant la ſource de la chaleur & des feux, luit de ſa propre lumiere. Les anciens Philoſophes *Platon*, *Zenon*, *Pythagore*, *Metrodore*, &c. penſent que cet aſtre eſt un globe de feu, & *Kepler*, *Kirker*, *Reitba*, *Scheiner* & *Riccioli*, ſont du même ſentiment. *Deſcartes* ſeul veut qu'il ſoit compofé d'une matiere subtile capable d'exciter la fenfation de lumiere & de chaleur. Mais le nom de *Defcartes*, tout grand qu'il eft, n'a pas rendu cette opinion affez recommandable pour qu'on la crût. L'ancienne a prévalu, & elle eft en effet très-vrai femblable. (On trouvera à l'article de la PESANTEUR ce que penfent à cet égard *Villemot*, *Bernoulli*, &c. *Voïez* encore TACHES DU SOLEIL.) Quoiqu'il en foit, les anciens Aftronomes mettoient le *Soleil* au nombre des fept planetes qui tournent autour de la terre. Et fuivant les Modernes les planetes & la terre tournent autour de lui. Elles lui doivent même leur lumiere & la confervation de leur mouvement. Tel eft le réfultat de la théorie de cet aftre.

1°. Selon M. *Caffini*, la plus grande diftance du *Soleil* à la terre eft de 22374 demi-diametres de la terre ; fa moïenne diftance de 22000 & fa plus petite diftance de 21626.

M. *Hughens* qui croit que cette diftance eft de 1367631, veut cependant que fa diftance moïenne de la terre foit de 25086 demi diametres terreftres. (*V.* DISTANCE.)

2°. Le diametre du *Soleil* eft égal à 100 diametres de la terre. Ainfi le corps du *Soleil* doit être un million de fois plus grand que celui de la terre. M. *Auzout* affure avoir obfervé par une méthode fort exacte, que le diametre du *Soleil* n'avoit pas moins que 21', 45" dans fon apogée, & pas plus que 32', 45" dans fon perigée. Et fuivant M. *Newton* le moïen diametre apparent de cet aftre eft de 32', 12". (Pour déterminer ce diametre *Voïez* DIAMETRE APPARENT.)

3°. On a découvert par le moïen des taches du *Soleil*, car cet aftre fi brillant en a, (*Voïez* TACHES DU SOLEIL) on a découvert, dis-je, qu'il tourne autour de fon axe dans l'efpace d'environ 25 jours fans fortir beaucoup de fa place, & que l'axe de ce mouvement eft incliné à l'écliptique en faifant un angle de 87 degrés environ 30 minutes. Maintenant, puifque le diametre apparent de cet aftre eft fenfiblement plus court au mois de Décembre qu'au mois de Juin, il faut que le *Soleil* foit à proportion plus près de la terre en hyver qu'en efté. il fera donc dans fon perihelie en hyver & dans fon aphelie en efté : ce qui eft confirmé auffi par le mouvement de la terre, qui eft plus vîte en Décembre qu'en Juin. En effet, puifque cette planete décrit toujours (comme l'a démontré M. *Newton*) par une ligne tirée au *Soleil* des aires égales en tems égaux, toutes les fois qu'elle fe meut plus vîte, il faut néceffairement

qu'elle foit plus proche du *Soleil*. C'eft pourquoi de l'équinoxe du printems à celui d'automne, il y a environ 8 jours de plus que de l'équinoxe d'automne à celui du printems.

4°. M. *Gregori* & *Newton* ne donnent que 10 fecondes à la parallaxe horifontale du *Soleil*.

2. *Ptolomée* pour expliquer le mouvement du *Soleil*, l'a repréfenté de deux façons differentes. Premierement, par le *concentrepycicle* ou par l'*homocentrepycicle* ; & en fecond lieu, par le *fimple excentrique*. Quant à la premiere hypotefe, la terre eft en C (Pl. XIX. Figure 603.) d'où l'on décrit le cercle B M R N dans la circonference duquel fe meut le centre de l'épycicle avec une viteffe invariable, pendant que le centre du *Soleil* tourne dans le centre de l'épycicle. Le diametre de l'épycicle eft la difference entre la plus grande & la plus petite diftance du *Soleil* à la terre. Le cercle B M R N eft appellé *concentrique* ; C A la *longitude plus grande* ; C B la *longitude moïenne* : C K la *ligne du mouvement ou du lieu moïen* ; C D, la planete étant en D, la *ligne du mouvement vrai ou apparent* ; Z D l'anomalie moïenne ; K I l'*équation ou la proftaphere*. Voilà la premiere hypothefe. Voici la feconde, beaucoup plus fimple & qui a été confervée par tous les Aftronomes jufques à *Kepler*. Elle répond même affez aux phénomenes, puifque l'ellipfe dans laquelle la terre tourne autour du *Soleil* approche affez du cercle.

Soit la terre en T (Planche XIX. Figure 604.) de laquelle on trace l'écliptique A L P V. Du point C *Ptolomée* décrit avec la diftance moïenne du *Soleil* à la terre un cercle qui eft l'excentrique dans lequel cet aftre tourne avec une viteffe égale. Par conféquent C eft le centre des moïens mouvemens ; A P la *ligne des apfides* ; O l'*apogée* ; G le *perigée* ; C N la *ligne du mouvement moïen* ; T M la *ligne du mouvement véritable* ; le *Soleil* étant en S, A N ou l'angle O C S, l'*anomalie moïenne* ; A M ou l'angle O T S l'*anomalie véritable* ; N M ou l'angle C S T l'*équation* ou la *proftaphere*. (*Almageft. Lib. III. Ch. 3.*) *Kepler* a changé dans tout cela le cercle en ellipfe. (*Voïez* PLANETE.)

3. Terminons cet article par les connoiffances particulieres que nous devons à *Newton*, & qui quoique déduites en quelque forte de fon fyftême, peuvent fe foutenir à côté des obfervations aftronomiques.

1°. La denfité de la lumiere du *Soleil* (qui eft proportionnelle à fa chaleur) eft sept fois plus grande en Mercure que sur la terre : ainsi notre eau s'y évaporeroit assez vîte à force d'y bouillir ; car le grand *Newton* a trouvé par des expériences faites avec un thermometre, qu'une chaleur sept fois plus grande que celle des raïons du *Soleil* en esté, étoit capable de faire bouillir l'eau.

2°. La matiere du *Soleil* est à celle de Jupiter comme 1100 est à 1. Et la distance de cette planete au *Soleil* est dans le même rapport que le demi-diametre du *Soleil*.

3°. La matiere du *Soleil* est à celle de Saturne comme 2360 est à 1. Et la distance de Saturne à cet astre est dans un rapport un peu plus petit que celui du demi-diametre du *Soleil*. Ainsi le centre commun de gravité du *Soleil* & de Jupiter est presque sur la surface du *Soleil*, & celui de Saturne & du *Soleil* est un peu au-dedans du *Soleil*.

4°. De-là il suit, que le centre commun de gravité de toutes les planetes ne sauroit être éloigné du centre du *Soleil* que de la longueur du diametre solaire. M. *Newton* prouve que le centre commun de gravité est immobile. Donc quoique le *Soleil* puisse être mu en tout sens, en conséquence de la differente position des planetes, il ne sauroit pourtant s'éloigner du centre commun de gravité. C'est pourquoi M. *Newton* pense qu'on doit le prendre pour le centre de notre monde. (*Philosophiæ naturalis principia Mathematica*, *Liv. III. pag.* 12.)

Soleil. Terme de feu d'Artifice. C'est la representation de cet astre par des artifices rangées autour d'un centre. On distingue deux sortes de *Soleils*, de *Soleils fixes* & de *Soleils mobiles*. Les premiers sont formés par un assemblage de jets chargés en brillant, disposés autour d'un centre commun en forme de raïons, & qui prennent feu à la fois. (*Voïez* la Planche XXXVII. Figure 606.) Dans les *Soleils mobiles* les fusées sont rangées autour du centre d'une roue parfaitement mobile sur son axe : ce qui produit l'effet de la figure 607. (Planche XXXVII.) où l'on ne voit cependant que quatre jets de fusées à aigretes. Enfin on connoît encore un troisiéme *Soleil* d'artifice qu'on appelle *Soleil brillant* ou *Gloire*. Il est formé par une grande quantité de jets ou fusées à aigretes arrangées sur une roue. La matiere de ces fusées est composée de trois parties de poudre mêlées avec une partie de limaille de fer ou d'acier neuf, le tout passé par un tamis médiocrement fin. Ces fusées s'ajustent comme le represente la figure 608. (Planche XXXVII.) ce qui n'a pas besoin d'explication. A l'égard de la

communication des feux, on la pratique 1°. en garnissant tous les rangs de porte-feux d'un jet à l'autre ; 2°. en en plaçant deux qui communiquent le feu de gorge en gorge du premier au second rang ; & quatre autres du second au troisiéme, afin que le tout prenne feu en même-tems.

SOLIDE. Terme de Géometrie. C'est un corps où l'on considere les trois dimensions, longueur, largeur & épaisseur. On peut concevoir qu'il est formé par le mouvement direct ou par la circonvolution d'une surface quelconque.

Deux *Solides* sont *semblables* lorsqu'ils sont formés par le mouvement des figures semblables, c'est-à-dire, qu'ils sont renfermés sous un égal nombre de plans semblables. Ces *Solides* sont en raison doublée de leurs côtés homologues.

SOLIDE DE MOINDRE RESISTANCE. C'est le solide qui fend un fluide en y éprouvant le moins de résistance possible. M. *Newton* démontre dans ses *Principes* que si l'on a une figure courbe comme D N F B (Planche XLVI. Figure 292.) telle que d'un point quelconque N, pris dans sa circonference, on abbaisse une perpendiculaire N M à l'axe A B ; que d'un point donné G on tire la ligne droite G R parallement à une tangente, au point N de la courbe, & que l'axe étant prolongé jusques à ce qu'il soit coupé par G R on ait

$$MN : GR :: GR : 4 BG \times GR,$$

alors le *Solide* qui s'engendrera par la circonvolution de cette courbe autour de son axe A B, éprouvera lorsqu'il sera mu très-rapidement ; beaucoup moins de résistance de la part de ce même milieu, que tout autre *Solide* circulaire, que tout autre *Solide* quelconque décrit de la même maniere, & dont la longueur & la largeur sont égales, M. le Marquis de l'*Hôpital* a donné la construction de ce *Solide* dans les *Mémoires démie l'Acadie Roïale des Sciences* de 1699 (*Voïez* aussi son *Analyse des infiniment petits*, & les *Œuvres* de M. *Jean Bernoulli* (en latin) *Tom. I. II. & IV.* M. *Parent* en a publié l'analyse dans son *Supplément à plusieurs problêmes publiés en differentes occasions*, imprimés à la fin de son *Arithmétique théorie-pratique*, que M. *Newton* avoit omise. Malgré tous ces travaux le problême n'est point encore résolu. Et d'abord on objecte qu'il ne suffit pas, comme on l'a fait depuis M. *Newton* inclusivement, de trouver celui d'entre les *Solides*, qui aïant la même base & le même axe que tout autre, souffre de la part de l'eau le moins de réſiſtance qu'il eſt poſſible ; il faut encore que la ſomme des impulſions du fluide ſoit diviſée par la maſſe du *Solide* & prendre le *minimum* du quotient. En ſecond lieu, il n'eſt pas démontré que le *Solide de moindre reſiſtance* pour les routes directes le ſoit auſſi pour les routes obliques. Enfin, le *Solide* par rapport au mouvement du navire ne doit point être regardé comme diviſant le fluide parallelement à ſon axe. Sa carene, lorſqu'il fait route, eſt une ſection oblique à l'horiſon. Ajoutons à cela une conſidération qui a été négligée par les Géometres par rapport au *Solide de moindre réſiſtance*, & qui renferme la ſolution de ce problème, c'eſt l'impulſion de l'eau ſur la proue du vaiſſeau. Car ce n'eſt qu'en conciliant les deux réſiſtances que ſouffrent & la proue & la poupe, qu'on peut le réſoudre. J'ai expoſé ces vérités dans la *Mâture diſcutée & ſoumiſe à de nouvelles loix*, pag. ix, x & xj du Diſcours préliminaire.

SOLIDITE'. Terme de Géometrie. C'eſt la quantité de l'eſpace qu'un corps occupe en longueur, largeur & profondeur. On trouve cet eſpace ou la *Solidité* d'un corps en formant un produit de ces trois dimenſions. Exemple. La ſolidité des cubes, des parallelipipedes, des priſmes & des cilindres eſt égale au produit de la baſe par la hauteur ; celle des cones & des piramides au produit de la baſe par le tiers de la hauteur ; celle des ſpheres au produit du diametre de la circonférence du grand cercle par la ſixiéme partie du diametre. Quant aux autres corps produits par des figures curvilignes, *Voiez* CUBATION.

SOLIDITÉ. Terme de Phyſique. Qualité d'un corps naturel oppoſée à ſa fluidité, & qui paroît conſiſter en ce que les parties de ce corps ſont tellement liées enſemble, qu'elles ne peuvent pas ſe répandre à la maniere des fluides.

SOLSTICE. C'eſt le tems où le ſoleil entrant à l'un des tropiques eſt à ſa plus grande diſtance de l'équateur. Alors il commence à revenir vers ce cercle ; mais ſon progrès eſt ſi petit ou ſi inſenſible, que cet aſtre paroît décrire des cercles. Il y a deux ſortes de *Solſtices*, le *Solſtice d'eſté* & le *Solſtice d'hyver.*

Le *Solſtice d'eſté* arrive vers le 21 ou le 22 Juin quand le ſoleil entre dans le tropique du Cancer. Nous avons dans ce tems-là le plus long jour & la plus courte nuit.

Le *Solſtice d'hyver* arrive vers le 22 Décembre quand le ſoleil entre dans le tropique du Capricorne, où les nuits ſont les plus longues & les jours les plus courts.

Tout ceci s'entend ou doit s'entendre pour les païs ſeptentrionaux. Car d'abord ſous l'équateur il n'y a aucune variation ; c'eſt un équinoxe perpétuel. En ſecond lieu par rapport aux régions méridionales, on a les plus longs jours quand le ſoleil entre au ſigne du Capricorne, & les plus longues nuits lorſqu'il eſt dans le ſigne du Cancer.

2. Le tems des *Solſtices* eſt difficile à obſerver & à déterminer. Cela demande un travail & des opérations aſſez multipliées. Comme j'ai appris à déterminer le tems des équinoxes à leur article, j'aurois fort ſouhaité pouvoir enſeigner la maniere de fixer auſſi celui des *Solſtices*. Mais quoique j'aie examiné les differentes méthodes qu'on a miſes en uſage, je n'en ai point trouvé d'aſſez faciles & d'aſſez ſimples, pour que les perſonnes qui ne ſont point Aſtronomes puſſent en faire uſage ; & celles qui ſont verſées dans l'Aſtronomie n'apprendroient rien de nouveau dans l'expoſé que j'aurois pû leur en faire. Je renvoïe donc pour l'obſervation aux *Tranſactions Philoſophiques*, ann. 1695, pour la détermination à la méthode de M. *Halley* qui a été auſſi inſerée dans les *Acta erud.* Supplem. Tom. III. Sect. 5. pag. 218. & par laquelle il ſe ſert de grands cadrans & de gnomons fort élevés. (Cette méthode a été expliquée fort au long dans les *Elementa Aſtronom. Phyſicæ & Geometricæ* de *Gregori*, Liv. III. Prop. 11. pag. 221.) aux *Elementa Aſtronomiæ* de *Wolf* §. 666. (*Wolf Elem. Math. univ.* Tom. *VI.* & aux *Elemens d'Aſtronomie* de M. *Caſſini*, Liv. II. qui rapporte ſur-tout celle de MM. *Flamſtéed & Manfredi*, que je prefererois aux autres qu'on trouve dans ce même Ouvrage.

3. La plus ancienne obſervation des *Solſtices* a été faite à Athenes par *Meton & Euctemon* le 21e jour du mois de *Phanemoth* de l'année 316 de Nabonaſſar un matin, ce qui réduit à nos époques, ſe rapporte au 27 Juin de l'année 431 avant *Jeſus-Chriſt*, à 5 heures du matin. (*Ptolomée Almageſt.* Liv. III. Ch. 2.) On fait uſage dans cette obſervation du célebre Heliometre ou inſtrument pour meſurer le cours du ſoleil, que *Methon*, fils de *Pauſanias*, dédia publiquement dans l'Aſſemblée des Etats. Depuis lors juſques au ſecond ſiécle après J. C. on ne trouve point d'autres obſervations de *Solſtices* que celle qui, ſelon *Ptolomée*, eſt arrivée le 11 du mois de *Meſſori* de l'année 463 depuis la mort d'*Alexandre*, peu de tems après minuit : ce qui ſe rapporte au 24 Juin de l'année 140 après *Jeſus-Chriſt* à 13 heures. Entre cette obſervation & celle

de *Méthon*, il y a 571 années. Et depuis les *Solſtices* ont été obſervés plus reguliere-ment comme on voit dans les Ouvrages d'Aſtronomie.

SOLUTION. On entend par-là ſatisfaire à une queſtion propoſée. Un problême eſt *ſolu* ou *reſolu* quand on remplit les condi-tons qu'il exigeoit & qu'on y a répondu.

S O M

SOMME. C'eſt l'aſſemblage de pluſieurs nom-bres, pluſieurs quantités exprimées par un nombre une quantité qui eſt égale aux autres priſes enſemble. Exemple, 14 eſt la *Somme* de 6, 3 & 5. Et cette *Somme* n'eſt autre choſe que l'addition de 6, 3 & 5. Ainſi on peut définir l'addition l'invention d'une *Somme*. (*Voïez* ADDITION.)

Dans l'analyſe des Infiniment-petits, la *Somme* eſt la quantité variable à laquelle appartient une quantité differentielle don-née. (*Voïez* CALCUL INTEGRAL.)

SOMMET. Pointe d'un angle quelconque. Le *Sommet* d'un cone ou d'une piramide eſt l'extrêmité ſuperieure de l'axe, ou plutôt c'eſt le haut ou la pointe qui termine ces ſolides.

On donne auſſi le nom de *Sommet* au point d'une ſection conique où cette courbe eſt coupée par l'axe.

S O N

SON. Affection particuliere de l'air cauſée par un corps ſonore. C'eſt l'objet de l'or-gane de l'ouie. Il paroît qu'elle eſt produite par les parties les plus ſubtiles de l'air, lequel agité par la colliſion des corps ſo-nores ſe répand à la ronde & vient frap-per nos oreilles. Il ſemble encore que le *Son* eſt beaucoup moins produit par la cé-lerité du mouvement que par les frequen-tes repercuſſions & les ſecouſſes réciproques des corps ſonores. Comme les *Sons* proce-dent d'un mouvement de trépidation ou de frémiſſement dans les corps, M. *Newton* prétend dans ſes *Principes de la Philoſophie naturelle*, Prop. 43. *Liv. II.* que ce ne peut-être autre choſe que la propagation de la pulſation de l'air. Cela eſt confirmé, dit-il, par ces grands frémiſſemens que des *Sons* forts & graves excitent dans les corps à la ronde, tels que le *Son* des cloches, le bruit du canon, &c. Et dans d'autres endroits de ſes Ouvrages, il conclut, que les *Sons* ne conſiſtent pas dans le mouvement de l'air le plus délié, mais dans l'agitation de tout l'air commun. Cette conſéquence eſt ap-

puïée ſur cette vérité reconnue par l'expé-rience : que le mouvement du *Son* vient de la denſité & de la maſſe totale de l'air.

Suppoſant que l'air, en conſéquence de la pulſation, qui produit le *Son*, eſt dans un mouvement ſemblable à celui de l'eau, qui fait des ondulations des ondes ou des vagues, ce grand Homme a trouvé par le calcul que la largeur de cette pulſation, je veux dire la diſtance qu'il y a entre une onde & une autre onde, doit être dans les *Sons* de tous les tuïaux ouverts double de la longueur de ces tuïaux. Ceci eſt fondé ſur une expérience du P. *Merſenne*; par la-quelle il trouve qu'une corde tendue fait 104 vibrations dans une ſeconde de tems, quand elle eſt à l'uniſſon du tuïau ouvert de *C, Fa, Ut* d'un orgue, dont la longueur eſt de 4 pieds, & de 2 quand il eſt bouché. M. *Newton* fait voir encore pourquoi le *Son* ceſſe toujours avec le mouvement du corps ſonore, & pourquoi il ſe propage auſſi vite à une grande diſtance de ſon ori-gine qu'à une petite. Il prouve auſſi que le nombre des pulſations propagées eſt tou-jours le même que le nombre des vibra-tions du corps ſonore ou en fremiſſement, & enfin qu'elles ne ſont point du tout mul-tipliées à meſure qu'elles s'éloignent de ce corps.

2. Voici quelques propriétés du *Son* qu'on a obſervées avec ſoin & d'où pluſieurs Phyſiciens établiſſent un rapport aſſez exact entre la lumiere & le *Son*.

1°. De même que la lumiere inſtruit l'œil des qualités, grandeurs & des figures differen-tes des corps, ainſi le *Son* informe l'oreille de la plupart de ces choſes dans les corps ſonores.

2°. Si l'on fait diſparoître tout-à-coup la lumiere en ſupprimant ou en cachant le corps lumineux; les ténébre ſuccedent & le *Son* s'anéantit auſſi dès qu'on fait ceſſer les ondulations de l'air, dont le mouvement pro-duit & entretient le *Son*.

3°. Le *Son* ſe répand à la ronde des corps ſonores de la même façon que la lumiere qui part d'un centre.

4°. Un plus grand *Son* en couvre un moindre, comme une grande lumiere en fait éclipſer une petite.

5°. Un *Son* trop grand, trop fort, trop aigu ou trop perçant bleſſe l'oreille : c'eſt ce que fait aux yeux une lumiere trop bril-lante.

6°. Le *Son*, comme la lumiere, ſe pro-page ſenſiblement d'un endroit à un autre, quoiqu'il ne le faſſe pas à beaucoup près avec une viteſſe auſſi rapide. Il ſe reflechit, ainſi

ainsi que la lumiere des corps durs. Il se trouve embarrassé dans ses mouvemens, & il est réfracté en passant par un milieu plus dense. Mais il differe de la lumiere en ce que celle-ci se propage toujours en ligne droite, au lieu que le mouvement du *Son* est presque toujours curviligne.

7°. Le *Son* differe de la lumiere en ce que les vents ou autres mouvemens semblables de l'air affoiblissent beaucoup le *Son*, tandis qu'ils ne produisent aucun effet sur la lumiere. Car le P. *Mersene* a trouvé par le calcul, que le diametre de la sphere d'activité du *Son*, entendu quand il souffle un vent contraire, n'est gueres que le tiers du diametre de son activité lorsque le vent est favorable.

8°. Il ne faut qu'une très-petite portion de matiere pour reflechir les raïons de lumiere, ainsi qu'on le voit évidemment dans de petits morceaux de miroir. Mais il paroît nécessaire qu'un corps ait d'assez grandes dimensions pour être en état de renvoïer le *Son* ou de faire un écho.

9°. On a observé par rapport à la reflexion des *Sons*, que si quelqu'un est fort proche d'un corps reflechissant, & que le *Son* ne porte pas bien loin, on a observé, qu'il n'est pas possible d'entendre l'écho, quoiqu'il y en ait un. La raison de cela est, que le *Son direct* & le *Son reflechi* entrent presque en même-tems dans l'oreille : mais alors le *Son* paroît plus fort qu'à l'ordinaire & dure plus long-tems, sur-tout lorsque la reflexion vient de differens corps à la fois, comme d'arches, ou de lieux voutés : ce qui produit un *Son* confus. Voilà pourquoi sans doute les corps concaves tels que les cloches (tout le reste étant égal d'ailleurs) sont plus propres à produire de grands *Sons* & des *Sons* clairs & distincts. Car dans les corps de cette forme, le *Son* est reflechi fort souvent & fort rapidement d'un côté à l'autre, ou d'une partie de la concavité à l'autre. Et la cloche, suspendue en liberté, produit ces grands tremblemens ou frémissemens de tous les corps concaves, frémissemens qui déterminent le *Son* à durer, jusqu'à ce qu'ils cessent entierement.

10°. C'est une chose fort remarquable que les *Sons* grands ou petits, le vent étant contraire ou favorable, se font entendre en même-tems, pourvû qu'ils partent de la même distance.

11°. Quand l'air est agité de quelque maniere que ce soit, il en naît un mouvement analogue à celui d'une onde sur la surface de l'eau. On peut donc appeller ce mouvement une ondulation de l'air.

Tome II.

12°. Le mouvement de ces ondulations est comme celui d'une sphere, qui s'étend précisément de la même maniere que les ondes se meuvent circulairement sur la surface de l'eau.

13°. Quand une ondulation se fait dans l'air par-tout où elle passe, les particules de l'air cedent leur place & la reprennent exerçant des allées & des retours dans un espace fort court.

14°. Par-tout où les particules *ambiantes* ne sont pas à égale distance, le mouvement qui procede de l'élasticité, détermine les particules les moins distantes à se mouvoir vers celles qui sont les plus éloignées. Voilà pourquoi on voit s'engendrer de nouvelles ondulations, quoique le corps qui agitoit l'air ait cessé son mouvement.

15°. Que l'air soit plus ou moins agité, les ondulations se font ou se propagent avec la même vitesse.

16°. Que les ondulations soient grandes ou petites, elles ont toujours la même vitesse.

17°. Dans les ondulations les quarrés des vitesses sont en raison inverse des densités. Quand la densité reste la même, mais que l'élasticité change, les quarrés des vitesses des ondulations sont comme les degrés de l'élasticité. Si l'élasticité & la densité sont differentes, les quarrés des vitesses des ondulations sont comme les degrés de l'élasticité. Si la densité & l'élasticité sont differentes, les quarrés des vitesses des ondulations seront en raison composée de la raison directe de l'élasticité & de l'inverse de la densité. Enfin, si la densité & l'élasticité augmentent ou diminuent, la vitesse des ondulations ne sera point changée. D'où il suit, qu'il ne faut pas juger que la vitesse des ondulations est changée par la variation de la hauteur de la colonne de Mercure, qui est soutenue dans un tube vuide d'air, & cela par la pression de l'atmosphere. En effet, les ondulations se font avec la même vitesse au haut comme au bas de la montagne.

18°. Les ondulations se font avec plus de vitesse en été qu'en hyver.

19°. En déterminant la hauteur de l'atmosphere & la supposant par-tout d'une densité égale à celle de l'air, qui est proche de la terre, la vitesse des ondulations sera égale à celle qu'acquereroit un corps en tombant de la moitié de cette hauteur.

20°. La vitesse du *Son* est la même que celles des ondulations qui frappent l'oreille.

21°. En général la vitesse du *Son* est uniforme ; mais en parcourant un grand espace elle est quelquefois accélérée ou retardée.

22°. La vitesse du *Son* ne change pas beaucoup, soit que le vent lui soit favorable, soit qu'il lui soit contraire. Ainsi le *Son* peut s'étendre à une plus grande ou à une plus petite distance selon la direction du vent. M. *Clark* rapporte qu'un Gentilhomme digne de foi, lui avoit assuré qu'étant à Gibraltar il avoit entendu donner le mot du gué par la Sentinelle à la Patrouille sur les remparts du nouveau Gibraltar dans une nuit obscure & dans un tems où la mer étoit fort tranquille, & cela aussi clairement & aussi distinctement que s'il eût été sur les remparts lui-même. La baye qui sépare les deux places est pourtant de 3 lieues & demie. Il dit encore que les canons qu'on tira à Stokolm en 1685, furent entendus de 180 milles d'Angleterre ou de 60 de lieues de France. Et que pendant la guerre de Hollande de 1672, on entendit les canons à plus de 65 lieues. (*Voïez sa Physico-Théologie. Liv. V. Ch. III. & ses Expériences curieuses sur le Son dans les Transactions Philosophiques, N° 300.*)

23°. Tout le reste étant supposé égal, l'intensité du *Son* est comme l'espace parcouru par les particules d'air dans leur mouvement d'aller & de retour.

24°. Le reste encore égal, l'intensité du *Son* est comme le poids par lequel l'air est comprimé.

25°. Les mêmes choses supposées que ci-dessus, si l'élasticité de l'air est augmentée l'intensité du *Son* est directement comme la racine quarrée de l'élasticité, & réciproquement comme l'élasticité elle-même.

26°. L'intensité du *Son* est moindre en été qu'en hyver. Cependant en été les corps transmettent le *Son* plus facilement.

27°. L'intensité du *Son*, considérée en général, est en raison composée de l'espace parcouru par les particules de leur aller & de leur retour, du poids qui comprime l'air & de la racine de la raison inverse de l'élasticité.

28°. Les élévations de differens *Sons* sont l'une à l'autre comme le nombre des ondulations produites en l'air dans le même tems.

29°. Un ton ne dépend point de l'intensité du *Son* ; & une corde agitée donne le même *Son*, soit qu'elle fasse ses oscillations dans un grand espace, ou qu'elle les fasse dans un petit.

Tout ce détail regarde le *Son* en général confondu avec ce qui produit le *Son* & le bruit ; parce que j'ai regardé dans cet article le *Son* comme l'objet de l'organe de l'ouïe. En lisant l'article BRUIT, celui de CONSONNANCE, celui d'HARMONIE, &c. il est aisé de distinguer le *Son* musical d'avec le *Son* proprement dit. Ajoutons pour faciliter cette distinction que si le mouvement de tremblement qui cause le *Son* est uniforme, il produit alors une note ou un *Son* de musique ; mais s'il ne l'est pas il ne rend que du bruit. (*Voïez les Fondemens & les Principes naturels de l'Harmonie de M. Holder.*) Et pour finir cet article, comme nous l'avons commencé, donnons une table de la vitesse du *Son* pris dans le sens le plus général.

TABLE DE LA PROPAGATION DU SON
SELON LES PLUS CELEBRES AUTEURS.

Nom des Auteurs.	Vitesse du Son en une seconde.
MM. de l'Académie Roïale des Sciences de France.	1172 pieds.
MM. de l'Académie de Florence	1148
Le P. *Mersenne*,	1472
M. *Boile*,	1200
Le Docteur *Walbert*,	1338
Le Chevalier *Newton*.	968
M. *François Roberts*,	1300
M. *Flamstéed*,	
M. *Derham*,	1142
M. *Hatley*,	

De tous ces sentimens le dernier est celui qu'on adopte actuellement, parce

qu'il est le sentiment moïen. On tire plusieurs avantages de cette connoissance de la
vitesse du *Son*. Par exemple, on peut facilement mesurer par cette vitesse la distance des
nuées, qui produisent le tonnerre & les
éclairs. Car supposé qu'entre l'éclair & le
coup de tonnerre on compte 4 secondes il
est évident que ce *Son* est venu de 4 fois
1141 pieds, c'est-à-dire de 4568 pieds.
Telle est dans ce cas la distance de la nuée.
On connoît aussi de la même maniere l'é-
loignement des vaisseaux en mer par le feu
& le bruit du canon, &c. (*Voïez* les moïens
de MM. *Wiston & Diton*, pour prendre
les longitudes à l'article LONGITUDE.)

SONOMETRE. Instrument propre à mesurer
le son. On a inventé plusieurs de ces instrumens : mais le plus simple est celui que
je vais décrire. Les Curieux trouveront les
autres dans les *Machines de l'Académie*,
Tome I. A B (Planche XXVII. Figure 640.)
est une boete qui contient une piece D E F
à coulisse, qui coule le long de l'autre
piece L M fixément attachée au fond de la
boete. L'extrêmité E D sort par une ouverture faite en la piece B. L'autre extrêmité F
porte une sorte d'équerre assujettie par une
vis & poussée par un ressort; de maniere
qu'elle pince la corde H N G à l'endroit I.

La piece D E, représentée en grand par
la Figure 641. (Planche XXVII.) est divisée
suivant les proportions nécessaires pour faire
rendre à la corde le son que l'on veut lorsqu'il s'agit d'accorder quelque instrument
que ce soit : ce qui se fait ainsi. Comme à
chaque division de la piece D E il y a une
petite pointe que l'on fait passer par l'ouverture B faite à la boete, lorsqu'on veut
avoir une note, on tire la piece en faisant
passer la pointe de cette note. Appliquant
ensuite cette pointe contre l'ouverture de
la boete, on pince la corde avec le doigt
en N, & cette corde rend le son demandé.
Cet effet se produit suivant les differens
chemins qu'on fait faire à la coulisse E D,
qui fait faire aussi à l'équerre un chemin
proportionné dans la distance H G. Les
differens éloignemens du point H sont
les differens sons. Ce *Sonometre* a été inventé par M. *Loulié*.

SONNETTE. *Voïez* MOUTON.

S O U

SOUCONTRAIRE. On caractérise ainsi en
Géometrie une position particuliere de deux
figures. Deux triangles semblables ont une
position *Soucontraire* quand ils ont un angle
commun au sommet, sans avoir pourtant
des bases paralléles. C'est pourquoi si le
cone scalene B V D (Planche VII. Figure
293.) est coupé par le plan C A de telle
sorte que l'angle V C A $=$ V D B, le cone
est alors coupé d'une maniere *Soucontraire*
à sa base B D; & une pareille section est
toujours un cercle.

SOUMULTIPLE D'UN NOMBRE. C'est le
plus petit nombre des deux, par lesquels
un autre est mesuré sans aucun résidu. Exemple. 3 est le *Soumultiple* de 12, parce que
3 mesure le nombre 12, aussi bien que 4
plus grand que 3. Par la même raison 2 est
Soumultiple de 12, mesurant ce nombre de
même que 6 qui est plus grand.

SOUNORMALE. C'est dans une courbe quelconque une ligne telle que P C (Planche
VI. Figure 294.) qui détermine l'intersection de l'axe & de la perpendiculaire à la
tangente au point de contact. Dans la parabole conique cette *Sounormale* est une
quantité déterminée & invariable; car elle
est toujours égale à la moitié du parametre
de l'axe.

SOUPAPE. C'est dans les machines hydrauliques un couvercle ou bouchon dans une
ouverture qui peut s'ouvrir pour laisser
passer l'eau; mais qui bouche exactement
l'ouverture pour que l'eau ne s'échappe plus.
La *Soupape* est une partie des plus essentielles
de ces machines. On la construit ou entierement de cuir, ou de cuir & de bois, ou
de laiton & de cuir. (*Voïez* POMPE.)

SOUSTILAIRE. Terme de Gnomonique. C'est
la ligne sur laquelle le stile est placé perpendiculairement au plan du cadran. Elle
represente toujours le méridien de l'horison
du plan. Et l'angle qu'elle fait avec la vraie
méridienne est la difference de la longitude
du plan & se mesure sur l'équinoxiale. (*Voïez*
CADRAN.)

SOUSTRACTION. Regle d'Arithmétique.
Opération par laquelle on retranche une
petite quantité d'une plus grande. Il faut
pour cela 1° placer le nombre qui est le
plus petit sous le plus grand, les unités sous
les unités, les dixaines sous les dixaines,
&c. 2°. Commencer par le premier rang
de droite à gauche, retrancher le plus grand
du plus petit & marquer ce qui reste, en
observant de placer ces restes sous les nombres dont ils ont été soustraits, c'est-à-dire les
unités sous les unités, les dixaines sous les
dixaines, &c. Et ce reste est la difference des
deux nombres donnés. Dans cette opération
qui est simple, il arrive souvent des cas qui
meritent un éclaircissement. Il peut arriver
d'abord que le chifre dont on veut retrancher
soit moindre: il faut alors emprunter une dixaine dans le rang suivant. La regle peut être

telle encore qu'on trouve dans le nombre qui eſt deſſous un zero. Dans ce cas il n'y a rien à ôter & le nombre ſuperieur reſte. En troiſiéme lieu, quand le nombre qu'on veut retrancher eſt égal à celui de qui on le retranche, il ne reſte rien. Enfin, quand ſous un zero il y a un zero on le poſe pour conſerver la valeur des caracteres qui ſuivent & qui précedent. L'exemple ſuivant qui renferme ces principaux cas, fait voir comment on écrit & on opere dans la *Souſtraction*.

Nombre donné,　　　　　246809
Nombre à ſouſtraire,　　　107304

Reſte,　　　　　　　　　139505

SOUSTRACTION ALGEBRIQUE. C'eſt la *Souſtraction* des quantités repreſentées par les lettres de l'alphabet. Elle eſt fondée ſur une ſeule regle que voici.

Regle générale de la Souſtraction. Pour ſouſtraire une quantité d'une autre, il ſuffit de changer les ſignes de la quantité qu'on veut ſouſtraire, & d'ajouter enſuite les deux quantités par les regles de l'addition.

Démonſtration. Les quantités négatives ſont auſſi réelles que les poſitives. Car on appelle quantité *poſitive* & *négative* les quantités qui ſont oppoſées entre elles ; & il eſt indifferent laquelle des deux on prend pour négative. Ainſi l'élevation du ſoleil au-deſſus de l'horiſon étant une quantité poſitive, ſon abbaiſſement ſera une quantité négative ; & ſi ſon abbaiſſement eſt pris pour une quantité poſitive, ſon élevation ſera négative. Un fond étant poſitif, une dette ſera négative. Cependant on prend ordinairement pour quantité poſitive celle qui ſe preſente la premiere à l'eſprit. Un fond ſera plutôt une quantité poſitive que la dette. Or la *Souſtraction* change les quantités poſitives en négatives & les négatives en poſitives, & ne fait rien de plus. Souſtraire un abbaiſſement c'eſt le changer en élevation. *Souſtraire* une élevation, c'eſt la changer en abbaiſſement. Retrancher une dette eſt la changer en fonds : ôter une dette de 100 écus, c'eſt ajouter 100 écus. Donc ôter d'une quantité négative, c'eſt la diminuer. Oter d'une quantité négative une poſitive, un fond d'une dette, c'eſt augmenter la négative. De là il ſuit que dans la *Souſtraction* il ſuffit de changer les ſignes de la quantité qu'on veut ſouſtraire & d'ajouter les quantités enſemble. Oter $-a$ c'eſt ajouter $+a$; ôter $+a$ c'eſt ajouter $-a$.

E X E M P L E　G E N E R A L.

Quantités données,	$6a + 5b - 4c - 3f + 6d - 8g - 9$
Quantités à ſouſtraire,	$4a - 3b + 2c - f + 5d + 6g + 10$
Reſte,	$2a + 8b - 6c - 2f + d - 14g + 19$

SOUTANGENTE. Nom d'une ligne droite qui ſe continue avec l'axe d'une courbe, & qui eſt entre la tangente & la demi-ordonnée. Soit A X (Planche VI. Figure 295.) l'axe ; B C la demi-ordonnée ; D C la tangente ; alors D B eſt la *Soutangente*. C'eſt la ligne qui détermine l'interſection de la tangente & de l'axe. Dans une équation quelconque où la valeur de la *Soutangente* eſt poſitive, elle eſt un ſigne que le point d'interſection de la tangente & de l'axe tombe du côté de l'ordonnée, où eſt le ſommet de la courbe comme dans la parabole. Mais quand cette variation eſt négative le point d'interſection tombe de l'autre côté de l'ordonnée par rapport au ſommet ou à l'origine de l'abſciſſe comme dans l'hyperbole. En général, dans toutes les figures paraboliformes & hyperboliformes, la *Soutangente* eſt égale à l'expoſant de la puiſſance de l'ordonnée multipliée par l'abſciſſe.

2. Si CB eſt une ordonnée à AB, en faiſant avec elle un angle quelconque, & ſe terminant à une courbe quelconque AB ; que de plus $AB = x$, $BC = y$ & que le rapport entre x & y, c'eſt-à-dire que la nature de la courbe ſoit exprimée par cette équation, $x^3 - 2x^2y + bx^2 - b^2x + by^2 - y^3 = 0$. En ce cas voici la regle de tirer une tangente à cette courbe, & par conſéquent de déterminer la *Soutangente*. Multipliez les termes de l'équation par une progreſſion arithmétique quelconque ſuivant les dimenſions de la lettre y comme on le voit ici,

$$x^3 - 2x^2y + bx^2 - b^2x + by^2 - y^3 ;$$
$$0 \quad\ 1 \quad\ \ 0 \quad\ \ 0 \quad\ \ 2 \quad\ \ 3$$

ainſi que ſuivant les dimenſions de la lettre x, comme dans l'exemple qui ſuit,

$$x^3 - 2x^2y + bx^2 - b^2x + by^2 - by^3 .$$
$$3 \quad\ \ 2 \quad\ \ 2 \quad\ \ 1 \quad\ \ 0 \quad\ \ 0$$

Le premier produit ſera le numérateur & le ſecond diviſé par x, ſera le dénominateur d'une fraction qui exprimera la longueur de la *Soutangente* BD. Elle ſera donc dans cet

$$\text{exemple} = \frac{2xxy + 2byy - 3y^3}{3xx - 4xy + 2bx - bb}$$

SOUTENDANTE. C'eſt la même choſe que la corde d'un arc. (*Voïez* CORDE.)

SPE

SPECIFIQUE. On caractériſe ainſi en Phyſique tout ce qui eſt particulier ou propre à certaine eſpece de choſes & qui les diſtingue de toutes les autres choſes de differens genres. Auſſi les Logiciens veulent-ils que pour avoir une bonne définition, on y faſſe entrer toujours la difference *Spécifique*.

SPECTACLE PYRIQUE. C'eſt le nom qu'on donne aux ſpectacles des feux d'artifices qu'on fait jouer dans les lieux enfermés & couverts. Ce ſpectacle eſt nouveau. Dès l'origine des Opera, des Comedies, on avoit bien introduit dans les ſalles de ces ſpectacles quelques artifices pour repreſenter la foudre, les éclairs, des incendies de peu de durée, ou des bruits de ſcopetteries : mais ce n'eſt que depuis 13 ou 14 ans qu'on a trouvé le moïen de donner dans ces ſalles de véritables feux d'artifice. On doit cette idée & ſon heureuſe exécution à MM. *Ruggieri*, Artificiers Bolonois. Comme on ne peut pas y faire jouer des feux d'artifice qui s'élevent en l'air, tels que des fuſées volantes, des balons, &c. on eſt contraint de n'y emploïer que des artifices fixes dans leur place, ou mobiles autour d'un centre. Et ce n'eſt qu'en variant ces deux feux, qu'on peut former un feu d'artifice dans un lieu couvert. Ce qui ne donne que des ſoleils, des girandoles, des piramides, des berceaux, des fontaines en jets ou en caſcades, des roues, des globes, des poligones en pointes, des étoiles, &c. Tout cet aſſortiment ne demande que la connoiſſance de l'art des artifices & de l'intelligence. Il n'en eſt pas de même de la maniere de communiquer le feu des artifices fixes aux artifices mobiles. C'eſt un ſecret que MM. *Ruggieri* paroiſſoient s'être réſervé, qui a été découvert par M. *Perinet d'Orval*, & dont cet Auteur a fait preſent au Public. Voici donc d'après lui en quoi conſiſte le fondement des feux qu'on a admirés ſur le Théâtre de la Comédie Italienne.

Le corps de la machine repreſenté par la figure 605. (Planche XXXVII.) eſt une eſpece de roue de bois ſans jantes qui entre dans un long bâton cilindrique qui lui ſert comme d'axe. Cet axe eſt en partie quarré & en partie rond. La partie ronde eſt bien polie & même graiſſée de ſavon. On attache cet axe par le moïen d'une croix de fer KKKK, & il eſt deſtiné à porter tout l'enſemble de la machine. La premiere roue de bois A qu'elle porte d'abord a un moïeu cilindrique, percé dans ſa circonference de douze mortoiſes. Dans ces mortoiſes ſont logés douze rais R, R, &c. Une autre pieces B entre dans ce moïeu, autour duquel elle peut tourner. Elle eſt deſtinée cette piece à porter une girandole pentagone ou un ſoleil tournant. (*Voïez* SOLEIL terme d'artifice.) Un ſecond ſoleil tournant eſt ajuſté ſur l'axe par le moïen d'un ſecond moïeu. Enfin un coulant D ſert à fermer & à contenir tous ces ſoleils dans l'axe où ils ſont enfilés & ajuſtés. D'abord le premier eſt mobile ; le ſecond fixe ; le troiſiéme mobile, &c. ainſi alternativement un mobile & un fixe. Il ne s'agit plus pour faire jouer cet artifice que de communiquer le feu des ſoleils fixes aux mobiles, ce qui s'exécute avec des étoupilles logées dans les rainures des rais, leſquelles lancent leur feu en finiſſant ſur le fond du couvercle du tourniquet. De-là le feu ſe communique au bout des fuſées des jets qui doivent faire piroueter le ſoleil tournant, & cela par une étoupille qui partant du fond de la boete eſt conduite à couvert au bout des jets, crainte que le feu ne puiſſe être porté d'aucune part que par le canal de communication. Par cet arrangement il eſt évident, 1° que les portefeux aïant un de leurs bouts découvert, mais dans un enfoncement bien caché, ne courent pas riſque de prendre feu trop tôt ; 2° qu'ils ne peuvent manquer de communiquer leur feu à l'étoupille, qui eſt au fond oppoſé du moïeu du ſoleil tournant auquel ils ne touchent cependant point, parce qu'il n'y a que quatre ou cinq lignes d'intervalle. Ainſi on conçoit aiſément que dans le *Spectacle pyrique*, dont j'ai donné la deſcription, la derniere fuſée de la premiere piece, qui eſt un ſoleil tournant, venant à finir porte, par une rainure, le feu à deux portefeux cachés ſous une boete qui engraine dans celle de la tête du moïeu d'un ſoleil fixe. Le premier ſoleil mobile finiſſant le ſoleil fixe s'allume. Celui-ci fini, communique ſon feu à la boete pratiquée dans la tête de ſon moïeu, & ſes porte-feux lancent leur flamme au fond de celle du ſecond ſoleil tournant : ainſi de ſuite juſques à la derniere roue. On conçoit après cela qu'en garniſſant differemment ces ſoleils tournans & ces mobiles de divers artifices, & en colorant même les feux, cette variété de feu fixe & de feu mobile, peut former un ſpectacle aſſez brillant : ſur quoi on peut conſulter l'*Eſſai ſur les feux d'artifice*, par M. *P. d'O*, & le Traité de M. *Frezier* ſur la même matiere.

SPH

SPHERE. C'eſt un ſolide engendré par la circonvolution d'un demi cercle autour de ſon diametre. Telles ſont les propriétés de ce ſolide.

1°. Sa ſolidité eſt égale au produit de ſa ſurface par le tiers de ſon raïon.

2°. Sa ſurface eſt égale à quatre fois l'aire de l'un de ſes grands cercles.

3°. Le cube de ſa circonference eſt à ſa ſolidité comme 2904 eſt à 49.

4°. Le quarré de la circonference de l'un de ſes grands cercles eſt à ſa ſurface comme 22 eſt à 7.

5°. Onze fois le quarré du ſinus d'un ſegment de *Sphere*, plus trente fois le quarré de la corde de ce ſegment eſt à la ſolidité de ce ſegment, comme 21 eſt à ce même ſinus.

6°. La longueur du ſinus d'un ſegment quelconque de *Sphere* eſt à la ſurface convexe de ce ſegment, comme 14 eſt à 44 fois le diametre de cette *Sphere*.

7°. Toutes les *Spheres* ſont l'une à l'autre comme les cubes de leur diametre.

2. On trouve les raiſons que les *Spheres* ont entre elles dans les *Elemens d'Euclide*, *Liv. II*. Cependant *Archimede* eſt le premier qui a fait voir la maniere de calculer la ſolidité de la *Sphere* dans ſes Livres *De Cilindro & Sphæra*. Il a encore découvert cette fameuſe propriété que la *Sphere* eſt au cilindre circonſcrit, c'eſt-à-dire de baſe & de hauteur égales, comme 2 à 3. *Archimede* a tant eſtimé cette invention, qu'il ordonna de mettre ſur ſon tombeau une *Sphere* & un cilindre circonſcrit.

On prouve en Optique qu'une *Sphere* entiere de verre réunit preſque à la diſtance de ſon demi-diametre les raïons paralleles d'un objet.

SPHERE D'ACTIVITE'. C'eſt l'eſpace ou l'étendue déterminée qui environne un corps dans lequel ſont renfermés des écoulemens qui s'échappent continuellement, & où ils produiſent des effets conformément à leur nature.

SPHERE ARMILLAIRE. Inſtrument d'Aſtronomie compoſé de cercles, avec un axe A B qui le traverſe (Planche XXI. Figure 298.) portant à ſon milieu un petit globe T repreſentant la terre, le tout diviſé de la façon que les Aſtronomes diviſent le Firmament & ſoutenu par un pied. Les cercles qui marquent ces diviſions ſont au nombre de 10, dont 6 appellés *grands cercles* ſont, 1° l'horiſon H H; 2° le méridien M M qui coupe l'horiſon en deux parties égales & qui lui eſt perpendiculaire; 3° l'équateur E E également diſtant des deux poles A & B, & coupant le méridien en deux parties égales; 4° le zodiaque Z Z; c'eſt une bande large de 16 degrés diviſée par l'écliptique *e e*, qui eſt éloigné de 23° ½ de l'équateur. Ainſi ce cercle eſt oblique & comme en bandouliere relativement au plan de la *Sphere*. Enfin, les deux derniers, le cinquiéme & le ſixiéme, ſont les deux colures C C, deux cercles qui ſe coupent à angles droits; qui ſervent à marquer l'un le tems des équinoxes l'autre celui des ſolſtices, & qui ſoutiennent les cercles de la *Sphere*.

Les quatre autres cercles, dont la *Sphere armillaire* eſt compoſée ſont caractériſés par *petits cercles*, parce qu'en effet ils ne ſont pas ſi grands que les autres. Deux de ces cercles ſont nommés *Tropiques*, & deux autres *cercles polaires*. Les premiers marqués T T ſur la figure ſont paralleles à l'équateur dont ils ſont éloignés de 23° ½. A ces cercles ſe joint l'écliptique. Les deux derniers cercles ſont le *cercle du pole arctique*, c'eſt le cercle *p p*, & le *cercle du pole antarctique*, c'eſt le cercle *q q*. Leur diſtance de chaque pole particulier eſt de 23° ½.

On ajoute à la *Sphere* ainſi conſtruite un petit cercle *s s* qui a un index *i*, & qui ſert aux differens uſages de cet inſtrument. Tous ces cercles ſont attachés enſemble par des entailles faites dans les colures; de telle ſorte que les tropiques, les cercles polaires, l'équateur. & le zodiaque, roulent autour de l'axe en dedans du méridien, qui eſt traverſé par l'axe. Ce grand cercle, qui entre dans des coupures faites dans l'horiſon Nord & Sud, s'élevent ſur le pied dans cet horiſon en telle ſituation que l'on veut, afin de pouvoir ſituer la *Sphere* ſelon la latitude du lieu. Quand cette ſituation eſt telle que les poles de la *Sphere* ſont éloignés de 90 degrés de chaque côté de l'*horiſon*, la *Sphere* eſt dite *parallele*. Sont-ils moins diſtans de ce nombre de degrés, elle eſt appellée *oblique*. Et on la nomme *Sphere droite* lorſque les poles ſont à l'horiſon.

Voilà la conſtruction de la *Sphere armilliaire*: en voici les uſages.

USAGE PREMIER. *Diſpoſer la Sphere ſelon la latitude ou l'élevation du pole d'un lieu.*

Elevez le pole ſur l'horiſon de la *Sphere*, juſques à ce que le nombre des degrés du méridien, interceptés entre le pole & l'horiſon, ſoit égal à celui de l'élevation du pole. Ce problême eſt réſolu, & la *Sphere* eſt diſpoſée comme il convient.

Usage II. *Trouver le lieu du soleil dans l'écliptique à un jour donné, & le jour qui répond à ce lieu, lorsque celui-ci est connu.*

1°. Cherchez sur le bord de l'horison, dans le cercle contenant les 12 mois de l'année, le jour où l'on veut trouver le lieu du soleil.

2°. Remarquez sur le cercle des 12 signes du zodiaque qui est aussi tracé sur l'horison, le degré qui répond à ce jour. C'est celui du lieu du soleil. L'on trouve que le 21 Septembre le soleil est dans le 28e degré du signe de la Vierge. Ce qui satisfait à la premiere partie de cet usage.

Pour la seconde, je veux dire, pour trouver le jour qui répond à ce lieu, elle est l'inverse de l'autre. On cherche le lieu du soleil dans l'écliptique, & on le rapporte sur l'horison.

Usage III. *Trouver la déclinaison & l'ascension droite du soleil en un jour donné.*

1°. Cherchez le degré du soleil au jour donné.

2°. Amenez ce degré sous le méridien.

3°. Comptez les degrés du méridien entre l'équateur & le degré du soleil. Ce font ceux de la déclinaison du soleil.

On trouve l'ascension droite en remarquant le degré de l'équateur coupé par le méridien. Ce degré marque l'ascension droite du soleil.

Le soleil étant dans le 25e degré du Scorpion, qui est le 16 Novembre, sa déclinaison est de 19 degrés, & son ascension droite 231 degrés 30 minutes.

Usage IV. *L'élévation du pole & le lieu du soleil étant donnés, trouver l'ascension oblique de cet astre, son amplitude ortive, son azimuth & le tems de son lever.*

1°. Mettez le style horaire sur l'heure.

2°. Disposez la *Sphere* selon la latitude du lieu.

3°. Placez le soleil dans son lieu.

4°. Amenez le lieu du soleil à l'horison.

La *Sphere* étant dans cette situation, on remarquera le valeur de l'arc compris entre le premier point du Bélier, ou le colure des équinoxes, & le point de l'équateur, qui se leve avec le soleil.

Cet arc est l'ascension oblique de cet astre.

L'éloignement du soleil au vrai point du Levant ou de l'Est sera son amplitude. L'azimuth de cet astre, qui est l'arc de l'horison, intercepté entre le cercle vertical donné & le méridien, se reconnoîtra de même sur l'horison. Et à l'égard de l'heure de son lever, elle se trouvera marquée par le style horaire sur le cercle horaire. En faisant la

même opération du côté de l'Occident, on a l'ascension oblique du soleil, son amplitude occidentale, son azimuth & le tems de son coucher. Nous bornant au premier cas, on trouvera; 1° 100 degrés pour son ascension oblique; 2° 28 degrés pour l'amplitude; 3° le 62e azimuth, & enfin 7 heures pour le tems de son lever.

Usage V. *Trouver la différence ascensionnelle.*

Cherchez l'ascension droite & l'ascension oblique du soleil, par les usages précedens. La différence des deux ascensions est la différence ascensionnelle.

Usage VI. *Trouver la longueur du jour & de la nuit, connoissant l'élévation du pole de l'endroit où l'on est, & le lieu du soleil pour la longueur du jour.*

1°. Cherchez le tems où le soleil se leve.

2°. Le style horaire étant sur cette heure, cherchez par l'usage précedent l'heure de son coucher, ou faites tourner tout simplement la *Sphere* jusqu'à ce que le lieu du soleil soit sous l'horison.

Les heures, qu'aura parcourues le style horaire dans cette révolution, seront celles de la durée du jour. Lorsque le soleil est dans le 11e degré du signe du Taureau, c'est-à-dire, le premier Mai, la durée du jour à Paris est de 16 heures, & dans tous les lieux qui ont la même hauteur du pole.

On a la durée de la nuit, en faisant achever à la *Sphere* sa révolution, ou en soustraïant les heures du jour de 24. Le reste est la durée de la nuit.

Usage VII. *L'heure du lever du Soleil, ou celle de son coucher étant donnée en quelque lieu, trouver la latitude de ce lieu.*

1°. Mettez sous le méridien le lieu du soleil & le style horaire sur midi.

2°. Tournez la *Sphere* du côté de l'Orient, jusqu'à ce que le style soit sur l'heure donnée.

3°. Elevez ou abaissez le pole de la *Sphere* jusqu'à ce que le degré du lieu du soleil soit dans l'horison, sans déranger ni la situation de la *Sphere*, ni celle du style horaire sur l'heure donnée.

Les degrés, compris alors entre le pole & l'horison, font ceux de l'élévation du pole de l'endroit.

2. On prétend que *Thalès* de Milet a divisé le premier la *Sphere*.

On doit la *Sphere* armillaire à *Anaximandre* de Milet, qui l'avoit connue d'*Eunope*.

Cette *Sphere* est construite suivant le système de *Ptolomée*; & quoiqu'on ait reconnu que ce système ne s'accordoit point avec les obſervations aſtronomiques, cependant la *Sphere* dont il s'agit ici, a toujours été conſiderée comme la ſeule qui pût faire connoître l'état propre du Ciel, état tout-à-fait indépendant & du mouvement du ſoleil autour de la terre, & du mouvement de la terre autour du ſoleil. Voilà pourquoi par ſes uſages, on trouve la ſolution de pluſieurs problêmes d'aſtronomie. La *Sphere*, ſuivant le ſyſtême de *Copernic*, ne doit pas pour cela être négligée. Il importe de ſavoir comment s'operent les révolutions annuelles & journalieres dans ce ſyſtême, & pour dire vrai dans la nature.

SPHERE ARMILLAIRE SELON LE SYSTEME DE COPERNIC. On voit dans cet inſtrument le ſoleil S (Planche XXI. Figure 299.) placé au centre de la *Sphere*, ſuivant le ſyſtême de *Copernic*, (*Voiez* SYSTEME.) Il eſt repreſenté par une boule dorée & traverſé par l'eſſieu du zodiaque, qui s'étend d'un des poles de l'écliptique à l'autre. Au dedans de la ſphere des étoiles ſont les orbes des 7 planetes attachées & repreſentées par de petites boules, 1, 1, 1, &c. dont le côté, expoſé au ſoleil eſt éclairé, ſuivant l'ordre qu'elles ont dans le firmament.

Tout proche de l'orbe des étoiles eſt Saturne, Viennent enſuite Jupiter, Mars, la Terre, Venus & Mercure.

L'axe de la terre répond à celui de l'équateur. Il eſt incliné à celui de l'écliptique de 23 degrés 29 minutes, en quelque endroit que la terre puiſſe ſe trouver dans ſon orbite par ſon mouvement annuel, Deux petites poulies, qui ſont au-dedans d'une piece de cuivre ſur laquelle la terre eſt portée, ſervent à exécuter ce mouvement; de façon qu'il paroît ſenſiblement que l'axe de la terre eſt toujours parallele à lui-même, & les poles tournés toujours vers un même côté. Le méridien & l'horiſon ſont repreſentés par deux cercles, qui ſe coupent à angles droits, par le moïen de deux entailles, faites dans celui-ci. Ce dernier cercle eſt mobile & attaché vis-à-vis des poles du méridien, en ſorte qu'il a un mouvement autour du méridien.

Ainſi on peut le diſpoſer de maniere que le pole ſoit élevé ſur ce même horiſon, ſelon la hauteur du lieu où l'on veut l'appliquer. Il ſert auſſi de cercle de jour dans differens uſages.

Enfin autour du globe de la terre eſt un petit globe qui y eſt attaché, & qui repreſente la lune; & le petit globe eſt emporté par le mouvement annuel de la terre autour du ſoleil.

USAGE I. *Par le mouvement diurne de* la terre *expliquer le mouvement apparent des* Cieux.

1°. Diſpoſez la *Sphere* en ſorte que le pole arctique de l'équateur ſoit tourné vers le pole arctique de la *Sphere* céleſte.

2°. Situez tellement le petit globe terreſtre, que ſon pole ſuperieur tende vers le pole de l'équateur.

3°. Placez ſous le petit méridien de la terre un lieu que vous choiſirez & que vous diſtinguerez avec une marque; & arrêtez ſon horiſon ſur le degré de la latitude de ce lieu en comptant ce degré ſur le méridien depuis le pole de la terre.

Si l'on ſuit maintenant le point de ſon orbe, où l'on veut que le globe terreſtre ſoit, tel que ſous le colure des ſolſtices entre le ſoleil & le premier point du Cancer, le lieu propoſé étant dans l'hémiſphere éclairé ſous le méridien du jour, on trouvera d'abord que le ſoleil paroît au premier point du Capricorne, partie du ciel oppoſée.

Tournant peu à peu vers l'Orient, le globe terreſtre avec ſon méridien & ſon horiſon, autour de ſon axe, ſans lui faire quitter le colure, où nous l'avons ſuppoſé, on appercevra qu'à meſure que le lieu, marqué ſur le globe terreſtre, tournera du Midi vers l'Orient, le ſoleil lui paroîtra tourner vers l'Occident & s'abaiſſer ſenſiblement vers ſon horiſon, juſques au point que le ſoleil raſant cet horiſon, paroîtra être ſur le point de ſe coucher. Il ſe couchera bientôt en effet, & le lieu entrera dans l'hémiſphere privé de la lumiere du ſoleil. Les étoiles & les planetes ſont alors ſous les yeux des habitans de ce lieu.

C'eſt ainſi qu'en faiſant toujours tourner le globe, on verra lever le ſoleil ſur ſon horiſon.

USAGE II. *Connoître par le mouvement annuel de la terre, le changement des ſaiſons & l'apparence du mouvement annuel du ſoleil.*

1°. Mettez la terre dans un lieu quelconque ſur l'écliptique entre le ſoleil & le premier point du Cancer. Le ſoleil paroîtra dans le point du ciel oppoſé, qui eſt ici le tropique du Capricorne; & un de ſes raïons rencontrera perpendiculairement la ſurface de la terre à ce tropique.

2°. Tournez le globe terreſtre autour du ſoleil, ſelon la ſuite des ſignes, & arrêtez-le en un degré quelconque de l'écliptique, tel que le premier degré des Poiſſons.

Le ſoleil paroîtra au degré oppoſé à celui-ci, & un de ſes raïons rencontrera perpendiculairement le parallele de la terre, qui tient à peu près le milieu entre le tropique

que du Cancer & l'équateur.

3°. Faites tourner la terre autour du soleil & arrêtez-la à un point de l'équateur. Si c'est celui de la Balance, le soleil paroîtra au premier point du Bélier, & il coupera perpendiculairement par un de ses raions l'équateur céleste à angles droits. Ainsi la terre n'aura point de déclinaison.

4°. Faites tourner la terre autour du soleil jusques à ce qu'elle se trouve sous le premier point du Capricorne : le soleil paroîtra au premier point du Cancer.

USAGE III. *Expliquer l'apparence du mouvement des étoiles fixes par le mouvement de la terre.*

Détournez l'axe du globe terrestre contre l'ordre des signes, de 20 degrés, par exemple, en comptant les degrés de ce détour sur la circonference d'un petit cercle, qui est au haut de la *Sphere*, & en commençant au point qui joint le pole de l'équateur marqué sur le colure des solstices.

Alors le pole arctique de la terre ne tendra point au même point du ciel, où il tendoit auparavant. Dans ce cas, il sera tourné vers un autre point plus occidental de 20 degrés, à la circonference du petit cercle. Et comme l'axe de la terre fait partie de l'axe de l'équateur céleste, les poles apparens des cieux paroîtront avoir changé de place : ils seront devenus plus occidentaux. Les intersections de l'écliptique & de l'équateur ne se feront plus aux mêmes points du ciel ; mais en d'autres points qui vont contre l'ordre des signes. Donc toutes les étoiles du Firmament, quoiqu'immobiles, paroîtront cependant s'être avancées selon l'ordre des signes de 20 degrés de longitude de plus qu'elles n'avoient eu autrefois.

SPHERE MOUVANTE. Instrument d'Astronomie qui represente le mouvement des cieux & des planetes conformément aux observations. On attribue l'invention de cet instrument à *Archimede*. *Ciceron* dans ses *Tusculanes*, *Liv. I.* dit qu'*Archimede inventa une Sphere, qui montroit le mouvement de la lune, du soleil & des cinq planetes.* Et *Claudien* en a donné la description, qui est la seule que nous aïons de cette *Sphere*. Elle est renfermée cette description dans ces Vers :

> *Jupiter in parvo cum cerneret æthera vitro,*
> *Risit & ad superos talia dicta dedit :*
> *Huccine mortalis progressa potentia curæ ?*
> *Jam meus infragili luditur orbe labor,*
> *Jura poli rerumque fidem leges que deorum,*
> *Ecce Syracusius transtulit arte senex*
> *Inclusus variis famula turspiritus astris,*
> *Et vivum certis motibus urget opus, &c.*

Tome II.

En voici la traduction qui n'est pas trop élegante, mais qui sera plus à la portée de tout le monde.

> Jupiter aïant vû la fragile machine
> Qui fait mouvoir les cieux sous une glace fine,
> Dit aux dieux en riant : Un vieux Syracusain
> A tâché d'imiter l'ouvrage de ma main.
> Des décrets éternels, de cet ordre immuable
> Qui régit l'Univers par un art admirable,
> *Archimede* prétend contrefaire les loix :
> Un *Esprit* qui conduit mille astres à la fois,
> Enfermé dans le sein d'un nouvel édifice
> Regle leur mouvement, en soutient l'artifice :
> Dans ce monde apparent, le soleil j'apperçois,
> Chaque an finir son cours, la lune chaque mois.
> Ce mortel enivré de l'ardeur qui l'inspire
> Les voit avec plaisir soumis à son empire...
> Du fils d'Eole en vain ai-je détruit les feux :
> Un autre veut encore se comparer aux dieux.

(*Traité d'Horlogerie, &c.* par M. *Derham*, pag. 161.)

Il paroît par cette description que les corps célestes avoient leur mouvement dans cette *Sphere*, & que ce mouvement étoit causé par quelque *Esprit* enfermé : je veux dire par-là quelque liqueur ou quelque vapeur subtile, &c. ou quelque poids, quelque ressort, &c ; car on ne sait pas quel étoit le moteur de cette machine. La chose est sans doute d'autant plus surprenante que l'art du poli & du travail des pieces, qui devoient entrer dans la composition de cette *Sphere*, n'étoit point encore connu. Et tout cela étoit nécessaire pour sa justesse & son exactitude. Ne seroit-ce là qu'une idée ingénieuse d'*Archimede* qui n'a jamais été exécutée ? Je serois fort de cet avis ; & ce qui m'y confirme, c'est qu'il n'en est fait mention dans aucun des Ouvrages de ce grand homme. *Archimede* en avoit parlé, il avoit donné le plan de cette *Sphere*, & on avoit trouvé cette pensée si belle, qu'on l'avoit transmise dans la suite comme une chose exécutée.

Des Disciples d'*Archimede* dans l'enthousiasme du mérite de ce fameux Mathématicien, pouvoient avoir porté leur zele jusques à cet officieux mensonge. De nos jours nous avons sous les yeux un trait tout-à-fait semblable. Tout le monde sait l'opinion de *Descartes* sur les bêtes. Il veut que ce ne soient que des machines. Pour démontrer cette opinion, quelque Disciple

G g g

de ce docte personnage a publié que *Descartes* avoit même fait une bête artificielle d'après l'idée qu'il avoit conçue d'une bête naturelle. Cette bête enfermée dans une caisse fut, dit-on, embarquée par *Descartes* dans un Vaisseau. Le Capitaine curieux de savoir ce que contenoit cette caisse, l'ouvrit. Mais il fut bien surpris de voir une bête de bois qui remuoit pourtant toute seule. Saisi de fraïeur, & attribuant ce qu'il voïoit à quelque chose de surnaturel, il crut devoir se débarrasser d'une machine enforcelée. Il prit la caisse & la jetta dans la mer. J'ai lû cette fable dans un Livre dont je ne me rappelle pas le titre, qui contient plusieurs anecdoctes littéraires, & où elle est rapportée avec un sérieux & d'une maniere à la faire passer pour une vérité. Si ce Livre tombe entre les mains de quelque Poete il pourra en faire le sujet d'une belle description, & tirant des mémoires de son imagination, il apprendra à la postérité comment étoit construit cet automate. Quoiqu'il en soit, il s'est écoulé des siécles avant qu'on fut en état de mettre à exécution le plan de la *Sphere d'Archimede*. Ce n'est que de nos jours qu'on a vû une *Sphere mouvante*; & il a fallu pour cela la main adroite d'un Artiste ingénieux (M. *Jean Pigeon*). Sa *Sphere* a 18 pouces de diametre sur cinq pieds quatre pouces de hauteur, y compris une pendule qui est au haut de la machine. On y voit le soleil representé au milieu par une grosse boule dorée, & toutes les planetes sont attachées à leur orbe chacune selon leur rang. Ainsi Mercure est le plus proche du soleil. Vient ensuite Venus, puis la Terre, Mars, Jupiter & Saturne. Une pendule donne le mouvement à toutes les planetes & les conduit dans la *Sphere*, selon l'ordre des signes autour du soleil leur centre commun. La terre tourne donc sur son axe en 24 heures : elle fait aussi le tour du zodiaque selon l'ordre des signes en 365 jours, 5 heures, 49 minutes. Autour d'elle est un petit cercle qui

represente l'écliptique, afin qu'on puisse juger sous quel signe est une planete, & si sa déclinaison est septentrionale ou méridionale. Ce cercle sert aussi à connoître les retrogradations des planetes, leurs directions & leurs stations. Il y a encore deux autres petits cercles autour de la terre ; l'un qui represente l'horison, l'autre le méridien qu'on ajuste pour tous les lieux de la terre. À l'orbe de cette planete est attachée une aiguille opposée au soleil, dont l'usage est de marquer le tems des nouvelles & pleines lunes. Une autre aiguille est placée au-dessous de la lune pour marquer sa latitude ; sur le cadran de cette aiguille sont gravés ses nœuds qu'on appelle la tête & la queue du Dragon par le moïen desquels on voit si elle est dans l'écliptique. Il faudroit avoir cette *Sphere mouvante* sous les yeux pour comprendre cette description que j'ai abregée ; & entrer dans le détail de chaque piece pour rendre sa mécanique sensible. Et tout cela fait le fond d'un juste volume & non l'article d'un Dictionnaire. Je renvoïe donc les Curieux aux *Machines de l'Académie* publiées par M. *Gallon*, & à la *Description d'une Sphere mouvante*, &c. par *Jean Pigeon*.

SPHEROIDE. Solide engendré par la circonvolution d'une ellipse autour de son axe. Voici les propriétés de ce corps.

1°. Si A E B est un *Spheroïde* (Plan. VIII. Figure 300.) engendré par la circonvolution de l'ellipse A E B K autour de l'axe A B & coupé par quatre plans, dont le premier A B passe par l'axe ; le second D G est parallele à A B ; le troisiéme C D E coupe l'axe à angles droits & en deux parties égales, & le quatriéme F G est parallele à C E. Soit nommé C B a, C E e, C F x, F G y ; alors le segment C D G F du *Spheroïde*, compris par ces quatre plans, sera

$$= 2cxy - \frac{x}{3c}y^3 - \frac{x}{20c^3}y^5 - \frac{x}{56c^5}y^7 - \frac{5x}{576c^7}y^9$$
$$- \&c.$$

$$- \frac{cx^3}{3aa} - \frac{x^3}{18caa} - \frac{x^3}{40c^3aa} - \frac{5x^3}{336c^5aa} - \&c.$$
$$- \frac{cx^5}{20a^4} - \frac{x^5}{40ca^4} - \frac{3x^5}{160c^3a^4} \&c.$$
$$- \frac{cx^7}{56a^6} - \frac{5x^7}{336ca^6} \&c.$$
$$- \frac{5cx^9}{576a^8} \&c.$$

Où l'on voit que les co-efficiens numériques des termes ci-dessus (2, $-\frac{1}{3}$, $-\frac{1}{20}$ $-\frac{1}{56}$, &c.) sont produits en multipliant le premier co-efficient 2 par les

nisse
& si
ériles
les
rec-
eux
l'un
dien
erre,
une
e est
ines
sous
ur le
euds
agon
e est
cette
com-
gée ;
pour
cela
l'arti-
ne les
bliées
d'une

ircon-
n axe.

VIII.
nvolu-
A B &
remier
est pa-
coupe
es éga-
à CE,
; alors
ompris
x *y* —
x
$\frac{x}{6\,a^7}y^3$

en mul-
par les

---

termes de cette progression — $\frac{1\times2}{2\times3}$, $\frac{2\times3}{4\times5}$, $\frac{3\times5}{6\times7}$, $\frac{5\times7}{8\times9}$, $\frac{7\times9}{10\times11}$, &c. Et les co-efficiens numériques des termes dans chaque colonne des termes décrivans, font produits en multipliant continuellement les co-efficiens du terme fuperieur dans la premiere colonne par cette progreffion. Mais dans la feconde colonne ils font produits par la multiplication des termes de cette progreffion, $\frac{1\times1}{2\times3}$, $\frac{3\times3}{4\times5}$, $\frac{5\times5}{6\times7}$, $\frac{7\times7}{8\times9}$, &c. Dans la troifiéme colonne par celui des termes de celle-ci : $\frac{9\times7}{8\times9}$, $\frac{3\times1}{2\times3}$, $\frac{5\times3}{4\times5}$, $\frac{7\times5}{6\times7}$, $\frac{9\times7}{8\times9}$, &c ; dans la quatriéme, en multipliant par les termes de cette progreffion, $\frac{5\times1}{2\times3}$, $\frac{7\times3}{4\times5}$, $\frac{9\times5}{6\times7}$, &c. Enfin dans la cinquiéme par les termes de la fuivante... $\frac{7\times1}{2\times3}$, $\frac{9\times3}{4\times5}$, $\frac{11\times5}{6\times7}$, &c.

2. Un *Spheroïde* engendré par la circonvolution d'une ellipfe autour de fon diametre eft égal aux deux tiers du cilindre qui lui eft circonfcrit. Suppofons que A D L B (Planche VIII. Figure 301.) foit le quart d'une ellipfe. Alors fi l'on conçoit que la figure totale tourne autour du demi-diametre B L, la demi-ellipfe L B décrira un *demi-Spheroïde* ; le parallelograme A M L B un cilindre, & le triangle M B L un cone. Tous ces folides auront même bafe & même hauteur.

Maintenant tirons une ligne quelconque E G, parallelement à la bafe . & faifons B G $= a$, le demi-diametre B L $= s$, & le demi-diametre conjugué A B $= q$. Nous aurons s (B L) : q (M L) :: a (B G) : $\frac{aq}{s}$ (F G.) De plus, par la propriété de l'ellipfe ss ($\overline{\text{B L}}^2$) : qq ($\overline{\text{A B}}^2$) :: $ss - aa$ ($\overline{\text{B G} + \text{B L} \times \text{B L} - \text{B G}}$) : $qq - \frac{aaqq}{ss}$ ($\overline{\text{D G}}^2$). Donc $\frac{aaqq}{ss}$ ($\overline{\text{F G}}^2$) $+$ $\frac{qqss - aaqq}{ss}$ ($\overline{\text{D G}}^2$) $= qq\ \overline{\text{A B}}^2 = \overline{\text{E G}}^2$. C'eft-à-dire que le quarré de E G $= \overline{\text{D G}}^2 + \overline{\text{F G}}^2$.

De-là il fuit, que le cercle fait par la cir-

---

convolution de FG fera égal à l'anneau décrit par E D. Et la fomme de tous les cercles F G, c'eft-à-dire, la folidité du cone total fera égale à la fomme de tous les anneaux : je veux dire à l'excès dont le cilindre furpaffe le *Spheroïde*. Il eft donc évident qu'un *Spheroïde* engendré par la circonvolution d'une ellipfe autour de l'un de fes diametres, eft égal aux deux tiers du cilindre qui lui eft circonfcrit.

Archimede a écrit fur les *Spheroïdes* dans un Livre intitulé : *De Conoïdibus & Spheroïdibus.*

S P I

SPIRALE. Ligne courbe qui fait plufieurs tours autour d'elle & autour d'un point où elle commence. Suppofons qu'une ligne droite comme A B (Planche VI. Fig. 302.) aïant une de fes extrêmités fixes au point B, foit mue uniformément autour de ce point, de maniere que fon autre extrêmité A décrive la circonference d'un cercle, & concevons en même-tems qu'un point fe meuve uniformément de B vers A fur la ligne droite B A, en forte que le point parcourant décrive cette ligne dans le même tems précifement que la ligne engendre le cercle. Alors ce point parcourant décrira, en vertu de ces deux mouvemens, la ligne courbe B 1 2 3 4 5 &c. qu'on appelle *Spirale.* La furface comprife entre cette ligne & la ligne droite B A eft l'*efpace fpiral.*

Si l'on conçoit encore que le point B fe meuve d'une viteffe égale à la moitié de la viteffe de la ligne A B, enforte qu'il n'ait parcouru que la moitié de cette ligne, laquelle aura fait une révolution entiere, & qu'elle faffe une nouvelle révolution précifément dans le tems que le point parcourant aura achevé l'autre moitié de cette ligne, en forte que les mouvemens du point & de la ligne finiffent en même-tems, il fe formera alors une *double Spirale* & deux efpaces *Sp.raux,* ainfi qu'on le voit dans la figure. Telles font les propriétés de cette ligne.

1°. Les lignes B 12, B 11, B 10, &c. faifant des angles égaux avec la premiere & la feconde *Spirale,* ainfi que B 12, B 10, B 8, &c. font en proportion arithmétique.

2°. Les lignes B 7, B 10, &c. tirées de quelque maniere que ce foit à la premiere *Spirale* font l'une à l'autre comme les arcs de cercle interceptés entre B A & ces lignes.

3°. Des lignes quelconques tirées du point B à la feconde *Spirale* comme B 18, B 22, &c. font l'une à l'autre comme les arcs précedens ajoutés de la circonference totale font entre eux.

4°. Le premier efpace *Spiral* eft au

premier cercle comme 1 eft à 3.

5°. La premiere ligne *Spirale* eft égale à la moitié de la circonference du premier cercle; car les raïons des fecteurs, & par conféquent les arcs font dans une fimple progreffion arithmétique, tandis que la circonference du cercle contient autant d'arcs égaux au plus grand.

La *Spirale* a été découverte par *Archimede*, dans la vûe de s'en fervir pour la quadrature du cercle. Il a compofé fur cette ligne un Traité particulier. M. *Varignon* & M. *Clairaut* ont écrit fur cette courbe dans les *Mémoires de l'Académie roïale des Sciences*. Et *Ifmael Bouilleau* en a auffi traité.

SPIRALE PARABOLIQUE. C'eft une courbe qui s'engendre en fuppofant que l'axe de la parabole foit courbé en circonference de cercle. Car alors la *Spirale parabolique* eft une ligne paffant par les extrêmités des ordonnées, qui font en ce cas toutes convergentes vers le centre dudit cercle. Suppofons que l'axe de la parabole foit courbé en la circonference de cercle B D M (Planche VI. Fig. 303.) la courbe B F G N A, qui paffe par les extrêmités des ordonnées C F, D G, convergentes vers le centre A du cercle, eft une *Spirale parabolique*.

Si l'arc A B, confideré comme une abfciffe eft appellé *x*, & qu'on nomme *y* la partie C F du raïon, qui eft en ce cas une ordonnée, & fuppofant que *l* réprefente le parametre de la parabole; la nature de cette courbe fera exprimée par l'équation $l x = y y$.

SPIRE. Terme d'Architecture civile. C'eft la partie du deffous de la colonne qu'on doit regarder comme le fondement fur lequel la colonne repofe. Elle eft compofée de plufieurs membres fuivans les differens ordres. On y applique des rondeaux, des cymaifes doriques, des liteaux & des grandes gueules renverfées, quoique ce dernier membre ne foit gueres plus en ufage. La hauteur de la *Spire* eft d'un module & la faillie de la colonne d'⅓ de module.

S P O

SPORADES. Nom que les Anciens Aftronomes donnent aux étoiles informes qu'on ne peut pas réduire dans une certaine figure. *Ptolomée* les a ajoutées aux autres conftellations dans fon *Catalogus fixarum*, qu'on trouve dans fon *Almageftum, Liv. 7. Ch. V. pag.* 164. C'eft de ces étoiles que les Modernes ont formé de nouvelles conftellations, & entre autres *Hevelius* dans fon *Prodromus Aftronomiæ* & dans fon *Firmamentum Sobiefcianum*.

S T A

STADE. C'eft une diftance de 125 pas géometriques, c'eft-dire de 625 pieds comme nous le trouvons dans l'*Hiftoire naturelle* de *Pline, Liv. II. Ch.* 23. Les Romains & les Grecs fe fervoient de cette mefure. Les premiers comptoient 8 *Stades* pour un mille : ce qui eft encore en ufage parmi les Italiens.

STATION. C'eft dans la Géometrie-pratique le point fur la terre auquel doit répondre le centre de l'inftrument avec lequel on mefure. On le marque communément avec un fil à plomb, ou le pied même de l'inftrument. Il fert à la jufteffe dans la mefure afin que la longueur rapportée felon l'échelle géometrique refte toujours proportionnelle, & que l'opération en général fe faffe avec exactitude.

STATION DES PLANETES. Répos apparent des planetes. Lorfqu'une planete eft vûe pendant quelques jours dans un même point du zodiaque, ou pour parler plus mathématiquement lorfque la ligne tirée de l'œil, par le centre de la planete, touche toujours le même point du zodiaque, & que par conféquent la planete garde toujours la même longitude & la même latitude elle eft en *ftation*. *Apollone* a indiqué dans l'ancienne théorie des planetes, où les planetes fe meuvent dans des épicycles, (*V.* PLANETES) a fait voir, dis-je, le point auquel une planete devient *ftationnaire*. *Ptolomée* fe fert de cette méthode dans fon *Almageft. Liv. XII. Ch.* 1. & les Aftronomes l'ont adopté jufques au tems de *Copernic*, (la réfolution d'*Apollone* eft traitée fort clairement dans l'*Epitome, Almageft. Liv. XII. Prop. I.* de *Régiomontan*.) Cet Aftronome aïant établi l'Aftronomie, felon la nature du fyftême du Monde, a découvert la véritable raifon de ces *ftations* des planetes. Il les attribue au mouvement de la terre autour du foleil. Cependant *Copernic* n'eft gueres plus exact qu'*Apollone* lorfqu'il s'agit de rendre raifon de ces *Stations*. Auffi *Kepler* a donné une autre maniere de réfoudre ce problême dans fes *Tables Rudolphiennes, Ch. XXIV. Præc.* 104, en fe contentant d'approcher le calcul autant qu'il falloit fans s'embarraffer de la rigueur géometrique à laquelle on ne pouvoit pas d'ailleurs atteindre dans le tems où il vivoit. (Tout ce qui a été rapporté à ce fujet par les Aftronomes depuis *Ptolomée* jufques à *Kepler*, eft raffemblé dans l'*Almageftum novum* de *Riccioli, Liv. VII. Sect. V. Ch.* 2.) Depuis lors, la Géometrie aïant prefque changé de face, on y eft parvenu, M M. *Halley*, *Bernoulli*, *Fatio*, *De Moivre* & fur-tout M. *Herman*, ont réfolu le problême dans toute fon étendue, (*Voïez* les *Mifcellanea Berolinenfia*.)

On diftingue ainfi les *Stations des planetes*. On appelle *Station premiere* celle qui fe fait lorfque la planete avance en droiture & qu'elle va devenir retrograde. On nomme *Station feconde* celle qui fe fait après que la planete a été retrograde & qu'elle va devenir directe. Enfin il y a encore deux *Stations*, celle du matin & celle du foir. La premiere arrive lorfque la planete eft *ftationnaire* quand elle paroît le matin. La *Station du foir* a lieu quand la planete eft *ftationnaire* en paroiffant le foir. On obferve la premiere *Station* aux trois planetes fuperieures, & la feconde aux deux inferieures.

STATIONNAIRE. (*Voïez* STATION.)

STATIQUE. C'eft la fcience de la péfanteur des corps. Elle traite particulierement du centre de gravité, de l'équilibre des corps graves, & des mouvemens qui dépendent de la péfanteur. *Archimede* a établi les premiers fondemens de cette fcience dans fes Livres de *De Æquiponderantibus*. *Stevin* a auffi écrit fur la *Statique* (*Elementa Statica*), de même que le Pere *Pardies*. Tout cela fe réduit à établir les loix de l'*Equilibre*, (*Voïez* EQUILIBRE & APPUI) ; celles de la Gravité des corps (*Voïez* GRAVITE'.) Si l'on joint à ces loix celle de la force des corps en repos, les fondemens de la *Statique* feront connus (*Voïez* FORCE.)

S T E

STEREOMETRIE. Partie de la Géometriepratique qui a pour objet & l'art de trouver la folidité des corps & celui d'en faire telles fections qu'on fouhaite. *Euclide* dans fes *Elemens* & *Archimede* dans fon Livre *De Cilindro* & *Sphæra* ont commencé à découvrir les principes de cet art ; & cela en confidérant les folides formés par des petits folides, dont on trouvoit plus aifément la folidité ; & la fomme des petits folides faifoit la folidité du folide commun. Mais cette méthode n'étoit pas abfolument générale. Ce n'eft que depuis la découverte des nouveaux calculs differentiel & intégral qu'elle a été perfectionnée. *Voïez* CUBATION. On trouvera la *Stéréometrie* proprement dite, fuivant les principes d'*Euclide* & d'*Archimede*, ou du moins leur réfultat en confultant les articles des folides dont on connoît la folidité tels que CUBE, CONE, PRISME, PIRAMIDE, SPHERE, &c.

STEREOTOMIE. C'eft l'art de la coupe des folides, comme les profils d'Architecture, les murs, les voutes, &c. Le P. *Derand* a donné la pratique de cet art dans un livre intitulé : l'*Architecture des Voutes*, où l'*art des Traits & coupes des Voutes* ; & M. *Frezier* en a démontré la théorie dans la *Théorie & la pratique de la coupe des pierres & des bois*.

S T I

STILE. Terme de Gnomonique. C'eft la ligne ou verge d'un cadran dont l'ombre marque l'heure ou la véritable ligne horaire. On fuppofe toujours dans toutes fortes de cadrans, que le *Stile* eft une partie de l'axe de la terre. Ainfi on le place de maniere que fes deux extrêmités regardent les deux poles du monde, & que l'extrêmité fuperieure foit dirigée au pole élevé fur l'horifon où l'on conftruit le cadran. (*Voïez* CADRAN.)

S U B

SUBLUNAIRE. On appelle ainfi tout ce qui eft dans l'atmofphere de la terre au-deffous de la lune.

SUBSTITUTION. Terme d'Algébre. C'eft l'action de fubftituer dans une équation à la place d'une quantité quelconque, une autre quantité qui lui eft réellement égale ; mais qui eft exprimée d'une autre maniere. (*Voïez* EQUATION.)

S U C

SUCCESSION DES SIGNES. C'eft l'ordre dans lequel on compte les fignes en commençant par le Bélier pour aller au Taureau, puis aux Gemeaux, &c. On appelle cela aller *in confequentia*.

S U D

SUD. L'un des quatre points cardinaux. Il eft diftant de 90° des points Eft & Oueft, & de 180 du Nord, auquel il eft par conféquent diametralement oppofé.

SUD-EST. C'eft la plage qui tient le milieu entre l'Orient & le Midi. Le vent qui fouffle de ce côté porte auffi ce nom, & ceux d'*Euraufter* ou *Notapeliotes*.

SUD-EST QUART A L'EST. Nom de la plage qui décline de 38°, 45′ de l'Orient au Midi. Le vent qui fouffle de ce côté eft ainfi appellé. On le nomme auffi *Mefeurus*.

SUD-EST QUART AU SUD. C'eft le nom de la plage qui décline 33°, 45′ du Midi à l'Orient, & celui du vent qui fouffle de cette partie du monde & qu'on appelle auffi *Hypophænix*.

Sud-Ouest. Plage qui tient le milieu entre le Midi & l'Occident. Le vent qui souffle de ce côté porte le même nom, en latin ceux d'*Africus*, *Notolybicus*, *Notozephyrus*.

Sud-Ouest quart a l'Ouest. Nom de la Plage qui est à 33°, 45′ du Midi à l'Occident. C'est aussi le nom du vent qui souffle de ce côté qu'on nomme en latin *Hypafricus*, *Hypolibs*, *Subvesperus*.

Sud-Ouest quart au Sud. Plage qui décline de 33°, 45′ de l'Occident au Midi. Le vent qui souffle de ce côté porte le même nom, & en latin celui de *Mesolibonotus*.

Sud quart au Sud Est. Nom & de la plage qui est à 11°, 15′ du Midi à l'Orient, & du vent qui souffle de ce côté, connu aussi sous le nom de *Mesophœnix*.

Sud quart au Sud-Ouest. Plage qui est à 11°, 15′ du Midi à l'Occident. Outre ce nom, le vent qui souffle de ce côté est encore connu sous celui d'*Hypolibonotus* ou *Alfanus*.

Sud-Sud-Est. Nom de la Plage de 22°, 30′ du Midi à l'Orient, & du vent qui vient de cette partie du monde qu'on nomme aussi *Gangeticus*, *Leuconotus*, *Phœnicias*.

Sud Sud-Ouest. C'est la Plage qui décline de 22°, 30′ du Midi à l'Occident. Le vent qui souffle de ce côté porte le même nom, & en latin ceux de *Austro-Africus*, *Libonotus*, *Notolybicus*.

SUI

SUITE ou SERIE. Ce mot pris en lui-même signifie un assemblage de choses qui procedent par ordre. En Algébre on ajoute à ce mot celui d'*infini*, & l'on entend par *suite infinie* certaines progressions de quantités, qui marchant par ordre, s'approchent continuellement de la quantité que l'on cherche, & parviendroient enfin à une égalité parfaite à cette quantité si on les continuoit à l'infini. Ainsi aïant trouvé quelques termes d'une *Suite*, on peut en ajouter autant d'autres qu'on souhaite. Telle est la *Suite*

$$\frac{1}{1\times2} + \frac{1}{2\times3} + \frac{1}{3\times4} + \frac{1}{4\times5} + \frac{1}{5\times6}, \&c.$$

On peut sommer une *Suite infinie* quelconque si les termes de cette *Suite* sont exprimés par une fraction, dont les facteurs du dénominateur sont pris d'une progression arithmétique quelconque; & si le numérateur est un multinome dont les dimensions sont plus petites au moins de deux degrés que celles du dénominateur. On distingue les *Series* en *Series convergentes* & en *Series divergentes*. Les premieres sont celles où les termes décroissent continuellement, & les

secondes celles où les termes croissent continuellement. On trouvera l'usage des *Suites* aux articles APPROXIMATION & FORMULE.

2. *Nicolas Mercator*, natif de Holstein, mais qui a vécu en Angleterre, est le premier qui a fait voir de quelle maniere on peut trouver les quadratures des lignes courbes par le moïen des *Suites infinies*, ne pouvant les trouver autrement, (*Voïez* sa *Logarithmotechnia* publiée en 1668.) Il est vrai qu'il ne donne qu'un seul exemple de l'hyperbole. Dans cet exemple la *Suite infinie* procede par une espece de division. M. *Newton* a appliqué cette méthode à plusieurs exemples. Il a sur-tout cherché les *Suites infinies* par l'extraction des racines (*Voïez* ses *Lettres* dans le Tome III. des *Œuvres* de *Wallis*, & son *Analysin per quantitatum series fluxiones ac differentias*, publiée par *W. Jones* 1711.) M. *Leibnitz* a inventé une autre méthode de trouver des *Suites infinies* pour déterminer les aires des lignes courbes, dont on ne peut trouver exactement la quadrature. (Cette méthode est dans les *Lettres écrites à* M. *Newton*, imprimées dans le Tome III. des *Œuvres* de *Wallis*, & dans les *Acta eruditorum* de l'année 1702, page 210.)

Voilà au vrai l'origine & le progrès des *Suites infinies*. Cependant M. *Jean Keil*, Professeur d'Astronomie à Oxfort, prétend qu'on la doit à M. *Newton* plutôt qu'à M. *Mercator*. La raison sur laquelle ce fameux Disciple de *Newton* se fonde est, que *Mercator* n'avoit fait autre chose que démontrer par le moïen de la division des *Suites infinies* publiées par *Wallis* dans son Arithmétique des infinis; & dont *Brouncker* s'étoit servi pour la quadrature de l'hyperbole dans les *Transactions Philosophiques* de l'année 1668. mois d'Avril. Mais les Partisans de *Mercator* reprochent à *Keil* d'avoir passé sous silence la datte de la *Logarithmotechnie*, qui peut seule faire connoître si *Mercator* est véritablement l'inventeur des *Suites*. Or dans les *Transactions Philosophiques* du mois de Mars de l'année 1668, où l'on annonce le Livre de *Jacques Gregori*, intitulé, *De vera circuli & hyperbolæ quadratura*, il est rapporté que la *Logarithmotechnie* de *Mercator* étoit sous presse, & on se sert de termes qui font présumer que ce Livre avoit été déja écrit depuis quelque tems, & même vû de plusieurs personnes. Dans le mois d'Avril suivant on publia le Traité de la *Quadrature de l'hyperbole* de *Brouncker*, dans lequel il emploie une *Suite infinie*, mais qui n'est pas démontrée de la maniere de celle de *Mercator*. De-là il fuit, que *Mercator* avoit publié fon Livre avant que la *Suite* de *Brouncker* eût paru. Si cela eft la découverte des *Suites* eft due inconteftablement à *Mercator*. Ne tirons aucune conféquence. Examinons avec plus de foin les preuves de M. *Keil*, & tâchons de rendre juftice à qui il appartient fans prendre d'autre parti que celui de l'équité.

Sur quoi M. *Keil* revendique-t-il les *Suites* en faveur de *Newton* ? C'eft qu'on peut aifément changer la *Suite* de *Brouncker* en celle de *Mercator*. On a déja répondu que le Livre de ce dernier Mathématicien avoit paru avant celui de *Brouncker*. En fecond lieu, cette poffibilité ne fait rien à la découverte réelle de *Mercator*, fi fa *Suite* eft effectivement différente. L'Arithmétique de *Wallis* où l'on prétend trouver l'origine de ces *Suites*, ne les renferme furement pas. Dans cette Arithmétique publiée en 1657, Ch. XXXIII. Prop. 68. M. *Wallis* ne donne point la maniere de trouver des *Suites* infinies par la divifion, puifqu'il ne fait que démontrer par l'algébre que la différence de deux termes extrêmes d'une progreffion géometrique étant divifée par l'expofant moins un, le quotient eft la fomme de tous les termes moins le plus grand M. *Wallis* même, qui connoiffoit certainement l'invention de *Brouncker*, écrit à *Brouncker* que la *Logarithmotechnie* de *Mercator* lui avoit tant fait de plaifir, qu'il l'avoit lue en entier. La *quadrature*, ajoute-t-il, *de l'hyperbole*, qu'il y a jointe, eft fort belle & très-ingénieufe. Voici fes propres termes : *Mercatoris Logarithmotechnia mihi ita placuit, ut non prius dimiferim quam per legiffem totam... Quæ fubjungitur quadratura hyperbolæ elegans admodum eft atque ingeniofa.*

Ajoutons à ces preuves un aveu même de M. *Newton* : c'eft qu'il avoit cherché d'abord les *Suites* infinies par de grands détours & qu'il avoit ignoré qu'on pouvoit les trouver beaucoup plus aifément & par l'extraction des racines. (*Wallis Opera*, Tom. III. pag. 634.) Or cette maniere ou cette méthode eft de *Mercator*. Donc c'eft à ce Géometre que nous devons les *Suites* infinies. C'eft une conféquence qui me paroît fort jufte, & que j'adopterois, fi je ne m'étois fait une loi de ne porter aucun jugement fur ces fortes des différens. Depuis *Mercator*, *Newton*, *Stirling*, *De Moivre*, *Montmort*, *Leibnitz*, *Bernoulli* (*Jacques* & *Jean*) ont écrit fur les *Suites* infinies.

SUPPLEMENT. C'eft ce qui manque à un

are pour valoir 180 degrés ou pour faire un demi-cercle.

SURFACE. C'eft le réfultat de la longueur combinée avec la largeur fans aucune épaiffeur. Tel eft l'efpace d'un plan tracé fur la terre ou le côté d'un corps donné. On diftingue deux fortes de *Surfaces*, des *Surfaces convexes* & des *Surfaces concaves*. La premiere eft celle où de chaque endroit de la péripherie jufques à l'autre, tous les points fe fuivent en ligne droite : c'eft le contraire dans la *Surface*, foit convexe ou concave. La mefure des *Surfaces* eft l'objet de la Planimetrie. *Voïez* PLANIMETRIE.

SYMMETRIE. Terme d'Architecture civile. C'eft le rapport de parité foit de longueur, foit de largeur de parties, pour compofer un beau tout. *Philander*, l'un des Interprêtes de *Vitruve* définit ce terme, la jufte proportion des parties d'un bâtiment entre elles & le tout. On entend auffi par-là la reffemblance des côtés qui ont un milieu diffemblable. Quelques Anciens cherchoient le principe de la *Symmetrie* dans la Mufique, d'autres dans le corps humain. Plufieurs croïoient auffi qu'elle n'eft fondée que fur la coutume, & qu'elle ne plaît que parce qu'elle eft à la mode. M. *Perrault*, dans fes Remarques fur *Vitruve*, Liv. IV. Ch. I. N° 7 page 105. & N° 12 page 106, adopte ce fentiment, ajoutant encore que les proportions n'ont par elles-mêmes rien de néceffaire, & qu'elles ne plaifent que parce qu'elles font accompagnées d'autres chofes qui ont un fondement folide de beauté. Cela revient à cette queftion, favoir s'il y a un beau réel dans la nature indépendemment de notre goût. Si cela eft l'avis de M. *Perrault* mérite d'être examiné : mais cet examen eft un fujet métaphyfique qu'on trouvera difcuté dans les Ouvrages où l'on examine ce que c'eft que le *Beau*. (*Voïez* le *Traité du Beau* par M. *De Crouzas*, & celui d'un Jéfuite anonyme, le P. *André*.)

SYNCOPE. Terme de Mufique. C'eft la divifion d'une note qui fe fait lorfque deux ou plufieurs notes d'une partie répondent à une feule note de plufieurs parties, comme lorfqu'une femi baffe répond à 2 ou 3 crocheson doubles croches.

SYNE. Terme de Chronologie. Nom du

dixiéme mois de l'année Ethiopienne. Il commence le 26 Mai du Calendrier Julien.

SYNODE. C'eſt la même choſe que conjonction en Aſtronomie. (*V.* CONJONCTION.)

SYNTHEZE. L'art de trouver des vérités par des raiſons tirées de principes qu'on a préalablement établis, par des proportions précedemment prouvées. Cet art eſt oppoſé à l'analyſe où l'on parvient à découvrir les vérités en montant des principes ſimples aux principes compoſés, c'eſt-à-dire, en décompoſant les quantités qu'on veut connoître juſques aux moindres objets.

Pour bien diſtinguer ces deux arts, le P. *Lami* les caractériſe par cet exemple. Suppoſons, dit-il, un homme qui veut connoître les reſſorts d'une montre & qui n'en a jamais vû d'ouverte & de démontée. Si cette montre étoit dans ſa boete » & qu'ain-
» ſi il ne vit point ce qui la fait marcher,
» il ſeroit porté à l'ouvrir & à la démonter
» pour en voir le dedans : ce ſeroit la
» premiere méthode qu'il ſuivroit. Si cette
» montre étoit démontée & que toutes ſes
» pieces fuſſent ſéparées, il ſouhaiteroit
» un Artiſan habile qui pût les raſſembler
» & lui en expliquer l'uſage. La premiere
» de ces méthodes s'appelle l'*analyſe* ou la
» méthode de réſolution, parce qu'on re-
» ſoud en ſes parties la choſe qu'on veut
» connoître. La ſeconde méthode s'appelle
» *Syntheze* ou méthode de compoſition,
» parce qu'on aſſemble les parties de la
» choſe qu'on examine. La premiere défait,
» la ſeconde compoſe. (*Elem. de Math.*
troiſiéme édit. pag. 331. par le P. *Lami.*) On voit par-là que ces deux méthodes ſont également utiles; qu'elles ont un uſage particulier, & qu'elles peuvent ſervir de preuves l'une à l'autre. Ainſi lorſqu'on a quelque découverte à faire, ces deux méthodes peuvent être emploïées; & on ne doit négliger ni l'une ni l'autre. Mais pour s'inſtruire, la *Syntheze* l'emporte ſur l'analyſe, parce qu'on commence par les connoiſſances ſimples, & qu'on conduit de celles-là à d'autres plus compoſées. Et cette méthode eſt celle du développement des organes de l'eſprit humain. Une vérité ſimple ſe comprend avec facilité, celle qui ſuit devient une conſéquence de l'autre ; & il eſt aiſé avec un peu d'attention, en allant du ſimple au compoſé, de parvenir aux vérités les plus abſtraites & les plus élevées. L'analyſe n'a pas cet avantage.

SYS

SYSTEME. Suivant ſon éthymologie, ce mot ſignifie aſſemblage, & c'eſt dans ce ſens qu'on le prend en Dynamique, lorſqu'on dit un *Syſtême de corps.* (*Voïez* DYNAMIQUE.) Mais en Mathématique on entend par *Syſtême* la ſuppoſition d'un ou de pluſieurs principes dont on tire des conſéquences ſur leſquels on fonde une opinion, ou une doctrine. C'eſt la ſcience des effets par la ſuppoſition de la cauſe qui doit les produire. De ſorte que connoiſſant un certain nombre d'effets, on ſuppoſe qu'ils ſont produits par une telle cauſe, & on voit ſi cette cauſe répond ou convient exactement à tous les effets. De-là on tire des conſéquences ſur la nature des effets, pour en connoître d'autres qui doivent dépendre du même principe. Et cela forme un *Syſtême.* Il faut bien avoir étudié les effets avant que de ſe hazarder à ſuppoſer la cauſe connue, c'eſt-à-dire avant que de bâtir un *Syſtême.* Une ſuppoſition juſte doit tenir en quelque façon de la nature des effets qui ont entre eux un juſte rapport. (*Voïez* HYPOTHESE.) Or la connoiſſance d'une telle ſuppoſition forme un art, dont il eſt auſſi dangereux de faire trop tôt uſage qu'utile de l'emploïer à propos. (*Voïez* PHYSIQUE SYSTEMATIQUE.) Comme il y a pluſieurs claſſes d'effets, on peut établir autant de *Syſtêmes* qu'il y en a des claſſes particulieres. Mais toutes ces claſſes n'ont-elles pas un principe univerſel, une cauſe fondamentale, un *Syſtême* géneral ? C'eſt ce que les Mathématiciens ont toujours cherché à découvrir, & c'eſt ce qui a donné lieu à deux *Syſtêmes* généraux, l'un de la connoiſſance générale du mouvement des aſtres; l'autre de celle du monde entier. Il a fallu ſans doute bien de la force & bien des connoiſſances, pour oſer enchaîner ainſi les effets de la nature ſous deux théories principales. Les Lecteurs jugeront ſi les Savans ont été heureux en élevant deux édifices ſi conſiderables. Je vais donc expoſer ici le *Syſtême des aſtres,* que j'appelle *Syſtême aſtronomique,* & celui du monde. A l'égard des *Syſtêmes* particuliers on les trouvera aux articles auſquels ils ſe rapportent, par exemple, les *Syſtêmes* des effets de l'électricité à l'article ELECTRICITE'; ceux de l'élaſticité à l'article compris ſous ce mot, celui de la coagulation à COAGULATION, celui de la réfraction à REFRACTION , &c.

SYSTEME ASTRONOMIQUE, C'eſt l'ordre ſelon lequel les corps céleſtes exiſtent & ſe meuvent. Les premiers qui ont voulu expliquer cet ordre, ont ſuppoſé la terre immobile, autour de laquelle le ſoleil & les étoiles font non-ſeulement leur révolution journaliere haliere de l'Orient vers l'Occident ; qui leur eſt commune à toutes, mais encore une révolution particuliere à chacune d'elles de l'Occident vers l'Orient. On a penſé enſuite que cet ordre n'étoit point le véritable, & on a voulu que le ſoleil fût immobile au centre du mouvement des cieux. Enfin, on a changé ces hypotheſes ; ce qui a formé deux autres Syſtêmes, dont je vais rendre compte ſuivant l'ordre de leur invention & en leur donnant le nom de ceux à qui on en eſt redevable.

Syſtême de Ptolomée. La terre eſt placée au milieu du monde , & toutes les planetes & les étoiles fixes tournent autour d'elle d'Orient en Occident. La planete la plus proche de la terre eſt la lune. Viennent enſuite Mercure, Venus, le Soleil, Mars, Jupiter & Saturne.

Ptolomée ſuppoſe dans le ciel de chaque planete un petit cercle qu'il nomme Epicicle, (*V.*EPICICLE.) & qui fixé ſur la circonference du ciel de la planete tourne autour de leur centre; de telle ſorte que les parties les plus proches de la terre ſont portées de l'Orient à l'Occident , & au contraire les parties les plus éloignées de l'Occident à l'Orient. L'épicicle de la lune forme cependant une exception à la regle. La partie la plus proche de la terre eſt portée de l'Occident à l'Orient. Tout cela ſert à expliquer le mouvement des planetes. (*Voïez* l'article ci-devant cité, celui de PLANETE EXCENTRIQUE, &c.) Le ciel des étoiles enve- lope celui des planetes. Et comme , ſelon *Ptolomée*, les étoiles ſont en proïe à quatre mouvemens, il s'agit d'expliquer comment peuvent ſe faire ces quatre mouvemens. Diſtinguons d'abord ces mouvemens. Le premier que remarque *Ptolomée* eſt leur mouvement commun avec les planetes en 24 heures ; le ſecond eſt un mouvement diur- ne par lequel elles retournent un peu du Couchant au Levant ; le troiſiéme eſt celui qui les fait balancer tantôt du Couchant à l'Orient, & tantôt de l'Orient au Couchant ; & enfin le quatriéme mouvement eſt celui par lequel elles paroiſſent balancer vers les deux poles Nord & Sud. Afin de rendre raiſon de ces mouvemens, l'Auteur du Syſtême que j'analyſe imagine trois cieux ; l'un appellé *premier mobile*, par lequel les planetes & les étoiles ſe meuvent autour de la terre ; & les deux autres cieux nom- més *criſtallins*, auſquels il communique un mouvement de vibration, ſervent cha- cun à expliquer ceux des planetes dont j'ai parlé. La figure 611. (Planche XIX.) re- préſente le *Syſtême de Ptolomée.* Je renvoïe

à l'article de PLANETE les remarques qu'on a faites ſur ce *Syſtême* qui dévoilent ſa dé- fectuoſité.

Pline (*Hiſtoire naturelle , Liv. II. Ch.* 22.) attribue l'idée de ce *Syſtême* à *Pytha- gore* : il fut adopté par *Archimede*, ſuivant *Macrobe*, dans ſon *Songe de Scipion , Liv. II. Ch.* 3. & il a été ſuivi juſques au tems de *Copernic* qui vivoit en 1566 de la naiſ- ſance de *Jeſus-Chriſt.*

Syſtême de Copernic. Le ſoleil eſt placé à peu près au centre du *Syſtême* où il tourne ſur ſon axe. Autour du ſoleil ſe meuvent Mercure, Venus & la Terre. A une diſtance plus grande du ſoleil tourne Mars autour de cet aſtre. Plus loin de là encore Jupiter fait ſa révolution , & enfin Saturne. (*Voïez* DISTANCE, PLANETE & REVOLUTION.) Les planetes avancent continuellement de l'Occident vers l'Orient, & elles tournent dans un certain tems autour de leur axe. Les étoiles ſont immobiles au haut des cieux. (*Voïez* ETOILES.) La lune fait ſa révolu- tion autour de la terre dans 27 jours , & en même tems avec la terre dans un an. De même les ſatellites de Jupiter & de Saturne font leurs révolutions autour de leurs pla- netes dans le tems qu'elles ſe meuvent avec elles autour du ſoleil. On voit l'arrangement de ce *Syſtême* dans la Planche XIX. Figure 612.) Afin de rendre raiſon des mouvemens particuliers des Planetes, tels que leur ſta- tion, leur retrogradation, &c. (*Voïez* ces mots.) *Copernic* place ſur la circonference de l'excentrique de chaque planete , (*Voïez* EXCENTRIQUE) le centre d'un épicicle auquel il attribue un mouvement ſynodi- que , pendant que la planete parcourt la circonference de l'écliptique par un mouve- ment périodique. Cet épicicle a pour dia- metre l'excentricité que *Ptolomée* attribuoit aux cercles des planetes. Mais *Kepler* a ſub- ſtitué aux excentriques & aux épicicles des ellipſes qui repréſentent à peu près les mê- mes apparences : ce qui ſimplifie beaucoup ce *Syſtême.* (*Voïez* PLANETE.) Au reſte pour que ce *Syſtême* ſoit exactement vrai, il faut placer les étoiles fixes à une diſtance immenſe , afin qu'on n'apperçoive point, ou peu, de parallaxe par le mouvement annuel de la terre dans l'hypotheſe de *Copernic* , & la choſe eſt démontrée. *Copernic, Flamſtéed* & *Caſſini* l'ont fait voir (*Voïez Flam- ſtéed , Epiſtola ad Walliſium D.* 20 Décem- bre ann. 1618, Tom. III. des Œuvres de *Wallis*, pag. 701.) (*Voïez* encore ETOILE.)

2. *Nicete* de Syracuſe, a le premier décou- vert le mouvement de la terre autour de ſon axe , comme le rapporte *Ciceron* dans ſon

deuxiéme Livre des *Queſtions Tuſculanes*. Le mouvement de cette planete autour du ſoleil fut découvert par *Philolaé*, Philoſophe Pythagoricien, témoin *Plutarque* dans ſon Traité *De Placitis Philoſophorum*, *Liv. III. Ch.* 2. Cent ans après, environ l'an 280 après *Jeſus-Chriſt*, *Ariſtarque* de Samos, ſoutint le mouvement double de la terre, & il crut les étoiles fixes & le ſoleil immobile, ſuivant ce qu'en dit *Archimede* dans ſon *Arenarius*. Il fut accuſé pour cela d'héréſie par *Cleanthe*, comme défendant une opinion contraire à la Religion des Grecs, & qui méritoit punition. (Voïez *Plutarque*, *De facie in orbe lunæ*.)

Dans des tems plus récens, *Nicolas de Cuſan* a établi le ſentiment d'*Ariſtarque*, (*Voïez* ſon Livre intitulé : *De docta ignorantia*, *Ch.* 11. & 12.) Enfin *Copernic* dans ſes Livres *Revolutionum cœleſtium*, a introduit le mouvement double de la terre, & a fait voir quel mouvement devoit paroître dans les planetes en le ſuppoſant. C'eſt par-là qu'on a reconnu clairement la vérité de ſon *Syſtéme*. Auſſi *Kepler* a remarqué dans ſon *Epitome Aſtronomiæ Copernicanæ*, *Liv. I. pag.* 140, » que les plus habi- » les Phyſiciens & Aſtronomes ſe rangeoient » du côté de *Copernic*, & que les autres ne » le combattoient que par ſuperſtition ou » par la crainte de paſſer pour hérétiques «. Cependant *Copernic* avoit dédié ſon Livre à *Paul III*. qui le reçut fort bien, parce qu'il avoit beaucoup d'eſprit, & qu'il étoit ſavant en Mathématique. Mais *Galilée* aïant admis le double mouvement de la terre dans la doctrine qu'il enſeignoit à Pavie, les Italiens aveuglés par la ſuperſtition le regarderent comme contraire à l'Ecriture Sainte. Ils déférerent *Galilée* à l'Inquiſition en 1618, & il fut arrêté par ordre des Inquiſiteurs & mis en priſon. Il n'y reſta pas long-tems ; car ce grand homme donna les mains à tout ce qu'on voulut, & déſavoua ſans aucune violence le ſentiment qu'il avoit eu juſques là ſur le mouvement de la terre. Cela n'empêcha pas qu'on ne crût & le ſentiment véritable & *Galilée* partiſan toujours de ce ſentiment. On publia même que les Inquiſiteurs s'étoient un peu trop preſſés dans ce procedé ; que leur Tribunal n'avoit point le caractere d'infaillibilité ; & que d'ailleurs ils n'étoient pas aſſez ſavans dans l'Aſtronomie pour que leur jugement fût ſans appel. *Galilée* crut que cette raillerie retomboit ſur ſa Nation. Il voulut la défendre, du moins fit-il entendre que c'étoit la fin de ſes *Dialogues*, *De Syſtemate Mundi*, où il établit le mouvement de la terre,

ſous prétexte de faire voir qu'on n'ignoroit pas en Italie le vrai mouvement des aſtres, & que par conſéquent on n'avoit pu condamner *Copernic* à Rome. Les Savans comprirent ce que cela vouloit dire. Les Inquiſiteurs n'en furent pas la dupe, & ils virent bien que *Galilée* perſiſtoit toujours dans ſon opinion. On le cita une ſeconde fois à l'Inquiſition de Rome, où étant arrêté priſonnier, & craignant la peine qu'on fait ſouffrir aux relaps, il vit ſon ſentiment condamné, & fut contraint lui-même le 20 Juin 1633 de l'abjurer comme une héréſie. (Le P. *Merſenne* a inſeré ce décret dans ſes *Queſtions Phyſiques* & *Mathématiques*.) Les Aſtronomes n'ont pas pour cela changé de ſentiment. Concluons donc que ces ſortes de condamnations ne doivent pas nous diſtraire des découvertes que des perſonnes mal inſtruites pourroient interdire ſous prétexte qu'elles ne ſont pas conformes au langage de l'Ecriture Sainte. C'eſt le ſentiment du P. *Poiſſon*, Prêtre de l'Oratoire, au ſujet de quelques opinions de *Deſcartes*, condamnées dans l'Univerſité de Louvain. C'eſt ainſi qu'il s'exprime. » On ſait aſſez com- » ment ſe font ces ſortes de condamna- » tions ; & ſans révéler le ſecret, je pour- » rois citer mille exemples de condamna- » tions faites plutôt par vengeance ou par » opiniâtreté, que par juſtice ou avec rai- » ſon «. *Remarques ſur la Méthode de Deſcartes*, *pag.* 387. du *Diſcours de la Méthode &c.* nouvelle édition, revûe, corrigée & augmentée des Remarques du P. *Poiſſon*, P. D. L. Tome II.

Syſtéme de Tycho Brahé. Dans ce *Syſtéme* la terre eſt immobile, & autour d'elle tournent la lune & le ſoleil. (*Voïez* la figure 613. Planche XIX.) Mercure, Venus, Mars, Jupiter & Saturne ſe meuvent autour de cet aſtre. *Tycho Brahé* a donné la deſcription de ce *Syſtéme* dans ſes *Progymnaſmata*, *Tom. I. pag.* 477. dont le plus grande partie eſt priſe comme on voit du *Syſtéme* de *Copernic*.

Ce *Syſtéme* eſt preſque univerſellement rejetté aujourd'hui, parce qu'on ne peut expliquer par lui le moindre phénomene céleſte. Par exemple, le ſoleil paſſant par le méridien d'un lieu, y jette tous les jours l'ombre d'un ſtile ſur la ligne méridienne, & cependant il change tous les jours de hauteur comme l'indique l'allongement ou le raccourciſſement de l'ombre. Cela étant, il faut non ſeulement que le ſoleil, la lune, & toutes les autres planetes qui tournent, ſelon *Tycho Brahé* en 24 heures autour de la terre, ne décrivent pas leurs cercles diurnes paralleles avec l'équateur comme les autres étoiles ; mais encore qu'elles se meuvent en lignes spirales autour de la terre : leur distance de la terre n'étant pas toujours égale, ces spirales doivent être tantôt larges, tantôt étroites. Or le soleil ne s'écarte jamais au-delà du tropique & les planetes au-delà du zodiaque. Cependant le sentiment de *Tycho* ne sauroit trouver aucune raison pourquoi ces spirales ne se continuent pas jusques vers les poles & pourquoi elles rebroussent chemin. D'ailleurs, on a observé que le lieu où la planete est le plus éloignée, change de place : d'où il suit, que la planete aïant une fois achevé ses spirales, elle en décrit toujours des nouvelles en recommençant. Par conséquent il faudroit que pendant que le monde existe, la planete fît tous les jours un autre chemin au ciel : ce qu'on ne sauroit jamais démontrer dans le *Systême* Tychonien, comme on ne pourroit faire voir comment ces spirales deviennent plus étroites qu'elles ne seroient autrement, parce que la planete étant vûe de notre terre elle paroît être éloignée du soleil d'une plus grande partie du ciel. On est encore plus embarrassé dans ce *Systême*, pour comprendre comment les planetes sont tantôt stationnaires & tantôt retrogrades ; c'est-à-dire, pourquoi elles achevent leurs spirales autour de la terre, tantôt dans le même tems avec les étoiles fixes & tantôt plus vite ; sans parler d'autres phénomenes qui mettent en défaut les spirales qui seroient nécessaires dans le *Systême* de *Tycho Brahé*.

2. *Riccioli* dans son *Almagestum novum*, Liv. IX. Ch. 9. pag. 289. a changé ce *Systême* en faisant tourner Jupiter & Saturne autour de la terre. *Longomontan*, dans son *Astronomia Danica*, a adopté l'ordre des corps célestes, & sur-tout des planetes à peu près tel que *Tycho Brahé* l'a établi. Il a donné seulement d'après *Copernic* un mouvement de rotation à la terre autour de son axe, attendu que le mouvement premier des étoiles fixes lui paroissoit absurde, à cause de la vitesse inconcevable qu'on devroit lui donner. Malgré cela ce *Systême*, appellé *Demi-Tychonien*, n'a jamais fait fortune.

Martianus Capella en a imaginé un autre connu sous le nom de *Systême composé* qui a eu de la célébrité. Cet Astronome place la terre au centre du monde, autour de laquelle tournent la lune, le soleil & les étoiles fixes, comme selon *Ptolomée* & *Tycho Brahé*. Les trois planetes superieures Saturne, Jupiter & Mars font leurs révolutions excentriques autour de la terre, emportant les centres de leur épicicle autour

duquel ces planetes roulent de même que dans le *Systême de Ptolomée*. Les deux planetes inferieures Venus & Mercure, tournent autour du soleil dans de petits cercles excentriques : & ceci est pris du *Systême* de *Tycho*. La figure 614. (Planche XIX.) represente ce *Systême*.

Finissons cet article en avertissant de ne pas trop s'embarrasser pour savoir quel est le véritable *Systême*, car il est assez indifférent d'adopter celui qu'on voudra. Quoique le *Systême* de *Copernic* soit presque démontré depuis la perfection où il a été porté par *Kepler*, cependant comme on peut en faire autant qu'il y a de planetes dans les cieux, les Astronomes ne se font jamais roidis là-dessus, leur science ne dépendant point de la notion précise dans lequel Dieu a mis & fait mouvoir les astres. M. l'Abbé *De la Caille* en a averti expressément dans ses *Leçons élementaires d'Astronomie*.

SYSTEME DU MONDE. C'est la connoissance de la mécanique générale de l'Univers, en sorte que par une hypothese qui s'accorde avec les principaux phénomenes, on puisse parvenir à trouver la clef de tous ceux qui dépendent de la constitution propre du monde. En un mot, un veritable *Systême du monde* renferme la cause des effets de la nature. J'ai fixé à l'article *Physique* l'origine de cette Science. J'ai nommé l'inventeur des *Systêmes du monde*, & j'ai fait connoître ces *Systêmes* jusques à *Descartes* exclusivement. Comme ce qu'on a fait avant lui étoit plutôt des idées de *Systême* que des *Systêmes*, & que ces idées formoient l'histoire de la Physique générale, j'ai cru en rendre compte à cet article. (*Voïez* ATOME & CORPUSCULE pour les autres.) C'est à *Descartes* qu'on doit le premier *Systême* complet du monde ; & à *Newton* la perfection ou peut-être la découverte du véritable. Le Lecteur en jugera par l'exposé que je vais faire de l'un & de l'autre.

Systême de Descartes. Pour connoître la construction de l'Univers, *Descartes* suppose le monde non formé, & c'est ainsi qu'il présume que le Créateur a pu proceder à sa création. Il pense d'abord que toute la matiere, dont le monde est composé, a été tirée du néant, & que Dieu l'a divisée en particules égales entre elles, & de figure quelconque, avec cette restriction cependant que ces particules n'ont pu être toutes rondes, parce qu'elles auroient formé alors un vuide, ce que *Descartes* n'admet point. Lorsque le Créateur voulut faire un monde tel que celui dans lequel nous sommes, il fit mouvoir ces particules & sur leur propre centre, & entre elles les unes avec les autres. Dans ce mouvement elles ont dû se briser en frottant les unes contre les autres, & par-là les parties de la matiere sont devenus rondes, & ont formé une matiere que *Descartes* appelle le *second élément* Cependant les parties angulaires se broïoient pendant ce mouvement, & se réduisoient en une poudre plus subtile que des parties propres dont elles formoient les angles. Et en cet état elles remplirent les pores de l'autre. C'est ce que l'Auteur de ce *Systême* nomme le *premier élément*. Enfin des parties informes, des éclats les plus massifs qui se sauverent ou qui résisterent à la force du frottement, *Descartes* en forme le troisiéme *élément*, ou la matiere terrestre & planétaire.

Maintenant ces matieres en se broïant ainsi faisoient effort pour se soûstraire à ce frottement. Elles se sont donc éloignées du centre non en ligne droite, mais conformément au mouvement circulaire commun, en avançant par tourbillons les uns emportés autour d'un autre. Les matieres les plus massives aïant un plus grand mouvement ou une force centrifuge plus considerable, ont dû être portées plus loin que les autres. Ainsi l'élément globuleux se sera plus éloigné du centre que la matiere subtile. Et comme tout doit être plein, cette matiere subtile a dû se ranger en parties dans les instertices de l'élément globuleux, & s'accumuler en partie vers le centre des tourbillons. Ce sont ces amas qui ont formé le soleil & les étoiles. Tout proche de ce premier astre, placé dans le centre des tourbillons, les parties les moins grosses de l'élément globuleux, se trouvoient rangées, & par une raison contraire les plus massives en étoient plus éloignées. Là l'action de la plus fine poussiere qui compose le soleil, communique son agitation aux petits globules : & c'est en quoi consiste la lumiere. (*Voïez* LUMIERE.) Pendant que tout cela se passoit dans la nature, la matiere du premier élément se rangeoit, comme nous avons vû, dans les intertices de l'élément globuleux, & à cause de leur mouvement, elles retournoient sans cesse aux poles de ce mouvement vers le centre du tourbillon. Or ces petites parties étant propres à s'unir, elles formoient des parties grossieres, lesquelles s'étant accumulées en une quantité considérable, elles produisirent des taches sur les surfaces des astres. Quelques uns de ces astres étant encroutés de ces taches sont devenus des planetes ou des cometes. Quoique chaque astre fut un tourbillon, cependant la force de leur rotation fut absorbée par le tourbillon principal qui est celui du soleil. Et telles sont les loix de ce dernier tourbillon :

Ses parties augmentent en densité ; mais diminuent en vitesse à une certaine distance au-delà de laquelle *Descartes* suppose qu'elles sont toujours égales en grandeur ; mais qu'elles augmentent en vitesse à proportion qu'elles sont plus éloignées du soleil. Dans ces premieres régions, les superieures, le célèbre Physicien François place les cometes. Il range les planetes dans les régions inferieures, en mettant les moins denses plus près du soleil, afin qu'elles puissent correspondre à la densité du tourbillon dans lequel elles sont emportées.

2. Tel est le fameux *Systême* de *Descartes.* On voit bien que selon lui, les planetes sont plongées dans un fluide qui circulant autour du soleil forme le vaste tourbillon dans lequel elles sont entraînées. Ainsi il ne s'agit pour rendre raison des planetes autour de cet astre, que de supposer des vitesses aux tourbillons où elles nagent, conformément aux mouvemens observés de ces corps célestes. Mais quelles sont les loix de ces mouvemens ? C'est ce que nous devons établir avant que de décider de la validité du *Systême* qui nous occupe.

Premierement, les routes que tiennent les planetes dans leur mouvement sont des ellipses dont le soleil occupe l'un des foïers. En second lieu, *l'aire du secteur elliptique, formé par la portion de l'ellipse parcourue par la planete & deux lignes tirées du foïer aux extrémités de cette portion, croît en même proportion que le tems qui s'écoule pendant le mouvement de la planete.* Voilà pourquoi on observe que les planetes se meuvent plus vite lorsqu'elles approchent du soleil ; parce que les lignes droites tirées du soleil à la portion de l'ellipse parcourue, c'est-à-dire, les raïons du secteur elliptique étant plus courts, il faut que les arcs elliptiques parcourus par la planete soient plus grands, afin que les aires soient toujours décrites dans le même tems, soit que la planete s'approche ou s'éloigne du soleil. De cette loi il suit, que connoissant l'orbite d'une planete & le tems de sa révolution, on peut déterminer à chaque instant le lieu de l'orbite où la planete se trouve.

Troisiémement, *les loix de la révolution de chaque planete sont proportionnelles à la racine quarrée du cube de sa moïenné distance au soleil.*

Connoissant donc la distance de deux planetes au soleil, & le tems de la révolution de l'une étant donné, on peut trouver le tems de la révolution de l'autre, ou le tems de la révolution de deux planetes, & la diftance de l'une de ces planetes au foleil étant donnée, on peut trouver la diftance de l'autre.

Ces loix établies, il s'agit de favoir fi elles peuvent être obfervées dans l'hypothefe des tourbillons. Car il ne fuffit pas d'expliquer pourquoi en général les planetes fe meuvent autour du foleil, il faut encore rendre raifon de ces loix : ou du moins l'explication qu'on donne de leur mouvement ne doit pas être démentie par ces loix. Si le *Syftéme* de *Defcartes* eft vrai, il doit répondre à ces deux conditions. C'eft ce qu'il eft aifé de vérifier.

D'abord les diftances des planetes au foleil & les tems de leur révolution étant differens, la matiere du tourbillon n'a pas par-tout la même denfité, & le tems de la révolution n'eft pas le même par-tout. Secondement, puifque chaque planete décrit des aires proportionnelles au tems, les viteffes des tourbillons font réciproquement proportionnelles aux diftances de ces couches au centre. Mais comme les révolutions des differentes planetes font proportionnelles aux racines quarrées de leurs diftances, les viteffes des couches font réciproquement proportionnelles aux racines quarrées de leurs diftances. Les viteffes des tourbillons doivent donc être en même-tems & proportionnelles aux diftances des couches au centre & aux racines quarrées de leurs diftances : ce qui eft impoffible. Lorfqu'on veut donc affurer une de ces loix aux planetes, l'autre devient néceffairement incompatible. Cette objection contre le *Syftéme* de *Defcartes* me paroît invincible. Elle eft de M. *De Maupertuis* ; & elle feule a plus défabufé de Cartéfiens, que toutes les objections multipliées qu'on avoit faites contre l'exiftence des tourbillons.

En effet, comme s'exprime ce célebre Auteur, » fi l'on veut que les couches du » tourbillon aïent les viteffes néceffaires » pour que chaque planete décrive autour » du foleil des aires proportionnelles au » tems, il s'enfuivra, par exemple, que » Saturne devroit faire fa révolution en 90 » ans, ce qui eft fort contraire à l'expé- » rience. Si au contraire, on veut conferver » aux couches du tourbillon les viteffes né- » ceffaires pour que le tems des révolutions » foit proportionnel aux racines quarrées » des cubes des diftances ; l'on verra les » aires décrites autour du foleil par les pla- » netes ne plus fuivre la proportion des

» tems ». (*Difcours fur les differentes figures des aftres*, pag. 25.)

On a bien voulu rémedier à cette incompatibilité. Et d'abord M. *Leibnitz* a fuppofé par-tout l'orbe, que décrit chaque planete, une circulation *harmonique*, c'eft-à dire, une certaine loi de viteffe propre à faire fuivre aux planetes celle des deux loix, qui regarde la proportion entre les aires & les tems. Enfuite on a imaginé deux tourbillons, l'un pour fatisfaire à la premiere loi, & l'autre pour accorder la feconde. Chaque tourbillon circuleroit fuivant fa propre regle, & fe traverferoit mutuellement fans s'interrompre. Mais malgré les efforts qu'ont fait MM. *Hughens*, *Bulfinger*, *Bernoulli*, *Molieres*, &c. pour concilier le tout dans le *Syftéme* des tourbillons, on n'a levé les objections dont j'ai parlé qu'en formant de nouvelles hypothefes, qu'en donnant des conjectures vagues qui ont pu occuper les hommes dans le tems de *Defcartes*, mais dont on doit rougir de faire ufage dans un fiécle auffi éclairé que celui où nous fommes. (*Voïez* là-deffus PESANTEUR.) Cette raifon me fait paffer fous filence le *Syftéme* de M. *Privat de Molieres*. Les perfonnes qui aiment encore ces fortes d'explications où un Phyficien fe donne la liberté de fuppofer tout ce qu'il veut, doivent recourir à l'Ouvrage de cet Auteur, où fon *Syftéme* eft expofé : c'eft les *Leçons de Phyfique contenant les élémens de la Phyfique, déterminés par les feules loix des Mécaniques, &c.* par *Jofeph Privat de Molieres*. On trouvera encore la théorie des tourbillons dans les *Principes du Syftéme des petits tourbillons appliqués aux phénomenes les plus généraux. Avec une differtation de M. l'Abbé De Molieres fur les forces centrifuges*, par M. l'Abbé *De Launay*.

Syftéme de Newton. Un *Syftéme* vrai doit rendre raifon des phénomenes univerfellement reconnus. Il faut que les loix du mouvement des aftres en foient déduites comme les effets le font de leur caufe. Ces loix font reconnues. On vient de le voir, & il s'agit de trouver un principe qui leur convienne, qui fe démontre même non-feulement par leur difference, mais par leur oppofition. Telle fut l'idée que *Newton* conçut d'un *Syftéme du monde*, & telles furent les vûes qu'il fe propofa de remplir lorfqu'il travailla à en former un. Je vais expofer l'Ouvrage de ce grand homme avec le plus de clarté, d'ordre & de méthode qu'il me fera poffible.

La premiere chofe qui nous frappe dans le cours des aftres c'eft le mouvement. Les aftres se meuvent donc ; mais dans quoi ? Est-ce dans un fluide qui remplit l'espace immense dans lequel ils nagent, ou dans un endroit qui ne contienne point de matiere ? C'est ce qu'il faut commencer par décider. Si la révolution des corps célestes se fait dans le *plein*, ils doivent éprouver une résistance de la part de ce fluide environnant. Or il est démontré, & c'est une proposition de Mécanique reçue de tout le monde, qu'un corps qui choque un autre corps ne lui cede sa place qu'en lui ravissant autant de mouvement qu'il en reçoit. Les corps célestes en faisant leur révolution dans le plein, se mouvroient dans un milieu aussi dense qu'eux-mêmes. Et on démontre qu'une sphere perdroit sa vitesse après avoir parcouru seulement deux fois son diametre. Il faut donc qu'il y ait du vuide dans le milieu où roulent les planetes, à moins qu'on ne supose, comme *Descartes*, un mouvement à ce fluide environnant, & qui suit celui de la planete : mais la difficulté de l'incompatibilité des deux loix astronomiques dans le *Système* de *Descartes* revient, & on supose ici encore des tourbillons dont la non existence est démontrée, (*Voïez* ci-devant le *Système de Descartes*.) Il y a par conséquent du vuide dans le milieu qui environne les astres. Cela est incontestable. Cependant un tel milieu, un milieu rare peut encore opposer une résistance, à moins que la rareté de ce milieu soit infinie. Quand on n'auroit pas de bonnes preuves, qui établissent cette grande rareté, la nécessité d'une résistance nulle dans le mouvement des planetes le suposeroit. Heureusement les moindres scrupules s'éclaircissent quand le calcul en main, on compare l'accroissement de la rareté de l'éter à mesure qu'on s'éloigne de la surface de la terre. (*Voïez* PESANTEUR, GRAVITATION & RAREFACTION.) L'imagination se perd à l'aspect d'une si grande dilatation, & on est forcé de convenir que les planetes se meuvent dans un vuide presque parfait.

Voilà donc le vuide démontré absolument nécessaire. Aucune personne ne s'inscrira jamais en faux contre une vérité si sensible. Mais s'il y a du vuide, qui est-ce qui empêche que le mouvement des planetes soit eu ligne droite ? Pourquoi ces astres suivent ils constamment un mouvement curviligne ? D'ailleurs suivant les premiers élémens de la Mécanique un mouvement curviligne est un mouvement composé de deux autres, l'un qui porte le corps en ligne droite & l'autre qui le tire suivant une autre ligne droite perpendiculaire à celle-ci. En proïe à ces deux mouvemens, il est obligé de parcourir la diagonale du parallelograme que formeroient ces deux lignes. Comme la petite partie d'une courbe est une ligne droite, nous devons conclure que cette ligne droite parcourue par la planete, l'a dû être en vertu de deux mouvemens ; le premier qui la porte selon une ligne parallele à la tangente de la courbe, & le second qui la retire selon une direction verticale à cette tangente. Outre cela, puisque le milieu où sont les planetes, l'eter pour tout dire en un mot, puisque dis-je, l'éter est sans résistance qu'il n'a point d'action il ne peut être cause du mouvement des planetes, & on ne voit pas, ou du moins il reste à expliquer pourquoi les planetes décrivent une courbe, & que cette courbe est une ellipse dont le soleil occupe l'un des foïers, ainsi que nous l'apprennent les observations. Si l'on répond que tel est le mouvement & la route que le Créateur a imprimée aux planetes lors de la création, & qu'elles le conservent par leur force d'inertie, (*Voïez* pour l'intelligence de ce terme FORCE D'INERTIE.) il y a une réplique fort simple. C'est que les planetes, si cela étoit, devroient avoir un mouvement uniforme suivant la loi de la force d'inertie, c'est-à-dire, qu'elles devroient décrire d'égales portions d'ellipse en tems égaux : ce qui est contraire aux observations ; car les planetes se meuvent plus vite lorsqu'elles sont plus proches du soleil que quand elles en sont éloignées conformément aux loix ci-devant établies & reconnues dans la nature. Il y a plus : *Newton* démontre qu'un corps qui parcourt une ellipse ne peut le faire qu'en vertu de deux forces, dont les variations sont en raison réciproque du raïon recteur. (*Voïez* FORCES CENTRALES.) Tout corps qui sera en proïe à ces deux forces décrira une ellipse. La théorie de *Newton* va encore plus loin. On y démontre (je n'abuse pas du terme) d'une autre façon, que les corps célestes, qui ont un mouvement, ont aussi une pésanteur qui suit les mêmes loix que les corps qui sont sur la terre. (*Voïez* PESANTEUR.) La chose a été calculée pour la lune, & on a trouvé que cette loi de la pésanteur suit la raison inverse des quarrés des distances de même que les corps d'ici bas, (*Voïez* le dernier article cité.)

Concluons donc hardiment que les astres se meuvent & parcourent une ellipse en vertu de deux forces. La premiere, c'est celle qui tend à les éloigner du centre de leur révolution, c'est-à-dire la force centrifuge, & la seconde celle qui travaille à les retirer vers le centre. Il ne reste plus qu'à développer la théorie de ces deux forces, & si cette théorie donne ou répond aux loix que conservent les planetes dans leurs révolutions, le *Systéme de Newton* est démontré.

Il est question de prouver comment la force centripete & la force centrifuge peuvent faire décrire des ellipses aux planetes. C'est-à-dire, il faut faire voir comment ces deux forces, celle d'une projection uniforme & celle d'une pésanteur variable en raison inverse du quarré de la distance qui est la loi du mouvement reconnu des planetes (*Voïez* ATTRACTION.) se combine, dans tous les points de l'ellipse que chacune d'elle décrit. Si la force centrifuge étoit égale à la force centripete, il est évident que la courbe décrite par la planete autour du soleil, seroit un cercle, & si elle décrit une ellipse, il faut que la force centrifuge l'emporte. Supposons que le point S represente le soleil, & P la Planete (Planche XVIII. Figure 630.) La force centrifuge & la force centripete étant égales, la planete décriroit un cercle P D C M, dont le soleil S occuperoit le centre. Mais elle décrit l'ellipse P D A M : il faut donc que la force centrifuge l'emporte sur la pésanteur pour la faire parvenir au point A. Maintenant comme le mouvement d'un corps est toujours moindre à mesure qu'il s'éleve, étant retardé par sa gravité ou par l'action de la force centripete qui agit toujours, il viendra un point où cette derniere force la contrebalancera. Ce point est l'extrêmité du grand axe de l'ellipse (comme je le ferai voir ci-après.) Alors la force centripete aura plus d'avantage pour agir : elle fera descendre la planete du point A au point M, & à mesure qu'elle descendra l'action de la gravité sera plus grande ; parce que la planete approchera toujours plus du soleil sur lequel elle tend à tomber. Cependant la force centrifuge s'accélera pendant ce mouvement, & cette accéleration augmentant toujours, lorsque la planete sera parvenue au point P, où la force centripete est la plus grande qu'en tout autre point de la courbe, cette premiere force étant pour ainsi dire accumulée dans le mouvement de la planete, la projettera de nouveau comme auparavant au point A, c'est-à-dire, au point où l'action de la gravité aie diminué cette accéleration de la force centrifuge, pour lui faire parcourir la courbe P D A M. C'est ainsi que la planete décrira une courbe autre que le cercle.

Pour savoir maintenant si ces deux forces peuvent lui faire décrire une ellipse, il reste à démontrer que tout corps en proie en deux forces dont l'une, celle de la pésanteur, varie en raison inverse du quarré de la distance au centre de révolution doit parcourir une ellipse. C'est justement ce qui passe dans tout corps qu'on assujettit sous ses yeux à une pareille condition. On démontre, & cela de plusieurs manieres, qu'un corps projetté suivant une ligne perpendiculaire à un point fixe consideré comme centre ou comme foïer, & qui est animé en même-tems par une force qui diminue en raison inverse du quarré de la distance à ce centre, on démontre, dis je, que ce corps décrit une ellipse, dont le foïer est le centre de révolution. Cela se fait voir aux yeux. Les Physiciens ont inventé des machines, où faisant varier le mouvement selon la loi de la pésanteur, la courbe décrite par ce corps est une ellipse. (*V.* FORCES CENT.)

L'Auteur de ce *Systéme*, ou pour mieux dire de ces découvertes, car l'idée qu'on attache au mot de *Systéme* ne répond point à l'assemblage de cette théorie du monde ; l'Auteur, dis-je, le grand *Newton*, ne s'en est pas tenu aux planetes principales. Il a examiné si la loi de la gravitation avoit lieu dans les planetes subalternes. Les satellites ont été assujettis : il a calculé leur mouvement avec autant de justesse que M. *De Cassini*, après les observations les plus longues & les plus exactes, & la lune qui avoit été toujours rebelle en quelque sorte au calcul de tous les Astronomes, n'a point démenti, malgré toutes ses variations, la théorie de *Newton*.

Les cometes mêmes, ces astres si errans & dont on ne connoissoit point la marche, suivent ces loix. *Newton*, muni de la clef de l'Univers, a mis au jour ses plus cachés misteres. Son *Systéme* en main, cet Homme si digne de nos éloges & de notre gratitude, a prescrit la route que devoient tenir les cometes. Les Savans du monde ont vû les cometes passer exactement par les points qui leur avoient été assignés. Le flux & reflux a été un corollaire de la gravitation. (*Voïez* FLUX & REFLUX.) La figure de la terre a été aussi connue. (*Voïez* PENDULE & TERRE.) En un mot, & la précession des équinoxes & la nutation de l'axe de la terre, &c. ne sont que des effets des loix de la gravitation. (*Voïez* PRECESSION & NUTATION.) Il y auroit encore bien des choses à dire, bien des conséquences, bien des conformités à rapprocher. Il seroit aisé de faire voir l'observation des deux loix dans le mouvement des planetes, dont nous avons parlé, en analyfant le *Syftéme* de *Defcartes*. La premiere loi, fur-tout celle où il eft établi que l'aire du fecteur elliptique croît en même proportion que le tems qui s'écoule pendanr le mouvement de la planete, peut fe déduire aifément de ce que j'ai dit fur l'accélération & le retardement de la force centrifuge. On prouveroit auffi avec la même facilité, la feconde loi de la révolution des planetes; car c'eft de cette proportion connue entre les tems des révolutions, & les diftances des planetes que M. *Newton* a déduit la loi felon laquelle les forces centrales croiffent ou diminuent pour que les planetes obfervent dans leur mouvement cette proportion entre leurs diftances & leurs tems périodiques. Et il a trouvé que cette analogie fuppofe que la force centripete vers le foïer des ellipfes décrites par les planetes, eft proportionnelle au quarré de la diftance à ce foïer, c'eft-à-dire, qu'elle diminue en même proportion que le quarré de la diftance augmente. Ainfi ces deux loix du mouvement des planetes font deux faits qui démontrent l'un & l'autre la loi des forces centrales des planetes. Mais tout cela ne confifte plus que dans des propofitions de pure Géometrie qui font démontrées dans prefque tous les livres de Phyfique, & particulierement dans les *Principes Mathematiques de la Philofophie naturelle* de M. *Newton*, les *Elémens de Phyfique* de *s'Gravefande*, les *Elémens d'Aftronomie Phyfique* de *Gregori*, le *Cours de Phyfique expérimentale* de *Défaguliers*, les *Inftitutions Newtoniennes* de M. *Sigorgne*, &c. Auffi jufques à ce qu'on ait découvert que tous les aftres ne fuivent pas dans leur mouvement la raifon inverfe du quarré de leur diftance au centre de leur révolution, le *Syftéme* de *Newton* n'eft point un *Syftéme*: c'eft une théorie du mouvement des aftres auffi bien démontrée que celle de la balliftique ou de la chûte des corps. Comme jufqu'ici tous les phénomenes qu'on découvre fe déduifent de cette théorie & la confirment, il y a toute apparence qu'elle eft le nœud des véritables loix, felon lefquelles le Créateur a reglé la machine du monde.

2. Après un examen fuivi du *Syftéme* de *Newton*, on eft étonné de voir tant d'ouvrages où ce *Syftéme* y eft critiqué. Il eft vrai que dans prefque tous ces Ouvrages on ne s'eft pas donné la peine de l'analyfer; & il femble que leurs Auteurs fe plaignent fans avoir trop entendu la matiere dont il s'agir. On fe contente de crier que le *Syftéme* de *Newton* fuppofe une gravitation des aftres fur le foleil. Or la gravitation dont *Newton* attribue la caufe à l'attraction de cet aftre, eft, felon eux, une qualité occulte. Les Cartéfiens commencent à crier les premiers. Ils fe croïent à couvert de cette objection lorfqu'ils ont dit que les aftres font entraînés dans des tourbillons, & que tout s'opere dans la nature par impulfion. Mais on demande fur cela qu'eft-ce que l'impulfion? Comment un corps tranfmet-il fon mouvement à un autre? Pourquoi agit-il fur lui? Ce font des queftions aufquelles on n'a pû encore répondre. Ce n'eft pas tout. On fuppofe que les planetes font emportées par des tourbillons: fuppofition purement gratuite, & que les loix du mouvement démentent. Pour moi je ne vois pas des tourbillons, & je vois tout ce que *Newton* démontre. D'abord c'eft une péfanteur dont tous les corps font doués, & qui fuit les mêmes loix que celle qu'on fuppofe aux aftres: & voilà la force centripete. En fecond lieu, fi l'on imprime à ce corps un mouvement de projection autour du centre, ce corps quoiqu'élevé ne tombe plus; il eft emporté par fon mouvement & contrebalancé par cette force projectile: telle eft la force centrifuge. Ces deux forces variées felon la loi du mouvement des planetes font décrire à ce corps une fection conique femblable à celle qu'elles parcourent. Que faut-il davantage pour perfuader? Nous voïons que tous les corps font pouffés vers un centre; que tous les graves tendent au centre de la terre, comme un terme à leur mouvement. Par quelle raifon, les aftres, qui fe meuvent autour du foleil, ne tendront-ils pas à ce même centre? En un mot, fi des vérités auffi fenfibles ne perfuadent pas, je ne crois pas que les meilleures raifons puiffent convaincre. Je comparerois ces perfonnes, dont les oreilles font fermées à ces démonftrations à ce Métaphyficien, qui après avoir écouté un beau morceau des Tragédies de *Corneille* ou de *Racine* demanda: *Qu'eft-ce que cela prouve?* Quand les Mathématiciens trouvent de pareilles gens en fait de raifonnement, comme les Poetes peuvent rencontrer de Métaphyficiens en fait de fentiment, je crois que le plus court eft de les laiffer dans leurs erreurs, parce que les meilleurs argumens ne fauroient affecter une perfonne qui ne connoît point les regles du raifonnement, qui n'a point de logique. Ainfi il ne refte qu'à méprifer toutes ces chicannes, toutes ces puérilités contre la gravitation univerfelle des corps. Ceci ne roulant plus que fur un jeu de mot doit être abandonné aux Scholaftiques, dont

dont la méthode est depuis long-tems bannie de la saine Physique. Permettons-nous encore un mot sur l'utilité générale du *Systéme* du monde & finissons.

5. Parmi ceux qui se sont attachés à décrier les *Systémes*, on distingue particulierement un Auteur fort célebre, & très-ennemi de toute connoissance abstraite. Il a écrit contre les Mathématiciens, (*Voïez* MATHEMATIQUE) il a décrié la Physique; (*Voïez* PHYSIQUE.) & il se croit encore plus en droit de maltraiter l'idée d'un *Systéme du monde*, idée creuse qui ne peut qu'égarer. Toutes ces explications du mouvement des corps célestes sont futiles, vaines & propres à faire perdre & l'esprit & le tems. *Copernic*, *Galilée* & *Cassini* ont *épié*, dit-il, les mouvemens des phases des planetes; ils ont observé leurs révolutions, & par-là ils ont rendu l'Astronomie plus simple & plus conforme aux apparences, sans entreprendre pour cela de nous dire comment la masse de la terre ou le globe du soleil étoient mus ou construits. Aucun d'eux n'a pensé dans son travail à *Aristote*, ni à *Descartes*, ni à *Newton*. Assurément ni *Copernic*, ni *Galilée*, n'ont pensé ni à *Descartes* ni à *Newton*, parce que ceux-ci n'existoient pas encore. Voilà pourtant, selon l'Auteur, (M. *Pluche*, *Histoire du ciel*, Tom. II. pag. 447 & 448 seconde édition), la seule espece de Savans dignes de reconnoissance. *Descartes* & *Newton* font pitié (*Voïez* dans le même Ouvrage l'exposition des *Systémes* de ces Mathématiciens.) L'entreprise de ces deux grands Hommes est une entreprise folle. Cependant *Newton* en tirant des conséquences de son *Systéme* & par un travail de quelques heures, a déterminé le mouvement des planetes, celui des satellites, avec autant de justesse que les plus célebres Astronomes qui avoient suivi, *épié* ces mouvemens pendant des siécles. (*Voïez* FORCES CENTRALES & SATELLITES.) Il a connu les mouvemens de la lune (*Voïez* LUNE), la route des cometes (*Voïez* COMETE): ce qu'aucun Astronome malgré leurs observations n'avoient pû faire. Il a déterminé avec la même facilité, & toujours par son *Systéme*, la figure de la terre, détermination qui a occupé pendant plusieurs années les plus habiles Mathématiciens de l'Europe, qui a couté beaucoup d'argent & de peine, quand on a voulu recourir aux observations Astronomiques. Ainsi *Newton* seul a plus fait de découvertes dans l'Astronomie enfermé dans le fond de son cabinet, & n'aïant pour tout instrument qu'une plume, du papier & de l'encre, a fait, dis-je, plus de

Tome II.

découvertes que des centaines de Savans qui ont couru; suivi, *épié* les phénomenes de de la nature. M. *Pluche* peut juger maintenant si on a fait sonner trop haut le mérite de M. *Newton*. Il faut avouer qu'à la vûe de choses si admirables, les expressions manquent. Tel étoit sans doute l'embarras de M. *Halley*, lorsque dans l'épitaphe qu'il a composée de ce grand Homme il le compare aux Anges; & telle a été la cause de cette expression figurée d'un des plus célebres Poetes de nos jours, (M. *De Voltaire*) en faisant l'éloge de *Newton*.

Confidens du Très-Haut, substances éternelles
Qui brulez de ses feux, qui couvrez de vos aîles
Le Trône où votre Maître est assis parmi vous,
Parlez du grand Newton, n'étiez-vous point
    jaloux ?
La Mer entend sa voix. Je vois l'humide
    Empire
S'élever, s'avancer vers le bord qui l'attire;
Mais un pouvoir central arrête ses efforts.
La Mer tombe, s'afaisse & roule sur ses bords.
Cometes, que l'on craint à l'égal du tonnerre,
Cessez d'épouvanter les Peuples de la terre.
Dans une ellipse immense achevez votre cours
Remontez, descendez près de l'astre des jours,
Lancez vos feux, volez & revenant sans cesse
Des mondes épuisés ranimez la vieillesse;
Et toi, sœur du Soleil, Astre qui dans les
    cieux
Des Sages éblouis trompois les faibles yeux
Newton de ta carriere a marqué les limites:
Marche, éclaire les nuits, tes bornes sont
    prescrites.

(*Elémens de la Philosophie de Newton*, par M. *De Voltaire*.)

Ce n'est encore rien. On feroit un gros livre si l'on mettoit de suite toutes les connoissances que la théorie du *Systéme du monde* de *Newton* nous a procurées. Qu'on lise pour s'en convaincre les *Mémoires de l'Académie des Sciences de Paris*, ceux de Petersbourg, de Berlin; les *Transactions Philosophiques*, & nos meilleurs Livres modernes de Physique. Et comment cela ne seroit-il point si le *Systéme* de *Newton* est celui de la nature ? Un vrai *Systéme du monde* n'est que le principe de cette vaste machine, & quand on a le principe, la cause générale d'une machine, il est bien aisé d'en calculer les mouvemens. Lorsque j'entends dire après cela qu'il n'y a pas d'autre regle dans la connoissance de la nature que de suivre pas à pas les observations & les expériences, plutôt que de chercher le principe duquel ces expériences dépendent, (*Histoire du ciel*, *page 446.*) j'aime autant entendre soutenir que pour savoir le nombre de quarreaux que contient une salle, il faut les compter l'un après l'autre, au lieu de chercher à en trouver la somme par une regle génerale. Parmi ceux qui ont attaqué le *Systême de Newton*, j'ai toujours pris garde à une chose : c'est que la plupart destitués des secours nécessaires pour connoître ce *Systême*, se sont persuadés que la nature n'a rien de commun avec des idées si sublimes. La Physique véritable n'est point, dit-on, hors de la portée de l'esprit humain. Elle n'exige point des *airs savans*, des *spéculations oisives*, des *prétendues profondeurs*. Je n'opposerai à cette décision que ces sages paroles de *Seneque* : *Rerum natura sacra sua non simul tradit. Initiatos nos credimus, in vestibulo ejus hæremus. Illa arcana non prosmicuè nec omnibus patent : reducta & in interiore sacrario clausa sunt.* (*Natur. Quæst. Liv. VII. Ch. 31.*)

Les Auteurs principaux contre le *Systême de Newton*, sont M. *De Molieres*, (*Leçons de Physique;*) M. *De Gamaches*, (*Astronomie Physique ;*) Le P. *Castel*, (*Paralleles de la Philosophie de Newton avec celle de Descartes,*) &c. J'ajouterai à ces contradicteurs, le nom d'un homme distingué ; c'est M. l'Abbé *De Brancas*. Son zele pour les Sciences mérite bien cette attention. Il est si rare de voir des personnes d'une haute naissance n'estimer les hommes que par leur mérite personnel, que des exemples de cette espece, lorsqu'ils se presentent, ne sauroient être assez divulgués. M. l'Abbé *De Brancas*, tout décoré qu'il est par son nom, ne se croit recommandable que par le mérite. Il juge des hommes abstractivement. Aussi n'oublie-t-il rien pour se mettre au rang des Doctes. On voit sortir tous les jours de sa plume de nouveaux Ouvrages. Il combat *Newton*, & il a formé un *Systême* du monde fondé sur l'Electricité, dont l'idée est tout à fait neuve. Il faut le voir dans ses *Lettres Cosmographiques*, son *Explication du flux & reflux de la mer*, ses *Ephemerides, &c.*

SYSTILE. Terme d'Architecture civile. C'est l'espace qu'on donne aux colonnes. Il est de 2 diametres ou de 4 modules.

SYZ

SYZIGIE. Terme d'Astronomie. Rencontre de deux planetes dans la même ligne droite où se trouve la terre. Ainsi ce terme en comprend deux, les conjonctions & les oppositions des planetes. (*Voiez* CONJONCTION & OPPOSITION.)

T.

ABLEAU. C'eſt dans la Perſpective un plan élevé, entre l'œil & l'objet qu'on doit mettre en perſpective, perpendiculairement au plan géométral ſur lequel on veut faire la repréſentation.

TABLES ASTRONOMIQUES. On appelle ainſi en Aſtronomie des calculs du mouvement commun & particulier des aſtres. On diſtingue deux ſortes de *Tables*, celles du premier mobile qui donnent en général le mouvement commun, & des *Tables théoriques* où l'on trouve le mouvement propre des planetes. Les plus anciennes *Tables* que nous aïons ſont celles de *Ptolomée*, (*Voïez* ſon *Almageſte*) qui, fondées ſur de fauſſes idées que cet Aſtronome avoit du mouvement des planetes, (*Voïez* SYSTEME ASTRONOMIQUE), ne s'accordent pas avec les obſervations. Ce fut par les ſoins & les généroſités d'*Alphonſe X.* Roi de Caſtille, que les Juifs & particulierement *Iſ. Haʒan*, y firent les premieres corrections. En reconnoiſſance de cette attention & de ce ſervice, les Aſtronomes ont donné à ces nouvelles *Tables* le nom de *Tables Alphonſines*, (*Tabulæ Alphonſinæ.*) *Purbach* & *Regiomontan* reconnurent des erreurs dans ces *Tables* & voulurent les corriger. Ce dernier Aſtronome faiſoit à cette fin pluſieurs corrections lorſqu'il mourut. Laiſſant là & les *Tables de Ptolomée* & les *Tables Alphonſines*, *Copernic* aïant reconnu la vraïe théorie des planetes, en calcula de nouvelles, dont on ne s'eſt pourtant jamais ſervi. *Eraſme Reinolt*, Profeſſeur de Mathématiques à Wirtemberg, empruntant de *Copernic* ſon ſyſtème & ſa théorie des planetes, publia peu de tems après d'autres *Tables* qualifiées du nom de *Tables Pruteniques* ou *Pruniennes*, plus exactes que celles de ſon Prédeceſſeur en ce genre de travail. Malgré tous ces efforts & toutes ces corrections, les *Tables* étoient encore imparfaites. C'eſt la remarque que fit *Tycho*

Brahé, & à laquelle il voulut avoir égard : mais quoiqu'il ait commencé cette entrepriſe dans une grande jeuneſſe, & que d'ailleurs il eût un zele ardent pour la perfection de l'Aſtronomie, il ne put réduire en ordre que le mouvement du ſoleil & de la lune. (*Voïez* ſes *Progymnaſmata, Tom. I.*) Ces *Tables* ſont connues ſous le nom de *Tables Rudolphiennes*, en l'honneur de *Rudolphe II.* à qui *Tycho Brahé* en avoit fait hommage, de même que celles de *Kepler*. Car *Kepler* après avoir découvert le rapport du mouvement des planetes (*Voïez* ATTRACTION & SYSTEME,) trouva bien à redire aux *Tables* de *Tycho Brahé*. Il en calcula de nouvelles qu'il eut la modeſtie de mettre cependant ſur le compte de *Copernic*. Mais cette attention qui fait honneur à *Kepler* n'empêche pas qu'on ne lui attribue entierement le ſuccès de ces *Tables*, qui calculées ſelon la théorie elliptique & les mouvemens des corps céleſtes découverts par *Kepler*, ne peuvent être attribuées à *Tycho*. *Philippe Landsberg* aïant trouvé quelques fautes dans ces *Tables*, en publia de nouvelles ſous le titre de *Tables perpetuelles*. (*Tabulæ motuum cæleſtium perpetuæ.*) Une réponſe que fit là-deſſus *Horocce* dans ſon *Aſtronomia Kepleriana deffenſa* à *Philippo Landsberg*, juſtifia & la bonté des *Tables* de *Kepler*, & l'inutilité des *Tables perpétuelles*. Avec tout cela, les *Tables* de *Kepler* ne ſont pas parfaites : il en convient lui-même; & il ne paroît pas que cette perfection ſoit l'ouvrage d'un ſeul homme. L'ardeur des Aſtronomes ne s'eſt pas pour cela rallentie. Et d'abord *Baptiſte Morin*, *Maria Cunitia*, (*Voïez* l'*Urania Propertia*,) & *Nicolas Mercator* ont tâché de faciliter les calculs des *Tables*, & le premier ſur-tout les a réduits en abregé. Enſuite *Longomontan* publia ſes *Tables* qu'on appelle *Tables Danoiſes*, & il les ajouta à la théorie de chaque planete (à l'exemple de *Copernic*) dans ſon *Aſtronomia Danica*. Parurent enſuite les *Tables Philolaïques* de *Bouilleau*, (on les trouve dans ſon *Aſtronomia Philolaïca*;) celles de *Vincent Wing* (*Tables Britanniques*, calculées selon les hypotheses de *Bouilleau*, & publiées dans son *Astronomia Britannica*,) les *Tables Britanniques* de *Jean Newton*, (publiées en 1657 dans son *Astronomia Britannica* ;) les *Tables Almagestiques* de *Riccioli*, (*Geographia reformata* ;) les *Tables Caroliniennes* de *Thomas Street*, (*Astronomia Carolina.* Elles sont fort estimées par *Flamstéed.* Aussi *Wisthon* les a-t-il jointes à ses *Prælectiones Astronomicæ*, & *Doppelmeier* les a fait traduire de l'Anglois en Latin,) enfin les *Tables* de M. *De la Hire* publiées en 1701, & de M. *De Cassini* en 1738. Celles de M. *De la Hire* ont été calculées d'après ses propres observations, & par les liberalités de *Louis XIV*. C'est ce qui les a fait nommer *Tables Louisiennes.* Ces *Tables* ont cet avantage sur toutes les autres, qu'elles sont tirées immédiatement des observations mêmes, sans le secours d'aucune hypothese : ce qu'on croïoit impossible avant qu'on possedât les horloges à pendule & les micrometres.

TABLES DES LOGARITHMES, DES SINUS ET DES TANGENTES. Ce sont les *Tables* dans lesquelles on trouve les sinus & les tangentes pour tous les degrés du quart de cercle, & pour toutes les minutes d'un degré. Les premieres *Tables des Sinus* ont été calculées par *Regiomontan*. Le raïon ou le sinus total y est divisé en 60000 parties (*Voïez* ses *Tabulæ directionum prefectionumque* imprimées à Tubingue, l'an 1556.) A ces *Tables* sont jointes les tangentes calculées pour le raïon de 100000 par degrés entiers, & publiées sous le titre de *Tabulæ secundæ.* Outre l'utilité dont sont ces *Tables des tangentes* dans la Trigonometrie, elles sont encore en usage dans la Mécanique où il s'agit du mouvement des projectiles.

Après *Regiomontan*, *George-Joachim Rheticus* a calculé des *Tables des sinus* de dix en dix degrés pour le raïon de 1000, 000, 000, 000, 000.

Elles ont été publiées après sa mort par *Bartholome Pitiscus.* Ensuite ont paru les *Tables des sinus, tangentes, & des logarithmes* d'*Ulacq*, publiées à la Haïe en 1665, qui ont été corrigées par *Ozanam*. Il y a encore plusieurs autres *Tables des logarithmes, sinus, tangentes, &c.* très-estimables ; telles sont celles intitulées *A Triangular canon, logarithmical or a Table of artificial sines, tangents, and secants, the radius* 10.0000000 *and to ewery degrée and minute of the quadrant.* London 1699 ; celles de M. *Wolf* imprimées dans son Livre en allemand, in-8°, contenant toutes les *Tables* usitées dans les Mathématiques, excepté les *Tables*

d'Astronomie ; les *Tables* que M. *Deparcieux* a inserées dans son *Traité de Trigonometrie*, & les grandes *Tables* de *Gardiner.* Je renvoïe pour le calcul de ces *Tables des logarithmes, des sinus, tangentes & secantes* aux articles LOGARITHME & SINUS.

TABLES LOXODROMIQUES. Ce sont des *Tables* contenant les variations en longitude & en latitude pour tel chemin & tel rumb de vent qu'un vaisseau a suivi. De sorte qu'on trouve par les *Tables* la solution du problême du pilotage, qui consiste dans la résolution d'un triangle rectangle. (*Voïez* PILOTAGE.) Exemple. Connoissant le rumb de vent qu'on suit, & le chemin qu'on a fait sur ce rumb de vent, on cherche l'un & l'autre dans les *Tables loxodromiques*, & on trouve la longitude & la latitude rélatives à ce chemin & à ce rumb de vent, c'est-à-dire celle de l'endroit où l'on est. De même si l'on connoît la latitude & le rumb de vent, la *Table loxodromique* donne le chemin qu'on a fait & le changement en longitude : ainsi des autres cas du problême. On trouve ces *Tables* dans la *Géographia reformata* de *Riccioli*, dans le *Cours de Mathématique* d'*Herigone*, dans le *Mundus Mathematicus* de *Deschalles* ; mais particulierement dans deux Ouvrages qui ont été composés exprès. Le premier est intitulé : *Nouvelle Méthode abregée & facile pour réduire les routes de navigation par les Tables de Loxodromie, &c.* par le sieur *Le Mare.* Et le second, plus savant, a pour titre : *Nouvelles Tables loxodromiques, ou application de la théorie de la véritable figure de la terre à la construction des Cartes Marines réduites, &c.* par M. *Murdoch;* traduit de l'Anglois par M. *De Bremond.* Ce dernier Ouvrage ne contient pas des *Tables loxodromiques*, il comprend seulement la maniere de les calculer conformément à la figure de la terre, telle qu'on l'a déterminée par les Observations modernes. (*Voïez* CARTE MARINE.)

TABLES LUNI-SOLAIRES. *Tables* astronomiques dans lesquelles on trouve le calcul du mouvement du soleil & de la lune. On s'en sert dans le calcul des éclipses, & on les trouve dans les *Tables* ordinaires d'Astronomie. (*Voïez* TABLES ASTRONOMIQUES.

T A C

TACHES DU SOLEIL. Ce sont des parties noirâtres & opaques qu'on apperçoit dans le soleil avec des telescopes. On en doit la découverte à *Christophe Scheiner*, Jésuite, qui la fit par hazard en 1611 dans le mois de Mai, en voulant mesurer le diametre apparent de cet astre. Il la communiqua sur le champ au P. *Théodore Busée* son Provincial, qui ne le reçut pas comme il s'en étoit flatté. Celui-ci, prévenu que rien n'avoit échappé à la sagacité d'*Ariftote*, répondit que cela n'étoit pas possible, puisqu'*Ariftote* ne faisoit point mention des *Taches du soleil* dans aucun endroit de ses Ouvrages. Content de cette preuve, le P. *Busée* qualifia *Scheiner* de visionnaire, si cela ne provenoit pas de quelques soufflures ou raïes qui ternissant les verres de son telescope pouvoient produire cet effet. Enfin, il lui enjoignit de supprimer cette observation qui ne pouvoit être que fausse étant opposée à la doctrine d'*Ariftote*. Cependant ce Provincial se trouvant peu de tems après avec *Marc Welser*, Sénateur d'Ausbourg, lui parla de l'observation de *Scheiner*, mais avec beaucoup de dédain. Cela n'empêcha pas que *Welser* n'y fit attention, & qu'il ne trouvât la chose assez probable pour qu'elle méritât d'être publiée. Aussi ne tarda-t-il pas à en faire part aux Astronomes dans un Ouvrage intitulé : *Apelles post Tabulam*, sans faire connoître l'Auteur. Comme ce Sénateur passoit pour un Jurisconsulte & un critique habile, & nullement pour un Astronome & un Observateur, on fut fort étonné qu'il eût fait une découverte dans les cieux qui avoit échappée à tous les Astronomes. Mais on ne tarda pas à apprendre que *Welser* n'en étoit point l'Auteur. *Scheiner* se fit connoître; réclama sa découverte, & le Sénateur ne la lui contesta pas, Assez riche de ses propres Ouvrages, il badina de cette supercherie qu'il avoit faite au Jésuite en lui rendant toute la justice qui lui étoit due. Cela fit connoître au P. *Scheiner* que la découverte étoit réelle, & qu'il ne devoit pas tarder à s'en faire honneur. Dans cette vûe il composa un Ouvrage intitulé : *De Rosa Ursina*, où il rend compte de toutes ses observations. La précaution étoit sage. Elle ne prévint pas cependant toutes les contestations qu'il eut encore à essuïer. *Scheiner* étant allé en Italie, y trouva le fameux *Galilée* qui s'attribuoit sans façon sa découverte. Il se trouva donc là vivement contredit en ce point. Justement piqué de ce larcin, il en appella au jugement de tous les Savans. Mais *Galilée* ne s'en effraïa point. Dans ses Dialogues publiés en Italien, qu'il fit paroître alors, il traita le Jésuite avec le dernier mépris & le qualifia de visionnaire, qui supposoit des expériences & des observations pour les ajuster ensuite à ses idées. Cette injustice étoit poussée trop

loin, *Scheiner* voulut s'en venger & s'en vengea. Il eut recours pour cela à un moïen tout-à-fait indigne de lui : ce fut de dénoncer à l'Inquisition les Dialogues de *Galilée*, parce qu'il y soutenoit le mouvement de la terre autour du soleil. Et ce Tribunal fit connoître en cette occasion combien l'ignorance est dangereuse quand elle se couvre du voile de la Religion. M. *Deslandes* a détaillé cette controverse dans son *Traité sur les disgraces de Galilée*, imprimé à la fin du premier Tome de son *Recueil de differens Traités de Physique*. Je rapporte la suite de cette emprisonnement de *Galilée* à l'article *Systéme de Copernic*. Je fais connoître là les chagrins que des Fanatiques firent essuïer à ce grand Homme. Je dois dire avec la même vérité que s'il étoit vexé indignement, il contestoit aussi au P. *Scheiner* une découverte qui lui étoit due. *Galilée* étoit assez célebre, assez grand par ses découvertes, sans revendiquer celle des autres. D'ailleurs l'Ouvrage de ce Jesuite est très - savant & estimé par *Descartes*, (*Principes de la Philosophie, Part. III.*) *Riccioli*, (*Almagestum novum, Liv. III. Ch. 3.*) & *Hevelius* (dans son *Appendix ad Selenographiam*, & dans sa *Cometographie, Liv. III.*), ce qui prouve combien ce Jesuite étoit habile dans ces matieres. Voici le résultat de ses observations.

2. La figure des *Taches du soleil* est irréguliere & elle varie aussi bien que leur grandeur & leur durée. *Scheiner* égale à Venus la plus grande *Tache* qu'il avoit observée dans le mois de Janvier de l'année 1612. *Riccioli* en trouve une qui est égale à la dixiéme partie du diametre du soleil. Elles ont leur mouvement sur le corps du soleil. Aïant atteint la marge, elles disparoissent, & après 13 jours ½ elles reparoissent souvent du côté opposé. Leur plus grand mouvement est aux environs du diametre, & il se rallentit à mesure qu'elles s'en éloignent. Elles se retrécissent encore étant arrivées à la marge, de maniere que plusieurs d'entre elles ne paroissent en faire qu'une seule. De ces *Taches*, les unes tiennent au globe du soleil, les autres en sont trèsvoisines & paroissent enveloppées d'une legere atmosphere, d'une espece de brouillard qu'*Hevelius*, dans sa *Cométographie*, appelle le *Noïau*. Il remarque (Liv. VII. pag. 409.) que ce noïau augmente & diminue, qu'il occupe toujours le milieu de la *Tache*, & que quand la *Tache* est prête à disparoître, il se dissout par éclats comme dans d'autres *Taches*, on remarque plusieurs noïaux qui se concentrent souvent. Aïant consideré que

ces *Taches* changent de figure & de grandeur ; qu'elles fe condenfent tantôt, & tantôt fe rarefient ; qu'il s'en engendre & qu'il en difparoît au milieu du foleil ; que leur nombre n'eſt pas fixe, y en aïant fouvent 50, quelquefois 38 ; que ce nombre eſt toujours plus grand dans les plus grands froids, & enfin qu'il n'y en a prefque point dans les grandes chaleurs, on a voulu conclure de-là que ces *Taches* naiſſent des exhalaifons du foleil & que ce font des nuées folaires. Quoiqu'il en foit on connoît par ces *Taches* que le foleil tourne autour de fon axe. *Voïez* SOLEIL.

TACHES DE JUPITER. Parties invariables & obfcures qu'on obferve quelquefois dans Jupiter. Elles font formées par les fatellites, qui font des corps opaques & qui n'ont de lumiere que celle qu'ils reçoivent du foleil. Ces fatellites fe trouvant entre le foleil & Jupiter, jettent leur ombre à l'oppofite du foleil fur le corps de Jupiter. Ce font fouvent eux - mêmes qui fe reprefentent fur Jupiter comme des *Taches* obfcures quoiqu'ils foient éclairés du foleil. C'eſt une remarque qu'a faite M. *Maraldi* en 1707, le 26 Mars, fur le quatriéme fatellite, & le 4 Avril fur le troifiéme. Il réitera fon obfervation le 17 Avril lorſque le troifiéme fatellite paroiſſoit encore devant Jupiter ; mais il ne put découvrir aucune *Tache* dans cette planete. (*Voïez* les *Mémoires de l'Académie Roïale des Sciences* de l'année 1707.) Il femble qu'on ne fauroit attribuer ces phénomenes qu'à un changement qui doit indubitablement arriver en ce tems dans l'atmofphere de ces fatellites, & empêcher que la lumiere du foleil ne puiſſe être reflechie d'une maniere égale. Cette raifon peut encore faire paroître l'ombre des fatellites fur le corps de Jupiter plus grande que ne font les fatellites mêmes. C'eſt par ces *Taches* qu'on a connu que Jupiter tourne autour de fon axe, & qu'on a conclu qu'il a autour de lui une atmofphere dans laquelle fe forment fouvent de gros nuages. M. *De Caſſini* a obfervé plufieurs fois ces *Taches*. (*J. B. Du Hamel, Philof. Vet. & nova, Tom. V. Phyf. Part. II. Traĉt. I. Diſſert. III. Ch. 18.*)

TACHES DE LA LUNE. Certaines parties de la lune qui ne reflechiſſent pas, comme les autres, fur notre terre, la lumiere qu'elles reçoivent du foleil. Quelques-unes de ces *Taches* font invariables & on les voit fans l'aide d'aucune lunette. Les Anciens par conféquent les connoiſſoient ; c'eſt ce qui fait qu'on les appelle les *Vieilles Taches lunaires. Cléarque*, (Voïez *Plutarque, De facie in orbe lunæ*) eſt le premier qui a con-

jeĉturé que c'étoient des mers. *Galilée, Kepler* & plufieurs autres Aſtronomes le croïent auſſi. Les autres *Taches de la lune* qu'on appelle les *nouvelles*, font des parties obfcures variables dans la lune, qui changent felon la fituation de cette planete vers le foleil, tantôt en croiſſant, tantôt en décroiſſant, & qu'on ne voit qu'avec des telefcopes. On prend ces dernieres pour des ombres de montagnes & de rochers qui font fur la lune. (*Voïez* LUNE.) On reconnoît par ces *Taches* l'immerfion & l'émerfion du corps de la lune dans les éclipfes. C'eſt pourquoi les Aſtronomes ont donné des noms à ces *Taches* qu'on lit tous les jours dans le détail de leurs obfervations d'éclipfes. En faveur de cette utilité, & afin que ces noms n'arrêtent pas ceux qui lifent ces obfervations, aufquelles on eſt bien aife de prendre part, je vais donner ici le nom de ces *Taches* & la figure à laquelle elles fe rapportent. Ainfi la figure 305. (Planche XX.) reprefente la lune en fon plein avec les *Taches* qu'on y découvre, cotées fuivant la Table fuivante. Les grandes *Taches* font marquées par de grandes lettres.

NOMS DES TACHES DE LA LUNE, SELON LA SELENOGRAPHIE DU P. RICCIOLI,

1 *Grimaldus,*
2 *Galileus.*
3 *Ariſtarchus,*
4 *Keplerus.*
5 *Gaſſendus.*
6 *Schikardus,*
7 *Harpalus.*
8 *Heraclides.*
9 *Lansbergius,*
10 *Reinoldus.*
11 *Copernicus,*
12 *Helicon.*
13 *Capuanus,*
14 *Bullialdus.*
15 *Eraſtothenes,*
16 *Timocharis,*
17 *Plato.*
18 *Archimedes.*
19 *Infula finus medii,*
20 *Pitatus.*
21 *Tycho.*
22 *Eudoxus.*
23 *Ariſtoteles,*
24 *Manilius.*
25 *Menelaus,*
26 *Hermes.*
27 *Poſſidonius,*
28 *Dionyfius,*
29 *Plinius.*

30 *Catharina, Cyrillus, Théophilus.*
31 *Fracastorius.*
32 *Promontorium acutum.*
33 *Messahala.*
34 *Promontorium somni.*
35 *Proclus.*
36 *Cleomedes.*
37 *Snellius & Fernellius.*
38 *Petavius.*
39 *Langrenus.*
40 *Tarentius.*
41 *Ptolomeus.*
A *Mare Humorum.*
B *Mare Nubium.*
C *Mare Imbrium.*
D *Mare Nectaris.*
E *Mare Tranquillitatis.*
F *Mare Serenitatis.*
G *Mare Fecunditatis.*
H *Mare Crisium.*

TACHES DES SATELLITES DE JUPITER.
Ce sont des *Taches* qui obscurcissent les
satellites de Jupiter du côté où il est éclairé
des raïons du soleil. Je m'explique. Il arrive souvent que les satellites passant devant
Jupiter, se presentent sur lui en forme de
Taches obscures quoiqu'ils soient entierement éclairés du soleil. En d'autres tems ces
taches ne paroissent point du tout, parce
que les satellites réflechissent autant de lumiere que Jupiter lui-même, comme l'a
observé M. *Maraldi* dans les *Mémoires
de l'Académie des Sciences*, an. 1707. Il rapporte là que M. *Cassini* avoit fait souvent
la même observation sans l'avoir publié.
Outre cela les *Taches* peuvent être causées
par la differente grandeur apparente des
satellites mêmes, dont d'ailleurs on n'auroit
pû rendre raison ni par l'éloignement du
soleil & de Jupiter ni par celui de la terre,
suivant les observations de MM. *Maraldi*
& *Cassini*, (*ubi suprà.*) Ajoutons à cela,
que l'ombre d'un satellite est vûe sur Jupiter, en l'éclipsant, plus grande que le satellite lui-même, au lieu qu'elle devroit
naturellement paroître plus petite.

TACTIQUE. C'est l'art de diriger un ordre
de bataille, de former & de dresser le plan
d'un camp. *Enée, Elien, Jules Frontin,
Ammien, Vegece, du Choul, &c.* ont laissé
plusieurs écrits sur cet art. *Simon Stevin,*
Mathématicien, en a composé un Traité
intitulé, *La Castrametation.* Et *Herigone* en
a aussi écrit dans son *Cours de Mathématique*
sous le titre *De la Milice.* (*Voïez* encore là-
dessus CASTRAMETATION.)

T A I

TAILLOIR. Les Architectes nomment ainsi

l'abaque. (*Voïez* ABAQUE.)

T A L

TALON. Terme d'Architecture civile. C'est
un petit membre composé d'un filet quarré
& d'une cymaise droite. Il se réduit à deux
parties de cercle.

TALUD. C'est le penchant qu'on donne aux
ouvrages de Fortification en dehors. Ce
penchant doit être plus ou moins incliné à
l'horison selon que ces ouvrages sont construits. Les ouvrages de terre en doivent
avoir plus ou moins suivant qu'ils ont beaucoup ou peu à souffrir, ou même suivant
que le terrein est plus ou moins ferme,
pour empêcher qu'ils ne s'écroulent aisément. Le *Talud* est le plus long côté F G
(Planche XLIX. Figure 238.) d'un triangle rectangle, dont la longueur est égale
à la hauteur de l'ouvrage, & dont la base
F f est appellée la *base du Talud.* On la
divise en *intérieure* T f G & en *extérieure*
E L i, & on donne à la derniere $\frac{2}{3}$ & même
souvent la moitié de la hauteur L i, selon
que le terrein est bon. On entend par *bon
terrein* celui qui tient bien étant battu. En
cas qu'on se serve de revêtement, on compte
pour la base du *Talud* dans un bon terrein
1 pied pour 6, dans un médiocre 1 pour 5,
& dans un mauvais 1 pour 4.

Le *Talud* extérieur du rempart fait en
même-tems l'intérieur du fossé, qu'on appelle l'*Escarpe.* On donne le nom de *Contrescarpe* à l'autre *Talud* du fossé au chemin
couvert. (*Voïez* ESCARPE & CONTRES-
CARPE.)

T A M

TAMAZ. Terme de Chronologie. C'est chez
les Juifs & les Syriens le dixiéme mois de
l'année. Ces derniers lui donnent 31 jours.

T A N

TANGENTE. Terme de Géometrie. C'est une
ligne droite qui est perpendiculaire au raïon
d'un cercle & qui se continue jusques à l'extrêmité du raïon prolongé à travers de l'arc.
Exemple. Soit A C le raïon du cercle.
(Planche V. Figure 283.) & que B A soit
perpendiculaire sur A C : alors B A est la
Tangente de l'arc A E. Aïant calculé les
sinus, on trouve aisément les *Tangentes.*
(*Voïez* SINUS.) M. *Leibnitz* a donné une
suite infinie pour trouver la *Tangente* de
chaque arc. (*Voïez* les *Elementa Analys.
infinit.* de M. *Wolf,* Tom. 1. de ses *Elementa Matheseos.*) M. *Wolf* dans ses *Ele-*

menta analyſis finitorum, (*El.Math. Tom.I.*) enſeigne une regle générale pour trouver par la *Tangente* donnée de l'arc ſimple celle de l'arc multiple. On appelle encore cette ligne *Tangente naturelle*, pour la diſtinguer de ſon *Logarithme* qui eſt connu ſous le nom de *Tangente artificielle*.

TANGENTE DE COMPLEMENT. *Tangente* d'un arc ou d'un angle qui fait avec un autre arc ou avec un autre angle, 90 degrés. Exemple. Soit A B la *Tangente* de l'angle A C B; alors la *Tangente* G F de l'angle B C F, qui fait avec l'angle A C B un quart de cercle, eſt la *Tangente du complement* de l'angle A C B. On l'appelle encore co-*Tangente*.

TANGENTE D'UNE COURBE. C'eſt la ligne droite qui touche une courbe dans un point donné. Exemple. Soit A O P une ligne courbe (Planche V. Figure 306.) T C une ligne droite, qui la touche dans le point O; alors T C eſt la *Tangente de la courbe*. Deſcartes eſt le premier qui a donné la méthode de tirer les *Tangentes des lignes courbes*. Et cette méthode a été fort étendue par *Sluſius* (Voïez *Methodus Tangentium* dans les *Tranſactions Philoſophiques*, N° 90.) Cependant on a préferé celle d'*Iſaac Barrow*, imprimée dans ſes *Sectiones geometricæ*, *Lect. X.* §. 14. pag. 81. Elle a cela de particulier, qu'elle convient avec la méthode de MM. *Leibnitz* & *Newton* quoique celle-ci ſoit fondée ſur le nouveau calcul des infiniment petits, que ne connoiſſoit pas *Barrow*. C'eſt ce qui la rend auſſi beaucoup plus aiſée & plus parfaite.

TANTALE. Siphon repréſenté par une petite figure qui ne commence à boire que lorſque l'eau eſt à la hauteur de ſes lévres, & qui aïant une fois commencé vuide tout le verre d'un même trait. C'eſt une eſpece de diabete fondée par conſéquent ſur le même principe. A B C D (Planche XLVI, Figure 639.) eſt un vaſe diviſé par une cloiſon E F. Au milieu de cette cloiſon eſt un trou par lequel paſſe un tuïau S M. Sur ce tuïau on met un autre tuïau H G K qui porte une figure courbée à la hauteur G de l'ouverture du tuïau S M. Cette figure eſt creuſe, courbée & a la bouche ouverte, Ainſi quand on verſe de l'eau dans le vaſe, elle ne peut ſe répandre tant qu'elle n'eſt pas parvenue à la hauteur de la bouche de la petite figure. Mais à peine y eſt-elle qu'elle s'échappe par le tuïau S M, & coule ſans interruption dans la partie inférieure du vaſe, juſques à ce qu'elle ſoit entierement épuiſée, & cela conformément à la théorie des diabetes. (*Voïez* DIABETES.)

TAU

TAUREAU. Deuxiéme conſtellation du zodiaque. On y compte 53 étoiles (*Voïez* CONSTELLATION) dont *Hevelius* a déterminé la longitude & la latitude dans ſon *Prodromus Aſtronomiæ*, pag. 303 & 304. On trouve la figure de toute la conſtellation dans ſon *Firmamentum Sobieſcianum*, fig. C c c, & dans l'*Uranometrie* de *Bayer* Planche Y. Suivant quelques Poetes, cette conſtellation eſt le *Taureau* dont Jupiter a pris la forme pour enlever *Europe*. Si l'on en croit d'autres, c'eſt la vache dans laquelle *Junon* a chaſſé *Iris* par jalouſie. *Schiller* fait de cette conſtellation *St André* l'Apôtre, & *Hartsdoffer* la prend pour le bœuf du ſacrifice de Lev. 1. 3. On l'appelle encore *Altor*, *Aratus*, *Ataur*, *Bubulum caput*, *Io*, *Iſis*, *Meſoris*, *Oſiris*, *Portitor Europæ*.

TAUIN. Nom que quelques Aſtronomes donnent à la conſtellation qu'on nomme autrement Dragon. (*Voïez* DRAGON.)

TEB

TEBETH. Terme de Chronologie, Nom du quatriéme mois de l'année des Juifs.

TEK

TEKUPHE. C'eſt dans le Calendrier Judaïque le tems qui s'écoule pendant que le ſoleil avance d'un point cardinal à l'autre, par exemple, du commencement du Bélier juſques au commencement de l'Ecreviſſe, &c. Les *Tekuphes* s'accordent par conſéquent avec les quartiers dans leſquels nous diviſons communément l'année.

On appelle encore *Tekuphe* le moment auquel le ſoleil entre dans le point cardinal, ſelon le calcul des Juifs. Ces peuples n'ont par conſéquent que quatre *Tekuphes*, ſavoir le *Tekuphe de Thirſi* au commencement de l'automne; le *Tekuphe de Tebeth* au commencement de l'hyver; le *Tekuphe de Niſan* au commencement du printems, & le *Tekuphe Tancerez* au commencement de l'eſté.

TEL

TELESCOPE. Lunette particuliere compoſée d'un verre objectif convexe, & d'un oculaire encore plus convexe, dont on ſe ſert principalement dans l'Aſtronomie pour l'obſervation des aſtres. Quoique j'aïe donné quelques

ques regles à l'article de LUNETTE, qui tiennent à la théorie du *Telescope*; je réprendrai les choses en peu de mots pour développer plus à fond cette théorie que j'ai renvoïée ici. Ainsi il s'agira d'abord des lunettes & ensuite des *Telescopes* : mais l'une & l'autre seront énoncés sous le même nom, qui fait le sujet de cet article.

1°. Un *Telescope* fait d'une lentille convexe & concave represente fort distinctement & dans une situation droite des objets fort éloignés, & il les grossit selon la raison de la distance focale de la lentille convexe à la distance focale de la lentille concave.

2°. Un *Telescope* composé de deux lentilles convexes, represente d'une maniere distincte des objets fort éloignés; & il les grossit dans la raison de la distance focale de la lentille objective à la distance focale de la lentille oculaire. Un pareil *Telescope* est fort utilement emploïé dans l'observation des astres; parce qu'on ne s'apperçoit pas du renversement des objets. On les redresse en emploïant 3, 4, 5, ou un plus grand nombre de lentilles qu'il ne faut pas cependant multiplier sans nécessité; parce que la matiere de chaque lentille & la reflexion de leurs differentes surfaces renvoïent ou font perdre à l'œil une grande partie des raions. Cependant il n'est pas possible de produire l'effet dont je parle, celui de redresser les objets, à moins de quatre lentilles. Car quoiqu'en supposant une même longueur de *Telescope* on puisse avec trois aussi bien qu'avec quatre lentilles voir les objets dans une situation droite, & en embrasser une égale portion d'une seule vûe, qui soit grossie au même degré, la construction d'un *Telescope* à trois lentilles est sujette à un plus grand nombre d'inconvéniens que celle d'un *Telescope* à quatre lentilles. La raison de cela est telle. Dans le *Telescope* à trois lentilles les deux oculaires, ou du moins celle qui est la plus proche de l'œil, doit être faite d'un plus grand segment de sphere par rapport à son diametre ou à la distance focale, si l'on demande la même grandeur de l'angle visuel : d'où il arrive que les objets paroissent colorés, & que les lignes droites paroissent courbes vers les bords de l'ouverture. Il est donc à propos de composer le *Telescope* de quatre lentilles. En voici la construction.

Soit la lentille objective A (Plan. XXIII. Figure 307.) dont la distance focale est A B. Soient aussi placées dans le même axe les trois lentilles oculaires C, D, E, toutes égales l'une à l'autre. Que la lentille C soit

placée au-delà du foïer B à une distance égale à sa distance focale B C. La lentille suivante D est mise au-delà de C à une distance double de la distance B C. Et la derniere E est autant éloignée de D que la lentille D est éloignée de C. Enfin l'œil est placé au-delà de cette derniere à une distance égale à la distance B C.

Pour faire sentir la raison de cet arrangement, j'offre ici deux Figures (Plan. XXIII. Figures 307 & 308.) Dans la premiere, les raions sont representés comme partant d'un seul point d'un objet très-éloigné, lesquels tombent pour ainsi dire parallelement à la lentille A, qui les réunit à son foïer S. Après cela, les raions divergent & vont tomber sur la lentille C qui les rétablit dans leur parallelisme, & les renvoïe dans cet état sur la lentille D, au foïer de laquelle ils sont réunis en un point H, (fig. 308) qui est le milieu de la distance D E. De là allant tomber sur la lentille E, ils redeviennent une troisiéme fois paralleles & sont enfin reçus par l'œil F, où ils produisent une vision distincte après avoir été réunis à son foïer qui est au fond de l'œil.

La figure 308 (Planche XXIII.) fait voir dans quel rapport l'objet est grossi. Ce rapport est le même que celui de la distance focale A B de la lentille objective à la distance focale B C de l'une des lentilles oculaires. On voit aussi par cette figure l'amplitude de l'angle visuel. En effet, les ouvertures des trois lentilles oculaires étant supposées égales, & ne devant pas exceder l'ouverture de la lentille objective A, il n'y a qu'à tirer les lignes M N, N R, parallelement à l'axe commun, qui comprennent les diametres des ouvertures des lentilles E, D, & tirer encore les lignes K O, L P parallelement au même axe renfermant l'ouverture K L de la lentille C. Prenant ensuite A G égal à A B, il faut tirer les lignes O G V, P G T qui s'entrecoupent. Cela fait, il est évident que la largeur de l'objet vû par un œil nud, du point G, & par conséquent aussi du point F (la distance de l'objet étant pour ainsi dire infinie) il est évident, dis-je, que cette largeur paroîtroit comprise dans l'angle M F N. Par conséquent la raison de la grandeur apparente à la vraïe, est égale à celle de l'angle M F N à l'angle T G V ou P G O. C'est-à-dire, que P O & M N étant des grandeurs égales, la grandeur apparente est à la grandeur vraie comme la distance focale A G ou A B de l'une des lentilles oculaires est à la distance F E ou A G.

De plus, il paroît que l'angle visuel M F N renferme la même largeur de l'objet avec un *Telescope* composé uniquement de deux lentilles A , C. Car la portion de l'objet , qui est comprise dans l'angle T G V , seroit vûe par le moïen de ce *Telescope* sous l'angle K S L égal à l'angle M F N.

Cette belle composition de lentilles fut découverte à Rome par je ne sais quel personnage , quoique je connoisse l'origine des lunettes. (*Voïez* LUNETTE.) On la rend plus parfaite en plaçant un anneau au foïer commun H des lentilles D , E , ou au foïer commun B des lentilles A , C, dont l'usage est de supprimer les raïons irréguliers, qui ne sont pas réunis assez proche du point B ou H , comme j'en ai averti dans l'article que je viens de citer.

Quoique dans la construction que je viens d'enseigner du *Telescope* , j'ai tâché de réduire sa théorie en pratique , il s'en faut bien qu'elle y soit soumise. Si cela étoit possible on ne laisseroit pas, suivant *Newton*, que de se trouver renfermé dans certaines limites , qui empêcheroient de donner aux *Telescopes* la perfection dont on les croiroit susceptibles. Car l'air à travers lequel nous regardons les étoiles est dans un mouvement perpétuel, ainsi qu'on peut l'observer par le mouvement d'ondulation des ombres que jettent les tours fort élevées & par la scintillation des étoiles fixes. Mais ces étoiles n'étincelent pas quand on les regarde avec des *Telescopes* qui ont de grandes ouvertures. La raison de cela est que les raïons de lumiere qui passent par les differentes parties de l'ouverture , ont chacun un tremblement particulier : ainsi par le moïen de leurs tremblemens divers & quelquefois contraires, ils tombent dans un seul & même tems sur differens points du fond de l'œil , ce qui cause des mouvemens trop prompts & trop confus pour qu'on puisse les appercevoir séparément , & tous ces points illuminés constituent un large point lumineux composé d'un grand nombre de ces points tremblotans , mêlés confusément, & insensiblement l'un dans l'autre au moïen des tremblemens fort courts & fort prestes. De-là il arrive que l'étoile paroît plus large qu'elle ne devroit paroître & privée de toute scintillation. Si les *Telescopes* d'une grande longueur peuvent faire que les objets paroissent plus brillans & plus grands qu'on ne les verroit avec de petits *Telescopes* , ils ne peuvent cependant empêcher cette confusion de raïons qui naît des tremblemens de l'atmosphere. Le seul remede qu'il y ait c'est de n'en faire usage que dans un air très-serein & fort tranquille , tel qu'on le trouveroit peut-être sur le sommet des plus hautes montagnes qui

s'élevent au dessus des nuages grossiers.

Depuis la découverte des *Telescopes* on a inventé deux sortes de *Telescopes*, l'un *aërien*, & l'autre à *reflexion*. Mais avant que de les faire connoître , je dois donner l'histoire de cette découverte. C'est une suite de celle des lunettes. (*Voïez* LUNETTE.)

2. *Kepler* a démontré le premier (*Voïez* sa *Dioptrique*,) que deux verres convexes combinés dans les regles augmentent les objets : ainsi *Kepler* est l'inventeur des *Telescopes*. Le célebre Capucin P. *Antoine - Marie Schirlacus de Rheita* , reduisit ces regles en pratique & construisit un *Telescope* (*Voïez* son Ouvrage intitulé : *Oculus Enochi atque Eliæ*.) M. *Hughens* perfectionna cette sorte d'invention , & il donna son coup d'essai en découvrant par le moïen de cet instrument ainsi perfectionné , la véritable figure de Saturne que les autres Astronomes avoient ignorée avant lui. Bientôt après *Campani* fit de très-bons *Telescopes* & d'une grandeur extraordinaire, dont M. *Cassini* s'est servi avec beaucoup d'avantage. J'oubliois de dire que *François Fontana* prétend dans ses *Observationes cœlestium terrestriumque rerum*, publiées en 1646 ; prétend , dis je, qu'il avoit inventé le *Telescope* en 1608 avant qu'on eût connu ceux de Hollande. Mais cet Auteur s'y est pris un peu trop tard pour pouvoir lui attribuer cette invention sur sa parole.

TELESCOPE AERIEN. C'est un *Telescope* inventé par M. *Hughens* , qui n'a point de tube formé & qui est destiné pour servir pendant la nuit. Il n'a rien de plus particulier. On en trouve la description dans les *Transactions Philosophiques* , pag. 161.

TELESCOPE à REFLEXION. Sorte de *Telescope* avec lequel on voit les objets par le moïen d'un microscope. Il est composé de deux tuïaux longs chacun d'environ 8 ou 10 pouces , & dont l'un entre dans l'autre comme les tuïaux des lunettes ordinaires. Celui de devant est arrêté par un cercle de cuivre qui l'empêche d'avancer ou de reculer, à discrétion. Au fond du dernier tuïau il y a un miroir concave de métal, & à l'embouchure du premier il y a un autre miroir plat de figure ovale & qui est aussi de métal. Le miroir concave, placé au fond du tuïau, reçoit immédiatement l'espece de l'objet & la reflechit sur le miroir ovale qui est soutenu par un fil de fer à l'embouchure du tuïau de devant. Ce second miroir est tellement incliné , qu'après avoir reçu l'espece d'objet qui lui a été envoïée par le premier , il la reflechit justement dans le foïer d'une lentille de microscope qui est enchassée dans la partie superieure de ce tuïau de devant ;

de forte qu'en mettant l'œil au petit trou qui correfpond à ce microfcope, on voit l'objet auffi diftinctement qu'on le pourroit faire avec un grand *Telefcope.* Ajoutons à cette defcription mentale une autre figurée.

J'offre en la figure 309 le *Telefcope à reflexion* tout monté. (Planche XXIII) GGGG, eft le tuïau de devant attaché fi ferme fur une piece de fer par le moïen d'un cercle de cuivre H I, qu'il ne peut ni avancer ni reculer. P Q K L eft le tuïau de derriere qui entre dans celui de devant, & qui eft enchaffé dans un cercle de cuivre à l'endroit P Q. Un crochet de fer O embraffe ce cercle de cuivre. Il a un écrou dans lequel entre la vis marquée N, afin qu'en la tournant d'un côté ou d'autre on puiffe faire avancer ou reculer les tuïaux de derriere & mettre les miroirs dans la diftance néceffaire. Ce tuïau eft foutenu par une piece de fer courbée M R I. Au moïen d'un genou R cette piece porte tellement fur un pied ou fur une boule de bois marquée S, qu'on peut aifément hauffer ou baiffer le *Telefcope* & le tourner de tous côtés. Tel eft l'affemblage de l'inftrument.

Maintenant A B eft le miroir concave de métal attaché au fond du tuïau de derriere, dont le raïon eft d'environ 1 pied ; C D le miroir plat ovale qui eft auffi de métal, & qui s'attache dans l'entrée du tuïau de devant par un fil de fer qui le tient incliné, comme on le voit dans la figure. La Lettre F indique une lentille de microfcope, dont le raïon eft environ d'une ligne , & la lettre E le centre ou foïer du microfcope dans lequel le miroir ovale C D reflechit l'efpece de l'objet. Ce foïer eft éloigné du microfcope de deux lignes feulement, & du miroir ovale de 6 pouces 4 lignes ou environ.

Pour fe fervir de cet inftrument, il faut difpofer de telle forte le miroir ovale C D dans le milieu de l'embouchure du tuïau de devant, qu'en laiffant tomber une ligne perpendiculaire du centre de la loupe au centre du miroir ovale, elle faffe un angle droit avec l'axe T V de ce *Telefcope.* Voiez le *Recueil des Mémoires & Conferences qui ont été prefentées à Monfeigneur le Dauphin pendant l'année* 1672. *page* 39. les *Tranfactions Philofophiques* N°. 81. *pag.* 40 , l'*Optique* de *Newton , Liv. I. Part. I. Prop.* 7 & 8, & les *Tranf. Phil.* N° 376, où l'on trouve la defcription d'un inftrument de cette efpece par M. *Hadley ,* qui groffit les objets environ 220 fois pendant le jour & 125 fois pendant la nuit.

La premiere épreuve que fit M. *Newton* avec ce *Telefcope* fut à la Société Roïale de Londres. Il étoit d'un pied ou environ , & on reconnut alors qu'il faifoit le même effet qu'un *Telefcope* de 16 pieds. Un autre qu'on conftruifit enfuite de 4 pieds porta plus loin qu'un *Telefcope* ordinaire de 50. Il n'en fallut pas davantage pour faire juger de l'excellence d'une invention qui tenoit lieu de grands *Telefcopes,* dont l'ufage eft très embarraffant. Car il faut 1° qu'un pied les foutienne tellement dans le centre , qu'on puiffe les tourner facilement à l'horifon & les élever jufques au zenith ; 2° que tous ces mouvemens fe faffent promptement & avec facilité ; 3° que l'obfervateur les conduife à fa volonté, & qu'il ne foit point interrompu par d'autres caufes qui puiffent les ébranler. Pour avoir en main tous ces mouvemens on fe fert de mâts , de cordes, de poulies & d'autres chofes femblables. (*Voïez* la *Machina cœleftis* d'*Hevelius ,* *Tom. I. Ch.* 19, la *Dioptrique oculaire* du *P. Cherubin , Part. III. Sect. VI. Ch.* 3, & *Sect. IX. Ch.* 1 & 2, l'*Aftrocopia compendiaria à Tubi optici Molimine liberata* de M. *Hughens*) Mais toutes ces machines , outre qu'elles font bien embarraffantes, c'eft qu'elles ne peuvent réfifter à la violence des vents, ni lever toutes les difficultés qui fe rencontrent lorfqu'on en vient à la pratique & à des obfervations qui puiffent être exactes. Cela doit rendre bien précieux le *Telefcope à reflexion.* Auffi n'a-t-on rien oublié pour le perfectionner , & on y eft parvenu. Tels font les nouveaux *Telefcopes.*

La Fig. 620 (Pl. XXIV.) reprefente l'inftrument ouvert comme coupé verticalement par la moitié, & la figure 621 eft l'inftrument tout monté. L'un & l'autre font compofés de deux tuïaux qui s'emboîtent, mais qu'on ne diftingue que dans la premiere figure, le tout étant enfermé dans un tuïau commun dans la feconde. C'eft donc celle-ci que je vais expliquer d'abord, n'aïant pour l'autre à détailler que la monture.

A B C D eft un tuïau au fond duquel eft placé un miroir concave percé en E de même que le tuïau. Les objets , tels que le bufte S, viennent fe peindre fur ce miroir, & ils font reflechis fur un petit miroir concave N N, élevé fur une broche de fer T A au milieu du tuïau. Ces raïons font refléchis en E. Là eft adapté un tuïau qui contient deux verres ; premierement, une loupe F G convexe d'un côté & plane de l'autre , & enfuite un ménifque V V. Ces deux verres font au foïer l'un de l'autre. L'objet eft peint ici en I H où eft un diaphragme, pour empêcher qu'on ne reçoive des raïons colorés après la premiere réfraction , & il eſt pour ainſi dire repris en cet endroit & reporté à l'œil O, ſitué à un petit trou pour interrompre encore les raïons colorés.

On voit donc avec ce *Teleſcope* l'objet droit, diſtinct & rapproché comme avec le *Teleſcope de Newton*. Les objets n'y ſont pas vus pourtant ſi diſtinctement, parce qu'il ne ſe forme dans celui de *Newton* qu'une ſeule image que l'on voit à travers la loupe , de ſorte que tout paroît alors d'une maniere bien plus diſtincte & bien plus vive. Mais cet avantage eſt balancé ici par ſa grande commodité à s'en ſervir. En effet, cet inſtrument ſe monte ſur un pied. A B C D eſt un grand tuïau de cuivre qui renferme les deux tuïaux dans leſquels ſont les deux miroirs. E O eſt le petit tuïau qui contient les deux verres.

E F eſt une broche de métal avec une vis qui paſſe par le bras du petit miroir de métal. Cette broche & cette vis ſervent à faire mouvoir ce miroir afin de l'arrêter à la diſtance que demande l'éloignement de l'objet. Cela eſt d'autant plus néceſſaire que les foïers des raïons qui viennent des objets éloignés & proches, ne ſe rencontrent pas toujours au même endroit, mais plus près ou plus loin du miroir poſtérieur, ce qui oblige d'avancer ou de reculer le petit miroir ſuivant les circonſtances. Le reſte de la monture eſt commun avec celle de tous les inſtrumens de Mathématique. C'eſt un genou au moïen duquel on ſitue ou on pointe le *Teleſcope* comme l'on veut.

On doit l'idée du *Teleſcope à reflexion* à *David Gregori* (*Voïez* ſon *Optica promota.*) Un anonyme (M. *Paſſemant*) a donné la maniere de conſtruire cet inſtrument dans un Ouvrage intitulé : *Conſtruction d'un Teleſcope de reflexion de ſeize pouces de longueur, faiſant l'effet d'une lunette de huit pieds. Et de pluſieurs autres Teleſcopes depuis ſept pouces juſques à ſix pieds & demi, ce dernier faiſant l'effet d'une lunette de cent cinquante pieds. Avec la compoſition de la matiere des miroirs & la maniere de les polir & de les monter, in-*4°. 1738.

TELESCOPE SCIATERIQUE. Eſpece particuliere de cadran horiſontal avec une lunette, par lequel on peut trouver exactement le tems en heures, minutes & ſecondes pendant le jour auſſi bien que pendant la nuit. L'inventeur de cette machine eſt *Guillaume Molineux*, qui l'a publiée dans un Traité particulier écrit en Anglois. (*Voïez* les *Acta eruditorum, ann.* 1687, *pag.* 623.)

T E M

TEMS. Terme de Mathématique. C'eſt une

ſucceſſion d'effets ou de phénomenes; ou autrement l'ordre des choſes qui ſe ſuccedent dans un ordre non interrompu. On le conçoit par l'ordre de nos penſées ſuppoſé qu'il ſoit concevable. (*Voïez* CHRONOLOGIE.) On le diviſe en *abſolu* & en *relatif*.

Le *Tems abſolu*, qu'on appelle auſſi *Tems aſtronomique*, *Tems mathématique*, eſt celui qui coule uniformément ſans aucun rapport à quelque choſe d'antérieur. On l'appelle autrement *durée*. Le *Tems relatif*, connu auſſi ſous le nom de *Tems apparent* ou *vulgaire*, eſt la meſure ſenſible & antérieure d'une durée quelconque, qui s'eſtime & s'évalue par le mouvement. Les Aſtronomes diviſent encore le *Tems* en *Tems moïen* & en *Tems vrai*.

Le *Tems vrai* eſt meſuré par le mouvement journalier du ſoleil du point du midi d'un jour juſques au point du midi du jour ſuivant ; ou plutôt par la révolution journaliere de la terre ſur ſon axe par rapport au ſoleil. Les cadrans ſolaires marquent exactement ce *Tems*.

Le *Tems moïen* eſt meſuré par le mouvement journalier de l'axe ſur la terre comparé aux étoiles fixes. On remarque les périodes de ce *Tems* par le retour ſucceſſif d'une étoile fixe, telle qu'elle ſoit, dans le même point du ciel, comme par une pendule bien reglée. On trouve dans le Livre de la *Connoiſſance des Tems* que l'Académie Roïale des Sciences publie tous les ans, une Table où eſt marqué combien le *Tems moïen* avance ou retourne chaque mois par rapport au *Tems vrai*.

TEMS PERIODIQUES. Ce ſont les *Tems* dans leſquels les planetes parcourent leur orbite. *Kepler* a découvert à l'égard des planetes principales, que les quarrés de leurs *Tems périodiques* ſont comme les cubes des diſtances des planetes au ſoleil. M. *Newton* a démontré dans ſes *Philoſophiæ naturalis principia Mathematica, Liv. I. Prop.* 48, que cette vérité n'a lieu que dans l'hypotheſe qu'elles ſe meuvent dans des ellipſes comme *Kepler* l'avoit établi. C'eſt ce qu'ont auſſi démontré MM. *Bernoulli* & *Herman* dans les *Mémoires de l'Académie Roïale des Sciences* de l'année 1710, *pag.* 682.

T E N

TENAILLE. Ouvrage extérieur de Fortification qui reſſemble à un ouvrage à corne, mais qui en général en eſt un peu different, parce qu'au lieu de deux demi-baſtions, ſon front n'eſt compoſé que d'un angle rentrant entre deux aîles ou longs côtés paralleles.

(*Voiez* la figure 310. Planche XLIX.) Lorfqu'elle eſt plus large par la tête que par la
gorge, on l'appelle Queue d'Hyronde. (*Voiez*
QUEUE d'HYRONDE.)

Les *Tenailles* ſont défectueuſes en ce qu'elles ne ſont pas flanquées ou défendues vers
leur angle mort, à cauſe que la hauteur du
parapet empêche de découvrir en bas devant
cet angle ; de ſorte que l'ennemi peut s'y
loger à couvert. C'eſt pourquoi on ne fait
gueres de *Tenaille* que quand on n'a pas
aſſez de tems pour conſtruire un ouvrage à
corne.

TER

TEREBELLUM. Nom que quelques Aſtronomes donnent aux quatre étoiles de la cinquiéme grandeur dans la queue du Sagittaire.

TERME. C'eſt une quantité à l'égard de laquelle on peut imaginer une choſe relativement à une autre. Ainſi les nombres 3 , 5 ,
7, 9, &c. ſont les *Termes* d'une progreſſion
arithmétique , parce qu'on doit s'imaginer à
l'égard de chacun d'eux qu'ils ont une même
relation avec celui qui le ſuit. Et on nomme
3 le *premier Terme* & 9 le *dernier*.

TERME D'UNE ÉQUATION. C'eſt une quantité
dont une équation eſt compoſée , ſoit par
le ſigne +, ſoit par le ſigne —. Ainſi l'é-
quation $x^3 - 4x^2 + 15x = 27$ a quatre
termes, dont le premier eſt x^3 ; le ſecond
$-4x^2$; le troiſiéme $+15x$, & le quatriéme
27. Le premier *Terme d'une équation* eſt toujours celui qui contient la plus grande dignité de la quantité inconnue. Exemple.
Dans l'équation $x^3 - 4x^2 + 15x - 27$
$= 0$, le premier *Terme* eſt x^3, parce que
la quantité inconnue x eſt à ſa plus grande
dignité. Les autres *Termes* ſont rangés ſelon les dignités ſuivantes de la quantité inconnue , & le dernier *Terme de l'équation*
eſt le *Terme* connu qu'elle contient , & qui
n'eſt pas multiplié par la quantité inconnue,
comme le nombre 27 dans l'exemple preſent.

TERME D'UNE RAISON. Ce ſont les quantités
qu'on compare entre elles. Ainſi 2 & 3
ſont les *Termes d'une raiſon* , lorſqu'on demande comment 2 eſt à 3 , ou à quelle partie
de 3 le nombre 2 eſt égal , ſavoir $\frac{2}{3}$, une
de ces quantités eſt nommée *antécedent*, &
l'autre *conſéquent*. (*Voiez* ANTECEDENT
& CONSÉQUENT.) Dans une proportion
ces *Termes* ſont ceux que l'on compare l'un à l'autre. Exemple. Si 2 : 4 ::
8 : 16, ou $a : b :: c : d$: en ce cas 2,
4, 8, 16 ; & a, b, c, d, ſont les *Termes*

de la proportion.

TERMES HOMOLOGUES. Ce ſont les *Termes*
de differentes raiſons qui en occupent les
mêmes places , c'eſt-à-dire qui ont les mêmes
noms & qu'on appelle pour cela *Equinomes*.
Exemple. Dans les proportions continues
où le *Terme* du milieu remplit la place de
deux ÷ 3. 6. 12 & ÷ 4. 8. 16. les premiers
Termes ſont 3 & 4 ; ceux du milieu 6 & 8,
qui rempliſſent le ſecond , & le troiſiéme ,
& 12 & 16 les quatriémes. Par conſéquent
3 & 4, 6 & 8, & 12 & 16 ſont appellés
Termes homologues. Ainſi les *Termes antécedens* , les *Termes* du milieu & les *Termes*
conſéquens ſont *Termes homologues* , les uns
comme les autres.

TERRE. C'eſt dans le ſyſtème du monde le
corps compoſé de terre, d'eau , &c. que
nous habitons , & qui a la figure à peu près
ſpherique. En ſuppoſant que la parallaxe
du ſoleil eſt de 32 ſecondes , la moïenne
diſtance de la terre au ſoleil eſt de 108000000
lieues de France. Mais ſi, comme le veut
M. *Newton* , le diametre apparent de la
Terre vûe du ſoleil eſt de 12 ſecondes, la
moïenne diſtance du ſoleil à la *Terre* ſera
plus grande que ci-deſſus.

L'excentricité de la *Terre* a 169 des parties dont la diſtance du ſoleil en contient
mille. Son tems périodique, dans ſon orbite, eſt de 365 jours, 5 heures, 51 minutes. Son mouvement autour de ſon axe ſe
fait en 24 heures, 56 minutes, 4 ſecondes ;
& cet axe fait avec le plan de l'écliptique un
angle de 66 degrés 31 minutes. Sa parallaxe
horiſontale vûe du ſoleil ſeroit de 16 minutes.

La *Terre* eſt plus proche du ſoleil au mois
de Décembre qu'au mois de Juin (je ſuppoſe ici le Syſtème de *Copernic* univerſellement
reçu.) (*Voiez* SYSTEME DE COPERNIC.) Par
conſéquent ſon perihelie eſt en Décembre ,
c'eſt-à-dire environ le 3 ou le 4 de ce
mois.

2. Toutes ces connoiſſances ſur la *Terre*, quelques élevées qu'elles ſoient, n'ont pas tant
couté à acquerir que celle qui regarde ſa
figure, quoique cette figure ſoit en quelque
ſorte ſous nos yeux. La première idée qu'on
s'en étoit formée, étoit celle d'une plaine
immenſe coupée par des montagnes, des
vallées, des lits de riviere, &c. On ne ſait
pas juſques à quel tems cette opinion eut
lieu. *Thalès* connoiſſoit aſſurément la ſphé-
ricité de la *Terre*, puiſqu'il prédiſoit les
éclipſes (*Voiez* ECLIPSE.) Les Aſtronomes
qui l'avoient précédé, admettoient encore
cette figure, puiſqu'ils avoient fait des ob-

fervations affez importantes pour compofer
une théorie des mouvemens céleftes. Enfin
il eft certain qu'*Anaximandre*, Difciple de
Thalès, avoit entrepris de mefurer la circonference de la *Terre*. Parce que *Thalès*
tenoit le principe de fes connoiffances des
Egyptiens, il femble que c'eft à eux qu'on
doit cette feconde hypothefe de la figure
de la *Terre*. Quoiqu'il en foit, une fois
convaincu que la *Terre* étoit convexe, les
Aftronomes travaillerent à connoître cette
convexité; & comme de toutes les hypothefes, celle de la fphéricité convenoit mieux
avec les phénomenes les plus embarraffans
de l'Aftronomie & de la Géographie, on fe
crut en droit de conclure que la *Terre* étoit
une fphere. On ne penfa donc plus qu'à
déterminer les dimenfions & la grandeur
de cette fphere. A cette fin, les Aftronomes
imaginerent de belles méthodes toutes également fimples & exactes dans la théorie &
toutes également difficiles dans l'exécution,
fouvent même impraticables. D'abord on
crut qu'en mefurant du fommet d'une montagne élevée, l'angle que fait avec la perpendiculaire une ligne tirée à l'extrêmité
de l'horifon, on pourroit d'après cet angle
& la hauteur de la montagne calculer le
demi-diametre de la *Terre*. Mais outre une
infinité d'inconvéniens qu'on trouva à réduire cette méthode en pratique, celui du
rapport de la hauteur d'une montagne au
demi-diametre de la *Terre* eft fi petit, que
la moindre erreur en feroit devenue dans
l'application très-confidérable. On le comprit, & on chercha quelqu'autre expédient.
De toutes les méthodes qui furent propo-
fées & des entreprifes qu'on fit à ce fujet,
telle eft la plus mémorable. Aïant divifé les
cercles de la terre en 360 parties, comme
on imagine la divifion de ceux du firmament, on chercha à déterminer quel efpace
contenoit fur la terre l'une de ces 360 parties ou degrés, & on trouva qu'elle conte-

noit 66 milles & $\frac{2}{3}$. Les Aftronomes qui
trouverent cette mefure voulurent s'en éclair-
cir par leur propre expérience. A cette fin,
s'étant affemblés par l'ordre d'*Aalmamon*
dans les plaines de Saujar, & aïant pris la
hauteur du pole ils fe féparerent en deux
troupes. Les uns s'avancerent vers le Nord
& les autres vers le Sud, fuivant autant
qu'il leur étoit poffible, la ligne Nord &
Sud. Ils continuerent ainfi leur chemin jufques à ce que l'une des troupes eût trouvé
le pole feptentrional plus élevé d'un degré
& que l'autre au contraire l'eût trouvé
abaiffé d'un degré. Après cela, ils fe raffem-
blerent au lieu de leur premiere ftation
pour confronter leurs obfervations. Or
ils trouverent que l'une des troupes avoit
compté dans fon chemin 56 milles &
$\frac{2}{3}$, au lieu que l'autre n'avoit compté que
56 milles. Cependant ils convinrent de 56
milles $\frac{2}{3}$ pour un degré, (*Voïez Mulfeda*
dans fes *Prolegomenes*.)

Il eft aifé de juger quel fond on pouvoit
faire fur une mefure déterminée par le chemin fait fur le globe terreftre. A moins de
fuppofer la diftance de deux lieux fous le
même méridien connu, ou de la mefurer
par une autre voïe, ce moïen étoit très-dé-
fectueux. Pour réduire cette idée en pratiques on fuppofa connue la diftance de deux
lieux fur le même méridien, & les differentes hauteurs d'une étoile fixe dans les
deux endroits. Comparant enfuite la difference donnée avec la difference en hauteur,
on trouva le rapport de cette diftance à la
circonference de la *Terre*, (Cette méthode
eft détaillée dans les *Nouvelles Tables loxodromiques*, &c, de M. *Murdoch*, *pag.* 8 &
fuiv.) C'eft à cette méthode, ou à d'autres
qui peuvent s'y rapporter, que nous devons
toutes les mefures de la circonference de
la *Terre*, telle qu'on l'a déterminée depuis
Eratofthenes. Voici une Table qui renferme
les plus remarquables.

TABLE DES MESURES DE LA CIRCONFERENCE
DE LA TERRE SUIVANT LES PLUS CELEBRES MATHEMATICIENS.

Nom des Astronom.	Stades.	Milles Romains de 8 ftades.	
Eratofthenes , . .	250000 . .	31250	
Hypparque , . .	275000 . .	34775	
Poffidonius , . .	240000 . .	30000	
Strabon & Ptoloméé,	180000 . .	22500	
Les Arabes , . .		20340	
	Perches du Rhin de 12 pieds.	Toifes de France.	Milles Anglois de 5280 pieds.
Norwood, . . .	10701219 . .	20679000	25036 $\frac{1}{11}$
Picard, ...	10630116 . .	20541600	24369 $\frac{72}{100}$
Mufchenbroeck , .	10625107 . .	20531920	24858

Jufqu'ici la *Terre* eft une fphere , & tous les Aftronomes conviennent de ce point. La méthode qu'on fuivoit pour déterminer fa véritable figure ne pouvoit en donner une autre , & il y a tout lieu de croire qu'on feroit encore dans cette erreur , fi le hazard ne nous l'eût fait découvrir. M. *Richer*, occupé à faire en 1672 quelques obfervations dans l'Ifle de Caïenne, remarqua qu'un *pendule* faifoit là fes vibrations differemment qu'ailleurs , & que ces vibrations étoient plus lentes près de l'équateur. MM. *Hughens & Newton* n'eurent pas plutôt appris cette expérience qu'ils en devinerent la caufe. Puifque , dirent-ils, l'équateur eft le plus grand cercle de la *Terre*, la force centrifuge doit être plus grande là que par tout ailleurs. Ainfi la force centrale doit avoir moins de force , & par conféquent doit diminuer. Donc les vibrations doivent y être plus lentes. (*Voïez* fur tout cela l'article PENDULE.) Ainfi fi les vibrations augmentent à mefure qu'on s'éloigne de l'équateur, il faut que la *Terre* ait differens degrés de force centrifuge ; & par conféquent que les cercles de la *Terre* qui ont ces forces ne foient pas tous égaux. En connoiffant la lenteur de la vibration du pendule à chaque latitude , c'eft à dire la diminution de la force centripete , MM. *Hughens & Newton* ont calculé la grandeur des cercles qui pouvoient produire cette diminution , pour chaque degré de latitude. (*Voïez* PENDULE.) Et c'eft ainfi qu'ils ont déterminé la proportion des axes de la *Terre* ; le premier comme 578 à 577 , & le fecond (M. *Newton*) comme 692 à 689. Pour s'af-

furer de cette maniere de déterminer la vraïe figure de la *Terre* , il n'y avoit qu'à mefurer fes cercles , ou du moins l'équateur & le méridien. Car ces deux cercles devoient être égaux fi la *Terre* étoit fpherique. Si les degrés du méridien étoient plus grands que ceux de l'équateur, elle devoit être allongée dans le fens de fon axe, & fi au contraire les degrés de l'équateur étoient plus grands que ceux du méridien, elle devoit être applatie vers les poles. Il ne s'agiffoit donc, afin de déterminer la queftion de la figure de la *Terre* que de mefurer un degré de ces deux cercles , l'équateur & le méridien. Tel étoit l'état du problême lorfque les Mathématiciens François, animés par les bienfaits du Roi , fe mirent en état de le réfoudre. (*Voïez* la *Figure de la Terre* , la *Mefure d'un degré du méridien* par M. *De Maupertuis*, & les Livres de M. *Bouguer* & de la *Condamine* fur le même fujet.

Il eft donc démontré que la *Terre* eft un fpheroïde allongé, furhauffé à l'équateur & applati vers les poles; de maniere que le diametre de la *Terre* à l'équateur eft plus long que fon axe d'environ 34 milles , ou 68 lieues moïennes de France. Ainfi la grandeur des degrés de latitude n'eft pas partout la même. Ils croiffent en allant de l'équateur vers les poles environ d'une huitiéme partie ; mais cette difference d'augmentation eft fi petite qu'il n'eft pas poffible de la découvrir en mefurant les degrés avec les inftrumens. Il fuit encore de là , que les corps péfans ne tendent pas directement au centre de la *Terre*, excepté aux poles & à l'équateur; mais que par-tout ailleurs ils tombent perpendiculairement à la surface du spheroïde.

TERRELLA ou PETITE TERRE. *Gilbert* nommé ainsi une pierre d'aiman spherique, située de maniere que ses poles & son équateur répondent exactement aux poles & à l'équateur du monde. Car dans cette situation, cette pierre represente en quelque sorte notre globe terrestre.

TERRE-PLEIN. Terme de Fortification. C'est la plate-forme ou la surface horisontale du rempart qui est presque de niveau, à la réserve d'une petite pente pour le recul du canon. Le *Terre-plein* est terminé par le parapet du côté de la campagne & par le talud intérieur du côté du corps de la Place.

TERRESTRE. Globe Terrestre (*Voïez* GLOBE TERRESTRE.)

T E T

TETE D'ANDROMEDE. Etoile de la seconde grandeur qu'on compte de même pour la *Tête d'Andromede*. (*Hevelius* en a déterminé la longitude, & la latitude pour l'année 1700 dans son *Prodromus Astronomiæ*, pag. 270.) On l'appelle encore le *Nombril de Pegase*.

TETE DU DRAGON. Terme d'Astronomie. Point où l'orbite de la lune coupe l'écliptique & où la lune monte au-dessus de l'écliptique vers le pole septentrional. On donne encore à ce même point le nom de *Nœud ascendant de la lune*. Suivant les observations de M. *De la Hire* dans ses *Tables Astronomiques*, ce nœud étoit en 1700 dans le 28ᵉ degré, 2′, 4″, de l'écrevisse. Il a un mouvement retrograde, par exemple, de de l'Ecrevisse dans les Gemeaux, & de-là dans le Taureau, &c. Il recule tous les jours de 3′, 11″, ou 19°, 19′, 43″ dans un an. On le marque par ce caractere ☊.

TETRACORDE. Terme de Musique. C'est une consonance ou un intervalle de trois tons. Le *Tetracorde* des Anciens étoit une suite de quatre cordes, prenant la corde pour un ton, ainsi qu'on le prend souvent en Musique. (*Voïez* MUSIQUE.)

TETRAEDRE. C'est un des cinq corps réguliers renfermé entre quatre triangles égaux & équilateraux, ou bien c'est une piramide triangulaire qui a quatre faces égales. Ce corps, comme on voit, est la moitié de l'octaedre. Ainsi la doctrine de celui-ci lui convient. Or un problème important & difficile de l'octaedre est son inscription dans le cube. C'est à M. *De Mairan* qu'on en doit la solution. Le P. *Lami* dans ses *Elemens de Géometrie*, L. 5. 4ᵉ édit. donne cette

construction. Il partage les côtés tant de l'octaedre que l'isocaedre par la moitié. Il mene ensuite par le point du milieu des paralleles à la base des triangles, & prend ces paralleles pour le côté du cube & du dodécaedre inscriptibles. Mais cette construction donne non pas un cube, mais un parallelipipede ou prisme quadrilatere, qui a pour hauteur la diagonale du quarré de sa base. Et à l'égard de l'icosaedre, le corps qu'il y inscrit n'est pas le dodécaedre, mais un corps régulier mixte, terminé par 12 pentagones & par 20 triangles équilateraux qui ont tous pour côtés les uns & les autres la moitié du côté de l'icosaedre. Cette construction est assurémenr très fausse. Cependant en l'examinant de près M. *De Mairan* a trouvé qu'elle pouvoit être rectifiée par rapport à l'octaedre, & fournir un nouveau cube inscriptible beaucoup plus grand que celui d'*Euclide*, & tout autrement posé dans l'octaedre. Cela forme le sujet d'un Mémoire Géometrique très-curieux & digne de la réputation de son illustre Auteur. (*Voïez* les *Mémoires de l'Académie Roïale des Sciences* année 1723.) Les propriétés de ce corps sont expliquées dans *Euclide*, dans *Hypsicle* d'Alexandrie, & *François Flussate Candalle*, qui l'ont continuée.

Platon en comparant les cinq corps réguliers aux corps simples du monde, compare celui-ci au feu.

TETRAETRIS. C'est un cycle de 4 ans, qui étant expiré recommence toujours de nouveau.

TETRAGONE. C'est un quarré. (*Voïez* QUARRE'.)

TETRAGONIUS. Nom d'une comete dont la tête est d'une figure triangulaire & la queue longue, épaisse & uniforme.

TETRAGONOMETRIE. C'est l'art de calculer avec des nombres quarrés. *Jacques Ludoff*, Professeur de Mathématique à Erfort, en est l'inventeur, & il l'a publiée à Erfort sous ce titre : *Tetragonometria tabularia*, où il a donné des Tables des nombres quarrés depuis 1 jusques à 100000. Cette maniere de calculer est très avantageuse lorsqu'il s'agit de multiplier & de diviser de grands nombres, puisqu'on peut en venir à bout par une petite addition ou soustraction, presque aussi promptement qu'en se servant des logarithmes.

TEXTURE. Terme de Physique. C'est la disposition particuliere des molecules d'un corps qui le constituent & qui le déterminent en quelque sorte à être de telle ou telle nature, & à avoir telles ou telles qualités.

THAMYRIS,

THA

THAMYRIS. Nom que quelques Aftronomes donnent à la Brillante dans la couronne du Nord.

THARGELION. Terme de Chronologie. C'étoit chez les Atticiens l'onziéme mois de l'année.

THE

THEME CELESTE. Terme d'Aftrologie. C'eft la repréfentation des fignes céleftes, des planetes ou d'autres aftres pour un tems donné. Par exemple, lorfqu'il s'agit de la naiffance, pour le tems qu'un homme eft né à Lifbonne, à Londres, à Paris ou ailleurs, les Aftrologues divifant le plan de la fphere célefte vifible en douze parties qu'ils appellent *Maifons céleftes* (*Voïez* MAISON), & attribuant aux planetes certaines influences, fuivant qu'elles fe trouvent dans telle ou telle maifon célefte du tems de la naiffance des hommes, ils renferment toute la repréfentation de ces influences dans un quarré qu'ils appellent *Théme célefte*, tel qu'on le voit en la Planche XIX. Figure 312. C'eft de ce quarré que dépend le fondement de toutes les prédictions aftrologiques. *Ranfow* dans fon *Tractatus Aftrologicus de genethliacorum Thematum judiciis*, donne la maniere de faire ce quarré, de même qu'*Ozanam* dans fes *Récréations Mathématiques*.

THEODOTILE. Les Anglois appellent ainfi un inftrument qui a beaucoup de rapport à ce que nous nommons *Graphometre*. Il fert à lever des plans, à prendre des hauteurs & des diftances. Les differentes parties qui le compofent, font un cercle de cuivre d'environ un pied de diametre, divifé en quatre quarts & quelquefois accompagné d'un telefcope. Chaque quart eft divifé en 90 degrés & fous-divifé autant que la grandeur de l'inftrument peut le permettre. Au centre de ce cercle eft une boëte avec une aiguille aimantée & une rofe des vents, une bouffole, en un mot. L'inftrument, fon alidade avec fes pinnules ou fon telefcope, s'il y en a un, s'ajuftent à ce centre de telle maniere qu'ils peuvent tourner autour, Enfin fur le revers de cet inftrument, eft un genou fait pour recevoir fon pied, c'eft-à-dire, la tête d'un bâton à trois jambes qui doit le foutenir quand on veut en faire ufage.

THEOREME. Propofition qui énonce une vérité, comme *les trois angles d'un triangle font égaux à deux droits; le quarré fait*

Tome II.

fur l'hypotenufe d'un triangle rectangle, eft égal à la fomme du quarré des deux côtés, &c.

THEOS. Les Aftrologues nomment ainfi la neuviéme maifon célefte de laquelle en dreffant les nativités, ils font des prédictions fur la Religion & la pieté d'un homme, fur fa fageffe & fes voïages dans les païs étrangers, &c.

THERMOMETRE. Suivant fon étimologie, ce mot eft le nom d'un inftrument par lequel on peut mefurer la chaleur, c'eft-à-dire la raifon d'un degré de chaleur à un autre degré. Un inftrument de cette nature n'a point encore été inventé, & il feroit affurément très utile. Mais on entend aujourd'hui par le mot *Thermometre* un inftrument qui indique le changement de chaleur & de froid de l'air, c'eft-à-dire un *Thermofcope*. Ce feroit donc à ce terme que je devrois renvoïer la defcription de cet inftrument. Cependant comme on eft dans l'ufage d'appeller *Thermometre* un *Thermofcope*, je m'y conformerai, n'y aïant pas d'ailleurs d'inconvénient à le faire. Je dis donc qu'un *Thermometre* eft un inftrument propre à mefurer les differens degrés de la chaleur & de la fraîcheur de l'air. On en attribue communément l'invention à *Drebbel*; mais quelques Auteurs la revendiquent pour *Sanctorius*, *Galilée* & le *P. Paul*. Cependant *Drebbel* a un plus grand nombre de Partifans. Quoiqu'il en foit, le premier *Thermometre* étoit ainfi formé. On verfoit dans une bouteille A B C (Planche XXVII. Figure 630.) une liqueur quelconque, & on renverfoit cette bouteille dans un vafe A plein d'eau qui foutenoit la liqueur à une hauteur quelconque B. Lorfque l'air étoit plus chaud que dans l'état où il avoit été enfermé dans la bouteille, il fe rarefioit & déploïoit fon reffort fur la furface B de l'eau qu'il faifoit defcendre. Dans un tems plus froid l'air fe condenfoit, & alors l'atmofphere agiffant fur l'eau la faifoit monter au deffus du point B. Ainfi on voit que ce *Thermometre* eft fujet aux variations du poids de l'atmofphere. D'où il fuit, qu'il peut marquer un plus grand degré de chaleur ou un plus grand degré de froid, quoique la temperature de l'air n'ait point changé, & cela fuivant que le poids de l'atmofphere variera, ce poids pouvant être plus confiderable dans un tems chaud, & par conféquent faire monter la liqueur, c'eft-à-dire, marquer un grand degré de froid, & devenir plus leger dans un tems froid, & indiquer par conféquent un plus grand degré de chaleur. Ce *Thermometre* a bien encore d'autres défauts : mais ceux-là font affez confidérables pour le faire rejetter comme un inftrument de nul ufage.

Les Membres de l'Académie de Florence connus fous le nom de l'*Académie del Cimento* ont imaginé le fecond *Thermometre*. Lorfque le tems étoit temperé, ils remplif-foient d'efprit de vin une bouteille A B C (Planche XXVII. Figure 631.) dont le col B C étoit fort long, jufques au milieu du col ; & ils fcelloient enfuite hermétique-ment l'extrêmité C. Aïant attaché cette bouteille fur une planche graduée, & dont les degrés étoient égaux, le *Thermometre* étoit conftruit. Dans un tems temperé, la liqueur reftoit au milieu du tube, mais fi la chaleur de l'air augmentoit, l'efprit de vin fe rarefioit & montoit plus haut. Le contraire arrivoit dans un tems plus froid : l'efprit de vin fe condenfoit & defcendoit par con-féquent. Il indiquoit alors un plus grand degré de froid.

Ce *Thermometre* étoit fans comparaifon plus parfait que l'autre. Il fe reffentoit néanmoins de la foibleffe de l'efprit humain qui ne connoît la vérité que par de-grés. Premierement, il n'étoit pas poffible de favoir quand l'air étoit temperé pour remplir le tube. Secondement, la planche graduée n'avoit aucun point fixe, duquel on commençât à compter. En troifiéme lieu, la grandeur des degrés n'étant pas détermi-née, on n'avoit point de terme de compa-raifon. Tout cela demandoit une révifion. M. *De Réaumur* touché de l'utilité d'un bon *Thermometre*, travailla à perfectionner celui de Florence ; & fon travail a mérité le fuf-frage du Public. Je vais expofer fa conf-truction, & je détaillerai enfuite celle des autres Savans qui ont préferé d'autres liqueurs & d'autres regles. Cette préference & les raifons de ces Savans feront fpécifiées, afin que le Lecteur puiffe fixer fon choix fur celui des *Thermometres* qu'il eftimera davantage.

Thermometre de M. De Réaumur. La premiere & principale propriété de ce *Thermometre* eft une conftruction générale qui rend cet inftrument univerfel & avec lequel on peut faire en tous tems & dans tous les païs des obfervations correfpondantes. Pour le conftruire, M. *De Réaumur* prend une bouteille à long col qui forme un balon & un tube comme le reprefente la Figure 631. (Planche XXVII.) du *Thermometre* de Florence. Après s'être affuré de la capacité & du balon & du tube, cet Auteur célebre remplit le balon d'un bon efprit de vin coloré, & il en met en même-tems affez dans le tube, pour qu'en plon-

geant le balon dans de la glace pilée, la liqueur defcende environ au tiers du tube. Il marque o à ce point où l'efprit de vin eft arrêté. M. *De Réaumur* fuppofe enfuite que toute la liqueur contenue & dans le balon & dans le tube eft divifée en 1000 parties. Et voulant graduer le tube de ma-niere que l'efpace d'une divifion à l'autre contienne un 1000e de la liqueur, il cher-che à déterminer la milliéme partie de cet efpace : ce qui s'éxécute avec de petites me-fures de verre très-exactes, avec lefquelles il connoît la quantité de la milliéme de la li-queur contenue dans la bouteille jufques au terme de la glace. Il écrit donc ce terme & au-deffous de ce point comme au-deffous, il forme une échelle dont les degrés font égaux à ce premier : il compte les degrés d'abord jufques à la boule, & au-deffus jufques à 80. (*Voïez* la figure 632. Planche XXVII.) Ces graduations font à un côté de la planche fur laquelle la phiole du *Thermometre* eft arrêtée. De l'autre côté on écrit des nombres qui expriment les degrés de dilatation & de condenfation de la li-queur. Vis-à-vis o c'eft 1000, enfuite les degrés au-deffus en montant 1001. 1002. 1003. &c. qui expriment les degrés de di-latation, & ceux au-deffous 1001. 1002. 1003. marquent les degrés de la condenfa-tion de l'efprit de vin en defcendant. La boule de la phiole eft enfuite plongée dans l'eau bouillante : ce qui fait monter la li-queur. Si cette afcenfion s'arrête à 80, il faut fceller hermétiquement le tuïau après en avoir chaffé un peu d'air & attacher la phiole fur la planche. Dans le cas où elle monte plus haut on ôte de l'efprit de vin, & on en met davantage quand elle refte trop bas.

Tel eft le *Thermometre* de M. *De Réaumur*. Il eft évident que pour que cette conftruc-tion foit univerfelle, & que tous les *Ther-mometres* foient univerfels, il faut faire ufage du même efprit de vin. Comme il s'en trouve qui ont differens degrés de *dilatibi-lité*, l'Auteur avertit qu'il a choifi celui dont le volume étant de 1000 parties au terme de la congélation, devient 1080 ou augmente $\frac{80}{1000}$ parties dans l'eau bouillante. Celui qu'on trouve communément chez les Droguiftes fe dilate jufques à ce point. (*Voïez* les *Mémoires de l'Académie Roïale des Sciences*, année 1730 page 452.)

Voilà le feul *Thermometre* à efprit de vin, qui foit aujourd'hui en ufage. Mais cette liqueur a-t-elle la propriété de fe dilater proportion-nellement à la chaleur ? & cette propriété s'y conferve-t-elle ? Ce font là des doutes auſquels les obſervations faites avec ces *Thermometres* ont donné lieu. D'abord M. *Halley* a remarqué que l'eſprit de vin ſe rarefie plus quand il eſt nouveau que quand il a vieilli. Enſuite on s'eſt apperçu que la marche de l'eſprit de vin dans le tube n'é-toit pas uniforme, c'eſt-à-dire, qu'elle ne ſuivoit pas conſtamment les degrés de cha-leur de l'air. Outre cela, ces *Thermometres* ne peuvent ſervir à meſurer ni de grands degrés de chaleur, ni de grands degrés de froid; parce que dans le premier cas l'eſprit de vin bout, & alors il ne marque plus. M. *Chriſtin*, de la Société Roïale de Lyon, aïant mis deux *Thermometres*, un d'eſprit de vin, & un autre de mercure (on verra ci-après en quoi conſiſte ce dernier *Thermome-tre*) au même degré de chaleur néceſſaire pour faire éclore des œufs, trouva au bout de quelques jours que l'eſprit de vin perdit environ 5 de ſes degrés qui ſe trouverent au haut du tube diſtillés en une liqueur blanche, de rouge qu'elle étoit. A l'égard du froid, on ſait que l'eſprit de vin ſe gèle lorſque ce froid eſt violent. C'eſt ce qu'ont éprouvé les Voïageurs qui ont été dans les païs ſeptentrionaux, (*Voïez* le *Journal du Voïage du Nord* de M. l'Abbé *Outhier*, & le *Voïage de la Baye de Hudſon* par M. *Ellis*.) Il ſeroit donc à ſouhaiter qu'on découvrît une autre liqueur exempte de ces défauts. On croit que cette liqueur eſt le mercure ou l'argent vif, & voilà ce qui a donné lieu aux *Thermometres* ſuivans.

2.   *Thermometre de Fareneith*. Ce *Thermo-metre* eſt de mercure, & c'eſt M. *Fareneith* qui en eſt l'inventeur. Pour le conſtruire il remplit de mercure bien pur & bien purgé d'air, un tuïau de verre capillaire adapté à une bouteille cylindrique. Cela s'exécute en liant au haut du tuïau un entonnoir dans le-quel on verſe le mercure, qui par ce moïen en-tre dans la bouteille, qui préalablement doit avoir été vuidée d'air par la chaleur d'un braſier ardent où on la plonge pluſieurs fois. Quand on laiſſe bouillir le mercure dans la bou-teille avant que de la retirer du braſier, l'o-pération eſt bientôt terminée. Tout étant bien refroidi, & l'entonnoir ôté, M. *Fa-reneith* entoure la bouteille de neige ou de glace broïée. Le mercure ſe condenſe; deſ-cend dans le tuïau, juſques à ce qu'étant auſſi condenſé par la glace qu'il peut l'être, il ne deſcend plus. M. *Fareneith* regarde enſui-te ſi la ſurface de cette liqueur métallique eſt élevée environ le quart de la longueur du tuïau. Si cela n'eſt pas, il ajoute ou ôte du mercure autant qu'il eſt néceſſaire pour qu'elle y ſoit. L'Auteur marque à cet endroit

le terme de la congelation. Plongeant enfin la bouteille dans l'eau bouillante, où le mercure ſe dilate autant qu'il eſt poſſible, il marque alors le terme de l'eau bouillante. A ce dernier terme M. *Fareneith* écrit 212 & 32 vis-à-vis celui de la congellation. Di-viſant enſuite l'eſpace compris entre ces deux chifres en 180 parties, il porte 32 de ces parties au-deſſous du point de la congellation, & le *Thermometre* eſt gradué. Au plus bas de ces degrés on voit o, qui eſt le plus grand froid d'Iſlande. (*Voïez* la Fi-gure 633. Planche XXVI.)

Cette graduation eſt bonne & a ſes Parti-ſans. Cependant M. *Delille* propoſe la ſuivan-te (qui eſt de ſon invention) parce qu'elle n'eſt point arbitraire. Voici ſa maniere de graduer le *Thermometre*.

Thermometre de M. Delille. La premiere attention qu'a cet Auteur eſt d'examiner ſi le tube de la bouteille, dont il veut ſe ſer-vir, eſt bien cilindrique. M. *Delille* connoît cela en y introduiſant deux pouces de mer-cure & le faiſant couler le long du tube. Ces deux pouces de mercure forment dans le tube un cilindre qui s'allonge & ſe rac-courcit lorſque ce tube eſt inégal. Si on trouve de cette façon des inégalités on les marque ſur un papier à part, & on en tient compte dans la graduation. M. *Delille* em-plit enſuite la bouteille & le tube de mer-cure très-ſec & très-pur. Il l'expoſe ainſi rempli à l'air le plus froid afin qu'en ſe condenſant il en entre davantage, il peſe la bouteille & le tube ainſi pleins; & aïant déduit le poids de l'un & de l'autre, il ſait quelle eſt la quantité de mercure qu'ils contiennent.

Ces précautions priſes & ces opérations faites, M. *Delille* plonge la bouteille avec ſon tube entiérement dans l'eau bouillante. Cette chaleur fait dilater le mercure qui ſort du tube & tombe dans l'eau. Et lorſque le mercure ne monte plus, l'Auteur ramaſſe avec ſoin le mercure évacué & expoſe le *Thermometre* à l'air comme auparavant. Le mercure refroidi s'arrête enfin à un point qu'il faut marquer. Cette dilatation & cette condenſation fourniſſent cette regle : *La quantité de mercure qui avoit été d'abord introduite, eſt à ce qui s'en eſt écoulé dans l'eau bouillante, comme la capacité de la boule & celle du tuïau priſes enſemble, eſt à la partie de ce tuïau qui eſt demeurée vuide après l'abbaiſſement du mercure.*

Les deux premiers termes de cette pro-portion ſont connus. Suppoſant donc la capacité de la bouteille diviſée en 1000, 10000, ou 100000 parties, on trouvera aifément le quatriéme terme. On exprimera donc en parties du volume du mercure, la quantité dont ce volume s'eft condenfé par le froid de l'air auquel il a été expofé. Aïant donc fuppofé la capacité de la bouteille & du tuïau divifée en 1000 parties, fi le degré de froid auquel on a expofé le *Thermometre* au fortir de l'eau bouillante, eft le même que celui de la congellation, & que le quatriéme de la regle de trois foit par exemple 150, on conclura qu'un volume de mercure de 1000 dans un état conftant, tel que celui de l'eau bouillante s'eft condenfé de $\frac{150}{10000}$ par un froid tel que celui de la congellation. (*Voïez* la Figure 634 Planche XXVI.) L'échelle de la graduation fe fait après cela fort aifément. On divife la longueur du tuïau depuis fon orifice jufques au point du refroidiffement du mercure au fortir de l'eau bouillante ; on divife, dis-je, cette longueur en autant de parties qu'en exprime le quatriéme terme de la proportion. Ainfi on met o à l'orifice du tuïau ; & on écrit les autres nombres dans la fuite naturelle jufques à la bouteille. Ces divifions font égales lorfque le tuïau eft bien cilindrique & proportionnelles lorfqu'il ne l'eft pas. (*Voïez* les *Mifcellanea Berolinen.* Tom. *IV. pag.* 343, & les *Mémoires pour fervir à l'Hiftoire de l'Aftronomie* par M. *Délille* imprimés à Peterfbourg.)

Jufques-là, il ne paroît aucun point fixe pour graduer les *Thermometres.* Auffi voit-on les *Thermometres* de MM. *De Réaumur, Fareneith* & *Delille,* entre les mains de tout le monde & également eftimés. N'y auroit-il pas une regle dans la nature qui déterminât cette graduation ? C'eft une queftion que M. *Chriftin,* de la Société Roïale de Lyon, fe propofa de réfoudre en 1743, & fa folution donna l'être à un *Thermometre* annoncé avec éclat dans les Journaux de cette année fous le nom fuivant.

Thermometre de Lyon. L'avantage précieux de ce *Thermometre* eft d'être foumis à une regle invariable. Cette regle eft la mefure de la dilatation du mercure. Après plufieurs expériences faites avec tout l'art & toute la précifion poffibles, M. *Chriftin* reconnut qu'une quantité de mercure condenfée par le froid de la glace pilée, & enfuite dilatée par la chaleur de l'eau bouillante, formoit dans ces deux états deux volumes, qui étoient entre eux comme 66 à 67, & qu'un volume de 6600 parties condenfées devint par la dilatation un volume de 6700. La difference 100 de la condenfation à la dilatation eft le nombre de degrés qu'il donne à l'échelle du nouveau *Thermo-*

metre de mercure entre ces deux points. Ce nombre eft heureufement fort avantageux pour la précifion des obfervations. Depuis zero, point de la congellation, les nombres expriment en defcendant les degrés de froid plus grands que celui de la glace pilée. Et depuis le terme 100, point de la dilatation, les nombres marquent en montant les degrés de chaleur qui excedent celle de l'eau bouillante commune, comme le mercure bouillant, la leffive bouillante de fel de tartre, l'eau de mer bouillante, les huiles & plufieurs autres liqueurs ou métaux fondus.

De cette découverte, il fuit évidemment qu'on peut conftruire le *Thermometre* de mercure par la chaleur de l'eau bouillante, fans le fecours de la congellation, & réciproquement avec de la glace fans la chaleur de l'eau bouillante. Et voilà déformais la graduation du *Thermometre* de mercure fixée & cet inftrument perfectionné. Voici une table de differens degrés de chaud & de froid, qui ont été obfervés & rapportés aux degrés de ce *Thermometre.* (La lettre *s* marque les degrés au-deffus de la congellation ; la lettre *i* eft pour ceux de deffous, & les lettres *s s* indiquent la chaleur au-deffus de l'eau bouillante.)

125 *ss.* Mercure bouillant.
115 *ss.* Leffive bouillante de fel de tartre.
102 *ss.* Eau de mer bouillante.

100   Terme de l'eau bouillante.
44 *s.* Chaleur de la fiévre.
42 *s.* Chaleur des poules.
37 *s.* Grande chaleur de 1738 à Lyon.
35 *s.* Chaleur naturelle du fang humain.
22 *s.* Chaleur fuffifante pour faire éclore & élever les vers à foïe.
15 *s.* La plus grande chaleur que doit avoir un appartement où eft un poele pour n'en être pas incommodé.
13 *s.* Température des caves de l'Obfervatoire de Paris.
o   Terme de la congellation par la glace pilée.

13 *i.* Froid de 1740 à Paris.
15 *i.* Froid de 1742 à Lyon.
18 *i.* Congellation forcée avec le fel ammoniac.
19 *i.* Froid de 1709 à Paris, calculé fur l'ancien *Thermometre* de l'Obfervatoire.
24 *i.* Froid extraordinaire à Upfal en 1740.

(*Voïez* pour la graduation la figure 635. Planche XXVI.)

3. On voit par là description de ces instrumens, que depuis le *Thermometre* de Florence presque tous les Physiciens ont préferé le mercure pour la matiere qu'on y doit emploïer. Les raisons de cette préference sont; 1° Que le mercure ne perd jamais de sa qualité; 2° qu'il ne s'évapore point; 3° que sa marche est prompte aux impressions successives de l'air; 4° qu'il suit exactement les degrés de chaud & de froid, & qu'il se fixe toujours précisément au même point de dilatation quand il est dans l'eau bouillante & au même point de condensation lorsqu'il est dans la glace pilée. Cependant le *Thermometre* à esprit de vin de M. *De Réaumur* n'en est pas moins recherché; parce qu'on croit que cette liqueur est plus sensible aux impressions de l'air que le mercure. Quoiqu'il en soit, les *Thermometres* que je viens de décrire sont les plus estimés. Celui de M. *Hauksbée*, ou de la Société roïale de Londres est presque abandonné par les défauts suivans que M. *Martine*, Membre de cette Société, y a remarqués. » L'échelle de ces » *Thermometres* commence, dit-il, par o, » c'est-à-dire, que o est marqué au haut » de la machine (je n'en sais pas la raison) » & les nombres croissent en descendant » à mesure que la chaleur décroît. Vers le » haut de l'échelle est écrit *très-chaud*; à » 25 degrés *chaud*; à 45 degrés *temperé*, » & le nombre 65 indique le point de la » congellation. Mais par les expériences que » j'ai faites avec quelques-uns de ces *Ther-* » *mometres* qui avoient été construits assez » exactement sur le modele qu'on garde » à la Société roïale, j'ai trouvé qu'en les » plongeant dans la neige qui se dégeloit, » l'esprit de vin descendoit vers les 78 à » 79 degrés, près de 14 degrés plus bas » que le point où l'on s'étoit arrêté jusques » à present. «

Voïez les Essais de M. *Martine*, dont le premier est sur *la construction & la graduation des Thermometres*; sur *la comparaison de differens Thermometres*; sur *l'action de chauffer & de refroidir des corps*, & sur les differens degrés de *chaleur dans les corps*. Tous ces Essais ont été publiés à Londres en Anglois en 1741, & traduits en François en 1751. *Voïez* aussi sur cette matiere les curieuses observations de M. *De Mairan* dans sa *Dissertation sur la glace*, année 1749, de l'Imprimerie Roïale. On trouve dans ce premier Ouvrage une table de comparaison de tous les *Thermometres* qui ont été proposés par MM. *De la Hire* (c'est celui de l'Observatoire de Paris) *Hales, Poleni*, &c. Par ce que j'ai dit sur la graduation des autres

Thermometres, l'inspection seule de la Table fera connoître celle de ceux dont je supprime le détail (*Voïez* la Planche XXXIII).

4. Il y a encore deux sortes de *Thermometres* qui méritent d'être connus; mais que je me contenterai d'indiquer, parce qu'ils ne sont que pour les métaux. Le premier est de M. *Newton*, composé d'huile de lin, & qui sert à connoître la chaleur du plomb, de l'étaim fondus, &c. On en trouve la construction dans le *Cours de Physique expérimentale* du Docteur *Desaguliers*, Tom. *II.* pag. 329 de la traduction françoise. Et le second *Thermometre* est pour estimer la dilatation des métaux. Il est décrit dans les *Machines de l'Académie* publiées par M. *Gallon*, & dans le *Traité d'Horlogerie Théorie-pratique* de M. *Thiout*.

Terminons cet article en disant que l'usage du *Thermometre* s'étend à la végetation, aux procedés chimiques, à la santé de l'homme. C'est par le moïen de cet instrument que l'on regle les degrés de chaleur pour la conservation des plantes dans les serres; que l'on donne toujours les mêmes degrés de feu; que l'on regle la chaleur des poeles, que l'on connoît les degrés de chaleur nécessaire pour les vers à soïe, pour faire éclore les poulets, &c. Il y a sur ce dernier article un bel usage du *Thermometre* dans l'*Art de faire éclore & d'élever toutes sortes d'oiseaux, &c.* par M. *De Réaumur*. On trouve là un espece de *Thermometre* fait avec du beurre, afin que les Païsans puissent construire un *Thermometre* bon pour cet usage dans tous les tems. J'avertis en finissant que tous les *Thermometres* ont un défaut qu'on n'a pas encore corrigé : c'est que le verre de ces instrumens se dilate par la chaleur, & qu'alors la liqueur descend au lieu de monter. Le contraire arrive lorsqu'il fait froid. Cela fait voir que la figure de la boule n'est pas telle qu'elle devroit être. Car la figure propre doit être formée de façon que le verre en se dilatant n'augmente pas en capacité, & qu'il n'en diminue pas en se condensant. Ce défaut mérite plus d'attention qu'on n'y en a fait jusqu'ici.

T H I

THISRI. Terme de Chronologie. C'est chez les Juifs le nom du mois auquel ils commencent l'année.

THISRIN PRIOR. Nom que les Syriens donnent au premier mois de l'année. Il a 31 jours. Le mois, qui suit immédiatement, & qui a 30 jours, est appellé *Thisrin posterior*.

THO

THOT. Nom du premier mois de l'année Egyptienne. Il commence le 29 Août du Calendrier Julien.

THR

THRACIUS. Nom ancien d'un vent qui souffle à 45 degrés de l'Occident au Septentrion, (Voïez *Vitruve, Liv. I. Ch. 6.*) C'est le Nord-Nord Ouest.

THRONE. On caractérise ainsi en Astrologie une planete qui a plusieurs dignités à la fois lorsqu'elle est en même-tems dans son domicile & dans son exaltation. Les Astrologues s'imaginent qu'alors cette planete est sur son *Throne* & qu'elle gouverne tout.

TIR

TIR. Terme d'Artillerie, qui signifie la ligne que décrit le boulet depuis la bouche du canon. Si le boulet va parallelement à l'horison, on l'appelle *Tir horifontal* ou *de niveau.* Les Mathématiciens ont démontré à l'égard de cette ligne, les vérités suivantes.

1°. Quand la piece est élevée à 45 degrés au-dessus de l'horison, son *Tir* ou sa portée est la plus grande de toutes. (*Voïez* BOMBE.)

2°. Si l'on prend deux élevations à égale distance de 45 degrés, l'une au-dessus, l'autre au-dessous, les portées seront égales.

3°. La plus grande hauteur d'une projection perpendiculaire est égale à la moitié de la plus grande portée.

TIRAGE. Terme dans la Géometrie souterraine qui signifie la même chose que mesure. On appelle *Tirage de mine*, l'art de mesurer une mine, d'y marquer la pente, le montant, & la direction des veines, celle du souterrain, &c. Voici les principales parties de cette opération telles qu'on les trouve expliquées dans la *Géometrie souterraine* de *Woigtel.*

1°. Quand on mesure une longue allée d'une mine où il y a peu de lumiere, on plante de distance en distance un piquet dans le roc; on marque leurs lieux au jour; on y fait les mêmes marques, & on les rapporte sur le plan, afin que si de l'allée on vouloit creuser à côté, on ait des lignes sur lesquelles on puisse se regler. Lorsqu'il y a plusieurs jours d'en-haut dans l'allée, ils peuvent suffire pour en marquer la direction.

Cependant il est toujours bon de faire des marques dans le roc près de ces lumieres pour se regler là-dessus en cas de besoin.

2°. Quand on mesure avec une corde on doit la garantir autant qu'il est possible de l'humidité; & si en mesurant on rencontre des endroits qui avancent, on marque exactement à quelle distance, à quelle toise cet endroit s'est rencontré.

3°. Il faut remarquer si la veine principale qu'on poursuit dans telle ou telle allée, reste dans la même heure (*Voïez* HEURES), & dans sa pente d'un côté à l'autre. Car quoiqu'un Géometre ne soit pas responsable de la déterioration d'une veine, il est pourtant nécessaire qu'il s'instruise bien de la nature des souterrains qu'il doit mesurer avant que de l'entreprendre, afin de pouvoir faire son rapport avec plus de certitude. C'est ce qui l'oblige d'entrer dans la mine afin qu'il sache comment il peut tendre la toise & appliquer ses instrumens pour faire ses observations.

4°. La toise doit être tendue avec des vis si l'on trouve dans la mine des bois pour pouvoir les y appliquer, cela veut dire, que quand la chose n'est pas praticable, il faut la tendre autrement autant qu'on peut.

5°. Une cinquiéme attention, c'est de suspendre le niveau, autant qu'il est possible, au milieu de la toise, lorsqu'on travaille dans les allées ou en droiture, au lieu que dans les creux on le suspend aux deux extrêmités de la toise.

6°. Enfin pour mesurer avec la plus grande précision, on se sert de deux toises. La premiere est de chanvre & l'autre est de laiton, & divisée très-exactement. On se sert de cette derniere pour mesurer la premiere. (On peut encore consulter sur cette matiere *Weidleri Institutiones Geometriæ subterraneæ* écrites en allemand, mais qui mériteroient bien d'être traduites en notre langue.)

TIRE-LIGNE. Instrument qui sert à tirer des lignes. Sa perfection consiste en ce qu'il tire une ligne également épaisse de quelque côté qu'on la tourne. Sa forme est celle d'un porte-craïon, d'une plume.

TOI

TOISE. Mesure de 6 pieds roïaux. Trois de ces mesures font ce qu'on appelle Perche, (*Voïez* PERCHE.) Ainsi une *Toise* quarrée fait 36 pieds roïaux & une *Toise* cubique 216.

TOISE'. L'art de calculer les dimensions des ouvrages d'Architecture & civile & militaire, c'est-à-dire, les surfaces & les solidités de ces ouvrages. Ainsi la premiere partie de cet Art est la Multiplication (*Voïez* ce terme.) Et la seconde, les regles qu'il faut suivre pour *Toiser* les differentes parties de l'édifice, suivant les figures de ces parties : ce qui doit être rapporté aux articles où je donne la maniere de trouver la surface & la solidité de differens corps, tels que le Prisme, la Piramide, &c. Il est vrai qu'il y a un cas particulier, c'est le *Toisé* de la Charpente qui a une mesure particuliere. Cette mesure est la *Solive*, contenant trois pieds cube de bois. De sorte que si l'on a une piece de bois, dont la longueur soit de 6 pieds, la largeur de 12 pouces, & l'épaisseur de 6 pouces, cette piece composera une solive, parce qu'elle vaut 32 pieds cubes. Mais comme la toise cube vaut 216 pieds cubes, & que 216 divisé par 3 donne 72, il suit que la solive est la soixante-douziéme partie d'une toise cube : ce qui pour le reste du *Toisé* de la charpente devient une simple regle de multiplication. Sur quoi on peut consulter pour se conduire le *Nouveau Cours de Mathématique* de M. *Belidor*, & la *Géometrie-pratique* de M. *Clermont*.

TON

TON. Terme de Musique. Certain degré d'élevation ou d'abbaissement de voix ou de quelqu'autre son, ou plutôt un *Ton* est un son en tant qu'il a rapport à un autre son.

TONNERRE. Bruit éclatant & redoublé qui paroît produit par une exhalaison enflammée qui fait effort pour sortir de la nue. Lorsque les exhalaisons qui forment l'éclair (*Voïez* ECLAIR & FOUDRE,) sont enflammées entre deux nues, l'air, qui est entre ces deux nues est dilaté, & tâche par conséquent de s'échapper. Celui qui est vers les extrèmités des deux nues s'échappe le premier ; ce qui fait que les extrèmités de la nue superieure s'abbaissent un peu plus que le milieu, & enferment ainsi une grande quantité d'air. Cet air achevant de sortir par un passage assez étroit & assez irrégulier qui lui reste, doit faire un effort & produire dans cet effort, (par le choc de l'air extérieur) un grand bruit, (*Voïez* BRUIT.) Les Physiciens comparent cet effet à celui des orgues, formé par l'air, qui sortant de leur sommier, produit un grand son en passant par les pédales. On peut donc entendre un *Tonnerre* sans voir aucun éclair. Il est vrai que celui qui se fait de cette sorte ne sauroit être fort éclatant. Car cet éclat dépend de la maniere prompte & brusque dont les exhalaisons enflammées dilatent l'air, parce qu'alors l'air extérieur agissant avec plus de violence sur les nues les comprime davantage, & fait sortir l'air par conséquent avec plus de vitesse. Si le *Tonnerre* gronde ou qu'il donne plusieurs coups, cela vient de deux inflammations subites, & des répercussions du son qui est reflechi tant par les nues que par les objets qui se trouvent sur la surface de la terre.

Telle est l'explication qu'on a donnée du *Tonnerre*, & qui paroît fort vraisemblable. Cependant après les découvertes toutes récentes de l'électricité, cette vraisemblance devient une conjecture fort vague. M. *Franklin* aïant repeté l'expérience de Leyde (*Voïez* COUP FOUDROYANT,) à Philadelphie en Amerique, & l'aïant variée de plusieurs façons, a découvert que les étincelles d'électricité, tirées à travers d'une grande glace étamée des deux côtés, suspendue sur des cordons de soïe, & étant électrisée par un conducteur du globe électrique ; que ces étincelles, dis-je, étoient si vives, qu'elles traversoient une main de papier, en le perçant sans le brûler. Le même Auteur enferma & serra dans une petite presse une feuille d'or entre deux morceaux de glace, de maniere que les extrèmités débordoient de la presse. Les choses en cet état, M. *Franklin* fit toucher une extrèmité à une bouteille, dont la surface intérieure étamée étoit fortement électrisée, & tira une étincelle de l'autre extrèmité qui débordoit la presse. Or il arriva que l'étincelle en passant fit un explosion, & que l'or se trouva en partie fondu sur les petits morceaux de glaces dans lesquels la feuille avoit été enfermée. Comme ces étincelles sont violentes, il faut quand on les tire avoir un morceau de fer emmanché avec du verre, afin que la commotion ne se communique pas à celui qui touche la feuille d'or. De plusieurs autres expériences, & de l'odeur de soufre & de phosphore qu'il sentoit, M. *Franklin* conjectura que la matiere qui produit le *Tonnerre* pourroit bien être celle de l'électricité, dont les effets étoient si semblables à ceux de la foudre. Une découverte qu'il fit par hazard, lui fit imaginer un moïen de vérifier sa conjecture. Cette découverte est, que si l'on presente à un globe électrisé ou même au simple conducteur de l'électricité, une pointe de fer bien aigue, on voit au bout de cette pointe une lumiere brillante semblable au feu folet. Plus la pointe est fine, plus l'électricité est forte, & plus par conséquent la lumiere est éclatante. (*Voïez* les *Expériences & Observations sur l'électricité, faites à Philadelphie en Amérique*, par M. *Benjamin Franklin*.) De-là il suit que les pointes attirent l'électricité. Si donc la matiere qui forme le *Tonnerre* eſt la matiere électrique, une barre de fer extrêmement pointue & ſoutenue au faîte d'un édifice, donnera des étincelles lorſque le *Tonnerre* ſe fera entendre. C'eſt préciſément ce qui eſt arrivé. M. d'*Alibard* traducteur du Livre de M. *Franklin*, Anglois, aïant expoſé au mois de Mai 1752 à Marli-la-Ville une barre de fer extrêmement mince d'environ 6 pieds de long, au ſommet d'une guérite qu'il avoit élevée dans un jardin de cet endroit, la perſonne qu'il avoit commis à cette expérience, en tira des étincelles dans le tems qu'un *Tonnerre* ſe faiſoit entendre ſur ce lieu. M. *Delor*, qui avoit auſſi élevé une barre de fer pointue appuïée ſur un gâteau de reſine dans ſon cabinet à l'Eſtrapade, en tira des étincelles dans le tems qu'un nuage noir paſſoit ſur le cabinet. Aïant voulu ſentir l'odeur qu'exhaloit cette barre ainſi électriſée, il éprouva même une commotion. Voilà donc la matiere du *Tonnerre* qui n'eſt autre choſe que la matiere de l'électricité. Cela étant la façon dont nous excitons cette matiere par un violent frottement eſt-elle la véritable ? Voïons-nous une ſemblable violence dans la nature lorſque nous tirons des étincelles d'une barre électriſée par la matiere du *Tonnerre* ? Non aſſurément. Il faut donc qu'il y ait un autre moïen de développer la matiere électrique, & que cette matiere n'ait pas eſſentiellement beſoin d'une friction conſiderable pour ſe manifeſter : ſujet d'examen pour les Phyſiciens.

T O R

TORE. Terme d'Architecture civile. C'eſt une groſſe moulure ronde qui ſert de baſe aux colonnes. On l'embellit ſouvent de feuillages entortillés, parſemés de ſpheres planes, de roſes, d'œufs, de ſerpens, &c. Sa ſaillie eſt égale à la moitié de ſa hauteur

TORQUETUM. Ancien inſtrument d'Aſtronomie, qui repreſentoit le mouvement de l'équateur ſur l'horiſon. On s'en ſervoit pour obſerver le lieu véritable du ſoleil & de la lune, & de chaque étoile, tant en longitude qu'en latitude, la hauteur du ſoleil & des aſtres au-deſſus de l'horiſon, l'angle que l'écliptique faiſoit avec l'horiſon, &c. On trouvoit auſſi avec cet inſtrument la longueur du jour & de la nuit, & le tems qu'une étoile s'arrête ſur l'horiſon. Tous ces problêmes ſe réſolvent aujourd'hui fort aiſément par l'uſage de la ſphere armillaire & du globe céleſte (*Voïez* Sᴘʜᴇʀᴇ ᴀʀᴍɪʟ-ʟᴀɪʀᴇ & Gʟᴏʙᴇ ᴄᴇʟᴇsᴛᴇ.) *Regiomontan*

a donné la deſcription & l'uſage de cet inſtrument dans ſes *Scripta Regiomontani* publiés in-4° en 1544. *Maurolycus* en traite encore dans ſes *Œuvres*, où il décrit les inſtrumens de Mathématique, de même que *Joh. Gallacius* dans ſon Livre *De Mathematicis inſtrumentis*, *Liv. IX. Ch. 1.*

T O U

TOUR BASTIONNE'E. Terme d'Architecture militaire. C'eſt une tour extrêmement forte avec des ſouterrains & garnie d'embraſures, qu'on conſtruit ſur la pointe d'un baſtion & qui y ſert preſque de cavalier & de baſtion détaché, pendant que ſon ſouterrain ſert de magazin, (*Voïez* à l'article de FORTIFICATION la maniere de fortifier de M. *De Vauban.*)

TOURBILLON. C'eſt dans la Phyſique Carteſienne un ſyſtème de particules de matiere qui tournent comme un goufre, ſans laiſſer entre elles aucuns interſtices ou aucun vuide. (*Voïez* Sʏsᴛᴇᴍᴇ ᴅᴇ Dᴇsᴄᴀʀᴛᴇs.)

TOUT. Les Mathématiciens entendent par-là un aſſemblage de pluſieurs quantités conſideré comme l'unité, c'eſt-à-dire que ces quantités ſont des parties, qui étant priſes enſemble ſont encore égales à cette unité. Exemple. La ligne A B (Planche V. Figure 314.) eſt un *Tout*, autant qu'on la conſidere comme pouvant être partagée en pluſieurs autres plus petites, AD, DE, EF, FB, qui ſont toutes differentes les unes des autres, & qui priſes enſemble font la ligne A B qui eſt leur *Tout*. C'eſt ainſi que chaque choſe eſt appellée un *Tout* à l'égard de ſes parties.

T R A

TRAJECTOIRE. Nom de la ligne que le centre d'une comete décrit dans le fluide céleſte. *Kepler* a ſoutenu dans ſon Livre *De Cometis*, *pag.* 8, que les cometes ſe meuvent en ligne droite. *Hevelius* dans ſa *Cometographia* ; & M. *Caſſini* dans ſon *Traité des Cometes* ont été du même ſentiment. Cependant M. *Newton* a démontré que les cometes ſe meuvent dans une ſection conique, dont le ſoleil occupe le foïer comme *Kepler* l'avoit découvert à l'égard des planetes. (*Philoſ. natur. Princip. Math. Liv. III. Prop. 40.*) S'il eſt donc vrai que les planetes reviennent après une certaine période, il faut abſolument que la ligne de leur orbite, c'eſt-à-dire, la *Trajectoire* ſoit une ellipſe comme l'eſt à peu près celle des planetes ; je dis à peu près ; car M. *Newton* a démontré à l'endroit cité, que les
orbites

orbites des planetes s'approchent beaucoup des paraboles, & il a donné la méthode de les conftruire moïennant quelques obfervations.

Au refte on appelle *lignes Trajectoires* toutes les lignes qu'un corps décrit par fon mouvement dans un efpace libre; & c'eft dans ce fens que M. *Newton* traite des *Trajectoires* dans fes *Principes. Liv. I. Sect. 4.* On donne encore le nom de *Trajectoires* à des lignes qui en coupent d'autres en même tems.

TRANCHE'E. Terme de Fortificat. C'eft un foffé que les Affiégeans creufent pour s'aprocher avec moins de danger d'une Place attaquée. Elle eft differente felon la nature du terrein. Quand le terrein eft plein de roc, la *Tranchée* n'eft qu'une élevation de fafcines, de gabions, de balots de laine, avec le plus de terre que l'on peut ramaffer. Mais quand le terrein eft mouvant, la *Tranchée* eft un foffé que l'on borde d'un parapet du côté des Affiégés. Sa largeur eft ordinairement de deux toifes, & fa profondeur, de 6 à 7 pieds, en la prenant du haut du parapet.

Les *Tranchées* doivent être en *zig-zag*, c'eft-à-dire par coudes & détours, qui ne s'éloignent pas beaucoup d'être paralleles aux ouvrages de la Place attaquée, afin que les Affiégeans ne foient vus de l'ennemi que le moins qu'il eft poffible, & que toute la longueur d'une *Tranchée* ou d'un boïau ne foient pas expofée à fes coups : ce qui s'appelle être enfilé. Car avec un feul *coup d'enfilade*, l'Affiégé peut mettre hors de fervice tout ce qui fe rencontre dans l'étendue d'un retour ou d'un boïau : au lieu qu'en portant la *Tranchée* en zig-zag, pour fe défiler, les coups des affiégés ne peuvent gueres donner que fur un feul objet à la fois.

TRANSFORMATION. Terme de Géometrie. C'eft l'art de réduire ou de changer une figure ou un corps en un autre qui ait la même aire ou la même folidité, mais qui foit une figure differente, par exemple, à changer un triangle en quarré, une piramide en un parallelipipede, &c.

TRANSFORMATION D'UNE EQUATION. C'eft le changement d'une équation dans une autre plus propre à être réfolue, (*Voiez* EQUATION.)

TRANSITION. Terme de Mufique, L'art de rompre une note en une plus petite, pour paffer par une douce gradation à la note fuivante; ce qui eft quelquefois très-néceffaire dans une compofition de Mufique.

TRANSPOSITION. C'eft l'action de faire paffer quelque terme d'une équation d'un

membre dans l'autre. Ainfi aïant $a + b = c$, on aura par *Tranfpofition* $a = c - b$, où l'on voit que b eft *tranfpofé*.

TRANSVERSE. On caracterife ainfi le plus grand axe d'une ellipfe. (*Voiez* ELLIPSE.)

TRAPESE. Figure plane compofée de quatre lignes droites inégales. C'eft un quarré informe qui n'eft point un parallelograme, c'eft-à-dire, dont les côtés ne font ni égaux ni paralleles, comme le reprefente la Figure 316. (Planche VIII.) Cependant les côtés peuvent être paralleles fans être égaux, & en ce cas on appelle la figure *Trapefe à bafes paralleles*. Les côtés peuvent être encore égaux fans être paralleles & fans que les deux autres foient égaux : ce qui produit plufieurs efpeces de *Trapefes*. Et d'abord quelques Géometres appellent *Trapefe* un quarré qui n'a que deux côtés paralleles, & *Trapefe irrégulier* ou *Trapefoïde* celui où il n'y a aucun côté parallele à l'autre. Telles font les figures 315 & 316. (Plan. VIII.) En fecond lieu, on nomme *Trapefe ifofcele* un quarré dont les deux côtés oppofés font paralleles & les deux autres égaux. DEGF (Pl. VIII. Fig. 317.) reprefente ce *Trapefe*. Les deux côtés DE & FG font paralleles, & les deux autres DF & EG font égaux. La troifiéme ou quatriéme forte de *Trapefe* eft un quarré ABCD (Planche VIII. Figure 319.) qui a deux côtés oppofés AB & CD paralleles, & les deux côtés AD & BC inégaux & non paralleles. On le nomme *Trapefe rectangle*. Il y a encore le *Trapefe fcalene* & le *Trapefe folidal*. Les deux côtés du premier font paralleles, mais inégaux, (Planche VIII. Figure 320.) Le fecond n'eft autre chofe qu'une piramidetronquée, (*Voiez* PIRAMIDE.)

TRAPESOIDE, Solide irrégulier qui a quatre faces dont aucune n'eft parallele. (*Voiez* TRAPESE.)

TRAVERSE. Terme de Fortification, Ce mot a plufieurs fignifications. Premierement, c'eft un travail qu'on fait pour fermer le paffage à l'ennemi dans une gallerie, En fecond lieu, *Traverfe* eft une maffe de terre qu'on éleve dans les ouvrages d'une fortification lorfqu'ils font enfilés, pour fe couvrir ou fe garentir de l'enfilade, Troifiémement, on donne ce nom à un efpece de retranchement qu'on fait dans le foffé fec pour en défendre le paffage. Enfin on entend auffi par ce mot une petite tranchée bordée de deux parapets, l'un à droite, l'autre à gauche, que les affiégeans pratiquent dans toute la longueur du foffé d'une place pour fe mettre à couvert des coups de l'ennemi qui pourroient venir de côté : moïennant quoi il leur est moins difficile d'attacher les Mineurs aux bastions.

TRE

TREMPE. Terme de feu d'artifice. C'est une composition de poix fondue, de colophane & d'huile de lin, où l'on mêle de la poudre écrasée jusques à ce qu'elle prenne une consistance. On y trempe les balles à feu jusques ce qu'elles aïent leur vrai calibre. (*Voïez* là-dessus l'*Artillerie de Simienowitz.*)

TREUIL ou TOUR. Machine simple faite d'un tambour fermement assemblé avec un cilindre ou rouleau, qui l'enfile par le milieu suivant son axe, qui devient aussi pour lors celui de ce cilindre. Cette machine sert à élever des fardeaux tels que P (Planche XLIII. Figure 321.) attachés au bout d'une corde, qu'une puissance R, appliquée à la circonference du tambour B B, fait entortiller autour du cilindre B B, en faisant tourner la machine entiere autour de son axe E F, appuïé par ses extrèmités E, F, dans les trous ou sur les fentes de deux appuis inébranlables G H, G H. (*Varignon, Nouvelle Mécanique, Tom. I. Sect. IV. pag.* 271.) Cette machine fait le même effet que la roue dans son essieu; ainsi elle augmente l'effort de la puissance en même raison. (*Voïez* ROUE DANS SON ESSIEU.)

TRI

TRIANGLE. Figure renfermée entre trois côtés. C'est la plus simple de toutes les figures. On distingue les *Triangles* suivant leurs côtés & suivant leurs angles. Suivant les côtés on a d'abord des *Triangles rectilignes* & des *Triangles sphcriques.* Les premiers sont formés par trois lignes droites, comme le *Triangle* A B C (Plan. II. Figure 324.) & les seconds par trois arcs d'un grand cercle de la sphere, tel est le *Triangle* D E F (Pl. II. Fig. 325.) On démontre en Géometrie que dans tout *Triangle rectiligne & sphcrique,* les sinus des côtés sont proportionnels aux sinus des angles opposés à ces côtés. En second lieu, les *Triangles* rectilignes sont distingués relativement au rapport respectif de leurs côtés. Lorsque les côtés sont égaux, le *Triangle* est *équilateral.* Les trois angles de ce *Triangle* sont de 60 degrés. Le côté d'un *Triangle équilateral* inscrit dans un cercle, est triple en puissance du raïon, c'est-à-dire, que le quarré du côté de ce *Triangle* est triple du quarré du raïon, (on en verra la raison ci-après.) Quand deux côtés seulement sont égaux, on nomme le *Triangle isoscele.* La

propriété de ce *Triangle* est que les angles qui se forment sur sa base sont égaux. Et enfin lorsque les trois côtés sont inégaux, le *Triangle* est dit *scalene.*

2. Les *Triangles* par rapport à leurs angles se soudivisent encore en trois. On appelle *Triangle rectangle* celui qui a un angle droit. Dans tout *Triangle rectangle* le quarré fait sur le côté opposé à l'angle droit, qu'on appelle *Hypothenuse,* est égal aux quarrés faits sur les deux autres côtés. Ainsi l'hypothenuse étant 5, les deux autres côtés seront 3 & 4; parce que le quarré de 5 qui est 25, est égal aux deux quarrés de 3 & 4, c'est-à-dire 9 & 16, dont la somme est 25.

Et comme toutes les figures rectilignes sont entr'elles comme le quarré de leurs côtés homologues, il suit que la figure rectiligne décrite sur ce côté, est égale à la somme des deux autres. On doit cette belle propriété à *Pythagore.* On prétend qu'il sacrifia cent bœufs aux Dieux pour leur en rendre des actions de graces. En effet, cette proposition est une des plus utiles qu'on ait découvert dans la Géometrie. On en pourra juger par les avantages que j'expose dans differens articles de cet Ouvrage, suivant que ces articles y ont rapport.

La seconde propriété remarquable du *Triangle rectangle* est celle-ci. Si l'on coupe en deux parties égales l'angle quelconque d'un *Triangle,* le côté opposé à cet angle sera divisé en deux segmens qui seront entre eux comme les côtés correspondans de cet angle. Et la troisiéme propriété est telle, que si du sommet d'un *Triangle rectangle* on abbaisse une perpendiculaire sur l'hypothenuse, elle divisera ce *Triangle* en deux autres *Triangles rectangles* semblables entre eux ainsi qu'au *Triangle* total.

Lorsqu'un *Triangle* a un angle obtus, il est nommé *Triangle obtusangle.* Voici la propriété de ce *Triangle.* Si l'on abbaisse une perpendiculaire sur la base d'un *Triangle obliquangle,* la difference des quarrés des côtés est égale à deux fois le rectangle fait de la base & de la distance de la perpendiculaire au milieu de la base, (*voïez* encore TRIGONOMETRIE RECTILIGNE).

Enfin un *Triangle* dont tous les angles sont aigus, est nommé *Triangle acutangle.* La propriété générale de ce *Triangle* est rapportée à l'article de TRIGONOMETRIE, parce qu'elle est là rapprochée de son usage.

3. Après avoir fait connoître les propriétés particulieres de chaque *Triangle,* je vais expliquer celles qui leur sont communes, & celles qui les caracterisent en quelque sorte.

TUR

TURBO. Terme de Géometrie. C'est un corps pointu par en bas & large par en haut, en sorte qu'il est le contraire des piramides & des cones; parce qu'il n'est véritablement qu'une de ces figures renversée.

TYB

TYBI. Nom du cinquième mois de l'année Egyptienne. Il commence le 27 Décembre du Calendrier Julien.

TYK

TYKIRAT. Nom que les Mores donnoient au deuxième mois de l'année. Il commençoit le 28 Septembre de l'année Julienne.

TYM

TYMPAN. Machine hydraulique, dont se servoient les Anciens pour faire monter de l'eau. *Vitruve* la décrit dans son *Architecture, Liv. X. Ch. IX.* C'est une grande roue creuse G (Planche XLVIII. Figure 330.) formant un tambour composé de plusieurs ais joints ensemble, traversés par un essieu B. L'intérieur de ce tambour est divisé en 8 espaces égaux par autant de cloisons placées sur la direction des raïons. Chaque espace a une ouverture A d'un demi-pied de superficie, pratiquée dans la circonference du tambour. C'est par ces fenres que l'eau entre. Huit canaux creusés le long de l'essieu, dont chacun répond à une cellule, reçoivent l'eau des cellules : de ces canaux elle parvient à l'extrêmité D, d'où elle se décharge dans le baquet E. Une auge F qu'on adapte à ce baquet la conduit de là où l'on veut.

On voit bien qu'il faut faire tourner cette roue pour s'en servir, & que ce n'est que par-là que le mouvement de rotation qu'elle se remplit & se vuide. A cette fin, comme cette roue est lourde, on ajuste dans son essieu une autre roue C, dans laquelle des hommes marchant la font tourner facilement. On peut s'éviter cette peine si on fait usage de cette roue dans un courant, & cela en y mettant des aubes, parce qu'alors le choc de l'eau sur les aubes, produira ce mouvement.

Quoique cette machine ait été fort estimée des Anciens, elle n'en vaut pas mieux. Car elle éleve l'eau dans la situation la plus desavantageuse qu'il soit possible, à l'égard de la puissance, le poids de l'eau se trouvant toujours à l'extrêmité du raïon. De sorte que le léviet qui lui répond, va en croissant dans le quart de circonference qu'il décrit, pour passer du bas de la roue à la hauteur du centre. De-là vient, que la puissance se trouve dans le même cas que si elle étoit appliquée à une manivelle : ainsi elle n'agit point uniformément. (*Voïez* MANIVELLE.) Voulant mettre cette idée des Anciens à profit, & parer cet inconvénient, M. *De la Faye,* de l'Académie Roïale des Sciences, veut que le tambour soit composé de quatre canaux en forme d'hélices, tellement construits que le poids à élever fasse toujours uniformément le même effet. Moïennant cela, le *Tympan* n'a plus que le défaut de n'élever l'eau qu'à une hauteur égale à celle de son raïon. Il n'en est pas pour cela moins utile dans une infinité d'occasions. (*Voïez* l'*Architecture hydraulique* de M. *Belidor* Ire Partie, Tome Ier).

TYR

TYR. Nom du cinquième mois de l'année Ethiopienne. Il commence le 25 Décembre de l'année Julienne.

TYS

TYSHAS. C'est chez les Ehtyopiens le quatrième mois de l'année. Il commence le 27 Novembre de l'anne Julienne.

V.

V A I

AISSEAU D'ARGOS. *Voiez* NAVIRE D'ARGOS.

VAISSEAU URINATOIRE. C'est un vaisseau qui va sous l'eau. *Drebbel*, Hollandois, a construit de pareils vaisseaux en Angleterre, mais on n'en trouve nulle part aucune description. M. *Papin* aïant suivi cette idée en a décrit un dans son *Fasciculus Dissertationum.*

V A P

VAPEURS. Terme de Physique. Exhalaisons qui s'élevent en l'air par la chaleur du soleil, par les feux souterrains, ou par quelqu'autre chaleur accidentelle. (*Voïez* EXHALAISON.) M. *Hales* a éprouvé que toutes les matieres sulphureuses détruisoient l'élasticité de l'air; que cette élasticité diminuoit considérablement lorsqu'il étoit impregné de mauvaises *Vapeurs*, & qu'il reprenoit son élasticité, lorsqu'il étoit mêlé avec des acides. Comme la connoissance de l'élasticité de l'air est importante, parce que c'est de là que dépend sa pureté, j'ai cherché à trouver un instrument avec lequel on pût la mesurer. C'est ce qui m'a donné l'idée de l'instrument suivant que j'appelle un *Queynometre*, tirée de deux-mots grecs, dont l'un signifie salubrité & l'autre mesure. Voici ce que c'est.

A & B (Planche XXIX. Figure 641.) sont deux bouteilles d'égale capacité, adaptées à deux tuïaux C D, E F. L'un de ces tuïaux (le tuïau E F) entre dans la bouteille B & aboutit presque à son fond en suivant sa courbure, & l'autre n'entre que dans l'épaisseur intérieure de la bouteille A. Ce second tuïau est armé d'un robinet R, qui le ferme exactement, c'est-à-dire, qui empêche la communication de ce tuïau avec la bouteille A. Deux robinets S, T sont ajustés au bout des deux tuïaux K, K (Planche XXIX. Figure 641, 642, 643.) Sur ces tuïaux on visse deux autres tuïaux M M, percés de plusieurs petits trous à leur partie postérieure. Et le tout entre dans les bouteilles, chaque tuïau ainsi garni à chaque fond des deux bouteilles. On comprendra la proportion qu'il y a entre les deux bouteilles & le tuïau, quand on aura vû l'usage de cet instrument qui est tel. Les deux robinets T, R, étant fermés, on verse par le trou O, (aïant ouvert auparavant le robinet S) du mercure. Ce fluide tombe par le tuïau C D dans la bouteille B & prend la place de l'air qu'il condense dans le tuïau F R, cet air ne pouvant s'échapper. Il est donc condensé autant qu'il peut l'être, & alors le mercure ne pouvant plus descendre dans le tuïau C D, il marque le degré de condensation de l'air, par la hauteur où il est dans ce tuïau, qui est proportionnelle à sa densité. Et comme il est démontré que l'élasticité est proportionnelle à la densité, celle-ci étant connue par la compression, l'élasticité de l'air l'est aussi.

Cette expérience faite aujourd'hui, ou à un endroit, j'ouvre le robinet R. L'air s'échappe alors par l'ouverture Q. Je renverse l'instrument pour faire tomber le mercure dans le tuïau F E. Pour cela, le robinet T doit être ouvert, & alors le mercure tombe sans qu'il puisse s'échapper par l'ouverture O, qui a donné l'issue à l'air. Cela fait, on remet l'instrument dans sa premiere situation, après avoir fermé tous les robinets excepté le robinet S, parce que le tuïau M percé, qui est vissé sur le tuïau K, empêche que le mercure ne bouche l'ouverture I du tuïau I O, l'air passe par ce tuïau & sortant par les trous du second tuïau, remplace le vuide que laisse le mercure en tombant. Ainsi ce métal liquide coule avec facilité dans le tuïau C D, & vient comprimer l'air comme auparavant. On aura donc le degré de condensation de l'air dans cette seconde opération. On saura donc s'il est plus dense, s'il est plus élastique qu'à la premiere : ainsi dans tous les tems il reste à déterminer un point fixe pour rendre mon *Queynometre* universel : c'est ce que je n'ai pas eu encore le tems de chercher. Il suffit pont le prefent que je fois certain que cet inftrument fafle connoître l'élafticité de l'air, & par conféquent fa bonté. Si cela eft, mon *Queynometre* eft une invention utile, dont la perfection n'eft pas loin.

Je ne dois pas oublier de faire remarquer que le tuïau C D doit avoir une capacité telle, que quand la bouteille B eft pleine, il foit vuidé tout-à-fait; ce qui détermine la proportion des bouteilles aux tuïaux.

V A R

VARIATION. Terme de Phyfique. On appelle ainfi l'écart que fait l'aiguille aimantée fur la ligne méridienne. (*Voïez* AIMAN & AIGUILLE.)

VARIATION DE LA LUNE. C'eft, felon *Tycho*, la troifiéme inégalité du mouvement de la lune, qui donne la différence entre le vrai lieu de la lune & le lieu égalé deux fois hors du tems du premier & du dernier quartier, je m'explique. Dans la nouvelle & dans la pleine lune le lieu de la lune eft calculé de la même maniere que le lieu du foleil, c'eft-à-dire, qu'on n'égale qu'une fois le lieu moïen. Dans le premier quartier & dans le dernier, on doit ajouter la feconde équation, & il en faut encore une troifiéme pour les autres tems. Cette *Variation* vient du changement de l'apogée de la lune à mefure que tout fon fyftème, entraîné par celui de la terre, tourne autour du foleil. *Bouillaud* l'appelle *Reflexion de la lune*, & *Kepler*, *Reflexion de la lumiere*. Selon *Tycho* elle eft de 40', 30", & fuivant *Kepler* de 51'.

V A S

VASE D'APOLLON ou TASSE. Conftellation dans la partie méridionale du ciel au-deffous de la patte du grand Lion, & de l'aîle de la Vierge fur l'Hydre. Elle eft compofée de 11 étoiles. (*Voïez* CONSTELLATION.) On trouve la figure de cette conftellation dans l'*Uranometrie* de *Bayer* Planche S *s*, & dans le *Firmamentum Sobiefcianum*, fig. W *w*. On l'appelle encore *Calix*, *Cratera*, *Elkos*, *Elvarad*, *Patera*, *Fharmaz*, *Poculum*, *Vas*, *Urna*.

VASES CONCORDANS. On appelle ainfi dans l'Hydraulique deux *Vafes*, dont l'un ne coule pas étant rempli, mais qui fe vuident entierement lorfqu'on les remplit en même-tems. Ce font deux fiphons, qui ont entre eux une communication moïennant un tuïau. Aïant verfé de l'eau dans un de ces fiphons, elle paffe de même dans l'autre par le tuïau, & elle fe tient dans tous les

deux à une hauteur égale. En continuant d'en verfer jufques à ce que l'eau commence à s'écouler par le bas d'un des *Vafes*, elle s'écoulera également de l'autre. *Heron* a décrit ces *Vafes*, qui ne font que curieux, dans fes *Libri fpiritalium*.

V E A

VEADAR. Nom du treiziéme mois dans le Calendrier Judaïque, dont les Juifs font l'intercalation entre le fixiéme & le feptiéme mois, fept fois dans 19 ans : favoir à la troifiéme, à la fixiéme, à la huitiéme, à l'onziéme, à la quatorziéme, à la dix-feptiéme & à la dix-neuviéme année.

V E L

VELAIRE. Ligne courbe formée par une voile enflée par le vent. Cette courbe eft la même que la chaînette. (*Voïez* CHAINETTE.) Cependant on ne peut pas déterminer l'une & l'autre par la même analyfe; parce que le vent tend les parties de la voile d'une façon toute différente de celle avec laquelle la péfanteur tend les parties d'une chaîne.

V E N

VENDANGEUSE (*Vindemiatrix.*) Etoile fixe de la troifiéme grandeur dans la conftellation de la Vierge.

VENT. Agitation fenfible de l'air, caufée par l'action des raïons du foleil fur l'air & fur l'eau, quand cet aftre paffe fur l'Océan. C'eft ici une caufe générale que j'indique & que je n'adopte pas. Car l'action feule du foleil n'eft pas fuffifante pour produire les differens *Vents* qui foufflent dans l'atmofphere. La chaleur de cet aftre & la raréfaction de l'air qui en réfulte, font affurément de foibles reffources pour rendre raifon de cette variété dans le mouvement de cet élement; & l'explication de *Defcartes* par l'Eolipile, toute ingénieufe qu'elle eft, eft abfolument très-générale (*Voïez* EOLIPILE). Outre cela, la caufe de la chaleur & la force par laquelle le foleil échauffe l'air, font entierement inconnues, foit dans leur principe, foit dans la maniere dont elles agiffent, & dans les effets qu'elles produifent. Ces vérités reconnues, M. *D'Alembert* a cru que la véritable caufe des *Vents* dépendoit de la force du foleil & de la lune, qui agit fur la mer & fur l'atmofphere, en attirant leurs parties. Il s'agit donc de déterminer le mouvement de l'air en vertu de l'action de ces deux aftres, conformément à la théorie de M. *Newton* pour le flux & le reflux de la mer. (*Voïez* FLUX ET REFLUX.) La chose n'est pas possible en considerant toutes les inégalités de la terre qu'on ne connoît pas. Il faut pour parvenir à une solution générale supposer la terre un globe solide, couvert d'une couche d'air, dont les parties peuvent être homogenes ou hétérogenes pourvû qu'elles ne se nuisent pas dans leur mouvement. Dans cette supposition, l'Auteur détermine la direction & la vitesse du vent pour chaque endroit, & il explique comment un *Vent* d'Est doit regner continuellement sous l'équateur.

Le problême ainsi résolu dans toute sa généralité, M. *D'Alembert* considere le mouvement tel qu'il doit être, étant changé ou alteré par des montagnes ou par d'autres obstacles. Il détermine la vitesse du *Vent* sous l'équateur, sous un parallele, & sous un méridien quelconque, en supposant que ce *Vent* souffle dans une chaîne de montagnes paralleles. En second lieu il forme des équations par le moïen desquelles on peut déterminer le *Vent* ou les oscillations qu'il devroit faire dans un espace entouré & fermé de tous côtés par des montagnes. Enfin, il essaie de donner aussi quelques regles pour déterminer la vitesse du *Vent* suivant differentes hypotheses. Tout cela est développé dans un Ouvrage intitulé : *Réflexions sur la cause générale des Vents*. Pièce qui a remporté le prix de l'Académie Roïale des Sciences de Berlin, par M. *D'Alembert*. Le sujet du prix étoit *de déterminer l'ordre & la loi que le Vent devroit suivre, si la terre étoit environnée de tous côtés par l'Océan ; en sorte qu'on pût prédire la vitesse & la direction du Vent pour chaque endroit.* On trouve dans l'*Historia ventorum* de *Bacon* dans le *Mémoire des Vents* alisés & des moussons qui regnent entre les deux tropiques, (*Transf. Philos.* N° 183) dans le *Routier des Indes Orientales* de M. *Dassié*, dans le *Recueil de differens Traités de Physique* de M. *Deslandes*, Tom. II. Traité VII. & dans l'*Histoire générale & particuliere du Cabinet du Roi*, par M. *De Buffon*, l'histoire du météore qui vient de faire le sujet de cet article.

VENTILATEUR. M. *Hales* donne ce nom à une machine formée de soufflets, avec laquelle il renouvelle l'air d'un endroit enfermé, soit en y introduisant d'une maniere insensible un air nouveau, soit en pompant l'ancien qui est aussi-tôt remplacé par celui de dehors. Cela peut s'exécuter de differentes façons. Celle de M. *Hales* consiste en une machine composée de grands soufflets semblables à ceux des orgues, & qui se meuvent sur des charnieres par une de leurs extrêmités, soit qu'ils soient quarrés, ou comme ceux appellés *soufflets à lanterne*, qui se haussent & se baissent de tous côtés & qui font des cubes ou des cilindres susceptibles d'allongement & de compression. L'arrangement de ces soufflets & la composition totale du *Ventilateur* forme un détail qui fait le sujet d'un Livre curieux intitulé : *Description du Ventilateur, par le moïen duquel on peut renouveller facilement & en grande quantité l'air des mines.* Mais cette machine a beaucoup perdu depuis qu'on a imaginé de renouveller l'air par le moïen du feu. MM. *Desaguliers* & *Sutton* ont bien simplifié par ce moïen l'operation de M. *Hales*. M. *Sutton* veut qu'on adapte au fond de l'âtre du fourneau, qui sert à la cuisine des vaisseaux, qu'on adapte, dis-je, un tuïau, qui divisé en branches communique dans les endroits dont on veut purifier l'air. La chaleur dilatant l'air qui l'environne, celui qui passe par les tuïaux vient prendre continuellement sa place, & est lui même remplacé par celui de dehors. Cette invention a été exécutée à Londres, & a valu une récompense à l'Auteur. Elle forme le sujet d'un Livre, contenant une *Nouvelle maniere de renouveller l'air des vaisseaux.* On trouve les machines de M. *Desaguliers* à ce sujet dans son *Cours de Physique expérimentale.*

VENTRE DU DRAGON. Terme d'Astronomie. Nom du point où la lune est la plus éloignée dans son orbite de l'écliptique. Dans la théorie de cette planete on l'appelle encore *Terme*, qui est méridional lorsqu'il est le plus éloigné de l'écliptique vers le pole méridional, & septentrional, quand son plus grand éloignement de l'écliptique se fait vers le pole septentrional.

VENUS. L'une des planetes principales. En commençant à les compter par le soleil, elle est la seconde. Elle ne s'éloigne jamais de cet astre au-delà de 47 degrés. Ainsi elle n'est visible que vers le soir après le coucher du soleil, ou le matin un peu avant le lever de cet astre.

On distingue fort aisément par le telescope sa lumiere croissante & décroissante, & on peut démontrer par-là d'une maniere incontestable qu'elle tourne autour du soleil, & que son orbite exclud celui de la terre. *Hevelius*, dans ses *Prolegomena Selenographiæ*, page 68, rapporte d'après ses propres observations, 1° que *Venus* étant vûe d'abord après le soleil, elle perd de fa lumiere, jufques à ce que dans fon plus grand éloignement de 47°, elle n'eft plus que demi-éclairée ; 2° qu'après ce tems, cette planette fe rapproche de cet aftre, & que fa lumiere décroît toujours de plus en plus ; 3° qu'étant vue un peu avant le foleil levé, elle n'eft que fort peu éclairée ; 4° qu'en s'éloignant du foleil, fa lumiere croît toujours jufques à ce que dans fa plus grande diftance, fa moitié fe trouve encore éclairée ; 5° qu'en retournant vers le foleil, fa lumiere croît toujours jufques à ce qu'elle devienne pleine en fe cachant des raïons du foleil. De forte qu'on ne voit fort fouvent qu'une partie de *Venus* éclairée, telle que paroît la lune lorfqu'elle n'eft pas pleine, & que fon côté éclairé eft toujours tourné vers le foleil.

M. *De la Hire* a obfervé *Venus* en 1700 avec un telefcope de 16 pieds, & il y a trouvé des montagnes plus élevées que ne font celles qu'on voit fur la lune. (*Voïez* LUNE.) La grandeur de cette planete étoit trois fois celle de la lune vue avec les yeux nuds. (*Voïez* les *Mémoires de l'Académie Roïale des Sciences* de 1700.) On peut conclure de-là que *Venus* eft un corps reffemblant à celui de la lune, & par conféquent à celui de la terre. Depuis que le monde exifte, elle n'a été obfervée qu'une feule fois dans le foleil ; favoir le 24 Novembre de l'année 1639, & ce phenomene ne reparoîtra que le 5 Juin de l'année 1761 ; comme l'a remarqué *Jeremie Horocce*, dans fes *Obfervations céleftes*, (*Opera pofthuma, pag. 393*), & après lui M. *Halley*. Ce dernier Aftronome prétend que le paffage de cette planete par le difque, pourra faire connoître la diftance du foleil à la terre à un 500ᵉ près. (M. *Hevelius* a publié un Traité intitulé *De Venere in fole vifâ*, conjointement avec celui qu'il a compofé, *De Mercurio in fole vifo*.)

2. La diftance de *Venus* au foleil eft de 72⅓ diametres de la terre ; fon excentrique de 5⅓ l'inclinaifon de fon orbite de 3°, 23' ; fon mouvement périodique de 224 jours, 17 heures, & fon mouvement autour de fon axe de 23 heures. Le diametre de cette planete eft prefque égal à celui de la terre.

M. *Caffini* obfervant *Venus* en 1672 & 1686 avec un telefcope de 34 pieds de long, crut appercevoir un fatellite qui faifoit fa révolution autour d'elle. Et à la diftance d'environ les ⅔ de fon diametre, il trouva à ce fatellite les mêmes phafes qu'à *Venus*, toutefois fans aucune forme bien terminée. Son diametre n'avoit gueres plus que le quart de celui de *Venus*.

VERGE DE FUSE'E. Terme de Feux d'artifices. C'eft un long bâton auquel on attache la fufée qui doit monter. Il eft fait d'un bois leger & fec pour les petites fufées ; & celles qui font de moïenne grandeur, fon poids eft depuis une jufqu'à deux livres. On lui donne fept fois la longueur des fufées, lefquelles ont fept fois le diametre de leur ouverture. La même proportion peut avoir lieu à l'égard des fufées plus grandes, à moins que le bâton ne foit plus fort à proportion. Les Artificiers proportionnent ainfi l'épaiffeur de cette *Verge*. Ils lui donnent en haut ⅖ du diametre de la fufée & ⅙ en bas. (*Voïez* l'*Artillerie* de *Simienowitz*, Part. *I.*)

VERGETTES NUMERATRICES. Ce font de petites colonnes quadrangulaires, fur les côtés defquelles on écrit le livret, & dont on fe fert avec avantage pour faciliter la multiplication & la divifion. (*Voïez* RABDOLOGIE.)

VERGETTES SEXAGENALES. Petits bâtons quarrés fur chaque côté defquels font écrits avec un certain arrangement des nombres, & dont on fe fert pour faciliter la multiplication & la divifion des fractions fexagefimales, comme des degrés, des minutes, des fecondes, &c. *Samuel Reyher*, Profeffeur à Kiel, en eft l'inventeur, & il en a compofé un Traité particulier publié à Kiel en 1688, in-4°. Les *Vergettes* ne fauroient fervir que pour les calculs Aftronomiques ; parce que les fractions fexagefimales ne font utiles que là. (*Voïez* FRACTIONS SEXAGESIMALES.)

VERRE ARDENT. C'eft un verre ou convexe de deux côtés, ou feulement d'un & plan de l'autre, & qui par fa figure raffemble tellement les raïons par la réfraction qu'ils brûlent & enflamment. (*Voïez* MIROIR ARDENT.)

VERRE OBJECTIF. C'eft dans un telefcope & dans un microfcope le verre qui eft tourné vers l'objet qu'on regarde. Les *Verres objectifs* qui fervent aux telefcopes, font des fections de grandes fpheres. Dans les microfcopes au contraire ce font des fections des petites. M. *Hartzoeker*, dans fon *Effai de Dioptrique*, page 99, donne la maniere de faire ces *Verres* fans fe fervir des plats avec lefquels on les forme.

VERRE OCULAIRE. C'eft le *Verre* d'un telefcope & d'un microfcope qu'on applique immédiatement à l'œil.

VERSEAU. Onziéme conftellation du zodiaque, dont cette partie de l'écliptique porte le nom. On y compte 86 étoiles. (*Voïez* CONSTELLATION.) *Hevelius* a déterminé la longitude & la latitude de 40 de ces étoiles d'après les observations de *Ptolomée*, d'*Ulucq Beigh*, du *Landgrave de Hesse*, de *Tycho* & de *Riccioli*, (*Voïez* son *Prodrom. Astronom. pag.* 148.) Ce même Astronome a donné la figure de la constellation entiere dans son *Firmamentum Sobiescianum*, fig. M *m*, de même que *Bayer* dans son *Uranometrie* lettre H *h*. La tête du *Verseau* est près du Pegase, & son pied gauche près du Poisson austral solitaire. Les Poetes donnent à cette constellation le nom de *Deucalion*. *Schiller* l'appelle *Judas Thaddée*; *Hartsdoffer*, *Naaman*. *Weigel* en ajoutant à cette constellation celle du Poisson solitaire, en forme le Lion avec les sept fleches des armes de la Hollande.

Il y avoit autrefois dans cette constellation une étoile de la sixiéme grandeur sur la hanche gauche, qu'*Ulucq - Beigh* avoit encore observée en 1700; mais qui disparut peu de tems après. *Tycho* met la longitude de cette étoile pour l'année 1600 à 29°, 30' du *Verseau*, & sa latitude australe de 5°, 40'. Ce n'est pas la premiere fois que des étoiles qu'on est certain d'avoir vû pendant long-tems au firmament en disparoissent à la fin. *Montanari* donne plusieurs exemples de pareils phénomenes dans les *Transactions Philosophiques*, N°. 73, pag 2203, où il rapporte les étoiles fixes qu'on ne voïoit point dans le ciel en 1664, & qui y brillent aujourd'hui. Là-dessus quelques Physiciens ont prétendu que les terres ou les planetes naissent des étoiles fixes, & qu'elles sont de nouveau changées en étoiles fixes après quelque tems. Le caractere de cette constellation est ≈. On lui donne les noms suivans : *Aquæ Tyranœus*, *Aristæus*, *Cecrops*, *Eleleu*, *Fusor aquæ*, *Ganymedes* & *Hydridurus*.

VERTICITE'. C'est la propriété qu'a l'aiman ou une aiguille aimantée de se diriger vers le Nord ou vers le Sud, c'est-à-dire vers les poles du monde.

V I B

VIBRATION. C'est la même chose qu'oscillation (*Voïez* OSCILLATION.) On distingue deux sortes de *Vibrations*, une simple & une composée. Dans la *Vibration simple* le poids ne décrit en oscillant qu'un arc, & la *Vibration est composée* lorsque le poids retourne au point d'où il est descendu.

V I E

VIERGE. Sixiéme constellation du zodiaque qui donne son nom à cette partie de l'écliptique. Quelques Astronomes y comptent 50 étoiles. *Hevelius* en a déterminé la longitude & la latitude dans son *Prodrom Astron.* p. 304, & il a donné la figure de la constellation entiere dans son *Firmamentum Sobiescianum*, Fig. G *g*, comme aussi *Bayer* dans son *Uranometrie* Plan. C *c*. *Schickard* appelle cette constellation la *Sainte Vierge*; *Schiller*, *Jacques le petit* Apôtre; & *Weigel* y voit les sept tours qui sont dans les Armes du Roïaume de Portugal. On lui donne aussi les noms suivans : *Adrenetesa*, *Astrœa*, *Astargatis*, *Ceres*, *Eludari*, *Erigone*, *Fortuna*, *Isis*, *Justa* ou *Justicia*, *Panda*, *Pantica*, *Pax*, *Spicifera Dea*, *Sumbala*, *Virgo spicea munera gestans*.

V I G

VIGILES. Nom de deux étoiles qui sont hors de l'étoile polaire dans la queue de la petite Ourse.

V I N

VINDAS. (*Ergata*,) Espece de roue dans l'essieu, ou sorte de machine qui sert à élever un grand poids avec peu de force, & dont on voit la forme & la construction dans la Planche XXXV. Figure 331. Les quatre bras A, qui sont à la solive de la machine servent à la fixer sur des piliers qui la tiennent stable. Le tambour C est rond par-dessus & par-dessous, mais brisé en 6 côtés dans l'endroit où la corde s'entortille, ou moins épais là qu'ailleurs, afin que la corde n'y glisse point & qu'elle y revienne de tous les autres endroits. Une autre attention qu'on doit avoir dans l'usage de cette machine, c'est que la corde ne se double en aucun endroit. Pour éviter cela on place ordinairement un homme assis à terre contre elle, qui en s'y appuïant avec ses pieds dévide la corde. C'est ici le même inconvénient du cabestan. (*Voïez* CABESTAN.) La puissance de cette machine est la même que celle du lévier. (*Voïez* LEVIER.)

2. On se sert dans les mines d'une autre sorte de *Vindas* particulier. Il est composé d'un essieu A qu'on appelle tambour (Planche XLIII. Figure 332.) autour duquel la corde s'entortille. A ses extrémités sont les pieces de fer que la figure 333 représente. La pointe de ces pieces, autant qu'elles entrent dans

l'essieu

l'essieu, font angulaires. De *b* en C elles font rondes pour tourner aifément dans leur lit ; de C en *d* planes, pour y mettre le lévier *e f* avec fon bout *e*. Le principal point de cette machine eft que la groffeur de l'effieu foit proportionnée à la longueur des léviers, en forte que deux hommes puiffent y travailler pendant affez long-tems fans fe fatiguer. Il faut encore que les léviers & les pieces qui portent le *Vindas* foient proportionnés à la hauteur d'un homme, comme on le voit dans la figure.

VIS

VIS. Machine fimple en forme de cilindre autour de laquelle eft comme entortillé un plan incliné, qui forme ce qu'on appelle les pas de la *Vis* CS, CS (Planche XLIII. Figure 334.) Elle entre dans des écrous H M, H M, qui répondent aux pas de la *Vis*. Cette machine, dont l'ufage ordinaire eft de preffer furpaffe les autres en puiffance, non qu'on puiffe faire par fon moïen avec une force égale, & dans un tems égal un effet plus grand qu'avec les autres machines, mais fimplement par le peu d'efpace qu'elle occupe, attendu qu'elle n'a que quelques pouces de circonference, & qu'elle fait plus d'effet qu'une autre machine de plufieurs pieds. Développons la forme de la *Vis* & de fon écrou, & calculons en la force.

2.   Si l'on divife la hauteur H C (Planche XXXVII. Figure 335.) d'un cilindre ABCH en plufieurs parties égales, & qu'on enveloppe ce cilindre de plufieurs triangles rectangles, tels que HFG, qui ait la hauteur H F égale à une des parties de la hauteur H C, & dont la longueur FG foit égale à la circonference du cilindre, le point G viendra aboutir au point F, & les hypothenufes des triangles ainfi roulés, formeront enfemble une ligne fpirale autour du cilindre. Ce cilindre commence en H & finit en C. Qu'on éleve maintenant cette fpirale en forme de cordon autour du cilindre, ces hypothenufes formeront les filets de la *Vis*, & les hauteurs H F feront les intervalles de ce filet que l'on nomme *Pas de la Vis*.

L'écroue dans lequel entre la *Vis* eft un autre cilindre creux, dont le diametre eft égal à celui de la *Vis*, & dont la furface intérieure eft compofée de triangles égaux, & femblables à ceux qui font roulés fur le cilindre pour former la *Vis*. Les filets de l'écrou font creux pour recevoir ceux de la *Vis*.

Cela pofé, fi une puiffance preffe ou enleve un poids à l'aide d'une *Vis* par une

Tome II.

direction perpendiculaire à un levier droit qui paffe par l'axe de cette *Vis ; cette puiffance eft au poids comme la hauteur d'un des pas de la* Vis *eft à la circonference du cercle qui a pour raïon la diftance éntre la puiffance & l'axe de la vis.* Car fi l'on fuppofe un poids qui agit fur un point A du filet G H (Planche XXXVII. Fig. 336.) par la direction A C, parallele à l'axe de de la *Vis*, imaginons une puiffance qui retienne l'écrou au point A. Soit que la *Vis* foit fixe ou l'écrou, la direction de la puiffance étant horifontale, élevons du point A la ligne A D perpendiculaire au cordon G H dans le plan vertical B A C & avec l'horifontale A B. Achevons le parallelograme A B D C. La puiffance A fera au poids comme A B eft à A C ou B D, ou comme H F eft à F G ; parce que le triangle rectangle H F G, roulé fur la *Vis* eft femblable au triangle rectangle A B D. En effet, l'angle B A D eft égal à l'angle H. Or fi l'on ajoute un lévier droit E A R, perpendiculaire à l'axe, dont l'appui foit au point E de l'axe, & qui appuïe fur le point A, la puiffance R eft à la puiffance A comme E A eft à E R, comme la circonference de la *Vis* qui a E A pour raïon, eft à la circonference d'un cercle, qui a E R pour raïon. Nous avons donc cette proportion : A : P : : H F : F G & R : A : : F G eft à la circonference E R. Donc par raifon ordonnée, A : P : : H F, le pas de la *Vis*, eft à la circonference d'un cercle qui a pour raïon le lévier E R. C. Q. F. D.

VIS D'ARCHIMEDE. Machine hydraulique qui a la forme d'un cilindre autour duquel tourne, foit en dedans ou en dehors, un tuïau en vis. Son ufage eft d'élever l'eau, ce qu'elle fait lorfqu'on tourne le cilindre même. On diftingue deux fortes de *Vis d'Archimede*. L'une eft compofée d'un tuïau de plomb entortillé en forme de *Vis* autour d'un cilindre, comme le repréfente la Figure 337 (Planche XLVIII.) La Figure 338 (même Planche) eft celle de la feconde *Vis*. Elle eft de bois & conftruite de façon que fon intérieur eft fait en vis & reffemble à un efcalier en coquille. L'eau monte dans ces machines, lorfqu'après l'y avoir jettée obliquement, on les tourne. L'obliquité qu'on donne à la machine eft reglée par celle de la vis même. Et plus cette vis eft étroite, moins fa fituation eft oblique & plus aifément elle tourne. Afin de faciliter l'action de la machine hydraulique dont je parle, il faut que fon diametre ne foit pas trop grand : cependant il ne doit pas avoir moins de 18 pouces. La théorie de la *Vis d'Archimede* n'a point été encore bien développée. M. *Belidor* a promis dans le Tome I. de son *Architecture hydraulique, pag.* 387, un grand détail à ce sujet dans la seconde Partie de cet Ouvrage.

Diodore de Sicile attribue la découverte de cette machine hydraulique à *Archimede*, dont elle porte le nom. Cela forme un préjugé favorable à ce grand homme. Néanmoins, M. *Perrault* dans ses *Remarques* sur *Vitruve* (*Archit. L. X. Ch. II. pag.* 316.) croit que cette machine a été long-tems en usage avant *Archimede*. On prétend même que les Egyptiens s'en servoient pour desfécher leurs prairies inondées par le débordement du Nil.

VIS SANS FIN, Espece de vis qui engraine dans une roue dentée. On la nomme *Vis fans fin*, parce que ses pas, quoiqu'en petit nombre, ne manquent jamais d'engrainer dans la roue, de maniere que la vis aïant fait le tour, elle rengraine toujours d'en bas : d'où naît un mouvement continuel de la roue tandis que la vis tourne. Il n'y a ordinairement dans cette machine que trois pas de vis D (Planche XLIII. Figure 339.) qui font le tour d'un cilindre B C, & les dents de la roue E, qui sont obliques, répondent à l'obliquité des pas de la vis, comme autant de portions d'écrous. La *Vis fans fin* étant tournée par la manivelle A, il ne passe qu'une dent de la roue à chaque tour, quoique les trois pas engrainent dans les dents en même-tems. La roue a un axe F autour duquel s'entortille une corde avec le poids G qu'on éleve.

Le mouvement causé par cette machine est très-lent, parce que chaque tour de la vis ne faisant passer qu'une dent de la roue, il faut qu'elle en fasse autant qu'il y a de dents pour faire tourner la roue une fois seulement.

Cette machine est recommandable par deux endroits, c'est premierement de surmonter de grandes résistances, & le second de retenir un mouvement pendant long-tems. Ce dernier avantage est expliqué dans les *Œuvres* posthumes de M. *Hughens*, qui s'est servi de la *Vis fans fin* dans son Automate planetaire, pour retarder le mouvement des planetes.

VISION. Sensation qui procede d'un certain mouvement du nerf optique produit au fond de l'œil par des raïons de lumiere qui partent d'un objet quelconque ; moïennant quoi l'ame apperçoit la chose éclairée, & en même-tems sa quantité, sa qualité & sa modification. Cette sensation se forme ainsi. De tous les points des objets il part des raïons, comme d'autant de centres. Ces raïons tombent sur le globe de l'œil. Ceux qui font impression sur la conjonctive se reflechissent & ne contribuent nullement à la *Vision*. Ce n'a pas été toujours là le sentiment des Physiciens. Comme nous voïons les yeux fermés, & même le trou de la prunelle couvert, on a pensé que les raïons en tombant sur la conjonctive la transversoient, se refractoient dans les humeurs, & alloient faire impression sur le nerf optique. Cela est vrai. Nous voïons même au grand jour les yeux fermés, je veux dire la prunelle bouchée : mais nous n'appercevons qu'une foible clarté & non les objets. Ainsi ces raïons ne peuvent servir à les faire distinguer. Il n'y a que ceux qui entrant par la prunelle parviennent, après avoir été refractés par les humeurs, sur le nerf optique où ils excitent la sensation d'un objet. En effet, nous voïons aussi distinctement par la fente d'une pinnule, par le trou d'une carte, où la prunelle est seule à découvert, que quand aucun corps étranger ne couvre point notre œil ; & cette vérité se confirme encore par l'experience. (*Voïez* ŒIL ARTIFICIEL & CHAMBRE OBSCURE.) Il est donc démontré que les raïons seuls qui entrent par la prunelle peignent l'objet au fond de l'œil. D'abord ces raïons rencontrent en leur chemin l'humeur aqueuse, & y souffrent une réfraction qui les fait approcher de la perpendiculaire nommée *Axe optique* (*V.* AXE EN OPTIQUE). Ils trouvent ensuite le cristallin plus dense que l'humeur aqueuse où ils se refractent par conséquent avec plus de force. Enfin parvenus à l'humeur vitrée, plus rare que le cristallin, ces raïons deviennent de convergens divergens, & vont couvrir le nerf optique. D'où l'on voit que les humeurs ne servent qu'à réunir tellement les raïons qu'ils n'occupent précisément que l'organe propre de la *Vision* (*Voïez* là-dessus CHOROIDE). Elle sera donc parfaite, la *Vision*, lorsque les raïons de lumiere émanés des objets ne seront ni trop divergens ni trop convergens. Et cela dépend de la conformité du globe de l'œil. (*Voïez* VUE.)

Cette explication n'a pas été admise de tous tems. Les anciens Physiciens ne pensoient point ainsi de la *Vision. Pythagore* croïoit qu'il sort des objets certaines especes visibles qui sont fort grandes proche de ces objets, mais qu'elles deviennent plus petites à mesure qu'elles s'en éloignent davantage ; & elles se réduisent enfin à une telle petitesse, qu'elles peuvent entrer dans l'œil. *Platon* prétendoit qu'il sort de l'objet &

de l'œil certains écoulemens qui se rencontrent & se mêlent les uns dans les autres au milieu de leur chemin. De la, selon lui, ces écoulemens retournent ensuite dans l'œil & excitent par là l'idée des objets. Sur ces sentimens il y a une seule objection qui coupe court à toutes les réponses : c'est celle de ne pas voir les objets dans l'obscurité de la même maniere que nous les voïons lorsqu'ils sont exposés à la lumiere, puisque cette émanation, cet écoulement d'especes, qu'on ne connoît pas, doit se faire dans un endroit obscur comme dans un endroit éclairé. (*V.* le systême de le *Le Clerc.*)

U N I

UNISSON. Terme de Musique. C'est un son composé de deux ou plusieurs sons qui se confondent & n'en forment qu'un seul. Deux cordes sont à l'*Unisson* quand leurs sons se joignent de maniere que l'oreille les reçoit comme un seul & même son. On a cru autrefois que l'*Unisson* étoit une consonance, mais c'est une erreur. (*Voïez* CONSONANCE.)

UNITE'. Nom qui signifie qu'on considere une chose comme indivisible. M. *Leibnitz* définit ainsi l'*Unité*, c'est ce qui est tellement quelque chose, qu'il est impossible qu'une autre soit précisément la même. Par conséquent l'*Unité* est le principe & la fin de toutes les quantités qu'on puisse imaginer. Les personnes qui croïent trouver de grands mysteres dans les nombres, regardent l'*Unité* comme un symbole de la divinité, puisque toutes choses sont de Dieu & en Dieu. Le caractere de l'*Unité* dans l'arithmétique est 1, qui désigne une chose qu'on prend en totalité, sans avoir égard à ses parties.

V O I

VOIE LACTE'E ou VOIE DE LAIT. Zone lumineuse qu'on voit au Firmament parmi les étoiles fixes, & qui traverse Cassiopée, Persée, le Chartier, les pieds des Gémeaux, la massue d'Orion, la queue du grand Chien, le Navire & les pieds du Centaure. De-là se partageant en deux parties, elle traverse l'Encensoir, l'arbalètre du Sagittaire, la queue du Scorpion, le genou du Serpentaire, les pieds d'Antinoé, l'Aigle, l'aîle du Cigne, le Serpent, la main droite du Serpentaire, le Cigne, la Chaîne & la main droite d'Andromede. Rien n'est si singulier que les idées des anciens Physiciens sur la nature de la *Voïe lactée. Métrodore* & quelques Pythagoriciens, penserent que le soleil pouvoit avoir suivi une fois ce sentier avant

que d'être venu dans l'écliptique, & qu'ainsi la blancheur de cette *Voïe* étoit occasionnée par un reste de la lumiere de cet astre. *Aristote* s'étoit persuadé que la *Voïe lactée* n'étoit formée que d'une certaine exhalaison suspendue en l'air. (Voïez l'*Almagestum nov.* de *Riccioli, Liv. VI. Ch.* 23, *pag.* 475.) Cependant *Démocrite* conjecturoit que la *Voïe lactée* étoit du nombre des astres. (Voïez *Plutarque, De Placitis Philosophorum, Liv. III. Ch.* 1. & *Ptolomée, Almag. Liv. VIII. Ch.* 11.) *Démocrite* pensoit juste. *Galilée* a découvert par le moïen du telescope, que cette partie du ciel contenoit une quantité innombrable d'étoiles fixes de differentes grandeurs & de differentes situations, dont le mélange confus de la lumiere occasionnoit cette blancheur qui lui a fait donner le nom de *Voïe lactée.* Cette *Voïe* a été la région où il a paru de nouvelles étoiles, comme celle qui fut observée en 1572 dans la constellation de Cassiopée, celle qui parut dans la poitrine du Cigne, une troisiéme dans le genou du Serpentaire, & plusieurs autres qui n'ont paru qu'une seule fois, & qui ont disparu ensuite.

V O L

VOLUTE. Terme d'Architecture civile. C'est un des principaux ornemens des chapiteaux Ioniques & Composites. Il represente une espece d'écorce roulée en ligne spirale, & les Grecs qui l'ont inventée ont voulu representer par-là les boucles de cheveux des femmes sur lesquelles ils proportionnerent les colonnes Ioniques. (*Voïez* COLONNE.) On dessine ainsi la *Volute* selon M. *Perrault.*

1°. Aïant marqué l'astragale (qui doit avoir deux douziémes d'épaisseur, & s'étendre à droite & à gauche, autant que le diametre du bas de la colonne peut le permettre) du haut de la colonne sur la face où l'on veut tracer la *Volute*, tirez une ligne à niveau par le milieu de l'astragale, & faites-là passer au-delà de l'extrémité de cette moulure. 2°. Faites descendre du haut de l'abaque une ligne perpendiculaire sur une autre ligne qui passe par le centre du cercle, dont la moitié décrit l'extrémité de l'astragale. *Vitruve* appelle *Œil* ce cercle qui a deux douziémes de diametre ; & c'est dans ce cercle que sont placés douze points qui servent de centre aux quatre quartiers de chacune des trois révolutions dont la *Volute* est composée. On fait l'opération suivante pour avoir ces douze points.

3°. Tracez dans l'œil un quarré dont les diagonales soient l'une dans la ligne horifontale, & l'autre dans la ligne verticale. Ces lignes se coupent au centre de l'œil. 4°. Du milieu du côté de ce quarré tirez deux lignes qui séparent le quarré en quatre parties égales · ces parties donnent les douze points dont il s'agit. On trace ensuite la *Volute*. A cette fin on met une jambe du compas sur le premier point qui est dans le milieu du côté intérieur & superieur du quarré, & l'autre jambe à l'endroit où la ligne verticale coupe la ligne du bas de l'abaque, & on trace un quart de cercle en dehors & en bas jusques à la ligne horisontale. De cet endroit au second point on décrit un second quart de cercle tournant interieurement jusques à la ligne verticale. On passe de-là au troisiéme point, qui est dans le milieu du côté inferieur & extérieur du quarré pour tracer le troisiéme quart de cercle tournant en haut & en bas jusques à la ligne horisontale. On vient ensuite au quatriéme point, d'où l'on décrit le quatriéme quart de cercle tournant en haut & en bas jusques à la ligne verticale. Du cinquiéme point on décrit de même le cinquiéme quart de cercle, & de même le sixiéme du sixiéme point qui est au-dessous du second, & le septiéme du septiéme qui est au-dessous du troisiéme. En allant ainsi de point en point par le même ordre, on trace les douze quartiers qui font le contour spiral de la *Volute*. (Voïez l'*Ordonnance des cinq especes de colonnes*, par M. *Perrault, pag.* 59.)

V O U

VOUTE. Terme d'Architecture civile. Corps de maçonnerie ou de charpente, qui est en forme d'arc, & dont les parties se soutiennent les unes les autres. Suivant la nature de cet arc on donne des noms differens aux *Voutes*. Elles sont appellées *Voutes en arc de cloître*, lorsque cet arc est un demi-cercle; *Voutes surbaissées*, si cet arc est une ellipse, &c. Tant que la courbe de la *Voute* est une courbe géometrique, il n'y a point de difficulté à mesurer sa surface, parceque'on fait toiser la surface d'une demi-sphere. (*Voïez* SPHERE), celle d'un spheroïde, (*Voïez* SPHEROIDE.) Lorsque ces sortes de *Voutes* sont terminées ou couvertes en triangles on en a aisément la superficie. On toise un des côtés qui forme le diametre ou l'un des axes de la courbe, on mesure la superficie entiere du triangle, & on en soustrait la superficie ou du demi-cercle, ou de la demi-ellipse qui la forme; le reste donne la surface de la *Voute*. On appelle cela *toiser tant plein que vuide*. Lorsque ce toisé n'est

pas praticable, l'opération n'est point si simple. On est obligé de réduire les voutes à des corps réguliers, & cette réduction exige des détails longs & de plusieurs sortes de *Voutes*. On trouvera cette matiere traitée dans le *Cours de Mathématique* de M. *Belidor*, pag. 332, & sur-tout dans le savant *Cours* de M. *Le Camus*, dans le volume de la Mécanique où l'Auteur entre dans un grand détail sur ce sujet.

VOUTE ACOUSTIQUE. C'est une *Voute* construite d'une façon particuliere, qui rassemble par la réflexion, dans un espace étroit, plusieurs parties de l'air, dont le mouvement cause le son. Ainsi en parlant fort bas dans un certain endroit de la *Voute*, on est entendu très-distinctement à un autre endroit fort éloigné. Voici comment & sur quel principe cette *Voute* est construite.

Dans une ligne elliptique A O X (Planche XXVIII. Figure 340.) ce qui part d'un foïer, se réflechit de façon qu'il se rassemble dans l'autre. Or celui qui parle se trouvant dans un foïer, par exemple, en B, la voix, quelque foible qu'elle puisse être, heurte à plusieurs endroits de la *Voute* S S S, &c. & se reflechissant de là, elle met en même-tems en mouvement plusieurs parties de l'air qu'elle choque en passant. D'ailleurs le son s'avançant toujours en ligne droite, il faut que moïennant la figure elliptique de la *Voute* où la voix se reflechit, elle parvienne à l'oreille de celui qui se trouve à l'autre foïer R, & qu'elle fasse le même effet que si la personne qui parle bas, mettoit la bouche à l'oreille de celle qui est en R. La même chose arrive quand ces deux personnes changent de place. Dans l'un & l'autre cas, les assistans placés entre deux, n'entendent que fort peu ou point du tout.

U R A

URANISCUS. Nom que quelques Astronomes donnent à la constellation qu'on appelle communément *Couronne australe*. (*Voïez* COURONNE.)

URANOGRAPHIE. Les Astronomes entendent quelquefois par ce mot l'Astronomie, quoiqu'il ne signifie, selon son étimologie, que la description du ciel. Il conviendroit cependant mieux à cette partie de l'Astronomie, qui regarde la nature des Astres & le Systême du Monde, sans s'arrêter à leur mouvement.

U R N

URNE. Nom d'une étoile qui est à l'anse de

la cruche, d'où coule l'eau que le Verſeau répand.

UVE

UVE'E. Terme d'Optique. Nom de la troiſié-me tunique de l'œil. Elle a un trou en de-vant qu'on nomme la prunelle & qui eſt environnée de l'iris (*Voïez* IRIS.)

UVEGX. C'eſt la même étoile qu'on appelle autrement *Brillante de la Lyre*. (*Voïez* BRILLANTE DE LA LYRE.)

VUE

VUE C'eſt l'organe par lequel nous jugeons des couleurs, de la grandeur, de la figure, de la diſtance & de la ſituation des corps ſenſibles. C'eſt l'œil qui forme cet organe : ainſi de ſa diſpoſition ou de ſa conſtruction dé-pend la perfection de la *Vûe*. On diſtin-gue ordinairement trois ſortes de *Vûes*, *Vûe courte*, *Vûe longue*, & *Vûe parfaite*. Ceux qui ont la *Vûe courte*, qu'on appelle *Myopes*, apperçoivent diſtinctement les ob-jets qui ſont fort proches & ne font qu'en-trevoir ceux qui ſont éloignés. Au contraire les perſonnes qui ont la *Vûe longue*, qu'on appelle *Presbites*, voïent mieux les objets éloignés que ceux qui ſont proches qu'ils ne ſauroient diſtinguer. Enfin ceux qui ont la *Vûe bonne*, *Vûe* qui tient le milieu entre les myopes & les presbites, voïent fort bien les objets qui ſont dans une moïenne diſ-tance comme d'un pied, & inſenſiblement ceux qui ſont fort éloignés. C'eſt cette ſorte de *Vûe* que l'on conſidere comme la plus parfaite.

Nous ne pouvons gueres connoître les groſſeurs & la grandeur des objets que par comparaiſon. La parallaxe des objets eſt ce qui nous ſert le plus à en faire connoître l'éloignement, mais il faut que l'on change de place pour connoître lequel des objets eſt le plus proche.

2. *De la Vûe courte*. Si les perſonnes qui ont la *Vûe courte* ont les organes bien nets & bien ſains, & la prunelle médiocrement ou-verte, elles diſtingueront parfaitement les plus petits objets, lorſqu'ils ſeront proches de l'œil. Mais ſi les humeurs étoient troubles, comme il arrive aſſez ſouvent, cette ſorte de *Vûe* verroit alors les objets confuſément, à moins que ce ne fût dans un grand jour, où la grande lumiere pourroit en quelque façon compenſer ce que l'opacité des hu-meurs feroit perdre.

Si les humeurs n'étoient point troubles, & qu'elles fuſſent teintes ſeulement de quel-que couleur, comme d'orangé ou de jaune, on verroit les objets teints de cette couleur quoiqu'on les vit fort diſtinctement, & ce feroit à peu près de la même maniere que le feroit une *Vûe* bien ſaine qui regarderoit au travers d'un verre teint de ces mêmes couleurs.

Ceux qui ont la *Vûe courte* ne regardent pas attentivement les perſonnes qui leur parlent. Cela vient de ce qu'ils ne peuvent conſide-rer dans l'éloignement les yeux de ceux qui leur parlent ; ce qui contribue beaucoup à expliquer leur penſée. Ils ont auſſi les mêmes attentions à leurs diſcours, ſans avoir aucun objet fixe ſur quoi ils attachent leurs yeux, comme on fait ordinairement en penſant fortement à quelque objet avec les yeux ouverts ſans rien voir diſtinctement. L'irrégularité du criſtallin ou de la cornée, produit des couronnes & des iris. Si l'on voit toujours ces couronnes, on peut être aſſuré que c'eſt le défaut de la ſuperficie du criſtallin ou de la cornée ; mais ſi on ne les voit que dans certains tems, on ne peut preſque attribuer cet accident qu'à un chan-gement de figure de la cornée, comme quand on a tenu long-tems la main appuïée contre l'œil, laquelle a comprimé la partie la plus élevée de cette membrane.

La cauſe de la *myopie* eſt la très-grande convexité du globe des yeux qui fait que les raïons viſuels s'uniſſent & concourent avant que d'arriver à la retine. Ainſi pour voir les objets qui ſont à une certaine diſ-tance, il faut ſe ſervir de verres concaves qui empêchent les raïons de s'unir & de ſe confondre avant que d'être arrivés à la retine.

Ceux qui ont la *Vûe courte* écrivent diſ-tinctement des petits caracteres, & ne ſau-roient ſouffrir les groſſes lettres. Car il leur arrive à peu près la même choſe qu'à ceux qui ont la *Vûe* bonne quand ils liſent de près de gros caracteres, comme des affiches qui ſont écrites en lettres capitales, à cauſe qu'ils ferment & remuent les yeux pour par-courir les lignes en peu de tems, ce qui eſt fort incommode. On ſait en effet par expe-rience que pour être fort attentif à quelque choſe, il ne faut pas remuer les yeux. Les idées ſe diſſipent facilement par ce mouve-ment, & c'eſt ce qu'on éprouve ordinaire-ment dans la Peinture quand on copie quelque choſe, & qu'on eſt obligé de détourner la tête de deſſus le tableau pour regarder l'ori-ginal.

Les myopes, qui ont l'ouverture de la prunelle fort grande, ſont moins choqués par la grande lumiere qui entre dans l'œil que ceux qui ont la *Vûe* bonne. La raifon eft que les objets éclairés qui nous environnent, & qui ne font pas fort proches de nos yeux, y envoïent des raïons qui fe raffemblent fur la retine de l'œil bien conformé, & y font une très-petite bafe dans l'œil prefbite. C'eft pourquoi ils touchent trop vivement la retine dans ces deux yeux & y caufent de la douleur. Or cela n'arrive pas à l'œil myope à caufe que ces mêmes raïons font une bafe trop grande fur la retine ; car toutes ces chofes étant égales, l'œil myope voir toujours les objets plus confufément que l'œil prefbite, & cette confufion eft caufée par l'efpace que les raïons qui viennent de chaque point de l'objet, occupent fur le fond de l'œil.

De la Vûe longue ou foible. Les prefbites qui ont les organes bien fains & fur-tout la retine fenfible & très-délicate, éloignent de l'œil les petits objets pour les voir diftinctement ; ce qui paroît extraordinaire à caufe que l'on eft accoutumé d'approcher de l'œil les petites chofes qu'on veut bien diftinguer. ils peuvent lire très-bien de petites lettres à deux ou trois pieds de diftance étant au grand jour, & ils ne les verroient que très-confufément à un pied. On explique ainfi cet effet. Les raïons qui viennent de deux ou trois pieds entrent dans l'œil comme paralleles entre eux, & vont s'affembler exactement fur la retine où ils forment une peinture diftincte qui fait la diftinction de l'objet. Mais comme la *Vûe* diminue toujours avec l'âge, ils ne demeurent pas long-tems dans cet état, puifque l'œil devenu plus applati qu'il ne faut, ne peut plus voir diftinctement l'objet, fans que les raïons entrant dans l'œil ne convergent ; convergence qui ne peut pas fe faire par la feule pofition de l'objet d'où ils viennent. Car s'ils font proches, ils entrent dans l'œil divergens, & s'ils font éloignés, ils y entrent comme paralleles.

3. De ce que la retine eft affez fenfible & affez délicate pour recevoir les impreffions des objets, quoiqu'ils foient très petits, ce que l'on peut reconnoître par le calcul fuivant, il fuit que les filets du nerf optique qui la compofent doivent être très-délicats.

On peut voir facilement à 4000 toifes de diftance une aîle de moulin à vent, que nous fuppofons de 6 pieds de large ; l'œil étant fuppofé d'un pouce de diametre ; la peinture de l'aîle fera dans le fond de l'œil fur la retine de $\frac{1}{8000}$ de pouce. Mais un $\frac{1}{8000}$ de pouce eft un peu moins que la 666e partie d'une ligne ; & fi une ligne a fa largeur égale à celle de 10 cheveux médiocres, la largeur qu'occupera la peinture de l'aîle de ce moulin à vent fur la retine, ne fera que la 66e partie de celle d'un cheveu médiocre. Enfin, fi la largeur d'un fil de ver à foïe n'eft que la huitiéme partie de celle d'un cheveu, la peinture de l'aîle dans le fond de l'œil ne fera que de la huitiéme partie de la largeur d'un fil de ver à foïe. Par conféquent puifque cette peinture fait l'impreffion fur le nerf optique, & qu'elle en eft diftinguée d'un autre objet qui en eft proche, il faut tout au moins qu'un des filets du nerf optique ne foit que de la largeur de la 8e partie de celle d'un fil de ver à foïe. Ainfi fa groffeur ne fera que de la 64e partie de celle d'un filet de ver à foïe ; ce qui paroît prefque inconcevable, puifqu'il faut que chacun de ces filets du nerf optique foit un tuïau qui contienne des efprits. Cette théorie de la *Vûe* eft de M. *De la Hire.* (*Traités des differens accidens de la Vûe*, dans les *Mémoires de Mathématique & de Phyfique*, (*Voïez* auffi là-deffus la Differtation de M. *Jurin* fur la vifion diftincte dans le fecond Tome de l'Optique de M. *Smith*, intitulé : *A Theatife compleat Syftemm of Optiks, &c. By Robert Smith.*)

Z.

ZED

EDARON. Nom d'une étoile de la troifiéme grandeur fur la poitrine de Caffiopée. On en trouve la longitude & la latitude pour 1700 dans le *Prodromus Aftron. d'Hevelius*, pag. 278. Quelques Aftronomes la connoiffent par le nom de *Schedir*.

Z E N

ZENITH. C'eft le point qu'on conçoit dans le plan immobile de la fphere précifément au-deffus de la tête d'un homme, & qui eft éloigné de l'horifon de 90 degrés de deux côtés. Si l'on conçoit une ligne qui paffe par l'obfervateur & le centre de la terre, cette ligne fera néceffairement perpendiculaire à l'horifon, & fi on l'imagine prolongée jufques aux étoiles fixes, fon extrêmité fuperieure fera le *Zenith*. La diftance à ce point eft le complément de la hauteur méridienne du foleil ou d'une étoile, ou bien c'eft ce qui manque à la hauteur méridienne pour valoir 90 degrés.

Z E R

ZERO. Caractere d'Arithmétique, marqué ainfi o, dont on fe fert pour ne rien exprimer. Il eft encore emploïé pour remplir les places vuides où il n'y a point de nombres. Par exemple, 1 dans la troifiéme claffe fignifie cent. Ainfi pour favoir que cet 1 occupe une troifiéme place, on y ajoute deux *Zeros* & on écrit 100.

Z E T.

ZETETIQUE. *Viete* nomme ainfi la méthode algébrique ou l'art de réfoudre un problême.

Z I G

ZIGIATUS. Terme dont fe fervent les Aftrologues, pour dire qu'un homme eft né dans le figne de la Balance.

ZOD

ZODIAQUE. Zone ou baudrier dans lequel fe meuvent les planetes, & partagé en deux parties égales par l'écliptique. Il eft terminé de côté & d'autre par un cercle parallele à l'écliptique à la diftance de 8 degrés, afin de pouvoir renfermer dans cet efpace toutes les inclinaifons differentes des orbites des planetes fur le plan de l'écliptique; moïennant quoi il n'y a aucun corps du fyftême planetaire qui foit hors du *Zodiaque*. Cette bande eft divifée de même que l'écliptique en 12 parties égales, qu'on appelle *Signes céleftes*. Ces fignes font le *Bélier*, le *Taureau*, les *Gémeaux*, l'*Ecreviffe*, le *Lion*, la *Vierge*, la *Balance*, le *Scorpion*, le *Sagittaire*, le *Capricorne*, le *Verfeau* & les *Poiffons*. Ces conftellations n'occupent plus les mêmes places qu'elles avoient autrefois. Depuis *Hypparque* elles ont avancé d'un figne entier; de forte que le Bélier eft aujourd'hui dans le figne du Taureau, &c. C'eft ce qui a donné lieu à diftinguer le *Zodiaque* en *Zodiaque vifible* & en *Zodiaque rationel*. Le fecond eft celui que je viens de définir, & le premier eft formé des conftellations qui ont les mêmes noms que les fignes céleftes.

ZODIAQUE DES COMETES. Certain efpace célefte dans les limites duquel on obferve que la plupart des cometes font leur cours. M. *Caffini* a découvert ce *Zodiaque* par des obfervations qu'il a faites de tout tems fur les cometes. Dans le *Traité de la Comete* de l'an 1680, il rapporte toutes les conftellations qui font contenues dans ce *Zodiaque* par les deux vers fuivans:

Antinous, Pegafufque, Andromeda, Taurus, Orion,
Procyon atque Hydrus, Centaurus, Scorpius, Arcus.

ZON

ZONE. Terme de Géometrie. Bande ou portion d'un plan renfermé entre deux lignes paralleles. On donne à ces portions les noms particuliers des plans dont elles sont formées. Ainsi si la figure est ou un cercle, ou une cycloïde, ou une cissoïde, une ellipse, &c. on les appelle *Zone circulaire*, *Zone cycloïdale*, *Zone cissoïdale*, *Elliptique*, &c.

ZONE, Terme de Sphere. C'est un espace compris entre deux cercles parallèles. Toute la surface de la terre est divisée en cinq *Zones*. La premiere est comprise entre les deux tropiques, on l'appelle *Zone torride*. Il y a deux *Zones temperées* & deux *Zones froides*. La *Zone temperée septentrionale* est terminée par le Tropique du Cancer & par le cercle du Pole arctique. La *Zone temperée méridionale* est renfermée entre le tropique du Capricorne & le cercle du pole antarctique. Les *Zones froides* sont contenues entre les cercles polaires & les poles qui sont à leur centre.

Dans la *Zone torride* le soleil passe deux fois l'année par le zenith à midi ; car l'élevation du pole y est moindre que 23°. 29'. Et la distance du soleil à l'équateur vers le pole élevé est deux fois l'année égale à la hauteur du pole. C'est pourquoi le soleil ne vient qu'une fois l'année au zenith de cette *Zone*, c'est-à-dire sous les tropiques.

Dans les *Zones temperées* & dans les *froides*, la plus petite hauteur du pole surpasse la plus grande distance du soleil à l'équateur. Ainsi le soleil ne passe jamais par le zenith des Peuples qui habitent ces *Zones*. Cependant plus le soleil s'éleve dans le même tems à une plus grande hauteur, par rapport à ces Peuples, moins la hauteur du pole est grande ; parce qu'alors l'inclinaison des cercles de la révolution diurne à l'horison est aussi plus petite.

2. Le soleil se couche & se leve tous les jours dans la *Zone torride* & dans les *Zones temperées*. Car la distance du soleil au pole surpasse toujours la hauteur du pole. Les jours artificiels sont pourtant partout inégaux excepté sous l'équateur ; & cette inégalité est plus grande à mesure que l'on est moins éloigné d'une *Zone froide*.

Il n'en est pas ainsi aux cercles polaires, où les *Zones temperées* sont précisément séparées des *Zones froides*. La hauteur du pole est égale à la distance du soleil au pole quand le soleil est au tropique voisin. Voilà pourquoi le soleil fait en ce cas dans son

mouvement diurne, une révolution entiere sans s'abbaisser au-dessous de l'horison. Mais en quelqu'endroit que ce soit d'une *Zone froide*, la hauteur du pole est plus grande que la plus petite distance du soleil au pole. Ainsi pendant plusieurs révolutions de la terre, le soleil est à une distance du pole moindre que la hauteur du pole, & pendant tout ce tems il ne se couche point & ne touche pas même l'horison. Ceci change quand la distance du pole, à mesure que le soleil s'en écarte, surpasse la hauteur du pole ou la latitude du lieu. Cet astre se leve alors tous les jours. Et dans son mouvement vers le pole opposé, il demeure au-dessous de l'horison de la même maniere que je l'ai dit de son mouvement au-dessus de l'horison.

Enfin, la longueur des jours & des nuits est d'autant plus grande par rapport aux Peuples qui habitent la *Zone froide*, que ces Nations sont éloignées du pole ; jusques à ce qu'enfin sous le pole même, un jour & une nuit durent une année entiere.

Selon les calculs de M. *Wolf*, la grandeur d'une *Zone froide* comprend 384, 410 $\frac{1}{2}$ milles quarrés ; une *Zone temperée* 1, 407, 218 milles quarrés, & la *Zone torride* 3, 698, 657 milles quarrés. (*Wolfii Elementa Matheseos*, Tom. *IV*, *Elementa Geographiæ* §. 89.)

ZONES DE JUPITER. Ce sont des traits plus clairs que le corps de Jupiter qui varient de largeur & de place. On ne peut les observer qu'avec de bons telescopes, M. *Hughens* en a donné la description dans son *Systema Saturninum*, pag. 7. (*Voiez* encore JUPITER.)

Z U B

ZUBENEL GENUBI. Nom de l'étoile de la troisiéme grandeur, qui est sur la patte australe du Scorpion. *Hevelius* en a déterminé la longitude & la latitude pour l'année 1700 dans son *Prodrom. Astronomiæ*, pag. 300.

ZUBENES CHEMALI. Nom de l'étoile de la quatriéme grandeur près de la Claire de la seconde grandeur, au bas de la patte boréale du Scorpion. On trouve sa longitude & sa latitude pour 1700 dans le *Prodromus Astronomiæ* d'*Hevelius*, pag. 300.

F I N.

TABLE *alphabétique des plus célèbres Mathématiciens & Physiciens qui ont fleuri depuis l'origine du Monde jusques à notre tems, & dont on a analysé les opinions, ou exposé les découvertes dans cet Ouvrage.*

A

Achmet-Pacha.
Agatharcus.
Alban. (Jacques)
Albategnius.
Albert. (le grand)
Albert. (Girard)
Alberti.
Albumassar.
Alexandre. (le P.)
Alhazen.
Alipius.
Aloysius-Lilius.
Alphonse.
Aulu-Gelle.
Ambroisius Rhodius.
Ammian Marcellin.
Amontons.
Anaxagore.
Anaximandre.
Anaximenes.
Anderson.
Angelus.
Angicourt. (d')
Anthiocus.
Antonio de Dominis.
Apianus. (Petrus)
Appollonius de Perge.
Appollonius Meyndien.
Aprodisius. (Alexand.)
Arbuthnot.
Arcesilas.
Archelaüs.
Archimede.
Architas.
Argolus.
Aristarque de Samos.
Aristée.
Aristides.
Aristille.
Aristipe.
Aristote.
Athenée.
Arzachel.
Auzout.

B

Bachet.
Bacon. (Roger)

Bacon. (Chancelier)
Baker.
Baldus.
Baldwin.
Baliani. (J. B.)
Balthazar Capra, de Milan.
Baptista-Benedictus.
Baratteri.
Barbaro. (Daniel)
Barlaam.
Barrow.
Bartholin. (Erasme)
Bartholomei-Intieri.
Bartsch.
Basnage.
Baudouin.
Baville.
Bayer.
Beaune. (De)
Bede.
Belidor.
Bellin.
Belus.
Benedetto Castelli.
Berkeley.
Bernoulli. (Jacques)
Bernoulli. (Jean)
Bernoulli. (Daniel)
Bernoulli. (Jean fils)
Bernoulli. (Nicolas)
Berose.
Berthelot.
Berti.
Beveregius.
Beyer. (Jean Hartm.)
Bianchini.
Bion.
Bion. (Nicolas)
Blancanus.
Blond. (Le)
Blondel.
Bodin.
Boecler.
Boerhaave.
Boetius. (Severinus.)
Boffrand.
Boile.
Boivin.
Bombelli. (Raphael)
Bombyce.
Bonajuti.

Bonnani.
Bonnet.
Borelli. (Alphonse)
Borelli. (Pierre)
Bose. (De)
Bossu. (le Pere)
Botagore.
Botherus.
Bovet. (le Pere)
Bougard.
Bouguer. (pere.)
Bouguer. (fils.)
Bouillaud. (Ismael)
Boulainvilliers.
Braikenridge. (Guill.)
Bradley.
Bramer.
Braterius. (Joachim)
Brigge. (Henri)
Brossard.
Brounker.
Brun. (Le
Brunus. (Jordan)
Buchner.
Buffon. (De)
Bulfinger.
Bullant.
Burette.
Byrge. (Juste)

C

Cabée. (le Pere)
Callimaque.
Callipe.
Cambrai.
Camus. (De)
Camus. (Le)
Candalla (Fr. Flussate)
Caramuc.
Cardan.
Carré.
Casat.
Casciarolo. (Vincenzo)
Cassegrain.
Cassini. (Dominique)
Cassini. (fils.)
Cassini De Thuri.
Castel. (le Pere)
Cataneo.
Catelan. (l'Abbé)
Catherinot.

Cavalieri.
Cavalleri. (le Pere)
Censorin.
Cespedes. (André)
Ceva.
Chambers. (Jean)
Chambray.
Charles V.
Chasimander.
Chatelet. (la Marquise du)
Chazelles.
Cherubin. (le P.)
Cheyne.
Choul.
Christman
Christin.
Clairaut.
Clavius.
Clement, Alexandrin.
Cléostrate.
Claverius.
Coëhorn.
Coetius. (Henricus)
Coignet.
Collado.
Collins.
Colsons.
Condamine. (De la)
Constantin. (Antchzen.)
Copernic.
Cordemoi.
Cormiers.
Côtes.
Couplet.
Craige.
Cramer.
Crantor.
Crates.
Crequi. (Le Comte de)
Crescentius (Barthelemi)
Crignon.
Crouzas.
Cresibius.
Cusan. (Nicolas De)
Cursor. (Papirius)
Cyrresthes. (Andronic)

Ritnerus.
Riveaut.
Roberval.
Robins.
Roemer.
Rohault.
Rolle.
Romphile.
Rondel. [du]
Rotheric.
Rothman.
Rosseti.
Royas. [Jean de]
Rudiger.
Russenthein. [le Baron de.

S

Scahius.
Saint-Julien.
Saint-Remi.
Salomon de Caux.
Sanctorius.
Sanderson.
Savery.
Savilius.
Savot. [Louis]
Saurin.
Sauvages. [De]
Sauveur.
Scaliger.
Scamozzi.
Schaketli.
Schefelt.
Scheinard. [François]
Sheiner. [le P.]
Scheiter.
Schewenther.
Schickar.
Schiller.
Scipio Ferreus.
Schoockius. [Martin]
Schomberg.
Schoner.
Schot. [Sebastien]
Schooren.
Schrekenfuchs.
Schwarth. [Bartholde]
Sebastien. [le P.]
Serbius.

Serlio.
Seneque.
Serbirus.
Servetius.
Sethus-Calvisius.
S'Gravesande.
Sigismond.
Sigorgne.
Simienowitz.
Simon.
Simonide.
Simpson. [Jones]
Sirsalis. [Jerôme]
Sirturus.
Sluse. [René]
Smith. [Caleb]
Smith. [Robert]
Snellius [Villebrord]
Sosigenes.
Souciet. [le P.]
Specht.
Speusius.
Spotus.
Stauller.
Steller.
Stevin. [Simon]
Stewart.
Stifel.
Stirling.
Stone.
Strauch. [Egide]
Stréet. [Thomas]
Struichs.
Sturm. [J. C.].
Sturmius.
Sulli.

T

Taquet.
Tarragon.
Tartaglia.
Taylor.
Teubert.
Thalès.
Tchirnauzen.
Théodose.
Théon.
Théophane.
Théophile.
Théophraste.

Thiout.
Thucidide.
Timothée.
Toricelli.
Torinus. [Bartholomeus]
Townley.
Trabaud.
Traber.
Trembley.
Treytags.
Triphon.
Tycho Brahé.
Tymocaris.

V

Vagelinus.
Valla.
Vallemont.
Valliere. [De]
Vanceulen.
Vanhelmont.
Varenius.
Varignon.
Varincourt.
Varron.
Vassenius. [Briger]
Vauban. [le Maréchal de]
Vaucanson.
Vœise.
Verdries.
Vergne. [De la]
Vernerus.
Veschius.
Vieté. [François]
Vignole.
Vilson.
Vilalpand. (le P.)
Villemot.
Villette.
Vincent de Beauvais.
Vindeline.
Viola.
Vitellio.
Vitruve.
Viviani.
Ulugh-Beig.

Volder.
Voigtel.
Ulrich.
Uranus.
Ursin.

W

Waitz.
Walles. [Richard]
Wallis.
Walther-Leamer.
Waltherus.
Wamesley. [Dom]
Ward.
Wardus. [Sethus]
Waten.
Wastisius.
Watson.
Weidler.
Weigel.
Wel.
Welper.
Wermuller.
Whiston.
Widdeburg.
Willisius.
Wincler.
Wing.
Winslou.
With.
Witsen.
Witti.
Wolf.
Wren.
Wright.

X

Xenocrate.
Xilandre.

Z

Zahn.
Zarlin.
Zenon.
Zenophanes.
Zimmermam.
Zing
Zisca.
Zoroastre.

Fin de la Table.

ECLAIRCISSEMENS SUR LA COMPOSITION
DE CET OUVRAGE.

IL eſt extrêmement difficile de donner aux choſes ſurannées la grace de la nouveauté, aux nouvelles l'autorité, de l'éclat à celles qui ont été négligées, de la clarté aux matieres obſcures, une certaine fleur d'agrément à ce qui ne comporte en lui-même que du dégoût, du crédit & de la confiance aux matieres douteuſes; en un mot, de conſerver le caractere & la nature propre de chaque choſe dans leur expoſition *. Jamais cette penſée de *Pline* n'a été mieux appliquée que dans la circonſtance préſente. L'exécution de ce Dictionnaire a exigé toutes ces attentions; & je reconnois volontiers que mon entrepriſe étoit ſuſceptible de toutes les difficultés dont parle le célébre Naturaliſte. J'ai donc tout lieu de craindre que le travail le plus opiniâtre & le plus aſſidu, le zele le plus ardent, l'application la plus cônſtante ne m'auront pas toujours ſervi utilement dans chaque partie. Les Savans en jugeront. Voici déja quelques obſervations générales que j'ai faites moi-même, & dont je crois devoir prévenir les Lecteurs. Les premieres ſont des éclairciſſemens ſur quelques articles. Les ſecondes ont pour objet l'ordre avec lequel chaque article eſt ſoudiviſé. Et les troiſiémes regardent les planches.

1°. A l'article DEVELOPPE'E le mot *Développée* eſt confondu avec celui de *Développement*. L'un eſt pourtant différent de l'autre. La *Développée* eſt la ligne qui ſe développe d'une courbe, & la *Développante* eſt cette courbe que trace la *Développée*. C'eſt de la *Développante* dont il eſt parlé dans les *Mémoires ſur différens ſujets de Mathématique*. Moïennant cette diſtinction on rectifiera aiſément tout l'article DEVELOPPE'E.

Dans l'explication que je donne des Forces vives, à l'article FORCE, je dis que s'il y a quelque équivoque dans leur eſtimation, elle eſt ſans doute ſur le mot de viteſſe, & que celui de *Force n'en comporte aucune.* Ceci paroît un paradoxe d'autant plus étrange que tous les Phyſiciens penſent preſque unanimement, que le mot *Force eſt un mot vague, dont nous n'avons point d'idée nette.* Cependant les François & les Anglois définiſſent le mot FORCE *momentum, Mouvement ou quantité de mouvement, ou preſſion inſtantanée :* ce qui dépend, comme on voit, du mot de Viteſſe, où je fais conſiſter l'équivoque. Les Allemands, les Italiens & les Hollandois entendent par le mot FORCE *l'effet total qui eſt produit par le mouvement.* (*Cours de Phyſique experimentale de Déſaguliers, Tome II. page 56.*) Ainſi de part & d'autre la *Force* eſt mêlée avec le mouvement. Cela forme véritablement l'équivoque. Mais en la réduiſant à ſes effets, le mot n'en comporte aucune, &c.

---

* *Res ardua, vetuſtis novitatem dare, novis authoritatem, obſoletis nitorem, obſcuris lucem, faſtiditis gratiam, dubiis fidem, omnibus vero naturam & naturæ ſuæ omnia.* PLIN. *in Proem. Hiſt. natur.*

On trouvera peut-être furprenant que j'aie cité à l'article Architecture quelques Traités allemands fur cet Art. La raifon qui m'y a engagé, c'eft que dans ces Ouvrages les Mathématiques y font employées particulierement. J'ai rendu juftice ailleurs aux Traités d'Architecture François & Italiens.

2°. Lorfque dans les articles le même terme a lieu dans differentes parties de Mathématiques ou des Arts qui en dépendent, j'ai fuivi pour l'ordre le Syftême figuré des Sciences Mathématiques qui eft à la tête du premier Volume. Ainfi je définis chaque chofe comprife fous le même terme, en allant du fimple au compofé; c'eft-à-dire d'abord l'Arithmétique, la Géometrie, l'Aftronomie, &c.

3°. A l'égard des Figures il faudra prendre pour italiques les lettres qui font en petites capitales, *& vice versâ*, d'abord que les deux efpeces ne feront point citées dans l'article, comme dans celui de choc, par exemple, où le Graveur a fait petites capitales les lettres qui font écrites en italiques dans le difcours.

Moïennant ces obfervations, fi l'on a foin de confulter l'*Errata*, la lecture de cet Ouvrage n'aura rien de difficile. Il ne me refte qu'à prier les Perfonnes dont j'analyfe les fentimens, de prendre en bonne part les réflexions que je fais de tems en tems, qui ont toutes pour objet autant la découverte de la vérité que leur propre gloire. Mes expreffions font toujours dictées par l'amour du vrai & de la juftice. Je défavoue d'avance les autres. Enfin le defir que j'ai d'être véritablement utile au Public eft tel, que je m'engage à avouer publiquement les fautes qu'on me fera appercevoir, & à donner des marques authentiques de la reconnoiffance que je devrai à ceux qui me les auront indiquées. J'ofe cependant exiger une chofe contre laquelle on n'eft point affez en garde : c'eft de lire tout ce qui eft fufceptible de controverfe avec un efprit libre fans autre intention que de connoître la vérité. Car on remarque tous les jours que dans toutes les difcuffions chacun établit fon préjugé pour premier principe, & qu'il rejette tout ce qui n'y eft pas favorable. Auffi jamais l'indépendance Philofophique fi néceffaire pour le progrés des connoiffances de l'efprit humain, foit par rapport à l'Auteur de la Nature, foit eu égard à lui-même, n'a eu de bornes fi étroites. Et qu'il eft à craindre qu'une plus grande fervitude ne fubjugue entierement la raifon, dont Dieu a particuliérement diftingué l'homme ! Ce n'eft point ici le lieu de pouffer cette réflexion plus loin. Tout ce que je demande c'eft, (pour me fervir de l'expreffion du Pere *Mallebranche*) que dans tout ceci on foit de bonne foi avec foi-même.

De l'Imprimerie de la Veuve de CLAUDE SIMON, Imprimeur de Monfeigneur l'Archevêque, rue des Maffons, 1753.

ERRATA DU I. VOLUME.

Page 1 Note, *ligne 3 conditione*, lisez *cognitione*.

Pag. lxxj l'*Specimen Historiæ aeris* est d'Elbroner & non de Wodler.

Pag. 16 *lig.* 8 1 col. $\frac{b x^2}{a}$ *lisez* $\frac{b x}{a}$.

Pag. 17 *lig.* 23 1 col. Calcul par le moyen, *ajoutez* en cherchant le rapport des quantités connues aux quantités inconnues.

Pag. 28 *lig.* 36 1 col. D *lisez* C.

Pag. 34 *lig.* 21 1 col. S A, *lisez* L A.

Pag. 39 *lig.* 19 1 col. $+ m + x$, *lisez* $+ m x$.

Ibid. lig. 23 *pam*, *lisez* $p\,a\,m$.

Ibid. lig. 24 $m - 1$; dans le second $m - 2$, &c. *lisez* $m - 1$ dans le second; $m - 2$ dans le troisiéme, ainsi des autres.

Ibid. lig. 37 2 col. miptiques, *lisez* elliptiques.

Pag. 112 *lig.* 12 2 col. $d x$, *lisez* x.

Pag. 115 *lig.* 15 2 col. $x L m$, *lisez* $m L x$.

Ibid. lig. 16 2 col. $x L d m + m L d x$, *lisez* $d m x L x + m d L x$. La même transposition a lieu à la ligne 20.

Pag. 134 *lig.* 17 2 col. Fig. 35 *ajoutez* Pl. XXV.

Pag. 138 *lig.* 25 & 27 1 col. $P r$, *lisez* $P p$.

Pag. 148 *lig.* 50 2 col. après 38 ajoutez, *voyez* la figure 62 N.º 2, Pl. XLIV.

Pag. 183 *lig.* 3 2 col. C B, *lisez* C D.

Ibid. 2 col. supprimez V V, C C.

Pag. 198 de Juste Brigge, *lisez* dans les 2 colonnes *Juste Byrge*.

Pag. 206 *lig.* 56 2 col. D E D, *lisez* D E B.

Pag. 246 *lig.* 33 1 col. & *lig.* 49 2 col. Pl. XXXVII. *lisez* Pl. XXXVI.

Pag. 255 *lig.* 16 2 col. Soit C, *ajoutez* Pl. VI. Fig. 120.

Pag. 304 *lig.* 56 2 col. A D, *lisez* B D.

Pag. 328 *lig.* 38 2 col. & page 329 *lig.* 2 2 col. Morin, *lisez Martin*.

Pag. 329 *lig.* 19 2 col. P P, *lisez* P p.

Pag. 331 *lig.* 27 1 col. H E, *lisez* H F.

Pag. 392 *lig.* 51 2 col. B H, *lisez* B A.

Pag. 410 *lig.* 30 $\times a^m - 2\, 6 + 2 \times = \times \times \frac{1}{2} r r$, *lisez* $\times a^m - 2\, b = \frac{1}{2} \times \frac{1}{4} r r$.

Ibid. lig. 31 $a^m - 3 \times^3 = \frac{1}{2} \times - \frac{1}{4} \times - 6\, r r \frac{5}{2} - + x^6 = \frac{-3}{2 \times 4 \times 6 \times r^5} x^5$,

lisez $a^m - 3 = \frac{1}{2} \times - \frac{1}{4} \times - \frac{3}{6} r r - \frac{5}{2} x^6 = \frac{-3 \times x^6}{2 \times 4 \times 6 \times x^5}$

Ibid. lig. 34 $- \frac{1}{2 \times 4} \frac{x^4}{r^3} - \frac{1 \times 3\, x^6}{2 \times 4 \times 6 \times 5}$ *lisez* $\frac{1}{2 \times 4 \times r^3} \frac{x^4}{} - \frac{1 \times 3\, x^6}{2 \times 4 \times 6 \times r^5}$

Pag. 421 *lig.* 26 1 col. Approxmation appliquée à des nombres. Mais comme elle n'est point expliquée & qu'elle est d'un grand usage, *lisez* Approximation. Mais comme elle n'est point appliquée à des nombres & qu'elle est d'un grand usage.

Pag. 431 *lig.* 37 1 col. $f h$, *lisez* F h.

Ibid. lig. 50 2 col. q, *lisez* Q.

Pag. 447 *lig.* 31 2 col. qui rend sensible, &c. *lisez* qui prouve que les surfaces n'augmentent pas le frottement.

Nota 1º. L'explication que je donne de l'organe de la vision à l'article CHOROIDE ne m'appartient pas. Cet article étoit imprimé quand je me suis rappellé qu'on avoit donné une semblable explication dans les Mémoires de l'Académie Roïale des Sciences de Paris.

2º. La solution du Problême sur les intérêts, à l'article compris sous ce terme, pouvoit être plus simple, comme tout Géometre s'en appercevra : c'est une remarque qu'a fait l'Auteur de cette solution, & que j'aurois inserée ici, si je l'eusse plutôt reçue.

ERRATA DU II. VOLUME.

Page 13, ligne 8 2 col. Les indéterminées x, PK, y, *lisez* les indéterminées NI x, IK, y.

Pag. 15, ligne 18 1 col. Planche III, *lisez* Planche VIII.

Ibid. lig. 29, 30 & 31 1 col. K i, N i, P i, *lisez* K I, N I, P I.

Pag. 19 lig. 31 1 col. à l'angle GDB, *lisez* à l'angle GBD.

Pag. 30 lig. 10 & 11 1 col. les quarrés, *lisez* le quarré.

Pag. 34 lig. 21 1 col. Planche LXIX, *lisez* Planche XLVIII.

Ibid. lig. 32 1 col. Planche XXXIX. *lisez* Planche XL.

Pag. 64 lig. 14 1 col. le poids P, *lisez* la puissance P.

Pag. 73 lig. 38 2 col. Fig. 24 *lisez* Fig. 221.

Pag. 78 lig. 6 2 col. Planche IV. *lisez* Planche V.

Pag. 79 lig. 52 1 col. D *lisez* G.

Pag. 103. Dans l'article Machine Pneumatique, au lieu de Planche XXVI. *lisez* Planche XXV

Pag. 115 lig. 8 1 col. Fig. 65 *lisez* Fig. 66.

Pag. 147 2 col. Planche XVIII. *lisez* Planche XIX.

Pag. 210 lig. 24 1 col. Planche XX, *lisez* Planche XXI.

Pag. 217 lig. 20 1 col. la figure fait voir, *lisez* la figure 506 fait voir, &c.

Pag. 218. lig. 6 1 col. E R *lisez* E L.

Pag. 242 lig. 16 1 col. Planche L *lisez* Planche XL.

Pag. 251 lig. 28 2 col. F K, F P, *lisez* F P, F Q.

Pag. 269 lig. 42 1 col. A f en A K, *lisez* A F en F K.

Pag. 339 lig. 2 & 31 2 col. Planche I. *lisez* Planche II.

Pag. 358 lig. 56 1 col. Fig. 24 *lisez* Fig. 221.

Pag. 373 lig. 46 2 col. après soit A B ajoutez Pl. XXXVI. Fig. 508.

Pag. 374 lig. 13 1 col. au point L *lisez* au point F de la perpendiculaire 4 F, &c.

Pag. 390 lig. 27 C D, *lisez* E D.

Pag. 391 lig. 30 2 col. après R G, ajoutez Pl. XVI. fig. 278.

Pag. 428 lig. 23 2 col. action des Planetes; *lisez* raison du mouvement des Planetes.

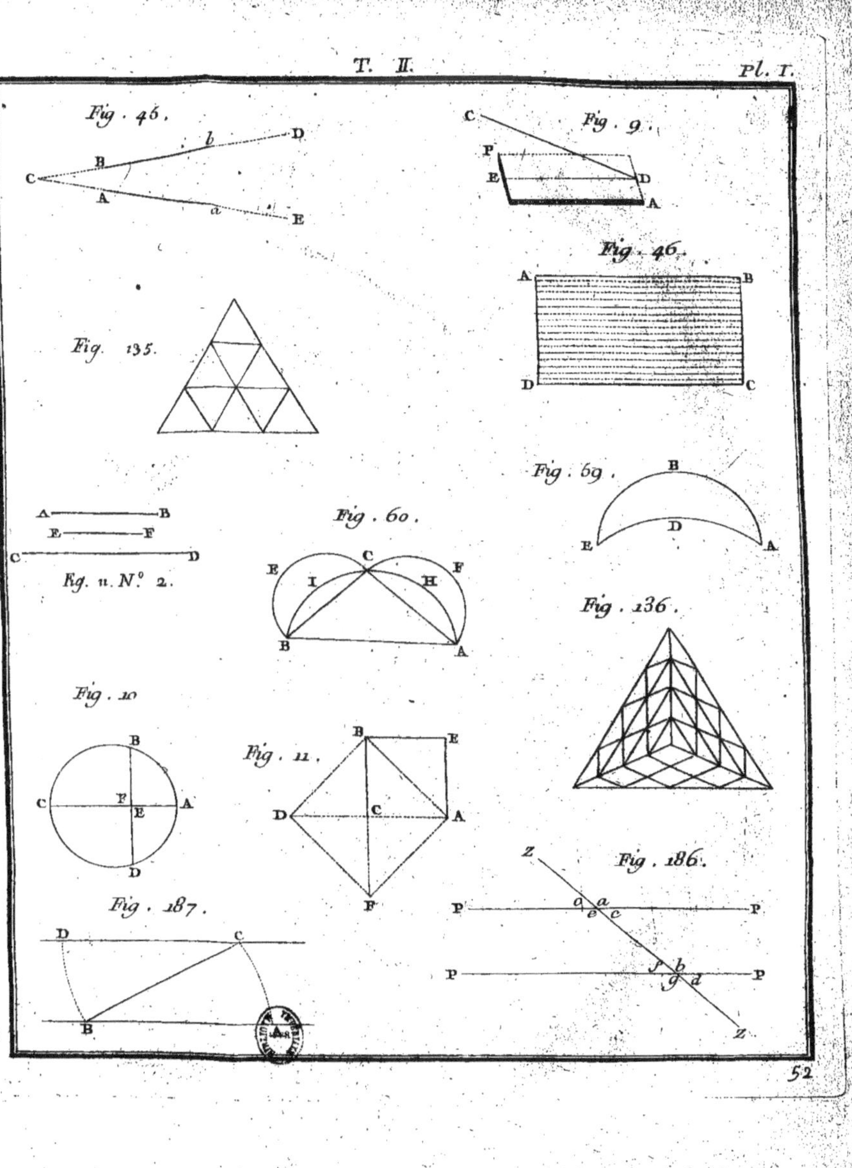
Fig. 46.
C B b D
A a E
Fig. 9.
C P E D A
Fig. 46.
A B D C
Fig. 135.
Fig. 69.
B D E A
Fig. 60.
E C F I H B A
Fig. 136.
A B E F D C
Eg. 11. N.° 2.
Fig. 10.
B C F E A D
Fig. 11.
B E D C A F
Fig. 186.
z P o a e c P P f b g d P z
Fig. 187.
D C B

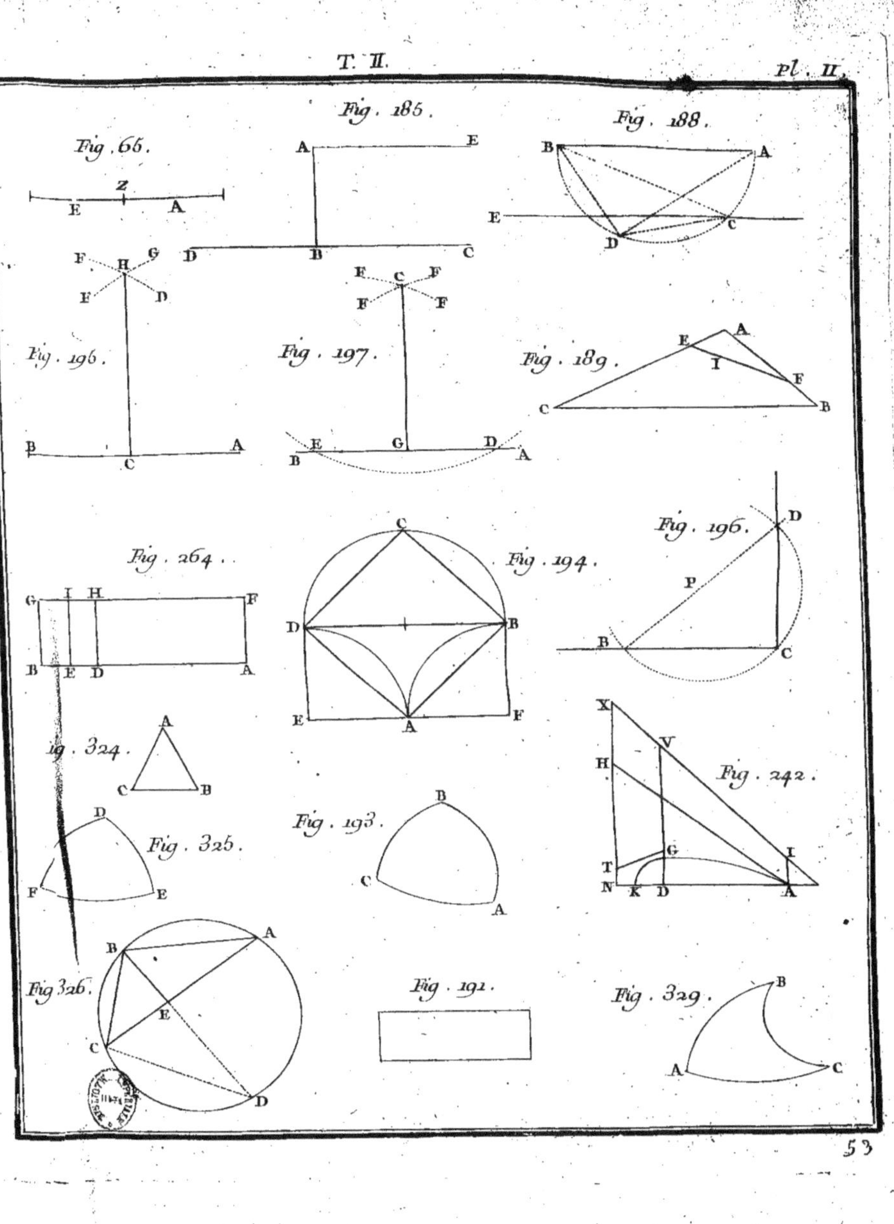

Fig. 66.
Fig. 185.
Fig. 188.
Fig. 196.
Fig. 197.
Fig. 189.
Fig. 264.
Fig. 194.
Fig. 196.
Fig. 324.
Fig. 325.
Fig. 193.
Fig. 242.
Fig. 326.
Fig. 191.
Fig. 329.

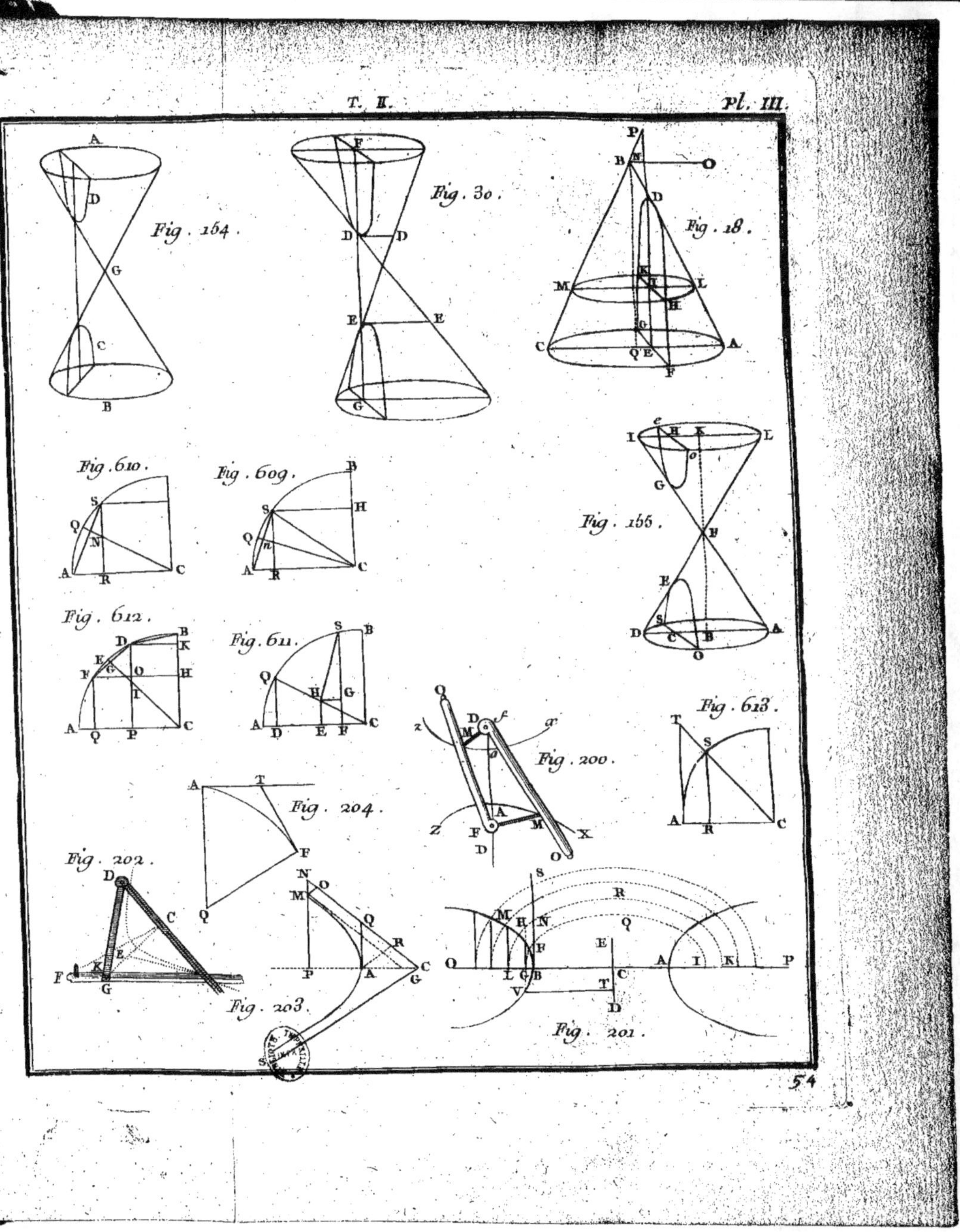
Fig. 164.
Fig. 30.
Fig. 18.
Fig. 610.
Fig. 609.
Fig. 155.
Fig. 612.
Fig. 611.
Fig. 200.
Fig. 613.
Fig. 204.
Fig. 202.
Fig. 203.
Fig. 201.

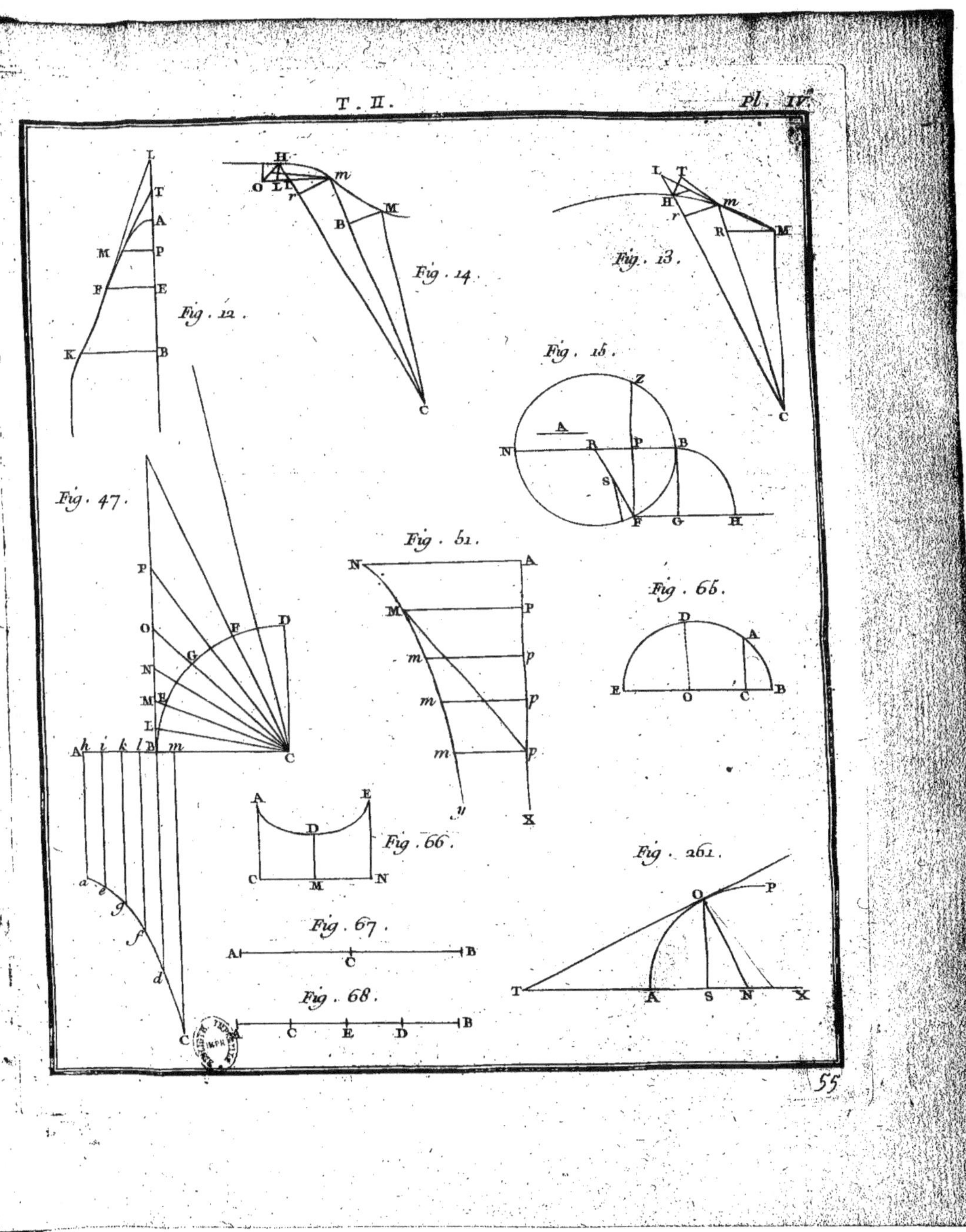

Fig. 12.
Fig. 14.
Fig. 13.
Fig. 15.
Fig. 47.
Fig. 51.
Fig. 65.
Fig. 66.
Fig. 261.
Fig. 67.
Fig. 68.

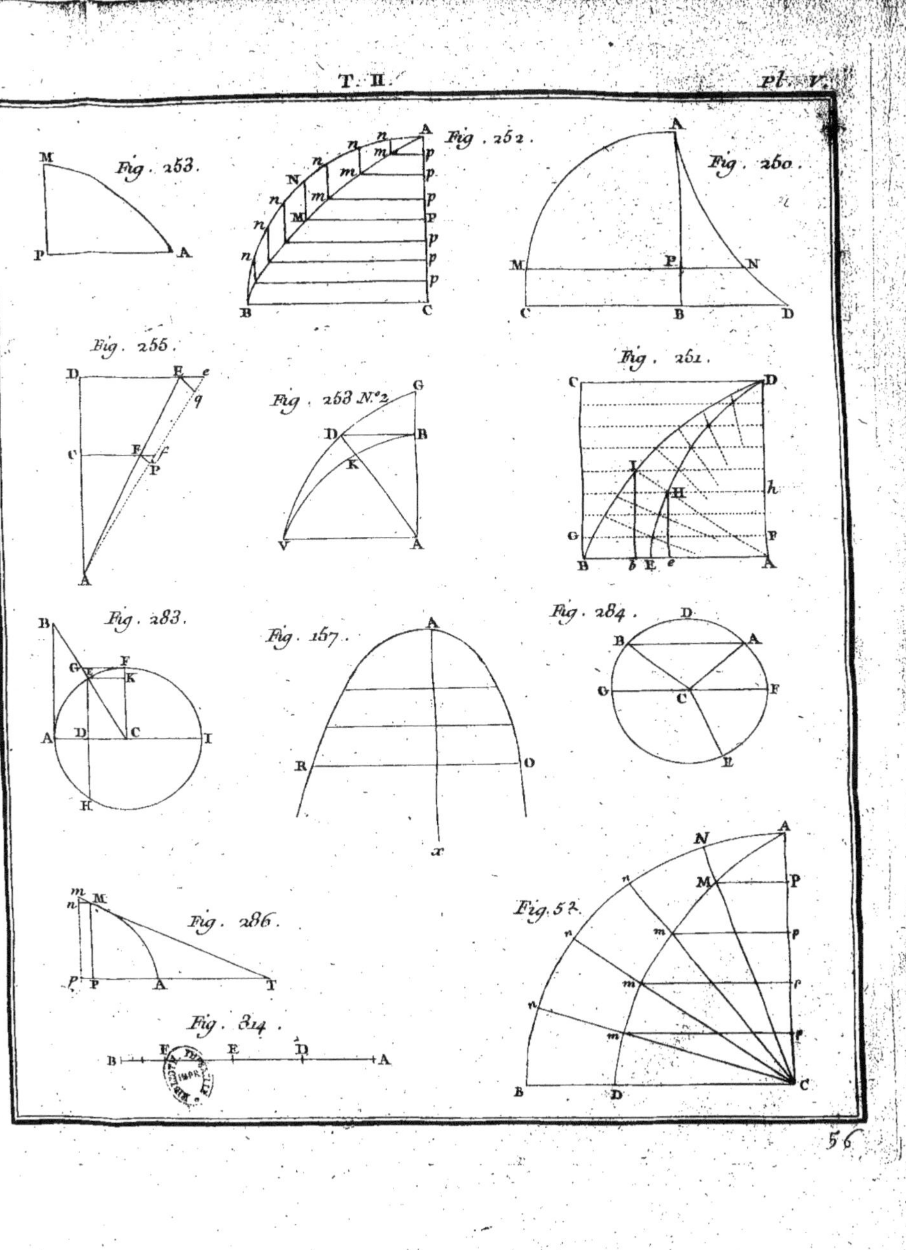

Fig. 253.
Fig. 252.
Fig. 260.
Fig. 255.
Fig. 258. N.º 2
Fig. 261.
Fig. 283.
Fig. 157.
Fig. 284.
Fig. 286.
Fig. 52.
Fig. 314.

Fig.
D
Fig. 4
D
C

Fig. 602.

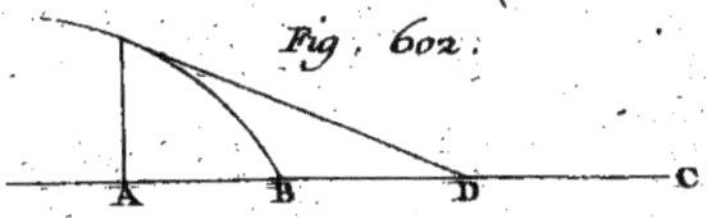

Fig. 277.

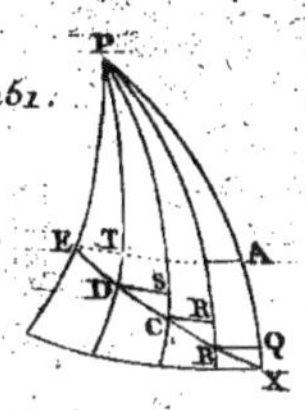

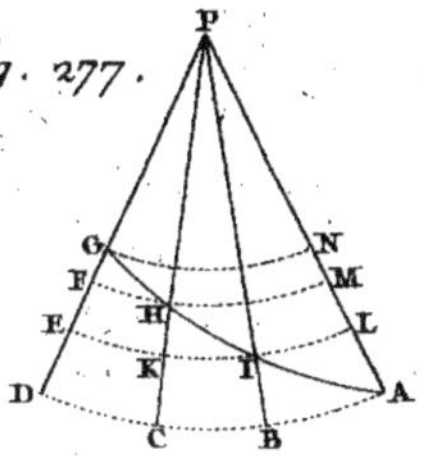

Fig. 261.

Fig. 420.

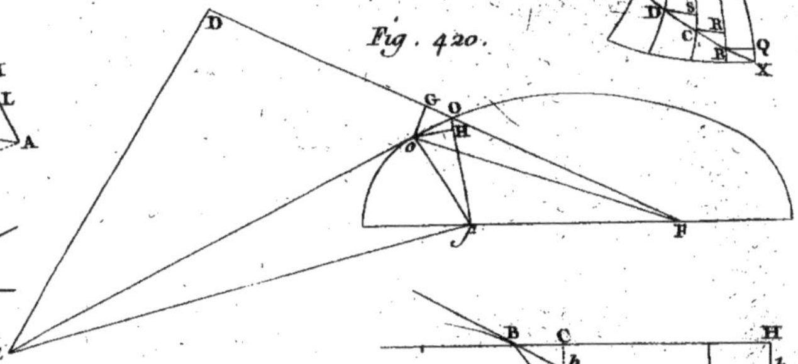

Fig. 42.

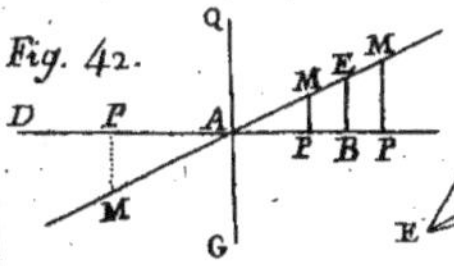

Fig. 600.

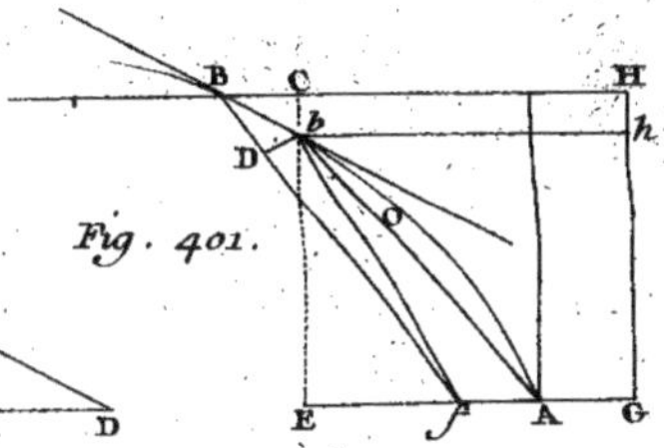

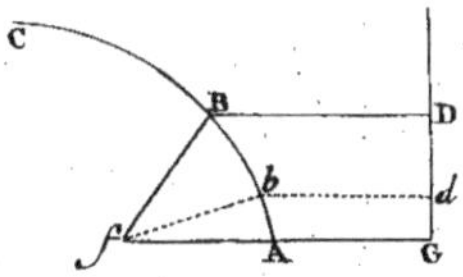

Fig. 295.

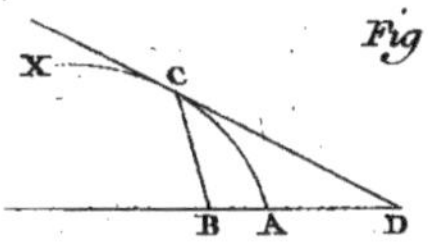

Fig. 401.

Fig. 601.

Fig. 40.

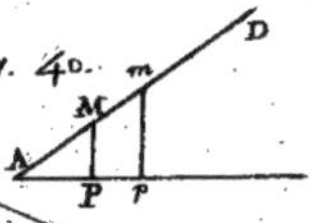

Fig. 294.

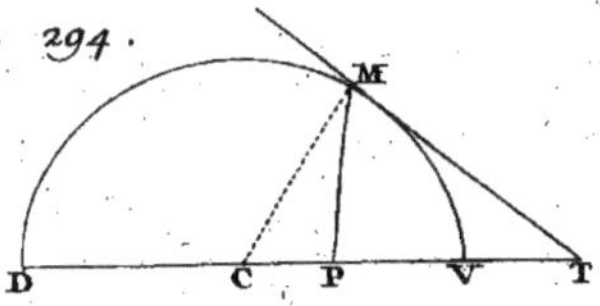

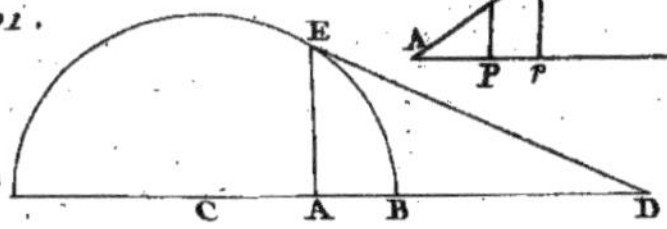

Fig. 302.

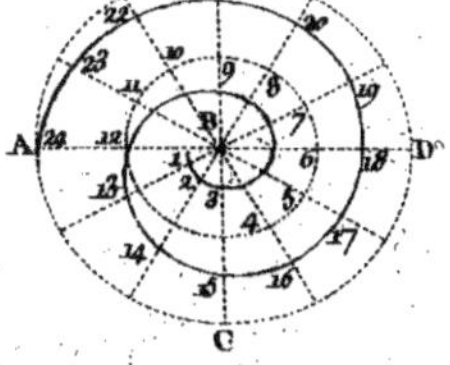

Fig. 250.

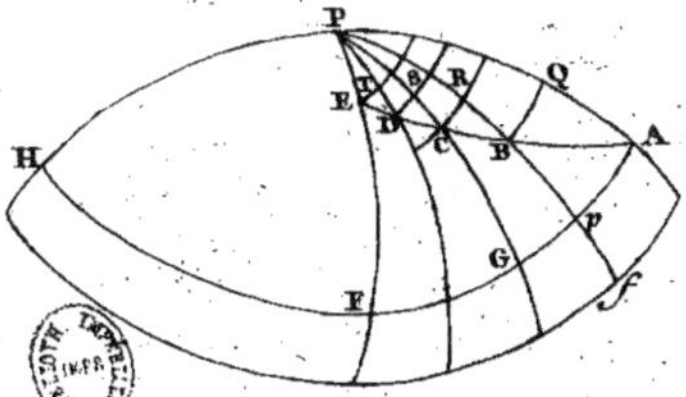

Fig. 303.

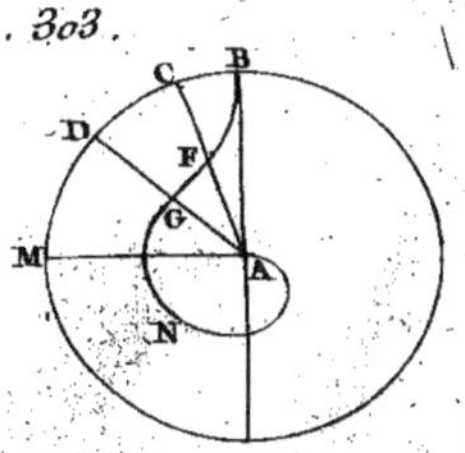

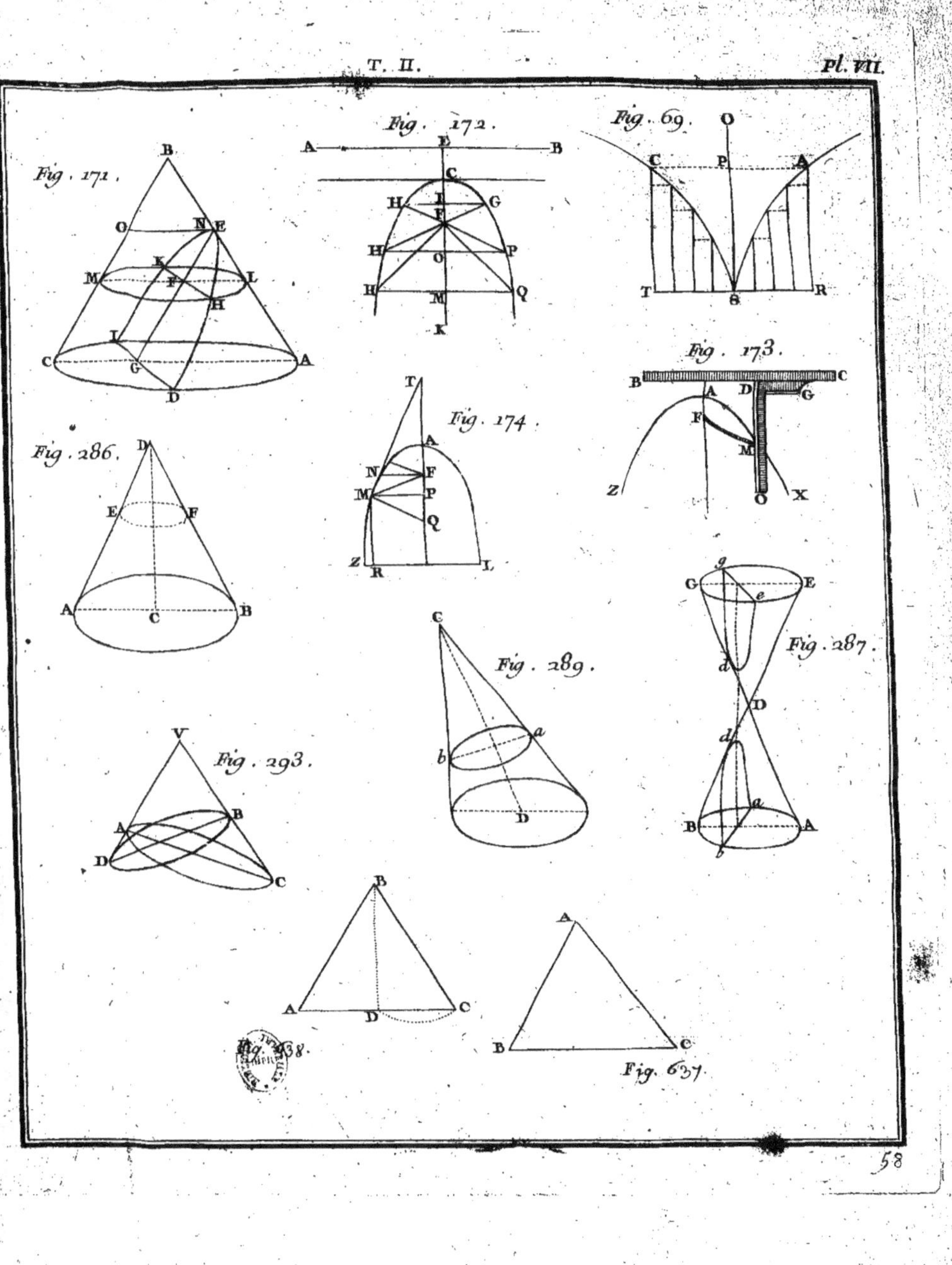
Fig. 171.
Fig. 172.
Fig. 69.
Fig. 286.
Fig. 174.
Fig. 173.
Fig. 289.
Fig. 287.
Fig. 293.
Fig. 438.
Fig. 637.

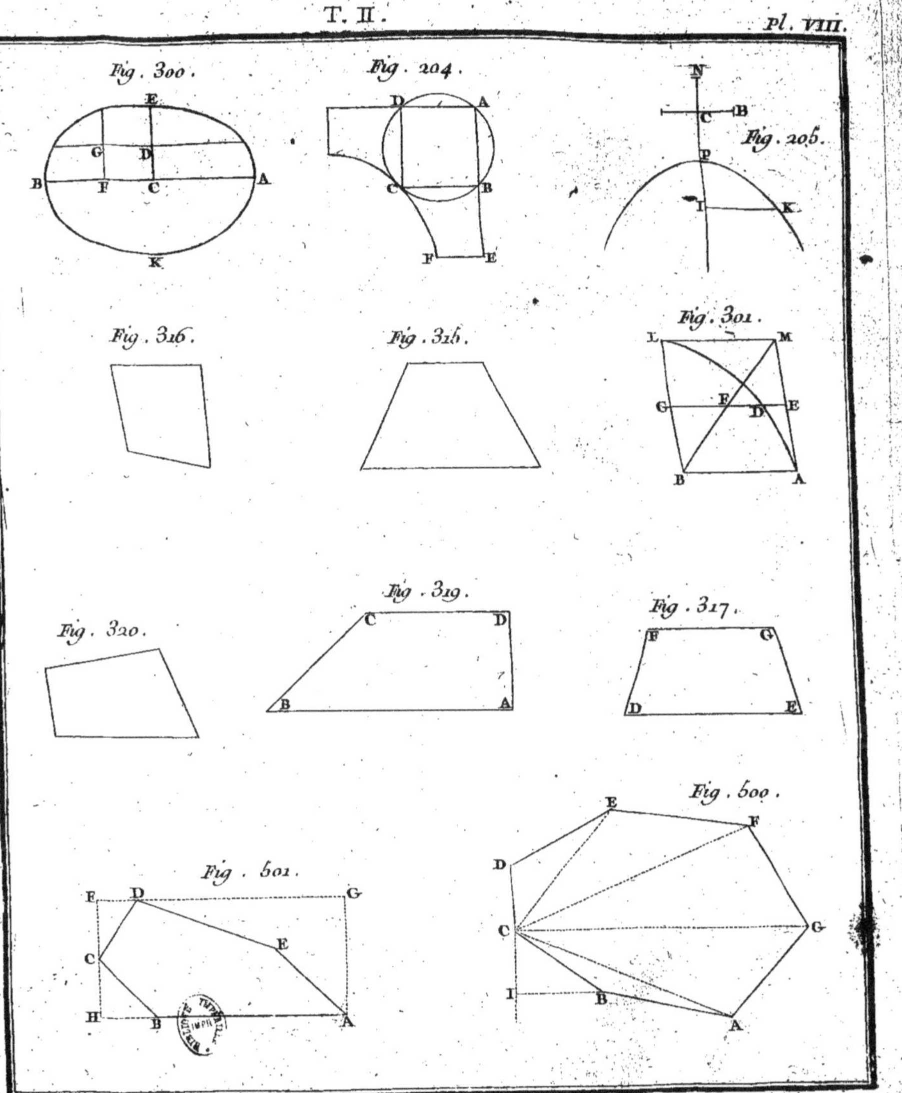

Fig. 300.
Fig. 204.
Fig. 205.
Fig. 316.
Fig. 315.
Fig. 301.
Fig. 320.
Fig. 319.
Fig. 317.
Fig. 321.
Fig. 300.

Fig. 151.

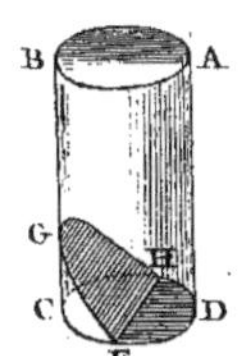

Fig. 137.

Fig. 136.

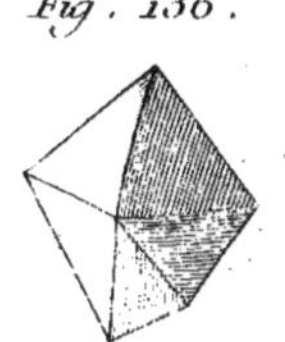

Fig. 190.

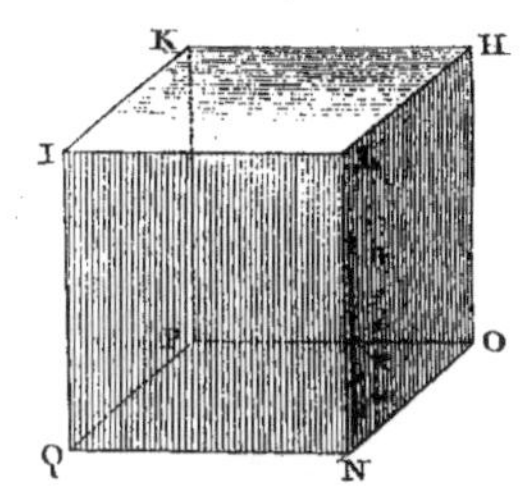

Fig. 153.

Fig. 152.

Fig. 199.

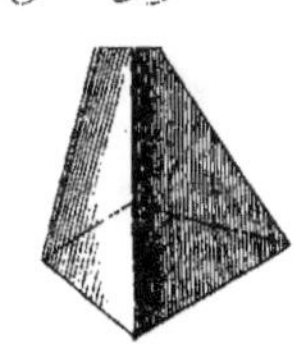

Fig. 213.

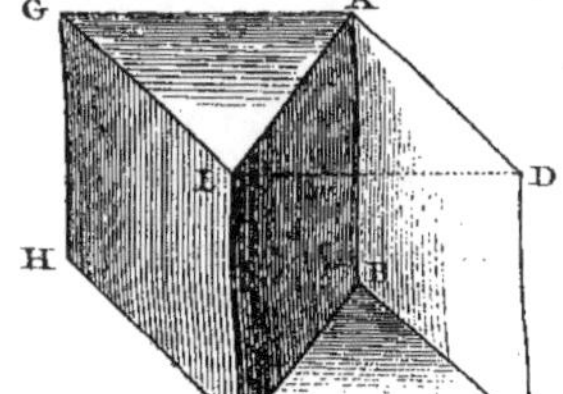

Fig. 197.

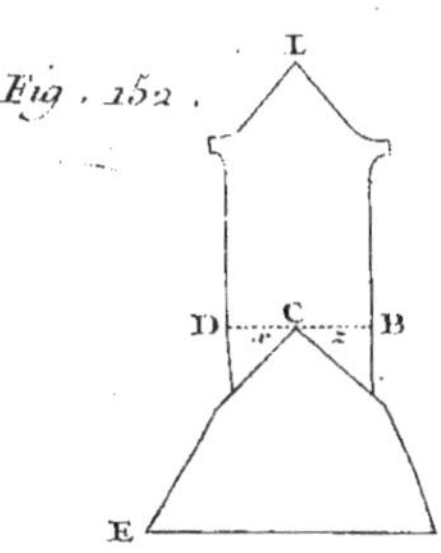

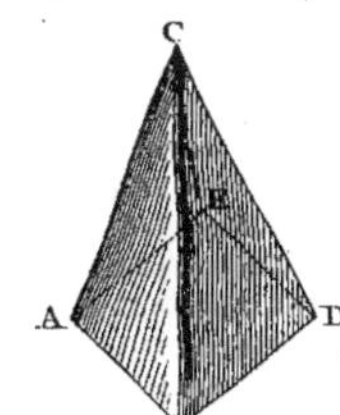

Fig. 235.

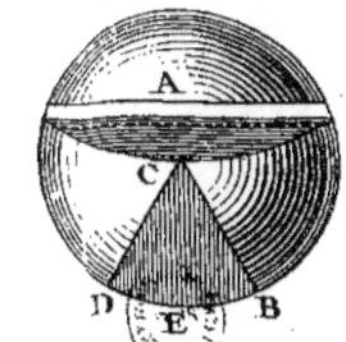

Fig. 236.

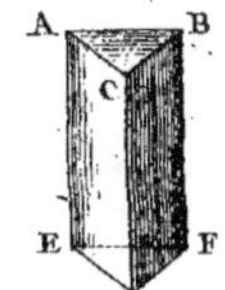

Fig. 198.

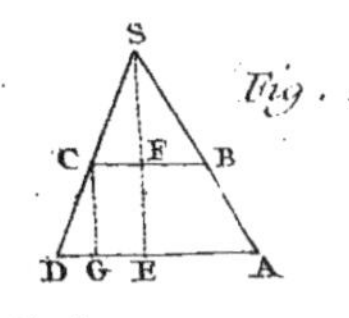

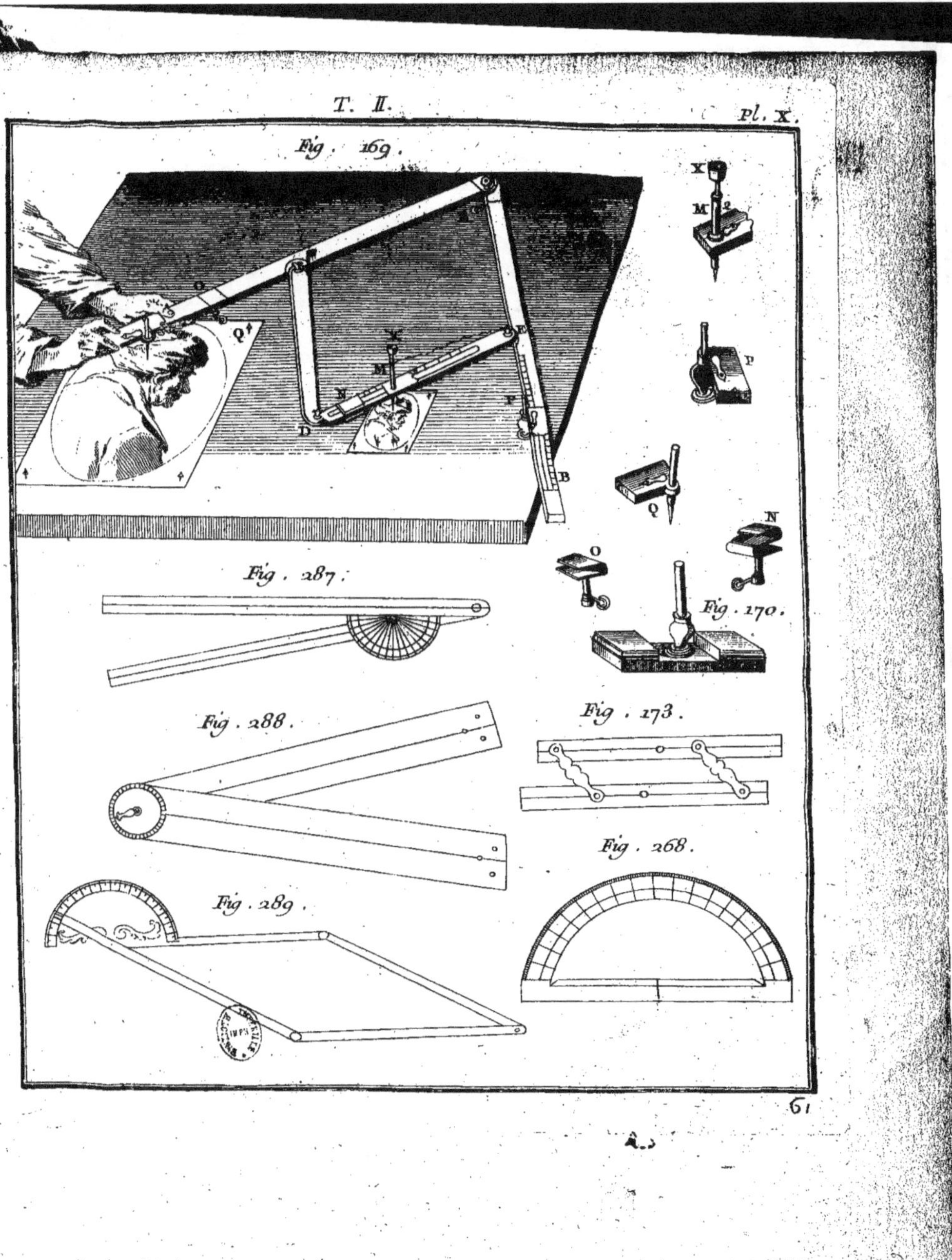
Fig. 169.
Fig. 287.
Fig. 170.
Fig. 288.
Fig. 173.
Fig. 289.
Fig. 268.

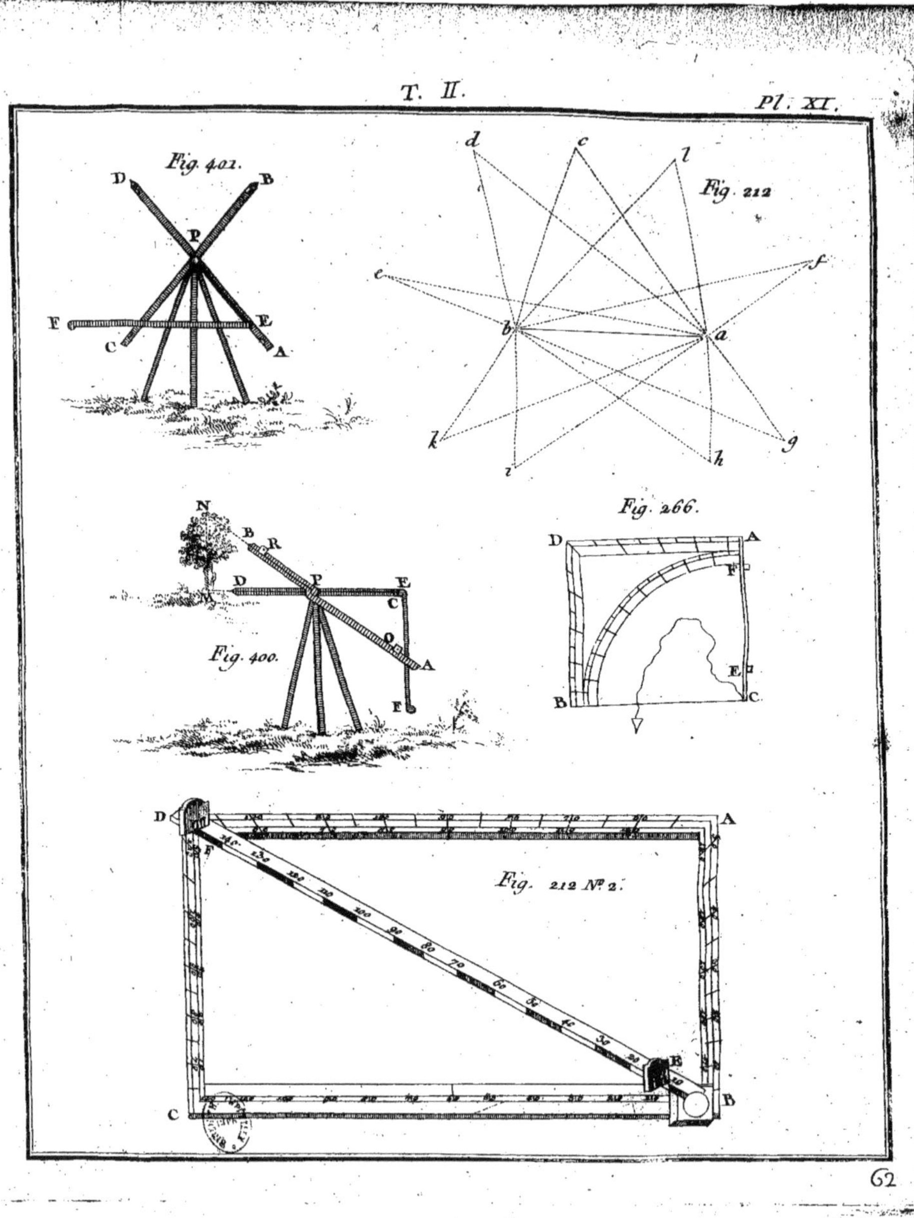
Fig. 401.
D B
P
F E
C A
d c l
Fig. 212
e f
b a
k g
i h
Fig. 266.
N
B R
D P E
C
O
A
F
Fig. 400.
D A
F
B C
E
Fig. 212 Nº 2.
C B

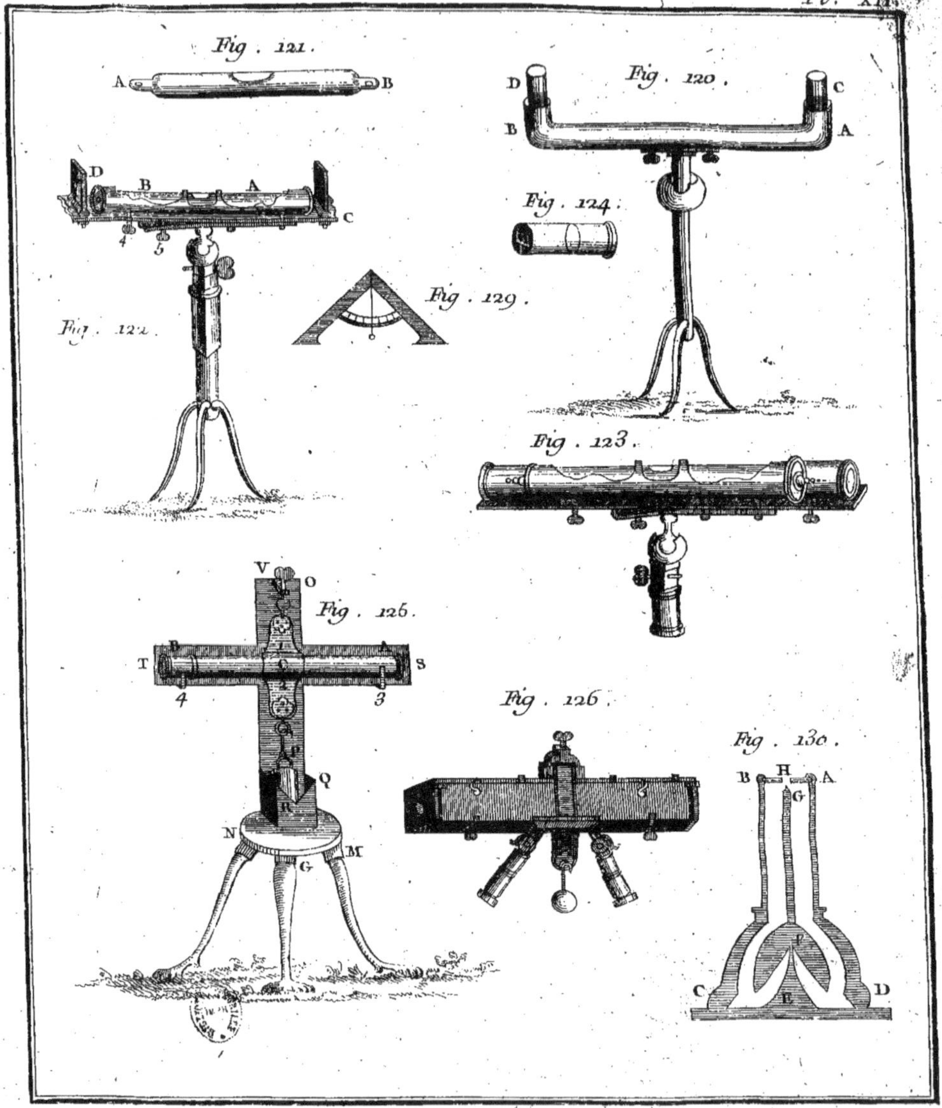

Fig. 121.
A B
Fig. 120.
D C
B A
D B C A
Fig. 124.
Fig. 129.
Fig. 122.
Fig. 123.
V O
Fig. 125.
T S
4 3
Q
R
N M
G
Fig. 126.
Fig. 130.
B H A
G
C E D

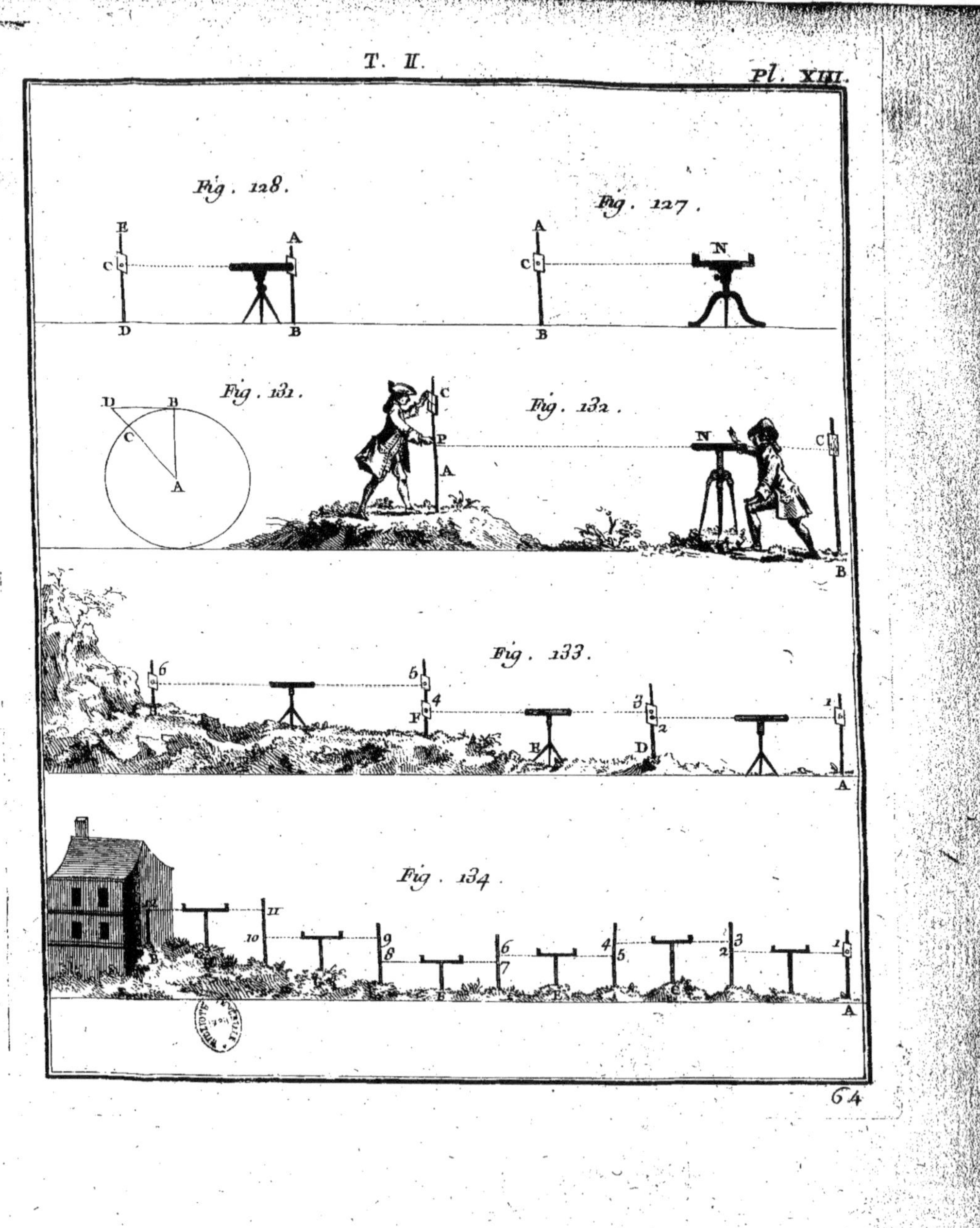

Fig. 128.
Fig. 127.
Fig. 131.
Fig. 132.
Fig. 133.
Fig. 134.

B

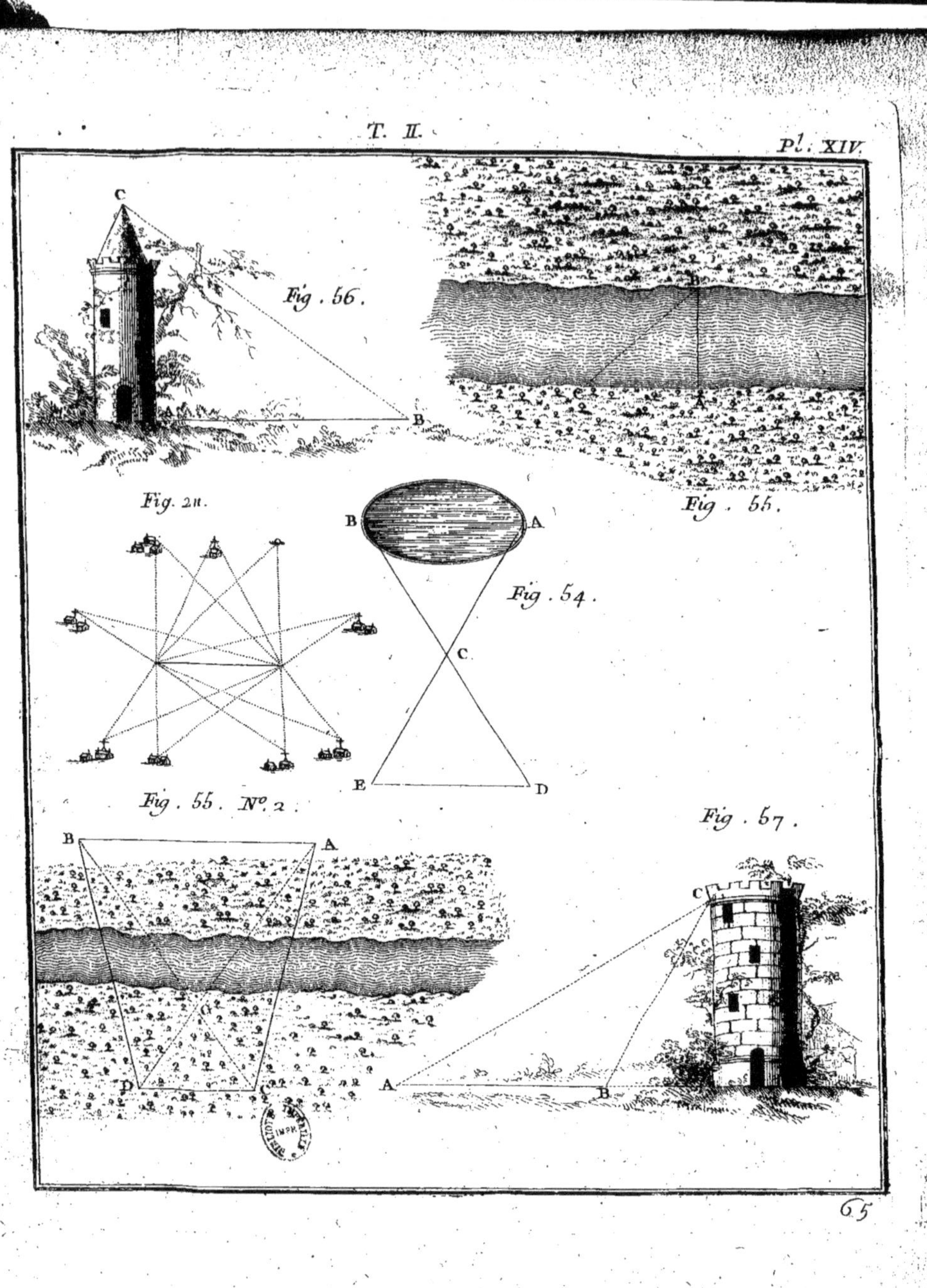

C
Fig. 56.
B
A
B
C
A
Fig. 55.
Fig. 2n.
B
A
Fig. 54.
C
E
D
Fig. 55. Nº 2.
Fig. 57.
B
A
C
D
A
B
C

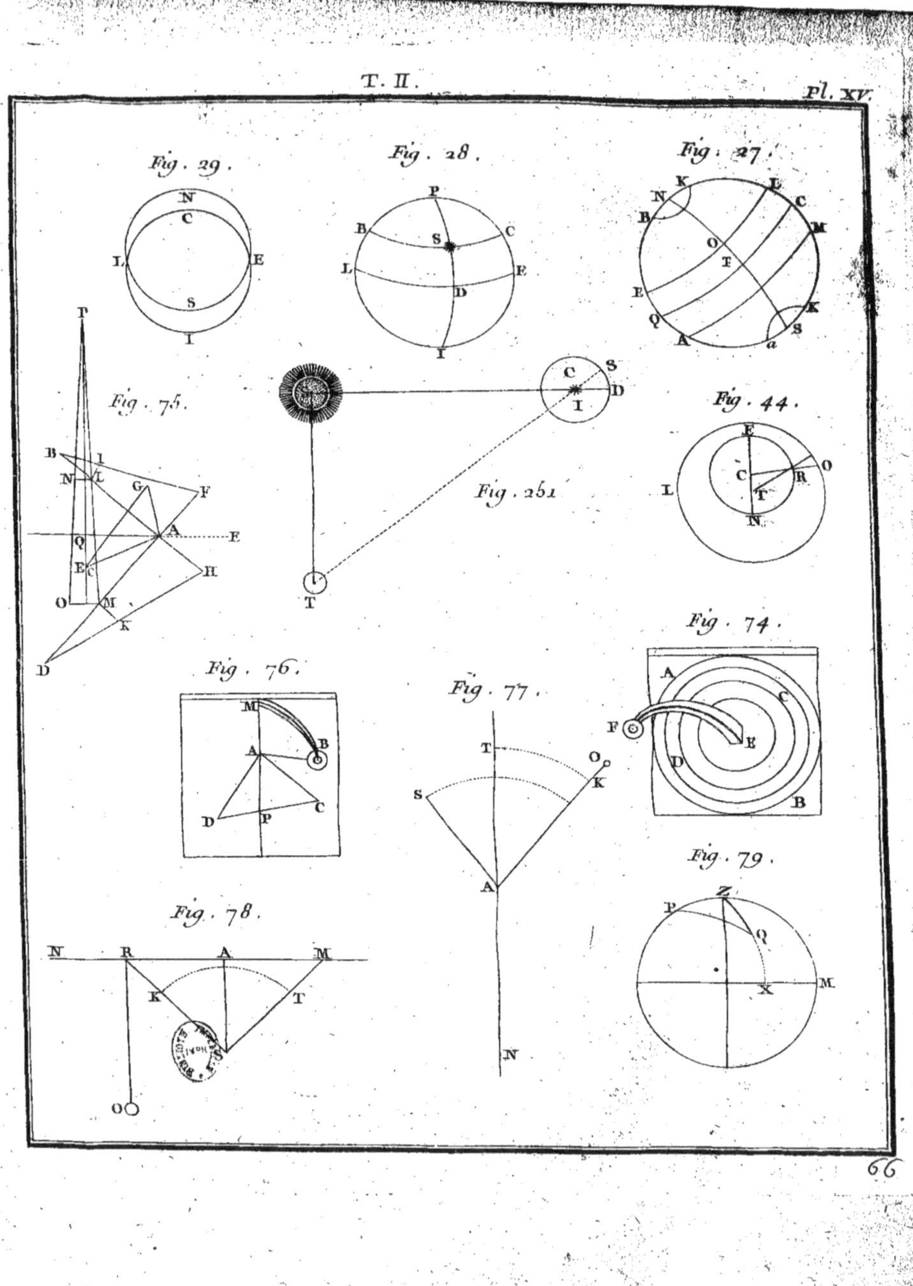
Fig . 29 .
Fig . 28 .
Fig . 27 .
Fig . 75 .
Fig . 251 .
Fig . 44 .
Fig . 76 .
Fig . 77 .
Fig . 74 .
Fig . 78 .
Fig . 79 .

Fig. 246.

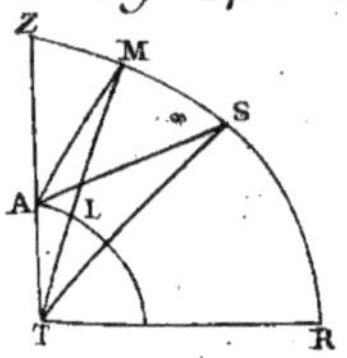

Fig. 217.

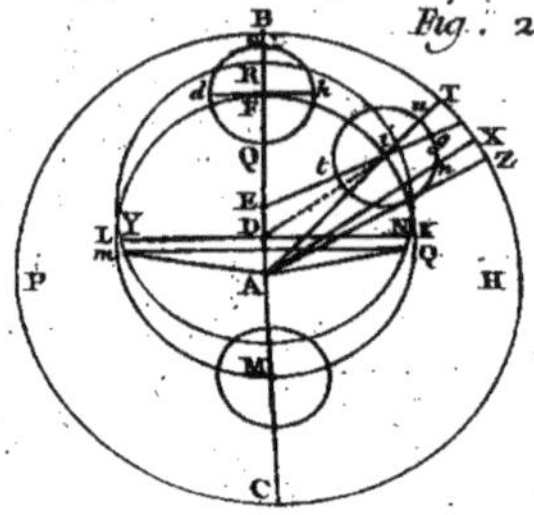

Fig. 216.

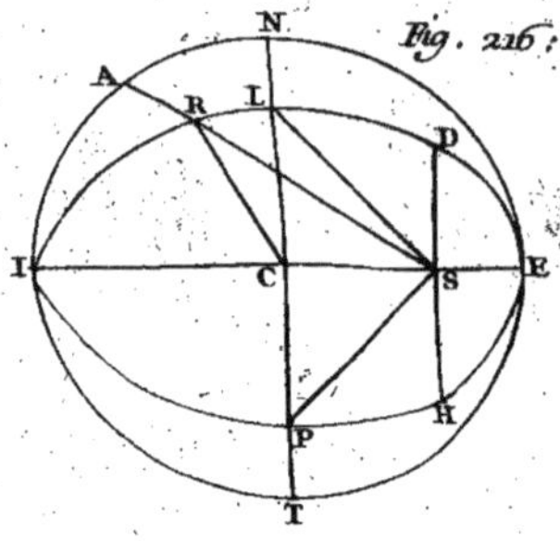

Fig. 280.

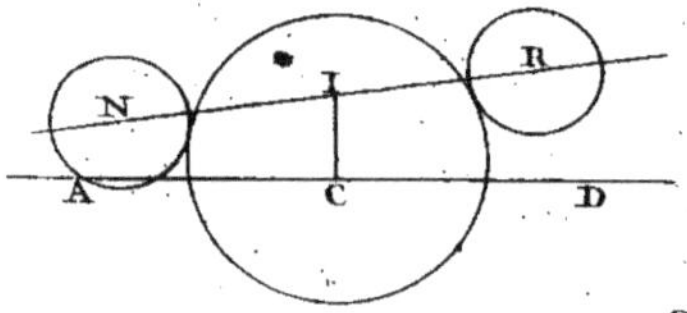

Fig. 218.

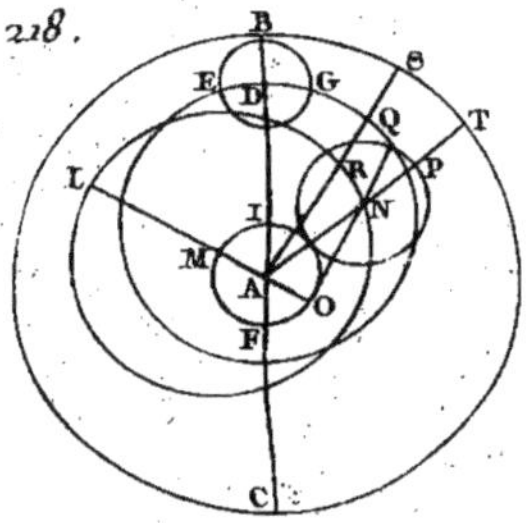

Fig. 279.

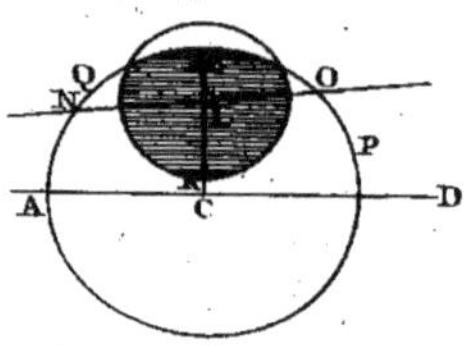

Fig. 278.

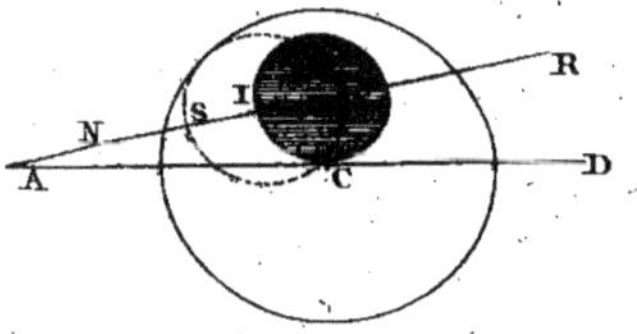

Fig. 281.

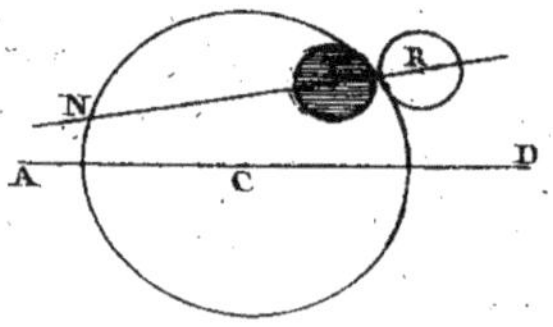

Fig. 282.

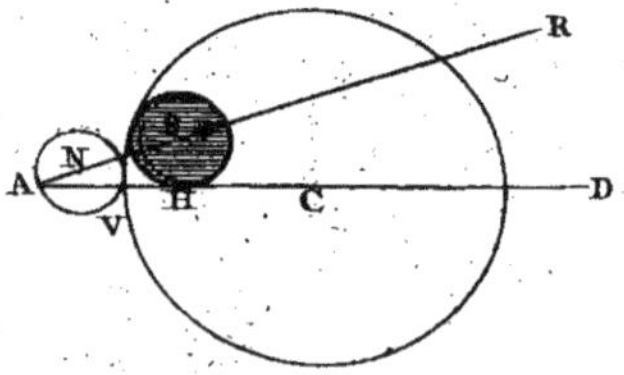

Fig. 272.

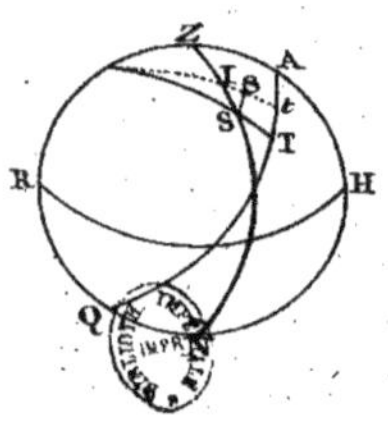

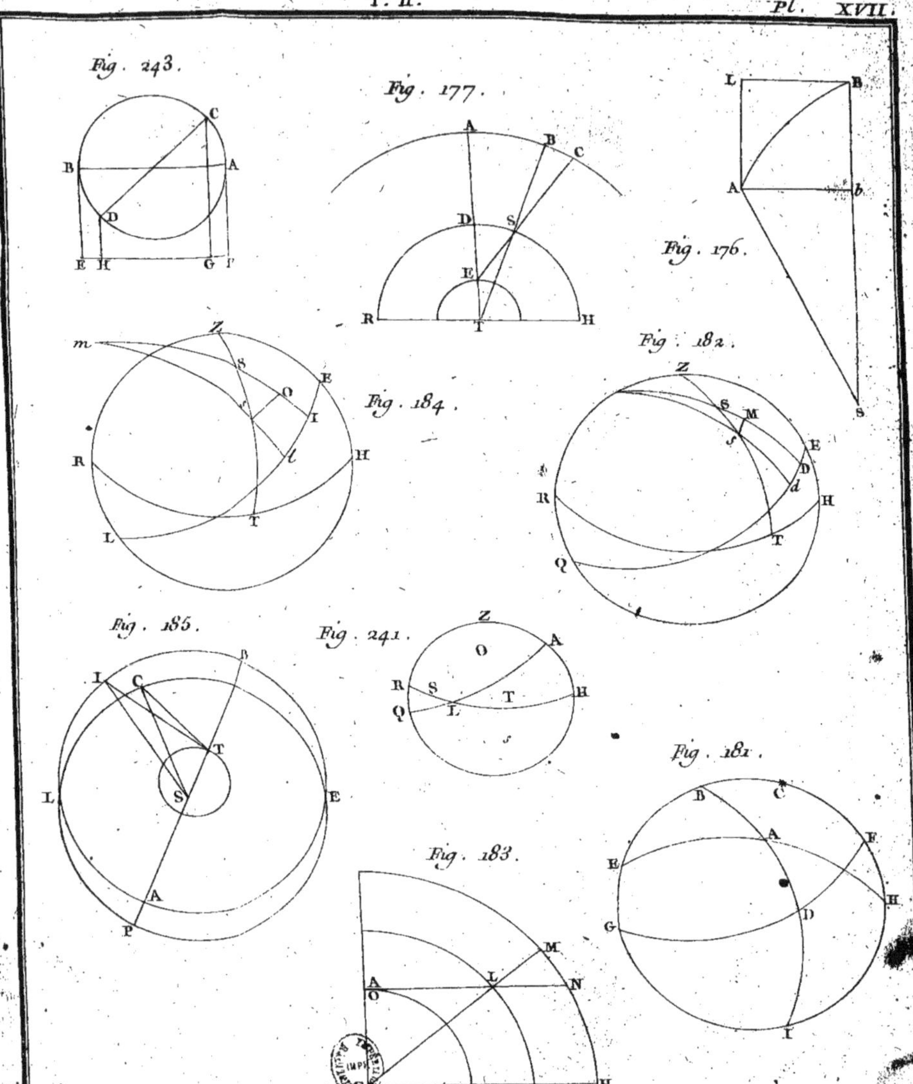

Fig. 243.
Fig. 177.
Fig. 176.
Fig. 184.
Fig. 182.
Fig. 185.
Fig. 241.
Fig. 181.
Fig. 183.

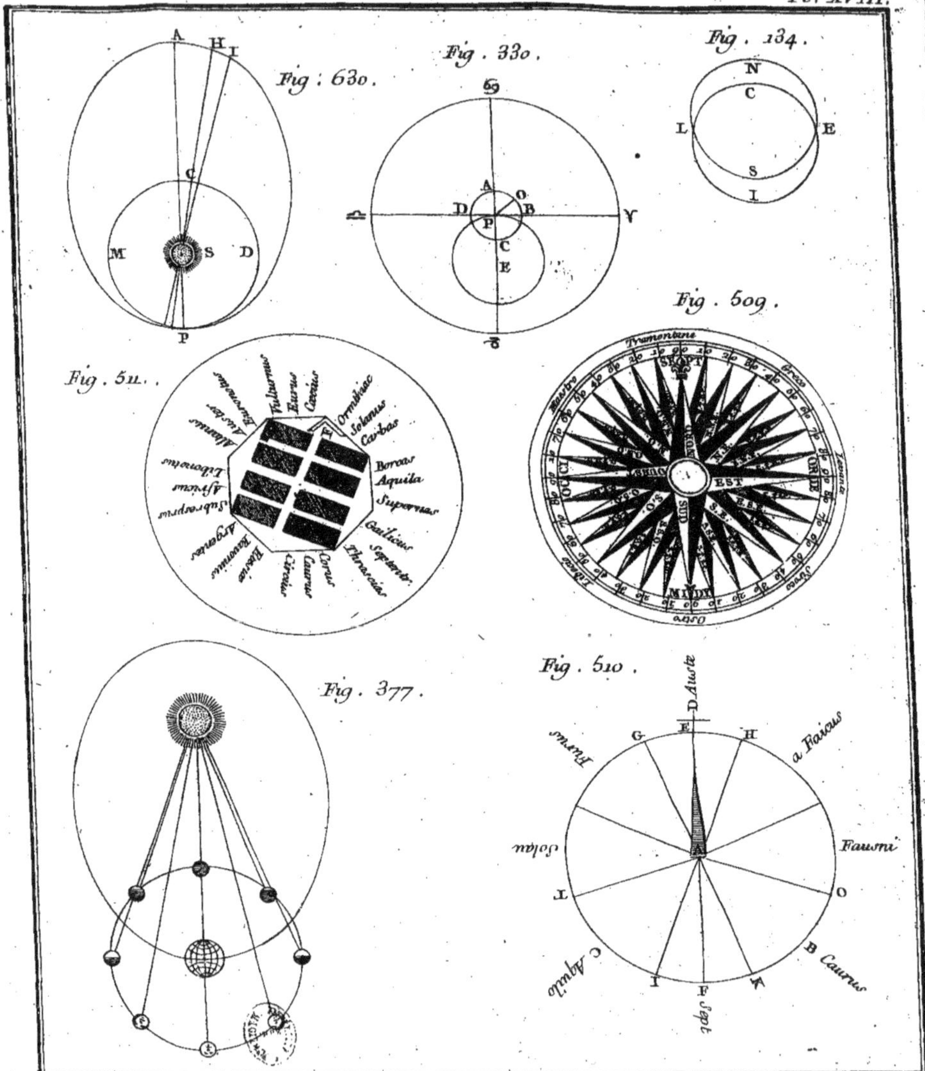

Fig. 630.
Fig. 330.
Fig. 134.
Fig. 511.
Fig. 509.
Fig. 377.
Fig. 510.

H
O
M
I
Fig.
L
E
B

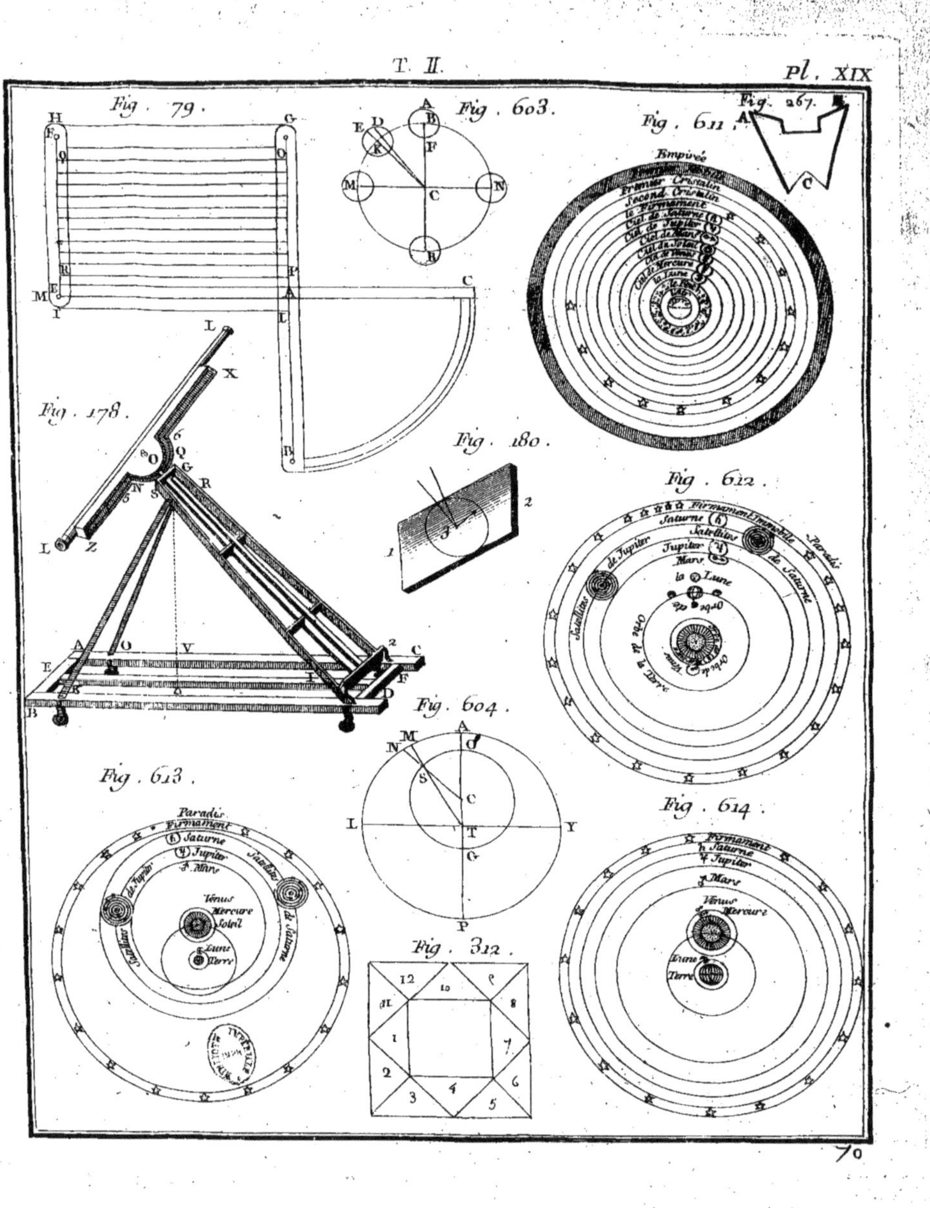

Fig . 79 .
Fig . 603 .
Fig . 611 .
Fig . 267 .
Fig . 178 .
Fig . 180 .
Fig . 612 .
Fig . 613 .
Fig . 604 .
Fig . 614 .
Fig . 312 .

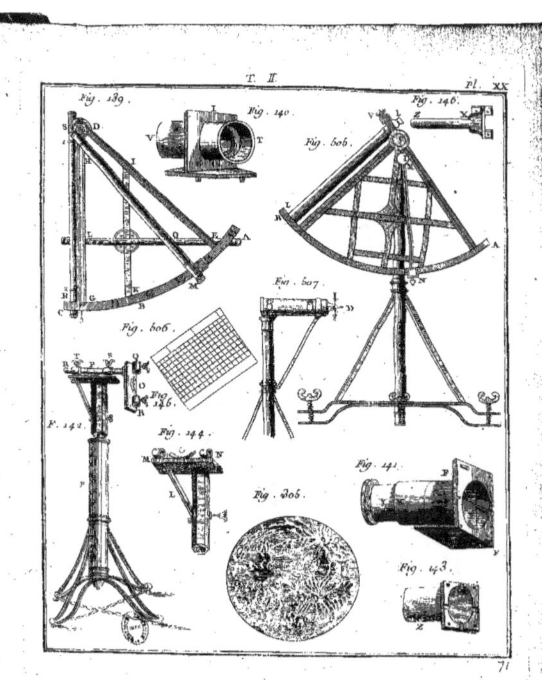

Fig. 139.
Fig. 140.
Fig. 146.
Fig. 505.
Fig. 507.
Fig. 506.
Fig. 145.
F. 142.
Fig. 144.
Fig. 141.
Fig. 505.
Fig. 143.

T. II.
Pl. XXI.
Fig. 406.
Fig. 298.
Fig. 299.
MERIDIEN
Fig. 133.
72.

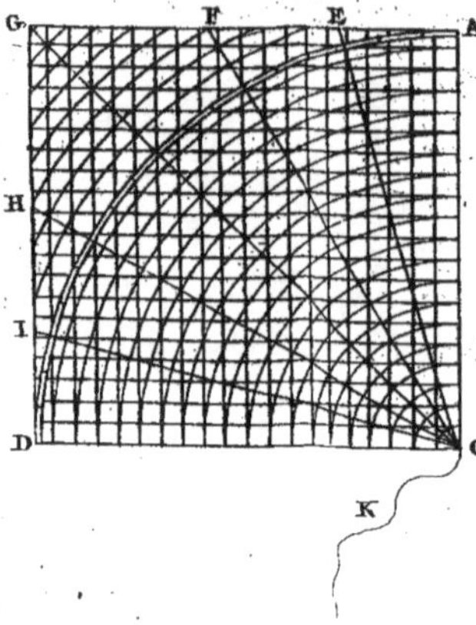

Fig. 208.
Fig. 320. 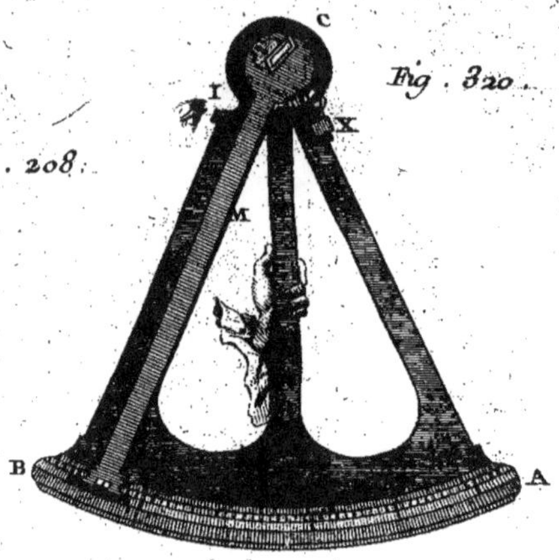
G F E A
H
I
D C
K
c
I
M
B A
Fig. 402. 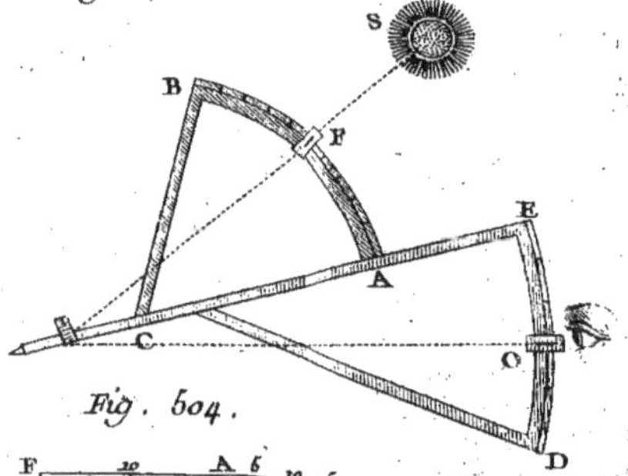
S
B
F
A
E
C
O
D
Fig. 321. 
A
I
B C F H
G
Fig. 504.
F 10 A 5 10 15 20 25 30
20 80 35
30 70 40
60 45
50 50
40 55
40 60
30 65
L 70
20 75 D
10 80
80 85
90 90
G C H
I

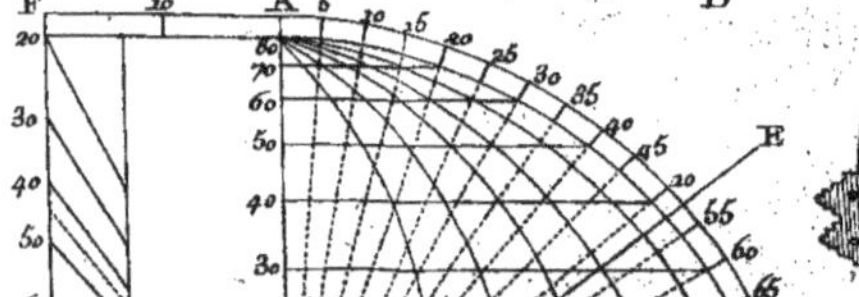

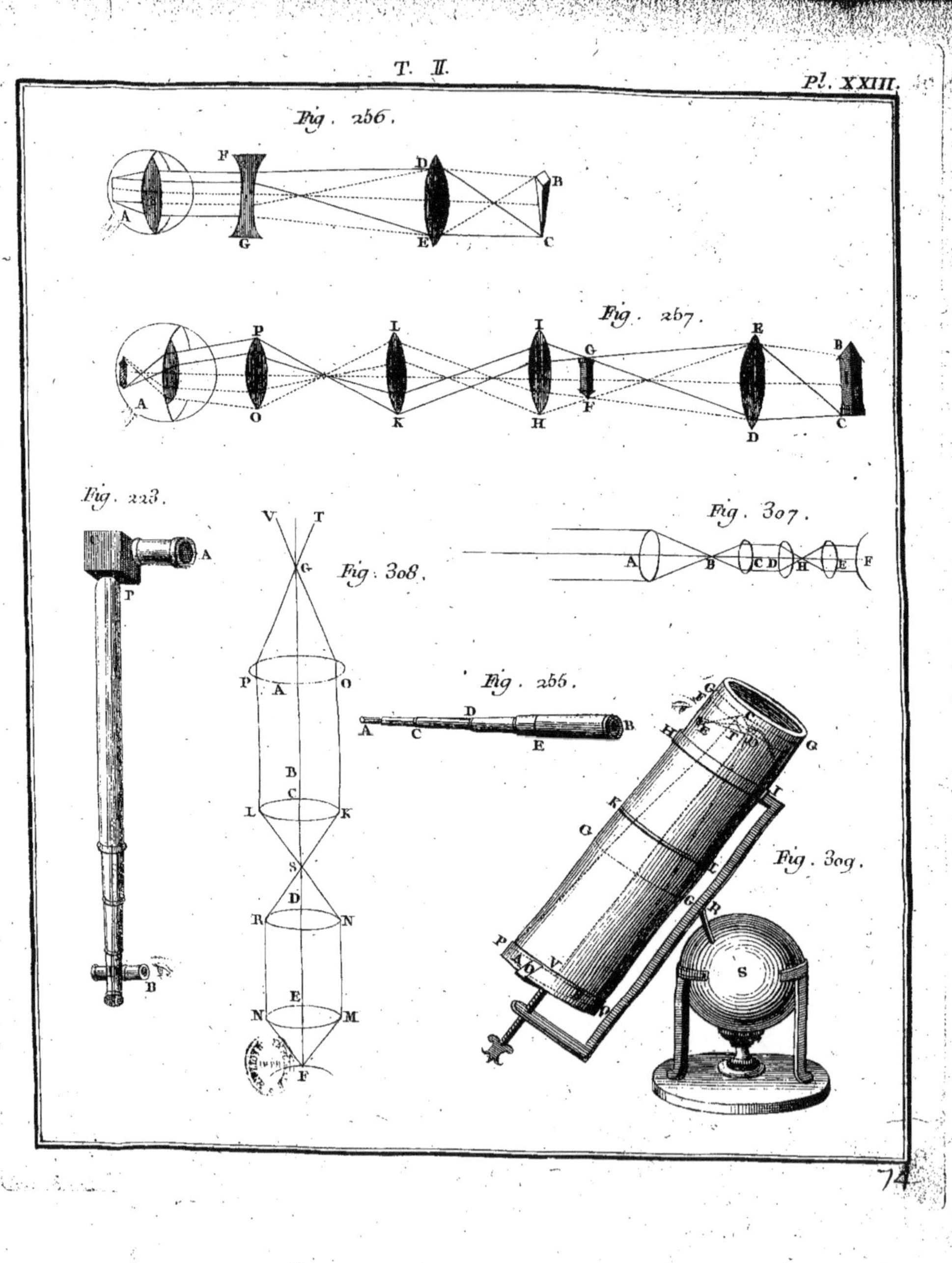
Fig. 256.
F
D
B
A
G
E
C
Fig. 257.
P
L
I
E
B
A
O
K
H
G
F
D
C
Fig. 223.
A
P
B
Fig. 308.
V
T
G
P
A
O
B
L
K
S
D
R
N
E
N
M
F
Fig. 307.
A
B
C D
H
E
F
Fig. 255.
A
C
D
E
B
Fig. 309.
G
H
T
O
I
K
Q
S
P
A b
V
Q

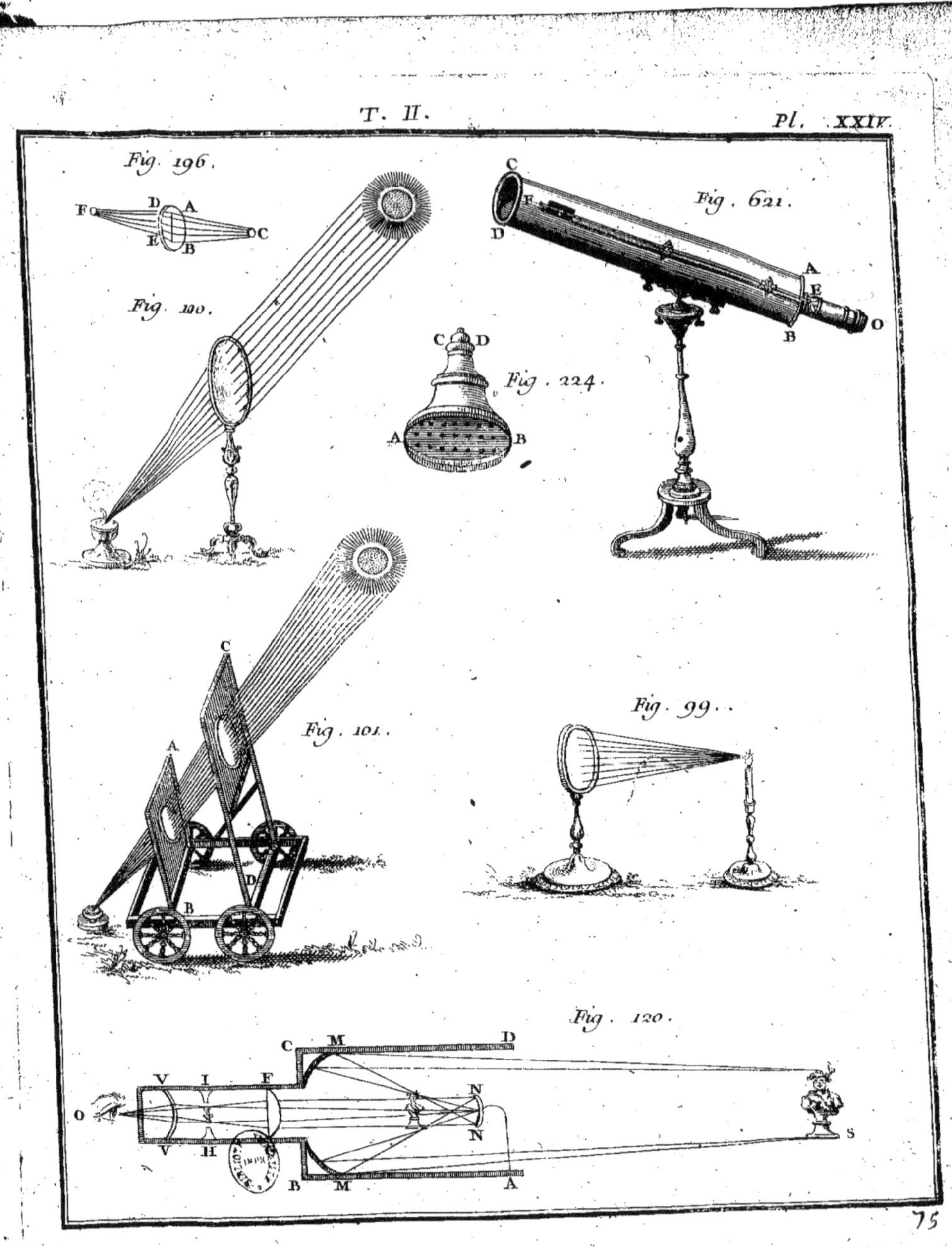
Fig. 196.
F D A C E B
Fig. 100.
Fig. 621.
C F D A E B O
Fig. 224.
C D A B
Fig. 101.
C A D B
Fig. 99.
Fig. 120.
C M D
V I F N
O N
V H B M A S

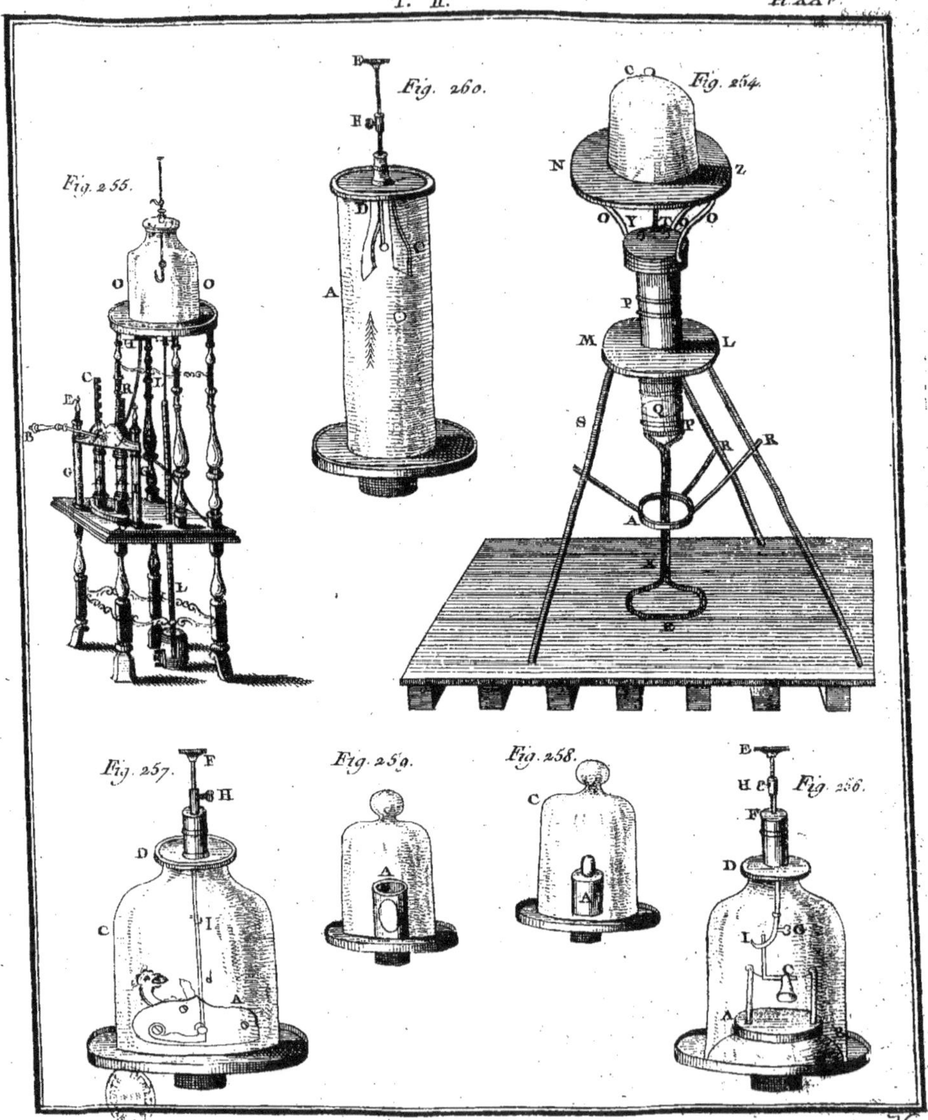
Fig. 255.
Fig. 260.
Fig. 254.
Fig. 257.
Fig. 259.
Fig. 258.
Fig. 256.

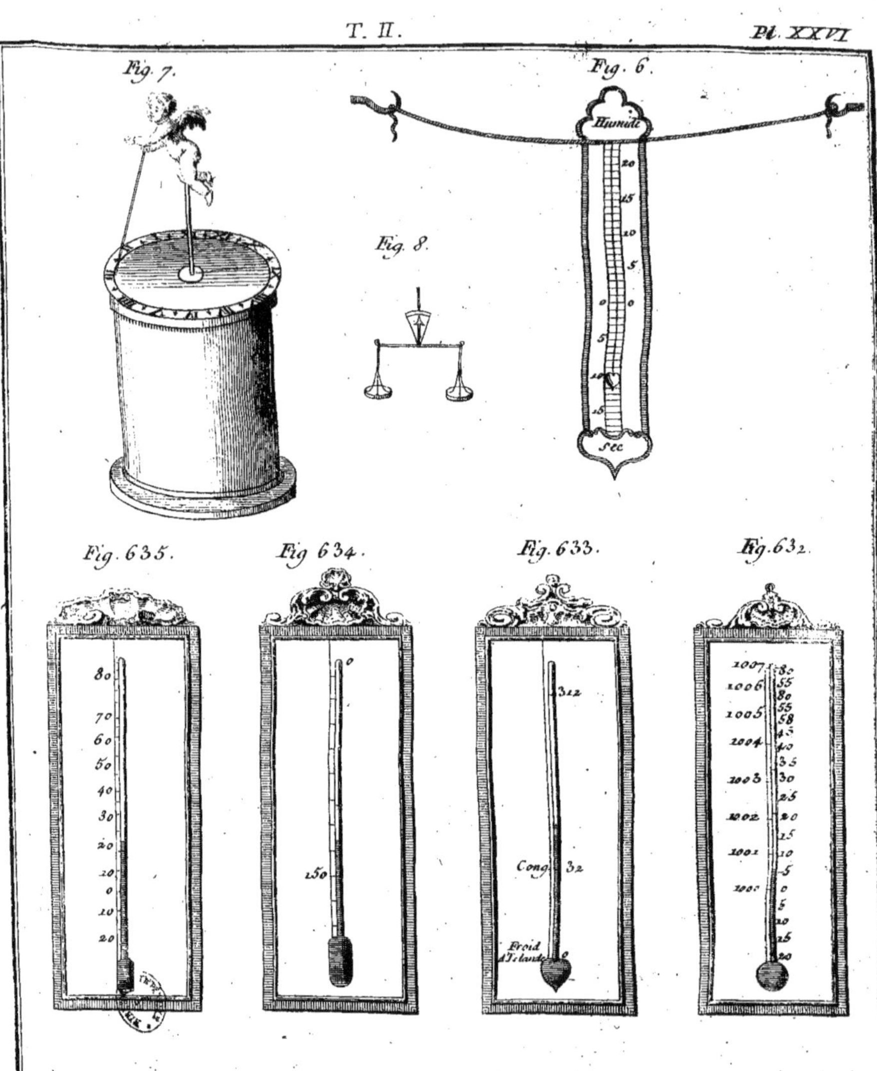

Fig. 7.
Fig. 6.
Fig. 8.
Humide
20
15
10
5
0
5
10
15
Sec
Fig. 635.
Fig. 634.
Fig. 633.
Fig. 632.
80
70
60
50
40
30
20
10
0
10
20
150
312
Cong. 32
Froid
d'Islande 0
1007
1006
1005
1004
1003
1002
1001
1000
80
55
80
55
58
45
40
35
30
25
20
15
10
5
0
5
10
15
20

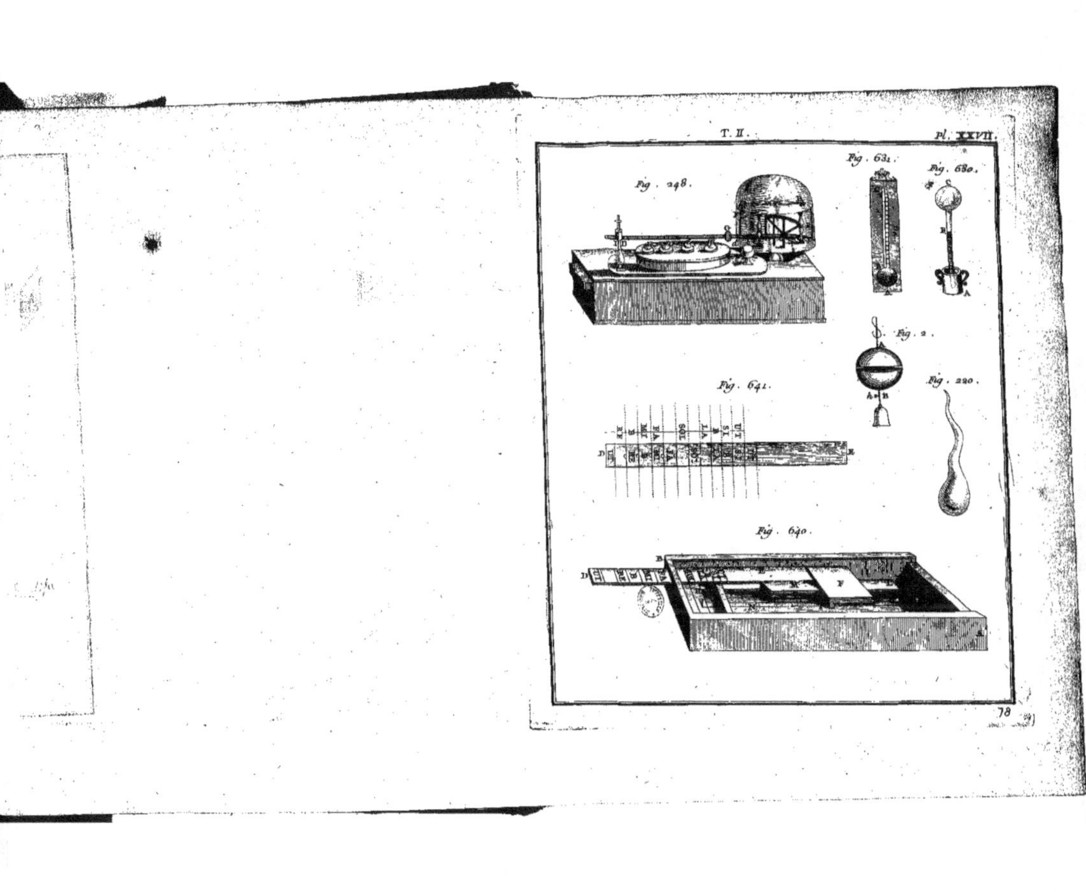

Fig. 248.
Fig. 631.
Fig. 680.
Fig. 2.
Fig. 641.
Fig. 220.
Fig. 640.

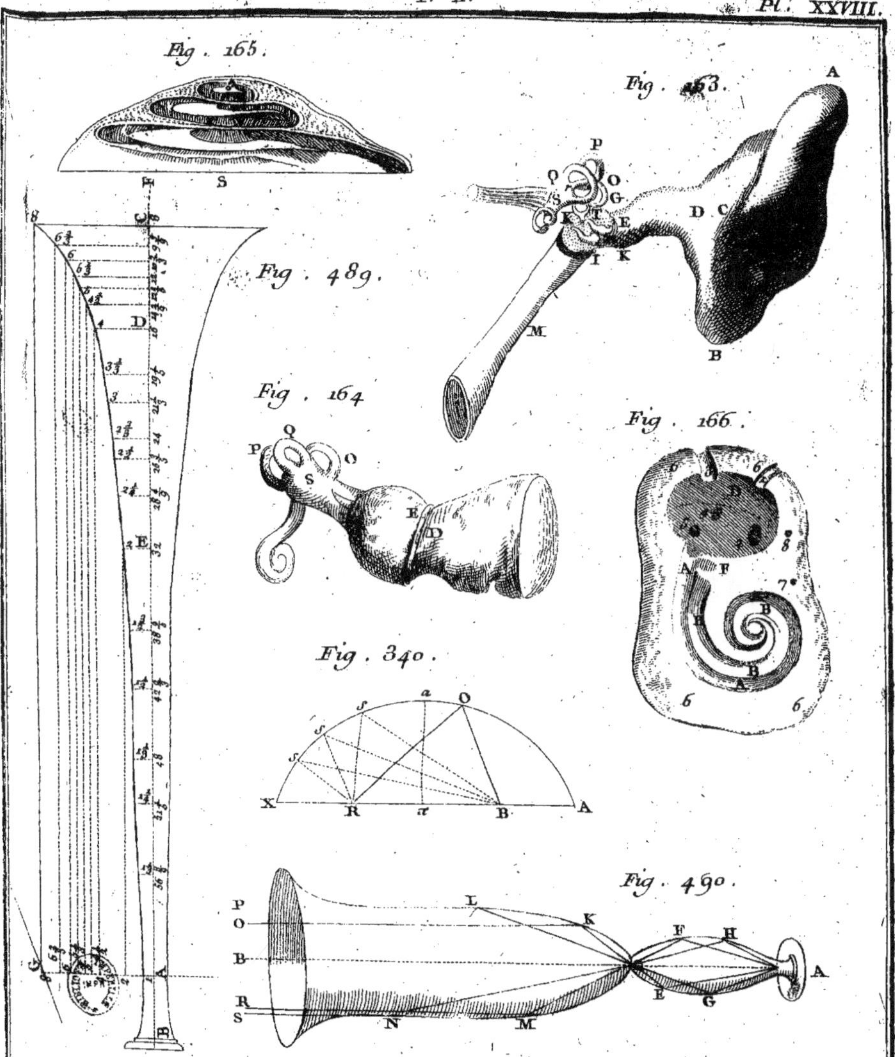

Fig. 165.
Fig. 163.
Fig. 489.
Fig. 164.
Fig. 166.
Fig. 340.
Fig. 490.

Fig. 642.

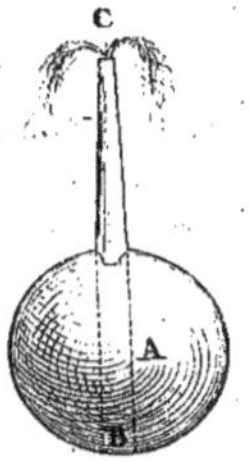

Fig. 641.

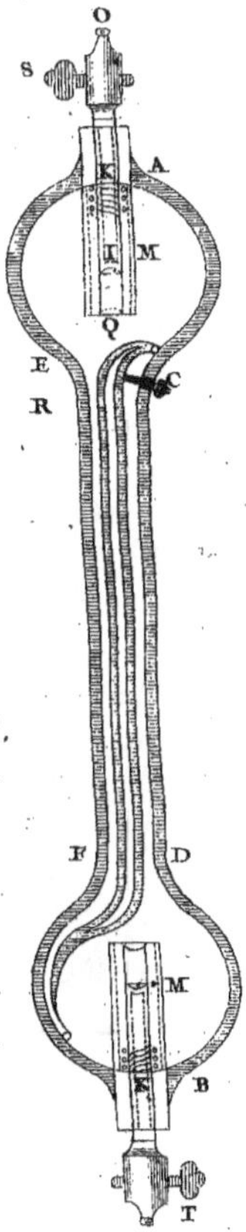

Fig. 643.

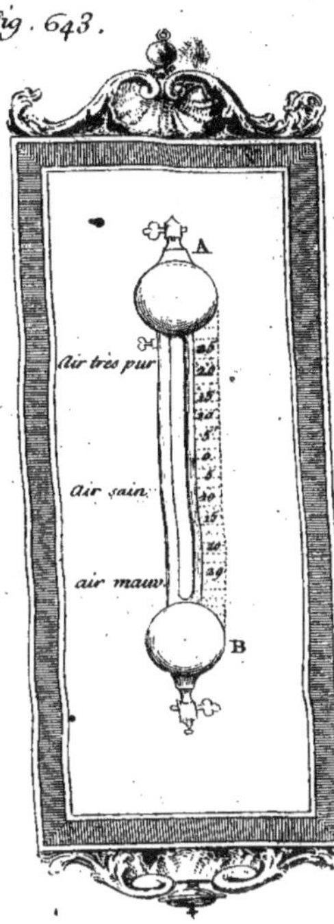

Fig. 402.

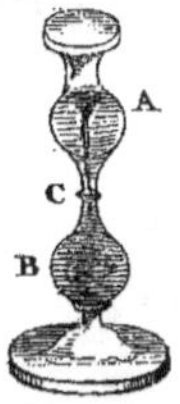

Fig. 403.

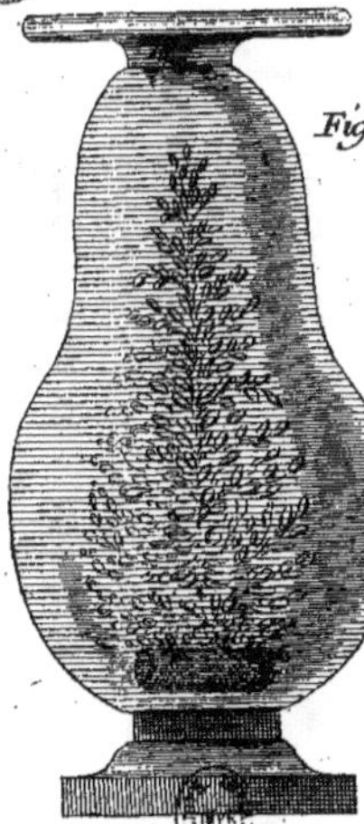

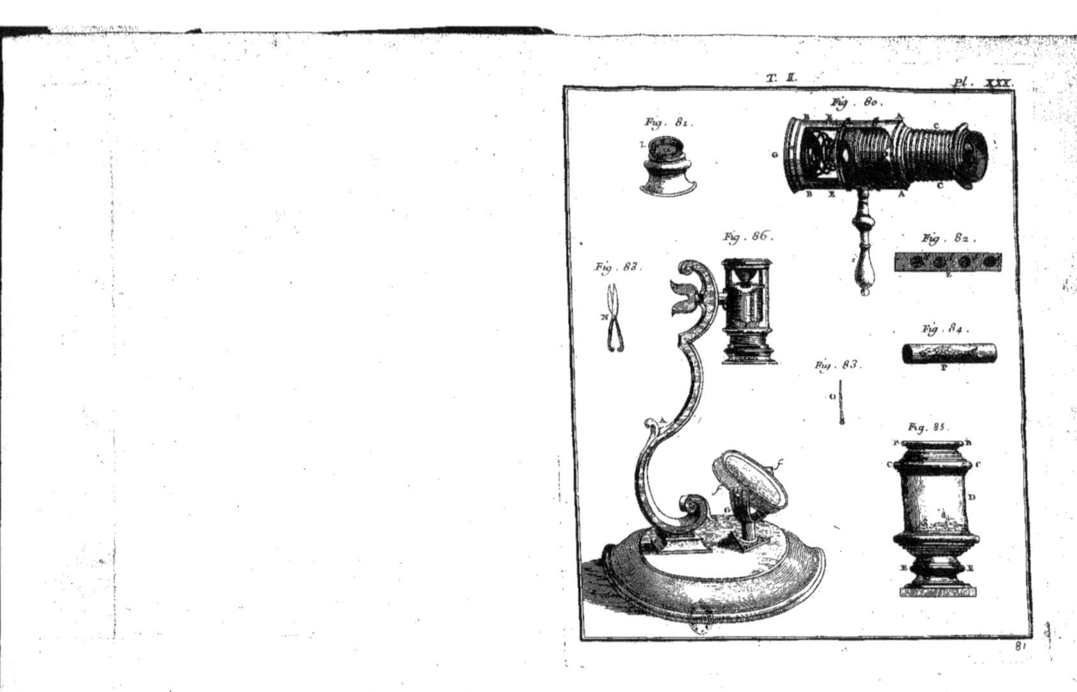

T. II.
Pl. XXX.
Fig. 81.
Fig. 80.
Fig. 86.
Fig. 83.
Fig. 82.
Fig. 84.
Fig. 83.
Fig. 85.
81

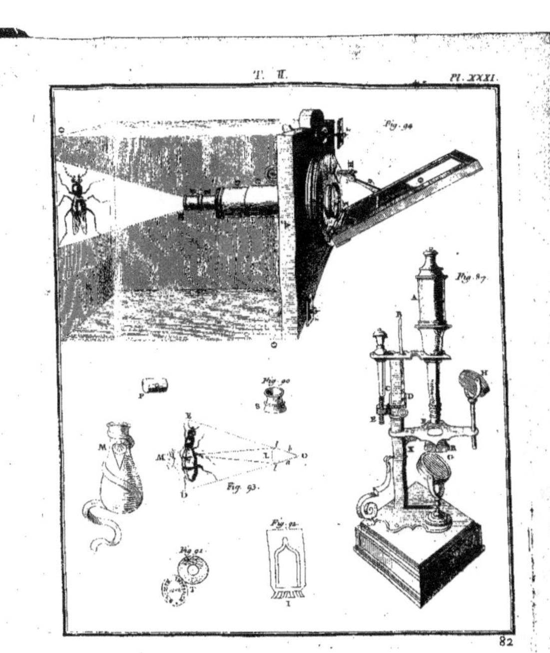

Pl. XXXI.
Fig. 94
Fig. 87
Fig. 90
Fig. 93
Fig. 92
Fig. 91
82

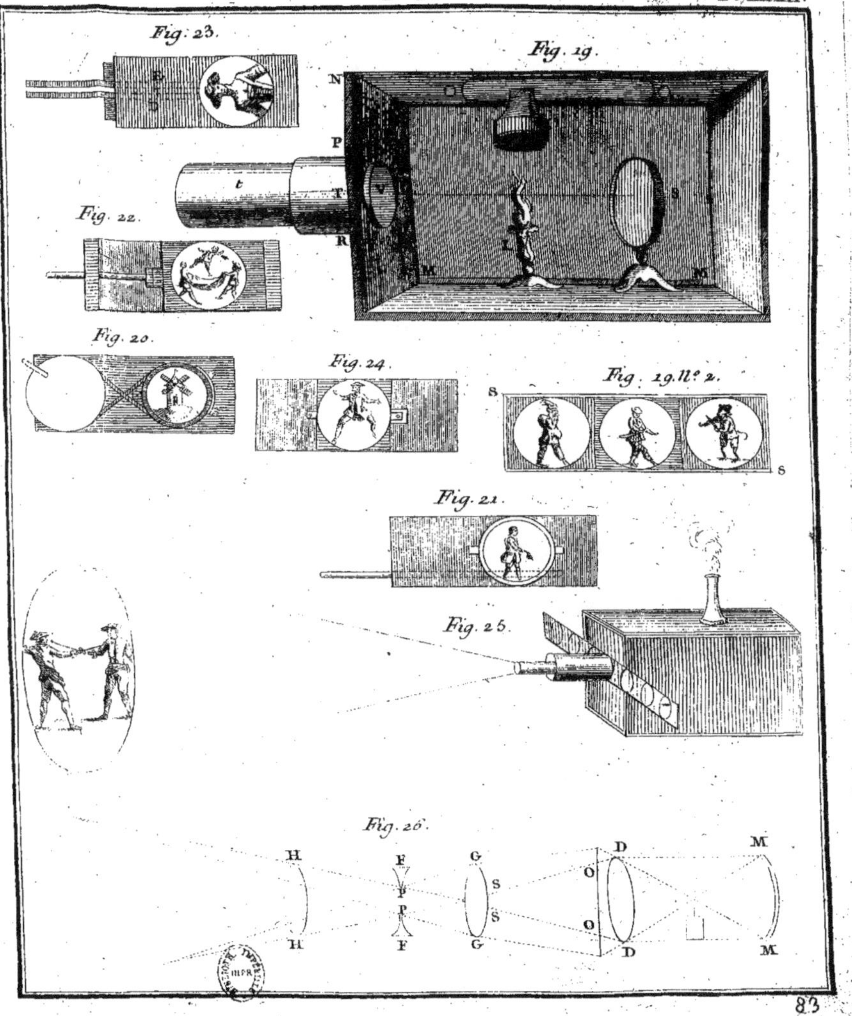
Fig. 23.
Fig. 19.
Fig. 22.
Fig. 20.
Fig. 24.
Fig. 19. N.º 2.
Fig. 21.
Fig. 25.
Fig. 26.
N
P
T
V
R
M
M
S
S
H
F
G
D
M
H
F
G
D
M
S
O
O
S
t

Table de Comparaison de tous les Thermometres inventés depuis leur Origine jusqu'à l'année 1750.

Farenheit	Florence	Paris	D. la Hire	Amontons	Poleni	D. Reaumur	De l'Isle	Cracquis	R. Society	Newton	Fowler	Hales	Edinburgh	Th. de Lyon
112														100
108				61				1260						95
104						1040	90	1250						90
100	80	40		60				1240				60		85
96					53			1230						80
92			100	59			100	1220						75
88	70					1030		1210						70
84			90	58	52			1200	0	12		50		65
80							110	1190			60			60
76	60		80	57				1180		11				55
72		30			51			1170	10		50			50
68			70	56		1020	120	1160		10				45
64	50							1150	20	9	40	40		40
60			60	55	50			1140						35
56							130	1130	30	8	30			30
52	40		50	54		1010		1120				30		25
48					49			1110	40	7				20
44	30		40	53			140	1100		6	20			15
40								1090	50					10
36			30	52	48	1000		1080		5	10	20		5
32	20						150	1070	60	4				0
28			20	51	47			1060			0			5
24		10						1050	70	3				10
20	10			50			160	1040			10	10		15
16			10			990		1030	80	2				20
12								1020	90	1	20			25
8	0	0	0	49			170	1010	100	0		0		30
4								1000	110		30			35
0				48					120					40

Below the 0° Fahrenheit line the bulbs carry further graduations (Fowler continues 40, 50).

The right-hand sub-column of the Th. de Lyon scale repeats the Fahrenheit graduation (112 … 0). The Edinburgh column carries no printed figures.

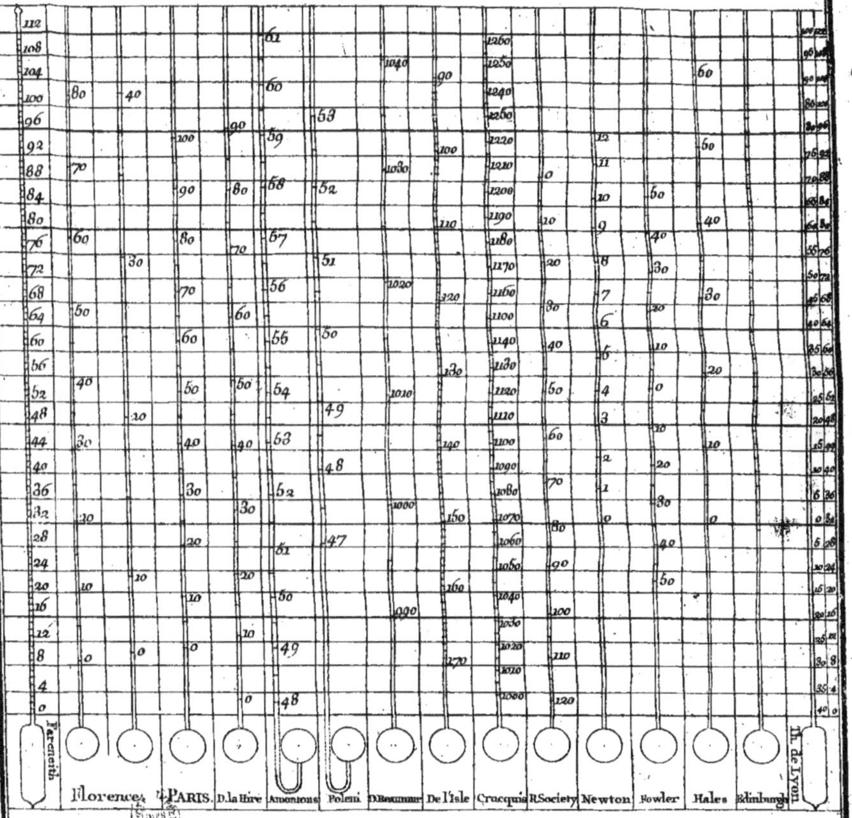

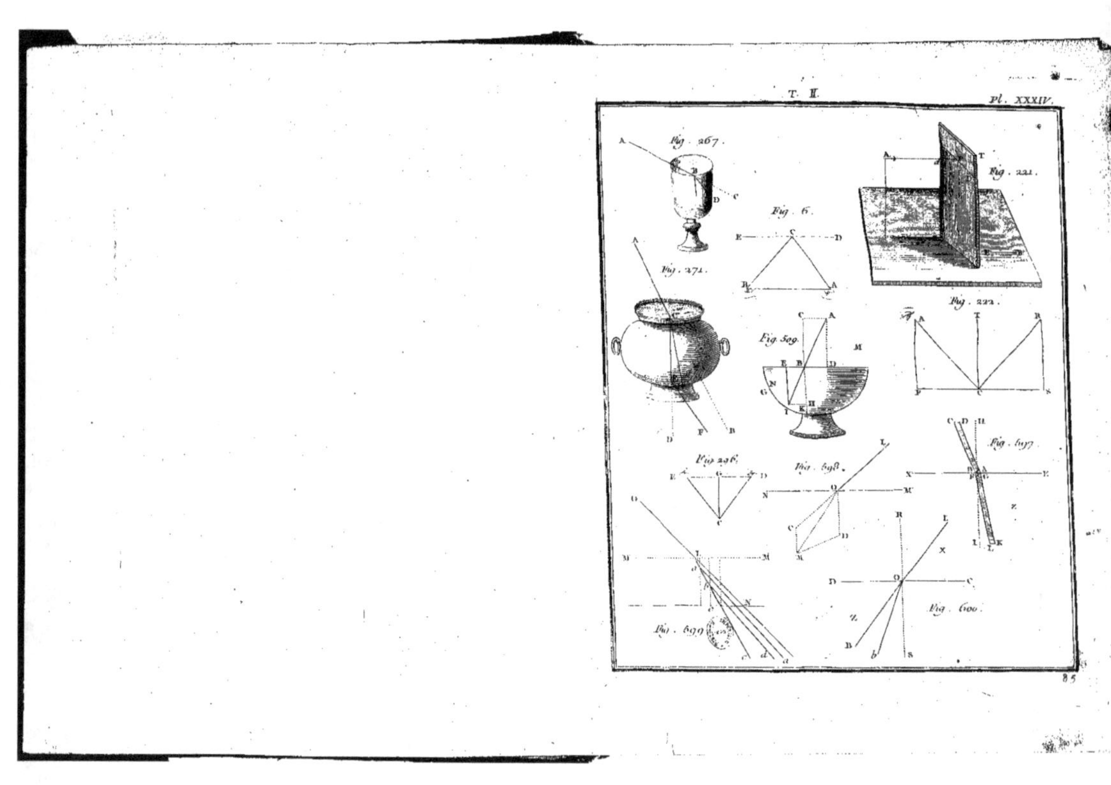
Pl. XXXIV.
Fig. 267.
Fig. 271.
Fig. 6.
Fig. 509.
Fig. 221.
Fig. 222.
Fig. 296.
Fig. 598.
Fig. 597.
Fig. 599.
Fig. 600.

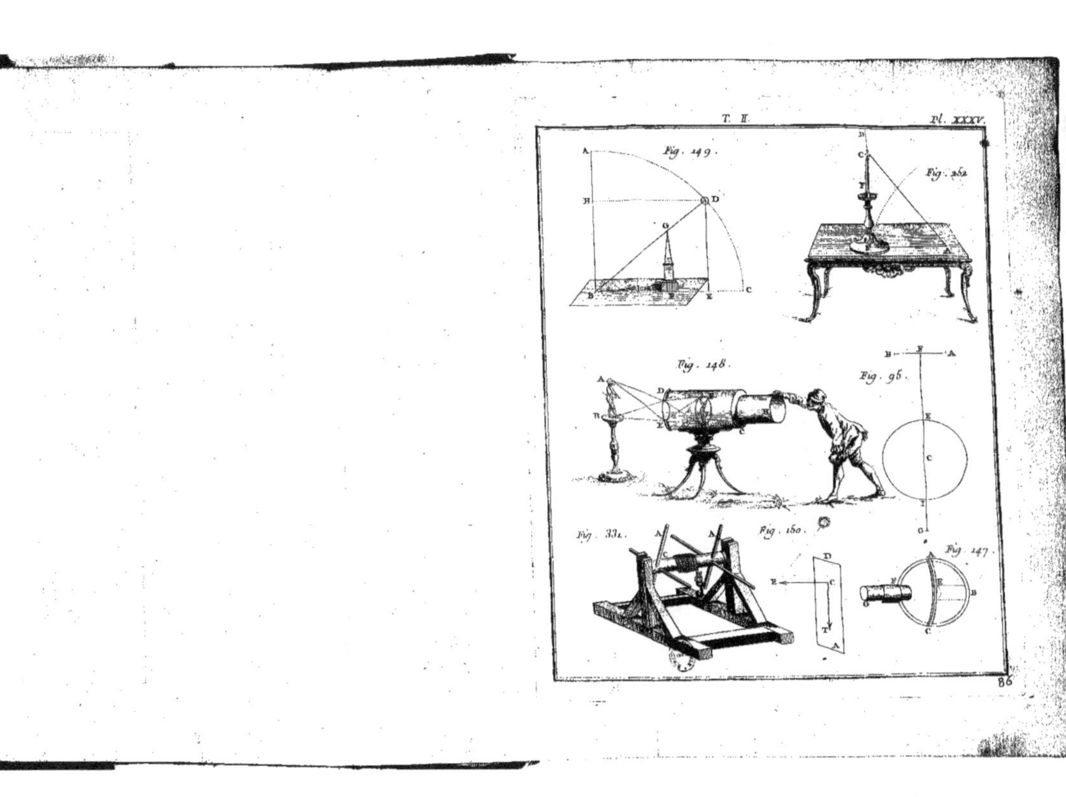

T. II.
Pl. XXXV.
Fig. 149.
Fig. 262.
Fig. 148.
Fig. 96.
Fig. 331.
Fig. 150.
Fig. 147.

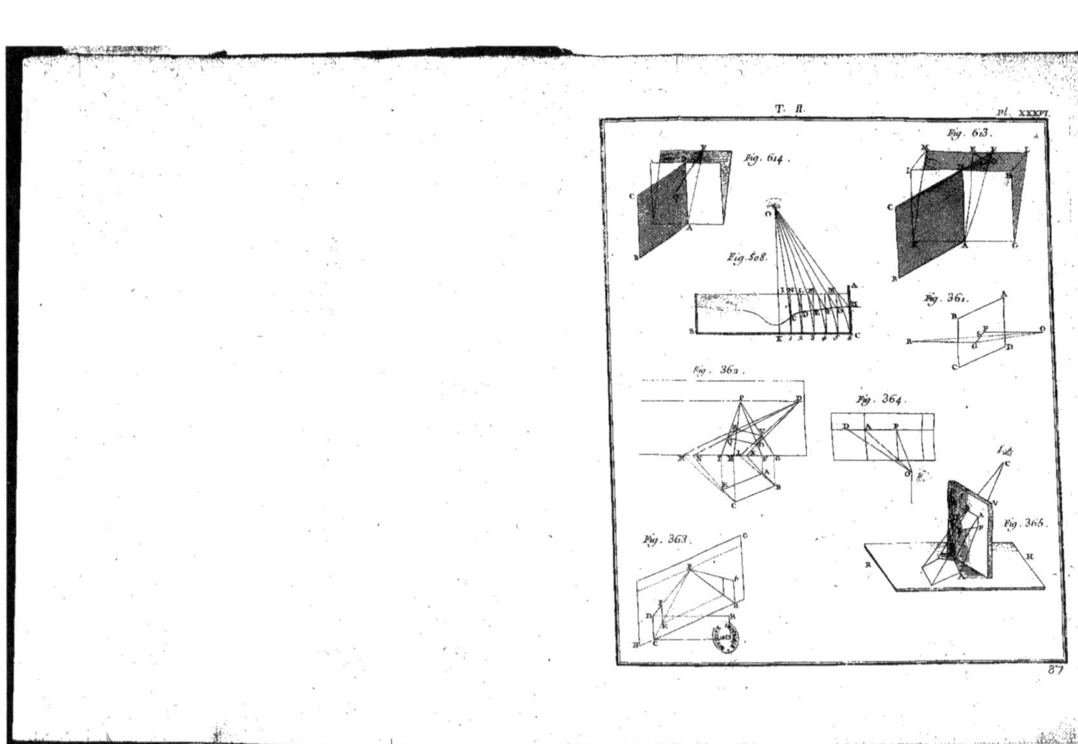
Fig. 614.
Fig. 613.
Fig. 508.
Fig. 361.
Fig. 362.
Fig. 364.
Fig. 365.
Fig. 363.

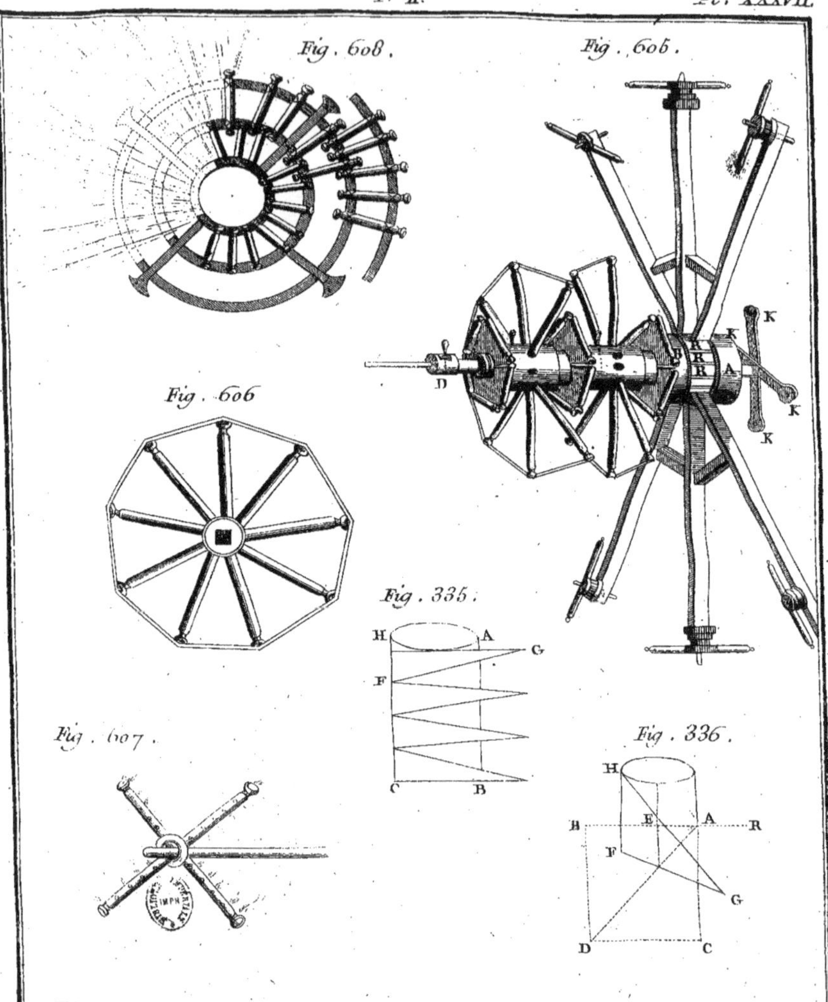

Fig. 608.
Fig. 606.
Fig. 606.
D
R
R
B
A
K
K
K
K
Fig. 335.
H
A
G
F
C
B
Fig. 336.
H
B
E
A
R
F
G
D
C
Fig. 607.
IMPR.

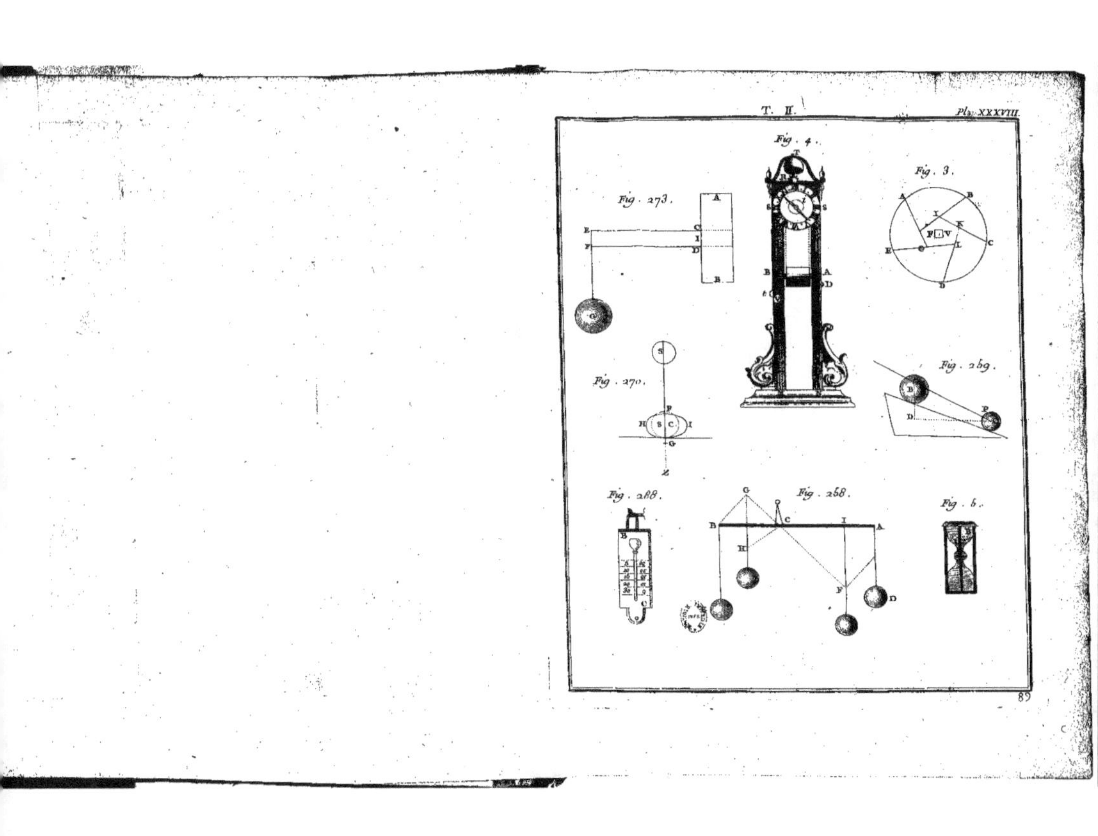

T. II.
Pl. XXXVIII.
Fig. 4.
Fig. 3.
Fig. 273.
Fig. 259.
Fig. 270.
Fig. 268.
Fig. 258.
Fig. 5.
89

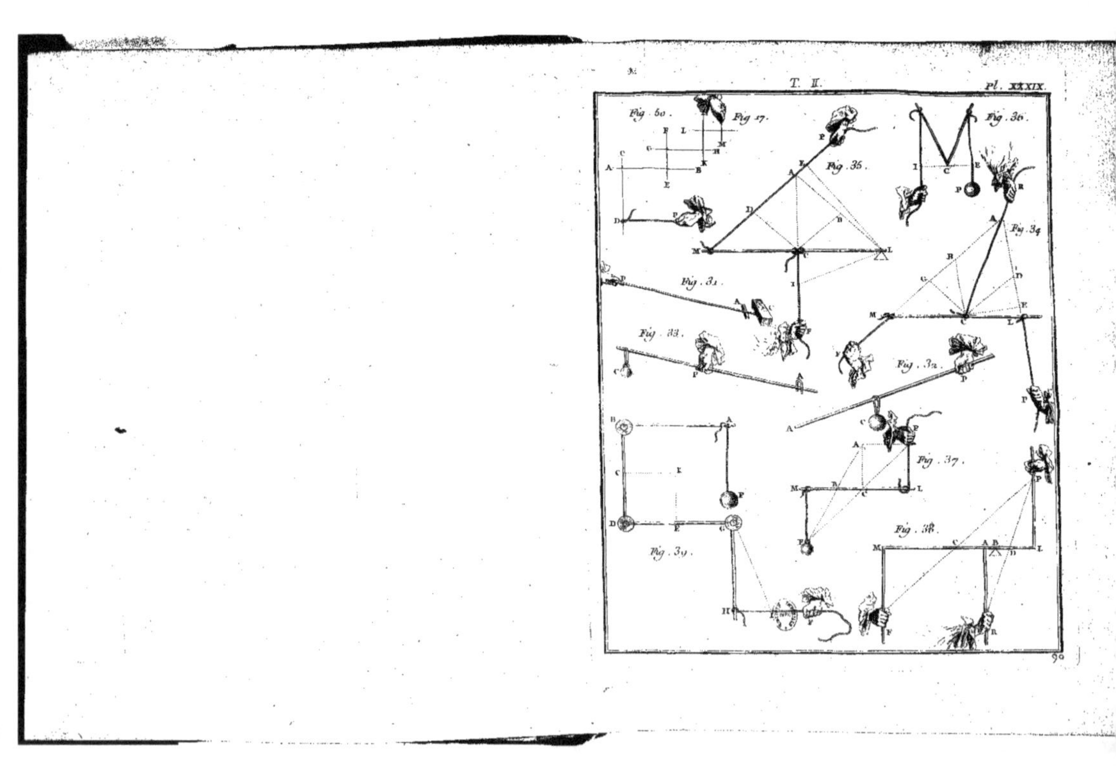

T. II.
Pl. XXXIX.
Fig. 50.
Fig. 17.
Fig. 36.
Fig. 35.
Fig. 34.
Fig. 31.
Fig. 33.
Fig. 32.
Fig. 37.
Fig. 38.
Fig. 39.

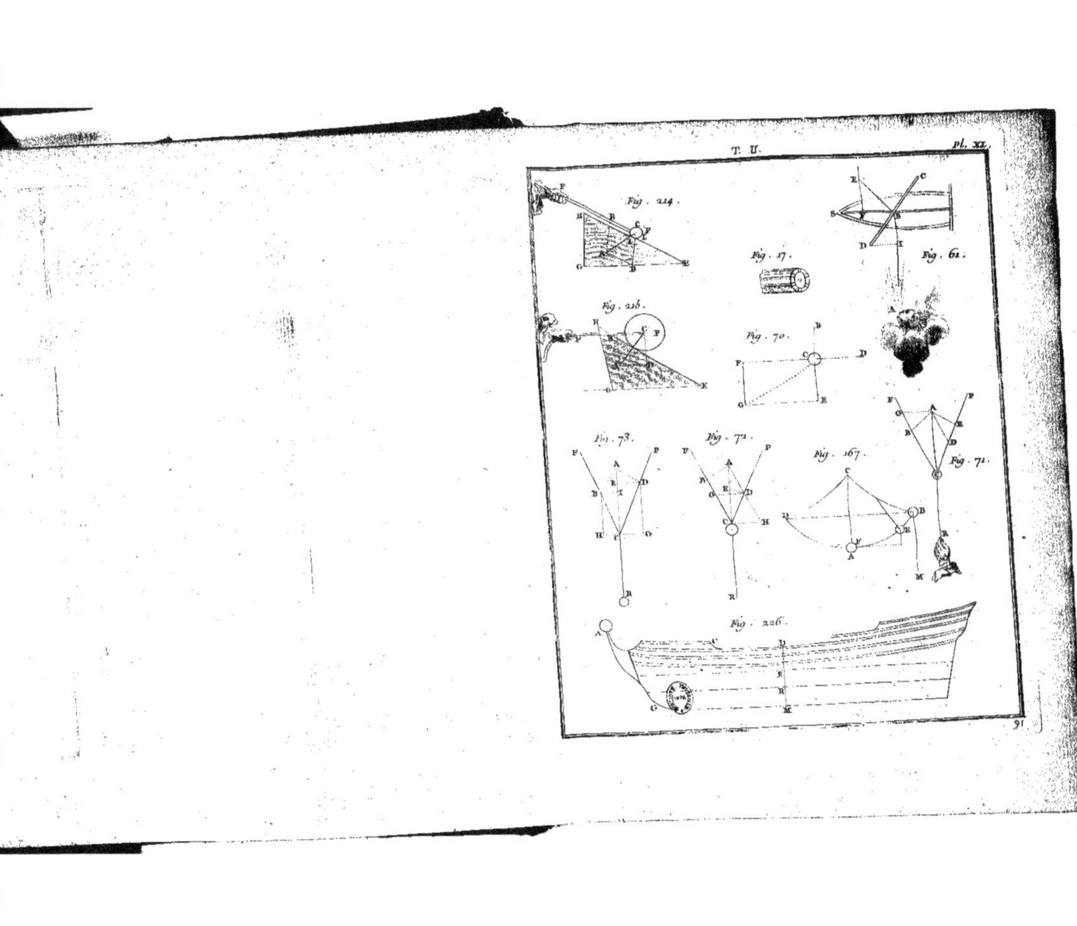

T. U.
pl. XI.
Fig. 224.
Fig. 17.
Fig. 61.
Fig. 226.
Fig. 70.
Fig. 73.
Fig. 72.
Fig. 167.
Fig. 71.
Fig. 226.
91

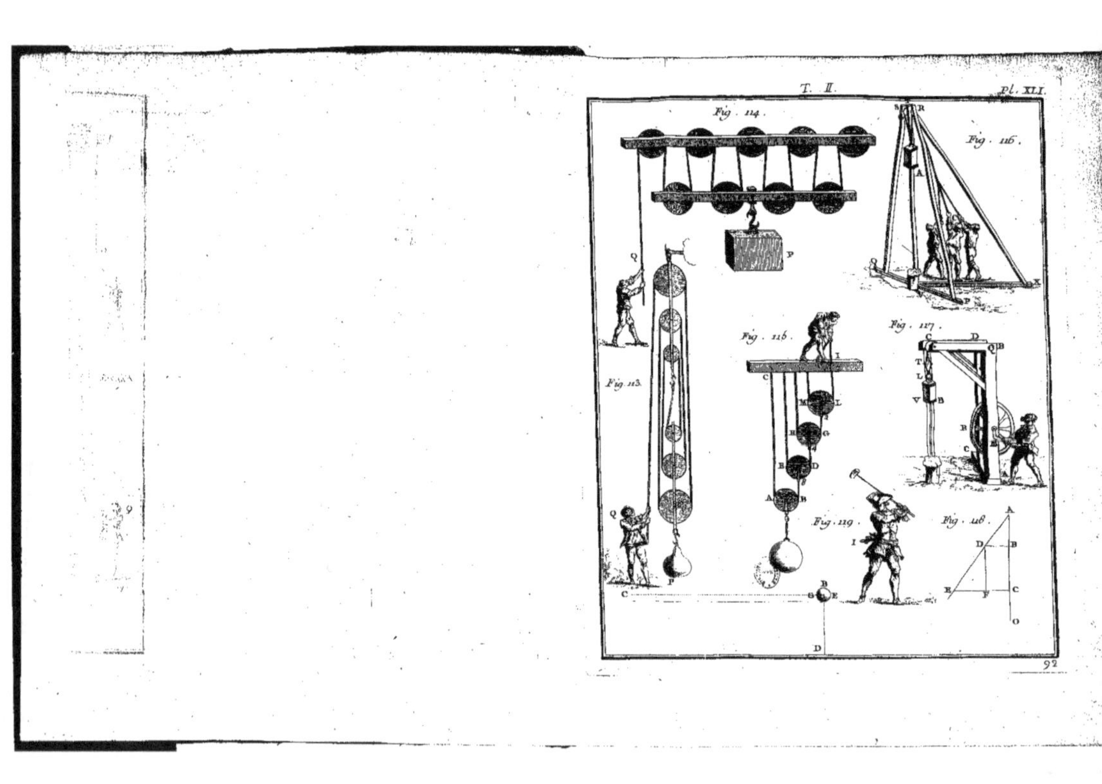
Fig. 114.
Fig. 115.
Fig. 116.
Fig. 117.
Fig. 113.
Fig. 118.
Fig. 119.

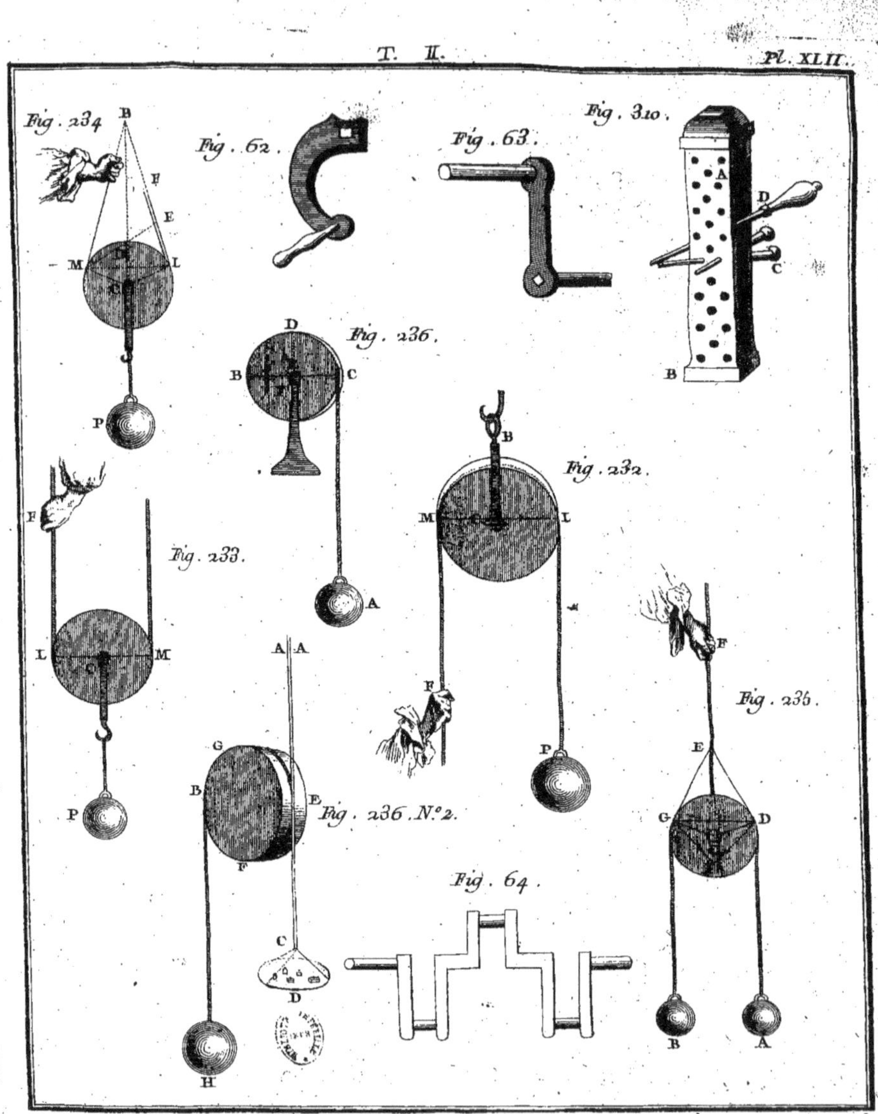

Fig. 234.
Fig. 62.
Fig. 63.
Fig. 310.
Fig. 236.
Fig. 232.
Fig. 233.
Fig. 235.
Fig. 236. N.º 2.
Fig. 64.

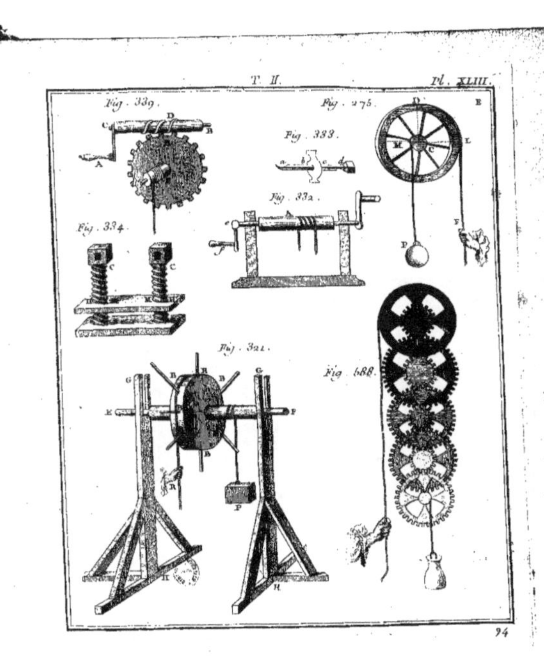

Pl. XLIII.
Fig. 339.
Fig. 275.
Fig. 333.
Fig. 332.
Fig. 334.
Fig. 321.
Fig. 688.

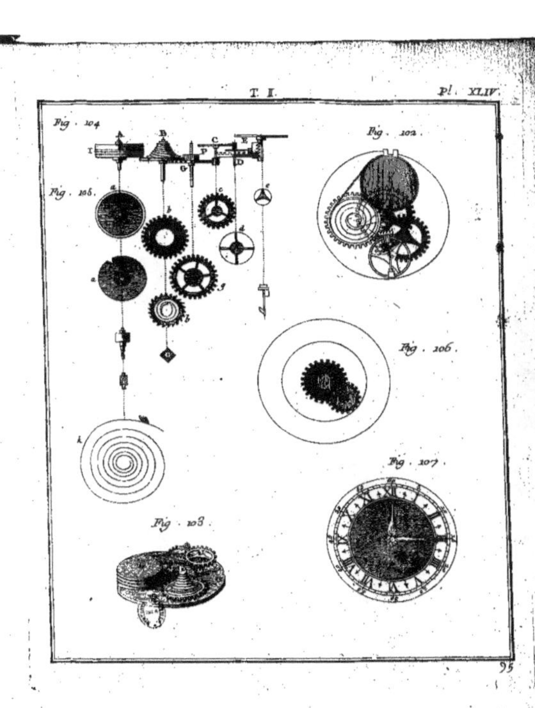
Fig. 104.
Fig. 102.
Fig. 105.
Fig. 106.
Fig. 107.
Fig. 103.

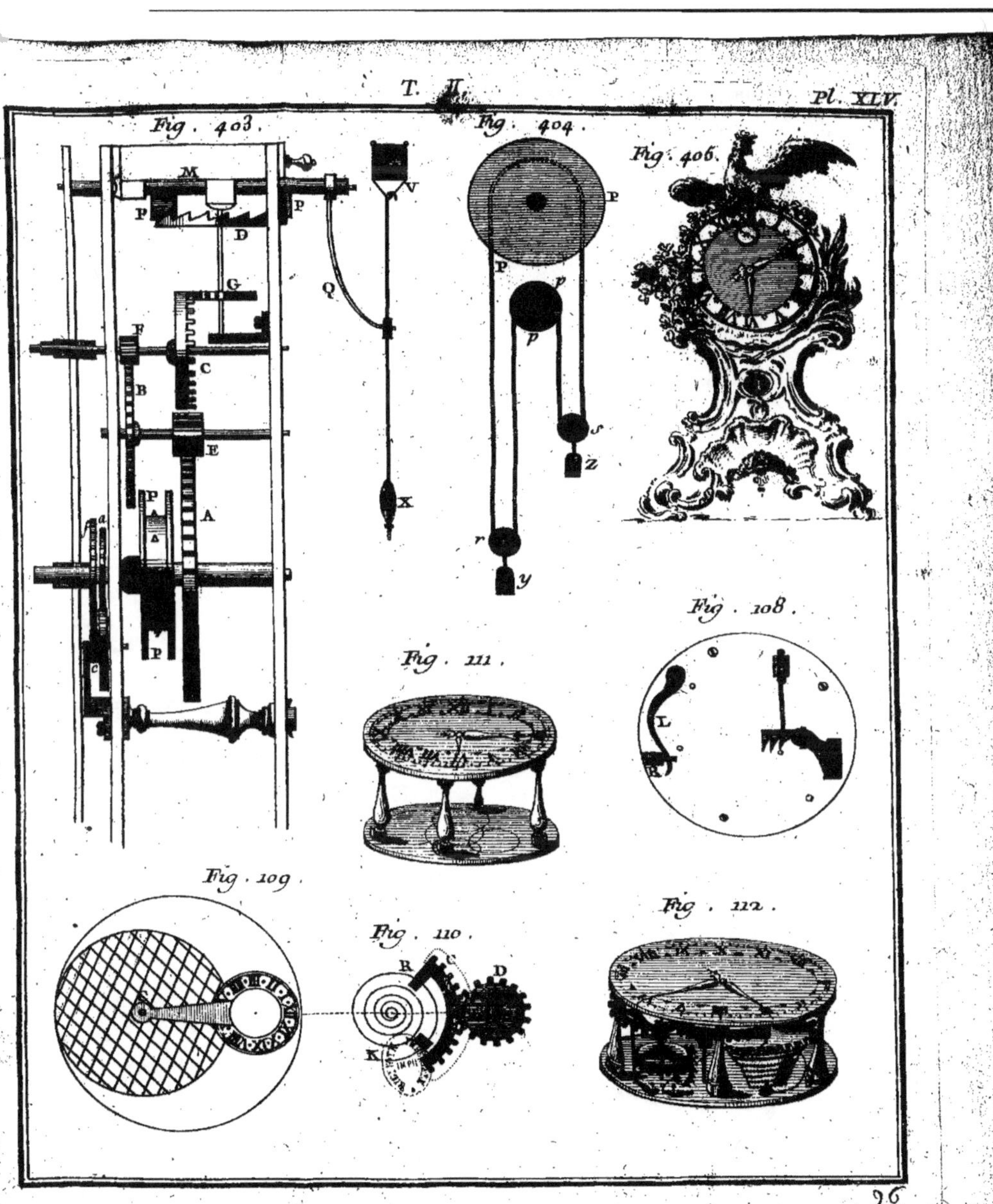

Fig. 403.
Fig. 404.
Fig. 406.
Fig. 108.
Fig. 111.
Fig. 109.
Fig. 110.
Fig. 112.

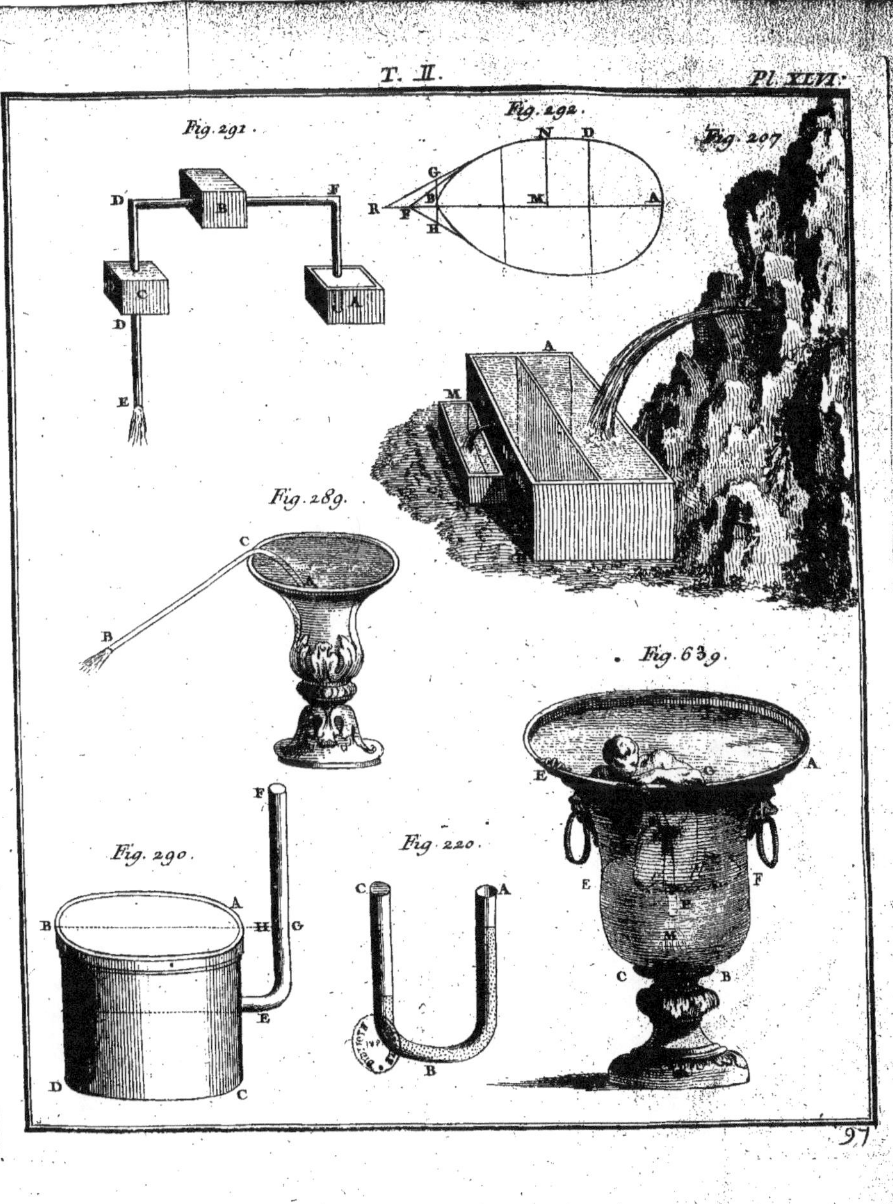
Fig. 291.
Fig. 292.
Fig. 207.
Fig. 289.
Fig. 639.
Fig. 290.
Fig. 220.

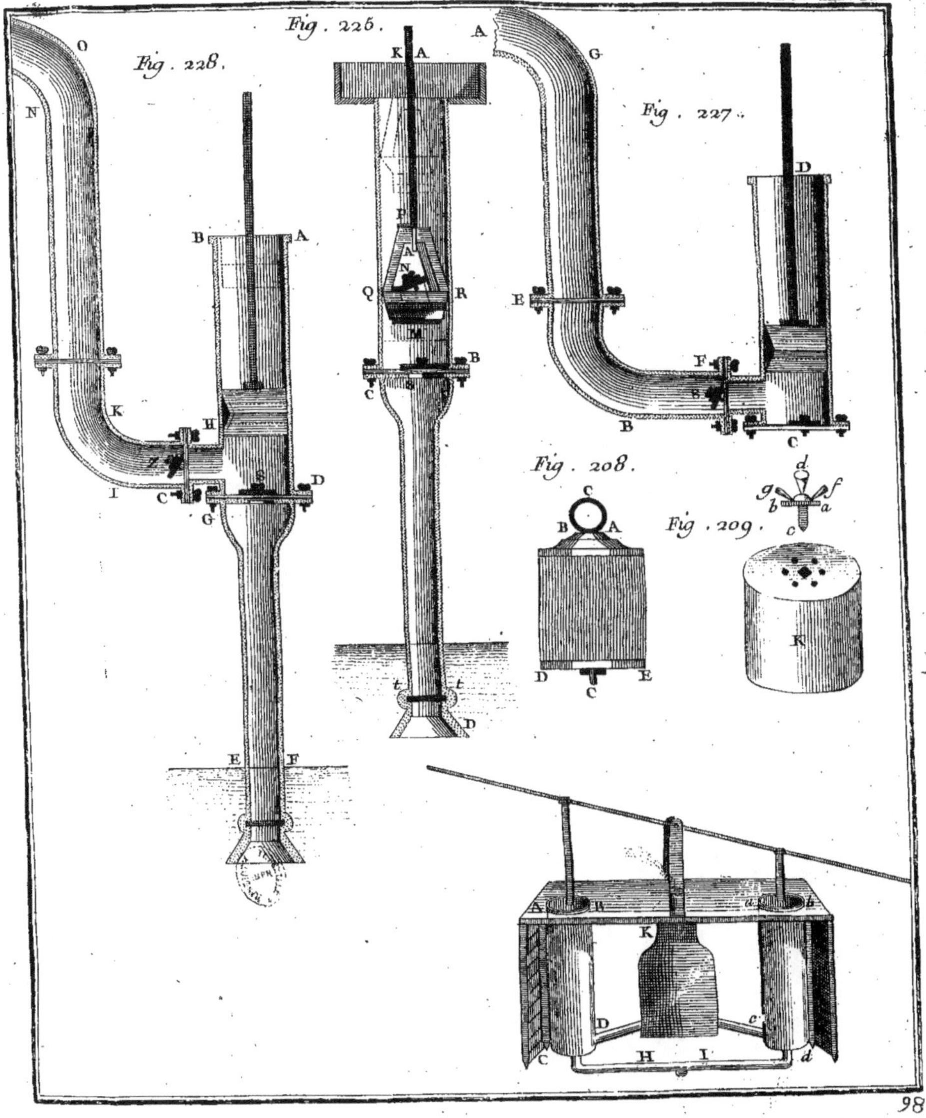

Fig. 228.
Fig. 225.
Fig. 227.
Fig. 208.
Fig. 209.

M K H
N L I
E
F
O
Fig. 264.
A
B
D
C
Fig. 16.
Fig. 337.
R
H C
Fig. 310.
P
K
Fig. 338.
G
D
Fig. 330.
T

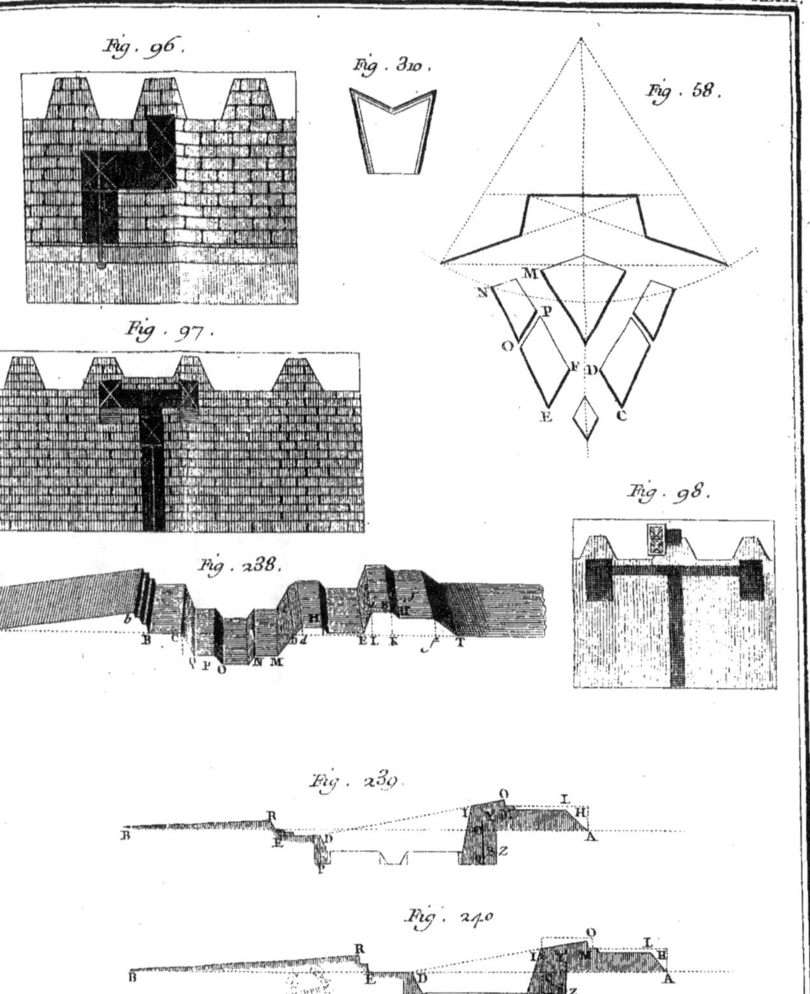
Fig . 96 .
Fig . 310 .
Fig . 58 .
M
N
P
O
F D
E C
Fig . 97 .
Fig . 98 .
Fig . 238 .
F
b
B C
Q P O
N M
H
H
H
El K
f T
Fig . 239 .
B
R
E
D
P
O
I Y V
G
Z
L H
A
Fig . 240 .
B
R
E
D
P
O
I Y M
G
Z
L H
A

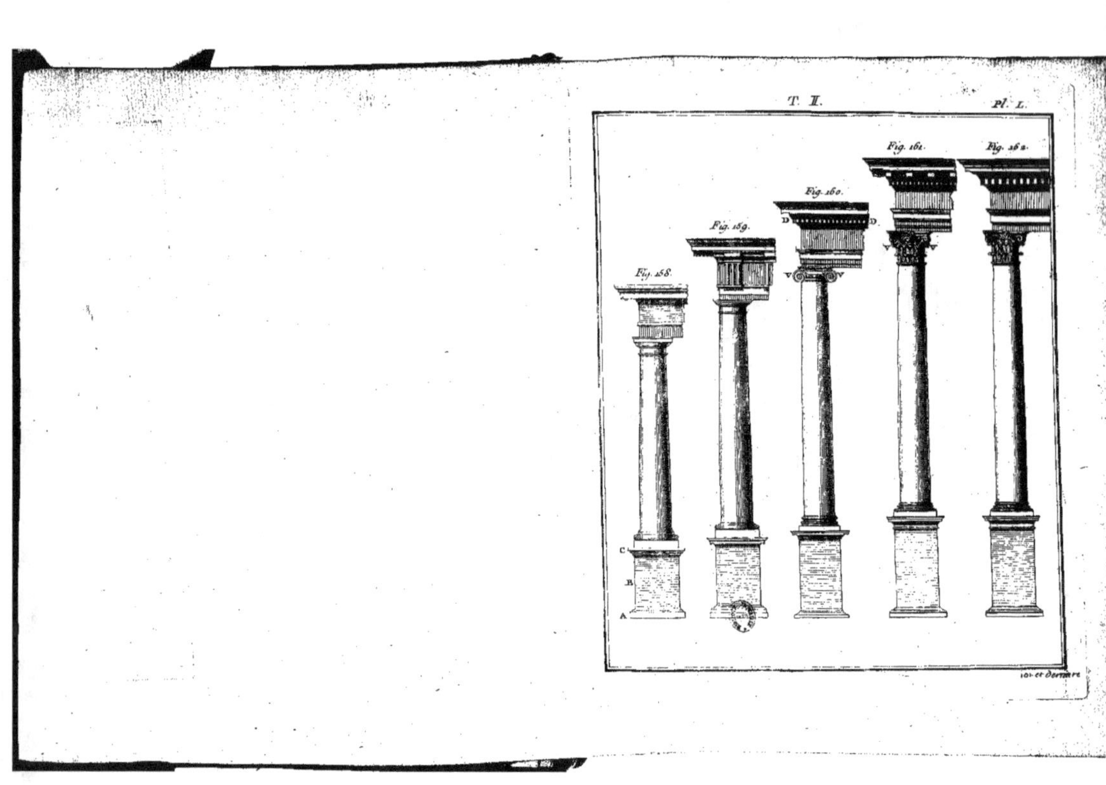

T. I.
Pl. L.
Fig. 158.
Fig. 159.
Fig. 160.
Fig. 161.
Fig. 162.

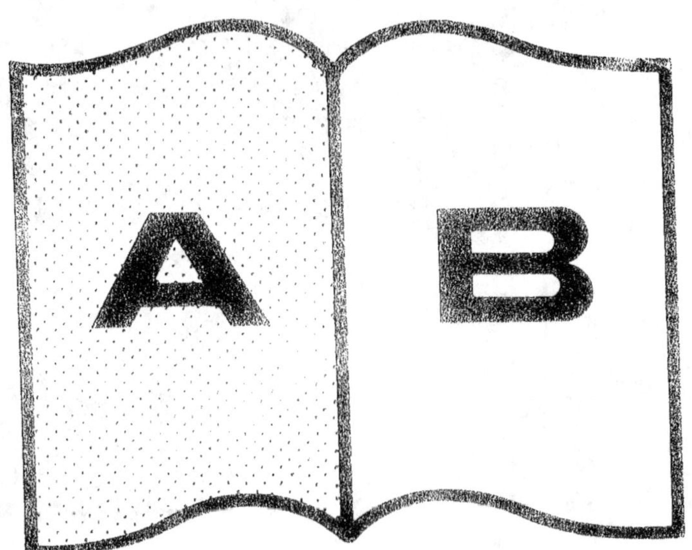

Contraste insuffisant

NF Z 43-120-14

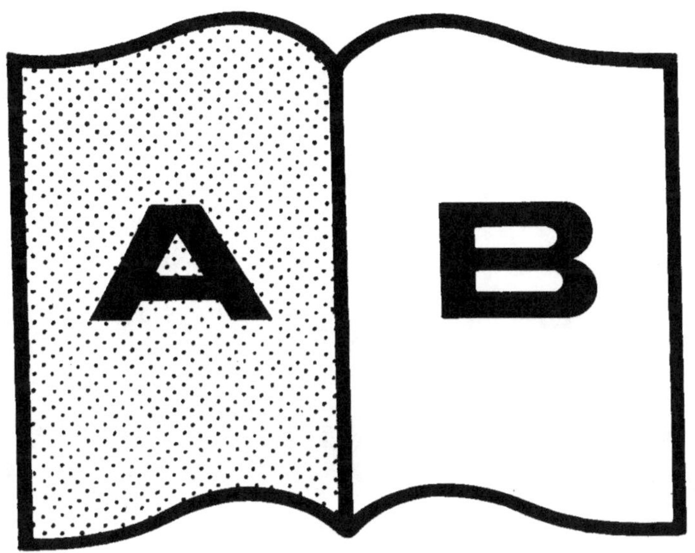

Contraste insuffisant

NF Z 43-120-14

www.ingramcontent.com/pod-product-compliance
Lightning Source LLC
LaVergne TN
LVHW050029070726
842526LV00015B/101